中国海洋渔具学

钟百灵 等 编著

科学出版社

北京

内 容 简 介

本书以我国海洋渔具渔法调查的资料为基础,并借鉴《中国海洋渔具图集》和我国历次渔具分类、渔具制图标准的理论及国外渔具分类的理论与实践,深入研究了我国海洋渔具的类、型、式划分及其原理,将我国的12类渔具按章节形式介绍每类渔具的渔业概况,捕捞原理和型、式划分,渔具结构,渔具图及其核算,渔具材料表,渔具装配工艺和捕捞操作技术,等等。

本书的各种渔具图表齐全,计算举例丰富,可供渔业科技人员、海洋水产院校师生、渔业管理干部和从业渔工学习参考。

图书在版编目(CIP)数据

中国海洋渔具学 / 钟百灵等编著. —北京:科学出版社,2022.6

ISBN 978-7-03-072573-8

Ⅰ. ①中… Ⅱ. ①钟… Ⅲ. ①渔具—研究—中国 Ⅳ. ①S972

中国版本图书馆 CIP 数据核字(2022)第 101084 号

责任编辑:郭勇斌 肖 雷 / 责任校对:杜子昂
责任印制:张 伟 / 封面设计:刘 静

科 学 出 版 社 出版
北京东黄城根北街16号
邮政编码:100717
http://www.sciencep.com

北京中科印刷有限公司 印刷
科学出版社发行 各地新华书店经销
*

2022年6月第 一 版 开本:890×1240 1/16
2022年6月第一次印刷 印张:39 1/2
字数:1 325 000

定价:280.00元
(如有印装质量问题,我社负责调换)

本书编委会

主　　编：钟百灵

副 主 编：卢伙胜　秦明双

参　　编：冯　波　陈文河　颜云榕　招春旭　宿　鑫　苗奔奔

主 编 简 介

钟百灵，男，1937年出生于印度尼西亚西加里曼丹省山口洋市邦戛镇，1953年回国深造，1962年毕业于上海水产学院（现上海海洋大学）工业捕鱼专业，毕业后分配到广东水产专科学校（现广东海洋大学）任教至退休，主要从事海洋渔具学领域的教学和科研工作，为享受国务院特殊津贴专家。任教期间曾多次参与全国和全省性渔具调查工作，先后撰写了《拖网》、《底拖网设计例题》、《底拖网网图集》、《南海集体渔业拖网》、《定置网》、《南海渔具图集》、《钓渔具》、《刺网》、《海洋渔具学》、《海洋渔具设计学》（拖网部分）和《海洋渔具设计学》（围网部分）等教材。以第一作者身份编写了《广东省海洋渔具图集》。参加《中国海洋渔具图集》的评选，指导渔具图的绘制，负责渔具图的审核修改工作。在《水产学报》、《湛江水产学院学报》（现《广东海洋大学学报》）、《湛江海洋大学学报》（现《广东海洋大学学报》）等刊物发表研究论文9篇。

序

  钟百灵老师是我国渔具学领域知名的专家，学术造诣很高。20 世纪 70 年代，我在湛江水产学院读书时曾聆听过先生的教诲。钟老师退休后，仍坚持学习研究，笔耕不辍，在古稀之年，将毕生对渔具学的研究积累凝练成《中国海洋渔具学》呈现给大家。这种治学精神、责任感和对渔业的热爱值得我们尊敬，更值得我们学习。

  近年来，渔具研究略显凋敝。具体到渔具学，专业性很强，从事这方面学术研究的人就更少了。因此，这本著作的出版具有特殊意义，它不仅有助于专业的延续、知识的传承，也给立志于从事渔具学研究的有识之士点亮一盏希望的灯，坚持必有所成。我相信，这本著作将会对我国渔具学的教育和研究工作产生深远的影响和巨大的推动作用。

  借此，向包括钟老师在内的长期坚守在渔业研究领域的科研工作者表示崇高的敬意，是为序。

唐健华

2022 年 6 月

前　言

《中国海洋渔具学》由十四章内容组成。除了第〇章绪论和第一章渔具分类外，第二章至第十三章分别介绍了我国海洋渔业生产中所使用的12类渔具。每章分别介绍了每类渔具的渔业概况，捕捞原理和型、式划分，渔具结构，渔具图及其核算，渔具材料表，渔具制作与装配，以及捕捞操作技术等内容。

本书根据我国海洋渔具的生产实际进行编写。资料主要来源于我国第二次全国海洋渔具调查研究后出版的《中国海洋渔具图集》《中国海洋渔具调查和区划》和沿海各省（自治区、直辖市，不含台湾、香港和澳门）印刷或出版的渔具图集或调查报告，以及南海区渔具渔法调查研究后出版的《南海区海洋渔具渔法》和《南海区海洋小型渔具渔法》。上述资料可详见本书的附录A。

本书的主要特色如下。

第一，1982~1984年我国进行第二次全国海洋渔具调查研究后出版专著介绍的渔具有811种，2000年和2004年南海区进行渔具渔法调查研究后出版专著介绍的渔具有171种。本书以上述资料为基础，按照我国标准《渔具分类、命名及代号》（GB/T 5147—1985）来编写（因资料涉及年代所限，除有特别指明外，本书所采用的有关标准均为20世纪80年代及以前的标准，不管是否作废或变更）。在各章（第二章至第十三章）的"捕捞原理和型、式划分"一节，分别对12类渔具进行了详细的分类介绍，分类结果详见附录N和附录O。这是我国海洋渔具发展史上第一次对渔具分类的研究与总结。

第二，本书详细介绍了各类渔具的结构，弥补了我国现有的相关教材或专著对渔具结构介绍均比较简单的缺陷。

第三，本书详细介绍了各类渔具的渔具图，在我国尚属首次。我国第二次全国海洋渔具调查研究后出版的渔具图集或调查报告中，均绘制有标注比较规范的各种渔具图，但我国目前的相关教材或专著只是选用一些标注较规范的网衣展开图，未提供类似本书附录B的"渔具图略语、代号或符号"资料，对读者阅读造成一定的困难。

第四，本书详细介绍了各类渔具的渔具图核算和渔具材料表的编制与计算方法，为12类渔具的设计打下坚实的计算基础。而在我国现有的相关教材或专著中，较少有渔具图核算的内容，尚未有关于渔具材料表的编制与计算的内容。

1985年6月，在参考联合国粮食及农业组织（Food and Agriculture Organization of the United Nations，FAO）编写的《渔具设计图集》（1965）、《小型渔具设计图集》（1972）的基础上，《中国海洋渔具图集》编写组提出编绘更高要求的《中国海洋渔具图集》。FAO出版的上述两本设计图集的特点是：只画出几种渔具图样，一般只画出网衣展开图和简单的绳索属具布置图，在图中标注略语、代号或符号，可看出这个渔具的结构是由多少种构件组成，可知这些构件的材料、规格及其使用数量等，简化了文字说明。虽然渔具也可按渔具图备料，但绳索、属具的连接装配，浮沉子的配布却需渔具装配人员凭自己的经验进行，故不能保证装配好的渔具能达到原设计的要求。《中国海洋渔具图集》除了绘出上述两种图外，还绘出浮子和沉子等属具如何具体配布的属具布置图，绘出网衣、绳索、属具之间如何具体连接装配的局部装配图等，将整个渔具的连接装配介绍得清晰易懂，使读者能按上述几种渔具图装配出一个完全相同的渔具。

至今，除中国继 FAO 后编制了《中国海洋渔具图集》外，尚未见到其他国家出版全国性的海洋渔具图集。目前，《中国海洋渔具图集》仍然是世界海洋渔具领域最新的图集。

编著本书的主要目的有两个：一是让海洋捕捞学科的相关科研人员和工程技术人员更好地理解中国海洋渔具，并且希望我国再次开展全国性的海洋渔具调查时，有新人出版水平更高的中国海洋渔具图集，继续保持世界领先水平；二是对中华人民共和国成立后到 21 世纪初期间中国海洋渔具发展成就做一次学术总结，给中国海洋渔具发展史留下一些珍贵的资料。

在编写过程中，编委会成员认真审阅书稿，提出了宝贵的修改意见并增添了部分新内容，在此我表示深切感谢。由于水平有限，书中难免存在不足之处，敬请读者批评指正。

广东海洋大学
钟百灵
2022 年 4 月于湛江

目 录

序
前言
第○章　绪论 …………………………………… 1
第一章　渔具分类 ……………………………… 4
　第一节　国内外渔具分类研究概述 …………… 4
　第二节　我国渔具分类、命名及代号 ………… 5
第二章　刺网类 ………………………………… 8
　第一节　刺网渔业概况 ………………………… 8
　第二节　刺网捕捞原理和型、式划分 ………… 10
　第三节　刺网结构 …………………………… 18
　第四节　刺网渔具图 ………………………… 40
　第五节　刺网渔具图核算与材料表 …………… 47
　第六节　刺网制作与装配 ……………………… 52
　第七节　刺网捕捞操作技术 …………………… 53
第三章　围网类 ………………………………… 55
　第一节　围网渔业概况 ………………………… 55
　第二节　围网捕捞原理和型、式划分 ………… 58
　第三节　无囊围网结构 ………………………… 68
　第四节　无囊围网渔具图及其核算 …………… 84
　第五节　无囊围网材料表与渔具装配 ………… 91
　第六节　无囊围网捕捞操作技术 …………… 100
　第七节　有囊围网结构 ……………………… 101
　第八节　有囊围网渔具图及其核算 ………… 111
　第九节　有囊围网材料表与渔具装配 ……… 121
　第十节　有囊围网捕捞操作技术 …………… 130
第四章　拖网类 ……………………………… 132
　第一节　拖网渔业概况 ……………………… 132
　第二节　拖网捕捞原理和型、式划分 ……… 133
　第三节　有翼单囊底层拖网的网型发展变化 ……………………………… 152
　第四节　拖网网衣结构类型 ………………… 156
　第五节　拖网结构 …………………………… 169
　第六节　拖网网板 …………………………… 187
　第七节　拖网渔具图 ………………………… 202
　第八节　拖网渔具图核算 …………………… 207
　第九节　拖网材料表 ………………………… 232
　第十节　拖网制作与装配 …………………… 239
　第十一节　底拖网捕捞操作技术 …………… 263
第五章　地拉网类 …………………………… 265
　第一节　地拉网渔业概况 …………………… 265
　第二节　地拉网捕捞原理和型、式划分 …… 265
　第三节　地拉网结构 ………………………… 277
　第四节　地拉网渔具图 ……………………… 282
　第五节　有翼单囊地拉网渔具图核算与材料表 …………………………… 285
　第六节　有翼单囊地拉网网衣编结与渔具装配 ……………………………… 296
　第七节　有翼单囊地拉网捕捞操作技术 …… 298
第六章　张网类 ……………………………… 300
　第一节　张网渔业概况 ……………………… 300
　第二节　张网捕捞原理和型、式划分 ……… 301
　第三节　单囊张网结构 ……………………… 321
　第四节　单囊张网渔具图 …………………… 350
　第五节　单囊张网渔具图核算 ……………… 355
　第六节　单囊张网材料表与渔具装配 ……… 358
　第七节　单囊张网捕捞操作技术 …………… 360
第七章　敷网类 ……………………………… 362
　第一节　敷网渔业概况 ……………………… 362
　第二节　敷网捕捞原理和型、式划分 ……… 362
　第三节　敷网结构 …………………………… 372
　第四节　敷网渔具图 ………………………… 378
　第五节　敷网渔具图核算 …………………… 381
　第六节　敷网材料表与渔具装配 …………… 386
　第七节　敷网捕捞操作技术 ………………… 390
第八章　抄网类 ……………………………… 392
　第一节　抄网渔业概况 ……………………… 392
　第二节　抄网捕捞原理和型、式划分 ……… 392
　第三节　抄网结构 …………………………… 399
　第四节　抄网渔具图 ………………………… 403
　第五节　抄网渔具图核算 …………………… 405
　第六节　抄网材料表与渔具装配 …………… 410
　第七节　抄网捕捞操作技术 ………………… 412
第九章　掩罩类 ……………………………… 413
　第一节　掩罩渔业概况 ……………………… 413
　第二节　掩罩捕捞原理和型、式划分 ……… 414
　第三节　掩网结构 …………………………… 417
　第四节　掩网渔具图及其网图核算 ………… 428
　第五节　掩网材料表与网具装配 …………… 431
　第六节　掩网捕捞操作技术 ………………… 432
第十章　陷阱类 ……………………………… 434
　第一节　陷阱渔业概况 ……………………… 434
　第二节　陷阱捕捞原理和型、式划分 ……… 434
　第三节　插网结构 …………………………… 445
　第四节　陷阱渔具图及其核算 ……………… 448
　第五节　拦截插网材料表与渔具装配 ……… 451
　第六节　拦截插网捕捞操作技术 …………… 452

第十一章　钓具类……453
第一节　钓具渔业概况……453
第二节　钓具捕捞原理和型、式划分……454
第三节　钓具结构……474
第四节　钓饵……487
第五节　钓具渔具图及其核算……492
第六节　延绳钓材料表与钓具装配……495
第七节　延绳钓捕捞操作技术……499
第八节　中国远洋金枪鱼延绳钓渔业……500

第十二章　耙刺类……510
第一节　耙刺渔业概况……510
第二节　耙刺捕捞原理和型、式划分……510
第三节　耙刺渔具结构……530
第四节　耙刺渔具图及其核算……538
第五节　耙刺材料表与渔具装配……543
第六节　耙刺捕捞操作技术……546

第十三章　笼壶类……548
第一节　笼壶渔业概况……548
第二节　笼壶渔具捕捞原理和型、式划分……548
第三节　笼壶渔具结构……574
第四节　笼壶渔具图及其核算……587
第五节　笼壶渔具材料表与渔具装配……591
第六节　笼壶渔具捕捞操作技术……595

参考文献……598

附录 A　图集和报告等资料的简称……599
附录 B　本书的渔具图略语、代号或符号与其他图集的对照表……600
附录 C　常用沉子材料的沉率……604
附录 D　锦纶单丝（PAM）规格参考表……605
附录 E　网结耗线系数（C）参考表……606
附录 F　乙纶网线规格表……607
附录 G　锦纶网线规格表……609
附录 H　乙纶绳规格表……610
附录 I　渔用钢丝绳规格表……611
附录 J　钢丝绳插制眼环的留头长度参考表……612
附录 K　夹芯绳插制眼环的留头长度参考表……613
附录 L　常见的编结符号与剪裁循环（C）、剪裁斜率（R）对照表……614
附录 M　钢丝绳直径与卸扣、转环、套环规格对应表……615
附录 N　全国海洋渔具调查资料的渔具分类及其介绍种数表……616
附录 O　南海区渔具调查资料的渔具分类及其介绍种数表……619

第○章
绪　论

地球的水域面积辽阔，仅海洋水域面积已约占整个地球面积的71%。无论在海洋或内陆水域里，均蕴藏着丰富的水产资源。

中国地处亚洲东部，东、南濒临渤海、黄海、东海和南海，大陆海岸线长约 1.8×10^4 km，海域面积约 3.0×10^6 km²，其中水深200 m以内的大陆架面积约 1.4×10^6 km²。沿海海底平坦，海岸线曲折，河流众多，渔业资源丰富，因而形成了许多渔场。

渔业在我国具有悠久的历史，早在原始社会时期，周口店的原始人就已捕鱼捞虾，从而获得生活资料。在新石器时代，渔业已经从"木石击鱼"发展到"织网捕鱼"和利用钓钩钓鱼。

母系氏族社会是原始社会的高级阶段，在此时期，打猎、内陆水域捕捞和手工制作快速发展，家畜饲养和农业种植相继出现。人们也在海边抓鱼、镖鱼和张网捕鱼，但主要还是采食贝类。

据史料记载，远在2 000多年前的春秋战国时期，沿海诸侯国即将渔业作为使国家富强的重要手段之一，尤以地处山东半岛的齐国为甚。自秦朝中国成为统一的国家以后，农业快速发展，渔业降为农业的副业而不被重视，在史籍中缺乏记述渔业的专篇。但从古代辞书、类书、本草著作、沿海方志和较为罕见的渔业专著中，仍可以窥见当时渔具渔法的种类和发展程度。唐朝陆龟蒙的《渔具诗并序》（公元736年），是我国最早分类记述渔具的文献；宋朝邵雍的《渔樵对问》（公元1122年），对竿钓渔具记述甚详。明、清以来，随着渔业技术的发展，记述渔具渔法的文献中出现了关于围网渔具渔法、灯光诱鱼、音响驱鱼和镖枪捕鲸的记载，表明我国在世界海洋渔业史上的重要地位和历代渔民的创造性贡献。

19世纪中叶以后，发达资本主义国家的海洋渔业进入蒸汽机动力渔船时代。我国虽然在20世纪初开始引进渔轮（1905年）和兴办水产教育（1911年），但是有海无权，海洋渔业凋敝，海洋捕捞操作技术的落后面貌得不到改善。特别是经过14年抗日战争和4年解放战争，我国海洋渔业遭到了极其严重的破坏。

中华人民共和国成立后，我国1949～2005年水产品产量如表0-1所示。

表0-1　我国水产品产量（1949～2005年）　　　　　　　　　（单位：万t）

年份	总产量	其中海洋捕捞产量	年份	总产量	其中海洋捕捞产量	年份	总产量	其中海洋捕捞产量
1949年	52.40	—	1959年	342.42	194.65	1969年	325.50	209.87
1950年	100.82	60.56	1960年	338.78	194.12	1970年	358.50	232.78
1951年	147.33	90.44	1961年	257.25	148.32	1971年	395.61	258.71
1952年	184.35	117.67	1962年	255.13	156.51	1972年	435.75	295.12
1953年	210.19	135.21	1963年	291.62	185.45	1973年	442.87	298.67
1954年	256.52	144.90	1964年	311.18	200.19	1974年	483.09	333.65
1955年	282.28	171.95	1965年	331.83	211.99	1975年	498.95	340.55
1956年	293.65	182.26	1966年	345.40	228.26	1976年	507.42	346.58
1957年	346.89	201.44	1967年	341.82	227.85	1977年	539.46	354.66
1958年	310.76	180.25	1968年	304.53	197.08	1978年	536.61	349.12

续表

年份	总产量	其中海洋捕捞产量	年份	总产量	其中海洋捕捞产量	年份	总产量	其中海洋捕捞产量
1979年	495.19	307.79	1988年	1225.32	514.30	1997年	3601.78	1385.38
1980年	517.35	312.21	1989年	1332.58	559.04	1998年	3906.65	1496.68
1981年	529.04	307.93	1990年	1427.26	611.49	1999年	4122.43	1497.62
1982年	590.24	343.92	1991年	1572.99	676.70	2000年	4278.99	1477.45
1983年	624.63	341.03	1992年	1824.46	767.27	2001年	4382.09	1440.60
1984年	707.98	366.88	1993年	2152.31	851.75	2002年	4565.18	1433.49
1985年	801.69	386.86	1994年	2515.69	994.44	2003年	4706.11	1432.31
1986年	935.76	432.21	1995年	2953.04	1139.75	2004年	4901.77	1451.09
1987年	1091.93	486.30	1996年	3280.72	1245.64	2005年	5101.65	1453.30

注：摘自《中国渔业年鉴2006》（247~248页）。此表未统计台湾、香港和澳门的产量，"其中海洋捕捞产量"一栏已包括中国农业发展集团有限公司（以下简称"中农发"）的远洋捕捞产量。

中华人民共和国成立前，我国最高年水产品产量是1936年的150万t。之后由于连年战争，到1949年只有52.40万t。中华人民共和国成立后，濒临崩溃的海洋渔业获得了新生，经过短暂的3年恢复期，到1952年恢复到184.35万t，超过了抗日战争时的最高年水产品产量。尽管当时的物质和技术条件都贫乏落后，但由于天然物资丰厚，生产力得到解放，1957年的水产品产量上升到346.89万t，其中海洋捕捞产量占58.07%，且在渔获物中，优质鱼类较多。

1958~1969年，虽然机动渔船数量增长很快，生产工具有了很大的改善，但由于水产战线受"大跃进"运动的影响，违背了客观规律，挫伤了广大渔民的积极性，之后又受"文化大革命"的影响，致使这一时期的水产品产量始终徘徊在255万~345万t，一直没有恢复到1957年的水平。

20世纪70年代初，我国渔业片面追求高产量，盲目增船添网，特别是过多地发展了底拖网作业，但与此同时渔场却并没有相应扩大。1970年的水产品产量超过了1957年，并且逐年上升，1972年突破400万t。1978年的水产品产量达536.61万t，仅次于日本（1075万t）和苏联（893万t），居世界第3位。然而，鱼品质量却大大下降，优质经济鱼类比重减小，幼鱼、低值鱼的比重增加，腐烂变质的现象严重，致使大量渔获物用作肥料。群众增产不增收，市场供应得不到改善，反而加剧了近海资源的破坏，引起各方面的关注。

1979年，按照对国民经济实行调整、改革、整顿、提高的方针，我国提出了"大力保护资源，积极发展养殖，调整近海作业，开辟外海渔场，采用先进技术，加强科学管理，提高产品质量，改善市场供应"的渔业调整方针。渔业开始调整，水产品生产出现了新形势。虽然由于海洋捕捞产量下降等原因，1978~1981年这4年的年水产品产量均低于1977年，但后来养殖生产得到重视，水产品连续大幅度增产，从1980年起水产品产量年年提高。1985~1991年，年均增产100万t左右，1987年产量突破1000万t大关，1990年达1427.26万t，首次跃居世界首位。20世纪90年代初，我国沿海推广发展大网目拖网，大大提高了捕捞强度，海洋捕捞逐年增产，加上养殖生产逐年增产，致使1992年全国水产品增产约251万t，1993~1998年每年均增产300万t以上。由于过度捕捞，海洋鱼类资源衰退，自2000年开始，海洋捕捞产量略有下降、停滞的趋势，但养殖生产仍有强劲增产之势，使得1999~2005年我国水产品仍保持逐年增产100万t以上。

我国沿海有11个省（自治区、直辖市）（台湾、香港和澳门暂且不计），从北往南分别为辽宁省、河北省、天津市、山东省、江苏省、上海市、浙江省、福建省、广东省、广西壮族自治区和海南省。根据《中国渔业年鉴2006》的"渔业经济统计"资料，2005年我国沿海11个省（自治区、直辖市）在国内沿海的捕捞产量及其在全国捕捞产量（1429万t，已扣除中农发的远洋捕捞产量）中所占的比例，排列名次如下：浙江省年产314.26万t，占全国产量（下同）的22.0%，居首位；山东省年产 268.08 万 t，占 18.8%，居第 2 位；福建省年产 222.14 万 t，占 15.5%，居第 3 位；广东省年产 172.05 万 t，占 12.0%，居第 4 位；辽宁省年产 152.04 万 t，占 10.6%，居第 5 位；海南省年产 107.98 万 t，占 7.6%，居第 6 位；广西壮族自治区年产 84.33 万 t，占 5.9%，居第 7 位；江苏省年产 58.28 万 t，占 4.1%，居第 8 位；河北省年产 31.08 万 t，占 2.2%，居第 9 位；上海市年产 14.96 万 t，占 1.0%，居第 10 位；天津市年产 3.8 万 t，占 0.3%，居第 11 位。从 2003 年开始，全国沿海 11 个省（自治区、直辖市）每年海洋捕捞产量的排列名次与 2005 年的几乎相同。

1958～1959 年我国进行了第一次全国性的海洋渔具调查研究工作，出版了《中国海洋渔具调查报告》。1982～1984 年我国进行了第二次全国性的海洋渔具调查研究工作，我国沿海 10 个省（自治区、直辖市）（当时海南尚属广东省）在调查资料整理的基础上，分别印刷或出版了《辽宁省海洋渔具调查报告》（以下简称《辽宁报告》）、《河北省海洋渔具图集》（以下简称《河北图集》）、《天津市海洋渔具图集》（以下简称《天津图集》）、《山东省海洋渔具调查报告》（以下简称《山东报告》）、《山东省海洋渔具图集》（以下简称《山东图集》）、《江苏省海洋渔具选集》（以下简称《江苏选集》）、《上海市海洋渔具调查报告》（以下简称《上海报告》）、《浙江省海洋渔具调查报告》（以下简称《浙江报告》）、《浙江省海洋渔具图集》（以下简称《浙江图集》）、《福建省海洋渔具图册》（以下简称《福建图册》）、《广东省海洋渔具渔法调查报告》（以下简称《广东报告》）、《广东省海洋渔具图集》（以下简称《广东图集》）、《广西海洋渔具调查报告》（以下简称《广西报告》）、《广西海洋渔具图集》（以下简称《广西图集》）。

按照全国海洋渔业自然资源调查和渔业区划工作的统一部署，《中国海洋渔具调查和区划》（以下简称《中国调查》）和《中国海洋渔具图集》（以下简称《中国图集》）两个编写组于 1984 年成立。在第二次全国海洋渔具调查资料的基础上，以经济性、先进性、地区性和特殊性等为原则，两个编写组分别在我国沿海各省（自治区、直辖市）所推荐的渔具中，为《中国调查》和《中国图集》各选出 12 类 150 种渔具和 12 类 250 种渔具，分别编辑出版。

为了掌握南海区渔具渔法的现状，为科学兴渔、治渔提供依据，农业部南海区渔政渔港监督管理局于 2000 年初设立"南海区海洋渔具渔法调查研究"项目，由中国水产科学研究院南海水产研究所承担，湛江海洋大学（现广东海洋大学）有关师生也参与了调查研究。4 个调查小组于同年 3～4 月进行了历时 38 天的渔具渔法调查工作，并整理出版了《南海区海洋渔具渔法》（以下简称《南海区渔具》）。后来又于 2004 年在南海区进行了小型渔具的补充调查工作，并整理出版了《南海区海洋小型渔具渔法》（以下简称《南海区小型渔具》）。

上述 1982～1984 年我国进行的全国海洋渔具调查后陆续印刷或出版的渔具图集和调查报告，以下均简称为"20 世纪 80 年代全国海洋渔具调查资料"或"全国海洋渔具调查资料"。2000 年和 2004 年在南海区进行海洋渔具渔法调查后出版的《南海区渔具》和《南海区小型渔具》，以下均简称为"2000 年和 2004 年南海区渔具调查资料"或"南海区渔具调查资料"。上述渔具调查资料中的图集和报告等资料可详见附录 A。

本书的主要内容是：中华人民共和国成立后到 21 世纪初，我国 12 类海洋渔具的渔业概况，捕捞原理和型、式划分，渔具结构，渔具图及其核算，渔具材料表，渔具制作与装配，以及渔具捕捞操作技术等。

第一章
渔 具 分 类

渔具是指在海洋和内陆水域中直接捕捞水生经济动物的工具。

渔具发展的种类和型、式多样，又由于地区、习惯等因素，性质相同或相似的渔具，其名称也各异，这无疑对渔具渔法的研究、政策的制定和执行，以及技术交流和改进造成很多不便。理应有统一的渔具分类和命名，但因各国学者对渔具分类的意见不同，故迄今为止尚未有统一的国际标准，各国和各地区都有惯用的分类法。我国于1985年发布和实施了国家标准《渔具分类、命名及代号》（GB 5147—1985），后改为推荐性标准（GB/T 5147—1985）。

第一节　国内外渔具分类研究概述

我国历史上有关渔具的记述，散见于各种古籍中。最早的分类文献，是唐朝陆龟蒙的《渔具诗并序》，系统地描述和区分了当时的渔具渔法，有网具、钓具、投刺渔具、定置渔具和药渔法等。但在中华人民共和国成立以前，渔业生产和科技发展缓慢，渔具分类研究工作得不到重视。

中华人民共和国成立后，有关部门先后在沿海省市的重点渔区进行调查。1958～1959年，有关部门对全国海洋渔船渔具进行了普查，普查范围包括了我国沿海七省一市，并于1959年10月出版了《中国海洋渔具调查报告》，在报告中把我国的海洋渔具分为部—类—小类—种，即网渔具、钓渔具、猎捕渔具和杂渔具4个部；网渔具部和钓渔具部中，分别列出8个网渔具类和4个钓渔具类；大多数类还分若干小类，最后是种。这个分类系统统一了我国的渔具分类，并延续至1985年国家标准的颁布。

在国外，某些渔业发达的国家对渔具分类的研究较多。如1925年日本文部省（现为文部科学省）将渔具分为9类，即突具、钓具、掩具、搔具、刺网、陷阱、曳网、敷网和旋网，其分类系统为类—种。1953年日本长棟辉友在其著作中将渔具分为网渔具、钓渔具、杂渔具3个大类，其分类系统为大类—类—种。长棟辉友分类的特点是渔具与渔法分开，分别列出两个分类系列，并将渔法分为主要渔法和辅助渔法两个大类。

在欧洲，德国的 A. von Brandt 认为渔具分类的主要依据是捕捞原理和历史发展，把欧洲渔具分为14类，即无渔具捕鱼、投刺渔具、麻痹式渔具、钓渔具、陷阱、捕跳跃鱼类的陷阱、框张网、拖曳渔具、旋曳网、围网、敷网、掩网、刺网和流网，其分类系统是类—小类—种。他比较完整地反映了欧洲主要渔业国家的渔具，但未叙述分类原则，而且把渔具和渔法统列在一个系统内。

在苏联，Ф. И. Баранов 在其著作中将渔具分为刺网、网捕过滤式渔具、拖网、张网和钓具5类。然而一般采用的分类为刺缠渔具、滤过式渔具、张网、钓具和其他渔具5个部，分类系统为部—类—小类—种。

联合国粮农组织（FAO）曾建议采用由大西洋渔业统计局（AFS）协调工作组（CWP）提出的国际渔具标准统计分类方法，根据捕鱼方式将渔具分为12个大类，即围网、地拉网、拖网、耙网、敷网、掩罩、刺缠、陷阱、钓具、刺杀渔具、取鱼机械设备（鱼泵、耙犁等）和其他捕鱼工具（驱赶设备、麻醉剂、爆炸和训练的动物等）。每一大类还可以分为若干小类。由于它是 FAO 的建议，而不是一项决定，同时一些国家均有自成体系的分类系统等原因，故上述分类系统未被广泛采用。

第二节　我国渔具分类、命名及代号

《渔具分类、命名及代号》（GB/T 5147—1985）（以下简称"我国渔具分类标准"）的主要内容如下。

1. 渔具分类的原则

渔具分类依据捕捞原理、结构特征和作业方式，划分为类、型、式三级。第一级为类，以捕捞原理作为划分"类"的依据；第二级为型，在同类渔具中，以其结构特征作为划分"型"的依据；第三级为式，在同一类、型渔具中，以其作业方式作为划分"式"的依据。

2. 渔具分类的命名

类、型、式的名称，根据分类原则命名。渔具分类的名称，按下列规定顺序书写：

式的名称 + 型的名称 + 类的名称→渔具分类名称

例 1-1

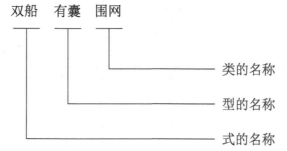

按分类原则，我国渔具分为刺网、围网、拖网、地拉网、张网、敷网、抄网、掩罩、陷阱、钓具、耙刺、笼壶 12 类。在同类渔具中，按结构特征可分为若干型，按作业方式可分为若干式，可详见表 1-1。

以网衣为主体构成的渔具为网渔具，简称网具。在上述 12 类渔具中，刺网、围网、拖网、地拉网、张网、敷网、抄网、掩罩类中的掩网、陷阱类中的插网和建网均属于网具。

3. 渔具分类的代号

类的代号，按类的名称，一般用其第一个汉字的汉语拼音声母表示。型的代号，按型的名称，一般用其两个汉字的汉语拼音的声母表示。式的代号，分别用两位阿拉伯数字表示。

渔具分类的代号，按下列规定顺序书写：

式的代号 + 型的代号 + 类的代号→渔具分类代号

例 1-2　双船有囊围网

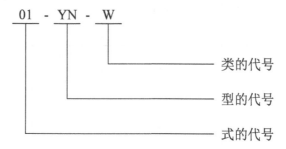

表 1-1 渔具分类的类、型、式名称及代号

序号	类		型		式	
	名称	代号	名称	代号	名称	代号
1	刺网	C	单片	DP	定置	20
			双重	ShCh	漂流	21
			三重	SCh	包围	22
			无下纲	WG	拖曳	23
			框格	KG		
2	围网	W	有囊	YN	单船	00
			无囊	WN	双船	01
					多船	02
3	拖网	T	单片	DP	单船表层	50
			单囊	DN	单船中层	51
			多囊	DuN	单船底层	52
			有翼单囊	YD	双船表层	53
			有翼多囊	YDu	双船中层	54
			桁杆	HG	双船底层	55
			框架	KJ	多船	02
4	地拉网	Di	有翼单囊	YD	船布	44
			有翼多囊	YDu	穿冰	40
			单囊	DN	抛撒	38
			多囊	DuN		
			无囊	WN		
			框架	KJ		
5	张网	Zh	张纲	ZhG	单桩	03
			框架	KJ	双桩	04
			桁杆	HG	多桩	05
			竖杆	ShG	单锚	06
			单片	DP	双锚	07
			有翼单囊	YD	船张	26
					樯张	27
					并列	25
6	敷网	F	箕状	JZh	岸敷	42
			撑架	ChJ	船敷	43
					拦河	41
7	抄网	Ch	兜状	DZh	推移	32
8	掩罩	Y	掩网	YW	抛撒	38
			罩架	ZhJ	撑开	31
					扣罩	33
					罩夹	34

续表

序号	类		型		式	
	名称	代号	名称	代号	名称	代号
9	陷阱	X	插网	ChW	拦截	10
			建网	JW	导陷	11
			箔筌	BQ		
10	钓具	D	真饵单钩	ZhD	定置延绳	56
			真饵复钩	ZhF	漂流延绳	57
			拟饵单钩	ND	曳绳	24
			拟饵复钩	NF	垂钓	30
			无钩	WGo		
			弹卡	TK		
11	耙刺	P	滚钩	GG	定置延绳	56
			柄钩	BG	漂流延绳	57
			叉刺	ChC	拖曳	23
			箭铦	JX	投射	35
			齿耙	ChP	铲耙	37
			锹铲	QCh	钩刺	36
12	笼壶	L	倒须	DaX	定置延绳	56
			洞穴	DX	漂流延绳	57
					散布	45

4. 关于笼壶渔具的渔具分类名称和渔具分类代号的修改建议

以上介绍了我国渔具分类标准。关于笼壶类渔具中的笼具和壶具，考虑两种渔具的捕捞原理相同而把笼具和壶具合并在一起，统称为笼壶渔具。

实际上笼具和壶具是两种不同的渔具，故其渔具分类名称和渔具分类代号应有所区别。例如，广东湛江的花鳝笼（《中国图集》241号渔具），如图13-2所示，若按照我国渔具分类标准，其渔具分类名称应为定置延绳倒须笼壶；广东阳江的石鳝壶（《广东图集》131号渔具），《广东图集》误写为"石鳝笼"，如图13-7所示，若按照我国渔具分类标准，其渔具分类名称也应为定置延绳笼壶。则在这两种不同的笼壶渔具中，哪个是笼具，哪个是壶具，就分不清楚了。因此，应对笼具和壶具的代号给予区分，即在表1-1中，类的名称"笼壶"应改为"笼具或壶具"，类的代号"L"应改为"L/H"。则广东湛江的花鳝笼的渔具分类名称和渔具分类代号分别为定置延绳倒须笼具和56-DaX-L，广东阳江的石鳝壶的渔具分类名称和渔具分类代号分别为定置延绳倒须壶具和56-DaX-H，这样即可区分两种渔具。本书采取上述方法来区分笼具和壶具（附录N和附录O）。

第二章 刺 网 类

第一节 刺网渔业概况

我国刺网类渔具历史悠久、分布广泛,其网具结构和作业方式种类较多,是我国海洋渔业的 5 类主要渔具(刺网类、围网类、拖网类、张网类和钓具类)之一。

在较长的历史时期内,我国刺网的线、绳是以棉、麻制成的,捕捞效果较差。从 1954 年开始,我国逐步推广使用锦纶(聚酰胺)单丝及乙纶(聚乙烯)单丝为线、绳材料。在 20 世纪 60 年代逐步发展渔船机动化,使得刺网的渔获率显著提高,并且作业渔场也有较大的扩展。虽然那时刺网类渔具的绝对产量不高(占我国海洋捕捞总产量的 5%~6%),但渔获物质量和产值较高,因此发展一直较快。之后由于提倡发展拖网、张网和有囊围网等高产、稳产渔具,许多渔民放弃了刺网作业,转而进行浅海拖网、张网或灯光围网作业,故有些海域的刺网渔业处于萎缩状态。由于浅海拖网、张网和灯光围网的盲目发展,导致了 70 年代后期渔业资源的明显衰退,许多传统捕捞对象的产量大幅度下降,引起了多方面的关注,并且开始对渔业进行调整。实行渔业调整以来,进行浅海拖网、张网或灯光围网作业的渔船,因受到渔业资源的限制,有的转营或兼营刺网作业,而且新增的小船也直接投入刺网作业,因此刺网作业得到前所未有的快速发展。

20 世纪 70~80 年代,我国分布范围最广的传统刺网渔具有鲅鱼[①]流网、鲳鱼流网、鳓鱼流网、鲨鱼刺网、梭子蟹刺网等;分布范围较广、经济效益较高的有北方沿海的对虾流网,苏北沿海至长江口一带的银鲳流网,等等;随着传统经济鱼类资源衰退、小型鱼类增加而大量发展起来的有黄鲫鱼流网、青鳞鱼流网、梅童鱼流网、斑鲦鱼刺网、龙头鱼定刺网;还有分布范围较小的地方性刺网,如浙江的毛鳀鱼定刺网,南海区的龙虾定刺网、乌贼定刺网、鲨定刺网等。

由于刺网对渔获物选择性强(以缠络作用为主的刺网除外),其网目尺寸和网衣缩结系数要求与主要捕捞对象的体型相适应,因而多在渔具名称之前冠以主捕对象的名称,如北方沿海生产规模较大的鲅鱼流网。在 20 世纪 70 年代,早春迎捕鲅鱼到长江口渔场,之后逐步跟踪北上,直到在渤海产卵场产卵后分散索饵为止。捕捞强度迅猛加大,捕捞个体逐渐小型化,刺网网目也随着逐渐缩小,由 60 年代的 100~115 mm 逐渐缩小到 90 mm 以下,由主捕 3 龄鱼到主捕 1 龄鱼。60 年代以前,鲐鱼流网的网目为 95~103 mm,后来逐渐缩小到 82 mm,成为兼捕鲅鱼的通用流网。我国沿海捕捞鲅鱼、鳓鱼、鲳鱼等的刺网,其捕捞个体小型化和网目缩小的情况是普遍存在的。为了防止捕捞个体继续小型化和网目继续缩小,1983 年农牧渔业部颁布了有关限制刺网网目尺寸的标准,规定了在东海、黄海和渤海捕捞蓝点马鲛,以及在东海、黄海捕捞鳓鱼的流刺网最小网目尺寸均为 90 mm;在东海、黄海、渤海捕捞银鲳的流刺网最小网目尺寸为 137 mm。

根据《中国调查》和《中国渔业年鉴 2004》的资料统计,1985 年我国海洋刺网捕捞产量为 48.5 万 t,占全国海洋捕捞产量[②]的 12.6%,次于拖网、张网、围网,在各类渔具捕捞产量中居第 4 位;2003 年

[①] 鲅鱼是东海、黄海和渤海的渔民对马鲛的俗称,马鲛是对蓝点马鲛、康氏马鲛等的统称。
[②] 除表 0-1 外,本书中有关我国海洋捕捞产量的数据均是指在我国四大海域(渤海、黄海、东海和南海)中的捕捞产量,不包括我国远洋渔业的捕捞产量。表 0-1 中的海洋捕捞产量是指我国的沿海渔业捕捞产量与远洋渔业捕捞产量之和。

我国海洋刺网捕捞产量为 244.1 万 t，占全国海洋捕捞产量的 17.3%，仅次于拖网，在各类渔具捕捞产量中居第 2 位。

1985~2003 年，我国海洋捕捞产量由 386.7 万 t 提高至 1413.5 万 t，其增产幅度约为 266%。同时，我国海洋刺网捕捞产量由 48.5 万 t 提高至 244.1 万 t，其增产幅度约为 403%，大于同期全国海洋捕捞产量的增产幅度。在我国 5 类主要海洋渔具（刺网类、围网类、拖网类、张网类和钓具类）中，刺网类的增幅仅次于钓具类（约 587%）而居第 2 位，这说明我国刺网渔业的发展是较快的。

我国刺网渔业具有如下特点。

第一，渔具结构简单。在网具中，刺网的结构是比较简单的，每片网均由一片矩形网衣和若干绳索、浮子、沉子等构成，制作工艺较简单，生产操作较方便，作业时将若干片网衣连接成网列即可。

第二，生产机动灵活。刺网捕鱼比较机动灵活，网列的长短可以调整，可根据捕捞对象设计成表层、中层或底层刺网，能捕捞表、中、底各水层集群比较密集或稀疏的鱼类和甲壳类等。

第三，捕捞对象品种多，渔获物质优价高。我国刺网的捕捞对象种类较多，无论是海洋中的中上层鱼类（如马鲛、鲐、鲱、银鲳、金枪鱼、燕鳐、颌针鱼等）还是底层水产动物（如牙鲆、舌鳎、梭子蟹、对虾、龙虾、鲨等），均可采用刺网捕捞。刺网所捕到的渔获物鲜度好，个体大小差别小，经济价值较高。

第四，作业渔场广阔。刺网几乎不受渔场环境（包括渔场底质、地形等）的限制。例如，有的渔场因有礁石、沉船或大量底栖生物（如海柳、海绵、海藻等）而不能进行拖网、围网作业，但可进行刺网作业。

第五，利于合理利用和保护水产资源。刺网的主捕对象一般为一两种，可兼捕十多种。只要限制网目尺寸或网衣高度，即可对主捕对象进行有效的繁殖保护。例如，主捕蓝点马鲛的流网，能兼捕少量鲐和鲱，在 20 世纪 80 年代初期，其网目尺寸缩小到 90 mm 以下，主捕 1~2 龄蓝点马鲛。如果适当放大网目尺寸，便可主捕 2 龄蓝点马鲛，则蓝点马鲛资源便能得到较快地恢复。因此，制定各种刺网最小网目尺寸标准，控制刺网网目大小，可有效选择捕捞适捕个体鱼类，对渔业资源能起到合理利用和繁殖保护的作用。

第六，对渔船、渔机要求不高。从带有艇尾机的竹筏、木筏、塑料管筏或小舢舨到大型的现代化渔船，均可采用刺网作业。在近岸渔场，无机动力的小舢舨亦可用摇橹或划桨进行刺网作业。渔船上亦可不需要复杂的渔捞设备，小型刺网渔船可以手工操作，中、大型刺网渔船也仅需装有简单的绞纲机即可。

第七，刺网是开展多种作业的良好渔具。刺网适用于各种渔船进行轮流作业和共同作业。在刺网作业的淡季里，如渔船甲板有相应设备，则刺网可和拖网、围网、张网、陷阱、钓具等渔具轮流作业，以提高渔船利用率。在近岸渔场作业的某些刺网放入海中后，常需等待 3~5 h 或 10 h 以上才起网，这时可和张网、陷阱、钓具等渔具共同作业。在渔场资源调查时的试捕和捕捞标志放流的鱼类，均可使用刺网。

第八，与拖网、围网相比，刺网渔业投资较少，成本较低，生产管理较简单，燃料消耗少，收益见效快。

刺网捕鱼的缺点是：①手工摘取渔获物的工作较为费时费事。尤其是在鱼体被缠络在多重网衣内时，摘鱼更为困难，鱼体也常受损伤，修补和整理网具也费时，延误生产时机。在捕捞密集鱼群时，渔获效率和产量均不如拖网或围网。②流网作业时占用渔场面积大，在多种渔具作业的渔场里，刺网易与拖网、张网、陷阱等渔具绞缠。刺网在航海通道上作业时，会对船舶航行安全造成潜在威胁。

为了合理利用和保护渔业资源，刺网渔业得到了进一步的重视和发展。目前，有些国家采用抖鱼机械，可减少摘鱼时间和劳力消耗，但对缠络于网衣中的渔获物难以奏效，对鱼体损伤的问题也未能解决。有的国家在大、中型混合式渔船上已实现流网捕鱼全盘机械化，即采用液压式的流网起网机、理网机、抖鱼机和网具输送机等机械化操作，从而提高了刺网捕鱼生产效率。

第二节　刺网捕捞原理和型、式划分

刺网是以网目刺挂或网衣缠络原理作业的网具[①]。它的作业原理是把若干片矩形网具连接成长带形状的网列，放在水中直立呈垣墙状，截断水产动物的通道，迫使水产动物强行穿越时刺挂于网目内或缠络于网衣中而达到捕捞目的（图2-1）。

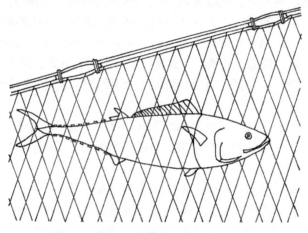

图 2-1　鱼刺挂于网目内

根据我国渔具分类标准，刺网按结构特征可分为单片、双重、三重、无下纲、框格 5 个型，按作业方式可分为定置、漂流、包围、拖曳 4 个式。

一、刺网的型

1. 单片型

单片型的刺网由单片网衣和上、下纲构成，称为单片刺网。和其他型的刺网相比，其结构较简单，操作较方便，摘鱼耗时相对较少，所捕获鱼体损伤相对较轻，故其应用最广泛。我国海洋刺网以单片刺网为主，数量最多。

按照网衣网目长度（简称"目大"）的不同，单片刺网可分为同一种目大的单层刺网和由上层与下层两种不同目大组成的双层刺网。我国海洋单片刺网基本采用单层单片刺网，其网衣展开图如图 2-2 所示。在渔场中，若上、下水层分别栖息着不同大小的鱼类，也可把单片刺网制成有两种不同目大的双层单片刺网，其网衣展开图如图 2-3 所示。双层单片刺网的优点是可在同一次捕捞中捕获多种体长不同的鱼类，缺点是对体长相近的鱼类进行捕捞时效果并不理想，因此在我国沿海极少采用。我国已知的具有代表性的双层单片刺网只有海南琼海的双层四指刺网[②]（《广东图集》18 号网）。

[①] 这是刺网的捕捞原理。第二章至第十三章各类渔具的捕捞原理，均写在各章第二节开篇，为作者根据我国渔具分类标准做出的描述。

[②] "海南琼海"为渔具的调查地点，前两个字为省（自治区、直辖市）的名称，后两个字为县或县级市（区）的名称，下同。"双层四指刺网"是渔具的俗名，即当地的习惯称呼。

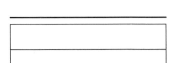

图 2-2 单层单片刺网网衣展开图　　　　图 2-3 双层单片刺网网衣展开图

2. 双重型

双重型的刺网由两片目大不同的重合网衣和上、下纲构成，称为双重刺网，其网衣展开图如图 2-4 所示。设置双重刺网时，应注意将小目网衣放在迎流面或鱼类游来的方向，较小的鱼体可能刺入小目网衣的网目中。当较大的鱼体穿越网衣时，小目网衣将在大目网衣的网目内形成网袋而包缠鱼体，如图 2-5 所示。双重刺网在我国海洋渔业中应用极少，主要在江河湖泊中使用。

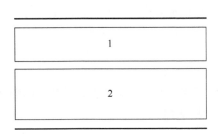

图 2-4 双重刺网网衣展开图
1. 大目网衣；2. 小目网衣

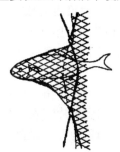

图 2-5 双重刺网缠鱼示意图

3. 三重型

三重型的刺网由两片大网目网衣中间夹一片小网目网衣和上、下纲构成，称为三重刺网。其网衣展开图和局部装配图分别如图 2-6 和图 2-7 所示。

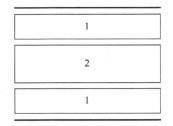

图 2-6 三重刺网网衣展开图
1. 大目网衣；2. 小目网衣

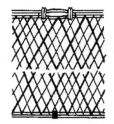

图 2-7 三重刺网局部装配图

三重刺网在捕捞对象种类较多、鱼体大小参差不齐的渔场作业时，有良好的效果，但其网具结构稍复杂，摘鱼工作也较费事。对于非纺锤形体的鱼类、对虾、龙虾、虾蛄、蟹、乌贼等，三重刺网的捕捞效率较高，同时这些渔获物的产值较高，故三重刺网在南海区近岸刺网渔业中发展较快。

4. 无下纲型

无下纲型的刺网由单片网衣和上纲构成，称为无下纲刺网，有的地方称"散腿刺网"或"散脚帘"。和其他型的刺网相比，其结构最简单。无下纲刺网的网衣张力较小，鱼触网后较易刺入网目。在 20 世纪 80 年代全国海洋渔具调查资料中，介绍无下纲刺网的数量比三重刺网的稍多些。

与单片刺网相同，无下纲刺网可以根据网衣是由一种目大或两种目大组成而区分为单层无下纲刺网或双层无下纲刺网。此外，在渔场中若上、下水层分别栖息着不同种的鱼类，也可根据不同鱼类的习性把无下纲刺网制成由两种不同网线材料组成的双层无下纲刺网。它的优点是，在同一次捕捞中可多捕获不同的鱼类；缺点是，在对同种鱼类进行捕捞时，其效果较差。在我国海洋渔业中，无下纲刺网多数采用单层无下纲刺网，其网衣展开图如图 2-8 所示；双层无下纲刺网采用较少，其网衣展开图如图 2-9 所示。

图 2-8　单层无下纲刺网网衣展开图　　　　图 2-9　双层无下纲刺网网衣展开图

由两种不同目大组成的双层无下纲刺网，具有代表性的有福建惠安的双层散脚帘（《中国图集》56 号网）和广东海康（现雷州市）[①]的二层门鳝刺网（《中国图集》55 号网）；由两种不同网线材料组成的双层无下纲刺网且只介绍有海南儋州的六指马鲛流刺网（《南海区渔具》50 页）。

5. 框格型

框格型的刺网由单片网衣与细绳结成的若干框格和上、下纲构成，称为框格刺网或框刺网。其中，框格呈方形的称为方形框刺网，框格呈菱形的称为菱形框刺网。

1）方形框刺网

方形框刺网是网衣被细绳索分隔成若干方形框格的刺网（图 2-10）。框格的作用类似双重刺网的大目网衣，使单片网衣易于在框格内形成兜状（图 2-11）。框格绳分横框绳和纵框绳，横框绳一般与上、下纲等长，纵框绳与侧纲等长。每条纵框绳的上、下方各装一个浮子和沉子，这有利于维持框格的正常形状。

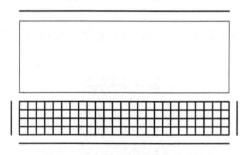
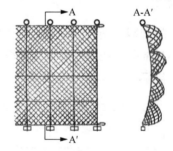

图 2-10　方形框刺网网衣展开图　　　　图 2-11　方形框刺网结构示意图

2）菱形框刺网

菱形框刺网是网衣被细绳索分隔成若干菱形框格的刺网（图 2-12）。菱形框刺网的装配方法是先将网衣装成单片刺网，然后每间隔一定的网目数，沿单脚斜线方向向左、右各穿一条细框格绳，在两条框格绳的交叉点打一个结节。由于网衣采用较小的水平缩结系数，斜向框格绳又短于装置部位网衣沿单脚斜向的长度，所以网衣在框格上形成松弛的兜状（图 2-13），有利于缠络鱼体。

由于框刺网的网衣在流水作用下或鱼体穿越网衣时呈囊兜状，故其渔获物个体大小范围比单片刺网更大，产量也比单片刺网更高。与多重刺网相比，框刺网在流水区域作业时效果较好，摘取渔获物也较方便。但因框刺网的囊兜较浅鱼易回逃，故在流水缓慢或静水区域作业时，产量不及多重刺网。方形框刺网主要用于内陆水域捕捞，而菱形框刺网在生产中使用较少。在我国海洋刺网资料中，尚未发现有框刺网。

[①] 本书在旧地名首次出现时括注现（属）地名，为便于与相关历史资料对应，后沿用旧地名，不再注明。

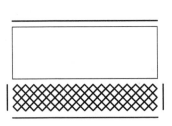

图 2-12 菱形框刺网网衣展开图

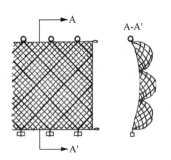

图 2-13 菱形框刺网结构示意图

二、刺网的式

1. 定置式

定置式的刺网用石、锚、桩、橛等固定敷设而成，称为定置刺网或定刺网。海洋定刺网一般设置在近岸底形复杂而鱼、虾、蟹等洄游经过的较浅海域，每片网具或每列网两端用石、锚、桩或橛定置，靠浮、沉子保持网衣的垂直伸展。定刺网距岸近，作业规模较小，生产效率较低。

根据网具敷设水层不同，定刺网可分为中层定刺网（图 2-14）和底层定刺网（图 2-15）。中层定刺网配备的浮力必须大于沉降力，而底层定刺网的浮力则必须小于沉降力。在我国海洋定刺网作业中，底层定刺网的种数较多，中层定刺网的种数较少。

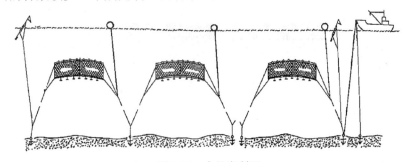

图 2-14 中层定刺网

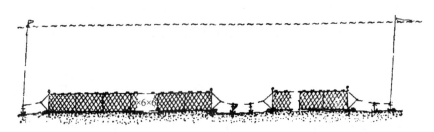

图 2-15 底层定刺网

2. 漂流式

漂流式的刺网随水流漂移作业，称为漂流刺网或流刺网、流网。流网在刺网类中数量最多，其主要优点是主动灵活地迎捕鱼类；除底层流网外，一般不受水深和底形、底质的限制，渔场范围广阔；网具随水流漂移，在单位时间内扫海容量较大，故产量较其他作业方式的刺网均高。

根据作业水层不同，流网可分为表层流网（图 2-16）、中层流网（图 2-17）和底层流网（图 2-18）。表层流网的浮力大于沉降力，上纲的浮子漂浮在海面上；中层流网的上纲不装浮子或所装浮子的浮力稍小于沉降力，网列所在水层由浮筒绳的长短来调节控制，使网列保持在鱼类所活动的水层；底层流网作业于底层或近底层水域，网高一般比表层和中层的流网低，网具的浮力小于沉降力，使网具贴近海底。表层流网和中层流网不受渔场底形、底质的限制，比底层流网的灵活性大。在海洋流网作业中，底层流网数量最多，表层流网次之，中层流网最少。

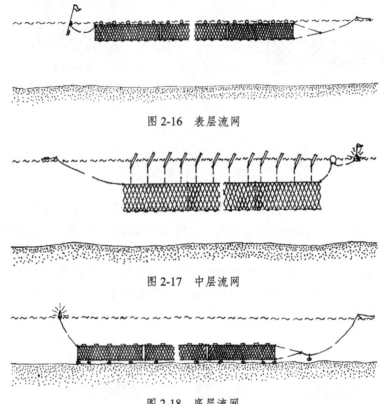

图 2-16　表层流网

图 2-17　中层流网

图 2-18　底层流网

3. 包围式

包围式的刺网以包围方式作业，称为包围刺网或围刺网（图 2-19）。围刺网包围集群的鱼或者栖息有鱼群的沿岸天然岩礁、人工鱼礁外围，然后利用声响等手段威吓鱼群，使鱼逃窜而刺挂于网衣上。围刺网网具的浮力小于沉降力，网具贴近并定置于海底。这种作业方式的特点是可以利用局部不平坦的渔场及岩礁海域。围刺网多用于沿岸近海或江河湖泊浅水区。在我国海洋刺网作业中，围刺网的种数较少，只分布在南海区。

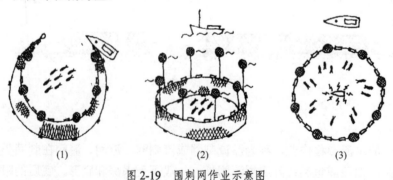

图 2-19　围刺网作业示意图

4. 拖曳式

拖曳式的刺网以拖曳方式作业，称为拖曳刺网或拖刺网。20 世纪 50 年代，在广东沿海曾有由 2 艘小船驾帆拖曳长 500～600 m 的网列拖捕银鲳、乌鲳、竹荚鱼等中上层鱼类的作业方式，但因为捕捞效率不高，现已被淘汰。80 年代初期，在浙江沿海滩涂浅水区曾有人涉水逆流拖曳长约 10 m 的单片刺网刺捕棱鯔。由于拖刺网作业方式落后、经济效益低，作业单位日趋减少。

我国的海洋拖刺网原是用小帆船或人力拖曳的网具。当拖曳网具向前时，鱼类发现网具后向前逃跑，鱼尾对着网衣，鱼体难于刺入网目中，加上拖曳速度较慢，相当于网列在驱赶鱼类向前逃逸，导致捕捞效率极低。刺网以拖曳方式作业，只会驱赶鱼类，而达不到捕捞目的，最终势必被淘汰。因此建议在刺网的渔具分类中，取消"拖曳"这个式的名称。

三、全国海洋刺网型式

根据 20 世纪 80 年代全国海洋渔具调查资料统计，我国海洋刺网共有 185 种，分为定置单片刺网、漂流单片刺网、包围单片刺网、拖曳单片刺网、定置三重刺网、漂流三重刺网、定置无下纲刺网和漂流无下纲刺网共计 8 种型式。

1. 定置单片刺网

在 185 种海洋刺网中，定置单片刺网有 56 种，仅次于漂流单片刺网。按作业水层可分为中层作业刺网和底层作业刺网。在中层作业的占少数，有 17 种，其中 14 种只分布在黄渤海区沿海的 5 个省（直辖市），另有 3 种只分布在浙江（2 种）和广西（1 种）。其中较具有代表性的有辽宁庄河的锚网（《中国图集》10 号网）、天津塘沽（现属滨海新区）的斑鰶鱼刺网（《中国调查》49 页）、山东文登的海蜇网（《山东图集》19 页）、江苏启东的鲳鱼定刺网（《中国图集》7 号网）、浙江象山的毛鲿鱼定刺网（《中国图集》18 号网）、广西北海的八指石底刺网（《中国图集》5 号网）等。在底层作业的占多数，有 39 种，除了天津、江苏和上海外，其余沿海省（自治区）均有介绍，其中较具代表性的有辽宁绥中的大目锚网（《中国图集》3 号网）、河北秦皇岛的鲈鱼锚刺网（《中国图集》4 号网）、山东海阳的比目鱼刺网（《中国图集》6 号网）、浙江苍南的龙头鱼定刺网（《中国图集》11 号网）、福建平潭的龙虾刺网（《中国调查》59 页）、广东吴川的墨鱼刺网（《中国图集》12 号网）、海南澄迈的定置刺网（《广东图集》4 号网）、广西钦州的鲨刺网（《中国图集》17 号网）等。

2. 漂流单片刺网

我国漂流单片刺网的种数最多，有 91 种，按作业水层可分为表层作业刺网、中层作业刺网和底层作业刺网。其中表层作业的有 42 种，具有代表性的马鲛流网和鲳鱼流网，几乎遍布于我国沿海地区。此外，较具有代表性的还有辽宁长海的鲐鱼流网（《中国图集》31 号网）、河北乐亭的颚针鱼流网（《中国图集》35 号网）、天津塘沽的青鳞鱼流刺网（《天津图集》17 页）、山东荣成的远东拟沙丁鱼流网（《中国调查》30 页）、江苏灌南的鳓鱼流刺网（《江苏选集》10 页）、浙江永嘉的鲱鱼流网（《浙江图集》14 页）、福建同安的黄鱼绫（《福建图册》19 号网）、广东珠海的曹白刺网（《广东图集》17 号网）、海南临高的飞鱼网（《中国图集》39 号网）等。此外，在 42 种表层作业的漂流单片刺网中，有 3 种可通过在其下纲上吊装石沉子或水泥沉子而变为底层作业，即广东珠海的曹白刺网、海南琼海的双层四指刺网（《广东图集》18 号网）和海南昌江的四指刺网（《广东图集》19 号网）。中层作业的较少，只有 4 种，即浙江岱山的鳓鱼流网（《中国图集》29 号网）、福建东山的大目绫（《中国图集》21 号网）、福建晋江的鲨鱼帘（《中国图集》22 号网）和广东海丰的大鲛莲（《广东图集》24 号网）。底层作业的稍多，有 45 种，除上海外，其他各沿海省（自治区、直辖市）均有分布。具有代表性的对虾流网，除上海、浙江、海南外，其他各沿海省（自治区、直辖市）均有分布。较具有代表性的还有辽宁庄河的青皮鱼挂网（《辽宁报告》16 号网）、河北昌黎的青鳞鱼流网（《中国图集》40 号网）、山东乳山的梭鱼刺网（《中国图集》33 号网）、江苏赣榆的黄鲫鱼流刺网（《江苏选集》20 页）、浙江宁海的鲻鱼流网（《中国图集》30号网)、福建惠安的戈帘[①](《福建图册》26号网)、广东阳江的白帘(《中国图集》34号网)、广西北海的龙利流网(《中国图集》32号网)等。

3. 包围单片刺网

我国具有代表性的包围单片刺网的介绍较少,只有3种。其中2种分布在广东,均属底层定置作业,即广东台山的黄花鱼刺网(《中国图集》45号网)和广东电白的石头帘(《广东图集》28号网);另外1种是广西钦州的黄鱼罟(《中国图集》46号网)。

4. 拖曳单片刺网

我国拖曳单片刺网的介绍最少,只有1种,是浙江乐清的拖游丝(《浙江图集》22页)。在20世纪80年代初,由于作业方式落后,经济效益低,其作业单位日趋减少。

5. 定置三重刺网

我国定置三重刺网的介绍较少,只有3种。其中1种为中层作业,是辽宁锦西(现葫芦岛市)的河鲀鱼三重[②]锚网(《辽宁报告》17号网)。另外2种为底层作业,即河北秦皇岛的三重刺网(《中国图集》47号网)和广东中山的三重帘(《中国图集》48号网)。

6. 漂流三重刺网

我国漂流三重刺网的种数较多,为13种,按作业水层可分为表层作业刺网和底层作业刺网。其中表层作业刺网较多,有8种,分布在黄渤海区5个省(直辖市)和福建、广东,即辽宁锦西的三重挂网(《辽宁报告》4号网)和辽宁绥中的大杂鱼三重刺网(《辽宁报告》5号网),河北抚宁的海蜇三重刺网(《河北图集》9号网),天津塘沽的梭鱼三重流刺网(《天津图集》19页),山东福山的三重刺网(《山东图集》25页),江苏赣榆的鲻、梭鱼三重流网(《中国图集》51号网),福建福州的三重帘[③](《福建图册》32号网),以及广东番禺的三黎网(《中国图集》49号网,此网可通过在下纲上吊装石沉子而变为底层作业)。在中层作业的最少,只有1种,即福建漳浦的三重绫(《中国图集》50号网)。在底层作业的较少,有4种,分布在福建(3种)和广东(1种),为福建莆田和福建惠安的乌仔鱼三重帘[④](《福建图册》30号和31号网)、福建福清的对虾三重帘[⑤](《福建图册》33号网)和广东惠东的大虾莲(《广东图集》30号网)。

7. 定置无下纲刺网

我国定置无下纲刺网的种数最少,只有1种,是从海南琼海到西沙群岛礁盘区作业的海龟刺网(《中国图集》52号网),属于表层作业刺网。因海龟是国际保护动物,现在该刺网已因禁止作业而被淘汰。

8. 漂流无下纲刺网

我国漂流无下纲刺网有17种,虽然也较少,但其种数仅次于漂流单片刺网和定置单片刺网。按作业水层可分为表层作业刺网、中层作业刺网和底层作业刺网。其中表层作业的只有1种,即广东阳江的金枪鱼刺网(《广东图集》35号网)。在中层作业的有3种,即海南东方的马鲛刺网(《广

---

① 《福建图册》原载"戈缞",由于此二字非规范字,本书改为"戈帘"。
② 根据我渔具分类标准规定,可得知在《辽宁报告》中将"三重"均误写为"三层"。
③ 《福建图册》原载"三重缞",本书改为"三重帘"。
④ 《福建图册》原载"乌仔鱼三重缞",本书改为"乌仔鱼三重帘"。
⑤ 《福建图册》原载"对虾三重缞",本书改为"对虾三重帘"。

东图集》33号网,此网通过在下纲上多吊装水泥沉子、解下浮筒并加长浮标绳后可变为底层作业)、海南文昌的九指流刺网(《广东图集》38号网,此网通过在下纲上吊装3个水泥沉子并解下浮筒后可变为底层作业)和广西北海的高脚流刺网(《广西图集》23号网)。在底层作业的有13种,如河北黄骅的鲈鱼散腿流刺网(《河北图集》10号网)、天津塘沽的鲈鱼散腿流网(《中国图集》54号网)、广东海康的二层门鳝刺网(《中国图集》55号网)、海南琼山(现属海口市)的乌鲳刺网(《广东图集》36号网)、海南乐东的红鱼刺网(《广东图集》37号网)。此外,福建有8种底层漂流无下纲刺网,其中较具代表性的有福建惠安的双层散脚帘(《中国图集》56号网)和福建厦门的鲫仔绫(《中国图集》57号网)等。

综上所述,全国海洋渔具调查资料所介绍的185种海洋刺网,按结构特征分只有3个型,按作业方式分有4个式,按型式分共计有8个型式,每个型、式和型式的名称及其所介绍的种数可详见附录N。此外,在185种海洋刺网中,若按作业水层分,则表层作业的有52种,中层作业的有26种,底层作业的有107种。

四、南海区刺网型式及其变化

全国海洋渔具调查资料所介绍的南海区刺网,有7个型式共53种网具;南海区渔具调查资料所介绍的刺网,有5个型式共36种网具。两份调查资料时隔20年左右,南海区刺网型式的变化情况如表2-1所示。从该表可以看出,定置单片刺网的种数从较多变为较少;漂流单片刺网的种数仍保持着最多;包围单片刺网由3种变为没有介绍;定置无下纲刺网由1种变为没有介绍(琼海的海龟刺网被禁止,于是不再介绍);漂流无下纲刺网由原来的7种(较少)变为2种(最少);三重刺网则明显增多,其中定置三重刺网由1种变为5种,漂流三重刺网由2种变为5种。

表2-1　南海区刺网型式及其介绍种数　　　　　　　　　　(单位:种)

调查时间	定置单片刺网	漂流单片刺网	包围单片刺网	定置三重刺网	漂流三重刺网	定置无下纲刺网	漂流无下纲刺网	合计
1982~1984年	19	20	3	1	2	1	7	53
2000年、2004年	4	20	0	5	5	0	2	36

20世纪末至21世纪初,南海区的单片刺网倾向于改为三重刺网。例如,在广东湛江的江洪渔港(遂溪)、外罗渔港(徐闻)和硇洲渔港等,三重刺网已占绝大部分,其中外罗渔港的白鲳流刺网(《南海区渔具》16页)在2000年还是单片刺网,在2004年已经全部改用三重刺网;在广东阳江的东平渔港约有480艘126~221 kW的金线鱼刺网渔船中,其中约有400艘改用三重刺网。在广东,主要是由漂流单片刺网改用漂流三重刺网;在海南和广西,主要是由定置单片刺网改用定置三重刺网。

1982年,广东台山的黄花鱼刺网(《中国图集》45号网,为包围单片刺网),其目大为120 mm,捕捞4~6龄鱼。2000年,广东雷州的黄花鱼刺网(《南海区渔具》12页,定置单片刺网),其目大为92 mm,捕捞3龄鱼;广东遂溪的黄花网(《南海区渔具》39页,漂流三重刺网),其小目网衣的目大为45 mm,可捕1~2龄鱼。据1983年调查资料,南海区捕捞蟹类的单片刺网,其目大为120~140 mm(《广东图集》7号和22号,《广西图集》29~31号)。据2000年调查资料,南海区捕捞蟹类的单片刺网,其目大为105~135 mm(《南海区渔具》5页、11页和32页),而捕捞蟹类的三重刺网,其小目网衣的目大仅为86~88 mm(《南海区渔具》45页和46页)。据1983年调查资料,南海区捕捞鲳类的单片刺网，其目大为 240 mm（《广东图集》25 号网），到了 2000 年，南海区捕捞鲳类的单片刺网，其目大为 183～225 mm（《南海区渔具》13 页、16 页和 17 页），捕捞鲳类的三重刺网，其小目网衣的目大仅为 103～110 mm（《南海区渔具》43 页和 44 页）。可见，上述刺网的目大不断减小，改用三重刺网后，其小目网衣目大的减小程度更为显著。在实际生产中，可以发现上述三重刺网捕捞到不少的小鱼小蟹，对保护渔业资源非常不利，建议有关部门早日确定三重刺网小目网衣最小目大的标准。

第三节　刺网结构

我国刺网虽有 5 个网型，但海洋刺网只用单片、三重和无下纲 3 个型，其中单片型使用最为广泛，故本节着重介绍单片刺网的结构及其构件的作用原理，对三重刺网和无下纲刺网的结构只做简单的介绍。

一、单片刺网结构

单片刺网由网衣、绳索和属具 3 部分构件组成，如表 2-2 所示。定置单片刺网和漂流单片刺网的作业示意图分别如图 2-20 和图 2-21 所示。

表 2-2　单片刺网网具构件组成

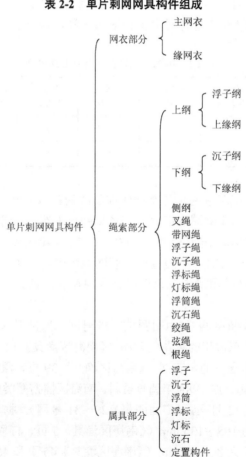

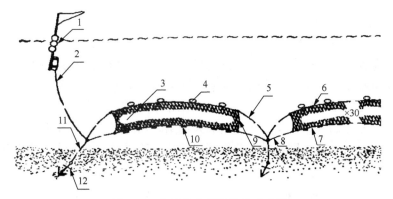

图 2-20 定置单片刺网作业示意图

1. 浮标；2. 浮标绳；3. 网衣；4. 浮子；5. 上叉绳；6. 上纲；7. 下纲；8. 下叉绳；9. 侧纲；10. 沉子；11. 根绳（锚绳）；12. 锚

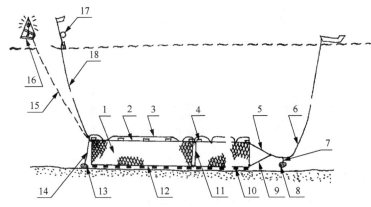

图 2-21 漂流单片刺网作业示意图

1. 网衣；2. 上纲；3. 绞绳；4. 浮子；5. 上叉绳；6. 带网绳；7. 沉石绳；8. 沉石；9. 下叉绳；10. 沉子；11. 侧纲；12. 下纲；13. 沉石；14. 沉石绳；15. 灯标绳；16. 灯标；17. 浮标；18. 浮标绳

（一）网衣部分

网片是由网线编织成的具有一定尺寸网目结构的片状编织物。网衣是组成网具部件的网片。

单片刺网一般是由一片同一种网线材料规格和同一种目大、网结类型的网衣构成，也有些单片刺网的网衣是由主网衣和缘网衣组成的，如图 2-22 所示。

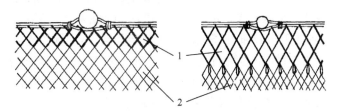

图 2-22 主网衣与缘网衣的缝合

1. 缘网衣；2. 主网衣

1. 主网衣

主网衣是刺网网具的主体构件，它是一片矩形网片。其主要作用是：作业时在浮、沉力的作用下，在水下伸展呈"垂直"网壁，使鱼、虾、蟹等水产动物刺挂于网目内或缠络于网衣中。网衣的目大要均匀，其尺寸需与捕捞对象的优势体长相适应。为了保护水产资源，目大不得小于对捕捞对象所规定的最小网目尺寸。网线在保证足够强度的条件下越细越好。我国单片刺网网衣多数采用锦纶单丝编结，约占 78%[①]；采用乙纶网线（即乙纶单丝捻线）的较少，约占 12%；采用乙纶单丝的更少，约占 7%；采用锦纶网线的最少，约占 3%。

用上述合成纤维编结的刺网网片，在网具装配前一般应进行拉伸或加热定型处理，以使网片的网结牢固而不易滑脱变形。在手工编结网片中，锦纶单丝网片和乙纶单丝网片一般均采用双死结［图 2-23（4）］、变形死结-1［图 2-23（5），又称单抱死结］、变形死结-2［图 2-23（6），又称双抱死结］或变形死结-3［图 2-23（7），又称双环结］来编结。乙纶网线网片和锦纶网线网片一般采用死结［图 2-23（2）］编结。在机织网片中，乙纶网线网片一般采用死结编结，锦纶单丝网片一般采用双死结编结。

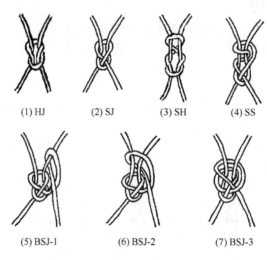

图 2-23 网结类型

注：图中代号的含义可详见附录 B，下同。

2. 缘网衣

缘网衣是为加强主网衣边缘强度而用粗线编结的网衣。其作用是减少主网衣的受力和摩擦。我国海洋单片刺网的网衣强度基本足够，可以不再装置缘网衣，因此在我国具有代表性的 151 种单片刺网中，有 121 种没有装置缘网衣，占 80.1%。但随着渔船机械化程度提高，缘网衣的使用会越来越普遍。缘网衣装置有三种形式，一种是在主网衣上、下边缘均装置上、下缘网衣，如图 2-24（1）所示，有 24 种，占 15.9%；另一种是只在主网衣下边缘装置下缘网衣，如图 2-24（2）所示，有 5 种，占 3.3%；最后一种是装置上、下缘网衣，并且在主网衣两侧边缘和上、下缘网衣之间装置侧缘网衣，如图 2-24（3）所示，只有 1 种，即浙江苍南的龙头鱼定制刺网（《中国图集》11 号网）。上、下缘网衣的网高目数一般为 1.5~2.5 目，其拉直高度一般为 0.06~0.12 m。在 24 种装置上、下缘网衣的单片刺网［图 2-24（1）］中，上、下缘网衣的网高目数相同的有 20 种；下缘网衣比上缘网衣多 1 目的有 2 种；另有 2 种，其上、下缘网衣网高目数之比分别为 2.5 目比 7.5 目和 2.5 目比 19.5 目。只装置下缘网衣的单片刺网［图 2-24（2）］，其网高目数一般为 6.5~10.5 目，拉直高度一般为 0.44~0.58 m。

一般在大型刺网渔船采用机械操作的刺网才考虑装置缘网衣，在中、小型渔船上使用的或网衣强度已足够的刺网，可以不装置缘网衣。我国装置缘网衣的单片刺网，主要分布于黄渤海 5 省（直辖市），该海区装置上、下缘网衣的有 17 种，只装置下缘网衣的有 5 种，占全国装置缘网衣单片刺网总数（30 种）的 73.3%；其次分布于东海区 3 省（直辖市），装置上、下缘网衣的有 6 种，装置上、下缘网衣和侧缘网衣的有 1 种，占 23.3%；在南海区 3 省（自治区）分布最少，只有广东的

---

① 本书介绍有关渔具构件所采用的数据均来源于 20 世纪 80 年代全国海洋渔具调查。

1 种（装置上、下缘网衣）。我国单片刺网的缘网衣采用乙纶网线死结编结的有 27 种，占装置有缘网衣（30 种）的 90%；采用锦纶单丝编结的只有 3 种，浙江和福建各有 1 种和 2 种。缘网衣网线的断裂强力[①]与主网衣网线断裂强力之比一般为 1.9～4.1。在我国装置缘网衣的 30 种单片刺网中，缘网衣与主网衣目大相同的有 19 种，占 63.3%，其目大均大于 36 mm；缘网衣目大比主网衣目大稍大的有 5 种，占 16.7%；缘网衣与主网衣的目大之比为 2 的有 4 种，其主网衣目大为 25～35 mm，缘网衣目大为 50～70 mm。

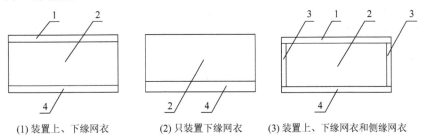

(1) 装置上、下缘网衣　　(2) 只装置下缘网衣　　(3) 装置上、下缘网衣和侧缘网衣

图 2-24　装置缘网衣的单片刺网网衣展开图
1. 上缘网衣；2. 主网衣；3. 侧缘网衣；4. 下缘网衣

3. 网衣使用方向

网片（衣）纵向是指网片（衣）中，与结网网线总走向相垂直的方向（图 2-25），代号为 N。网片（衣）横向是指网片（衣）中，与结网网线总走向相平行的方向（图 2-25），代号为 T。刺网在作业时，若无水流影响，其网衣是直立水中的。对于直立水中的网衣，纵目使用是指网衣纵向与网衣水平方向[②]垂直 [图 2-26（1）]，横目使用是指网衣横向与网衣水平方向垂直 [图 2-26（2）]。在我国 121 种没有装置缘网衣的单片刺网中，其网衣为横目使用的 [图 2-27（1）] 有 74 种，占 61.2%；网衣为纵目使用的 [图 2-27（2）] 有 47 种，占 38.8%。在 24 种装置上、下缘网衣的单片刺网中，其主网衣和上、下缘网衣均为纵目使用的 [图 2-27（3）] 有 13 种，占 54.2%；主网衣和上、下缘网衣均为横目使用的 [图 2-27（4）] 有 7 种，占 29.2%；主网衣为横目使用和上、下缘网衣为纵目使用的 [图 2-27（5）] 有 3 种，占 12.5%；主网衣为纵目使用和上、下缘网衣为横目使用的 [图 2-27（6）] 只有 1 种。在 5 种只装置下缘网衣的单片刺网中，其主网衣和下缘网衣均为横目使用的 [图 2-27（7）] 有 3 种；主网衣为横目使用和下缘网衣为纵目使用的 [图 2-27（8）] 有 2 种。装置上、下缘网衣和侧缘网衣的单片刺网只有 1 种，其主网衣和左、右侧缘网衣均为横目使用，其上、下缘网衣为纵目使用 [图 2-27（9）]。

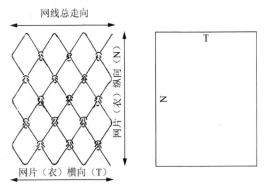

图 2-25　网片（衣）方向

---

① 本书中用于制作绳索的线、绳的"断裂强力"一律简称为"强度"。
② 刺网的"网衣水平方向"指"若无水流影响而直立水中的刺网网衣上边缘与海平面平行的方向"，如图 2-26 上方的 2 条两端带箭头的网衣水平线所示的方向。

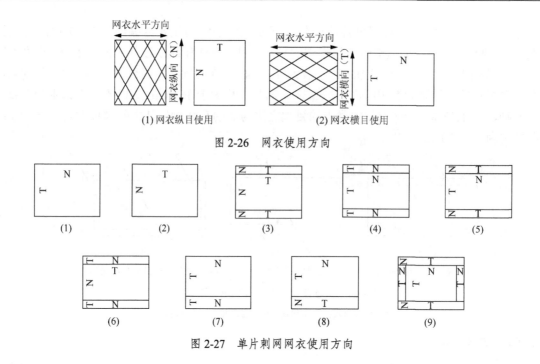

图 2-26 网衣使用方向

图 2-27 单片刺网网衣使用方向

（二）绳索部分

网具上的绳索有两种，一种是结扎在网衣上面或边缘的绳或线，另一种是装置在网衣外面用于网衣与网衣、网衣与绳索、网衣与属具、网衣与渔船等之间连接的绳或线。本书定义的纲索专指结扎在网衣上面或网衣边缘的绳或线，其他起连接作用的绳或线（编结网片用的网线除外）统称为绳索。简单地说，结扎在网衣上面或边缘的绳或线均称为某某纲，装置在网衣外面的绳或线均称为某某绳。

刺网网具上的绳索有浮子纲、沉子纲、上缘纲、下缘纲、侧纲、叉绳、带网绳、浮子绳、沉子绳、浮标绳、灯标绳、浮筒绳、沉石绳、绞绳、弦绳、根绳等。

1. 浮子纲、沉子纲

浮子纲是网具上方边缘装有浮子的绳索，如图 2-28 中的 1 所示。沉子纲是网具下方边缘装有沉子的绳索，如图 2-28（1）中的 3 所示。浮、沉子纲分别与上、下缘纲一起构成刺网的主要骨架，分别用来结缚浮、沉子和承受网具的全部载荷。单片刺网一般均装置浮、沉子纲各 1 条。浮、沉子纲一般要求采用具有足够强度、坚韧而柔软、耐腐蚀，以及没有太大捻缩和伸长的单丝、线或绳。

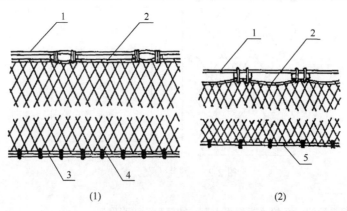

图 2-28 上、下纲装配型式

1. 浮子纲；2. 上缘纲；3. 沉子纲；4. 下缘纲；5. 单下纲

2. 缘纲

缘纲是穿进网衣上、下边缘网目并用于增加网衣边缘强度的绳索。单片刺网网衣的上、下边缘均穿扎有 1 条缘纲，分别称为上缘纲和下缘纲，如图 2-28（1）中的 2 和 4 所示。缘纲对绳索性能的要求与浮、沉子纲相同。

浮子纲和上缘纲均是网具上方边缘的绳索，总称为上纲，是主要承受网具上方作用力的绳索。上纲均由浮子纲与上缘纲各 1 条组成，此双纲长度一般等长，如图 2-28（1）的上方所示，这种等长装置在我国 151 种单片刺网中占 92.0%（139 种）。还有 7 种单片刺网（广东 6 种、福建 1 种）的上缘纲比浮子纲稍长，装配后形成水扣形状，如图 2-28（2）的上方所示，其上缘纲和浮子纲的长度比为 1.02～1.08。另有 5 种单片刺网（河北 2 种、山东 3 种）的浮子纲比上缘纲长，如图 2-30（6）所示，即用浮子纲将浮子两端结扎在浮子纲和上缘纲之间。

沉子纲和下缘纲均是网具下方边缘的绳索，总称为下纲，是主要承受网具下方作用力的绳索。由沉子纲和下缘纲各 1 条组成的下纲，此双纲长度多数等长，如图 2-28（1）的下方所示，这种等长装置在我国 151 种单片刺网中占 83.4%（126 种）。还有 18 种单片刺网（广东 6 种、广西 4 种、海南 5 种和福建 3 种）只用 1 条下纲，这种单下纲相当于双下纲的下缘纲，均是先穿进网衣下边缘网目后再与网衣下边缘结扎在一起，故又可称为单下纲刺网，如图 2-28（2）的下方所示。另有 5 种单片刺网（河北 2 种、山东 3 种）的沉子纲比下缘纲长，如图 2-30（6）所示，即用沉子纲将沉子两端结扎在沉子纲和下缘纲之间。可将图 2-30（6）上下颠倒，并把浮子改画成沉子即是。此外有浙江的 2 种单片刺网（《中国图集》36 号网和 27 号网）是分别采用 2 条等长的沉子纲和 3 条等长的沉子纲，并且均采用 1 条等长的下缘纲，分别属于三下纲刺网和四下纲刺网。

根据上述我国 151 种单片刺网的上、下方边缘的配纲介绍，若把上纲和下纲的配纲条数相加作为分类依据，可知在我国 151 种单片刺网中，有三纲式刺网 18 种，四纲式刺网 131 种，五纲式刺网 1 种和六纲式刺网 1 种。我国沿海自北向南辽宁、河北、天津、山东、江苏、上海均只介绍了四纲式刺网，浙江介绍了四纲式、五纲式和六纲式刺网，福建、广东、广西、海南均介绍了三纲式和四纲式刺网。

（1）下纲与上纲的长度比

由于浮子纲与上缘纲一般是等长的，即使有 7 种上缘纲比浮子纲稍长的刺网，其上纲长度是受稍短的浮子纲控制的，并且沉子纲与下缘纲一般也是等长的，即使有些下缘纲比沉子纲稍长的刺网，其下纲长度是受稍短的沉子纲控制的，故下纲与上纲的长度比就是沉子纲或单下纲的长度与浮子纲的长度比。在我国 151 种单片刺网中，下纲与上纲的长度比等于 1（即上、下纲等长）的有 90 种（占 59.6%）。下纲与上纲的长度比大于 1（即下纲比上纲稍长，其长度比范围为 1.01～1.41）的有 58 种（占 38.4%）。在南海区 3 省（自治区）和福建，长度比大于 1 的刺网占多数，其他沿海各省（自治区、直辖市），长度比大于 1 的刺网占少数。长度比大于 1，在放网时有利于下纲的迅速沉降。此外，尚有 3 种（广东 2 种，海南 1 种）刺网的下纲与上纲的长度比小于 1（即下纲比上纲稍短，其长度比为 0.98～0.99），在作业时，其网列中间网片之间连接处附近的上纲无法伸展而呈曲折状，使此处网衣无法正常张开。长度比小于 1，若不是网具调查时测量不准确或网图资料整理、印刷错误所造成的，就是网具设计上的错误，因为长度比不应小于 1。

（2）上、下纲的材料及其强度

在我国 151 种单片刺网中，将近 90% 的上、下纲采用乙纶单丝捻线（简称乙纶网线，其网线直径小于 4 mm）或乙纶单丝捻绳（简称乙纶绳，其绳索直径不小于 4 mm）。此外，在南海区 3 省（自治区）和福建，尚有采用锦纶网线或锦纶绳、锦纶单丝、锦纶单丝捻线或捻绳、锦纶单丝编线或编绳来制作上、下纲的。在我国 151 种单片刺网中,上纲的浮子纲与上缘纲均用同材料、同粗度(或同强度)的有 130 种,占 86.1%;辽宁、福建和海南 3 省有 18 种刺网的浮子纲强度比上缘纲大,占 11.9%;其余 3 种是浮子纲强度相对稍小的。下纲的沉子纲与下缘纲均用同材料、同粗度的有 119 种,占 78.8%;有 9 种刺网的沉子纲强度比下缘纲的稍大,占 6.0%;有 6 种刺网的沉子纲强度比下缘纲的稍小。若将双上纲的浮子纲与上缘纲的强度相加作为上纲的强度,双下纲的沉子纲与下缘纲的强度相加作为下纲强度,两者的比值称为上下纲强度比,则南海区 3 省(自治区)和福建共有 18 种单下纲刺网,其上下纲强度比均大于 1(上纲强度均大于下纲强度);其余的双上纲和双下纲刺网,其上下纲强度比大多数等于 1 或大于 1,只有 5 种小于 1(上纲强度小于下纲强度)。而其他沿海 7 省(直辖市)没有单下纲刺网,均为双上纲或双下纲刺网,其上下纲强度比大多数等于 1 或小于 1,这可能与起网时用绞纲机收绞下纲有关,故下纲强度应稍大;只有 8 种刺网的上下纲强度比大于 1。

3. 侧纲

侧纲是装在网具侧缘的纲索。侧纲用于加强网衣侧部边缘的强度,减少起网时和流网漂流时网衣侧部的应力集中,同时在作业中,起着维持网形端部高度的作用。

我国单片刺网的侧纲装置有单侧纲和双侧纲 2 种。单侧纲是只用 1 条侧缘纲穿进网衣侧缘网目后,再按一定的缩结要求用网线将网衣侧缘缝合在侧纲上,如图 2-29(1)中的 4 所示。双侧纲是由 1 条侧纲和 1 条侧缘纲组成,先将侧缘纲穿进网衣侧缘网目后,再按一定的缩结要求用网线将网衣侧缘和侧缘纲一起拼扎在侧纲上,如图 2-29(2)中的 7 所示。侧纲的上、下两端分别绕过上、下纲后用网线扎牢。

在我国 151 种单片刺网中,未装置侧纲的较多,有 78 种,占 51.7%;装置侧纲的较少,有 73 种。在装置侧纲的 73 种单片刺网中,大多数装置单侧纲,有 62 种,占 84.9%;装置双侧纲的较少,只有 11 种,分布于辽宁(8 种)、天津(1 种)和山东(2 种)。

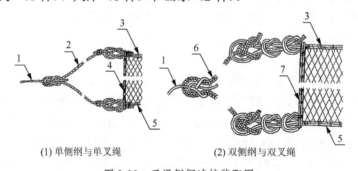

(1) 单侧纲与单叉绳　　(2) 双侧纲与双叉绳

图 2-29　叉绳侧纲连接装配图

1. 根绳或带网绳;2. 单叉绳;3. 上纲;4. 单侧纲;5. 下纲;6. 双叉绳;7. 双侧纲

为了便于说明刺网的绳索和属具的装置部位,首先介绍有关网列的组成形式。刺网作业时,将若干矩形网具连接成"长带状的网具",如图 2-14~图 2-18 所示,这种"长带状网具"又可简称为"网列"。刺网网列的组成形式可分为连续式网列和分离式网列两类。连续式网列是两相邻网衣间的上、下纲两端留头(即指上、下纲在网衣两端侧缘外留出用于网衣间连接用的绳索长度)相互连接形成长矩形的网列,如图 2-16~图 2-18 所示。分离式网列又可分为网衣分离式网列和网组分离式网列两种。网衣分离式网列的两相邻网衣间是通过叉绳端(图 2-20)或根绳端(参见图 2-14,可把图中分离的网组当作分离的网衣)相互连接形成网衣分离状的网列。网组分离式网列是先将若干网衣的上、下纲两端留头相互连接,并用网线不作结地把两相邻网衣的侧缘绕缝连接而形成一列连续式的网组,再由若干网组通过叉绳端(参见图 2-20,可把图中分离的网衣当作 1 片分离的网组）或根绳端（图2-14、图2-15）相互连接形成网组分离状的网列。图2-14中的网组是由2片网衣组成的，图2-15中的网组是由6片网衣组成。我国海洋刺网的网组分离式网列，其网组一般为2~6片网。

在我国151种单片刺网中，连续式网列有123种，分离式网列有25种（网衣分离式网列有17种，网组分离式网列有8种）。此外，尚有3种是一片式刺网，即作业时不以网列方式进行，而是各片网衣分开单独作业。山东文登的海蜇网和山东海阳的比目鱼刺网（《山东图集》24页），均为定置单片刺网；浙江乐清的拖游丝，是由2人分开在浅水滩涂上拖曳刺捕鲻鱼的一片拖曳单片刺网。

在我国151种单片刺网中，定置单片刺网有56种（占37.1%），漂流单片刺网有91种（占60.3%），包围单片刺网有3种（占2.0%），拖曳单片刺网只有1种。在56种定置单片刺网中，有连续式网列31种（占55.4%，主要分布在福建和南海区），分离式网列23种（占41.1%，主要分布在黄渤海区和浙江），一片式刺网2种（均分布在山东）。在91种漂流单片刺网中，有连续式网列89种（占97.8%，分布在全国沿海），分离式2种（均分布在浙江）。3种包围单片刺网均为连续式网列，有2种分布在广东，1种分布在广西。1种拖曳单片刺网为一片式刺网，分布在浙江。

在我国151种单片刺网中，装有侧纲的有71种，占47.0%。在71种装有侧纲的单片刺网中，有定置单片刺网26种（占36.6%），漂流单片刺网42种（占59.1%），包围单片刺网2种（占2.8%），拖曳单片刺网1种。在56种定置单片刺网中，装有侧纲的有26种，占46.4%。在26种装有侧纲的定置单片刺网中，其侧纲装在连续式网列每片网两侧（图2-21）的有6种（23.1%），装在连续式网列首尾两侧的有2种（7.7%），装在网衣分离式网列每片网两侧（图2-20）的有11种（42.3%），装在分离式网列网组两侧（图2-14）的有5种（19.2%），装在一片式刺网网片两侧的有2种。在91种漂流单片刺网中，只有2种网衣分离式网列，均无装置侧纲，其余89种均为连续式网列。在89种连续式漂流单片刺网中，装有侧纲的有42种，占47.2%。在42种装有侧纲的连续式漂流单片刺网中，其侧纲装在网片两侧（图2-16、图2-18、图2-21）的有25种（59.5%），装在网列首尾两侧的有10种（23.8%），装在网列首尾两侧和中间每10片网扎1条侧纲的有1种，装在网列首和中间每5或10片网扎1条侧纲的有2种，只装在网列首1条侧纲的有3种，只装在网列尾1条侧纲的有1种。在3种连续式包围单片刺网中，只有广东的2种在网片两侧均装有侧纲。拖曳单片刺网网片两侧均装有侧纲。

此外，在71种无侧纲的连续式网列中，有9种（占12.8%）网列内的网衣之间均用1条网线不作结地把两侧缘网目绕缝在一起形成一整片长矩形网列。在全部8种网组分离式网列中，网组内的网衣之间均用1条网线绕缝成一整片长矩形网组。

为了使侧纲起到保护网衣侧部边缘的作用，侧纲结缚网衣的长度（侧纲净长）应与网衣缩结高度等长或稍短。但在我国装有侧纲的单片刺网中，根据资料统计，约有80%的刺网侧纲净长与网衣缩结高度等长或稍短（侧纲净长与网衣缩结高度之比多数为0.9~1.0，其中等长的将近30%），这是合理的。但约有20%的刺网，其侧纲净长大于网衣缩结高度，即在作业中侧纲不受力，起不到保护网衣侧缘的作用，这是不合理的。造成这种不合理的原因可能有2种：一是侧纲净长原是被调查者的口述数字，这个数字一般包含侧纲两端作为连接用的留头长度（即为侧纲全长），用这个侧纲全长标注在网图中变为侧纲净长，当然不合理；二是若侧纲净长为实测数字，则可能是设计者或装网者不懂得侧纲净长应等于或小于网衣缩结高度的道理，也可能是不懂得网衣缩结高度如何计算，于是造成侧纲净长大于网衣缩结高度的不合理现象。

侧纲对绳索性能的要求和采用的材料与浮、沉子纲的相似，将近92%的侧纲采用乙纶材料。采用乙纶网线的较多，约占76%，采用乙纶绳的较少。1条侧纲的强度采用与浮子纲相同的约占40%，而多数是采用其强度比浮子纲强度稍小的。双侧纲一般是采用同材料规格的 2 条绳索，有 9 种。还有 2 种双侧纲，其侧缘纲的强度比侧纲强度稍小。

4. 叉绳

刺网的叉绳是连接在刺网上、下纲侧端和根绳或带网绳等之间的 V 形绳索，通常由 1 条或 2 条绳索对折制成，如图 2-29 所示。叉绳除了起连接作用外，还将网具上、下纲的张力传递给根绳或带网绳，并使网具侧部能上、下分开和使网衣正常展开。

我国单片刺网的叉绳如图 2-29（1）所示，是 1 条对折后的 V 形绳索，其两端分别与网具侧部的上、下纲留头相连接，中间对折点与根绳或带网绳等相连接。双叉绳如图 2-29（2）所示，一般是用 2 条同材料规格和等长的叉绳合并一起对折后的 V 形绳索，其两端也分别与网具侧部的上、下纲留头相连接，中间对折点也与根绳或带网绳等相连接。在我国单片刺网所装置的叉绳中，采用单叉绳的较多，约占 83%；采用双叉绳的较少，只有 13 种，分布于辽宁（5 种）、天津（3 种）、山东（1 种）、浙江（3 种）和广东（1 种）。叉绳在中间对折后，位置在上的部分称为上叉绳，位置在下的部分称为下叉绳，如图 2-20、图 2-21 所示。若叉绳在中点对折，则上、下叉绳等长；若叉绳在中间而不是中点对折，则可能形成上叉绳相对稍短或下叉绳相对稍短。在我国海洋单片刺网所装置的叉绳中，采用上、下等长叉绳的有 29 种。在不等长叉绳中，上叉绳稍短的有 20 种，下叉绳稍短的有 9 种。究竟是上叉绳稍短好还是下叉绳稍短好，根据现有资料还无法得出结论。例如，在山东有 5 对同作业方式和同作业水层的刺网，其上、下叉绳的长短关系完全相反，即看不出其长短的规律性。叉绳对绳索性能的要求和采用的材料与浮、沉子纲的相似，本书其他绳索也类似。在我国单片刺网所装置的叉绳中，采用乙纶材料的约占 86%。在乙纶材料中，采用乙纶绳的较多，约占 89%，采用乙纶网线的较少。单叉绳的叉绳强度一般与浮子纲的强度相同或较大，双叉绳的叉绳强度一般为浮子纲强度的 1～4 倍。

在我国 151 种单片刺网中，装有叉绳的有 76 种，占 50.3%。在我国装有叉绳的 29 种定刺网中，叉绳装在网衣两端的（图 2-20）有 17 种，占 58.6%；装在网组两端的（图 2-14、图 2-15）有 7 种，占 24.1%；另有 5 种是装在连续式网列的两端。在装有叉绳的 46 种流刺网中，叉绳装在网列尾端[①]的（图 2-16、图 2-18、图 2-21）有 41 种，占 89.1%，其他装在网列两端。只有 1 种装有叉绳的围刺网，其叉绳装在网列两端。

5. 带网绳

带网绳是刺网作业时连接网具和渔船的绳索。带网绳的主要作用是承受网列的拉力，使网列和渔船共同定置或漂流。在我国单片刺网所装置的带网绳中，采用乙纶材料的约占 70%。在乙纶材料中，采用乙纶绳的约占 90%，采用乙纶网线的较少。带网绳的强度一般为浮子纲强度的 1.5～9.0 倍，是单片刺网中强度最大的绳索。

我国 151 种单片刺网中，装有带网绳的有 71 种，占 47.0%。其中在 56 种定置单片刺网中，装有带网绳的只有 6 种，占 10.7%，其带网绳首端[②]分别连接在分离式网列尾的根绳端（1 种，如图 2-14 所示）、连锚绳端（1 种，如图 2-15 所示）或叉绳端（2 种，如图 2-33 所示），连续式网列的叉绳端（1 种）或上纲端（1 种）。在 91 种漂流单片刺网中，装有带网绳的有 64 种，占 70.3%。在装有带网绳的漂流单片刺网中，有 45 种（70.3%）是连接在网列尾的叉绳端，有 18 种是连接在连续式网列尾的上纲端。此外尚有 1 种比较特殊，其带网绳连接在连续式网列尾侧所附扎的撑杆的中点上，

[①] 刺网放网时，先投放的一端称为网列首端，最后投放的一端称为网列尾端。
[②] 带网绳首端是指投放带网绳时最先投放的一端，带网绳投放出足够长度后，最后连接在船上的一端称为带网绳的尾端。

即浙江永嘉的鲅鱼流网（《浙江图集》14 页）。在我国具有代表性的 3 种包围单片刺网中，只有 1 种装有 2 条带网绳，分别连接在连续式网列两侧的叉绳端（《中国图集》45 号网）。

6. 浮子绳、沉子绳

浮子绳是连接浮子和上纲的绳索，沉子绳是连接沉子和下纲的绳索。若浮子或沉子是直接固定在上纲或下纲上时，则其浮子绳或沉子绳一般采用乙纶网线或锦纶单丝，这种将浮子或沉子直接固定在纲索上的渔网线或锦纶单丝俗称为"结扎线"。

我国单片刺网的浮子方结构[①]如图 2-30 所示。上纲均由浮子纲和上缘纲组成，装配时，上缘纲均先穿进网衣上边缘网目后，再与浮子纲、浮子结扎在一起。采用图 2-30（1）的结构较少，在我国 151 种单片刺网中，约占 5%，主要分布在广东和海南。其装配方法是先将上缘纲穿进网衣上边缘网目后，再将浮子纲和上缘纲拉直等长并根据浮子装配间隔长度和目数的要求，用 2 条结扎线在浮子两端内侧附近或环槽处将浮子结扎在浮子纲和下缘纲之间。采用图 2-30（2）较少，约占 7%，主要分布在浙江，其次在广东。先按图 2-30（1）的装配方法将浮子两端结扎在浮子纲和上缘纲之间后，再用 1 条结扎线在两个浮子之间的中点处将浮子纲和上缘纲并扎在一起。采用图 2-30（3）最多，约占 41%，主要分布在南海区和福建，其次在浙江和山东。也先按图 2-30（1）的装配方法，将浮子两端结扎在浮子纲和上缘纲之间后，再沿着浮子两端外侧各用 1 条结扎线将浮子纲和上缘纲并扎在一起。采用图 2-30（4）较多，约占 30%，主要分布在黄渤海区，其次在上海和浙江。先将浮子纲和上缘纲分别穿进浮子中孔和网衣上边缘网目后，再根据上纲分档结扎的要求（结扎档距长度和目数）以及浮子结扎的要求（浮子安装间距长度和目数），用结扎线把浮子纲和上缘纲拉直等长并结扎在一起，而浮子也按要求均匀配布在上纲上。采用图 2-30（5）较少，约占 7%，分布在浙江、辽宁、河北和天津。先将上缘纲穿进网衣上边缘网目后，再将浮子纲和上缘纲拉直等长并根据分档结扎间隔长度和目数的要求，用结扎线将 2 条纲并扎成 1 条上纲，然后根据浮子安装间距长度要求用结扎线将浮子紧靠上纲并结扎在上纲上。采用图 2-30（6）最少，约占 3%，分布在河北和山东。先将上缘纲穿进网衣上边缘网目，再按浮子安装间距长度和目数的要求，用浮子纲将浮子两端结扎在上缘纲和浮子纲之间，并且使两个浮子之间双纲拉直等长。此外，还有 1 种浮子方结构如图 2-28（2）所示，其两个浮子之间的上缘纲比浮子纲稍长，故上缘纲在作业时形成类似水扣的形状。此浮子方结构采用较少，约占 5%，主要分布在广东，其次在福建。其装配方法与图 2-30（1）

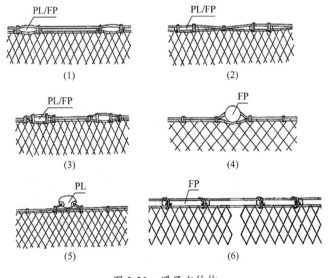

图 2-30 浮子方结构

---

① 浮子方结构指刺网网衣上方浮子与上纲、网衣的连接结构。

相似，只是在结扎浮子时，应使每两个浮子之间的上缘纲长度均比浮子纲长度稍长。在整条上纲的装配中，浮子之间上缘纲的稍长程度应保持相同。

我国单片刺网的沉子方结构[①]主要如图 2-31 所示。采用图 2-31（1）的结构较多，在全国海洋渔具调查资料所介绍的 151 种单片刺网中有 27 种，占 17.9%，分布在广东（10 种）、广西（8 种）、浙江（5 种）、海南（2 种）、福建（1 种）和山东（1 种）。其装配方法是先将下缘纲穿进网衣下边缘网目后，根据沉子分档装配间隔长度和目数的要求，再将弯成 U 形的铅沉子套进网衣下边缘的网目并将下缘纲和沉子纲分档拉直等长地钳夹在一起。采用图 2-31（2）较少，有 15 种，占 9.9%，分布在福建（12 种）、广东（2 种）和浙江（1 种）。其装配方法也是先将下缘纲穿进网衣下边缘网目后，根据沉子装配间隔长度和目数的要求，用结扎线将下缘纲和沉子纲分档结扎好，最后将铅沉子钳夹在每档沉子纲的中点处。采用图 2-31（3）的比较少，有 14 种，占 9.3%，分布在海南（5 种）、广东（4 种）、广西（4 种）和福建（1 种）。此结构只有 1 条下纲，只需先把 1 条类似下缘纲的单下纲穿过网衣下边缘网目后，再将单下纲拉直且将其两端固定好。接着将铅沉子套进网衣下边缘网目后，再按沉子装配间隔长度和目数的要求，将网衣下边缘网目逐档地钳夹在单下纲上。采用图 2-31（4）所示的中孔沉子也较少，有 13 种，占 8.6%，分布在天津（5 种）、山东（3 种）、浙江（3 种）、河北（1 种）和广东（1 种）。其装配方法是将下缘纲和沉子纲分别穿过网衣下边缘网目和沉子中孔后，将下缘纲和沉子纲拉直合并等长且将此双下纲的两端固定好，接着用结扎线按分档结扎的间隔目数和长度的要求，将下缘纲和沉子纲等长并扎在一起。在并扎过程中，按沉子的安装间距要求每间隔几档后留下一个沉子在沉子纲上。采用图 2-31（5）所示的扁方菱形沉子稍多，有 16 种，占 10.6%，分布在山东（9 种）、河北（4 种）、和天津（3 种）。此结构是先将下缘纲穿进网衣下边缘网目且与沉子纲合并拉直等长和固定后，再按结扎分档要求将下缘纲和沉子纲并扎在一起。然后根据沉子的安装间距长度要求，先用 1 条结扎线沿着沉子长度中点的环槽将沉子结扎，并使沉子两侧在长度方向的沟槽夹在下缘纲和沉子纲之间，再在沉子两端外分别各用 1 条结扎线将双下纲扎牢。采用图 2-31（6）所示的扁长方体形石沉子较少，有 13 种，占 8.6%，分布在辽宁（12 种）和山东（1 种）。此结构的装配与采用图 2-31（5）相似，只是沉子的结扎方法不同。根据沉子的安装间距要求，先用结扎线将沉子两端的环槽将沉子和双下纲结扎，并置沉子两侧的沟槽在下缘纲和沉子纲之间，再将沉子两端的双下纲合并扎牢。

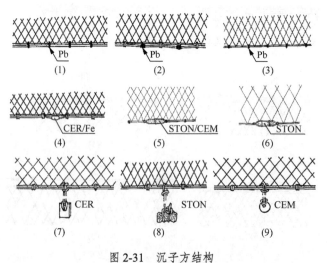

图 2-31 沉子方结构

---

① 沉子方结构是指刺网网衣下方沉子与下纲、网衣下边缘的连接结构。

图 2-31（1）～（6）均属于把沉子固定在下纲上的结构方式，图 2-31（7）～（9）均属于把沉子悬挂在下纲上的结构方式。图 2-31（7）表示悬挂在下纲上的陶沉子[①]，此结构采用稍多，有 18 种，占 11.9%。其中，有 12 种采用扁长方体形的陶质砖块，如图 2-47（4）所示；另有 6 种采用带孔的秤锤形陶沉子，类似图 2-39（3）所示。图 2-31（8）表示悬挂在下纲上的石沉子，此结构采用较少，有 12 种，占 7.9%。其中，有 11 种采用长条形石沉子；另有 1 种采用带孔的秤锤形石沉子，如图 2-39（3）所示。长条形沉子又可分为 2 种，1 种是稍微加工制成的近似长方体形石沉子，如图 2-31（8）所示；另外 1 种是较具天然形状的近似椭圆形石沉子，如图 2-39（1）所示。图 2-31（9）表示悬挂在下纲上的水泥沉子，此结构采用更少，有 10 种，占 6.6%，均是带孔的圆饼形沉子。

7. 浮标绳、浮筒绳

浮标（灯标）绳是连接浮标（灯标）和网具的绳索，浮筒绳是连接浮筒和网具的绳索。中层单片刺网还可通过调整浮筒绳的长度来调整网列的作业水层，如图 2-17 所示。

浮标绳和灯标绳一般是通用的，即白天作业用来连接浮标时，为浮标绳；晚上作业用来连接灯标时，为灯标绳。在我国单片刺网所装置的浮标绳中，采用乙纶材料的约占 93%。在乙纶材料中，采用乙纶绳的约占 62%，采用乙纶线的较少。在我国单片刺网所装置的浮筒绳中，采用乙纶材料的约占 91%。而在乙纶材料中，采用乙纶绳的约占 55%，采用乙纶网线的稍少。浮标绳或浮筒绳的强度一般约为浮子纲强度的 0.3～3.0 倍。

黄渤海区 5 省（直辖市）和浙江省的定刺网基本采用分离式网列，其浮标绳或浮筒绳一般连接在网列首尾的叉绳端（图 2-15、图 2-20）或根绳端（图 2-14），有的也连接在网列中间的叉绳端或根绳端。南海区 3 省（自治区）和福建的定刺网与全国沿海的流刺网基本采用连续式网列，其浮标绳或浮筒绳一般连接在网列首尾和中间的上纲端。

8. 沉石绳

沉石绳是连接沉石和网具的绳索。在我国单片刺网所装置的沉石绳中，一般采用乙纶材料，采用乙纶网线的稍少，采用乙纶绳的稍多。沉石绳的强度一般与浮子纲的强度差不多，或稍小些。

我国定置单片刺网一般不装置沉石绳，但广西有 1 种特殊的底层定刺网（鲨刺网）装置有上纲沉石绳，如图 2-32 所示。鲨刺网的沉石绳长度与网衣缩结高度之比为 0.31～0.55，故能拉住上纲而使网衣在水流作用下形成兜状，从而提高了鲨的捕获率。沉石绳主要装置在流刺网上。我国流刺网绝大多数为连续式网列，其沉石绳连接部位主要有 4 种：第一种是连接在下纲上，即分别连接在网列首或网列尾的下纲端，或者连接在网列中间两网片的下纲连接处，此沉石绳所连接的沉石又称为下纲沉石，如图 2-40 的下方所示；第二种是连接在网列尾离叉绳端或上纲端（无叉绳）若干米处的带网绳上，此沉石绳所连接的沉石又称为带网绳沉石，如图 2-40 的上方和图 2-41 所示；第三种是连接在网列尾下纲端附近的下叉绳上，此沉石绳所连接的沉石又称为下叉绳沉石，主要分布在江苏，如图 2-43 所示；第四种是连接在网列尾叉绳与带网绳的连接处，此沉石绳所连接的沉石又称为叉绳端沉石，主要分布在辽宁，如图 2-42 所示。

---

① 附录 B 采用"CER"来表示沉子的材料是"陶土"，即为陶沉子。若陶沉子的形状是画成扁长方体形，则一般指砖沉子，如图 2-31（7）所示；若陶沉子是做成如图 2-39（3）所示的沉子上方附近带有孔的秤锤状的沉子或做成如图 2-31（4）所示的带有中孔的陶沉子，均属于一般的陶沉子。

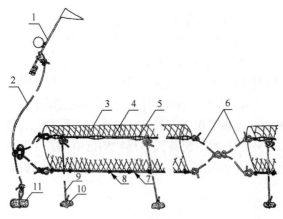

图 2-32 鲨刺网

1. 浮标；2. 浮标绳；3. 网衣；4. 上纲；5. 浮子；6. 叉绳；7. 下纲；8. 铅沉子；9. 上纲沉石绳；10. 沉石；11. 碇石

9. 绞绳

绞绳是装置在流刺网的每片网具上方且与上纲两端连接的绳索如图 2-21 网列上方的 3 所示，用于流刺网的机械化作业，利用绞纲机绞收绞绳便于起网。绞绳一般采用乙纶绳，其长度与上纲长度相同或稍短。绞绳是流刺网网具中强力最大的绳索。

10. 弦绳

弦绳是装置在底层定置单片刺网每片网具的前方，并且两端分别与上、下纲连接的绳索，如图 2-33 中的 4 所示。广东的龙利（舌鳎）帘和龙虾网，广东、广西的墨鱼（乌贼）刺网，均装置弦绳，其弦绳长度与网衣缩结高度之比为 0.63~0.73，故能使网衣在水流作用下形成兜状，从而提高了舌鳎、龙虾或乌贼的捕获率。弦绳一般采用乙纶线或锦纶单丝，采用乙纶线较多。弦绳强度与浮子绳强度之比为 0.2~1.0。

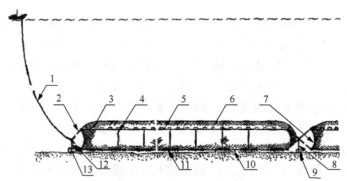

图 2-33 墨鱼刺网作业示意图

1. 带网绳；2. 叉绳；3. 网衣；4. 弦绳；5. 上纲；6. 浮子；7. 侧纲；8. 根绳（小碇绳）；9. 小碇石；10. 下纲；11. 沉子；12. 根绳（大碇绳）；13. 大碇石

11. 根绳

根绳是定置单片刺网连接锚、碇、桩等固定构件和网具的绳索。用于连接锚和网的根绳，又称为锚绳；用于连接碇和网具的根绳，又称为碇绳；用于连接桩和网具的根绳，又称为桩绳。根绳均采用乙纶网线或乙纶绳，采用乙纶绳的较多（约占 74%）。根绳的强度一般为浮子纲强度的 1.7~5.5 倍，是定置单片刺网中强度较大的绳索。

定置单片刺网的网列主要有分离式网列和连续式网列 2 种。在分离式网列中，根绳的连接部位有 2 种：1 种是根绳连接在网列首、尾的叉绳端和网列中间每两网片之间叉绳端的连接处，如图 2-20 中的 11（根绳）、图 2-33 中的 8（小碇绳）和 12（大碇绳）所示；另外 1 种是根绳连接在每网组两侧的叉绳端，如图 2-14（锚绳）和图 2-15（锚绳）所示。在连续式网列中，根绳主要是连接在网列首尾的下纲端，并且在网列的两网片之间的下纲端连接处也连接有根绳。此外，还有根绳是连接在网列首尾的上纲端，以及极少数的根绳是连接在网列首尾的叉绳端。

（三）属具部分

属具是在渔具中起辅助作用的构件的总称。

刺网的属具有浮子、沉子、浮标、灯标、浮筒、沉石和定置构件等。

1. 浮子

浮子是在水中具有浮力，并且形状和结构适合装配在渔具上的属具。刺网利用浮子的浮力支持网列和渔获物的沉降力，并且使网衣垂直向上展开。刺网作业时，浮力配布必须均匀以使网列整齐。我国海洋刺网一般采用小型的硬质塑料浮子或泡沫塑料浮子。硬质塑料浮子一般制成方菱形（菱鼓形）[图 2-34（1）]和椭球形（橄榄形）[图 2-34（2）]2 种，泡沫塑料浮子一般制成中孔圆球形（球形）[图 2-34（3）]和长方形[图 2-34（4）]2 种。硬质塑料浮子在水中不易变形，故其浮力不变化，因此为保持一定的浮沉比，采用此类浮子为好。泡沫塑料浮子的优点是不易破碎，比较耐用，但浮子体积在较深水中会缩小，导致其浮力减少，故表层刺网可使用此类浮子，底层刺网最好不采用，以免影响浮沉比。

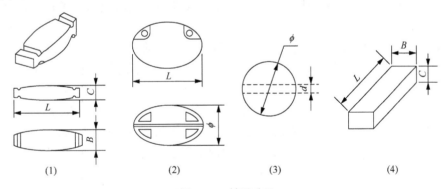

图 2-34 刺网浮子

根据全国海洋渔具调查资料的统计，采用方菱形硬质塑料浮子的单片刺网最多，约占 42%，主要分布在南海区 3 省（自治区）和福建，其次是浙江。如图 2-34（1）所示，此浮子的外形尺寸规格用最大的长（L）×宽（B）×厚（C）表示，单位为 mm，其装配方式多数如图 2-30（3）所示，只有广东的 6 种刺网和海南的 2 种刺网采用图 2-30（1）的装配方式。采用中孔球形泡沫塑料浮子的刺网较多，约占 29%，主要分布在黄渤海区 5 省（直辖市）和上海，其次是浙江。如图 2-34（3）所示，此浮子的尺寸规格用外径（ϕ）和孔径（d）表示，单位为 mm，其装配方式如图 2-30（4）所示。采用长方体形浮子的刺网较少，约占 14%，分布在河北、浙江、江苏、辽宁和山东。如图 2-34（4）所示，此浮子的尺寸规格用长（L）×宽（B）×厚（C）表示，单位为 mm。长方体形浮子多数为泡沫塑料浮子，少数为硬质塑料浮子，其装配方式多数如图 2-30（3）所示，少数如图 2-30（2）所示。采用椭球形硬质塑料浮子的更少，约占 6%，分布在浙江、辽宁、河北和山东。如图 2-34

（2）所示，此浮子的外形尺寸规格用短轴剖面外径（ϕ）×长度（L），单位为 mm，其装配方式如图 2-30（5）所示。

2. 沉子

沉子是在水中具有沉降力，并且形状与结构适合装配在渔具上的属具。沉子的沉力（沉降力）使网具下沉，并且和浮子的浮力配合而使网衣垂向展开。刺网作业时，沉力配布必须均匀以使网列整齐。

根据全国海洋渔具调查资料的统计，我国的 151 种单片刺网主要采用如图 2-35 所示的 4 种沉子。图 2-35（1）为铅沉子，制作方法是先将铅块碾成或铸成扁长方体形的铅片，再根据沉子质量要求将铅片切成相同长度的小铅片，并把小铅片弯曲成 U 形的铅粒即成为装配前的铅沉子，铅沉子的规格用单个铅粒的质量来表示，单位为 g。采用铅沉子的单片刺网最多，有 56 种（占 37.1%），主要分布在南海区 3 省（自治区）和福建，浙江次之，山东只有 1 种。铅沉子的装配方式有 3 种：第一种如图 2-31（1）所示，铅粒按安装间隔要求将网衣下边缘的 1 个网目钳夹在下纲上，此装配方式较多，有 27 种，占 56 种的 48.2%，主要分布在广东、广西和浙江，海南和福建分别分布 2 种和 1 种；第二种如图 2-31（2）所示，铅粒按安装间隔要求钳夹在双下纲结扎档中点的沉子纲上，有 15 种（占 26.8%），主要分布在福建，广东和浙江各分布 2 种和 1 种；第三种如图 2-31（3）所示，铅粒按安装间隔要求将网衣下边缘的 1 个网目钳夹在单下纲上，有 14 种（占 25%），主要分布在南海区 3 省（自治区），福建只有 1 种。图 2-35（2）为中孔圆鼓形陶沉子，一般其尺寸规格用最大外径（ϕ）×长（L）和孔径（d）表示，单位为 mm，其装配方式一般如图 2-31（4）所示。但分布在浙江的 3 种采用中孔陶沉子的刺网，其装配方式均如图 2-40 的下方所示，先用 1 段网线穿过陶沉子中孔后两端连接成 1 个线圈，然后将沉子套挂在沉子纲上。此外，也有少数（4 种）采用中孔圆柱形陶沉子，其尺寸规格表示方法和装配方式均与中孔圆鼓形沉子相同，这种中孔陶沉子或铁沉子采用较少，有 13 种，占 151 种的 8.6%，主要分布在天津、山东和浙江，河北和广东各有 1 种。图 2-35（3）为扁方菱形石沉子，其尺寸规格用最大的长（L）×宽（B）×厚（C）表示，单位为 mm，分布在河北（4 种）和天津（3 种）。此沉子上、下两侧在长度方向的沟槽便于沉子夹在下纲的两纲之间，通过沉子长度中点的环槽便于用结扎线缠绕结扎沉子，其装配方式如图 2-31（5）所示。此外，在山东则采用扁椭圆球形的石沉子（7 种）和水泥沉子（2 种），其尺寸规格的表示方法和装配方式均与方菱形石沉子相同，这种装配方式的沉子稍多，共计 16 种，占 10.6%。图 2-35（4）为带圆角的扁方体形石沉子，其尺寸规格用长（L）×宽（B）×厚（C）表示，单位为 mm。这种沉子介绍较少，有 13 种，占 8.6%，主要分布在辽宁（12 种），山东只有 1 种。此沉子上、下两侧在长度方向的沟槽便于沉子夹在下纲的两纲之间，长度方向两端的环槽便于用结扎线缠绕结扎沉子，其装配方式如图 2-31（6）所示。

还有 3 种是悬挂（套挂或吊挂）在下纲下方的沉子，如图 2-31（7）～（9）所示。图 2-31（7）为穿孔扁方体形陶沉子（砖沉子），有 7 种刺网采用此类沉子，此外，在福建有 8 种刺网采用穿孔秤锤形陶质沉子。在 151 种刺网中，共有 18 种刺网采用悬挂式陶沉子，占 11.9%，其规格均用单个沉子的质量表示，单位为 g 或 kg。此类沉子分布在黄渤海区和东海区，福建最多（10 种）。图 2-31（8）为近似长方体形石沉子，有 9 种刺网采用此类沉子。另有 2 种刺网采用近似长椭圆的天然石沉子，以及 1 种刺网采用秤锤形的石沉子，即共有 12 种刺网采用悬挂式石沉子，其表示方法与图 2-31（7）的沉子相同。图 2-31（9）为带孔圆饼形水泥沉子，有 10 种刺网采用此类沉子，另有 1 种刺网采用陶沉子。其外形尺寸可用圆饼外径（ϕ）×厚度（C）表示，其规格用单个沉子的质量表示，单位为 g 或 kg。圆饼形沉子只介绍 11 种，占 7.3%，分布于南海区 3 省（自治区）和福建。

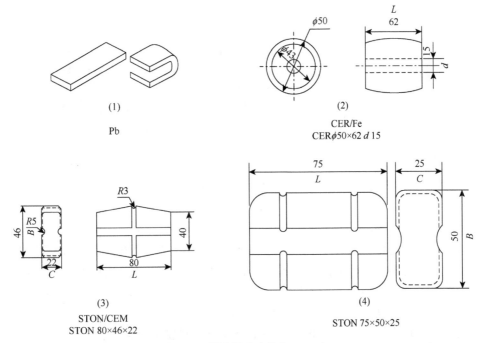

图 2-35　刺网沉子（单位：mm）

上述采用悬挂沉子的刺网有 41 种，占我国具有代表性的单片刺网总数（151 种）的 27.1%。其中，25 种刺网整条下纲全部只采用悬挂沉子，占 61.0%，其余均为悬挂沉子与装置在下纲上的沉子混合使用。由于悬挂沉子易于在下纲处挂上或卸下，故混合使用的悬挂沉子具有特殊的作用。在中层定刺网中，可通过加、减悬挂沉子的个数来调节网具位置（网位）的高低，即减少悬挂沉子的个数，网位会升高；增加悬挂沉子的个数，网位会降低，继续增加沉子个数，则可将定刺网的中层作业变为底层作业。在流刺网中，可利用在下纲悬挂沉子的方法，将流刺网的表层作业变为底层作业。如广东的曹白（鳓鱼）刺网，在上、下纲结扎或钳夹有浮、沉子，适宜在白天进行表层流刺网作业，但在晚上作业时，需另在下纲上均匀吊挂 13 个石沉子，使刺网变为底层作业，详见《广东图集》17 号网图的作业示意图。在底层流刺网中，还可通过增减悬挂沉子的数量来调节流网的漂流速度。当增加悬挂沉子时，网具增大了下纲与海底的摩擦阻力，网具漂流速度减慢；反之，当减少悬挂沉子时，则漂流速度会增快。

3. 浮筒

浮筒是用浮筒绳连接在渔具的上方并漂浮在水面上的浮子。在我国单片刺网中较多采用的浮筒如图 2-36 所示。图 2-36（1）为由 1 节竹筒构成的竹浮筒，也有由 2 节或 3 节竹筒构成的，主要分布在浙江和福建，少数分布在广东和广西，个别分布在江苏。图 2-36（2）为由一个带耳球形硬质塑料浮子（简称带耳球浮）构成的浮筒，采用也较多，主要分布在天津和海南，个别分布在广东。图 2-36（3）为由一块扁方矩形泡沫塑料浮子构成的浮筒，采用相对较少，主要分布在广西，个别分布在海南和福建。图 2-36（4）是由 3 个泡沫塑料中孔球浮串联构成的浮筒，也有由 4 个球浮串联构成的，采用也较少，主要分布在山东。图 2-36（5）为用乙纶网袋包裹着若干块泡沫塑料而构成的浮筒，采用也较少，主要分布在广东，个别分布在海南。

我国海洋刺网在作业时，一般采用浮标或灯标来标识网列的位置和形状，但在日间作业的，也有少数刺网采用浮筒来标识。除了上述起着标识网列作用的浮筒外，尚有两种起着特殊作用的浮筒：一是控制网列作业水层的浮筒，二是便于起网作业的起网浮筒。

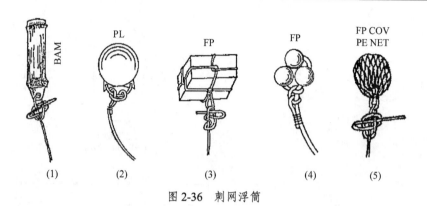

图 2-36 刺网浮筒

4. 浮标

浮标是装有旗帜等附件,并且浮于水面用来标识渔具在水中位置的浮具。浮标是刺网网列的标识,在刺网作业时,可根据浮标的排列位置来观察网列的位置和形状。浮标由标杆、旗帜、浮子和沉子组成,如图 2-37 所示。标杆为一支竹竿,其上端装配有三角形或矩形的布质旗帜,中间结缚有浮子,下端结缚有沉子,以使浮标能直立浮于海面上。

采用图 2-37(1)的相对较多,其浮子为 1 个硬质塑料带耳球浮,沉子为 1 个石块或铁块,分布在南海区 3 省(自治区)和浙江。浮子用 1 个带耳球浮的较多,也有用 2 个带耳球浮的,分布在广东和浙江。采用图 2-37(2)的也较多,其浮子为泡沫塑料中孔球浮,用 1 条绳穿过浮子中孔后结缚在标杆中间,结缚 4 个浮子的较多,结缚 1~3 个的较少,个别的结缚 8 个或 10 个,沉子为 1 个石块、铁块或水泥块,主要分布在黄渤海区 5 省(直辖市),个别分布在上海和浙江。采用图 2-37(3)的次之,其浮子为泡沫中孔球浮,用标杆插进浮子的中孔,插有 4 个浮子的较多,插有 2 或 3 个的较少,主要分布在天津和山东,广东分布较少。采用图 2-37(4)的再次之,其浮子为 1 个竹浮筒,沉子为 1 个石块,主要分布在福建,个别分布在广东。采用图 2-37(5)图的较少,其浮子为 1 个用网线将若干泡沫塑料块捆绑成的大浮块,沉子为 1 个石块或水泥块,主要分布在广西。采用图 2-37(6)图的也较少,其浮子为 1 个用乙纶网袋包裹若干泡沫塑料块的大浮囊,沉子为 1 个石块或铁块,主要分布在广东,个别分布在广西。现在浮标上的沉子已逐渐被浇注水泥所取代。

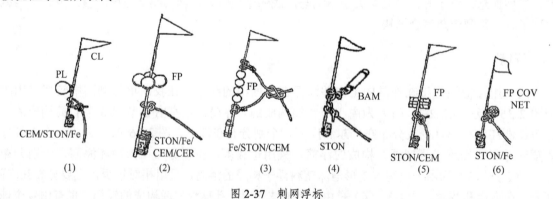

图 2-37 刺网浮标

5. 灯标

灯标是装有灯具等附件,并且浮于水面用来标识渔具在水中位置的浮具。灯标也是刺网网列的标识,刺网在夜间作业时,可根据灯标的排列位置来观察网列的位置和形状。在我国单片刺网中,常采用的灯标如图 2-38 所示。

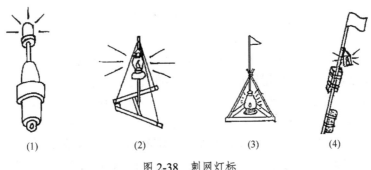

图 2-38 刺网灯标

图 2-38（1）是由上、下两个分别装有电灯泡和蓄电池的金属浮筒所构成的浮具，这是福建"鲨鱼帘"流网所采用的灯标。图 2-38（2）是在由 4 块杉木方条构成的梯形架座上，中间插有 1 支竹竿，并用 3 条铁线将竹竿固定在架座上，1 盏防风油灯挂在竹竿上方，这是广东"白帘"、"门鳝网"流网所采用的灯标。图 2-38（3）是由 3 块杉木方条构成三角形架座，在架座的 3 个角上安装 3 支竹竿，并将 3 支竹竿上部绑在一起形成一个三角支架，支架上方竖起 1 支附有旗帜的竹竿，支架顶端下方悬挂一盏防风油灯，这是广东"大鲛莲"流网所采用的灯标。图 2-38（4）是在浮标旗帜下方的标杆上悬挂着一盏防风油灯，此种灯标已被广泛采用，如辽宁的鲻鱼挂网、江苏的银鲳流网和灰鲳流网、上海的鲳鱼流网、广东的青蟹定刺网、海南的双层四指刺网、广西的龙利流网等均采用此类灯标。

刺网在夜间作业，网列除了有浮标或浮筒外，至少还连接 1 个或 2 个灯标。只用 1 个灯标的，则连接在网列的起网端；只用 2 个灯标的，则分别连接在网列两端。夜间作业的刺网没有连接浮标或浮筒的，一般在网列中每间隔 5 片、10 片或 20 片网连接 1 个灯标。

6. 沉石

沉石是在水中具有沉降力且形状与结构适宜用沉石绳连接在渔具下方的石块。在我国海洋单片刺网中，常用的沉石如图 2-39 所示。其中，图 2-39（1）是近似长椭球形的天然石块，图 2-39（2）是稍微加工过的近似长方体石块，图 2-39（3）是加工成秤锤形的石块，个别刺网用水泥浇注成的沉石。目前采用水泥浇注的沉石已占多数。

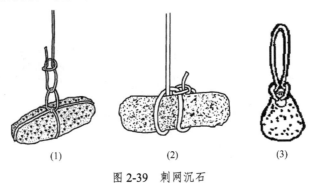

图 2-39 刺网沉石

根据沉石绳连接的部位不同，沉石的作用大体可分为 3 种。第一种是用沉石绳连接在网列首、尾的下纲端或网列中间两网片的下纲连接处的下纲沉石。其连接处的上方相应装置有浮标（如图 2-40 左下方的网列首所示）、灯标或浮筒，可通过调整沉石质量来调节浮标、灯标或浮筒在海面上的漂流速度，以使其漂流速度与网片的漂流速度近似，从而使网列近似呈一条直线平移漂流，达到保持最大扫海面积的作用。调节浮标、灯标或浮筒漂流速度的沉石，在广东和浙江采用较多，河北也有采用。其沉石一般质量为 1.50～3.00 kg，轻的为 0.30～0.50 kg，重的达 8.00～10.00 kg。第二种是连接在网列末端带网绳上的带网绳沉石，沉石的缓冲作用可减少网列尾部因带网绳上下起伏（由船头受海浪冲击而上下颠簸导致）造成的影响。此外，连接有沉石的带网绳使用长度可以比无沉石的带网绳短些，即沉石起到了相对缩短带网绳使用长度的作用。离叉绳端若干米的带网绳沉石，如图2-40的右上方所示，采用数量较多，分布在河北、山东、浙江、福建和广东；离上纲端若干米的带网绳沉石，如图2-41所示，采用数量较少，分布在辽宁、海南和广西。带网绳沉石质量较大，一般为10.00～30.00 kg，轻的为2.00～5.00 kg，重的达45.00～100.00 kg。此外，辽宁的多数流网均在叉绳与带网绳的连接处的下方装置有1个叉绳端沉石，其为5.00～25.00 kg的天然石块或方矩形石块，如图2-42所示，此叉绳端沉石的作用与带网绳沉石和下纲沉石的作用相似，即起着减少海浪冲击的影响和缩短带网绳使用长度的作用，又可通过调整沉石质量来调节其上方的浮筒的漂流速度。第三种是连接在网列尾下纲端附近的下叉绳上的下叉绳沉石，如图2-43所示。图2-43为江苏的流网，其网列尾均有叉绳和带网绳，但不装置带网绳沉石，大多数装置有1个15.00～30.00 kg的秤锤形沉石，在相应部位的上叉绳上一般装置有1个硬质塑料带耳球浮。这种上、下叉绳分别有浮子和沉石，作用是使上、下叉绳能充分张开以保证网列尾端网衣的充分展开。浙江的部分流网在下叉绳装置若干沉子来代替沉石，如图2-40的上方所示，也是利用浮、沉力来保证网列尾端网衣的充分展开。

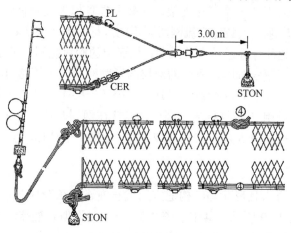

图2-40 流网局部装配图

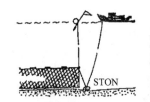

图2-41 带网绳沉石流网作业示意图

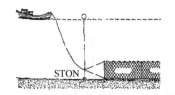

图2-42 带网绳叉绳端沉石流网作业示意图

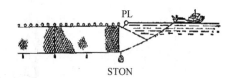

图2-43 表层流网作业示意图

7. 定置构件

定置构件是定置刺网中用于固定网具的一种属具。我国海洋定置刺网的定置构件有碇、锚、桩和橛4种。

1）碇

碇是固定刺网的石块。碇与沉石相似，是在水中具有沉力且形状与结构适宜用碇绳连接在网具下方的石块。沉石一般用于流刺网，碇用于定刺网，故碇又可看成是用于固定刺网的沉石，可以称为碇石。我国海洋定置刺网常用的碇石有2种形状，1种是近似椭球形的天然碇石，其形状如图2-39（1）所示；另外1种是稍微加工过的近似长方体形的碇石，如图2-39（2）所示。我国具有代表性的

56 种定置单片刺网中，采用碇定置的有 28 种（占 50%），其中采用天然碇石的较多，每个碇石重量一般为 1.00~40.00 kg。

2）锚

锚是固定刺网的齿状属具。锚的固定作用与碇一样，但锚具有爬驻能力，故锚的固定作用比碇更为可靠和牢固。我国海洋定置刺网一般采用铁锚，有单齿和双齿两种，如图 2-44 所示。其中，图 2-44（1）是浙江苍南的龙头鱼定刺网（《中国图集》11 号网）所使用的单齿铁锚，重 10.00 kg，只有 1 种单片定刺网使用；图 2-44（2）是档杆在锚齿上方的双齿铁锚，有 15 种单片定刺网使用，重 3.00~35.00 kg；图 2-44（3）是档杆在锚齿下方的双齿铁锚，有 5 种单片定刺网使用，重 15.00~40.00 kg。在 56 种具有代表性的单片定刺网中，采用锚定置的有 21 种（占 37.5%）。在 21 种锚中，采用图 2-44（2）的最多，约占 71%；采用图 2-44（3）的较少，约占 24%；采用图 2-44（1）的最少，只有 1 种，约占 5%。

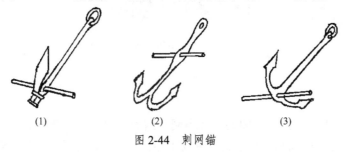

图 2-44　刺网锚

3）桩

桩是固定刺网的较短的杆状属具。桩的材料一般有木和竹 2 种。我国具有代表性的桩定置单片定刺网较少，只有 3 种，约占 5%。第一种是山东海阳的陆等网（《中国图集》8 号网），其桩如图 2-45（1）所示，是 1 根下端削尖、长 1 m、上端直径 80 mm 的木桩。第二种是江苏启东的鲳鱼定刺网（《中国图集》7 号网），其桩是 1 根长 2 m、直径 150 mm 的木桩。第三种是浙江苍南的鲳鱼定刺网（《浙江图集》19 页），其桩如图 2-45（2）所示，是 1 根长 1.20 m、直径 100 mm 的毛竹，外面包扎数块竹片。定刺网的作业示意图如图 2-20 所示。

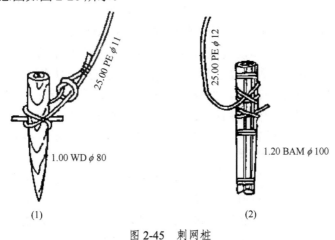

图 2-45　刺网桩

4）櫓

櫓是固定刺网的较长的杆状属具。我国具有代表性的櫓定置刺网最少，只有 1 种，即福建南安的蟳仔帘[①]（《福建图册》6 号网），其作业示意图如图 2-46 所示，其櫓如该图左方的①图所示，是 1 支长 1300~1400 mm、大头直径约 150 mm 的竹竿。

[①] 《福建图册》称蟳仔缏，本书修正为蟳仔帘。

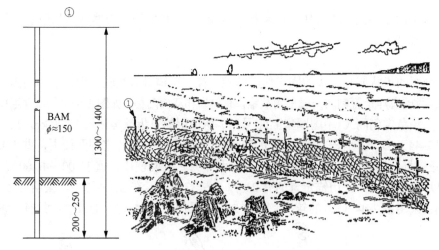

图 2-46　蛏仔帘作业示意图（单位：mm）

二、三重刺网结构

三重刺网是由两片大网目网衣中间夹一片小网目网衣，以及上、下纲构成的刺网。

我国具有代表性的三重刺网，除了辽宁锦西的河鲀鱼三重锚网（《辽宁报告》17 号网）是采用分离式网列外，其余均采用连续式网列。三重刺网的网衣，除了福建福清的对虾三重帘（《福建图册》33 号网）之小网目网衣上、下边缘设置有缘网衣外，其余均无设置缘网衣。我国三重刺网除了一般不设置缘网衣外，其他网具构件基本与单片刺网一样，故以下只对三重刺网的网具构件做简单介绍。

我国三重刺网的网衣均采用锦纶单丝双死结或变形死结编结。广东省的三重刺网一般采双死结、双环结或双抱死结编结。现普遍采用的机织网片为双死结网片。网结类型可见图 2-23。

上纲、下纲和侧纲大多数采用乙纶网线，少数采用锦纶单丝编线，极少数采用乙纶捻绳或锦纶单丝。我国三重刺网多数装置侧纲不用叉绳，带网绳直接与网列端连接。叉绳一般采用乙纶网线。带网绳、浮标绳、浮筒绳、沉石绳一般采用乙纶网线或乙纶捻绳。

我国三重刺网一般采用方菱形硬质塑料浮子，由于浮子纲和上缘纲一般等长，故其装配型式如图 2-30（3）所示。由于少数上缘纲长于浮子纲，故其装配型式如图 2-28（2）中的 1 和 2 所示，上缘纲在作业中形成水扣形状。少数采用长方体泡沫塑料浮子，一般采用图 2-30（3）的装配型式。江苏的泡沫塑料球浮采用图 2-30（4）的装配型式。我国三重刺网一般采用矩形片状的铅沉子把下缘纲和沉子纲钳夹在一起，如图 2-31（1）所示。少数的铅沉子只钳夹在沉子纲上，如图 2-31（2）所示。广东、福建采用穿孔圆饼形水泥沉子的三重刺网，其装配型式如图 2-31（9）所示。广东采用长方体形石沉子的三重刺网，其装配型式如图 2-31（8）所示。河北采用中孔圆柱形陶沉子的三重刺网，其装配型式如图 2-31（4）所示。我国海洋三重刺网的浮标，其标杆均为竹竿，浮子多数采用球形硬质塑料浮子，沉子为铁块、石块或标杆下方浇注成圆柱形的水泥块。部分浮标也采用泡沫塑料浮子，有的用泡沫塑料扎成方体形结缚在标杆中部；有的用网线将 3 个球形中孔泡沫塑料浮子串联结缚在标杆中部；有的用标杆将几个中孔球形泡沫塑料浮子串联在标杆中部，其沉子是圆柱形水泥块或铁块、石块，如图 2-37 所示。我国三重刺网一般采用泡沫塑料浮筒，有的用网线将 3 个中孔球形泡沫塑料浮子串联作为浮筒，有的用网线将泡沫塑料块绑成长方矩形的浮筒，有的用网袋将泡沫塑料块裹成椭球形的浮筒，极少数采用竹浮筒，如图 2-36 所示。我国三重刺网的沉石一般采用天然石块或近似长方体形石块。

三、无下纲刺网结构

无下纲刺网实际是网衣下边缘不装下纲的单片刺网。在我国 20 种[①]具有代表性的无下纲刺网中，网衣由同一目大组成的单层无下纲刺网有 17 种，网衣由两种目大组成的双层无下纲刺网只有 2 种（福建和广东各 1 种），网衣由两种不同网线材料组成的双层无下纲刺网只有 1 种（海南）。

我国无下纲刺网均采用连续式网列。由于没有下纲，于是不能设置叉绳。若设置带网绳，则带网绳连接在网列尾的上纲端。我国无下纲刺网除了无缘网衣、下纲和叉绳外，其他网具构件基本与单片刺网一样，故以下只对无下纲刺网的网具构件做简单介绍。

我国无下纲刺网网衣一般采用锦纶单丝双死结或变形死结编结，也有采用乙纶捻线死结编结，极少数采用复丝锦纶捻线双死结编结。其网目较大，绝大多数在 100 mm 以上。

在我国具有代表性的 20 种无下纲刺网中，其上纲除了在福建有 1 种是采用锦纶捻绳和另 1 种采用乙纶网线外，其余均采用乙纶捻绳。其中约有一半装置带网绳，除了河北、天津各有 1 种带网绳采用麻类捻绳外，其余均采用乙纶捻绳。浮标绳除了海南有 3 种是采用乙纶网线外，其余均采用乙纶捻绳。沉石绳除了海南有 1 种是采用乙纶网线外，其余均采用乙纶捻绳。

我国无下纲刺网一般采用方菱形硬质塑料浮子。由于浮子纲和上缘纲一般等长，故其装配型式如图 2-30（3）所示，极少数采用图 2-30（1）或图 2-30（2）的装配型式。天津的无下纲刺网采用中孔球形泡沫塑料浮子，其装配型式如图 2-30（4）所示。

我国无下纲刺网的沉子方结构在各海区间存在较大差异，在南海区一般采用铅沉子钳夹在网衣的下边缘。无下纲刺网网线一般较细，有的用铅沉子在网衣下边缘每间隔一目钳夹一目网衣，如图 2-47（1）所示；有的用铅沉子在网衣下边缘每间隔一目半钳夹一目网衣，接着钳夹二目网衣，再接着钳夹一目网衣和二目网衣，如图 2-47（2）所示；有的用铅沉子在网衣下边缘每间隔二目钳夹二目网衣，如图 2-47（3）所示。天津的无下纲刺网采用半块砖头作沉子，需先用铁线捆好沉子，然后用乙纶沉子绳吊缚在网衣下边缘的三个网目中，如图 2-47（4）所示。部分无下纲刺网采用中孔圆饼形的水泥沉子或陶质沉子，用乙纶线圈将沉子套挂在网衣下边缘的网结上，如图 2-47（5）所示。我国无下纲刺网的浮标，其标杆均为竹竿，浮子多数采用泡沫塑料浮子，如图 2-37（2）

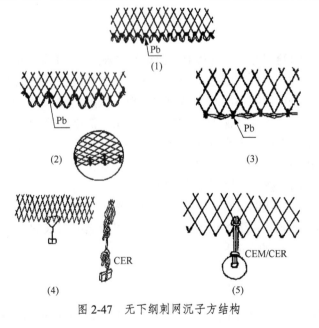

图 2-47 无下纲刺网沉子方结构

[①] 包括 20 世纪 80 年代全国海洋渔具调查资料中的 18 种和《南海区渔具》中的 2 种无下纲刺网。

和图 2-37（5）所示。部分采用如图 2-37（1）所示的浮标，极少数采用如图 2-37（4）所示的浮标。我国海洋无下纲刺网，多数采用球形硬质塑料浮子作为浮筒，也有将泡沫塑料块捆绑成方块形的浮筒。我国海洋无下纲刺网的沉石一般采用天然石块。

我国海洋刺网多数是单片刺网，三重刺网在 21 世纪初发展很快，无下纲刺网数量较少。二重刺网和框刺网只在内陆水域使用，故在此不做介绍。

第四节 刺网渔具图

1982～1984 年，在我国沿海各省（自治区、直辖市）（除台湾、香港和澳门）进行了全国海洋渔具调查。在全国推荐的 1176 种渔具中，以经济性、先进性、地区性和特殊性为原则，选出 12 类 250 种渔具，于 1989 年编辑出版了《中国图集》，经中国水产科学研究院组织渔业专家鉴定，认为这部大型图集达到了国内外同类图集的先进水平。本书关于我国 12 类渔具的渔具图内容，主要参照《中国图集》来描述。

标注某种网具网衣、绳索和属具的形状、材料、规格、数量及其制作装配工艺的图称为某种网渔具图，又称为某种网网图。此定义以后不再赘述。

设计刺网，最后要通过绘制刺网网图来完成。制作与装配刺网时，要按照网图规格进行施工。刺网网图又是检修网具的主要依据，是改进网具结构、制作装配工艺和进行技术交流的重要文件资料。

一、刺网网图种类

刺网网图有总布置图、网衣展开图、局部装配图、作业示意图、构件图等。每种刺网一定要绘有网衣展开图和局部装配图。因总布置图与作业示意图类似，一定要根据需要而选绘其中一种。有些属具构件，如浮子、沉子、锚、桩等，如果结构特殊，也应根据需要而绘制出其构件图。刺网网图一般可以集中绘制在一张 A3 或 A4 图纸上。一般网衣展开图绘制在上方，局部装配图绘制在中间，总布置图或作业示意图绘制在下方，如图 2-48 所示。

1. 网衣展开图

网衣展开图轮廓尺寸的绘制方法，在《中国图集》中规定："每片网衣的水平长度，以结缚网衣的上纲长度按比例缩小绘制；垂直高度无侧纲的以网衣拉直高度按同一比例缩小绘制，有侧纲的以结缚网衣的侧纲长度按同一比例缩小绘制。"《中国图集》认为侧纲长度可以当作刺网在静水作业中的网高，但在生产实际中，为了起到保护网衣侧缘的作用，侧纲长度应比网衣缩结高度小些。故将侧纲长度作为绘制网衣展开图的垂直高度的标准是不妥的，因此，本书建议无论刺网网衣展开图轮廓尺寸是否有侧纲，应按同一方法绘制：每片网衣的水平长度依结缚网衣的上纲长度按比例缩小绘制；垂直高度依网衣拉直高度按同一比例缩小绘制。

在网衣展开图中，除了标注网衣规格（网线材料规格，目大，网结类型，网衣长、宽目数及其使用方向）外，还要标注网衣上、下边缘的缩结系数，以及结缚网衣的上、下纲和侧纲的数量、长度、材料及其规格，如图 2-48 的上方所示。

2. 局部装配图

刺网的局部装配图如图 2-48 的中间所示，要求绘出刺网网列前网头第一片网的浮子方、沉子方的结构，上、下纲两端的装配结构和浮标（浮筒）、沉石等属具的结构；还要绘出上述各构件之间的

白帘（广东阳江）
44.90 m×1.45 m

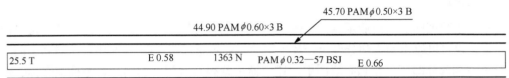

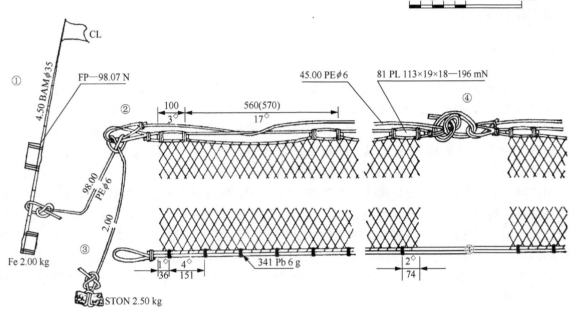

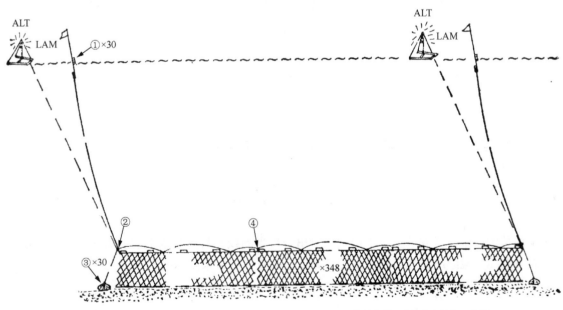

渔船总吨：70 GT　　　　　　　　　　渔场渔期：南海北部近海，全年
主机功率：88 kW　　　　　　　　　　捕捞对象：金线鱼

图 2-48　白帘（广东阳江）

连接装配。要标注浮、沉子安装间隔的长度和目数，浮子下方穿系的目数和每片网所配的浮子和沉子的数量、材料及其规格；还要标注浮标（浮筒）、浮标绳（浮筒绳）、沉石和沉石绳的材料和规格等。

3. 作业示意图

一般要求绘出整列网具的作业示意，如图 2-48 的下方所示。若整个网列头尾对称，可绘出整列网的装配布置，也可以绘出网头部分至少一片半网的作业示意，即在图 2-48 中，从网列中间断开处分开，只绘出左侧部分即可。在总布置图中，还应标注整列网所使用的网片、浮标或灯标、浮筒、沉石或碇等构件的数量。

二、刺网网图图形

1. 网衣图形

在网衣展开图中，网衣是用细实线按一定的比例缩小绘制成的长矩形轮廓线，其绘制比例可用比例尺或数字比例标注在网衣展开图的右下方。若结缚网衣的上纲长度（上纲净长）与网衣拉直高度之比（简称为"长高比"）较大时，其网衣展开图无法完全按规定缩小绘制，如浙江宁海的鲻鱼流网（《中国图集》30 号网），其上纲净长为 72.00 m，网衣拉直高度为 1.28 m，则网衣展开图长度与高度的比约为 56（72.0/1.28）。若网衣的轮廓线均按同一比例缩小绘制时，为了适应图纸宽度，则其网衣展开图的长矩形轮廓线如图 2-49（1）所示，网衣规格无法标注在轮廓线内。因而可根据标注网衣规格的需要来确定网高的缩小比例，即网高按比例缩小绘制，网长不按同一比例缩小绘制而采用中间三划断开线表示，使网长与图纸宽度相适应，如图 2-49（2）所示。图 2-48 的白帝刺网网衣的长高比为 31，其网衣展开图的网衣规格标注是比较勉强的，最好改为只用网高按比例缩小的绘制方法。故建议凡是长高比大于 15 的网衣，应一律改为只用网高按比例缩小的方法绘制网衣展开图。

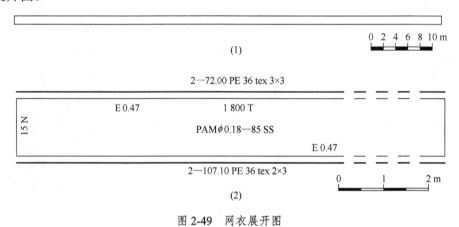

图 2-49 网衣展开图

在局部装配图中，网衣的上、下边缘应绘出一目半高或一目半高以上的菱形网目。在总布置图中，网衣轮廓线内应绘出二目半高或二目半高以上的菱形网目来表示网衣。

2. 绳索图形

在网衣展开图中，纲索是用与其所结缚的网衣轮廓线平行的粗实线来表示。在局部装配图中，绳索是用两条平行的细实线来表示。在作业示意图中，绳索是用细实线来表示。由于叉绳、带网绳、浮筒绳、浮标绳、沉石绳、根绳等均未依实际长度按比例描绘，故其绳索线中间要求断开表示。

3. 属具图形

属具图形应尽量描绘成与实物相似的形状。在铅沉子的形状轮廓线内应全部涂成黑色，在石沉子、沉石、碇石的轮廓线内应涂小黑点。

三、渔具图中计量单位表示方法

1. 长度

长度的单位为米（m）或毫米（mm）。网衣、绳索和较长的杆状属具的长度单位为 m，精确至两位小数。网目长度、网线直径、绳索直径和属具尺寸等单位为 mm，精确至整数，必要时精确至一位小数。网线直径可按网线规格标准精确至两位小数。在渔具图中，一般不标注长度单位，可根据表示的性质和小数的位数来辨别。若标注至两位小数，并且是表示长度的，单位为 m；若标注为整数或标注至一位小数的，单位为 mm。

2. 质量

质量的单位为千克（kg）或克（g）。在渔具图中应在数字后面标注单位。

3. 浮力和沉力

浮力和沉力的单位为牛（N）或毫牛（mN）。在渔具图中应在数字后面标注单位。

1982～1984 年进行全国海洋渔具调查时，浮沉力的单位还是千克力（kgf）或克力（gf）。1984 年 6 月，国家计量局公布了《中华人民共和国法定计量单位使用方法》，将力的计量单位改为牛（N）。于是在《中国图集》的渔具图中，浮沉力采用牛（N）或毫牛（mN）作为新计量单位，并且在其后面用括号标注对应的旧计量单位，以适应新、旧计量单位的改变。新、旧计量单位的换算公式如下：

$$1 \text{ kgf} = 9.80665 \text{ N}$$
$$1 \text{ gf} = 9.80665 \text{ mN}$$

质量或浮沉力，其数值较大的用 kg 或 N 标注，精确至两位小数；数值较小的用 g 或 mN 表示，精确至整数，必要时精确至一位小数。

四、刺网网图标注

在每种刺网网图的最上方有个标题栏，内容包括渔具名称、渔具调查地点和渔具主尺度①。在每种刺网网图的最下方有个使用条件栏，内容包括使用此刺网的渔船总吨、主机功率、渔场渔期和捕捞对象共四项。

1. 渔具名称

渔具名称有渔具分类名称和俗名两种，俗名是地方上的习惯称呼名称。在我国的渔具图集中，渔具图标题栏上标明的渔具名称一般均为俗名。

---

① 渔具主尺度是渔具规模大小的主要标志。主尺度数字较大的，说明其渔具规模相对较大；数字较小的，说明其渔具规模相对较小。

2. 渔具调查地点

在渔具名称后面的括号内写明本渔具的调查地点，一般为四个字，前两个字为省（自治区、直辖市）的名称，后两个字为县或县级市（区）的名称。

3. 主尺度标注

刺网主尺度的表示方法如下。
（1）单片刺网
每片网具结缚网衣的上纲长度×网衣拉直高度。
例如：白帘 44.90 m × 1.45 m（图 2-48）。
（2）三重刺网
每片网具结缚网衣的上纲长度×大目网衣拉直高度。
例如：三黎网 37.66 m × 3.30 m（《中国图集》49 号网）。
（3）无下纲刺网
表示方法与单片刺网的相同。

4. 渔船总吨

表示使用本渔具的渔船总吨位，其单位为总吨（GT）。若渔船较小，单位无法用总吨表示时，可把"渔船总吨"栏改为"渔船载重"栏，其单位用吨（t）表示。若渔具作业时不需用渔船，则在"渔船总吨"栏后面标注"无"。

5. 主机功率

表示使用本渔具的渔船主机功率，其单位用千瓦（kW）表示。若作业渔船无主机设备，只依靠人力或风力等进行作业，可在"主机功率"栏后面标注"无"，并且在渔具图中应绘制有表示如何利用人力或风力等进行本渔具作业的"作业示意图"。

6. 渔场渔期

表示使用本渔具作业的渔场和渔期。渔场可用本渔具作业的海域名称或地区沿海名称等表示，渔期可用一年内的月份范围来表示。若本渔具整年均可以进行作业，则其渔期标注为"全年"。

7. 捕捞对象

一般是指主要的捕捞对象。捕捞对象的名称应采用中文标准名，尽量避免采用不是全国通用的俗名。

8. 网衣标注

刺网网衣展开图的轮廓线是长矩形框线。网衣规格及其装配规格均标注在轮廓线内。网衣规格包括网线材料规格、目大、网结类型和网衣的网长目数、网高目数。网线材料用略语（附录 B）标注。网线规格，锦纶单丝或乙纶单丝用单丝直径ϕ（mm）标注，乙纶网线或锦纶网线用结构号数（单丝或单纱的线密度 tex、每根线股中所含单丝或单纱的根数×线股数量）标注。锦纶单丝规格可详见附录 D，乙纶网线规格可详见附录 F，锦纶网线规格可详见附录 G，乙纶单丝即为乙纶网线的单丝，其直径约为 0.20 mm。目大是指网目充分拉直而不伸长时，其两个对角网结中心之间的纵向距离，单位为 mm。网结类型如图 2-23 所示，用略语标注。

综合上文所述，刺网网衣的网线材料规格、目大和网结类型是用网线材料略语、规格（单丝直径或结构号数）—目大（mm）、网结类型略语标注，如 PAM ϕ0.32—57 BSJ（锦纶单丝网衣），

PEM ϕ0.20—134 SS（乙纶单丝网衣），PE 36 tex 24×3—245 SS（乙纶网线网衣），PA 23 tex 4×3—150 SS（锦纶网线网衣），等等。在直立于静水中呈长矩形的网衣中，其水平方向上的网目数称为网长目数，垂直方向上的网目数称为网高目数。

网衣装配规格包括网衣使用方向和网衣上、下边缘的缩结系数。网长目数和网高目数的后面应标明网衣方向，即应标注代号"N"（网衣纵向）或"T"（网衣横向）。若网长目数后面标注为"N"和网高目数后面标注为"T"，则其网衣使用方向称为横目使用；反之，网长目数后面标注为"T"和网高目数后面标注为"N"，则为纵目使用。网衣上、下边缘分别装配在上、下纲上的缩结系数用小数形式标注在代号"E"的后面，一般标注至两位小数。

在刺网网衣展开图的轮廓线内，网线材料规格、目大和网结类型标注在中间部位；标有网衣方向的网长目数标注在上方正中部位；标有网衣方向的网高目数标注在左侧正中部位；网衣上边缘的缩结系数标注在左上方；网衣下边缘的缩结系数标注在右下方。

现以图2-48上方的网衣展开图为例，说明其网衣的规格、使用方向和缩结系数：白帘的网衣是采用直径0.32 mm的锦纶单丝编结成目大57 mm、宽25.5目、长1 363目的变形死结网片，横目使用，网长1 363目，网高25.5目，网衣上边缘缩结系数为0.58，下边缘缩结系数为0.66。白帘网衣的变形死结实际为双抱死结，如图2-23（6）所示。

9. 绳索标注

我国海洋刺网的绳索，有的采用直径小于4 mm的网线，有的采用直径等于或大于4 mm的网绳。网线有锦纶单丝、乙纶网线、锦纶网线和锦纶单丝编线。网绳有乙纶绳（三股乙纶单丝绳索）、锦纶绳（三股锦纶复丝绳索）和锦纶单丝捻绳等。若采用网线作为绳索时，用长度（m）、网线材料规格标注，如23.26 PAMϕ0.85（锦纶单丝）、80.52 PE 36 tex 40×3（乙纶网线）、94.27 PA 23 tex 24×3（锦纶网线）等，以上均为上纲标注。若采用乙纶绳或锦纶绳时，用长度（m）、材料略语、直径ϕ（mm）标注，如16.40 PEϕ5（用作上纲的乙纶绳）、15.00 PAϕ12（用作叉纲的锦纶绳）。锦纶单丝编线一般采用3根或4根单丝编成，用长度（m）、PAMϕ（mm）×单丝根数、编线代号B标注，如47.90 PAMϕ0.60×3 B、51.45 PAMϕ0.50×4 B。以上分别为上、下纲标注，编线直径一般小于4 mm。若单丝直径大于1.50 mm时，其编线直径可能大于4 mm。我国刺网采用的锦纶单丝捻绳有复捻绳和复合捻绳两种，复捻绳用长度（m）、PAMϕ（mm）×每根线股中所含单丝根数×绳股数量标注，如102.10 PAMϕ0.90×5×2，这是上纲标注。复合捻绳长度（m）、PAMϕ（mm）×每根单捻线股所含单丝根数×单捻绳股数量×复捻绳股数量标注，如103.15 PAMϕ0.25×11×2×2，这是上纲标注，其捻绳直径一般大于4 mm，少数单丝直径较小的捻绳，其直径可能小于4 mm。此外，部分刺网使用的带网绳是将旧乙纶网衣或旧锦纶单丝网衣剪成宽若干目宽长条形网片并捻成绳股，再将3根绳股捻成捻绳。这种旧网衣捻绳用长度（m）、材料略语、网衣略语NET、捻绳代号NS、直径ϕ（mm）标注，如40.00 PE NET NSϕ18（旧乙纶网衣捻绳）、110.00 PAM NET NSϕ25（旧锦纶单丝网衣捻绳）。还有部分刺网使用麻类绳索，其绳索材料白棕（马尼拉麻、剑麻）用略语MAN表示，其他麻类均用略语HEM表示。其他麻类包括红棕（COC）、黄麻（JU）、红麻（BD）、络麻、大麻、苎麻（RAM）和荨麻等。麻类绳索用长度（m）、材料略语、直径ϕ（mm）标注，如110.00 MANϕ33（白棕绳）、30.00 HEMϕ35（麻绳），以上均为带网绳。

如果上纲、下纲或侧纲由两条并列的绳索组成，并且两条绳索的长度、材料及规格均相同时，可以只描绘一条粗实线，只标注其中一条绳索的数字，并在此标注的前面加上"2-"。如图2-48的网衣展开图的下方所示：2-51.45 PAMϕ0.50×4B，即表示下缘纲和沉子纲的规格均为51.45 PAMϕ0.50×4 B。若两条并列绳索的长度、材料及规格中有1项不同时，则要描绘出2条平行的粗实线，并分别标注2条绳索的数字。如图2-48的网衣展开图的上方所示：在两条平行的粗实线的正中上方标注浮子纲的规格为 44.90 PAMϕ0.60 × 3B，用带有箭头的引出线标注了上缘纲的规格为 45.70 PAMϕ0.50 × 3B。

10. 属具标注

在局部装配图中，其每条上纲上装置的浮子的标注如下：方菱形硬质塑料浮子用个数、PL、长（mm）×宽（mm）×厚（mm）—每个浮子的浮力来标注，如 81 PL113 × 19 × 18—196 mN。带耳椭球形硬质塑料浮子用个数、PL、短轴外径ϕ（mm）×长度（mm）—每个浮子的浮力来标注，如 15 PL ϕ75 × 130—2.94 N。中孔球形泡沫塑料浮子用个数、FP、外径ϕ（mm）、孔径 d（mm）—每个浮子的浮力来标注，如 11FPϕ120 d 15—7.53 N。长方体形泡沫塑料浮子用个数、FP、长（mm）×宽（mm）×厚（mm）—每个浮子的浮力来标注，或用个数、FP—每个浮子的浮力来标注，如 285 FP 40 × 9 × 7—23 mN 或 285 FP—23 mN。如果浮子是用机械制作而尺寸固定统一时，可采用前一种标注方式，如果浮子是用手工制作而尺寸不能很精确时，可采用后一种标注方式，其每个浮子的浮力是平均值。用作浮子或浮筒的竹竿用长度（m）、BAM、基部直径ϕ（mm）—每个浮子的浮力来标注，如 0.50 BAMϕ100—14.71 N（浮子）、0.80 BAMϕ80（浮筒）。带耳或中孔球形硬质塑料浮子用 PL、外径ϕ（mm）—每个浮子的浮力来标注，如 PLϕ220—43.15 N。泡沫塑料浮子（任意形状）用 FP—每个浮子的浮力来标注，如 FP—29.42 N。每条下纲上装置的沉子的标注如下：铅沉子用个数、Pb、每个沉子的质量来标注，如 341 Pb 6 g。扁方矩形、扁方菱形或扁椭球形沉子均用个数、材料略语、长（mm）×最大宽（mm）×最大厚（mm），每个沉子的质量来标注，如 33 STON 80 × 46 × 22，0.20 kg。中孔圆鼓形或中孔圆柱形沉子用个数、材料略语、最大外径ϕ（mm）×长度（mm）、孔径 d（mm），每个沉子的质量来标注，如 40 CERϕ46 × 62 d 14，0.20 kg。穿孔圆饼形沉子用个数、材料略语、直径ϕ（mm）×厚（mm），每个沉子的质量来标注，如 15 CEM ϕ90 × 20，0.25 kg。此外，悬挂在下纲上的砖沉子或石沉子、流刺网的沉石、定刺网的碇石均用材料略语、每个沉子的质量来标注，如 CER 1.50 kg、STON 2.50 kg 等。锚也用材料略语、每个沉子的质量来标注，如 Fe 12.00 kg。浮标的标杆和定置构件的桩、樯杆等杆状构件均用长度（m）、材料略语、直径ϕ（mm）来标注，如 4.50 BAMϕ35（标杆）、1.00 WDϕ80（桩）、5.00 BAMϕ65（樯杆）。

11. 其他标注

在作业示意图与局部装配图之间，其属具、绳索连接处的对应关系可用放大符号（带有圆圈的阿拉伯数字）表示。在作业示意图中的放大符号的数字，应按由上到下和由左到右的顺序排列。在作业示意图中的放大符号应画稍小些，符号应带有箭头指引线且指向属具或绳索连接处；而在局部装配图中的放大符号应画稍大些，符号应置于对应属具或绳索连接处附近的相应位置上。在局部装配图中，若网片间上、下纲端的连接方法相同时，则可只画上纲端的连接方法，而在下纲端的连接处画出 1 个放大符号即可，如图 2-48 中的④所示。

在刺网总布置图中，应标注有整列刺网的网片数量，即在网列断开处乘上网片数，如 " × 348"。若为网组分离式网列，应在网列断开处乘上网组内的网片数和再乘上网组数量，如 " × 6 × 10"。还应标注有整列刺网需用的浮标、灯标、浮筒、沉石或碇石等属具的数量，即在该属具图形附近或该属具放大符号后面乘上其数量，如 " × 30" 或 "←①× 30"。有些属具，拟同时标注每片网和整列网的数量时，即可在该属具图形附近或该属具放大符号后面连续乘上 2 个数字，前一个乘数指每片刺网的装配数量，后一个乘数指整列网的网片数，如 " × 8 × 10" 或 "←⑤× 8 × 10"。

渔具图中标注的略语、代号或符号，其含义均可详见附录B。

第五节 刺网渔具图核算与材料表

一、刺网网图核算

网具制作前,应先对刺网网图进行核算。如发现网图有错误,应先进行修改,然后按照核对好的网图数据制定材料表,按照材料表备料和进行制作及装配。在渔具调查时,应对网具草图进行严密核算,以便发现错误并及时改正。

刺网网图的核算,包括核对网衣上、下边缘的缩结系数,网长目数,网高目数,侧纲长度,上、下纲长度和浮沉力配备,等等。根据局部装配图中浮子方和沉子方的装配间隔,可以核算网衣上、下边缘的缩结系数。根据浮、沉子方的装配间隔和浮、沉子数量,可以核算网长目数和上、下纲长度。若无侧纲,可根据目大和网高目数核算网衣拉直高度,如果核算的网高与主尺度标注的数字相符时,则说明网高目数无误。若装有侧纲,则应核算网衣缩结高度是否等于或大于侧纲长度。如果侧纲长度大于网衣缩结高度,则是不合理的,应修改为等于或小于网衣缩结高度。根据每个浮子的浮力和每片网的浮子个数,可以算出每片网浮子的浮力;根据每个沉子的沉降力和每片网的沉子个数,可以算出每片网沉子的沉降力。中层定刺网配备的浮力应大于沉降力,底层定刺网的浮力应小于沉降力。表层流网的浮力应大于沉降力,中层流网的浮力应稍小于沉降力,底层流网的浮力应小于沉降力。

关于沉子的沉降力(简称沉力)的计算方法如下:

$$Q = F_q \cdot q \tag{2-1}$$

式中,Q——沉子沉力(N 或 mN);

F_q——沉子在空气中的重力(N 或 mN);

q——沉子材料在淡水中的沉降率。

沉子在空气中的重力 F_q 等于其质量 G 与重力加速度 g 的乘积,即 $F_q = G \cdot g$,若海水的密度取为 1.025 g/cm³,则沉子材料在海水中的沉降率为

$$q = \frac{\rho - 1.025}{\rho}$$

将 F_q 和 q 代入式(2-1)得:

$$Q = G \cdot g \frac{\rho - 1.025}{\rho} \tag{2-2}$$

式中,G——沉子质量(kg 或 g);

g——重力加速度(m/s²);

ρ——沉子材料的密度(g/cm³)。

令

$$g \cdot \frac{\rho - 1.025}{\rho} = q' \tag{2-3}$$

将式(2-3)代入式(2-2)得:

$$Q = G \cdot q' \tag{2-4}$$

式中，q'——沉子材料在密度为 1.025 g/cm³ 的海水中的沉降率（N/kg 或 mN/g），为了与在淡水中的沉降率（q）区分，将 q' 称为"沉率"。

式（2-4）是本书所采用的沉子沉力的计算公式。若重力加速度 g 取 9.80665 m/s²，并且参考钟若英主编的《渔具材料与工艺学》中表 6-6 的沉子材料的密度数据，则可按式（2-3）计算我国海洋渔具常用沉子材料的沉率（附录 C）。

下面举例说明如何进行刺网网图核算。

例 2-1 试对广东阳江的白帘（图 2-48）进行网图核算。

解：

1. 核对网衣上边缘缩结系数

假设网衣目大（57 mm）和浮子方装配图中浮子安装的间隔长度（560 mm）、间隔目数（17 目）均正确，则网衣上边缘缩结系数为

$$E' = 560 \div (57 \times 17) = 0.58$$

核算结果与网图标注相符，说明网衣上边缘缩结系数无误，也说明假设无误，即网衣目大和浮子安装的间隔长度、间隔目数均无误。

2. 核对网衣下边缘缩结系数

假设沉子方装配图中沉子安装的间隔长度（151 mm）和目数（4 目）均正确，则网衣下边缘缩结系数为

$$E'' = 151 \div (57 \times 4) = 0.66$$

核算结果与网图标注相符，说明网衣下边缘缩结系数无误，也说明沉子安装的间隔长度和目数无误。

3. 核对网长目数

1）核对浮子下方穿系的目数

假设浮子下方穿系的目数（3 目）是正确的，则 3 目的缩结长度为

$$57 \times 3 \times 0.58 = 99 \text{ mm}$$

3 目缩结长度与浮子长度（113 mm）相差 14 mm。若浮子两端结扎端距小于 7 mm（14÷2=7 mm），则浮子下方可以穿系 4 目，也可以穿系 3 目；若结扎端距大于 7 mm，可以穿系 3 目，也可以穿系 2 目。现网图上标注穿系 3 目，是可以的。

2）核对网长目数

假设浮子数量（81 个）是正确的，则根据浮子方数字可以得出网长目数为

$$17 \times (81 - 1) + 3 = 1363 \text{ 目}$$

核算结果与网图标注相符，说明浮子数量无误。

假设沉子数量（341 个）是正确的，则根据沉子方数字可得出网长目数为

$$1 + 4 \times (341 - 1) + 2 = 1363 \text{ 目}$$

核算结果与网图标注相符，说明网长目数和沉子数量均无误。

4. 核对网高目数

假设网高目数 25.5 目是正确的，则网衣拉直高度为

$$0.057 \times 25.5 = 1.45 \text{ m}$$

核算结果与主尺度标注相符,说明网高目数无误。

5. 核对上纲长度

1)核算上纲端部 3 目的配纲长度

$$560 \div 17 \times 3 = 99 \text{ mm} = 0.099 \text{ m}$$

2)核算浮子纲长度

$$0.56 \times (81 - 1) + 0.099 = 44.899 \text{ m}$$

为了使浮子纲长度精确到厘米,可取 44.90 m,则端部 3 目处配纲应取 100 mm。
核算结果与网图标注相符,说明上纲端部 3 目的配纲长度和浮子纲长度均无误。

3)核对上缘纲长度

假设浮子安装间隔中的上缘纲间隔长度(570 mm)是正确的,则上缘纲长度为

$$0.10 + 0.57 \times (81 - 1) = 45.70 \text{ m}$$

核算结果与网图标注相符,说明上缘纲长度无误,也说明浮子安装间隔中的上缘纲间隔长度无误。

6. 核对下纲长度

1)核算下纲两端多余目数的配纲长度

1 目端配纲长度为

$$151 \div 4 \times 1 = 38 \text{ mm} = 0.038 \text{ m}$$

2 目端配纲长度为

$$151 \div 4 \times 2 = 76 \text{ mm} = 0.076 \text{ m}$$

2)核算下纲长度

$$0.038 + 0.151 \times (341 - 1) + 0.076 = 51.454 \text{ m}$$

为了使下纲长度精确到厘米,可取 51.45 m,则 1 目处配纲应取 36 mm,2 目处配纲应取 74 mm。
核对结果与网图标注相符,说明下纲两端多余目数的配纲长度和下纲长度均无误。

7. 核对浮沉子配备

从局部装配图中得知每个浮子的浮力为 196 mN,每片网的浮子 81 个,则每片网的浮力为

$$196 \times 81 = 15876 \text{ mN} = 15.88 \text{ N}$$

每个铅沉子的质量为 6 g,从附录 C 得知铅的沉率为 8.92 mN/g,每片网的铅沉子 341 个,则每片网的沉力为

$$8.92 \times 6 \times 341 = 18250 \text{ mN} = 18.25 \text{ N}$$

核算结果标明,沉力大于浮力,即为底层作业,则在作业示意图中将网列画成贴底作业是无误的。

二、刺网材料表

刺网网图核算准确后,就可按照网图的准确数据制定材料表。

刺网材料表中的数据是分开每片网和整列网标明的,但浮标及浮标绳、灯标及灯标绳、沉石及沉石绳、叉绳、带网绳等,一般标明整列刺网所需的数量。材料表中的绳索长度是分开标明每条绳索的净长和全长的。在网衣展开图中,上纲、下纲和侧纲的长度只标注结缚网衣部分的长度,即净长,其两端尚需加上留头长度,以便网片之间的连接和侧纲与上、下纲两端之间的连接。净长加两

端留头长度即为全长。材料表中的用量是分开标明每片网、每条绳索（全长）、每个属具的用量和整列刺网所需的合计用量。

完整的刺网网图，应标明刺网全部构件的材料、规格和数量等，使我们可以根据刺网网图列出制作整列刺网的材料表。现根据图 2-48 列出广东省阳江市的白帘材料表，如表 2-3 所示。

表 2-3 白帘材料表　　　　　　　　　　（主尺度：44.90 m × 1.45 m）

名称	数量		材料及规格	网衣尺寸		每条绳索长度/m		单位数量用量	合计用量/g	附注
	每片	整列		网长	网高	净长	全长			
网衣	1 片	348 片	PAMϕ0.32—57 BSJ	1363 N	25.5 T			496 g/片	172 608	
浮子纲	1 条	348 条	PAMϕ0.60 × 3 B			44.90	45.40	49.44 g/条	17 206	每条留头 0.25 m × 2
上缘纲	1 条	348 条	PAMϕ0.50 × 3 B			45.70	46.05	36.47 g/条	12 692	留头 0.10 m + 0.25 m
下缘纲	1 条	348 条	PAMϕ0.50 × 4 B			51.45	51.80	54.70 g/条	19 036	留头 0.10 m + 0.25 m
沉子纲	1 条	348 条	PAMϕ0.50 × 4 B			51.45	51.95	54.86 g/条	19 092	留头 0.25 m × 2
绞绳	1 条	348 条	PEϕ6			40.00	40.50	738 g/条	256 824	留头 0.25 m × 2
浮标绳		30 条	PEϕ6				100.00	1820 g/条	54 600	浮标（灯标）绳与沉石绳连成 1 条，共长 100 m
浮子	81 个	28 188 个	PL113 × 19 × 18—196 mN							
沉子	341 个	118 668 个	Pb 6 g					6 g/个	712 008	
浮标		30 支	4.50 BAM ϕ35 + FP—98.07 N + Fe 2.00 kg + CL							日间使用
灯标		30 支	WD + BAM + Fe + LAM							夜间使用
沉石		30 个	STON 2.50 kg					2500 g/个	75 000	

材料表中用量计算如下。

1. 网线用量

单线网衣质量计算方法如下：

$$G' = G_H \frac{2a + C \cdot \phi}{500} N$$

式中，G'——网衣质量（g）；

G_H——网线单位长度质量（g/m），锦纶单丝的数值可查询附录 D；

$2a$——目大（mm）；

C——网结耗线系数，可查询附录 E；

ϕ——网线直径（mm）；

N——网衣总网目数，矩形网衣的总网目数为网长目数与网高目数的乘积。

考虑到编结网衣工艺中的消耗，则编结网衣的网线用量应比网衣质量多 5%，即单线网衣网线用量的计算公式为

$$G = G_H(2a + C \cdot \phi)N \div 500 \times 1.05 \tag{2-5}$$

式中，G——网线用量（g）。

从网衣展开图（图 2-48）中可以看出白帘网衣的标注为 PAMϕ0.32—57 BSJ，即此网衣是由直

径 ϕ 为 0.32 mm 的锦纶单丝编结成目大（$2a$）为 57 mm 的变形死结网衣。从附录 D 中可以查出，直径 0.32 mm 的锦纶单丝的线密度为 101 g/km，即其单位长度质量（G_H）为 0.101 g/m。根据《广东图集》16 号网的网衣展开图得知，白帘网衣的网结类型为双抱死结。从图 2-23 中可以看出，双抱死结的网结耗线量约为死结的 2 倍。从附录 E 中得知死结的网结耗线系数为 16，则双抱死结的网结耗线系数（C）可取为 32。白帘网长为 1363 目，网高为 25.5 目，则其网衣总网目数（N）为 1363 × 25.5 目。将上述有关数值代入式（2-5）可得出每片网片的网线用量为

$$G = 0.101 \times (57 + 32 \times 0.32) \times 1363 \times 25.5 \div 500 \times 1.05 = 496 \text{ g}$$

整网列有 348 片网衣，则整网列的合计网线量为

$$496 \times 348 = 172608 \text{ g}$$

2. 绳索用量

用结构号数表示的锦纶单丝捻线或编线作为绳索使用时，其用量可用下式估算

$$G = G_H \times L \times e \times 1.1 \qquad (2\text{-}6)$$

式中，G——锦纶单丝捻线或编线的用量（g）；

G_H——锦纶单丝单位长度质量（g/m），可查询附录 D；

L——绳索全长（m）。全长等于净长（结缚网衣的长度）加净长两端用于结扎连接的留头长度，留头长度可根据实际结扎连接工艺要求来确定；

e——总单丝数。

由于刺网中用于制作锦纶单丝捻线或编线的锦纶单丝一般较细，其单位长度质量一般小于 1 g/m，故在计算每条绳索用量后，以 g 为单位时应取两位小数。计算整网列的合计用量也以 g 为单位时，应把小于 1 g 的小数全部作为 1 g 进一，即取大不取小。

从图 2-48 的局部装配图的②、④可以看出，浮子纲和沉子纲的首端留头要折回扎成眼环，其尾端留头拟穿过另一片网的首端眼环后结扎连接，故其两端留头应长些，可均取为 0.25 m。上缘纲和下缘纲首端留头只扎缚在首端眼环的后端处，故其留头应短些，可取为 0.10 m；其尾端留头与浮、沉子纲尾端留头并拢一起拟穿过另一片网的首端眼环后结扎连接，故也可取为 0.25 m，则每条浮、沉子纲的留头均为 0.25 m × 2，每条上、下缘纲的留头均为 0.10 m + 0.25 m。

表 2-3 中锦纶单丝编结的绳索用量计算如下。

在图 2-48 的网衣展开图中，浮子纲的标注为 44.90 PAM ϕ 0.60 × 3B。从附录 D 得知，直径为 0.60 mm 的锦纶单丝的线密度为 330 g/km，即 G_H = 330 g/km = 0.330 g/m。上面已确定浮子纲的留头为 0.25 m × 2，则其全长 L = (44.90 + 0.25 × 2)m。其总单丝数 e = 3。将上述数值代入式（2-6）可得出每条浮子纲的用量为

$$G = 0.330 \times (44.90 + 0.25 \times 2) \times 3 \times 1.1 = 49.44 \text{ g}$$

整网列有 348 片网，则整网列浮子纲的合计用量为

$$49.44 \text{ g} \times 348 = 17205.12 \text{ g}$$

由于没有考虑到绳索加工制作时的长度耗损，故计算后应把小于 1 g 的小数均进一，应取为 17 206 g。关于计算绳索合计用量（g 为单位）小数进一的原则以后不再赘述。

上缘纲的标注为 45.70 PAM ϕ 0.50 × 3B，其有关数值的确定方法与浮子纲的相同，不再赘述。则每条上缘纲用量为

$$G = 0.240 \times (45.70 + 0.10 + 0.25) \times 3 \times 1.1 = 36.47 \text{ g}$$

整网列上缘纲的合计用量为

$$36.47 \times 348 = 12692 \text{ g}$$

下缘纲的标注为 51.45 PAM ϕ 0.50 × 4B，则每条下缘纲用量和整网列下缘纲的合计用量分别为

$$G = 0.240 \times (51.45 + 0.10 + 0.25) \times 4 \times 1.1 = 54.70 \text{ g}$$
$$54.70 \times 348 = 19036 \text{ g}$$

沉子纲的标注为 51.45 PAM ϕ 0.50 × 4B，则每条沉子纲用量和整网列沉子纲的合计用量分别为

$$G = 0.240 \times (51.45 + 0.25 \times 2) \times 4 \times 1.1 = 54.86 \text{ g}$$
$$54.86 \times 348 = 19092 \text{ g}$$

绳索用量一般可用下式计算：

$$G = G_H \times L \tag{2-7}$$

式中，G——绳索用量（g）；

G_H——绳索单位长度质量（g/m），乙纶绳的数值可查询附录 H；

L——绳索全长（m），对于在网图上标注为净长的绳索，需根据装配工艺要求来确定留头长度。

在图 2-48 的局部装配图的上方，用引出线标注了绞绳的净长规格为 40.00 PE ϕ6。从附录 H 可查出直径 6 mm 的乙纶绳的质量 G_H = 18.2 g/m。从图 2-48 的局部装配图②和④可以看出，绞绳两端留头的装配工艺与浮子纲的完全相同，即绞绳的留头也是 0.25 m × 2，将上述数值代入式（2-7）可得出每条绞绳用量和整网列绞绳的合计用量分别为

$$G = 18.2 \times (40.00 + 0.25 \times 2) = 738 \text{ g}$$
$$738 \times 348 = 256824 \text{ g}$$

从图 2-48 的局部装配图的左方可看出，其浮标（灯标）绳和沉石绳是同一条绳。浮标绳共长 100 m，其下端有 2 m 长穿过网列首上纲端和绞绳端的眼环后结扎，最后下端再与沉石连续结扎。由于浮标绳一般较长，没有必要考虑其两端与浮标和沉石连接结扎时的长度耗损，故浮标绳一般均标注全长，则每条浮标绳用量为

$$G = 18.2 \times 100.00 = 1820 \text{ g}$$

在图 2-48 的总布置图的左上方标注了整网列有 30 支浮标，即应用 30 条浮标绳，则整网列浮标绳的合计用量为

$$1820 \times 30 = 54600 \text{ g}$$

第六节　刺网制作与装配

一、刺网网片制作

刺网网片的网结必须牢固而不易滑脱变形。网结类型可详见图 2-23。

编结横目使用的网片时，一般以网高目数作为横向的起编目数，网长目数即为纵向的编长目数。编结纵目使用的网片时，一般以网长目数作为横向的起编目数，网高目数即为纵向的编长目数。若网长的目数太多而起编有困难时，可根据地方习惯分成若干段而分段起头编结。分段起头编结的网片编好后，需在各段之间纵向编缝半目而连接成一片。机织网片的出网（长度）方向是横向，幅宽方向是纵向。如果无特殊需要，机织网片一般为纵目使用。

无论是手工编结或机器编织的网片，在网具装配前，都应进行拉伸定型或加热定型处理，使网结牢固。网结滑移或网目变形过大，均会影响捕捞效果。

关于网片的定型和热处理的方法可详见钟若英主编的《渔具材料与工艺学》。除了网片应进行拉伸定型处理外，在网具装配前 1~2 天，也要将用作上、下纲的绳索拉伸和松劲。因为绳索被拉伸后

要经过一段时间（1~2 天）才能逐渐回缩。如果在绳索回缩好之前扎网，会影响缩结系数。在拉伸绳索时，还应检查该绳索有无损伤。

二、刺网网具装配

完整的刺网网图，应标注刺网装配的全部主要数据，使我们可以根据刺网网图描述该刺网的装配工艺。现根据图 2-48 描述广东省阳江市白帘的装配程序。

①上纲装配：先将上缘纲穿过网片上边缘网目，然后与浮子纲并列结扎。浮子夹在浮子纲与上缘纲之间，从网端开始用网线沿着浮子两端的线槽结扎第 1 个浮子。每个浮子下面应挂 3 目，再在浮子纲上每隔 560 mm（包括 1 个浮子上方的约 100 mm）、17 目（包括 1 个浮子下方的 3 目）结扎 1 个浮子。结扎浮子时应注意使 2 个浮子之间的上缘纲比浮子纲长 10 mm，使得作业时上缘纲稍呈水扣状。每片网共扎 81 个浮子。

②下纲装配：先将下缘纲穿过网衣下边缘网目，然后与沉子纲合并，用铅片沉子钳牢。从网端开始先隔 36 mm（1 目）钳夹第一个沉子，再每隔 151 mm（4 目）钳夹沉子 1 个（其中 1 目钳入沉子内）。每片网共钳夹 341 个沉子。

③浮子纲的首端留头纲长（250 mm）应结扎成 1 个眼环，绞绳的首端也应相应地扎成 1 个眼环。出海前，把绞绳穿绕在浮子纲上，绞绳两端与上纲两端的留头合并一起进行网片之间的连接。将每片网的上纲和绞绳的尾端直线部分（250 mm）合并一起穿入另一片网上纲和绞绳首端的眼环后结缚连接；每片网下纲尾端的直线部分也穿入另一片网下纲首端的眼环后结缚连接。于是可将各网片连接在一起呈网列状。

④放网前，先在网列前端结缚 1 支浮（灯）标和 1 个沉石。在放网过程中，每间隔 12 片网结缚 1 支浮（灯）标和 1 个沉石。最后在网列后端也结缚 1 支浮（灯）标和 1 个沉石。

第七节　刺网捕捞操作技术

本节只介绍广东省白帘网的捕捞操作技术。

白帘网的渔具分类名称为漂流单片刺网，是 1 种在中、浅海作业，主要捕捞底层经济鱼类的渔具，由浅海白帘网发展而成，遍布广东省沿海各地。作业渔场遍布在南海北部沿海水深 30~80 m 的海域，渔期全年。主要捕捞对象为金线鱼，兼捕大眼鲷、带鱼、蛇鲻、黄姑鱼等。

1. 渔船

作业渔船为 70 GT，主机功率为 88 kW 的木质渔船，船长 22 m，型宽 5.6 m，型深 2.4 m。配有绞纲机，作业人数 15 人。

2. 捕捞操作技术

中、浅海白帘网一般白天作业，早晨放网，中午起网。

1）放网前的准备

包括网具的连接和整理、观察风流方向和速度、检查润滑操作机械等。

①网具的连接和整理：放网前把网片依次连接成网列。浮标、浮筒、沉石等属具，部分需要预先连接，部分需要边放网边系接。已连接好的上纲和下纲，应分别依次盘放。白帘网一般在船舷放网，应将下纲盘放在船首，上纲盘放在船中部。浮标、沉石等属具均分别依照先后顺序放在上、下纲的圈盘之外。

②观察风和来流的方向和速度，以便确定放网和漂流的方向。测出网具作业水深，并且在放网前预先按作业水深要求调整好浮标绳的长度。

③检查并润滑操作机械，以保证操作安全和作业速度，提高效率。

2）放网

船长负责操舵兼控制航速，渔船航向与流向成 45°行驶，在上风（流）一侧（右舷）放网。放网时，2 人在船头负责放网（其中 1 人在船首放下纲，1 人在船中部放上纲），1 人放浮标和沉石（每隔 12 片网放 1 次），其余人员协助观察网具在海中的伸张动态，网具尽量放松驰，避免紧直。若网具在水中呈弯月形，则投放正常。

3）起网

网具投放 4 h 后即可起网，先把渔船驶回最先投放的浮标处，顺流起网，船长操舵，1 人操纵绞纲机绞收绞绳，1 人待每片网绞起后即把绞绳解开并整理好（以便在下一次放网前又重新结扎好），2 人拉网衣上船，1 人负责拉浮标上船。其余人员负责摘取和处理渔获物。

第三章 围网类

第一节 围网渔业概况

我国海洋围网类渔具也有悠久的历史，早在1874年以前，南海区就已经有了索罟围网生产记载。围网类渔具的结构和作业方式种类较少，但它是一种捕捞集群鱼类、网具规模大、产量较高的渔具，是开发中上层鱼类资源的主要渔具，在我国沿海均有分布，也是我国海洋的5类主要渔具之一。我国的海洋围网，根据结构特征可分为无囊围网和有囊围网。

1. 无囊围网

网具呈长带状，一般两端低而中部高，由取鱼部和网翼组成。取鱼部位于一端（图3-1）或中间（图3-2、图3-3），前者是机轮围网作业的一般网具结构形式，后者是便于用2台起网机或半机械化结合人力同时从两端操作，可缩短起网时间的结构形式。围网的上、下纲分别装配浮、沉子，多数在下纲上装配底环，起网时首先通过收绞穿过底环的括绳，迅速封闭网底，防止网具包围圈内鱼群向下逃逸，如图3-4所示。无环围网（图3-3）是围网的原始结构形式，网具规模较小，起网时靠人力从两端迅速收拉下纲，封闭网底。有环围网（图3-1、图3-2）由无环围网演变而来，有环是现代围网的结构特点之一。

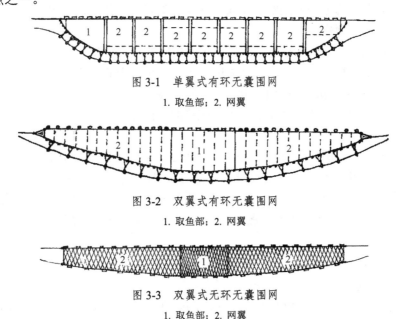

图3-1 单翼式有环无囊围网
1. 取鱼部；2. 网翼

图3-2 双翼式有环无囊围网
1. 取鱼部；2. 网翼

图3-3 双翼式无环无囊围网
1. 取鱼部；2. 网翼

根据文献记载，早在17世纪80年代，在我国山东、广东等沿海地区就已使用有环围网捕捞鲐，比欧洲的环网早出现200年。我国的机轮围网和机帆船围网，是在帆船有环围网的基础上发展起来的。1948年，机轮单船围网在烟威渔场试捕鲐、鳀获得初步成功。中华人民共和国成立后经过

图 3-4　无囊围网作业示意图

改进渔具和操作技术,在 1950 年北方小型双船围网试捕成功之后,继续扩大试用机轮单船围网作业,到 1952 年已有机轮围网 9 盘。1953 年用双拖机轮改装从事单船围网作业,形成了拖、围轮作的生产方式。至 1959 年机轮围网最多达到 165 盘,此时小型机轮双船围网已被淘汰。1963 年起,为了开发利用东、黄海外海的中上层鱼类资源,原水产部组织了机轮光诱围网试验,并于 1966 年 5 月在温台渔场试捕鲐、鲹初获成功。20 世纪 70 年代初,国有海洋捕捞公司推广使用机轮光诱围网,同时,我国自行设计制造了中型围网渔轮及配套灯船、运输船约 300 艘,最多时达 70 个船组(每一船组由 1 艘网船和 2~3 艘灯船组成)。20 世纪 70 年代,机轮光诱围网是国有渔业公司经营的 2 项作业(拖网、围网)之一,主要作业渔场在黄海南部和东海外海,但渔船技术装备落后于日本和韩国,加上中上层鱼类资源波动较大,生产不稳定,制约了围网的发展。

黄渤海区的集体无囊围网渔业,是 20 世纪 50 年代后期在帆船风网的基础上,随渔船动力化和逐步改进作业方式、网具结构而发展起来的。20 世纪 60 年代末~70 年代初,黄海鲱鱼资源丰富和鲐鱼资源回升,促进了捕捞操作技术的发展,捕捞鲐鱼的作业渔场也扩大到黄海中部。但围网作业必须有数量相对稳定而集群性强的捕捞对象,所以它受资源波动的影响较大。70 年代中期以后,鲱鱼资源急剧下降,鲐鱼资源波动,限制了无囊围网渔业的发展。此后北方沿海只有一些捕捞鳀鱼、青鳞鱼等小型鱼类的小围网作业。

东海区集体渔业的光诱围网,是与国有机轮光诱围网同时发展起来的。20 世纪 70 年代初,集体渔业的机帆船光诱围网相继在浙江、福建试验成功,并得到迅速发展。至 80 年代中期,浙江发展到 350 余船组,福建发展到 260 余船组。此后由于资源变动等原因,船组数大为减少,但船装备和捕捞操作技术有了很大提高,各自开发了一套更完善的操作方法,围网网具规格及捕捞海域都有了较大的扩展,提高了单位船组的产量。

南海区集体渔业的无囊围网是历史悠久的传统渔法,主要利用光诱围捕小型中上层鱼类。20 世纪 60 年代后期之后,南海光诱围网渔业经过几十年的发展,取得了显著成绩。如南海区的围网(主要是光诱围网)产量由 1985 年的 7.4 万 t(占全国围网产量的 13.0%,居全国 3 个海区第 2 位),发展到 2003 年的 35.7 万 t(占全国围网产量的 51.1%,上升为首位),其增产幅度约为 382%,生产发展速度很快。

2. 有囊围网

有囊围网由两个左右对称的长网翼和一个肥大的网囊组成(图 3-5)。有囊围网是福建、浙江、江苏、上海 4 省(直辖市)的特有渔具,是集体渔业的传统渔具,历史悠久,一百多年前已盛行于闽、浙沿海一带。福建的围缯,浙江的对网,江苏、上海的大洋网均属于有囊围网。1954 年,在浙江对网、福建围缯的基础上开始进行机帆船作业试验,在 1956 年获得初步成功的基础上迅速推广。从此,机帆船有囊围网成为福建、浙江海洋捕捞的主要渔具。

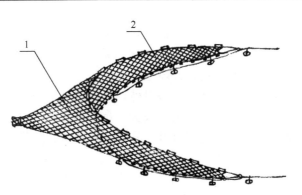

图 3-5 有囊围网
1. 网囊；2. 网翼

有囊围网能捕捞群体较大的鱼群，是当时集体渔业中产量较高的网具之一，在国内外海洋捕捞渔具中享有一定的声誉。1973 年福建大围缯创造了单位年产量 752 t 的高产纪录，1979 年出现了 175 t 大黄鱼的最高网次产量。

有囊围网曾作为集体渔业捕捞小黄鱼、大黄鱼和带鱼等高产、稳产品种的渔具而大量发展，在东海区和黄海南部的捕捞生产中占主要地位达 20 多年之久。由于有囊围网的过度发展，加上双船拖网的滥捕，使小黄鱼、大黄鱼资源先后遭到破坏，已经不成渔汛，只有带鱼资源尚能维持冬汛季节性生产。此后由于沿海渔场的过度捕捞，传统捕捞资源严重衰退，沿海水域集结成群的中、上层鱼类越来越少，有囊围网捕捞分散鱼群效果差，因此这种作业逐渐减少。以福建为例，在 20 世纪 80 年代初的最盛时期，福建的大围缯超过 1000 对（一般由 2 艘渔船组成一个生产单位），至 1993 年达到最低点，全省只有 51 对。近几年沿海和近海渔场的蓝圆鲹、竹䇲鱼、马鲛鱼等中上层鱼群逐渐增多，因此大围缯的数量又在逐年上升。

根据《中国调查》和《中国渔业年鉴 2004》的资料统计，1985 年我国海洋围网捕捞产量为 57.1 万 t，占全国海洋捕捞产量的 14.8%，次于拖网、张网而居各类渔具的第 3 位；2003 年，我国海洋围网捕捞产量为 69.8 万 t，占全国海洋捕捞产量的 4.9%，次于拖网、刺网、张网而居各类渔具的第 4 位。

在 1985~2003 年的 18 年期间，我国海洋围网捕捞产量由 57.1 万 t 提高至 69.8 万 t，增幅约为 22%，明显地小于同期全国海洋捕捞产量的增幅 266%。在 18 年期间，我国 5 类主要渔具均属于增产的渔具，但其中围网类的增幅最小，故围网生产发展属于稳中有增。

3. 我国围网渔业特点

第一，网具规模大，网次产量高。围网网具规模比其他类网具（如拖网类、刺网类等）要大得多。例如，20 世纪 80 年代初，我国 294~441 kW 机轮光诱无囊围网网长 800~900 m，网高 180~220 m，网衣质量 9~10 t。1975 年我国机轮围网创造了网次产量 300 t 和日产量 1500 t 的高产纪录。1976 年冬又出现了网次达千吨的当年高产纪录。

第二，适合于围捕密集鱼群。围网捕鱼效果主要取决于鱼群的大小和密度。鱼群越大或密度越大，围网的捕捞效果越好。对于小而分散的鱼群，必须采用各种物理场（如光场、声场、溶解物质场等）进行各种人为的诱集或驱赶，使之密集和稳定在物理场周围或网具包围区域内，然后用围网围捕，才能取得较好的效果。

第三，要求有较高的探鱼、诱鱼和捕捞操作技术水平。围网生产成绩好坏，主要决定于探鱼、诱鱼和捕捞操作技术水平。虽然近年来，新的探鱼仪器和探鱼技术、光诱设备和光诱技术有了很大的改善和提高，但探鱼工作仍需花费大量时间；又常由于捕捞操作技术水平不高，造成围捕空网率和逃鱼率仍占有相当比重。

第四，要求围网渔船有良好的性能和较多的捕鱼机械化设备。围网作业要求渔船具有良好的快速性、回转性和操纵的灵活性，以适应迅速追捕鱼群的需要。捕鱼操作要求尽可能实现机械化和自动化，以提高围捕成功率，减小劳动强度，保障生产安全。

第五，围网渔业投资大，成本高，生产盈亏悬殊。尽管围网生产效率较高，但网具规模大，投资较大，成本又高，加上我国近海渔业资源波动较大，鱼群密度极不均匀，故生产盈亏差别很大。在围网作业期间，有时一网满载而归，有时却几天捕不到一条鱼。因此，围网渔业要求有较高的生产管理技术。

4. 我国围网捕捞对象

围网主要围捕集群性的鱼群，它不仅能捕捞中上层集群性鱼类，而且能捕捞近底层集群性鱼类，随着捕鱼技术水平的提高和现代探鱼仪器设备的使用，捕捞对象已逐步扩大。近代围网既能捕捞自然集群的鱼类，也可以采用诱集和驱集手段对非自然集群的鱼类加以围捕，甚至对游速很快且行动反应敏锐的鲸类——海豚也可以进行有效围捕。

目前我国围网的主要捕捞对象有：东、黄海区有中上层鱼类的鲐、马鲛（鲅）、太平洋鲱（青鱼）、蓝圆鲹、金色小沙丁、青鳞鱼、竹荚鱼、鳀、脂眼鲱、圆腹鲱、舵鲣等，以及近底层鱼类的大黄鱼、鰤、马面鲀等；南海区有鲐、蓝圆鲹（巴浪、池鱼、棍子）、金色小沙丁（泽鱼、横泽）、圆腹鲱（海河）、青鳞鱼、大甲鲹、带鱼、大黄鱼等，以及鲥（丁公）、马鲛、对虾、鱿鱼、海鲇（赤鱼）、乌鲳、小公鱼、金枪鱼类等。

第二节　围网捕捞原理和型、式划分

围网是由网翼和取鱼部或网囊构成，用以围捕集群对象的网具。它的作业原理是发现鱼群后，依靠渔船把长带状网具或一囊两翼的裤形网具投入水中，使其垂直展开成圆柱形网壁，包围集群鱼类，收绞括绳后呈囊状，迫使鱼群进入网具的取鱼部或网囊中而达到捕捞目的。

根据我国渔具分类标准，围网类按结构特征可分为有囊、无囊2个型，按作业船数可分为单船、双船、多船3个式。

一、围网的型

1. 有囊型

有囊型的围网由网翼和网囊构成，称为有囊围网。有囊围网网衣展开的轮廓线图形如图 3-6 所示，与有翼单囊拖网相似，均具有一囊两翼。它与拖网的区别在于网囊相对较短而网翼相对较长，网具规格较大，网口很大。一般浮子漂浮在水面，沉子沉降至海底或近海底，用两翼包围鱼群并驱鱼进入网囊。

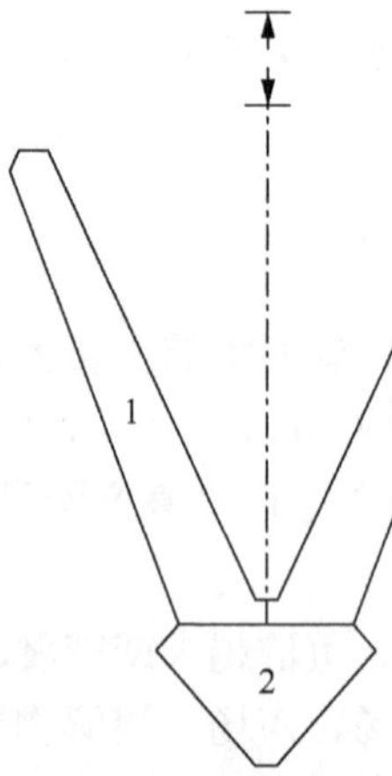

图 3-6　有囊围网网衣展开轮廓线
1. 翼网衣；2. 囊网衣

2. 无囊型

无囊型的围网由网翼和取鱼部构成，称为无囊围网，俗称围网。无囊围网的网具呈长带状，一一般中间高、两端低，由起网囊作用的取鱼部和网翼等组成。无囊围网依其取鱼部位置的不同，可分为单翼式围网（端取鱼部式）和双翼式围网（中取鱼部式）。单翼式围网的取鱼部位于网具的一端，其余为长带状网翼，如图 3-1 所示。双翼式围网的取鱼部位于网具中间，两边为左右对称的长带状网翼。双翼式无囊围网又可依其网底部有无底环、括绳等收括装置，分为双翼式有环无囊围网和双翼式无环无囊围网两种。图 3-3 是无囊围网的原始网型，网具由两翼和取鱼部组成。网翼较长，用来包围鱼群。取鱼部在中间，用来聚集渔获物。无环围网的下纲一般比上纲短，因此在包围鱼群后起网时，下纲有一定的超前，可防止鱼群由下纲处逃逸。

此外，尚有几种无环的无囊围网，其网具不是呈中间高、两端低的带状，而与刺网网具相似，呈长矩形的带状，其网衣展开图如图 3-7 所示。

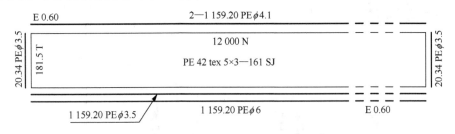

图 3-7　长矩形无囊围网网衣展开图[①]

二、围网的式

1. 单船式

单船式的围网是用 1 艘网船放网和起网，称为单船围网。1 个作业单位只有 1 艘网船，采用 1 盘围网包围鱼群。这种作业的优点是操作灵活，行动方便，追逐鱼群迅速，搜索掌握渔场及时，成本比双船围网低；缺点是包围鱼群不如双船有效。单船围网包括单船有囊围网和单船无囊围网 2 种，作业示意图分别如图 3-8 和图 3-9 所示。20 世纪 80 年代，我国国有渔业公司的机轮灯光围网全部采用单船作业方式，放起网作业如图 3-9 所示。同时，均采用单翼式有环无囊围网，总布置图如图 3-1 所示。我国南海区的光诱围网全部采用单船作业方式，放起网作业也如图 3-9 所示；均采用双翼式有环无囊围网，总布置图如图 3-2 所示。

2. 双船式

双船式的围网是用 2 艘船型、主机功率相似的渔船配合放网和起网，称为双船围网。1 个作业单位有 2 艘渔船，采用 1 盘围网包围鱼群。这种作业的主要优点是发现鱼群后，双船围网较迅速包围鱼群，空网率较少，尤其是围捕起水鱼群有把握，较单船围网优越；主要缺点是追逐鱼群和掌握渔场时行动迟缓。我国的有囊围网主要分布在福建、浙江、江苏和上海 4 省（直辖市），其中双船有囊围网占多数，单船有囊围网占少数。我国沿海各地区均分布无囊围网，其中单船无囊围网占多数，双船无囊围网极少。

---

① 在网衣展开图中，网线的单丝线密度标注为 42 tex，这是我国 20 世纪 70 年代及之前采用的乙纶渔网线（简称乙纶网线）的单丝线密度标准。80 年代初前后，其单丝线密度逐渐采用 36 tex。直到 1985 年发布和实施了乙纶网线的新标准，正式改用 36 tex 的乙纶单丝。因此在我国 80 年代的渔具调查资料中，各地区的乙纶单丝的线密度标注是不同的，其中河北、天津、江苏、上海、福建、广东和广西仍沿用 42 tex，而辽宁、山东和浙江已改用 36 tex。

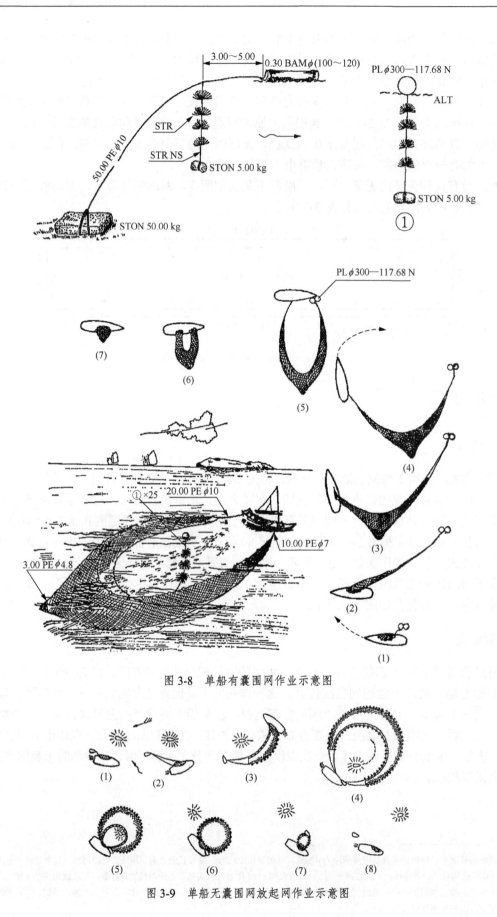

图 3-8 单船有囊围网作业示意图

图 3-9 单船无囊围网放起网作业示意图

3. 多船式

多船式的围网是用多艘船型、总吨位相似的渔船配合放网和起网，称为多船围网。20 世纪 50 年代，我国小渔船大多数还没装有渔船主机，而靠人力摇橹作业，当时广东的赤鱼围网就是利用 2 对 5～10 GT 的渔船作业，如图 3-10 所示。每船各带半盘大围网放网，待大围网形成大包围圈且围住鱼群后，2 对船驶进包围圈内，每对船各用一盘小围网包围鱼群和捞取渔获。这种作业方式由于捕捞作业船只相对较多，操作、指挥均不方便，加上大围网网具庞大，包围操作相对缓慢等缺点，已被淘汰。

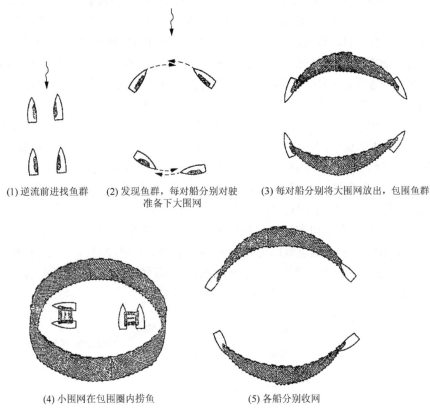

(1) 逆流前进找鱼群　(2) 发现鱼群，每对船分别对驶准备下大围网　(3) 每对船分别将大围网放出，包围鱼群

(4) 小围网在包围圈内捞鱼　(5) 各船分别收网

图 3-10　多船围网放起网作业示意图

三、全国海洋围网型式

20 世纪 80 年代全国海洋渔具调查资料共介绍我国海洋围网 65 种，其中 64 种分别属于单船有囊围网、双船有囊围网、单船无囊围网和双船无囊围网共计 4 种型式。另有 1 种围网暂时难以纳入我国渔具分类标准。

1. 单船有囊围网

在 64 种能纳入我国渔具分类标准的海洋围网中，单船有囊围网只有 7 种（占 10.9%），较少。其主要分布在福建，有 5 种；还有 2 种分布在江苏和广东。其中较具有代表性的有福建长乐的鳀鱼缯（《中国图集》75 号网，其作业示意图如图 3-8 所示）、江苏连云港的䲅团网（《江苏选集》77 页）和广东海丰的掇鸟网（《广东图集》46 号网）等。

2. 双船有囊围网

我国双船有囊围网有 20 种（占 31.2%），较多。即福建的围缯（11 种）、浙江的对网（7 种）、江苏和上海的大洋网各1种。其中较具有代表性的有福建闽侯的大围缯（《中国图集》71号网）、浙江普陀的带鱼对网（《中国图集》70号网）、江苏启东的大洋网（《江苏选集》55页）和上海崇明的大洋网（《上海报告》31页）等。

3. 单船无囊围网

我国单船无囊围网有34种（占53.1%），最多。其中有31种属于中间高、两端低的长带状网具，另有3种属于长矩形的单船无囊围网。在31种长带状网具中，有13种属于单翼式网具，有18种属于双翼式网具。13种单船单翼式无囊围网均为有环围网。除了南海区无分布单船单翼式有环无囊围网外，其他各海区均有分布。其中较具有代表性的有辽宁旅顺（现大连市旅顺口区）的鳀鱼围网（《中国图集》63号网）、河北黄骅的鲐鱼围网（《河北图集》11号网）、天津塘沽的机帆船有环围网（《天津图集》36页）、山东长岛（现属烟台市蓬莱区）的鲐鱼围网（《中国调查》93页）、江苏海门、常熟的机帆船灯光围网（《江苏选集》68页）、上海市海洋渔业公司的机轮灯光围网（《中国图集》58号网）、宁波海洋渔业公司的机轮围网（《浙江图集》55页）和福建省渔捞公司的机轮围网（《福建图册》62号网）等。

在18种单船双翼式无囊围网中，又可分为无环和有环。单船双翼式无环无囊围网占少数，只有4种，分布在山东（3种）和江苏（1种），其中较具有代表性的有山东乳山和江苏连云港的圆网（《中国图集》60号网和《江苏选集》90页），其放起网作业示意图如图3-11所示。单船双翼式有环无囊围网占多数，有14种，分布在山东（2种）、浙江（1种）、福建（4种）和南海区（7种），其中较具有代表性的有山东掖县（现莱州市）的青鳞鱼围网（《中国图集》64号网）、浙江普陀的机帆船灯光围网（《中国图集》61号网）、福建厦门的封网（《中国图集》65号网）、广东饶平的灯光围网（《中国图集》62号网，其放起网作业示意图如图3-9所示）、海南陵水的金枪鱼围网（《中国图集》59号网）和广西北海的上寮灯光围网（《广西图集》18号网）等。

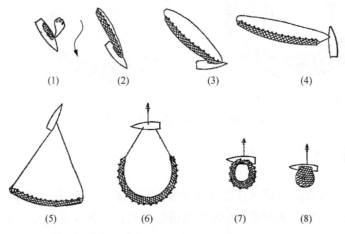

图3-11 单船双翼式无环无囊围网放起网作业示意图

另有3种属于长矩形的单船无囊围网均为无环围网，第一种是广东台山的多能围刺网（《中国图集》66号网），其放起网作业示意图如图3-12所示；第二种是广西合浦的赤鱼围网（《中国图集》69号网），其放起网作业示意图如图3-13所示；第三种是广西北海的百袋网（《中国图集》76号网）。前2种围网均为围捕海鲇（赤鱼）的单船无环无囊围网，当发现鱼群后，网船先放出长矩形围网包围鱼群，再用2艘小艇放出扛网（类似矩形或双翼式有环无囊的小围网）捞取渔获物。多能围刺网的网衣展开图如图3-14所示，上方的①图是作为表层流网使用的漂流单片刺网的网衣展开图，此网具昼刺马鲛、乌鲳、银鲳等，夜刺马鲛、鲨鱼等；下方的②图是作为围网使用的单船无环无囊围网的网衣展开图，此网具是将刺网①剪成左右两半后，折去其中半片网的下纲和另半片网的上纲，再将2个半片网上、下编缝半目即制成 1 盘长矩形的围网网衣，浮子保持不变，在下纲上每 2 个沉子之间再装上 1 个沉子即制成 1 盘单船长矩形无环无囊围网。在海鲇集群洄游季节围捕海鲇，在其他季节则将围网网衣上、下剪开并改装成刺网进行表层漂浮或包围刺网作业，故当地俗称"多能围刺网"，是 1 种围网与刺网的轮作网具。

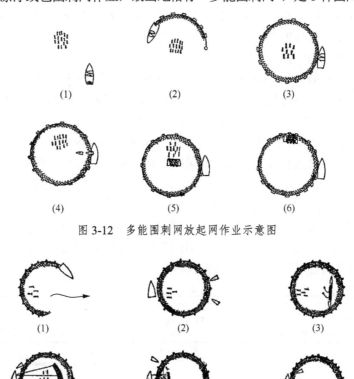

图 3-12　多能围刺网放起网作业示意图

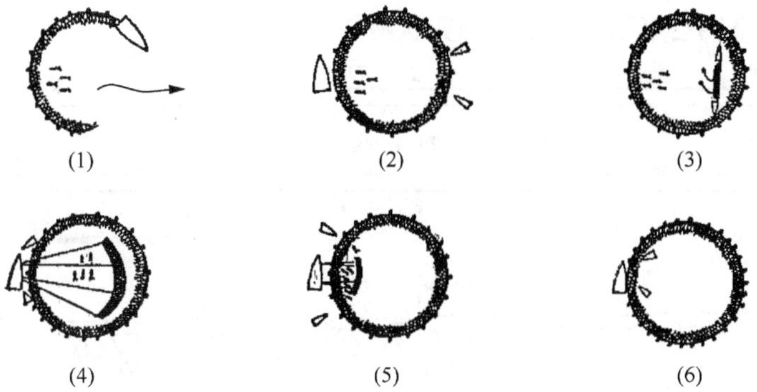

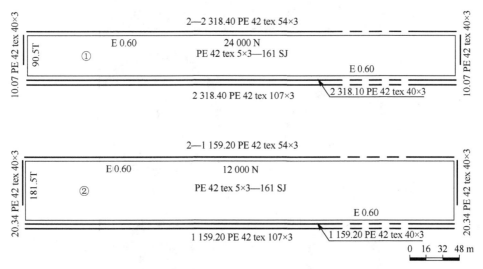

图 3-13　赤鱼围网放起网作业示意图

图 3-14　多能围刺网网衣展开图

20 世纪 50 年代，广东①的赤鱼围网，1 个作业单位由 2 对摇橹作业的小船，采用 2 盘大围网包

---
① 1955 年起，广西北海市和钦州专区所属各县划归广东省，并更名为合浦专区，在 1965 年，上述地区划归广西壮族自治区。

围鱼群，即每艘船各带半盘大围网放网，其放起网作业示意图如图 3-10 所示。在 80 年代全国进行渔具调查时，发现广东、广西的赤鱼围网作业方式已改变，即用一艘较大的机船带一盘长 500～1200 m 的长矩形无环无囊围网包围鱼群后，再由 1 对小艇用扛网捞取渔获物，如图 3-12 和图 3-13 所示。故广西合浦的赤鱼围网应与广东台山的多能围刺网中的围网一样，均属于单船无囊围网，而《中国图集》将广西合浦的赤鱼围网列为"多船无囊围网"是错误的。因为赤鱼围网只用 1 艘机船放网和起网，而小艇只起捞取渔获物的辅助作用。

广西北海的百袋网类似刺网，不同之处在于百袋网是将下纲卷起并用网线把下纲结扎在网衣倒数 7 目处，形成了若干个"网袋"，由此得名。该网由主网和副网组成。主网衣每片网长 24.21 m，高 1.91 m，网列主网衣共 35 片，网列长 847.35 m，副网衣仅 1 片，长 37.20 m，高 3.61 m。主网衣每片网衣展开图和局部装配图如图 3-15 的上方所示。副网与每片主网的网衣展开图和局部装配图类似。百袋网的渔场选择在底质复杂、多礁石、鹦嘴鱼和海猪鱼等喜栖的近岸海域，作业水深高潮不超过 5 m，低潮 1.5 m 左右。放网前，需预先选择好一个礁石堆（通常加以人工修筑）作为围网包围的中心，称为"鱼屋"。待高潮时，用一艘载重约 1 t 的小艇带主网把"鱼屋"外侧半包围起来（网具下纲沉到海底），如图 3-15 的下方的作业示意图中的（1）所示。该网应属于单船无囊围网，而《中国图集》将广西北海的百袋网列为"单船有囊围网"是错误的。因为百袋网不是由网翼和网囊构成的有囊围网，只是将下纲卷起形成若干个的兜状网袋。

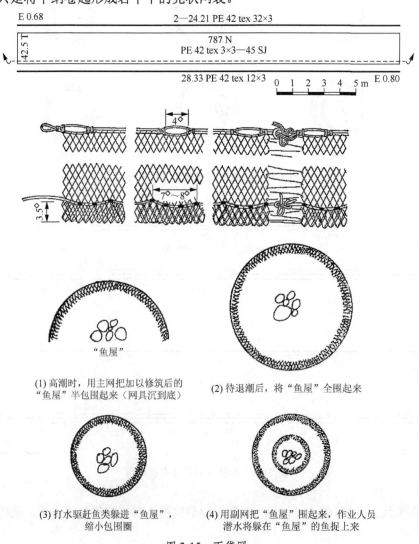

图 3-15　百袋网

4. 双船无囊围网

我国双船无囊围网只有 3 种（占 4.7%），最少，即河北丰南的小打网（《中国图集》68 号网，其放起网作业示意图如图 3-16 所示）、天津汉沽（现属滨海新区）的木帆船小风网（《天津图集》42 页）和广东湛江的索罟（《中国图集》67 号网）。双船无囊围网均为双翼式无环围网。

在 20 世纪 80 年代全国海洋渔具调查资料中，尚有 1 种围网暂时难以纳入上述 4 种围网型式中，即辽宁长海的荫晾网（《中国图集》77 号网）。在夏季，此网在黄海北部用于围捕集群于海面漂浮物阴影下的鲯鳅、黄条鰤等鱼类。此网由两翼和取鱼部构成，在作业中形成簸箕形状（箕状）。其取鱼部在中间，两翼不对称，右翼（又称后翼）稍长些，总布置图和作业示意图如图 3-17 所示。在我国渔具分类标准中，敷网类的箕状型定义为"用网衣组成簸箕形的网具"，而荫晾网是网衣组成簸箕形的围网。由于当时我国渔具分类标准还没有发布和实施，故《中国图集》的编者参考了渔具分类标准的讨论稿定义，暂时将荫晾网列为"单船箕状围网"。箕状围网在我国使用极少，在国外有阿根廷的伦巴拉网（《渔具设计图集》83 页）和美国的活饵鱼围网（《小型渔具设计图集》22 页），均属于箕状围网。

综上所述，全国海洋渔具调查资料所介绍的 65 种海洋围网，按结构特征可分为 3 个型，按作业船数分只有 2 个式，按型式分共计有 5 个型式，每个型、式和型式的名称及其所介绍的种数可详见附录 N。

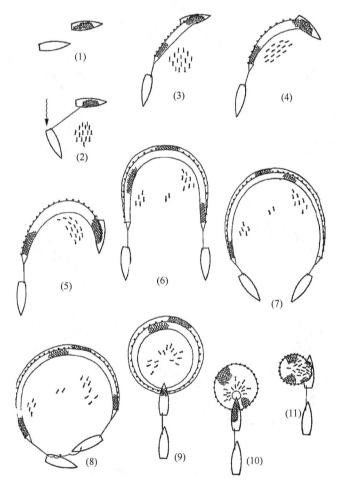

图 3-16 小打网放起网作业示意图

四、南海区围网型式及其变化

20世纪80年代全国海洋渔具调查资料所介绍的南海区围网,有3个型式共12种网具;2000年和2004年南海区渔具调查资料所介绍的围网,有2个型式共15种网具。现将前后时隔20年左右南海区围网型式的变化情况列于表3-1。

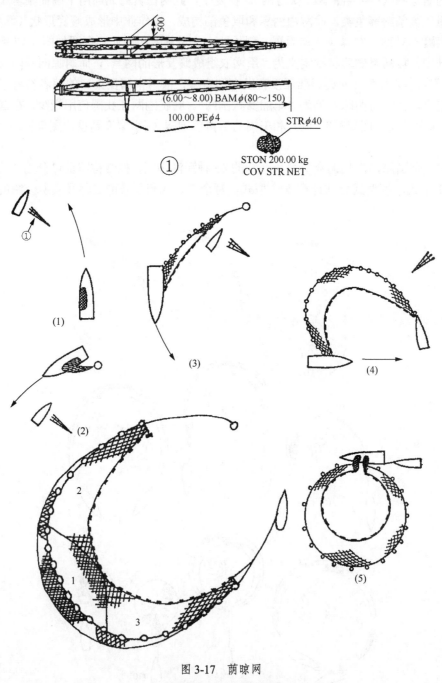

图3-17 荫晾网
1. 取鱼部；2. 左翼；3. 右翼

表 3-1　南海区围网型式及其介绍种数　　　　　　　　　　　　　　　　（单位：种）

调查时间	单船有囊围网	单船无囊围网	双船无囊围网	手围无囊围网①	合计
1982～1984 年	1	10	1	0	12
2000 年、2004 年	0	14	0	1	15

从表 3-1 中可以看出，单船有囊围网和双船无囊围网均由只介绍 1 种变为无介绍；手围无囊围网于 2000 年南海区渔具调查时才发现并介绍了 1 种；单船无囊围网由 10 种变为 14 种。在 20 世纪 80 年代全国海洋渔具调查资料所介绍的 10 种单船无囊围网中，有 3 种属于长矩形的单船无环无囊围网，是专捕起水鱼群的；另有 1 种也是属于长矩形的单船无环无囊围网（图 3-15）；其余 6 种均属于双翼式有环单船无囊的光诱围网。而在南海区渔具调查资料的 14 种单船无囊围网中，其中除了 1 种属于长矩形单船无囊的光诱围网外，其余 13 种均属于双翼式有环单船无囊的光诱围网。

在南海区海洋渔具调查资料所介绍的 15 种海洋围网中，有 1 种难以纳入我国渔具分类标准，即海南儋州的礁盘手围网（《南海区渔具》82 页）。礁盘手围网是一片长矩形网具，网具两侧各扎缚 1 支插杆，在沿岸潮间带的浅滩上作业，专捕鱼苗供养殖用，主要捕捞石斑鱼、胡椒鲷、笛鲷、鲾等鱼类的幼鱼，其局部装配图与作业示意图如图 3-18 所示。从局部装配图中可以看出，其下纲装配类似百袋网，将下纲卷起形成若干个网袋。在干潮时，将作业区内的石块堆成石堆。待潮水退至石堆露顶时，用人力扛 1～2 盘围网将石堆包围，如图 3-18（1）所示。将网端的插杆插牢，然后人工把包围圈内的石块搬出网圈外，如图 3-18（2）所示。然后逐渐收缩包围将鱼活捉，渔获物放进水桶中暂养。按我国渔具分类标准，围网只有单船、双船和多船 3 种作业方式，而礁盘手围网不用渔船，是用人手进行作业，故《南海区渔具》的编者将这种作业方式称为手围式，并且将礁盘手围网的渔具分类名称写为"手围无囊围网"。

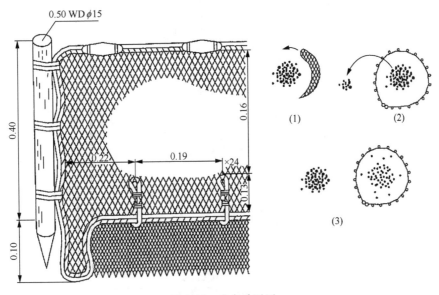

图 3-18　礁盘手围网

五、建议修改"无囊型"和"围网类"定义

在我国渔具分类标准中，围网类中的无囊型是"由网翼和取鱼部构成"。无法将多能围刺网、赤

---

① 手围无囊围网并非我国渔具分类标准采用的渔具分类名称。

鱼围网、百袋网和礁盘手围网等无网翼和取鱼部之分的长矩形带状无囊围网纳入"无囊型"。故建议参照刺网中的单片型定义（由单片网衣和上、下纲构成），将围网类中的无囊型定义修改为"由带状网衣和上、下纲构成"。

在我国渔具分类标准中，围网类的定义为"由网翼和取鱼部或网囊构成，用以包围集群对象的渔具"。但在我国渔具分类标准的渔具分类原则中，已规定以捕捞原理作为划分"类"的依据，以结构特征作为划分"型"的依据。在上述关于围网类的定义中，却将划分"型"的依据（结构特征：由网翼和取鱼部或网囊构成）写进围网类的定义中，这是欠妥的，也无法将长矩形带状无囊围网纳入围网类中。故建议参考刺网类的定义（以网目刺挂或网衣缠络原理作业的网具），将围网类的定义改为"以带状网衣或双翼网衣围捕集群捕捞对象原理作业的网具"。

第三节　无囊围网结构

无囊围网由网衣、绳索和属具 3 部分的网具构件组成，如表 3-2 所示。

下面只介绍我国使用较多的 2 种无囊围网，即单船单翼式有环无囊围网和单船双翼式有环无囊围网的结构。

表 3-2　无囊围网网具构件组成

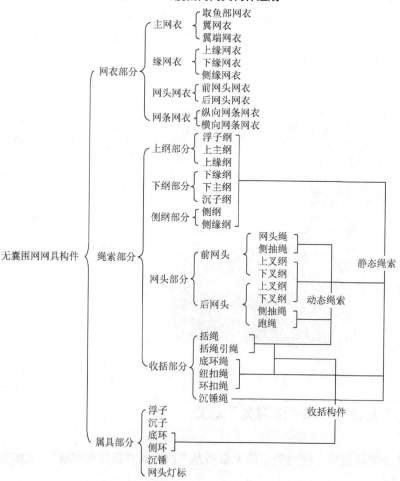

一、单船单翼式有环无囊围网结构

单船单翼式有环无囊围网是我国机轮围网[1]和黄渤海区、上海市机船围网[2]的主要网型。上海市海洋渔业公司的机轮灯光围网(《中国图集》58 号网)的总布置图如图 3-19 所示。单翼式围网网具构件的作用和要求如下:

(一) 网衣部分

网衣是围网构件组成的主体部分。它由主网衣、缘网衣、网头网衣和网条网衣等组成,如图 3-20 所示。

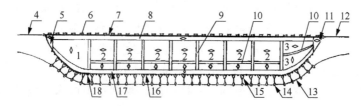

图 3-19 机轮灯光围网总布置图

1. 取鱼部;2. 网翼;3. 翼端;4. 网头绳;5. 前网头网衣;6. 浮子;7. 上纲;8. 上缘网衣;9. 纵向网条网衣;10. 横向网条网衣;11. 后网头网衣;12. 跑绳;13. 括绳;14. 底环;15. 底环绳;16. 下纲;17. 下缘网衣;18. 沉子

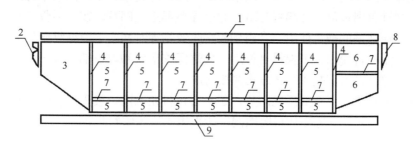

图 3-20 单翼式结构网衣配置

1. 上缘网衣;2. 前网头网衣;3. 取鱼部网衣;4. 纵向网条网衣;5. 翼网衣;6. 翼端网衣;7. 横向网条网衣;8. 后网头网衣;9. 下缘网衣

1. 主网衣

主网衣是网衣的主要组成部分。它由取鱼部网衣、翼网衣和翼端网衣组成。在作业时,主网衣形成网壁包围鱼群。由于主网衣面积较大,为了装配和运输方便,一般分为 9~14 段,取鱼部网衣为第一段,翼端网衣为最后一段。

1) 取鱼部网衣

取鱼部网衣是无囊围网最后集中渔获物的部件。单翼式围网的取鱼部设置在网具的前部。取鱼部除了与网翼、翼端一起作为网壁包围鱼群外,更主要是用来集拢从翼端、网翼而来的鱼群,以便使用抄网捞鱼或鱼泵吸鱼。取鱼部是围网结构中的重要部位,是大量渔获物的集中处,要求具有足够的强度,以保证网衣不被渔获物的挤压力和操作时的外力破坏。因此,取鱼部网衣常采用较小的水平缩结系数、较小的目大和较粗的网线,纵目使用,以保证取鱼部网衣具有足够的强度,可避免

---

[1] 机轮围网指国有渔业公司的较大机轮(92~350 GT、294~441 kW)所使用的围网。
[2] 机船围网指集体渔业单位的较小机船(42~80 GT、59~110 kW)所使用的围网。

因强度不够而造成破网逃鱼。取鱼部也可以详细分为主取鱼部、副取鱼部和近取鱼部，如图3-21所示。取鱼部网衣由若干网幅并接而成，每个网幅又由许多规格相同的正方形网片并接而成。正方形网片的规格与网厂机器编网、网片出厂规格有关，如上海、浙江宁波的原海洋渔业公司机轮围网的主网衣均采用长、宽各400目的锦纶死结网片剪并而成。取鱼部网衣形状呈直角梯形，下边有斜度，采用剪裁或缩结方式并接而成。

2）翼网衣

翼网衣是拦截和引导鱼群进入取鱼部的部件。单翼式围网的翼网衣设置在网具的中部。翼网衣较长，作业时形成网具的主体网壁包围鱼群，在起网过程中阻拦且引导鱼群向取鱼部集拢，因此翼网衣的水平缩结系数和目大可比取鱼部网衣稍大，网线可比取鱼部的稍细；同时，在起网收绞网衣过程中，网衣横向受力较大，故网衣通常采取横目使用。由于翼网衣较长，为了便于网衣的编结、装配、拆换和搬运，生产中常把翼网衣分成若干段，段数取决于翼网衣的总长度和每段的长度。我国441 kW围网渔轮

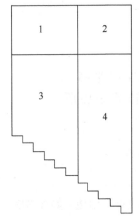

图3-21 取鱼部网衣
1. 主取鱼部网衣；
2. 副取鱼部网衣；
3、4. 近取鱼部网衣

所使用的网具，翼网衣通常分成7~12段，每段长为71~102 m。每段网衣由若干矩形网幅并接而成，每个网幅又由许多统一规格的正方形网片并接而成。翼网衣下边缘一般呈直线，少数的两端稍呈曲线、中间高。

3）翼端网衣

翼端网衣设置在网具的后部，放网时入水较迟，起网时离水较早，在水中时间较短。其作用是作业时形成部分网壁包围鱼群，在起网时阻拦并引导鱼群进入网翼。在起网收绞网衣时，翼端网衣横向受力较大，故通常采取横目使用。考虑到起网收绞括绳时网衣下边缘纵向受力较大，因此有部分翼端网衣上部采用横目使用，下部纵目使用。翼端网衣形状和取鱼部网衣一样，也呈直角梯形，即下边缘有斜度，也是采用剪裁或缩结方式并接而成。

目前，主网衣材料均采用合成纤维网片，国有公司机轮围网一般采用机织锦纶死结网片，部分也采用机织涤纶无结网片。北方集体机船围网一般采用乙纶死结网片。

2. 缘网衣

缘网衣是为加强主网衣边缘强度而采用粗线编结的网衣。缘网衣由若干目宽的长条网片构成。缘网衣有上缘网衣和下缘网衣，不用网头网衣的北方集体机船围网设有侧缘网衣。装在主网衣上边缘的称为上缘网衣，装在下边缘的称为下缘网衣，装在两端外侧边缘的称为侧缘网衣。缘网衣的主要作用是加强主网衣外侧边缘的强度，减少或代替主网衣和上纲、下纲、侧纲及机械的摩擦和绞缠，并缓冲外力对主网衣的作用。有的缘网衣网目稍大，便于穿过缘纲。下缘网衣俗称网脚，有泄泥作用。由于缘网衣受力较大，所以缘网衣的强度要比主网衣的稍大。尤其是下缘网衣在收绞括绳时受力更大，因此下缘网衣的强度要比上缘网衣的稍大。缘网衣网目可比主网衣网目稍大。由于下缘网衣在起网收绞括绳中网目逐渐并拢，下纲沉到海底时，其下缘网衣亦起泄泥作用，所以下缘网衣网目比上缘网衣的稍大，高度目数比上缘网衣的稍多，这样可以减轻在浅水区作业时下纲刮泥的影响。北方集体机船围网，有部分不采用上缘网衣，有部分上、下缘网衣都不采用，而是在主网衣上、下边缘用双线或粗线编结1~2目，用以加强主网衣边缘强度。上、下缘网衣的水平缩结系数一般比主网衣的稍小，一般为横目使用。有的下缘网衣采用纵目使用。侧缘网衣的水平缩结系数可比主网衣的稍大，采用纵目使用。我国均采用乙纶死结网片作为缘网衣的材料。由于乙纶下缘网衣轻而起浮，故收绞括绳时，下纲及下缘网衣不易与底环、括绳绞缠而影响操作。

3. 网头网衣

网头网衣位于主网衣的两端。设在取鱼部前端的为前网头网衣，一般较小；设在网翼后端的为后网头网衣，一般较大。有的由楔形（直角梯形）网片构成，有的前、后网头网衣采用等规格的正梯形网衣。

网头网衣的主要作用是减少主网衣两端的应力集中，缓冲主网衣两端的张力，并且减少网具包围圈两端的空隙，防止鱼群从此部位逃脱。楔形的前网头网衣目大可与上缘网衣相同或稍大，其网线可与上缘网衣的相同或稍粗。楔形的后网头网衣，由于放网时入水最迟、起网时离水最早和在水中时间最短，故其网目可比前网头的约大一倍，是整个网具的最大网目部位，其网线可比前网头的稍细。我国普遍采用乙纶死结网片作为网头网衣的材料，横目使用。

4. 网条网衣

在大型围网的每段主网衣之间，有的设置有一条长带状的加强网衣，称为纵向网条网衣，纵目使用。有的在同一段翼网衣和翼端网衣的下方设置有纵目使用的网幅，于是在上方横目使用的网幅和下方纵目使用的网幅之间，也设置一条长带状的加强网衣，称为横向网条网衣，横目使用，如图 3-19 所示。

网条网衣主要作用是加大主网衣强度，防止主网衣破裂扩大，故其网衣强度应比主网衣大。如主网衣采用锦纶网片组成，网条网衣采用乙纶网片，则网条网衣的网高（或网长）应比相邻主网衣的高（或长）多 2%左右。因为锦纶纤维浸湿后会伸长 1%~3%，乙纶网线浸湿后一般不会伸缩。网条网衣的网宽一般为 6 目。也有部分围网的网条网衣采用锦纶网片。

我国机轮围网的主网衣，有的全部采用锦纶死结网片；有的在取鱼部采用锦纶无结网片，在网翼和翼端采用锦纶或涤纶无结网片，上、下网缘和前、后网头均采用乙纶死结网片；有的纵向、横向网条均采用乙纶死结网片；有的只采用锦纶死结网片的纵向网条；有的没有设置网条网衣。我国机船围网的主网衣全部采用乙纶死结网片，均无设置网条网衣。有的不设置上、下网缘，有的只设置乙纶死结网片的下网缘，有的设置正梯形的乙纶死结网片的前后网头，有的设置乙纶死结网片的侧网缘。

（二）绳索部分

绳索是围网构件组成的重要部分。单翼式围网的绳索可分为上纲、下纲、网头和收括等 4 部分绳索。

1. 上纲部分绳索

上纲是装在网衣上方边缘，用于固定网具上方长度和承受网具上方主要作用力的绳索。机轮围网的上纲部分均由 3 条绳索组成，即浮子纲、上主纲和上缘纲各 1 条，如图 3-22（1）所示。机船围网，有的和机轮围网相同，由 3 条绳索组成；有的由 2 条绳索组成，即浮子纲和上缘纲各 1 条，如图 3-22（2）所示。

1）浮子纲

浮子纲是装在网衣最上方，用于穿结浮子的绳索。机轮围网的浮子纲一般为上纲部分绳索中较长较细的一条绳索，其主要作用是穿结浮子，承受浮力，一般采用乙纶绳，也有的采用维纶绳。若机船围网的上纲采用了 3 条绳索，则一般和机轮围网相同，其浮子纲也是一条较细的绳索；若采用 2 条绳索，则其浮子纲与上缘纲等长等粗或等长且浮子纲稍粗，浮子纲和上缘纲共同固定网具上方长度和承受网具上方的主要作用力。机船围网的浮子纲均采用乙纶绳。

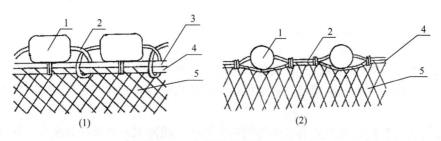

图 3-22 上纲部分结构（一）

1. 浮子；2. 浮子纲；3. 上主纲；4. 上缘纲；5. 上网缘

2）上主纲

上主纲是装在网衣上方边缘，用于固定网具上方长度和承受网具上方主要作用力的绳索。上主纲一般与上缘纲等长等粗，个别的上主纲稍粗。上主纲一般采用乙纶绳，个别的机轮围网采用维纶绳。

3）上缘纲

上缘纲是穿过网衣上边缘网目，用于增加网衣上边缘强度的绳索。上缘纲贯穿网衣上边缘网目后，再按设定的缩结系数要求用结扎线（一般采用乙纶网线）将网衣扎缚在上主纲或浮子纲上。上缘纲与上主纲（采用 3 条绳索者）或上缘纲与浮子纲（采用 2 条绳索者）共同固定网具上方的长度，承受网具上方的主要作用力。为了防止上纲在使用中发生"扭气"现象（捻度增加过大而发生扭结），上缘纲的捻向应与上主纲或浮子纲的捻向相反。机轮围网上缘纲一般采用乙纶绳，有的也采用维纶绳；机船围网的上缘纲采用乙纶绳。

2. 下纲部分绳索

下纲是装在网衣下方边缘，用于固定网具下方长度和承受网具下方主要作用力的绳索。机轮围网的下纲部分有的使用 3 条绳索，即下缘纲、下主纲、沉子纲各 1 条 [图 3-23（1）]；有的使用两条绳索，即下缘纲和沉子纲各 1 条 [图 3-23（2）]。机船围网的下纲均使用 2 条绳索，即下缘纲和沉子纲各 1 条 [图 3-23（2）]。结缚在下纲上的绳索有底环绳。

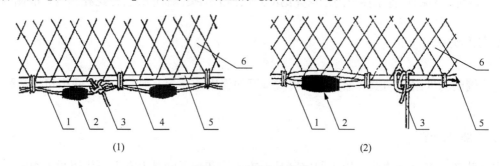

图 3-23 下纲部分结构

1. 沉子纲；2. 沉子；3. 底环绳；4. 下主纲；5. 下缘纲；6. 下网缘

1）下缘纲

下缘纲是穿过网衣下边缘网目，用于增加网衣下边缘强度的绳索。下缘纲贯穿网衣下边缘网目后，再按设定的缩结系数用网线将网衣扎缚在下主纲或沉子纲上。

2）下主纲

下主纲是装在网衣下方边缘，用于固定网具下方长度和承受网具下方主要作用力的绳索。只有部分机轮围网有下主纲，其下主纲与下缘纲等长等粗，并且共同固定网具下方的长度、承受网具下方的主要作用力，以及在起网收绞括绳时，传递括绳的收绞力。为了防止下纲在使用中发生扭结，下主纲的捻向应与下缘纲的相反。下主纲和下缘纲可采用比上主纲和上缘纲稍细的维纶绳或涤纶绳，或者采用等粗的乙纶绳。

3）沉子纲

沉子纲是装在网衣最下方，用于穿结或钳夹沉子的绳索。其主要作用是穿结或钳夹沉子，承受沉力。采用3条下纲的机轮围网，其沉子纲一般采用比下缘纲、下主纲较长较细的维纶绳或乙纶绳。采用2条下纲的机轮围网和机船围网，其沉子纲与下缘纲一般等长等粗，并且共同固定网具下方的长度，承受网具下方的主要作用力。沉子纲的捻向应与下缘纲的相反。沉子纲和下缘纲一般采用乙纶绳，也有的采用维纶绳。

3. 网头部分绳索

网头部分绳索有上叉纲、下叉纲、网头绳和跑绳。上、下叉纲的一端分别与上、下纲的一端相连接，如图3-24（1）所示；另一端交接处或对折处分别与网头绳或跑绳相连接，如图3-24（2）所示。

1）叉纲

叉纲是装在围网两端网头网衣上、下边缘，用于连接上、下纲和网头绳或跑绳的"V"字形绳索，如图3-24所示。叉纲通常由一对绳索对折使用［图3-24（2）中的1、2］或由两条绳索对折处相接而成［图3-24（1）中的1、2］。位置在上的又称为上叉纲，位置在下的又称为下叉纲。叉纲除了起连接作用外，还在起网时将网头绳或跑绳的收绞力传递给上、下纲。单翼式围网的叉纲还起固定网头网衣呈三角形状的作用。叉纲通常采用乙纶绳，个别的也采用钢丝绳。

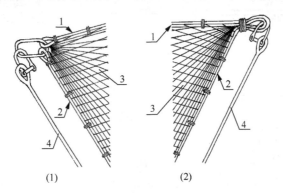

图3-24 网头部分结构
1. 上叉纲；2. 下叉纲；3. 网头网衣；4. 网头绳或跑绳

2）网头绳

网头绳是单船围网作业时，连接围网前网头和带网船或带网艇的绳索（图3-24中的4）。没有带网船或带网艇的机船围网，采用一个网头灯标代替带网船或带网艇，网头绳成了灯标与网头的连接绳索。放网时，将网头绳交给带网船或带网艇，以便拖带网具下水。起网时，带网船或带网艇将网头绳送交网船，以便收取前网头。网头绳一般长50～60 m，机轮围网的网头绳一般采用钢丝绳，有的采用锦纶绳。机船围网通常采用乙纶绳。

3）跑绳

跑绳是在单船围网作业时，连接围网后网头和网船的绳索。跑绳的主要作用是作业时可以作为网具长度的机动部分以协调操作。机轮围网的跑绳长度一般为300～330 m，常采用钢丝绳；机船围网的跑绳长度为50～300 m，常采用乙纶绳。

4. 收括部分绳索

收括部分绳索有底环绳、环扣绳、纽扣绳、括绳和括绳引绳。机轮围网的底环绳安装在下纲上，一般又通过环扣绳和纽扣绳与底环的套环连接；机船围网的底环绳安装也是在下纲上，一般直接或通过环扣绳与底环的套环连接，底环没有套环的通过环扣绳直接与底环连接。

1）底环绳

底环绳是下纲和底环之间的连接绳索之一。单船单翼式围网的底环绳形状只有V形1种。V形底环绳均采用1条绳索对折使用，其对折处可直接套在底环的套环上，而底环绳两端呈V形分开并连接在下纲上，如图3-25（2）所示。

底环绳的主要作用是将括绳收绞的作用力传递给下纲，并且驱使下纲集拢，防止已被包围的鱼群从下纲处逃逸；同时，使下纲与底环分开，避免收绞括绳时网具下部网衣与底环、括绳绞缠。因此底环绳需要具备一定的强度和适当的长度，一般采用与下纲等强度或稍大的乙纶绳。

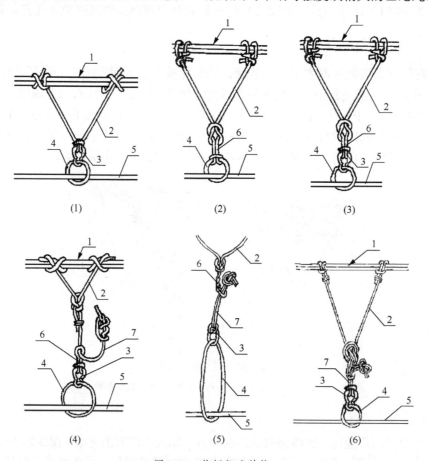

图3-25 收括部分结构
1. 下纲；2. 底环绳；3. 套环；4. 底环；5. 括绳；6. 环扣绳；7. 纽扣绳

2）环扣绳

环扣绳是底环绳与底环之间的连接绳索之一，是用1段绳索的两端连接而成的1个环圈。底环绳通过环扣绳连接底环的方式有2种，一是底环绳只通过一个环扣绳直接连接底环，如图3-25（2）所示；二是底环绳通过一个环扣绳连接到底环的套环上，如图3-25（3）所示。

3）纽扣绳

纽扣绳是在底环为可卸式结构中所常用的绳索，也属于底环绳与底环之间的连接绳索之一。其结构有 3 种,第一种如图 3-25(4)中的 7 所示,采用 1 段绳索,一端扎成穿套 2 次的绳头结,另一端穿过底环绳的对折处扎成死结后用一段网线结扎,最后将纽扣绳的绳头结端穿套环上方的环扣绳后,即将底环绳与底环连接在一起。第二种如图 3-25(5)中的 7 所示,采用一段绳索对折使用,在对折后绳索两端合并处扎成一个绳头结。连接时,纽扣绳的对折处先套在底环的套环上,再将纽扣绳的绳头结穿进底环绳下方的环扣绳下端,即将底环绳与底环连接在一起。第三种如图 3-25(6)中的 7 所示,其纽扣绳的结构与图 3-25(5)的完全一样,不再赘述。而其底环的结构有些特殊,对折处附近合并绑个单结,并使对折端形成 1 个小绳环,小绳环应能刚好套进纽扣绳的绳头结。连接时,将纽扣绳的绳头结套进底环绳下端的绳环中,即将底环绳与底环连接。纽扣式连接的主要作用是在机轮围网采用动力滑车收绞网衣时,底环能方便地从网具上拆卸。由于纽扣绳、环扣绳也与底环绳一样起到传递收绞力的作用,故也要求具备一定的强度。纽扣绳、环扣绳一般采用与底环绳等粗的乙纶绳。

4)括绳

括绳是穿过底环,起网时收拢网具底部的绳索。机轮围网的括绳采用钢丝绳,长度为上纲长的 1.2～1.6 倍。括绳中间断开各制成绳端眼环。这 2 个眼环与中间的 1 条"小腰"(俗称)相连。小腰为 1 条长 3～4 m 且与括绳等粗的钢丝绳,其两端也制成眼环,用卸扣、转环和两边括绳的绳端眼环相连,如图 3-26 所示。小腰的作用是在收绞括绳时可防止扭结,在吊起底环时又便于拆卸。机船围网的括绳也采用钢丝绳,长度为上纲长的 1.2～4 倍,有的和机轮围网一样,采用小腰结构形式;有的分成 3 段,每段之间装有转环,防止括绳扭结。括绳的主要作用是在起网时,通过收绞括绳将网具底部封闭。由于括绳是用钢丝绳制成,放网时,括绳还起到沉子的作用,可以加快网具下部的沉降。由于在收绞括绳过程中,网具的水阻力较大,所以对括绳抗拉强度的要求较高,其安全系数均比其他绳索大。

图 3-26 轮机围网括绳构成示意图
1. 括绳;2. 卸扣;3. 转环;4. 小腰

5)括绳引绳

括绳引绳是装置在括绳前端的绳索。放网时,带网船(艇)拉住括绳引绳牵引括绳下水。起网时,带网船(艇)将括绳引绳交给网船,网船通过括绳引绳收绞括绳,从而封闭网具底部,如图 3-9(4)所示。括绳引绳可采用比括绳稍细的绳索。机轮围网的括绳引绳长 50～60 m,机船围网的括绳引绳长约 50 m。部分机船围网没有带网船(艇),括绳引绳的首端连接在网头灯标上。

(三)属具部分

属具是组成围网的部分构件之一。单翼式围网的属具有浮子、沉子、底环等。浮子产生浮力;沉子、底环产生沉力,使网垂直展开呈网壁;底环是收括部分的重要构件。

1. 浮子

浮子是装置在网具上边缘,用于保证上纲浮于水面的属具。浮子用聚苯乙烯(polystyrene,PS)或聚氯乙烯(polyvinyl chloride,PVC)制成,形状有中孔球形和中孔圆柱形两种,如图 3-27 所示。机轮围网一般采用中孔圆柱形浮子,每个浮子的浮力为 13.73～24.52 N。机船围网一般采用中孔球形浮子,每个浮子的浮力为 7.85～19.61 N。浮子的作用是产生浮力,承受网具、渔获物及收绞括绳时产生的下沉力,保持上纲浮于水面。

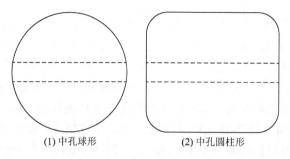

图 3-27 围网浮子

2. 沉子

沉子是装置在网具下边缘，促使下纲沉降的属具。沉子在水中的沉力是网具总沉力的一部分。沉子材料为铅或铸铁，形状为中孔圆柱形或中孔鼓形，如图 3-28 所示，每个重 0.30~0.50 kg。沉子的主要作用是产生沉力，在放网时可加快网具下部沉降，使网衣在水中垂直展开，形成包围鱼群的网壁；在起网收绞括绳时，沉子的沉力还可延长下纲提升时间，以增加网具的有效作业高度。

3. 底环

底环是悬挂在围网下纲的下方，供括绳穿过的金属圆环，如图 3-19 中的 14 所示。围网底环的形状一般如图 3-29 所示，它是由直径为 ϕ_1 的圆形金属条弯曲成外径为 ϕ 的圆环。在图 3-29 中，d 为底环的内径，若底环规格是用外径 ϕ 和内径 d 来表示，则制作底环的圆形金属条的直径 ϕ_1 应为

$$\phi_1 = (\phi - d) \div 2$$

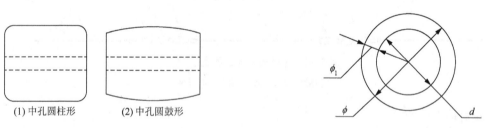

图 3-28 围网沉子　　　　　　　　图 3-29 底环或侧环

机轮围网的底环中一般套连 1 个较小的套环，套环用比底环稍细的圆形金属条制成。套环的形状有"8"字环［如图 3-25（4）中的 3 所示］和椭圆形套环［如图 3-25（5）中的 3 所示］。套环连接在底环与环扣绳或纽扣绳之间，既有利于底环的转动，又避免了括绳与环扣绳或纽扣绳之间的摩擦。机轮围网每套底环有 89~150 个，备有 2 套，轮流使用。每个底环质量为 2.10~2.69 kg，外径为 220~260 mm，材料一般为直径 20~24 mm 的圆钢条。机船围网每套底环有 54~83 个，只使用 1 套。每个底环质量为 0.75~0.87 kg，外径为 150~200 mm，材料是直径 16~17 mm 的圆铁条。

此外，围网还使用若干个卸扣和转环等属具。卸扣用于绳索与绳索、绳索与其他属具等的连接。转环是用于防止连接的绳索发生捻搅而引起折断，或者防止绳索发生扭结的属具。

二、单船双翼式有环无囊围网结构

单船双翼式有环无囊围网是我国 20 世纪末南海区个体渔业的机船（20~146 GT、37~316 kW）灯光围网的网型，其网具总布置图类似图 3-30 所示。

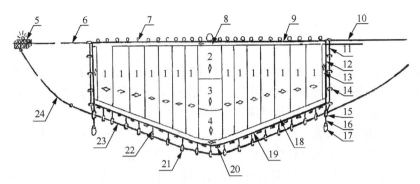

图 3-30 机船灯光围网总布置图

1. 翼网衣；2. 主取鱼部；3. 副取鱼部；4. 近取鱼部；5. 网头灯标；6. 网头绳；7. 浮子；8. 上缘网衣；9. 上纲；10. 跑绳；11. 侧抽绳；12. 侧纲；13. 侧缘网衣；14. 侧环；15. 重力底环；16. 沉锤绳；17. 沉锤；18. 下缘网衣；19. 下纲；20. 沉子；21. 底环；22. 底环绳；23. 括绳；24. 括绳引绳

双翼式围网网具构件的作用和要求等如下（其作用与单翼式围网的相同时，不再赘述）。

（一）网衣部分

双翼式围网网衣由主网衣和缘网衣组成。

1. 主网衣

双翼式围网的主网衣由取鱼部网衣和翼网衣组成。在作业时，主网衣形成网壁包围鱼群，中间为取鱼部网衣，两旁为左右对称的翼网衣。

1）取鱼部网衣

双翼式围网的取鱼部设置在网具的中部。取鱼部除了与网翼一起作为网壁包围鱼群外，更主要的是用来集拢从两网翼进入的鱼群，以便最后从取鱼部捞起渔获物。故要求取鱼部具有足够的强度。因此，取鱼部采用较小的水平缩结系数，较小的目大和较粗的网线，一般采取纵目使用，部分也采取横目使用。取鱼部网衣在网长方向一般为 1 幅较长的网衣，在网高方向上可由 1～5 幅网衣组成。若网高方向为 1 幅网衣时，即取鱼部只有 1 幅网衣；若网高有 2 幅取鱼部网衣，则上幅为主取鱼部，下幅为副取鱼部；若网高有 3 幅网衣，则上幅为主取鱼部，中幅为副取鱼部，下幅为近取鱼部，如图 3-30 所示；若网高有 4 幅网衣，则上 2 幅分别为主、副取鱼部，下 2 幅为近取鱼部；若网高有 5 幅网衣，则上 2 幅分别为主、副取鱼部，下 3 幅为近取鱼部。

2）翼网衣

双翼式围网的翼网衣设置在取鱼部的两旁。翼网衣较长，作业时形成网具的主体网壁包围鱼群，起网时阻拦且引导鱼群向取鱼部集拢。因此，翼网衣的水平缩结系数和目大比取鱼部网衣的稍大，网衣强度比取鱼部的稍小；同时，在起网绞收网衣过程中，网衣横向受力较大，故翼网衣均采取横目使用。由于翼网衣较长，生产中常把翼网衣在长度方向分为若干幅，幅数取决于翼网衣的总长度和每幅的长度。我国南海区双翼式灯光围网的翼网衣一般每边分为 7～20 幅，最少的为 5 幅，最多的为 23 幅。

目前，双翼式灯光围网的主网衣大多数采用锦纶死结网片。部分主要采用乙纶死结网片，则其取鱼部网衣或主取鱼部网衣采用锦纶死结网片，全部采用乙纶死结网片的极少。有部分主要采用锦纶死结网片，只在翼网衣两侧靠近侧纲的若干幅网衣采用乙纶网片。随着经编锦纶无结网片的推广使用，有些围网采用锦纶经编网片，如海南陵水的小公鱼围网（《南海区小型渔具》22 页）。

2. 缘网衣

双翼式灯光围网的缘网衣有上缘网衣、下缘网衣和侧缘网衣。缘网衣的作用与单翼式围网的一样。由于缘网衣受力较大，所以上缘网衣的强度应比主网衣稍大，为方便穿过缘纲，上缘网衣的目大一般也比主网衣的稍大。尤其是下缘网衣在收绞括绳过程中受力更大且网目逐渐并拢，故下缘网衣的网衣强度要比上缘网衣的更大。为便于泄泥，目大比上缘网衣的也更大，网高的目数也比上缘网衣的更多。根据《南海区渔具》介绍的12种灯光围网资料统计，侧缘网衣的网衣强度、目大一般与上缘网衣的相同，其水平长度目数至少与上缘网衣的高度目数相同，有的长度目数介于上缘网衣的和下缘网衣的高度目数之间，为3.5~36.5目。南海区灯光围网的缘网衣一般采用乙纶活结网片，也有部分采用乙纶死结网片。在12种灯光围网中，有4种没有设置侧缘网衣，而在主网衣的两侧设置1~2幅采用乙纶活结网片的翼网衣，以此代替侧缘网衣。

（二）绳索部分

双翼式围网的绳索比单翼式围网的多了侧纲部分绳索，可分为上纲、下纲、侧纲、网头和收括等5部分的绳索。

1. 上纲部分绳索

上纲部分的绳索有浮子纲、上主纲和上缘纲，少数没有上主纲，只有浮子纲和上缘纲。在《南海区渔具》所介绍的12种灯光围网中，采用3条上纲的有9种，一般是浮子纲较长，上主纲和上缘纲较短且等长，如图3-31的3、4所示。采用2条上纲的有3种，其中1种浮子纲较长，如图3-31的2所示；还有2种是浮子纲和上缘纲等长，如图3-22的2所示。上纲部分绳索一般采用乙纶绳。但有3种采用3条上纲和1种采用2条不等长上纲的灯光围网，其浮子纲采用丙纶绳。

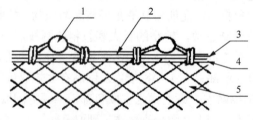

图3-31　上纲部分结构（二）

1. 浮子；2. 浮子纲；3. 上主纲；4. 上缘纲；5. 上缘网衣

2. 下纲部分绳索

下纲部分绳索多数采用2条绳索并列组成的下纲，少数采用3条绳索并列组成的下纲。在《南海区渔具》介绍的12种灯光围网中，采用2条下纲的有10种，采用3条下纲的有2种。在10种采用2条下纲的灯光围网中，有2种在下纲上钳夹有铅沉子，即其下纲采用下缘纲和沉子纲共2条等长等粗的绳索并列组成，如图3-23（2）所示；还有8种的下纲不用沉子，而设置较重的底环来代替沉子，即其下纲采用下缘纲和下主纲共2条等长等粗的绳索并列组成，如图3-32中的1、2所示。在2种采用3条下纲的灯光围网中，均不用沉子，即其下纲采用1条下缘纲和2条下主纲并列组成。其中1种是下缘纲与下主纲等长等粗，即其下纲是采用3条等长等粗的绳索并列组成；另外1种是下缘纲与下主纲等长，下主纲稍粗，即其下纲采用3条等长不等粗的绳索并列组成。下纲部分绳索一般采用乙纶绳，只介绍了1种海南万宁的小围网（《南海区渔具》80页），其下纲部分绳索采用2条等长等粗的丙纶绳。

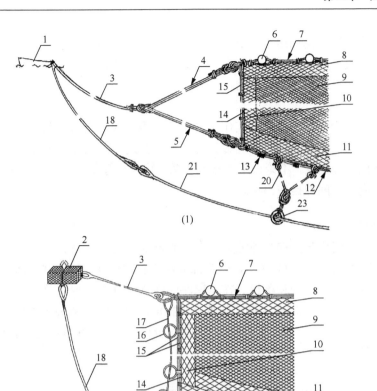

图 3-32 侧纲部分和网头部分结构

1. 带网艇；2. 网头灯标；3. 网头绳；4. 上叉绳；5. 下叉绳；6. 浮子；7. 上纲；8. 上缘网衣；9. 主网衣；10. 侧缘网衣；11. 下缘网衣；12. 下纲；13. 沉子；14. 侧缘纲；15. 侧纲；16. 侧环；17. 侧抽绳；18. 括绳引绳；19. "I"形底环绳；20. "Y"形底环绳；21. 括绳；22. 重力底环；23. 底环

3. 侧纲部分绳索

侧纲是泛指装在网具侧缘的绳索。南海区灯光围网的侧纲，一般由1～3条绳索组成。若采用1条侧纲，则其侧纲一定要先穿过网衣侧边缘的网目后，再用结扎线按设定缩结系数将网衣均匀地绕缝结扎在侧纲上；若采用2条侧纲，则其中1条侧纲要先穿过网衣侧边缘的网目后与另外1条平行合并，再用结扎线按设定缩结系数将2条绳索分段结扎在一起；若采用3条侧纲，则其中1条侧纲要先穿过网衣侧边缘的网目后与另外2条平行合并，再用结扎线按设定缩结系数将3条绳索分段结扎在一起。若把侧纲部分绳索细分，则穿过网衣侧边缘网目的绳索称为侧缘纲，与侧缘纲并拢结扎的绳索均称为侧纲。在12种南海区灯光围网中，采用1条侧缘纲的只介绍1种，即海南陵水的大围网（《南海区渔具》70页），此围网没有装置侧缘网衣，其侧缘纲是穿过上缘网衣、主网衣和下缘网衣的两侧边缘网目后，用结扎线把网衣两侧绕扎在侧缘纲上；采用1条侧缘纲和1条侧纲的有10种，如图3-32（1）中的14和15所示，采用2条等长等粗的绳索；采用1条侧缘纲和2条侧纲的只介绍1种，如图3-32（2）中的14和15所示，采用3条等长等粗的绳索。

1）侧缘纲

侧缘纲是穿过网衣两侧边缘的网目，用于增加两侧边缘强度的绳索。其作用是穿过网衣两侧边缘网目后，再将网衣按设定缩结系数绕扎在侧缘纲上，形成只采用1条绳索组成的侧纲部分结构；

或者将 1 条侧缘纲穿过网衣两侧边缘网目后，再将网衣按设定缩结系数和 1 条或 2 条侧纲并拢分段结扎在一起，分别形成采用 2 条或 3 条等长等粗绳索组成的侧纲部分结构。侧缘纲的捻向应与侧纲的相反，每处侧纲结构只需用 1 条侧缘纲。

2）侧纲

侧纲是装在网具侧缘外侧的绳索。其作用是和侧缘纲共同固定网具侧边高度，维持网形，承受网具两侧垂直方向外力。侧纲要求具备足够强度，整个侧纲部分强度一般取与上纲相同或稍小。南海区灯光围网的侧纲部分绳索，不论采用 2 条或 3 条，均采用等长等粗的乙纶绳，但在并列结扎时，均应尽量保持相邻绳索之间的捻向相反。

4. 网头部分绳索

单船双翼式围网的网头装置有 3 种类型，第一种如图 3-32（1）所示，网头部分绳索有叉绳、网头绳和跑绳；第二种如图 3-32（2）所示，网头部分绳索有侧抽绳、网头绳和跑绳；第三种网具规模较小，网头部分绳索只有网头绳和跑绳。在全国海洋渔具调查资料中，单船双翼式有环无囊围网只介绍 14 种，其中，装置有叉绳的有 3 种；装置有侧抽绳的有 5 种；网头装置只有网头或跑绳的有 3 种；尚有 3 种没说明或说明不清。在《南海区渔具》介绍的 12 种单船双翼式有环无囊灯光围网中，装有叉绳的只有 1 种，其他 11 种装有侧抽绳。

1）叉绳

叉绳是装在围网两端，用于连接上、下纲和网头绳或跑绳的 V 形绳索。如图 3-32（1）中的 4、5 所示的叉绳由 2 条乙纶绳合并对折使用的叉绳，但也有采用 1 条乙纶绳对折使用。叉绳的强度可取与上纲的相等或稍大。位置在上的又称上叉绳，在下的又称下叉绳。叉绳除了起连接作用外，还可以在起网时将网头绳或跑绳的收绞力传递给上、下纲。叉绳通常采用乙纶绳。

2）侧抽绳

侧抽绳是装在侧纲外侧并穿过侧环或者连接环，用于起网时快速收拢网侧网衣的绳索。若侧抽绳上端连接在上纲端部的眼环上，如图 3-32（2）中的 17 所示，则侧抽绳的长度应等于侧纲和底环绳的连接长度或稍长；若侧抽绳上端连接在上纲端部的连接环上，其另一端穿过侧环后连接在下纲端部下方的底环或重力底环上，如图 3-33（1）中的 10 所示，则侧抽绳的长度应等于侧纲、底环绳和纽扣绳的连接长度或稍长；若侧抽绳上端连接在网头灯标上，其另一端穿过上纲前端的连接环和侧环后连接在下纲前端下方的底环上，如图 3-33（2）中的 10 所示，则侧抽绳的长度应等于网头绳、侧纲、底环绳和纽扣绳的连接长度或稍长。南海区的双翼式围网，设置在围网前侧的侧抽绳，其上端一般连接在上纲前端的连接环上，而连接在网头灯标上的较少。而设置在围网后侧的侧抽绳，其上端连接在上纲后端的连接环上或其附近的跑绳上。南海区的 11 种双翼式灯光围网的侧抽绳一般采用乙纶绳，只有 1 种采用丙纶绳。侧抽绳的强度可采用与上、下纲的一样或稍大。侧抽绳的主要作用是起网时便于起吊结缚在侧纲下方的重力底环或沉锤，从而起到快速收拢网侧的网衣作用。

3）网头绳

我国双翼式有环围网均为单船作业。放网前将网头绳前端交给带网艇或系结在网头灯标上，网头绳的后端连接在前网头叉绳的前端或上纲前端的眼环或连接环上，如图 3-33（1）中的 3、图 3-33（2）中的 3 或图 3-34 中的 2 所示。网头绳一般长 50~80 m，最短的长 30 m。网头绳一般采用乙纶绳，少数采用丙纶绳。网头绳的强度可采用与侧抽纲的或叉绳的一样或稍大。

4）跑绳

跑绳的前端连接在后网头叉绳的后端或上纲后端的眼环或连接环上，其后端连接在网船上。跑绳一般长 100~200 m，最短的长 80 m。跑绳一般采用乙纶绳，少数采用丙纶绳。跑绳一般是围网中粗度最大的乙纶绳，其强度可采用与网头绳相等或稍大。

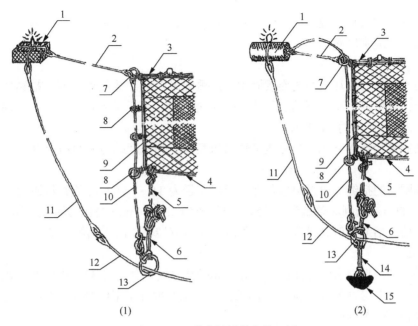

图 3-33 双翼式围网局部装配图

1. 网头灯标；2. 网头绳；3. 上纲；4. 下纲；5. 底环绳；6. 纽扣绳；7. 连接环；8. 侧环；9. 侧纲；10. 侧抽绳；11. 括绳引绳；12. 括绳；13. 底环；14. 沉锤绳；15. 沉锤

5. 收括部分绳索

双翼式围网的收括部分绳索有底环绳、纽扣绳、沉锤绳、括绳和括绳引绳。

1）底环绳

底环绳的形状有 I 形和 Y 形 2 种。I 形底环绳有 2 种形式，1 种是用 1 条绳索的两端插接成绳环，先将绳环合并拉直后，再将其上端套结在下纲上，如图 3-32（2）中 19 所示，其下端合并缚成单结后形成 1 个稍长的绳环，以便此绳环能套结在重力底环或底环上；另外 1 种是用 1 条绳索对折使用，其两端合并处作为上端结扎在下纲上，如图 3-33 中的 5 所示，其下端对折处附近合并缚成单结后形成 1 个稍短的绳环，此绳环刚好套进纽扣绳的绳头结。Y 形底环绳也有 2 种形式，1 种是将 1 条绳索对折使用，其上方两端分开分别结扎在下纲上，如图 3-32（1）中的 20 所示，其中间朝下处合并缚成单结后形成 1 个稍长的绳环，以便此绳环能套在底环或重力底环上，这是 1 种由 1 条绳索构成的 Y 形底环绳；另外 1 种也是将 1 条绳索对折使用，其上方两端分开分别结扎在下纲上，如图 3-34 中 2 所示，不同的是在其中间更朝下的地方合并缚成单结后形成 1 个稍短的绳环，此绳环刚好能套进纽扣绳的绳头结，这也是 1 种由 1 条绳索构成的 Y 形底环绳。底环绳一般采用与下纲同强度或稍大的乙纶绳。

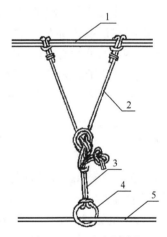

图 3-34 Y 形连接结构

1. 下纲；2. 底环绳；3. 纽扣绳；4. 底环；5. 括绳

2）纽扣绳

纽扣绳是在底环可卸式结构中，用于底环绳与底环之间的连接绳索。纽扣绳也是将 1 条绳索对折使用，其两端合并制成绳端结套入底环绳下端的绳环中，其对折处套扣在底环上，形成了下纲与底环之间的 I 形连接结构，如图 3-33 中的 5、6 所示；或者形成 Y 形连接结构，如图 3-34 中的 2、3

所示。这种纽扣连接方式的主要作用是使底环能较方便地从网具上拆卸,便于网具的整理工作。纽扣绳一般采用与底环绳强度相同的乙纶绳。

3)沉锤绳

沉锤绳是用于沉锤与底环之间的连接绳索。沉锤绳可以是 1 条绳索,其上端结扎在底环上,下端结扎在沉锤上;也可以是将 1 条绳索两端插接成绳环状,其上端套在底环上,下端套在沉锤的连接环上,如图 3-33(2)中的 14 所示。

根据沉锤的重量和连接方式,沉锤绳可采用与底环绳等强度或稍大的乙纶绳。

4)括绳

南海区光诱围网的括绳一般采用包芯绳,即用直径为 11~14.5 mm 的钢丝绳为芯,外包 3 股直径为 12~16 mm 的旧乙纶网衣单捻绳,再捻制成外径为 38~44 mm 的包芯绳。括绳的长度一般为上纲长的 1.2~2.0 倍。括绳一般分成若干段,每段之间装有转环,防止括绳扭结。

5)括绳引绳

南海区光诱围网的括绳引绳连接在网头灯标和括绳之间,如图 3-32 中的 18 或图 3-33 中的 11 所示。括绳引绳一般采用直径 28~36 mm 的乙纶绳,也有部分采用丙纶绳。括绳引绳应与网头绳等长或稍长,一般长 50~100 m。

(三)属具部分

双翼式围网的属具有浮子、沉子、底环、侧环、连接环、沉锤和网头灯标等。

1. 浮子

双翼式围网一般采用中孔球形或中孔圆鼓形的泡沫塑料浮子,每个浮子的浮力为 3.33~7.35 N。少数围网在取鱼部及其附近改用浮力较大的中孔圆柱形泡沫塑料浮子,每个浮子的浮力为 9.81~16.67 N。为了标明取鱼部位置,一般在取鱼部的上纲中点结缚一个红色的直径 240~250 mm 的球形硬质塑料浮子。为了标明网具两端的位置,少数围网在上纲两端各结缚一个大型长矩形的泡沫塑料浮子,每个浮子的浮力为 60.80~108.85 N。

2. 沉子

装置在沉子纲上的沉子,材料大多数为铅,极少数用铸铁,形状为中孔圆柱形或圆鼓形,每个重 0.20~0.35 kg。南海区光诱围网的下纲一般不设置沉子,而采用较重的底环,用底环的沉力代替沉子的沉力。

20 世纪 80 年代,不少机船围网全部采用具有浮性的乙纶网衣。当放网时,为了加速主网衣的下沉速度,可在主网衣上设置铅沉子;当起网将渔获物集中到主取鱼部网衣时,为了防止网衣漂浮而惊吓网中的渔获物,在主取鱼部网衣上设置铅沉子。这种设置在网衣上的铅沉子,又俗称"腰坠"。南海区的围网设置在主网衣上的腰坠较轻,为每片重 2~6 g 的矩形铅片,直接钳夹在主网衣的目脚上;而设置在主取鱼部网衣上的腰坠较重,为每个重 250 g 的圆饼状铅块,用乙纶小网袋包裹,再用细网线将腰坠结缚在主取鱼部网衣上。现在的南海区光诱围网,在乙纶主网衣上不设置腰坠,而采用加重底环的办法来提高乙纶主网衣的下沉速度。而主取鱼部则改用具有沉降力的锦纶网衣,同样达到了取鱼部网衣下沉的目的,并且避免了设置腰坠的麻烦。

3. 底环

下纲装有沉子的双翼式围网,其底环较轻,每个底环质量为 2.25~4.60 kg,外径为 180~

275 mm，材料为直径 24～30 mm 的圆铁，每盘网用 49～62 个。南海区光诱围网，其下纲不设置沉子，其底环较重，每个底环质量为 3.50～6.25 kg，外径为 200～250 mm，材料为圆铁环外包裹着铅制成，包裹铅后的直径为 30～38 mm，每盘网用 35～81 个。在收绞括绳时，包裹的铅可以减轻会惊吓鱼群的底环相碰声响。南海区光诱围网还使用重力底环，悬挂在网具两端的侧纲下方。重力底环和普通的裹铅底环的结构一样，只是规格更大，一般每个质量为 8～10 kg，外径为 240～280 mm，圆铁条包裹铅后的直径为 40～46 mm。部分围网在取鱼部下纲中间设置 2～3 个重力底环，在下纲两端各设置 2 个重力底环，用于加速网具中部和两端的下纲沉降。重力底环具有底环和沉锤双重作用。

4. 侧环或连接环

侧环是结扎在侧纲的外侧，供侧抽绳穿过的金属圆环，如图 3-33 中的 8 所示。连接环是装置在上纲与网头绳或跑绳之间作为连接具的金属环，如图 3-33 中的 7 所示。侧环和连接环的规格一般相同，即侧环和连接环均用直径为 5～6 mm 的圆形不锈钢条制成的圆环，其圆环外径为 50～92 mm。

5. 沉锤

沉锤是悬挂于网具侧纲下端，用以加速下纲两端沉降的属具。沉锤的主要作用是加速网具两端下纲沉降，调节沉降力，减小在起网过程中网具两端提升过快而造成的空隙。沉锤的形状如图 3-35 所示，有长方体形、椭球形和半球形等，常用水泥、铸铁或铅等浇铸而成。

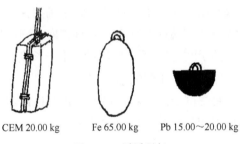

图 3-35 围网沉锤

6. 网头灯标

网头灯标是中、小型灯光围网放网时，连接在网头绳前端用于代替带网艇的副渔具。一般采用长立方体形或圆柱形的大型泡沫塑料块，其上方装置由防水密封的干电池提供电源的灯泡，便于夜间作业。也有部分灯标由标杆、浮子、沉子和灯具构成，如图 3-36 所示。

此外，双翼式围网还要使用若干个卸扣和转环等属具。

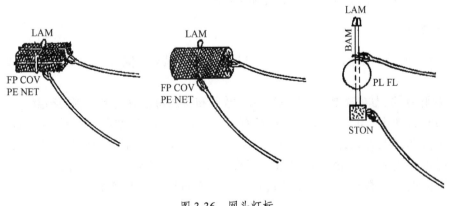

图 3-36 网头灯标

第四节　无囊围网渔具图及其核算

一、无囊围网渔具图

标注无囊围网网衣、绳索、属具的形状、材料、规格、数量和制作装配工艺要求的图称为无囊围网渔具图，又称为无囊围网图，简称为围网网图。围网网图是围网设计的技术文件，是网具制作、装配或检修的技术依据，是改进网具和技术交流的重要文献资料。

（一）围网网图种类

围网网图有总布置图、网衣展开图、局部装配图，属具布置图、作业示意图等。每种围网一定要绘有网衣展开图、局部装配图和属具布置图。围网网图一般可以绘制在两张图面上。第一张绘制网衣展开图，第二张绘制局部装配图和属具布置图，如图3-37所示。

1. 网衣展开图

一般要求绘出整盘网衣的展开图。但对于大型的双翼式围网，若在一张图面上绘出整盘网衣有困难时，也可只绘出取鱼部网衣及其一端的翼网衣，并且在取鱼部网衣中点的上方标注左右对称中心符号"—◇—"。网衣展开图的轮廓尺寸按如下规定绘制：水平长度依结缚网衣的上纲长度按比例缩小绘制，垂直高度依网衣拉直高度按同一比例缩小绘制。

在网衣展开图中，除了标注每幅网衣的材料规格外，还要标注结缚在网衣边缘及其附近的纲索的材料规格，如上纲、下纲和侧纲的规格等，以及标注主网衣和缘网衣的上、下边缘缩结系数等，如图3-37（a）所示。

2. 局部装配图

双翼式围网的前、后网头结构装配基本类似，可以只绘出一端的网头部分（一般画出左侧前网头部分）的结构装配。要绘出浮子方、沉子方的结构，上、下、侧缘网衣之间的配布方式，上纲部分、下纲部分、侧纲部分、网头部分、收括部分绳索之间的连接；标注网头绳、跑绳、侧抽绳或叉绳、底环绳等绳索的材料和规格，如图3-37（b）的上方所示。如果单翼式围网的前、后网头装配不同时，则应分别绘制出前网头和后网头的局部装配图。

3. 属具布置图

要标注浮子、沉子、底环、沉锤等材料、规格、数量及其安装间隔的长度和数量，如图3-37（b）的下方所示。

双翼式围网的浮沉力布置图一般左右对称，故其布置图可以只绘出一侧的布置。在图3-37（b）下方的浮沉力布置图中，其左上方标注有左右对称中心符号，说明此图只绘出右侧一半的布置。此图包括3个分图：上方为浮子布置图；中间为沉子布置图；下方为底环布置图。在浮子布置图中，中间用粗实线描绘1条上纲（HR）直线，其上方标注浮子的安装间距，单位为mm，下方标注整盘围网的浮子数量、材料及其规格。沉子布置图和底环布置图也按同样要求进行绘制和标注。

（二）围网网图标注

在每种围网网图的第一张图面上部有 1 个标题栏，在第二张图面的下部有 1 个使用条件栏。标题栏和使用条件栏的内容与刺网网图的一样，此处和以后不再赘述。

1. 渔具名称

在图集中渔具图标题栏中的渔具名称均采用俗名，以后不再赘述。

2. 主尺度标注

无囊围网主尺度：结缚网衣的上纲长度×网衣最大拉直高度。网衣最大拉直高度是指网具最高部位所有网衣拉直高度之和。

例如：灯光围网 208.23 m × 102.10 m［图 3-37（a）］。

本书中图 3-37（a）的标注和数据均按照该网调查报告中的说明和数据以及《中国图集》的要求进行修改和标注。

3. 网衣标注

无囊围网的网衣展开图一般由多幅矩形网衣组成，每片网衣的规格相同的代号（带括号的大写字母）和缩结系数代号（带括号的小写英语字母）全部标注在矩形轮廓线内。其中，网长目数标注在上方或下方（上、下缘网衣的网长目数一般标注在上方，各幅主网衣、侧缘网衣的一般标注在下方）正中部位；网高目数标注在左侧正中部位；网线的材料规格、目大和网结类型标注在中间；主网衣和侧缘网衣的缩结系数代号（带括号的小写英语字母）一般标注在上方正中部位；上、下缘网衣的缩结系数代号在左侧附近正中部位；上缘网衣、侧缘网衣、主网衣各幅网衣的上边缘对于上纲的缩结系数用代号分别标注在网衣展开图轮廓线外的左上方；侧缘网衣、主网衣各幅网衣、下缘网衣的下边缘对于下纲的缩结系数用代号分别标注在网衣展开图轮廓线外的左下方，如图 3-37（a）所示。

网长目数和网高目数后面均应标明网衣方向。若网高目数后面标注为"N"，则为纵目使用；若网高目数后面标注为"T"，则为横目使用。

4. 绳索标注

在网衣展开图中，纲索是用与其所结缚的网衣轮廓线平行的粗实线来表示。在局部装配图中，绳索是用两条平行线的细实线来表示。在（b）图下方的属具布置图中，绳索均用细实线来表示。

若采用包芯绳作为绳索时，则用长度（m）、包芯绳略语 COMP、直径 ϕ（mm）及其结构标注，如 350.00 COMP ϕ 38（WR ϕ 11 + PE NET）。此标注的含义是采用直径为 11 mm 的钢丝绳为绳芯，外包 3 股用旧乙纶网衣捻成的单捻绳，再捻制成长为 350 m、直径为 38 mm 的包芯绳。如果括绳由几条绳索串连组成且每条绳索的长度、材料和规格均相同时，只描绘成一条粗实线及只标注其中一条绳索的数字，并且在此标注前面乘以串连绳索的条数，如 4 × 92.30 PE ϕ 40。其他关于绳索的长度、材料、规格和数量的标注方法与刺网网图中的要求一致。由于一般只画出前网头部分的局部装配图，于是只画有网头绳而没有跑绳，则网头绳的材料和规格可标注在描绘网头绳的两条平行细实线的上方，而跑绳的材料和规格可标注在此平行细实线的下方，如图 3-37（b）的左上方所示。

灯光围网（海南 三亚）

208.23 m×102.10 m

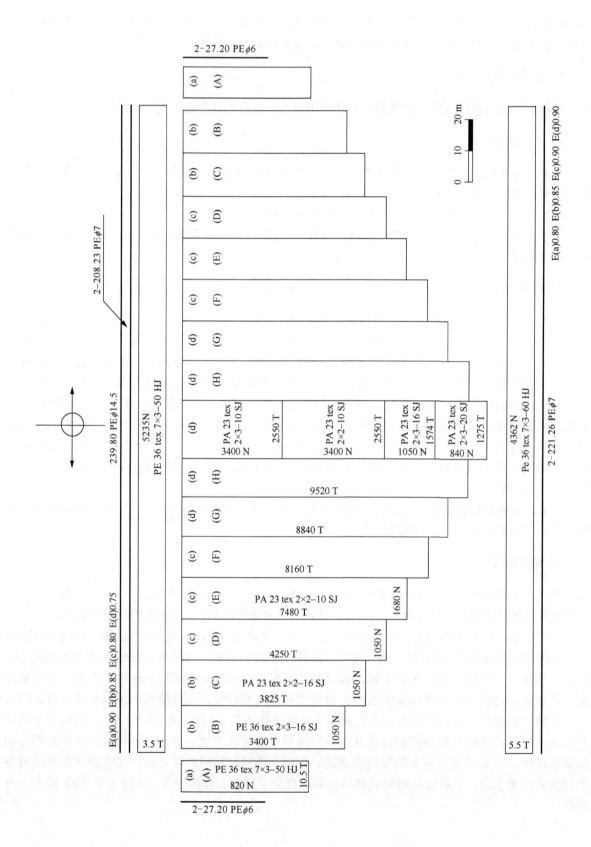

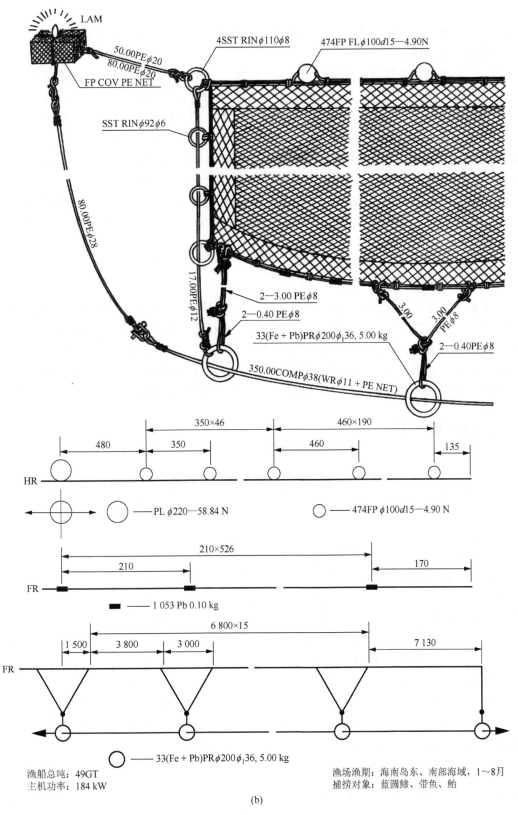

(b)

渔船总吨：49GT
主机功率：184 kW

渔场渔期：海南岛东、南部海域，1～8月
捕捞对象：蓝圆鲹、带鱼、鲐

图 3-37 灯光围网（海南三亚）

5. 属具标注

除了侧环的数量、材料、规格及其安装间距标注在局部装配图中外，其他属具的均标注在图3-37（b）下方的属具布置图中。

属具一般用数量、材料略语及其规格标注。例如，中孔圆柱形泡沫塑料浮子用个数、——长度（m）、FP、外径ϕ（mm）、孔径d（mm）—每个浮子的浮力来标注，如4264—0.16 FPϕ140 d20—17.65N。关于底环或侧环的标注尺寸如图3-29所示。《中国图集》中的底环或侧环均用个数、材料略语、底环略语PR或圆环略语RIN、外径ϕ（mm）、内径d（mm），每个环的质量来标注，如33（Fe+Pb）PRϕ200 d140，5.00 kg或5 SST RINϕ92 d80。《南海区渔具》中的底环或侧环（连接环）均用个数、材料略语、PR或RIN、外径ϕ（mm）、制环材料直径d（mm），每个环的质量来标注（当调查数据欠缺时，可以不标注质量），如33（Fe+Pb）PRϕ200 d130，5.00 kg或5SST RINϕ92 d16，本书采用此标注方法。沉锤的标注可参考刺网沉石的标注方法。其他属具的标注方法与刺网网图的相同。

6. 其他标注

在网衣展开图中，若有几幅网衣的材料规格（包括网线材料规格、目大、网结类型及长、高目数）相同时，可只标注其中1幅网衣的材料规格，其余相同的网衣只用带括号的大写英语字母来表示，并且标注在缩结系数代号下方。如在图3-37（a）中，灯光围网的取鱼部两侧的各幅网衣左、右对称，故可只标注左侧各幅网衣的材料规格及带括号的大写英文字母，而右侧的各幅网衣只用与左侧相对应网幅的大写字母来表示，并分别标注在各幅网衣的缩结系数代号（a）～（d）的下方。

二、无囊围网网图核算

所有渔具进行制作装配前，均应先对渔具图进行核算。如果发现渔具图有错误时，应先进行修改后，再按照核对好的渔具图数据制定材料表，然后按照材料表备料，最后根据核对好的渔具图进行制作装配。以后在介绍其他渔具的渔具图核算时，均不再赘述。

双翼式围网的网图核算，包括核对取鱼部各幅网衣的网宽目数，上、下纲长度，网衣最大拉直高度，上、下缘网衣网长目数，侧纲长度，侧抽绳长度，浮子、底环、侧环个数，等等。

根据取鱼部各幅网衣应等宽的原理来核对各幅网衣的网宽目数。根据侧缘网衣和主网衣各幅的目大、网长目数和上、下边缘缩结系数计算其上下边缘应配纲的长度，然后核算上、下纲长度。根据网具最高部位处上、下缘网衣和主网衣的目大和网高目数核算网衣最大拉直高度。若上、下缘网衣的缩结系数分段与侧缘网衣和主网衣各幅的上、下边缘缩结系数相同时，则可根据上缘网衣的拉直长度应与侧缘网衣和主网衣各幅的拉直长度之和相等的原理来核算上缘网衣的网长目数。再根据上、下缘网衣的拉直长度应相等的原理来核算下缘网衣的网长目数。根据侧纲长度应等于或小于上、下缘网衣和侧缘网衣的缩结高度之和的原理来核对侧纲长度。根据侧抽绳净长应稍大于其安装部位长度的原理来核对其长度。先证明浮子、沉子、底环、侧环的安装间隔正确，然后再核算其个数。

例3-1 试对海南三亚的灯光围网（图3-37）进行网图核算。

解：

1. 核对取鱼部各幅网衣的网宽目数

副取鱼部和主取鱼部的目大均为10 mm，现副取鱼部与主取鱼部的网宽目数一样，均为2 550目，这是正确的。

近取鱼部有两幅网衣，其上幅的网宽应与副取鱼部的网宽相等，则近取鱼部上幅的网宽目数应为

$$10 \times 2550 \div 16 = 1593.75 \text{目}$$

可取为 1 594 目。经核对有误，网图中标注为 1574 目错误，应改为 1 594 目。近取鱼部下幅的网宽应与上幅的网宽相等，则近取鱼部下幅的网宽目数应为

$$16 \times 1594 \div 20 = 1275.2 \text{目}$$

可取为 1275 目。经核对无误。

2. 核对上纲长度

侧缘网衣和主网衣各幅的上方应配纲的长度为：
侧缘网衣（A），$0.050 \times 10.5 \times 0.90 = 0.47$ m；
翼网衣（B）、（C），$0.016 \times 1050 \times 0.85 = 14.28$ m；
翼网衣（D），$0.016 \times 1050 \times 0.80 = 13.44$ m；
翼网衣（E）、（F），$0.010 \times 1680 \times 0.80 = 13.44$ m；
翼网衣（G）、（H），$0.010 \times 1680 \times 0.75 = 12.60$ m；
主取鱼部，$0.010 \times 2550 \times 0.75 = 19.1250$ m。

根据国家标准《数值修约规则与极限数值的表示和判定》（GB/T 8170—2008），主取鱼部上方应配纲的长度应取为 19.12 m。则上纲长度应为

$$(0.47 + 14.28 \times 2 + 13.44 + 13.44 \times 2 + 12.60 \times 2) \times 2 + 19.12 = 208.22 \text{ m}$$

核算结果比网图数字（208.23 m）少 0.01 m，这是由于该网图计算主取鱼部的上方配方纲长度后修约时的不同方法造成的，即 19.1250 不应修约为 19.13，而应修约为 19.12。故该网图的上纲标注应改为 2－208.22 PEϕ7，该网图的主尺度标注应改为 208.22 m × 102.10 m。上述核对基本无误，说明侧缘网衣和主网衣各幅的上边缘缩结系数无误，又初步说明侧缘网衣和主网衣各幅的目大、网长目数也均无误。

3. 核对下纲长度

侧缘网衣和主网衣各幅的下边缘应配的长度为：
侧缘网衣（A），$0.050 \times 10.5 \times 0.90 = 0.47$ m；
翼网衣（B）、（C），$0.016 \times 1050 \times 0.90 = 15.12$ m；
翼网衣（D），$0.016 \times 1050 \times 0.85 = 14.28$ m；
翼网衣（E）、（F），$0.010 \times 1680 \times 0.85 = 14.28$ m；
翼网衣（G）、（H），$0.010 \times 1680 \times 0.80 = 13.44$ m；
近取鱼部，$0.020 \times 1275 \times 0.80 = 20.40$ m。
则下纲长度应为

$$(0.47 + 15.12 \times 2 + 14.28 + 14.28 \times 2 + 13.44 \times 2) \times 2 + 20.40 = 221.26 \text{ m}$$

核算结果与网图数字相符，说明下纲长度、侧缘网衣和主网衣各幅的下边缘缩结系数均无误，并且进一步说明侧缘网衣和主网衣各幅的目大、网长目数均无误。

4. 核对网衣最大拉直高度

该网具的最高部位是取鱼部，则其网衣最大拉直高度应为

$0.050 \times 3.5 + 0.010 \times (3400 + 3400) + 0.016 \times 1050 + 0.020 \times 840 + 0.060 \times 5.5 = 102.10$ m

核算结果与主尺度数字相符，说明网衣最大拉直高度，上、下缘网衣和取鱼部各幅网衣的目大和网高目数均无误。

5. 核对上缘网衣网长目数

该网网图中，上缘网衣中没有标注缩结系数代号，说明上缘网衣的缩结系数是分段与侧缘网衣、主网衣各幅的上边缘缩结系数取为相同，即上缘网衣的拉直长度应与侧缘网衣、主网衣的各幅网衣拉直长度之和相等，则上缘网衣的网长目数应为

$$[(0.050 \times 10.5 + 0.016 \times 1050 \times 3 + 0.010 \times 1680 \times 4) \times 2 + 0.010 \times 2550] \div 0.050 = 5235 \text{目}$$

经核对，网图数字无误。

6. 核对下缘网衣网长目数

上、下缘网衣的拉直长度应相等，则下缘网衣的网长目数应为

$$0.050 \times 5235 \div 0.060 = 4362.5 \text{目}$$

取整数为4362目。经核对无误。

7. 核对侧纲长度

上、侧、下缘网衣的缩结高度之和为

$$(0.050 \times 3.5 + 0.050 \times 820 + 0.060 \times 5.5) \times \sqrt{1-(0.90)^2} = 18.09 \text{ m}$$

核对结果，网图上的侧纲长度（13.60 m）小于上、侧、下缘网衣的缩结高度之和，则侧纲起到保护网具两侧边网衣的作用，故是合理的。

8. 核对侧抽绳长度

与侧抽绳安装部位相对应的侧纲、底环绳和纽扣绳的长度之和为

$$13.60 + 3.00 + 0.40 = 17.00 \text{ m}$$

经核对无误。再加上两端各留头0.5 m，侧抽绳全长可取为18.00 m。

9. 核对浮子个数

假设浮子安装的间隔长度和间隔数量正确，则上纲长度应为

$$(0.48 + 0.35 \times 46 + 0.46 \times 190 + 0.135) \times 2 = 208.23 \text{ m}$$

核算结果与网图标注一致，但在前面核对上纲长度时已把上纲长度改为208.22 m，即减少了10 mm。因此，应把图3-37（b）中间的浮子布置图中上纲两端浮子端距135 mm改为130 mm。除了在上纲中点装有1个硬质塑料球浮外，其余的泡沫塑料球浮的个数应为

$$(1 + 46 + 190) \times 2 = 474 \text{个}$$

经核对无误。

10. 核对沉子个数

假设沉子安装的间隔长度和间隔数量正确，则下纲长度应为

$$(0.21 \times 526 + 0.17) \times 2 = 221.26 \text{ m}$$

经核对无误，说明假设无误，则铅沉子个数应为

$$1 + 526 \times 2 = 1053 \text{个}$$

经核对无误。

11. 核对底环个数

假设底环安装的间隔长度和间隔数量正确，则下纲长度应为

$$(1.50 + 6.80 \times 15 + 7.13) \times 2 = 221.26 \text{ m}$$

经核对无误，说明假设无误，则底环个数应为

$$1 + (15 + 1) \times 2 = 33 \text{ 个}$$

经核对无误。

12. 核算侧环个数和安装间距

网图中没有标注侧环的数量及其安装间距。南海区的灯光围网，侧环的安装间距一般为 2.4～3.2 m。现本网的侧纲实际为 13.60 m，若一侧的侧环个数取用 5 个，则侧环的安装间距为

$$13.60 \div 5 = 2.72 \text{ m}$$

此安装间距在 2.4～3.2 m，是合理的。

此外，在上纲两端各用 1 个连接环分别与网头绳和跑绳连接，连接环可采用与侧环同规格的不锈钢圆环，则围网两侧的侧环加上两侧的连接环共需 12 个不锈钢圆环。根据实际情况，连接环也可改用稍粗的不锈钢条制成。

根据上述对海南省三亚市的灯光围网（《南海区渔具》53 页）的核对结果，得知图 3-37 中需进行修改之处如下：

（1）在图 3-37（a）中（自上而下）：①主尺度标注改为 208.22 m × 102.10 m；②上主纲、上缘纲的规格标注改为 2−208.22 PEϕ7。

（2）在图 3-37（b）中（自上而下）：①侧抽绳的规格标注改为 17.00 PEϕ12；②在浮子布置图的右端，上纲两端的浮子端距 135 mm 改为 130 mm。

第五节　无囊围网材料表与渔具装配

一、无囊围网材料表

围网材料表中的数量指一盘网所需的数量。材料表中的绳索用量要用全长来计算。在网图中，凡是结缚网衣的纲索均标注净长，其他绳索一般标注全长。但采用钢丝绳、夹芯绳、包芯绳的绳索，一般标注净长。

完整的渔具图，应标明渔具全部构件的材料、规格和数量等，使我们可以根据渔具图列出制作该渔具时所需的材料表，以后不再赘述。现根据图 3-37 和例 3-1 的结果列出灯光围网材料表，如表 3-3 和表 3-4 所示。

表 3-3　灯光围网网衣材料表　　（主尺度：208.22 m × 102.10 m）

名称	使用数量/片	网线材料规格—目大网结	目向	网衣尺寸/目		网线用量/kg	
				网长	网高	每片	合计
翼网衣（B）	2	PE 36 tex 2 × 3—16 SJ		1 050	3 400	48.49	96.98
翼网衣（C）	2	PA 23 tex 2 × 2—16 SJ		1 050	3 825	19.42	38.82

续表

名称	使用数量/片	网线材料规格—目大网结	目向	网衣尺寸/目		网线用量/kg	
				网长	网高	每片	合计
翼网衣（D）	2	PA 23 tex 2×2—16 SJ		1 050	4 250	21.56	43.12
翼网衣（E）	2	PA 23 tex 2×2—10 SJ		1 680	7 480	44.57	89.14
翼网衣（F）	2	PA 23 tex 2×2—10 SJ		1 680	8 160	48.63	97.26
翼网衣（G）	2	PA 23 tex 2×2—10 SJ		1 680	8 840	52.68	105.36
翼网衣（H）	2	PA 23 tex 2×2—10 SJ		1 680	9 520	56.73	113.46
主取鱼部	1	PA 23 tex 2×3—10 SJ		2 550	3 400	50.26	50.36
副取鱼部	1	PA 23 tex 2×2—10 SJ		2 550	3 400	30.75	30.75
近取鱼部上幅	1	PA 23 tex 2×3—16 SJ		1 594	1 050	22.73	22.73
近取鱼部下幅	1	PA 23 tex 2×3—20 SJ		1 275	840	9.63	9.63
上缘网衣	1	PE 36 tex 7×3—50 HJ		5 242	3.5	2.17	2.17
下缘网衣	1	PE 36 tex 7×3—60 HJ		4 369	5.5	3.25	3.25
侧缘网衣（A）	2	PE 36 tex 7×3—50 HJ		10.5	820	1.02	2.04
整盘网衣总用量（其中锦纶网线需用 577.80 kg，乙纶网线需用 127.17 kg）							705.07

表 3-4　灯光围网绳索、属具材料表

名称	数量	材料及规格	每条绳索长度/m		单位数量用量	合计用量/kg	附注
			净长	全长			
浮子纲	1 条	PE ϕ 14.5	239.80	240.30	24.751 kg/条	24.76	
上纲	2 条	PE ϕ 7	208.22	209.42	5.215 kg/条	10.43	上主纲、上缘纲各 1 条
下纲	2 条	PE ϕ 7	221.26	222.46	5.540 kg/条	11.08	下缘纲、沉子纲各 1 条
侧纲	4 条	PE ϕ 6	13.60	14.00	0.255 kg/条	1.02	其中 2 条为侧缘纲
侧抽绳	2 条	PE ϕ 12	17.00	18.00	1.296 kg/条	2.60	
网头绳	1 条	PE ϕ 20	50.00	50.70	10.140 kg/条	10.14	
跑绳	1 条	PE ϕ 20	80.00	80.70	16.140 kg/条	16.14	
底环绳	33 条	PE ϕ 8		6.00	0.197 kg/条	6.51	对折使用
纽扣绳	33 条	PE ϕ 8		0.80	0.027 kg/条	0.90	对折使用
括绳	1 条	COMP ϕ 38（WR ϕ 11＋PE NET）	350.00	350.80	145.232 kg/条	145.24	为钢丝绳用量
括绳引绳	1 条	PE ϕ 28	50.00	51.60	20.228 kg/条	20.23	
浮子	1 个	PL ϕ 240—58.84 N					硬质塑料球浮
	474 个	FP ϕ 100 d 15—4.90 N					泡沫塑料中孔球浮
沉子	1 053 个	Pb 0.10 kg			0.100 kg/个	105.30	制成铅片钳夹下纲
底环	33 个	(Fe＋Pb) PR ϕ 200 d 30			5.000 kg/个	165.00	
侧环	12 个	SST RIN ϕ 92 d 6					其中包括 2 个连接环
网头灯标	1 支	FP COV PE NET＋LAM					缺具体规格

注：此外尚需若干个金属圆环、卸扣和转环用于绳索与属具之间的连接。

材料表中数字计算说明如下。

1. 翼网衣（B）每片网线用量计算

根据式（2-5）计算网线用量，即

$$G = G_H(2a + C \cdot \phi)N \div 500 \times 1.05$$

从图 3-37（a）的左侧可看出翼网衣（B）是一片矩形的乙纶死结网片，其目大为 $2a = 16$ mm。根据网线规格 PE 36 tex 2 × 3，可从附录 F 中查得其线密度为 $G_H = 231/1000 = 0.231$ g/m，其直径为 0.75 mm。从附录 E 中可查得死结的网结耗线系数为 16。翼网衣（B）网长 1050 目，网高 3 400 目，则其网衣总目数为 $N = (1050 \times 3400)$ 目。将上述数值代入式（2-5）可得出翼网衣（B）的每片网线用量为

$$G = 0.231 \times (16 + 16 \times 0.75) \times 1050 \times 3400 \div 500 \times 1.05 = 48491 \text{ g} = 48.49 \text{ kg}$$

2. 上、下缘网衣网长目数的计算

该灯光围网网衣分成 3 段进行装配，即中间的取鱼部与两侧相邻的各两片翼网衣作为 1 段，两侧的侧缘网衣和剩余相连的翼网衣各作为 1 段。在网衣展开图中，上、下缘网衣均无标注缩结系数代号，则各段的上、下缘网衣拉直长度应与相应的主网衣或侧缘网衣的各幅网衣拉直长度之和相等，则中间 1 段的上缘网衣网长目数应为

$$(0.010 \times 1680 \times 2 \times 2 + 0.010 \times 2550) \div 0.050 = 92.70 \div 0.050 = 1854 \text{ 目}$$

中间 1 段的下缘网衣网长目数应为

$$92.70 \div 0.060 = 1545 \text{ 目}$$

两侧各 1 段的上缘网衣网长目数应为

$$(0.050 \times 10.5 + 0.016 \times 1050 \times 3 + 0.010 \times 1680 \times 2) \div 0.050 = 84.525 \div 0.050 = 1690.5 \text{ 目}$$

两侧各 1 段的下缘网衣网长目数应为

$$84.525 \div 0.060 = 1408.75 \text{ 目}$$

为了防止各段上、下纲连接处的结节被拉紧伸长后拉破各段缘网衣连接处，故在连接处的缘网衣各增长 1.5 目，则中间 1 段的上缘网衣两端各增长 1.5 目后，其网长应为 1 857 目；中间 1 段的下缘网衣在两端各增长 1.5 目后，其网长应为 1 548 目；两侧各 1 段的上缘网衣连接端增长 1.5 目后，其网长应为 1 692 目；两侧各 1 段的下缘网衣连接端增长 1.5 目后，其网长应为 1 410 目。在表 3-3 中，其上缘网衣的网线用量计算是先将 3 段上缘网衣编成 1 片后再剪成 3 段，每剪 1 次破坏 0.5 目，故 1 片上缘网衣的网长应为

$$1692 + 0.5 + 1857 + 0.5 + 1692 = 5242 \text{ 目}$$

同理，1 片下缘网衣的网长应为

$$1410 + 0.5 + 1548 + 0.5 + 1410 = 4369 \text{ 目}$$

3. 绳索全长的计算

1）浮子纲

从图 3-37（a）的上方可看出，浮子纲净长为 239.80 m，不分段，只用 1 条，若其两端取各留头 0.25 m 与连接环相连接，则其全长为

$$239.80 + 0.25 \times 2 = 240.30 \text{ m}$$

2）上、下纲

上纲由 3 条绳索组成，即浮子纲、上主纲和上缘纲各 1 条，下纲由 2 条绳索组成，即下缘纲和沉子纲各 1 条。由于浮子纲不分段装配，故分开计算。而上主纲与上缘纲是等长等粗的乙纶绳，故

可一起当作上纲来计算。下缘纲与沉子纲也是等长等粗的乙纶绳，故也一起当作下纲来计算。

根据例 3-1 核对上纲长度的核算数字，可得知中间 1 段的上纲净长为

$$12.60 \times 2 + 19.12 + 12.60 \times 2 = 69.52 \text{ m}$$

两侧各 1 段的上纲净长为

$$0.47 + 14.28 \times 2 + 13.44 \times 3 = 69.35 \text{ m}$$

中间 1 段下纲净长为

$$13.44 \times 2 + 20.40 + 13.44 \times 2 = 74.16 \text{ m}$$

两侧各 1 段的下纲净长为

$$0.47 + 15.12 \times 2 + 14.28 \times 3 = 73.55 \text{ m}$$

中间 1 段的上纲两端取各留头 0.20 m 分别与两侧各 1 段的上纲端相连接，则中间 1 段的上纲全长为

$$69.52 + 0.20 \times 2 = 69.92 \text{ m}$$

两端各 1 段的上纲两端也取各留头 0.20 m 分别与中间 1 段的上纲端和 1 个连接环相连接，则两侧各 1 段的上纲全长为

$$69.35 + 0.20 \times 2 = 69.75 \text{ m}$$

同理，中间 1 段的下纲净长为 74.16 m，加上两端各留头 0.20 m，则全长为 74.56 m；两侧各 1 段的下纲净长为 73.55 m，加上两端各留头 0.20 m，则全长为 73.95 m。

在表 3-3 中，上纲每条的全长指 3 段上纲全长之和，则每条上纲全长为

$$69.75 + 69.92 + 69.75 = 209.42 \text{ m}$$

下纲每条的全长是指 3 段下纲全长之和，则每条下纲全长为

$$73.95 + 74.56 + 73.95 = 222.46 \text{ m}$$

3）侧纲

从图 3-37（a）的两侧看出，该网侧纲由 2 条等长等粗的乙纶绳组成（即 1 条侧纲和 1 条侧缘纲）。每条侧纲净长为 13.60 m，加上两端各留头 0.20 分别与上、下纲两端相连接，则每条侧纲全长为 14.00 m。

4）侧抽绳

根据例 3-1 可知，核算结果侧抽绳净长为 17.00 m，全长可取为 18.00 m。

5）网头绳和跑绳

从图 3-37（b）上方的局部装配图的左上方可看出，网头绳和跑绳的净长分别为 50 m 和 80 m，其两端插制眼环的留头可取为 0.35 m，则网头和跑绳的全长分别为 50.70 m 和 80.70 m。

6）底环绳和纽扣绳

从局部装配图的下方可看出，底环绳和纽扣绳的标注分别为 2 - 3.00 PEϕ8 和 2 - 0.40 PEϕ8。底环绳是 1 条对折使用的乙纶绳，其两端合并结缚在下纲上，下端对折点形成一个绳环。此底环绳全长应为 3.00 m 的 2 倍，即为 6.00 m。纽扣绳也是 1 条对折使用的乙纶绳，其对折处套扣在底环上，其两端合并制成绳端结且套入底环绳下端的绳环中。此纽扣绳全长应为 0.40 m 的 2 倍，即为 0.80 m。

4. 括绳绳索用量计算

在图 3-37（a）的上方可看出，括绳的标注为 350.00 COMPϕ38（WRϕ11 + PE NET），这是包旧乙纶网衣的钢丝绳。这种包芯绳一般手工制作，无统一的制作规格，故难以计算其用量。但包芯绳中的钢丝绳规格则应按设计要求制作。因此在材料表中，根据包芯绳绳索规格要求应对所使用的

钢丝绳用量给予计算和标明。包芯绳两端的钢丝绳芯应做成眼环,以便绳索之间的连接。钢丝绳两端插制眼环时需消耗一定的钢丝绳长度,这种另需消耗的长度叫作留头长度。留头长度与钢丝绳的粗度有关。各种粗度的钢丝绳插制眼环时的一端留头长度可见附录 J。

包芯绳中钢丝绳用量计算可按式(2-7)进行,根据钢丝绳直径为 11 mm,可以从附录 I 中查得 G_H = 0.414 kg/m,从附录 J 中查得其插制一端眼环的留头为 0.40 m,则插制长 350.00 m 的包芯绳所需钢丝绳全长为 L = (350.00 + 0.40 × 2)m。将上述数值代入式(2-7)中可得出括绳的钢丝绳用量为

$$G = 0.414 \times (350.00 + 0.40 \times 2) = 0.414 \times 350.80 = 145.2312 \text{ kg}$$

在计算绳索用量时,考虑到制作绳索工艺中的耗损,在绳索用量数值修约时只取大不取小。在表 3-4 中,每条绳索用量以 kg 为单位并取三位小数,则四位小数以后全部进一。绳索合计用量取两位小数,则三位小数以后全部进一。于是每条括绳中的钢丝绳用量取应取为 145.232 kg。因为只用 1 条括绳,则其合计用量应取为 145.24 kg。

本书在计算绳索用量时,其数值的修约只取大不取小,以后均同样处理,不再赘述。

5. 括绳引绳用量计算

从局部装配的左侧可看出,括绳引绳的标注为 50.00 PEϕ28。根据乙纶绳直径为 28 mm,从附录 H 中查得 G_H = 0.392 kg/m。其两端插制眼环的留头可参考附录 K 取为 0.80 m,则括绳引绳的全长为 51.60 m。将上述数值代入式(2-7)中可得出括绳引绳的用量为

$$G = 0.392 \times 51.60 = 20.2272 \text{ kg}$$

每条括绳引绳的乙纶绳用量应取为 20.228 kg。只用 1 条括绳引绳,则其合计用量应取为 20.23 kg。

此外,在网头绳、跑绳与上纲两端的连接环之间,在网头绳与网头灯标之间,在括绳引绳两端分别与网头灯标和括绳之间,为了便于装卸和防止起网绞收绳索时产生绳索的扭结,在上述连接处应采用卸扣和转环来连接。在图 3-37(b)的局部装配图中,有的画有卸扣和转环,而在网头灯标上的连接没有画出,为了便于装卸,网头灯标至少应各用 1 个转环和 1 个卸扣分别与网头绳和括绳引绳相连接。

二、无囊围网网具装配

围网是大型长带状网具,装配工作量大,并且需较大的施工场地。为了便于装配、卸载、搬运和局部调换使用,以及能在较小场地施工,一般将网具分成几段进行装配。每段长度无严格规定(机轮围网每段为 70~100 m,机船围网每段为 50~70 m),可根据网图资料选择最利于施工的分段。先分段装配,然后将各段连接而构成完整的一盘网具。装配工艺要求坚固匀整,避免造成应力集中,引起网衣破裂,影响捕鱼效果,同时工艺要求方便和节约劳力。

装配程序应根据网具结构特点,以装配方便为原则来选定。机轮围网和部分机船围网,其上、下缘网衣的缩结系数与侧缘网衣、主网衣的缩结系数不同,则应先装好浮沉子、上下纲及上下缘网衣,形成上下纲部分,然后将缝合好的各段网衣与其相对应的上下纲缝合,最后装配底环绳、底环、括绳、网头绳、跑绳等。一般分为 5 个程序装配:上纲部分、下纲部分、网衣部分、收括部分、网头部分。较多的机船围网,其上、下缘网衣的缩结系数分段与侧缘网衣、主网衣各段的缩结系数相同,则应先将各部分网衣缝合,然后将已缝合的各段网衣与其对应的上下纲、浮沉子等结扎,最后装上底环绳、底环、括绳、侧环、侧抽绳、网头绳、跑绳等。即一般分为 4 个程序装配:网衣部分、配纲部分、收括部分及网头部分。图 3-37 所示的灯光围网属于后一种机船围网,现根据图 3-37、例 3-1 的数据和"材料表中数字计算说明"的数字描述灯光围网的装配程序如下。

根据图 3-37(a)中网衣缩结系数配布的特点,将侧缘网衣 A 和翼网衣 B~F 作为一段,取鱼部

与两侧的翼网衣 G、H 作为一段，即整盘网分成 3 段先分别进行前 2 个程序的装配，然后将各段连接，再进行后 2 个程序的装配。

（一）网衣部分

网衣分成 3 段进行装配，即由中间 1 段和两侧各 1 段分开进行各幅网衣之间的缝合装配。

1. 中间 1 段网衣的缝合装配

中间 1 段网衣由取鱼部网衣 1 幅、翼网衣 G 和翼网衣 H 各 2 幅、上缘网衣和下缘网衣各 1 幅组成。

1) 取鱼部网衣的缝合

如图 3-37（a）中间所示，取鱼部网衣由主取鱼部网衣、副取鱼部网衣、近取鱼部上幅网衣和近取鱼部下幅网衣 4 幅网衣自上而下排列组成。其各幅网衣之间的缝合边均应并拢拉直等长后用锦纶 3×3 网线绕缝缝合。缝合时应每隔 0.25 m 网长扎 1 个结，将 4 幅网衣缝合成 1 幅长矩形网衣。

2) 翼网衣 H 与取鱼部网衣的缝合

根据图 3-37（a）可计算出取鱼部网衣的网高为

$0.010 \times 3400 + 0.010 \times 3400 + 0.016 \times 1050 + 0.020 \times 840 = 34.00 + 34.00 + 16.80 + 16.80 = 101.60$ m

翼网衣 H 的网高为

$$0.010 \times 9520 = 95.20 \text{ m}$$

由于取鱼部网衣两侧的网高缝合边（101.60 m）比翼网衣 H 的网高缝合边（95.20 m）长，则要求取鱼部网衣的缝合边均匀缩缝到翼网衣 H 的缝合边上。与取鱼部各幅网衣缝合边高度相对应的翼网衣 H 缝合边高度分别计算如下：

与主取鱼部或副取鱼部相对应的翼网衣 H 的网高为

$$95.20 \times (34.00 \div 101.60) = 31.86 \text{ m}$$

与近取鱼部上幅或近取鱼部下幅相对应的翼网衣 H 的网高为

$$95.20 \times (16.80 \div 101.60) = 15.74 \text{ m}$$

自上而下，主取鱼部和副取鱼部的缝合边先后分别缩缝到翼网衣 H 网高为 31.86 m 的缝合边上，近取鱼部上幅和近取鱼部下幅的缝合边先后缩缝到翼网衣 H 网高为 15.74 m 的缝合边上，均用锦纶 3×3 网线绕缝，间隔 0.25 m 打一结。

3) 翼网衣 G 与翼网衣 H 的缝合

翼网衣 H 的网高缝合边应均匀缩缝到翼网衣 G 的网高缝合边上，可用锦纶 2×3 网线绕缝，间隔 0.25 m 打 1 个结。

4) 缘网衣与主网衣的缝合

从表 3-3 中得知，上缘网衣为 1 片长 5 242 目、宽 3.5 目的网片，下缘网衣为 1 片长 4 369 目、宽 5.5 目的网片。根据"材料表中数字计算说明"中的"2.上、下缘网衣网长目数的计算"的数字，可先将上缘网衣沿横向剪裁 2 次，剪成长为 1 692 目、1 857 目、1 692 目的 3 幅上缘网衣；再将下缘网衣剪裁 2 次，剪成长为 1 410 目、1 548 目、1 410 目的 3 幅下缘网衣。

中间 1 段网衣的上缘网衣（长 1 857 目）和下缘网衣（长 1 548 目）的网长两端各留出 1.5 目后，其中间 1 854 目和 1 545 目的拉直网长与主网衣拉直网衣（即取鱼部网衣和左、右各 2 幅翼网衣 G、H 的拉直网长之和）是等长的，则上、下缘网衣两端各留出 1.5 目后，其中间网长缝合分别与主网衣上、下网衣缝合边并拢拉直等长后，可用乙纶 8×3 网线绕缝，间隔 0.25 m 打 1 个结。

2. 两侧各 1 段网衣的缝合装配

两侧各 1 段网衣由侧缘网衣 A 1 幅、翼网衣 B 至翼网衣 F 5 幅、上缘网衣和下缘网衣各 1 幅组成。

1）侧缘网衣 A 与翼网衣 B 的缝合

翼网衣 B 的网高缝合边应均匀缩缝到侧缘网衣 A 的网高缝合边上，可用乙纶 8×3 网线绕缝，间隔 0.25 m 打 1 个结。

2）翼网衣 B 和翼网衣 C 的缝合

翼网衣 C 的网高缝合边应均匀缩缝到翼网衣 B 的网高缝合边上，可用乙纶 3×3 网线绕缝，间隔 0.25 m 打 1 个结。

3）翼网衣 C 至翼网衣 F 4 幅网衣之间缝合

在各幅网衣的网高缝合之间，较长的缝合边应均匀缩缝到较短的缝合边上，可用锦纶 2×3 网线绕缝，间隔 0.25 m 打 1 个结。

4）上、下缘网衣与侧缘网衣、主网衣的缝合

两侧各 1 端网衣的上缘网衣（长 1 692 目）和下缘网衣（长 1 410 目）的网长一端留出 1.5 目后，剩下的 1 690.5 目和 1 408.75 目的拉直网长与缘网衣 A 和翼网衣 B 至翼网衣 F 的拉直网长之和等长，则上、下缘网衣在翼网衣 F 端留出 1.5 目后，其余网长缝合边分别与侧缘网衣和主网衣（即翼网衣 B 至翼网衣 F）的上、下网长缝合边并拢拉直等长后，可用乙纶 8×3 网线绕缝，间隔 0.25 m 打 1 个结。

（二）配纲部分

配纲也是分成 3 段进行装配，即由中间 1 段网衣和两侧各 1 段网衣分开进行上、下和两侧的纲索装配。

1. 中间 1 段网衣的配纲

从表 3-4 中得知上纲为 2 条全长 209.42 m 的乙纶绳，下纲为 2 条全长 222.46 m 的乙纶绳。根据"材料表中数字计算说明"中的上、下纲全长计算数字得知，每条上纲分成 3 段，分别长为 69.75 m、69.92 m 和 69.75 m。每条下纲也分成 3 段，分别为 73.95 m、74.56 m 和 73.95 m。

1）上纲装配

由例 3-1 的数据得知，翼网衣 G 和翼网衣 H 配上纲长度均为 12.60 m，取鱼部网衣配上纲长度为 19.12 m。中间 1 段网衣的上纲全长 69.92 m，左、右捻各 1 条，即上主纲和上缘纲各 1 条。先将上缘纲穿入上缘网衣的外缘网目中，再将上主纲与上缘纲合并拉直等长后，在上纲两端各留出 0.20 m 长的留头和上缘网衣两端各留出 1.5 目，用乙纶 8×3 网线将上缘网衣和 2 条上纲的两端结扎固定，最后将两端与翼网衣 G 和翼网衣 H 的上边缘长度相对应的上缘网衣分别均匀缩缝到长为 12.60 m 的上纲上，将中间与取鱼部网衣的上边缘长度相对应的上缘网衣均匀缩缝到长为 19.12 m 的上纲上。可用乙纶 8×3 网线将上缘网衣上边缘网目和 2 条上纲结扎在一起，每间隔 0.10 m 纲长结扎 1 次。

2）下纲装配

由例 3-1 的数据得知，翼网衣 G 和翼网衣 H 配下纲长度均为 13.44 m，取鱼部网衣配下纲长度为 20.40 m。中间 1 段网衣的下纲全长 74.56 m，左、右捻各 1 条，即下缘纲和沉子纲各 1 条。先将下缘纲穿入下缘网衣的外缘网目中，再将沉子纲与下缘纲合并拉直等长后，在下纲两端各留出 0.20 m 长的留头和下缘网衣两端各留出 1.5 目，用乙纶 8×3 网线将下缘网衣和 2 条下纲的两端结

扎固定；最后将两端与翼网衣 G 和翼网衣 H 的下边缘长度相对应的下缘网衣分别均匀缩结到长为 13.44 m 的下纲上，将中间与取鱼部网衣的下边缘长度相对应的下缘网衣均匀缩缝到长为 20.40 m 的下纲上。可用乙纶 8×3 网线将下缘网衣下边缘网目和 2 条下纲结扎在一起，每间隔 0.10 m 纲长结扎 1 次。

2. 两侧各 1 段网衣的配纲

1）上纲装配

由例 3-1 的数据得知，侧缘网衣 A 配上纲长度为 0.47 m，翼网衣 B 和翼网衣 C 配上纲长度均为 14.28 m，翼网衣 D、翼网衣 E 和翼网衣 F 配上纲长度均为 13.44 m。两侧各 1 段网衣的上纲全长 69.75 m，左、右捻各 1 条，即上主纲和上缘纲各 1 条。先将上缘纲穿入上缘网衣的外缘网目中，再将上主纲与上缘纲合并拉直等长后，在上纲两端各留出 0.20 m 长的留头和上缘网衣在翼网衣 F 端留出 1.5 目，用乙纶 8×3 网线将上缘网衣和 2 条上纲的两端结扎固定；最后将与侧缘网衣 A 上边缘长度相对应的上缘网衣均缩缝到长为 0.47 的上纲上，将与翼网衣 B 和翼网衣 C 的上边缘长度相对应的上缘网衣分别均匀缩缝到长为 14.28 m 的上纲上，将与翼网衣 D、翼网衣 E 和翼网衣 F 的上边缘长度相对应的上缘网衣分别均匀缩缝到长为 13.44 m 的上纲上。可用乙纶 8×3 网线将上缘网衣上边缘网目和 2 条上纲结扎在一起，每间隔 0.10 m 纲长结扎 1 次。

2）下纲装配

由例 3-1 的数据得知，侧缘网衣 A 配下纲长度为 0.47 m，翼网衣 B 和翼网衣 C 配下纲长度均为 15.12 m，翼网衣 D、翼网衣 E 和翼网衣 F 配下纲长度均为 14.28 m。两侧各 1 段网衣的下纲全长 73.95 m，左、右捻各 1 条，即下缘纲和沉子纲各 1 条。先将下缘纲穿入下缘网衣的外缘网目中，再将沉子纲与下缘纲合并拉直等长后，在上纲两端各留出 0.20 m 长的留头和下缘网衣在翼网衣 F 端留出 1.5 目，用乙纶 8×3 网线将下缘网衣和 2 条下纲的两端结扎固定，最后将与侧缘网衣 A 下边缘长度相对应的下缘网衣均匀缩缝到长为 0.47 m 的下纲上，将与翼网衣 B 和翼网衣 C 的下边缘长度相对应的下缘网衣分别均匀缩缝到长 15.12 m 的下纲上，将与翼网衣 D、翼网衣 E 和翼网衣 F 的下边缘长度相对应的下缘网衣分别均匀缩缝到长为 14.28 m 的下纲上。可用乙纶 8×3 网线将下缘网衣下边缘网目和 2 条下纲结扎在一起，每间隔 0.10 m 纲长结扎 1 次。

3）侧纲装配

由表 3-4 得知，侧纲为 4 条全长为 14.00 m 的乙纶绳，两端留头均为 0.20 m。即左侧或右侧 1 段网衣各装配 2 条侧纲，左、右捻各 1 条，即为侧缘纲和侧纲各 1 条。

如图 3-37（b）的局部装配图所示，先将侧缘纲穿入上缘网衣、侧缘网衣和下缘网衣的侧缘网目中，再将侧纲与侧缘纲合并拉直等长后，在侧纲两端各留出 0.20 m 长的留头，将上缘网衣、侧缘网衣和下缘网衣分别均匀缩缝到侧纲上。可用乙纶 8×3 网线将缘网衣侧边缘网目和 2 条侧纲结扎在一起，每间隔 0.10 m 纲长结扎一次。2 条侧纲的两端留头合并一起分别绕过上、下纲后，折回并拢用乙纶 8×3 网线缠绕结扎固定，形成净长为 13.60 m 的双侧纲。

（三）浮沉子部分

3 段网衣分别配纲后，分段搬运到渔船上，再进行总装配。先进行 3 段网衣之间的连接。3 段上缘网衣之间和 3 段下缘网衣之间，并拢拉直等长缝连接。在翼网衣 F 和翼网衣 G 之间，把翼网衣 G 的网高缝合边均匀缩缝到翼网衣 F 的网高缝合边上。用乙纶 8×3 网线绕缝，间隔 0.25 m 打一结。再将 3 段上纲和 3 段下纲作结连接，使中间 1 段网衣的上纲净长为 69.52 m，两侧各 1 段的上纲净长为 69.35 m，则整条上纲净长为 208.22 m；使中间 1 段网衣的下纲净长为 74.16 m，两侧各 1 段网衣的下纲净长为 73.55 m，则整条下纲净长为 221.26 m。当 3 段网连接形成整盘网具后，进行浮子和沉子的装配。

1. 浮子装配

先将浮子纲穿入 474 个泡沫塑料浮子的中孔后，再按图 3-37（b）中间的浮子布置图进行装配。浮子纲在上缘网衣端先留出 0.25 m 长的留头后，在离端部 0.13 m（核算后的修改数字，不包括留头长度）处装配第 1 个浮子；然后以间距 0.46 m 装配 190 个浮子，再以间距 0.35 m 装配 46 个浮子，这时已装配到取鱼部中间部位。接着再装配另一半浮子，即先间隔 0.96 m 装配 1 个浮子，然后以间距 0.35 m 装配 46 个浮子，再以间距 0.46 m 装配 190 个浮子。在每个浮子两侧用乙纶 8×3 网线将 3 条上纲结扎一道以固定浮子的位置。在两个结扎处之间，浮子纲与上主纲、上缘纲是合拢拉直等长装配。浮子纲两端各留出 0.25 m 长的留头。最后在浮子纲中点（即主取鱼部上方的中点）结扎 1 个直径为 220 mm 的红色带耳硬质塑料球浮，作为网具上纲中点的标志。

2. 沉子装配

先将铅制成长 60 mm、宽 18 mm、厚 8 mm 的铅片，然后沿长度方向弯曲成"U"形，每个平均重 100 g。"U"形铅沉子钳夹在 2 条下纲上，用铁锤将"U"形铅片的开口打成封闭的环状，形成宽 18 mm 的环状铅沉子。铅沉子按图 3-37(b)中下方的沉子布置图进行装配。整条下纲净长为 221.26 m，在离端部 0.17 m（不包括留头长度，0.17 m 又称为下纲两端沉子的端距）处钳夹第 1 个沉子。整条下纲共钳夹 1053 个沉子，下纲两端的沉子端距均为 0.17 m。

（四）收括部分

1. 底环绳装配

先将底环绳对折，其两端合并扎牢在下纲上，如图 3-33 中的 5 所示，对折处附近扎 1 个单结形成一个稍短的绳环，这是一种"I"形底环绳。底环绳可按图 3-37（b）下方的底环布置图进行装配，先在下纲净长两端各结扎 1 条底环绳。从两端向中间，先以端距 5.23 m 各扎 1 条底环绳，再以间距 6.80 m 各结扎 15 条底环绳后，取鱼部中间 2 个底环绳的间距也是 6.80 m，最后在取鱼部中点也结扎 1 条底环绳，则整条下纲共结扎 35 条底环绳。

2. 底环装配

将纽扣绳对折，折点处套结在底环上，两端合并扎成一个绳头结。作业时，将底环上纽扣绳的绳头结穿过底环绳下端的绳环相连，如图 3-33 中的 6 所示。

3. 括绳装配

括绳穿过所有的底环后，前端用卸扣和转环与括绳引绳相连；在放网时，括绳引绳的前端用卸扣连接于网头灯标下方的圆环上，如图 3-37（b）的下方和左方所示。括绳后端留在渔船上。

（五）网头部分

1. 侧环装配

由例 3-1 的数据得知，本网两侧在纲上结扎 5 个侧环，结扎间隔为 2.72 m。侧环装配如图 3-37

（b）的局部装配图所示，自侧纲上端开始，每间隔 2.72 m 用乙纶网线将 1 个侧环缠绕结扎在 2 条侧纲上；最后在侧纲中间可结扎 4 个侧环，最后在侧纲与下纲的连接处也缠绕结扎 1 个侧环。

2. 侧抽绳装配

本网两侧各装配 1 条侧抽绳，其装配如图 3-37（b）的局部装配图所示。其左右 2 条侧抽绳分别穿过网具两侧的侧环后，上端分别连接在上纲前端与网头绳或上纲后端与跑绳之间的连接环上，其下端分别连接在下纲前、后两端下方的底环上。

3. 网头绳装配

如图 3-37（b）的局部装配图所示，网头绳后端通过转环和卸扣连接在上纲前端的连接环上，在放网前，其前端用卸扣连接在网头灯标侧面的圆环上。

4. 跑绳装配

跑绳的前端通过转环和卸扣连接在上纲后端的连接环上，其后端留在渔船上。

此外，网具装配时应注意的事项如下。

①在同一幅网衣内，尽量采用材料规格和目大网结均相同的网片。如果采用不同目大的网片，则在网片缝合时，网片之间应以拉直长度相等为准，避免在网片之间采用缩结方法，以防网衣受力不均匀。

②在同一幅网衣内，若采用纵目使用网片和横目使用网片联合使用，则在互相缝合时，不能采用目对目绕缝。因为横目使用网片的横向计算长度要比纵目使用网片纵向计算长度长 2%，所以应采用缩缝方法缝合。

③网片缝合时要注意新、旧、干、湿状态对网片长度的影响，对不同状态的网片要采取相应的措施，才能使网片之间受力均匀。例如，在同一幅网衣内采用不同目大的网片时，一定要在两网片干湿状态相同的情况下进行网片之间的缝合。

④各段网衣连接处的上、下缘网衣要留出 2～3 目，以防各段纲索连接处的绳结拉紧伸长后而拉破网衣。

⑤缝合（绕缝或编缝）用线的强度要比被缝合网衣的网线强度稍大。各幅之间的缝合一般采用与网衣同一材料且不同颜色的粗线或双线缝合。

⑥在装配前，结缚网衣的纲索要进行拉伸定型处理。预加张力后，乙纶绳会伸长 6.5%，锦纶绳会伸长 8.5%。

⑦纲索装配时，要注意不同材料结扎线的不同技术性能。例如，锦纶网线下水后会伸长 1%～3%，因此用锦纶网线结扎纲索前需预先浸水；乙纶网线下水后其长度无明显变化，维纶网线下水后会缩短约 2%，因此用乙纶网线或维纶网线结扎纲索时不需预先浸水。

第六节　无囊围网捕捞操作技术

本节只介绍海南三亚灯光围网的捕捞操作技术。

海南三亚灯光围网的渔具分类名称为单船无囊围网，主要捕捞集群性强的中上层趋光鱼类。这种网具是在 1965 年以后由灯光敷罟网逐步改变发展而来。海南三亚灯光围网的作业渔场分布在海南岛东、南部海域，全年均可作业，渔期主要在 1～10 月，主要捕捞蓝圆鲹、带鱼、鲐。

1. 渔船

①网船：木质，全长22.50 m，型宽4.60 m，型深1.90 m，平均吃水1.70 m，总吨位49 GT，主机功率184 kW，发电机功率80 kW，安装诱鱼灯55盏，全部为1000 W弧光灯。网船配备有三合一海图机和对讲机各1台。

②灯艇：木质小划艇，内置3 kW的柴油内燃发电机1台，设1000 W的弧光灯2盏。

2. 副渔具

使用抄网作为副渔具。用直径12 mm的不锈钢筋做网圈，网圈直径600 mm。网衣由结构号数为36 tex16×3的乙纶网线编结，单死结，目大25 mm，纵向拉直长800 mm，下部开口边缘穿过直径8 mm的乙纶束绳。装木柄直径35 mm，长2.50 m。

3. 捕捞操作技术

①探鱼：用垂直探鱼仪进行航测，选择鱼群较多且密集的海域进行作业。

②光诱：日落时，先将灯架放低至离水面约1.50 m处固定，然后开灯光诱。视海况采用漂流光诱、拖锚光诱或抛锚光诱。光诱一段时间后，开启探鱼仪探测趋光鱼群情况，如趋光鱼群密集，则可放网围捕。

③放网：从船尾吊下灯艇，灯艇启动发电机，待两舷的灯亮后离开网船约30.00 m，网船逐步熄灭船上所有的诱鱼灯和甲板照明灯，待灯艇把网船下方诱集的鱼群吸引到灯艇下方后，网船逐渐离开灯艇至60.00～80.00 m的距离，并且选择适当位置放网。先丢下网头灯标，再松放网头绳，打开底环摆杆，最后网船按圆形航线进行放网包围鱼群，包围即将完成，视包围的封闭情况适当松放跑绳，快速封闭包围圈。

④起网：迅速提起网头灯标，解下网头绳和括绳引绳，利用绞纲机鼓轮收绞网头绳和跑绳，利用绞纲机滚筒收绞括绳引绳。当网头绳、跑绳和括绳引绳收绞完后，再利用侧抽绳配合括绳的收绞将两网头收拢。括绳收绞完毕且底环被拉上船头甲板后，开始收绞网衣，先竖起置于船左舷中部的滚筒，利用集束分段牵引绞收的方法逐段收绞网衣。网衣一边收绞一边理顺，整齐叠放于前甲板左舷一侧。网衣收绞到取鱼部时，形成一个网槽，网槽内鱼群高度集中，下压力很大，可能会压沉浮子纲使鱼群外逃，灯艇应协助牵拉，当网槽圈缩小到一定限度时，打开大吊杆，将网槽中部上纲稍调离水面。继续拉收取鱼部网衣，使鱼群密集并上升至水面，打开起鱼吊杆，放下抄网捞取渔获物。捞取渔获物时，1人操抄网木柄，1人负责绞吊，1人操抄网底束绳。

第七节　有囊围网结构

福建的围缯、浙江的对网、江苏和上海的大洋网等均属于我国典型的有囊围网。有囊围网由一囊两翼构成，其网具结构原理基本相同，因此可以综合简述如下：有囊围网由网衣、绳索和属具3部分构成，其网具结构如图3-38所示，其网具构件组成如表3-5所示。

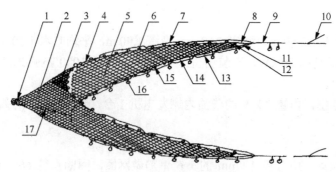

图 3-38 有囊围网总布置图

1. 囊底扎绳；2. 囊网衣；3. 三角网衣；4. 上纲；5. 翼网衣；6. 浮子；7. 上引绳；8. 上叉绳；9. 曳绳；10. 支绳；11. 下叉绳；12. 翼端纲；13. 下引绳；14. 下纲；15. 沉子；16. 沉石；17. 力纲

表 3-5 有囊围网网具构件组成

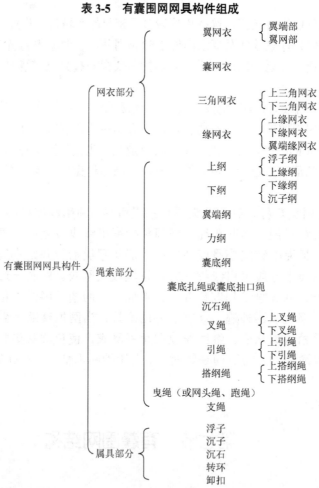

接下来，将介绍有囊围网各部分网具构件的作用和要求。

一、网衣部分

现以浙江普陀的带鱼对网（图 3-39）为例介绍网衣部分的构件。

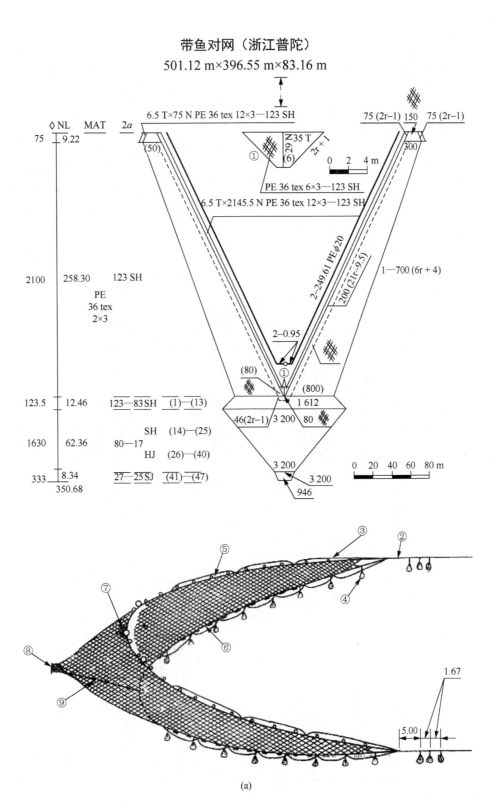

带鱼对网(浙江普陀)

带鱼对网网衣材料规格表

名称	数量/片	序号	网衣规格 PE 36 tex	目大网结/mm	宽度/目 起目	宽度/目 终目	节数/节	长度/m	增减目方法
翼网衣	2	1	2×3	123 SH	1 600	600	4 200	258.30	中间1—700(6r+4)、两边200(21r-9.5)
	4	2	2×3（双）	123 SH	300	150	150	9.22	两边75(2r-1)
		合计						267.52	
囊网衣	2	1	2×3	123 SH	1 612	1 612	13	0.80	末节 96 (13+1) 26 (14+1)
		2	2×3	120 SH	1 734	1 734	14	0.84	末节 96 (14+1) 26 (15+1)
		3	2×3	117 SH	1 856	1 856	15	0.88	末节 96 (15+1) 26 (16+1)
		4	2×3	113 SH	1 978	1 978	16	0.90	末节 96 (16+1) 26 (17+1)
		5	2×3	110 SH	2 100	2 100	17	0.94	末节 96 (17+1) 26 (18+1)
		6	2×3	107 SH	2 222	2 222	18	0.96	末节 96 (18+1) 26 (19+1)
		7	2×3	103 SH	2 344	2 344	19	0.98	末节 96 (19+1) 26 (20+1)
		8	2×3	100 SH	2 466	2 466	20	1.00	末节 96 (20+1) 26 (21+1)
		9	2×3	97 SH	2 588	2 588	21	1.02	末节 96 (21+1) 26 (22+1)
		10	2×3	93 SH	2 710	2 710	22	1.02	末节 96 (22+1) 26 (23+1)
		11	2×3	90 SH	2 832	2 832	23	1.04	末节 96 (23+1) 26 (24+1)
		12	2×3	87 SH	2 954	2 954	24	1.04	末节 96 (24+1) 26 (25+1)
		13	2×3	83 SH	3 076	3 076	25	1.04	末节 96 (24+1) 26 (25+1)
		小计					247	12.46	
		14	2×3	80 SH	3 200	3 200	70	2.80	无增减目
		15	2×3	77 SH	3 200	3 200	75	2.89	无增减目
		16	2×3	73 SH	3 200	3 200	80	2.92	无增减目
		17	2×3	70 SH	3 200	3 200	85	2.98	无增减目
		18	2×3	67 SH	3 200	3 200	90	3.02	无增减目
		19	2×3	63 SH	3 200	3 200	95	2.99	无增减目
		20	2×3	60 SH	3 200	3 200	100	3.00	无增减目
		21	2×3	57 SH	3 200	3 200	190	5.42	无增减目
		22	2×3	53 SH	3 200	3 200	75	1.99	无增减目
		23	2×3	50 SH	3 200	3 200	80	2.00	无增减目
		24	2×3	47 SH	3 200	3 200	85	2.00	无增减目
		25	2×3	43 SH	3 200	3 200	90	1.94	无增减目
		26	2×3	40 HJ	3 200	3 200	95	1.90	无增减目
		27	2×3	38 HJ	3 200	3 200	100	1.90	无增减目
		28	2×3	37 HJ	3 200	3 200	100	1.85	无增减目
		29	2×3	35 HJ	3 200	3 200	100	1.75	无增减目
		30	2×3	33 HJ	3 200	3 200	110	1.82	无增减目
		31	2×3	32 HJ	3 200	3 200	120	1.92	无增减目
		32	2×3	30 HJ	3 200	3 200	130	1.95	无增减目
		33	2×3	28 HJ	3 200	3 200	140	1.96	无增减目
		34	2×3	27 HJ	3 200	3 200	150	2.02	无增减目
		35	2×3	25 HJ	3 200	3 200	160	2.00	无增减目
		36	2×3	23 HJ	3 200	3 200	170	1.96	无增减目
		37	2×3	22 HJ	3 200	3 200	180	1.98	无增减目
		38	2×3	20 HJ	3 200	3 200	190	1.90	无增减目
		39	2×3	18 HJ	3 200	3 200	200	1.80	无增减目
		40	2×3	17 HJ	3 200	3 200	200	1.70	无增减目
		小计					3 260	62.36	
		41	2×3	27 SJ	3 200	1 600	6	0.08	第二节 1600 (2-1)
		42	2×3	25 SJ	1 600	1 600	100	1.25	末节 160 (10-1)
		43	2×3	25 SJ	1 440	1 440	100	1.25	末节 144 (10-1)
		44	2×3	25 SJ	1 296	1 296	110	1.38	末节 123 (10-1) 6 (11-1)
		45	2×3	25 SJ	1 167	1 167	110	1.38	末节 109 (10-1) 7 (11-1)
		46	2×3	25 SJ	1 051	1 051	120	1.50	末节 104 (10-1) 1 (11-1)
		47	2×3	25 SJ	946	946	120	1.50	无增减目
		小计					666	8.34	
		合计						83.16	
直角三角网衣	4		6×3（双）	123 SH	6	35	58	3.57	一边 (2r+1)，另一边无增减目
上、下缘网衣	4		12×3	123 SH	6.5	6.5	4 291	263.90	无增减目
翼端缘网衣	2		12×3	123 SH	6.5	6.5	300	18.45	无增减目

注：在该表中翼网部网衣（序号1）的两侧双线网衣与中间单线网衣和囊网衣1~21段的两侧双线网衣与中间单线网衣均没有标注出来。

(b)

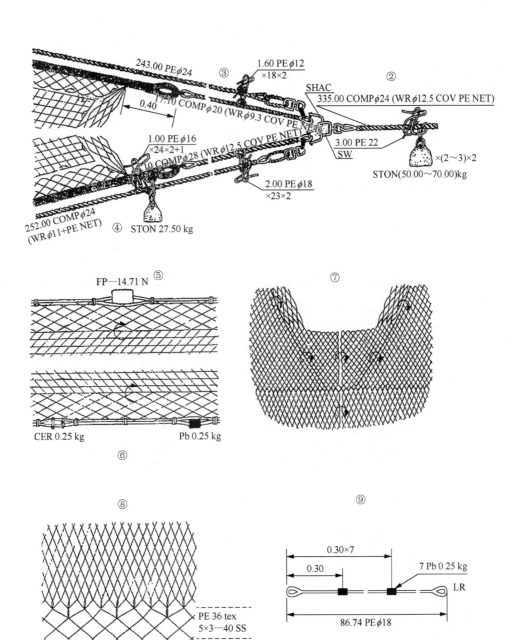

(c)

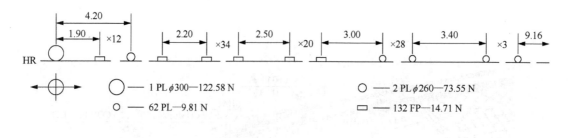

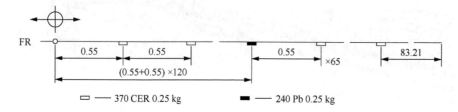

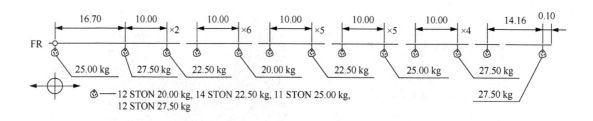

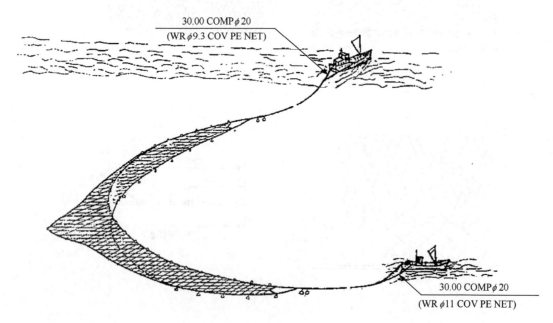

渔船总吨：65 GT×2　　　　　　　　　　　　　　　渔场渔期：11月至翌年3月
主机功率：110 kW×2　　　　　　　　　　　　　　捕捞对象：带鱼

(d)

图 3-39　带鱼对网（浙江普陀）

中大型有囊围网的网衣一般由左、右对称的两大片网衣在囊网衣两侧边缘互相缝合而成，每大片网衣的全展开图如图 3-40 所示。有囊围网网衣均是采用手工按一定增减目方法直接编结而成的编结网。从图 3-40 中可以看出，它是左右对称的编结网，其网衣纵向对称中心（点画线）与网具运动方向平行，故有囊围网网衣属于纵目使用。其囊网衣以前头的网口目数为起头目数，由前向后分段编结；翼网衣以囊网衣的网口目数为起编目数，由后向前编结。网衣的材料均采用乙纶网线。

1. 翼网衣

翼网衣是位于有囊围网网口（囊网衣的前头部位）前方两侧，用于拦截和引导捕捞对象进入网囊的左、右对称的两大片网衣。在作业过程中，翼网衣在水流作用下形成良好的拱度，起包围、拦截和引导鱼群进入网囊的作用。每片翼网衣又分为前、后两段，其后段为翼网部网衣，是 1 片以网口目数为起编目数，采用中间 1 道增目和两边减目编结成的正梯形网衣，如图 3-40 中 4 用实线所示的范围。翼网部网衣的中间部位是用单线编结的正梯形网衣，如图 3-40 中 4 两侧用虚线所示的范围。在翼网部网衣的两侧边缘部位，各有从 80 目宽逐渐减至 50 目宽的用双线编结的斜梯形网衣，有助于增加边缘的强度，如图 3-40 中的 5 所示。每片翼网部网衣双线部位有 2 片，则每项围网共用 2 片翼网部单线网衣和 4 片翼网部双线网衣。翼网衣前段为翼端部网衣，是并列的 2 片以翼网部网衣前头一半目数为起编目数和采用两边减目编结的正梯形网衣，如图 3-40 中①图所示，则每项围网共用 4 片正梯形的翼端部网衣。

大型的有囊围网，其翼端部网衣目大与网口目大相同，均为 100～150 mm，线粗一般也与网口线粗相同，均为 36 tex 2×3 或 36 tex 3×3；其翼端部网衣目大一般也与网口目大相同，但采用比网口较粗的网线进行单线编结，或者采用 2 条与网口线粗相同的网线进行双线编结。

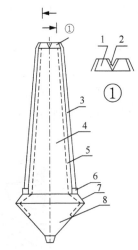

图 3-40　有囊围网网衣全展开图

1. 翼端部网衣；2. 翼端 op 缘网衣；
3. 上、下缘网衣；4. 翼网部网衣；
5. 翼网衣双线部位；6. 三角网衣；
7. 囊网衣双线部位；8. 囊网衣

2. 囊网衣

囊网衣是位于有囊围网网口后方，用于集中渔获物的袋状网衣。囊网衣前端网目较大，越向囊底网目越小，而网线粗度一般前、后相同，部分（在后端约 6～8 m 长）稍粗些。囊网衣一般由左、右对称的两大片近似梯形网衣缝合而成。其每大片囊网衣的形状如图 3-40 中的 8 所示，它从前往后分增目、无增减目、减目 3 段手工编结而成。囊网衣前头是有囊围网的网口，垂直扩张较大，一般可达 25～30 m。由于网口大，加上囊网衣前部锥形收缩小，甚至有的稍为放宽，所以网内空间（网膛）较大，可以充分容纳鱼群，鱼群入网后，不易受惊而逐步进入囊底。即囊网衣前部起容纳鱼群且引导鱼群逐步进入囊底的作用，而囊网衣后部起贮纳渔获的作用。此外，在囊网衣两侧边缘（即三角网衣后面网口处），从前向后各有宽 80 目向后逐渐减至 41 目，而后各 5 目至囊网衣中部是用双线编结，有助于增加该部位的强度，如图 3-40 中的 7 所示。

3. 三角网衣

三角网衣是嵌于两片翼网衣后部之间，网口前方近似三角形的网衣，其作用是加强该处的强度，避免撕破网口。三角网衣又分为上三角网衣和下三角网衣，分别位于上网口正中的前方和下网口正中的前方。大型的有囊围网，其三角网衣又由两片直角梯形网片缝合而成，如图 3-39（a）的上方和图 3-40 中的 6 所示。三角网衣的目大一般与翼网衣的目大相同，用双线或较粗的单线编结，其强度应比翼网衣边缘双线部位的强度大。

4. 缘网衣

缘网衣是位于翼网衣上、下边缘两外侧，并与上、下缘网衣绕缝连接的网衣，如图 3-40 中的 3

所示。位于翼网衣上边缘外侧的称为上缘网衣，位于翼网衣下边缘外侧的称为下缘网衣。上、下缘网衣规格相同，各有左、右2片，一共4片，均为宽5目半至8目半的两侧无增减目的长矩形网衣，其拉直长度与相应缝合部位的翼网衣拉直长度相等，目大与三角网衣的目大相同，网线强度应与三角网衣的网线强度相近，一般采用较粗的单线编结。缘网衣的主要作用是增加翼网衣边缘的强度，并且防止翼网衣与纲索的摩擦。有的在翼端部网衣的内侧边缘也绕缝连接有缘网衣，称为翼端缘网衣，如图3-40中的2所示。翼端缘网衣除了拉直长度应与相应缝合部位的翼端部网衣拉直长度相等外，其线粗、目大、规格及其作用与上、下缘网衣的相同。

二、绳索部分

1. 上纲

上纲是装在网衣上方边缘，承受网具上方主要作用力的绳索，如图3-38中的4所示。它由上缘纲和浮子纲各1条组成，起到维持网形和承受网具张力的作用，一般采用乙纶绳。

上缘纲用于穿进上缘网衣的上边缘网目和三角网衣的前边缘网目，以便将上缘网衣和上三角网衣结扎在浮子纲上，如图3-41中的2所示。左、右翼各用1条上缘纲。

浮子纲结缚于上缘纲上，组成上纲，其作用是结缚浮子，如图3-41中的3所示。左、右翼各用1条浮子纲，其规格与上缘纲相同，但捻向与上缘纲的相反，以防上纲产生扭结。

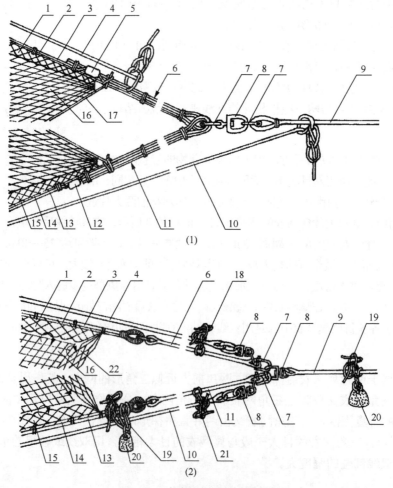

图3-41 有囊围网翼端装配图

1. 上缘网衣；2. 上缘纲；3. 浮子纲；4. 上引绳；5. 浮子；6. 上叉绳；7. 卸扣；8. 转环；9. 曳纲；10. 下引绳；11. 下叉绳；12. 沉子；13. 沉子纲；14. 下缘纲；15. 下缘网衣；16. 翼网衣；17. 翼端纲；18. 上搭纲绳；19. 沉石绳；20. 沉石；21. 下搭纲绳；22. 翼端缘网衣

2. 下纲

下纲是装在网衣下方边缘、承受网具下方主要作用力的绳索,如图 3-38 中的 14 所示。它由下缘纲和沉子纲各 1 条组成,和上纲共同维持网形,承受网具张力。一般也采用乙纶绳。

下缘纲用于穿进下缘网衣的下边缘网目和下三角网衣的前边缘网目,以便将下缘网衣、下三角网衣结扎在沉子纲上的纲索,如图 3-41 中的 14 所示。左、右翼各用 1 条下缘纲,其规格与上缘纲相同。

沉子纲结缚于下缘纲上,组成下纲,其作用是结缚沉子,如图 3-41 中的 12、13 所示。左、右翼各用 1 条沉子纲,其规格与下缘纲相同,但捻向与下缘纲相反,以防止下纲产生扭结。

由以上可知,上、下纲共需用 8 条规格相同的乙纶绳,其中 4 条乙纶绳的捻向应与另 4 条乙纶绳相反。

3. 翼端纲

翼端纲是装在网翼前端,用于增加翼端部网衣前边缘强度的绳索,如图 3-38 中的 12 和图 3-41 中的 17 所示。装有翼端缘网衣的有囊围网,可不再装置翼端纲,如图 3-41 中的 22 所示。左、右翼各用 1 条翼端纲,可采用比上、下纲较细的乙纶绳。

4. 力纲

力纲是装在左、右下三角网衣和左、右囊网衣下边缘之间的缝合边上,用于加强腹部网衣强度的绳索,如图 3-38 中的 17 所示。力纲只用 1 条,采用与下纲同粗或稍细的乙纶绳。

5. 囊底纲

囊底纲是装在囊网衣末端边缘,用于限定囊口大小和增加边缘强度的绳索。囊网衣末端边缘可按 0.2~0.3 的缩结系数装配在囊底纲上。囊底纲只用 1 条,一般采用直径 6~8 mm 的乙纶绳。

6. 囊底扎绳或囊底抽口绳

囊底扎绳是扎缚在囊网衣后部,用于开闭囊底取鱼口的绳索,如图 3-38 中的 1 所示。起网后,解开囊底扎绳,即可倒出渔获物。只用 1 条囊底扎绳,一般采用长 3 m 左右,直径 8 mm 左右的乙纶绳。

有的网不用囊底纲和囊底扎绳,而是在囊口用较粗的网线加编 2 目大目网衣,再采用一条直径 12 mm 左右的乙纶绳穿过囊口后缘大网目后两端插接牢固。使用时抽拢打结封住囊底即可,其长度为囊口圆周拉直长度的 0.21~0.25 倍。这种用于网囊末端开闭取鱼口的绳索,称为囊底抽口绳,如图 3-39(c)的⑧图下方边缘所示。

7. 沉石绳

沉石绳是连接沉石和网具的绳索,如图 3-41(2)中的 19 所示。沉石绳和沉石的个数一致,一般采用乙纶绳。与下纲连接的沉石绳比沉子纲稍细;与曳绳连接的沉石绳则应比沉子纲稍粗,即应与沉石的重量相适应。

8. 叉绳

叉绳是装在网翼前端,用于连接上、下纲和曳绳的 V 形绳索。有的叉绳是上、下纲在翼端的延长部分,分别对折合并使用。上纲的延长部分称为上叉绳,下纲的延长部分称为下叉绳。则上、下叉绳各由 4 条绳索组成,如图 3-41(1)中的 6、11 所示。有的叉绳是由上、下叉绳各 1 条绳索的前端相接而成,如图 3-41(2)中的 6、11 所示。这种叉绳,有的采用包芯,下叉绳比上叉绳稍粗;有的上叉绳用乙纶绳,下叉绳用旧乙纶网衣捻绳;有的上、下叉绳均用同规格的乙纶绳。左、右翼各用 2 条上、下叉绳。上、下叉绳的长度一般相同,也有个别的叉绳,其下叉绳稍长。

9. 引绳

引绳是装在上、下纲上，起网时牵引上、下纲的绳索。装在上纲上的引绳称为上引绳，装在下纲上的引绳称为下引绳，左、右翼各有2条，如图3-38中的7、13或图3-41中的4、10所示。起网作业时，利用绞纲机收绞引绳帮助起网，可以减轻劳动强度。故只在装置有绞纲机的渔船上，并且使用较大型的有囊围网时，才装置引绳。上引绳一般采用比上纲稍粗的乙纶绳，下引绳一般采用强度比上引绳大很多的包旧乙纶网衣钢丝绳或包麻钢丝绳，下引绳一般比上引绳稍长。下引绳也有采用与上引绳等长的乙纶绳，但其强度仍比上引绳大很多。

10. 搭纲绳

搭纲绳是结缚在上、下纲及上、下叉绳上，用于连接上、下引绳的绳索。结缚在上纲、上叉绳上的称为上搭纲绳，结缚在下纲、下叉绳上的称为下搭纲绳，如图3-41中的18、21所示。上搭纲绳采用长1.2~1.6 m、直径12~16 mm的乙纶绳，左、右翼各10余条，其结缚间距为10~17 m。下搭纲绳采用长1.8~2.2 m、直径18~20 mm的乙纶绳，左、右翼各20余条，其结缚间距为10 m左右。此外，每条下搭纲绳一般均结缚在每个沉石前0.3~0.7 m处。

11. 曳绳（或网头绳、跑绳）

在双船有囊围网中，曳绳是装在叉绳和渔船之间，用于拖曳网具的绳索，如图3-38或图3-41中的9所示。捕捞近底层鱼类的大型有囊围网，其曳绳较长，为220~335 m，采用直径28~36 mm的包旧乙纶网衣钢丝绳或包麻钢丝绳。捕捞中上层鱼类的大型有囊围网，其曳绳较短，为45~80 m，采用直径45 mm的乙纶绳或直径28 mm左右的包芯绳。曳绳需左、右各用1条。在单船有囊围网中，网头绳是连接围网前网头和带网的浮标或浮筒的绳索，跑绳是连接围网后网头和渔船的绳索。

12. 支绳

支绳是装在曳绳和渔船之间，用于调整船首方向的绳索，如图3-38中的10所示。支绳的一端与曳绳连接，另一端系于渔船上，曳网时依靠调整支绳的长度来控制船首方向，以便保持一定的两船间距。支绳的粗度比曳绳的稍细，左、右翼各用1条。左翼支绳长30 m左右，右翼支绳一般比左翼的长3~7 m，粗度也比左翼的稍粗。支绳一般采用包旧乙纶网衣绳或乙纶单股绳的钢丝绳作为材料，有的也采用左、右翼支绳为等长等粗的乙纶绳或包芯绳。

三、属具部分

1. 浮子

浮子是装置在上纲上，用于保证网衣向上扩张的属具，如图3-38中的6所示。浮子一般用聚苯乙烯或聚氯乙烯泡沫塑料制成。大型网具一般采用浮力13.73~24.52 N的中孔圆柱形泡沫塑料浮子，如图3-41中的5所示；在网口部位特别采用几个浮力较大、直径200~300 mm的球形硬质塑料浮子。小型网具一般采用浮力1.96~5.69 N的中孔球形泡沫塑料浮子，如图3-27（1）所示。浮子的主要作用是产生浮力，提起上纲，使网口垂直扩张，并且维持一定的网形。

2. 沉子

沉子是装置在下纲上，促使下纲沉降的属具，如图3-38中的15所示。一般采用重0.15~0.55 kg

的铅沉子，有的配合使用重 0.20~0.30 kg 的陶沉子。沉子的主要作用是产生沉力，在放网时可使下纲迅速沉降，并且和浮子配合使网口垂直扩张，维持一定的网形。

3. 沉石

沉石是吊缚在下纲上，用于调节沉力的属具，如图 3-38 中的 16 所示。大型围网一般采用 30~50 个沉石，由天然石制成，呈秤锤状，重 10~40 kg，如图 3-41（2）中的 20 所示。沉石除了起到增加网具沉力、加快沉降速度的作用外，更重要的是可以通过增减沉石个数来调节网具贴底程度，甚至改变网具的作业水层，以适应捕捞不同的捕捞对象。此外，捕捞近底层鱼类的大型围网，还需在近叉绳前端的曳绳上用沉石绳吊缚重 40~80 kg 的大沉石，左、右翼各用 1~3 个，起稳定曳网的作用，如图 3-39（a）的右下方所示。

此外，有囊围网还要使用若干转环和卸扣等属具，主要用于叉绳前端和曳绳后端的连接，如图 3-41（1）中的 7、8 所示；或用于引绳前端、叉绳前端和曳绳后端之间的连接，如图 3-41（2）中的 7、8 所示。

第八节　有囊围网渔具图及其核算

一、有囊围网网图种类

有囊围网网图包括总布置图、网衣展开图、局部装配图、属具布置图、作业示意图等。每种有囊围网一定要绘有网衣展开图、总布置图、局部装配图和浮沉力布置图。若有囊围网的囊网衣分段较多，并且增减目方法过于繁杂而无法在网衣展开图中详细标注清楚时，则应另外编制一张"网衣材料规格表"来表示其详细规格。要完整地表示较大型网具的结构和装配，一般要将网图绘制在 4 张图面上。第一张绘制网衣展开图和总布置图，第二张绘制网衣材料规格表，第三张绘制局部装配图，第四张绘制属具布置图和作业示意图，如图 3-39 所示。

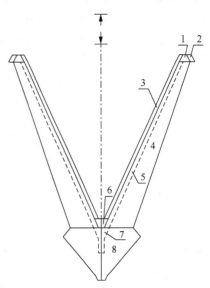

图 3-42　有囊围网网衣半展开图

1. 翼端部；2. 翼端缘网衣；3. 上、下缘网衣；
4. 翼网衣；5. 翼网衣双线部位；6. 三角网衣；
7. 囊网衣双线部位；8. 囊网衣

1. 网衣展开图

我国大型的有囊围网，一般由左、右两块网衣缝合而成，因此可绘制成左、右两块的网衣展开图，其每块网衣的展开如图 3-40 所示。由于两块网衣互相对称，故可只绘出一块网衣展开图，并在其上方标注有左侧网衣符号"⊢"和右侧网衣符号"⊣"，如图 3-40 的上方所示。在图 3-40 中，由于翼网部网衣又可看作由上、下对称的斜梯形网衣组成，则可沿着翼网部网衣中间的纵向增目线将翼网部上、下分开，形成如图 3-42 中的 4 所示的左、右 2 片斜梯形网片；由于囊网衣也可以看作由上、下对称的多边形网衣组成，则可沿着囊网衣中间的对称轴线将囊网衣上、下分开，形成如图 3-42 中的 8 所示的左、右两片直角多边形网片。则图 3-42 既是有囊围网背部上网衣的展开图，又是有囊围网腹部下网衣的展开图，故在此图上方标注有上网衣符号"⊤"和下网衣符号"⊥"。

当有囊围网在海中向前移动作业时，若在网具前移方向的两侧进行侧视，并且以网衣的纵向中心线为基准，绘出左侧或右侧的一块网衣，即如图3-40所示，这是一种全展开的绘制方法；若在网具前移方向的上方进行俯视，并且以网具的纵向中心线为基准，绘出上片或下片的半块网衣，即如图3-42所示，这是一种半展开的绘制方法。

无论是全展开或半展开的绘制方法，有囊围网网衣展开图的轮廓尺寸按如下规定绘制：纵向长度依网衣拉直长度按比例缩小绘制；横向宽度依网衣拉直宽度的一半按同一比例缩小绘制。

在网衣展开图中，除了标注每段网衣的材料及规格外，还要标注结缚在网衣边缘的纲索的材料及规格，如上纲、下纲的材料及规格。要求用局部放大图的形式标注三角网衣的规格，如图3-39（a）的上方所示。

关于有囊围网网衣展开图的绘制，国家标准局于1986年发布了《有囊围网网具图的绘制》（GB 6633—1986），于1987年正式实施。此后根据国家技术监督局对国家标准的清理整顿和复查结果，将此标准调整为水产行业标准SC 4802—1986。由于第二次全国海洋渔具调查是在1982～1984年进行的，我国沿海各省份编写的海洋渔具图集或调查报告均先后于1985～1987年出版，故无囊围网网图的绘制和标注均来不及采用国家标准的要求。当时大多数大型有囊围网的网衣展开图均绘制成类似如图3-39（a）上方所示的网衣展开图，与图3-42的半展开图相似，但在图3-42中，网囊部位中间的粗实线说明网囊由左、右2片囊网衣组成，而在图3-39（a）的网衣展开图中，其囊网衣中间没有纵向粗实线，则会被误解为网囊由上、下2片囊网组成。《有囊围网网具图的绘制》（GB 6633—1986）中也存在上述问题。

我国大型的有囊围网，均是先编结和缝合成左、右两大块如图3-40所示的网衣后，再在网囊部位将2片囊网衣的两侧边分别绕缝而形成的1个圆锥形的网囊。而小型的有囊围网，若其网囊是1个圆锥筒网衣时，则不必在囊网衣图形中间画1条纵向粗实线，可以画成类似图3-39（a）上方所示的网衣半展开图的图形。在全国海洋渔具调查资料中，有囊围网的网衣展开图，基本均画成类似图3-39（a）上方所示的网衣半展开图，只有浙江象山的灯光对网（《中国图集》72号网）的网衣展开图画成类似图3-40所示的网衣全展开图。

2. 总布置图

总布置图要求表示完整的网具形状和结构。图上应绘出网具结构的各组成部分的相互配布关系，还应用带圆圈的阿拉伯数字表示局部装配图在总布置图中的部位，如图3-39（a）的下方所示。

3. 局部装配图

局部装配图要求绘出一边翼端部分及其前方的网衣、绳索和属具的连接装配，应标注翼端纲、叉绳、引绳、搭纲绳、沉石绳、曳绳等绳索的材料规格，以及沉石的材料规格和数量，如图3-39（c）的上方所示。

还要求绘出浮子方和沉子方的装配图。在图中应标出浮子和沉子的装配方法，如图3-39（c）中的⑤、⑥所示。

此外，还可考虑绘出三角网衣和缘网衣、翼网衣、囊网衣的配置示意图，如图3-39（c）中的⑦所示；绘出囊底抽口绳的装配图，如图3-39（c）中的⑧所示；绘出力纲上沉子的装配图，如图3-39（c）中的⑨所示。

4. 属具布置图

有囊围网的浮沉力配布左右对称，故其浮沉力布置图可只绘出其右侧一边的配布数字。在图中要求标注浮子、沉子、沉石等的材料、规格、数量及其安装的间隔长度和间隔数量，如图3-39

(d) 的上方所示。图 3-39 (d) 上方 3 个图中，上方为浮子布置图，中间为沉子布置图，下方为沉石布置图。

5. 作业示意图

作业示意图可分为表示整个放起网过程的动态作业示意图和表示曳网状态的瞬时作业示意图。前者又可称为放起网作业示意图，后者一般绘成曳网作业示意图。

在曳网作业示意图中，网具部分的绘制和总布置图相似，要求表示整个网具的形状和结构，但可比总布置图简化些，不需要结构完整。还应绘出网具和渔船的连接，呈现曳网作业时的网、船动态，以及标注支绳的材料和规格，如图 3-39 (d) 的下方所示。常见网具的静态作业示意图不必绘制，但当无其他图种需绘制时，为了保持画面饱满，可以绘制。不常见或特殊的网具，如果不绘出静态作业示意图则难于理解其作业方式，可考虑绘制静态作业示意图。

二、有囊围网网图标注

1. 主尺度标注

有囊围网主尺度：结缚网衣的上纲长度 × 网口网衣拉直周长 × 囊网衣拉直长度。

例：带鱼对网 501.12 m × 396.55 m × 83.16 m [图 3-39 (a)]。

2. 网衣标注

若采用全展开方式绘制有囊围网网衣展开图，而且只绘成一侧网衣的图形时，则该图的上方应标注有左、右侧网衣符号"⇿"，表示图中所标注的材料及规格，既是左侧网衣的，也是右侧网衣的，如图 3-40 所示。若网衣展开图是采用半展开方式绘制的，则在该图的上方应标注有上、下网衣符号"↕"，表示图中所标注的材料及规格，既是上网衣的，也是下网衣的，如图 3-39 (a) 的上方所示。

在网衣展开图中，网衣的网宽目数标注在网衣轮廓线内和靠近网衣前、后边缘横线的中间处。在全展开的网衣图中，其网宽目数标注整片网衣的目数。在半展开图的网衣图中，其网宽目数标注半片网衣的目数。在图 3-39 (a) 的网衣展开图中，其翼网部网衣图按半展开绘制，故其前、后头的网宽目数是标注半片网衣的目数；翼端部缘网衣的网衣展开图均是全展开绘制的，故其前、后头的网宽目数是标注整片网衣的目数。在图 3-39 (a) 的翼网部网衣的后边缘标注为"(800)"，这表示半片翼网部网衣大头的起编数目。

我国的有囊围网网衣是由手工直接编结而成的。在其网衣展开图中，翼网衣后头是附有括号的网宽目数，是指后头的起编目数，此目数是后一段网衣前端的网宽目数。凡是在翼网衣边缘用虚线画出和标注有双线符号"◇"的部位之前、后头附近标注的附有括号的网宽目数，既表示此目数为双线部位的前、后头目数，又表示此目数为翼网衣前、后头网宽目数的一部分。现以图 3-39 (a) 的网衣展开图为例来说明附有括号的网宽目数的意义。如半片翼网部网衣的大头标注为"(800)"，即表示半片翼网部大头是由囊网衣前头的 800 目起编，则整片翼网部大头是由囊网衣前头 1600 目起编的。又如在网衣展开图上方的三角网衣放大图中，可知三角网衣是由左、右 2 片直角梯形网衣组成的，其每片网衣的小头标注为"(6)"，即表示此网衣的小头是由每片囊网衣两侧边缘的前头 6 目起编，类似如图 3-39 (c) 的⑦图所示[①]。

---

① 此⑦图是按《浙江报告》86 页的⑥图扫描过来的，直角梯形网衣的起编目数应为 6 目，但此⑦图的起编目数只画为 2 目，故说明此⑦图只是表示由 2 片直角梯形网衣组成的三角网衣与翼网部网衣、缘网衣、囊网衣之间是如何配布和缝合的示意图。

再如翼网部网衣两侧边缘用虚线画出的双线部位之后、前头目数分别标注"（80）"和"（50）"。其后头的"（80）"，既表示翼网部两侧边缘双线部位大头是由囊网衣前头的 80 目起编，又表示这 80 目又包括在每片翼网部大头的起编目数 1600 目之内；其前头的"（50）"，既表示翼网部两侧边缘双线部位小头为 50 目，又表示这 50 目又包括在每片翼网部小头 600 目之内。

在网衣展开图中，翼网衣两侧边缘的编结符号标注在网衣轮廓线内，网衣中间的编结符号标注在网衣轮廓线的右侧。网衣材料及规格的其他数字均标注在网衣轮廓线外的左侧，从内向外依次为目大（$2a$）和网结类型、网线材料规格（MAT）、各段网衣纵向拉直长度（NL，在纵向直线的右侧）和各段网衣网长目数（$\lozenge$，在纵向直线的左侧）。

网衣的编结方法用编结符号表示。

①网衣中间纵向增减目用"增减目道数—每道增减目周期组数（周期内节数±周期内增减目数）"表示。如图 3-39（1）中翼网部网衣中间的纵向增目方法：1—700（6r + 4）。

②网衣中间横向增减目用"每路增减目数（增减目位置的横向间隔目数±1）"表示。如图 3-39（2）中囊网衣 1 段末节的横向增目方法：96（13 + 1），26（14 + 1）。

③网衣边缘增减目用"增减目周期组数（周期内节数±周期内增减目数）"表示。如图 3-39（1）中翼网部上、下边缘的减目方法：200（21r − 9.5）。

编结符号与剪裁循环（C）、剪裁斜率（R）之间的关系详见附录 L。

3. 绳索标注

在网衣展开图中，绳索是用与其所结缚的网衣轮廓线平行的粗实线表示。在局部装配图中，一般用两条平行的细实线来表示绳索。也可以更形象地把绳索画成扭花线，如图 3-39（c）的上方所示。

绳索的标注方法与刺网网图、无囊围网网图的要求一致。

4. 属具标注

属具的数量、材料、规格及其装配间隔大部分已标注在浮沉力布置图中，其他如转环、卸扣等则标示在局部装配图中。

属具的标注方法与刺网网图、无囊围网网图的要求一致。

三、有囊围网网图核算

有囊围网网图的核算，包括核对各段网衣的网长目数、编结符号、网宽目数、各部分网衣的配纲和浮子、沉子、沉石的个数及其安装规格。

（一）网图核算步骤与原则

1. 核对各段网衣的网长目数

在网图中标有各段网衣的拉直长度时，可先根据各段网衣的目大和网长目数算出各段的拉直长度。假如各段算出的拉直长度与网衣展开图中标注的各段网衣拉直长度相符，则说明各段网长目数无误，否则就需改正，若网图中有网衣材料规格表的，就可在表中根据各段网衣的目大和网长目数核算其拉直长度。表中的各段拉直长度核对无误后，再对照检查网衣展开图中标注的目大、网长目数和拉直长度等数字是否有误。

2. 核对各段网衣的编结符号

根据网长目数除以编结周期内的纵向目数（以下简称纵目）可以得出网衣中间的每道增减目周期组数或网衣边缘的减目周期组数。假如各段算出的周期组数与编结符号内的周期组数相符，则说明编结符号中的增减目周期组数和周期内节数均无误，否则就需改正。

3. 核对各段网衣的网宽目数

根据网口目大和网口目数计算出网口周长是否与主尺度数字相符，若相符就以此为已知数，向前核对网翼各段的大小头目数，然后再向后核对网囊各段的网宽目数。

在核对各段网衣大小头目数时，一般是把已核对无误的编结符号和大头目数（或小头目数）作为已知数，由这些已知数求出小头目数（或大头目数）。假如求出的目数与网图数字相符，即说明网图无误，否则应加以改正。

核对各段网衣大小头目数的具体计算方法，因网衣编结制作工艺不同而有所不同。我国的有囊网具，按网衣制作工艺不同可分为剪裁网和编结网两种。我国的有囊围网属于手工编结网。现简要地介绍类似图3-39上方的网衣半展开图的核算方法。

1）翼网部半片斜梯形网衣大小头目数校核公式

网衣中间增目方式可按下式计算出一半增目道的横向增加目数：

$$x' = n' \cdot z'(t \div 2)$$

网衣边缘减目方式可按下式计算出网衣配纲边的横向减少目数：

$$x'' = n'' \cdot z''$$

计算出 x' 值和 x'' 值后即可代入下列校核公式来计算斜梯形网衣的大小头目数：

$$m_2 = m_1 + x' - x'' = m_1 + n' \cdot z'(t \div 2) - n'' \cdot z'' \tag{3-1}$$

式中，m_2——小头目数；

m_1——大头起编目数；

x'——一半增目道的横向增加目数；

x''——网衣配纲边的横向减少目数；

n'——周期内的横向增加目数；

n''——周期内的横向减少目数；

z'——每道增目周期组数；

z''——每道减目周期组数；

t——增目道数。

2）（2r±1）边的横向增减目数

若从起编目数计算，（2r±1）边的横向增减目数等于编长目数。若从起头目数（小头或大头目数）计算，（2r±1）边的横向增减目数比编长目数少一目。

3）囊网衣横向增减目方法的核算

有囊围网的囊网衣一般是由若干段横向增减目网衣和若干段无增减目网衣组成的。只有小型的、个别的囊网衣是由若干段纵向减目网衣组成的。大型的有囊围网，其囊网衣自前向后由横向增目网衣、无增减目网衣和横向减目网衣三部分组成。每段网衣基本上均为矩形网衣，其横向增减目一般只在末节进行增减。在网图中的网衣材料规格表中标明了各段网衣之间的横向增减目方法。核对囊网衣的网宽目数，只能从核对各段网衣之间的横向增减目方法入手。若根据两段不同的网宽目数核算出来的横向增减目方法与表中标明的数字一样，则说明网宽目数是正确的，否则不是网宽目数有误就是所标明的横向增减目方法有误,这就要从前后的网宽目数和增减目方法的变化规律来判断哪个是有误的并加以改正。

横向增减目方法的计算如下。

假设后段网衣的前头目数为 m_1,前段网衣的后头目数为 m_2,则两者的差数 n 即为横向增减目数,也就是横向增减目的总次数。将前段网衣后头目数 m_2 除以 n 次,则所得商数的整数 x 是每次增减目的间隔目数,并设有余数 c:

$$m_1 - m_2 = n \tag{3-2}$$

$$m_2 \div |n| = x \cdots\cdots c \tag{3-3}$$

注:若 n 为正值,则为横向增目;若 n 为负值,则为横向减目。

则间隔 x 目增减一目的为（$|n|-c$)次,而间隔（$x+1$)目增减一目的为 c 次,即

$$\overline{x \pm 1 \quad |n|-c 次}$$

$$\overline{(x+1) \pm 1 \quad c 次}$$

即为 $\overline{(|n|-c)(x \pm 1)c(x+1 \pm 1)}$

注:上式中上面的一划是表示其下面的两个数应进行计算,只写成一个数。

4. 核对各部分网衣的配纲

可先算出各部分网衣配纲的缩结系数,然后检查这些缩结系数是否合理,可按我国有囊围网配纲的一般习惯考虑。

根据浙江现有的有囊围网统计,翼网衣的缩结系数范围为 0.85~0.98,平均为 0.90~0.95。三角网衣的缩结系数范围为 0.17~0.46。根据福建现有的有囊围网统计,翼网衣的缩结系数范围为 0.905~0.977。

核对了各部分网衣配纲的合理性后,接着可计算出结缚网衣的上、下纲总长度,核对其是否与网图中的主尺度数字和网衣展开图中的标注数字相符。

5. 核对引绳的装配

这部分包括计算出上引绳长度和上搭纲绳数量、下引绳长度和下搭纲绳数量,并分别核对是否与网图中标注的长度或数量相符。

6. 核对浮子、沉子和沉石的个数

这部分的核算方法与无囊围网网图核算中核对浮子、沉子等个数的方法一样,即先证明浮子、沉子和沉石的安装间隔是正确的,然后才核算出其个数。

(二) 网图核算实例

例 3-2 试对浙江普陀的带鱼对网（图 3-39）进行网图核算。

解:

1. 核对各段网衣的网长目数

先核算带鱼对网网衣材料规格表 [图 3-39（b）] 中各段网衣的长度,即用各段网衣的目大乘以长度目数（长度节数除以 2 即为长度目数）得出长度（以 m 为单位）。核算结果,表中的长度全部无误,证明表中的目大、网衣长度和节数均无误。

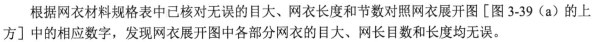

根据网衣材料规格表中已核对无误的目大、网衣长度和节数对照网衣展开图 [图 3-39（a）的上方] 中的相应数字，发现网衣展开图中各部分网衣的目大、网长目数和长度均无误。

从网衣展开图中可以看出，翼网衣上、下纲边的缘网衣网长目数（假设缘网衣与翼网衣之间没有缩结）应为

$$75 + 2100 - 29 - 0.5 = 2145.5 目$$

经核对无误 [从图 3-39（c）中的⑦可看出缘网衣与三角网衣之间编缝了半目]。

翼端缘网衣是与翼端部网衣的目大相同，现翼端缘网衣与翼端部网衣的网长目数相同，均为 75 目，这是正确的。翼网衣前端的翼端缘网衣有上、下两片，这两片缘网衣是连在一起的，形成一大片长 150 目、宽 6.5 目的长条网片，这与材料规格表中的翼端缘网衣的数字是相符的。

在网衣材料规格表中，翼网衣的合计长度为 267.52 m，囊网衣的合计长度为 83.16 m（与主尺度的囊网衣拉直长度数字一致）。根据表中数字，网衣拉直总长度应为

$$267.52 + 83.16 = 350.68 \text{ m}$$

核算结果与网衣展开图中左侧的纵向直线下方的网衣拉直总长度相符，证明了本网各段网衣的目大、网长目数和长度均无误。

2. 核对各段网衣的编结符号

在网衣展开图中，除了斜边（2r + 1）符号外，翼网衣还标注有两个编结符号。一个是翼网部网衣中间的一道纵向增目道，其编结符号为 1—700（6r + 4），已知翼网部网衣长为 2 100 目，则其增目周期组数应为

$$2100 \div (6 \div 2) = 700 组$$

核算结果与编结符号内的周期组数（700）相符，说明增目周期组数和周期内节数均无误。

另一个是翼网部网衣两侧边缘的减目边，其编结符号为 200（21r – 9.5），已知翼网部网衣长为 2 100 目，则其减目周期组数应为

$$2100 \div (21 \div 2) = 200 组$$

核算结果与编结符号内的周期组数（200）相符，说明减目周期组数和周期内节数均无误。

3. 核对各段网衣的网宽目数

1）核对网口目数

假设囊网衣前缘的起头目数 1 612 目是正确的，则网口周长应为

$$0.123 \times 1612 \times 2 = 396.55 \text{ m}$$

核算结果与主尺度的网口周长数字相符，则证明囊网衣的网口目数无误，即囊网衣一段的起头目数无误。

2）核对翼网部半片斜梯形网衣的网宽目数①

从图 3-40 可以看出，囊网衣前头目数减去其两侧各留出 6 目作为直角三角网衣的起编目数外，其余均为翼网部网衣的起编目数（1612 – 6 × 2），则在图 3-39（a）的网衣展图中标注的翼网部半片斜梯形网衣大头的起编目数应为

$$(1612 - 6 \times 2) \div 2 = 800 目$$

核算结果与网衣展开图的标注（800）相符，即经核对无误。

已知翼网部网衣中间为 1—700（6r + 4）增目，配纲边为 200（21r – 9.5）减目，斜梯形网衣大头以 800 目起编，即已知 $m_1 = 800$ 目，$n' = 4$ 目，$z' = 700$ 组，$t = 1$ 道，$n'' = 9.5$ 目，$z'' = 200$ 组。

---

① 斜梯形网衣的网宽目数，又可称为斜梯形网衣的大头目数和小头目数，又可简称为斜梯形网衣的大小头目数。

将上述数值代入式（3-1）可得斜梯形网衣小头目数 m_2 为
$$800 + 4 \times 700 \times (1 \div 2) - 9.5 \times 200 = 300 目$$
经核对无误，说明斜梯形网衣大小头目数均无误。

3）核对翼端部网衣的小头目数

翼端部网衣由翼网部网衣的小头 300 目起编，两边（2r – 1）减目，编长 75 目，则小头应为
$$300 - 75 - 75 = 150 目$$
经核对无误。

4）核对直角三角网衣的网宽目数

两个直角三角网衣各由囊网衣前头两侧的 6 目起编，两边为（2r + 1）增目和直目向前编结，编长 29 目，则大头应为
$$6 + 29 = 35 目$$
经核对无误，说明直角三角网衣的大、小头目数均无误。

5）核对囊网衣 1 段末节的增目方法

从图 3-39（b）的网衣材料规格表中得知，囊网衣 1 段后头为 $m_2 = 1612$ 目，囊网衣 2 段前头为 $m_1 = 1734$ 目，将上述数值代入式（3-2）和式（3-3）则分别为
$$1734 - 1612 = 122 次$$
$$1612 \div 122 = 13 \cdots\cdots 26 次$$

则其末节的增目方法为
$$13 + 1 \quad (122 - 26) = 96 次$$
$$14 + 1 \qquad\qquad 26 次$$

即为
$$96 (13 + 1) \; 26 (14 + 1)$$
经核对无误。

6）核对囊网衣 41 段的减目方法

囊网衣 41 段第二节的减目计算为
$$1600 - 3200 = -1600 次$$
$$3200 \div 1600 = 2 次$$

即为
$$1600 (2 - 1)$$
经核对无误。

7）核对囊网衣 44 段的减目方法

囊网衣 44 段末节的减目计算为
$$1167 - 1296 = -129 次$$
$$1296 \div 129 = 10 \cdots\cdots 6 次$$

则其减目方法为
$$10 - 1 \quad (129 - 6) = 123 次$$
$$11 - 1 \qquad\qquad 6 次$$

即为
$$123 (10 - 1) \; 6 (11 - 1)$$
经核对无误。

4. 核对各部分网衣的配纲

1）三角网衣的配纲

从图 3-39（1）的网衣展开图可看出直角三角网衣的配纲为 0.95 m。从网衣展开图上方的三角网衣放大图中可看到直角三角网衣的目大为 0.123 m，大头为 35 目。从网衣展开图中翼网衣的标注和

图 3-39（b）的网衣材料规格表中的上、下缘网衣行的说明中，得知缘网衣是宽 6.5 目、两侧直目编结、无增减目的长矩形网衣。三角网衣和缘网衣、翼网衣、囊网衣的配置示意图如图 3-39（c）的⑥图所示。从图中可以看出，直角梯形网衣大头靠近（2r + 1）边的 4 目是与 4.5 目宽的缘网衣编缝连接的（示意图的绘制不大准确），则在实际的直角三角形网衣大头 35 目中应有 6 目与缘网衣编缝在一起。即与 0.95 m 配纲相结扎的大头目数应为（35 − 16）目，其目大为 0.123 m，则直角三角网衣缩结系数为

$$E_t = 0.95 \div [0.123 \times (35 - 6)] = 0.266$$

缩结系数在 0.17～0.46 范围内，是合理的。

2）翼网衣的配纲

从网衣展开图中可看出，带鱼对网翼网衣与缘网衣的目大相同，故翼网衣的配纲实际就是缘网衣的配纲。从展开图中可看出缘网衣的配纲长度为 249.61 m，目大为 0.123 m，网长为 2145.5 目，而配纲目数应等于缘网衣的网长目数加上缘网衣后端与直角三角网衣大头之间编缝缝合的 0.5 目，则缘网衣的平均缩结系数（翼网衣的平均缩结系数）为

$$E_b = 249.61 \div [0.123 \times (2145.5 + 0.5)] = 0.946$$

缩结系数在 0.90～0.95 范围内，是合理的。

3）核对结缚网衣的上、下纲总长度

本网的网衣是上下左右对称的，故其结缚网衣的上、下纲总长度是相等的，应为

$$(0.95 + 249.61) \times 2 = 501.12 \text{ m}$$

核算结果与主尺度数字相符无误。

4）力纲的装配

力纲装于下三角网衣和网囊腹部的中间缝线上。根据图 3-39（a）、（c）中的网衣展开图、（b）中的囊网衣中的数字和局部装配图中的⑧和⑨，其囊网衣在力纲上的缩结系数为

$$E_n = 86.74 \div (0.123 \times 29 + 12.46 + 62.36 + 8.34 + 0.040 \times 1.5 + 0.066 \times 0.5) = 0.999$$

即力纲与网衣拉直几乎等长装配，这是可以的。

5）囊底抽口绳的装配

根据图 3-39（c）中的⑧和网衣展开图，可以计算出囊底抽口绳长度与囊口圆周拉直长度之比为

$$9.80 \div \left[0.066 \times \left(946 \times 2 \div 2 \times \frac{2}{3} \right) \right] = 0.235$$

此比值在 0.21～0.25 范围内，是合理的。

5. 核对引绳的装配

1）核对上引绳长度

在图 3-39（a）的网衣展开图中可看到网口三角配纲中央有个小圆圈，说明上、下纲均由左、右 2 条纲索连接而成。上引绳分左、右共 2 条。由带鱼对网的调查报告（《浙江报告》80 页）得知，上引绳后端接有转环，分别结缚于左、右上纲距网口中央 25 m 处。其前端接有绳圈和转环，分别与左、右曳绳连接的上叉绳眼环用小绳绕扎连接，如图 3-39（c）上方的③图所示。

从图 3-39（c）上方的③图中可以看出，左、右的上、下纲均伸出翼端 0.40 m 处后折回并扎成绳端眼环，则每条上、下纲的净长为

$$0.95 + 249.61 + 0.40 = 250.96 \text{ m}$$

从图 3-39（c）的③图中还可以看出，上纲前端的眼环与上叉绳后端的眼环之间用小绳绕扎连接，则上引绳的净长应约等于上纲净长加上叉绳净长（17.10 m）再减网口中央至上引绳后端连接处的距离（25.00 m），即为

$$250.96 + 17.10 - 25.00 = 243.06 \text{ m}$$

可取为 243.00 m，核算结果与③图数字相符，无误。

2）核对上搭纲绳数量

由《浙江报告》80 页得知，从上引绳后端连结处开始，向前每间隔 13 m 用 1 条上搭纲绳将上引绳与上纲平行拉直等长地系结在一起，则在上引绳中间可系结的上搭纲绳数量为

$$243.00 \div 13.00 = 18.70 \text{ 条}$$

可系结 18 条。此外，从报告中还得知，在上叉绳前端距曳绳端 1.70 m 处还应多系结 1 条上搭纲绳，则整顶网 2 条上引绳系结的上搭纲绳数量应为（19×2），这与图中标注数字"×18×2"不符，故应修改标注为"×19×2"。

3）核对下引绳长度

下引绳也分为左、右共 2 条，由《浙江报告》80 页得知，下引绳后端接有转环，分别结缚于左、右下纲距网口中央 16 m 处。其前端接有绳圈和转环，分别与左、右曳绳连接的下叉绳眼环用小绳绕扎连接，如图 3-39（c）上方的④图所示。与上引绳净长的计算同理，下引绳的净长应为

$$250.96 + 17.10 - 16.00 = 252.06 \text{ m}$$

可取为 252.00 m，核算结果与④图数字相符，无误。

4）核对下搭纲绳数量

由《浙江报告》80 页得知，下搭纲绳均系结在每个沉石系结处前 0.30 m 处。此外，在下叉绳前端距曳绳端 1.70 m 处还多系结 1 条下搭纲绳。从图 3-39（d）的沉石布置图中可看出，在离网口中央（即指下纲直线左端标注有左右对称中心符号的小圆圈处）16.70 m 处的 27.50 kg 沉石与下引绳后端在下纲的连接处只有 0.70 m（16.70 − 16.00），距离较近不需系结下搭纲绳。故除了网口中央的 25.00 kg 沉石和第 1 个的 27.50 kg 沉石附近不需系结下搭纲绳外，其他沉石连接处前 0.30 m 处均需要系 1 条下搭纲绳。根据沉石布置图可计算出其他沉石的个数为

$$2 + 6 + 5 + 5 + 4 + 1 = 23 \text{ 个}$$

即在下引绳中间应系结 23 条下搭纲绳，加上在下叉绳前端多系结 1 条下搭纲绳，则整顶网 2 条下引绳系结的下搭纲绳数量应为（24×2），这与图中标注数字"×23×2"不符，故应修改标注为"×24×2"。

6. 核对浮子、沉子和沉石的个数

1）核对浮子个数

在浮子布置图中，假设浮子安装间隔的长度和数量是正确的，则每条上纲净长应为

$$1.90 \times 12 + 2.20 \times 34 + 2.50 \times 20 + 3.00 \times 28 + 3.40 \times 3 + 9.16 = 250.96 \text{ m}$$

核算结果与"5.核对引绳的装配"中核算出的每条上、下纲净长数字（250.96 m）相符，说明假设无误。则整顶网所需外径为 300 mm 的球形硬质塑料浮子为 1 个，外径为 260 mm 的球形硬质塑料浮子个数为

$$1 \times 2 = 2 \text{ 个}$$

中孔球形硬质塑料浮子个数为

$$(28 + 3) \times 2 = 62 \text{ 个}$$

中孔圆柱形泡沫塑料浮子个数为

$$(12 + 34 + 20) \times 2 = 132 \text{ 个}$$

经核对均无误。

2）核对沉子个数

在沉子布置图中，假设沉子安装间隔的长度和数量是正确的，则每条下纲净长应为

$$(0.55 + 0.55) \times 120 + 0.55 \times 65 + 83.21 = 250.96 \text{ m}$$

该网的上、下纲是等长的，现核算结果与上纲净长相符，说明假设无误。则整顶网所需的陶沉子个数为

$$(120 + 65) \times 2 = 370 个$$

铅沉子个数为

$$120 \times 2 = 240 个$$

经核对均无误。

3) 核对沉石个数

在沉石布置图中，假设沉石安装间隔的长度和数量是正确的，则每条下纲净长应为

$$16.70 + 10.00 \times (2 + 6 + 5 + 5 + 4) + 14.16 + 0.10 = 250.96 \text{ m}$$

核算结果与上纲净长相符，说明假设无误。则整顶网所需的 20 kg 沉石个数为

$$6 \times 2 = 12 个$$

22.5 kg 沉石个数为

$$(2 + 5) \times 2 = 14 个$$

25 kg 沉石个数为

$$1 + 5 \times 2 = 11 个$$

27.5 kg 沉石个数为

$$(1 + 4 + 1) \times 2 = 12 个$$

经核对无误。

第九节　有囊围网材料表与渔具装配

一、有囊围网材料表

有囊围网材料表中的数量是指一顶网具所需的数量。在网图中，凡是结缚网衣的纲索均表示净长。带鱼对网除了搭纲绳、沉石绳、曳绳和支绳均表示全长外，其余的绳索均表示净长。

现根据图 3-39 和例 3-2 网图核算的修改结果（即上搭纲绳数量改为 38 条和下搭纲绳数量改为 48 条），可列出带鱼对网材料表如表 3-6、表 3-7 所示。

表 3-6　带鱼对网网衣材料表　（主尺度：501.12 m × 396.55 m × 83.16 m）

名称	序号	数量/片	网线材料规格—目大网结	网衣尺寸/目			网线用量/kg	
				起目	终目	网长	每片	合计
翼网衣	1	2	PE 36 tex 2 × 3—123 SH	1 440	500	2 100	137.85	275.70
		4	PE 36 tex 2 × 3（2）—123 SH	80	50	2 100	20.66	82.64
	2	4	PE 36 tex 2 × 3（2）—123 SH	300	150	75	2.56	10.24
囊网衣	1	2	PE 36 tex 2 × 3—123 SH	1 440	1 451	6.5	0.64	1.28
		4	PE 36 tex 2 × 3（2）—123 SH	86	80.5	6.5	0.08	0.32
	2	2	PE 36 tex 2 × 3—120 SH	1 561	1 575	7	0.73	1.46
		4	PE 36 tex 2 × 3（2）—120 SH	86.5	79.5	7	0.09	0.36
	3	2	PE 36 tex 2 × 3—117 SH	1 687	1 702	7.5	0.83	1.66
		4	PE 36 tex 2 × 3（2）—117 SH	84.5	77	7.5	0.09	0.36

续表

名称	序号	数量/片	网线材料规格—目大网结	网衣尺寸/目			网线用量/kg	
				起目	终目	网长	每片	合计
囊网衣	4	2	PE 36 tex 2×3—113 SH	1 814	1 830	8	0.92	1.84
		4	PE 36 tex 2×3（2）—113 SH	82	74	8	0.09	0.36
	5	2	PE 36 tex 2×3—110 SH	1 944	1 961	8.5	1.02	2.04
		4	PE 36 tex 2×3（2）—110 SH	78	69.5	8.5	0.09	0.36
	6	2	PE 36 tex 2×3—107 SH	2 075	2 093	9	1.13	2.26
		4	PE 36 tex 2×3（2）—107 SH	73.5	64.5	9	0.09	0.36
	7	2	PE 36 tex 2×3—103 SH	2 209	2 228	9.5	1.23	2.46
		4	PE 36 tex 2×3（2）—103 SH	67.5	58	9.5	0.08	0.32
	8	2	PE 36 tex 2×3—100 SH	2 344	2 364	10	1.34	2.68
		4	PE 36 tex 2×3（2）—100 SH	61	51	10	0.08	0.32
	9	2	PE 36 tex 2×3—97 SH	2 482	2 503	10.5	1.45	2.90
		4	PE 36 tex 2×3（2）—97 SH	53	42.5	10.5	0.07	0.28
	10	2	PE 36 tex 2×3—93 SH	2 700	2 700	11	1.58	3.16
		4	PE 36 tex 2×3（2）—93 SH	5	5	11	0.01	0.04
	11	2	PE 36 tex 2×3—90 SH	2 822	2 822	11.5	1.68	3.36
		4	PE 36 tex 2×3（2）—90 SH	5	5	11.5	0.01	0.04
	12	2	PE 36 tex 2×3—87 SH	2 944	2 944	12	1.77	3.54
		4	PE 36 tex 2×3（2）—87 SH	5	5	12	0.01	0.04
	13	2	PE 36 tex 2×3—83 SH	3 066	3 066	12.5	1.85	3.70
		4	PE 36 tex 2×3（2）—83 SH	5	5	12.5	0.01	0.04
	14	2	PE 36 tex 2×3—80 SH	3 190	3 190	35	5.23	10.46
		4	PE 36 tex 2×3（2）—80 SH	5	5	35	0.02	0.08
	15	2	PE 36 tex 2×3—77 SH	3 190	3 190	37.5	5.43	10.86
		4	PE 36 tex 2×3（2）—77 SH	5	5	37.5	0.03	0.12
	16	2	PE 36 tex 2×3—73 SH	3 190	3 190	40	5.54	11.08
		4	PE 36 tex 2×3（2）—73 SH	5	5	40	0.03	0.12
	17	2	PE 36 tex 2×3—70 SH	3 190	3 190	42.5	5.69	11.38
		4	PE 36 tex 2×3（2）—70 SH	5	5	42.5	0.03	0.12
	18	2	PE 36 tex 2×3—67 SH	3 190	3 190	45	5.81	11.62
		4	PE 36 tex 2×3（2）—67 SH	5	5	45	0.03	0.12
	19	2	PE 36 tex 2×3—63 SH	3 190	3 190	47.5	5.84	11.68
		4	PE 36 tex 2×3（2）—63 SH	5	5	47.5	0.03	0.12
	20	2	PE 36 tex 2×3—60 SH	3 190	3 190	50	5.92	11.84
		4	PE 36 tex 2×3（2）—60 SH	5	5	50	0.03	0.12
	21	2	PE 36 tex 2×3—57 SH	3 190	3 190	95	10.81	21.62
		4	PE 36 tex 2×3（2）—57 SH	5	5	95	0.05	0.20
	22	2	PE 36 tex 2×3—53 SH	3 200	3 200	37.5	4.05	8.10
	23	2	PE 36 tex 2×3—50 SH	3 200	3 200	40	4.13	8.26

续表

名称	序号	数量/片	网线材料规格—目大网结	网衣尺寸/目			网线用量/kg	
				起目	终目	网长	每片	合计
囊网衣	24	2	PE 36 tex 2×3—47 SH	3 200	3 200	42.5	4.19	8.38
	25	2	PE 36 tex 2×3—43 SH	3 200	3 200	45	4.16	8.32
	26	2	PE 36 tex 2×3—40 HJ	3 200	3 200	47.5	3.73	7.46
	27	2	PE 36 tex 2×3—38 HJ	3 200	3 200	50	3.77	7.54
	28	2	PE 36 tex 2×3—37 HJ	3 200	3 200	50	3.69	7.38
	29	2	PE 36 tex 2×3—35 HJ	3 200	3 200	50	3.53	7.06
	30	2	PE 36 tex 2×3—33 HJ	3 200	3 200	55	3.71	7.42
	31	2	PE 36 tex 2×3—32 HJ	3 200	3 200	60	3.96	7.92
	32	2	PE 36 tex 2×3—30 HJ	3 200	3 200	65	4.09	8.18
	33	2	PE 36 tex 2×3—28 HJ	3 200	3 200	70	4.18	8.36
	34	2	PE 36 tex 2×3—27 HJ	3 200	3 200	75	4.37	8.74
	35	2	PE 36 tex 2×3—25 HJ	3 200	3 200	80	4.41	8.82
	36	2	PE 36 tex 2×3—23 HJ	3 200	3 200	85	4.42	8.84
	37	2	PE 36 tex 2×3—22 HJ	3 200	3 200	90	4.54	9.08
	38	2	PE 36 tex 2×3—20 HJ	3 200	3 200	95	4.50	9.00
	39	2	PE 36 tex 2×3—18 HJ	3 200	3 200	100	4.42	8.84
	40	2	PE 36 tex 2×3—17 HJ	3 200	3 200	100	4.27	8.54
	41	2	PE 36 tex 2×3—27 SJ	3 200	3 200	0.5	0.11	0.22
		2	PE 36 tex 2×3—27 SJ	1 600	1 600	2.5		
	42	2	PE 36 tex 2×3—25 SJ	1 600	1 600	50	1.44	2.88
	43	2	PE 36 tex 2×3—25 SJ	1 440	1 440	50	1.29	2.58
	44	2	PE 36 tex 2×3—25 SJ	1 296	1 296	55	1.28	2.56
	45	2	PE 36 tex 2×3—25 SJ	1 167	1 167	55	1.15	2.30
	46	2	PE 36 tex 2×3—25 SJ	1 051	1 051	60	1.13	2.26
	47	2	PE 36 tex 2×3—25 SJ	946	946	60	1.02	2.04
直角三角网衣	1	4	PE 36 tex 6×3（2）—123 SH	6	35	29	0.31	1.24
上、下缘网衣	1	4	PE 36 tex 12×3—123 SH	6.5	6.5	2 145.5	7.05	28.20
翼端缘网衣	1	2	PE 36 tex 12×3—123 SH	6.5	6.5	150	0.49	0.98
整顶网衣总用量								707.16

表 3-7　带鱼对网绳索、属具材料表

名称	数量	材料及规格	每条绳索长度/m		用量/kg		附注
			净长	全长	每条（个）	合计	
上、下纲	8 条	PE ϕ20	250.96	253.00	50.600	404.80	
力纲	1 条	PE ϕ18	86.74	88.00	14.168	14.17	两端插眼环
囊底抽口绳	1 条	PE ϕ12	9.80	10.10	0.728	0.73	两端插接
上搭纲绳	38 条	PE ϕ12			1.60	0.116	4.41
下搭纲绳	48 条	PE ϕ18			2.20	0.355	17.04

续表

名称	数量	材料及规格	每条绳索长度/m		用量/kg		附注
			净长	全长	每条（个）	合计	
沉石绳	49 条	PEϕ16		1.00	0.128	6.28	下纲沉石绳
	6 条	PEϕ22		3.00	0.729	4.38	曳纲沉石绳
上引绳	2 条	PEϕ24	243.00	244.50	72.128	144.26	两端插眼环
下引绳	2 条	COMPϕ24（WRϕ11＋PE NET）	252.00	252.80	104.660	209.32	为钢丝绳用量 两端插眼环
上叉绳	2 条	COMPϕ20（WRϕ9.3＋PE NET）	17.10	17.80	5.412	10.83	为钢丝绳用量 两端插眼环
下叉绳	2 条	COMPϕ28（WRϕ12.5＋PE NET）	17.10	18.00	9.558	19.12	为钢丝绳用量 两端插眼环
曳绳	2 条	COMPϕ24（WRϕ12.5＋PE NET）		335.00	177.885	355.77	为钢丝绳用量
左翼支绳	1 条	COMPϕ20（WRϕ9.3＋PE NET）		30.00	9.120	9.12	为钢丝绳用量
右翼支绳	1 条	COMPϕ22（WRϕ11＋PE NET）		37.00	15.318	15.32	为钢丝绳用量
浮子	132 个	FP—14.71 N					中孔圆柱形浮子
	62 个	PL—9.81 N					中孔球形硬质浮子
	2 个	PLϕ260—73.55 N					球形硬质浮子
	1 个	PLϕ300—122.58 N					球形硬质浮子
沉子	247 个	Pb 0.25 kg			0.25	61.75	片状，钳夹后呈圆柱形
	370 个	CER 0.25 kg			0.25	92.50	扁长形
沉石	12 个	STON 20.00 kg			20.00	240.00	下纲沉石，均为秤锤形
	14 个	STON 22.50 kg			22.50	315.00	
	11 个	STON 25.00 kg			25.00	275.00	
	12 个	STON 27.50 kg			27.50	330.00	
	2 个	STON 50.00 kg			50.00	100.00	曳纲沉石，均为秤锤形
	2 个	STON 55.00 kg			55.00	110.00	
	2 个	STON 65.00 kg			65.00	130.00	

（一）带鱼对网网衣材料表

1. 翼网部网衣（翼网衣1）网线用量计算

从图 3-39（a）上方的网衣展开图和图 3-39（b）的网衣材料规格表中可看出，每片翼网部网衣大头由每片囊网衣前头网目（1 612 目）两侧各留出 6 目后剩下的 1600 目起编向前编结，中间 1 道增目，两边减目，编长 2 100 目（4 200 节）后，小头目为 600 目。翼网部网衣中间是用 2×3 乙纶网线单线编结，翼网部网衣大头两侧各有 80 目宽是用 2×3 乙纶网线双线向前编结，并逐渐减少双线网宽目数，编至翼网部网衣小头时减至 50 目。则翼网部网衣单线（PE 36 tex 2×3）部位的起目（指大头起编目数）为 1 440 目（800×2－80×2），终目（指小头目数）为 500 目（300×2－50×2），编长 2 100 目，左、右共用 2 片。查附录 F 得知 2×3 乙纶网线的单位长度质量 G_H 为 0.231 g/m，直径 ϕ 为 0.75 mm，翼网部网衣目大 2a 为 123 mm，查附录 E 得知双活节（SH）的网结耗线系数 C 为 22。翼网部网衣单线部位为正梯形网衣，其起目为 1 440 目，终目为 500 目，网长 2 100 目，则其网衣总目数 N 为"起目加终目除 2 乘网长目数"。将上述有关数值代入式（2-5），可得出每片翼网部网衣单线部位的网线用量为

$$G = G_H(2a + C \cdot \phi)N \div 500 \times 1.05 = 0.231 \times (123 + 22 \times 0.75) \times (1440 + 500)$$
$$\div 2 \times 2100 \div 500 \times 1.05 = 137847 \text{ g} = 137.85 \text{ kg}$$

翼网部网衣双线 [PE 36 tex 2 × 3（2）] 部位的起目（指大头起编目数）为 80 目，终目（指小头目数）为 50 目，网长 2100 目。每片翼网部网衣双线部位有左、右共 2 片，则 2 片翼网部网衣的双线部位共有 4 片。仍用 2 × 3 乙纶网线，但采用双线编结，故其单线的 G_H 值仍为 0.231 g/m、ϕ 值仍为 0.75 mm，目大仍为 123 mm，查附录 E 得知双线双活节的 C 值为 44。翼网部网衣双线部位为斜梯形网衣。不论是斜梯形网衣、正梯形网衣、直角梯形网衣等，凡是属于梯形网衣，其 N 值均为"起目加终目除 2 乘网长目数"。

双线网衣网线用量计算公式为

$$G = G_H(2a + C\phi)N \div 500 \times 2 \times 1.05 \quad (3\text{-}4)$$

将上面有关数值代入式（3-4）可得出每片翼网部双线部位网线用量为

$G = 0.231 \times (123 + 44 \times 0.75) \times (80 + 50) \div 2 \times 2100 \div 500 \times 2 \times 1.05 = 20659 \text{ g} = 20.66 \text{ kg}$

根据式（2-5）或式（3-4）计算出的网线用量是以 g 为单位的，一般取整，并采用小数进一的原则。中小型网渔具的材料表中，其网线、绳索、属具用量一般取整，采用小数进一的原则。而大型的网渔具，如大型的围网、拖网等，其材料表中的用量一般均以 kg 为单位，并保留两位小数和采用第三位以后的小数均进一的原则。

2. 囊网衣各段单线部位和双线部位的起目与终目的计算

在图 3-39（a）上方的网衣展开图中，其囊网衣图形中间没有任何标注，会被误解为囊网衣是由上、下两大片网衣缝合而成的囊状网衣。但实际上它是由左、右两大片网衣缝合而成的，故应在囊网衣轮廓线中间绘上 1 条纵向细实线而把囊网衣分成左、右两大片，如图 3-42 中的 8 所示。

每大片囊网衣是由 47 段扁矩形网衣组成的，根据有囊围网的绘图规定，可绘出每大片囊网衣展开图的实际形状如图 3-43 所示。在图 3-39（a）的网衣展开图中，其囊网衣分成 3 大段表示，从 1 段至 13 段为横向增目段，从 14 段至 40 段为无增减目段，从 41 段至 47 段为横向减目段。在图 3-39（a）、图 3-40 和图 3-42 中，囊网衣的轮廓线是绘成如图 3-43 中用虚线画出的形状，这是囊网衣在作业过程中的近似形状。

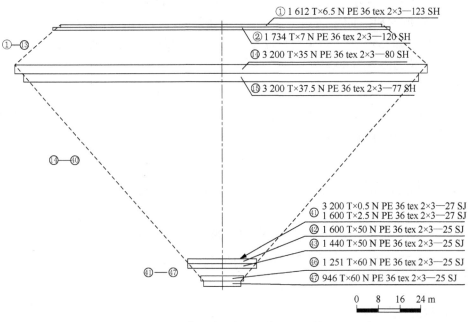

图 3-43 带鱼对网囊网衣实际展开简图

在《浙江报告》74 页中，带鱼对网的说明中写着："囊网衣从第 1 段开始两边双线各 80 目渐减至 40 目，而后两边双线各 5 目至 21 段止。"关于如何"渐减"，在图 3-39（a）的网衣展开图中标注为（2r – 1）。

按上述说明，囊网衣两旁双线网片起头只有 80 目，而与翼网部网衣双线部位大头起目 80 目和双线的直角三角网衣小头起目 6 目之和为 86 目不一致，而在网衣展开图中，囊网衣两旁双线部位的起头目数即为直角三角网衣小头和翼网部网衣双线部位网衣大头的起编目数，即为 86 目。为了与网衣展开图一致，并考虑到编结制作的方便，现把上述说明改为："囊网衣从第 1 段开始两旁双线部位各 86 目起头，并以（2r – 1）向两边减至 40 目左右后止，而后两旁双线部位各 5 目宽编至 21 段后头为止。"

1）囊网衣 1 段

1 段两侧双线部位呈直角梯形，如图 3-44 所示，其起目 86 目为起头目数，编长 6.5 目，一侧以（2r – 1）减目，即减少 5.5 目，另一侧边为直目（AN），即无增减目，则终目为

$$86 - 5.5 = 80.5 目$$

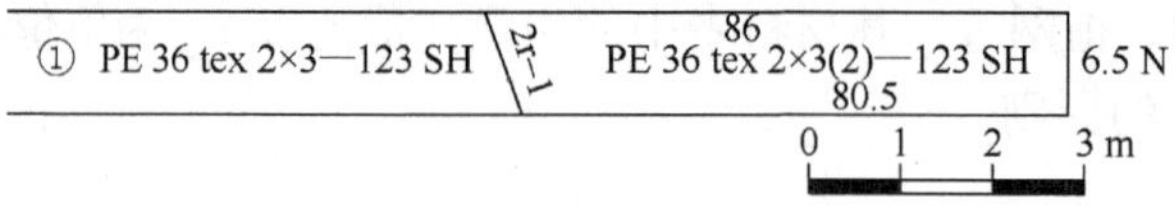

图 3-44

从图 3-39（b）的表中得知囊网衣 1 段为宽 1612 目的矩形网衣，则其中间单线部位起目（起头目数）为

$$1612 - 86 \times 2 = 1440 目$$

单线部位的终目为

$$1612 - 80.5 \times 2 = 1451 目$$

2）囊网衣 2 段至囊网衣 8 段

囊网衣 1 段末节的增目方法为 96（13 + 1）26（14 + 1），即表示在网长最后一节处每间隔 13 目增加 1 目，共增加 96 次和每间隔 14 目增加 1 目，共增加 26 次。为了施工方便，一般是把次数少的 26（14 + 1）放在两边编结。为了避免增目位置出现在两侧边缘，要求两侧边缘的间隔目数取一半。囊网衣 1 段双线部位的终目为 80.5 目，则增目为

$$(80.5 - 14 \div 2) \div 14 = 5.25 目$$

表示除了先间隔 7 目（14 ÷ 2）已增加 1 目外，尚可增加 5 目（取 5.25 的整数），即共增加 6 目，则囊网衣 2 段双线部位的起编目数为

$$80.5 + 6 = 86.5 目$$

2 段双线部位仍为直角梯形网衣，编长 7 目，由起目 86.5 目起编目数，则（2r – 1）边减少 7 目，即双线部位的终目为

$$86.5 - 7 = 79.5 目$$

已知 2 段的网宽为 1734 目，则 2 段单线部位的起编目数为

$$1734 - 86.5 \times 2 = 1561 目$$

2 段单线部位终目为

$$1734 - 79.5 \times 2 = 1575 \text{目}$$

3）囊网衣 3 段至囊网衣 9 段

囊网衣 3 段至 9 段双线部位和单线部位的起目（实际均为起编目数）及终目的计算方法与 2 段的计算方法相同。

4）囊网衣 10 段至 21 段

囊网衣 10 段至 21 段，其两旁双线部位均呈矩形，网宽均为 5 目，而中间单线部位也呈矩形，其网宽目数等于各段整体网宽目数减去 10 目。

囊网衣 1 段至 21 段单线部位和双线部位的网线用量计算方法与翼网部网衣单线部位和双线部位的计算方法基本相同，均可分别按式（2-5）和式（3-4）分别计算。稍不同的是矩形网衣总网目数 N 为"网宽目数乘网长目数"。

5）囊网衣 22 段至 40 段

囊网衣 22 段至 40 段均位于无增减目段的中后部位，其每段网衣均为宽 3200 目和用单线编结的矩形网衣，其网线用量可按式（2-5）进行计算。

6）囊网衣 41 段至 47 段

从图 3-39（b）的表中得知 41 段网长为 0.08 m，图 3-43 的囊网衣展开图缩小比例为 1∶800，则按比例缩小后 41 段的网长应绘成

$$0.08 \div 800 = 0.0001 \text{ m} = 0.1 \text{ mm}$$

在图 3-43 中，41 段网长缩小到原来 1/800 后的 0.1 mm 是无法在图中绘出来的，因用笔画出来的线粗已超过 0.1 mm。故在图 3-43 中，41 段网衣只能借用 42 段网衣前缘的 1 条横向细实线来标示。

41 段至 47 段为横向减目段。其实 41 段是由无增减目段转变为横向减目段的过渡段。41 段只编长 6 节（3 目）网衣，在第二节以 1600（2-1）方法减目，网宽目数由 3 200 目一下子收缩为 1 600 目，这种突然收缩过大的设计是极不合理的，由于渔具设计不是本书的研究课题，故不在此论述。

41 段的网线用量计算，可先分成宽 3 200 目、长 0.5 目的矩形和宽 1 600 目、长 2.5 目的矩形共 2 个部位分开计算后相加即可。42 段至 47 段均为用单线编结的矩形网衣，故横向减目的各段网衣之间网线用量均可按式（2-5）进行计算。

（二）带鱼对网绳索、属具材料表

1. 上、下纲全长计算

带鱼对网的上纲是由浮子纲和上缘纲合并组成，下纲是由下缘纲和沉子纲合并组成。整顶网的浮子纲、上缘纲、下缘纲和沉子纲又分别由左、右共 2 条等长等粗的绳索在三角网衣前缘中点连接而成，故上、下纲共由 8 条同材料和等长等粗的乙纶绳组成。从例 3-2 的带鱼对网网图核算中得知，每条上、下纲的净长为 250.96 m。上、下纲装置在网口的一端应插制成眼环，其留头长度根据上、下纲直径 20 mm 查询附录 J，可取为 0.75 m。另一端如图 3-39（c）的上方②、③图所示，应伸出翼端 0.40 m 处折回并扎成绳端眼环后，再重合于上、下纲上结扎至离翼端向后约 1 m 处，则每条上、下纲全长应约为

$$250.96 + 0.75 + 0.40 + 1.00 = 253.11 \text{ m}$$

可取为 253.00 m。

2. 绳索计算

渔具上所使用的绳索，较细的是用锦纶单丝、乙纶网线或锦纶网线等来制作，较粗的是用乙

纶绳、钢丝绳、包芯绳或夹芯绳等来制作。绳索计算包括长度计算和用量计算两个内容。绳索长度分为净长和全长两种。在渔具图中，结缚在网衣边缘或中间的绳索一般是标注净长，有的是标注每条的净长，如刺网或无囊围网的上、下纲和侧纲，有囊围网的翼端纲、力纲和囊底抽口绳等；有的是标注分段配纲长度，如带鱼对网的上、下纲净长，需要通过计算后才得出，前面已举例计算过。

连接在网衣以外的绳索，有的是标注净长，如空绳、叉绳、引绳等；有的是标注全长，如搭纲绳、沉石绳、曳绳、支绳等。

标注有净长的或经计算得出净长的绳索，可根据渔具图的实际连接工艺要求估计出其两端留头长度后计算出其全长。若采用钢丝绳或夹芯绳的绳索，其两端插制眼环的留头长度可根据绳索直径查询本书附录 J 或附录 K 得出后，再计算出其全长。

若采用以结构号数表示的锦纶单丝捻线或编绳作为绳索使用时，其绳索用量可按式（2-6）计算，即为

$$G = G_H \times L \times e \times 1.1$$

若采用以直径表示的锦纶单丝、乙纶网线、锦纶网线、乙纶绳、钢丝绳等作为绳索使用时，其单丝、网线或绳索用量可按式（2-7）计算，即为

$$G = G_H \times L$$

式中，单丝、网线、绳索的单位长度质量 G_H 可查询附录 D、F、G、H 或 I 得出。

此外，包芯绳一般是手工制作的，没有统一的规格，故包芯绳只计算其用作绳芯的钢丝绳的长度和用量。夹芯绳一般也是手工制作，没有统一规格，故只计算其长度，不计算其用量。

以后各种渔具的绳索用量计算，均如以上所述，故以后在各章的"渔具材料表"内容中，不再详述一般的绳索计算。

二、有囊围网网具装配

新网因网线具有较大的伸长，也因手工编结松紧不一，故在网具装配前，网衣一般均应进行拉伸定型处理。绳索也应进行拉伸处理。网衣、绳索分别拉伸定型后，才能进行装配，可减小其伸长，使作业时网形不至于产生较大的变化。

现根据图 3-39 叙述带鱼对网的装配工艺如下。

1. 网衣缝合

1）囊网衣左、右两片缝合

用乙纶 5×3 线从网口向囊底方向绕缝，每隔 1 m 扎 1 个结。其中背部在距囊底 7.5 m 一段，从囊底开始用比 5×3 线稍粗的乙纶线绕缝，中间不扎结，只在两端扎个活络结，以备渔获较多时易于抽出绕缝线以形成一个临时的取鱼口。

2）三角网衣缝合

三角网衣是从囊网衣两侧各 6 目起编向前编结而成的直角梯形网衣，一边为 (2r+1) 增目，另一边为直目边。三角网衣 (2r+1) 边与翼网衣边缘之间拉直对齐等长用乙纶 5×3 线绕缝，其直目边与另一片三角网衣的直目边互相合并拉直对齐等长用乙纶 12×3 线绕缝。

3）缘网衣缝合

上、下缘网衣后端与上、下三角网衣 35 目边一侧的 6 目用乙纶 12×3 线编绕连接。缘网衣的直目边与翼网衣边缘从近网口处向翼端方向拉直对齐等长用乙纶 5×3 线绕缝，每隔 8~10 m 扎 1 个结，靠近后、前两段和中间处每隔 0.2~0.3 m 扎 1 个结。翼端缘网衣与翼端部网衣内侧边缘拉直对齐等长用乙纶 12×3 线绕缝，每隔 3 m 扎 1 个结。

2. 上纲和浮子的装配

装配前，先将 4 条上纲的一端分别插制成眼环。装配时，将穿好穿心浮子的右捻纲和穿过上三角网衣前缘网目、上缘网衣边缘网目的左捻纲并拢，拉紧固定两端。从网口中央至翼端各部分网衣缩结系数的要求为：三角网衣配纲长为 0.95 m，缩结系数为 0.266；缘网衣后段长 23.12 m（188 目）配纲长 20.81 m，缩结系数为 0.900；缘网衣前段长 240.83 m（1958 目）配纲长 228.80 m，缩结系数为 0.950。根据上述缩结要求用乙纶 7×3 线将各部网衣边缘均匀地绕缝到上缘纲上。

如图 3-39（d）上方的浮子布置图所示，浮子自网口中央至翼端的分布为：先间隔 1.90 m 装 1 个泡沫浮子，装 12 个；再间隔 2.20 m 装 1 个泡沫浮子，装 34 个；再间隔 2.50 m 装一个泡沫浮子，装 20 个；再间隔 3.00 m 装 1 个硬塑料浮子，装 28 个；最后间隔 3.40 m 各装 1 个硬塑料浮子，装 3 个。根据上述浮子装配的要求，用乙纶 7×3 线把两条上纲以 0.3~0.4 m 间隔分档结扎。上述均为中孔浮子，在两条上纲分档结扎的同时，在浮子的两侧也用乙纶 7×3 线将两条上纲结扎牢，以固定浮子的安装间隔。左、右两翼上纲在网口处的眼环用小绳绕扎连接。装配完上缘网衣后余长伸出翼端 0.4 m 处折回制成眼环，并重合于上纲上结扎。最后在网口上纲中央结缚最大的球形硬塑料浮子（直径 300 mm）1 个，两边距 4.20 m 处各结缚 1 个直径为 260 mm 的球形硬塑料浮子。

3. 下纲装配

装配前，也将 4 条下纲的一端分别插制成眼环。将拟钳夹铅沉子的右捻纲和穿过下三角网衣前缘网目、下缘网衣边缘网目的左捻纲并拢，拉紧固定两端。从网口中央至翼端各部分网衣的缩结要求与上缘纲的要求一致，用乙纶 7×3 线先将各部分网衣绕缝到下缘纲上，然后用乙纶 7×3 线把两条下纲以 0.25 m 间隔分档结扎。左、右两翼下纲在网口处的眼环用小绳绕扎连接。装配完下缘网衣后余长伸出翼端 0.4 m 处折回制成眼环，并重合于下纲上结扎。

4. 沉子装配

陶沉子夹缚在两条下纲中间，铅沉子钳夹在沉子纲上。如图 3-39（d）上方的沉子布置图所示，沉子自网口中央至翼端，每间隔 0.55 m 装 1 个沉子。先是陶沉子和铅沉子隔档相间装配，各装 120 个；接着仍每间隔 0.55 m 各装 1 个陶沉子，装 65 个，则距翼端 83.21 m 内不装沉子。

5. 囊底抽口绳装配

如图 3-39（c）的⑧图所示，先在囊网衣底部边缘再编结 4 节粗线大目网衣。第 1 节每 2 目减 1 目，第 2 节每隔 3 目减 1 目，第 3 节无增减目，以上 3 节均用乙纶 5×3 线，目脚均长 20 mm；第 4 节无增减目，用乙纶 18×3 线，目脚长 33 mm。网结均为双死结。囊底抽口绳穿过囊底边缘网目后两端插接，其装配长度为 9.80 m。使用时，拉拢打个活络结封住囊底。

6. 力纲装配

力纲装于两片三角网衣之间和网囊腹部中间的绕缝线上，两端各插制成眼环，前端连接于网口下纲中央，后端系在囊底抽口绳上。中间拉直与网衣等长，用乙纶 5×3 线绕扎，每间隔 2 m 扎一结，装配长度为 86.74 m。此外，在力纲上，从囊底向前每间隔 0.30 m 装铅沉子 1 个，共装 7 个，如图 3-39（c）的⑨图所示。

7. 叉绳装配

如图 3-39（c）的③、④所示，上、下叉绳两端各插制成眼环，一端分别与上、下纲的眼环用短绳绕扎，另一端各卸扣与曳绳端的转环连接。其净长均为 17.10 m。

8. 引绳装配

上、下引绳两端应先插制成眼环，其一端接有转环，分别结缚于上、下纲距网口中央 25 m、16 m 处；另一端如图 3-39（c）的③、④图所示，连接有绳圈和转环，分别与上、下叉绳前端的眼环用小绳绕扎连接；中间部分分别用结缚在上、下纲及上、下叉绳上的上、下搭纲绳结缚。上纲部分上搭纲绳间隔为 13 m，下纲部分下搭纲绳结缚在每个沉石前 0.3 m 处。上、下叉绳部分各有 1 条均距曳绳处 1.7 m 的上、下搭纲绳。上、下引绳的净长分别为 243 m、252 m。上、下搭纲绳分别有 38 条、48 条。

9. 曳绳装配

如图 3-39（c）中的②图所示，曳绳后端的钢丝芯穿过转环后插制成眼环。曳绳后端的眼环通过 2 个卸扣分别与上、下叉绳的前端眼环相连接。曳绳前端连接于渔船上。

10. 沉石装配

如图 3-39（d）中的沉石布置图所示，沉石在两翼是左、右对称配布的，共结缚沉石 49 个。网口下纲中央装 1 个重 25 kg 的沉石，隔 16.7 m 处装 1 个重 27.5 kg 的沉石，后依次每隔 10 m 装 1 个沉石，分别为 22.5 kg 2 个、20 kg 6 个、22.5 kg 5 个、25 kg 5 个、27.5 kg 4 个。最前 1 个重 27.5 kg，结缚在离下纲前端 0.1 m 处，如图 3-39（c）的④图所示。另在曳纲上结缚沉石 2~3 个，第 1 个距叉绳前端 5 m 处，重 50 kg，其余每隔 1.67 m 装 1 个，重为 55 kg 和 65 kg 或 70 kg，如图 3-39（a）的右下方所示。

沉石是在放网前才装配的，因此应先将沉石备足。沉石均呈秤锤形，其上方均凿有小孔。下纲上的沉石均需用一小段直径 16 mm 的乙纶绳穿过小孔后插接成小绳圈，以便沉石绳的连接。其沉石绳对折使用，其对折段需按沉石布置图的配布要求先套结在下纲上，待放网前才把沉石绳穿过沉石绳圈后再扎牢在下纲上，如图 3-39（c）中的④所示。曳绳上的沉石绳也是对折使用，其对折端穿过沉石小孔套住，待放网前才把沉石的沉石绳扎牢在曳绳上，如图 3-39（c）中的②所示。

第十节　有囊围网捕捞操作技术

有囊围网的作业方法与无囊围网一样，主要有起水鱼围捕、荫诱围捕、光诱围捕和瞄准围捕共四种。采用起水鱼围捕的，有福建闽侯的大围缯（《中国图集》71 号网）、浙江温岭的上层鱼对网（《浙江图集》34 页）等，主要是围捕鲐、鲹等中上层鱼类。采用荫诱围捕的，有福建长乐的鳁树缯（《中国图集》75 号网），适用于夏季诱捕金色小沙丁鱼和鲐、鲹幼鱼。采用光诱围捕的，有福建长乐的灯光大围缯（《福建图册》56 号和 57 号网），浙江象山的灯光对网（《中国图集》72 号网）等，用于围捕鲐、鲹等。采用瞄准围捕的，有福建闽侯的大围缯、浙江普陀的带鱼对网（《中国图集》70 号网）、上海崇明的大洋网（《上海报告》31 页）、江苏启东的大洋网（《江苏选集》55 页）等，用于围捕带鱼。

有囊围网与无囊围网一样，是用以包围集群鱼类的网具，为此人们要先利用各种手段方法去侦察鱼类。若发现了起水集群鱼，即可进行起水鱼围捕作业。若发现分散的趋光鱼群，则可进行光诱围捕作业。有囊围网的鱼群侦察和光诱技术与无囊围网的相类似。

下面只介绍浙江普陀带鱼对网的渔船和捕捞操作技术。

1. 渔船

木质，船长 26.00 m，型宽 5.20 m，型深 2.20 m，总吨位 65 GT，主机功率 110 kW，自由航速 9.0～9.5 kn。主、副船相同。

船上主要装备有：辅机 1 台，功率 8.8 kW（副船无）；立式绞纲机 2 台（副船 1 台），每台绞纲机拉力 14.71 kN；探鱼仪 1 台（副船无），单边带对讲机 2 台（主、副船各 1 台），电台 1 台（副船无）。

作业人员：主船 20～24 人，副船 8 人。

2. 捕捞操作技术

1）放网前的准备

主船整理好网具，盘放于右舷甲板，右网翼在前，左网翼在后，下、上纲前后分开，网囊置于左网翼之上，并连接好各种绳索。抵渔场后，主船根据探鱼映像、作业水深和风流情况，决定放网位置、曳绳长度和结缚沉石数量。备妥，与副船联系放网。

2）放网

主船定好航向以慢速或中速前进。副船以相同或稍快速度自主船的右前方相迎驶拢，相距 20～30 m 时空车或慢速趋近，两船右舷相遇。副船接过由主船投过来的右曳绳及右翼支绳，将曳绳绕过船尾系于左舷缆桩上。在船尾部用绳索将曳绳吊高，防止其接近螺旋桨。右翼支绳先系于机舱边缆桩上，后移系于尾侧缆柱上，同时保持匀速前进。主船放出右曳绳，并待右曳绳受力后，右舷开始放网，依次放出右网翼、网囊和左网翼，慢速松放左曳绳至预定长度，并分别将左曳绳和左翼支绳系到与副船相应的位置上。两船以曳绳、支绳的长短来调整船向和两船间距，以预定的主机转速曳行。

3）曳网

一般以中速拖曳 40～60 min（捕大黄鱼时以快速拖曳 5～15 min）。根据风速、流速及捕捞对象的情况，不断用支绳的长短来调整船向和两船间距。

4）起网

主船与副船联系作好起网准备。起网前约 10 min，主机转速逐步提高。确定起网后，两船逐渐靠拢。两船靠近时均空车，主船右转让副船超越其船首，互以左舷相遇。待主船钩住右曳绳后，副船迅速投过引缆、拖船缆和右曳绳，并解去右翼支绳。主船把右、左曳绳分别绕于前、后绞机绞盘上起绞。同时把拖船缆及其支绳分别锁于左舷中前、后弹钩上。副船继续松放拖船缆，注意避免拖船缆与螺旋桨绞缠，船首转至主船正横方向，以慢速拉紧拖船缆，再根据风流情况，把主船横向拖曳。主船同步收绞两曳绳。曳绳绞完后，钩住左、右翼叉绳，解下两翼的上、下引绳，分别绕入前、后绞机的绞盘上同步绞收，并收拉叉绳。每翼 11～12 人，同时边拉网翼，边整理盘放。网翼起上后，起网囊。起至网囊后半部，主船拉开弹钩卸去拖船缆，由副船收上盘挂于船尾。然后主船开始捞鱼，鱼少时，直接把网囊吊上；鱼多时，拆开囊底抽口绳或一段绕缝线，用抄网捞取。取鱼完毕，边动车，边整理网具，准备再放网。

一般网次时间 2 h 左右，其中放网约 5 min，曳网 40～60 min，起网 30～40 min，取鱼时间长短不一。鱼旺发时，应缩短曳网时间，增加网次，提高产量。

第四章 拖网类

第一节 拖网渔业概况

拖网是目前海洋渔业生产中经济效益较高的渔具之一，属于驱赶性和过滤性的运动渔具。

拖网类渔具的分布范围遍及我国各海区，其网具结构和作业方式较多，是我国海洋的5类主要渔具之首，产量在海洋捕捞总产量中占各类渔具的首位（2003年拖网产量占全国海洋捕捞产量的49.1%），与我国海域特点是相适应的。我国海域大陆架广阔，海底平坦，具有丰富的底层、近底层渔业资源，适于拖网渔具开发利用，因而拖网渔业发展较快，渔船较多。

黄渤海区和东海区的双船底层拖网，南海区的双船和单船底层拖网，构成了我国拖网渔业的主力，也是我国海洋捕捞生产中产量最多的渔具。国有渔轮大部分从事拖网作业，在个体渔业中拖网作业也占重要地位。拖网类中以捕虾、蟹类为主的多种桁杆拖网和专捕上层小型鱼类的表层拖网等，作业规模都较小，虽有相当的数量，但在捕捞生产上的作用远逊于上述双船和单船底层拖网作业。

中国拖网渔业有悠久的历史。早在16世纪，浙江沿海渔民已开始近似双船拖网渔法的"大对"作业。世界机轮双船拖网作业始于1918年日本渔民根据打赖网作业方式首先试验成功，即日本的手操网。但这种作业无论在网型和操作方法上，均取自我国浙江的"大对"作业。1728年广东沿海渔民将内河船改为外海拖网船，从事两船拖一网的拖风渔业。1876年广东汕尾出现了桁杆拖网渔业。至清末民初，仅汕尾一港就有400~500艘拖风渔船。我国机轮拖网渔业开创于1905年。在此之前，当时有1艘德国舷拖渔船，在我国黄海一带生产。1905年我国建立了江浙渔业公司，收购了那艘德国舷拖渔船，并定名"福海"号，在江浙沿海生产。1916年我国又自行建造了1艘舷拖渔船，定名"府浙"号，这段时期是我国机轮拖网渔业的开始阶段。我国机轮双船拖网渔业，始创于1921年。当年将渔轮从日本引进到山东烟台，渔船主机为22~29 kW的无注水式双缸火头机，使用的网具是长网翼、四片式网身连接肥大网囊的手操网。而机轮拖网渔业比较发达的日本，舷拖网渔业创建于1904年，机轮双船拖网渔业则创建于1918年。由此可见，我国机轮双船拖网渔业的创建历史也比较早，比日本只迟了3年。到1936年机轮双船拖网渔船达230艘，至1937年舷拖网渔船达16艘，但在抗日战争期间多数渔船遭到毁坏。我国机轮尾拖网渔业，始创于1946年，机轮是从美国引进的。中华人民共和国成立后，在拖网渔船数量、渔船设备、网具材料和作业方式上均得以迅速发展。20世纪60年代集体拖网渔业的风帆船逐步被机帆船取代，以后又被机船取代。与此同时，合成纤维材料迅速普及于拖网渔业中，使网具强度增加，阻力减小，寿命延长，从而明显地提高了生产效率。由于拖网渔具的不断改革创新，大大地提高了拖网渔具的捕捞强度。加上近海、近岸底层拖网的盲目发展，严重地破坏了近海海底地貌与底层、近底层渔业资源。

针对拖网捕捞强度大和渔业资源有限的矛盾，我国采取了调整和管理措施。其一是发展外海和远洋渔业，如2003年日方允许我国近900艘渔船在日本水域入渔。我国有2 410艘渔船被韩方许可在韩国专属经济区入渔。在南海区，广东、海南、广西就有300多艘渔船到南沙渔场生产，拖网渔船充当了发展外海和远洋渔业生产的主力。目前我国有近千艘渔船在世界各地投入远洋渔业生产。其二是加强对近海拖网渔业的管理，严格执行渔业法规中规定的捕鱼许可证、休渔期、禁渔区等条例，使拖网渔业纳入国家法律的管理轨道。其三是在海洋捕捞转产转业工作中，着重动员拖网作业渔民转产转业。

根据《中国调查》和《中国渔业年鉴 2004》的资料统计，1985 年我国海洋拖网捕捞产量为 155.6 万 t，占全国海洋捕捞产量的 40.3%，占各类渔具的首位；2003 年我国海洋拖网捕捞产量为 694.2 万 t，占全国海洋捕捞产量的 49.1%，仍占各类渔具的首位。

1985~2003 年的 19 年间，我国海洋拖网捕捞产量由 155.6 万 t 提高到 694.2 万 t，其增幅约为 346%，虽然次于同期钓具的增幅（587%）和刺网的增幅（403%）而占第三位，但是仍比同期我国海洋捕捞产量的增幅（266%）大得多，故说明这期间我国海洋拖网生产与海洋刺网的生产相类似，其发展是较快的。

我国拖网渔业具有如下特点。

第一，生产效率高。拖网生产主动灵活，能积极追捕，它能捕捞海洋不同水层比较集中的鱼、虾、蟹等水产经济动物。因此，拖网是目前海洋渔业生产中效率较高的一种渔具，它在我国海洋渔业生产中占有很大比重，也是世界海洋渔业生产中的主要渔具种类。

第二，拖网类渔具型式多样，规模大小不一，分布比较广泛。有的小型拖网渔具，生产规模较小，运用较小的渔船，在近岸浅海捕捞；有的使用载重 2.0~2.5 t 的木帆船，利用风力在河口浅水区拖曳捕捞；也有的用载重 1.5~2.0 t 的小艇，依靠人力划艇拖曳作业。也有中型拖网渔具，生产规模大些，在近海或外海作业；也有生产规模较大的拖网渔船，可达深海远洋捕捞。目前世界上的大型拖网渔船，总吨位在 5 000 GT 以上，船长 110 m 以上，船上装有各种水产品加工、保鲜设备，使拖网作业范围扩展到全世界的深海远洋。

第三，捕捞对象广泛。拖网能捕捞海洋和内陆水域中各种水产经济动物，如鱼类、甲壳类、头足类、贝类等。目前拖网生产已由传统的捕捞底层、近底层鱼类，扩展到应用中层拖网捕捞中上层鱼类以及南极的磷虾等。

第四，拖网渔船具有良好的性能和设备。由于拖网渔船必须能在比较恶劣的海况下坚持生产，于是不论近海或远洋的拖网渔船，均有足够的拖力和相应的拖速，有足够的强度与抗风浪性能，复原性能良好，有相适应的续航能力及自持力，有一定的捕捞操作设备，有一定的渔获保鲜设备，有先进的导航、助渔仪器和通信设备。

第二节　拖网捕捞原理和型、式划分

拖网是用渔船拖曳网具，迫使捕捞对象进入网内的渔具。它的作业原理是依靠渔船动力或自然的风力等拖曳网具，在拖曳过程中将鱼、虾、蟹或软体动物等捕捞对象驱集入网，使水滤过网目，渔获物既不能通过网目，又不刺于网目中，从而达到捕捞目的。

根据我国渔具分类标准，拖网类按结构特征可分为单片、单囊、多囊、有翼单囊、有翼多囊、桁杆、框架 7 个型，按作业船数和作业水层①可分为单船表层、单船中层、单船底层、双船表层、双船中层、双船底层、多船 7 个式。下面分别介绍型、式不同的拖网。

一、拖网的型

1. 单片型

单片型的拖网由单片网衣和上、下纲构成，称为单片拖网。

单片拖网如图 4-1 所示，其网具结构与网衣分离式定置单片刺网的网具结构（图 2-33）类似，

---

① 拖网作业时，网具的上缘到达水面，而下缘不触底的属表层；上缘不到水面，下缘不触底的属中层；凡下缘到底的均属底层。

其网具是由单片矩形网衣和上、下、侧纲构成的。图 4-1 是山东掖县的带网（《中国图集》118 号网），其网长 25.63 m，由若干支细竹撑杆将上、下纲撑开，使网衣在拖曳中形成兜状，在黄河口外水深 1.5~3.0 m 处作业、拖捕梭鱼。

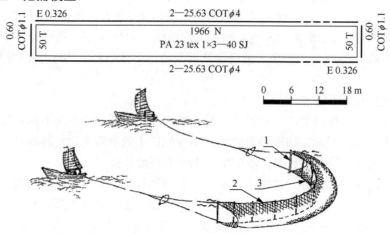

图 4-1 双船表层单片拖网（带网）
1. 撑杆；2. 上纲；3. 下纲

2. 单囊型

单囊型的拖网由网身和单一网囊构成，称为单囊拖网。

大型的单囊拖网一般为中层单囊拖网，需用两块网板或两艘渔船来维持其网口的水平扩张，需用浮子和沉子、沉锤等来维持其网口的垂直扩张，如图 4-2 和图 4-3 所示。在全国海洋渔具调查资料中，只介绍了 1 种单船中层单囊拖网，而无介绍双船中层单囊拖网。小型的单囊拖网一般用桁杆、桁架或框架来撑开其网口作业，故又可称为单囊桁杆拖网或单囊框架拖网。这在后面叙述单囊桁杆型和单囊框架型时再介绍。

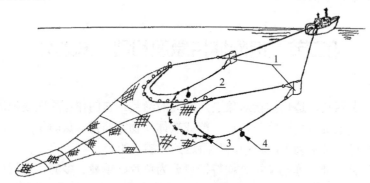

图 4-2 单船中层单囊拖网
1. 网板；2. 浮子；3. 沉子；4. 沉锤

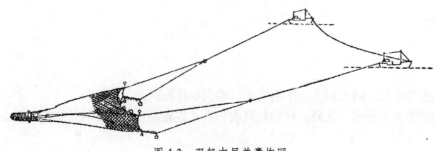

图 4-3 双船中层单囊拖网

3. 多囊型

多囊型的拖网由网身和若干网囊构成，称为多囊拖网。

在全国海洋渔具调查资料中，没有介绍大型的多囊拖网，而小型的多囊拖网一般需用桁杆来维持其网口的水平扩张，故又可称为多囊桁杆拖网。这在后面叙述桁杆型时再介绍。

4. 有翼单囊型

有翼单囊型的拖网由网翼、网身和一个网囊构成，称为有翼单囊拖网。

有翼单囊拖网是拖网类中数量最多的一种，也是拖网类网具中较大型和产量较高的一种拖网。本章后面各节内容主要是叙述这种拖网。

5. 有翼多囊型

有翼多囊型的拖网由网翼、网身和若干网囊构成，称为有翼多囊拖网。

有翼多囊拖网在内陆水域较多，在海洋渔具中则少见，在我国海洋渔具中尚找不到该型的实例。日本的平行式和垂直式双体拖网就是属于这种类型的拖网，如图4-4和图4-5所示。

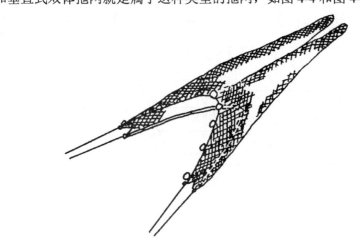

图 4-4　有翼多囊拖网（平行式双体拖网）

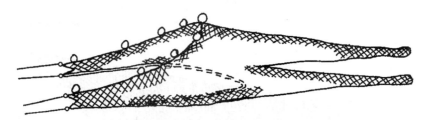

图 4-5　有翼多囊拖网（垂直式双体拖网）

6. 桁杆型

按我国渔具分类标准规定，桁杆型的拖网是指"由桁杆或桁架和网身、网囊（兜）构成"的拖网。但根据全国海洋渔具调查资料统计，我国利用桁杆或桁架扩张其网口的拖网，在网具结构上，不仅只有单囊型，还有多囊型和有翼单囊型，故本书拟根据上述我国海洋拖网的生产实际对原桁杆型做后述的修改。

在我国原属于桁杆型的拖网，一般是较小型的囊状拖网，利用桁杆或桁架来维持其网口的扩张。若将原桁杆型定义中的"桁杆或桁架"分开，则利用桁杆来维持其网口水平扩张的囊状拖网有单囊型、多囊型和有翼单囊型共3种，利用桁架来维持其网口扩张（水平扩张和垂直扩张）的囊状拖网只有单囊型 1 种。故本书拟将原桁杆型按生产实际改为单囊桁杆型、多囊桁杆型、有翼单囊桁杆型和单囊桁架型共 4 种网型。其中单囊桁杆型、多囊桁杆型和有翼单囊桁杆型的拖网又可统一简称为"桁杆拖网",而单囊桁架型的拖网又可简称为"桁架拖网"。

1)单囊桁杆型

单囊桁杆型的拖网由桁杆和网囊或网兜构成,称为单囊桁杆拖网。

单囊桁杆拖网的网衣有 2 种,1 种是呈囊状,另外 1 种是呈兜状。呈囊状的单囊桁杆拖网如图 4-6 所示,其网衣是由上、下两片网衣缝合而成的 1 个圆锥形的网囊。这是浙江普陀的乌贼拖网,采用一条曳绳将网囊前方的叉绳连接到渔船上,并在船尾进行底层拖曳作业。采用桁杆固定其网口的水平扩张,利用拖曳时曳绳对桁杆产生的上提力和沉子纲的沉力维持其网口的垂直扩张。采用一船拖曳一顶网,在浙江沿岸岛礁海域拖捕乌贼。

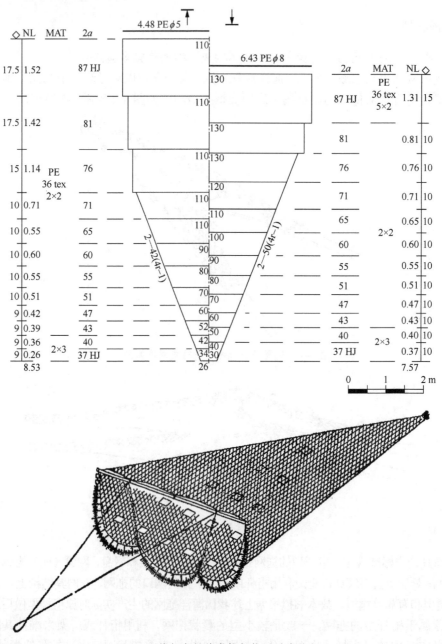

图 4-6　单船底层单囊桁杆拖网（囊状）

呈兜状的单囊桁杆拖网如图 4-7 所示。如图 4-7 的左上方所示，其网衣是一片矩形网，沿网衣横向对折后将其形成的上、下网衣两侧直目边缘并拢拉直等长后缝合在一起而形成 1 个网兜，如图 4-7 右上方的总布置图下半部分所示。这是河北秦皇岛的玉螺扒拉网（《中国图集》111 号网），和乌贼拖网一样，采用桁杆固定其网口的水平扩张，利用曳绳对桁杆产生的上提力和沉子沉力维持其网口的垂直扩张。如此图下方的作业示意图所示，采用一船拖曳两顶网，在河北沿岸拖捕玉螺、海螺、虾蛄等。

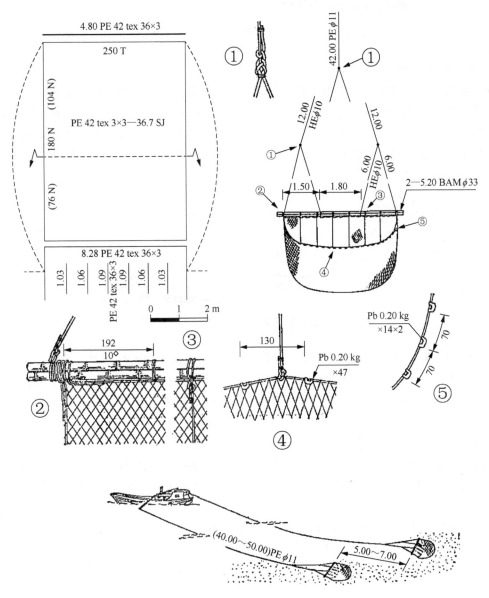

图 4-7 单船底层单囊桁杆拖网（兜状）

2）多囊桁杆型

多囊桁杆型的拖网由桁杆和网身、若干网囊构成，称为多囊桁杆拖网。

多囊桁杆拖网是 20 世纪 70 年代末至 80 年代初在东海区试验推广的一种高产拖虾网，有双囊和三囊之分，网具规格比单囊桁杆拖网大得多，一般为一船拖曳一顶网，主要拖捕虾、蟹类，如图 4-8 所示。这是一种双囊桁杆拖网，采用桁杆固定其网口的水平扩张，利用结扎在桁杆上的浮子浮力和沉纲上的沉子沉力维持其网口的垂直扩张。

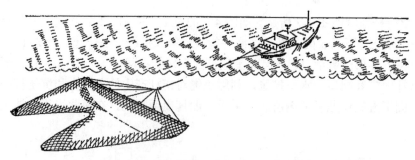

图 4-8　单船底层多囊桁杆拖网（双囊桁拖网）

3）有翼单囊桁杆型

有翼单囊桁杆型的拖网由桁杆和网翼、网身、单个网囊构成，称为有翼单囊桁杆拖网。

有翼单囊桁杆拖网的结构分为一杆单网和一杆双网。一杆单网的有翼单囊拖网，如图4-9所示，这是广东番禺的毛蟹拖网，采用1支桁杆维持1顶网具网口的水平扩张，利用曳绳对桁杆产生的上提力、浮纲上的浮子浮力和沉纲上的沉子沉力维持网口的垂直扩张。采用1船拖曳1顶网，在广东珠江口拖捕中华绒毛蟹。

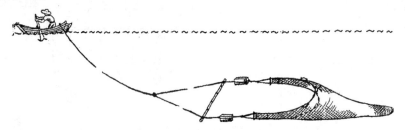

图 4-9　单船底层有翼单囊桁杆拖网（一杆单网）

一杆双网的有翼单囊桁杆拖网如图4-10所示，这是广西钦州的大虾拖网，采用1支桁杆维持两顶网具的网口水平扩张，利用曳绳对桁杆产生的上提力和沉纲沉力维持网口的垂直扩张。采用1船拖曳三杆六网，在广西钦州、防城沿岸浅海拖捕长毛对虾、日本对虾等。

4）单囊桁架型

单囊桁架型的拖网由桁架和网囊或网兜构成，称为单囊桁架拖网。

呈囊状的单囊桁架拖网如图4-11所示，其网衣是由十道减目编结而成的一个圆锥筒形的网囊。这是山东掖县的桃花虾拖网（《中国图集》110号网），采用桁架（如图4-11中右方的①图所示）固定其网口扩张。

呈兜状的单囊桁架拖网如图4-12所示，其网衣是由5段矩形网片组成，可按此网图上方的网衣展开图所示将各网片缝合成1个网兜，如此网图中间的总布置图所示。这是江苏东海的凤兜网，采用桁架固定其网口扩张。

7. 框架型

框架型的拖网由框架和网身、网囊构成，称为框架拖网（我国渔具分类标准的定义）。

《江苏选集》162页所介绍的蚶子网，如图4-13所示，其网衣没有网身和网囊之分，只有一个囊状网衣，利用框架固定其网口扩张，如此网图中的①图所示。在全国海洋渔具调查资料中，作为单船底层框架拖网进行介绍的只有上述的蚶子网1种。这种"拖网"的捕捞原理和结构特征与后面第十二章的拖曳齿耙相似，可将此"蚶子网"归纳入耙刺类中，将在第十二章中做进一步的分析介绍。

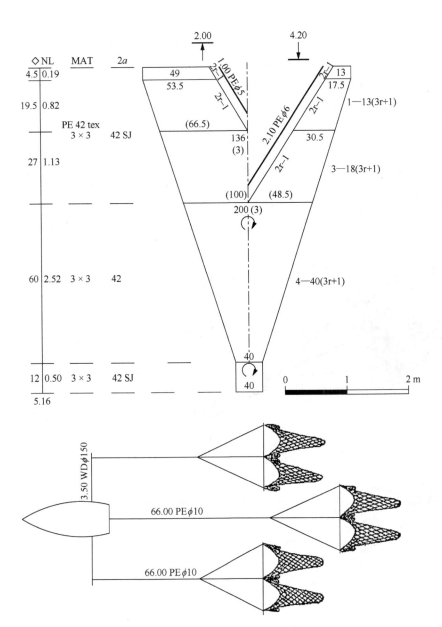

图 4-10 单船底层有翼单囊桁杆拖网（一杆双网）

二、拖网的式

1. 单船表层式

单船表层式的拖网在单船一侧或两侧拖曳，并在水域表层作业，称为单船表层拖网。

我国的单船表层拖网在网具结构上均为单囊桁架型，如图 4-12 所示。利用桁杆或撑杆、吊绳、曳绳等将网具伸出舷外张开网口并在表层水域进行拖曳作业，在沿岸浅水海域拖捕小杂鱼和虾类。

2. 单船中层式

单船中层式的拖网在单船尾部拖曳，并在水域中层作业，称为单船中层拖网。

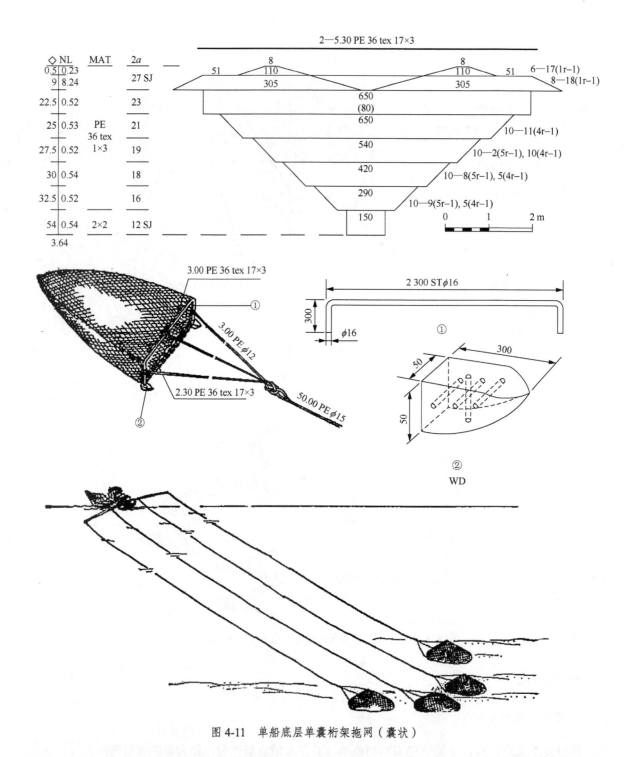

图 4-11 单船底层单囊桁架拖网（囊状）

单船中层拖网一般采用单囊型网具，即单船中层单囊拖网。如图 4-2 所示，利用渔船拖曳两块网板所产生的扩张力来维持网口的水平扩张，利用上纲上的浮力和下纲上的沉力来维持网口的垂直扩张，作业时网板和网具均在中层水域移动。在俄罗斯、德国、加拿大、日本、韩国、法国、西班牙、波兰和中国，均有单船中层单囊拖网，其使用的渔船和网具均较大型，在远洋渔业中拖捕鲱、鳕、鲹等中上层鱼类和南极磷虾。

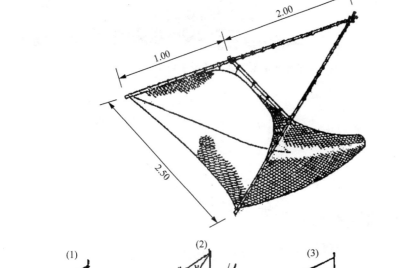

图 4-12 单船表层单囊桁架拖网(兜状)

3. 单船底层式

单船底层式的拖网在单船尾部拖曳,并在水域底层作业,称为单船底层拖网。

我国的单船底层拖网有 5 种型式,即单船底层有翼单囊拖网、单船底层有翼单囊桁杆拖网、单船底层多囊桁杆拖网、单船底层单囊桁杆拖网和单船底层单囊桁架拖网。

单船底层有翼单囊拖网如图 4-14 所示,是使用 1 艘渔船拖曳 2 块网板来维持网口的水平扩张,利用上纲上的浮子浮力和下纲上的沉子沉力来维持网口的垂直扩张,作业时其网板和网具均在底层水域移动,网板和网具的下缘均触海底,拖捕底层和近底层鱼类、虾、蟹类等。

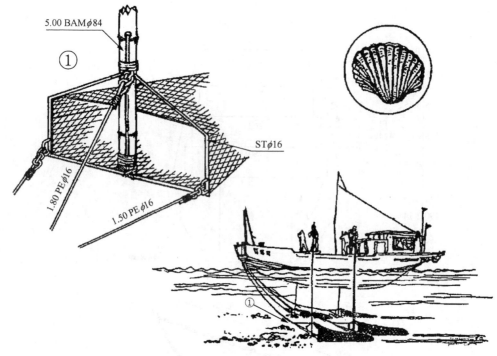

图 4-13 单船底层框架拖网（蚶子网）

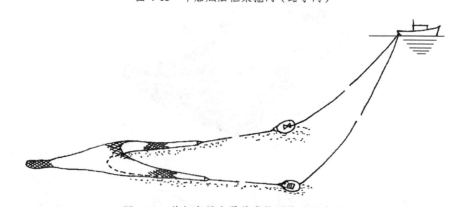

图 4-14 单船底层有翼单囊拖网作业示意图

单船底层单囊桁杆拖网如图 4-6 和图 4-7 所示，单船底层多囊桁杆拖网如图 4-8 所示，单船底层有翼单囊桁杆拖网如图 4-9 和图 4-10 所示，单船底层单囊桁架拖网如图 4-11 所示。

4. 双船表层式

双船表层式的拖网在双船尾部拖曳，并在水域表层作业，称为双船表层拖网。

我国的双船表层拖网有 2 种型式，即双船表层单片拖网和双船表层有翼单囊拖网。双船表层单片拖网如图 4-1 所示，这是山东掖县的带网（《中国图集》118 号网）。在带网的调查报告中把此网说成是双船底层式是错的，因为此报告的渔法中说："拖曳中，撑杆顶端要稍露出水面，否则需加几个小浮子加以调整。"撑杆长为 0.20 m（相当于网具高度），作业水深 1.50～3.00 m，即说明下纲不可能触到海底，故不能说是双船底层式。因为要求撑杆顶端稍露出水面，故只能说是双船表层式，于是在图 4-1 下方的作业示意图中，已把原图绘成网具下缘触底作业之处改绘成网具上缘到达水面作业。

双船表层有翼单囊拖网如图 4-15 所示，是利用两船拖距维持网口的水平扩张，利用上纲上的浮子浮力和下纲上的沉子沉力来维持网口的垂直扩张，作业时网具在表层水域移动，网具的上缘到达水面，在沿岸海域拖捕颌针鱼、鱵等中上层鱼类。

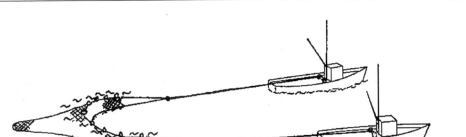

图 4-15 双船表层有翼单囊拖网作业示意图

5. 双船中层式

双船中层式的拖网在双船尾部拖曳,并在水域中层作业,称为双船中层拖网。

双船中层拖网一般采用单囊型网具,即双船中层单囊拖网。如图 4-3 所示,是利用两船拖距维持网口的水平扩张,利用上纲上的浮力和下纲上的沉力来维持网口的垂直扩张,作业时网具在中层水域移动。在欧洲,一般采用中、小型渔船进行双船中层拖网作业,在近海捕捞鲱科、鳕科鱼类等。在我国的海洋渔具调查资料中尚无双船中层单囊拖网。

6. 双船底层式

双船底层式的拖网在双船尾部拖曳,并在水域底层作业,称为双船底层拖网。

我国的双船底层拖网有两种型式,即双船底层单片拖网和双船底层有翼单囊拖网。双船底层单片拖网如图 4-16 所示,这是山东海阳的裙子网(《山东图集》72 页),是利用双船拖距维持网具的水平扩张,利用拖曳时曳绳对上纲产生的上提力和下纲的沉子沉力来维持上、下纲之间的垂直扩张。采用双船拖曳两片网,在山东海阳、即墨一带沿岸作业,拖捕鹰爪虾、白虾、梭子蟹、鰕虎鱼等。

双船底层有翼单囊拖网如图 4-17 所示,是利用双船拖距维持网具的水平扩张,利用上、下纲上的浮、沉子维持网口的垂直扩张,作业时网具在底层水域移动,网具的下缘触海底,拖捕底层和近底层鱼类、虾、蟹类等。

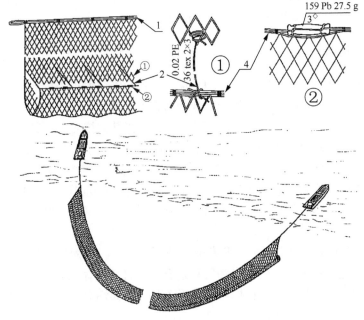

图 4-16 双船底层单片拖网(裙子网)
1. 上纲;2. 吊纲;3. 沉子;4. 下纲

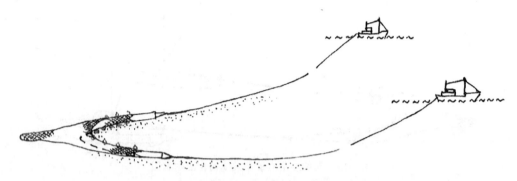

图 4-17 双船底层有翼单囊拖网作业示意图（底层双拖网）

7. 多船式

多船式的拖网在多船尾部拖曳，称为多船拖网。

在海洋渔业中没有多船式作业。在淡水渔业中采用大型的单片拖网而只用两艘小渔船无法拖曳时，才采用多船式作业。

三、全国海洋拖网型式

根据 20 世纪 80 年代全国海洋渔具调查资料统计，我国海洋拖网有双船表层单片拖网、双船底层单片拖网、单船中层单囊拖网、单船底层有翼单囊拖网、双船表层有翼单囊拖网、双船底层有翼单囊拖网、单船底层单囊桁杆拖网、单船底层多囊桁杆拖网、单船底层有翼单囊桁杆拖网、单船表层单囊桁架拖网和单船底层单囊桁架拖网共计 11 种型式，上述资料共计介绍了我国海洋拖网 167 种。

1. 双船表层单片拖网

在 167 种海洋拖网中，双船表层单片拖网最少，只有 1 种，占 0.6%。此拖网如图 4-1 所示，这是山东掖县的带网，前文已对此网做介绍，故不再赘述。

2. 双船底层单片拖网

双船底层单片拖网较少，只介绍 3 种，占 1.8%。分别是山东海阳的裙子网（《山东图集》72 页）、福建和浙江的百袋网。裙子网如图 4-16 所示，是利用许多吊绳将下纲吊起，当两船利用风力或人力摇橹拖曳裙子网作业时，网衣下方形成一条长形的网兜，在其捕捞对象（鹰爪虾等）触网后下沉时会落入网兜中而被捕获。福建漳浦的百袋网（《福建图册》73 号网）如图 4-18 所示，是用许多小块直角梯形网衣缝合在矩形单片网衣的下方部位（②图）。当两船利用人力划船拖曳百袋网作业时，在网衣下方部位形成许多小网兜，待其捕捞对象（鲻、鲆、梅童鱼等小杂鱼或虾类）触网后下沉时会落入下网兜中而被捕获。浙江苍南的百袋网（《中国图集》117 号网）的结构与福建漳浦的百袋网类似，故不再赘述。

有人将百袋网，甚至裙子网说成是"多囊型"是不恰当的。因为多囊型的定义是"由网身和若干网囊构成的"，而上述 3 种拖网均无网身和网囊之分，并且其全体网衣均由"单片网衣和上、下纲构成"，符合单片型的定义，故上述 3 种拖网均属于单片型，其渔具分类名称均应为"双船底层单片拖网"。

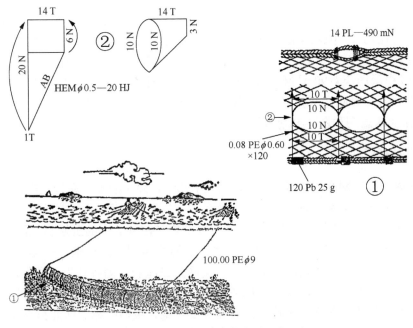

图 4-18 双船底层单片拖网（百袋网）

3. 单船中层单囊拖网

单船中层单囊拖网在我国沿岸几乎没有使用，只在我国从国外引进的大型拖网渔轮上使用。故在全国海洋渔具调查资料中只介绍了 1 种单船中层单囊拖网，占 0.6%。1985 年 3 月上海从联邦德国引进了 3180 t、3530 kW 尾滑道远洋拖网加工渔船"开创"号，在《中国调查》225 页介绍了该船所使用的"远洋中层拖网"，即属于单船中层单囊拖网，其作业示意图如图 4-2 所示。

4. 单船底层有翼单囊拖网

在 167 种海洋拖网中，单船底层有翼单囊拖网介绍了 24 种，占 14.4%，仅次于双船底层有翼单囊拖网居第二位，主要分布在南海区和福建。其中广东有 9 种，广西有 8 种，福建有 4 种，共计 21 种。较具代表性的有广东广州的"430"目拖网（《中国图集》79 号网），广西北海的飞螺拖网（《中国图集》83 号网）和福建厦门的单拖网（《中国图集》82 号网）。另外 2 种是上海的八片式拖网（《中国图集》78 号网）和远洋拖网（《中国调查》218 页）。八片式拖网是一艘大型海洋水产研究调查船所使用的底层拖网，远洋拖网是"开创"号大型远洋拖网加工渔船所使用的底层拖网。还有 1 种是山东掖县的顶网（《山东图集》71 页）。单船底层有翼单囊拖网的作业示意图如图 4-14 所示。

5. 双船表层有翼单囊拖网

双船表层有翼单囊拖网介绍较少，只有 4 种，占 2.4%。其中 3 种是山东的浮拖网，另外 1 种是辽宁的浮拖网。较具代表性的有山东掖县的浮拖网（《中国图集》85 号网）和辽宁金县（现大连市金州区）的浮拖网（《中国图集》86 号网），均在渤海、烟威渔场和黄海北部一带生产，拖捕鲅、颌针鱼、对虾等，其作业示意图如图 4-15 所示。

6. 双船底层有翼单囊拖网

双船底层有翼单囊拖网介绍最多，有 99 种，占 59.3%，居首位，全国沿海各省（自治区、直辖市）均有分布，其中较具代表性的有辽宁大连的渔轮双拖网（《中国调查》154 页）、河北黄骅的对虾拖网（《河北图集》14 号网）、天津塘沽的机帆船双船底拖网（《天津图集》52 页）、山东蓬莱的鹰虾 1 号拖网（《中国图集》99 号网）、江苏浏河的机轮底拖网（《中国图集》89 号网）、上海的渔轮双拖网（《中国调查》159 页）、浙江舟山的机轮底拖网（《中国图集》87 号网）、福建厦门的对拖网（《中国图集》90 号网）、广东阳江的高口辘仔拖网（《中国图集》91 号网）、海南崖县（现三亚市）的双船底拖网（《广东图集》57 号网）和广西北海的上寮四片网（《中国图集》101 号网），其作业示意图如图 4-17 所示。

7. 单船底层单囊桁杆拖网

单船底层单囊桁杆拖网介绍稍多，有 12 种，占 7.2%，除了上海、海南、广西无介绍外，其余地区均有介绍。辽宁介绍 2 种，即辽宁东沟（现东港市）的扒拉网（《辽宁报告》26 号网）和辽宁金县的虾蛄扒拉网（《辽宁报告》27 号网），其网具结构与图 4-7 中的玉螺扒拉网相似。上述 3 种网具相同的是均采用桁杆固定其网口的水平扩张，在渔船两侧的撑杆端或船尾均可拖曳呈兜状的单囊桁杆拖网进行作业。不同的是河北的玉螺扒拉网只在渔船两侧各拖曳 1 顶网，共拖曳 2 顶网，主捕玉螺；辽宁的扒拉网在渔船两侧和船尾各拖曳 2 顶网，共拖曳 6 顶网，主捕贝类；辽宁的虾蛄扒拉网在渔船两侧和船尾各拖曳 1 顶网，共拖曳 3 顶网，主捕虾蛄。河北只介绍 1 种，即图 4-7 中的玉螺扒拉网，上面已做介绍，故不再赘述。天津只介绍 1 种，即塘沽的扒拉网（《中国图集》109 号网），其网具结构也与图 4-7 相似，属于呈兜状的单囊桁杆拖网，在渔船两侧和船尾各拖曳 1 顶网，共拖曳 3 顶网，主捕对虾。山东只介绍 1 种，即无棣的扒网（《山东图集》66 页），属于呈兜状的单囊桁杆拖网，其作业示意图如图 4-19 所示。由于采用风帆渔船进行横风拖曳作业，故在渔船首、尾撑杆端各拖曳 1 顶网和在渔船受风舷侧拖曳 2 顶网，共拖曳 4 顶网，主捕对虾、梅童鱼。江苏也只介绍 1 种，即赣榆的扒网（《江苏选集》156 页），此扒网与山东的扒网均属于呈兜状的单囊桁杆拖网，其作业示意图见图 4-19，拖捕虾类、小杂鱼。浙江介绍 2 种，即普陀的乌贼拖网（《中国图集》113 号网）和嵊泗的小机船虾拖网（《浙江图集》73 页）。乌贼拖网网具结构如图 4-6 下方所示，属于呈囊状的单囊桁杆拖网，采用单船拖曳 1 顶网作业，主捕乌贼。小机船虾拖网属于呈兜状的单囊桁杆拖网，在船尾拖曳 1 顶网作业，主捕虾类。福建只介绍 1 种，即福鼎的目鱼拖（《福建图册》72 号网），属于呈囊状的单囊桁杆拖网，其网具结构与浙江的乌贼拖网相似，在船尾拖曳 1 顶网，主捕乌贼（当地俗称目鱼）。广东介绍 3 种，即电白的毛虾拖网（《广东图集》66 号网）、惠阳的虾拖网（《广东图集》67 号网）和珠海的扒罟（《广东图集》68 号网），均属于呈囊状的单囊桁杆拖网。毛虾拖网如图 4-20 所示，其网衣采用无结网片制成。先按图 4-20 上方的网衣展开图的要求将无结网片剪裁成三角形、楔形、矩形等形状的网片，然后分别将 9 片网片经纵向缝合形成上、下相同的上网衣（↑）和下网衣（↓），又分将 5 片网片经纵向缝合形成左、右相同的左侧网衣（←）和右侧网衣（→），最后将这 4 块网衣经纵向缝合形成 1 顶四片式呈囊状的单囊双桁杆拖网。从网衣展开图右下方的放大图①中可看出，此网衣的材料是乙纶无结网片，按此图示结构可知此网片为插捻网片，即"其纬线插入经线的线股间，经捻合经线而成的网片"。

毛虾拖网是在船尾拖曳 1 顶网作业，拖捕毛虾、小杂鱼。惠阳的虾拖网和珠海的扒罟，其网衣与其他大多数网具一样，均采用普通的网目呈菱形的有结网衣。虾拖网是在渔船两侧撑杆上各拖曳 2 顶网，共拖曳 4 顶网作业，主捕须赤虾、墨吉对虾。扒罟是在渔船两侧撑杆上各拖曳 10 顶网，共拖曳 20 顶网作业，主捕对虾。

从上述可知，在 12 种单船底层单囊桁杆拖网中，其网衣呈兜状的有 7 种，其网衣呈囊状的有 5 种。呈兜状的拖网主要拖捕贝类、虾类和小杂鱼；呈囊状的拖网，除了 2 种乌贼拖网主捕乌贼外，其余拖捕虾类和小杂鱼。

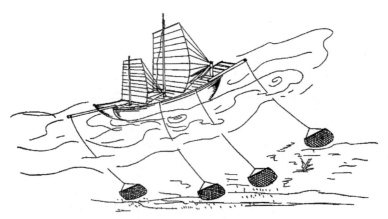

图 4-19　扒网作业示意图

8. 单船底层多囊桁杆拖网

单船底层多囊桁杆拖网介绍稍少，只有 8 种，占 4.8%，均采用桁杆固定其网口的水平扩张，在单船尾部拖曳 1 顶多囊桁杆拖网作业，只分布在江苏（3 种）、上海（1 种）、浙江（2 种）和福建（2 种）4 省（直辖市）。江苏介绍了启东的双囊桁杆拖网（《中国调查》244 页），如图 4-8 所示，主捕虾类，兼捕梭子蟹、比目鱼等，以及双囊蟹拖网（《中国图集》115 号网），主捕梭子蟹；还介绍了如东的三囊桁杆拖网[①]（《中国图集》116 号网），如图 4-21 所示，主捕虾类。上海介绍了崇明的桁拖网（《中国图集》114 号网），属于双囊桁杆拖网，主捕虾、蟹。浙江介绍了定海的机帆船虾拖网（《浙江图集》71 页），主捕虾类，以及镇海的机帆船蟹拖网（《浙江图集》75 页），主捕梭子蟹，均为双囊桁杆拖网。福建介绍了龙海的双囊桁杆拖网（《福建图册》69 号网）和闽侯的三囊桁杆虾拖网（《福建图册》70 号网），均主捕虾类。

从上述可知，多囊桁杆拖网只有双囊和三囊之分。在已介绍的 8 种单船底层多囊桁杆拖网中，双囊的有 6 种，三囊的有 2 种，均主捕虾类或蟹类，兼捕小杂鱼。

9. 单船底层有翼单囊桁杆拖网

单船底层有翼单囊桁杆拖网也介绍稍少，只有 7 种，占 4.2%，只分布在广东（4 种）、广西（1 种）和福建（2 种）。广东介绍 4 种，即番禺的毛蟹拖网（《中国图集》105 号网），如图 4-9 所示，采用一杆单网结构（以后简称"单网"），采用单船拖曳 1 个单网，即拖曳 1 顶网作业，主捕中华绒毛蟹；海丰的外脚虾网（《广东图集》70 号网），如图 4-22 所示，采用一杆双网结构（以后简称"双网"），采用 1 艘风帆渔船横风拖曳作业，在渔船首、尾撑杆端各拖曳 1 个双网和在受风舷侧拖曳 4 个双网，共拖曳 6 个双网，即共拖曳 12 顶网作业，拖捕虾蟹、金线鱼、蛇鲻、乌贼、鲱鲤等；台山的青蟹拖网（《广东图集》71 号网），采用单网和在渔船两侧撑杆上各拖曳 5 个单网，即共拖曳 10 顶网作业，主捕青蟹；宝安（现深圳市）的拖虾网（《广东图集》72 号网），采用单网和在渔船两侧撑杆上各拖曳 4 个单网，即共拖曳 8 顶网作业，主捕对虾。广西介绍 1 种，即钦州的大虾拖网（《广西图集》17 号网），如图 4-10 所示，采用双网，在渔船两侧撑杆端和船尾各拖曳 1 个双网，在渔船两侧撑杆端和船尾各拖曳 1 个双网，共拖曳 3 个双网，即共 6 顶网作业，主捕对虾。福建介绍 2 种，即长乐的小型虾拖网（《中国图集》104 号网），如图 4-23 所示，采用两端装置有轮子的特殊桁杆来维持网口的水平扩张，在船尾拖曳 1 个单网，即拖曳 1 顶网作业，主捕虾、蟹类；莆田的帆船桁杆虾拖网（《福建图册》71 号网），只在帆船受风舷侧拖曳 1 个双网，即拖曳 2 顶网作业，主捕虾、蟹类。

---

① 《中国图集》原载"三囊桁拖围"，为与我国渔具分类标准一致，本书统一称"三囊桁杆拖网"。

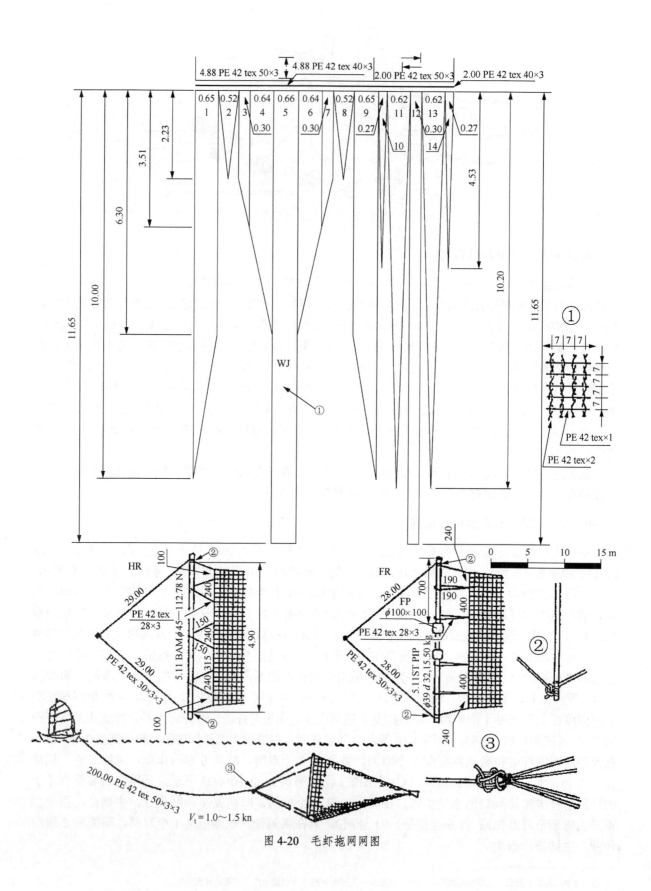

图 4-20 毛虾拖网网图

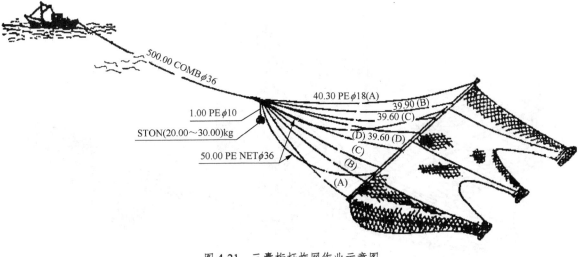

图 4-21 三囊桁杆拖网作业示意图

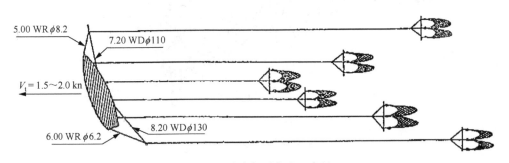

图 4-22 外脚虾网作业示意图

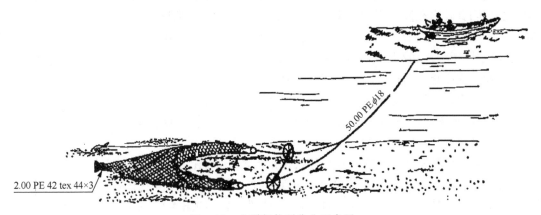

图 4-23 小型虾拖网作业示意图

从上述可知，有翼单囊桁杆拖网有单网和双网之分。在已介绍的 7 种单船底层有翼单囊桁杆拖网中，采用单网的有 4 种，采用双网的有 3 种，均主捕虾、蟹类，兼捕一些杂鱼。

10. 单船表层单囊桁架拖网

我国的单船表层单囊桁架拖网一般如图 4-24 所示，利用吊绳、曳绳或撑杆、桁架将网具固定在渔船两侧拖曳作业，采用桁架固定其网口扩张，其桁架结构各不相同。

单船表层单囊桁架拖网介绍稍少，只有 6 种，占 3.6%，分布在河北（1 种）、山东（2 种）、江苏（1 种）、福建（1 种）和广东（1 种）。此 6 种拖网，即河北丰南的划网（《中国图集》106 号网），采用囊状网衣，利用吊绳、曳绳和撑杆将竹桁架固定在渔船两侧作业，拖捕梭鱼、青虾、毛虾、小杂

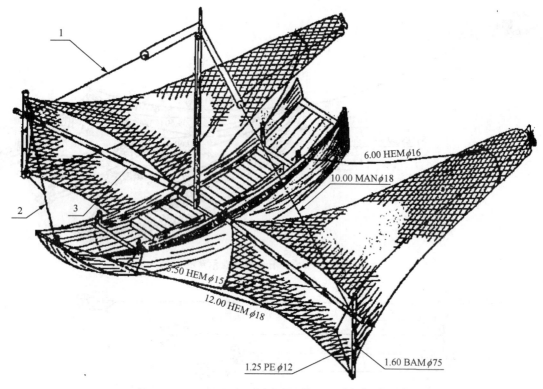

图 4-24 拱网作业示意图
1. 吊绳；2. 曳绳；3. 桁架

鱼；山东沾化的拱网（《中国图集》107 号网），如图 4-24 所示，采用囊状网衣，利用吊绳、曳绳和竹桁架将 2 顶网具固定在渔船两侧作业，拖捕脊尾白虾、对虾、毛虾；山东无棣的兜子网（《山东图集》70 页），采用兜状网衣，利用曳绳和竹桁架将网具固定在渔船两侧作业，主捕青虾；江苏东海的凤兜网（《中国图集》108 号网），如图 4-12 所示，采用兜状网衣，利用吊绳、曳绳将网具固定在渔船两侧作业，拖捕脊尾白虾、鲻、沙丁鱼；福建东山的牵风（《福建图册》63 号网），采用囊状网衣，利用吊绳、曳绳、撑杆等将网具固定在渔船两侧作业，拖捕青鳞鱼、鲻、沙丁鱼；广东台山的小公鱼掺缯（《广东图集》65 号网），采用囊状网衣，利用吊绳、曳绳和撑杆将网具固定在渔船两侧作业，主捕小公鱼。

从上述可知，单囊桁架拖网的网衣有囊状和兜状之分。在已介绍的 6 种单船表层单囊桁架拖网中，采用囊状网衣的有 4 种，采用兜状网衣的有 2 种，均拖捕虾类和小杂鱼。有人将用桁架固定的拖网误称为框架拖网是错的，因为框架是指封闭的刚性构件，如图 4-13 的①图所示，是用直径 16 mm 的圆钢条弯曲制成的一种封闭式的框架，拱网矩形网口纲的左、右侧口纲和下口纲均扎缚在框架上，上口纲拉直在框架平面之内。江苏凤兜网和山东兜子网的桁架均如图 4-12 的中间所示，是由 3 支竹竿结扎成的 A 形架，其网口纲是扎缚在 A 形架下方的开口部位，故只能把 A 形架称为桁架；若将网口纲扎缚在 A 形架上方的三角形内，方能将此 A 形架称为框架。故有人将凤兜网或兜子网称为框架拖网是错的，有人将山东的拱网称为框架拖网更为不妥。如图 4-24 所示，拱网的矩形网口纲只是结缚在由 1 支水平桁杆和 1 支垂直竖杆结扎组成的架子上，只能说是桁架。如果改用框架，为了保持矩形网口形状，则其网口纲应结缚在至少由 4 条竹竿结扎组成的框架上，但在生产实际上并不需要这样做。

11. 单船底层单囊桁架拖网

单船底层单囊桁架拖网介绍较少，只有 2 种，占 1.2%。一种是山东掖县的桃花虾拖网（《中国图集》110号网），其桁架如图4-11中右方的①图所示，是用直径16 mm的圆钢条弯曲制成的"冖"形桁架。在渔船两侧撑杆上各拖曳2顶网，即共拖曳4顶网作业，主捕鹰爪虾（桃花虾）。另一种是辽宁金县的海参扒子（《辽宁报告》28号网），其桁架是用2支槐木立棍和1支槐木横棍构成的"八"形桁架，在渔船两侧撑杆端和船尾各拖曳2顶网，即共拖曳6顶网作业，主捕海参。

综上所述，若把蚶子网（原归纳为单船底层框架拖网）纳入耙刺类，则全国海洋渔具调查资料所介绍的167种海洋拖网，按结构特征分有7个型，按作业船数和作业水层分只有5个式，按型式分共计有11个型式，每个型、式和型式的名称及其所介绍的种数可详见附录N。

四、南海区拖网型式及其变化

20世纪80年代全国海洋渔具调查资料所介绍的南海区拖网，有5个型式共44种网具；而2000年和2004年南海区渔具调查资料所介绍的拖网，有7个型式共33种网具。现将前后时隔20年左右南海区拖网型式的变化情况列于表4-1。从该表可以看出，除了单船底层有翼单囊拖网介绍的种数变化较大外，其余型式所介绍的种数变化不大。在20世纪80年代初，国有渔业公司是我国海洋渔业生产的主力军，南海区的国有渔业公司均采用单船底层有翼单囊拖网，当时介绍了南海区五大国有渔业公司用的5种拖网。后来随着我国南海区水产资源变化等的影响，国有渔业公司逐渐退出国内的渔业生产，只发展远洋渔业，故在南海区渔具调查资料中，只介绍1种国有渔业公司的拖网新资料，这就是南海区单船底层有翼单囊拖网的种数变化较大的原因之一。

表4-1　南海区拖网型式及其介绍种数　　　　　　　　　　　　　　　　（单位：种）

调查时间	单船底层有翼单囊拖网	双船表层有翼单囊拖网	双船变水层有翼单囊拖网	双船底层有翼单囊拖网	单船底层单囊桁杆拖网	单船底层有翼单囊桁杆拖网	单船表层单囊桁杆拖网	合计
1982~1984年	17	0	0	18	3	5	1	44
2000年、2004年	8	1	1	14	4	4	1	33

表4-1中的双船表层有翼单囊拖网是于2000年在广东台山调查的10 m大目浮拖网（《南海区渔具》130页），其网口目大为10 m，网口周长为300 m，这是1种新网具。表4-1中的双船变水层有翼单囊拖网是于2000年在广东阳西的溪头渔港调查的变水层大目拖网（《南海区渔具》133页），其网口目大为14.60 m，网口周长为467 m，这也是1种新型网具。在20世纪80年代全国进行海洋渔具调查时，还没发现有变水层拖网，故在我国渔具分类标准中，拖网类的作业水层只有表层、中层和底层，没有变水层。上述2种新网具应很好总结或推广，但在《南海区渔具》中却只有1页网图，上方为网衣展开图，下方为绳索属具布置图，没有其他说明，尤其是变水层拖网是如何改变作业水层的，也没说明，更不知其生产效益如何，是否值得推广使用。

五、关于"拖网的型"分类命名的修改

在我国渔具分类标准中，关于拖网的型是按结构来分类命名的。而在本书的"全国海洋拖网型式"的分类命名中，拖网的型是按网衣结构和有无桁杆或桁架来分类命名的。根据全国海洋拖网调查资料的实际情况，在无桁杆或桁架的拖网中可分为单片、单囊和有翼单囊3个型，在有桁杆或桁架的拖网中可分为单囊桁杆、多囊桁杆、有翼单囊桁杆和单囊桁架4个型，那么我国的海洋拖网实际仍有7个型。

第三节　有翼单囊底层拖网的网型发展变化

20世纪，我国海洋拖网渔业生产大体可分为2类。在中华人民共和国成立之前，指的是私人使用主机功率相对较大的机轮进行底拖网生产，以及私人个体户使用风帆渔船或功率较小的机船进行底拖网生产。在中华人民共和国成立之后，指的是国有渔业公司使用功率相对较大的机轮进行底拖网生产，以及集体渔业生产队使用风帆渔船、机帆渔船或小功率机船进行底拖网生产。上述所使用的底拖网均有双船作业和单船作业之分，可分别称为机轮双船底拖网或机船双船底拖网和机轮单船底拖网或机船单船底拖网。

我国的机轮双船底拖网是1921年从日本引进的，此网具是手操型网。在中华人民共和国成立后，我国机轮双船底拖网广泛应用手操型网。这种网型的特点是网翼较长和网囊肥大，阻力较大，拖速较慢。当时在捕捞大、小黄鱼时，能获得较高产量，而对游速稍快的带鱼的捕捞效果并不显著，后经多次改进试验均未获显著效果。手操型网网衣模式如图4-25（1）所示。此网型属于四片式剪裁网，其身网衣由上、下和两侧共4片网衣组成。

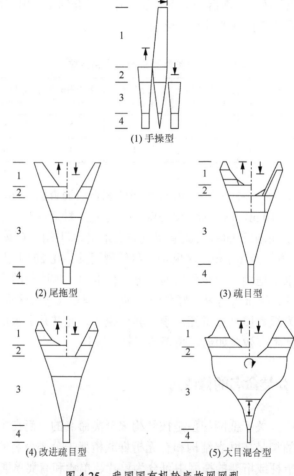

图 4-25　我国国有机轮底拖网网型
1. 翼网衣；2. 盖网衣；3. 身网衣；4. 囊网衣

我国的机轮单船底拖网是1946年从美国引进的，网具是尾拖型网。20世纪50年代中期，大、小黄鱼资源开始减退，而带鱼资源比较丰富。1957年上海市海洋渔业公司双拖机轮改用革新的短翼的尾拖型网后，拖速提高，网口高度增加，在捕捞带鱼等鱼种和产量上，都有了扩大和提高，不久就推广到我国各海区的双拖和单拖机轮上使用，黄渤海区集体拖网渔业的机帆船甚至风帆船也采用了这种网型。1958年尾拖型网迅速取代了30多年的手操型网，这是我国拖网网具的一项重大改革。尾拖型网网衣模式如图4-25（2）所示，此网型属于两片式剪裁网，整顶网具可看成由上、下两片网衣缝合而成。翼网衣和盖网衣等保持左右对称，身网衣和囊网衣保持上下左右对称。

尾拖型网网口目大为100~120 mm，网目较小，适用于中速拖曳，拖速为2~3 kn，适于捕捞东、黄海结群的洄游鱼类。南海区的鱼类较分散，游速较快，故南海水产公司在尾拖型网基础上，吸取了广东集体渔业"快速疏目拖网"的疏目和燕尾式翼端等特点改型设计成疏目型网。此网型网口目大为160 mm或200 mm。由于网具规格相对较小和网目较大，网具阻力较小，拖速3~4 kn，这对于捕捞南海区游速较快和比较分散的鱼类有较好的捕捞效果。此网型于1966年使用成功后在南海区单拖渔轮上迅速推广使用，生产效果普遍良好。疏目型网网衣模式如图4-25（3）所示，此网型仍属于两片式剪裁网，网翼、网盖和网身一段保持左右对称，网身二段以后和网囊保持上下左右对称。

上海市海洋渔业公司在尾拖型网基础上吸取了广东"快速疏目拖网"的疏目和燕尾式翼端等特点改型设计成改进疏目型网。此网型介于尾拖型和疏目型之间，在网具结构上既保持着尾拖型的一些特征，又具有疏目型的一些特征。此网型网口目大为200~400 mm，由于网具规格与尾拖型网差不多，但网目稍大些，拖速为2.5~3.5 kn，比同级尾拖型网的拖速稍快一些。此网型属于高口拖网，不但适宜捕捞底层鱼类，也适宜捕捞栖息水层高一些的鱼类。此网型于1978年使用成功后，我国东、黄、渤海各国有渔业公司各自设计了不同目大的改进疏目型网并普遍推广使用，进一步提高了捕捞效果。改进疏目型网网衣模式如图4-25（4）所示，此网型仍属于两片式剪裁网，与尾拖型网相同，均为双船底拖网网型，其翼网衣和盖网衣等保持左右对称，身网衣和囊网衣保持上下左右对称。

20世纪80年代中期，我国从国外引进大型单拖渔轮之后，随船引进的中层拖网网口目大原来仅为1.6~1.8 m，以后逐步加大至几米、十几米，甚至二三十米，其网具的改进发展和显著的捕捞效果，给人们带来了新的启示，从而引发对改进疏目型网目大做大胆增大的探索。辽宁省大连海洋渔业总公司在1988年春就开始研制大网目底拖网，网口目大1.5 m。在正常拖速3.5 kn时，此拖网的网口面积比同级改进疏目型网的大近一倍，有利于提高捕捞效果。辽宁省渔业总公司研制成功并取得提高产量40%以上的显著成果之后，其他国有和集体的双船底拖网渔船也先后试验推广了这种网目底拖网。如烟台海洋渔业公司采用的网口目大为2 m，青岛海洋渔业公司的网口目大为2.4 m，上海海洋渔业公司的网口目大为1.6 m和2.2 m等，都普遍取得了良好效果。辽渔总公司又于1991~1992年采用3 m大目拖网进行了9个月的实船使用，与原1.5 m大目拖网比较，其网口高度和产量均进一步提高。后来大目拖网不但已遍及全国各国有渔业公司，集体拖网渔业也很快研制出大目拖网，均试拖成功并迅速推广使用。当网口目大增大为2~3 m时，因网身长与网口周长的比值减小，即网身相对较短，如果仍采用剪裁方式，必然会使网身前段以前的两侧缝边结构出现明显不合理之处，从而影响网衣的正常展开，为了克服此缺点，对于网目大于300 mm的网身，前面部分的网衣全部采用手工编结方式，其余部分仍保持剪裁方式，这种网又称为混合型网。曾在网具模型试验水池内进行比较试验，混合型网与剪裁网对比，混合型网网身部分受力均匀，网目能充分张开，阻力较小，网口较高。大目混合型网网衣模式如图4-25（5）所示，此网型属于圆锥式编结网和两片式剪裁网的混合形式。在这种混合型网中，身网衣前部网目大于800 mm的网衣采用逐段既减小目大又横向增目的方式编结成圆锥形的网筒，身网衣后部目大等于或小于800 mm的网衣则仍保留两片式的剪裁方式。翼网衣采用中间一道纵向增目和两边减目的编结方式。

以上介绍了我国国有拖网机轮所使用的底拖网网型的发展变化，除了混合式大目型网外，均属于剪裁网。但在我国南海区和东海区集体拖网渔船，却广泛采用圆锥式编结网，下面介绍其底拖网网型的发展变化。

20世纪50年代，南海区集体拖网渔业使用风帆渔船，其网具是上下左右均对称的老式"四纲网"（即有2条浮纲和2条沉纲），又称为"齐口网"。齐口型网网衣模式如图4-26（1）所示。此网型属于圆锥式编结网，身网衣分成若干段，是逐渐减小目大的四道纵向减目的圆锥形网筒，翼网衣是中间一道纵向增目和两边以（2r–1）减目的等腰梯形网衣。

齐口型网具网目小（网口目大80 mm以内），网翼和网身几乎等长，网形肥短，阻力大，拖速慢，产量低。后来受到机轮拖网采用尾拖型网的影响，齐口型网做了一些改良：在网背前端增加较短的网盖，防止鱼类接近网口时向上逃逸，称为"盖流网"；将下网口附近的网目增大一倍并改用粗线编结，以利于滤过泥沙，称为"疏底网"，后来甚至把疏底拆去，称为"无底网"；用钢丝绳代替麻质浮、沉纲，使纲索耐用、受力均匀；用球形玻璃浮子代替方形木质浮子，以提高网口高度；撑杆加长一倍左右，利于网口提高；在网身与网囊之间增设漏斗网，防止进入网囊的鱼类外逃等。

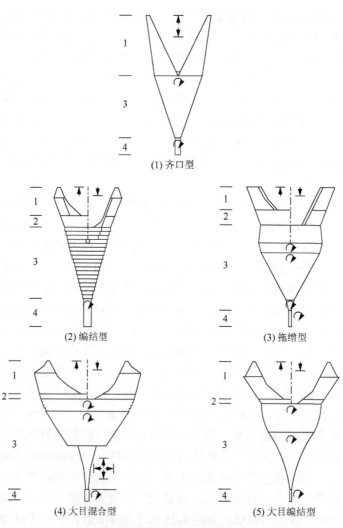

图 4-26　我国集体渔船双船底拖网网型
1. 翼网衣；2. 盖网衣；3. 身网衣；4. 囊网衣

20 世纪 60～70 年代，由于金线鱼、蛇鲻等近底层鱼类逐渐减少，为了提高拖速和网口高度，增加拖网扫海面积，捕捞栖息水层稍高的鱼类，先后设计和使用了"扩口网""辘仔网""横生网""宽背网""大口网"及"疏目网"。这些拖网的共同特点是：网翼和网身一、二筒目大比原来的放大一倍以上；缩短网翼，加长空绳；增加网盖长度；在网翼与网盖、网腹的网口连接处加编三角形网衣；将平头式翼端改成燕尾式翼端；改用球形塑料浮子和滚轮沉纲等。

20 世纪 70 年代，由于资源状况的变化，蓝圆鲹等中上层鱼类数量上升，要求拖速快、网口高。广东省宝安县（现深圳市）蛇口公社一大队研制了编结型网。此网型是在齐口型网的基础上，吸取了疏目型网设置网盖、网口三角和翼端三角的特点改型设计而成。此网型除了适宜捕捞快速、分散的底层和近底层鱼类外，也适宜捕捞栖息稍高或集群性强的鱼类。此网型于 1974 年使用成功后逐渐推广使用，是 20 世纪 70～80 年代南海区集体拖网渔业的主要网型。此网型在试验初期，网口目大 270 mm，80 年代逐渐增大为 300 mm、360 mm、400 mm、420 mm、600 mm，后来基本稳定在 300～400 mm。此网型适用于双船作业，与其他网型相比，其网线相对较细。由于网目大，网线细，网身阻力小，故其拖速可达 4～5 kn。由于拖速快，能大量捕获一些快速性的鱼类，如蓝圆鲹、马鲛、金枪鱼等中上层鱼类，从而提高了产量。在高速拖曳条件下还能维持比疏目型网稍高的网口，这是此网型的又一特点。编结型网网衣模式如图 4-26（2）所示。此网型仍属于圆锥式编结网。此网型的身网衣分段较多，每段均呈圆筒状。其身网衣各段的网周目数保持不变（接近网囊处有几段横向减目网衣），而采用逐段减小目大的方法来达到逐渐收缩网身的目的。翼网衣是中间两道或三道纵向增目和两边减目的网衣。

20 世纪 50 年代，东海区集体拖网渔业也是使用风帆渔船，其网具是类似齐口网的"拖风网"。拖风网是在 1959 年吸取了广东省齐口型网的经验而制成，在舟山等地推广，后由于大量发展而严重损害经济鱼类资源，于 1968 年被禁止作业。到 70 年代前期，该网具作为冬汛初实行"日拖夜对"（日间进行拖网作业，夜间进行有囊围网作业）的轮作网具而重新获得发展。

20 世纪 70 年代，拖缯型网是我国华东地区三省一市（即江苏、浙江、福建三省和上海市）集体渔业双船拖网生产中的一种典型网型。此网型兼有有囊围网和尾拖型网的某些特征，作为当地有囊围网作业的轮作网具，于每年夏秋季节得到广泛使用，生产效果一般较好。拖缯型网网衣模式如图 4-26（3）所示，此网型也属于圆锥式编结网。其身网衣分成 30 多段，编结方法类似于有囊围网的网囊，即网口附近的 2～10 段是逐段减小目大的横向增目网衣，中间有 2～4 段是逐段减小目大的横向无增减目网衣，后部是逐段减小目大的横向减目或四道纵向减目的网衣。其翼网衣是中间一道纵向增目和两边减目的网衣。到 80 年代初期，拖缯型网口目大增加到 200～300 mm，但由于其网具规格较大，其拖速只达 2～3 kn。

辽渔总公司的大目拖网研制成功后，大连獐子岛渔业公司很快地研制了大目编结网并取得成功，华东区三省一市的集体拖网渔业也向獐子岛渔业公司学习并研制了大目拖网。福建省个体拖网渔业的大目拖网多数与国有机轮的一样，采用大目混合型网，其网衣模式如图 4-26（4）所示。其身网衣分成 20 多段，前部有 4～5 段采用只逐段减少目大的横向无增减目网衣，中间有 11～14 段采用既逐渐减少目大又横向增目的网衣，后部 8～10 段目大等于和小于 400 或 600 mm 的网衣采用四片式或多于四片的多片式剪裁网衣。其翼网衣采用中间一道纵向增加几目或一路横向增加几目和两边减目的编结方法。

1994 年开始，福建省平潭县率先开辟印度尼西亚东部海域拖网渔场。2003 年，福建省个体拖网渔业有 100 多艘渔船在印度尼西亚进行过洋性渔业生产，使用网口目大为 400～600 mm 的编结型网和网口目大为 6～8 m 的大目混合型网。大目混合型网拖速 3.5～4.5 kn，网口高度可达 20～22 m，是高速高口拖网。

南海区的大目拖网，是20世纪90年代初期在编结型网的基础上逐步发展起来的，网口目大1 m以上。大目拖网原用于开发南海的带鱼资源，现普遍用于捕捞蓝圆鲹、青鳞鱼、带鱼、马鲛、乌鲳等中上层鱼类资源。1994年广东省电白县开始研制大目拖网，并于当年7~12月进行海上生产性对比试验。大目拖网网口目大分2 m和3 m两种，对比网为网口目大均为300 mm的编结型网，试验结果，平均网产增长90%左右。由于试验成功，大目拖网迅速得到推广使用。大目拖网在南海区沿海均有分布，是大功率渔船进行底拖作业必备的网具，使用渔船的主机功率为191~916 kW。现在大目拖网的网口目大为2~15 m，常用的为2~6 m，网口周长为160~480 m，并且有越来越大的趋势。南海区的大目拖网，大部分是属于大目编结型网，其网衣模式如图4-26（5）所示，是属于圆锥式编结网。此网型的身网衣分成30段左右，其前部为逐段减小目大的横向增目网衣，中间有几段是逐段减小目大的横向无增减目网衣，后部为逐段减小目大的横向减目或多道纵向减目的网衣。此网型的翼网衣采用中间一道或多道纵向增目和两边减目的编结方法。

第四节　拖网网衣结构类型

如前所述，我国海洋拖网按网衣结构和有无桁杆或桁架可分为单片型、单囊型、有翼单囊型、单囊桁杆型、多囊桁杆型、有翼单囊桁杆型、有翼桁架型等7个型。但若只按网衣结构分，除了单片型，其余6个型的拖网又可分为无翼拖网和有翼拖网两种基本结构类型。下面分别介绍其网衣的编结、形状、基本状况或结构特征。

一、无翼拖网

在我国，无翼拖网一般是拖网中比较原始、规模较小的桁杆或桁架拖网。我国小型的无翼拖网分为单船底层单囊桁杆拖网、单船底层多囊桁杆拖网、单船表层单囊桁架拖网和单船底层单囊桁架拖网。我国大型的无翼拖网，如图4-2所示，是从1985年在我国引进的3 000 GT大型尾滑道远洋拖网加工渔船上开始使用的单船中层单囊拖网，其数量极少，在此暂不做介绍。下面只介绍我国的小型无翼拖网。

（一）单船底层单囊桁杆拖网

根据全国海洋渔具调查资料统计，单船底层单囊桁杆拖网共介绍了12种。在此12种网具中，除了广东电白的毛虾拖网网衣采用无结的乙纶插捻网片经剪裁、缝合而制成外，其余拖网网衣一般采用呈菱形网目的乙纶活结或死结网衣。在此12种网具中，其网衣呈兜状的有7种，其网衣呈囊状的有5种。在7种呈兜状的网衣中，有4种是先按网衣展开图要求采用手工编结方法编结出1片矩形或近似矩形的网衣，有3种是先按网衣展开图要求采用手工编结方法编结出上网衣和下网衣各1片，然后再按网图要求缝合成1个网兜。如图4-7所示的玉螺扒拉网，就是采用1片矩形网衣缝合成一个网兜的。在5种呈囊状的网衣中，其中有2种乌贼拖网的网衣是采用手工方法先编结出上、下共2片近似等腰梯形的网衣，然后再缝合成一个圆锥筒形的网囊，如图4-6所示；有2种拖网网衣是采用手工方法直接编结出圆锥筒形的网囊，类似图4-11所示；还有1种拖网网衣是采用若干片插捻网片沿纵向并拢拉直等长地缝合在一起而形成1个网囊，如图4-20所示。

（二）单船底层多囊桁杆拖网

根据全国海洋渔具调查资料统计，单船底层多囊桁杆拖网共介绍了8种，其中属于双囊的有6种，属于三囊的有 2 种。我国的单船底层多囊桁杆拖网均是先用手工编结出上、下 2 块网衣，然后再缝合成 1 个多囊状的网衣。双囊桁杆拖网的网衣展开图如图 4-27 所示。这是上海崇明的桁拖网的网衣展开图，其上网衣由 1 段盖网衣、4 段身网衣和 1 段囊网衣组成，其下网衣由 4 段身网衣和 1 段囊网衣组成。盖网衣是 1 片两侧均为直目编结的矩形网衣。身网衣的 1～3 段均是两侧直目编结的矩形网衣，每段上、下各需用 2 片；身网衣 4 段是等腰梯形网衣，双囊上、下共需用 4 片。囊网衣是两侧直目编结的矩形网衣，双囊上、下共需用 4 片。图 4-25 的网衣标注与有囊围网的网衣标注相类似。综合以上所述，盖网衣是 1 片矩形网衣，身网衣 1～3 段分别由上、下 2 片同尺寸的矩形网衣组成，身网衣 4 段由 4 片同尺寸的等腰梯形网衣组成，囊网衣是由 4 片同规格的矩形网衣组成。待上、下网衣分别编结好后，最后将上、下片相对应部位的网衣两侧边缘对齐并拢和拉直等长缝合在一起，即形成 1 顶双囊桁拖网的网衣，类似图 4-8 所示。三囊桁杆拖网的网衣展开如图 4-28 所示，这是江

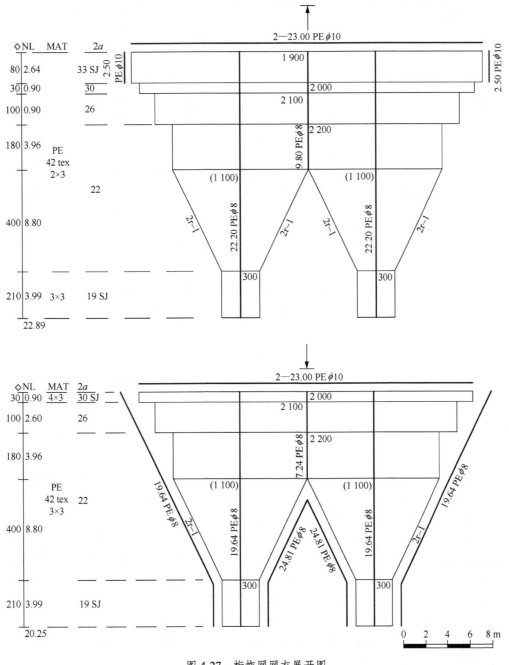

图 4-27　桁拖网网衣展开图

苏如东的三囊桁拖网(《中国图集》116号网)。从图中可看出，盖网衣是1片矩形网衣，身网衣1~4段分别由2片相同的矩形网衣组成，身网衣5段由6片相同的等腰梯形网衣组成，囊网衣由6片相同的矩形网衣组成。三囊桁拖网可按图4-28要求用手工直接先编结出上、下2块网衣后，再将上、下网衣两侧的对应边缝合在一起，即形成1顶三囊桁拖网的网衣，如图4-21所示。

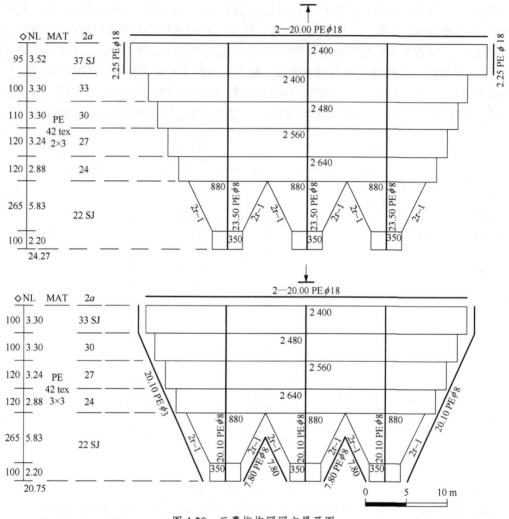

图4-28 三囊桁拖网网衣展开图

（三）单船表层单囊桁架拖网

根据全国海洋渔具调查资料统计，单船表层单囊桁架拖网共介绍了6种，其中4种拖网的网衣是采用手工方法按网衣展开图要求编结出的1个圆锥形单囊，如图4-29所示，这是广东台山的小公鱼掺缯(《广东图集》65号网)，其网衣展开图上方标注有上网衣和下网衣的符号，说明此展开图是囊状单囊拖网网衣的半展开图。从图中可看出，此网衣由身网衣和囊网衣构成，身网衣是分成12段、4道纵向减目的圆锥筒形网衣，囊网衣是1段圆柱筒形网衣。另外两种拖网的网衣是采用手工方法按网衣展开图要求先编结出1片或2片网衣，然后再按网图要求缝合成1个兜状的网兜，如图4-12所示。这是江苏东海的风兜网(《中国图集》108号网)，其网衣由5段组成，每段均为两侧边直目编结的矩形网衣，上面4段网衣之间共采用了3路横向增目的编结方法，第5段网衣是由第4段网衣下边缘中部的380目起编编出190目长的矩形网衣。最后将第4段网衣下边缘两侧各190目宽的边缘与第5段网衣两侧190目长的边缘并拢拉直等长地缝合在一起，即可形成1个网兜。

(四)单船底层单囊桁架拖网

根据全国海洋渔具调查资料统计,单船底层单囊桁架拖网只介绍了 2 种。1 种是山东掖县的桃花虾拖网,如图 4-11 所示,其网衣展开图上方无上、下网衣的符号,说明此展开图是囊状单囊拖网网衣的全展开图。从图中可看出,此网衣由身网衣和耳网衣构成。身网衣分成 6 段,1 段是无增减目的圆筒形网衣,2~5 段是无规则减目的圆锥筒形网衣,6 段是无增减目的圆筒形网衣;耳网衣分成 2 段,每段均有左、右共两片相同的梯形网衣,从网口向前减目编结。另外 1 种是辽宁金县的海参扒子,其网是 1 片无增减目的矩形网衣,将网衣两侧纵向边缘合并拉直等长地缝合成网周 50 目、网长 30 目的圆筒形网衣,作业前将网筒后端扎拢后形成 1 个网兜。

综上所述,我国的小型无翼拖网共介绍了 28 种,其网衣均属于按网衣展开图要求采用手工方法编结而成的,这些网具又可统称为编结网。在全国海洋渔具调查资料中只介绍了一种大型无翼拖网,属于单船中层单囊拖网,即上海的远洋中层拖网(《中国调查》225 页),其目大超过 1 m 的大目网衣一般采用手工方法按网衣展开图要求直接编结而成,中小目网衣才是采用剪裁方法按网衣展开图要求先编结好矩形的网衣用料,再经剪裁后而制成的。在全国海洋渔具调查资料中共介绍了 29 种无翼拖网,占拖网类介绍种数的 17.4%。

二、有翼拖网

根据全国海洋渔具调查资料统计,我国的有翼拖网若按网型分有 2 种,1 种是有翼单囊桁杆型,介绍了 7 种拖网;另外 1 种是有翼单囊型,介绍了 127 种拖网,即有翼拖网共介绍了 134 种,占拖网类介绍种数(167)的 80.2%。若有翼拖网按通俗方法以身网衣的结构特征划分"式"[①],又可分为圆锥式、两片式、四片式、六片式和八片式等拖网。下面分别介绍上述不同式的拖网。

(一)圆锥式拖网

采用手工方法将其身网衣直接编结成圆锥筒形的拖网,又可称为圆锥式编结网。圆锥式拖网在我国南方沿海的拖网渔业中被广泛地用作底层作业,故又称为圆锥式底层拖网,可简称为圆锥式底拖网。

若按本书的海洋拖网型式的划分方法,则我国圆锥式底拖网的型式有单船底层有翼单囊桁杆拖网、单船底层有翼单囊拖网和双船底层有翼单囊拖网 3 种,下面分别介绍上述 3 种不同型式的圆锥式底拖网。

1. 单船底层有翼单囊桁杆拖网

根据全国海洋渔具调查资料统计,单船底层有翼单囊桁杆拖网共介绍了 7 种,均属于圆锥式底拖网。它们的网衣是采用手工方法按网衣展开图的要求直接编结而成。例如广西钦州的大虾拖网(《广西图集》17 号网)的网衣如图 4-10 所示,由前向后由翼网衣、盖网衣、身网衣和囊网衣组成。身网衣由网口 200 目起头向后编结成 4 道纵向减目的圆锥形网衣。囊网衣由身网衣后缘 40 目起编,无增减目,向后编结成圆柱形网衣。盖网衣由身网衣前缘 197 目(留出下口门 3 目)起编,向前编结成中间 3 道纵向增目和两侧边缘减目的梯形网衣。翼网衣由左、右 2 片组成,分别

[①] 有翼拖网的式与我国渔具分类标准中的式是两种不同的概念,前者是指身网衣的结构特征,后者是指作业方式。

由盖网衣前缘两侧 197 目（中间留出上口门 3 目）起编，向前编结成中间 1 道纵向增目和两侧边缘减目的正梯形网衣。

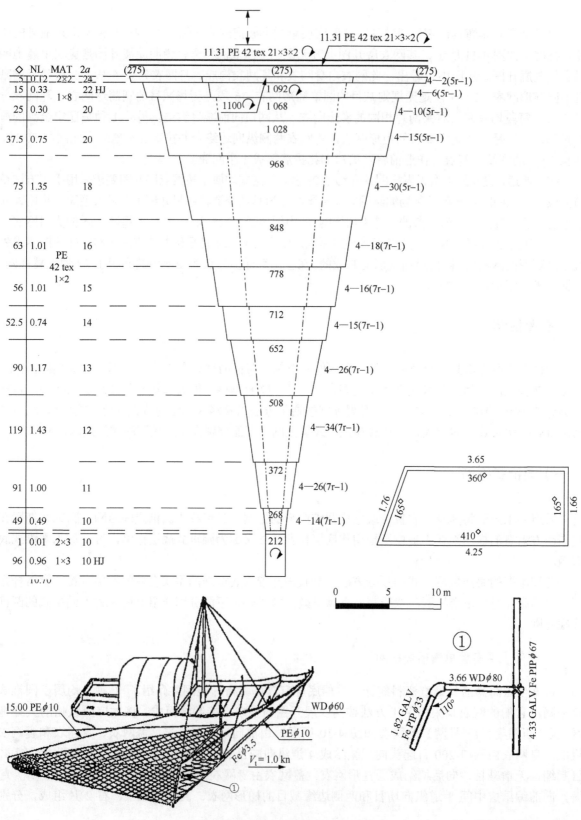

图 4-29　单船表层单囊桁架拖网（囊状）

2. 单船底层有翼单囊拖网

根据全国海洋渔具调查资料统计，全国的 24 种单船底层有翼单囊拖网中，圆锥式单船底拖网介绍了 11 种，占 45.8%，居首位，分布在山东（1 种）、福建（1 种）、广东（4 种）和广西（5 种）。其中较具代表性的有山东掖县的顶网（《山东图集》71 页）、福建霞浦的撑杆虾拖网（《福建图册》67 号网）、广东海丰的机船单拖网（《中国图集》81 号网）和广西北海的飞螺拖网（《中国图集》83 号网）。

图 4-30 是山东的顶网作业示意图，此拖网前方的 2 条曳绳分别连接在木帆船首、尾的撑杆端部，利用两撑杆端的跨距来维持网具的水平扩张，并利用上、下纲的浮、沉力来维持网口的垂直扩张，采用木帆船横风拖曳作业，捕捞梭子蟹、比目鱼。福建的撑杆虾拖网如图 4-31 所示，其前方的 2 条曳绳分别连接在小型机动木帆船两侧的撑杆端。利用两撑杆的跨距和上、下纲的浮、沉子来维持网口的扩张，捕捞虾蟹类。

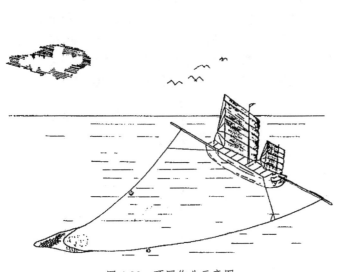

图 4-30　顶网作业示意图

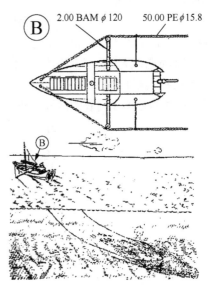

图 4-31　撑杆虾拖网

除了上述 2 种拖网外，其他 9 种拖网均是利用网板来维持网具的水平扩张，如图 4-14 所示。这些圆锥式底拖网的网衣编结与单船底层有翼单囊桁杆拖网的网衣编结相类似，即翼网衣是中间 1 道纵向增目和两边减目的近似正梯形网衣，分左、右共 2 片；盖网衣是中间 2 道或 3 道纵向增目和两边减目的等腰梯形网衣 1 片；身网衣一般是 4 道纵向减目的圆锥形网衣；囊网衣是直目编结的圆柱形网衣。

上面叙述的是一般的编结方法。但在上述 9 种圆锥式底拖网中，有 2 种底拖网没有盖网衣，有 2 种底拖网的身网衣是 2 道纵向减目的圆锥筒形网衣，有 2 种底拖网的身网衣是采用横向减目的圆锥形网衣。

3. 双船底层有翼单囊拖网

根据全国海洋渔具调查资料统计，在全国的 99 种双船底层有翼单囊拖网中，圆锥式底拖网介绍了 27 种，占 27.3%，仅次于两片式底拖网而居第 2 位，分布在江苏（3 种）、上海（1 种）、浙江（1 种）、福建（6 种）、广东（8 种）、海南（1 种）和广西（7 种）。较具代表性的有江苏东海的八节拖网（《中国图集》100 号网）、上海崇明的轻拖网（《中国图集》94 号网）、浙江宁波的机帆船拖网

(《中国图集》95号网)、福建惠安的漏尾拖网（《中国图集》97号网）、广东深圳的蛇口拖网（《中国图集》92号网）、海南崖县的双船底拖网（《广东图集》57号网）和广西北海的红卫网（《广西图集》3号网）。

上述双船底层圆锥式拖网的网衣编结方法与单船底层圆锥式拖网的相类似，这里只着重叙述身网衣的编结方法。身网衣分成许多段，从网口向后，其每段目大是逐渐减小的。其编结方法有3种：第一种是采用分道纵向减目的编结方法，如图4-32（1）所示，其每段网衣的半展开形状为等腰梯形。从右侧的编结符号得知身网衣采用的是2道纵向减目的编结方法，其减目道就在等腰梯形的两侧。若为4道纵向减目，则其减目道就在等腰梯形的两侧和上、下两片等腰梯形的左、右对称中轴线上。每段的网宽目数一般只标注每段大头（指前方边缘）的网周目数（即为背部大头和腹部大头的网宽目数之和），网周目数后面应标注有圆周目数符号"Ω"。每段小头的网周目数一般是不标注的，小头目数与后面一段网衣的大头目数相等。第二种是采用分路横向增减目的编结方法，如图4-32（2）所示，每段网衣的半展开形状为矩形，即每段网衣的前、后头网周目数是相同的，故只需标注其前头的网周目数。从1段至4段之间有3路横向增目线，每路增加20目，其增加位置就在前、后两段网衣之间的1节网衣上，这部分网衣称为横向增目网衣。从4段至6段之间无增减目线，即4、5和6三段网衣的网周目数均为400目，这部分网衣称为无增减目网衣，又称为直目编结网衣。从6段至9段之间有3路横向减目线，每路减少30目，其减目位置就在前、后两段网衣之间的1节网衣上，这部分网衣称为横向减目网衣。第三种是直目编结方法，其身网衣的半展开形状类似图4-32（2）所示。不同的是每段网衣的网周目数均是相同的，这种无增减目网衣又可称为直目编结网衣。

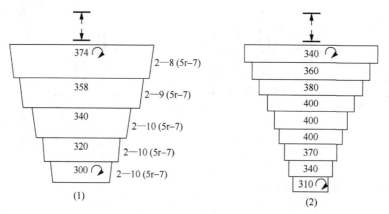

图4-32 圆锥式底拖网身网衣半展开图

20世纪80年代初，我国双船底层有翼单囊拖网中已介绍的27种圆锥式底拖网，一般属于3种网型，即齐口型、拖缯型和编结型。齐口型是一种无盖网衣的有翼拖网，其上网口与下网口是上、下对齐的，故称为齐口。典型的齐口型介绍了4种，其翼网衣中间1道增目和两边减目，身网衣4道减目，囊网衣为圆柱形网衣。拖缯型网介绍了4种，其翼网衣也是中间1道增目和两边减目，盖网衣部分中间2道增目和两边减目，身网衣一般为横向增减目网衣，分横向增目、直目和横向减目3部分，但其中有1种，是用4道减目代替了横向减目；囊网衣也为圆柱形网衣。其余大部分是属于编结型网衣，其翼网衣一般为中间1道增目和两边减目，盖网衣部分中间2道增目和两边减目，囊网衣均为圆柱形网衣；身网衣的编结有多种：全部采用分道减目的有1种，采用直目编结和分道减目混合编结的有6种，全部采用横向减目的有1种，采用先直目编结、后横向减目的有6种，全部采用直目编结的有2种。

上面已介绍了有翼拖网中的圆锥式底拖网，下面将介绍两片式、四片式、六片式、八片式等分片式拖网。分片式拖网每片网衣的形状一般为梯形、矩形、三角形或平行四边形等，这些网衣的制作，一般是先按网衣展开图的网衣形状和需用网片数量，计算出一片等面积的矩形网片规格，然后采用人工编结或机器编结的方法编出所需的矩形网料，最后采用人工剪裁的方法按网衣展开图要求剪出所需各种不同形状的网衣，再将这些网衣缝合成所需的拖网，这种拖网又称为剪裁网，故分片式拖网又称为分片式剪裁网。

（二）两片式拖网

两片式拖网是网身由背、腹两片网衣构成的拖网，即由上网衣和下网衣组成的拖网。

两片式拖网是我国最通用的结构类型，在世界许多国家的拖网渔业中也被广泛使用，其中尤以欧洲最为普遍，日本只有少数渔船使用。我国国有拖网渔业和我国北方沿海的集体拖网渔业都广泛使用这种结构类型。

两片式拖网网衣是由上网衣和下网衣缝合而成，如图4-33所示。这是一种两片式底拖网网衣的全展开图，其上网衣自前向后是由2片上翼网衣、1片盖网衣、1片背网衣经横向缝合组成，其下网衣是由2片下翼网衣、2片网盖下翼网衣、1片腹网衣缝合组成，最后将上、下网衣两侧对应边缘缝合在一起再和囊网衣缝合（囊网衣是由一片矩形网衣经纵向缝合成圆筒状后制成）即形成1顶底拖网。由于拖网网衣是左、右对称的，故一般可将上网衣和下网衣各只画出一半而组成一个网衣的半展开图。若身网衣和囊网衣的上、下两片规格相同，则在身网衣和囊网衣的中间，可不必绘出纵向对称中心线来区分左右，如图4-34所示。若身网衣和囊网衣上、下两片规格不同时，则仍需绘对称中轴线区分左右。

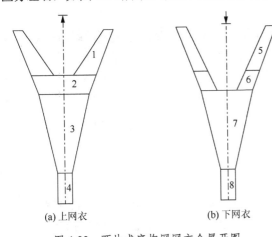

图4-33 两片式底拖网网衣全展开图
1. 上翼网衣；2. 盖网衣；3. 背网衣；4. 囊网衣上片；5. 下翼网衣；
6. 网盖下翼网衣；7. 腹网衣；8. 囊网衣下片

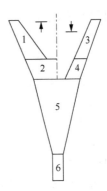

图4-34 两片式底拖网网衣半展开图
1. 上翼网衣；2. 盖网衣；3. 下翼网衣；4. 网盖下翼网衣；
5. 身网衣；6. 囊网衣

1. 双船底层两片式拖网

双船底层两片式拖网又称为两片式双船底拖网。根据全国海洋渔具调查资料统计，在全国99种双船底层有翼单囊拖网中，两片式双船底拖网有59种，占59.6%，居首位，分别属于尾拖型网（36种，占59种的61.0%）、疏目型网（3种，占5.1%）和改进疏目型网（20种，占33.9%）共3种网型，后面将分别给予介绍。

1）尾拖型网

我国的尾拖型网是从美国引进的单船底层尾拖网经改进而成的，于1957年在上海的国有拖网机轮上试捕成功，随后在全国逐渐推广使用。这种尾拖型网的网衣模式如图4-25（2）或图4-33所示。1958年以后，南海区国有机轮拖网，不论单船作业还是双船作业，均采用此尾拖型网，至1966年以后才被疏目型网代替。当时黄渤海区和东海区的国有拖网机轮，不论是单船作业还是双船作业，也均采用此尾拖型网，至1978年以后才被改进疏目型网代替。从20世纪50年代后期开始，黄渤海区和东海区的单船底拖网作业逐渐改为双船底拖网作业。1958年大连水产试验场与獐子岛渔民联合在机帆渔船上开始试用尾拖型网取得成功，从此在集体拖网渔业中推广使用。但集体拖网渔业所用的尾拖型网，其网口目大均小于100 mm。由于网目小，阻力大，网口较低，为了提高网口高度，后来普遍采用了背网衣比腹网衣稍宽的宽背。根据全国海洋渔具调查资料统计，所介绍的全国36种尾拖型网分布在辽宁（6种）、河北（2种）、天津（6种）、山东（19种）、江苏（2种）和福建（1种），基本上是集体拖网机船所使用的。在上述36种尾拖型网中，属于如图4-34所示的背、腹网衣等宽的尾拖型网只有8种，占22.2%；属于宽背尾拖型网有28种，占77.8%。较具代表性的网身背腹等宽的尾拖型网，有天津塘沽的机帆船底拖网（《天津图集》56页）和山东烟台的20马力[①]对虾拖网（《山东图集》47页）；较具代表性的宽背尾拖型网，有辽宁长海的机帆船双船拖网（《辽宁报告》23号网）、天津塘沽的机帆船双船底拖网（《天津图集》64页）、山东荣成的鱼拖网（《中国图集》93号网）和江苏灌南的对虾拖网（《江苏选集》123页）。1979年山东省海洋水产研究所在宽背尾拖型网的基础上，在左、右下翼网衣下边缘和下网口边缘的外侧再加上1片大目缘网衣（又称网裙），这种带裙的尾拖型网，主捕对虾或鹰爪虾，不仅可以增产，还可克服网具吃泥、拉杂物及由此引起的撕网和丢网。这种改革试验成功后逐渐推广使用。在已介绍的36种尾拖型网中，装置了网裙的有6种，分布在山东（4种）和天津（2种），其中较具代表性的有山东文登的带裙宽背对虾拖网（《中国图集》98号网）和天津塘沽的机帆船双船加裙底拖网（《天津图集》66页）。

2）疏目型网

南海水产公司在尾拖型网的基础上，吸取了广东集体渔业的快速疏目编结拖网的疏目和燕尾式翼端等特点改进设计成疏目型网，并于1966年试验成功后在南海区单船拖网渔船上推广使用。疏目型网的网衣模式如图4-25（3）所示。在福建的拖网渔业中，不但单船拖网使用疏目型网，双船拖网也有使用疏目型网。根据全国海洋渔具调查资料统计，全国只介绍了福建的双船拖网所使用的3种疏目型网，即为福建厦门的2种对拖网（《中国图集》90号网和《福建图册》75号网）和福建东山的对拖（《福建图册》79号网）。

3）改进疏目型网

上海市海洋渔业公司在尾拖型网的基础上，吸取了广东疏目编结拖网拖速快、网目疏和燕尾式翼端等特点改型设计成改进疏目型网，并于1978年试验成功。黄渤海区和东海区的其他各国有渔业公司也先后各自设计了不同规格的改进疏目型网进行试验和推广使用。改进疏目型网的网衣模式如图4-25（4）所示。根据全国海洋渔具调查资料统计，已介绍的20种改进疏目型网，分布在辽宁（1种）、天津（4种）、山东（3种）、江苏（4种）、上海（5种）、浙江（1种）和福建（2种），其中较具代表性的有辽宁大连的渔轮双拖网（《中国调查》154页）、天津市海洋渔业公司的机轮双船底拖网（《天津图集》50页）、青岛海洋渔业公司的600马力鱼拖网（《山东图集》57页）、上海的渔轮双拖网（《中国调查》159页）、江苏浏河的机轮底拖网（《中国图集》89号网）、浙江舟山的机轮底拖网（《中国图集》87号网）和福建省渔捞公司的600马力增压对拖（《福建图册》86号网）。

综上所述可知，黄渤海区沿岸各省（自治区、直辖市）的集体拖网渔业主要是使用尾拖型网，黄渤海区和东海区各省（直辖市）的国有渔业公司主要是使用改进疏目型网，全国只有福建的双船拖网才使用疏目型网。

2. 双船表层两片式拖网

双船表层两片式拖网又称为两片式双船浮拖网。浮拖网早在1956年秋季拖捕对虾时就出现过，

[①] 马力的单位符号为hp，1 hp = 745.700 W。

它是对当时的捕虾拖网进行了加大浮力和减少沉力，缩短曳绳和减小两船拖距等改变后，用来专捕月光夜海面表层虾群的有效网具。但虾群不起浮时，也难于奏效。20 世纪 70 年代中期，由于中上层小型鱼类资源旺发，导致浮拖网再度出现。1976 年辽宁金县渔民和金县水产研究所首创了新的浮拖网，在拖捕领针鱼和鱵等中上层小型鱼类方面效果显著。这种网具很快普及到金县、大连一带、山东胶东半岛和北部沿海各省（直辖市），5 月上旬至 6 月中旬在黄海北部和渤海沿岸水域拖捕中上层鱼类，以辽东湾和莱州湾资源较好，10 月下旬至 11 月中旬还可兼捕起浮对虾。

浮拖网网衣模式如图 4-35 所示，它与尾拖型网网衣模式（图 4-34）相似，相当于把尾拖型网网衣上、下翻转 180°就变成了浮拖网网衣，尾拖型网的盖网衣变成浮拖网的底网衣，可防止进入浮拖网网口的鱼虾下潜逃逸，原来的网盖下翼网衣变成网底上翼网衣，原来的上翼网衣变成下翼网衣，原来的下翼网衣变成上翼网衣。由于身网衣和囊网衣是上、下对称的，故其身网衣和囊网衣可看成是不变的。一般是利用 15～99 kW 的小型机船在沿岸浅海进行浮拖网作业。在全国海洋渔具调查资料中所介绍的 4 种双船表层有翼单囊拖网，均属于两片式双船浮拖网。它们是辽宁金县的 15 kW 浮拖网（《中国图集》86 号网）、山东掖县的 99 kW 浮拖网和 59 kW 浮拖网（《山东图集》63 页和 64 页）、山东蓬莱的 40 马力浮拖网（《山东图集》65 页）。

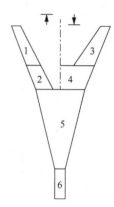

图 4-35　两片式浮拖网网衣半展开图

1. 上翼网衣；2. 网底上翼网衣；
3. 下翼网衣；4. 底网衣；
5. 身网衣；6. 囊网衣

3. 单船底层两片式拖网

单船底层两片式拖网又俗称两片式单船底拖网。根据全国海洋渔具调查资料统计，在全国 24 种单船底层有翼单囊拖网中，两片式单船底拖网有 9 种，占 37.5%，仅次于圆锥式单船底拖网而居第 2 位。其中有 2 种尾拖型网、6 种疏目型网和 1 种远洋拖网，现分别给予介绍。

1）尾拖型网

在全国海洋渔具调查资料中，作为两片式单船底拖网使用的尾拖型网较少，只介绍 2 种，1 种是福建龙海的单拖（《福建图册》65 号网），另外 1 种是广东湛江的"420"目拖网（《中国图集》80 号网）。这 2 种尾拖型网有 2 个共同特点，一是其翼端均改为燕尾式，二是其网口目大均改为疏目，福建的改为 200 mm，广东的改为 160 mm。

2）疏目型网

在全国海洋渔具调查资料中，作为两片式单船底拖网使用的疏目型网较多，介绍了 6 种，即福建厦门的单拖（《中国图集》82 号网）、广东广州的"430"目拖网（《中国图集》79 号网）、广东汕头海洋渔业公司的机轮单船底拖网（《广东图集》55 号网）、广东澄海的机帆单拖网（《广东图集》47 号网）、海南南海水产公司的机轮单船底拖网（《广东图集》53 号网）和广西北海海洋渔业公司的机轮单拖网（《广西图集》9 号网）。

3）远洋拖网

在《中国调查》中介绍了上海的远洋拖网（《中国调查》218 页）。我国在 1985 年 3 月从联邦德国引进了尾滑道远洋拖网加工渔船"开创"号及网具，该远洋拖网是参照随船引进的锦纶拖网测绘设计装配的乙纶拖网，有底拖网和中层拖网 2 种，其中底拖网是属于两片式单船底拖网。

（三）四片式拖网

四片式拖网是网身由背、腹和两侧共 4 片网衣构成的拖网，也可说是由上网衣、下网衣和左、右侧网衣组成的拖网。我国的四片式拖网均为底层作业，故又称为四片式底拖网。

四片式底拖网在日本、加拿大、冰岛、美国、丹麦、挪威、印度等国均有采用，但以日本使用较多。日本的四片式底拖网设计得比较瘦长，其特点是长网翼和长网盖，其网衣模式如图 4-36 所示。

我国四片式底拖网的作业方式有双船作业和单船作业 2 种，下面分别给予介绍。

1. 四片式双船底拖网

根据全国海洋渔具调查资料统计，在全国 99 种双船底层有翼单囊拖网中，四片式双船底拖网有 13 种，占 13.1%，少于两片式双船底拖网和圆锥式双船底拖网而居末位。

山东的四片式双船底拖网是在两片式双船底拖网的基础上增加左、右侧网衣改进而成的，1975~1976 年先在小功率机船上试捕成功，从此逐渐推广使用，并于 1977 年运用到 136 kW 的机船上，其网衣模式如图 4-37 所示。采用类似模式的四片式底拖网有 9 种，分布在山东（5 种）和天津（4 种），较具代表性的有山东长岛的 185 马力四片式对虾拖网（《山东图集》41 页，其网衣模式如图 4-37 所示）和天津塘沽的机帆船底拖网（《天津图集》58 页）。

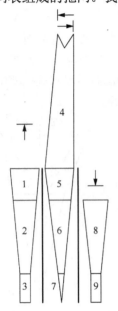

图 4-36 日本四片式底拖网网衣模式

1. 盖网衣；2. 背网衣；3. 囊网衣上片；
4. 侧翼网衣；5. 肩网衣；6. 侧网衣；
7. 囊网衣侧片；8. 腹网衣；9. 囊网衣下片

广西北海市地角技术站和北海市水产局技术站，在吸取了广东的快速疏目拖网成功经验基础上，于 1978 年设计了疏目的四片式双船底拖网并试捕成功，其网衣模式如图 4-38 所示。当时此网具除了在广西沿海普遍使用外，广东的廉江、遂溪等沿海也有使用。据调查，至 1982 年底，广西全区沿海有这种网具 558 顶，是广西当时集体渔业大功率机船使用较普遍、经济效益较好的 1 种网具。采用类似图 4-38 模式的只介绍 3 种，分布在广西（2 种）和天津（1 种），即为广西北海的全剪裁上寮四片网（《广西图集》2 号，其网衣模式如图 4-38 所示）和上寮四片网（《中国图集》101 号网），天津塘沽的机帆船双船加裙底拖网（《天津图集》72 页）。

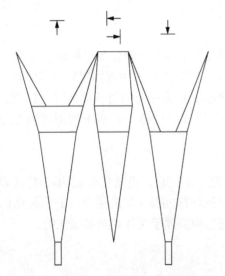

图 4-37 中国四片式双船底拖网网衣模式（一）

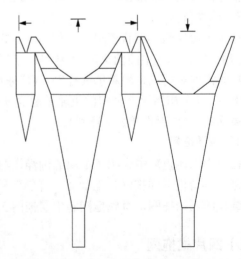

图 4-38 中国四片式双船底拖网网衣模式（二）

此外，还有 1 种比较特殊的四片式双船底拖网，即福建晋江的底拖网（《福建图册》78 号网），如图 4-39 所示。一般来说，四片式拖网的网身是由背、腹和两侧共四片网衣构成的，但图 4-39 的四片式底拖网的网身则是由两片背网衣和两片腹网衣构成的，即网身是由四片规格相同的网衣沿纵向两侧边缘缝合而成的。

2. 四片式单船底拖网

根据全国海洋渔具调查资料统计，在全国 24 种单船底层有翼单囊拖网中，四片式单船底拖网有 3 种，占 12.5%，次于圆锥式单船底拖网和两片式单船底拖网而居第 3 位。

双撑架拖网是渔船在船体中部的双撑架端上各拖曳 1 顶拖网，如图 4-40 所示。从图中可以看出双撑架拖网是由 1 艘渔船、4 块网板和 2 顶网具组成，其网具一般是采用四片式单船底拖网，其网衣模式如图 4-41 所示。20 世纪 70 年代，广西北海从国外引进了双撑架拖网的渔船和渔具进行捕虾生产。北海市技术人员于 1978 年参考引进来的网具，结合北部湾虾类资源和渔场特点设计制作了四片式虾拖网。当时这种拖网主要分布在北海市，据调查统计 1982 年这种网具有 84 顶。

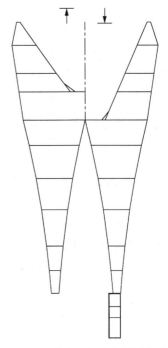

图 4-39　四片式双船底拖网网衣模式

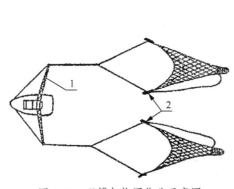

图 4-40　双撑架拖网作业示意图
1. 撑架；2. 网板

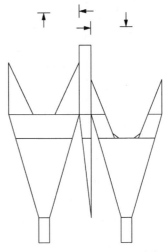

图 4-41　双撑架拖网网衣模式

在全国海洋渔具调查资料中，只介绍了 3 种四片式单船底拖网。其中有 2 种是广西北海的四片式虾拖网（《中国图集》84 号网和《广西图集》14 号网），均属于双撑架拖网，其作业示意图和网衣模式均如图 4-40 和图 4-41 所示。第三种是福建龙海的四片式虾拖网（《福建图册》66 号网），其网衣模式与图 4-41 类似，其网板与网具的连接也和双撑架拖网的相类似。但福建此四片式虾拖网的作业方法却与普通的单船底层有翼单囊拖网相同，是在单船尾部拖曳 2 块网板和 1 顶网具进行作业。

（四）六片式拖网

六片式拖网是四片式拖网的改良型，可看成是在四片式拖网的上网衣两侧与侧网衣的缝合边部位各插进 1 副三角网衣组成的，其网衣模式如图 4-42 所示。我国在远洋机轮上使用的六片式拖网均为底层作业，故称为六片式底拖网。

六片式底拖网始于日本，后传播到韩国和中国，目前较广泛应用在远洋单船底拖网上。我国在西非的远洋单拖机轮，起初是使用自备的两片式底拖网，在粗糙海底拖曳时频频破损和变形，后来采用韩国拖网机轮使用的六片式底拖网。这种网具的网衣模式与 20 世纪 50～60 年代日本六片式底拖网的相类似。20 世纪 80 年代初期，我国还没有发展远洋渔业生产，故在中国海洋渔具调查资料中，尚没有六片式底拖网资料。

（五）八片式及多片式拖网

20 世纪 70～80 年代，我国东海水产研究所从日本引进的"东方"号调查船（1 839 kW，853 t），配置有日本的八片式深水底拖网，其网衣模式如图 4-43 所示。在全国海洋渔具调查资料中，只介绍了 1 种八片式单船底拖网，即为上海的八片式拖网（《中国图集》78 号网），其网衣模式如图 4-43 所示。

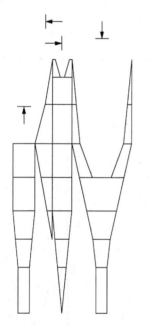
图 4-42　六片式底拖网网衣模式

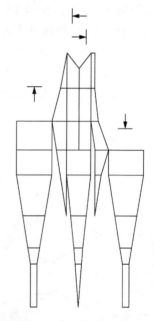
图 4-43　八片式底拖网网衣模式

综合以上所述，在全国海洋渔具调查资料中所介绍的 24 种单船底层有翼单囊拖网中，有 11 种圆锥式单船底拖网（占 45.8%）、9 种两片式单船底拖网（占 37.5%）、3 种四片式单船底拖网（占 12.5%）和 1 种八片式单船底拖网（占 4.2%）。在全国海洋渔具调查资料所介绍的 99 种双船底层有翼单囊拖网中，有 59 种两片式双船底拖网，占 59.6%，居首位；有 27 种圆锥式双船底拖网，占 27.3%，居第 2 位；有 13 种四片式双船底拖网，占 13.1%，居末位。

综合以上关于有翼拖网的叙述，在全国海洋拖网调查资料中所介绍的 7 种单船底层有翼单囊桁杆拖网均属于圆锥式编结网，在单船底层有翼单囊拖网和双船底层有翼单囊拖网中分别介绍了 11 种和 59 种圆锥式编结网，即共介绍了 77 种圆锥式编结网。则在 134 种有翼拖网中，属于圆锥式编结网的有 77 种，占 57.5%，其余 57 种均属于分片式剪裁网，占 42.5%。

本节开头介绍无翼拖网时，并未介绍单船中层单囊拖网，现补充介绍如下：在全国海洋渔具调查资料中只介绍 1 种单船中层单囊拖网，即"远洋中层拖网"，可详见上海的远洋拖网（《中国调查》218 页），其远洋中层拖网的网衣模式如图 4-44 所示，其网衣从前向后由角网衣、身网衣和囊网衣 3 部分组成。从图中可以看出，在网口的左上方、右上方、左下方和右下方的前方共连接有 4 个网角，每个网角均分别由 2 片呈直角梯形的角网衣沿纵向边缘缝合而成。网身是由上、下和两侧共 4 片等腰梯形网衣组成，网囊是由上、下和两侧共 4 片相同规格的矩形网衣组成。此单囊拖网的网身与有翼单囊拖网中的四片式剪裁网相似，故我国的这种远洋中层拖网也是属于四片式剪裁网。在全国海洋拖网渔具调查资料中，小型无翼拖网共介绍了 28 种，均属于编结网，而大型无翼拖网只介绍了 1 种，均属于剪裁网。

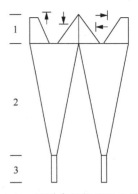

图 4-44　远洋中层拖网网衣模式
1. 角网衣；2. 身网衣；3. 囊网衣

综合本书的叙述，在全国海洋渔具调查资料所介绍的 167 种海洋拖网中，除了 4 种单片拖网外，其余 163 种囊状拖网中，属于编结网的共计 105 种（其中属于无翼拖网的有 28 种，属于有翼拖网的有 77 种），占 64.4%，主要分布在福建和南海区 3 省（自治区）；属于剪裁网的共计 58 种（其中属于无翼拖网的有 1 种，属于有翼拖网的有 57 种），占 35.6%，主要分布在黄渤海区 5 省（直辖市）和上海、浙江。

第五节　拖网结构

拖网网具结构虽因其形式不同而有所不同，但基于相同的捕捞原理，其结构形式是基本相同的。以下以我国较普遍采用的两片式、剪裁式的底层有翼单囊拖网为例进行分析介绍。

拖网由网衣、绳索和属具 3 部分构成。两片式单船底拖网和剪裁式双船底拖网的网具结构分别如图 4-45 和图 4-46 所示，其网具构件组成分别如表 4-2 和表 4-3 所示。

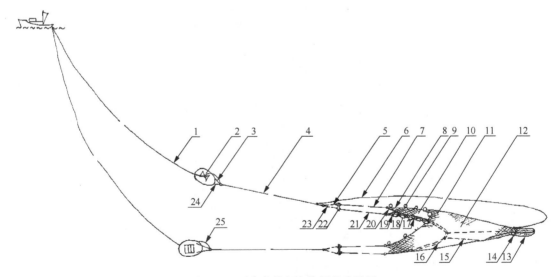

图 4-45　两片式单船底拖网总布置图

1. 曳绳；2. 网板；3. 网板上叉链；4. 单手绳；5. 上叉绳；6. 网囊引绳；7. 上空绳；8. 浮纲；9. 浮子；10. 翼网衣；11. 盖网衣；12. 身网衣；13. 囊网衣；14. 网囊束绳；15. 网身力纲；16. 下缘纲；17. 沉纲；18. 滚轮；19. 沉子；20. 翼端纲；21. 下空绳；22. 撑杆；23. 下叉绳；24. 网板下叉链；25. 游绳

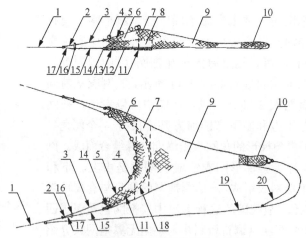

图 4-46 剪裁式双船底拖网总布置图

1. 曳绳；2. 上叉绳；3. 上空绳；4. 浮子；5. 浮纲；6. 翼网衣；7. 网盖背部网衣；8. 网盖腹部网衣；9. 身网衣；10. 囊网衣；11. 沉纲；12. 滚轮；13. 沉子；14. 翼端纲；15. 下空绳；16. 撑杆；17. 下叉绳；18. 下缘纲；19. 大抽；20. 二抽

表 4-2　两片式单船底拖网网具构件组成

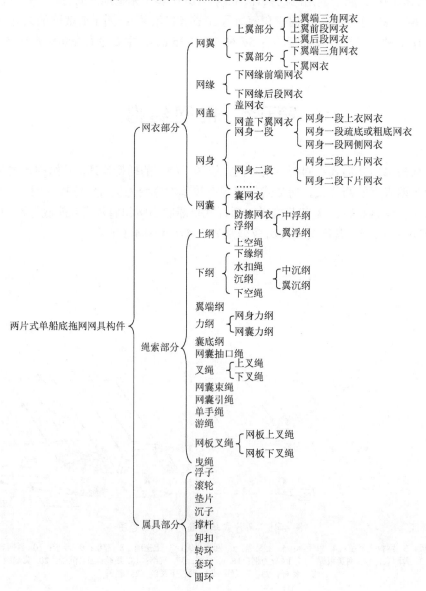

表 4-3 剪裁式双船底拖网网具构件组成

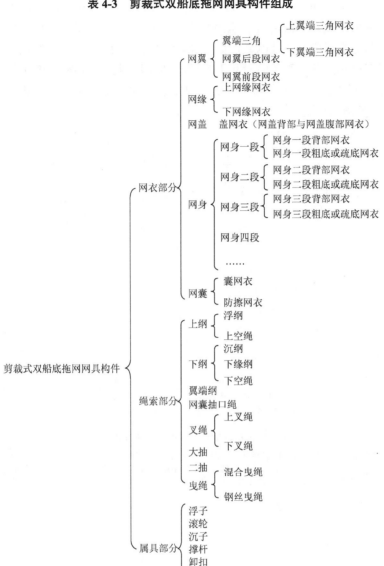

一、网衣部分

有翼拖网网衣部分一般由网翼、网缘、网盖、网身和网囊等部件组成。

（一）网翼

网翼是拦截和引导捕捞对象进入网内的部件。网翼俗称为网袖，它位于网具的最前端，拖网网口前方左、右两侧。其主要作用是扩大捕捞范围，阻拦、驱赶并诱导捕捞对象进入网内。网翼的上边缘结缚有浮纲，下边缘结缚有下缘纲或与网缘相缝合，前边缘结缚有翼端纲，后边缘与网盖或网腹的前边缘相缝合。

两片式底拖网采用上翼和下翼结构。南海区单拖机轮使用疏目型网，其上翼部分包括上翼端三角、上翼前段和上翼后段共 3 片网衣，如图 4-47 中的 1、2、3 所示。由于网翼是左、右对称的，每顶拖网上翼部分共 6 片网衣。下翼部分包括下翼端三角和下翼共 2 片网衣，如图 4-47 中的 11、12

所示，每顶网左、右共 4 片网衣。上、下翼端三角均为前小后大的梯形网衣，上翼前、后段和下翼均为前小后大的斜梯形网衣。黄渤海区和东海区双拖机轮使用改进疏目型网，其上翼部分包括上翼端三角、上翼前段和上翼后段共 3 片网衣，如图 4-48 中的 1、2、3 所示，每顶网左、右共用 6 片网衣。下翼部分包括下翼端三角、下翼前段和下翼后段共 3 片网衣，如图 4-48 中的 12、13、14 所示，每顶网左、右共 6 片网衣。上、下翼端三角均为前小后大的正梯形网衣，上翼前、后段和下翼前、后段均为前小后大的斜梯形网衣。

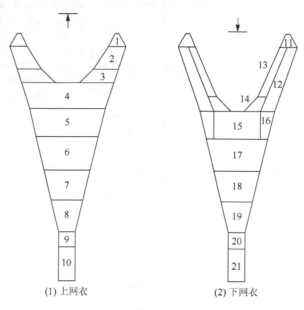

图 4-47　疏目型网网衣全展开图

1. 上翼端三角；2. 上翼前段；3. 上翼后端；4. 盖网衣；5. 网身一段上片；6. 网身二段上片；7. 网身三段上片；8. 网身四段上片；9. 网身五段上片；10. 囊网衣背部；11. 下翼端三角；12. 下翼；13. 下网缘前段；14. 下网缘后段；15. 疏底或粗底网衣；16. 网侧网衣；17. 网身二段下片；18. 网身三段下片；19. 网身四段下片；20. 网身五段下片；21. 囊网衣腹部

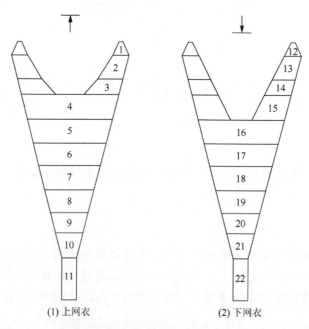

图 4-48　改进疏目型网网衣全展开图

1. 上翼端三角；2. 上翼前段；3. 上翼后端；4. 盖网衣；5. 网身一段上片；6. 网身二段上片；7. 网身三段上片；8. 网身四段上片；9. 网身五段上片；10. 网身六段上片；11. 囊网衣背部；12. 下翼端三角；13. 下翼前段；14. 下翼后段；15. 网盖下翼；16. 网身一段下片；17. 网身二段下片；18. 网身三段下片；19. 网身四段下片；20. 网身五段下片；21. 网身六段下片；22. 囊网衣腹部

圆锥式底拖网采用左翼和右翼结构。南海区双拖机船使用编结型网，其网翼包括上、下翼端三角和网翼前段、网翼后段共4片网衣，如图4-49中的1、2、3、4所示。由于网翼是左、右对称的，每顶网左、右共用8片网衣。

疏目型网的网翼长度一般以网衣拉直长度来表示。我国两片式底拖网的网翼长与网口周长之比值一般为8%~23%。此比值大，网翼相对较长。网翼长度影响着网具的扫海面积和阻力，网翼较长则扫海面积较大，所产生的阻力也较大，会减慢网具的拖速。因此，需根据捕捞对象的习性和对拖速的要求来确定网翼长度。捕捞栖息于海底的鱼、虾、蟹类可用长网翼，而捕捞游速较快的鱼类则宜采用短网翼。如渤海区集体双拖机船使用的尾拖型网，捕捞底层鱼、虾、蟹类，使用长网翼，其网翼长与网口周长之比值为16%~23%。南海区的疏目型网，捕捞快速和较分散的鱼类，使用稍短的网翼，其网翼长与网口周长之比值为17%~18%。对我国艉滑道机轮渔船来说，最好采用将网翼绞上甲板的起网方式，其上翼长度应不超过机轮甲板走廊的允许长度，故东海区的改进疏目型网，使用比值为8%~11%的短翼，同时辅以长空纲，既减小了阻力，又增加了拖速和产量，一些游速快的鱼类均能被大量捕获，如鲹科和鲭科鱼类等，从而提高了产量。

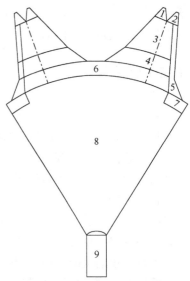

图4-49　编结型网网衣全展开图

1. 上翼端三角网衣；2. 下翼端三角网衣；
3. 网翼前段网衣；4. 网翼后段网衣；
5. 下网缘网衣；6. 盖网衣；7. 粗底网衣；
8. 身网衣；9. 囊网衣

网翼前端结构有平头式和燕尾式2种。平头式翼端是指由斜梯形的上、下翼网衣小头组成的翼端，如图4-50（1）所示，燕尾式翼端是指由上、下翼端三角网衣组成的翼端，如图4-50（2）所示。从拖网模型水槽试验中可看到，平头式翼端在拖曳中，由于受到网口高度限制，其翼端纲中部向后弯曲，造成翼端纲附近网衣松弛而形成网衣折叠现象，增加了翼端网衣的水阻力。而燕尾式翼端网模在拖曳中，其翼端网衣受力比较均匀。在图4-39中，可看出手操型和尾拖型的拖网均采用平头式翼端，而其他型的拖网均采用燕尾式翼端。在图4-40中，也可看出齐口型和拖绱型的拖网均采用平头式翼端。通过拖网模型水槽试验，观测在网翼与网口周长比值相同的两种网具，发现燕尾式翼端的网衣张开较均匀，既可减少水阻力，又可节约网衣用量，降低成本，故后来尾拖型和拖绱型的拖网也逐渐改用燕尾式翼端。

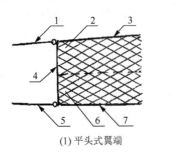 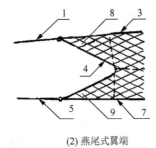

(1) 平头式翼端　　　　　　(2) 燕尾式翼端

图4-50　翼端布置图

1. 上空绳；2. 上翼网衣；3. 浮纲；4. 翼端纲；5. 下空绳；6. 下翼网衣；7. 下纲；8. 上翼端三角网衣；9. 下翼端三角网衣

（二）网缘

网缘是为加强网衣边缘强度而采用的粗线编结的部件，网缘位于网翼上边缘的称为上网缘，位于网翼下边缘的称为下网缘，其主要作用是增加网衣边缘的强度。疏目型网只有下网缘，有的下网缘包括下网缘前段和下网缘后段共 2 片网衣，如图 4-47 中的 13 和 14 所示。由于下网缘是左、右对称的，每顶网的下网缘共有 4 片缘网衣。有的疏目型网下网缘包括下网缘和下网口三角共 2 片缘网衣，如图 4-25（3）的右上方所示，每顶网的下网缘也共有 4 片网衣。有的编结型网下网缘只有 1 片下网缘网衣，如图 4-49 中的 5 所示，每顶网共有 2 片缘网衣；编结型网或拖缯型网均有上网缘和下网缘各一片网衣，如图 4-26（2）或（3）所示，每顶网共有 4 片缘网衣。

（三）网盖

网盖是防止捕捞对象向上逃逸的部件。网盖位于拖网网口的上前方并与网身连接。网盖为底拖网的特有装置，其作用是防止捕捞对象刚进网后向上方逃逸，并有助于扩大底拖网网口的垂直扩张。

尾拖型网和改进疏目型网一样，其网盖部分均包括盖网衣和左、右网盖下翼网衣共三片网衣。盖网衣为前大后小的等腰梯形网衣，如图 4-34 中的 2 和图 4-48 中的 4 所示。网盖下翼网衣为前小后大的斜梯形网衣，如图 4-34 中的 4 和图 4-48 中的 15 所示。疏目型网的下翼和网盖下翼合并成 1 片下翼网衣，为前小后大的斜梯形网衣，如图 4-47 中的 12 所示，每顶网用 2 片，而其盖网衣只有 1 片前大后小的等腰梯形网衣，如图 4-47 中的 4 所示。编结型网的网盖背部与左、右网盖腹部是一起编结的 1 片前小后大的等腰梯形网衣，如图 4-49 中的 6 所示。

网盖的长度取决于捕捞对象上窜逃逸的能力。鱼类向上逃逸能力越大，则网盖要越长，反之则可缩短。网盖过长却会造成网具阻力增加和拖速减慢。尾拖型网的拖速较慢，其网盖长与网口周长的比值较大，为 7%～10%；而改进疏目型网的拖速稍快，其比值较小，为 4%～6%。南海的疏目型网的拖速稍慢，其比值稍大，为 7%～8%；而编结型网的拖速较快，其比值较小，为 3%～6%。

（四）网身

网身是引导捕捞对象进入网囊的部件。网身位于网口与网囊之间，其作用是将网翼、网盖拦入的捕捞对象，通过网身引导至网囊，达到捕捞的目的。在渔获物较多并超过网囊的容量时，网身后部也起着容纳渔获物的作用。

网身在作业中呈前大后小的截锥形，有利于网口张开和导鱼。同时身网衣目大自前至后逐步减小，以适应进网捕捞对象逐渐增强的逃逸反应。两片式底拖网的网身可看成是由上、下两片网衣组成，其上面 1 片又可称为背网衣，下面 1 片又称为腹网衣。为了便于制作和缝拆，整个网身由若干段的上、下片网衣组成。尾拖型网和改进疏目型网的网身相同，由 5～7 段上、下片网衣组成，每片网衣均为前大后小的等腰梯形网衣，如图 4-48 中的 5～10 和 16～21 所示。疏目型网的网身一般是由 5 段上、下片网衣组成，如图 4-47 所示。其网身一段上片是 1 片等腰梯形网衣，如图 4-48 中的 5 所示；网身一段下片由中间 1 片矩形的疏底或粗底网衣和两侧各 1 片直角梯形的网侧网衣组成，如图 4-47 中的 15、16 所示；网身二、三、四段的上、下片网衣均为等腰梯形网衣，如图 4-48 中的 6～8 和 17～19 所示；网身五段的上、下片网衣均为矩形网衣，如图 4-47 中的 9 和 20 所示。编结型网的网身是由 10 多段至 30 多段构成，其目大和网宽均从前向后逐段减小成圆锥筒形的编结网。其编结方法有 3 种：第一种如图 4-32（1）所示，这是逐段减小目大和网衣宽度且分道纵向减目编结的身网衣，每段网衣的半展开形状为等腰梯形；第二种如图 4-32（2）所示，这是逐段减小目大和网衣宽度且分路横向增减目编结的身网衣，每段网衣的半展开形状为矩形；第三种是逐段减小目大且网周目数保持不变的无增减目编结的身网衣，其每段网衣的半展开形状为矩形，与第二种有相似之处。

网身的长度影响网具的稳定性、导鱼性能、阻力，以及网材料的消耗。网身长，网具的稳定性和导鱼性能较好，但必将增加网具阻力和网线材料消耗，拖速相应慢些，放起网操作也较麻烦。因此网身长度的确定,应该是上述矛盾的统一。在保证稳定和导鱼性能的前提下,应尽量缩短网身长度。在网身长度一定的条件下,拖速越快,网具越稳定。因此拖速较慢的网具,网身相对长度应稍长;拖速较快的网具,网身相对长度可稍短。黄渤海区和东海区的尾拖型网拖速较慢,其网身长与网口周长的比值较大,为39%～56%;改进疏目型网的拖速稍快,其比值稍小,为36%～40%。南海的疏目型网拖速稍慢,其比值应稍大,为40%～46%;编结型网的拖速稍快,其比值稍小,为32%～39%。

网身前缘又称为网口,其网口周长是表征网具大小的主要尺度之一。

(五)网囊

网囊是网具最后集中渔获物的袋形部件。网囊是拖网的最后部分,其前缘与网身连接,起聚集渔获物的作用。网囊的目大在全网中是最小的,它决定了该拖网可捕渔获物的最小尺度(或质量)。为了保护渔业资源,世界上大多数渔业国都对拖网网囊网目尺寸进行限制。我国规定东海区和黄海区拖网网囊最小网目尺寸(内径)为54 mm,南海区拖网网囊最小网目尺寸(内径)为39 mm。

网囊的网衣一般为一片矩形网片纵向对折缝合而成的圆筒形网衣。网囊长度和网囊前缘周长与网具规模、渔获量和起网取鱼方式等有关。尾拖型网的网具规模稍小,其网囊长5～11 m,网囊周长为8～14 m,网囊长与网口周长的比值为6%～10%;而改进疏目型网的网具规模稍大,其网囊长为10～15 m,网囊周长为12～14 m,网囊长与网口周长的比值为7%～9%。南海区疏目型网的网具规模稍小,其网囊长为7～8 m,网囊周长为10～12 m,网囊长与网口周长的比值为9%～12%;编结型网的网具规模稍大,其网囊长为11～15 m,网囊周长为12～15 m,网囊长与网口周长的比值为8%～13%。

在拖曳中,考虑到网囊腹部与海底的摩擦,可在网囊的腹部或四周外围装置防擦网衣,其主要作用是防止囊网衣与海底直接摩擦。

二、绳索部分

(一)上纲和下纲

上纲是装置在网具上方,承受网具主要作用力的绳索。拖网的上纲包括浮子纲、上缘纲和上空绳。下纲是装置在网具下方,承受网具主要作用力的绳索。拖网的下纲包括下缘纲、水扣绳、沉子纲和下空绳。上、下纲是拖网的主要构件之一,起着维持整个拖网网形的"骨架"作用。它承受整顶网具的阻力负荷,并传递给曳绳,因此受力较大,需用强韧而柔软的钢丝绳制作。

上、下纲是网口的主要骨架,受力较大,因此它们的长度和浮沉力比例,对网口形状、网具受力、捕捞效果等都起着很大的影响。

1. 浮子纲

浮子纲是装置在网衣上方边缘或网具上方装有浮子的绳索。尾拖型、疏目型、改进疏目型、编结型等普通目大拖网(目大为100～600 mm),简称通用拖网,其网衣上方边缘一般只装置浮子纲,又称为浮纲。大目混合型、大目编结型等大目拖网(目大为1 m以上),其网衣上方边缘装置上缘纲,在上缘纲上方再装置一条浮子纲,将浮子固定在浮子纲和上缘纲之间,可防止浮子穿过网衣上边缘的大网目而引起绞缠。

通用拖网的浮纲可由1条绳索制成,如图4-51中的2所示。也可由3段绳索组成,装置在上口门(盖网衣前缘中间不与上翼网衣后缘缝合的部位)处的称为中浮纲,又称为上中纲,如图4-52中的 6 所示；装置在上翼网衣上边缘处的称为翼浮纲，又称为上边纲，如图 4-52 中的 2 所示。中浮纲和左、右两条翼浮纲之间用卸扣连接，如图 4-52 中的 6 所示。浮纲的主要作用是结缚浮子，保证网具向上扩张，固定网衣上边缘的缩结，维持拖网上方网形，承受和传递上部网衣的阻力。此外，它还起着增加网衣上方边缘强度的作用。

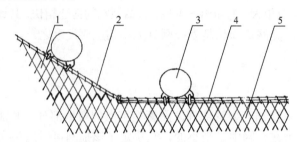

图 4-51　浮纲与网衣装配图（一）
1. 网口三角网衣；2. 浮纲；3. 浮子；4. 乙纶细绳；5. 盖网衣

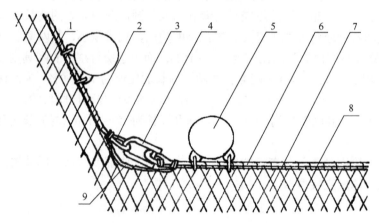

图 4-52　浮纲与网衣装配图（二）
1. 翼网衣；2. 翼浮纲；3. 眼环；4. 卸扣；5. 浮子；6. 中浮纲；7. 盖网衣；8. 乙纶细绳；9. 小段绳索

浮纲的材料有三种，第一种是软钢丝绳外缠绕一层乙纶网线或将软钢丝绳包裹薄膜后再外缠绕一层乙纶网线，以减缓软钢丝绳保护油脂损耗及增加软钢丝绳表面的摩擦力；第二种是采用钢丝与维纶制成的混合绳；第三种是合成纤维绳。我国通用拖网一般采用钢丝绳，外国渔船和我国部分远洋渔船较多使用混合绳。我国大目拖网一般采用丙纶绳。

2. 缘纲

拖网缘纲是装置在网衣边缘（不穿过边缘网目），用于增加边缘强度和固定网衣缩结的绳索。装置在网衣上边缘的称为上缘纲，装置在网衣下边缘的称为下缘纲。缘纲可由 1 条绳索制成，也可分为 3 段。3 段组成的缘纲，装置在上口门的称为上中缘纲，装置在下口门（网身一段下片网衣前缘中间不与网盖下翼网衣后缘缝合的部位）的称为下中缘纲，装置在网盖下翼网衣和下翼网衣或下网缘网衣下边缘的称为下翼缘纲。中缘纲和左、右两段翼缘纲之间用卸扣连接。上缘纲起着与浮纲一起结缚浮子的作用，下缘纲还起着便于与沉纲相连接的作用。通用拖网的下缘纲一般采用与浮纲同粗或稍细的软钢丝绳。少数采用乙纶绳，但乙纶绳较易伸缩，对固定网衣缩结不利。大目拖网的上缘纲一般用软钢丝绳，下缘纲有的采用与浮纲相同或稍细的软钢丝绳，有的采用比浮纲粗些的丙纶绳。

3. 水扣绳

水扣绳是装置在沉纲上,用于沉纲与下缘纲或网衣边缘连接的绳索,如图4-53中的3所示。水扣绳又称为档绳。由于每档水扣绳扎制成适当的弧形,俗称"水扣",如图4-53(2)所示。每档水扣绳在沉纲上的结扎间距,又称为档长(l_d)。用网线将下缘纲或网衣边缘绕扎在水扣绳上后,在网具拖曳中,会使下缘纲或网衣边缘与沉纲之间形成一定的空隙,这空隙的间距又称为行距(h),如图4-53(1)所示。这种装配形式称为水扣结构。水扣绳的作用除了使下缘纲或网衣边缘间接地装配在沉纲上外,同时增加了网衣边缘的强度,在曳网时,水扣还便于滤过泥沙和小杂物。每档水扣的档长l_d是根据网具大小和部位确定的,一般在下口门处,档长一般稍短,行距h(网具拖曳时下中缘纲或下口门边缘与沉纲的间距)一般稍大;在网翼下缘的档长一般稍长,行距(网具拖曳时下翼缘纲或网翼下边缘与沉纲的间距)一般稍小。水扣档长一般为230～564 mm,行距为30～110 mm,水扣绳一般采用直径8～20 mm的乙纶绳。若拖网上有下缘纲装置的,水扣绳一般稍细;若无下缘纲装置的,水扣绳一般稍粗。

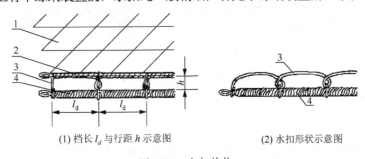

图4-53 水扣结构
1. 网衣;2. 下缘纲;3. 水扣绳;4. 大纲沉纲

4. 沉子纲

沉子纲是装置在网具下方串有滚轮、沉子等或本身具有沉力作用的绳索。沉子纲又称为沉纲。沉纲可由1条绳索制成,也可由3段、5段或7段绳索组成。装置在下口门(腹网衣前缘中间不与下翼网衣或网盖下翼网衣后缘缝合的部位)处称为中沉纲,又称为下中纲,如图4-54中的6所示;装置在下翼网衣(包括网盖下翼网衣)下边缘处的称为翼沉纲,又称为下边纲,如图4-54中的9所示。翼沉纲可以是1条,若翼沉纲较长,为了方便制作或搬运,也可以分成2段或3段。中沉纲和左、右各段翼沉纲之间用卸扣连接,如图4-54中的8所示。沉纲的主要作用是串缚滚轮、沉子等,加速网具沉降并使沉纲紧贴海底,和下缘纲一起维持拖网下方网形,承受和传递下部网衣的阻力。

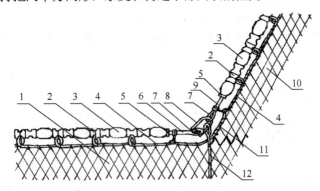

图4-54 滚轮沉纲与网衣装配图
1. 腹网衣;2. 小橡胶滚轮;3. 大橡胶滚轮;4. 水扣绳;5. 垫片;6. 中沉纲钢丝绳;7. 眼环;8. 卸扣;9. 翼沉纲钢丝绳;10. 网盖下翼网衣;11. 小段绳索;12. 网身力纲

沉纲一般采用比浮纲稍粗的软钢丝绳制成。根据底质不同，沉纲有下列不同的结构类型。

1）缠绕式沉纲

缠绕式沉纲是在沉纲钢丝绳上依次缠绕作衬底用的旧乙纶网衣、用旧乙纶网衣捻成的绳股和防摩擦用的旧乙纶网衣，缠绕绳股的层数越多，沉纲的粗度越大，所夹带泥沙的质量越大，因此又称为大纲沉纲。大型的大纲沉纲，是用吊链连接到下缘纲上。吊链用钢丝绳夹（简称绳夹）连接在沉纲钢丝绳上，其结构如图 4-55 所示。这种沉纲粗度大，不易陷于泥中，但耐磨性较差，寿命较短，适宜在泥和泥沙底质海域使用。黄渤海区和东海区的尾拖型、拖缯型拖网普遍采用大纲沉纲。

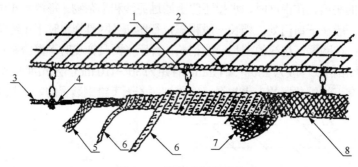

图 4-55 缠绕式沉纲结构

1. 吊链；2. 下缘纲；3. 钢丝绳；4. 绳夹；5. 旧网衣；6. 旧网衣绳股；7. 外包旧网衣；8. 沉纲

2）铅沉子式沉纲

有的铅沉子式沉纲在丙纶捻绳沉纲上依次穿有不锈钢圈（由大钢圈和小钢圈互套组成），大钢圈两侧根据档长要求用铅沉子夹紧在沉纲上。用乙纶网线将小钢圈固定扎牢在下缘纲上，如图4-56（1）所示。有的铅沉子式沉纲在缠绕绳沉纲或包芯绳沉纲上用乙纶网线绕成的吊绳将沉纲分档固定扎牢在下缘纲上，然后依需要将铅沉子钳夹在沉纲上，如图4-56（2）所示。有的铅沉子式沉纲在上述每档之间，再用钳夹有 4 个小铅沉子的细绳连接在每档沉纲上，如图4-56（3）所示。南海区的编结型、大目编结型拖网普遍采用铅沉子式沉纲在底形较平坦的泥沙底质海域作业。

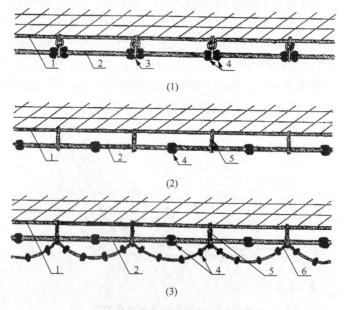

图 4-56 铅沉子式沉纲结构

1. 下缘纲；2. 沉纲；3. 不锈钢圈；4. 铅沉子；5. 吊绳；6. 细绳

3）滚轮式沉纲

在沉纲钢丝绳上穿有用橡胶、塑料、金属或木材做成的滚轮，称为滚轮沉纲。常用的滚轮沉纲有 2 种，1 种是木滚轮沉纲，其结构如图 4-57 所示，20 世纪 70～80 年代南海区的疏目型、编结型拖网普遍采用这种结构的滚轮沉纲；另外 1 种是橡胶滚轮沉纲，其结构如图 4-58 所示，20 世纪 80 年代，东、黄海区的改进疏目型拖网普遍采用这种结构的滚轮沉纲。滚轮沉纲穿制方便，比大纲沉纲耐磨，可用于较粗糙的底质海域作业。

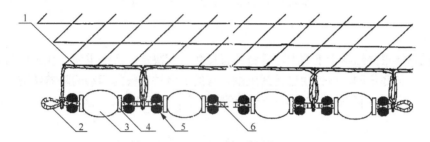

图 4-57　木滚轮沉纲结构

1. 水扣绳；2. 钢丝绳；3. 木滚轮；4. 垫片；5. 铅沉子；6. 缠绕乙纶网线

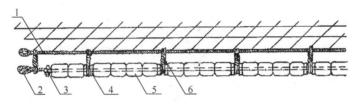

图 4-58　橡胶滚轮沉纲结构

1. 下缘纲；2. 钢丝绳；3. 绳夹；4. 连接滚轮；5. 橡胶滚轮；6. 吊绳

4）橡胶片式沉纲

橡胶片式沉纲是在钢丝绳上穿有橡胶片、滚球、铁滚轮和铁链，并利用压紧夹使橡胶片紧密排列。由于橡胶片是用废旧汽车的轮胎冲制而成，能耐粗糙海底的摩擦，但穿制和压紧的工艺较复杂，它适用于砾石区捕捞底层鱼类。其结构如图 4-59 所示。21 世纪初，我国福建到印度尼西亚进行过洋性渔业生产的大目混合型拖网普遍采用橡胶片式沉纲，与图 4-59 稍不同的是没有滚球，压紧夹采用一般的钢丝绳夹。

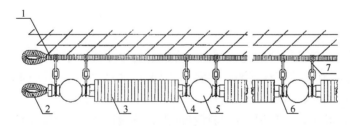

图 4-59　橡胶片式沉纲结构

1. 下缘纲；2. 钢丝绳；3. 橡胶片；4. 压紧夹；5. 滚球；6. 连接滚轮；7. 铁链

5）滚球式沉纲

滚球式沉纲是在钢丝绳夹上穿有直径 250～400 mm 可滚动的铁球和滚轮及长度大于铁球半径的铁链，可使网衣离开海底，它适用于礁石海域作业的大型底拖网，其结构如图 4-60 所示。欧洲的大型高口单船底拖网曾普遍采用这种沉纲。

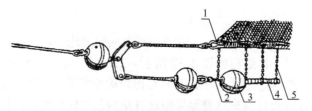

图 4-60　滚球式沉纲结构
1. 下缘纲；2. 沉纲；3. 滚球；4. 滚轮；5. 铁链

6）链式沉纲

链式沉纲的铁链直接结缚于下纲上，铁链的直径和长度决定了沉纲重量。我国广西北海在南海区粗糙底质海域作业的底拖网，曾使用过链式沉纲，有的是将铁链段的两端间隔着结缚于下纲上，其结构如图 4-61（1）所示；有的是将铁链段的一端间隔着结缚于下纲上，其结构如图 4-61（2）所示。

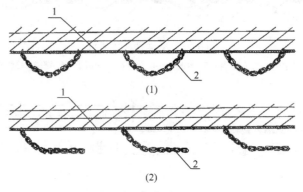

图 4-61　链式沉纲结构
1. 下纲；2. 铁链

采用下缘纲的拖网，其下缘纲与沉纲之间的连接可用铁链段（又称为吊链）连接如图 4-55 中的 1、图 4-59 中的 7 和图 4-60 中的 5 所示；也可用乙纶网线在下缘纲与沉纲之间缠绕成的吊绳连接，如图 4-56（2）、（3）中的 5 和图 4-58 中的 6 所示；还可先在沉纲上用水扣绳分档结扎好水扣结构，再用网线将下缘纲扎缚在水扣绳上，如图 4-53（1）中的 2、3、4 所示。不采用下缘纲的拖网，一定要先在沉纲上用水扣绳扎制好水扣结构，然后将网衣下边缘结缚在沉纲的水扣绳上，如图 4-57 所示。

5. 空绳

空绳是拖网翼端上、下纲延伸的绳索统称。空绳分为上空绳和下空绳，上空绳是拖网翼端上纲延伸的绳索，下空绳是拖网翼端下纲延伸的绳索（如图 4-45 中的 7 和 21 或图 4-46 中的 3 和 15 所示）。上、下空绳一般等长，其左、右翼各用 2 条。

南海区的底拖网，其上、下空绳一般与撑杆的上、下端连接。南海区疏目型拖网（单船主机功率为 294~662 kW）的空绳长度一般为 8.00~16.50 m，其上空绳一般采用直径为 12~15.5 mm 的钢丝绳，下空绳一般采用直径为 15~17 mm 的钢丝绳串有若干滚轮构成。南海区大目编结型拖网（单船主机功率为 346~537 kW）的空绳长度为 85~111 m，其上空绳一般采用直径为 11~12.5 mm 的钢丝绳，下空绳一般采用直径为 40~45 mm 的夹芯绳，是由直径为 12.5~17 mm 的钢丝绳拆开取其绳股为芯，外用单股旧乙纶网衣绳缠绕形成绳股，再由三股捻成夹芯绳。

东、黄海区的改进疏目型拖网（单船主机功率为 147~441 kW）不用撑杆，其上、下空绳前段直接与曳绳连接。空绳长度一般为 55~92 m，其上空绳一般采用直径为 11.5~18.5 mm 的钢丝绳，下空绳一般采用直径为 37~44 mm 的夹芯绳，使用直径为 18.5~21.5 mm 的钢丝绳拆开取其绳股为芯，外用单股白棕绳或单股丙纶绳缠绕形成绳股，再由三股捻成夹芯绳。

空绳可以看成是网翼的延伸。拖曳网具时，上空绳抖动产生的振动波和下空绳刮起的海底泥浆犹如屏障，起着威吓和驱集捕捞对象入网的作用。在一定的长度范围内，网口高度与空绳长度成正比。空绳长度不足，网口高度会受到限制；空绳过长，在放起网操作中容易发生上、下空绳互相绞缠的现象，或使撑杆侧转。

（二）翼端纲

翼端纲是装置在网翼前端，增加网衣边缘强度的绳索（如图 4-45 中的 20 或图 4-46 中的 14 所示）。它的主要作用是保护翼端网衣边缘并固定其缩结，维持翼端在拖曳中的正常形状。平头式的网翼，其翼端纲长度对翼端作用高度有较大影响进而也对网口垂直扩张有较大影响，其长度一般为翼端网衣拉直宽度的 30%~60%，过短了会压低网口高度。燕尾式的网翼，其翼端纲长度应以几何学原理通过计算确定，其计算方法可参考后面网图核算中的核对配纲部分。

翼端纲一般采用乙纶绳或丙纶绳，大型拖网个别也有采用钢丝绳。翼端纲左、右共用 2 条。

（三）力纲

力纲是装置在网衣中间或其缝合处，承受作用力和避免网衣破裂处扩大的绳索。根据装置部位不同，力纲可分为网身力纲和网囊力纲 2 种。

1. 网身力纲

我国两片式底拖网（尾拖型网、疏目型网、改进疏目型网）一般装置 2 条网身力纲。尾拖型网或改进疏目型网的网身力纲的前端从中沉纲与翼沉纲连接处或其附近处装起，沿一行纵目的网目对角线向后装置至背、腹网衣的缝合边后，再沿缝合边向后装置至网身末端，如图 4-115（3）所示。疏目型网的网身力纲前端的起点大致掌握在下网缘后段网衣的中间部位。这种力纲一般采用钢丝绳，钢丝绳外缠绕乙纶网线或旧乙纶网衣单股绳，也有采用乙纶绳的。这种在网腹装置两条力纲的方式已被我国两片式底拖网普遍采用，这种力纲又可称为网腹力纲。

网身力纲长度原则上是与网衣拉直长度相等。由于力纲与网衣之间无缩结，故在拖曳作业中力纲呈"蛇形"弯曲状，并不受力。若力纲是采用钢丝绳，尚能起些稳定网具的作用。遇到渔获物甚多，或网具在海底拖到障碍物，或起网时网衣受力甚大时，迫使网目闭拢拉直后，力纲才开始发挥其保险作用，承受作用力。因此，力纲犹如网衣的保险带。

由于网身力纲与网衣之间无缩结，力纲对网目的展开有一定的牵制作用。此外在网具装配中，2 条力纲也很难装置得十分均匀对称，故现用这种力纲装置也有一定的不利作用。正是由于这个原因，南海区圆锥式底拖网（齐口网、编结型网、大目编结型网）基本上是不装力纲的，只以大抽作为网囊的保险带。

2. 网囊力纲

机轮拖网起网后是用吊杆吊起网囊倒出渔获物的，故为了增加网囊的强度，一般在囊网衣上装置有 4~8 条网囊力纲，如图 4-118 中的 8 所示。一般采用乙纶绳，其长度一般与囊网衣长度相等。

南海区圆锥式底拖网因起网时先用大抽、二抽将网囊绞近船舷后再用抄网将渔获物抄上甲板，故网囊受力不大，不需装置网囊力纲。

（四）囊底纲和网囊抽口绳

机轮拖网一般是用吊杆吊起网囊倒出渔获物的，故其网囊囊底即为取鱼口，需在囊底装置囊底纲和网囊抽口绳，如图 4-118 中的 10 和 11 所示。而南海区圆锥式底拖网一般是用抄网将渔获物抄上甲板的，其取鱼口开在网囊后半部的网背上，只需用 1 条网囊抽口绳封启取鱼口即可。

囊底纲是装在网囊后端，限定囊口大小和增加网囊后缘强度的绳索，如图 4-118 中的 10 所示。囊底纲一般采用钢丝绳或乙纶绳，其长度为网囊周长的 0.41～0.62 倍。

机轮拖网的网囊抽口绳是结缚在囊底纲上，用于开闭取鱼口的绳索。网囊抽口绳是用活络结来封闭囊底取鱼口的，起吊网囊后，抽出网囊抽口绳，则可倒出渔获物。一般采用乙纶绳，其长度一般可取为囊底纲长的 2.1～3.0 倍。

（五）叉绳

叉绳是连接于撑杆上、下端与单手绳或曳绳之间的 V 形绳索。叉绳通常是由两条绳索的前端相连接而成。其中，位置在上者称为上叉绳，在下者称为下叉绳。叉绳主要是起连接作用。上、下叉绳一般等长，其长度一般为撑杆长的 3～10 倍。叉绳采用钢丝绳，其粗度一般与下空绳相同。叉绳上、下、左、右一共使用 4 条。

南海区的底拖网，一般在上、下空绳前端之间装置有撑杆，故也装置有叉绳，如图 4-45 中的 5 和 23 或图 4-46 中的 2 和 17 所示。黄渤海区和东海区的底拖网，其上、下空绳前端合并后直接与曳绳相连接，不采用撑杆，故也不用叉绳。

（六）网囊束绳和网囊引绳

网囊束绳是套在拖网网囊外围，起网时束紧网囊前部或分割渔获物，便于起吊操作的绳索。网囊引绳是其后端与网囊束绳连接，起网时牵引网囊的绳索。我国两片式底拖网一般装有网囊束绳和网翼引绳，如图 4-45 中的 14 和 6 所示。网囊引绳和网囊束绳的作用有 2 种，一是利用网囊引绳和网囊束绳抽引网囊，即起网时，待叉绳前端绞近船尾或下纲绞上尾甲板后，解下并收绞网囊引绳，网囊引绳牵引网囊束绳束紧网囊，不让渔获物倒出，直到把网囊抽引近船边并吊上甲板为止；二是主要利用网囊引绳和网囊束绳来分隔渔获物，即起网待绞收网身并发现渔获物较多而需多次分吊渔获物时，才解下其前端结缚于网身力纲或背、腹网衣缝合边上的网囊引绳，绞收网囊引绳并促使网囊束绳束紧，从而达到分隔渔获物并多次吊上甲板的目的，故这种束绳又称为隔绳。

网囊束绳长度以不影响网囊在拖曳中正常张开为原则，其长度一般为网囊周长的 0.50～0.67 倍。网囊束绳穿过结缚在网囊力纲上的钢环后与网囊引绳连接。在南海区，主要利用网囊引绳拉引网囊的，其圆环结缚在网囊的前半部位，如图 4-118 中的 2、3、4 所示。在黄渤海区和东海区，主要利用网囊引绳分隔渔获物的，其圆环结缚在网囊后半部位，圆环结缚处离囊底的距离应根据吊杆、吊钩允许的起吊载荷和网囊宽度大小来决定。在黄渤海区和东海区的只作分隔渔获物用的网囊引绳，沿着背、腹网衣缝合边向前附扎到网身二、三段处。南海区的单船拖网，其网囊引绳前端通过小 G 形钩连接件连接在右边叉绳前端的连接卸扣上或叉绳前方附近的单手绳上。这种用于拉引网囊的网囊引绳，其长度应比其装置部位长度长 15%～25%。

网囊束绳一般采用钢丝绳。在黄渤海区和东海区起分隔渔获物作用的网囊引绳一般也采用钢丝绳，在南海区起拉引网囊作用的网囊引绳一般采用旧乙纶网衣夹钢丝绳或黄麻夹钢丝绳。

南海区圆锥式底拖网，由于起网操作方法不同，其网囊束绳和网囊引绳的装置也不同，因而有大抽和二抽的不同叫法。大抽前端一般连接在左边的卡头索（叉绳前端数起的第一条混合曳绳）上，后端连接在囊底，如图 4-46 中的 19 所示。二抽前端连接在大抽上，后端穿过网囊前部的圆环后连接，如图 4-46 中的 20 所示。有的大抽和二抽的后端连接部位却相反，即大抽后端穿过网囊前部的圆环后连接，二抽后端连接在囊底。大抽长度应比大抽装置部位的拉直长度长 10%～25%，二抽长度可取为 20～30 m。大抽、二抽的材料一般采用旧乙纶网衣夹钢丝绳或乙纶绳。

（七）单手绳

单手绳是在单船底拖网曳网时，用于叉绳前端或空绳前端与网板叉绳后端之间的连接绳索，如图 4-45 中的 4 所示。单手绳除了起连接作用外，还起着扩大两块网板之间的距离和刮起海底泥浆威吓、拦集捕捞对象入网的作用。南海区单船底拖网的单手绳长度使用范围为 60～120 m。294 kW 及其以下的渔船一般采用 60～85 m 长的单手绳，一般采用直径为 11～16 mm 的钢丝绳拆开后取其绳股为芯制成直径为 45～70 mm 的旧乙纶网衣夹钢丝绳。441～662 kW 的渔船采用长 110～120 m 的单手绳，一般采用直径为 18～24 mm 的钢丝绳绳股为芯制成直径为 41～54 mm 的旧乙纶网衣夹钢丝绳或黄麻夹钢丝绳。单手绳左、右共用 2 条。

（八）游绳

游绳是在单船底拖网中，用于曳绳后端与单手绳前端之间的连接绳索，如图 4-45 中的 25 所示。游绳除了起连接和便于收绞单手绳的作用外，还有便于连接和脱卸网板的作用。游绳的长度范围为 4～5 m，一般采用与沉纲同粗度或稍细的钢丝绳。游绳左、右共用 2 条。

（九）网板叉绳

网板叉绳是在单船底拖网曳网时，用于网板后缘与单手绳前端之间连接的 V 形绳索。网板叉绳通常是由两条绳索组成，其前端分别与网板后缘上、下的叉绳连接处相连接，其后端相连接而形成 V 形绳索，如图 4-45 中的 3 和 24 所示。其中位置在上的称为网板上叉绳，位置在下的称为网板下叉绳。网板叉绳主要是起连接作用。南海区粤东地区主机功率为 228～257 kW 的单船底拖网，采用 V 形网板，其网板叉绳一般采用直径为 14 mm 的钢丝绳，其网板上叉绳一般长为 3.50 m，网板下叉绳一般比网板上叉绳长 0.10 m，即长为 3.60 m。原国有机轮 441～662 kW 的单船底拖网，采用双叶片椭圆形网板，其网板叉绳均采用直径为 15～16 mm 的铁链条，故又称为网板叉链。其网板上叉链一般长为 2.40～3.00 m，网板下叉链均比网板上叉链长 0.10 m。网板上、下叉绳左、右各用 2 条，共用 4 条。

（十）曳绳

曳绳是渔船拖曳网具的绳索。曳绳是渔船与网具连接的纽带。在渔船拖曳作业中，2 条曳绳承受整个网具的阻力负荷。

在单船底拖网系统中，曳绳连接在渔船与网板之间，如图 4-45 中的 1 所示。曳绳主要起传递牵引力和拖曳网具的作用。单船底拖网作业渔船一般使用 1 顶拖网和 2 条曳绳，每条曳绳的备用长度可根据预定的最大作业水深并参照生产经验来确定。294 kW 及其以上的渔船一般采用直径为 18.5～

24 mm 的钢丝绳，294 kW 以下的渔船一般采用直径为 12.5～15 mm 的钢丝绳。

在双船底拖网系统中，曳绳连接在渔船船尾与叉绳（或空绳）前端之间，如图 4-46 中的 1 所示。此曳绳由前、后两段组成。前面与渔船连接的一段一般不与海底接触，主要起传递牵引力和拖曳网具的作用，采用钢丝绳材料，又称为钢丝曳绳。后面与叉纲（或空绳）连接的一段一般贴海底拖曳，其作用除了在拖曳中紧贴海底激起水花和刮起泥浆以威吓和拦集捕捞对象入网和扩大网具扫海面积外，还兼有消除来自渔船的上下波动和稳定网具贴底的作用，因此采用较粗的混合绳材料，又称为混合曳绳。

机轮双船底拖网作业一般是由两船轮流使用 2 顶网和 3 条曳绳，其中有 1 条曳绳是两船轮流使用的公用曳绳。南海区圆锥式双船底拖网作业是由两船轮流使用 2 顶网和 2 条曳绳，每条曳绳也由钢丝曳绳和混合曳绳两段组成。混合曳绳备用长度可根据各地生产习惯或经验而定，一般采用直径为 30～60 mm 的旧乙纶网衣夹钢丝绳。钢丝曳绳备用长度可根据预定的最大作业水深并参照生产经验来确定，一般采用直径为 12.5～22 mm 的钢丝绳。

三、属具部分

（一）浮子

浮子是结缚在浮纲上，用于保证网口向上扩张的属具，如图 4-45 中的 9 和图 4-46 中的 4 所示。我国底拖网一般采用硬质塑料球形浮子。拖网一般采用硬质塑料耳环式球形浮子，简称带耳球浮，如图 4-62（1）所示。我国原料为 ABS 树脂的带耳球浮，其外径一般为 220～300 mm，每个浮力为 42.14～115.44 N。大目拖网一般采用硬质塑料中孔式球形浮子，如图 4-62（2）所示，其外径一般为 250～287 mm。

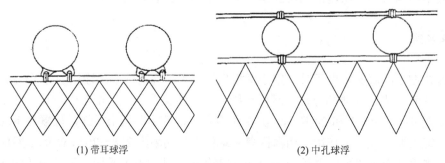

(1) 带耳球浮　　(2) 中孔球浮

图 4-62　硬质塑料球形浮子

（二）滚轮

滚轮是穿在沉纲或下空绳上，起沉子和防摩擦作用的属具。滚轮一般做成中孔圆鼓形（其形状如图 4-57 中的 3 所示）或中孔圆柱形（其形状如图 4-58 中的 5 所示），其材料有橡胶、乙纶、氯纶或木材。这种滚轮是滚轮式沉纲的主要构件。滚轮也有做成中孔球形的，又称为滚球，其材料为生铁或钢。这种滚球是橡胶片式沉纲和滚轮式沉纲的构件之一，如图 4-59 中的 5 和图 4-60 中的 3 所示。

（三）垫片

垫片是穿附于滚轮的两侧，用于保证滚轮易于滚动的属具，如图 4-57 中的 4 所示。垫片又称为介子，是用厚度为 2～3 mm 的薄钢板冲制而成的圆环状物，其外径为 33～40 mm，内径为 18～22 mm，每个质量为 12～21 g，如图 4-63 所示。

全穿滚轮沉纲（图4-58）一般不用垫片，有的也只在滚轮沉纲的两端外侧各穿上一个垫片。黄渤海区和东海区的底拖网一般采用全穿滚轮的形式，故其沉纲较重。南海区的底拖网为了适应快拖，要求沉纲轻一些，故一般采用间隔穿滚轮的形式，滚轮之间一般用稍粗的乙纶网线缠绕。为了防止缠绕的网线塞入滚轮内孔而影响滚轮的滚动，故在滚轮两侧各穿上一个垫片，如图4-57所示。有的在滚轮后侧（网翼部位）或滚轮两侧（下口门部位）的缠绕网线外各钳夹上一个铅沉子，也可起到垫片的作用而不再穿用垫片。

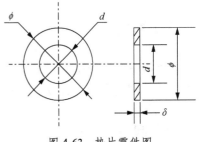

图4-63 垫片零件图

（四）沉子

沉子是装置在沉纲上，用于增加沉纲沉降力的属具。

沉子有多种，如铁链、铅沉子、橡胶片、铁滚筒等。黄渤海区和东海区一般采用全穿滚轮沉纲或大纲沉纲，故一般是结缚铁链条来调整沉力。南海区采用间隔穿滚轮沉纲、铅沉子式沉纲或大纲沉纲（其大纲直径较细），一般均采用钳夹或卸下铅沉子来调整沉力的。橡胶片是橡胶片式沉纲的主要构件。南海区底拖网使用的橡胶片是由废汽车轮胎冲制而成的圆环状体，外径为85~204 mm，厚度为10~28 mm，中孔直径为20~28 mm。在制作滚轮式沉纲或橡胶片式沉纲时，可根据沉力配布要求，适当加穿铁滚筒。铁滚筒是用铸铁铸成、外形与滚轮相似的筒状物，虽然它可滚动，但其外径比滚轮或橡胶片的外径小得多，故在拖曳中它一般是不贴底滚动的。

（五）撑杆

撑杆是装置在上、下叉绳后端与上、下空绳前端之间，使上、下空绳端分开的杆状属具，又称为档杆，如图4-45中的22或图4-46中的16所示。南海区的单船底拖网一般采用此装置，它的主要作用是撑开上、下空绳的前端，有利于网口的垂直扩张。用了它，空绳长度可相对缩短；不用它，则需加长空绳，方能保持原来有撑杆时的网口高度。黄渤海区和东海区的底拖网为了起网时能将空绳卷进钢盘，撑杆有妨碍作用，因而一般采用长空绳而不用撑杆。

南海区的撑杆，一般采用直径为40~80 mm、长为0.4~0.9 m的圆钢管或圆铁管制成，如图4-64（1）所示。也有采用三角撑杆的，如图4-64（2）所示。三角撑杆又称为撑板，是用厚度为16~30 mm的钢板制成，其三角形边长为300~600 mm。稍小的撑板可做成三角形的实心板；稍大的撑板可做成空心板，即将其内部挖空，留出边宽为60~80 mm。撑板的三个角附近均钻有一个小孔，以便与曳绳后端和上、下空绳前端相连接。

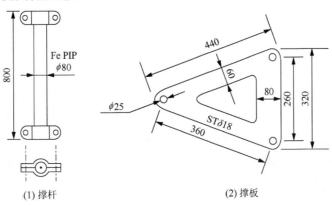

图4-64 撑杆构件图

（六）网板

网板是利用拖曳中产生的水动力，使单船拖网获得水平扩张的属具，如图 4-45 中的 2 所示。1 顶单船拖网的左边和右边各使用 1 块网板。关于网板的结构和规格等将在下一节内容里专门叙述。

（七）卸扣

卸扣是用于连接绳索与绳索或绳索与属具的连接具。拖网上的钢丝绳与钢丝绳、撑杆、网板之间的连接，混合绳与混合绳、钢丝绳之间的连接，均采用卸扣。拖网上一般采用平头卸扣和圆形卸扣两种，如图 4-65 中的（1）和图 4-65 中的（2）所示。卸扣规格可以用卸扣横销的直径 d_1 来表示。卸扣规格应根据被连接的钢丝绳的最大直径来选用，具体选用时可参照附录 M。

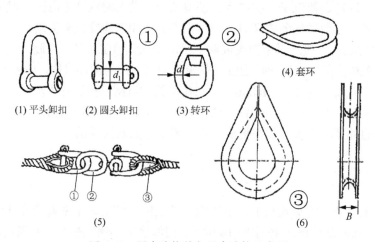

图 4-65 绳索连接具与绳索连接示意图

（八）转环

转环是用于防止连接的绳索发生扭结的连接具。转环一般通过卸扣装置在绳索与绳索之间的连接处，如图 4-65 中的②所示。拖网上一般采用普通转环，如图 4-65 中的（3）所示。转环规格可以用制作转环本体的钢条直径 d 来表示。转环规格也应根据被连接的钢丝绳的最大直径来选用，具体选用时也可参考附录 M。普通转环的具体规格数据可参考钟若英主编的《渔具材料与工艺学》中的"附表 5-4 普通转环规格表"。

（九）套环

套环是装在绳索的眼环中，用于防止卸扣磨损眼环的属具。套环又称为反唇圈。拖网上一般采用尖口套环，如图 4-65 中的（4）所示。由于拖网上的绳索受力较大，套环使用一段时间后常会变形，其尖口处翘起来后经常会挂破网衣，故套环一般只用在非结缚在网衣上或非靠近网衣的钢丝绳眼环里。套环规格可以用套环侧面最大宽度 B 来表示。套环规格应根据使用套环的钢丝绳直径来选用，具体选用时可参考附录 M。尖口套环的具体规格数据可参看《船用索具套环》（GB 560—1965）。

（十）圆环

圆环是结缚在网囊力纲上，用于贯穿网囊束绳的属具。拖网的圆环形状与无囊围网的底环或侧环的形状相同，如图 3-25 中的 4 所示。圆环一般采用直径（ϕ）为 10～12 mm 的圆铁条弯曲制成外径（ϕ）为 80～100 mm 的圆环。南海区圆锥式底拖网也有采用直径为 7 mm 的圆不锈钢条弯曲制成外径为 77 mm 的圆环。装有网囊力纲的拖网是将圆环结缚在网囊力纲上。而圆锥式底拖网一般不装网囊力纲，是采用编制一小块网带将圆环结缚在囊网衣上。网囊上的圆环一般是在囊网衣的正中和左、右两侧共装 4 个。也有装 6 个的，除了两侧各装 1 个外，还在两侧之间各均匀地装上 2 个。

第六节 拖网网板

一、单船拖网

单船拖网的结构、装配与双船拖网相似。单船拖网作业为一船拖曳一顶或几顶网具。除了小型单船拖网利用桁杆、桁架等来实现网具扩张外，大型单船拖网则利用网板来实现网具的水平扩张。

单船拖网（简称单拖）作业与双船拖网（简称双拖）作业的主要区别是：单拖利用 2 块网板实现网具的水平扩张，双拖则利用两船间距实现网具的水平扩张。从捕捞生产角度来看，单拖作业与双拖作业各有优劣。一般认为，单拖生产比较机动灵活，出航率相对较高，且便于开展兼、轮作业。而双拖是两船一组作业，生产中可以互相支援，安全生产保障程度较高。双拖由两船间距来保证网具的水平扩张，其扫海面积较大；而且渔船主机的噪音对鱼类的影响会使鱼群更集中于两船之间，有利于提高单位网次产量。单拖是一船拖 1 顶网具，借助网板来获得网具的水平扩张，但网板的扩张力有限，因而网具的水平扩张也是有限的，故单拖的水平扫海面积相对较小。同时网具在船尾后方，主机噪音会驱散船下的鱼群，对鱼群进网有影响。所以在浅水渔场作业，单拖的捕捞效果比双拖差。

根据上述分析，一般认为单拖比较适宜于水较深的渔场作业。要提高单拖的生产效益，就要求单拖渔船有较大的拖力和拖速，以增加网具的扫海面积，提高网次产量。因此，大型和大功率渔船比较适合于单拖作业。我国单拖作业的渔船主机功率均为 441 kW 或以上。小功率渔船用作单拖，效果较差。国外也有同样情况，大型、大功率渔船以单拖作业为主，中、小型渔船一般用作双拖。

由于单拖较适合于远洋深海作业，故世界各主要渔业国都建造了大型的尾滑道式的冷冻拖网加工渔船。目前，我国早已建造了具有现代化助渔导航仪器的 441 kW、662 kW 和 736 kW 的尾滑道式拖网渔船，以适应开发远洋渔业生产的需要。

二、网板基本概念

在后面介绍拖网网板的种类及其特点中，可能涉及以下几个基本概念。

（一）网板的水动力、升力、阻力和升阻比

单拖作业时，其工作状态的水平投影如图 4-66 所示，网板向外的升力 F_y 通过单手绳，使网具得以水平张开。

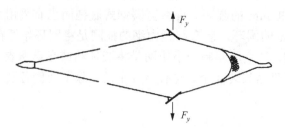

图 4-66　单拖作业工作状态

1. 水动力

当网板平面与运动方向成一夹角 α（称为冲角）运动时，水流对网板各部分作用力的合力称为网板的水动压力，简称为网板的水动力，现以 F 表示，如图 4-67 所示。

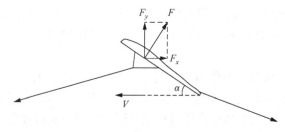

图 4-67　网板上的作用力

2. 升力（扩张力）和阻力（水阻力）

水动力又可分解为垂直与平行于运动方向的两个分力，其中垂直分力称为网板的升力（扩张力），以 F_y 表示；平行分力称为网板的阻力（水阻力），以 F_x 表示，如图 4-67 所示。

3. 升阻比（水动力效率）

升力与阻力的比值称为网板的升阻比（水动力效率），以 C_r 表示，即

$$C_r = \frac{F_y}{F_x}$$

从渔具力学中可知，网板的升力和阻力可表示为

$$F_y = \frac{1}{2}C_y \rho S V^2$$

$$F_x = \frac{1}{2}C_x \rho S V^2$$

则网板的升阻比可表示为

$$C_r = \frac{\frac{1}{2}C_y \rho S V^2}{\frac{1}{2}C_x \rho S V^2} = \frac{C_y}{C_x}$$

式中，C_r——升阻比（水动力效率）；
F_y——升力（扩张力，N）；
F_x——阻力（水阻力，N）；
C_y——升力系数（扩张力系数）；
C_x——阻力系数（水阻力系数）；
ρ——材料密度（g/cm³）；
S——网板最大投影面积（m²）；
V——速度（m/s）。

升阻比的大小是评价网板性能的重要指标。由于网板的升力能使网具得到水平扩张，是水动力有利的一面；而阻力的方向与网板运动方向相反，它增加了网具前进的阻力，是水动力不利的一面。因此，在选用或设计网板时，应尽可能选用升力大、阻力小（即其升阻比较大）的网板，以利于提高单拖捕捞效果。

（二）表示网板形状的主要标志

1. 网板的平面形状

网板的平面形状是指网板最大投影平面的形状，此最大投影平面是计算网板面积的基准面。网板的平面形状有矩形、椭圆形（蛋形）、畚形、圆形、圆缺形等。

2. 网板的剖面形状

网板剖面为垂直于网板平面及网板前沿直线边的一个切面（对于椭圆形平面等前沿没有直线边的网板，则取为与其前后缘最远二点连线平行面）。一块网板有许多剖面，但以最长剖面为基准剖面。网板的剖面形状是指网板基准剖面的形状。网板剖面形状有平板形、机翼形、弧形、平凸形、凹凸形等。

飞机机翼剖面形状称为机翼形。网板剖面有不少类似机翼形的，如图4-68所示。表示机翼形剖面形状的几个标志如下：

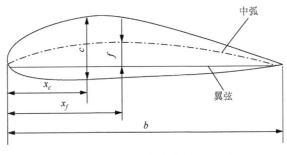

图4-68 网板基准剖面

1）翼弦

翼弦为网板基准剖面上距离最远两点的连线。此连线的长度称为网板弦长，又称为基准弦长，通常也称为网板最大长度，用 b 表示。

2)厚度

厚度为网板基准剖面上,网板背、腹表面之间垂直于翼弦连线的距离[①]。显然,网板厚度不一定是定值,通常以最大厚度 c_m 来表示网板厚度。在设计中,网板厚度又常用相对厚度 $\bar{c}$ 表示,即

$$\bar{c}=\frac{c_m}{b}\times 100\%$$

3)中弧

中弧为网板基准剖面上的厚度中点的连线。对于剖面厚度不是定值的网板,其中弧为弧形线,如图 4-68 的点画线所示。

4)弯度

弯度为网板基准剖面上,中弧至翼弦的垂直距离。显然,网板弯度也不一定是定值,通常以最大弯度 f_m 来表示网板弯度。在设计中,网板弯度又常用相对弯度 $\bar{f}$ 表示,即

$$\bar{f}=\frac{f_m}{b}\times 100\%$$

3. 网板的展弦比

翼展为在网板平面上垂直于翼弦的最大宽度。此宽度又称为网板展长,用 l 表示,如图 4-69 所示。

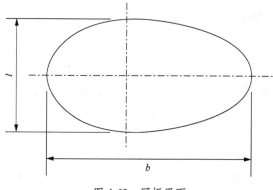

图 4-69 网板平面

对于任意形状的网板来说,展弦比(λ)即为展长的平方与网板平面面积 s 之比,即

$$\lambda=\frac{l^2}{s}$$

对于矩形网板,其面积为

$$s=l\times b$$

所以矩形网板的展弦比为

$$\lambda=\frac{l^2}{s}=\frac{l^2}{l\times b}=\frac{l}{b}$$

即矩形网板的展弦比是展长与弦长之比。

(三)网板的冲角

网板翼弦与网板运动方向的夹角称为冲角,也称为迎角、攻角、攻击角等,以 α 表示(图 4-67)。

---

① 弧形剖面网板,建议厚度取为弧形曲率半径与剖面背、腹表面交点之间的线段长度。

图 4-70 显示了我国 2.3 m² 双叶片椭圆形网板的升、阻力系数与冲角的关系曲线，称为网板水动力特性曲线。从图中可见，在小冲角时，网板升力系数 C_y 随 α 的增加而增大。但当 α 超过一定值后，C_y 反而减小。当 C_y 值为最大时的冲角，称为临界冲角。网板阻力系数 C_x 也随 α 的增加而增大。当在 α 小于 90° 的范围内，都没有峰值。但超过临界冲角后，C_x 值的增大速度更快。这是由于超过临界冲角后，在网板背面出现的涡流区增长得更快，涡流会降低网板的升力，因而使 C_y 减小，C_x 增大。

各种网板的水动力特性曲线各不相同，显示了各种网板的不同特性。同样，各种网板的临界冲角值也不同。例如，从图 4-70 中可以看出双叶片椭圆形网板的临界冲角为 43°。矩形、V 形和鱼雷形网板的临界冲角也均为 43°，大展弦比矩形网板（立式网板）的临界冲角约为 20°。

在选用或设计网板工作冲角时，一般不选取临界冲角，而是选取比临界冲角小 3°～5° 的工作冲角，以保证在网板冲角一旦有小幅变动时，不至于引起扩张力大幅波动。故矩形、V 形、鱼雷形和双叶片椭圆形网板，其工作冲角一般选用 38°～40°，大展弦比矩形网板的工作冲角一般选用 15°～17°。

三、网板种类及其特点

目前国内外使用的网板种类甚多，下面只介绍我国渔船曾使用过或还在使用的几种类型。

（一）矩形平面网板

矩形平面网板是最早采用（1894 年英国 Scott 首先设计使用）的一种网板，其形状为矩形平板。图 4-71 是我国单拖渔轮最早使用的矩形平面网板。为了便于在海底拖曳时越过障碍物，其前底角常做成圆角。网板材料主要为木板，四边和中间镶上铁板，底边装置底铁，以防磨损并降低网板重心。这种网板结构简单，制作容易，操作方便。但其水动力效率较低，已逐渐被其他性能更好的网板所代替，但目前仍有一些国家的近海小型渔船少量使用这种网板。

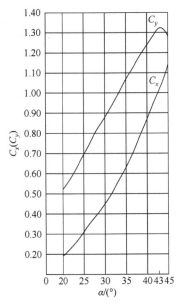

图 4-70 双叶片椭圆形网板特性曲线

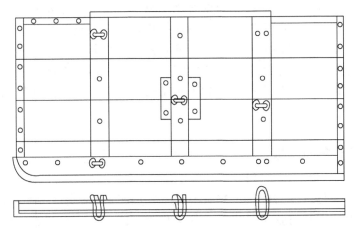

图 4-71 矩形平面网板

我国南海区渔民在20世纪50年代创制的单臂式网板,也属于矩形平面网板的一种。图4-72为18 kW小机船所使用的单臂式网板。单臂式网板几乎全部用木材制成,展弦比较小,为0.18~0.28。距网板前缘约0.3 m处安装一木柄(单臂)。网板采用外吊式连接,曳绳和手绳的张力不通过网板,网板只承受本身的水动力及与海底摩擦阻力的作用,因此不要求网板强度高,用材不必太厚(20~30 mm),重量较轻,网板本身浮于水,靠外倾拖曳时水动力的向下分力沉降到海底。同时由于展弦比小,网板较长(1.8~3.4 m),起网板时可利用船舷作为支点,利用浪势,猛压一端起上甲板,适用于没有机械起网设备的渔船使用。20世纪70~80年代,南海区还有不少的风帆单船拖网和小型机船单船拖网仍使用它。

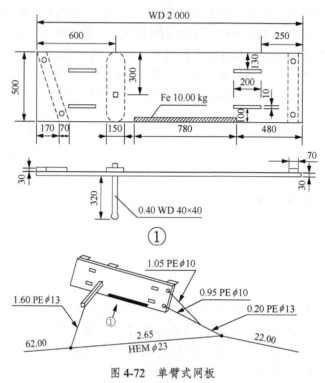

图4-72 单臂式网板

目前国内外双撑架拖网广泛使用矩形平面宽底铁网板。如图4-73所示是南海区268 kW机船所使用的矩形平面宽底铁网板。这种网板只是普通矩形平面网板的变型。其结构与普通矩形平面网板相似,只是组成板体的木板之间留有水平缝口。另一个主要特点是其底边装有较宽的底铁。用双撑架拖网进行拖虾时多在松软的海底拖曳,装有较宽的底铁可以防止网板陷入海底淤泥。这种网板的水动力效率接近或略低于普通矩形平面网板,但重量轻,操作容易,制作维修方便,其主要的局限性在于不适于在粗糙的海底使用。目前南海区小型双撑杆拖网渔船和我国在西非进行过洋性远洋渔业生产的441 kW和662 kW双撑架拖网渔船均采用矩形平面宽底铁网板。

(二)大展弦比矩形曲面网板

大展弦比矩形曲面网板是在20世纪30年代逐渐发展起来的,其主要特点是网板平面为矩形,有如小展弦比的网板的展长与弦长互换了,故又称为立式网板。大展弦比矩形曲面网板是德国Süberkrüb首创,故又称为Süberkrüb型网板,如图4-74所示。这种网板具有大于或等于2的展弦比,也就是说,网板高度等于其长度的两倍或两倍以上。网板曲面的曲率半径等于或小于网板弦长,全钢结构较简单，维修方便，造价较低，经久耐用。一般都认为立式网板只能用于中层拖网，而不能用于底拖作业。日本渔业研究者对 Süberkrüb 网板进行改进，采用不同的剖面形状（如接近机翼状的平凸形、圆弧形、非圆弧形三种不同剖面）。20 世纪 50 年代，日本 1986 kW 大型单船底拖网曾采用展弦比为 2 的平凸形剖面之立式网板在西非海域作业。这种实践是和原先使用 Süberkrüb 设计作为中底层两用网板进行拖试的情况一致的。后来在 Süberkrüb 型网板的基础上，日本设计了适用于底拖网的大展弦比矩形曲面网板，又称为日本型底拖网网板，如图 4-75 所示，这种日本型底拖网板与 Süberkrüb 型中层拖网板之间的主要差别是：前者曲面的曲率半径较大，即曲率半径大于网板弦长；前者的展弦比较小，一般为 1.5～1.7。

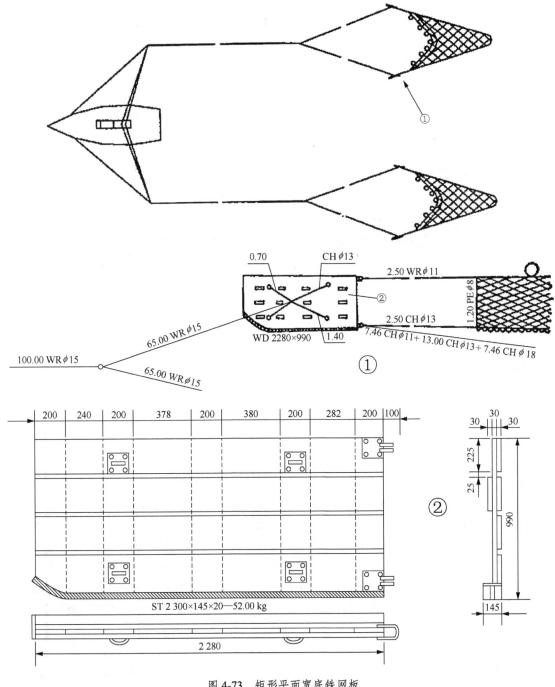

图 4-73 矩形平面宽底铁网板

大展弦比矩形曲面网板是水动力效率最高的一种类型。这类型网板的使用冲角小，背部涡流较小，阻力小，既适合用于大型单拖渔船，也适合于中、小型渔船；既适用于中层拖网，也适用于底拖网，是比较优良的网板。但这类型的网板在曳行中遇到障碍物或大角度转换拖向时，容易翻倒，所以要求操作时特别小心。如发现网板翻倒，可收绞曳纲，使网板离开海底，等到曳纲扩张度恢复正常后再将曳纲放出去。日本型底拖网网板在日本、韩国和中国等均有使用。

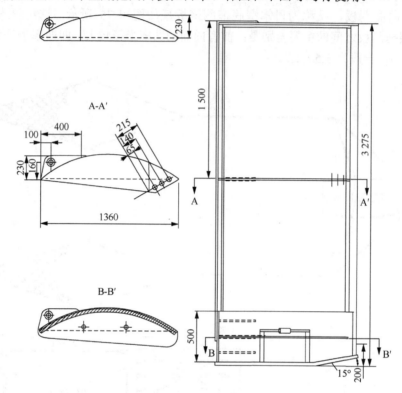

图 4-74　大展弦比矩形曲面网板

（三）椭圆形网板

椭圆形网板的种类较多，有椭圆形平面网板、椭圆形平面开缝网板、椭圆形曲面开缝网板等。

1. 椭圆形平面开缝网板

这是由苏联马特洛索夫创造的网板，故又称为马特洛索夫网板，1950 年前后先在苏联和北欧的渔船上使用。它是在椭圆形平面网板的基础上发展而成的，通常在网板中部开缝或再嵌上金属叶片，形成 1~4 道缝口。网板为钢木结构，钢板主要在外缘加固，底部装上拖铁。这种网板在苏联使用得比较广泛，波兰、挪威、法国等国也使用结构相似的椭圆形平面开缝网板。使用得比较普遍的是双叶片椭圆形网板，在挪威、法国等国则以单缝口椭圆形网板使用较多。我国自 20 世纪 60 年代初开始应用双叶片椭圆形网板，效果较好，至今仍为单拖机轮使用。图 4-76 为我国已定型的 2.3 m² 双叶片椭圆形网板。这种网板的平面为略带椭圆形的蛋形，剖面为带机翼状的平凸形。网板的展弦比为 0.65，相对厚度 $\bar{c}$ 为 6%，叶片的安装角为 25°，网板在空气中的重量为 350 kg，尾链长 2.5~3.0 m，使用机轮的主机功率为 294~441 kW。这种网板的特点是比较容易越过障碍，可在粗糙海底作业，曳行比较稳定，操作较方便，水动力效率比矩形平面网板高。但网板结构复杂，制造较麻烦，造价较高，维修不便，重量较大，小型机船使用不方便。此网板不适于中层拖网作业。我国国有单拖机轮和到西非进行过洋性远洋渔业生产的 441～735 kW 单拖机轮曾使用双叶片椭圆形网板，现已改用综合型网板。椭圆形平面开缝网板，在国外也已被广泛使用，特别是在大型拖网渔船上。

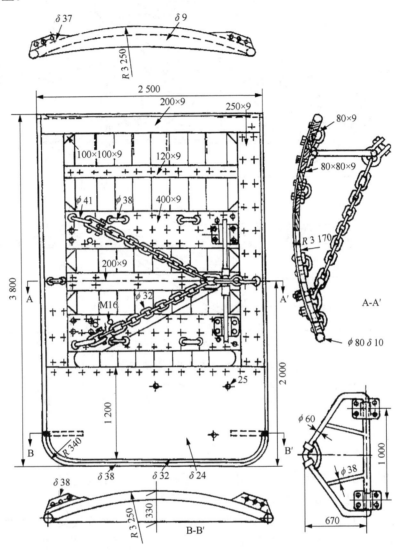

图 4-75　90 m² 日本型底拖网网板

2. 椭圆形曲面开缝网板（综合型网板）

20 世纪 70 年代初期，法国设计制造了椭圆形曲面网板，如图 4-77 所示。它是椭圆形网板和曲面网板两者结合的产物。因此，它既具有曲面网板升力，又具有椭圆形网板稳定性好及易越过障碍物的特点。该网板为全钢结构，改进了椭圆形平面网板铁木结构的许多缺点：增加了强度，简化了制作工艺和节约成本；采用固定的硬架式连接曳绳装置，简化了操作和减少变形。由于它的升力系数较椭圆形网板稍高，成本也较高，但网板使用寿命较长，现已逐步代替双叶片椭圆形网板而得以发展。这种网板适用于底层或中层拖网作业。但在中层水域中，它的水动力效率不如大展弦比矩形曲面网板。这种网板因为重量大，不适用于近水面的中层拖网作业。虽然这种网板基本上适用于底层和中层拖网作业，但在实际中，船长们还是只有在底拖作业时才使用综合型网板。目前正在使用这种网板的有法国、西班牙、德国和中国等国的渔船。

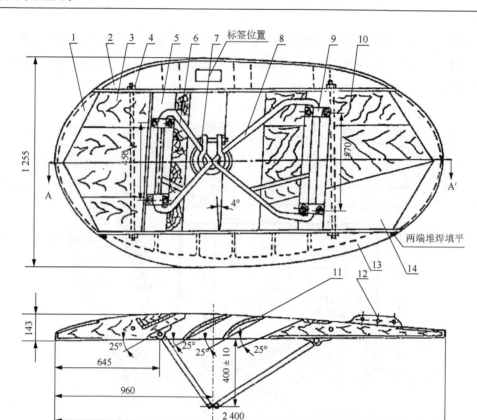

图 4-76　2.3 m² 双叶片椭圆形网板

1. 网板框架；2. 上翼木；3. 前网板木；4. 双头螺栓；5. 加强钢板；6. 前三脚架；7. 网板卸扣；8. 后三脚架；9. 三脚架底座；10. 后网板木；11. 叶片；12. 尾链固结孔；13. 拖铁；14. 防擦钢板

（四）V 形网板

V 形网板是 20 世纪 50 年代首先在我国台湾发展起来的，创制人是胡露奇。这种网板侧视近似"V"字，故称为 V 形网板，如图 4-78 所示。这种网板的投影平面形状是四角带有大圆角的矩形，剖面形状为常折角的平板形（V 形），其正面形状有点像乌龟壳，故渔民又称它为龟背式网板。V 形网板全部用钢材制成，结构简单，制作容易，造价较便宜，经济耐用，操作较方便，网板前后对称，可以调头使用，左、右网板能够互换。由于左、右网板一再互换使用，拖铁磨损比较均匀，因此有效地延长了网板的使用寿命。同时可减少备用件，只需一个备用网板。V 形网板的缺点是升力较小，还不如矩形平面网板，但它的阻力也较小，故其水动力效率反而比矩形平面网板稍高些。V 形网板的优点是作业稳定，越障能力较强，翻倒后也容易自行复原，可在拖曳中急转弯。V 形网板主要为沿岸底拖网渔业中的中小型单拖渔船所采用。曾在新西兰、加拿大、美国、英国、丹麦等国和我国台湾、香港广泛使用，我国东海区和南海区也有使用。目前，我国南海区中、小型单拖作业仍普遍使用这种网板。

我国广东、上海等地渔业工作者，在 V 形网板的基础上，进行了开缝、加叶片等试验。由于开缝口加叶片，减少了网板背部涡流，因而水动力效率得以提高，同时保存了 V 形网板的稳定性和容易越障的优点。但是原 V 形网板的结构简单、制作容易、左右网板的互换性等原有优点，也就无法保持。图 4-79 是 20 世纪 70～80 年代福建 184 kW 单拖渔船所采用的三缝口 V 形网板。

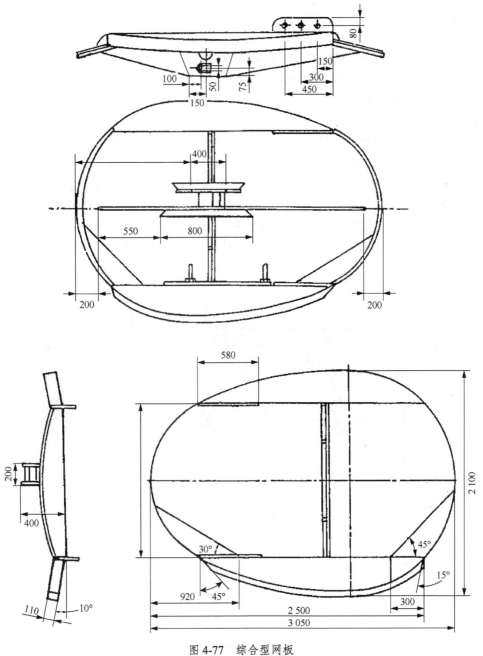

图 4-77 综合型网板

图 4-80 是我国陈良国于 20 世纪 70 年代后期创制的椭圆形三缝口龟背式网板，是把网板平面做成近似椭圆形（蛋形）的 V 形开缝网板。其升力虽比双叶片椭圆形网板稍小一些，但其阻力比双叶片椭圆形网板小得多，故其水动力效率比双叶片椭圆形网板高。20 世纪 80 年代这种网板曾在汕头海洋渔业公司的 441 kW 单拖渔船上推广使用。

（五）组合翼畚形网板

组合翼畚形网板是 1985 年我国卢伙胜把机翼的缝翼和襟翼结构原理，应用于小展弦比网板设计而成的。此网板的展弦比为 0.7，其投影平面近似于截去一小部分的椭圆形，其立体形状近似于家庭用的畚箕。

我国 441 kW 单拖渔船所用的组合翼畚形网板的结构如图 4-81 所示。这种网板的临界冲角与双叶片椭圆形网板的相似，约为43°。临界冲角时的C_y值为1.35，C_x值为1.2。此C_y值比双叶片椭圆形网板大 0.1，与三缝口龟背式网板几乎相同，C_r值比双叶片椭圆形网板和三缝口龟背式网板均大 0.1 左右。在冲角为 35°～47°区间内的一段 C_y-α 曲线的隆起较平缓，因而有较大的可供选择的工作冲角区间和良好的稳定性。此网板全钢结构，制作工艺比双叶片椭圆形网板简单，维修较方便，造价可比同面积的双叶片椭圆形网板减少 1/4 左右。20 世纪 80 年代后期曾在湛江海洋渔业公司的部分单拖渔轮上试用。

此外，尚有不少类型网板，如早在 20 世纪 50 年代后期，我国渔业工作者曾生产和试用过的栅形网板；20 世纪 60 年代，英国制造的小展弦比矩形曲面网板；20 世纪 60 年代后期香港同利公司专利制造的鱼雷形网板；20 世纪 70 年代前后，外国曾研制成中、底层两用的圆盾形网板；20 世纪 70 年代后期，我国胡彬麟在总结国内外网板基础上设计和试用的双叶片 D 形网板；20 世纪 80 年代，国外曾研制成中、底层两用的立式曲面 V 形网板等。

为了便于分析比较各种网板的技术特性，现把国内外有关网板特性的资料综合列表说明，如表 4-4 和表 4-5 所示。

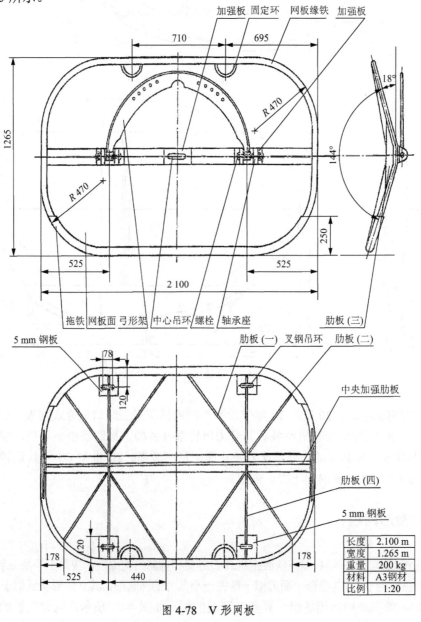

图 4-78　V 形网板

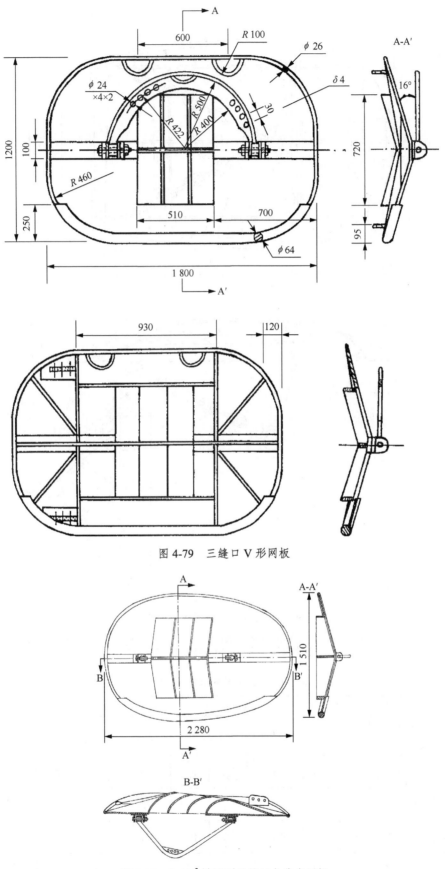

图 4-79 三缝口 V 形网板

图 4-80 2.7 m² 椭圆形三缝口龟背式网板

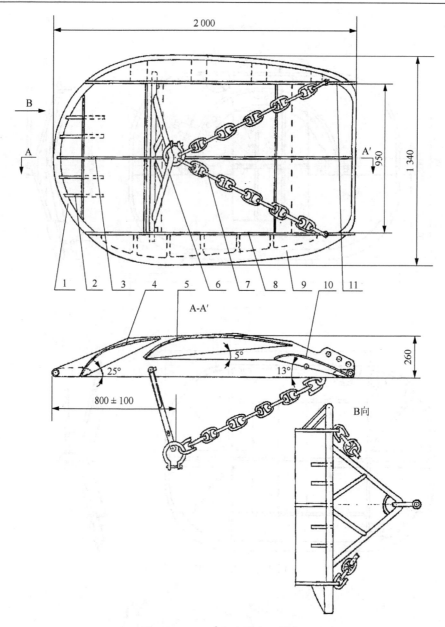

图 4-81 2.3 m² 组合翼畚形网板

1. 围边管；2. 首导流板；3. 中导流板；4. 缝翼；5. 主翼；6. 前三角支架；7. 后三角支架链；
8. 下翼侧板；9. 拖铁；10. 襟翼；11. 上翼侧板

表 4-4 我国主要网板特性一览表

网板类型	工作冲角/(°)	相应的水动力特性			总效率	捕捞作业适应性			制造条件			附注
		系数		升阻比		操作性能	在底层*	在中层	装配技术和工作情况	成本		
		C_y	C_x	C_r						价格	维修	
双叶片椭圆形网板	38	1.17	0.77	1.52	中等	中上	A、B、C 良好	中下	中等以上	高	中等	公认是好的，已被国有渔轮广泛使用
V 形网板	38	1.00	0.77	1.30	中下	良好	A、B、C 良好	不好	中等	中等	低	公认是好的，已被中、小型渔船广泛使用
三缝口 V 形网板	38	1.12	0.73	1.53	中等	良好	A、B、C 良好	不好	中等以上	中上	中下	已被部分中、小型渔船使用过
三缝口龟背式网板	38	1.16	0.72	1.61	中等	良好	A、B、C 良好	不好	中等以上	中上	中下	已被部分国有渔轮使用过

续表

网板类型	工作冲角/(°)	相应的水动力特性			捕捞作业适应性			制造条件			附注
		系数		升阻比	操作性能	在底层*	在中层	装配技术和工作情况	成本		
		C_y	C_x	C_r					价格	维修	
双叶片D形网板	38	1.30	0.50	2.60	良好	中上	A、B、C 良好	中等以上	中上	中下	曾在国有渔轮上试用
大展弦比矩形曲面网板（Süberkrüb型）	15	1.17	0.24	4.88	很好	中层作业良好，底层作业中下	A、B 良好，C 不适用	很好	中等以上（需弯曲设备）	中上	低	公认是好的，在引进的大型尾滑道拖网加工渔船上使用
大展弦比矩形曲面网板（日本型底拖网网板）	15	1.00	0.26	3.85	很好	中等（有翻倒危险）	A、B 良好，C 不适用	良好	中等以上（需弯曲设备）	中上	中等	在引进的科学研究调查渔船上使用过

注：此表是根据1976年标准设计图协作组拖网网板计算和1978年湛江海洋渔业公司等单位在南京航空学院低速风洞试验室进行实验测得的有关资料综合整理而成。

＊海底底质分类：

A——底质好：平坦，无障碍物等；

B——底质中等：有石块，水深无较大变化；

C——底质差：有大障碍物，不平坦，水深有较多的急剧变化。

表4-5 国外主要网板特性一览表

网板类型	工作冲角/(°)	相应的水动力特性			捕捞作业适应性			制造条件			附注
		系数		升阻比	操作性能	在底层*	在中层	装配技术和工作情况	成本		
		C_y	C_x	C_r					价格	维修	
通用矩形平面网板	40	0.82	0.72	1.14	中下	良好	A、B 良好，C 不好	不好	中等	中等	中等	公认是好的，已被广泛使用于底拖作业
矩形平面宽底铁网板	40	0.82	0.72	1.14	中下	良好	A 良好，B 不好，C 不适用	不好	中等以下	低	低	公认是好的，在撑架拖网作业中被广泛使用
矩形曲面网板（小展弦比）	35	1.26	0.81	1.56	良好	中等（翻倒时难扶正）	A、B 良好，C 不好	不好	中等以下（需弯曲设备）	高	中等	在生产中使用不多
椭圆形平面开缝网板	35	0.86	0.63	1.37	中等	中上	A、B、C 良好	中下	中等以上	高	中等	公认是好的，已被广泛使用于底拖作业
椭圆形曲面开缝网板（综合型网板）	35	0.93	0.74	1.26	中等	中上	A、B、C 良好	中上	中等以上（需弯曲设备）	高	中等	使用者愈来愈多，主要使用于大型尾滑道远洋拖网加工渔船的底拖
矩形V形网板	40	0.80	0.65	1.23	中下	良好	A、B、C 良好	不好	中等	中等	低	公认是好的，已被广泛使用于中、小型渔船
鱼雷型网板（特殊设计的矩形平面网板）	40	0.82	0.72	1.14	中下	很好	A、B 良好，C 中等	中等	高	很高	低	在生产中使用不多
大展弦比矩形曲面网板（Süberkrüb型）	15	1.52	0.25	6.08	很好	中层作业良好底层作业中下	A、B 良好，C 不适用	很好	中等以上（需弯曲设备）	中等偏高	低	公认是好的，在中层拖网作业中被大小不同的拖网船所广泛使用
大展弦比矩形曲面网板（日本型底拖网网板）	25	1.30	0.50	2.60	很好	中等（有翻倒危险）	A、B 良好，C 不适用	良好	中等以上（需弯曲设备）	中等偏高	中等	在日本拖网船上广泛使用

注：此表来自FAO编辑出版的《网板性能和设计》。

＊海底底质分类参看表4-4的表注。

第七节　拖网渔具图

一、拖网网图种类

拖网网图包括总布置图、网衣展开图、网衣剪裁计划图、网衣缝合示意图、绳索属具布置图、浮沉力布置图、装配图、网板图、零件图和作业示意图等。每种拖网一定要绘有网衣展开图、绳索属具布置图和浮沉力布置图。有些拖网，如桁杆拖网等，若不绘出其总布置图或作业示意图不能将其结构表示清楚时，则尚需加绘总布置图或作业示意图。拖网网图一般绘制在两张 4 号图纸上。第一张绘制网衣展开图和绳索属具布置图，第二张绘制浮沉力布置图，如图 4-82[①]所示。还可以在第二张图面上加绘放起网作业示意图，以保持图面饱满。

1. 总布置图

总布置图要表示出整个渔具各部件的相互位置和连接关系。总布置图可绘成一张立体图，如图 4-45 所示；也可绘成一张由上方的侧视图和下方的俯视图组成的总布置图，如图 4-46 所示。

2. 网衣展开图

我国的有翼单囊底拖网一般是两片式或圆锥式拖网。两片式拖网网片是由上、下两片网衣缝合而成的，因此可绘制成上、下两片的网衣展开图，如图 4-33 所示，这是两片式底拖网网衣的全展开图。由于拖网左、右是对称的，为简便计算，也可将上、下 2 片网衣各绘出一半而组成 1 个图形，如图 4-34 所示，这是两片式底拖网网衣的半展开图。圆锥式拖网网衣可以绘制成一片的网衣全展开图，如图 4-49 所示。圆锥式拖网的翼网衣根据其中间的纵向增目道分成上、下 2 片，身网衣也可根据背、腹等宽原则或两侧纵向减目道分成上、下 2 片，囊网衣也可分成上、下 2 片等宽的矩形网片，因此圆锥式拖网网衣也可绘制成上、下 2 片的全展开图，同理也可将上、下两片网衣各绘出一半组成 1 个圆锥式底拖网的半展开图，如图 4-26（2）所示。我国拖网网图一般均绘制成半展开图。这种网图的绘制是以网具的纵向对称线为基准，在左边绘出上片网衣的左侧，在右边绘出下片网衣的右侧。身网衣和囊网衣除了左右对称外，若上、下两片规格相同时，则不用纵向对称线标分左右，其所标注的数据，既代表上片，也代表下片。

四片式拖网是由上下左右 4 片网衣缝合而成的，故可绘出上下左右共 4 片网衣的全展开图，如图 4-38 所示。由于左、右 2 片侧网衣一般是左右对称的，为简化绘图，可只绘出上、下片网衣和 1 片侧网衣即可，如图 4-36、图 4-37 和图 4-41 所示。由于四片式拖网其上、下片网衣和左、右片网衣分别互相对称，一般只绘出 2 片网衣的局部展开图，如图 4-44 所示。有囊拖网网衣展开图一般绘制成半展开图，其轮廓尺寸是按如下规定绘制：纵向长度依网衣拉直长度按比例缩小绘制，横向宽度依网衣拉直宽度的一半或依网周拉直宽度的四分之一按同一比例缩小绘制。按此方法绘制出来的网衣，其横向缩结系数约为 0.45。

在网衣展开图中，除了标注各段网衣的规格外，还要标注与网衣连接的绳索规格，如浮纲、缘纲、沉纲、翼端纲、网身力纲等的分段装配规格及浮纲、缘纲或沉纲（不包括中间卸扣的连接长度）总长度，如图 4-82（a）的上图所示。

[①] 图 4-82 是广西北海市捕捞公司的 340 目底层拖网网图，是按照《南海区渔具》的原图扫描的，只是把原绘制在图 4-82（a）中右方的橡胶滚轮零件图移到图 4-82（b）的中右方处，如①所示。此外，根据图 4-82（a）下方的绳索、属具布置图中的垫片规格标注，补充画出垫片零件图，如图 4-82（b）右下方的②所示。

此外，单片拖网网衣展开图的绘制方法与刺网等单片型网衣的相同，即每片网衣的水平长度依结缚网衣的上纲长度按比例缩小绘制，垂直高度依网衣拉直高度按同一比例缩小绘制。

关于单片拖网网衣展开图中的标注要求与刺网网衣展开图的一致，不再赘述。

3. 绳索属具布置图

要求绘出一边翼端部分的网衣与绳索和属具的连接布置，应标注沉纲、翼端纲、空绳、叉绳、单手绳、网板叉绳、游绳、曳绳等绳索的规格和浮子、撑杆、网板、滚轮、垫片、沉子等属具的规格，如图4-82（a）的下图所示。

4. 浮沉力布置图

拖网的浮沉力配布是左、右对称的，故其浮沉力布置图可以只绘出一边的或一端的安装布置，应标注浮子、滚轮、垫片、沉子等的数量、材料、规格及其安装的位置或间隔长度等，如图4-82（b）所示。

5. 网板图和零件图

网板图和零件图是分别表示网板和渔具零件的形状、结构的图样，应依机械制图的规定按比例缩小绘制，并标注其材料和规格尺寸。

二、拖网网图标注

1. 主尺度标注

①有翼拖网：网口网衣拉直周长×网衣拉直总长（结缚网衣的上纲长度）。
例：340目底层拖网 81.60 m × 61.24 m（38.50 m）[图4-82（a）]。
②桁杆拖网：网口网衣拉直周长×网衣拉直总长（桁杆总长）。
例：毛蟹拖网 12.04 m × 5.44 m（4.00 m）（《中国图集》105号网）。
③桁架拖网：网口网衣拉直周长×网衣拉直总长（结缚网衣的网口纲长）。
例：划网 71.82 m × 9.07 m（9.00 m）（《中国图集》106号网）。
④单片拖网的表示法与单片刺网的相同，即：每片网具结缚网衣的上纲长度×网衣拉直高度。
例：带网 25.63 m × 2.00 m。

《中国图集》在编制中规定，单片刺网主尺度表示法是：每片网具结缚网衣的上纲长度×网衣拉直高度或侧纲长度。在《中国图集》118号网"带网"的主尺度标注为 25.63 m × 0.60 m，是采用侧纲长度（0.60 m）来标注的。本书单片刺网主尺度表示法规定只采用网衣拉直高度来标注，而带网的网衣拉直高度为2.00 m，故本书的带网主尺度标注为 25.63 m × 2.00 m。

2. 网衣标注

网衣的网宽目数标注在网衣的轮廓线内。剪裁拖网的网衣剪裁符号一律标注在轮廓线内。编结拖网的配纲边编结符号要标注在轮廓线的右外侧。网衣规格的其他数字标注在轮廓线的左边外侧或两边外侧，从内向外依次为目大和网结类型、网线材料规格、各段网衣拉直长度（在纵向直线的内侧）和各段网衣网长目数（在纵向直线的外侧）。若下翼网衣的目大和网结类型、网线材料规格与上翼网衣、盖网衣的相同时，则下翼网衣右边外侧的目大和网结类型、网线材料规格均可以不用标注。

340目底层拖网（广西北海）

81.60 m × 61.24 m（38.50 m）

(a)

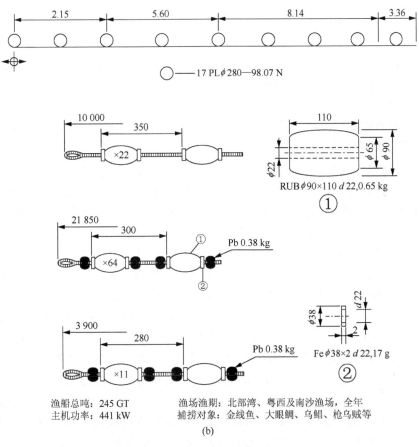

图 4-82 340 目底层拖网

剪裁拖网网衣的剪裁方法可用剪裁斜率或剪裁循环表示。20 世纪 80 年代我国沿海各省（自治区、直辖市）出版的渔具图集和《中国图集》中，均采用剪裁斜率来表示剪裁方法；而 FAO 于 1965 年编辑出版的《渔具设计图集》和 1972 年编辑出版的《小型渔具设计图集》中，均采用剪裁循环来表示剪裁方法。剪裁斜率是指一组剪裁循环或二组剪裁循环的横向目数与纵向目数之比。剪裁循环中的边傍用代号 N 表示，全边傍用 AN 表示，宕眼用 T 表示，全宕眼用 AT 表示，单脚用 B 表示，全单脚（简称全单）用 AB 表示。在网图中，有时为了形象化标注，代号 N 用符号"×"表示，T 用"∧"表示，B 用"/"或"\"表示。编结拖网网衣的编结方法可用编结符号表示。有关编结符号的标注方法，已在有囊围网渔具图及其网图核算这一节内容里做了介绍。

剪裁拖网网衣展开图中的网宽目数，因各地的习惯不同，有的已包括了扎边补强和绕缝缝合所需消耗的网目数，有的只表示经扎边补强和绕缝缝合后的实际目数。而各段网衣的网长目数则不包括前、后段网衣之间因缝合连接而增加的半目。各段网衣拉直长度数值，在南海区的剪裁拖网网图中，已包括了前、后两段网衣之间编缝而增加的半目，而其他海区的则不包括这缝合的半目。

网宽目数应标注在靠近横线中间处或靠近中心线的横线附近。在盖网衣大头和腹网衣大头的网宽目数下方用括号标注出上、下口门目数。网宽目数后面带符号"↻"的是指该网宽目数为整个圆周目数。在编结拖网网图中，翼网衣和翼端三角网衣的大头处带括号的网宽目数是指大头的起编目数，而不是大头目数。

3. 绳索标注

在网衣展开图中，绳索是用与其所结缚的网衣轮廓线平行的粗实线来表示。在绳索属具布置图和浮沉力布置图中，绳索可用一条粗实线来表示。在绳索属具布置图和浮沉力布置图中，凡是不能按比例绘制其长度的绳索线，其中间应断开。

上网衣"↑"上方的数字表示浮纲总长度，下网衣符号"↓"上方的数字一般表示缘纲总长度，没有缘纲的则表示沉纲总长度。

钢丝绳和植物纤维绳用长度（m）、材料略语及其直径ϕ（mm）标注，如 750.00 WR ϕ18.5；62.00 HEM ϕ23。铁链用长度（m）、铁链略语 CH 及制链钢条直径ϕ（mm）标注，如3.00 CH ϕ16。

我国拖网渔业生产主要是使用 1 条纤维芯（带防锈油）和 6 条钢丝绳股捻制的复捻式半硬钢丝绳。我国拖网网具上使用的混合绳有 3 种。第一种是夹芯绳（COMB），是以单捻式的钢丝绳为绳芯，外层包以植物纤维或合成纤维绳纱捻制成绳股的 3 股复捻绳。如 110.00 COMB ϕ55（WR ϕ21.5＋PE NET），是将直径为 21.5 mm 的钢丝绳拆开，取其 1 条钢丝绳股为芯，外层包缠旧乙纶网衣（将旧乙纶网衣剪成若干目宽的长条网片）捻制成绳股，然后用 3 条绳股再捻制成直径为 55 mm、长为 110.00 m 的复捻绳，又可称为旧乙纶网衣夹芯绳。又如 110.00 COMB ϕ55（WR ϕ7COV PE NS），是先以直径为 7 mm 的钢丝单捻绳为芯，外层包缠 1 条旧乙纶网衣单捻绳股，然后用 3 条绳股再捻制成直径为 55 mm、长为 110.00 m 的复捻绳，同样又可称为旧乙纶网衣夹芯绳。夹芯绳在拖网网具中主要用作混合曳绳、单手绳、下空绳、网身力纲和网囊引绳。网身力纲一般采用钢丝绳，先涂黄油用薄膜包裹，再在外层缠绕乙纶网线。黄渤海区和东海区的网身力纲，也有采用白棕夹芯绳的。第二种是包芯绳（COMP），是以钢丝绳为绳芯，外围包捻 3 条植物纤维或合成纤维绳股的复捻绳。如 13.60 COMP ϕ32（WR ϕ12＋PE NET），是以直径为 12 mm 的钢丝绳为绳芯，外围包缠 3 条旧乙纶网衣单捻绳股捻制成直径为 32 mm、长为 13.60 m 的复捻绳，又可称为旧乙纶网衣包芯绳。包芯绳在拖网网具中主要用作混合曳绳、单手绳和下空绳。第三种是缠绕绳（COVR），是以钢丝绳为芯，外围包缠 1 条植物纤维或合成纤维绳股的混合绳。如 72.00 COVR ϕ40（WR ϕ12.5＋PE NET＋MAN），是以直径为 12.5 mm 的钢丝绳为绳芯，外围包缠 1 条旧乙纶网衣和白棕混合单捻绳股，形成 1 层或若干层缠绕的直径为 40 mm、长为 72 m 的缠绕绳，又可称为旧乙纶网衣和白棕混合缠绕绳。缠绕绳在拖网网具中主要用作下空绳或大纲沉纲。

4. 属具标注

属具的数量、材料、规格均标注在绳索属具布置图和浮沉力布置图中。若没有绘制浮沉力布置图的，浮子、滚轮、沉子等的数量、材料、规格应标注在绳索属具布置图中。

属具的标注方法因属具不同而异，带耳球浮用"数量（个）、材料略语、外径ϕ（mm）—每个浮子的浮力"来标注，如 17 PLϕ280—98.07 N；中孔球浮用"数量（个）、材料略语、外径ϕ（mm）、孔径 d（mm）—每个浮子的浮力"来标注，如 49 ABS ϕ300 d 15—111.52 N；滚轮用"数量（个）、材料略语、外径ϕ（mm）×长度（mm）、孔径 d（mm），每个质量"来标注，如 128 RUB BOBϕ90×110 d 22，0.65 kg；垫片用"数量（个）、材料略语、外径ϕ（mm）×厚度（mm）、孔径 d（mm），每个质量"标注，如 256 Fe ϕ38×2 d 22，17 g；撑杆、竹竿等杆状物用"长度（m）、材料略语、外径ϕ（mm）"标注，如 0.80 Fe PI P ϕ80，4.00 BAM ϕ40 等；网板用"材料略语、弦长（mm）×展长（mm），每块质量"标注，如 ST WD 2400×1255，350.00 kg；圆环用"数量（个）、材料略语、圆环略语 RIN、外径ϕ（mm）、圆环材料直径ϕ_1（mm），每个质量"标注，如 4 Fe RINϕ80$\phi_1$10，0.13 kg。

第八节 拖网渔具图核算

网图核算是网具施工前的重要工作之一。在实践中，往往由于网图的差错而在施工中造成人力和物力的浪费。为此，我们在施工前一定要严格进行网图核算，经核算后确实证明无误，或进行了改正后，才能进一步根据网图计算用料、备料和施工。

一、拖网网图核算步骤与原则

拖网可分为剪裁网和编结网 2 种。下面分别介绍其网图的核算步骤与原则。

（一）剪裁网的核算步骤与原则

1. 核对网衣两侧边斜度的合理性

首先根据网衣展开图中两侧边所标注的剪裁符号，换算出两侧边的斜度，然后根据斜度来分析一下各段网衣的剪裁符号是否合理。假设网目的横向缩结系数为 0.4472（其纵向缩结系数即为 0.8944），则网衣斜边的斜度可由下式求得：

$$\tan\alpha = \frac{m'}{2M'}$$

或

$$\alpha = \arctan\frac{m'}{2M'}$$

式中，α——斜度；

m'、M'——剪裁斜边的横目与纵目，或一个剪裁循环组的横目与纵目。

上述假设是与拖网网图的绘制方法（网长按拉直长度和网宽按拉直宽度的一半来按比例缩小绘制）是一致的。即由上式求得的斜度是与网衣展开图中斜边与纵轴线之间的夹角是相等的。现将可能会见到的几种剪裁符号的斜度列于表 4-6，以供参考。

根据拖网各部分网衣的作用，最好是网衣在拖曳时能形成一个较为光顺的喇叭状，即网衣两侧边的斜度由前到后应逐渐地减小。其递减幅度不宜相差过大或过小，如能均匀地递减则比较理想。尽可能防止斜度前小后大或由前到后突然减小过多的现象出现。

表 4-6 剪裁斜率（R）、剪裁循环（C）与斜度（α）对应值表

$R(m':M')$	C	α	$R(m':M')$	C	α	$R(m':M')$	C	α
1:1	AB	26°34′	1:2	1N2B	14°02′	1:5	2N1B	5°43′
5:6	1N10B	22°37′	2:5	3N4B	11°19′	1:6	5N2B	4°46′
4:5	1N8B	21°48′	1:3	1N1B	9°28′	1:7	3N1B	4°05′
7:9	1N7B	21°15′	3:10	7N6B	8°32′	1:8	7N2B	3°35′
3:4	1N6B	20°33′	2:7	5N4B	8°08′	1:9	4N1B	3°11′
5:7	1N5B	19°39′	3:11	4N3B	7°46′	1:10	9N2B	2°52′
2:3	1N4B	18°26′	1:4	3N2B	7°08′	1:11	5N1B	2°36′
3:5	1N3B	16°42′	2:9	7N4B	6°20′	1:12	11N2B	2°23′

2. 核对各段网衣网长目数

在我国剪裁拖网网衣展开图中，各段网衣拉直长度的标注因各海区的习惯不同而有区别。在黄渤海区和东海区，其网衣拉直长度（NL）实际上是标注各段网片的拉直长度，即不包括前（或后）两段网片之间横向缝合的半目，如《中国图集》78 号、82 号、86 号、87 号、88 号、89 号、90 号网等。在南海区，其网衣拉直长度是标注各段网衣的拉直长度，即包括了前、后两段网衣之间纵向缝合的半目，如《中国图集》79 号、80 号、84 号网等。

根据各段网衣的目大和网长目数可算出各段的拉直长度。假若各段算出的拉直长度与网衣展开图中标注的各段拉直长度数字相符，并且各段长度之和与主尺度的网衣拉直总长数字相符时，则说明各段的网长目数无误，否则就需改正。此外，如果网盖下翼不单独剪裁成一片时，可以根据下翼拉直长度应等于上翼与网盖拉直长度之和、疏底拉直长度应等于网侧或网身一段上片的拉直长度等原则，来核算上述各片网衣的网长目数。

3. 核对各段网衣网宽目数

在我国剪裁拖网网衣展开图中，网宽目数的标注，因各海区的缝合工艺要求不同而有所区别。在黄渤海区和东海区，一般是把斜梯形和正梯形网片底边钝角处的第一个单脚看成是半目，在网图标注中，斜梯形网片的大小头目数均计有半目，正梯形网衣小头两端钝角处的第一个单脚也看成是半目，两端加起来为一目，表面看来小头目数是整数，但实际上是计有两个半目的整目数。计有半目的正梯形网衣标注有个特点：由于网长均带有半目，其大头目数为偶数时，则小头目数也为偶数；同理，其大头为奇数时，则小头也为奇数。在 20 世纪 80 年代出版的各省（自治区、直辖市）的图集中，山东省、天津市的拖网网图，其网宽目数均计有半目，但在斜梯形网衣标注中，网宽均省略了半目的标注，其实质还是计有半目的。在南海区，其网宽均不计半目，网宽目数均为整数，而正梯形网衣标注也有个特点：由于网长均带有半目，若大头为偶数时，则小头为奇数；若大头为奇数时，则小头为偶数。这种不计半目的标注方法与 FAO 编辑出版的《渔具设计图集》和《小型渔具设计图集》拖网网衣展开图的网宽目数标注方法是一致的，与我国编结拖网的网宽目数的标注也相同，是值得推荐使用的。

不论网宽是否计有半目，其核对方法是一样的，只是网衣大小头目数的校核公式稍有差别。

核对各段网衣网宽时，首先核对根据网口目大和网口目数算出的网口周长是否与主尺度的网口网衣拉直周长数字相符。若相符时，我们就以此为准，以各段网长目数、剪裁符号和网口目数为已知数，由网口向前核对盖网衣、上翼网衣、网盖下翼网衣和下翼网衣的各段大小头目数，然后再由网口向后核对网身各段网衣的大小头目数和囊网衣的网周目数或网宽目数。

在核对各段网衣的大小头目数时，一般是把已核对无误的网长目数、剪裁符号、大头目数（或小头目数）作为已知数，然后由这些已知数求出小头目数（或大头目数）。假若求出的目数与网图数字不符，说明网图有错，应加以改正。

核对各段网衣大小头目数的计算方法是先计算剪边的整剪裁循环的组数和余目数，并运用对称剪裁基本法则将余目数搭配好开、终剪而写出剪边的对称剪裁排列，再应用校核公式进行核算。

对称剪裁基本法则如下。

①剪裁循环为一边傍多单脚（包括一边傍一单脚）时，钝角处剪裁组应比锐角处剪裁组多一个单脚，相应钝角处剪裁组纵目数比锐角处剪裁组纵目数多半目。

②剪裁循环为一宕眼多单脚（包括一宕眼一单脚）时，钝角处剪裁组应比锐角处剪裁组多三个单脚，相应钝角处剪裁组纵目数比锐角处剪裁组纵目数多半目。

③剪裁循环为多边傍一单脚时，钝角处剪裁组应比锐角处剪裁组少一个边傍，相应钝角处剪裁组纵目数比锐角处剪裁组纵目数少一目。

网宽目数不计半目的网衣大小头目数校核公式如下。

直角梯形网衣大小头目数校核公式（斜边为边傍单脚剪裁时）为

$$m_2 = m_1 - \frac{\sum B}{2} \tag{4-1}$$

两斜边均为边傍单脚剪裁的等腰正梯形网衣大小头目数校核公式为

$$m_2 = m_1 - \sum B \tag{4-2}$$

两斜边均为全单脚剪裁的等腰正梯形网衣大小头目数校核公式为

$$m_2 = m_1 - (M-1) \times 2 \tag{4-3}$$

一斜边为全单脚剪裁和另一斜边为边傍单脚剪裁的非等腰正梯形网衣大小头目数校核公式为

$$m_2 = m_1 - (M-1) - \frac{\sum B}{2} \tag{4-4}$$

一斜边为全单脚剪裁和另一斜边为宕眼单脚剪裁的非等腰正梯形网衣大小头目数校核公式为

$$m_2 = m_1 - (M-1) \times 2 - \sum T \tag{4-5}$$

一斜边为边傍单脚剪裁和另一斜边为宕眼单脚剪裁的斜梯形网衣大小头目数校核公式为

$$m_2 = m_1 - (\sum N - 1) - \sum T \tag{4-6}$$

一斜边为边傍单脚剪裁和另一斜边为全单脚剪裁的斜梯形网衣大小头目数校核公式为

$$m_2 = m_1 - (\sum N - 1) \tag{4-7}$$

一斜边为宕眼单脚剪裁和另一斜边为全单脚剪裁的斜梯形网衣大小头目数校核公式为

$$m_2 = m_1 - \sum T \tag{4-8}$$

式中，m_2——网衣的小头目数；

m_1——网衣的大头目数；

$\sum B$——一条单脚斜边上单脚数的总和；

M——网长目数；

$\sum T$——宕眼单脚斜边上宕眼数的总和；

$\sum N$——边傍单脚斜边上边傍数的总和。

网宽目数计半目的网衣大小头目数校核公式与网宽目数不计半目的校核公式相似，只要把公式中的$\sum B$、$(M-1)$、$(\sum N - 1)$分别改为$(\sum B - 1)$、$(M-0.5)$、$(\sum N - 0.5)$即可，则网宽不计半目的校核公式（4-1）～（4-8）可改为网宽计半目的校核公式（4-1′）～（4-8′）。

$$m_2 = m_1 - \frac{\sum B - 1}{2} \tag{4-1′}$$

$$m_2 = m_1 - (\sum B - 1) \tag{4-2′}$$

$$m_2 = m_1 - (M-0.5) \times 2 \tag{4-3′}$$

$$m_2 = m_1 - (M-0.5) - \frac{\sum B - 1}{2} \tag{4-4′}$$

$$m_2 = m_1 - (M-0.5) \times 2 - \sum T \tag{4-5′}$$

$$m_2 = m_1 - (\sum N - 0.5) - \sum T \tag{4-6′}$$

$$m_2 = m_1 - (\sum N - 0.5) \tag{4-7′}$$

$$m_2 = m_1 - \sum T \tag{4-8′}$$

4. 核对各部分网衣的配纲

先根据网衣展开图计算出各部分网衣的配纲系数,然后检查这些配纲系数是否合理。

上、下口门和平头式翼端的配纲系数可由下式求得

$$\eta = L \div [2a(N-1)]$$

式中,η——配纲系数;

L——上、下口门或平头式翼端的配纲长度(m);

$2a$——上、下口门或翼端的目大(mm);

N——上、下口门目数或平头式翼端目数。

其中,上口门目数是指盖网衣大头前缘两旁与上翼网衣大头后缘缝合后的中间部分剩余目数。下口门目数是指网身一段下片大头前缘两旁与下翼网衣大头或网盖下翼网衣大头后缘缝合后的中间部分剩余目数。

网翼和燕尾式翼端的配纲系数可由下式求得

$$\eta = L \div (2a \cdot M)$$

式中,η——配纲系数;

L——网翼或翼端三角的配纲长度(m);

$2a$——网翼或翼端三角的目大(mm);

M——配纲部分网衣的网长目数。

配纲系数是否合理,可按我国底拖网配纲的一般习惯考虑。根据我国两片式底拖网和南海编结型底拖网的统计,配纲系数的使用范围如表4-7所示。

表4-7 配纲系数使用范围

配纲部位		配纲系数使用范围
上口门		0.41~0.50
上翼	3∶1(1T1B)/(1r − 1.5)	1.35~1.60
	2∶1(1T2B)/(2r − 2)	1.14~1.26
	3∶2(1T4B)/(4r − 3)	1.06~1.12
下口门		0.35~0.46
下翼	3∶1(1T1B)/(1r − 1.5)	1.26~1.50
	2∶1(1T2B)/(2r − 2)	1.10~1.23
	3∶2(1T4B)/(4r − 3)	1.05~1.09
1∶1(AB)/(2r − 1)		0.93~1.00
平头式翼端		0.35~0.50

核对了各段网衣配纲的合理性后,接着可计算出上口门,上翼各段网衣的配纲长度之和,核对其是否与网图标注的浮纲总长度相符;再计算出下口门、下翼(包括网盖下翼)各段网衣配纲长度之和,核对其是否与网图标注的缘纲或沉纲总长度相等。核对沉纲的总长度是否等于或稍短于缘纲总长度,否则就不合理。计算上、下翼端三角配翼端纲的长度之和,核对其是否与绳索属具布置图中标注的翼端纲长度相等。最后计算网身力纲装置部位的网衣拉直总长度,核对此总长度是否稍短于网身力纲长度,否则就不合理。

5. 核对浮沉力的配布

根据浮力布置图计算出浮子个数,核对其是否与网图标注的浮子个数相符。根据沉力布置图的滚轮安装间隔长度和滚轮个数计算出其装配长度,如装配长度稍小于纲长(约小于 0.8 m),则说明滚轮的配布是可行的。

(二)编结网的核算步骤与原则

1. 核对各段网衣网长目数

根据各段网衣的目大和网长目数可算出各段的拉直长度。假若各段算出的拉直长度与网衣展开图中标注的各段拉直长度数字相符,而且各段长度之和与主尺度的网衣拉直总长数字和网衣展开图左侧纵向直线下方的网衣总长数字均相符时,则说明各段的网长目数均无误,否则就需改正。

2. 核对各段网衣编结符号

假设编结周期内的纵目和网衣中间的每道增减目周期组数或网衣边缘的减目周期组数是无误的,根据周期内的纵目乘以周期组数可以得出网长目数。若算出的网长目数与网图数字相符,说明假设正确,即编结符号中的增减目周期组数和周期内节数均无误,否则就需改正。

3. 核对各段网衣网宽目数

首先核对根据网口目大和网口目数算出的网口周长是否与主尺度的网口网衣拉直周长数字相符。若相符时,我们就以各段网衣的网长目数、编结符号和网口目数为已知数,向前核对网盖、网翼、网缘各段的大小头目数,然后再向后核对网身和网囊的网宽目数。

编结网衣大小头目数的校核公式如下。

两斜边均为网衣中间纵向增目的等腰正梯形网衣大小头目数校核公式

$$m_1 = m_2' + n \cdot z \cdot t \quad (4\text{-}9)$$

两斜边均为单脚减目(2r-1)的等腰正梯形网衣大小头目数校核公式为

$$m_2 = m_1' - M \times 2 \quad (4\text{-}10)$$

一斜边为单脚减目和另一斜边为宕眼单脚减目的非等腰正梯形网衣大小头目数校核公式为

$$m_2 = m_1' - M \times 2 - z \quad (4\text{-}11)$$

一斜边为网衣中间纵向增目和另一斜边为单脚减目的斜梯形网衣大小头目数校核公式为

$$m_2 = m_1' + n \cdot z \cdot \frac{t}{2} - M \quad (4\text{-}12)$$

一斜边为单脚增目和另一斜边为宕眼单脚减目的斜梯形网衣大小头目数校核公式为

$$m_2 = m_1' - z + 1 \quad (4\text{-}13)$$

纵向减目编结的截锥形网衣大小头网周目数校核公式为

$$m_2'' = m_1'' - n \cdot z \cdot t'' \quad (4\text{-}14)$$

式中,m_1——网衣大头目数;

m_1'——网衣大头的起编目数;

m_2——网衣小头的目数;

m_2'——网衣小头的起编目数;

n——编结周期内的横向增减目数；
z——网衣中间每道或边缘的编结周期组数或组数的总和；
t——一处网衣中间纵向增减目编结的道数；
t''——截锥形网衣纵向减目编结的总道数；
M——网衣的编长目数；
m_2''——截锥形网衣小头的网周目数；
m_1''——截锥形网衣大头的网周目数。

4. 核对各部分网衣的配纲

编结网各部分网衣配纲系数的计算方法和配纲系数是否合理的辨别方法等可参考剪裁网的核算步骤与原则的相应部分内容，在此不再赘述。

二、网图核算实例

（一）剪裁网的核算

例 4-1　试对 340 目底层拖网（图 4-82）进行网图核算。

解：

1. 核对拖网两侧边斜度的合理性

根据该网两侧边的剪裁斜率并参考表 4-6，可得出该网两侧边的斜度如表 4-8 所示。

从表 4-8 可以看出，两侧边的斜度由前到后逐渐减小，这是合理的。其递减幅度为 2°~5°，不算相差太大，还是较好的。

表 4-8　拖网两侧边斜度

剪裁用语	网翼、网盖	网身一段	网身二段	网身三段	网身四段	网身五段	网身六段
R	3:4	3:4	2:3	2:3	1:2	1:3	1:3
α	20°33′	20°33′	18°26′	18°26′	14°02′	9°28′	9°28′

2. 核对各段网衣网长目数

根据网衣展开图所标注目大和网长目数（包括前、后两段网衣之间缝合的半目），可算出各段网衣的拉直长度如表 4-9 所示。

表 4-9　各段网衣的拉直长度

段别	拉直长度/m
翼端三角	0.24 × 14 = 3.36
上翼前段	0.24 × 32 = 7.68
上翼后段	0.24 × 16 = 3.84
网盖	0.24 × 24 = 5.76
网身一段	0.24 × 24 = 5.76
网身二段	0.18 × 28 = 5.04

续表

段别	拉直长度/m
网身三段	0.12 × 46 = 5.52
网身四段	0.08 × 66 = 5.28
网身五段	0.06 × 100 = 6.00
网身六段	0.05 × 100 = 5.00
网囊	0.04 × 200 = 8.00
网衣总长	61.24

经核算，各段网衣拉直长度与网图标注的数字相符，各段长度加起来得出的网衣总长也与网图主尺度的数字和网衣展开图左侧纵向直线下方的网衣总长数字均相符，证明了表 4-9 所列各段网衣的网长目数均无误。

此外，上翼和网盖的网长目数之和为

$$31.5 + 0.5 + 15.5 + 0.5 + 23.5 = 71.5 \text{ 目}$$

下翼网长目数为

$$56 + 15.5 = 71.5 \text{ 目}$$

经核算，下翼网长目数与上翼和网盖的网长目数之和相同，则证明下翼网长目数无误。

3. 核对各段网衣网宽目数

该网网图的网宽目数不计半目，也不包括网衣两斜边的绕编或扎边所需消耗的目数。

1）核对网口周长

该网的网口周长为

$$0.24 \times (170 + 170) = 81.60 \text{ m}$$

核算结果与主尺度的网口周长数字相同，说明网身一段上、下片的大头目数均无误。

2）核对盖网衣大小目数

盖网衣小头与网身一段上片大头是一目对一目编缝的，缝合处两端应保持 1N6B，如图 4-83 所示。盖网衣小头应为

$$170 + 1.5 \times 2 = 173 \text{ 目}$$

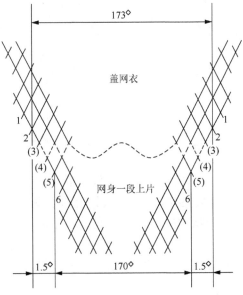

图 4-83 盖网衣与网身一段上片缝合示意图

已知网长 23.5 目，两边 3∶4(1N6B)，小头 173 目，求大头。

$$23.5 \div 4 = 5 \cdots\cdots 3.5 \text{目}$$

上式说明 1N6B 边有 5 个整剪裁循环组，余目数为 3.5 目，运用对称剪裁基本法则（1）可将余目数分解为 1.5 目和 2 目，并将 1.5 化为 1N1B 放在锐角处作为开剪组，将 2 目化为 1N2B 放在钝角处作为终剪组；也可将余目数化为 1N5B 放在锐角处作为开剪组。本网是采用前一种对称剪裁排列，即为

$$1N1B \quad 1N6B(5) \quad 1N2B$$

盖网衣是两斜边均为边傍单脚剪裁的等腰正梯形网衣，则可根据网衣大小头目数的校核公式（4-2）计算出盖网衣的大头目数为

$$m_1 = m_2 + \sum B = 173 + 1 + 6 \times 5 + 2 = 206 \text{目}$$

核算结果与网图标注数字相符，说明盖网衣大头目数无误。

3）核对上口门和上翼后段大头的目数

上翼后段大头与盖网衣大头两旁是一目对一目编缝的，缝合处两端边形成 1N6B 和 1T3B，如图 4-84 所示。假设上翼后段大头目数是无误的，则上口门目数应为

$$206 - 84 \times 2 = 38 \text{目}$$

核算结果与网图标注的上口门目数（38）相符，说明上口门和上翼后段大头的目数均无误。

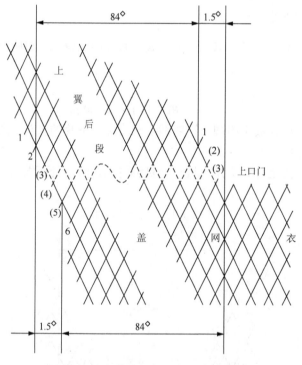

图 4-84　上翼后段与网盖缝合示意图

上口门两旁与上翼后段大头锐角处的缝合处装配浮纲后又称为"上三拼口处"。该网的上三拼口处的设计是把网衣缝成 1T3B，这是欠妥的。但这种设计上的不妥可在上三拼口处的网衣与浮纲装配时给予调整，可详见下文关于"拖网制作与装配"中的有关叙述。

4）核对上翼后段小头目数

已知网长 15.5 目，3∶4(1N6B) 和 3∶1(1T1B) 边，大头 84 目，求小头。

3∶4 边

$$15.5 \div 4 = 3 \cdots\cdots 3.5 \text{目}$$

$$1N1B \quad 1N6B(3) \quad 1N2B$$

3∶1 边（1T1B 的纵目为 0.5 目）

$$15.5 \div 0.5 = 26 \cdots\cdots 2.5 \text{ 目}$$

上式说明 1T1B 边有 26 个整剪裁循环组，余目数为 2.5 目，运用对称剪裁基本法则（2）可将余目数分解为 1 目和 1.5 目，并将 1 目化为 1N 放在锐角处作为开剪组，将 1.5 目化为 1T3B 放在钝角处作为终剪组，则其对称剪裁排列为

$$1N \quad 1T1B(26) \quad 1T3B$$

上翼后段是一斜边为边傍单脚剪裁和另一斜边为宕眼单脚剪裁的斜梯形网衣，则可根据校核公式（4-6）计算出其小头目数为

$$m_2 = m_1 - (\sum N - 1) - \sum T = 84 - (1 + 3 + 1 - 1) - (26 + 1) = 53 \text{ 目}$$

经核对无误。

5）**核对上翼前段大小头目数**

上翼前段大头与上翼后段小头是一目对一目编缝的，缝合处两端边形成 1N6B 和 1T4B，如图 4-85 所示。上翼前段大头应比上翼后段小头少 1 目，为 52 目，这与网图数字相符。

已知网长 31.5 目，3∶4(1N6B) 和 3∶2(1T4B) 边，大头 52 目，求小头。

3∶4 边

$$31.5 \div 4 = 7 \cdots\cdots 3.5 \text{ 目}$$

$$1N1B \quad 1N6B(7) \quad 1N2B$$

3∶2 边

$$31.5 \div 2 = 15 \cdots\cdots 1.5 \text{ 目}$$

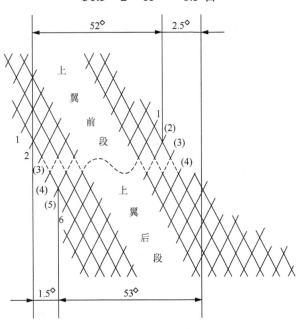

图 4-85 上翼前段与上翼后段缝合示意图

运用对称剪裁基本法则（2）可将余目数化为 1N1B 放在锐角处作为开剪组，则其对称剪裁排列为

$$1N1B \quad 1T4B(15)$$

上翼前段两斜边的剪裁与上翼后段两斜边的剪裁相似，则可根据校核公式（4-6）计算出其小头目数为

$$m_2 = 52 - (1+7+1-1) - 15 = 29 \text{目}$$

经核对无误。

6) 核对上翼端三角大小头目数

上翼端三角大头与上翼前段小头是一目对一目编缝的,缝合处两端边形成2B1N和3B,如图4-86所示。上翼端三角大头应比上翼前段小头少2目,即为27目,这与网图数字相等。

已知网长13.5目,两边1∶1(AB),大头27目,求小头。

上翼端三角是两斜边均为全单脚剪裁的等腰正梯形网衣,可根据校核公式(4-3)计算出其小头目数为

$$m_2 = m_1 - (M-1) \times 2 = 27 - (13.5-1) \times 2 = 2 \text{目}$$

经核对无误。

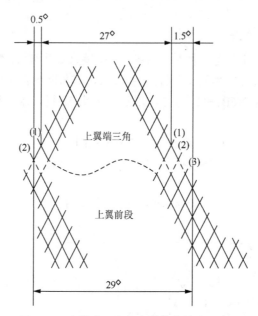

图4-86 上翼端三角与上翼前段缝合示意图

7) 核对下口门、下网缘后段大头与网身一段下片大头的目数

下网缘后段大头、下翼大头与网身一段下片大头两旁是一目对一目编缝的,缝合处两端边形成1N6B和1T3B,如图4-87所示。从图中可以看出,下网缘后段的全单边与下翼的全单边是先扎边和绕缝并形成一片网衣后,其大头和网身一段下片大头两旁是一目对一目编缝的。假设下网缘后段大头目数和下翼大头目数是无误的,则下口门目数应为

$$170 - (36+31) \times 2 = 36 \text{目}$$

核算结果与网图数字相符,证明下口门、下网缘后段大头和下翼大头的目数均无误。

8) 核对下网缘后段小头目数

已知网长15.5目,3∶1(1T1B)和1∶1(AB)边,大头36目,求小头。

$$15.5 \div 0.5 = 26 \cdots\cdots 2.5 \text{目}$$

1N   1T1B (26)   1T3B

下网缘后段是一斜边为宕眼单脚剪裁和另一斜边为全单脚剪裁的斜梯形网衣,则可根据校核公式(4-8)计算出其小头目数为

$$m_2 = m_1 - \sum T = 36 - 26 - 1 = 9 \text{目}$$

经核对无误。

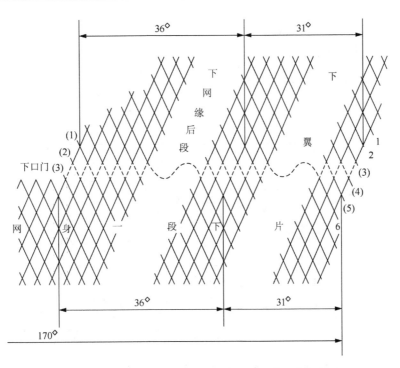

图 4-87　下网缘后段、下翼与网身一段下片缝合示意图

9）核对下网缘前段网宽目数

下网缘前段是两边均为 1∶1(AB) 的平行四边形网衣，网图中标注其网宽目数为 9 目，与下网缘后段的小头目数等宽，这是合理的，核对下网缘前段网宽目数无误。

10）核对下翼小头目数

根据网图标注，下翼网长应为

$$M = 56 + 15.5 = 71.5 \text{ 目}$$

已知网长 71.5 目，3∶4（1N6B）和 1∶1(AB) 边，大头 31 目，求小头。

$$71.5 \div 4 = 17 \cdots\cdots 3.5 \text{ 目}$$

$$1N1B \quad 1N6B（17）\quad 1N2B$$

下翼是一斜边为边傍单脚剪裁和另一斜边为全单脚剪裁的斜梯形网衣，可根据校核公式（4-7）计算出其小头目数为

$$m_2 = m_1 - (\sum N - 1) = 31 - (1 + 17 + 1 - 1) = 13 \text{ 目}$$

经核对无误。

11）核对下翼端三角大小头目数

下翼端三角大头与下网缘前段前头、下翼小头是一目对一目编缝的，缝合处两端边形成 3B，如图 4-88 所示。下翼端三角大头目数应等于下网缘前段前头和下翼小头的目数之和。

即

$$9 + 13 = 22 \text{ 目}$$

已知网长 13.5 目，1∶2（1N2B）和 1∶1(AB) 边，大头 22 目，求小头。

$$13.5 \div 2 = 6 \cdots\cdots 1.5 \text{ 目}$$

运用对称剪裁基本法则（1）可将余目数化为 1N1B 放在锐角处作为开剪组，则其对称剪裁排列为

$$1N1B \quad 1N2B（6）$$

下翼端三角是一斜边为全单脚剪裁和另一斜边为边傍单脚剪裁的非等腰正梯形网衣，则可根据校核公式（4-4）计算出其小头目数为

$$m_2 = m_1 - (M-1) - \frac{\sum B}{2} = 22 - (13.5-1) - \frac{1+2\times 6}{2} = 3 \text{目}$$

经核对无误。

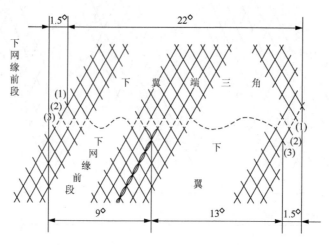

图 4-88　下翼端三角与下网缘前段、下翼缝合示意图

前面已经核对了网口前各段网衣的网宽目数，后面将继续核对网口后身网衣各段网衣的网宽目数。本网身网衣是由六筒截锥形网衣前后缝合组成的。每筒身网衣是由上、下 2 片两边均为边傍单脚剪裁的等腰正梯形网衣的两斜边绕缝缝合而成的，故其斜边可运用对称剪裁基本法则（1）进行对称剪裁排列，其网宽目数可根据校核公式（4-2）进行核算。

该网图把纵向对称中心线画成细实线是错误的，应改画成点画线。

12) 核对网身一段小头目数

该网图把网身一段上、下两片标注为同规格的网衣，这是错误的。若上、下两片规格完全相同，则没有必要画出纵向对称中心线而分成上、下 2 片。根据广西北海设计疏目型拖网的习惯，网身一段下片的线粗一般取与下网缘相同，故应将该网图中标注的网身一段下片线粗 20×3 改为 25×3。

已知网长 23.5 目，两边 3∶4（1N6B），大头 170 目，求小头。

$$23.5 \div 4 = 5 \cdots\cdots 3.5 \text{目}$$

$$\text{1N1B} \quad \text{1N6B（5）} \quad \text{1N2B}$$

$$m_2 = 170 - 1 - 6\times 5 - 2 = 137 \text{目}$$

核算结果与网图标注的不符，故网图标注 127 目是错误的，应改为 137 目。

13) 核对网身二段大小头目数

网身二段大头应与网身一段小头等宽，则网身二段大头应为

$$240 \times 137 \div 180 = 182.7 \text{目}$$

因网身一段小头 137 目为奇数，则网身二段大头应取偶数。现该网取小一些，为 182 目，这是可以的。

已知网长 27.5 目，两边 2∶3（1N4B），大头 182 目，求小头。

$$27.5 \div 3 = 8 \cdots\cdots 3.5 \text{目}$$

$$\text{1N1B} \quad \text{1N4B（8）} \quad \text{1N2B}$$

$$m_2 = 182 - 1 - 4\times 8 - 2 = 147 \text{目}$$

经核对无误。

14）核对网身三段大小头目数

网身三段大头应为

$$180 \times 147 \div 120 = 220.5 \text{ 目}$$

网身三段大头应为偶数，现该网取为220目，这是可以的。

已知网长45.5目，两边2∶3（1N4B），大头220目，求小头。

$$45.5 \div 3 = 14 \cdots\cdots 3.5 \text{ 目}$$

1N1B 1N4B（14） 1N2B

$$m_2 = 220 - 1 - 4 \times 14 - 2 = 161 \text{ 目}$$

经核对无误。

15）核对网身四段大小头目数

网身四段大头应为

$$120 \times 161 \div 80 = 241.5 \text{ 目}$$

网身四段大头应为偶数，现该网取为240目，这是可以的。

已知网长65.5目，两边1∶2（1N2B），大头240目，求小头。

$$65.5 \div 2 = 32 \cdots\cdots 1.5 \text{ 目}$$

1N1B 1N2B（32）

$$m_2 = 240 - 1 - 2 \times 32 = 175 \text{ 目}$$

经核对无误。

16）核对网身五段大小头目数

网身五段大头应为

$$80 \times 175 \div 60 = 233.3 \text{ 目}$$

网身五段大头目数应为偶数，现该网取为232目，这是可以的。

已知网长99.5目，两边1∶3（1N1B），大头232目，求小头。

$$99.5 \div 1.5 = 65 \cdots\cdots 2 \text{ 目}$$

1N1B（65） 1N2B

$$m_2 = 232 - 1 \times 65 - 2 = 165 \text{ 目}$$

核算结果与网图标注的不符，故网身五段小头目数应由图标的167目改为165目。

17）核对网身六段大小头目数

网身六段大头应为

$$60 \times 165 \div 50 = 198 \text{ 目}$$

网身六段大头应为偶数，现该网取为200目，虽然稍大一些，也是可以的。

已知网长99.5目，两边1∶3（1N1B），大头200目，求小头。

$$99.5 \div 1.5 = 65 \cdots\cdots 2 \text{ 目}$$

1N1B（65） 1N2B

$$m_2 = 200 - 1 \times 65 - 2 = 133 \text{ 目}$$

经核对有误，故网身六段小头应由图标的135目改为133目。

18）核对囊网衣网周目数

囊网衣是由矩形网片两直目边缝合后形成的圆筒网衣。网身六段上、下两片网衣缝合成圆锥筒后，其小头网周有266（133×2）目。囊网衣网周目数应为

$$50 \times 266 \div 40 = 332.5 \text{ 目}$$

现本网图标网周目数为300目，相差太多，是不合理的。若该网的囊网衣网周目数保持300目不变，

并保持身网衣后端网周宽度与囊网衣网周宽度基本等宽时，建议可将网身五段一分为二，将其网长的一半（3 m）并入网身四段，另一半并入网身六段，经过上述修改，可克服该网身网衣后端网周宽度与囊网衣网周宽度相差太多的缺点。此处对如何修改不做详细说明。

4. 核对各部分网衣的配纲

1）验算配纲系数

上口门：
$$\eta = 4.30 \div [0.24 \times (38-1)] = 0.484$$

上翼后段 3∶1（1T1B）边：
$$\eta = 5.60 \div 3.84 = 1.458$$

上翼前段 3∶2（1T4B）边：
$$\eta = 8.14 \div 7.68 = 1.060$$

上翼端三角 1∶1（AB）边：
$$\eta = 3.36 \div 3.36 = 1.000$$

下口门：
$$\eta = 3.90 \div [0.24 \times (36-1)] = 0.464$$

下网缘后段 3∶1（1T1B）边：
$$\eta = 5.50 \div 3.84 = 1.432$$

下网缘前段与下翼端三角 1∶1（AB）边：
$$\eta = 16.35 \div (13.44 + 3.36) = 0.973$$

翼端纲计算如下。

在网衣展开图中只标注出上翼端三角的配翼端纲长为 3.20 m，而漏标出下翼端三角的配翼端纲长度。但在绳索属具布置图中标注出整条翼端纲长为 6.40 m，则下翼端三角部分配翼端纲的长度为
$$6.40 - 3.20 = 3.20 \text{ m}$$

上、下翼端三角的配翼端纲的配纲系数均为
$$\eta = 3.20 \div 3.36 = 0.952$$

参看表 4-6，可知上述配纲系数均在我国两片式底拖网习惯使用的配纲系数范围之内，故上述各部分网衣的配纲基本上是可以的。

2）核对浮纲长度

该网浮纲长度为
$$4.30 + (5.60 + 8.14 + 3.36) \times 2 = 38.50 \text{ m}$$

核算结果与本网主尺度中的结缚网衣的上纲长度（38.50 m）和上网衣符号上方的浮纲长度数字相符无误。

3）核对沉纲总长度

该网下纲中无缘纲，是用水扣绳代替缘纲的作用。在网衣展开图中的下三拼口处，在下口门的配纲和下网缘后段的配纲之间有个小圆圈连接，说明该网的沉纲由 1 段中沉纲（下口门的配纲）和 2 段翼沉纲（下翼端三角及下网缘前、后段的配纲）组成，则该网沉纲总长度为
$$3.90 + (5.50 + 16.35) \times 2 = 47.60 \text{ m}$$

核算结果与网衣展开图中下网衣符号上方的沉纲总长度数字相符无误。

4）核对网身力纲长度

从该网的调查资料中得知网身力纲前端固结在下网缘后段配纲边的第 16 组宕眼的相应部位，顺直目对角线向后结扎，直到背、腹网衣的缝合边，再沿缝合边结扎到网身末端并穿过网囊力纲前端留头长度折回形成的眼环后，其后端剩余长度折回固定扎缚在网身力纲上。每组宕眼网长半目，网身力纲净长应等于其装置部位总长度，则其净长应为

$$0.24 \times 0.5 \times 16 + 5.76 + 5.04 + 5.52 + 5.28 + 6.00 + 5.00 = 34.52 \text{ m}$$

网图中标注的网身力纲全长为 34.00 m，比其装置部位总长度还短，这是不合理的。考虑到网身力纲前端做个眼环尚需留头，后端与网囊力纲连接后需弯回结扎，又考虑到新网网衣使用初期会伸长，而钢丝绳力纲不易伸长，故力纲应取长一些，预留出当重新拆装力纲时由于网衣伸长而需增加的力纲长度，力纲全长可比其装置部位净长增长 10%，应为

$$34.52 \times 1.1 = 37.97 \text{ m}$$

5. 核对浮沉力的配布

1）核对浮子个数

在图 4-82（b）上方的浮力布置图中，可以看出上口门配纲右侧一半上配布 2 个浮子，上翼后段配纲上配布 2 个浮子，上翼前段配纲上配布 3.5 个浮子，上翼端三角上配布 1 个浮子，则整条浮纲上配布的浮子个数应为

$$(2 + 2 + 3.5 + 1) \times 2 = 17 \text{个}$$

核算结果与绳索属子布置图中及浮力布置图下方标注的浮子数量相符，无误。

2）核对垫片的规格

每个垫片的质量可由下式求得

$$W = \rho \left(\frac{\pi \phi^2}{4} - \frac{\pi d^2}{4} \right) \delta = \frac{\pi}{4} \rho (\phi^2 - d^2) \delta$$

式中，W——垫片的质量（g）；

π——圆周率，为 3.1416；

ρ——垫片材料锻铁的密度，为 7.5 g/cm³；

ϕ——垫片的外径（cm）；

d——垫片的孔径（cm）；

δ——垫片的厚度（cm）。

从图 4-82（b）右下方的垫片零件图②中得知该网垫片的外径为 3.8 cm，孔径为 2.2 cm，厚度为 0.2 cm，现将这些数据代入上式可计算出每个垫片的质量为

$$W = \frac{3.1416}{4} \times 7.5 \times (3.8^2 - 2.2^2) \times 0.2 = 11 \text{ g}$$

核算结果与图表垫片质量（17 g）不符。假设垫片的材料、外径、孔径和质量（17 g）均无误，则其厚度应为

$$\delta = \frac{4}{\pi} W \div [\rho(\phi^2 - d^2)] = \frac{4}{3.1416} \times 17 \div [7.5 \times (3.8^2 - 2.2^2)] = 0.3 \text{ cm}$$

核算结果说明该网垫片规格应改为 Fe$\phi38\times3\,d\,22,17\,g$，即把垫片的厚度由 2 mm 改为 3 mm 即可。

3）核对下空绳沉力的配布

在图 4-82（b）中，得知该网下空绳和沉纲均采用间隔穿滚轮的滚轮绳索。在图 4-82（b）左中上方的下空绳沉力布置图中，标注滚轮装配档长为 0.35 m，滚轮个数为 22 个，则滚轮装配净长应等于 21 档滚轮装配长度加上 1 个滚轮长度（0.11 m）和 2 个垫片的厚度（0.003 m×2）之和，即为

$$0.35\times(22-1)+0.11+0.003\times2=7.466\text{ m}$$

在绳索属具布置图和下空绳沉力布置图中均标注下空绳净长（指下空绳两端插制眼环后的长度）为 10.00 m。从滚筒绳索两端的眼环端至两端第一个滚轮侧边的装配长度，又称为滚轮装配的端距，在本网的沉力布置图中均漏标这个"端距"数字。该网下空绳的端距应等于滚轮绳索净长与滚轮装配长度之差的一半，即为

$$[10.00-0.35\times(22-1)-0.11-0.003\times2]\div2=1.267\text{ m}$$

根据我国拖网钢丝绳两端插制眼环的习惯，端距一般为 0.40 m 左右。现该网下空绳按图中数字计算出其端距为 1.267 m，相差太大，极不合理。造成这种错误的原因有 2 种可能，一是滚轮个数有误，二是滚轮装配档长有误。

在该网的网具调查中，滚轮装配档长一般是在滚轮绳索的两端和中间共测量 3 处的档长后取其平均值的，故档长的误差不会太大。现假设滚轮装配档长无误，端距暂取为 0.40 m，则下空绳的滚轮档数（为每条滚轮绳索所串有的滚轮个数减 1）应为

$$(10.00-0.11-0.003\times2-0.40\times2)\div0.35=25.95$$

滚轮档数可取为 26 档，即滚轮个数应改为 27 个。则下空绳端距实际为

$$[10.00-0.35\times(27-1)-0.11-0.003\times2]\div2=0.392\text{ m}$$

综合上述核算结果，在下空绳沉力布置图中，应补充标注端距为"392"mm，其滚轮个数"×22"应改为"×27"，还应依端距、档长等按比例重新绘制下空绳沉力布置图。此外，在图 4-82（a）的绳索属具布置图中，下空绳下方关于滚轮和垫片的标注，若按本书的标注规范则应将"COV 22 RUB BOB + 44 Fe$\phi38\times2(17\,g)$"改为"COV 27 RUB BOB$\phi90\times110\,d\,22$，0.65 kg + 54Fe$\phi38\times3d\,22$，17 g"。

4）核对翼沉纲沉力的配布

在翼沉纲沉力布置图中，标注翼沉纲长为 21.85 m，这与网衣展开图中下网缘后段配纲（5.50 m）和下网缘前段、下网口三角配纲（16.35 m）之和（21.85 m）是一致的，说明翼沉纲长的标注无误。现假设图中标注的滚轮档长（0.30 m）无误，端距暂取为 0.40 m，则翼沉纲的滚轮档数应为

$$(21.85-0.11-0.003\times2-0.40\times2)\div0.30=69.78$$

滚轮档数可取为 70 档，即滚轮个数应改为 71 个。则翼沉纲端距实际为

$$[21.85-0.30\times(71-1)-0.11-0.003\times2]\div2=0.367\text{ m}$$

综上所述，在翼沉纲沉力布置图中，应补充标注端距为"367"mm，其滚轮个数"×64"应改为"×71"，还应依端距、档长等按比例重新绘制翼沉纲沉力布置图。

5）核对中沉纲沉力的配布

在图 4-82（b）左下方的中沉纲沉力布置图中，标注中沉纲长为 3.90 m，这与网衣展开图的下口门标注 3.90 m 是一致的，说明中沉纲长的标注无误。现假设图中标注的滚轮档长（0.28 m）无误，端距暂取为 0.40 m，则中沉纲的滚轮档数应为

$$(3.90 - 0.11 - 0.003 \times 2 - 0.40 \times 2) \div 0.28 = 10.66$$

滚轮档数可取为11档，即滚轮个数应改为12个。则中沉纲端距实际为

$$[3.90 - 0.28 \times (12 - 1) - 0.11 - 0.003 \times 2] \div 2 = 0.352 \text{ m}$$

综合上述，在中沉纲沉力布置图中，应补充标注端距为"352"mm，其滚轮个数"×11"应改为"×12"，还应依端距、档长等按比例重新绘制中沉纲沉力布置图。

6）核对沉纲的滚轮、垫片、沉子数量

该网沉纲由1条中沉纲和2条翼沉纲组成，则原图整条沉纲的滚轮数量应为

$$11 + 64 \times 2 = 139 \text{ 个}$$

核算结果与绳索属具布置图的沉纲规格标注中的滚轮数量为128个不符，这是因为图中只标注了2条翼沉纲的滚轮数量为128（64×2）个和垫片数量为256（128×2）个，而缺了中沉纲的滚轮数量和垫片数量。在《南海区渔具》中，"340目底层拖网"的调查报告中，没有关于铅沉子的介绍，只在绳索属具布置图的沉纲标注中看到铅沉子规格为"166 Pb 0.38 kg"，并在浮沉力布置图中，可看到沉纲上的每个滚轮两侧各附有1个垫片和1个铅沉子，即垫片或铅沉子的数量均为滚轮数量的两倍。故沉纲规格的标注是错误的，现建议沉纲规格标注改为标注一条中沉纲和两条翼沉纲的规格。根据前面的翼沉纲和中沉纲沉力配布的核算结果，绳索属具布置图中的沉纲规格标注应改为"3.90 WR ϕ 15.5 COV 12 RUB BOB ϕ 90×110 d 22，0.65 kg + 24 Fe ϕ 38×3 d 22，17 g + 24 Pb 0.38 kg +（21.85 WR ϕ 15.5 COV 71 RUB BOB ϕ 90×110 d 22，0.65 kg + 142 Fe ϕ 38×3 d 22，17 g + 142 Pb 0.38 kg）×2"。

6. 修改

在《南海区渔具》102～109页"340目底层拖网"的调查报告中，由于其报告内容与最后2页的网图标注有些不同，故本书图4-82对《南海区渔具》中的原图做了如下的修改。

1）移动与补充

将原图画在网衣展开右下方处滚轮零件图移到图4-82（b）的中右方处，即为①图。此外，还根据调查报告内容在图4-82（b）的右下方处补充绘制出垫片零件②。

2）在网衣展开图中的修改

①在标注各段网衣目大上方的目大代号，根据我国水产行业标准《渔具材料基本术语》（SC/T 5001—2014）和"渔网网目尺寸测量方法"（GB/T 6964—2010）的规定，是用$2a$表示，其中a是英文字母手写体的小写。而原图是用2a表示，现图中按标准改用$2a$表示。

②原图中的沉纲粗实线，是用下口门配纲（3.90 m）、下网缘后段配纲（5.50 m）和下网缘前段、下翼端三角配纲（16.35 m）共3段粗实线连接而成的1条折线，会被误解为该网沉纲是1条净长47.60 m的绳索。但从浮沉力布置图中可看出，该网沉纲是由1条净长3.90 m的中沉纲和2条净长21.85 m的翼沉纲用卸扣连接而成，故在现图中，在下口门配纲线段和下网缘后段配纲线段之间，已画有1个代表卸扣的小圆圈。

③该网网身二段至网身六段网衣均由上、下两片相同的等腰正梯形网衣组成，其左、右两斜边的剪裁斜率是相同的，只需在右斜边内标注有1个斜率即可。故将原图中两斜边均标注斜率改成只标注右斜边的斜率。

④根据调查报告得知囊网衣是1个网周为300目的直圆筒网衣。而原图在网囊上方标注为150⌒，会被误解为是1个网周为150目的直圆筒网衣，故现图中改标注为300⌒。

⑤原图中没有绘出网身力纲，现图根据调查报告补绘出网身力纲及标注其材料规格。

3）在绳索属具布置图中修改

①对曳绳、网板和浮子的标注均按本书规范做了修改。

②原图中上叉绳的钢丝绳直径标注为 12.5 mm，现图中根据调查报告改为 15.5 mm。

③原图中撑杆标注为 0.90 STϕ64，现图根据调查报告改为 0.80 Fe PIPϕ80。

4）浮沉力布置图的修改

①对浮子、滚轮的垫片的标注均按本书规范做了修改。

②在翼沉纲和中沉纲的沉力布置图中，增加了铅沉子的标注。

（二）编结网的核算

例 4-2 试对 40 cm 底层双船拖网（图 4-89）进行网图核算。

解：

1. 核对各段网衣网长目数

根据网衣展开图所标注的目大和网长目数可算出各段网衣的拉直长度如表 4-10 所示。

表 4-10 各段网衣的拉直长度

段别	拉直长度/m	段别	拉直长度/m	段别	拉直长度/m
翼端三角	0.40 × 17 = 6.80	网身十一段	0.30 × 4.5 = 1.35	网身廿四段	0.17 × 7.5 = 1.28
网翼	0.40 × 29 = 11.60	网身十二段	0.29 × 4.5 = 1.30	网身廿五段	0.16 × 8.5 = 1.36
网盖	0.40 × 17 = 6.80	网身十三段	0.28 × 5 = 1.40	网身廿六段	0.15 × 8.5 = 1.28
网身一段	0.40 × 3.5 = 1.40	网身十四段	0.27 × 5 = 1.35	网身廿七段	0.14 × 10 = 1.40
网身二段	0.39 × 3.5 = 1.36	网身十五段	0.26 × 5.5 = 1.43	网身廿八段	0.13 × 10 = 1.30
网身三段	0.38 × 3.5 = 1.33	网身十六段	0.25 × 5.5 = 1.38	网身廿九段	0.12 × 12 = 1.44
网身四段	0.37 × 4 = 1.48	网身十七段	0.24 × 5.5 = 1.32	网身三十段	0.11 × 12 = 1.32
网身五段	0.36 × 3.5 = 1.26	网身十八段	0.23 × 6 = 1.38	网身卅一段	0.10 × 14 = 1.40
网身六段	0.35 × 4 = 1.40	网身十九段	0.22 × 6.5 = 1.43	网身卅二段	0.09 × 14 = 1.26
网身七段	0.34 × 4 = 1.36	网身二十段	0.21 × 6.5 = 1.36	网身卅三段	0.08 × 17 = 1.36
网身八段	0.33 × 4 = 1.32	网身廿一段	0.20 × 7 = 1.40	网身卅四段	0.07 × 17 = 1.19
网身九段	0.32 × 4 = 1.28	网身廿二段	0.19 × 7 = 1.33	网身卅五段	0.06 × 30 = 1.80
网身十段	0.31 × 4.5 = 1.40	网身廿三段	0.18 × 7.5 = 1.35	网囊	0.04 × 300 = 12.00

网衣总长：84.96 m

表 4-10 中经核算的各段网衣拉直长度有 4 段与网图标注的不符。其中网身二段、网身十二段和网身二十段等三段的准确拉直长度应分别为 1.365 m、1.305 m 和 1.365 m。由于网图中以 m 为单位的长度要求只标注两位小数，而该网图在修约时是根据"四舍五入"的原则，表 4-10 执行的是《数值修约规则与极限数值的表示和判定》（GB/T 8170—2008）的规定"四舍六入五看齐，奇进偶不进（偶数包括零）"，故表 4-10 中网身二段、网身十二段和网身二十段分别修约为 1.36 m、1.30 m 和 1.36 m，比原网图标注各少了 0.01 m。还有一段是网囊，表 4-10 中是根据目大和网长目数核算出为 12.00 m，但从主尺度标注和网衣展开图左侧纵向直线下方标注的网衣总长数字看，网囊长度应为 15.00 m，则网囊的网长目数应改为

40 cm底层双船拖网（广东博贺）
132.00 m × 87.99 m（46.26 m）

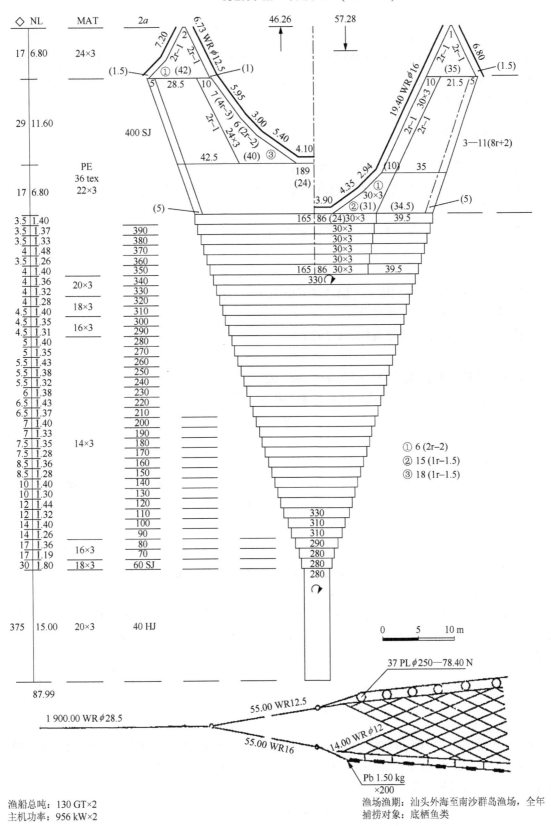

图 4-89　40 cm底层双船拖网

$$15.00 \div 0.04 = 375 \text{ 目}$$

则网衣总长的准确数字应为

$$84.96 + (15.00 - 12.00) = 87.96 \text{ m}$$

即该网主尺度中的网衣总长度和网衣展开图中标注的网衣总长度由 87.99 m 改为 87.96 m。此外，在网衣展开图中，网身二段、网身十二段和网身二十段的拉直长度标注应分别由 1.37、1.31 和 1.37 改为 1.36、1.30 和 1.36。

2. 核对各段网衣编结符号

1）网盖与网盖下翼之间纵向增目的编结符号

在网衣展开图中，网盖与网盖下翼之间和网翼中间的纵向增目编结符号标注在一起，为 3—11(8r+2)，理应分开标注。

网盖与网盖下翼之间的纵向增目，其编结周期内的纵目为 4 目（8r），编长 17 目，则其增目周期组数应为

$$17 \div 4 = 4 \cdots\cdots 1 \text{ 组}$$

网盖与网盖下翼之间纵向增目的编结符号应为 3—4(8r+2)。

2）网翼中间纵向增目的编结符号

网翼编结 29 目，则其增目周期组数应为

$$29 \div 4 = 7 \cdots\cdots 1 \text{ 组}$$

网翼中间纵向增目的编结符号应为 3—7(8r+2)。

网盖与网盖下翼之间和网翼中间的纵向增目周期组数之和为

$$4 + 7 = 11 \text{ 组}$$

核算结果与网图标注相符。

3）上网缘配纲边缘的编结符号

上网缘配纲边缘的编结符号为 7(4r−3)、6(2r−2)、18(1r−1.5)，其编结周期内的纵目分别为 2 目（4r）、1 目（2r）、0.5 目（1r），其编结周期组数分别为 7、6、18。假设其编结周期的纵目和组数是正确的，则上网缘的网长目数应为

$$M = 2 \times 7 + 1 \times 6 + 0.5 \times 18 = 29 \text{ 目}$$

核算结果与网图数字相符，说明上网缘配纲边缘的减目周期组数和周期内节数均无误。

4）下网缘后段配纲边的编结符号

下网缘后段配纲边的编结符号为 15(1r−1.5)、6(2r−2)。由于在网图中没有标注下网缘后段的网长目数，故无法核对其编结符号的正确性，只有在核对其网宽目数得知无误后，方能得知其编结符号也是无误的。

3. 核对各段网衣网宽目数

1）网口周长

网身一段背部为宽 165 目的细线（22×3）网衣。网身一段腹部由中间宽 86 目的粗线（30×3）网衣（又称为粗底）和两旁宽 39.5 目的细线（22×3）网衣组成。网口周长是指网身一段前缘的网周网目的横向拉直长度，即为

$$0.40 \times (165 + 39.5 \times 2 + 86) = 132.00 \text{ m}$$

核算结果与主尺度的网口周长数字相符，说明网身一段各部位所标注的网宽目数均无误。

2）网身

网身共分为35段，前30段网周均为330目，即每段只减少目大10 mm，而不减少网周目数。后5段，每段也减少目大10 mm，而网周目数也逐渐减少。

①网身一段至网身六段的背部均为165目，其腹部中间的粗底均为86目，腹部两旁（位于粗底两侧）均为39.5目，则其网周目数均为

$$165 + 86 + 39.5 \times 2 = 330 \text{ 目}$$

②网身七段至网身三十段的网周均为330目。

③网身卅一段和网身卅二段的网周减少20目，均为310目。

④网身卅三段的网周再减少20目，为290目。

⑤网身卅四段和网身卅五段的网周再减少10目，均为280目。

从网衣展开图中可以看出，该网图呈圆锥筒状，基本上是合理的。网身一段至网身三十段的网周均为330目，最后5段网周逐渐减少至280目，与网囊网周目数相同，这也是合理的。但最后5段网周逐渐减少的规律性不够合理，建议最后5段的网周可改为320目（比原网的减少10目）、310目（不变）、300目（减少10目）、290目（减少10目）、280目（不变）。

3）网囊

该网囊的网周目数与网身后端的网周目数相同，基本上是可以的。

4）网盖背部

已知小头由网身一段背部的165目起编，两边与网盖腹部一起以3—4(8r + 2)增目，求大头。

网盖背部是两斜边均为网衣中间纵向增目的等腰正梯形网衣，则可根据大小头目数校核公式（4-9）计算出其大头目数为

$$m_1 = m'_2 + n \cdot z \cdot t = 165 + 2 \times 4 \times 3 = 189 \text{ 目}$$

经核对无误。

5）网翼背部

假设上口门目数（24）和上网缘大头起编目数（40）是无误的，则网翼背部大头的起编目数应为

$$(189 - 24) \div 2 - 40 = 42.5 \text{ 目}$$

核算结果与网图标注的数字相符，说明上口门与上网缘大头、网翼背部大头起编的目数均无误。网图中的42.5是起编目数，应加上括号，即应改为（42.5）。

已知网翼背部大头由网盖背部大头两旁的42.5目起编，一边与网翼腹部一起以3—7（8r + 2）增目，另一边以（2r - 1）减目，编长29目，求小头。

网翼背部是一斜边为网衣中间纵向增目和另一斜边为单脚减目的斜梯形网衣，则可根据大小头目数校核公式（4-12）计算出其小头目数为

$$m_2 = m'_1 + n \cdot z \cdot \frac{t}{2} - M = 42.5 + 2 \times 7 \times \frac{3}{2} - 29 = 34.5 \text{ 目}$$

核算结果与网图标注（5 + 28.5 = 33.5）不符，故网翼背部小头处的28.5目应改为29.5（34.5 - 5）目。

6）上网缘

已知上网缘大头由网盖背部大头两旁的40目起编，一边以(2r + 1)增目，另一边以18(1r - 1.5)、6(2r - 2)、7(4r - 3)减目，求小头。

上网缘是一斜边为单脚增目和另一斜边为宕眼单脚减目的斜梯形网衣，则可根据大小头目数校核公式（4-13）计算出其小头目数为

$$m_2 = m'_1 - z + 1 = 40 - 18 - 6 - 7 + 1 = 10 \text{ 目}$$

经核对无误。

需要注意的是图 4-90 是缩小的上网缘网衣的示意图及其网衣展开图。这是一斜边为单脚增目和另一斜边为宕眼单脚减目的斜梯形网衣，故其小头目数应等于大头起编目数减去宕眼数。在图 4-90 中有 10（6＋2＋2）组编结周期，但其宕眼数只有 9 个，即宕眼数为编结周期总组数（z）减一，则图中上网缘的小头目数应为

$$m_2 = m_1' - (z-1) = m_1' - z + 1 = 12 - 6 - 2 - 2 + 1 = 3 \, 目$$

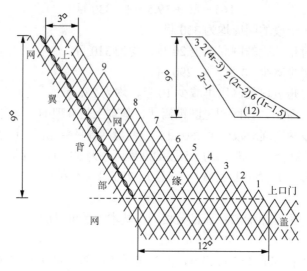

图 4-90　上网缘网衣的示意图及其网衣展开图

7）上翼端三角

上翼端三角是从上网缘和网翼背部的小头起编的。起编时，在上网缘的钝角处留出 1 目，在网翼背部的钝角处留出 1.5 目，如图 4-91 所示。上翼端三角大头的起编目数应为

$$m_1' = 10 - 1 + 29.5 + 5 - 1.5 = 42 \, 目$$

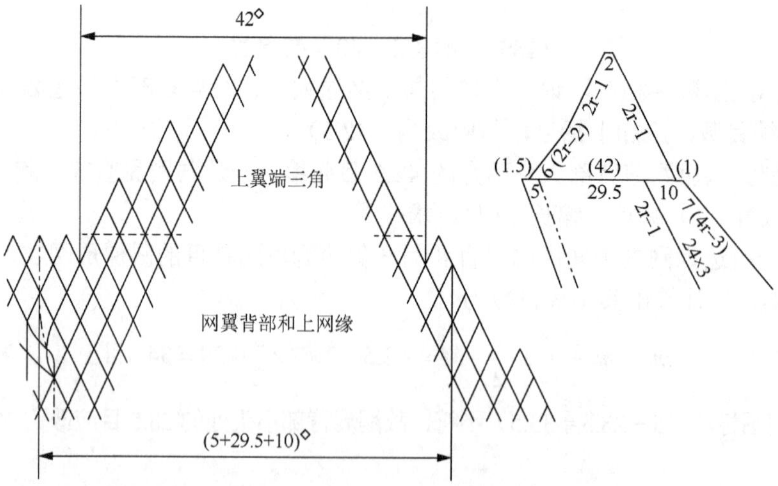

图 4-91　上翼端三角起编示意图及其网衣展开图

核算结果与网图标注相符。

已知上翼端三角由上网缘和网翼背部的小头 42 目起编，一边以（$2r-1$）减目，另一边以 $6(2r-2)$ 和（$2r-1$）减目，编长 17 目，求小头。

上翼端三角一斜边为单脚减目和另一斜边为宕眼单脚减目的非等腰正梯形网衣,根据大小头目数校核公式（4-11）计算出其小头目数为

$$m_2 = m_1' - M \times 2 - z = 42 - 17 \times 2 - 6 = 2 目$$

经核对无误。

8）网盖腹部

已知网盖腹部大头由网身一段腹部的39.5(34.5 + 5)目起编,一边与网盖背部一起以3—4（8r + 2）增目,另一边以（2r – 1）减目,编长17目,求小头。

可根据大小头目数校核公式（4-12）计算出其小头目数为

$$m_2 = 39.5 + 2 \times 4 \times \frac{3}{2} - 17 = 34.5 目$$

在网图上没有标注网盖腹部的小头目数,网盖腹部小头边线的位置也画错了。

9）网翼腹部

已知大头由网盖腹部小头 34.5 目起编,一边与网翼背部一起以 3—7（8r + 2）增目,另一边以（2r – 1）减目,编长 29 目,则其小头目数应为

$$m_2 = 34.5 + 2 \times 7 \times \frac{3}{2} - 29 = 26.5 目$$

核算结果与网图标注（5 + 21.5 = 26.5）相符。

10）下网缘后段

假设下口门目数（24）是无误的,则下网缘后段大头的起编目数应为

$$(86 - 24) \div 2 = 31 目$$

经核对无误,说明下口门和下网缘后段大头起编的目数均无误。

已知下网缘后段大头由粗底前头两旁的 31 目起编,一边以（2r + 1）增目,另一边以 15（1r – 1.5）、6（2r – 2）减目,则其小头目数应为

$$m_2 = 31 - 15 - 6 + 1 = 11 目$$

在网图上没有标注下网缘后段的小头目数。

11）下网缘前段

下网缘前段由下网缘后段小头的 10 目起编（在配纲边留出一目）,一边以（2r + 1）增目,另一边以（2r – 1）减目,即编成网宽为 10 目的平行四边形网衣,编长为

$$17 + 29 - 0.5 \times 15 - 1 \times 6 = 32.5 目$$

12）下翼端三角

下翼端三角是从下网缘前段和网翼腹部的前头起编的。起编时,在网翼腹部的锐角处留出 1.5 目,则其大头的起编目数应为

$$10 + 21.5 + 5 - 1.5 = 35 目$$

已知下翼端三角大头由 35 目起编,两边以（2r – 1）减目,编长 17 目,求小头。

下翼端三角是两斜边均为单脚减目的等腰正梯形网衣,则可根据校核公式（4-10）计算出其小头目数为

$$m_2 = m_1' - M \times 2 = 35 - 17 \times 2 = 1 目$$

经核对无误。

由于该网的网衣展开图中,下网缘、网翼腹部和网盖腹部的绘制和标注均不够准确和规范,现重新绘出上述网衣的展开图如图 4-92 所示。

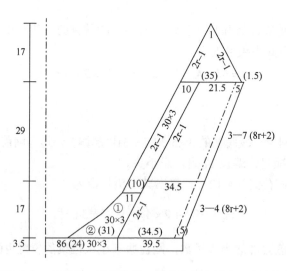

图 4-92　下翼端三角、下网缘、网翼腹部、网盖腹部和网身一段腹部的网衣展开图

4. 核对各部分网衣的配纲

1）验算配纲系数

上口门：

$$\eta = 4.10 \div [0.40 \times (24-1)] = 0.446$$

上网缘 18(1r – 1.5)边：

$$\eta = 5.40 \div [0.40 \times (0.5 \times 18)] = 1.500$$

上网缘 6(2r – 2)边：

$$\eta = 3.00 \div [0.40 \times (1 \times 6)] = 1.250$$

上网缘 7(4r – 3)边：

$$\eta = 5.95 \div [0.40 \times (2 \times 7)] = 1.062$$

上翼端三角（2r – 1）边：

$$\eta = 6.73 \div 6.80 = 0.990$$

下口门：

$$\eta = 3.90 \div [0.40 \times (24-1)] = 0.424$$

下网缘后段 15(1r – 1.5)边：

$$\eta = 4.35 \div [0.40 \times (0.5 \times 15)] = 1.450$$

下网缘后段 6(2r – 2)边：

$$\eta = 2.94 \div [0.40 \times (1 \times 6)] = 1.225$$

下网缘前段与下翼端三角（2r – 1）边：

前面核对下网缘前段时，得知其编长 32.5 目，下翼端三角编长 17 目，则下网缘前段与下网翼三角（2r – 1）边：

$$\eta = 19.40 \div [0.40 \times (32.5 + 17)] = 0.980$$

下翼端三角配翼端纲的（2r – 1）边：

$$\eta = 6.80 \div 6.80 = 1.000$$

上翼端三角配翼端纲边：

由 6（2r – 2）和（2r – 1）两段组成，则（2r – 1）段的编长目数为

$$17 - 1 \times 6 = 11 \text{ 目}$$

假设（2r–1）段的配纲系数与下翼端三角配翼端纲（2r–1）边的配纲系数是相同的，即为1.000，则上翼端三角配翼端纲（2r–1）段的配纲长度为

$$0.40 \times 11 \times 1.000 = 4.40 \text{ m}$$

则上翼端三角6(2r–2)段的配纲长度为

$$7.20 - 4.40 = 2.80 \text{ m}$$

则其配纲系数为

$$\eta = 2.80 \div [0.40 \times (1 \times 6)] = 1.167$$

参考表4-7，可知上述配纲系数均在我国南海编结型底拖网习惯使用的配纲系数范围之内，故上述各部分网衣的配纲基本上是可以的。

2）核对浮纲长度

$$4.10 + (5.40 + 3.00 + 5.95 + 6.73) \times 2 = 46.26 \text{ m}$$

核算结果与该网主尺度中的结缚网衣之上纲长度（46.26 m）和上网衣符号上方的浮纲长度数字相符无误。

3）核对沉纲长度

$$3.90 + (4.35 + 2.94 + 19.40) \times 2 = 57.28 \text{ m}$$

核算结果与下网衣符号上方的沉纲长度数字相符无误。

4）核对翼端纲长度

根据网衣展开图中上、下翼端三角配翼端纲的长度标注数字，可以计算出翼端纲长度为

$$7.20 + 6.80 = 14.00 \text{ m}$$

核算结果与网绳属具布置图中的翼端纲标注（14.00 WR ϕ12）相符无误。

5. 修改

本书图4-89对《南海区渔具》132页的原图做了如下修改。

1）名称修改

原图上方的渔具名称为"40 m底层双船拖网"，但在《南海区渔具》的目录中却写为"40 cm底层双船拖网"，目录中的写法是对的，因为该网的网口目大为40 cm，故40 m是错的，现图已做了修改。

2）网衣展开图的修改

①原图在标注各段网衣目大的上方用2a表示目大，现图中按标准改用2a表示。

②原图把网衣对称线画为细实线，现图按"渔具制图"标准改为点画线。

③原图在上、下翼端纲处均标注有翼端纲钢丝绳规格，现考虑到与绳索属具图中的翼端纲钢丝绳规格标注重复，为了简化，现图在网衣展开图中不再标注翼端纲钢丝绳规格。

④原图缺标注上网缘和下网缘前、后段的网线规格，由于在《南海区渔具》中缺该网的调查报告，现图参考翼端三角线粗补充上网缘线粗为24×3，参考粗底线粗补充上网缘线粗为24×3，参考粗底线粗补充下网缘前、后段线粗均为30×3。

3）绳索属具布置图的修改

①原图标注曳绳是1条长1 900 m、直径28.5 mm的钢丝绳，这是不合理的。双船拖网共使用两条曳绳，而每条曳绳又由前方的钢丝曳绳和后方的混合曳绳用卸扣和转环连接而成，所以原图把曳绳全部标注为钢丝绳是错的。由于在《南海区渔具》中缺该网的调查报告，于是现图无法修改。

②现图对浮子的浮力和沉子的沉力标注均按本节规范做了修改。

第九节　拖网材料表

本节只介绍剪裁拖网材料表。

一、网料用量计算表

在网衣制作施工前，一定按照网衣展开图数字先算出网料用量，然后才能根据网料用量要求来编结和备好网片材料，以便再经过剪裁成所需的网衣。

由于网衣展开图中的网宽目数有不计半目和计有半目之分，故计算网料用量时稍有不同，下面先介绍不计半目的网料用量计算方法，再介绍计有半目的网料用量计算方法。

网料用量是指剪裁一片或几片网衣时需用多宽多长的等面积矩形网片。因此，网料用量计算就是计算等面积矩形网片的横向目数和纵向目数。拖网的上、下翼均是左右对称的，网身的上、下片一般也是上下对称的。因此，相同的两片网衣，或是具有相同的线粗目大、网结类型、网长目数和一斜边剪裁符号相同的两片以上的网衣，都可以换算成等面积矩形网片一起进行联合剪裁，如图 4-93（1）～（7）所示。

上、下翼端三角左、右各两片或上、下网口三角左、右各两片或上、下翼左、右各两片进行四片联合剪裁时，或者身网衣上、下两片或翼网衣左、右两片进行联合剪裁时，应先将网料两侧边纵向编缝半目形成圆筒后才开始进行剪裁。因为纵向编缝会使圆筒的网周目数增加半目，故在进行网料的横向目数（简称横目）计算时应减去半目。

网衣剪裁时，斜向剪裁一次，网料横目一般会被破坏一目，故在网料计算时，每剪裁一次网料横目应增加一目。但网口三角全部保持 1T1B 边的剪裁一次，网料横目会被破坏三目，故网料计算时，每剪裁全部保持 1T1B 边一次网料横目应增加三目。宕眼单脚边的钝角处剪为 1B1T 或 2B1T 的剪裁一次，其底边横目被破坏二目，故网料横目计算时应增加二目。

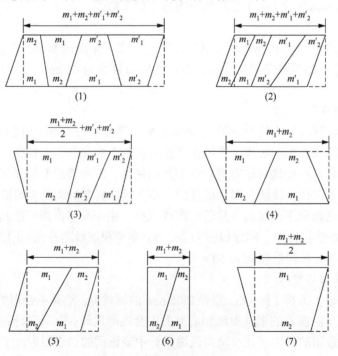

图 4-93　网料横目计算方法

盖网衣和左、右网盖下翼网衣进行三片联合剪裁或盖网衣、背网衣（身网衣各段上片）、腹网衣（身网衣各段下片）各单独一片进行剪裁后，其网料两侧边应纵向绕缝一起而形成一片正梯形网衣，如图 4-94 和图 4-95 所示，每侧边各扎去一目，故网料横目计算时应增加二目。

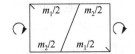

图 4-94　盖网衣和左、右网盖下翼网衣联合剪裁计划　　　图 4-95　等腰梯形网衣单片剪裁计划

如果网衣展开图中的网宽目数不包括扎边或绕缝目数时，则网料横目计算时还应加入网衣两侧边的扎边或绕缝目数。除了网口三角全部保持 1T1B 边（倒扎）需扎去二目和宕眼单脚边锐角处为 1N1T 时而在该处需扎去二目外，其余网衣两侧边各扎边或绕缝一目，故在网料横目计算时，每片网衣应增加二目。

从图 4-93 可以看出，网料用量的纵向目数（简称纵目）等于网衣的网长目数，网料用量的横目由网衣的大、小头目数组成，还必须考虑到网料是否先要纵向编缝半目形成圆筒、剪裁次数及其破坏的总目数、网衣中间是否需纵向绕缝而扎去的目数和网衣两侧边扎边或绕缝而扎去的总目数。

由于剪裁拖网各段网衣形状大多数是属于梯形（网囊和矩形的疏底、网身末段等网衣除外），根据上述计算原理，网图网宽目数不计半目的网衣所需网料横目计算式如下：

①剪裁上、下翼端三角或上、下翼或上、下网口三角共四片网衣时所需网料的横目[先纵向编缝形成圆筒后，再剪裁四次，如图 4-93（1）（2）所示]为①

$$m = m_1 + m_2 + m'_1 + m'_2 - 0.5 + 4(+8) \tag{4-15}$$

剪裁配纲边全部保持 1T1B 的网口三角共四片网衣时，则为

$$m = m_1 + m_2 + m'_1 + m'_2 - 0.5 + 8(+12) \tag{4-16}$$

②剪裁网盖和网盖下翼共三片网衣的方法有两种，一种是网料先纵向编缝形成圆筒后，再剪裁三次，如图 4-93（3）所示，所需网料的横目为

$$m = (m_1 + m_2) \div 2 + m'_1 + m'_2 - 0.5 + 3(+6) \tag{4-17}$$

另一种是网料先剪裁 3 次，再将一侧的直角梯形网衣直目边调头与另一侧的直角梯形网衣直目边纵向绕缝一次，如图 4-94 所示，所需网料的横目为

$$m = (m_1 + m_2) \div 2 + m'_1 + m'_2 + 3 + 2(+6) \tag{4-18}$$

③剪裁网身上、下片或网翼左、右片共两片网衣时所需网料的横目[先纵向编缝形成圆筒后，再剪裁两次，如图 4-93（4）（5）所示]：

$$m = m_1 + m_2 - 0.5 + 2(+4) \tag{4-19}$$

剪裁配纲边全部保持 1T1B 的上翼后段或下网缘后段共两片网衣时，则为

$$m = m_1 + m_2 - 0.5 + 4(+6) \tag{4-20}$$

④剪裁网侧左、右片共两片网衣时所需网料的横目[如图 4-93（6）所示，剪裁一次]：

$$m = m_1 + m_2 + 1(+4) \tag{4-21}$$

⑤剪裁网盖、网身上片或下片单独一片网衣时所需网料的增目[先剪裁一次，再纵向绕缝成一片，如图 4-93（7）和图 4-95 所示]：

$$m = (m_1 + m_2) \div 2 + 1 + 2(+2) \tag{4-22}$$

式中，m——网料的横目；

m_1、m'_1——分别表示不同网衣的大头目数；

---

① 带括号的数字为网衣两侧边所需扎边或绕缝的总目数。若网衣展开图中的网宽目数已包括扎边或绕缝的目数，则不必再加上此数（下同）。

m_2、m_2'——分别表示不同网衣的小头目数。

南海区剪裁拖网网衣展开图中，除了直角梯形网衣直目边的下角或上角处之单脚因看作是半目外，梯形网衣斜边钝角处的单脚均不计作是半目，故在网衣展开图中，只有在直角梯形网衣的小头或大头计有半目，而其他梯形网衣的大小头目数均为整目数。若为正梯形网衣，其大头目数一般为偶数，则小头目数一定为奇数。个别的刚好相反，大头为奇数而小头为偶数。南海区剪裁拖网网衣展开图的网宽目数，有的已经包括了绕缝或扎边目数，如广州、汕头、海南等海洋渔业公司的网图；有的没有包括绕缝或扎边目数，如湛江、北海等海洋渔业公司的网图。黄渤海区和东海区剪裁拖网网衣展开图中，均把梯形网衣斜边钝角处的单脚计作是半目，故在标注斜梯形网衣的大、小头目数一般均为偶数；个别的刚好相反，其大、小头目数均为奇数。

黄渤海区和东海区剪裁拖网网衣展开图的网宽目数一般计有半目，而且一般已经包括了扎边目数，故进行网料用量计算时可不再考虑扎边的消耗目数。但对与网宽计半目的网图，一定要事先检查，其斜梯形网衣大小头目数是否已标注有半目，如果省略了半目的标注，则计算网料用量时一定要加上这半目还要检查其正梯形网衣的大小头目数是否均为偶数或均为奇数。如果不是，则应进行网宽目数核算，待其大小头目数修正后再进行网料计算。网宽目数计半目的网料用量计算式与网宽不计半目的计算式基本相似，只要把斜向剪裁一次，网料横目会被破坏一目、二目或三目分别改为被破坏半目、一目半或二目半即可，则网宽不计半目的网料用量计算式（4-15）～（4-22）可改为网宽计有半目的计算式（4-15'）～（4-22'）如下所示：

$$m = m_1 + m_2 + m_1' + m_2' - 0.5 + 2 \tag{4-15'}$$

$$m = m_1 + m_2 + m_1' + m_2' - 0.5 + 6 \tag{4-16'}$$

$$m = (m_1 + m_2) \div 2 + m_1' + m_2' - 0.5 + 1.5 \tag{4-17'}$$

$$m = (m_1 + m_2) \div 2 + m_1' + m_2' + 1.5 + 2 \tag{4-18'}$$

$$m = m_1 + m_2 - 0.5 + 1 \tag{4-19'}$$

$$m = m_1 + m_2 - 0.5 + 3 \tag{4-20'}$$

$$m = m_1 + m_2 + 0.5 \tag{4-21'}$$

$$m = (m_1 + m_2) \div 2 + 0.5 + 2 \tag{4-22'}$$

下面举例说明网料用量的具体计算。

例 4-3 试计算 340 目底层拖网（图 4-82）各段网衣的网料用量。

解：图 4-82 是北海海洋渔业公司（简称北渔）的剪裁拖网，其网宽目数不计半目，也不包括绕缝或扎边的目数。北渔的剪裁拖网，其宕眼单脚的配纲边不是采用扎边补强的方法，而是采用镶边补强的方法，即在配纲边缘用比网衣稍粗的网线重合在边缘目脚上编结或加绕作结，这种补强方法并不影响网衣的网宽目数。故在计算本拖网上翼前、后段和下网缘后段的网料用量而运用式（4-19）时，其（+4）应改为（+2）。

1. 翼端三角 20 × 3—240 SS

上翼端三角两片与下翼端三角两片一起剪裁，可按式（4-15）求得所需矩形网料为

$$m(横目) = m_1 + m_2 + m_1' + m_2' - 0.5 + 4(+8)$$
$$= 27 + 2 + 22 + 3 - 0.5 + 4 + 8 = 65.5 目$$
$$M(纵目) = 13.5 目$$

2. 上翼前段 20 × 3—240 SJ

左右两片一起剪裁，其配纲边为镶边，可参考式（4-19）求得所需网料为

$$m = m_1 + m_2 - 0.5 + 2(+2) = 52 + 29 - 0.5 + 2 + 2 = 84.5 目$$

$$M = 31.5 \text{ 目}$$

其中，配纲边为镶边补强，故每片网衣只扎边1目。

3. 上翼后段　20 × 3—240 SJ

左、右两片一起剪裁，其配纲边为镶边补强，则其网料计算与上翼前段的相同，即

$$m = 84 + 53 - 0.5 + 2 + 2 = 140.5 \text{ 目}$$
$$M = 15.5 \text{ 目}$$

4. 下翼　20 × 3—240 SS

左、右两片一起剪裁，其两斜边均为绕缝缝合，则可按式（4-19）求得所需网料为

$$m = m_1 + m_2 - 0.5 + 2(+4) = 31 + 13 - 0.5 + 2 + 4 = 49.5 \text{ 目}$$
$$M = 56 + 15.5 = 71.5 \text{ 目}$$

5. 下网缘前段　25 × 3—240 SS

在图4-82（a）右上方的纵向直线外侧所标注的下网缘前段网长目数56目包括了下网缘前段与下网缘后段之间编缝缝合的半目，故下网缘前段网长应为55.5目。为了施工方便，拟先剪成四片，再由每两片之间横向编缝半目连接成一片。其网料用量可参考式（4-15）求得

$$m = 9 + 9 + 9 + 9 - 0.5 + 4 + 8 = 47.5 \text{ 目}$$
$$M = (55.5 - 0.5) \div 2 = 27.5 \text{ 目}$$

6. 下网缘后段　25 × 3—240 SS

左、右两片一起剪裁，其配纲边为镶边补强，则网聊计算与上翼后段的相同，即为

$$m = 36 + 9 - 0.5 + 2 + 2 = 48.5 \text{ 目}$$
$$M = 15.5 \text{ 目}$$

7. 网盖　20 × 3—240 SS

只用一片，其网料用量可按式（4-22）求得

$$m = (206 + 173) \div 2 + 1 + 2 + 2 = 194.5 \text{ 目}$$
$$M = 23.5 \text{ 目}$$

8. 网身一段上片　20 × 3—240 SS

只用一片，经网图核算得知小头目数应改为137目，其网料计算与网盖的相同，即

$$m = (170 + 137) \div 2 + 1 + 2 + 2 = 158.5 \text{ 目}$$
$$M = 23.5 \text{ 目}$$

9. 网身一段下片　25 × 3—240 SS

只用一片，同理小头目数应改为137目。

$$m = (170 + 137) \div 2 + 1 + 2 + 2 = 158.5 \text{ 目}$$
$$M = 23.5 \text{ 目}$$

10. 网身二段　15 × 3—180 SS

上下两片一起剪裁，可按式（4-19）求得
$$m = 182 + 147 - 0.5 + 2 + 4 = 334.5 \text{ 目}$$
$$M = 27.5 \text{ 目}$$

11. 网身三段　13 × 3—120 SS

上下两片一起剪裁。
$$m = 220 + 161 - 0.5 + 2 + 4 = 386.5 \text{ 目}$$
$$M = 45.5 \text{ 目}$$

12. 网身四段　13 × 3—80 SJ

上下两片一起剪裁。
$$m = 240 + 175 - 0.5 + 2 + 4 = 420.5 \text{ 目}$$
$$M = 65.5 \text{ 目}$$

13. 网身五段　13 × 3—60 SJ

上下两片一起剪裁，经网图核算得知小头目数应改为 165 目。
$$m = 232 + 165 - 0.5 + 2 + 4 = 402.5 \text{ 目}$$
$$M = 99.5 \text{ 目}$$

14. 网身六段　19 × 3—50 SJ

上下两片一起剪裁。经网图核算得知小头目数应改为 133 目。
$$m = 200 + 133 - 0.5 + 2 + 4 = 338.5 \text{ 目}$$
$$M = 99.5 \text{ 目}$$

15. 网囊　28 × 3—40 HJ

为一片矩形网衣。先做成加宽 2.5 目的网片，然后经纵向绕缝扎去 2.5 目，即为网周 300 目的圆筒网衣。
$$m = 300 + 2.5 = 302.5 \text{ 目}$$
$$M = 200 \text{ 目}$$

例 4-3 是根据图 4-82（a）的网衣展开图核对后的数字和我国剪裁拖网网衣剪裁生产实际择优选用的，故不一定与北渔的网衣剪裁生产实际完全一致。

二、绳索用量计算

拖网的绳索大多数采用钢丝绳和混合绳，其绳索之间的连接一般是采用卸扣的。这要求绳索的两端要做成眼环。这种做成眼环的工艺叫作插制眼环。插制眼环的每端留头长度与绳索的粗度、插制眼环的技术水平有关。根据广东省某网具车间插制眼环的实际经验，各种粗度钢丝绳插制眼环的留头长度可参看附录 J。

在拖网网图中，凡是结缚网衣的纲索，除了网身力纲一般是标注全长外，其余的均为净长。其他绳索，除了曳绳、网板叉链是表示全长外，其余的也均表示净长。

绳索用量是指绳索全长的用量，即指绳索净长加上两端留头长度的总用量。其具体计算方法已在刺网、围网材料表的内容里介绍过，在此不再赘述。

三、拖网材料表

由于拖网网具构件名称较多，一般要分别列出网衣、绳索和属具的三个材料表。关于材料表中用量的计算方法，已在前两章的刺网、围网材料表的介绍中叙述过，在此不再赘述。

现根据图 4-82、例 4-1 网图核算修改结果、例 4-3、图 4-117 和《南海区渔具》中有关 340 目底层拖网的调查资料可以列出 340 目底层拖网的材料表如表 4-11、表 4-12 和表 4-13 所示。

表 4-11　340 目底层拖网网衣材料表　　［主尺度：81.60 m × 61.24 m（38.50 m）］

网衣名称	网线材料规格—目大网结	网料用量/目		网线用量/kg	附注
		m	M		
下网缘前段	PE 36 tex 25 × 3—240 SS	47.5	27.5	2.58	纵向编缝半目
下网缘后段	PE 36 tex 25 × 3—240 SS	48.5	15.5	1.49	纵向编缝半目
网身一段下片	PE 36 tex 25 × 3—240 SS	158.5	23.5	7.36	纵向绕缝扎去二目
翼端三角	PE 36 tex 20 × 3—240 SS	65.5	13.5	1.36	纵向编缝半目
上翼前段	PE 36 tex 20 × 3—240 SS	84.5	31.5	4.09	纵向编缝半目
上翼后段	PE 36 tex 20 × 3—240 SS	140.5	15.5	3.35	纵向编缝半目
下翼	PE 36 tex 20 × 3—240 SS	49.5	71.5	5.44	纵向编缝半目
网盖	PE 36 tex 20 × 3—240 SS	194.5	23.5	7.02	纵向绕缝扎去二目
网身一段上片	PE 36 tex 20 × 3—240 SS	158.5	23.5	5.72	纵向绕缝扎去二目
网身二段	PE 36 tex 15 × 3—180 SS	334.5	27.5	8.23	纵向编缝半目
网身三段	PE 36 tex 13 × 3—120 SS	386.5	45.5	9.94	纵向编缝半目
网身四段	PE 36 tex 13 × 3—80 SJ	420.5	65.5	10.63	纵向编缝半目
网身五段	PE 36 tex 13 × 3—60 SJ	402.5	99.5	12.81	纵向编缝半目
网身六段	PE 36 tex 19 × 3—50 SJ	338.5	99.5	15.24	纵向编缝半目
网囊	PE 36 tex 28 × 3—40 SS	302.5	200	36.96	纵向绕缝扎去二目半
整顶网衣总用量				132.22	

注：整顶网衣总用量尚未包括各段网衣之间的缝合线用量。

表 4-12　340 目底层拖网绳索材料表

绳索名称	数量/条	材料及规格	每条长度/m		用量/kg		附注
			净长	全长	每条	合计	
翼端纲	2	WRϕ11	6.40	7.20	2.981	5.97	外缠绕 10 × 3 网线
浮纲	1	WRϕ12.5	38.50	39.40	20.922	20.93	外缠绕 10 × 3 网线
上空绳	2	WRϕ12.5	10.00	10.90	5.788	11.58	需用 19 mm 套环 2 个
网身力纲	2	WRϕ12.5		38.00	20.178	40.36	外缠绕 13 × 3 网线

续表

绳索名称	数量/条	材料及规格	每条长度/m 净长	每条长度/m 全长	用量/kg 每条	用量/kg 合计	附注
中沉纲	1	WRϕ15.5	3.90	5.10	4.315	4.32	不穿滚轮处外缠 15×3 线
翼沉纲	2	WRϕ15.5	21.85	23.05	19.501	39.01	不穿滚轮处外缠 15×3 线
下空绳	2	WRϕ15.5	10.00	11.20	9.476	18.96	需用 22 mm 套环 2 个
叉绳	4	WRϕ15.5	5.00	6.20	5.246	20.99	需用 22 mm 套环 8 个
网囊束绳	1	WRϕ16	5.50	6.70	6.051	6.06	
游绳	2	WRϕ16	5.00	6.20	5.599	11.20	需用 25 mm 套环 4 个
曳绳	2	WRϕ18.5		750.00	913.500	1 827.00	需用 27 mm 套环 4 个
网囊引绳	1	COMBϕ40（WRϕ18+PE NET）		75.00			缺旧乙纶网衣规格
单手绳	2	COMBϕ50（WRϕ18+PE NET）	110.00	111.90			钢丝绳规格资料
网囊抽口绳	1	PEϕ7	10.00	10.15	0.253	0.26	一端留头用于结扎
水扣绳	1	PEϕ8		110.00	3.597	3.60	
网囊力纲	4	PEϕ20	8.00	10.00	2.000	8.00	留头 1.50 m+0.50 m
囊底纲	1	PEϕ20	6.48	6.98	1.396	1.40	两端插接留头 0.50 m
网板上叉链	2	CHϕ16		3.00			
网板下叉链	2	CHϕ16		3.10			缺铁链规格资料
铁链条	1	CHϕ9		1.00			

表4-13 340目底层拖网属具材料表

属具名称	数量	形状	材料及规格	质量/kg 每个	质量/kg 合计	附注
浮子	17 个	球状	PLϕ280—98.07 N			带耳球浮，缺质量数字
滚轮	208 个	腰鼓	RUBϕ90×110 d 22	0.65	135.20	
垫片	416 个	圆环	Feϕ38×3 d 22	0.02	8.32	
沉子	416 个	圆环	Pb 0.38 kg	0.38	158.08	
撑杆	2 支	杆状	0.80 Fe PIPϕ80			缺质量数字
网板	2 块	椭圆	ST+WD 2400×1255	350	700.00	
网板卸扣	2 个		ST			
网板连接钩	2 个		ST			
网板连接环	2 个		ST			均为网板连接件，均缺规格资料
止进铁	2 个		ST			
止进环	2 个		ST			
连接钩	1 个		ST			均为引绳前端的连接件，均缺规格资料
连接环	1 个		ST			
卸扣	1 个	圆头	ST d 16	0.30	0.30	
	4 个	圆头	ST d 20	0.69	2.76	
	12 个	圆头	ST d 24	1.10	13.20	参看国标（GB 559—1965）
	16 个	圆头	ST d 28	1.54	24.64	
	10 个	圆头	ST d 32	2.20	22.00	
	2 个	平头	ST d 32			缺规格资料

续表

属具名称	数量	形状	材料及规格	质量/kg 每个	质量/kg 合计	附注
转环	3个	普通	STd 22	1.60	4.80	参看《渔具材料与工艺学》241页附表5-4
	2个	普通	STd 25	2.40	4.80	
套环	2个	尖口	STB 19	0.50	1.00	参看国标（GB 560—1965）
	10个	尖口	STB 22	0.70	7.00	
	4个	尖口	STB 25	1.00	4.00	
	4个	尖口	STB 27	1.28	5.12	
圆环	4个	圆形	Fe RINϕ 80ϕ 10	0.14	0.56	质量为理论计算值

第十节 拖网制作与装配

一、网衣制作

网具材料备好后，就可着手进行网衣的制作。按照网衣制作工艺的不同，拖网可分为剪裁拖网和编结拖网两种。下面分别叙述这两种拖网的网衣制作。

（一）剪裁拖网网衣制作

剪裁拖网网衣制作是根据网料用量要求先编结制作成一片一片的矩形网片，然后按网图要求将网片剪裁成各种形状的网衣，最后将剪好的网衣进行扎边、缝合而形成整顶拖网网衣。下面将根据上述网衣制作的工艺过程分别介绍。

1. 网衣剪裁计划

按照网料用量要求编结好的矩形网片，经过定型处理后就可以进行剪裁了。如果对剪裁工艺不够熟悉，在剪裁施工前，最好先拟订剪裁计划。现以340目底层拖网为例试作其各段网衣的剪裁计划。根据图4-82（a）、例4-1的网图核算结果和表4-11，可以绘制出340目底层拖网网衣剪裁计划如图4-96所示。

各段网衣的展开图均是按比例绘制的，即纵向长度依网衣拉直长度按比例缩小绘制，横向宽度依网衣拉直宽度的一半按同一比例缩小绘制。由于受到图纸幅面宽度的限制，图4-96的各段网衣的展开图是按不一定相同的比例缩小绘制的。即各段网衣的剪裁计划图之缩小绘制比例是不一定相同的。

随着织网机械化水平的不断提高，剪裁拖网批量生产的网片材料逐渐被机织网片取代。其制作方法比较简单，可先按网图要求的网线编织成网长等于各段网长目数和任意网宽的矩形网料，再按网图标注规格剪出相应的网衣。

2. 网衣补强与缝合

各段网衣剪裁后，就可进行补强和缝合。

1) 网衣补强

为了使网衣配纲边缘不易破损，常要对网衣边缘进行加工，以增加边缘强度，这种增加网衣边缘强度的工艺称为网衣补强。网衣补强常采用镶边、扎边和缘编等几种方法。

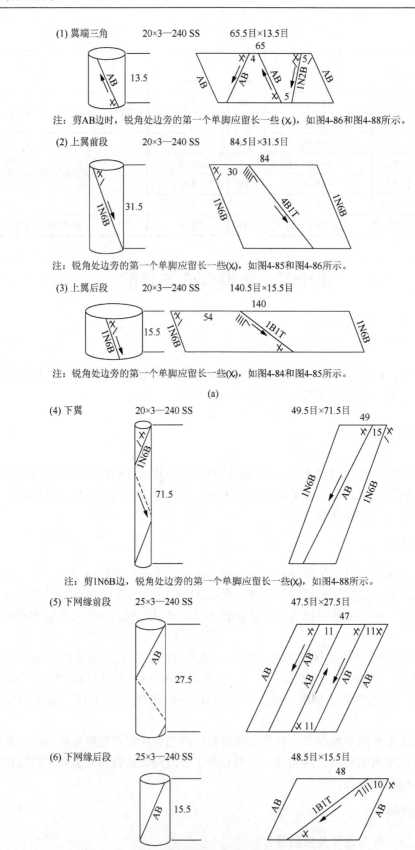

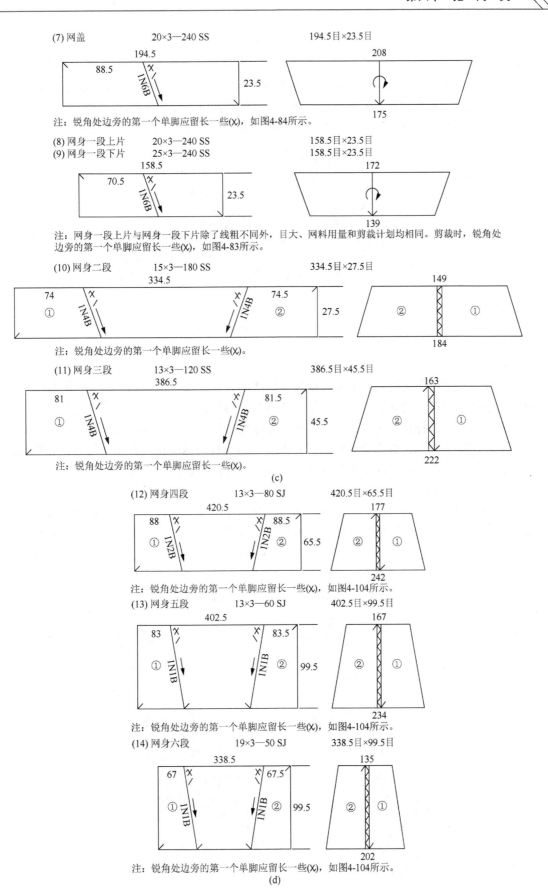

图 4-96 340 目底层拖网网衣剪裁计划

（1）镶边

镶边是在网衣边缘用网线重合编结，直接增加边缘目脚强度的补强方法。实际工艺中，一般直接将镶线重合编结于网衣边缘，逐节作结，且镶线的长度应与目脚长度相等，以保持同时受力，如图4-97所示。我国广西剪裁拖网网衣的配纲边，其宕眼单脚边一般采用这种镶边补强，俗称"重边"。上口门和下口门的网衣配纲边缘，一般也可采用镶边补强的方法增加其边缘强度，如图4-97（3）。

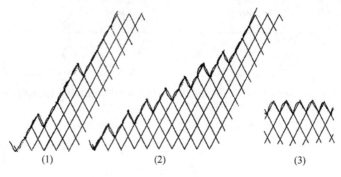

图4-97 镶边示意图

（2）扎边

扎边是在网衣边缘用网线将二根或三根目脚依次对应合并缠扎，形成粗大网衣边缘的补强方法。这种方法虽然增加网线的消耗，但却有利于防止网衣边缘网结松散，所以我国剪裁拖网网衣的配纲边，一般采用这种扎边补强。扎边的工艺依网衣边缘的剪裁方式不同可分为两种。

①若网衣边缘为全单边或边傍单脚边，是把边缘的一目沿纵向拉直并扎在一起，即横目扎去一目。在实际工艺中，是从网衣的锐角处开始，用网线顺着网目纵向拉直合并一目向后绕扎，这称为"顺目扎边"，如图4-98所示。

②若配纲边为宕眼单脚边，一般是把边缘的一目沿横向拉直并扎在一起，也是横向扎去一目。在实际工艺中，是从网衣的钝角处开始，用网线顺着网目横向拉直且向后拉而合并一目向后绕扎，这称为"倒目扎边"。若配纲边为一宕多单时，则在单脚处横向扎去一目，在宕目处横向扎去两目，如图4-99所示；若配纲边全部保持一宕一单时，则在配纲边全部横向扎去两目，如图4-100所示。配纲边为一宕多单的，也有的仍然采用顺目扎边，如图4-101所示。

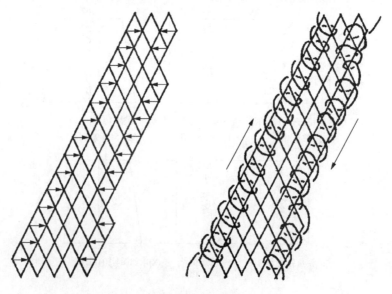

图4-98 顺目扎边示意图（一）

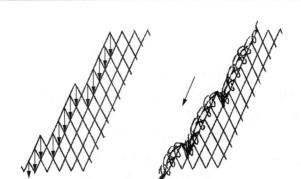

图 4-99　倒目扎边示意图（一）

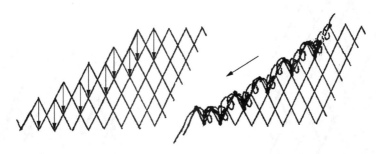

图 4-100　倒目扎边示意图（二）

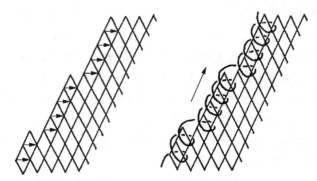

图 4-101　顺目扎边示意图（二）

在实际工艺中，扎边有两种形式，一种是绕扎，另一种是并扎。图 4-98 至图 4-101 均属于绕扎，是用带有稍粗些的缝线的网梭，穿绕网衣边缘的二根或三根目脚，依次把边缘的一目拉直绕扎在一起，每隔适当的间距作结或在适当位置作结。而并扎是缝线在边缘的一目拉直并拢后逐步作结，缝线与目脚拉直等长。一般中小网目（$2a \leqslant 120$ mm）可采用绕扎形式。

（3）缘编

缘编是在网衣边缘用粗线或双线另行编结若干目的网条，形成新网衣边缘的补强方法。其目大通常等于或大于原网衣的目大。这种另行编结而形成的若干目网数又称为"网缘"。缘编也可以单独编结成网缘，然后与原网衣缝合，如图 4-82（a）所示。这是我国南海区的剪裁拖网，其下翼的配纲边缘经常是用粗线单独编结成的下网缘前、后段网衣。这种采用缘网衣附加在配纲边缘上的补强方法即是缘边补强。

2）网衣缝合

网衣缝合是网衣（网片）间相互连接的工艺。缝合边上网目数相等的网衣（网片）缝合称为等目缝合，网目数不等的网衣（网片）缝合称为不等目缝合。网衣缝合方法有编结缝、绕缝、并缝、活络缝等。

（1）编结缝

编结缝是缝线在两缝合边间编结一行或一列半目的缝合，简称编缝。编结一行半目的缝合又称为纵向编缝，编结一列半目的缝合又称为横向编缝。

当四片或两片的斜梯形或正梯形网衣进行联合剪裁时，要先将矩形网料的两侧边进行纵向等目编缝（图4-102）而形成圆筒后再进行剪裁。

组成拖网的各段网衣之间的横向缝合，一般是采用编缝的形式。为了便于识别网衣分段和增加缝合边的强度，常采用与网衣同材料的粗线、双线或异色线作为缝合用线。由于两段网衣之间的缝合目数相等或不等，横向编缝又可分为等目编缝和不等目编缝。

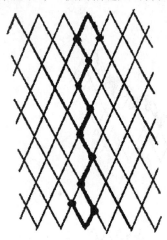

图4-102 纵向等目编缝

图4-103 横向等目编缝

①横向等目编缝。若两段网衣的目大相等，只需一目对一目编缝，如图4-103所示。但要注意由于工艺要求不同，即缝合处两端边的缝接形式不同，因而前、后段网衣缝合边的目数应相等或相差几目。缝合端边的缝接形式如图4-104所示，是按网宽目数不计半目（即不把梯形网衣钝角处的第一个单脚看成半目）的计算方法绘制的。若前后两段网衣缝合端边的编接形式如图4-104中的（1）、（2）图右端边所示，则前段比后段多一目半；若缝接形式如（3）、（4）、（5）图所示，则前段比后段多半目；若缝接形式如（6）图所示，则前段比后段少半目。但按网宽目数计有半目（即把梯形网衣钝角处的第一个单脚看成半目）的计算方法，若缝接形式如图4-104中的（1）、（2）图所示，则前段比后段多二目；若缝接形式如（6）图所示，则前段与后段等宽。

拖网网衣的横向等目编缝，对缝合端边的缝接形式有特殊要求。现以340目底层拖网（图4-82）为例，说明各段网衣横向等目编缝时对缝接形式的要求。根据例4-1，340目底层拖网网图核算资料，此拖网横向等目编缝的缝接形式如图4-105所示。各段网衣剪边的开、终剪如各段网衣轮廓线内的剪裁代号所示，而缝合端边的编缝形式如各段网衣轮廓线外的剪裁代号所示。现举例说明如下：在上翼端三角与上翼前段的缝合（图4-105）中，在配纲边，缝线与上翼端三角锐角处的边傍形成3B，如图4-86和4-104（1）所示，则上翼端三脚大头应比上翼前段小头少一目半。在另一缝端边，缝线与上翼前段锐角处的边傍的第一长单脚和上翼端三角锐角处的边傍形成1N2B，如图4-86和4-104（5）所示，则上翼端三脚大头应比上翼前段小头少半目，即上翼端三角大头应比上翼前段小头少2目（1.5＋0.5），这与网图数字相符（29－27＝2）。其他各段网衣之间的横线等目编缝的详情不再一一赘述。

②横向不等目编缝。剪裁拖网的网身，一般是由网背和网腹上、下缝合而成的。网背或网腹，一般又由目大由前至后逐渐减少的若干段等腰梯形网衣缝合而成的。由于前段网目较大，后段网目较小，且前、后段之间的缝边拉直宽度又设计成基本等宽，则前段小头是少目边，后段大头是多目边。其不等目编缝时，除了一目对一目编缝外，多目边的多余目数应均匀地分配到少目边上进行缝

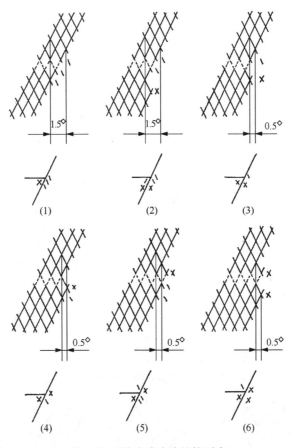

图 4-104 缝合端边的缝接形式

合（俗称"吃目"）。这种将多余目数"吃"在少目边上的编缝，又称为吃目编缝。在吃目编缝中，应根据多余目数将缝合处分成若干组吃目编缝循环，每组缝边对应目数之比称为缝合比，即用少目边目数对多目边目数之比表示。吃目编缝时，为了达到均匀吃目的要求，必须事先进行缝合比计算。

在进行缝合比计算前，应根据两缝合端边的缝接形式的不同，先对少目边目数进行等宽修正。即以多目边两端的宽度为基准，将少目边的目数减去两端边的多出目数或加上两端边的少出目数，得出前段小头少目边的计算目数。

假设后段大头多目边的目数为 m_1，前段小头少目边的计算目数为 m_2，则两者的差数 n 即为总吃目数，也是吃目编缝循环的总组数。将少目边的 m_2 除以 n，则所得商数的整数 x 是每组缝合循环的少目边目数，并假设有余数 c，即为

$$m_1 - m_2 = n$$

$$m_2 \div n = x \cdots\cdots c$$

则两段网衣缝合比为

$$\begin{cases} x:(x+1) & (n-c)组 \\ (x+1):(x+2) & c\,组 \end{cases}$$

在吃目编缝的工艺中，实现吃目要求而经常采用的方法有两种：一种是在少目边上挂目（增目），根据挂目所在位置不同，又有上行挂目和下行挂目的区别，如图 4-106（1）、（2）所示；另一种是在多目边上并目（减目），如图 4-106（3）所示。施工时，并目编缝比较简单。

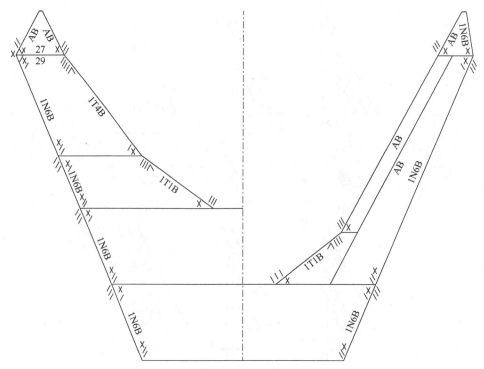

图 4-105　340 目底层拖网横向等目编缝的缝接形式

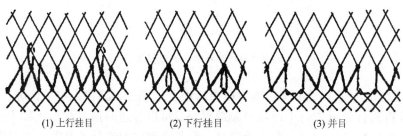

(1) 上行挂目　　　　(2) 下行挂目　　　　(3) 并目

图 4-106　吃目编缝方法

各种吃目编缝应尽可能实现均匀缝合。但是，按照上述计算求得的缝合比直接施工时，若是由两缝合端边同时向中间缝合，则中间汇合处（不一定在正中位置）将出现连续两次吃目；若是从一端向另一端缝合，则最后一次吃目将出现在缝合端边。上述第一种情况会影响网衣的均匀受力，第二种情况会影响缝合处的左、右对称。为了避免这些缺点，按上述计算求得初算的缝合比后，应对缝合比的组数进行调整。但若缝合比最大为 2∶3 时，没必要进行调整；若缝合比为 3∶4 及大于 3∶4 时，必须给予调整。

调整方法是在两次连续吃目位置之间或在最后一次吃目之后插入间隔目数为 $(x-1)∶(x-1)$ 或 $x∶x$。即缝合比应调整为

$$\begin{cases} x:(x+1) & \overline{(n-c+x-1)}\text{组} \\ (x+1):(x+2) & \overline{(c-x-1)}\text{组} \\ (x-1):(x-1) & 1\text{组} \end{cases}$$

或

$$x:(x+1)\begin{cases} \overline{(n-c+x)} & \text{组} \\ (x+1):(x+2) & (c-x)\text{组} \\ x:x & 1\text{组} \end{cases}$$

若余数 c 为奇数，则插入的间隔目数应取为奇数；若余数 c 为偶数，则插入目数应取为偶数。

拖网网衣的缝合，除了囊网衣外，一般是先进行前、后段网衣之间的横向编缝，形成上、下两片网衣后，再进行上、下两片网衣之间的绕缝和配纲边的扎边或镶边。故在缝合比计算前，应先判断网图中标注的网宽目数是否计有半目，是否已包括了绕缝或扎边的消耗目数，因为不计半目或计有半目，其计算目数是不同的。若网宽目数没有包括绕缝或扎边的消耗目数，则计算缝合比的大小头目数均应加上消耗目数。

例 4-4 试计算 340 目底层拖网（图 4-82）网身各段网衣之间横向不等目编缝的缝合比，并说明其施工排列要求。

解： 图 4-86 的网宽目数没有包括绕缝或扎边目数，也不计半目。故在计算其网身各段网衣之间的缝合比时应加上绕缝的目数 2 目，还应参考图 4-107 来确定其缝合端边的修正目数。

网身各段网衣之间的缝接形式的选用，应使缝接后形成的剪裁循环与前段或后段的剪裁循环一致或比较接近，如图 4-107 所示。在图中网身各段网衣大小头目数是根据例 4-1 网图核算修正后的目数标注的。根据例 4-1 资料，各段网衣斜边的开、终剪如网衣轮廓线内的剪裁代号所示，缝合端边的缝线与后段大头锐角处的边傍之缝接形式经选用后标注在网衣轮廓线外。从图中可以看出，网身一、二、三段之间的缝接形式是形成 3B，如图 4-104（1）所示，即前头小头一端的修正目数为 1.5目；网身三、四、五、六段之间的缝接形式形成 1N1B，如图 4-104（4）所示，即前段小头一端的修正目数为 0.5 目。

1. 网身一段与网身二段的缝合

$$\because m_1 = 182 + 2 = 184 \text{目}$$
$$m_2 = 137 + 2 - 1.5 \times 2 = 136 \text{目}$$
$$\therefore n = m_1 - m_2 = 184 - 136 = 48 \text{组}$$
$$x = m_2 \div n = 136 \div 48 = 2 \cdots\cdots 40$$
$$c = 40 \text{组}$$

初得缝合比为

$$x : (x+1) = 2 : 3 \qquad \begin{cases} n - c = 48 - 40 = 8 \text{组} \\ c = 40 \text{组} \end{cases}$$
$$(x+1) : (x+2) = 3 : 4$$

为了加快施工速度，一般是由两人从缝合处两端同时向中间编缝。若开始就按 2：3 缝合，则两端边的上、下网衣绕缝后，吃目位置会处在缝合端边，应尽量要求避免这种情况发生。同时为便于记住和方便施工，一般要求把组数较少的缝合比分配到两端先缝合完后，再按组数较多的缝合比缝合，则可以不必记住缝合组数了。为了满足上述两种要求，施工时可从两端向中间先按 3：4 各缝合 1 组，再按 2：3 各缝合 5 组，最后按 3：4 缝合，中间汇合处为 2：2，如图 4-108 所示。施工时，缝线在网身一段小头两端的第一个宕眼处作结起编，后与网身二段大头两端边傍的第一个长单脚缝接作结，于是缝线与后段锐角处的边傍形成 3B。接着 1 目对 1 目编缝 2 次后进行 1 目对 2 目编缝而形成 3：4 缝合 1 组。开头的缝接和 1 目对 1 目缝接均要作结。1 目对 2 目编缝时，1 目要作结，两目不用作结，用缝线穿过两目的宕眼即可，其目脚可适当放长些。缝合时可只看后段大头的目数，若编缝 3：4，即先 1 目对 1 目编缝 2 次后，再穿过 2 目；若编缝 2：3，即先 1 目对 1 目编缝 1 次后，再穿过 2 目。根据以上缝合工艺，则最终缝合比调整为：2：3 缝合 10 组，3：4 缝合 38 组，2：2 缝合 1 组。

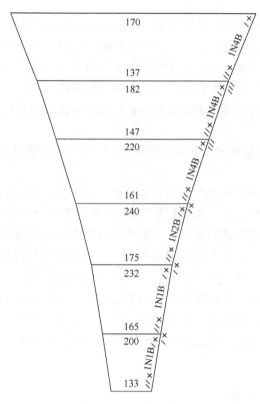

图 4-107　340 目底层拖网横向不等目编缝的编接形式

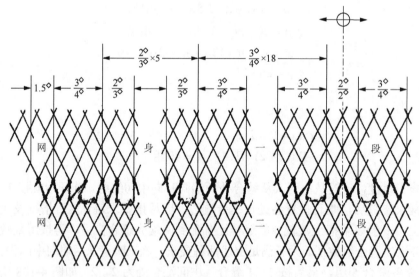

图 4-108　网身一段与网身二段缝合示意图

2. 网身二段与网身三段的缝合

$$\because m_1 = 220 + 2 = 222 \text{目}$$
$$m_2 = 147 + 2 - 1.5 \times 2 = 146 \text{目}$$
$$\therefore n = 222 - 146 = 76 \text{组}$$
$$x = 146 \div 76 = 1 \cdots\cdots 70$$

则可得

$$1:2 \quad \begin{cases} 76-70=6\text{组} \\ 70\text{组} \end{cases}$$
$$2:3$$

因为缝合比最大为 $2:3$，其余（70）又为偶数，故此缝合比没必要调整。施工时，可从两端向中间先按 $2:3$ 各缝合 1 组，再按 $1:2$ 各缝合 3 组，最后按 $2:3$ 缝合，中间汇合处为连续两次吃目。

3. 网身三段与网身四段的缝合

$$\because m_1 = 240+2 = 242 \text{目}$$
$$m_2 = 161+2-0.5 \times 2 = 162 \text{目}$$
$$\therefore n = 242-162 = 80 \text{组}$$
$$x = 162 \div 80 = 2 \cdots\cdots 2$$

则可得

$$2:3 \quad \begin{cases} 80-2=78\text{组} \\ 2\text{组} \end{cases}$$
$$3:4$$

拟插入 $2:2$，则调整为

$$2:3 \quad \begin{cases} 80\text{组} \\ 1\text{组} \end{cases}$$
$$2:2$$

施工时，从两端向中间按 $2:3$ 缝合，中间汇合处为 $2:2$。

4. 网身四段与网身五段的缝合

$$\because m_1 = 232+2 = 234 \text{目}$$
$$m_2 = 175+2-0.5 \times 2 = 176 \text{目}$$
$$\therefore n = 234-176 = 58 \text{组}$$
$$x = 176 \div 58 = 3 \cdots\cdots 2$$

可得

$$3:4 \quad \begin{cases} 56\text{组} \\ 2\text{组} \end{cases}$$
$$4:5$$

拟插入 $2:2$，调整为

$$3:4 \quad \begin{cases} 58\text{组} \\ 1\text{组} \end{cases}$$
$$2:2$$

施工时，从两端向中间按 $3:4$ 缝合，中间汇合处为 $2:2$。

5. 网身五段与网身六段的缝合

$$\because m_1 = 200+2 = 202 \text{目}$$
$$m_2 = 165+2-0.5 \times 2 = 166 \text{目}$$
$$\therefore n = 202-166 = 36 \text{组}$$
$$x = 166 \div 36 = 4 \cdots\cdots 22$$

可得

$$4:5 \quad \begin{cases} 14\text{组} \\ 22\text{组} \end{cases}$$
$$5:6$$

拟插入 $4:4$，调整为

$$4:5 \begin{cases} 18\text{组} \\ \end{cases}$$
$$5:6 \begin{cases} 18\text{组} \\ \end{cases}$$
$$4:4 \begin{cases} 1\text{组} \\ \end{cases}$$

施工时，从两端向中间按 5∶6、4∶5 的循环（即先按 5∶6 缝合 1 次后再按 4∶5 缝合 1 次形成 1 个循环）缝合，中间汇合处可能是 4∶4 或 3∶3。若两人的缝合进度一致，正中汇合处为 4∶4。

（2）绕缝

绕缝是缝线在两缝合边上不逐目作结的缝合（增加半目或不增加半目）或逐目作结的缝合（不增加半目），也就是在两缝合边用缝线穿绕网目目脚的一种缝合。通常可不必每目作结，因而是较简便的一种缝合方法，即较易缝合，也较易拆开。根据网衣的缝合部位不同绕缝的形式有纵向绕缝、横向绕缝和斜向绕缝三种。缝线可用粗线、双线或异色线，以增加缝边强度和便于识别。

①纵向绕缝。两片式拖网网衣的纵向绕缝较少，主要是矩形的网囊或网身末段的矩形网料，需采用纵向绕缝后形成圆筒网衣，是属于等目纵向绕缝。由于矩形网料是网宽带半目的网片，但要求缝成网周为整目数的网筒，故缝线在网料的一侧边穿绕一目和另一侧边穿绕一目半，共扎去两目半，如图 4-109 所示。绕缝时，先将网料沿纵向对折，使两侧边对齐拉直合并，用带有缝线的网梭，穿过第一对合并的网目，作一双套结，然后依次穿绕各对合并的网目。由于网囊或网身末段的目大较小，不必逐目作结，只要每隔适当的间距作一半结，到结尾处再作一双套结。穿绕网目的缝线必须松紧适当。除了把合并的网目扎紧外，还应使缝合处的拉直长度不短于网衣的拉直长度。

此外在网衣剪裁制作过程中，也会遇到等目纵向绕缝的问题。如两片式拖网的网盖只需用一片，即需进行单片剪裁，是由一片矩形网料中间斜剪一次形成两片直角梯形网片后，再将两网片的纵向直目边对齐拉直合并绕缝而形成一片等腰正梯形网衣，如图 4-96（c）中的（7）图所示。其两缝合边的边傍是一一相对应的，缝线依次穿绕各对应的半目或一目拉直合并绕缝，每边各扎去半目或一目，共扎去一目或两目，如图 4-110 所示。如果目大较小，只要每隔适当的间距作一半结；如果目大较大，则可考虑逐目作结。

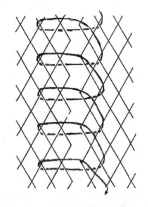

图 4-109　纵向等目绕缝（一）

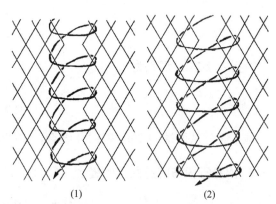

图 4-110　纵向等目绕缝（二）

②横向绕缝。两片式拖网网衣的横向绕缝也较少，主要可考虑用作网身末段小头与网囊前头之间的缝合。为了便于更换网囊（如网囊破损而要求及时更换）和拆开网囊与网身末段的连接（如网囊刺鱼太多而急于拆开处理渔获），采用横向绕缝一般要求网身末段上、下两片网衣和网囊的矩形网料各自先行绕缝而形成圆筒状网衣后，再进行横向绕缝。由于网目大小不同，形成网身末段是少目边，网囊前头是多目边，故网身末端与网囊的缝合时属于横向不等目绕缝。缝合前应计算缝合比，其计算方法与横向不等目编缝的缝合比计算方法基本相似。不同的是多目边和少目边的目数均为缝

合成圆筒后的网周目数，是不包括扎边目数；少目边目数即为计算目数，不必再修正；初得的缝合比即为所需的缝合比，不必再调整。

例 4-5 试计算 340 目底层拖网（图 4-82）网身六段与网囊的缝合比，并说明其施工排列等要求。

解：从图 4-107 得知网身六段小头目数应修正为 133 目，则其上、下片绕缝后的小头网周目数（m_2）为 133 目 × 2，从图 4-82（a）得知网囊的网周目数（m_1）为 300 目。

$$\because m_1 = 300 \text{目}$$
$$m_2 = 133 \times 2 = 266 \text{目}$$
$$\therefore n = 300 - 266 = 34 \text{目}$$
$$x = 266 \div 34 = 7 \cdots\cdots 28$$

可得

$$\begin{cases} 7:8 & 34-28=6 \text{组} \\ 8:9 & 28 \text{组} \end{cases}$$

网囊的矩形网料两侧边的缝合处一般作为网囊侧力纲的结扎处，从此处数至 150 目与 151 目之间为另一条网囊侧力纲的结扎处。一般是把网身力纲和网囊侧力纲连接好并在网身后端缝合边与网囊前端缝合边之间留出半目间隙后，才进行网身与网囊之间的缝合。缝合比 7:8 是由 1 目对 1 目穿绕 6 次和 1 目对 2 目穿绕 1 次组成一组，缝合比 8:9 是由 1 对 1 穿绕 7 次和 1 对 2 穿绕 1 次组成一组，如图 4-111 所示。施工时，缝线在缝合处的侧力纲上作结起头这个线结应既牢固又便于抽解。接着先按 1 对 1 的 2 次和 1 对 2 的 1 次穿绕，后按 7:8 穿绕 1 组后再按 8:9 穿绕 14 组后，即靠近另一条侧力纲处（相距 10 目左右）再按 7:8 穿绕 3 组。接着又按 8:9 穿绕 14 组后，即靠近起头处的侧力纲（相距 10 目左右）再按 7:8 穿绕至侧力纲处，又在侧力纲上作结（既牢固又便于抽解的），即在侧力纲附近安排 7:8 各 3 组，其余均为 8:9。缝合时，每次穿绕了 3 组缝合比（横向拉直长约为 1m）后，用两手将缝线和网囊前沿网衣横向拉直等长后，缝线可在网囊的宕眼上作一半结，于是形成了纵向增加半目的绕缝。

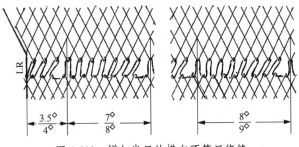

图 4-111 增加半目的横向不等目绕缝

我国的两片式底拖网，其网身各段网衣之间的缝合，一般是采用横向不等目编缝的。然而原旅大水产公司所使用的尾拖型网，其网身各段之间的缝合是采用增加半目的横向不等目绕缝，其缝合比的计算方法与横向不等目编缝的计算完全一致。

③斜向绕缝。我国的两片式底拖网的上、下两片式网衣之缝合边是完全相同的边傍单脚斜边，一般采用边傍对边傍、单脚对单脚逐一绕扎的斜向绕缝。绕缝时先将上、下两片网衣的斜向重叠在一起并拢拉直，从网衣的锐角处开始，用缝线顺网目纵向拉直的一目穿绕并绕紧，即横向扎去一目，如图 4-98 的边傍单脚边所示。若目大较小，缝线可每隔一定距离作一双套结，并把目脚的线头嵌入双套结中。若目大较小，缝线可在目脚上穿绕若干次，也可逐目或逐节作结。

从上述可以看出，斜向绕缝可以看成是把两片网衣的斜边并在一起进行绕扎，所以斜向绕缝和绕扎型扎边的工艺基本相同。而不同的是扎边只扎去一片网衣边缘的 1 目，二绕缝则是同时扎去两片网衣边缘的各 1 目，合起来共扎去 2 目。在多片式拖网中被绕缝在一起的两片网衣目大、网长目数和剪裁循环不一定相同，但一般网衣拉直长度要求相等。因此只要将相绕缝的网衣斜边并拢和拉直等长，用缝线绕紧两网衣边缘各 1 目即可。

（3）并缝

并缝是缝线在两缝合边上逐目或逐节作结的缝合，也就是在两缝合边用缝线并扎网衣边缘网结的一种缝合。在南海区的两片式底拖网中，并缝的形式只有纵向并缝和斜向并缝两种。缝线一般采用与网衣相同颜色的粗线。

①纵向并缝。南海区两片式底拖网网衣的纵向并缝和纵向绕缝一样，采用较少，主要用于矩形的网囊或网身末段之矩形网料两侧边的缝合。纵向并缝的方法与纵向绕缝的相似，如图 4-109 所示，绕缝的缝线是穿绕两边缘的 1 目半和 1 目扎紧在一起，共扎去 2 目半，并缝的缝线是将两边缘的 2 个网结和 1 个网结并扎在一起，也共扎去 2 目半。并缝时，将两侧边对齐拉直合并，缝接在网结处将两边缘的 3 个网结再作结并扎在一起。由于网囊或网身末段的目大较小，可采用逐目作结的方式，缝线与目脚应拉直等长并扎。

在网衣制作过程中，等腰梯形网衣进行单片剪裁时，由一片矩形网料剪成两片直角梯形网片后，应和图 4-110 的纵向等目绕缝一样，将纵向直目边对齐拉直并扎，若按（1）图方式将两边缘的对应网结并扎在一起，则各扎去边缘的 1 目，共扎去 2 目。若目大较小，可采用（1）图或（2）图的方式；若目大较大，则可采用（1）、（2）方式的叠加而形成逐节作结的并缝，形成两边缘各扎去 1 目，共扎去 2 目的纵向等目并缝。

②斜向并缝。南海区两片式底拖网的上、下片网衣之间，一般采用边傍对边傍、单脚对单脚逐一并扎其对应网缘之网结的斜向并缝。并缝的方式类似绕缝，如图 4-98 的边傍单脚边所示。不同的是：绕缝是用缝线绕扎两缝合边的各 1 目的目脚，而并缝是用缝线并扎两缝合边缘各 1 目的 2 个网结。并缝时，若目大较小，可隔目作结并扎；若目大较大，可逐目作结并扎。缝线与目脚应按直等长并扎，两缝合边缘各被扎去 1 目，共扎去 2 目。

（4）活络缝

活络缝是利用缝线或细绳做成的线圈穿套两缝合边的对应网目而使网衣连接起来的缝合。也就是用活络结（抽结）缝接网衣，如图 4-112 所示。活络缝的特点是缝合和解开简便而迅速，适用于网衣缝合边需要频繁地封闭和解开的场合，具有临时缝合的性质。我国拖网网囊的取鱼口，常采用这种缝合方法，便于及时打开取鱼口倒出渔获物。

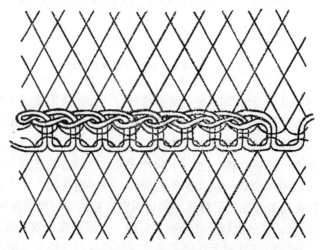

图 4-112　活络缝

作活络缝的方法是：先用缝线（可用粗线或绳线）在缝口的一端作结缚牢，再将缝线折成一个活线环，穿过缝口两边的第二组网目，接着套入前一个线环中抽紧。如此反复作环穿套，直至将缝口完全封闭，剩余的网线任可同样自行作环穿套，最后将其末端穿入最后一个线环拉紧即可。需要解开时，只需拉出穿入最后一个线环的线端，用力抽拉，缝口就会迅速打开。

（二）编结拖网网衣制作

编结拖网的网衣一般是用手工直接编结而成的，其网盖、网翼从网口向前编出，在网盖背、腹部之间，网翼中间或其附近，有一道或多道增目；其网身从网口向后编出，网身分段较多，网身目大从第一段的网口目大逐渐减小至稍大于网囊目大。网身每段的编结方法有两种，一种是多道纵向减目编结，编成截锥形的网筒，网筒前后端的网周目数前多后少，简称多道减目编结；另一种是直筒编结，编成柱状的网筒，网筒前后端的网周目数相同。

《南海区渔具》中的编结型拖网，其网盖背、腹部之间与网翼中间有2~4道纵向增目。由于其网口目数较多，而网囊网周目数较少，故要求网身周目数从前至后减少至与网囊网周目数相同或稍多一些。为了达到此要求，有两种编结方法：一种是网身前部采用各段之间横向无增减目的直筒编结（简称无增减目直筒编结），后部采用前后段之间横向减目的直筒编结（简称减目直筒编结）；另一种是网身前部采用无增减目直筒编结或增目直筒编结，后部是多道减目编结。

《南海区渔具》中的大目编结型拖网，其网盖背、腹部之间与网翼中间有1~3道纵向增目。由于网口目大较大，造成网口目数较少，而网囊目数相对较多，故要求网身网周目数从前至后增多至稍多于网囊网周目数。为了达到此要求，有两种编结方法：一种是网身采用增目直筒编结；另一种是网身前部采用增目直筒编结，后部采用多道减目编结。

现以40 cm底层双船拖网（图4-89）为例，介绍其网衣的编结方法。

本网是编结型拖网，其网身分成35段，前30段是无增减目直筒编结，后5段基本上是减目直筒编结。其网盖背、腹之间与网翼中间是3道纵向增目。

网身各段均采用直筒编结，网身分成35段，一段由330目起头向后编结。前6段均由粗底和背部细线部分组成，粗底需用两支网梭，细线部分也需用两支网梭，即由一人共用4支网梭一起向后编结。从七段开始向后编结时，可由一人用2支网梭编结。可在每段起编的第一节，均采用双线或异色线编结一节网衣，作为分段的记号。

网囊是一个圆筒网衣，可由一人用两支网梭编结。

网盖背部、网盖腹部和下网缘后段均由网身一段大头起编，一起向前编出。网盖背部和左、右网盖腹部是一起编结的，即编成1片，需用2支网梭；左、右下网缘后段需各用1支网梭，即由1人共用4支网梭一起向前编出。下网缘后段编结好后，在配纲边留出1个宕眼后继续向前编结下网缘前段。网盖编结好后，在网盖大头正中部位留出上口门24目后分别编结左、右两边的网翼、上网缘和下网缘前段。网翼背部和网翼腹部一起编结，即编成1片（中间有3道增目），需用2支网梭。上网缘和下网缘前段各需用1支网梭，则左、右网翼，上网缘和下网缘前段各由1人共用4支网梭向前编出。考虑到左、右翼尽可能等长对称，可由同一个人编结左、右翼。各段网衣编结到最后一节时，改用双线或异色线编结，作为分段的记号。网翼编结好后，在网翼中间留出3目后分别编结上、下翼端三角，可由1人用两支网梭向前编出。为了使左、右翼端三角尽可能等长对称，可考虑由同1个人编结左、右的上、下翼端三角。

现根据图4-89和例4-2网图核算修改结果，可以列出40 cm底层双船拖网网衣编结规格表如表4-14所示。

随着织网机械化水平的不断提高，编结型拖网网身的直筒编结网衣逐渐被机织网片取代。其制作方法比较简单,即取相应规格的矩形机织网片材料缝合成网身各段的网筒,再用双线或异色线将各段网筒编缝连接起来即可。

20世纪80年代末以后,大目拖网已被广泛推广使用。由于大目拖网目大较大,为1~10m,采用剪裁方法制作十分困难,故其网盖和网翼均采用手工编结。网身若采用直筒的,当网线粗度大于4 mm 的圆筒,一般采用手工编结。而网线粗度小于4 mm 的网筒可采用机织网片材料制作,也可采用手工编结而成。网身若采用多道减目编结的,则均为手工编结。若想改用机织网片材料制作,则需将多道减目网筒改设计成片数与道数相同的多片式剪裁的网筒,于是改成为大目混合型拖网,如图4-26(4)所示。当网线粗度大于4 mm 时,已成为细绳了不可能用网梭和目板编结。目板应改用可改变绕绳长度的绕板,直接用手持绳捆进行作结。为作结方便起见,一般采用双活结。事实说明,双活结网片的纵向强度比其他网结类型的均较大,对于大目拖网是较适宜的。

表4-14 40 cm底层双船拖网网衣编结规格表

名称		数量/片	网线材料规格—目大网结	起目/目		编长节数/节	编结方法
网身	一段背部粗底	1	PE 36 tex 22×3—400 SJ	244	330	7	无增减目直筒编结
		1	PE 36 tex 30×3—400 SJ	86			
	二段背部粗底	1	PE 36 tex 22×3—390 SJ	244	330	7	
		1	PE 36 tex 30×3—390 SJ	86			
	三段背部粗底	1	PE 36 tex 22×3—380 SJ	244	330	7	
		1	PE 36 tex 30×3—380 SJ	86			
	四段背部粗底	1	PE 36 tex 22×3—370 SJ	244	330	8	
		1	PE 36 tex 30×3—370 SJ	86			
	五段背部粗底	1	PE 36 tex 22×3—360 SJ	244	330	7	
		1	PE 36 tex 30×3—360 SJ	86			
	六段背部粗底	1	PE 36 tex 22×3—350 SJ	244	330		
		1	PE 36 tex 30×3—350 SJ	86			
	七段	1	PE 36 tex 20×3—340 SJ	330		8	
	八段	1	PE 36 tex 20×3—330 SJ	330		8	
	九段	1	PE 36 tex 18×3—320 SJ	330		8	
	十段	1	PE 36 tex 18×3—310 SJ	330		9	
	十一段	1	PE 36 tex 16×3—300 SJ	330		9	
	十二段	1	PE 36 tex 16×3—290 SJ	330		9	
	十三段	1	PE 36 tex 14×3—280 SJ	330		10	
	十四段	1	PE 36 tex 14×3—270 SJ	330		10	
	十五段	1	PE 36 tex 14×3—260 SJ	330		11	
	十六段	1	PE 36 tex 14×3—250 SJ	330		11	
	十七段	1	PE 36 tex 14×3—240 SJ	330		11	
	十八段	1	PE 36 tex 14×3—230 SJ	330		12	
	十九段	1	PE 36 tex 14×3—220 SJ	330		13	
	二十段	1	PE 36 tex 14×3—210 SJ	330		13	
	廿一段	1	PE 36 tex 14×3—200 SJ	330		14	
	廿二段	1	PE 36 tex 14×3—190 SJ	330		14	
	廿三段	1	PE 36 tex 14×3—180 SJ	330		15	
	廿四段	1	PE 36 tex 14×3—170 SJ	330		15	
	廿五段	1	PE 36 tex 14×3—160 SJ	330		17	
	廿六段	1	PE 36 tex 14×3—150 SJ	330		17	
	廿七段	1	PE 36 tex 14×3—140 SJ	330		20	
	廿八段	1	PE 36 tex 14×3—130 SJ	330		20	

续表

名称		数量/片	网线材料规格—目大网结	起目/目		编长节数/节	编结方法
网身	廿九段	1	PE 36 tex 14×3—120 SJ	330		24	无增减目直筒编结
	三十段	1	PE 36 tex 14×3—110 SJ	330		24	
	卅一段	1	PE 36 tex 14×3—100 SJ	320		28	减目直筒编缝
	卅二段	1	PE 36 tex 14×3—90 SJ	310		28	
	卅三段	1	PE 36 tex 16×3—80 SJ	300		34	
	卅四段	1	PE 36 tex 16×3—70 SJ	290		34	
	卅五段	1	PE 36 tex 18×3—60 SJ	280		60	
网囊		1	PE 36 tex 20×3—40 SJ	280		750	直筒编结
网盖背部		1	PE 36 tex 22×3—400 SJ	(165)			背腹之间为3—4（8r+2），腹部下边缘为（2r-1），下网缘后段配纲边为15（1r-1.5）和6（2r-2）后改编为（2r-1），即在下网缘后段小头的配纲处留出1个宿眼后，改编出宽10目的平行四边形网缘
网盖腹部		1	PE 36 tex 22×3—400 SJ	(39.5)×2	(306)	34	
下网缘后段		1	PE 36 tex 30×3—400 SJ	(31)×2			
上网缘		2	PE 36 tex 24×3—400 SJ	(40)			网翼中间为3—7（8r+2），两边缘为（2r-1），上网缘配纲边为18（1r-1.5）、6（2r-2）、7（4r-3），下网缘前段是两斜边为（2r+1）和（2r-1）的平行四边形网衣
网翼		2	PE 36 tex 22×3—400 SJ	(42.5)	(127)	58	
				(34.5)			
下网缘前段		2	PE 36 tex 30×3—400 SJ	(10)			
上翼端三角		2	PE 36 tex 24×3—400 SJ	(42)		34	配浮纲边为（2r-1），配翼端纲边为6（2r-2）、11（2r-1）
下翼端三角		2	PE 36 tex 24×3—400 SJ	(35)			两斜边均为（2r-1）

注：不带括号的起目为起头目数，带括号的起目为起编目数。

二、拖网装配

拖网装配必须严格按照网图要求进行。装配技术和工艺的好坏，对于捕捞效果和延长网具使用寿命有密切的关系。拖网装配包括绳索装配、网囊装配和属具装配。

（一）绳索装配

1. 浮纲

浮纲制作方法是先截取所需的钢丝绳长度（全长），并将其两端插制成眼环，然后将钢丝绳涂上一薄层黄油，外用塑料薄膜包缠一层，再用乙纶网线缠绕一层即可，如图4-113所示。

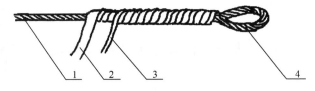

图4-113 浮纲制作示意图

1. 钢丝绳；2. 塑料薄膜；3. 乙纶网线；4. 眼环

浮纲可分三段组成，即一条中浮纲和两条等长的翼浮纲，分别与上口门和左、右上翼配纲边结扎。装浮纲时，先将中浮纲与左、右翼浮纲用卸扣连接起来，如图4-52中的4所示。

结扎中浮纲时，可先用一条比中浮纲稍长的细乙纶绳穿过上口门的网目（两端各留出数目）后，把细绳拉直与中浮纲等长，并将其两端结缚在中浮纲两端的眼环处。最后用粗网线把细绳中的上口门网目均匀地绕扎在中浮纲上。

结扎翼浮纲时，先从网图上了解每种配纲边的剪裁循环组数和所需配的纲长，平均算出每组剪裁循环应配的纲长，并在翼浮纲上作好分配记号，然后将每组剪裁循环结扎在应配的纲长上。结扎时是全单边的，基本上将网衣边缘稍微拉直绕扎；一宕多单边的，其单脚边基本上是稍微拉直绕扎，在宕眼处则按一定的缩结结扎。

由于在中浮纲与翼浮纲交接处（俗称三并口）受力较大，因此在三并口处应空出若干网目绕扎在该处附上的一小段绳索上，以减少网衣在该处的受力，避免撕网，如图 4-52 的左下方的 9 所示。

浮纲也可只用 1 条的。装配时应先从网图上了解上口门和上翼配纲边各段应配的纲长，并在浮纲上作好分段记号，分成相应的段数。中间一段与上口门绕扎，两端的各段分别与左、右上翼配纲边的各段相绕扎。其结扎方法可与上述浮纲由 3 段组成的相同。但在装配疏目网时，由于网目较大，为了使网目受力均匀，最好先计算出上口门每目应配纲长，并在浮纲中间一段按每目配纲长度作记号，然后用粗网线将上口门目数逐目直接结扎在应配的纲长上。如上口门两侧装有类似网口三角装置的，则不必像浮纲由 3 段组成的那样在三并口处留出数目，如图 4-51 的左下方所示。

2. 下缘纲

下缘纲若采用钢丝绳，其制作方法与浮纲的相同。若采用乙纶绳，其制作方法也是先截取所需的乙纶绳长度（全长），只需将其两端插制成眼环即可。

下缘纲和浮纲一样，可分 3 段组成，也可只用 1 条的，其和网衣的结扎方法与浮纲的结扎相同。

大目拖网配纲边的装配方法有别于上述传统工艺，在相当于一宕多单边和全单边的单脚处采用从网结处抽出等于半目长度网耳（又称假目）的方法。装配上、下缘纲时，将所有的网耳按宕眼和单脚原设定的配纲尺寸结扎在上、下缘纲的相应部位上。

3. 水扣绳

水扣绳是结扎在沉纲上并作成水扣形状的绳索。水扣绳的装配实际上是控制每档水扣的档长和行距，如图 4-53（1）所示。其每档水扣绳长（l_s）约等于档长（l_d）与两倍行距（h）之和（$l_s = l_d + 2h$）。故在装配水扣绳前，应先根据网具大小和部位，并可参阅本章第六节拖网结构中绳索部分的水扣绳内容，确定档长和行距尺寸，然后计算出每档水扣绳长，并按档长要求用粉笔在沉纲上作好分档记号。施工时，先将水扣绳的一端固扎在沉纲端的眼环旁，接着按每档水扣绳长的距离用网线将水扣绳绕扎在沉纲的第一个分档记号上，接着依次将每档水扣绳长分别绕扎（用网线缠绕水扣绳和沉纲数圈后结扎固定）在沉纲上，直至沉纲的另一端眼环旁，扎成如图 4-53（2）的水扣形状。

4. 沉纲

沉纲的制作方法有多种，各地有所不同，主要是根据渔场底质情况而定。现把两种较常用的制作方法叙述如下。

1）大纲沉纲

大纲沉纲的制作方法是先按全长规划截取所需的钢丝绳长度，并将其两端插制成眼环，然后涂上黄油，先用带状塑料薄膜包缠，再外包旧乙纶网衣，最后缠绕一层旧乙纶网衣单股绳或白棕、黄麻的单股绳，如图 4-114 所示。有的不包扎旧网衣，只缠绕旧网衣单股绳，则其沉纲直径较细些，有的不但包扎旧网衣，而且还缠绕了两层旧网衣单股绳，最后再缠绕一层防摩擦用的旧乙纶网衣，如图 4-55 所示。

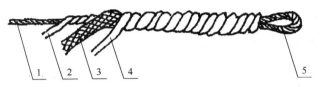

图 4-114 大纲沉纲结构
1. 钢丝绳；2. 塑料薄膜；3. 旧网衣；4. 旧网衣单股绳；5. 眼环

2）滚轮沉纲

滚轮沉纲的制作方法是按全长截取所需的钢丝绳，先插制好一端的眼环，另一端按规格要求穿入滚轮、垫片等，待穿好后再把另一端眼环插好，如图4-57和图4-58所示。

沉纲和浮纲一样，可分3段组成，即1段中沉纲和2段等长的翼沉纲。沉纲也可用1条的。装配时，先将中沉纲和2段翼沉纲用卸扣连接起来，然后用吊链或粗网线（绕扎成档耳）分档结扎连接在下中缘纲和下翼缘纲上。有的在沉纲上用水扣绳分档扎好水扣结构，再用粗网线将下缘纲扎缚在水扣绳上，如图4-53（1）所示。

不采用下缘纲的底拖网，其沉纲一定要先用水扣绳扎好水扣结构。在装配时先将中沉纲和2段翼沉纲用卸扣连接起来，然后将下口门目数均匀地绕扎在中沉纲的水扣绳上。下翼配纲边按缩结系数要求均匀地绕扎在翼沉纲的水扣绳上。由于在下口门两端的三并口处网衣受力较大，因此在该处通常要留出约1个水扣的网目绕扎在另附上的一小段绳索上，以减轻该处网衣受力，避免撕网，如图4-54中的11所示。

5. 翼端纲

在网翼前端装配一条翼端纲，其上端与浮纲前端相连接，其下端与缘纲或沉纲前端相连接。翼端纲若是采用钢丝绳，其制作方法与浮纲相同；若是采用乙纶绳，其制作方法与乙纶下缘纲相同。翼端纲有两种，一种是平头式的，另一种是燕尾式的，如图4-50所示。平头式翼端纲是与上、下翼网衣的小头相结扎，如图4-50中的（1）图所示，其结扎方法与中浮纲的相同。燕尾式翼端纲应根据网图数字作记号分成两段。一端与上翼端三角的配纲边相结扎，另一段与下翼端三角的配纲边相结扎，其结扎方法与翼浮纲相同。

6. 网身力纲

我国两片式底拖网所采用的网身力纲，其装配方式大致可分为如下两种：

①整顶网装配4条或3条力纲。有的沿着上、下2片网衣的左、右绕缝边各装1条网侧力纲，沿着背、腹2片网衣中间的纵向中心线各装1条上中力纲和下中力纲，如图4-115（1）所示，即装配有4条力纲。有的在网背中间不装力纲，即只装配3条力纲，如图4-115（2）所示。

南海区的改进尾拖型网［其网具模式图形如图4-115（1）所示］和部分疏目型网均采用上述装配方式，其力纲均采用乙纶绳。力纲长度一般与网衣拉直长度等长装配。

网侧力纲前端约半米长的留头在背、腹网衣两侧绕缝边前端处绕过翼端纲弯回并拢、结扎固定，然后用带有双线的网梭将其线端固定在力纲前端，缝线每隔适当间距扎一双套结。由于绕缝边长度一般会比相应的网衣拉直长度稍短一些，故结扎时，每一结扎间距的力纲应比绕缝边稍长一些。在装配网侧力纲时，应同时将两网侧力纲合并拉直对比，在各段网衣编缝处记号。尽量使两网侧力纲等长和对称。

上中力纲前端约半米长的留头绕过上口门配纲中点弯回并拢、结扎固定，然后沿着网背纵向中轴线，与各段网衣拉直等长用网线分段结扎固定，直至网身末端。最后用双线以适当间距把各段内的力纲和网衣结扎固定，其结扎方法如图4-116所示。若网目较大，应逐目结扎，如图4-116（1）

所示。若网目较小，可间隔 2 目或 3 目结扎，如图 4-116（2）所示。图 4-116 是示意图，在施工时，应将纵向中轴线两侧的若干网目并拢拉直后与力纲等长结扎。

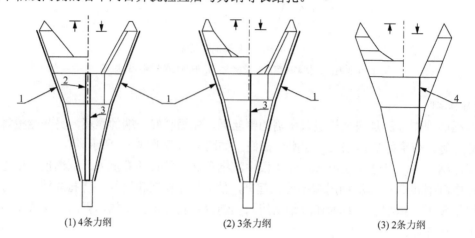

(1) 4条力纲　　　　　(2) 3条力纲　　　　　(3) 2条力纲

图 4-115　网身力纲装置部位示意图
1. 网侧力纲；2. 上中力纲；3. 下中力纲；4. 网腹力纲

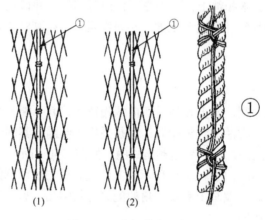

(1)　　　　(2)

图 4-116　力纲结扎示意图

下中力纲的结扎方法与上中力纲的基本相同，不同的是下中力纲前端约半米长的留头是绕过下口门配纲中点弯回并拢、结扎固定。

②整顶网装配 2 条力纲。2 条力纲分别自网腹左、右三并口处或下网缘后段（或下网口三角）的配纲边中部开始，顺着纵目对角线向后结扎到网身末端。黄渤海区和东海区的尾拖型网、改进疏目型网和南海区的部分疏目型网均采用夹棕绳的。渔船主机功率较小的拖网，也有采用白棕绳或乙纶绳的。这种装配在网腹上的力纲又可称为网腹力纲，如图 4-115（3）所示。

网腹力纲的前端需先插成眼环。尾拖型网和改进疏目型网的网腹力纲前端眼环是连接在三并口处的中沉纲和翼沉纲的连接卸扣中，如图 4-54 中的右下方的 8、12 所示。对于疏目型网，若中沉纲和翼沉纲的连接处设计在下网缘后段或下网口三角配纲边的中部，网腹力纲前端的眼环也是连接在中沉纲与翼沉纲的连接卸扣中；若中沉纲与翼沉纲连接处设计在三并口处，网腹力纲前端眼环是用卸扣连接在下网缘后段或下网口三角中部的翼沉纲上。网腹力纲前段在网腹上的结扎方法与上中力纲的结扎方法相同，网腹力纲后段与绕缝边的结扎方法与网侧力纲的结扎方法相同，不再赘述。

网身力纲结扎到网身末端应预留一定长度，以便与网囊力纲连接弯回后结扎固定。考虑到新网网衣在使用初期会伸长，而钢丝绳力纲不易伸长；乙纶绳力纲和乙纶网衣使用久后均会缩短，但乙纶绳比网衣缩短稍大，故网身力纲应预留适当长度以满足重新拆装力纲时而需增加的力纲长度。建议网身力纲后端留头约取为其装置部位网衣拉直长度的10%。钢丝绳力纲的制作方法与浮纲相似，不同的是只将其前端插制成眼环即可。

7. 其他绳索的装配

下面以340目底层拖网（图4-82）为例，叙述浮纲、沉纲、翼端纲、网身力纲、空绳、撑杆、叉绳、单手绳、游绳、曳绳、网板、网板叉链、网囊引绳、网囊束绳和铁链条等绳索、属具之间的连接装配，如图4-117所示。

上述绳索中网身力纲只是前端插成眼环，网板叉链、铁链条两端不必插成眼环外，其余绳索两端均需插成眼环。除了浮纲、翼端纲和网身力纲为了便于与网衣结扎而需在钢丝绳上涂黄油、包缠塑料薄膜和缠绕乙纶网线外，其他绳索可以不必做上述加工。

在单手绳和止进铁之间应采用如图4-65（1）所示的平头卸扣相连接，是因为这种卸扣易于滑过止进铁。但这种卸扣要用类似一字头螺丝批的器械进行扣合或卸脱，在卸扣的横销变形或生锈时较难卸脱。如图4-65（2）所示的圆形卸扣可徒手扣合和卸脱，若太紧也可用小铁锥穿过半圆销柄上的小孔旋松卸脱，使用较为方便。又由于销柄圆头较短，呈小截半圆状，因而不易钩挂网衣或与其他属具产生冲撞，故建议其他卸扣均采用圆形卸扣。

当拖网起网并用绞机收绞曳绳、单手绳或网囊引绳时，这些绳索在受到拉力时会发生反捻向旋转，为了防止这些绳索后端连接的属具或网具跟着翻转或扭结，在各绳的末端均接上一只转环，在曳绳后端连接一只特制的网板连接环。

为了减轻钢丝绳眼环与卸扣之间的磨损，可在眼环中装置如图4-65（4）所示的尖口套环。但套环使用久后可能发生变形，其尖口处跷出会钩破网衣，故在网衣附近的眼环中不宜装置套环，而远离网衣的眼环中可考虑使用套环。

卸扣和转环的使用规格可根据被连接的钢丝绳的最大直径，参照附录M选用。铁链前、后端的连接卸扣使用规格，可根据制链铁条的直径（看作钢丝绳直径），参考附录M选用。套环使用规格可根据拟使用套环的钢丝绳直径，参考附录M选用。

浮纲（WRϕ12.5）、左右翼端纲（WRϕ11）与左右上空绳（WRϕ12.5）的连接卸扣可根据最大直径12.5 mm从附录M中选用20 mm的卸扣，左右共用2个。

同理，中沉纲、左右网身力纲与翼沉纲之间需用2个24 mm的卸扣相连接。

左右翼沉纲、左右翼端纲与左右下空绳之间需用4个24 mm卸扣、2个22 mm转环相连接。

左右撑杆与左右上空绳之间需用2个20 mm卸扣、2个19 mm套环相连接。

左右撑杆与左右下空绳之间需用2个24 mm卸扣、2个22 mm套环相连接。

左右撑杆与左右上下叉绳之间需用4个24 mm卸扣、4个22 mm套环相连接。曳绳前后端眼环中各需用1个27 mm的套环，左右曳绳共用4个。左右曳绳与左右网板连接环之间需用2个32 mm卸扣相连接。

网具在拖曳中，曳绳是通过网板、网板叉链、单手绳来拖曳网具的上下纲前端。故网板叉链后端最后1个卸扣和单手绳前后两端卸扣与曳绳后端卸扣的受力是差不多的，故其卸扣均可选用32 mm的。单手绳后端需用2个卸扣连接1个转环，其转环规格可按卸扣规格（32 mm）参照附录M选用相应的转环为25 mm。

根据上述，左右上下叉绳与左右单手绳之间需用4个22 mm套环、4个32 mm卸扣、2个25 mm转环相连接。

在网具拖曳中，游绳是不受力的。只在起网时绞上曳绳、网板并把网板连接钩从网板连接环中卸脱后，游绳才开始受力，然后继续收绞曳绳、游绳和单手绳，这时游绳受力较小，故游绳前后端的连接卸扣可根据游绳钢丝直径来选用。

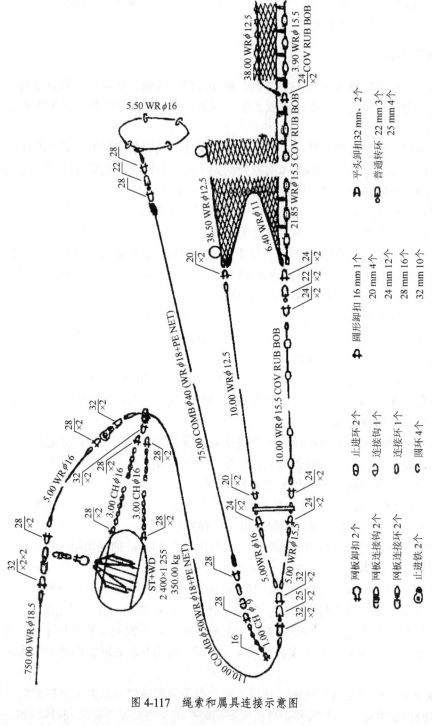

图 4-117　绳索和属具连接示意图

根据上述，左右单手绳与左右游绳之间需用 2 个 32 mm 平头卸扣、2 个止进铁、2 个 28 mm 卸扣、2 个 25 mm 套环相连接。

左右游绳与左右网板连接环之间需用 2 个 25 mm 套环、2 个 28 mm 卸扣相连接。网具拖曳中，左右网板与左右网板连接环之间需用 2 个网板卸扣、2 个网板连接钩相连接。

网板叉链两端连接的卸扣规格，可根据制作叉链的钢条直径当作钢丝绳直径从附录 M 中选用。

则左右上下网板叉链前端需用 4 个 28 mm 卸扣与网板后部的上、下叉链固结点相连接。左右上下网板叉链需用 4 个 28 mm 卸扣、2 个 32 mm 卸扣与左右止进铁相连接。

网囊引绳后端与网囊束绳相连接，其前后端的连接卸扣。转环可根据网囊束绳的钢丝绳直径，参考附录 M 选用。网囊引绳与网囊束绳之间需用 2 个 28 mm 卸扣、1 个 22 mm 转环相连接。引扬绳前端与约 1 m 长的铁链条之间需用 2 个 28 mm 卸扣、1 个连接环、1 个连接钩相连接。铁链条前端缠绕在叉绳前端附近的单手绳上 3~4 圈后用 1 个 16 mm 卸扣扣紧在铁链环上。

（二）网囊装配

网囊取鱼口的位置与起鱼方式有关。若渔船上有吊杆设备，可将网囊吊起，则取鱼口装置在囊底。吊起网囊后，渔获物由囊底卸出。若渔船上没有吊杆设备，需在船旁用抄网从网囊中抄取渔获，则取鱼口装置在网囊后半段的背部。这里只介绍取鱼口装置在囊底的网囊装配。

为了增加囊底边缘的强度，在囊底装有囊底纲，但因网囊网目较小，不便制作取鱼口。其中一种方法是将囊底边缘的网目，通过水扣结构连接到囊底纲上；另一种方法是用粗网线沿囊底边缘加编 1~2 节较大的网目，然后每 2~5 目合并结扎在囊底纲上，形成类似水扣结构的均匀间距（如图 4-118 的右下方所示），便于穿过网囊抽口绳作活络缝合。

若网身力纲沿背腹网衣的绕缝边并沿网囊纵向结扎到囊底，则还需在网囊背、腹装上 1~3 条网囊力纲。若网身力纲只结扎到网身后端，则需在网囊上装置 4、6 或 8 条网囊力纲。若装置 8 条网囊力纲，其中装在网囊背腹中间和左右两侧的 4 条网囊力纲，前端留头 1.5 m，后端留头 0.5 m；其余 4 条均匀地装在上述 4 条网囊力纲之间，前后两端各留头 0.5 m。前端的留头，除左右两侧的是用来与网腹力纲前后端连接外，其余的均沿纵向结扎到网身末段上。后端的留头均绕过囊底纲弯回并拢结扎。

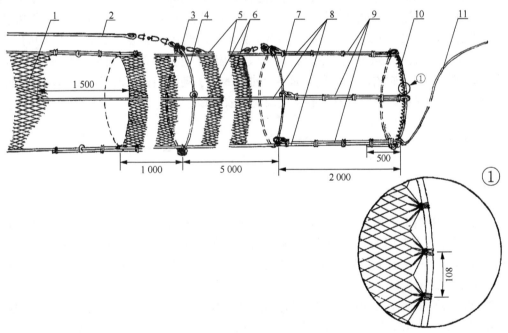

图 4-118 网囊装配示意图

1. 网身末段；2. 网囊引绳；3. 圆环；4. 网囊束绳；5. 隔绳引绳；6. 网囊；7. 隔绳；8. 网囊力纲；9. 囊底力纲；10. 囊底纲；11. 网囊抽口绳

网囊抽口绳的装置方式有两种：若取鱼口圆周不大，可将网囊抽口绳的一端固扎在网囊一侧的囊底纲上（如图 4-118 中的 11 所示），然后将囊底的背腹边缘对齐并拢封闭囊底取鱼口，网囊抽口绳沿着并拢的囊底纲向另一侧结扎活络缝；若取鱼口圆周较大，可将网囊抽口绳的中点固扎在网背中间力纲的后端，由两人操作，各操一半网囊抽口绳沿着并拢的囊底纲向两侧结扎活络缝。

网囊束绳的装置部位有两种：一种是为了安全起吊渔获物，网囊束绳装置在网囊的中后部。在网囊中后部沿网囊圆周的力纲上均匀结扎几个铁环，再在铁环中穿过网囊束绳。网囊束绳两端做成眼环，其两端用卸扣、转环与网囊引绳相连接。铁环固结点离囊底的距离取决于网囊束绳至囊底所容纳的渔获物重量应小于渔船吊杆每次起吊的最大允许负荷。另一种是网囊束绳装置在网囊中前部。在网囊中前部沿网囊圆周的上下中间和左右两侧的 4 条网囊力纲上各结扎 1 个铁环，网囊束绳穿过这些圆环后，其一端眼环穿过另一端眼环后再用卸扣、转环与网囊引绳后端相连接，如图 4-118 中的 2、3、4 所示。

黄渤海区和东海区的双船底拖网，其网囊束绳多数装置在网囊中后部。由于是双船作业，每次起网均需按网翼、网身、网囊的顺序将整顶网具起上甲板，如果渔获不多，根本不用绞收网囊引绳。只有当渔获物多而需分包多次起吊时，才解下网囊引绳收绞并抽紧网囊束绳，起到分隔渔获物和安全起吊网囊的作用。故其网囊引绳可暂时沿着网囊右侧力纲和背、腹网衣右侧绕缝边用较大的间隔和细网线向前扎缚在网身二、三段处，一旦需绞收网囊引绳时，易于绞断细网线而与网身二、三段分离。有的网囊引绳不扎缚在网衣上，而是将网囊引绳前端用卸扣连接在中沉纲与右翼沉纲的连接卸扣上。

南海区的单船底拖网，其网囊束绳前端一般连接在右边叉绳前端的连接卸扣上或在其附近的单手绳上，如图 4-45 中的 14、13、6、4 所示。起网时待叉绳绞至船尾后，解下并绞收网囊引绳把网囊牵引至右后舷侧。当渔获不多时，即可将网囊从船舷外吊上甲板。当渔获重量超过吊杆的最大允许负荷时，则需临时采取措施进行分包起鱼，这是非常不方便的。为此，可考虑在网囊中后部再加 1 条隔绳，其结构与网囊束绳装置在网囊中后部的相似，但隔绳穿过的圆环是装置在囊底力纲前端的眼环中。此外还需多用 1 条隔绳引绳，其后端眼环用卸扣与隔绳两端眼环相连接，前端眼环用卸扣与隔绳两端眼环相连接，前端眼环用卸扣与网囊束绳处的圆环相连接，如图 4-118 中的 7、9、5、4、3 所示。当渔获超重时，解下隔绳引绳，以便绞紧隔绳进行分包起鱼。图 4-118 是根据 340 目底层拖网的网囊规格进行绘制的，与生产实际不同的是增加了隔绳装置。网囊做好后，在网囊腹部或四周结缚上一层防擦网衣，防擦网衣一般用废旧囊网衣制成。

（三）属具装配

1. 浮子

浮子是结扎在浮纲上的属具。一般无上网口三角结构的拖网，上口门和左、右上翼配纲边各装约 1/3 浮力的浮子。上口门处的浮子基本上均匀分布，但其两旁的浮子需结扎在靠近三并口处。有的在上口门中点装上一个特大或异色浮子，作为浮纲中点的标志。上翼配纲边的浮子，在后部要装得密一些，向翼端逐渐减疏。

上翼配纲边装浮子的个数和位置应左右对称。有上网口三角结构（包括配纲边为 1T1B 的上翼后段）的拖网，50%～60%的浮力应装在上口门和左右上网口三角结构处的浮纲上。

若上口门目大小于 400 mm 时，一般采用直径大于 250 mm 的带耳球浮，用 2 条细绳分别穿过浮子的两耳结扎在浮纲上，如图 4-62（1）所示。若上口门目大大于或等于 400 mm，为了防止浮子穿过网目与网衣绞缠，一般采用中孔球形浮子，浮纲改用由 2 条绳索组成的上纲，1 条是结缚网衣上边缘的上缘纲，另 1 条是浮子纲。上缘纲的规格一般取与原浮纲相同的钢丝绳，浮子纲采用直径 14～

17 mm 的丙纶绳、乙纶绳或比上缘纲稍细的钢丝绳。中孔球浮装配时，用 1 条细绳一端结扎在上缘纲上，另一端穿过浮子中孔，结扎在浮子纲上，如图 4-62（2）所示。

2. 滚轮和沉子

滚轮由橡胶、塑料、木材或其他材料制成，带中孔的腰鼓形或圆柱形，穿在沉纲钢丝绳上。

沉子采用铁链条、铅沉子、铁滚筒等。铁滚筒在制作沉纲时一般穿在滚轮的两侧或后侧，既可代替垫片使用，又可增加装置部位的沉力。滚轮沉纲的沉力不足时，可用铁链条或铅沉子来补充。若沉纲全穿滚轮，可通过结缚铁链条或铅排（图 4-119）来调整沉力。若为滚轮沉纲，可在滚轮两侧或后侧加减铅沉子来调整沉力。

图 4-119　铅排

3. 撑杆

南海区的疏目型网，其上、下空绳较短，并在上、下空绳前端装 1 支杆状撑杆，把上、下空绳撑开。撑杆前面再通过上、下叉绳与单手绳或混合曳绳相连接。故 1 支撑杆是用 4 个卸扣连接在上、下空绳和上、下叉绳之间的，如图 4-117 的右下方所示。

南海区渔船主机功率较大的编结型网、大目编结型网，其上、下空绳较长，在上、下空绳与混合曳绳之间一般装 1 块三角形撑杆（撑板）。撑板前角用卸扣、转环与混合曳绳相连接，其后端上、下角用卸扣分别与上、下空绳相连接。

黄渤海区和东海区的尾拖型网、改进疏目型网的上、下空绳较长，一般均不装置撑杆，其上、下空绳前端合并一起用卸扣、转环与混合曳绳相连接。

4. 网板

网板本身的装配工艺，可直接根据网板设计图纸要求进行施工，这里只叙述网板如何安装连接到单拖网的绳索上。

在单拖网的曳绳和单手绳之间必须连接 1 条游绳。游绳可采用比曳绳稍细的钢丝绳。游绳的前端用卸扣连接 1 个带有转环的网板连接环（又称中心环、扁环）。网板连接环带转环的一端再用卸扣与曳绳后端相连接。游绳的后端用卸扣连接 1 个止进铁（又称制铁、T 形铁、丁字铁）后，再用卸扣与单手绳前端相连接。网板支架（或支链）的支点上用 1 个网板卸扣连接 1 个网板连接钩（又称中心钩、G 形钩、开口器、象鼻头）。网板上、下叉链前端分别各用 1 个卸扣与网板后部的上、下叉链固结点相连接。网板上、下叉链后端各连接有 1 个卸扣。网板上、下叉链后端的卸扣合并后用 1 个稍大的卸扣连接 1 个已套进单手绳上的止进环（又称 8 字环）。游绳长度应超过网板连接钩到止进环的拉直长度。整个网板的连接可参考图 4-117 中的左下方所示。

第十一节　底拖网捕捞操作技术

本节只介绍广西北海 340 目底层拖网（图 4-82）的捕捞操作技术。

340 目底层拖网的渔具分类名称为单船底层有翼单囊拖网。从有翼单囊底层拖网的网型上说，340 目底层拖网属于我国国有机轮底拖网中的疏目型拖网，如图 4-25（3）所示。此网型虽几经改革和变化，网具性能有较大改进，但仍保留着原疏目型拖网和两片式剪裁拖网的传统。此网具除了网口部分网衣目大稍增大和网衣配布有些改进外，其余结构均大同小异，是南海区较为优良的网具。

1. 渔船

钢壳尾拖渔轮，总长 40.23 m，型宽 7.00 m，型深 3.80 m，平均吃水 2.90 m，总吨位 245 GT，主机功率 441 kW。

2. 捕捞操作技术

选择底质平坦海区作业，到达渔场后，选择好拖向，即可放网作业。

1）放网前的准备

放网前，先将两条单手绳从绞纲纲盘中机中拉出，各穿过两舷侧曳绳固定导引滑轮，再穿过网板架上的滑轮和网板叉链后端的止进环，分别与两边档杆叉绳的前端连接好，如图 4-117 中的右下方所示。同时将网囊引绳前端的连接环套进置于单手绳靠近叉绳端的连接钩上，使网囊引绳与单手绳连接好，并将网囊引绳盘放于船尾右角，前端在下，末端在上。将网具左、右翼分开，下空绳按前端在下，后端在上盘放在网具前方。网具按先下水的在上、后下水的在下叠放于船尾后缘甲板上，网囊依背朝上腹朝下方向摆正，网囊底部用网囊抽绳打活络缝封闭。将网囊束绳的一端眼环穿过另一端的眼环，用网线将两眼环结扎固定（网线不能太粗，既要保证在拖网时不会拉断，又要保证在绞收网囊引绳时将此网线拉断），网囊引绳的抽出端用卸扣与网囊引绳末端相连接，如图 4-118 中的 4、3、2 所示。

2）放网

渔船调好拖向，中速前进后停车，将网囊推下水，利用船的余速与网囊的水阻力将网具拉下水。1 人协助松放网囊引绳，网具完全下水后，船慢速进车，观察上下空绳是否有绞缠，网囊引绳是否搭在空绳或网背上等不良现象。确认网具各部分张开正常后，两边绞纲机倒转同步松放单手绳，松放至止进铁卡在网板叉链的止进环上时止，2 人将两边网板连接钩与游绳前端的网板连接环连接好，绞纲机稍回绞，网板受力上升，人员将网板挂钩与网板分离，两边同时慢速松放曳绳而使网板缓慢下水。网板完全没入水中后，两边同时刹住绞纲机，让网板产生水动力扩张，确认网板扩张正常，便可慢速同步松放曳绳。并注意观察网板的扩张情况，灵活掌握曳绳松放速度，严防曳绳松放过快使网板失去水动力。松放曳绳长度视渔场水深而定，一般相当于水深的 3~4.5 倍。放网完毕，锁定绞纲机，便可加速进车拖曳。

3）曳网

拖曳速度视不同捕捞对象而定，一般为 3.5~4 kn，每网次拖曳 3~4 h，由 1 人值班驾驶，确保渔船的正确拖向、拖速，观察网具张开情况，发现不良情况及时报警。

4）起网

起网时，渔船减速前进，先绞曳绳。曳绳绞收完，吊起网板，将网板钩挂于网板架上，将网板连接钩从网板连接环上解脱，然后绞收单手绳，待绞收到固定网囊引绳时，船停车解下网囊引绳，通过一条预备好的引索，将网囊引绳导引至前甲板的网囊引绳绞收滚筒上绞收。同时船配合右转弯，缓慢将网囊绞至船的右舷侧。放下吊杆吊钩，将网囊吊上甲板，打开抽口绳，倒出渔获。如继续下一网次作业，则重新将网囊底封闭，丢进水中，连接好网囊引绳，调整好拖向，继续放网。如返航或转渔场，则将网具按顺序吊上理好。

第五章 地拉网类

第一节 地拉网渔业概况

地拉网又称为大拉网或地曳网,是我国近岸海域的一种传统渔具。

地拉网一般作业于水深 15 m 以浅的近岸海域,捕捞随潮而来的小型鱼类,如鳀、蓝圆鲹、梭鱼、青鳞鱼、沙丁鱼、丁香鱼等。由于渔业资源变动,能够洄游到近岸的鱼类逐渐减少,大型地拉网已逐渐减少,多数是中小型作业。

地拉网类的渔具结构近似围网,其网具可分为有囊和无囊两种,有囊又可分为有翼单囊、单囊和多囊共三种。其中无囊地拉网和有翼单囊地拉网一般均属于中大型地拉网,单囊和多囊地拉网一般属于小型地拉网。

中大型地拉网是在沿岸水域由渔船装载网具沿着岸边放网,并使网具呈弧形展开包围鱼群,在两网翼端附近的岸滩上用人力收拉或用机械收绞网具两翼前端的曳绳和网翼起网,如图 5-6(b)所示。其中无囊地拉网的网具规模最大,全国各海区均有分布。大型的无囊地拉网上纲长度达 1436~3484 m,中型的也有 118~750 m。有翼单囊地拉网的网具规模次之,但仍属于中大型地拉网,其上纲长度达 98~334 m,主要分布在南海区和福建。由于上述两种地拉网的捕捞规模较大,要求作业水面宽阔,渔场底形平坦。

上述中大型地拉网原来均为手工操作,作业时劳动强度较大,参加作业人员较多。如广西防城的拉大网(《南海区小型渔具》59 页)是上纲长为 1798.20 m 的无囊地拉网,起网时共需 40 人左右一起操作;而广东阳西的地拉网(《南海区小型渔具》62 页),虽然是上纲长度最大(3484.00 m)的无囊地拉网,但由于在网翼两端的岸滩上各采用一部绞绳机协助起网,只需 10 人进行操作。

小型的地拉网,包括上纲长为 10~20 m 的矩形无囊地拉网、小型的单囊或多囊地拉网是将网具抛撒在岸边浅水处或沿海河口、闸门的河道上,然后由 2 人或 1 人进行曳网作业。

地拉网历史悠久,作业形式古老,其网具结构和捕捞操作技术均较简单,成本低,渔场近,多作为沿海地区的浅海副业或季节性兼业生产。有些沿海旅游地区曾把地拉网发展成为一种娱乐性渔具,在娱乐场所范围内作业,供游客赏玩。地拉网作业对渔业资源损害严重,已在 2014 年被农业部(现称"农业农村部")列为非法渔具。

第二节 地拉网捕捞原理和型、式划分

地拉网是在近岸水域或冰下放网,并在岸、滩或冰上曳行起网的渔具。它的作业原理按网具结构形式和捕捞对象的不同分为两种:一种是利用长带形的网具(有囊或无囊)包围一定水

域后,在岸边或冰上曳行并收绞曳绳和网具,逐步缩小包围圈,迫使鱼类进入网囊或取鱼部而达到捕捞的目的;另一种是用带有宽阔网盖和网后方形成囊袋或长形网兜的网具,在岸、滩用人力拖曳,将其所经过水域的底层鱼类、虾类或螺类拖捕到网内,而后通过拔收曳绳至岸边起网收取渔获物。

根据我国渔具分类标准,地拉网类按结构特征可分为有翼单囊、有翼多囊、单囊、多囊、无囊、框架六个型,按作业方式分为船布、穿冰、抛撒三个式。

一、地拉网的型

1. 有翼单囊型

有翼单囊型的地拉网由网翼和一个网囊构成,称为有翼单囊地拉网。

有翼单囊地拉网如图 5-1 所示,其网具结构与有翼单囊拖网相类似,不同之处是有翼单囊地拉网的两翼较长且网囊较短,而有翼单囊拖网的却相反,其两翼相对较短且网身加网囊长度之和相对较长。本章后面各节内容将叙述有翼单囊地拉网。

图 5-1　有翼单囊地拉网作业示意图

2. 有翼多囊型

有翼多囊型的地拉网由网翼和若干网囊构成,称为有翼多囊地拉网。

在海洋渔业中,很少见到使用有翼多囊地拉网。在淡水渔业中有采用,如松花江流域的多囊大拉网、长江流域的牵网(大塘网)等均属于有翼多囊地拉网。

3. 单囊型

单囊型的地拉网由单一网囊(兜)构成,称为单囊地拉网。

单囊地拉网有两种,一种是网衣为一个网囊,另一种是网衣为一个网兜。由单一网囊构成的单囊地拉网如图 5-2 所示,这是上海崇明的鱼苗拉网,以捕捞鳗鱼苗、蟹苗为主。其网衣是由较宽的背、腹 2 片规格相同的近似正梯形网衣和较窄的两侧 2 片规格相同的近似正梯形网衣相缝合而成的四片式网囊。网衣材料是用塑料单丝编织成的插捻网片①。用缝纫机或手工将网口前缘缝制成 50 mm 宽的卷边。上、下网口纲分别穿过背、腹前缘的卷边内,与网衣拉平,其两端分别扎缚在左、右竖杆的上、下端;左、右侧杆分别穿过两侧前缘的卷边内,与网衣拉平

---

① 插捻网片是指纬线插入经线的线股之间,经捻合经线而构成的网片。

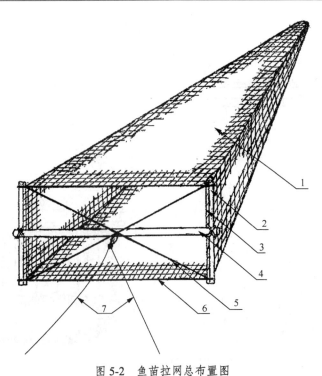

图 5-2 鱼苗拉网总布置图
1. 网囊；2. 竖杆；3. 侧杆；4. 横杆；5. 叉绳；6. 网口纲；7. 曳绳

后，再与左、右竖杆扎缚。至此，已把网囊前缘全部扎缚在由一支横杆和两支竖杆结缚成的"H"字形的桁架上。两支竖杆上、下端各连接的 2 对叉绳前端合并扎个单结而形成一个双绳的连接环，再用 1 条乙纶绳对折成 2 条等长的曳绳，在对折处合拢并与叉绳前端的连接环相连接起来。此外，在下网口纲上应装置有沉子，在上网口纲上也应装置有浮子，方能使网口平面立于海底上，曳网时网囊才能张开。但在鱼苗拉网的调查报告及其渔具图中均没有说明是否装置有沉子或浮子。鱼苗拉网的渔具规格较小，其网口周长为 7.20 m，网囊拉直长度为 2.80 m，是利用装置在网口处的桁架来维持网口的扩张。在盛产鱼苗季节的沿海河口，闸门处的河道边，两人分站于河道两岸，各执 1 条曳绳端共同拖曳网具。具体是由此岸人扎好囊底，将网具抛入河中，与彼岸人进行拖曳，由彼岸人起网，取出鱼苗，理好网具，然后彼岸人把网具抛入河中，与此岸人进行拖曳，由此岸人起网，取出鱼苗。如此周而复始进行轮换作业。

由单一网兜构成的单囊地拉网如图 5-3[①]所示，这是江苏如东的泥螺网。根据修改后的泥螺网网图，泥螺网的制作与装配如下所述：由网图左上方的网衣展开图可知，其网衣由主网衣和缘网衣组成。主网衣是采用直径为 0.40 mm 的锦纶单丝编结成目大 15 mm 的一片死结网衣，采用手工编结方法按网衣展开图要求直接编成。主网衣又分为上方的背网衣和下方的腹网衣两部分，背网衣为等腰梯形网衣，以小头 240 目起编，两边以 29（9r + 0.5）增目，编长 93 目，即编成一片大头为 260 目的等腰梯形网衣。继续以背网衣大头 260 目为起编目数，两边直目编结，编长 30 目，编出一片矩形的背网缘。根据网衣展开图和右上方的网具布置图所示，其网衣的缝合如下：先将腹网衣折回重叠在背网衣上，再将腹网衣两侧边缘的 30 目与背网衣两侧边缘的 30 目并拢拉直等长后用乙纶网线绕缝在一起，则整个网衣形成一个网兜。最后进行网具的装配，先进行下纲及沉子纲两端的装配：下纲由长为 2.80 m 的下缘纲和长为 5.30 m 的沉子纲组成，均采用直径 4 mm 的乙纶绳。先将下缘纲穿入腹网衣边缘网目后，用下缘纲两端 0.15 m

---
① 图 5-3 中标注为"20r + 1"（即编结循环为纵向 20 节横向加 1 目），经网图核算得知应改为（18r + 1）。但在实际编织工艺中，为了网衣两边增目较为均匀，一般是把一个（18r + 1）循环分解成 2 个（9r + 0.5）循环，即把纵向 9 目横向增加 1 目的编结循环改成 2 个纵向 4.5 目横向增加半目的编结循环。

泥螺网（江苏如东）
7.71 m×1.51 m（2.60 m）

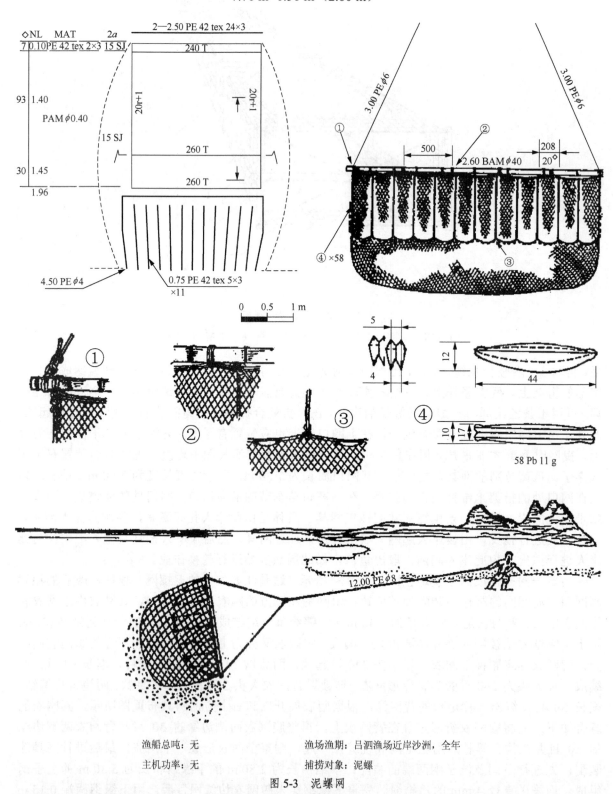

渔船总吨：无　　　　　　　　渔场渔期：吕泗渔场近岸沙洲，全年
主机功率：无　　　　　　　　捕捞对象：泥螺

图 5-3　泥螺网

长的留头分别固定结扎在沉子纲中部 2.50 m 处的两端点上。然后将下缘纲和沉子纲拉直并拢后，将边缘网目均匀分档并用乙纶网线结扎在一起，2.50 m 净长的下纲，其下纲边缘的网目缩

结系数为 0.64。再将沉子纲两端各剩下的 1.40 m 长的绳端分别穿入网背两侧边缘的 100 目后，将最后 1 目用乙纶网线固定在离下纲两端各长 1 m 的地方，留出 0.40 m 的留头以便与桁杆两端相连接，则整条沉子纲净长为 4.50 m。最后将 100 目均匀地分档结扎在 1 m 长的沉子纲上，其边缘网目的缩结系数为 0.67。完成了下纲及沉子纲两端的装配后进行上纲的装配：上纲是由 2 条 2.80 m 长、24×3 的乙纶网线组成，先将其中 1 条上纲穿入网背边缘网目，与另 1 条上纲并拢拉直等长且两端均留出 0.15 m 的留头后，将边缘网目均匀分档并用乙纶网线结扎在一起，其上纲边缘的网目缩结系数为 0.69。上纲两端的留头结扎在沉子纲净长的两端。接着进行吊绳的装配：从网衣展开图和网具总布置图中可以看出，吊绳是采用 5×3 乙纶网线连接在上、下两条纲之间，在下纲上每间隔 208 mm 连接 1 条吊绳，共连接 11 条吊绳形成 12 个间隔，每个间隔内有 21 个或 22 个网目。吊绳的上端连接在上纲上的间隔也为 208 mm，每个间隔内均有 20 个网目。吊绳上、下端分别与上、下纲连接后的净长均是 0.75 m，其具体连接方法如网图中间的局部装配图②、③所示。最后进行沉子的装配：沉子是采用每个重 11 g 的铅沉子，其形状如网图中右方的沉子零件图④所示，沉子两侧表面分别有一条长形的凹槽，使沉子易于夹在下缘纲和沉子纲之间。沉子两端均有环状的凹槽，以便用细乙纶网线将沉子两端结扎在下纲上。下纲上的 12 个间隔分别结扎有 4 个沉子，在两侧沉子纲上靠近下纲两端处各结扎 5 个沉子，则共结扎 58 个沉子。沉子被结扎在下纲上的局部装配图如网图中间的③图所示，但此图只绘出一条纲索，相当于沉子纲，还要画多 1 条与沉子纲平行的细实线，即多画出 1 条下缘纲。此外在网衣展开图中，也应相应地多画出 1 条代表下缘纲的粗实线，即应在表示腹网衣的矩形轮廓线的下边缘细实线与表示沉子纲中部的粗实线之间多画出 1 条平行的粗实线来代表下缘纲，并标注为"2.50 PEϕ4"。沉子长为 44 mm，每个沉子侧边的下缘纲处均含有 4 个网目[44÷(15×0.64) = 4.6 目]，在下缘纲上，每个吊绳间隔内有 21 个或 22 个网目，每个间隔结扎 4 个沉子共有 16 目，只剩下 5 目或 6 目，若 4 个沉子之间均只含 1 目，则吊绳连接处的两旁沉子之间只能含 2 目或 3 目了。但在③图中，吊绳连接处的两旁沉子之间画出约含有 9 目之多，这是错误的。至此，网具装配可暂告一段落，并把装配好网衣边缘的绳索和沉子的网具捆绑好并储存起来。准备进行作业时，才再进行桁杆、叉绳和曳绳的装配：先将成捆的网具展开，把沉子纲两端的 0.40 m 留头结缚在长 2.60 m、直径 40 mm 的竹桁杆的两端，如网图中左方的局部装配图①所示。沉子纲两端结缚处之间为 2.50 m，每间隔 0.50 m 用乙纶网线将上纲结扎在桁杆上，如图②所示，共结扎 4 处，至此已将上纲结缚在桁杆上。接着装配叉绳：叉绳为 1 条全长 7.00 m、直径 6 mm 的乙纶绳，对折使用。先将其两端 0.50 m 的留头分别结缚在桁杆两端，形成净长为 6 m 的叉绳，如图①所示。再将叉绳对折点附近并拢扎个单结而形成一个连接眼环。最后装配曳绳：如网图下方的作业示意图所示，曳绳为 1 条长 12 m、直径 8 mm 的乙纶绳，其后端与叉绳前端的连接眼环相连接，至此整个网具的装配已全部完成。泥螺网的网具规格比鱼苗拉网（图 5-2）的更小，其网口纲长为 1.50 m，是利用长 2.60 m 的桁杆来维持其网口的水平扩张，利用曳网时对桁杆产生的上提力和铅沉子的沉力来维持其网口的垂直扩张。

综合上述可知，此泥螺网网图是绘制得比较标准和完整的，根据本书前三章中关于网图识别、网图核算和网具制作与装配的基本知识，完全可以根据图 5-3 的泥螺网网图，写出上述江苏泥螺网的制作与装配的详细叙述。在本书以后的各章中，不再做如此详细的介绍。

4. 多囊型

多囊型的地拉网由一片背网衣和若干片腹网衣构成若干囊袋，网称为多囊地拉网。

多囊地拉网如图 5-4 所示，这是江苏东台的曳网（《中国图集》122 号网），其网衣是由 1 片较大的矩形背网衣和 4 片较小的长矩形腹网衣组成，如图 5-4 的上方所示。4 片腹网衣的两侧边缘及下边缘分别缝合在背网衣上形成前后排列的 4 列长条形囊袋，如图 5-4 的中左方所示。曳网的网具规格也较小，其上纲长为 3.68 m，是利用站在沿海河口两岸拖曳网具的两人之间距维持其网口的水平扩张，利用曳网时对上纲产生的上提力和装置在下网口纲上铅沉子的沉力来维持其网口的垂直扩张，如图 5-4 下方的作业示意图所示。

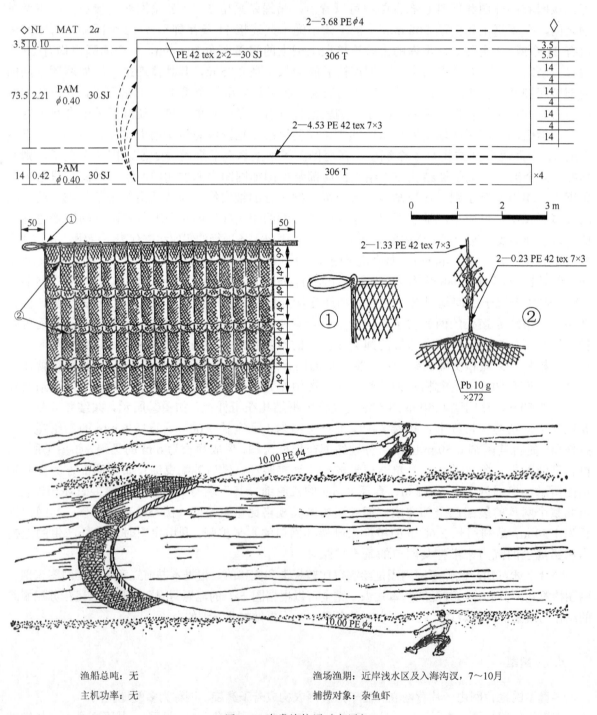

渔船总吨：无　　　　　　　　　　　渔场渔期：近岸浅水区及入海沟汊，7～10 月
主机功率：无　　　　　　　　　　　捕捞对象：杂鱼虾

图 5-4　多囊地拉网（曳网）

5. 无囊型

无囊型的地拉网由网翼和取鱼部构成的地拉网，称为无囊地拉网。

根据全国海洋渔具调查资料统计，我国海洋无囊地拉网可分为两类：一类网具规格较大，其网具结构与无环无囊围网相似，由中间（取鱼部）宽、两端（两翼）窄的带状网衣和上、下纲构成的带状无囊地拉网，其网具结构类似图 3-3 中所示；另一类网具规格较小，其网具结构与单片刺网有些类似，是由矩形的单片网衣和上、下纲构成的矩形带状无囊地拉网。

矩形带状地拉网如图 5-5 所示，这是天津汉沽的梭鱼拉网（《中国图集》125 号网），其网具由一片单片网衣和上、下纲构成，如图 5-5 的上部所示。网衣的上、下纲用细竹竿制作的撑杆撑开，拖曳网具时网衣可形成兜状，如图 5-5 下部的作业示意图所示。梭鱼拉网的网具规格也较小，其上纲长为 20 m，网衣拉直高度为 1.64 m，利用拖曳网具的两人之间的距离维持其网口的水平扩张，利用撑杆维持网口的垂直扩张。

中间宽两端窄的带状无囊地拉网是由双翼和取鱼部构成的地拉网，其网具结构与无环无囊围网（图 3-3）相类似，但与无环无囊围网相比较，其网长相对较长，而网高相对较低。如果带状无囊地拉网是较长且左右对称的网具，则其网衣展开图也可只画出其取鱼部网衣及一侧的翼网衣，如图 5-6 所示，这是河北抚宁的大拉网（《中国图集》123 号网），从（a）图的上部可以看出，其网衣是由中间最高的 1 幅取鱼部网衣和两侧网高逐幅减低的各 5 幅翼网衣经纵向缝合组成。取鱼部网衣 G 是由 37 片宽 600 目、高 393 目的网片经纵向缝合构成。从取鱼部向翼端看，翼网衣 F 是 1 片宽 600 目、高 294 目的网片，翼网衣 E 是由 10 片宽 600 目、高 180 目的网片经纵向缝合构成，翼网衣 D 是由 12 片宽 600 目、高 154 目的网片经纵向缝合构成，翼网衣 C 是由 12 片宽 600 目、高 135 目的网片经纵向缝合构成，翼网衣 B 是由 12 片宽 600 目、高 116 目的网片经纵向缝合构成。将上述各幅网衣按网衣展开图的顺序经纵向缝合即构成整个主网衣。再以主网衣上边缘网目数为起编目数，编出 2 目长度的上缘网衣，最后以主网衣下边缘网目数为起编目数，编出 10 目长的下缘网衣，至此完成了 1 个大拉网网衣的制作。

从图 5-6（a）下部的网具装配图得知，在大拉网网衣的上边缘装配有由 2 条乙纶绳组成且结扎有泡沫塑料浮子的上纲，在网衣的下边缘装配有由 2 条乙纶绳组成且结扎有石沉子的下纲，在两翼端分别连接 1 条侧纲，在上、下纲两端分别连接 1 条对折使用且净长为 10 m 的叉绳，在两翼叉绳的对折点各连接有 1 条曳绳。最后在两翼上、下叉绳的中点处连接有 1 支木撑杆，至此完成了整个大拉网的制作和装配。

6. 框架型

由框架和网身、网囊构成的地拉网称为框架地拉网。

在我国海洋渔业生产中，很少见到使用框架地拉网，故暂无资料介绍。

二、地拉网的式

1. 船布式

船布式是指利用渔船装载网具进行投放的一种作业方式。

有翼单囊地拉网和较大型的无囊地拉网，其网具规格相对较大，作业水深相对较深，均需使用渔船装载网具投放，如图 5-6（b）的（1）、（2）、（3）图所示。作业前，先用渔船装载网具驶至作业地点。作业时，把前网头曳绳递到岸上，由 5～10 人拉住，渔船顺潮向沿岸边作呈弧形投网，依次投下前曳绳、前网翼、网囊或取鱼部、后网翼、后曳绳，最后将后曳绳端递到岸上，由另外 5～10

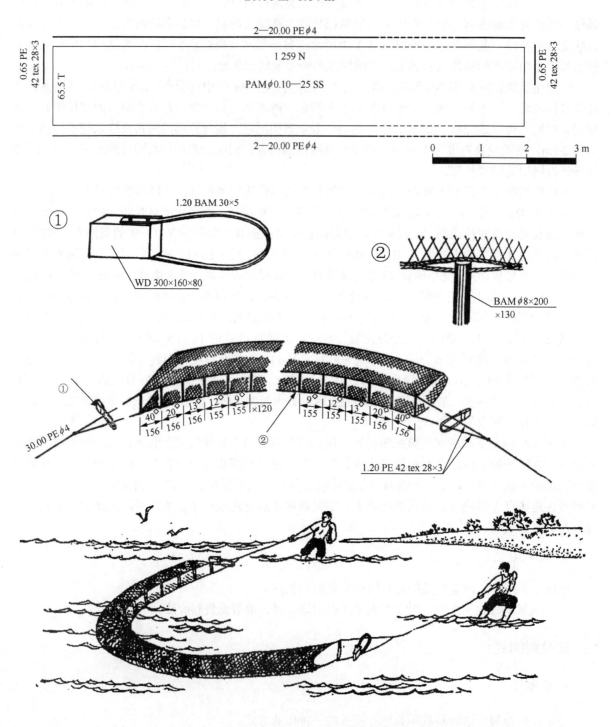

图 5-5 梭鱼拉网

人拉引,船上只留1人在网圈外观察鱼情,防止鱼群外逃。岸上两组人员同步拉收曳绳,接着拉收网翼,待两端各拉上的上纲长度达到整条上纲长度的1/3时,适当减慢拉网速度,避免下纲离底逃鱼,直至把渔获物拉上岸。此外,360 m 上纲长度以上的无囊地拉网,一般用绞车代替人力来绞拉曳绳;上纲长度1400 m 以上的无囊地拉网,一般用拖拉机代替人力来拖拉曳绳。

2. 穿冰式

穿冰式是指在冰上凿洞,将网具放在冰下拖曳的一种作业方式。

这是在北方寒冷地区的河流或水库上使用冰下大拉网(一种规格较大的有翼单囊地拉网)进行捕捞的一种作业方式,在我国海洋渔业中是没有的。

3. 抛撒式

抛撒式是指将网具抛撒在河中、泥潭上、岸边浅海处,然后由2人或1人用人力进行曳网的一种作业方式。

单囊地拉网、多囊地拉网和矩形无囊地拉网,其网具规格一般较小,作业水深相对浅些,只需采用抛撒方式进行作业。如图5-2所示的单囊地拉网,其网口的叉绳前端连接着2条曳绳,其作业方法是:在盛产鱼苗或虾苗季节的沿海河口或闸门处的河道边,2人分站河道两岸,1人拉着1条曳绳端,共同拖曳网具。具体是由此岸人扎好囊底,将网具抛入河中,与彼岸人进行曳网,由彼岸人起网,解开囊底扎绳,取出渔获物,理好网具,扎好囊底,然后再由彼岸人将网具抛入河中,与此岸人进行曳网,由此岸人起网,取出渔获物,如此周而复始进行作业。又如图5-3所示的泥螺网,其作业方法是:若乘船作业的,先用渔船载网具驶至作业地点,一般30~40人乘船出海,1人1网各自作业;也有徒步前往海滩作业的。待退潮后将泥螺网搁置在干出的泥滩上,1人徒步曳网作业,如图5-3下方的作业示意图所示,依靠下纲上的沉子翻泥带出泥螺,并将其拖入网内。又如图5-4所示的曳网,主要在沿岸河口作业,可视河面宽度而将2个或3个网具串连在一起进行作业,先将网具抛撒且平置河底,在两岸分别用人力拖曳网具,如图5-4的下方所示。拖曳时要求装置在下网口纲上的铅沉子要贴底,拖曳10多分钟后即可起网收取进入囊袋的小鱼虾。再如图5-5所示的梭鱼拉网,作业时由两人携带网具步入海滩浅水处,将网具抛撒在海水中,然后两人分开且各拉着1条曳绳同时向岸滩方向拖曳,待网具拖至岸上后,即可捡起渔获物,主要捕捞梭鱼。

综上所述,采用抛撒方式作业的地拉网,均是在沿海浅滩上或泥滩上,或在沿海河口或闸门的河道边进行作业,并用人力拖曳进行捕捞生产的小型渔具,其网具规格均较小。

三、全国海洋地拉网型式

根据20世纪80年代全国海洋渔具调查资料统计,我国海洋地拉网有船布有翼单囊地拉网、抛撒单囊地拉网、抛撒多囊地拉网、船布无囊地拉网和抛撒无囊地拉网共5种型式。上述资料介绍了我国海洋地拉网17种。

1. 船布有翼单囊地拉网

在17种海洋地拉网中,船布有翼单囊地拉网较多,共介绍了6种,占35.3%。其网具规格较大,主要分布在福建(3种)、广东(1种)、广西(1种)和海南(1种)。较大型的有广东惠东的大拉网(《广东图集》74号网,上纲长334 m)和海南万宁的长网(《中国图集》119号网,上纲长329 m),中型的有福建平潭的地拉网(《中国图集》120号网,上纲长190 m)、福建东山的搬山网(《福建图册》88号网,上纲长146 m),较小型的有广西北海的涠洲大网(《广西图集》48号网,上纲长99 m)。

2. 抛撒单囊地拉网

抛撒单囊地拉网较少,只介绍2中,占11.8%。其网具规格最小,分别在上海(1种)和江苏(1种),

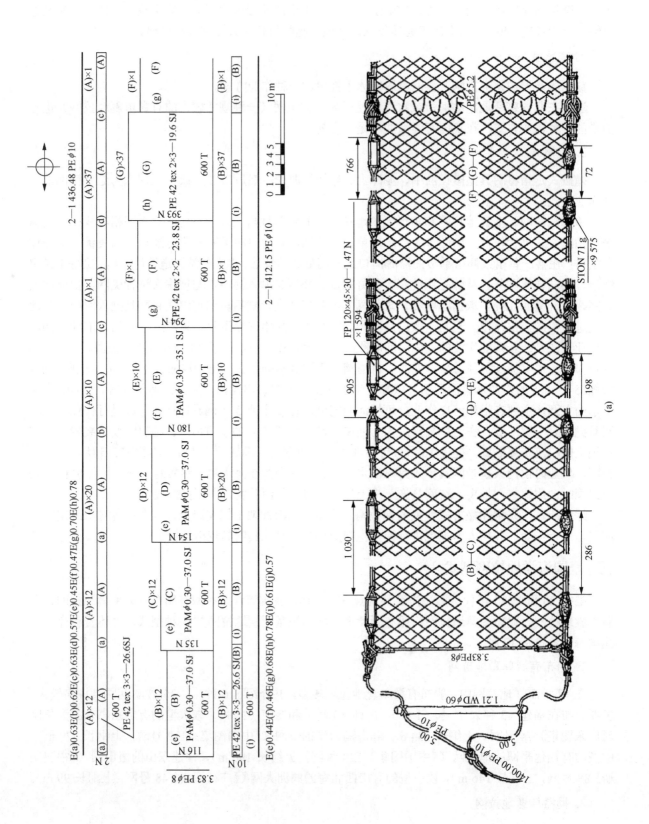

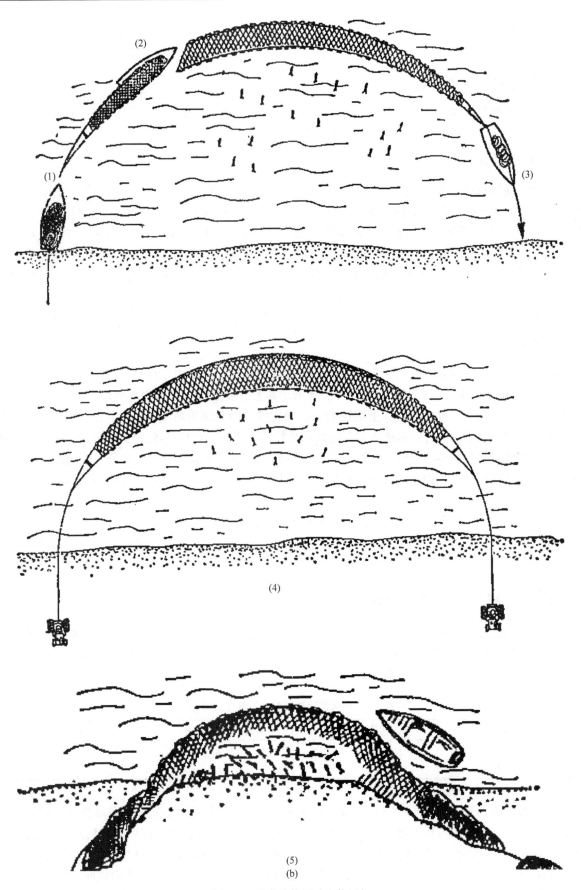

图 5-6 无囊地拉网（大拉网）

即为上海崇明的鱼苗拉网(《上海报告》82页),如图 5-2 所示,其网口宽度为 2.50 m;还有江苏如东的泥螺网(《中国图集》121 号网),如图 5-3 所示,其网口宽度也为 2.50 m。

3. 抛撒多囊地拉网

抛撒多囊地拉网最少,只介绍 1 种,占 5.9%。其网具规格较小,即为江苏东台的曳网(《中国图集》122 号网),如图 5-4 所示,其上纲长 3.68 m。

4. 船布无囊地拉网

船布无囊地拉网也较多,其网具规格最大,共介绍 6 种。主要分布在辽宁、河北、山东、浙江、广东和广西,每省区各介绍 1 种。最大型的有广东徐闻的大拉网(《广东图集》75 号网),其上纲长 1600 m;较大型的有河北抚宁的大拉网(《中国图集》123 号网),如图 5-6 所示,其上纲长 1436 m;中型的有广西防城的大拉网(《广西图集》49 号网),其上纲长 750 m;较小型的有山东崂山的大拉网(《山东图集》75 页),其上纲长 408 m;以及辽宁大连的鳀鱼地拉网(《中国图集》124 号网),其上纲长 363 m;最小型的有浙江象山的窝网(《浙江图集》79 页),其上纲长 119 m。在上述 6 种船布无囊地拉网中,除了广西防城的大拉网为矩形无囊地拉网外,其余 5 种均为带状无囊地拉网。

5. 抛撒无囊地拉网

抛撒无囊地拉网也较少,只介绍 2 种。其网具规格较小,分布在天津和上海,即为天津汉沽的梭鱼拉网(《中国图集》125 号网),如图 5-5 所示,其上纲长 20 m;还有上海南汇(现属浦东新区)的牵兜网(《上海报告》79 页),其上纲长 10 m。牵兜网的网具结构与梭鱼拉网的完全相似,只是牵兜网的网具规格更小。两种网具的上、下纲均用小竹竿来撑开,如图 5-5 的下方所示。在上述两种网具的网图或调查报告中,均没有标注或说明是否在上、下纲上装配有浮、沉子。若无浮、沉子,则竹竿均漂浮在海面上,拖曳网具时,如何能使撑杆竖立?又如何能保证在开始拖曳网具时,其网衣不翻滚绞缠呢?

综上所述,全国海洋渔具调查资料所介绍的 17 种海洋地拉网,按结构特征分只有 4 个型,按作业方式分只有 2 个式,按型式分共计有 5 个型式,每个型、式和型式的名称及其所介绍的种数可详见附录 N。

四、南海区地拉网型式及其变化

20 世纪 80 年代全国海洋渔具调查资料所介绍的南海区地拉网,有 2 个型式共 5 种网具;而 2004 年南海区渔具调查资料所介绍的地拉网,有 1 个型式共 2 种网具。现将前后时隔 20 年左右南海区地拉网型式的变化情况列于表 5-1。

表 5-1 南海区地拉网型式及其介绍种数 (单位:种)

调查时间	船布有翼单囊地拉网	船布无囊地拉网	合计
1982~1984 年	3	2	5
2004 年	0	2	2

全国海洋渔具调查资料所介绍的 5 种南海区地拉网,均为较大型的船布有翼单囊地拉网和船布无囊地拉网。其中船布有翼单囊地拉网有 3 种,即为广东惠东的拉大网(《广东图集》74 号网,上纲长 334 m)、广西北海的涠洲大网(《广西图集》48 号网,上纲长 99 m)和海南万宁的长网(《中国图集》119 号网,上纲长 329 m);船布无囊地拉网有 2 种,即为广东徐闻的大拉网(《广东图集》75 号网,上纲长 1600 m)和广西防城的大拉网(《广西图集》49 号网,上纲长 750 m)。

在《南海区小型渔具》中，只介绍了 2 种地拉网①，即为广东阳西的地拉网（《南海区小型渔具》62 页，上纲长 3484 m）和广西防城的拉大网（《南海区小型渔具》59 页，上纲长 1798 m），均是我国最大型的船布无囊地拉网。

南海区地拉网主要分布于广东的惠东、阳东、阳西、电白、徐闻，广西的北海、防城、东兴，海南的琼海、万宁、东方等地。地拉网是南海区的一种传统渔具，网目尺寸较小，作业技术简单，主要由半渔农地区的渔民采用。近年来由于渔业资源变动，其单位产量为数不多。作业渔场在沿岸 10 m 以浅水域，渔期在 4～10 月，捕捞对象为小公鱼、蓝圆鲹、青鳞鱼、赤鼻棱鳀、丽叶鲹、斑鰶、鲾、虾、蟹等。

五、关于修改地拉网的型的定义

1. 有翼单囊型

在我国渔具分类标准中，地拉网类的有翼单囊型的定义与拖网类的有翼单囊型的定义相同，即"由网翼、网身和一个网囊构成"。但我国海洋有翼单囊地拉网均为两翼和一个网囊，故在本节中关于有翼单囊型的定义改为"由网翼和一个网囊构成"。

2. 单囊型

在我国渔具分类标准中，地拉网类的单囊型的定义与拖网类的单囊型的定义相同，即"由网身和单一网囊构成"。但我国海洋单囊地拉网均为网口宽度只有 2.50 m 的一个网囊或网兜，故在本节中关于单囊型的定义改为"由单一网囊（兜）构成"。

3. 多囊型

在我国渔具分类标准中，地拉网的多囊型的定义与拖网类的多囊型的定义相同，即"由网身和若干网囊构成"。但在全国海洋渔具调查资料中只介绍了 1 种多囊型地拉网，如图 5-4 所示的曳网，故本节关于多囊型的定义应根据曳网的实际结构特征改为"由一片背网衣和若干腹网衣构成若干囊袋"。

4. 无囊型

在我国渔具分类标准中，地拉网类的无囊型的定义与围网类的无囊型的定义相同，即"由网翼和取鱼部构成"。但我国海洋无囊地拉网与海洋无囊围网一样，网具规格较大的一般是由网翼和取鱼部构成，网具规格较小的均采用矩形带状无囊地拉网。故建议将地拉网类的无囊型定义改为与围网类修改后的无囊型定义一样，即"由带状网衣和上、下纲构成"。

第三节　地拉网结构

我国地拉网型式虽不多，在网具结构上差别却较大，主要有有翼单囊和无囊两种。无囊地拉网的网具结构与无囊围网较类似，其网衣编结和网图核算均相对较简单，也与无囊围网的网衣编结和网图核算较类似，故在本节中略去不做介绍。有翼单囊地拉网虽然也与有囊围网相似，但因其网衣编结和网图核算相对复杂些，故在本节和后面的各节中只对有翼单囊地拉网进行介绍。

图 5-7 是广西北海的涠洲大网（《广西图集》48 号网），本节主要是参考此图来介绍有翼单囊地拉网的结构。

---

① 在《南海区小型渔具》（2007 年出版）中，总共介绍 3 种地拉网，但由于其中 1 种是海南万宁的长网，早在 18 年前就介绍过了［即《中国图集》（1989 年出版）的 119 号网］，故实际上只多介绍 2 种地拉网。

涠洲大网（广西北海）
50.40 m×72.62 m

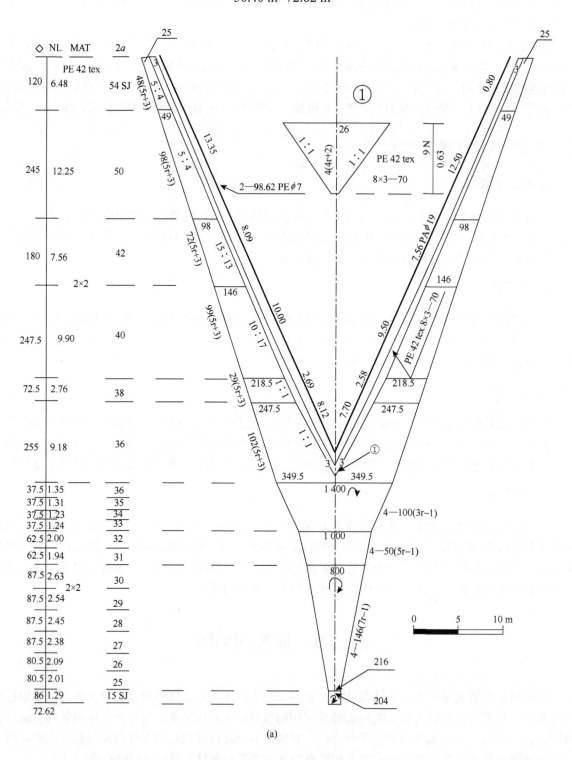

(a)

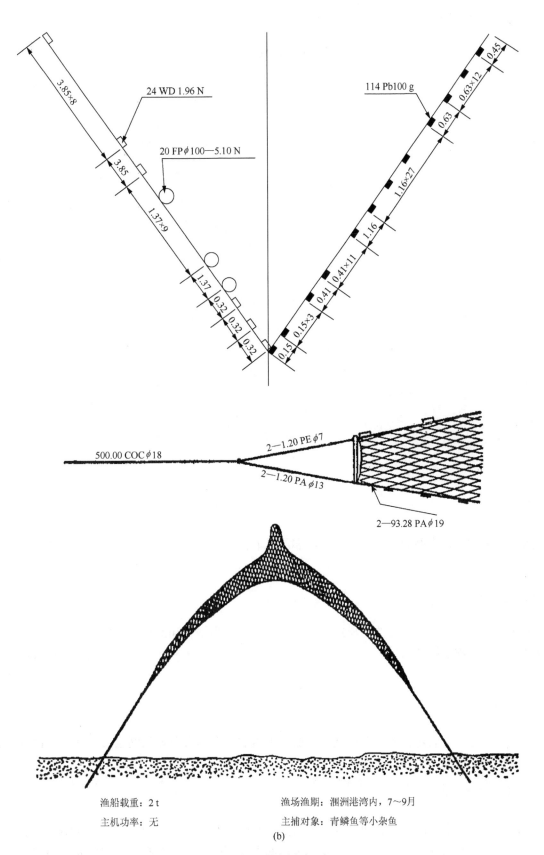

渔船载重：2 t　　　　　　渔场渔期：涠洲港湾内，7~9月
主机功率：无　　　　　　主捕对象：青鳞鱼等小杂鱼

(b)

图 5-7　涠洲大网（一）

有翼单囊地拉网由网衣、绳索和属具三部分构成，其网具构件组成如表 5-2 所示。

表 5-2　有翼单囊地拉网网具构件组成

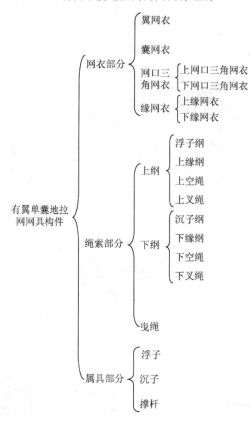

一、网衣部分

网衣由翼网衣、囊网衣、网口三角网衣和缘网衣四部分组成，均采用手工按规定的增减目要求直接编结而成。

1. 翼网衣

翼网衣是两片左、右对称的正梯形网衣，采用中间一道增目和两边减目的编结方法。大多数的地拉网，其翼网衣前端的网目大一些，越接近网口网目越小。翼网衣的作用是包围、拦截和引导鱼群进入网囊。

2. 囊网衣

囊网衣是背腹左右对称的、多道减目的截锥形网衣。囊网衣前端的网目大一些，越接近囊底网目越小。囊网衣的作用是容纳渔获物。

3. 网口三角网衣

网口三角网衣嵌于两翼网衣间的网口中间处，其作用是减轻该处的应力集中和增加网衣强度，避免撕破网口。网口三角网衣又分为上网口三角网衣和下网口三角网衣，其规格完全相同。网口三角网衣用较粗的网线编结。

4. 缘网衣

缘网衣位于翼网衣上、下边缘外侧，与翼网衣上、下边缘绕缝连接，或直接沿着翼网衣上、下边缘编结而成。位于翼网衣上边缘的又称为上缘网衣，位于下边缘的又称为下缘网衣。上、下缘网衣规格相同，各有左、右两片，一共四片，为 3.0～7.5 目宽无增减目的长带形网衣，或沿着翼网衣上、下边缘编出的几目宽的平行四边形网衣。其网线粗度一般与网口三角网衣的相同，采用较粗的网线编结。缘网衣的主要作用是增加翼网衣边缘的强度，可防止翼网衣与纲索的直接摩擦，也有些地拉网不装置缘网衣。

二、绳索部分

1. 上纲

上纲是装在地拉网上方边缘，承受网具上方主要作用力的绳索。由于网翼前方的撑杆装置部位不同，上纲的构成也就不同。若撑杆装置在网翼前端，如图 5-7（b）中间的绳索属具布置图中上边缘所示，上纲是由撑杆后方的浮子纲、上缘纲各 1 条和前方的左、右各 2 条上叉绳构成。若撑杆装置在网翼前方若干米处，如图 5-8 的上边缘所示，则上纲是由撑杆后方的浮子纲、上缘纲各 1 条和前方的左、右各 2 条上空绳及左、右各 2 条上叉绳构成。上纲起着维持地拉网上方网形和承受网具上方张力的作用。

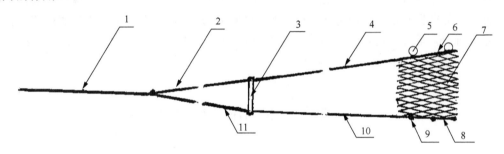

图 5-8　绳索属具布置图

1. 曳绳；2. 上叉绳；3. 撑杆；4. 上空绳；5. 浮子；6. 浮子纲和上缘纲；7. 翼端网衣；8. 下缘纲和沉子纲；9. 沉子；10. 下空绳；11. 下叉绳

从图 5-7 中可以看出，涠洲大网的上纲是由 2 条乙纶绳构成，其中 1 条结扎在网衣上方边缘的绳索属于上缘纲部分，另 1 条扎缚在上缘纲上的绳索属于浮子纲部分，浮子纲和上缘纲两端在翼端前方的延长部分即为左、右各 2 条的上叉绳部分。2 条上纲一般采用等粗等长的捻绳，最好是采用捻向相反的 2 条捻绳。

2. 下纲

下纲是装在地拉网下方边缘，承受网具下方主要作用力的绳索。下纲的构成与上纲的构成相同，即下纲是由撑杆后方的下缘纲、沉子纲各 1 条和前方的左、右各 2 条下叉绳构成，如图 5-7（b）中间的下边缘所示。或者下纲是由后方的下缘纲、沉子纲各 1 条和前方的左、右各 2 条下空绳及左、右各 2 条下叉绳构成，如图 5-8 中的下边缘所示。下纲起着维持地拉网下方网形和承受网具下方张力的作用。与上纲相同，下纲也可由 2 条绳索构成，一般采用等粗等长和捻向相反的 2 条乙纶绳，有的采用锦纶网衣捻绳。

3. 曳绳

曳绳是连接在叉绳前端，用于拉曳网具的绳索。左右各用 1 条，一般采用长数百米、直径 10～25 mm 的乙纶绳或旧锦纶网衣捻绳。

三、属具部分

1. 浮子

浮子一般采用中孔泡沫塑料球浮。浮子的作用是产生浮力，保证上纲浮于水面。

2. 沉子

沉子一般采用铅沉子、陶土沉子或水泥沉子等。铅沉子一般是直接钳夹在下纲上。陶土沉子可做成中孔式的穿在沉子纲上，也可做成带凹槽的夹缚于下缘纲和沉子纲之间。水泥沉子可与陶土沉子一样作成中孔式或带槽式。沉子的作用是产生沉降力，保证下纲紧贴海底，并和浮子配合使网具张开。

3. 撑杆

撑杆是装在翼端或空绳前端，用于支撑翼端高度或撑开上、下空绳前端的杆状属具。地拉网一般装有撑杆。有的撑杆装在翼端，如图 5-7（b）的中间所示，其上、下纲在翼端前延长后形成上、下叉绳部分。有的撑杆装在翼端前方 3～7 m 处，如图 5-8 所示，其上、下纲先在翼端前延长后先形成上、下空绳部分，后在撑杆前又形成上、下叉绳部分。撑杆一般为木制，长 0.27～0.80 m，一般采用截面边长为 35～50 mm 的长方体木杆。

第四节　地拉网渔具图

一、地拉网网图种类

地拉网网图有网衣展开图、总布置图、局部布置图、总装配图、局部装配图、作业示意图和零件图。有翼单囊地拉网网图如图 5-7 所示，绘有网衣展开图、绳索属具布置图、浮沉力布置图和作业示意图。单囊地拉网网图和多囊地拉网网图分别如图 5-3 和图 5-4 所示，绘有网衣展开图（如图 5-3 中的左上方和图 5-4 中的上方所示）、总布置图（如图 5-3 中的右上方和图 5-4 中的中左方所示）、局部装配图（如图 5-3 中的中左方和图 5-4 中的中右方所示）和作业示意图（如图 5-3 和图 5-4 中的下方所示）。此外在图 5-3 的中间右侧还绘有铅沉子零件图。无囊地拉网网图如图 5-6 所示，绘有网衣展开图[如图 5-6（a）中的左侧所示]、总装配图[如图 5-6（a）中的右侧所示]和作业示意图[如图 5-6（b）所示]。

下面只介绍有翼单囊地拉网和无囊地拉网的网图种类。

1. 网衣展开图

有翼单囊地拉网的网衣展开图轮廓尺寸的绘制方法与有翼单囊圆锥式拖网的相似，即纵向长度依网衣拉直长度按同一比例缩小绘制，翼网衣的横向宽度依网衣拉直宽度的一半按同一比例缩小绘制，囊网衣的横向宽度依网周拉直宽度的四分之一按同一比例缩小绘制。涠洲大网按上述规定绘出的网衣展开图如图 5-7（a）所示。在图中，除了标注每段网衣的规格外，还要标注附在网衣边缘的纲索规格，如上纲和下纲的规格。还要用局部放大图来标注网口三角网衣的规格。若有翼单囊地拉网的囊网衣分段较多，或增减目方法过于繁杂而无法在网衣展开图中详细标注时，应另外编制一张"网衣材料规格表"，以表示其详细规格。

无囊地拉网有两种，一种是船布无囊地拉网，一种是抛撒无囊地拉网。船布无囊地拉网的网衣一般是属于中间取鱼部网衣宽和两端翼网衣窄的带状网衣，由于网衣较长而且左、右两端对称，故其网衣展开图一般只绘出取鱼部网衣及其一端的翼网衣，并在取鱼部网衣的上方标注有左右对称中心符号。此网衣展开图的轮廓尺寸绘制方法与无囊围网的相同，即：水平长度依结缚网衣的上纲长度按同一比例缩小绘制，垂直高度依网衣拉直高度按同一比例缩小绘制。大拉网按上述规定绘出的网衣展开图如图 5-6（a）的左侧所示。在图中，除了标注每段网衣的规格外，还要标注结缚在网衣边缘的纲索规格，如上纲、下纲和侧纲的规格。要求标注主网衣上、下边缘和上、下缘网衣的缩结系数。

抛撒无囊地拉网的网衣是属于较小型矩形带状网衣，其网衣展开图一般是绘出整片网衣的形状。网衣展开图的轮廓尺寸绘制方法与单片刺网和无囊围网等带状网衣的均相同，即：水平长度依结缚网衣的上纲长度按同一比例缩小绘制，垂直高度依网衣拉直高度按同一比例缩小绘制。梭鱼拉网按上述规定绘出的网衣展开图如图 5-5 的上方所示。在图中，除了标注网衣规格外，还要标注结缚网衣的上纲、下纲和侧纲的规格。

2. 绳索属具布置图

有翼单囊地拉网一般会有两种局部布置图：即绳索属具布置图和浮沉力布置图。绳索属具布置图如图 5-7（b）中间所示，要求绘出一边翼端部分网衣、绳索、属具之间的相互连接布置，应标注上纲、下纲、曳绳等绳索各部分的配纲长度及其绳索规格，标注撑杆等属具的规格。称此图为"局部结构图"是不妥的，因为它只表示出网衣、绳索、属具的相互连接布置关系，并没有绘出其具体的连接装配结构，还是称"绳索属具布置图"为宜。

3. 浮沉力布置图

有翼单囊地拉网的浮沉力布置图如图 5-7（b）的上方所示。由于有翼单囊地拉网的浮沉力配布均是左右对称的，故其浮沉力布置图可只绘出一边的配布数字。在图中要标注浮子、沉子等的材料、规格、数量及其安装间隔和数量。称此图为"浮、沉子装配图"是不妥的，因为它只表示出浮、沉子是如何配布在上、下纲上。但上、下纲均由 2 条绳索构成，而浮、沉子如何具体结扎装配在上、下纲上是没有绘出的，还是称"浮沉力布置图"为宜。

浮沉力布置图的绘制形式有两种：一种如图 5-7（b）的上方所示，所占图面相对较大；另一种如图 5-10（b）的上方所示，所占图面相对较小，一般是绘成后一种形式的浮沉力布置图。

从网图的完整性考虑，有翼单囊型网具的网图除浮沉力布置图外，还应绘有如何装配浮沉子的局部装配图。有翼单囊地拉网一般采用中孔球形泡沫塑料浮子，其装配图如图 2-30 中的（4）图所示；其沉子采用铅沉子，陶土沉子或水泥沉子，其装配图如图 2-31 中的（1）～（5）图所示。熟练渔工一般都懂得这些浮沉子的装配方法，在有翼单囊型的地拉网或拖网的网图中，只绘有浮沉力布置图，而没有关于浮沉子如何装配的局部装配图。

4. 总装配图

船布无囊地拉网的总装配图如图 5-6（a）的右侧所示。由于无囊地拉网是左、右两端对称的，故其总装配图只需绘出取鱼部及其一端网翼部网衣、绳索、属具之间的相互连接装配，即绘出浮子方、沉子方的结构，上纲、下纲、侧纲、叉绳、撑杆、曳绳等构件之间的连接装配。标注浮、沉子安装间隔的长度，还要标注叉绳、撑杆、曳绳、浮子、沉子等的材料和规格。

无囊型网具的网图若有装配图，并且在装配图中已把浮沉力的配布表示出来时，则不必再绘制浮沉力布置图。如在图 5-6（a）所示的无囊地拉网网图右侧的总装配图中，其网衣上边缘自左至右已分别绘有"(B)—(C)"两幅网衣、"(D)—(E)"两幅网衣和"(F)—(G)—(F)"三幅网衣的浮子方结构，各标注有浮子的安装间隔长度，还标注有浮子的材料、规格及整盘网具配分浮子的总个数。同样在网衣下边缘绘有相应的三个沉子方结构，也作了相应的标注，即已把整盘网的浮沉力配布表示出来，故在图 5-6 中没有必要绘制浮沉力布置图。如果在装配图中只绘有浮子方、沉子方的结构，当浮沉力配布比较复杂而无法在装配图中标注出来时，则还需绘有浮沉力布置图。如图 3-37 所示的无囊围网网图，在图 3-37（b）上方的局部装配图中虽然绘有网头部分的浮子方、沉子方的结构，但由于其浮沉子配布比较复杂而无法在局部装配图中表示出来，则还应绘制浮沉力布置图，如图 3-37（b）的下方所示。由于无囊围网一般较大型，其浮沉力配布相对较复杂，故一般应绘有浮沉力布置图。刺网网衣与无囊围网、无囊地拉网的网衣相似，均为带状网衣。刺网网图如图 2-48 所示。由于刺网的浮沉力配布较简单，在图 2-48 中间的局部装配图中，不但绘有浮子方、沉子方的结构，也标注了浮沉子的材料、规格及其个数，以表示其浮沉力的配布，故在刺网网图中没有必要再绘制浮沉力布置图。

5. 作业示意图

作业示意图可分为放起网作业示意图和在放起网作业过程中的瞬时作业示意图两种。如图 5-6（b）是大拉网的放起网作业示意图，在该图的左上方的（1）图是表示大拉网网具叠放在小艇上，并将大拉网前曳绳前端固定在一辆拖拉机的后端后开始放网；（2）图是表示摇小艇沿岸边作弧形布网，先后放出前曳绳、前叉绳和撑杆、前翼网部；（3）图是表示继续放出取鱼部、后翼网部、后叉绳和撑杆；（4）图是表示放网完毕后，将后曳绳后端固定在另一辆拖拉机的后端，接着两辆拖拉机可同时开车收绞曳绳起网；（5）图是表示已将两翼网部拖到岸上，取鱼部已将渔获物驱集到岸边。图 5-7（b）的下方是涠洲大网的瞬时作业示意图，是表示放网结束后和准备起网时的网具瞬时状态。

上面已介绍了地拉网的网图种类，下面专门介绍绳索属具布置图和装配图的区别：绳索属具布置图是绘出网衣、绳索、属具之间的相互连接布置关系，其绳索线只用一条粗实线来表示。若绳索与绳索之间或绳索与属具之间是通过绳端直接结扎连接的，则在连接处绘个明显的小圆点来表示，如图 5-7（b）中间的叉绳与曳绳的连接处所示。若绳索与绳索之间或绳索与属具之间是通过卸扣、转环等连接的，则在连接处绘个明显的小圆圈来表示，如图 5-10（b）中间的叉绳与曳绳的连接处所示，此小圆圈是表示用一个转环及其两端各连接一个卸扣来连接。装配图是绘出网衣、绳索、属具之间的具体连接装配方法，其绳索线要用两条平行的细实线来表示。如绳索与绳索之间或绳索与属具之间是通过绳端直接结扎连接的，则在连接处绘出具体的结节，如图 5-6（a）的右下方所示。若绳索与绳索之间或绳索与属具之间是通过连接件来连接的，则应在连接处绘出连接件的形状或符号，如卸扣可有"⊃、⊃"表示，转环可用"∘⊃"等表示。

二、地拉网网图标注

1. 主尺度标注

①有翼单囊地拉网主尺度的表示法与有囊围网相同，即：结缚网衣的上纲长度×网口网衣拉直周长×囊网衣拉直长度。

例：涠洲大网 93.06 m × 50.40 m × 24.48 m [图 5-10（a）]。

②单囊地拉网主尺度的表示法与桁杆拖网相同，即：网口网衣拉直周长×网衣拉直总长（桁杆总长）。

例：泥螺网 7.71 m×1.51 m（2.60 m）（《中国图集》121 号网）。

③无囊地拉网主尺度的表示法与无囊围网的相同，即：结缚网衣的上纲长度×网衣最长拉直高度。

例：大拉网 1436.48 m×8.02 m（《中国图集》123 号网）。

2. 网衣标注

有翼单囊地拉网是采用手工直接编结而成的编结网，与有囊围网相同，其两侧翼网衣不但左、右对称，而且每侧翼网衣也是背、腹对称的，故翼网衣的网宽目数和编结符号也和囊网衣的一样，只标注在右方。无囊地拉网的网衣标注与无囊围网网衣一样，此处也不再赘述。

3. 绳索标注

在网衣展开图中，绳索是用与其所结缚的网衣轮廓线平行的粗实线来表示。绳索的描绘，在局部装配图和局部布置图中的要求是不同的。这正是区别装配图和布置图的依据。在装配图中，要求用两条平行的细实线来表示绳索，则绳索与绳索的连接方法、绳索与属具的连接方法要详细描绘出来，故其连接装配是比较清楚的。但在布置图中，只要求用普通的一条实线来描绘，其绳索与绳索的连接或绳索与属具的连接，若采用连接件的，则在绳索实线与绳索实线之间或绳索实线与属具图形之间用小圆圈"o"连接起来；若采用绳结方式的，则用小黑点"·"连接起来。故布置图中的具体连接装配是不清楚的，但如何连接布置却是清楚的，采用什么方式连接也是知道的。

有关绳索标注和数据标注的具体方法，前面均已介绍，此处不再赘述。

第五节　有翼单囊地拉网渔具图核算与材料表

一、有翼单囊地拉网网图核算

有翼单囊地拉网网图核算的步骤和原则与有囊围网的相同，不再赘述。下面只举例说明如何具体进行核算。

例 5-1　试对涠洲大网（图 5-7）进行网图核算。

解：

1. 核对各段网衣网长目数

根据网衣展开图所标注的目大和网长目数可算出各段网衣的拉直长度如表 5-3 所示。

根据表 5-3 计算结果来核对网衣展开图的相应数字，发现在网衣展开图中，翼网衣三段的拉直长度没标明，应为 9.90 m。

囊网衣七筒的拉直长度为

$$0.030 \times 87.5 = 2.625 \text{ m}$$

在网图中标注的长度要求精确至两位小数。囊网衣七筒网长要修约至两位小数，图 5-7（a）中是采用旧的"四舍五入"的规定修约为 2.63 m。本书是按照《数值修约规则与极限数值的表示和判定》（GB/T 8170—2008）的规定进行修约的，其简明口诀为"四舍六入五看齐，奇进偶不进（偶数包括零）"，故在表 5-3 中修约为 2.62 m，即在图 5-7（a）中的囊网衣七筒网长应改为 2.62 m。

表 5-3 各段网衣的拉直长度

网衣类型	段（筒）别	拉直长度/m
翼网衣	一段	0.036 × 255 = 9.18
	二段	0.038 × 72.5 = 2.76
	三段	0.040 × 247.5 = 9.90
	四段	0.042 × 180 = 7.56
	五段	0.050 × 245 = 12.25
	六段	0.054 × 120 = 6.48
	合计	48.13
囊网衣	一筒	0.036 × 37.5 = 1.35
	二筒	0.035 × 37.5 = 1.31
	三筒	0.034 × 37.5 = 1.28
	四筒	0.033 × 37.5 = 1.24
	五筒	0.032 × 62.5 = 2.00
	六筒	0.031 × 62.5 = 1.94
	七筒	0.03 × 87.5 = 2.62
	八筒	0.029 × 87.5 = 2.54
	九筒	0.028 × 87.5 = 2.45
	十筒	0.027 × 87.5 = 2.36
	十一筒	0.026 × 80.5 = 2.09
	十二筒	0.025 × 80.5 = 2.01
	十三筒	0.015 × 86 = 1.29
	合计	24.48
网衣总长		72.61

在表 5-3 中经核算后的各段网长，除了囊网衣七筒网长因修约规定不同而相差 1 cm 外，其他各段网长均与网图标注数字相符，证明了表 5-3 所列各段网衣网长目数均无误。

此外，整顶网的网衣总长应改为 72.61 m。

缘网衣上下左右共用 4 片，假设缘网衣与翼网衣之间没有缩结，每片缘网衣的网长目数应为

$$(48.13 - 0.07 \times 9) \div 0.07 = 678.6 \text{ 目}$$

2. 核对各段网衣编结符号

涠洲大网属于有翼单囊型编结网，其网衣中间的编结符号应标注在网衣轮廓线的右侧。但在图 5-7（a）中，却把各段翼网衣中间的编结符号标注在网衣轮廓线的左侧，应改成标注在右侧。在图 5-7（a）中，翼网衣和网口三角网衣的网衣边缘的编结方法用剪裁网的剪裁斜率来表示，更为不妥，应改用编结符号表示为宜。图中标注的剪裁斜率，是用一个或两个剪裁循环的纵向目数与横向目数的比率表示，这是过去用的"旧剪裁斜率"，1987 年实施的中华人民共和国水产行业标准《渔网网片剪裁和计算》（SC/T 4004—1986）中规定，剪裁斜率是用一个或两个剪裁循环的横向目数和纵向目数的比率表示，新旧剪裁斜率的标注刚好相反。图 5-7（a）标注的是旧剪裁斜率，现将该图翼网衣各段网衣和网口三角网衣边缘的旧、新剪裁斜率与编结符号的对照如表 5-4 所示。

根据各段网衣的网长目数除以编结周期内的纵目可得出各段网衣中间每道增减目的周期数或网衣边缘增减目的周期数，如表 5-5 所示。

表 5-5 中经核算得出的网衣和中间每道增减目的周期数与网图标注的数字相符,经计算得出的网衣边缘增减目的周期数与表 5-4 中编结符号的数字相符,则说明表 5-5 中的增减目周期数和周期内的节数均无误。

表 5-4 旧、新剪裁斜率与编结符号的对照

段别	旧剪裁斜率	新剪裁斜率	编结符号
翼网衣一段	1∶1	1∶1	255（2r－1）
翼网衣二段	1∶1	1∶1	72.5（2r－1）
翼网衣三段	19∶17	17∶19	26（19r－8.5）
翼网衣四段	15∶13	13∶15	24（15r－6.5）
翼网衣五段	5∶4	4∶5	49（10r－4）
翼网衣六段	5∶4	4∶5	24（10r－4）
网口三角网衣	1∶1	1∶1	9（2r＋1）

表 5-5 各段网衣中间、边缘增减目周期数

段别	部位	增减目周期数
翼网衣一段	中间	255÷(5÷2)＝102
	边缘	255÷(2÷2)＝225
翼网衣二段	中间	72.5÷(5÷2)＝29
	边缘	72.5÷(2÷2)＝72.5
翼网衣三段	中间	247.5÷(5÷2)＝99
	边缘	247.5÷(19÷2)＝26……0.5
翼网衣四段	中间	180÷(5÷2)＝72
	边缘	180÷(15÷2)＝24
翼网衣五段	中间	245÷(5÷2)＝98
	边缘	245÷(10÷2)＝49
翼网衣六段	中间	120÷(5÷2)＝48
	边缘	120÷(10÷2)＝24
囊网衣一段	中间	37.5×4÷(3÷2)＝100
囊网衣二段	中间	62.5×2÷(5÷2)＝50
囊网衣三段	中间	(87.5×4＋80.5×2)÷(7÷2)＝146
网口三角网衣	中间	9÷(4÷2)＝4……1
	边缘	9÷(2÷2)＝9

3. 核对各段网衣网宽目数

1）核对网口目数

假设囊网衣前缘的起头目数是正确的,则网口周长应为

$$0.036 \times 1400 = 50.40 \text{ m}$$

在图5-7（a）中，涠洲大网的主尺度标注与有翼拖网的主尺度标注类似，它只标注：网口周长×网衣拉直总长。

上面网口周长的核算结构与图5-7（a）的主尺度数字相符，说明网口目数1400是无误的。

2）核算翼网衣翼端网宽目数

翼网衣可由中间一道增目道分成背、腹对称的两部分，网衣展开图中只绘出其中的一部分。在囊网衣前缘的网口目数1400目中，其余目数的一半（699目）即为左、右两翼网衣的起编目数。由于在网图中只绘出翼网衣背部或腹部的一半网衣，网图中翼网衣一段大头一半的起编目数应为

$$(1400 - 1 \times 2) \div 2 \div 2 = 349.5 \text{目}$$

核算结构与网图标注数字"349.5"相同，故应把此标注改为"(349.5)"。因为原标注"349.5"是表示大头目数为349.5目，而"(349.5)"才是表示大头从网口目数中349.5目起编的。

翼网衣一段中间位[1—102（5r+3）]增目，两边为255（2r−1）减目，其背部（或腹部）由349.5目起编，编长为255目，则小头目数应为

$$349.5 + 3 \times 102 \div 2 - 1 \times 255 = 247.5 \text{目}$$

经核对无误。

3）核对翼网衣二段小头目数

翼网衣二段中间[1—29（5r+3）]增目，两边72.5（2r−1）减目，其背部由247.5目起编，编长72.5目，则小头目数应为

$$247.5 + 3 \times 29 \div 2 - 1 \times 72.5 = 218.5 \text{目}$$

经核对无误。

4）核对翼网衣三段小头目数

从表5-5中可知，翼网衣三段两边各为26个周期减目外，还多余半目，即在计算小头目数时，减目边还要多减半目。

翼网衣三段中间[1—99（5r+3）]增目，两边26（19r−8.5）减目，其背部由218.5目起编，则小头目数应为

$$218.5 + 3 \times 99 \div 2 - 8.5 \times 26 - 0.5 = 145.5 \text{目}$$

核算结果与网图数字不符，网图数字146应改为145.5。

5）核对翼网衣四段小头目数

翼网衣四段中间[1—72（5r+3）]增目，两边24（15r−6.5）减目，其背部由145.5目起编，则小头目数应为

$$145.5 + 3 \times 72 \div 2 - 6.5 \times 24 = 97.5 \text{目}$$

网图数字98应改为97.5。

6）核对翼网衣五段小头目数

翼网衣五段中间[1—98（5r+3）]增目，两边49（10r−4）减目，背部由97.5目起编，则小头目数应为

$$97.5 + 3 \times 98 \div 2 - 4 \times 49 = 48.5 \text{目}$$

网图数字49应改为48.5。

7）核对翼网衣六段小头目数

翼网衣六段中间[1—48（5r+3）]增目，两边24（10r−4）减目，背部由48.5目起编，则小头目数应为

$$48.5 + 3 \times 48 \div 2 - 4 \times 24 = 24.5 \text{目}$$

网图数字25应改为24.5。

8) 核对网口三角网衣网宽目数

网口三角网衣小头应从囊网衣网口前缘的上、下中间之减目道上各 1 目起编, 其两边沿着左、右翼网衣的 (2r－1) 边并结在一起, 如图 5-9 所示, 网口三角网衣的小头应为 3 目, 但网图标注为 2 目是错的, 应改为 3 目。也可改标注为 "(1)", 即表示小头由 1 目起编。

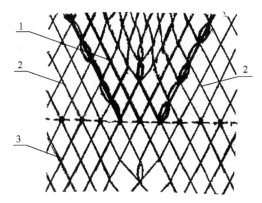

图 5-9 网口三角网衣的起编
1. 网口三角网衣; 2. 翼网衣; 3. 囊网衣

网口三角网衣小头由 1 目起编, 中间 4 (4r＋2) 增目, 编长 9 目, 两边为 9 (2r＋1) 增目, 则大头目数为

$$1 + 2 \times 4 + 1 \times 9 \times 2 = 27 \text{ 目}$$

核算结果比网图数字 (26 目) 多 1 目, 故网口三角网衣的大头目数应改为 27 目。

9) 核对囊网衣二段大头网周目数

囊网衣翼端大头网周目数为 1400 目, 中间为 4—100 (3r－1) 减目, 则囊网衣二段大头网周目数应为

$$1400 - 1 \times 100 \times 4 = 1000 \text{ 目}$$

经核对无误。

10) 核对囊网衣三段大头网周目数

囊网衣二段大头网周目数为 1000 目, 中间为 4—50 (5r－1) 减目, 囊网衣三段大头网周目数应为

$$1000 - 1 \times 50 \times 4 = 800 \text{ 目}$$

经核对无误。

在网图 5-7 (a) 中, 囊网衣三段漏标网周中间的减目道数, 假设三段与一段、二段一样均为 4 道减目, 即囊网衣三段中间为 4—146 (7r－1) 减目, 其大头网周为 800 目, 则其小头网周目数应为

$$800 - 1 \times 146 \times 4 = 216 \text{ 目}$$

经核对无误, 也说明 4 道减目是对的。

此外, 囊网衣四段网周为 204 目的直目圆筒网衣。

4. 核对各部分网衣配纲

从网图中, 根据翼网衣各段所配的纲长及其网长长度可以计算出各段网衣的缩结系数如表 5-6 所示。

表 5-6　网图中翼网衣各段所配的纲长及其缩结系数

纲别	统计项目	翼网衣段别					
		一段	二段	三段	四段	五段	六段
上纲	配纲长/m	8.12	2.69	10.00	8.09	13.35	7.06
	缩结系数	0.950	0.957	1.010	1.070	1.090	1.090
下纲	配纲长/m	7.70	2.58	9.50	7.56	12.50	6.80
	缩结系数	0.901	0.935	0.960	1.000	1.020	1.049

从表 5-6 可以看到，有六处的缩结系数大于 1，即网衣受力而纲索不受力，这是极其不合理的。造成上述不合理现象的原因是：在实测网具时，网具已旧，网衣目大已缩小，而原配纲长则相对缩短较小，故实测结果会造成上述缩结系数大于 1 的不合理现象。现拟做如下修改，使缩结系数不超过 1。翼网衣一段上边缘的缩结系数保持不变，其余上边缘的缩结系数逐段增加 0.01。翼网衣下边缘的缩结系数逐段均取比上边缘的小 0.04。经上述修改后，翼网衣各段所配的纲长及其缩结系数如表 5-7 所示。

表 5-7　修改后翼网衣各段所配的纲长及其缩结系数

纲别	统计项目	翼网衣段别					
		一段	二段	三段	四段	五段	六段
上纲	配纲长/m	8.12	2.65	9.60	7.41	12.13	6.48
	缩结系数	0.950	0.960	0.970	0.980	0.990	1.000
下纲	配纲长/m	7.78	2.54	9.21	7.11	11.64	6.22
	缩结系数	0.910	0.920	0.930	0.940	0.950	0.960

从网图中可以看出，该网网口三角网衣编结好后，接着从网口三角大头两旁各 3 目起编，沿着翼网衣上、下边缘各编结出 3 目宽和配纲边为（2r–1）的上、下缘网衣各 2 片。则本网的上、下口门目数均为

$$27 - 3 \times 2 = 21 \text{ 目}$$

在网图中没有标注上、下口门是否配纲。21 目宽的口门不配纲是不合理的。有囊围网口门缩结系数为 0.17~0.46，现取小一些，若取为 0.20，本网的口门配纲长为

$$0.07 \times (21 - 1) \times 0.20 = 0.28 \text{ m}$$

该网结缚网衣的上纲长为

$$0.28 + 46.39 \times 2 = 93.06 \text{ m}$$

该网结缚网衣的下纲长为

$$0.28 + 44.50 \times 2 = 89.28 \text{ m}$$

该网的网具主尺度应改为 93.06 m × 50.40 m × 24.48 m。

5. 核对浮沉子配布

从图 5-7（b）可以看出，其上方是浮、沉子装配图，但没有画出浮、沉子如何具体结缚装配，只是画出浮、沉子安装间隔的长度和数量，故应是浮沉力布置图。

1）核对浮子配布

在图 5-7（b）左上方的浮子布置图中，木浮子的个数为

$$(3 + 2 + 8) \times 2 = 26 \text{ 个}$$

在网图中标注木浮子的总数为 24 个，多画了 2 个。本网上纲长度改短后，木浮子的安装间隔为

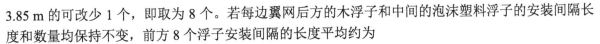

3.85 m 的可改少 1 个，即取为 8 个。若每边翼网后方的木浮子和中间的泡沫塑料浮子的安装间隔长度和数量均保持不变，前方 8 个浮子安装间隔的长度平均约为

$$[46.39 - 0.32 \times 3 - 1.37 \times (1+9)] \div 8 = 3.966 \text{m}$$

考虑到木浮子有一定的长度，且木浮子的中心点不可能结扎在翼浮纲部位的末端，故前方木浮子的安装间隔应取短一些，现取为 3.95 m，则最前 1 个木浮子中心的安装端距应为

$$46.39 - 0.32 \times 3 - 1.37 \times (1+9) - 3.95 \times 8 = 0.13 \text{ m}$$

经过上述核算修改后，该网的木浮子个数为

$$(3+2+7) \times 2 = 24 \text{ 个}$$

泡沫塑料浮子个数为

$$(1+9) \times 2 = 20 \text{ 个}$$

经核对均无误。

2）核对沉子配布

在图 5-7（b）右上方的沉子布置中，沉子的个数为

$$(2+3+1+11+1+27+1+12) \times 2 = 116 \text{ 个}$$

在图中标注铅沉子为 114 个，多画了 2 个。该网下纲长度改短后，铅沉子的安装间隔为 0.63 m 的可改少 1 个，保持铅沉子 114 个不变。此外，将安装间隔 1.16 m 处全部改为 1.12 m，其他沉子安装的间隔和数量均保持不变，最前 1 个铅沉子中心的安装端距应为

$$44.50 - 0.15 \times (1+3) - 0.41 \times (1+11) - 1.12 \times (1+27) - 0.63 \times 12 = 0.06 \text{ m}$$

该网拟在下口门配纲中点钳夹 1 个铅沉子，则该网沉子的个数为

$$1 + (2+3+1+11+1+27+12) \times 2 = 115 \text{ 个}$$

现参考《中国图集》的编例要求，拟修改涠洲大网网图的计划如下：

（1）在图 5-7（a）上方标注的网具主尺度是用"网口网衣拉直周长×网衣拉直总长"来表示，现拟按《中国图集》的编例规定用"结缚网衣上的上纲长度×网口网衣拉直周长×囊网衣拉直长度"（与本书的规定一致）来表示。在网衣展开图的上方缺上网衣符号及符号上方的结缚网衣的上纲长度，并缺下网衣符号及符号上方的结缚网衣的下纲长度，现拟补上。翼网衣中间的编结符号应改为标注在翼网衣下网片的轮廓线外。翼网衣边缘的编结方法应改用编结符号表示，并标注在翼网衣下网片的轮廓线内。在翼网衣和缘网衣的上网片轮廓线内可以不做任何标注。网口三角网衣两侧边缘的编结方法也改用编结符号表示。乙纶单丝的线密度"42 tex"应按我国行业标准改为"36 tex"。

（2）在图 5-7（b）的浮、沉子装配图（应称为浮沉力布置图）中，没有标注出网口三角网衣的配纲。拟将浮子和沉子的布置图分开表示。

（3）在图 5-7（b）的局部结构图（应称为纲索属具布置图）中，下叉绳是 2 条下纲在翼端前方的延长绳索，故其材料规格均应为 PAϕ19。PA 绳索的强度相当于同直径的 PE 绳索的 1.7 倍。上纲用 PEϕ7，则下纲没有必要用太粗的 PAϕ19，PAϕ19 极可能是 PAM NSϕ19 之误。PAM NSϕ19 表示用锦纶网衣（一般采用旧的刺网网衣）捻制成直径为 19 mm 的三股捻绳。图中标注曳绳材料为 COC，即为红棕绳，是属于除了白棕绳以外的其他麻类绳，故按本书附录要求可将"COC"改为"HEM"。图中的上、下纲与曳绳之间的连接点画成下黑点，说明是采用绳结方式连接。考虑到曳绳长为 500 m，当在岸滩上用人力收拉或用绞纲机收绞曳绳起网时，由于曳绳自身会产生旋转而引起翼网衣前方扭卷在一起，失去了拦鱼的作用。故可将上、下纲两端和曳绳后端均制成眼环，然后用 3 个卸扣和 1 个转环将上、下纲与曳绳连接在一起，则可防止翼网衣前方的扭卷。于是上、下纲与曳绳之间的连接点应画成一个小圆圈。

根据上面的核算修改和网图修改计划，该网修改后的网图如图 5-10 所示。

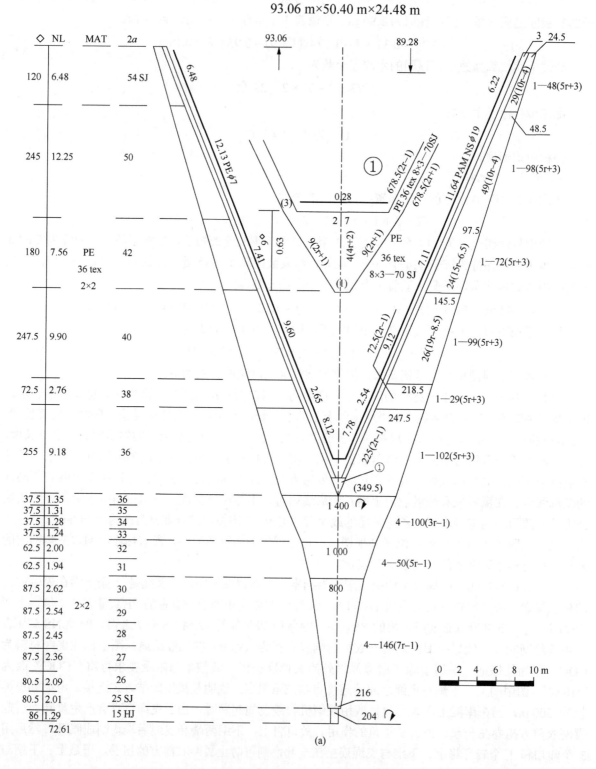

涠洲大网（广西北海）
93.06 m×50.40 m×24.48 m

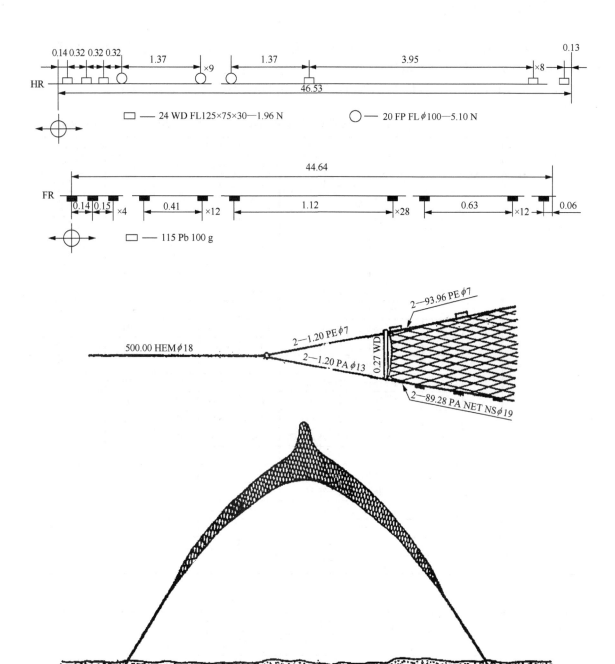

渔船载重：2 t　　　　　　　渔场渔期：涠洲港湾内，7~9月
主机功率：无　　　　　　　捕捞对象：青鳞鱼等小杂鱼

(b)

图 5-10　涠洲大网（二）

二、有翼单囊地拉网材料表

有翼单囊地拉网材料表的数量是指一盘网具所需的数量。在网图中，凡是结缚网衣的纲索长度均表示净长。此外，空绳和叉绳也是表示净长，曳绳是表示全长。

现根据图 5-10 和例 5-1 网图核算的修改结果可列出涠洲大网材料表如表 5-8 和表 5-9 所示。

表 5-8 涠洲大网网衣材料表 （主尺度：93.06 m × 50.40 m × 24.48 m）

网衣名称	数量/片	序号	网线材料规格—目大网结	网衣尺寸/目			网线用量/g	
				起目	终目	网长	单片	合计
翼网衣	2	1	PE 36 tex 2 × 2—36 SJ	699	495	255	2 158	4 316
		2	PE 36 tex 2 × 2—38 SJ	495	437	72.5	500	1 000
		3	PE 36 tex 2 × 2—40 SJ	437	291	247.5	1 389	2 778
		4	PE 36 tex 2 × 2—42 SJ	291	195	180	701	1 402
		5	PE 36 tex 2 × 2—50 SJ	195	97	245	663	1 326
		6	PE 36 tex 2 × 2—54 SJ	97	49	120	173	346
囊网衣	1	1	PE 36 tex 2 × 2—36 SJ	1 400	1 300	37.5	717	717
		2	PE 36 tex 2 × 2—35 SJ	1 300	1 200	37.5	650	650
		3	PE 36 tex 2 × 2—34 SJ	1 200	1 100	37.5	584	584
		4	PE 36 tex 2 × 2—33 SJ	1 100	1 000	37.5	521	521
		5	PE 36 tex 2 × 2—32 SJ	1 000	900	62.5	768	768
		6	PE 36 tex 2 × 2—31 SJ	900	800	62.5	670	670
		7	PE 36 tex 2 × 2—30 SJ	800	700	87.5	808	808
		8	PE 36 tex 2 × 2—29 SJ	700	600	87.5	682	682
		9	PE 36 tex 2 × 2—28 SJ	600	500	87.5	562	562
		10	PE 36 tex 2 × 2—27 SJ	500	400	87.5	448	448
		11	PE 36 tex 2 × 2—26 SJ	400	308	80.5	315	315
		12	PE 36 tex 2 × 2—25 SJ	308	216	80.5	227	227
		13	PE 36 tex 2 × 2—15 SJ	204	204	86	134	134
网口三角网衣	2		PE 36 tex 8 × 3—70 SJ	3	27	9	26	52
缘网衣	4		PE 36 tex 8 × 3—70 SJ	3	3	678.5	385	1 540
整盘网衣总用量								19 846

表 5-9 涠洲大网绳索、属具材料表

绳索（属具）名称	数量	材料及规格	每条纲索长度/m		单位数量用量	合计用量/g	附注
			净长	全长			
上纲	2 条	PE φ 7	95.46	96.46	2 402 g/条	4 804	包括左、右下叉绳
下纲	2 条	PA NET NS φ 19	91.68	92.68			包括左、右下叉绳
曳绳	2 条	HEM φ 18		500.00			红棕绳
浮子	20 个	FP FL φ 100—5.10 N					
浮子	24 个	WD FL—1.96 N					WD FL125 × 75 × 30
沉子	115 个	Pb 100 g			100 g/个	11 500	
撑杆	2 支	0.27 WD					
转环	2 个	ST d 25			2 400 g/个	4 800	
卸扣	6 个	ST d_1 33			2 200 g/个	13 200	

材料表说明及计算如下。

1. 网衣材料表说明

在表 5-8 中，翼网衣的数量 2 是表示每盘涠洲大网有 2 片左、右对称的翼网衣，其序号是表示翼网衣的段号，由于目大不同，从网口向前算起，翼网衣分成 6 段，每段翼网衣的起目是指该段网衣大头的起编目数，此目数等于网图相应段中的大头起编目数乘以 2，每段翼网衣的终目是指每段翼网衣的小头目数，此目数等于网图相应段中的小头目数乘以 2。囊网衣的数量 1 是表示每盘涠洲大网只有 1 个圆筒状的囊网衣，其序号是表示囊网衣的筒数，由于目大不同，从网口向后算起，囊网衣分成 13 筒。其中一筒至十二筒为截锥形网衣，每筒网衣的起目是指该筒网衣的小头目数。在网图中，只标注大头网周目数，而小头网周目数是不标注的，因为其小头网周目数与后一筒网衣的大头网周目数是相同的。但在最后一筒截锥形网衣中，是要求标注出其小头网周目数的。

在图 5-10（a）的网衣展开图中，只标注了囊网衣一、二、三段的大头网周目数和三段的小头网周目数，即只标注了一筒、五筒、七筒的大头网周目数和十二筒的小头网周目数。在表 5-8 中，其他在网图中没有标注的大、小头网周目数均需根据网图中的其他数据计算出来。

2. 缘网衣网长目数计算

在网图中没有标注缘网衣的网长目数，故计算缘网衣的网线用量前，需先计算出网长目数。缘网衣由网口三角网衣大头两端各 3 目起编，沿着左、右翼网衣的上、下配纲边缘编结出 3 目宽的缘网衣，这是有囊编结网网衣配纲边缘的一种补强方法。本网每片缘网衣拉直长度若与翼网衣长度减去网口三角网衣长度的差值等长，同时从例 5-1 的表 5-3 中得知翼网长度为 48.13 m，从网图中得知网口三角网衣长为 0.63 m，缘网目大为 0.07 m，则缘网衣网长目数应为

$$(48.13 - 0.63) \div 0.07 = 678.6 \text{ 目}$$

缘网衣网长可取为 678.6 目。

3. 网线用量计算

单线网衣的网线用量可根据式（2-2）计算，此式如下所示：

$$G = G_H(2a + C\phi) \cdot N \div 500 \times 1.05$$

关于总网目数（N）的估算如下：

正梯形的翼网衣、网口三角网衣和圆锥筒状的囊网衣，其总网目数均为"起目加终目除以 2 乘以网长目数"；圆柱筒状的囊网衣和长条状的缘网衣，其总网目数均为"网周目数或网宽目数（起目或终目）乘以网长目数"。

下面举例计算囊网衣一筒的网线用量。

从图 5-10（a）中得知囊网衣一筒的网线材料规格和目大网结为 PE 36 tex 2×2—36 SJ，从附录 F 中可查出 36 tex 2×2 的渔网线的直径（ϕ）为 0.60 mm 和综合线密度为 148 g/km，即其单位长度质量（G_H）为 0.148 g/m，目大（$2a$）为 36 mm，从附录 E 中得知死结（SJ）的网结耗线系数（C）为 16。一筒网衣大头的起目为 1400 目，网长为 37.5 目，分 4 道（$3r-1$）减目，即 1.5 目（$3r$）长减 1 目，则每道共减 25（37.5÷1.5）目，4 道共减 100（25×4）目，囊网衣一筒的小头（终目）为 1300（1400-100）目和囊网衣一筒的总网目数为(1400+1300)÷2×37.5。将上述有关数值代入式（2-2）中，可得出囊网衣一筒的网线用量为

$$G = 0.148 \times (36 + 16 \times 0.60) \times [(1400 + 1300) \div 2 \times 37.5] \div 500 \times 1.05$$
$$= 717 \text{ g}$$

4. 绳索用量计算

举例计算上纲的绳索用量：

图 5-10（a）的上网衣符号的上方标注着结缚网衣的上纲长度为 93.06 m，但从图 5-10（b）中间的绳索属具布置图中可看出，上纲是采用 2 条直径为 7 mm 的乙纶绳，上纲两端在翼端延长后又形成了左、右均净长为 1.20 m 的绳索，则本网包括了左、右上叉绳的每条上纲的净长应为

$$93.06 + 1.20 \times 2 = 95.46 \text{ m}$$

2 条上纲两端可制作眼环以便与曳绳相连接。若制作眼环的留头取为 0.50 m，则上纲全长为

$$95.46 + 0.50 \times 2 = 96.46 \text{ m}$$

本网上纲采用直径 7 mm 的乙纶绳，查附录 H 可知其质量为 24.9 g/m，每条上纲的用量为

$$24.9 \times 96.46 = 2401.9 \text{ g}$$

凡是计算绳索的质量，整数均取大不取小，小数后的值均作进一处理，即可取为 2402 g。

第六节　有翼单囊地拉网网衣编结与渔具装配

完整的地拉网网图，应标注有网衣编结和网具装配的主要数据，使我们可以根据网图进行网衣编结和网具装配。现根据图 5-10 叙述涠洲大网的网衣编结与网具装配。

一、网衣编结

编结网衣时，各段或各筒网衣的分界线上一般采用双线或其他颜色和稍粗的乙纶网线编结一行（半目）网衣，以示区别。

1. 囊网衣的编结

囊网衣是分成 4 段由网口向后网周逐渐减小的圆筒状网衣，其中前 3 段是纵向 4 道减目的圆锥筒状网衣，最后一段是圆柱筒状网衣。囊网衣一段又分成 4 筒网衣，二段分成 2 筒，三段分成 6 筒，四段只有 1 筒，即囊网衣由十三筒组成。从一筒向后编结，各筒目大逐筒减小，均采用 36 tex 2×2 的乙纶网线死结编结。

囊网衣一段由一筒至四筒共 4 筒网衣组成，目大分别为 36 mm、35 mm、34 mm 和 33 mm。一段大头从网口 1400 目起头编结，网口以横向间隔 350 目分成 4 道以（3r－1）减目，每筒编长 25 个编结周期，即每筒编长 37.5 目，编至五筒大头为 1000 目。

囊网衣二段由五筒和六筒共 2 筒网衣组成，目大分别为 32 mm 和 31 mm。五筒大头由 1000 目起头，分 4 道以（5r－1）减目，每筒编长 25 周期，即每筒编长 62.5 目，编至七筒大头为 800 目。

囊网衣三段由七筒至十二筒共 6 筒网衣组成。其中前 4 筒目大分别为 30 mm、29 mm、28 mm 和 27 mm。七筒大头由 800 目起头，分 4 道以（7r－1）减目，每筒编长 25 周期，即每筒编长 87.5 目。后 2 筒目大分别为 26 mm 和 25 mm，十一筒大头由十筒小头起编，即每筒编长 80.5 目，编至十二筒小头为 216 目。

囊网衣四段只有 1 筒，即为十三筒网衣，十三筒大头由十二筒小头 216 目起编，横向每间隔 16 目并缝 2 目，即十三筒大头为 204 目，目大 15 mm，编长 86 目。

2. 翼网衣的编结

翼网衣是左、右对称的 2 片网衣，每片是中间 1 道增目和两边缘减目的正梯形网衣。翼网衣是由网口向前编结，分成 6 段，各段目大逐段加大，均采用 36 tex 2×2 的乙纶网线死结编结。

在网口（即囊网衣一筒大头）上、下中间的减目道上各留出 1 目后，其余网口网目均作为左、右翼网衣的起编目数，则每片翼网衣的起编目数为

$$(1400 - 2) \div 2 = 699 \text{ 目}$$

或

$$349.5 \times 2 = 699 \text{ 目}$$

翼网衣一段目大 36 mm，由囊网衣大头的 699 目起编，中间 1—102（5r + 3）增目，两边 255（2r − 1）减目，则小头为 495 目（247.5 × 2）。

翼网衣二段目大 38 mm，由一段小头起编，中间 1—29（5r + 3）增目，两边 72.5（2r − 1）减目，则小头为 437 目（218.5 × 2）。

翼网衣三段目大 40 mm，由二段小头起编，中间 1—99（5r + 3）增目，两边 26（29r − 8.5）减目，则小头为 291 目（145.5 × 2）。

翼网衣四段目大 42 mm，由三段小头起编，中间 1—72（5r + 3）增目，两边 24（15r − 1.5）减目，则小头为 195 目（97.5 × 2）。

翼网衣五段目大 50 mm，由四段小头起编，中间 1—98（5r + 3）增目，两边 49（10r − 4）减目，则小头为 97 目（48.5 × 2）。

翼网衣六段目大 54 mm，由五段小头起编，中间 1—48（5r + 3）增目，两边 24（10r − 4）减目，则小头为 49 目（24.5 × 2）。

3. 网口三角网衣的编结

网口三角网衣是上、下对称的 2 片网衣，每片是中间 1 道增目和两边也增目的近似三角形网衣，目大 70 mm，用 36 tex 8×3 的乙纶网线死结编结。待囊网衣和左、右翼网衣均编结好后，网口三角的小头由网口上、下中间留出的 1 目起编，网衣中间 1—4（4r + 2）增目，两边沉着左、右翼网衣一段的边缘以 9（2r + 1）增目，编长 9 目，则大头为 27 目。

4. 缘网衣的编结

缘网衣是上、下、左、右对称的 4 片网衣，每片是一边增目和另一边减目的平行四边形网衣，目大 70 mm，用 36 tex 8×3 的乙纶网线死结编结。

待网口三角网衣编结好后，缘网衣的后头由网口三角网衣大头两旁的各 3 目起编，一边沿着翼网衣边缘（2r + 1）增目，另一边（2r − 1）减目，编结成宽 3 目的平行四边形缘网衣，约编长 678.5 目。

二、网具装配

1. 上纲（包括上叉绳）装配

装配时，先将穿好泡沫塑料浮子的浮子纲和穿过上网口三角网衣前缘网目、左右上缘网衣边缘网目的上缘纲的中点合并在一起用木桩固定住。然后将浮子纲、上缘纲的左、右前端分别并拢且拉紧后固定起来。从上口门中点至翼端各段网衣配纲要求为：上网口三角配纲长为 0.28 m，缩结系数为 0.20；翼网衣一段配纲长为 8.12 m，缩结系数为 0.95；二段配纲长 2.65 m，缩结系数为 0.96；三段配纲为 9.60 m，缩结系数为 0.97；四段配纲为 7.41 m，缩结系数为 0.98；五段配纲为 12.13 m，缩

结系数为 0.99；六段配纲为 6.48 m，缩结系数 1.00。根据上述网衣配纲要求用 10×3 线把上缘网衣边缘绕扎在上缘纲上，然后装配浮子。先在上口门两端各装 1 个木浮子，其他浮子自上口门两端至翼端的分布为：间隔 0.32 m 装 1 个浮子，先装 2 个木浮子，再装 1 个泡沫浮子；接着间隔 1.37 m 装 1 个浮子，先装 9 个泡沫浮子，再装 1 个木浮子；最后间隔 3.95 m 装 1 个木浮子，装 8 个。最后 1 个木浮子的中点离上缘纲前端的端距为 0.13 m。浮子可用结扎线结扎在浮子纲和上缘纲之间，木浮子的结扎类似如图 2-30（1）所示，泡沫浮子的结扎如图 2-30（4）所示。在浮子安装间隔为 1.37 m 处，除了浮子两端需结扎外，还需在 2 个浮子的结扎线之间再约按 0.28 m 的间隔将 2 条上纲并扎在一起，共扎 3 次。在浮子安装间隔为 3.95 m 处，还需在 2 个浮子之间再按约 0.28 m 的间隔将 2 条上纲并扎在一起，共扎 12 次。结缚网衣的上纲装配好后，上纲两端延伸出翼端 1.20 m 处折回制作眼环，形成了长 1.20 m（包括眼环长度）的上叉绳。在上叉绳上，也应按约 0.28 m 的间隔把 2 条上叉绳并扎在一起。上述结扎线均可采用 36 tex10×3 的乙纶网线。

2. 下纲（包括下叉绳）装配

装配时，先将沉子纲和穿过下网口三角网衣前缘网目、左右下缘网衣边缘网目的下缘纲的中点合并在一起用木桩固定住，然后将两条下纲的左、右两端分别并拢且拉紧后固定起来。从下口门中点至翼端各段网衣配纲要求为：下网口三角配纲为 0.28 m，缩结系数为 0.20；翼网衣一段配纲为 7.78 m，缩结系数为 0.91；二段配纲为 2.54 m，缩结系数为 0.92；三段配纲 9.21 m，缩结系数为 0.93；四段配纲为 7.11 m，缩结系数为 0.94；五段配纲为 11.64 m，缩结系数为 0.95；六段配纲为 6.22 m，缩结系数为 0.96。根据上述网衣配纲要求用结扎线把下缘网衣绕扎在下缘纲上。接着用结扎线将两条下纲以 0.25 m 间隔分档结扎在一起，然后装配沉子。沉子从下口门中点到翼端的配纲为：先在下口门中点夹 1 个沉子；再间隔 0.14 m 夹 1 个沉子；再按间隔 0.15 m 夹 1 个沉子的，共夹 4 个；再按间隔 0.41 m 夹 1 个沉子的，共夹 12 个；再按间隔 1.12 m 夹 1 个沉子的，共夹 28 个；最后按间隔 0.63 m 夹 1 个沉子的，共夹 12 个。最后 1 个沉子的中点离下缘纲前端的端距为 0.06 m。本网采用铅沉子，铅沉子可先做成 U 形，将 2 条下纲钳夹在一起，如图 2-31（1）所示。结缚网衣的下纲装配好后，下纲两端延长伸出翼端 1.20 m 处折回制作眼环，形成了净长为 1.20 m 的下叉绳。在下叉绳上，也应按约 0.25 m 的间隔把 2 条下叉绳并扎在一起。上述结扎线也均可采用 36 tex10×3 的乙纶网线。

3. 撑杆装配

撑杆支撑在上、下叉绳后端，即在翼端前缘，用于支撑翼端高度。另外需用 1 条较粗的乙纶网线穿过翼端前缘网目后，其两端稍微拉紧结扎在撑杆上、下端的上、下纲上。

4. 曳绳装配

曳绳后端应制作眼环。曳绳后端的眼环和上、下纲前端的眼环各用 1 个卸扣与同 1 个眼环相连接，曳绳的卸扣应连接在转环的小环中，上、下纲前端的卸扣应同时连接在转环的大环中。此外，网囊衣底部需用囊底扎绳来封启囊底取鱼口。由于网图中没有这条绳索的标注，故在此不做详述。

第七节　有翼单囊地拉网捕捞操作技术

本节只介绍广西壮族自治区北海市涠洲镇的涠洲大网捕捞操作技术。涠洲大网主要分布于南海区北部湾东北部的涠洲岛上，是一种兼作或轮作的渔具。

1. 渔场、渔期、捕捞对象和渔船

涠洲大网是在海底平坦的沙滩岸边海域作业，渔期为 3～11 月，捕捞青鳞鱼、斑鲦、小公鱼等小型鱼虾类。

作业时用一只长约 5 m、载重约 2 t 的摇橹小艇放网，通常有 20～30 人参加作业。

2. 捕捞操作技术

作业渔场宜选择在海底平坦、无礁石、较宽阔的浅海海域。在渔汛季节里，天气好，潮水退了以后就可以进行。放网前，把网具按顺序叠放于小艇上，先将前网头曳绳端由 3～4 人在岸上扯拉或固定于岸上，然后摇小艇沿岸边作弧形布网，网的顺序是依次放出前网翼、网囊、后网翼、后曳绳，最后将后曳绳端送上岸。艇上留 1 人观察渔情，防止网内鱼群外逃。放网完毕后，由 20～30 人分两组在岸上收拉曳绳。网具两端应同步收拉，当各拉上 1/3 后，应适当放慢拉网速度，以免下纲离底逃鱼，直到把渔获物拉上沙滩后，即可收取渔获物。每网次需用一个多小时，一天可作业 4～5 次。

第六章 张网类

第一节 张网渔业概况

张网类渔具是我国分布最广、型式最多、数量较多的传统定置渔具,是我国海洋渔业的主要五类渔具之一。张网类渔具是张设于潮流较急的近岸鱼、虾类洄游通道或产卵场区,靠潮流迫使捕捞对象入网的渔具。

我国海岸曲折,河口港湾众多,潮高流急,小型鱼虾类资源丰富,沿海的地貌类型和底质条件又适于张网类打桩、竖桁和锚碇定置作业,形成了张网类存在和发展的基础。我国大陆的海岸地貌主要由如下三大类型组成:

(1)淤泥质平原海岸和河口三角洲海岸:主要有渤海西部、南部和北部的辽河口,黄海南部的江苏和上海沿岸。

(2)基岩港湾淤泥质海岸:东海区的浙江、福建沿岸。

(3)基岩港湾沙砾海岸:黄海中、北部的山东半岛沿岸和南海北部的广东、广西和海南沿岸。

前两种海岸带的浅水区,虾、蟹类和小型鱼类资源较多,底质条件又适于张网类打桩、竖桁和锚碇定置作业,为张网渔业的发展提供了条件,因而形成了张网渔业集中海区。如2009年,江苏、河北、福建、浙江和上海的张网渔业产量在该省份海洋捕捞产量中均占首位或第2位。南海区适合张网作业条件的海域较少,限制了张网渔业的发展。如2009年,海南、广东和广西的张网渔业产量在该省份5种主要渔具中的排列名次均占末位。

20世纪50年代,由于张网类渔具作业渔场近岸,生产规模小,作业成本低廉,使用小船就可以在沿岸和近海从事生产,操作比较简单且产量较稳定,便于经营,因而首先得到发展。在为恢复海洋渔业生产,提供鱼货供应市场,巩固、发展渔村经济和为渔船动力化积累资金等方面,张网渔业曾做出过重要贡献。

20世纪60年代后期,乙纶等合成纤维代替了苎麻等天然纤维在渔业中的使用,使张网渔具的强度、滤水性、耐腐蚀性得到很大提高,网具规模逐步扩大。同时,渔船向机器动力化发展,船舶吨位逐渐增大,捕捞操作机械化水平和在渔场的持续作业能力均逐步提高。在这种情况下,张网作业渔场从沿岸和岛边区域向外发展,扩大了渔场范围和捕捞对象范围,除了小型鱼类和虾、蟹类外,还能捕捞大型经济鱼类。

20世纪70年代后期以后,随着传统经济鱼类资源的衰退,非定置作业大型渔船的捕捞效益下降并面临困难局面时,低营养层次的小型鱼虾类资源有增长趋势,这促进了张网渔业的进一步发展,特别是一些大型流动式张网作业,如辽宁和山东的鲅鳙网、江苏的帆张网等扩大了作业规模和渔场。80年代中期养殖业和畜牧业的迅速发展,需要小型鱼虾作为饲料的蛋白质来源,又一次刺激了各地的张网渔业的发展,并使一些地区出现了张网渔业管理失控的局面。

根据《中国调查》和《中国渔业年鉴2004》的资料统计,1985年我国海洋张网捕捞产量为91.4万t,

占全国捕捞产量的 23.6%，仅次于拖网而占各类渔具的第 2 位；2003 年我国海洋张网捕捞产量为 211.0 万 t，占全国海洋捕捞产量的 14.9%，次于拖网、刺网而占各类渔具的第 3 位。

在 1985～2003 年的 19 年期间，我国海洋张网捕捞产量由 91.4 万 t 提高至 211.0 万 t，其增幅约为 131%，比同期我国海洋捕捞产量的增幅（266%）小得多，故说明这期间我国海洋张网的生产发展是较慢的。

张网是我国 5 种主要渔具之一，我国张网产量在各类渔具中排第三位。现在将我国张网渔业的特点分述如下。

（1）张网渔具历史悠久，是人类向海洋猎取鱼虾类最早的作业形式之一。张网是一种典型的、被动的、过滤性的定置渔具，依靠水流的力量迫使捕捞对象进入网内，因此必须敷设在具有一定水流速度的水域中。为了便于敷设网具而打桩、竖樯或抛锚，一般要求水域底质以泥或泥沙底等较软的地质为好。这种对流速和底质的要求使得张网渔具的作业渔场比较固定，渔期较长，可与其他渔具兼作或轮作。

（2）张网结构相对简单，渔具经敷设好后，耗用的劳动力较少；作业渔场离岸较近，对渔船性能要求不高；张网作业除了打桩竖樯技术性要求较高之外，所需的生产技术简单，故具有生产规模较小，操作方便，成本较低，易于经营管理等优点；张网渔具主要捕捞随流而来的小型鱼虾类，在渔场条件好的海域，还具有能源消耗低、产量稳定、经济效益好等特点，是沿岸渔场的传统作业方式。

（3）某些渔业资源，如毛虾、丁香鱼等小型鱼虾，用张网捕捞比用其他渔具更为有利，效益较高。但张网主要是捕捞沿岸近海鱼虾的产卵群体，且其网目较小，经常捕捞到经济鱼虾类的幼体，对渔业资源的损害较严重。因此，张网渔具除了应严格遵守禁渔期、禁渔区的规定外，今后还应根据鱼虾习性改革网具，并控制网具数量，实现既发挥张网渔具的作用，又能合理利用渔业资源的目的。

目前，张网渔具广泛分布在我国沿岸海域，一些大型张网渔具如帆张网等还扩展到近海作业。张网渔业普遍存在的问题是其主要渔获物是经济鱼虾类的幼体，对渔业资源繁殖保护不利。此外，张网的网目尺寸逐步减小，特别是网囊部分，这将进一步增大对鱼虾类幼体的杀伤力。

从张网作业的节约能源、经济效益高，以及近岸作业渔获物新鲜度高等优点来看，根据当前我国的国情，张网渔业在很长时间内还会保留和发展。但对当前张网作业普遍存在严重破坏渔业资源的情况，应进行严格的管理和技术改造。在管理上，应控制张网作业的规模和数量，并对张网的网具尺度和网目尺寸等关键性的渔具参数进行限制，并严格执行有关张网作业的禁渔期、禁渔区的规定。在技术改进上，主要是改进渔具的捕捞选择性，减少对鱼虾类幼体的捕捞强度，增加释放海洋哺乳动物的功能等。

第二节　张网捕捞原理和型、式划分

张网是定置在水域中，利用水流迫使捕捞对象进入网囊的网具。它的作业原理是把张网网具敷设于近岸鱼虾类等捕捞对象洄游通道上或产卵场区等捕捞对象较密集海域内，依靠潮流作用，迫使捕捞对象入网而达到捕捞目的。

张网按网衣结构特征可分为单囊张网、单片张网和有翼单囊张网三种，其中单囊张网又可根据其网口扩张的结构特征分为张纲、框架、桁杆和竖杆四个型。张网按结构特征可分为张纲、框架、桁杆、竖杆、单片、有翼单囊六个型。按作业方式可分单桩、双桩、多桩、单锚、双锚、船张、樯张、并列八个式。

张网网具规模大小的表示方法如下：单囊张网可用"结缚网衣的网口纲长"（以后简称"网口纲

长")来表示,单片张网可用每片网"结缚网衣的上纲长度"(以后简称"上纲长度")来表示,有翼单囊张网可用"网口网衣拉直周长"(以后简称"网口周长")来表示。此数字较大的,说明其网具规模较大;反之,说明其网具规模较小。

一、张网的型

1. 张纲型

张纲型的张网由扩张网口的纲索和网身、网囊构成,称为张纲张网。

张纲张网的特点是不用框架、桁杆、桁架、竖杆等杆状物撑开其网口,网口不受杆状物长度的限制,因而网具规模在张网渔具中是最大的,以捕捞经济鱼类为主。如江苏启东的帆张网(《中国图集》126 号网),是源自韩国的一种张网,利用装在网口两侧的帆布在水流作用下产生的水动力维持网口的水平扩张,利用上、下纲及其所附的浮子、大型浮团和铁链的浮沉力维持网口的垂直扩张,用单个铁锚固定在海中,如图 6-1 所示。其网口纲长为 180.00 m,是我国单囊张网中网具规模最大的网具,产量较高,主捕白鲳,兼捕海鳗、马鲛、鳓、虾、蟹等。又如浙江定海的大捕网(《中国图集》127 号网),利用结缚在上、下口纲上及其附近的上、下绳上的浮子、大型钢桶、竹浮子、铁链、沉石来维持网口的垂直扩张,如图 6-2 所示。其网口纲长为 116.32 m,捕捞对象为白鲳、乌贼、海鳗、带鱼、龙头鱼、梅童鱼、黄鲫、鳀等。

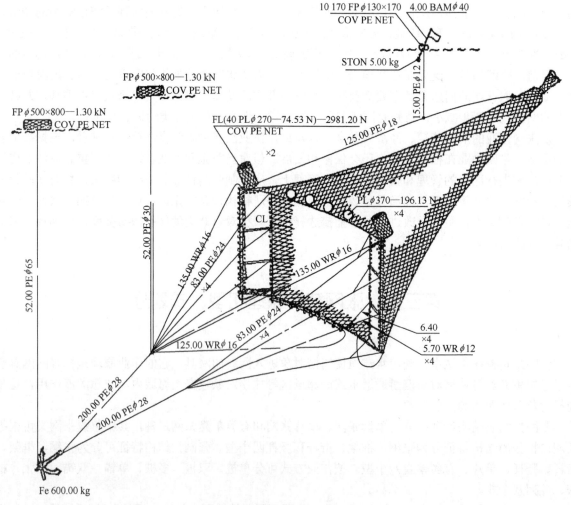

图 6-1 单锚张纲张网(帆张网)

2. 框架型

框架型的张网由框架和网身、网囊构成，称为框架张网。

框架张网是利用框架来维持网口的扩张。框架一般是用 4 支竹竿或木杆扎成，其网口受到杆状物长度的限制，使其网具规模较小。如河北乐亭的架子网（《中国调查》304 页），利用 4 支竹竿扎成的四方形框架撑开其网口，如图 6-3 所示。其网口纲长为 17.32 m，网具规模较小，主捕毛虾及小型鱼、虾类。

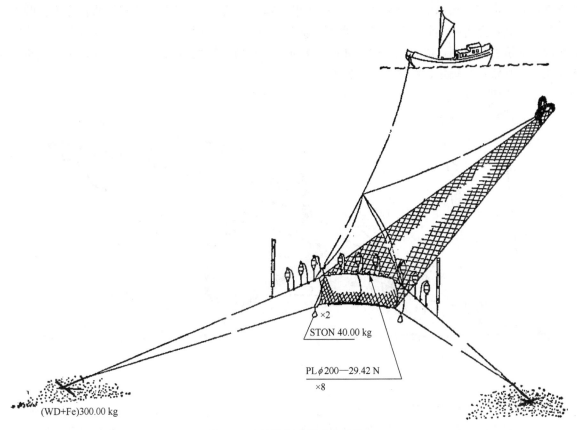

图 6-2 双锚张纲张网（大捕网）

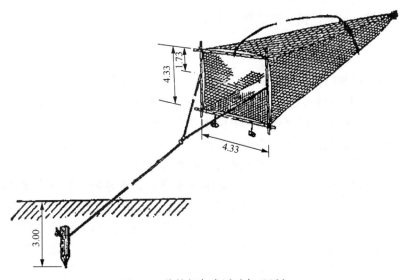

图 6-3 单桩框架张网（架子网）

3. 桁杆型

桁杆型的张网由桁杆或桁架、网身和网囊构成，称为桁杆张网。

桁杆张网又可分为使用桁杆和使用桁架两种。在桁杆张网中，使用桁杆的张网，其网具规模相对较大；使用桁架的张网，其网具规模相对较小。

使用桁杆的张网利用桁杆维持网口的水平扩张，利用结缚在上、下桁杆上的浮、沉力维持网口的垂直扩张。如江苏启东的单锚张网（《中国图集》143 号网），利用上、下桁杆的长度维持网口的水平扩张，利用上桁杆的竹竿束和 2 个桶形泡沫塑料浮子的浮力和下桁杆的一支铁管及其上扎的铁棍或硬木的沉力维持网口的垂直扩张，如图 6-4 所示。其网口纲长为 81.92 m，较大，主捕鲳鱼，兼捕大黄鱼、马鲛鱼、鳓鱼、海鳗和虾、蟹等。

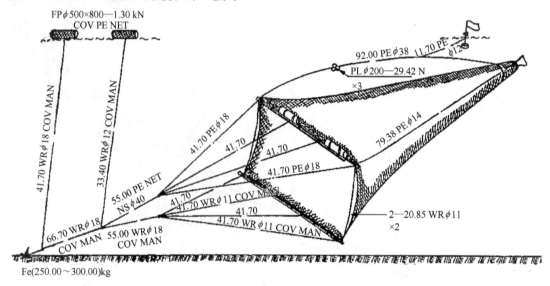

图 6-4　单锚桁杆张网（单锚张网）

使用桁架的张网只需单独利用桁架就可维持期网口的水平和垂直两个方向的扩张。如图 6-5 所示，这是江苏赣榆的小网（《中国图集》141 号网），其桁架用 3 支竹竿扎成，则网口受到竹竿长度的限制，使其网具规模较小，网口纲长为 19.60 m，主捕毛虾，兼捕小型鱼类。此外，在桁架上方用浮筒绳连接着两个浮筒，可通过调节浮筒绳的连接长度来控制网口的作业水层。

4. 竖杆型

竖杆型的张网由竖杆和网身、网囊构成，称为竖杆张网。竖杆张网是利用左右两侧的两支竖杆维持网口的垂直扩张，利用双桩、多桩、双锚、船张、樯张并列的作业方式固定网具并维持网具网口的水平扩张。故竖杆张网是不同型的张网中作业方式最多的一个型。

竖杆张网中的竖杆，按照其长短和作用的不同可分为两种。一种是其长度比网口侧边高度稍长些的短竖杆，另一种是其长度比网口侧边高度长得多的长竖杆。

短竖杆的作用只是维持网口的垂直扩张，如图 6-6 所示。这是浙江鄞县（现宁波市鄞州区）的反纲张网（《中国图集》149 号网），除了利用竖杆维持网口的垂直扩张外，尚需利用双桩固定网具并维持网口的水平扩张。短竖杆一般是由 1 支竹竿或木杆构成，网口受杆长限制，其网具规模相对较小。在图 6-6 中，反纲张网结缚网衣的网口纲长 25.60 m，主捕龙头鱼及小型虾类，兼捕鲳鱼、黄鲫、梅童鱼。此外，这种竖杆张网在左、右叉绳上常配置有坛子、浮子、浮团、浮竹等浮扬装置，以保持网口处于一定的水层。

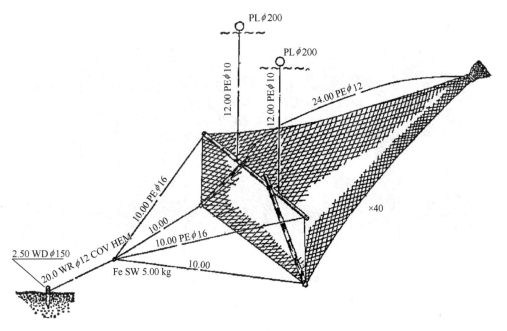

图 6-5　单桩桁杆张网（小网）

长竖杆的中下部或中上部结缚着网口侧边部位起着维持网口垂直扩张的作用外，其下部插入海底又起着樯张固定网具并维持网口的水平扩张的作用，这种长竖杆又称为"樯杆"，如图 6-7 或图 6-23 所示。这是山东海阳的闯网（《中国图集》156 号网），由于樯杆也是用 1 支竹竿或木杆构成，而且其下部还要插入海底，故长竖杆张网的结缚网衣之网口纲长一般会比短竖杆张网的稍小些。在图 6-7 中，闯网的网口纲长为 21.68 m，主捕小虾、乌贼、对虾，兼捕舌鳎、黄姑鱼、梭子蟹及各种杂鱼。

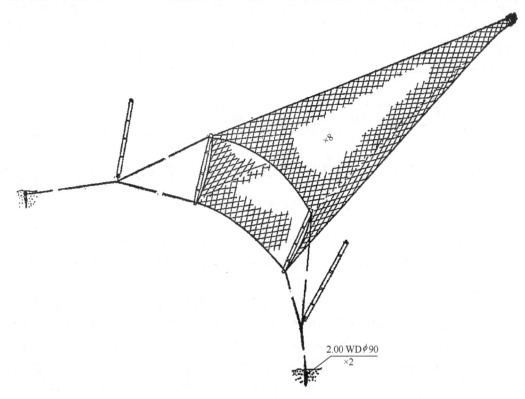

图 6-6　双桩竖杆张网（反纲张网）

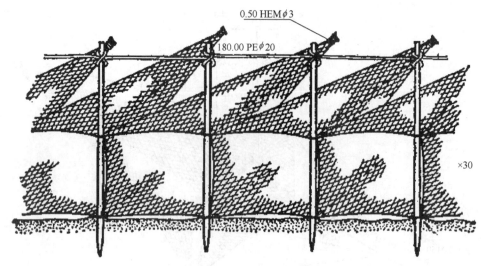

图 6-7 樯张竖杆张网（闯网）

5. 单片型

单片的张网由单片网衣和上、下纲构成，称为单片张网。

单片张网可按其结构不同分为两种。一种的结构与定置单片刺网相似，另一种的结构与定置单片刺网不完全相似。

结构与定置单片刺网完全相似的单片张网，均利用上、下纲的浮、沉力来维持网片的垂直扩张，利用每片网两端的根绳来维持网片的水平扩张。但其捕捞原理不同，定置单片刺网的捕捞对象是刺挂于网目内或缠络于网衣中而被捕获，单片张网的捕捞对象是被水流迫使进入网兜中而被捕获。如图 6-8 所示，这是辽宁营口的海蜇网（《中国图集》161 号网），利用浮力维持上下纲的垂直张开，利用双锚维护渔具的水平张开。其网具规模相对较大，上纲长度为 50.00 m。作业时将 6~12 片网具首尾连接形成网列，相邻网片之间及网列首尾均用双齿铁锚固定。在海流作用下，单片网衣形成兜状专门截捕随流漂游的海蜇。

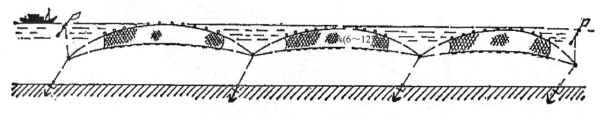

图 6-8 双锚单片张网（海蜇网）

结构与定置单片刺网不完全相似的单片张网如图 6-9 所示，这是天津塘沽的梭鱼棍网（《中国图集》162 号网）。它与定置单片刺网相同的是装配有上、下纲，不同的是定置单片刺网是利用上、下纲上的浮、沉子的浮、沉力维持上、下纲的垂直扩张，而梭鱼棍网没有装置浮、沉子，而是利用装置在上、下纲之间的若干支小撑杆（细竹竿）和网具两端的装置在上、下叉绳之间的竹片环来撑开上下纲而维持其垂直扩张，并利用网具两端的樯杆维持网具的水平扩张。梭鱼棍网的网具规模相对较小，上纲长度为 29.25 m。在海流冲击下，其网衣形成兜状，主要兜捕随流漂游的梭鱼。此外，梭鱼棍网与地拉网类的梭鱼拉网（图 5-5）的网具结构相似，但它们的捕捞原理不同。梭鱼拉网是由两人在浅水滩上放网，并步行拉曳 1 片网具作业的渔具，属于运动性渔具。而梭鱼棍网是利用樯杆定置在沿岸水域中，利用水流迫使梭鱼进入网兜的渔具，属于定置性渔具。

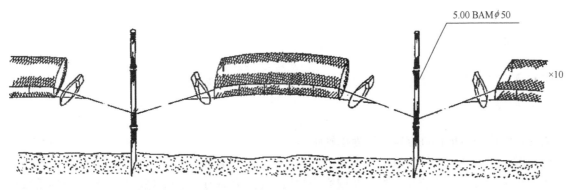

图 6-9 槛张单片张网（梭鱼棍网）

6. 有翼单囊型

有翼单囊型的张网由网翼、网身和一个网囊构成，称为有翼单囊张网。

我国较具有代表性的有翼单囊张网如图 6-10 所示，这是福建霞浦的大扳缯（《中国图集》163 号网），其网口周长是 91.80 m，利用结缚在上、下纲上的竹浮筒和沉石维持网口的垂直扩张，利用双桩固定网具并维持网口的水平扩张。其捕捞对象为七星鱼、日本鳀、带鱼、乌贼等。

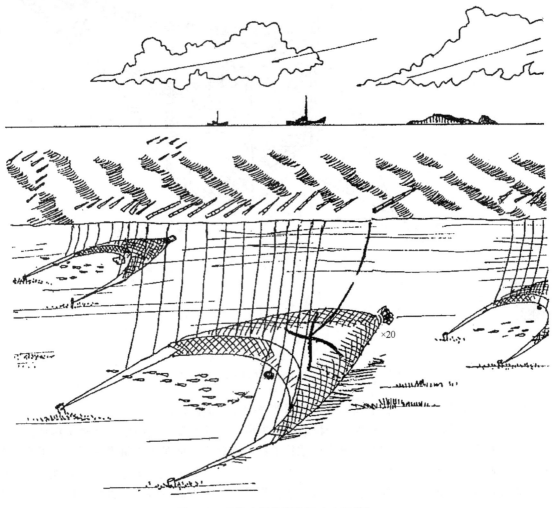

图 6-10 双桩有翼单囊张网（大扳缯）

二、张网的式

张网属于定置渔具,张网的式实际是按张网的定置方式来划分。

1. 单桩式

单桩式的张网用单根桩定置,称为单桩张网。

桩一般采用竹桩、木桩或竹木结构桩,适宜在泥质或泥沙质(泥多沙少)海底使用,但在江苏如东、启东和上海崇明的长江口附近海域均为沙质海底,桩难于打进海底和桩也难于在沙质海底中稳定牢固,故一般采用由茅草或马粒草等捆扎成草把桩(或称为柴把桩)埋入沙质海底深处,即可代替竹桩或木桩来固定网口,如 6-11 中的 6 所示。这是江苏启东的洋方(《中国图集》129 号网),其网口纲长为 19.50 m,较小,捕捞对象以虾类、梅童鱼、黄鲫、鳐、梭子蟹等小型鱼虾类为主,兼捕白鲳、鲻等经济鱼类。

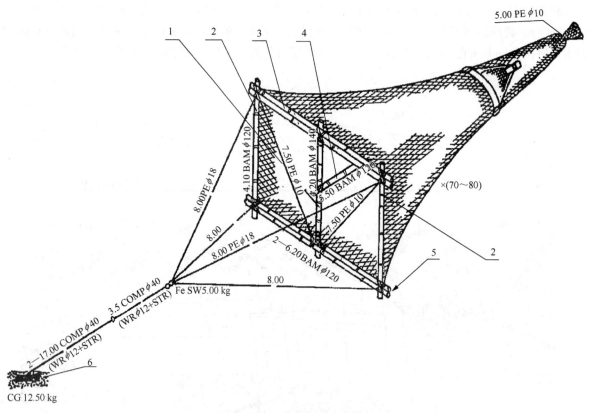

图 6-11 单桩框架张网(洋方)
1. 中竖杆;2. 侧口杆;3. 上口杆;4. 中挑杆;5. 下口杆;6. 草把桩

采用单桩定置的张网有两种型式,即单桩框架张网和单桩桁杆张网。

单桩框架张网的定置方式有两种,一种如图 6-3 所示,其框架两侧连接有 2 条绳组成的一对叉绳,作业前先将一条连接有桩绳的一支木桩或竹桩打入海底,作业时再将桩绳的后端与叉绳的前端之间用转环或转轴相连接起来即成;另一种如图 6-11 所示,其框架四角连接有由 4 条绳组成的两对叉绳,又称为网口叉绳,作业前先将连接有一条桩绳的一支木桩、竹桩或一捆草把桩打入或埋入海底,作业时再将桩绳的后端与网口叉绳前端之间用转环相连接起来。

单桩桁杆张网的网口扩张方式有三种,第一种是采用两支水平桁杆的单桩桁杆张网,类似

图 6-12 所示，这是山东乳山的三竿挂子网（《山东图集》90 页），其网口纲长 20.00 m，捕捞鼓虾类和其他小型鱼虾。采用两支水平桁杆的张网，结缚在其上、下口纲的上、下桁杆上分别连接有 2 对、3 对或 4 对叉绳组成的网口叉绳。图 6-12 的网口叉绳是由 2 叉绳组成的。采用两支水平桁杆的单桩桁杆张网的定置方式是：作业前先将连接有一条桩绳的一支桩打入海底，作业时再将桩绳的后端与网口叉绳的前端用转环连接起来。第二种是只采用一支上桁杆的单桩桁杆张网，如图 6-13 所示，这是河北黄骅的单杆桩张网（《河北图集》22 号网），其网口纲长 23.32 m，捕捞毛虾、杂鱼。在网口四角连接有由两对叉绳组成的网口叉绳，其定置方式是：作业前先将连接有一条桩绳的一支木桩打入海底，作业时再将桩绳的后端与网口叉绳前端用转环连接起来。第三种是采用桁架的单桩桁杆张网，如图 6-5 所示，其网口四角连接有由两对叉绳组成的网口叉绳，其定置方式是：作业前先将连接有一条桩绳的一支木桩打入海底，作业时再将桩绳的后端与网口叉绳的前端用转环连接起来。

上述单桩张网均适宜在回转流海域作业，也均适宜在往复流海域作业。

2. 双桩式

双桩式的张网用两根桩定置，称为双桩张网。

采用双桩定置的张网有三种型式，即为双桩张纲张网、双桩竖杆张网和双桩有翼单囊张网。双桩张纲张网类似于图 6-2 所示，只需把锚和锚绳改为桩和桩绳。其定置方式是：作业前先分别将两支各连接有两条桩绳的竹桩或木桩打入海底，作业时再将左、右各两条桩绳的后端分别与网口纲的四角连接。双桩竖杆张网如图 6-6 所示，其定置方式是：作业前先分别将两根各连有一根桩绳和一对叉绳的木桩打入海底，作业时再将左、右的一对叉绳的后端分别套结于竖杆上、下两端。双桩有翼单囊张网如图 6-10 所示，其定置方式是：作业前先将两根各连接有两条桩绳的桩打入海底，作业时再将左、右的各两条桩绳的后端分别与左、右网翼的上、下纲的前端相连接。

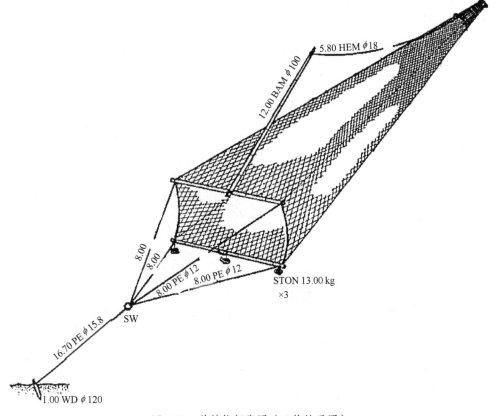

图 6-12　单桩桁杆张网（三竿挂子网）

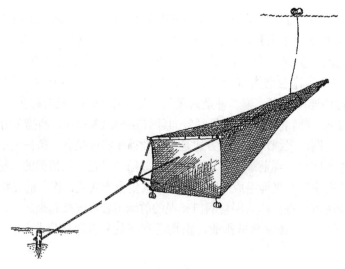

图 6-13 单桩桁杆张网（单杆桩张网）

上述双桩张网均只适宜在往复流海域作业。

3. 多桩式

多桩式的张网用超过两根桩定置，称为多桩张网。

在我国采用多桩定置的张网只有一种型式，即多桩竖杆张网，如图 6-14 所示。这是浙江瓯海的柱艚网（《浙江图集》125 页），是一种四桩竖杆张网，其网口纲长 41.20 m，捕捞梅童鱼、龙头鱼、凤鲚等小型鱼类。柱艚网的定置方式是：作业前先分别将左、右两处的各两根连接有各一条桩绳的竹桩打入海底，作业时再将左、右的各两条桩绳的后端分别与左、右竖杆的上、下端相连接。这种定置方式只适宜在往复流海域作业。

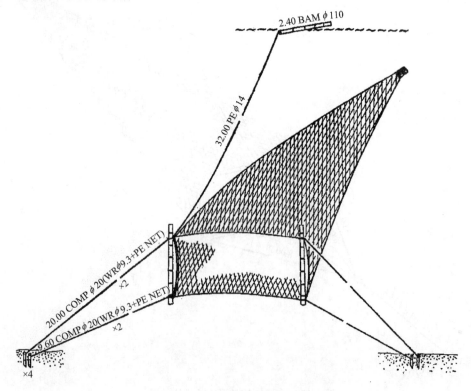

图 6-14 多桩竖杆张网（柱艚网）

4. 单锚式

单锚式的张网用单个锚定置,称为单锚张网。

采用单锚定置的张网有三种型式,即单锚张纲张网、单锚框架张网和单锚桁杆张网。单锚张纲张网的定置方式如图 6-1 所示,其定置构件铁锚连接有两条锚绳,放网前先将两条锚绳连接在网口左、右两侧有四条绳组成的叉绳前端相连接,放网时再将锚、锚绳、叉绳、网具按顺序投入海中。单锚框架张网如图 6-15 所示,这是福建福州的虾荡网(《福建图册》105 号网),其网口周长 17.80 m,捕捞毛虾、梅童鱼、小型鱼和其他幼鱼。虾荡网的定置构件木锚连接有一条锚绳,其定置方式是:放网前先将锚绳后端与连接在框架四角的网口叉绳的前端相连接,放网时再将木锚、锚绳、叉绳、网具按顺序投入海中。

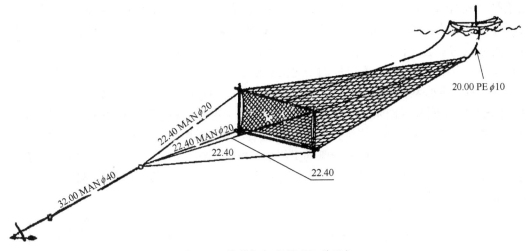

图 6-15 单锚框架张网(虾荡网)

单锚桁杆张网的定置方式有两种,第一种是采用两支水平桁杆的单锚桁杆张网,如图 6-4 所示,结缚其矩形网口上、下口纲处的上、下桁杆上分别连接有由两对叉绳组成的上、下叉绳,而上、下叉绳的前端又分别与一对前叉绳的后端相连接。单锚张网(图 6-4)的定置构件铁锚连接有一条锚绳,其定置方式是:放网前先将锚绳后端与前叉绳前端相连接,放网时再将锚、锚绳、前叉绳、上叉绳和下叉绳、网具按顺序投入海中。第二种只采用一支桁杆的单锚桁杆张网,类似图 6-13 所示,只是用木锚和锚绳代替木桩和桩绳。放网前先将锚绳后端与网口叉绳前端用转环相连接,放网时再将木锚、锚绳、网口叉绳、网具按顺序投入海中。

上述单锚张网均适宜在回转流海域作业,也均适宜在往复流海域作业。

单锚张网与单桩张网相比较有如下优点。

①单桩张网需在渔汛开始前选择好渔场,再用打桩机将桩打入海底,故在整个渔汛期间其作业渔场固定。单锚张网的锚只在选择好渔场并找到适合的作业地点后而开始放网时,才把锚抛入海中沉至海底定置网具。起网后需转移渔场或作业地点时,将锚拔起比将桩拔起容易得多。即单锚张网较易转移渔场或作业地点,其生产比较机动灵活,可提高产量。

②打桩需在两船之间搭架一个打桩机进行作业,一般只能在较浅的海域打桩,而单锚张网则可到较深海域抛锚作业,故其作业范围相对较广。

5. 双锚式

双锚式的张网用两个锚定置,称为双锚张网。

广东徐闻的网门（《广东图集》77 号网）是用两筐石头块代替双锚定置的竖杆张网，海南海口的桴网（《广东图集》78 号网）是用两串水泥块代替双锚定置的竖杆张网。由于南海区的沿海海岸是属于基岩港湾砂砾质海岸，其张网作业海域是属于沙质或属于沙泥质（沙多泥少），锚在这种海底上的爬驻力较小，而用石筐或水泥块代替锚后，由于石筐或水泥块与海底的摩擦力比锚与海底的摩擦力较大些，其爬驻力也较大些。本书是把这种用两个石筐或两串水泥块代替双锚的定置方式纳入双锚式来进行渔具分类。

在我国，采用双锚定置的型式最多，有四种，即双锚双纲张网、双锚竖杆张网、双锚单片张网和双锚有翼单囊张网。双锚张纲张网如图 6-2 所示，其定置方式是：先分别将两个各连接有两条锚绳的木锚抛入海底固定，再将左、右两条锚绳的后端分别与网口纲的四角相连接，待潮流转急后才把网具抛入海中。

双锚竖杆张网的定置方式有两种，一种是一处定置一个网散布作业的定置方式，另一种是若干个网并联作业的定置方式。散布作业的双锚竖杆张网类似图 6-6 所示，只是用锚和锚绳代替桩和桩绳。其定置方式与双桩竖杆张网的相似，先将各连接有一条锚绳的两个锚先后抛入海底固定后，再将左、右锚绳的后端分别与左、右竖杆的一对叉绳的前端相连接，待潮流转急后才把网具抛入海中。并联作业的双锚竖杆张网如图 6-16 所示，这是天津塘沽的锚张网（《中国图集》152 号网），其网口纲长 25.08 m，15 个网并联作业，捕捞梅童鱼、小银鱼、黄鲫。锚张网应横流放网，其定置方式是：先将连接有浮标绳和锚绳的第一个锚抛入海底固定后，再继续抛出浮标绳和浮标，同时连续抛出锚、网口一侧的叉绳、第 1 个网和网口另一侧的叉绳后，拉住叉绳前端，待叉绳拉紧后再抛出第 2 个锚。按前述方法顺序放出第 2 个网，直至放 15 个网和抛出第 16 个锚及其连接着的带网绳，最后将带网绳后端连接在渔船船头。

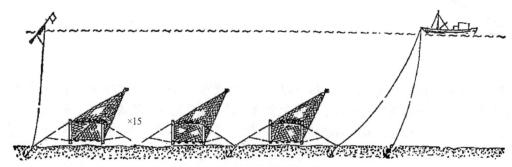

图 6-16　双锚竖杆张网（锚张网）

双锚单片张网如图 6-8 所示，是将若干片网串联成一个网列进行作业，也应横流放网。其定置方式与并联作业的双锚竖杆张网的相似，先将第 1 个锚抛入海底固定后，再继续抛出锚绳至叉绳前端后应拉住开车，待锚绳拉紧后抛出浮标绳和浮标，并抛出叉绳、网衣，放完第一片网后应拉住两片网之间的叉绳连接点开车，待叉绳拉紧后抛出第二个锚。按前述方法顺序抛出第二片网，直至抛出最后一片网、最后一个锚和一支浮标。

双锚有翼单囊张网类似图 6-10 所示，只是用锚和锚绳代替桩和桩绳。其定置方式与双桩有翼单囊张网的相似，先分别将两个各连接有两条锚绳的锚抛入海底固定后，再将左、右各两条锚绳的后端分别与左、右网翼的上、下纲的前端相连接，待潮流转急后才把网具抛入海中。

上述双锚张网均适宜在往复流海域作业。

双锚张网与双桩张网相比较，其优点与单囊张网较单桩张网的优点一样，不再赘述。

6. 船张式

船张式的张网用锚泊渔船定置，称为船张张网。

采用船定置的张网有两种型式,即为船张桁杆张网和船张竖杆张网。船张桁杆张网如图 6-17 所示,这是山东海阳的接网(《中国图集》146 号网),其网口周长 9.98 m,捕捞蠓子虾、毛虾、小银鱼等。接网是一种单船双网作业的船张张网,即在一艘抛锚定置的渔船两舷外各挂一网作业。接网的桁架由两支较长的撑杆和一支较短的横档杆构成,定置网具的竹横杆横装在船头两舷的系缆柱前,其桁架的定置方式是:两支竹竿的下端各用一条拉网绳分别连接到船舷外竹横杆部位的内、外端;两支撑杆上方的连接点用后带网绳连接到船后两舷的系缆柱上。

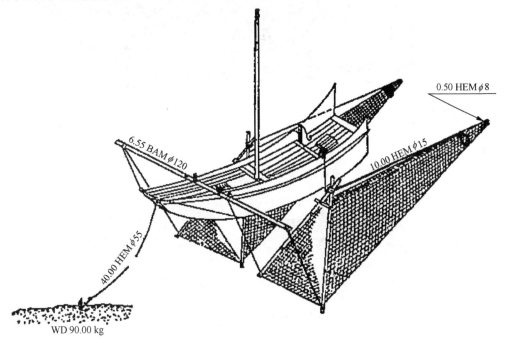

图 6-17　船张桁杆张网(接网)

船张竖杆张网有两种作业方式,一种是单船双网作业,另一种是双船单网作业。单船双网作业的船张竖杆张网如图 6-18 所示,这是江苏射阳的俞翅网(《中国图集》154 号网),其网口纲长 23.00 m,捕捞白虾、毛虾、鲚、梅童鱼等。俞翅网网口纲的两侧分别结扎在内、外竖杆上,其竖杆的定置方式是:内竖杆上部套在舷侧装好的绳环内,与船舷连接并能上、下滑动;外竖杆由连接其上端的桅上挑绳和连接其中部的撑杆来控制其适当位置。双船单网作业的船张竖杆张网如图 6-19 所示,这是福建龙海的虎网(《中国图集》153 号网)其网口纲长 51.60 m,捕捞小公鱼、青鳞鱼、鳀鱼、银鱼、龙头鱼、毛虾及其他虾类等。虎网利用竖杆维持其网口垂直扩张,而连接在竖杆上端的上拉绳和连接在竖杆下端附近的叉绳上的下拉绳,此两条拉绳的上端均连接在两船之间内侧的船头系缆柱上。根据捕捞对象的栖息水层不同,可通过收短或放长上、下拉绳来调整网具的作业水层。当捕捞表层鱼虾时,可将上拉绳全部收上并把竖杆上端固定在船头系缆柱上,如图 6-19(1)所示,这时两船间距即为网口的水平扩张,此时虎网应属于船张竖杆张网。当捕捞中下层鱼虾时,可将上、下拉绳放长至中下水层,如图 6-19(2)所示,这时虎网实际上是利用双锚来维持其网口的水平扩张,故实际上属于双锚竖杆张网。

凡是属于单船双网作业的船张张网,均适宜在回转流海域作业,也均适宜在往复流海域作业。凡是属于双船单网作业的船张张网,只适宜在往复流海域作业。

7. 樯张式

樯张式的张网用樯杆定置,称为樯张张网。

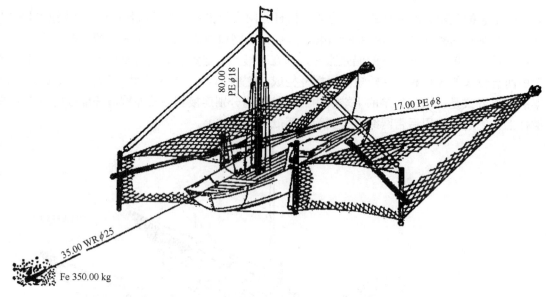

图 6-18 船张竖杆张网（俞翅网）

图 6-19 船张竖杆张网（虎网）

樯张张网是一种比较原始的定置网具。在竖杆张网中，当竖杆较长而其下部插进海底并起固定网具作用时，则这种长竖杆一般称为樯杆。樯杆除了起固定网具的作用外，其中部或上部结缚网口两侧部位还起着维持网口垂直扩张的作用。

采用樯杆定置的张网有两种型式，即樯张竖杆张网和樯张单片张网。樯张竖杆张网根据其定置构件不同又可分为四种定置方式。第一种是只采用樯杆插入海底定置的樯张竖杆张网，如图 6-20 所示，这是浙江苍南的河鳗苗张网（《中国图集》158 号网），其网口纲长 10.36 m，捕捞鳗鲡苗。这种定置方式只适宜在软泥质海岸附近水深数米以内作业，其定置方法是：渔汛前小潮流期间，渔船载樯杆至预定作业地点后，待无风、平流时用人力将樯杆插入软泥海底约 1.5 m 固定，共插 5 支樯杆呈一排，樯排与流向垂直。在大潮期间，渔船载网具停靠樯排处，待起流后才开始挂网，先分别将网口的两个下网耳套结在相邻的两支樯杆上，用竹篙将两个下网耳分别压到海底，再将两个上网耳分别系结到同一支樯杆上。挂好一个网的网耳后即放出一个网，由岸向外逐个挂网、放网。第二种是采用樯杆和连樯绳联合定置的樯张竖杆张网，如图 6-7 所示。这种定置方式只是多用了一条连樯绳将全部樯杆的上方连接起来，可增强樯排的牢固程度，这种定置方式适宜软泥质或泥沙质海底作业。除了插樯后要用一条连樯绳将全部樯杆的上方连接起来外，其他的插樯和挂网的方法与第一种定置方法相似，在此不再赘述。第三种采用樯杆和根绳联合定置的樯张竖杆张网，如图 6-21 所示，这是浙江平阳的虾户网（《中国图集》155 号网），其网口纲长 33.80 m，捕捞梅童鱼、龙头鱼、毛虾等。这种定置方式是在每支樯杆上方向前连接有 2 条根绳，可增加樯杆直立插入海底的牢固程度，这种定置方式适宜在水流较急的软泥质或泥沙质海底上作业。第四种是采用樯杆、连樯绳和根绳联合定置的樯张竖杆张网，如图 6-22 所示，这是广西北海的网门（《中国图集》150 号网），其网口纲长 35.84 m，捕捞斑鰶、小公鱼、海蜇及虾类等。这种定置方式适宜在泥沙质海底作业。由于泥沙底质是沙多泥少，樯杆不易插入海底（网门的樯杆插入海底约 0.6 m），故除了插樯如入海底和连接连樯绳外，尚需用多条根绳协助固定樯排。如网门的定置方式是在每条樯杆前用 4 条根绳、杆后用 3 条根绳和樯排两侧各用 6 条根绳来协助固定杆排。樯张竖杆张网的根绳一般是采用桩来固定的，这种用桩来固定的根绳，又可称为桩绳。若作业渔场底质为泥沙底或沙地而根绳难于用桩来固定时，可以采用大沉石来固定，如图 6-23 所示，这是福建平潭的企桁（《中国图集》151 号网），其网口纲长为 32.00 m，捕捞毛虾、小公鱼、日本鳀等。使用空心钢筋水泥杆取代原用的木樯杆，采用大沉石来固定根绳。

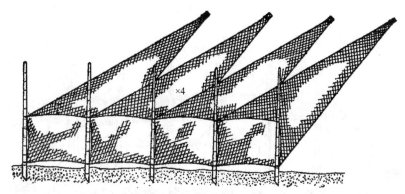

图 6-20 樯张竖杆张网（鳗苗张网）

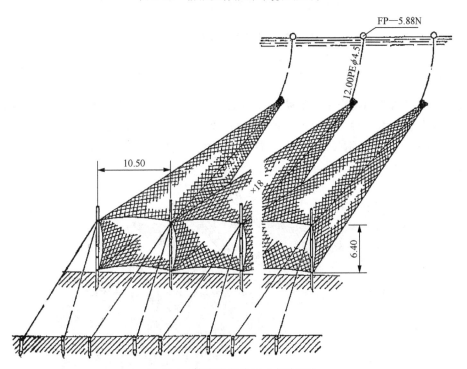

图 6-21 樯张竖杆张网（虾户网）

樯张单片张网如图 6-9 所示，此梭鱼棍网的定制方法是：先在小潮流之间平流后将樯杆打入软泥海底形成一列与流向垂直的杆排。再在大潮流期间起流后才开始挂网，先将第一片网一侧的根绳前端连接到樯杆上，然后渔船载网驶向第二支樯杆，并按顺序抛出网衣一侧的根绳、叉绳、网衣和网衣另一侧的叉绳、根绳，最后将根绳的末端连接到第二支樯杆上，即挂好了第一片网。接着从第二支樯杆开始在同样地挂好第二片网，由岸向外逐片挂网。

上述樯张张网均为若干个网并联作业的，故均只适宜在往复流海域作业。

· 315 ·

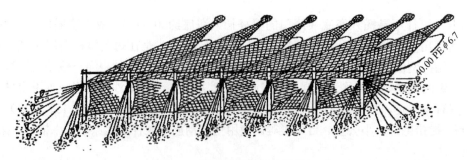

图 6-22 樯张竖杆张网（网门）

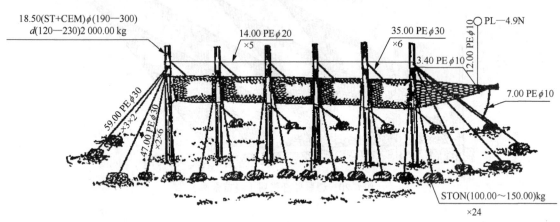

图 6-23 樯张竖杆张网（企桁）

8. 并列式

并列式的张网在两个固定点之间的两条绳索上并列设置若干个单囊网衣，称为并列张网。

并列张网只有竖杆型一种，即为并列竖杆张网，如图 6-24 所示，这是浙江临海的山门张网（《中国图集》160 号网），其网口纲长 17.40 m，捕捞龙头鱼、毛虾、梅童鱼等。这种作业方式一般选择

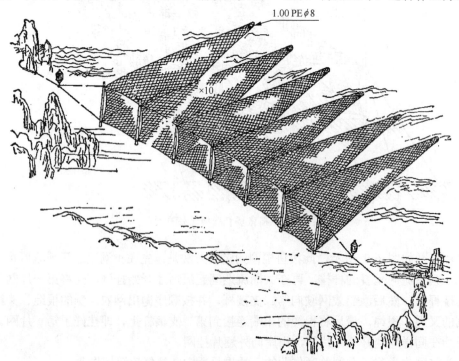

图 6-24 并列竖杆张网（山门张网）

设置在能够顶流作业的狭窄水域，特别适用于岩礁间的水道区域。山门张网定置网具前，应将竖杆上、下两端分别用系绳与上、下门绳系住。上、下门绳两端分别与一条根绳相连接。其定置方法是：先在小潮流期间平流后，将一端的根绳前端系扎在水道的一侧的岩石桩上，然后另一端的根绳用船拉向水道另一侧并拉紧后也固定在岩石桩上。装好上、下门绳和竖杆后，在上、下门绳的两端与根绳的连接处各系上一个浮筒。再在大潮流期间低潮缓流时才开始挂网，先将上、下口门绳之间的头两支竖杆拉上船，再将网口四角的网耳绳分别套入已固定在头两支竖杆上的上、下网耳扎绳上，然后放出第一个网具，接着依次挂网、放网。并列竖杆张网只适宜在往复流海域作业。

三、全国海洋张网型式

根据20世纪80年代全国海洋渔具调查资料统计，我国海洋张网有双桩张纲张网、单锚张纲张网、双锚张纲张网、单桩框架张网、单锚框架张网、单桩桁杆张网、单锚桁杆张网、船张桁杆张网、双桩竖杆张网、多桩竖杆张网、双锚竖杆张网、船张竖杆张网、樯张竖杆张网、并列竖杆张网、双锚单片张网、樯张单片张网、双桩有翼单囊张网和双锚有翼单囊张网共计18种型式。上述资料共计介绍了我国海洋张网109种。

1. 双桩张纲张网

在109种海洋张网中，双桩张纲张网介绍较少，只有3种，占2.8%。其中1种是浙江葫芦岛的小大捕网（《浙江图集》97页），另2种是福建福鼎的棕头网（《福建图册》94号网）和福建福安的网艚[①]（《福建图册》95号网）。小大捕网的作业示意图类似图6-2所示，只是其左、右两对根绳不是用双锚固定，而是用双桩固定。上述3种均为单船一网作业。

2. 单锚张纲张网

单锚张纲张网介绍最少，只有1种，占0.9%。此张网如图6-1所示，这是江苏启东的帆张网，前面已对此图做了介绍，故不再赘述。

3. 双锚张纲张网

双锚张纲张网也介绍最少，只有1种，占0.9%。此张网如图6-2所示，这是浙江定海的大捕网，前面已对此网做了介绍，故不再赘述。

4. 单桩框架张网

单桩框架张网介绍最多，有27种，占24.8%，居首位，分布在黄渤海区和东海区，其中辽宁有2种，河北有4种，天津有2种，山东有4种，江苏有1种，上海有5种，浙江有5种，福建有4种。较具有代表性的有辽宁庄河的挂子网（《辽宁报告》31号网）；河北乐亭的架子网（《中国调查》304页），如图6-3所示；天津塘沽的架子网（《中国图集》137号网）；山东荣成的鱼挂子网（《中国图集》128号网），如图6-26所示；江苏启东的洋方（《中国图集》129号网），如图6-11所示；上海崇明海蜇网（《中国图集》134号网）；浙江玉环应捕网（《中国调查》316页）；福建长乐的冬网[②]（《中国图集》136号网）。

5. 单锚框架张网

单锚框架张网也介绍最少，只有1种，占0.9%。此张网如图6-15所示，这是福建福州的虾荡网，一船一网作业，前面已对此网做了介绍，故不再赘述。

[①]《福建图册》原载"缯艚"（闽南语称"网"为"缯"），本书统一规范为"网艚"。
[②]《中国图集》原载"冬缯"，本书统一规范为"冬网"。

6. 单桩桁杆张网

单桩桁杆张网介绍稍多，有 8 种，占 7.3%，分布在黄渤海区和东海区，其中河北有 2 种，山东有 1 种，江苏有 2 种，上海有 1 种，浙江有 2 种。若依网口扩张方式分，则采用 2 支水平桁杆（双杆）的有 3 种，采用 1 支上桁杆（单杆）的有 1 种，采用桁架的有 4 种。采用双杆的有 3 种，分别为山东乳山的三竿挂子网（图 6-12、《山东图集》90 页），江苏启东的单根方（图 6-27、《中国图集》140 号网），以及上海崇明的桁杆张网（《上海报告》114 页）。采用单杆的只有河北黄骅的单杆桩张网（《河北图集》22 号网），如图 6-13 所示。采用桁架的有 4 种，分别为河北黄骅的糠虾流布袋（《河北图集》23 号网），江苏赣榆的小网（图 6-5、《中国图集》141 号网），浙江洞头的三角棱网（《中国图集》142 号网），以及浙江永嘉的条虾网（《浙江图集》120 页）。

7. 单锚桁杆张网

单锚桁杆张网也介绍较少，有 4 种，占 3.7%，分布在黄渤海区和东海区。其中采用双杆的有 3 种，分别为辽宁东沟的鮟鱇网（《中国图集》144 号网），山东荣成的鮟鱇网（《山东图集》87 页），以及江苏启东的单锚张网（图 6-4、《中国图集》143 号网）。采用单杆的有 1 种，即为浙江苍南的抛椗张网（《中国图集》145 号网）。

8. 船张桁杆张网

船张桁杆张网也介绍较少，只有 2 种，占 1.8%，即为山东海阳的接网（图 6-17、《中国图集》146 号网）和福建泉州的虎网（《福建图册》107 号网）。上述 2 种张网均为单船两网作业，即在渔船两侧各挂一个网具，并均采用桁架来维持其网口的扩张。

9. 双桩竖杆张网

双桩竖杆张网也介绍较多，有 7 种，占 6.4%，其作业示意图类似图 6-6 所示，分布在黄渤海区和东海区，其中辽宁有 2 种，山东有 2 种，江苏有 1 种，上海有 1 种和浙江有 1 种。较有代表性的有辽宁新金（现大连市普兰店区）的坛网（《辽宁报告》32 号网），山东日照的坛子网（《中国图集》147 号网），江苏如东的坛子方（《江苏选集》225 页），上海宝山的翻杆张网（《中国调查》345 页），以及浙江鄞县的反纲张网（图 6-6、《中国图集》149 号网）。

10. 多桩竖杆张网

多桩竖杆张网也介绍最少，只有 1 种，占 0.9%，此张网如图 6-14 所示，这是浙江瓯海的柱䑼网，前面已对此网做了介绍。

11. 双锚竖杆张网

双锚竖杆张网介绍稍多，有 8 种，占 7.3%，分布在黄渤海区和南海区，其中辽宁、河北、天津、山东、江苏和海南各有 1 种，广东有 2 种。若依网具定置方式分，则采用一处定置一个网散布作业的有 6 种，采用若干个网并联作业的有 2 种。采用散布作业的双锚竖杆张网均类似图 6-6 所示，只是用锚和锚绳或石筐、水泥块和根绳代替桩和桩绳，有辽宁旅顺的礁头网（《辽宁报告》34 号网）、山东威海的礁头张网（《山东图集》79 页）、江苏启东的小黄鱼张网（《江苏选集》249 页）、广东番禺的中缯（《广东图集》80 号网）、广东徐闻的网门（《广东图集》77 号网，采用 2 个石筐固定根绳）和海南海口的桴网（《广东图集》78 号网，采用 2 串水泥块固定根绳）共 6 种。采用并联作业的有 2 种，分别为河北黄骅的锚张网（《中国调查》297 页）和天津塘沽的锚张网（图 6-16、《中国图集》152 号网）。

12. 船张竖杆张网

船张竖杆张网也介绍较少，只有 3 种，占 2.8%，分布在黄渤海区和东海区，又可分为单船双网和双船单网两种作业方式。单船双网作业的有 2 种，即辽宁东沟的挑网（《辽宁报告》38 号网）和江苏射阳的俞翅网（图 6-18、《中国图集》154 号网）。双船单网作业的有 1 种，即福建龙海的虎网（图 6-19、《中国图集》153 号网）。

13. 樯张竖杆张网

樯张竖杆张网介绍较多，有 22 种，占 20.2%，仅次于单桩框架张网而居第 2 位。除了江苏和上海无介绍外，辽宁有 3 种，河北有 2 种，天津有 2 种，山东有 3 种，浙江有 3 种，福建有 5 种，广东有 1 种，海南有 1 种，广西有 2 种。若依樯杆的定置方式划分，则只采用樯杆定置的有 3 种，采用樯杆和连樯绳联合定置的有 8 种，采用樯杆和根绳联合定置的有 2 种，采用樯杆、连樯绳和根绳联合定置的有 9 种。只采用樯杆定置的作业示意图类似图 6-20 所示，有天津塘沽的樯张网（《天津图集》84 页）和流布袋网（《中国图集》159 号网），以及浙江苍南的河鳗苗张网（图 6-20、《中国图集》158 号网）。采用樯杆和连樯绳联合定置的樯张竖杆张网作业示意图均类似图 6-7 所示，分布在辽宁（3 种）、河北（2 种）和山东（3 种），其中较具有代表性的有辽宁锦县（现凌海市）的蠓子虾网（《辽宁报告》41 号网）、河北滦南的樯张网（《中国图集》157 号网）和山东海阳的闯网（图 6-7、《中国图集》156 号网）。有人认为"连樯绳"是属于一种"张纲"，于是把辽宁的上述 3 种樯张竖杆张网均误称为"樯张张纲张网"。采用樯杆和根绳联合定置的只有 2 种，均分布在浙江，一种是浙江平阳的虾户网（图 6-21、《中国图集》155 号网），另一种是浙江椒江的户曹网（《浙江图集》132 页）。采用樯杆、连樯绳和根绳联合定置的樯张竖杆张网分布在福建（5 种）、广东（1 种）、海南（1 种）和广西（2 种），其中较具有代表性的是福建平潭的企桁（图 6-23、《中国图集》151 号网）、广东澄海的桁槽（图 6-29、《广东图集》79 号网）、海南琼山的千秋网（《广东图集》76 号网）和广西北海的网门（图 6-22、《中国图集》150 号网）。在上述的樯张竖杆张网中，有人将福建的樯张竖杆张网误称为"樯张张纲张网"或"樯张（并列）张网"，有人将广东的桁槽误称为"樯张张纲张网"。

14. 并列竖杆张网

并列竖杆张网也介绍较少，只有 2 种，占 1.8%，均采用若干个网并列作业。其中 1 种是江苏东台的簏子方（《江苏选集》233 页），有人将此网误称为"双桩竖杆张网"；另 1 种是浙江临海的山门张网（图 6-24、《中国图集》160 号网），有人将此网误称为"并列张纲张网"。

15. 双锚单片张网

双锚单片张网也介绍较少，只有 3 种，占 2.8%，均采用若干网串联作业，其示意图类似图 6-8 所示。其中 2 种分别是辽宁营口的海蜇网（图 6-8、《中国图集》161 号网）和辽宁东沟的青虾倒帘网（《辽宁报告》42 号网），另一种是江苏赣榆的海蜇定置网（《江苏选集》257 页）。

16. 樯张单片张网

樯张单片张网也介绍较少，只有 2 种，占 1.8%。其中 1 种是天津塘沽的梭鱼棍网（图 6-9、《中国图集》162 号网）；另 1 种是海南万宁的虾网（《广东图集》81 号网），有人将此网误称为"双桩单片竖杆张网"。

17. 双桩有翼单囊张网

双桩有翼单囊张网介绍稍多，有 11 种，占 10.1%，仅次于单桩框架张网和樯张竖杆张网而居第三位，分布在浙江（1种）、福建（9种）和海南（1种），其作业示意图均类似图 6-10 所示，一船带网 6~30 个，散布作业。其中较具有代表性的有浙江洞头的小花缯（《浙江图集》93 页），福建霞浦的大扳缯（图 6-10、《中国图集》163 号网），福建晋江的腿缯（《中国调查》349 页），以及海南万宁的虾张网（《广东图集》82 号网）。

关于海南万宁的虾张网，是于 1983 年进行调查的，当时海南仍属于广东省管辖，故其调查结果纳入《广东图集》中。2000 年在南海区又进行了渔具渔法调查，仍调查了海南万宁的对虾张网，其作业示意图如图 6-25 所示。此图摘自《南海区渔具》163 页的对虾张网资料。此对虾张网与 1983 年调查的虾张网是同一种型式的张网，其捕捞对象均为对虾，只是尺度大小有点不同。但在《广东图集》中虾张网的作业示意图，却将两翼端的撑杆和两条根绳前端的桩均误画为插入海底的橦杆，这是由于调查者当时没有到现场观察和不能熟悉此张网在生产实际而造成的，故当时还把此张网误称为"橦张有翼单囊竖杆张网"。

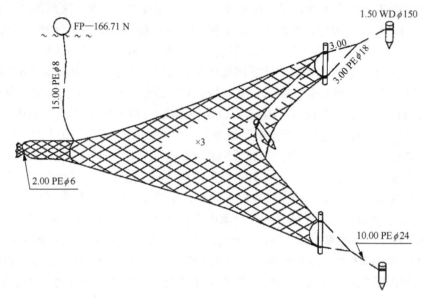

图 6-25　双桩有翼单囊张网（对虾张网）

18. 双锚有翼单囊张网

双锚有翼单囊张网也介绍较少，只有 3 种，占 2.8%，其散布作业的作业示意图均类似图 6-10 所示，只是用锚和锚绳代替了桩和桩绳。其中山东威海的有翼海蜇张网（《山东图集》97 页）和浙江洞头的小花缯大网（《浙江图集》86 页），均一船管理 1 个至数个张网，散布作业。另一种为辽宁长海的海蜇锚张网（《辽宁报告》36 号网）却采用并联作业，在生产期可投网 2 个需用 3 个锚来定置，平时则投 3~4 个网需用 4~5 个锚来定置，其作业示意图类似图 6-16 所示，只是用有翼单囊张网代替了竖杆张网。

综上所述，全国海洋渔具调查资料所介绍的 109 种海洋张网，按结构特征分有 6 个型，按作业方式分有 8 个式，按型式分共计有 18 个型式，每个型、式和型式的名称及其所介绍的种数可详见附录 N。

四、南海区张网型式及其变化

20 世纪 80 年代全国海洋渔具调查资料所介绍的南海区张网，有 4 个型式共 9 种网具；2000 年和 2004 年南海区渔具调查资料所介绍的张网，有 5 个型式共 6 种网具。前后时隔 20 年左右南海区张网型式的变化情况如表 6-1 所示。从该表可以看出，时隔 20 年后，张网的型式虽然增加了 1 个，但介绍的种数却减少了 3 种。

表6-1　南海区张网型式及其介绍种数　　　　　　　　　　　　　　　　　（单位：种）

调查时间	单桩桁杆张网	双桩竖杆张网	双锚竖杆张网	樯张竖杆张网	双锚单片张网	樯张单片张网	双桩有翼单囊张网	合计
1982~1984年	0	0	3	4	0	1	1	9
2000年、2004年	1	1	0	2	1	0	1	6

第三节　单囊张网结构

张网是我国海洋渔具中型式最多的一种渔具，但若只按其网衣结构特征分型，则只有单囊型、单片型和有翼单囊型三种。20世纪80年代全国海洋渔具调查资料共介绍了109种张网，其中单囊张网90种，单片张网5种，有翼单囊张网14种。单片张网的结构与定置单片刺网的结构相类似，有翼单囊张网的结构与有囊围网的结构相类似，故本节只介绍种数最多的单囊张网。

根据我国渔具分类标准，上述90种单囊张网按其网口扩张装置特征又可分为张纲型（5种）、框架型（28种）、桁杆型（14种）和竖杆型（43种），本节着重介绍种数最多的框架型、桁杆型和竖杆型的张网网具结构。其中竖杆型张网又可按竖杆的长短和作用的不同可分为短竖杆张网和长竖杆张网2种。根据本章第二节中关于竖杆型张网的介绍和附录N的数据，在全国海洋渔具调查资料中，短竖杆张网的介绍有21种，包括双桩竖杆张网7种、多桩竖杆张网1种、双锚竖杆张网8种、船张竖杆张网3种和并列竖杆张网2种；长竖杆张网的介绍有22种，均属于樯张竖杆张网。

张网均由网衣、绳索和属具三部分构成。其中框架型张网、桁杆型张网、短竖杆型张网和长竖杆型张网的网具结构分别如图6-26、图6-27、图6-28和图6-29所示，其单囊张网网具构件组成如表6-2所示。

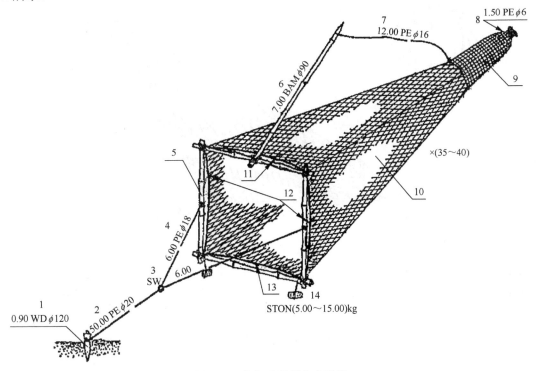

图6-26　框架型张网总布置图

1. 桩；2. 根绳；3. 转环；4. 叉绳；5. 框架；6. 挑杆；7. 挑杆绳；8. 囊底扎绳；9. 囊网衣；10. 身网衣；11. 上口纲；12. 侧口纲；13. 下口纲；14. 沉石

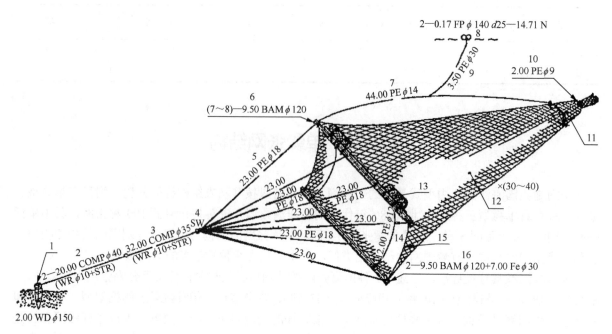

图 6-27 桁杆型张网总布置图

1. 桩；2. 根绳；3. 后根绳（千斤绳）；4. 转环；5. 叉绳；6. 上桁杆；7. 网囊引绳；8. 浮筒；9. 浮筒绳；10. 囊底扎绳；11. 囊网衣；12. 身网衣；13. 浮筒；14. 闭口绳；15. 网口纲；16. 下桁杆

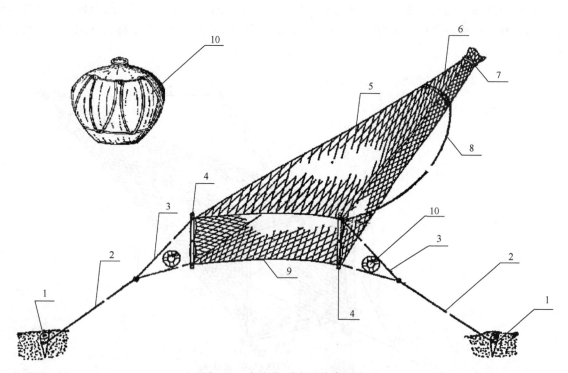

图 6-28 短竖杆型张网总布置图

1. 桩；2. 根绳；3. 叉绳；4. 竖杆；5. 身网衣；6. 囊网衣；7. 囊底扎绳；8. 网囊引绳；9. 网口纲；10. 坛子

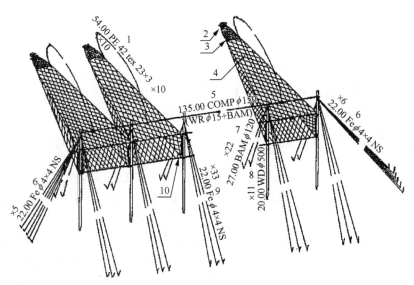

图 6-29 长竖杆型张网总布置图

1. 网囊引绳；2. 囊底扎绳；3. 囊网衣；4. 身网衣；5. 连檑绳；6. 侧根绳；7. 后根绳；8. 檑杆；9. 前根绳；10. 网口纲

表 6-2 单囊张网网具构件组成

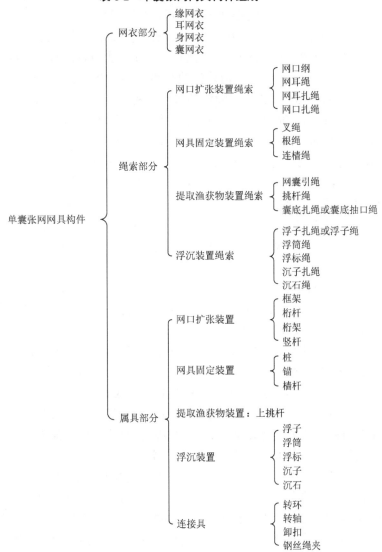

一、网衣部分

我国 20 世纪 80 年代的张网网衣绝大多数是采用乙纶网线经手工直接编结而成的。单囊张网网衣一般由身网衣和囊网衣两部分组成，少数在网口处还加编有若干目长的缘网衣或在网口 4 个网角处加编耳网衣，如图 6-30 所示。

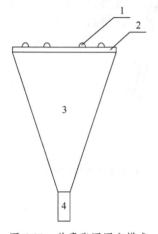

图 6-30　单囊张网网衣模式

1. 耳网衣；2. 缘网衣；3. 身网衣；4. 囊网衣

身网衣的展开形状为等腰梯形，一般是采用纵向多道减目或横向多路减目的编结方法，但有些网衣采用只是逐筒减小目大而不改变网周目数的圆筒编结方法（即为无增减目编结）。浙江有些网衣采用一道斜向减目（又俗称为斜生、螺旋生）的编结方法。囊网衣的展开形状一般为矩形，是先编成一片矩形网片，然后将网片沿着纵向对折，并沿着网片两侧纵向边缘编缝半目缝合或绕缝缝合，即形成一个圆筒状的囊网衣。

单囊张网整个网衣的目大自网口向网囊逐渐减小，变化一般有 5～37 种，最多的达 49 种，最少的为 3 种。我国捕捞鱼类的张网网口目大范围一般为 60～100 mm，最大的是江苏启东的帆张网（图 6-1），其网口目大为 400 mm。而网囊目大范围一般为 10～21 mm，较大的是浙江定海的稀网（《中国图集》130 号网），捕捞鲳鱼、海蜇、大黄鱼，其网囊目大为 60 mm；最大的是上海南汇的高稀网（《中国图集》132 号网），捕捞白鲳、马鲛、大黄鱼，其网囊目大为 90 mm。我国捕捞海蜇的张网，网口目大范围为 200～370 mm，网囊目大范围为 95～120 mm。我国捕捞毛虾的张网，网口目大范围一般为 26～60 mm，最大的达 216 mm；网囊目大范围一般为 7～10 mm，最大的达 12.5 mm。我国捕捞毛虾的张网，其囊网衣约有半数采用乙纶平织或插捻网衣。有些捕捞毛虾张网或捕糠虾的张网，整个网衣全部采用乙纶插捻或平织网衣。插捻网衣是由纬线插入经线的线股间，经捻合经线而成的网衣，平织网衣是经线与纬线一上一下相互交织而构成的平布状网衣。插捻或平织网衣的方形网孔尺寸（又称目大）是用经向和纬向网线之间的毫米数来表示，如"2×2"，即表示经向和纬向的网线间距约为 2 mm。在全国海洋渔具调查资料中，插捻或平织网衣的目大规格计有 0.6×0.6、0.7×0.7、0.8×0.8、1×1、2×2、3×3、4×4、5×5、6×6 等。

张网的身、囊网衣的网线材料均采用乙纶。采用菱形网目的网衣，其网线粗度变化一般有 2～8 种，最多的达 18 种。自网口向网囊一般是逐渐减小，少数是在接近网囊时又逐渐加粗或只在网囊处稍加粗。常用的网线规格有 PE 36 tex13×3、12×3、…、4×3、3×3、4×2、2×3、2×2、1×3、1×2，最粗的用 50×3。平织网衣或插捻网衣的网衣规格用经向（J）和纬向（W）的网线单丝数来表示，如"PE 36 tex J2W2"，表示经向和纬向均为 2 根乙纶单丝构成的网线。在全国海洋渔具调查资料中，单囊张网的平织或插捻网衣的常用网线规格有 PE 36 tex J1W1、J2W2、J3W3、J4W4、J5W3 等。

单囊张网在网口处的网目，均为网目最大和网线最粗的网目，其网衣强度一般是足够的。只有少数张网考虑到尚需加强网口边缘强度或为了便于装配施工，才在身网衣前缘多编 0.5～4 目长的网目较大和网线较粗的缘网衣，如图 6-30 的 2 所示。单囊张网网衣在网口处，一般是采用靠近网角处网衣缩结系数逐渐减小或在网角处集拢部分网目的装配办法来加强网角部分的网衣强度；但有少数张网是采用在身网衣前缘的网角处加编梯形或三角形的耳网衣，来增加网角强度，如图 6-30 中的 1 所示。

有些张网根据捕捞对象设置一些特殊的结构。如虾板网利用虾类进入网后上跳的习性，采用不同背腹网衣的结构，其网背和网囊采用无结的平织或插捻网衣，而网腹则采用大网目网衣。还有一种称为开口式虾板网（《中国图集》138号网），如图6-31所示，在网腹前部开了一个三角形的大孔。上述两种虾板网均有利于经济鱼类幼鱼进网后下潜并从网腹的大网目中或网腹前部的大孔中逃逸。在浙江舟山还有一种特殊的单囊张网，在毛虾和海蜇同时洄游的季节里，利用毛虾进网后上跳和海蜇进网后下潜的习性，在网身后端设置了两个网囊，位置在上的无结网衣细孔网囊用于聚集毛虾渔获，位置在下的大目网囊用于聚集海蜇，减少了处理渔获物的劳动强度。

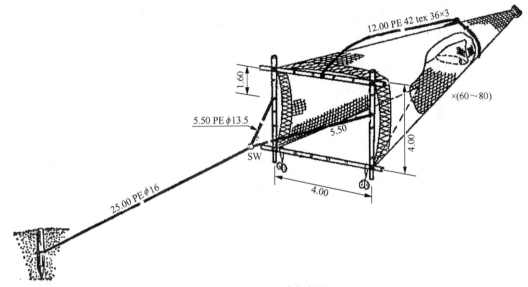

图6-31 开口式虾板网

二、绳索部分

由于单囊张网的形式较多，故单囊张网的绳索也种类繁多，可归纳为网口扩张装置绳索、网具固定装置绳索、提取渔获物装置绳索和浮沉装置绳索共4类绳索。此外有些单囊张网有自己的特置绳索，在此不一一举例。下面只着重介绍表6-2中绳索部分所列出的15种绳索。

1. 网口扩张装置绳索

网口扩张装置绳索是指装置在单囊张网网口上的绳索，包括网口纲、网耳绳、网耳扎绳和网口扎绳等。

1）网口纲

网口纲是装在网口上，限定网口大小和加强网口边缘强度的绳索。其主要作用是固定网口尺寸，承受外力作用或结缚浮沉装置，一般由两条不同捻向的乙纶绳组成，如图6-27中的15、图6-28中的9和图6-29中的10所示。

网口纲形状一般是正方形、矩形（长方形）或等腰梯形，均具有4段纲边和4个网角。网口纲一般是由1段上口纲、2段侧口纲和1段下口纲组成，如图6-26所示。在网口上方，左、右两个网角之间的一段纲称为上口纲，如图中的11所示；在网口左、右两侧，上、下两个网角之间的一段纲称为侧口纲，如图中的12所示，分左、右共2段；在网口下方，左、右两个网角之间的一段纲称为下口纲，如图中的13所示。

单囊张网的网口纲装置形式大体可分为两种，一种是附有网耳的网口纲，另1种是不附有网耳的网口纲。所谓网耳，是在网角上用一段绳索扎成的绳环，便于将网角固定在网口扩张装置的属具上。

附有网耳的网口纲如图6-32的右下方所示，这是一种在网角处用一段网口纲扎成网耳的矩形网口纲。图6-32的左上方的①图，是网口纲布置图四分之一的局部放大图。从图种可以看出，网口纲一般是采用两条不同捻向的乙纶绳组成，先将1条网口纲穿过网口边缘的网目后，再与另一条网口纲均匀分档并扎。装配前应先分别量出 4 个网角的部位,每个网角处应分别留出网口纲长 0.29 m 和网口边缘 20 目,并把 0.29 m 纲长扎成绳环状的网耳,还可用一段水扣绳穿扎 20 目且置于网角处。上、下网口纲各长 4.00 m,各结扎 280 目,可每间隔 0.20 m 扎一档,档内穿有 14 目,网衣缩结系数平均为 0.41。左、右侧网口纲各长 2.67 m,各结扎 180 目,网衣缩结系数平均为 0.42。

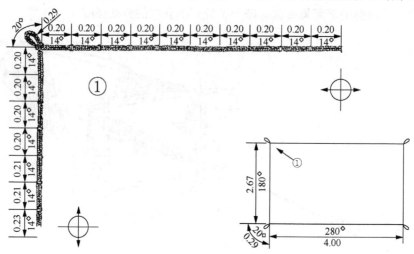

图 6-32　附有网耳的网口纲布置图

不附网耳的网口纲如图 6-33 所示,其网口纲不扎成网耳。网口纲净长等于上、下口纲长与左、右侧口纲长之和加上 4 个网角的长。此形式的网口纲一般也是采用 2 条捻向不同的乙纶绳组成,先将 1 条网口纲穿过网口边缘的网目后,再与另 1 条网口纲均匀分档并扎。上、下口纲各长 5.74 m,各结扎 300 目;左、右侧口纲各长 3.38 m,各结扎 200 目,其网衣缩结系数均为 0.22。4 个网角各长 0.90 m,各结扎 35 目。

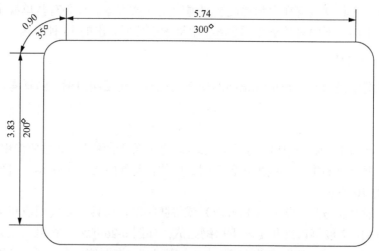

图 6-33　不附网耳的网口纲布置图

2）网耳绳

网耳绳是装在不附网耳的网口纲的网角上,扎制呈 1～3 个绳环状网耳的一条短绳,如图 6-34（2）、（3）中的 3 所示,一般采用乙纶绳。

在图 6-34（2）中,网耳是用 1 条短绳在网角处扎成 1 个双线绳环。在图 6-34（3）中,其网耳是用 1 条长 4.20 m 的乙纶绳在网角处（耳网衣边缘的中部）结扎成 3 个分别拉直均长 0.45 m 的单线绳环。在图 6-34（1）中,其网口纲本身已附有网耳,故不再需用网耳绳。

第六章 张 网 类

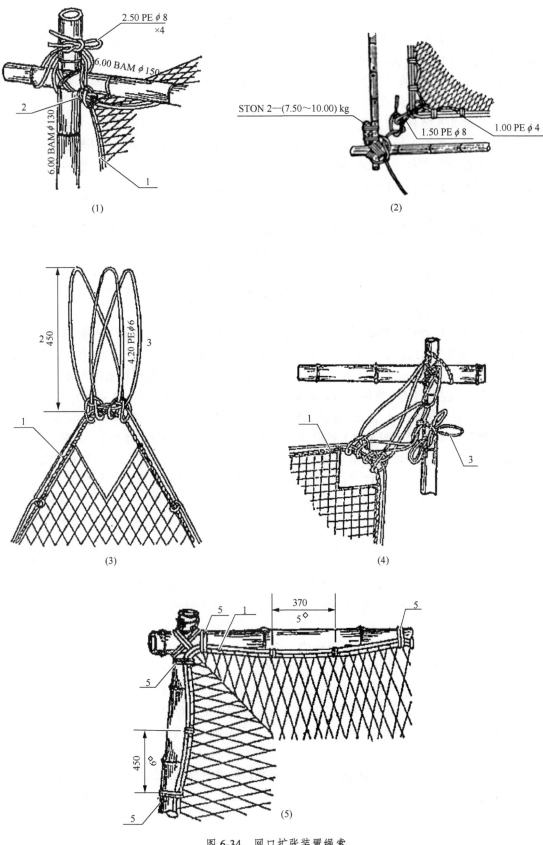

图 6-34　网口扩张装置绳索
1. 网口纲；2. 网耳；3. 网耳绳；4. 网耳扎绳；5. 网口扎绳

3）网耳扎绳

网耳扎绳是将网耳系结到网口扩张装置属具（框架、桁杆、桁架和竖杆）上的 1 条短绳，如图 6-34（1）、（2）中的 4 所示，一般采用乙纶绳。

在图 6-34（1）中，先将 1 条长 2.50 m 的乙纶绳对折处以死结形式连接在网耳上形成 1 条双线网耳扎绳，然后用此网耳扎绳系结到框架的框角处。在图 6-34（2）中，其网耳是用 1 条长 1.00 m 的乙纶网耳扎绳绕扎在竖杆上。此外，在下述两种情况下，是不需用网耳扎绳的：一是如图 6-34（3）所示，其网耳是用 1 条长 4.20 m 的乙纶绳结扎成长 0.45 m 的 3 个绳环，由于绳环较长，可直接用绳环将网角系结到框架的框角处，如图 6-34（4）所示；二是如图 6-34（5）所示，这种不附有网耳的网口纲，是利用网口扎绳将网口纲直接结扎在网口扩张装置的属具上。

4）网口扎绳

网口扎绳是将网口纲直接结扎在网口扩张装置属具上的一条短绳，一般采用乙纶绳，如图 6-34（5）中的 5 所示，这是上海南汇的高稀网（《中国图集》132 号网）的网口纲局部装配图，采用网口扎绳将网口纲均匀结扎在框架上。从高稀网的调查报告中得知，上口纲与上口杆之间，左、右侧口纲与左、右侧口杆之间，下口纲与下口杆之间，均匀分三档结扎，即每段口纲与每支口杆之间需用 4 条网口扎绳，网口纲与框架之间共需用 16 条网口扎绳。

根据全国海洋渔具调查资料中有关张网类的统计，全国共介绍了 28 种框架型张网（见附录 N），其中采用附有网耳的网口纲装置（图 6-32）的有 12 种，占 42.9%，分布在辽宁（2 种）、河北（4 种）、天津（2 种）和山东（4 种），均需用 4 条网耳扎绳分别把 4 个网角处的网耳系结到 4 个框角处，如图 6-34（1）所示。这是河北丰南的开口式虾板网（图 6-31、《中国图集》138 号网），其框架左上角的连接图，是用一条直径 8 mm、长 2.5 m 的乙纶绳对折使用后形成的网耳扎绳将网耳系结到框角处。采用不附网耳的网口纲装置（图 6-33）的有 7 种，占 25%，分布在江苏（1 种）、上海（5 种）和浙江（1 种），只需用网口扎绳将网口纲直接结扎在框架上，如图 6-34（5）所示。这是上海南汇的高稀网（《中国图集》132 号网）的左上方的结构图，由上、下口杆和两侧口杆扎制成上短下长的等腰梯形框架，在上口纲与下口杆之间、下口纲与下口杆之间和侧口纲与侧口杆之间各需用 4 条网口扎绳分成 3 档将网口纲均匀地结扎在框架上。采用 4 条网耳绳分别在 4 个网角处结扎成 1 个绳环（有 4 种）、2 个绳环（有 1 种）或 3 个绳环（有 2 种）状的网耳，然后用 4 条网耳扎绳将绳环系结到 4 个或 2 个框角处，数量也有 7 种，占 25.0%，分布在浙江（2 种）和福建（5 种）。这种先在网角处扎成绳环的连接方法如图 6-34（2）所示。这是浙江玉环应捕网（《中国调查》369 页的②图），是应捕网正方形框架左下角的连接图，是先用 1 条直径 4 mm、长 1 m 乙纶绳在网口左下角穿过网衣边缘网目做成 3 当水扣绳。再用 1 条直径 8 mm、长 1.5 m 乙纶绳两段插接成 1 个绳圈，套结于网角的网口纲和中间一档的水扣上形成 1 个绳环，最后用 1 条网耳扎绳将此绳环连接到框角上。还有 2 种是数量最少的，其中 1 种是浙江普陀的三杠网（《中国图集》131 号网），其网耳如图 6-34（3）所示，此网在身网衣前方的网角处编结有 4 片耳网衣，是用 1 条直径 6 mm、长 4.20 m 的网耳绳在耳网衣边缘中部的网口纲处结扎成具有 3 个绳环的长网耳（0.45 m），可用此 3 个长绳环直接将网角系结到框角处，如图 6-34（4）所示；另 1 种是浙江嵊泗的紧网（《浙江图集》105 页），其网耳类似如图 6-34（3）所示，不同之处是其网耳绳在耳网衣处结扎成具有 4 个长 0.50 m 的绳环，除了用此 4 个长绳环将网角系结到框角处外，还用网口扎绳将网口纲结扎在框架上：其中上、下口纲处各用 3 条网口扎绳，按 4 等分排列结扎；两侧口纲处各用 2 条网口扎绳，按 3 等分排列结扎。

2. 网具固定装置绳索

网具固定装置绳索是指连接在网口扩张装置属具（框架、桁杆、桁架、竖杆）与网具固定装置属具（桩、锚等）之间，用于固定网具的绳索，包括叉绳和根绳。此外在并联作业的樯张竖杆张网中，有的整列的樯杆上方还装置有一条连樯绳，是具有辅助固定作用的绳索。

1）叉绳

叉绳是连接在网口扩张装置属具（框架、桁杆、桁架、短竖杆）与根绳之间的 V 形绳索。单囊张网的叉绳若装置在网口前方的，又称为"网口叉绳"。网口叉绳一般是由 1 条绳索对折构成的，形成由左、右两段组成的"1 对水平叉绳"，如图 6-35（a）中的（1）之 1 所示；或是由 1 条绳索对折后形成上、下两段组成的"1 对垂直叉绳"，如图 6-35（b）中的（12）之 1 所示。我国单囊张网的网口叉绳，有 1 对叉绳、2 对叉绳、3 对叉绳、4 对叉绳、5 对叉绳等多种装置形式。现按图 6-35 的 12 个小图的顺序分别介绍各种不同型张网的叉绳装置。

图 3-35（1）、（2）是表示框架张网的网具固定绳索，其叉绳采用 1 对叉绳的如（1）图所示，分布在上海以北的黄渤海区沿岸 5 个省（直辖市）。采用 2 对叉绳构成网口叉绳的如图（2）所示，主要分布在浙江和福建；在上海，采用 1 对或 2 对叉绳的均有分布。采用 1 对的网口叉绳，一定是水平敷设的叉绳，如（1）图所示；采用 2 对的网口叉绳，可能是水平敷设的 2 对叉绳，如（2）图或如图 6-15 所示；也可能是垂直敷设的 2 对叉绳，如图 6-11 所示。

桁杆张网若按网口扩张装置又可分为桁杆和桁架 2 种，其网口的水平扩张由 1 支水平桁杆或 2 支水平桁杆撑开的桁杆张网如图（3）~（7）所示，其网口扩张由 3 支杆构成的桁架撑开的如图（8）~（11）所示。在全国海洋渔具调查资料中，采用 1 支水平桁杆的只介绍 2 种，1 种如图（3）所示，是浙江苍南的抛碇张网（《中国图集》145 号网）；另 1 种如图 6-13 所示，是河北黄骅的单杆桩张网（《河北图集》22 号网）。上述两种单杆式的桁杆张网的网口叉绳均采用 2 对水平叉绳的装置形式。双杆式的桁杆张网的网口叉绳有 4 种装置形式，如图（4）~（7）所示，分别采用由 2 对、3 对、4 对和 5 对叉绳组成的网口叉绳。双杆张网的网具规模越大（即网口纲长越大），其桁杆长度也越长，则其网口叉绳的装置数量也越多。图（4）的总布置图如图 6-12 所示，其上、下桁杆均长为 6.67 m，网口叉绳采用 2 对水平叉绳。图（5）是上海崇明的桁杆张网（《上海报告》114 页），其上、下桁杆均长为 8.70 m，网口叉绳是采用 3 对垂直叉绳。图（6）的总布置图如图 6-27 所示，是江苏启东的单根方（《中国图集》140 号网），其上、下桁杆总长均为 9.50 m，网口叉绳是采用 4 对水平叉绳。图（7）的总布置图如图 6-4 所示，其桁杆总长为 20.46 m，网口叉绳是由 1 对前叉绳和后面各由 2 对水平叉绳组成的上网口叉绳和下网口叉绳构成。

在全国海洋渔具调查资料中，采用桁架扩张其网口的桁杆型张网只介绍 4 种，其网具固定装置绳索如图（8）~（11）所示。图（8）是河北黄骅的糠虾流布袋（《河北图集》23 号网），此单囊张网是用乙纶平织网片缝成的单囊状网兜作为网衣，专捕糠虾，当地俗称为糠虾流布袋，其网口叉绳采用 2 对水平叉绳。图（9）的总布置图如图 6-5 所示，其网口叉绳是采用 2 对垂直叉绳。图（10）是浙江洞头的三角棱网（《中国图集》142 号网），在总布置图中，网口叉绳由 3 条各长 9.60 m 的三段叉绳组成，但在其叉绳与根绳的连接装配图⑥中，却是画出由 1 条绳索对折后与另 1 段绳索构成的 1.5 对三角菱形叉绳。图（11）是浙江永嘉的条虾网（《浙江图集》120 页），网口叉绳采用由 3 段叉绳构成的三角菱形叉绳。

在全国海洋渔具调查资料中，采用 2 支短竖杆扩张其网口垂直高度和利用双桩或双锚的固定间距扩张其网口水平宽度的竖杆型张网共介绍有 15 种，如图（12）和图 6-6、图 6-28 所示，其叉绳一般是用 2 条绳索分别对折后，将其两绳端分别连接在网口左、右短竖杆的上、下端上，构成了左、右各用 1 对垂直叉绳，并分别与左、右各 1 条根绳相连接。

在图 6-35 中所介绍的叉绳，绳索材料一般是乙纶绳，但也有几种是丙纶绳，有几种网具规模较小的采用白棕绳（图 6-15）。而网具规模较大的有的采用白棕缠绕绳或旧网衣捻绳（图 6-4）。此外，尚有 2 种网具规模较大的桁杆张网，即辽宁东沟的鳀鱇网（《中国图集》144 号网）和山东荣成的鳀鱇网（《山东图集》87 页），其前叉绳、上网口叉绳和下网口叉绳均采用钢丝绳。

2）根绳

在框架型、桁杆型、短竖杆型的张网中，根绳是桩、锚等网具固定装置属具与叉绳之间的连接绳索，如图6-35（a）和图6-35（b）中的2所示。在单桩框架张网，如图6-35（a）中的（1）、（2）所示，其桩与网口叉绳之间一般只采用1条乙纶根绳相连接。现介绍1种比较特殊的框架张网，其根绳是采用2条绳索串联组成，如图6-11所示，其前端与茅草桩相连接的称为根绳，是用1条长34 m的稻草包芯绳对折后合并成为1条的；其后端与两对叉绳相连接的称为后根绳，是1条较短的稻草

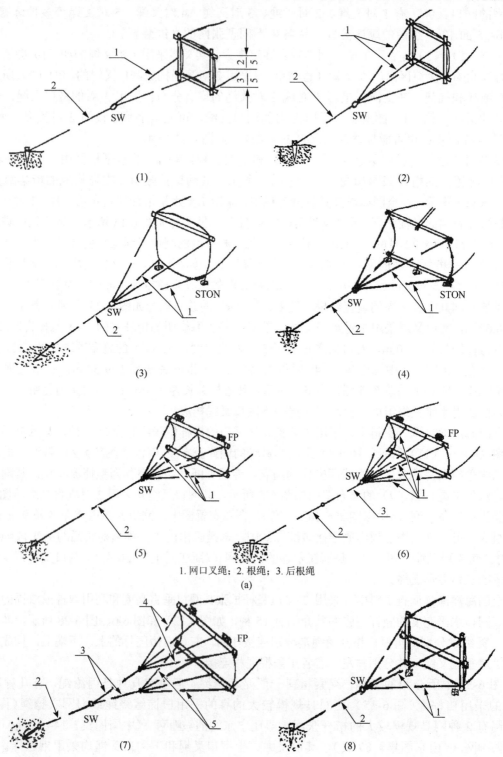

1.网口叉绳；2.根绳；3.后根绳

(a)

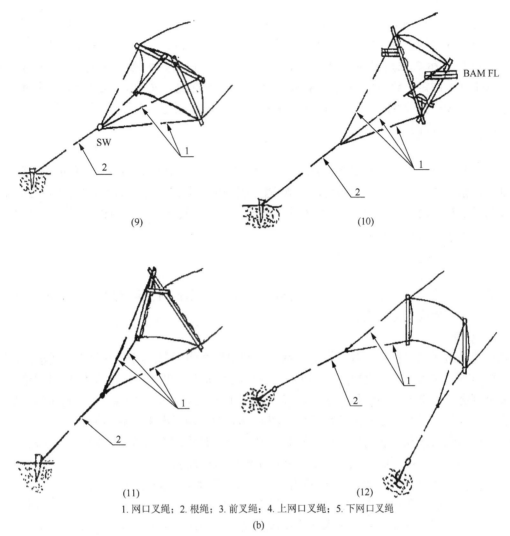

1. 网口叉绳；2. 根绳；3. 前叉绳；4. 上网口叉绳；5. 下网口叉绳
(b)

图 6-35　网具固定装置绳索

包芯绳。在全国海洋渔具调查资料中，单锚框架张网只介绍 1 种，如图 6-15 所示，其根绳是 1 条白棕绳，网口叉绳是 2 对白棕水平叉绳。

在桁杆张网中，中、小型网具规模的张网，如图 6-35（3）、（4）、（5）、（8）、（10）、（11）所示，其根绳一般是 1 条乙纶绳。不同的是图 6-35（9）虽属于小型的，如图 6-5 所示，其根绳是 1 条麻类缠绕绳。图 6-35（6）虽属于中型的，如图 6-27 所示，其根绳是由前、后 2 条稻草包芯绳串联构成。图 6-35（7）是属于大型的，如图 6-4 所示，其根绳是 1 条白棕缠绕绳。尚有辽宁和山东的大型鮟鱇网，其根绳采用钢丝绳。

在短竖杆张网中，其中双桩竖杆张网和双锚竖杆张网分别如图 6-6 和图 6-35（b）中的（12）所示，均采用 2 条根绳分别连接在左、右 2 支桩和 2 个锚与左、右 2 对垂直叉绳之间。网口周长小于 40 m 以内的小型网，其根绳一般是采用 1 条乙纶绳。网口周长 40 m 左右以上的大型网，其根绳一般采用钢丝绳，如图 6-28 所示。在全国海洋渔具调查资料中，多桩竖杆张网只介绍 1 种，如图 6-14 所示，其网口两侧的竖杆之上、下端是分别各用 2 条根绳与 2 支桩相连接，其根绳是采用旧网衣包芯绳。

在长竖杆张网中，根绳是桩、碇等网具固定装置与樯杆之间的连接绳索，如图 6-21～图 6-23 和图 6-29 所示。长竖杆张网的根绳一般是乙纶绳，如图 6-21 和图 6-23 所示。在图 6-21 中，其每支樯杆上方均用 2 条根绳分别与前方的 2 支桩相连接，此 2 条根绳均称为前根绳，又称为桩绳。在图 6-23 中，其每支樯杆上方均用 2 条前根绳分别与 2 个石碇相连接，均用 1 条后根绳与 1 个石碇相连接；

在樯列两侧的樯杆上方均多用 3 条侧根绳分别与两侧的 3 个石碇相连接。这种与碇相连接的根绳又称为碇绳。个别的张网也有采用其他材料的根绳，如图 6-22 所示，其每支樯杆上方均用 4 条前根绳（60.00 WR ϕ 18.5）和 3 条后根绳（60.00WR ϕ 18.5）固定，在樯列两侧的樯杆上方均用 6 条侧根绳（60.00WR ϕ 18.5）固定，整个樯列共需用 61 条钢丝桩绳来固定。又如图 6-29 所示，其每支樯杆的前桩绳是采用 3 条铁丝捻绳固定，后桩绳是采用 2 条竹篾绳固定，在樯排两侧的侧桩绳分别采用 5 条和 6 条铁丝捻绳固定。

3）连樯绳

在樯张竖杆张网中，连樯绳是连接在整列樯杆上方，用于固定樯杆间距、增加樯杆插入海底的牢固程度的绳索，如图 6-29 中的 5 所示。连樯绳一般采用 1 条乙纶绳，如图 6-7 和图 6-23 所示。但有些小型的长竖杆张网采用麻类绳索。大型的如图 6-22 所示，其连樯绳采用钢丝绳；中型的如图 6-29 所示，其连樯绳采用竹篾包芯绳。

3. 提取渔获物装置绳索

提取渔获物装置绳索是指装置在单囊张网网具上，便于起网时提取或卸下渔获物的绳索，有网囊引绳、挑杆绳、囊底扎绳或囊底抽口绳。

1）网囊引绳

网囊引绳是装在网口扩张装置属具上与网囊前端附近之间，起网时牵引网囊的绳索。如图 6-27 中的 7、图 6-28 中的 8 和图 6-29 中的 1 所示。综合以上所述，在全国共介绍的 90 种单囊张网中，起网时采用网囊引绳来牵引网囊的有 25 种，占单囊张网介绍种数的 27.8%。其网囊引绳的制绳材料一般是乙纶绳，当时只有山东日照的坛子网（图 6-28）的网囊引绳采用麻类绳索。

关于网囊引绳后端与网囊前端附近的连接方法，一般是将网囊引绳后端的若干米长的绳索绕过网囊前端附近的网周一圈后结扎成类似拖网网囊束绳的活络绳套，如图 6-27 所示。

上面已介绍了 25 种单囊张网是使用将引绳后端装在网囊前端附近的网囊引绳，另有 6 种单囊张网是使用将引绳后端装在网囊底部的"囊底引绳"，如图 6-18 和图 6-19 所示。但在这 6 种单囊张网的调查报告中，仍把这种囊底引绳称为网囊引绳，造成了混淆。网囊引绳后端装在网囊前端附近，起网时可捞起网囊引绳前段并绞收引绳，可较快地把网囊前端绞收到船舷，拉起或吊起网囊，解开囊底即可倒出渔获物。若引绳后端装在网囊后端附近，则起网时先绞收引绳，会把已进入网囊的渔获物从网囊后端部位逐渐逼向网囊前端部位，继而倒出网囊并进入网身。故装有囊底引绳的张网，起网时只能先使网口出水，然后顺着网口向网囊方向逐段拉收网衣，待拉收到网囊前端后，才同时拉收网囊和囊底引绳，最后才将网囊全部拉上船，解开囊底并倒出渔获物。从上述两种不同引绳的起网过程可知，利用网囊引绳起网，可只绞收网囊引绳起网。若起网后准备连续作业的，可不用拉收网身，只拉收网囊倒出渔获物；若不连续作业，则先绞收引绳来牵引网囊时，网身不受力，便于拉收网身。利用囊底引绳起网时，若先绞收引绳，网囊仍在水中，网身受力较大，拉收网身时既费力又费时；若把囊底引绳改为网囊引绳，把引绳后端装在网囊前端附近，利用引绳牵引网囊并吊上船和倒出渔获物，既省力又省时。如图 6-29 所示，此网是广东澄海的桁槽，其引绳后端原是结扎在离囊底约半米处，属于囊底引绳，现为了推广网囊引绳，本书有意把囊底引绳改画成网囊引绳。

2）挑杆绳

挑杆绳是装在挑杆梢端与网囊前端之间，起网时牵引网囊的绳索。在全国共介绍的 28 种框架型张网中，有 6 种装有挑杆绳，分布在辽宁（1 种）、天津（2 种）和山东（3 种）。其中 1 种如图 6-26 中的 7 所示，此网是山东荣成的鱼挂子网。框架张网的挑杆绳一般采用乙纶绳，当时只有 1 种采用麻绳，即山东文登的海蜇挂子网。在全国共介绍的 14 种桁杆张网中，只有 1 种装有挑杆绳，如图 6-12 所示，即山东乳山的三竿挂子网当时是采用麻绳。

关于挑杆绳后端与网囊前端的连接方法，一般与我国两片式有翼单囊拖网的网囊引绳与网囊前端附近的连接方法相似，先在网身与网囊连接处的网周背、腹中点处和网周两侧中点处外面均匀地结扎有 4 个绳环，或先在网身与网囊连接处编结有一列网目稍大的网环，然后采用一条两端插制有眼环的"网囊束绳"依次穿过 4 个绳环或一列网环并形成一个绳套后，再与挑杆绳的后端相连接，类似如图 4-118 中的 4 与 2 的连接。但拖网的网囊引绳后端是与网囊前端右网侧中点处的网囊束绳端的眼环相连接，而挑杆绳后端是与网囊前端网背中点处的网囊束绳端的眼环相连接。

3）囊底扎绳或囊底抽口绳

囊底扎绳是扎缚在囊底附近处，用于开闭囊底取鱼口的绳索。如图 6-26 中的 8、图 6-27 中的 10、图 6-28 中的 7 和图 6-29 中的 2 所示，其囊底取鱼口均采用囊底扎绳扎缚封闭。单囊张网囊底扎绳的扎缚方法均类似如图 6-36 所示，采用 1 条长 0.50～3.00 m、直径小于或等于 8 mm 的细绳在离囊底约半米处的网周扎缚成活络方式，要求绳结既要牢固且束紧网周和封闭了取鱼口，又要求便于抽开取鱼口并倒出渔获物。囊底扎绳一般采用乙纶绳，只有 3 种单囊张网的囊底扎绳当时采用的是细麻绳。

图 6-36 囊底扎绳扎缚示意图

囊底抽口绳是穿过囊底边缘网目的绳环，用于开闭囊底取鱼口的绳索。囊底抽口绳的装置类似图 4-118 中的 11 所示，应在单囊张网网囊后缘用稍粗的网线加编 1～2 目稍大目网衣，然后用 1 条长 1.00～5.00 m、直径小于或等于 8 mm 的细乙纶绳穿过后缘的稍大网目后两端插接牢固形成一个绳环。放网衣前将绳环抽紧并扎个活络结而封闭取鱼口，起网至将网囊吊上甲板后，抽开活络结即可倒出渔获物。

4. 浮沉装置绳索

浮沉装置绳索是指在单囊张网网具上，用以结扎或连接浮子、浮筒、浮标、沉子和沉石等浮沉装置数据的绳索，有浮子扎绳、浮子绳、浮筒绳、浮标绳、沉子扎绳、沉石绳等。为了避免重复和便于叙述，关于浮沉装置绳索的介绍，待到后面叙述到浮沉装置属具时才一起介绍。

三、属具部分

由于单囊张网的型式较多，故张网的属具也种类繁多，可归纳为网口扩张装置、网具固定装置、提取渔获物装置、浮沉装置和连接具五部分的属具。下面只着重介绍表 6-2 中属具部分所列出的 17 种属具。

1. 网口扩张装置属具

单囊张网的网口扩张装置属具有多种。小型的单囊张网可采用框架或桁架来扩张其网口，中、小型的可采用竖杆来扩张，中、大型的可采用桁杆来扩张，大型的张纲张网采用浮沉力来维持网口的垂直扩张，利用帆布装置的水动力或采用双锚、双桩等来维持网口的水平扩张。关于张纲张网的网口扩张，待在后面介绍浮沉装置的属具时才一起介绍。在此只介绍框架张网、桁杆张网和竖杆张网的网口扩张装置的属具，即只介绍框架、桁杆、桁架和竖杆。

1）框架

框架是在单囊张网中，撑开和固定网口的框形属具。框架的形状有正方形、等腰梯形和长方形等，如图6-37所示。框架一般是由4种口杆扎制而成，当框架张网处于作业状态时，处于网口上方的称为上口杆，处于网口左、右两侧的称为侧口杆，处于网口下方的称为下口杆。下面对不同形状的框架逐个进行介绍。

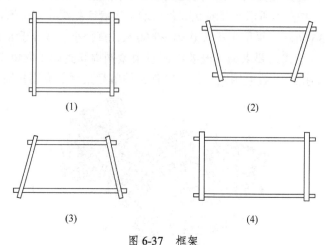

图6-37 框架

（1）正方形框架

在全国所介绍的28种框架型张网中，采用正方形框架的最多，有13种，如图6-37的（1）所示，占46%，分布在辽宁（1种）、河北（4种）、天津（2种）、山东（2种）、浙江（1种）和福建（3种）。每种口杆一般是1支竹竿，少数是由2支或3支竹竿并列扎制而成。在13种正方形框架中，有8种是采用4支毛竹竿扎制而成。福建的3种正方形框架，有的口杆是由2支或3支竹竿并列扎成，如福建长乐和连江的冬网（《中国调查》320页），其框架由10支竹竿扎制，上口杆3支，两侧口杆各3支，下口杆1支。又如福建福鼎的轻网（《福建图册》92号网），其框架由5支竹竿扎制，上口杆2支，两侧口杆和下口杆均各1支。还有1种辽宁锦县的架子网（《辽宁报告》30号网），其上口杆和两侧口杆均各为1支竹竿，其下口杆为1支木杆。

（2）等腰梯形框架

在全国所介绍的框架张网中，采用等腰梯形框架的次之，有10种，占36%。等腰梯形框架根据其上、下口杆的长短和结构的不同又可分为2种。1种是上口杆比下口杆稍长的，如图6-37中的（2）所示，共介绍了6种，分布在上海（3种）和浙江（3种），其中上海的2种框架的上、下口杆均各为2支竹竿和两侧口杆均各为1支竹竿，整个框架由6支竹竿扎制而成；还有浙江的1种框架的上、下口杆均各为1支竹竿和两侧口杆均各为1支杉木杆，整个框架由2支竹竿和2支杉木杆扎制而成；除了上述3种框架外，其余3种框架均由4支竹竿扎制而成。另1种是上口杆比下口杆稍短的，如图6-37中的图（3）所示，共介绍了4种，分布在山东（1种）、上海（2种）和浙江（1种），其框架均由4支竹竿扎制而成，除了山东的使用了1支挑杆装置外，其他3种网是使用了3支挑杆装置的框架型张网。关于挑杆装置，后面还会介绍。

（3）长方形框架

在全国所介绍的框架张网中，采用长方形框架的比较少，只有4种，如图6-37的（4）所示，约占14%，分布在辽宁、山东、江苏和福建各1种。其中辽宁和福建的长方形框架，其上口杆均各

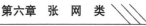

为 1 支完好的竹竿，并起浮子的作用，两侧口杆和下口杆用木杆或竹竿均可。山东的长方形框架是由竹竿扎制而成，其下口杆有小孔，便于沉降。江苏的框架如图 6-11 所示，其上、下口杆均各为 2 支竹竿，两侧口杆均各为 1 支竹竿，整个框架由 6 支竹竿扎制而成。福建的框架如图 6-15 所示，这是单锚框架张网，全国只介绍这 1 种。其上口杆为 1 支竹竿，两侧口杆和下口杆均为 1 支木杆，即整个框架由 1 支竹竿和 3 支木杆扎制而成。

上面已介绍了 27 种框架张网的 3 个不同形状的框架，此外尚有 1 种框架张网是采用形状较特殊的框架，即福建宁德的虾荡网（《福建图册》93 号网）。在 93 号网的网图中，其框架画成弓形（⌒），其弦长为 11.34 m，弧长为 24.30 m，但此弓形框架的结构与材料，在网图中没有交代。

2）桁杆

桁杆是在单囊张网网口上、下边缘，撑开和固定网口横向宽度的杆状属具。在全国所介绍的 14 种桁杆型张网中，采用桁杆扩张网口的有 8 种，采用桁架扩张网口的有 6 种。我国中大型的桁杆型张网一般采用桁杆，小型的桁杆型张网一般采用桁架。

当桁杆张网处于作业状态时，处于网口上方的桁杆称为上桁杆，处于网口下方的桁杆称为下桁杆，属于小型的有 3 种，属于中型的有 2 种，属于大型的有 3 种。下面对小型、中型和大型的桁杆张网的桁杆构成，分别进行介绍。

（1）小型桁杆张网

我国小型桁杆张网的网口纲长范围为 20.00~28.96 m。小型桁杆张网又可根据所使用的桁杆数量不同，分为单桁杆张网和双桁杆张网 2 种。在我国的 3 种小型桁杆张网中，采用单桁杆的有 2 种，即在网口上边缘只装有上桁杆；采用双桁杆的有 1 种，即在网口上、下边缘分别装有上桁杆和下桁杆。2 种单桁杆张网的网口纲长分别为 23.32 m 和 28.96 m，分别如图 6-13 和图 6-35（a）中的（3）图所示，均只采用 1 支毛竹竿构成的上桁杆来维持网口的水平扩张。1 种双桁杆张网如图 6-12 和图 6-35（a）中的（4）图所示，其网口纲长 20.00 m，采用 2 支同规格的竹竿分别作为上、下桁杆来维持网口的水平扩张。

（2）中型桁杆张网

我国中型桁杆张网均为双桁杆张网有 2 种，其中较小的示意图如图 6-35（a）中的（5）图所示，其网口纲长 29.40 m，采用 2 支同规格的毛竹竿，基部与梢部相同，扎制成 1 根上桁杆，两端凿洞，下桁杆采用 1 支与上桁杆同长度的无缝钢管制成。较大的如图 6-27 和图 6-35（a）中的（6）图所示，其网口纲长 39.00 m，上桁杆采用 7~8 支毛竹竿结扎而成，下桁杆采用 2 支毛竹竿和 1 支圆铁杆结扎而成。

（3）大型桁杆张网

我国 3 种大型桁杆张网的网口纲长范围为 67.60~81.92 m，均属于双桁杆张网。其中较小的类似图 6-35（b）中的（7）图所示，只需把下叉绳由 2 对叉绳构成改为由 1 对叉绳构成，把 1 条根绳改为由 1 条根绳和 1 条后根绳连接构成，并在上桁杆上不装浮筒即是。其网口纲长 67.60 m，上桁杆采用乙纶绳将 16 支毛竹竿分段捆扎成两端细、中间粗的杆束，下桁杆采用 3 支槐木杆一字排列，连接处用螺丝连接固定，并用乙纶绳捆扎制成。稍大的可参阅辽宁东沟的鲅鳙网（《中国图集》144 号网），其网口纲长 75.34 m；上桁杆是以 1 支直径 230~270 mm、长 6 m 的杉木作芯，外包 12~14 支基部直径 130~140 mm 的竹竿，用直径 4 mm 的铁线分段捆扎成两端细、中间粗的杆束，在杆的中段缠绕直径 30 mm 的稻草绳，以防竹劈挂网；下桁杆是采用 5 支基部直径 260~270 mm、长 4~5 m 的木杆呈一字连接，连接处用螺丝连接固定，螺丝两旁用直径 16 mm 的钢丝绳捆扎制成。最大的如图 6-4 所示，其网口纲长 81.92 m，上桁杆是采用旧乙纶网衣捻绳将 24~32 支竹竿分段捆扎成两端细、中间粗的杆束，下桁杆采用 1 支圆铁管，并捆扎有 2 支硬木杆。

3）桁架

桁架是在单囊张网中，撑开和固定网口的架状属具。采用桁架扩张其网口的张网一般是小型的桁杆型张网，共6种，其中4种属于单桩桁杆张网，2种属于船张桁杆张网。采用桁架的单桩桁架张网中，第1种如图6-35（b）中的（8）所示，其桁架由1支横杆和2支竖杆构成，共采用3支竹竿。第2种如图6-35（b）中的（9）所示，其桁架由1支横杆和2支撑杆构成，也共用3支竹竿。第3种如图6-35（b）中的（10）所示，其桁架由1支横档杆和2支撑杆构成，横档杆为硬木杆，撑杆为竹竿。此外，2支撑上端之间连接有1条乙纶框绳。第4种如图6-35（b）中的（11）所示，也是由1支横档杆和2支撑杆构成，但第3种与第4种的结构形状刚好上、下相反，材料相同，即横档杆用硬木杆，撑杆用竹竿，但第4种不装框绳。

在全国所介绍的2种船张桁杆张网中，均采用桁架来扩张器网口。1种较小如图6-17所示的接网，网口周长为9.98 m，其桁架与图6-35（b）中的（11）相似，桁架的材料也相同，即横档杆采用硬木杆，撑杆采用竹竿。另一种较大，如图6-38所示，是福建泉州的虎网（《福建图册》107号网），网口纲长为20.80 m，其桁架由1支竹横杆和1支木竖杆构成。

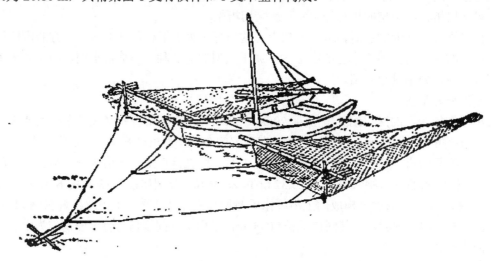

图6-38　船张桁杆张网（虎网）

4）竖杆

竖杆是在单囊张网网口两侧，撑开和固定网口纵向高度的杆状属具。

我国短竖杆张网的竖杆均采用木杆或竹竿制作。在21种短竖杆张网中，采用槐木、柞木等木料制作的有13种，采用竹竿制作的有8种。在黄渤海区和南海区一般采用木竖杆，在东海区一般采用竹竖杆。在竖杆的上、下端附近各凿有1个槽孔或装有1支硬木横销，可便于绳索的结缚。

在全国所介绍的43种竖杆型张网中，短竖杆张网有21种，长竖杆张网有22种。短竖杆张网中的竖杆长度比侧口纲长度稍长，只维持网口的垂直扩张，而网口的水平扩张尚需利用双桩或双锚来维持，如图6-6、图6-28和6-35（b）的（12）图所示。长竖杆张网中的竖杆长度比侧口纲长度长得多，此竖杆的下方应插进海底并起了固定网具的作用，如图6-7、图6-23和图6-29的8所示。短竖杆一般称为竖杆，为了便于区别，长竖杆又称为樯杆。由于樯杆起了固定网具的作用，则樯杆也属于网具固定装置的属具，故本书是在后面介绍网具固定装置属具时，才介绍樯杆。

2. 网具固定装置属具

根据附录O中张网类的"渔具分类名称"栏中可以看出，张纲型张网的固定装置属具用双桩、单锚或双锚；框架型张网的一般用单桩单锚，此外有2种采用桁架的桁杆型张网是固定在渔船上的；竖杆型张网的一般用双桩、多桩、双锚或樯杆，此外有3种采用短竖杆的竖杆型张网是固定在渔船上的。综合以上所述，除了渔船是5种船张式张网的固定装置外，其他的单囊张网的网具固定装置属具主要是桩、锚和樯杆。

1)桩

桩是固定张网用的较短的杆状属具。

我国单囊张网所使用的桩均采用木杆或竹竿制作,桩的种类有木桩、竹桩和竹木结构桩三类。福建均有采用此三类桩,浙江、上海和江苏主要采用竹桩,其余沿海7省(自治区、直辖市)均采用木桩。

(1)木桩

我国的木桩,北方一般采用柳木、柞木、槐木、杨木和松木等木料制作而成,南方一般采用松木和木麻黄等木料制作而成。木桩是一段圆柱状木料,其大头在上、下端削尖呈圆锥状,其顶端结构有2种:1种是在木桩顶端向下钻有孔径33 mm左右的眼孔,以便打桩时将眼孔套进打桩杆下端的导针上,如图6-39中的(1)、(2)所示;另1种是在木桩顶端向上装有圆柱状的桩柄,以便打桩时将桩柄插入打桩杆下端的导管内,使其在打桩时不易脱离导管,如图6-39中的(3)所示。为了方便与桩绳的连接固定,在木桩中上部的制作方式有2种:1种是在中部钻有1个横孔,如图6-39中的(1)所示;另1种是在上部先钻1个横孔,后插进1条木销,如图6-39中的(2)、(3)所示。木桩的直径一般为100~200 mm,最细的50 mm,最粗的300 mm;桩长一般为0.80~2.50 m,最短的0.57 m,最长的6.00 m。桩的粗细和长短除了与网具规模和渔场水流缓急有关外,主要根据渔场底质而定,软泥质采用粗而长的桩,较硬的沙泥底质采用细而短的桩。

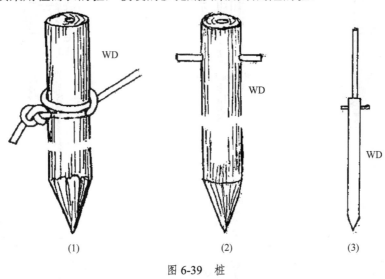

图6-39 桩

(2)竹桩

我国的竹桩的结构形式较多,最简单的是采用有1段竹竿,其大头在上、下端两侧削尖呈倒U形,如图6-40中的(1)所示。还有1种较简单的是将竹竿小头处削尖成斜楔形,在上部的横孔内插进1支杂木销,如图6-40中的(2)所示。在上述结构的基础上,在竹桩大头处两侧各绑上1条长度稍短、直径近似的半片竹片,用黄麻绳分3道绕扎而成,如图6-40中的(3)所示。还有1种是中间为1支毛竹竿,左右两侧各绑上1条稍长的竹片,竹片下方呈鸭嘴形,外用单股草篾绳分4道绕扎牢,如图6-40中的(4)所示。最复杂的是由3支等长的毛竹竿组成,其大头处均锯平,下端均削尖成斜楔形,分5道用单股草篾绳绕扎牢。其中1支稍大的竹竿的内竹节打通,供打桩时套进打桩的导针上。在另外2支竹竿上部的横孔内插入1支杂木销,其下部的横孔内插入1支钢销,如图6-40中的(5)所示。

(3)竹木结构桩

在全国海洋渔具调查资料中,只介绍了福建的1种竹木结构桩,如图6-40中的(6)所示。此桩是以1支圆柱状的硬木为芯,外包2支稍长的竹竿展平的竹片,在竹片上部用1支硬木销贯穿牢固，硬木露出竹片上端 330 mm 部位作为桩柄，在竹片中部和下部用竹篾稻草绳绕扎。此竹木结构桩的外径为 300 mm，桩长为 4.60 m。

综合以上所述，单竹桩一般比木桩细长一些，复合竹桩［如图 6-40 中的（3）、（4）、（5）所示］比木桩稍粗长，竹木结构桩最粗。山东以北地区的木桩，其顶端一般钻有眼孔；浙江、上海的竹桩，其中心竹竿上部的内竹节均打通；它们均是采用下端带导针的打桩杆来打桩的。福建的竹木结构桩和福建及其以南各地区带有桩柄的木桩，均是采用下端带导管的打桩杆来打桩的。

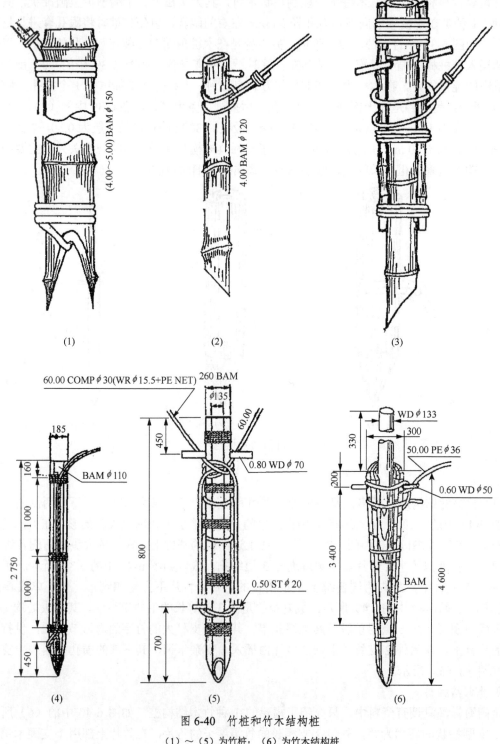

图 6-40　竹桩和竹木结构桩
（1）～（5）为竹桩；（6）为竹木结构桩

2）锚

锚是固定张网用的齿状属具。

我国单囊张网所使用的锚有铁锚和木锚两种。木锚在水中较轻,适用于软泥底质渔场,既有爬驻能力,又不易陷入软泥内,便于操作。在同等爬驻能力条件下,铁锚比木锚小,在渔船上所占甲板面积就比木锚小。铁锚适用于较硬底质渔场,便于爬驻。

（1）铁锚

铁锚是固定网具的铁制属具。我国单囊张网所采用的铁锚如图 6-41 所示。其中 1 种是较小型的双齿铁锚,重 18～60 kg,如图 6-41 中的（1）所示,由 1 支锚杆、2 个锚齿和 1 支档杆组成;另 1 种是中大型的双齿铁锚,重 100～600 kg,如图 6-41 中的（3）所示,这是山东荣成的鮟鱇网(《山东图集》87 页)所采用的大型双齿铁锚,重 500 kg,锚杆为 3.12 m 长的圆铁杆,锚齿为 0.36 m 宽的铁板,档杆为 2.11 m 长的圆铁管,档杆插入锚杆下端的圆环中,形成如图 6-41 中的（1）所示的形状;还有一种是中型的四齿铁锚,重 150～350 kg,如图 6-41 中的（2）所示,其结构较简单,只由 1 支锚杆和 4 个锚齿组成。

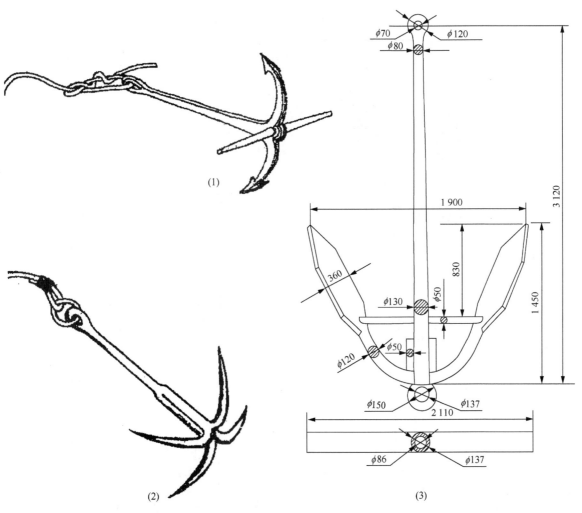

图 6-41　铁锚

（2）木锚

木锚是固定网具的木制锚状属具,又可称为椗。我国单囊张网所采用的木锚有单齿和双齿两种,小型和中型的木锚一般采用单齿锚,大型的木锚才采用双齿锚。小型的单齿木锚如图 6-42 中的（1）

所示，这是浙江苍南的抛椗张网（《浙江图集》90 页）所采用的木锚，由 1 支锚杆、1 支锚齿和 1 支挡杆组成，均为木质，只在齿头嵌装犁形铁块，重约 20 kg。中型的单齿木锚如图 6-42 中的（2）所示，是浙江定海的大捕网（图 6-2，《中国图集》127 号网）所采用的木锚，硬木制，重约 300 kg。图 6-42 中的（2）和（1）是比较相似的，均由 1 支锚杆、1 支锚齿和 1 支挡杆组成。不同之处除了其大小和质量不同之外，还有齿头嵌装的铁块形状也不同，图（1）嵌装的是犁形铁齿头，图（2）

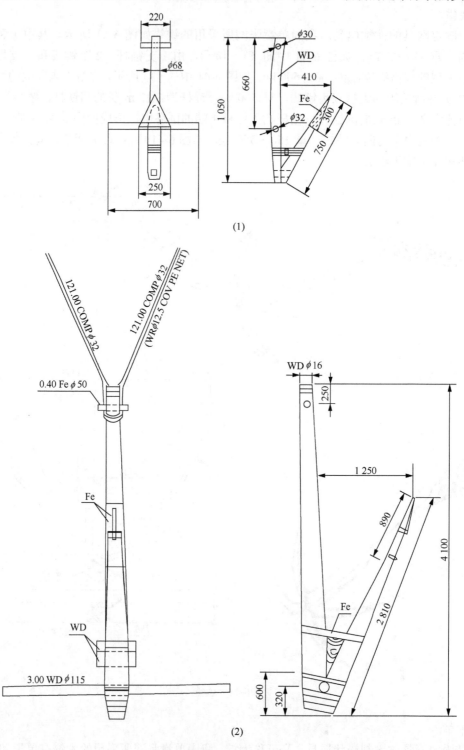

图 6-42　木锚

嵌装的是锄形铁齿头；再有档杆的安装部位也不同，图（1）的档杆是插入锚杆中下部直径为32 mm的圆孔中，图（2）的档杆是插入锚杆和齿杆下方连接处的圆孔中。大型的双齿木锚是辽宁东沟的鮟鱇网（《中国图集》144号网）所采用的木锚，用柞木或其他硬木制成，由1支锚杆、2支锚齿和1支档杆组成，锚杆长6.60 m，锚齿长2.80 m，档杆长3.00 m，锚杆与左、右锚齿之间的夹角均为30°。在介绍此鮟鱇网的网图种，只在其作业示意图（图6-42）中绘有此木锚的示意图。

此外，各地尚有一些代替桩、锚的特殊固定装置。如江苏、上海使用草把代替桩，是将12.50 kg的一捆茅草埋入泥中当桩用，又称为草把桩；也有在茅草或马粒草中间夹着系上一条根绳的木板一块，捆扎成圆柱形的草把桩，重5~8 kg。又如广东，有的用竹筐装石头块代替锚；又如在海南，有的用40个水泥块串在一起代替锚，每个水泥块规格为500 mm×400 mm×400 mm，中间留有边长140 mm的方形孔，以便穿过绳索把若干水泥块串在一起。这种代替锚的石块或水泥块又称为碇。

3）橛杆

橛杆是固定张网用的较长的杆状属具。在全国所介绍的22种橛张竖杆张网中，有13种采用木橛杆，6种采用竹橛杆，1种采用空心钢筋混凝土橛杆，尚有2种在网图没有说明。

（1）木橛杆

橛张竖杆张网使用的木橛杆是采用松木、柞木、杨木或其他硬木制成的。在13种采用木橛杆的橛张竖杆张网中，有6种网口纲长为8.32~21.68 m的张网采用较小的木橛杆，如图6-7所示，其固定装置构件均为木橛杆和连橛绳。橛杆基部直径120~350 mm，长6~16 m。另有6种网口纲长为25.34~41.60 m的张网采用较大的木橛杆，如图6-22所示，其固定装置构件均为木橛杆、连橛绳、桩和桩绳，橛杆基部直径120~500 mm，长9~20 m。木橛杆的基部一般均削尖，便于插入海底。尚有1种网具较大却采用较小的木橛杆的张网，即是山东无棣的护网（《山东图集》96页），其网口纲长33.00 m，属于较大的张网却采用较小的木橛杆，其橛杆基部直径100~150 mm，长10 m。

（2）竹橛杆

橛张竖杆张网使用的竹橛杆一般采用毛竹。在6种采用竹橛杆的橛张竖杆张网中，有4种网口周长为8.80~13.00 m的张网采用较小的竹橛杆，如图6-20（3种）和图6-7（1种，只需把图中的木橛杆改画成竹橛杆即是）所示，橛杆基部直径60~85 mm，长2~7 m。另有2种网口周长33.80 m和34.30 m的张网采用较大的竹橛杆，如图6-21（网口周长33.80 m）所示，其固定装置构件均为竹橛杆、桩和桩绳，橛杆基部直径130~140 mm，长9~12 m。竹橛杆的基部均削成斜楔形，便于插入海底。

（3）中孔钢筋混凝土

使用中孔钢筋混凝土橛杆的张网如图6-23所示，这是福建平潭的企桁（《中国图集》151号网）。其橛杆是先用钢筋扎成上小下大的圆锥筒状的钢筋架，再向钢筋架浇注混凝土而制成钢筋混凝土管。此管的基部外径300 mm，顶端外径190 mm，管壁厚度35 mm，重约2 t。

3. 提取渔获物装置属具

在单囊张网中，专门用作提取渔获物的属具只有上挑杆，而浮筒、浮标也可用作提取渔获物的属具。关于浮筒或浮标如何用作提取渔获物的属具，待后面介绍浮沉装置属具时才一起介绍。

在全国共介绍的28种框架型张网中，有6种装有上挑杆，如图6-26中的6所示；在全国共介绍的14种桁杆型张网中，只有1种装有上挑杆，如图6-12所示。即有7种单囊张网是利用上挑杆和挑杆绳提取渔获物的，分布在辽宁（1种）、天津（2种）和山东（4种）。

上挑杆是装在框架型张网的上口杆或桁杆型张网的上桁杆的中部与挑杆绳前端之间较长的杆状属具。上挑杆的基部结缚在上口杆或上桁杆中点，梢端连接挑杆绳，挑杆绳另一端与网囊束绳相连接或挑杆绳另一端在网囊前端附近扎成活络绳套,如图 6-26 中的 6、7 所示。起网时,渔船靠近网口后用竹篙钩起挑绳,再沿着挑杆绳提上网囊。上挑杆一般为基部直径 60～100 mm、长 2～12 m 的竹竿,挑杆绳一般为直径 5～20 mm、长 5～10 m 的乙纶绳,另有 2 种是采用直径 18 mm、长 5.80～6.50 m 的麻绳。

4. 浮沉装置属具

单囊张网的浮沉装置属具主要是三大类,即浮子、沉子和沉石。其他如框架、桁杆、挑杆、浮筒和浮标等也带有浮沉作用的,也在此顺便介绍。浮子根据材料不同又可分为硬质塑料(PL)球浮、软质泡沫塑料(FP)浮子、竹(BAM)浮子和其他大型的或特殊的浮子。沉子有铁(Fe)沉子、铁链(CH)沉子、陶土沉子(CER)、石(STON)沉子、混凝土沉子(CEM)等。沉石一般为近似椭圆球形的天然石块、稍微加工过的近似方矩形的石块或加工为秤锤形的石块,如图 2-39 所示。下边将逐一介绍单囊张网不同网型的浮沉装置属具。

1)张纲型张网的浮沉装置

我国的张纲型张网有单锚张纲张网、双锚张纲张网和双桩张纲张网 3 种型式。在全国海洋单囊张网的调查资料中,单锚张纲张网只介绍 1 种,为江苏的帆张网;双锚张纲张网也只介绍 1 种,为浙江的大捕网;双桩张纲张网共介绍 3 种,为浙江的小大捕网,福建的棕头网和网艚。由于棕头网和网艚的网图资料不全而暂不做介绍。浙江的大捕网和小大捕网的网具结构基本相似,只是网具定置的属具不同,前者是双锚定置,后者是双桩定置,故只介绍帆张网和大捕网的浮沉装置。

(1)帆张网

江苏启东的帆张网(《中国图集》126 号网)如图 6-1 所示,利用网口两侧帆布装置的水动力维持网口水平扩张,利用上、下口纲上及其附近的浮子、大型浮团和铁链的浮沉力维持网口垂直扩张。故浮子、大型浮团和铁链是帆张网的浮沉装置属具。

①浮子是采用硬质塑料带耳球浮,如图 4-62(1)所示,其规格为 PLϕ370—196.13 N,共用 4 个,用稍粗的乙纶网线将浮子均匀结缚在上口纲的中间,其安装档距为 1.80 m。

②大型浮团是由 40 个硬质塑料带耳球浮(PLϕ270—74.53 N)用网袋捆扎而成,其总浮力为 2981.20 N,这是我国单囊张网浮力最大的大型浮子,共用 2 个,需用较粗的乙纶绳将其分别结缚在网口两侧帆布装置的上外侧部位。

③下口纲上悬挂的 370 kg 铁链,是作为下口纲上的铁链沉子,这是我国张网中最重的沉子。

此外,从图 6-1 中可以看到,有 1 支浮标通过浮标绳(15.00 PEϕ12)连接在网囊引绳中部。此浮标不仅起着标识网位的作用,还起着方便提取渔获物的作用。起网时,先捞上浮标和浮标绳,继而绞起网囊引绳,再用桅杆吊起网囊,拉开囊底抽口绳,即可倒出渔获物。根据浮标上的标注可知,此浮标是在 1 支基部直径 40 mm、长 4 m 的竹竿中部,结缚有由 10 个外径 130 mm、长 170 mm 的圆柱形泡沫塑料浮子串在一起形成的浮子串,竹竿下方结缚有重 5 kg 的石沉子,竹竿上方扎缚有一幅小旗。

(2)大捕网

浙江定海的大捕网(《中国图集》127 号网)如图 6-2 所示,利用双锚的间距维持网口水平扩张,利用上、下口纲上及其附近的上、下根绳上的浮子、大型钢桶、竹浮子和铁链、沉石的浮沉力维持网口垂直扩张。

①采用规格 PLϕ200—29.42 N 的浮子 8 个。

②大型钢桶是用厚度为 2.5～3.0 mm 的钢板焊制而成,浮力 784.53 N,共用 9 个。

在上口纲上先结缚 3 个钢桶,并在 3 个钢桶之间及其两侧各用稍粗的乙纶网线均匀结缚各 2 个浮子,共结 8 个;再在左、右上根绳上各结缚 3 个钢桶。钢桶下端通过钢桶绳(3.00 PEϕ20)系结

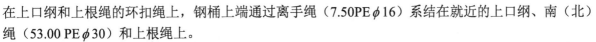

在上口纲和上根绳的环扣绳上，钢桶上端通过离手绳（7.50PEϕ16）系结在就近的上口纲、南（北）绳（53.00 PEϕ30）和上根绳上。

③竹浮子是 1 支规格为 9.10 BAMϕ150 的毛竹，其基部钻有小孔，用 1 段乙纶绳穿过小孔后两端绳头内插成 1 个连接绳环，再用 1 条竹浮子绳（3.00 PEϕ22）穿过圆环和上根绳上的环扣绳后结扎成装配长为 1 m 的竹浮子绳。竹浮子系结在离最前的钢桶为 7.50 m 处的上根绳上，左、右共用 2 个竹浮子。

④铁链分为大、小铁链，其中小的 1 条，大的 2 条，每条均重 70 kg。大小铁链均布于下口纲上，其中小铁链在中间，大铁链在两侧，每隔 0.3 m 用废乙纶网衣条扎缚。

⑤沉石由石块凿成，呈秤锤形，重 40 kg，共 2 个，用乙纶沉石绳悬附于下根绳与网耳绳相连接处的外侧。

2）框架型张网的浮沉装置

我国的框架型张网有单桩框架张网和单锚框架张网 2 种型式。在全国单囊张网的调查资料中，共介绍了 27 种单桩框架张网和 1 种单锚框架张网。框架型张网的浮沉装置比较简单，主要属具只有沉石，其他具有浮沉作用的属具有框架、挑杆和浮筒。

（1）沉石

在 28 种框架型张网网图中，有 12 种张网在网口下口杆两端的侧口杆内框附近系有沉石，共用 2 个，如图 6-3、图 6-26 和图 6-31 所示。采用天然石块或方矩形石块，每个重 5.00～25.00 kg，用规格为（2.50～5.00）PEϕ（8～15）的沉石绳悬挂于下口杆两侧，用以稳定框架和调节网具的沉力。

（2）框架

框架一般采用竹竿扎成，竹竿本身具有浮力，故为了稳定框架在水中的直立状态，一是要求上口杆的竹竿均为完好的，并起着浮子的作用；二是在左、右两侧口杆下部和下口杆的竹竿上，应对每个竹节钻有小孔，让水进入竹节内，使其浮力小些，故对没有装置沉石的框架，均应做上述处理。为了进一步调节网具的作业水层，尚需靠增减在下口杆两侧的沉石质量。

（3）挑杆

在 28 种框架型张网中，使用挑杆的有 12 种。其中使用 1 支上挑杆的有 6 种，使用 1 支中挑杆的有 3 种，使用 3 支挑杆的有 3 种。上挑杆是属于用作提取渔获物装置的属具，如图 6-26 中的 6 所示，已在前面做了介绍，不再赘述。下面只介绍 1 支中挑杆和 3 支挑杆的。

①1 支中挑杆的中挑杆是装在中竖杆与网囊部网衣之间的较长的杆状属具。使用中挑杆的有 3 种网，即为江苏启东的洋方（《中国图集》129 号网）、上海崇明的海蜇网（《中国图集》134 号网）和密眼网（《上海报告》92 页）。这 3 种的中挑杆结构或装配基本相似，只是中挑杆的长短粗细稍有不同。中挑杆的结构与装配如图 6-11 所示，先将 1 支中竖杆（4.20 BAMϕ140）的两端与上、下口杆的中点处结扎，再将中挑杆（5.50 BAMϕ120）的基部扎在中竖杆的中点处，梢部穿过网囊背部网衣后，梢端与网身、网囊之间的竹片圈用乙纶绳相连接。竹片圈扎在中挑杆的作用，除了撑开网身和网囊外，中竖杆和中挑杆本身的浮力还可以稳定网具的作业水层。

②使用 3 支挑杆的张网有 3 种，即上海南汇的高稀网（《中国图集》132 号网）和舥网（《上海报告》109 页）、浙江普陀的三杠网（《中国图集》131 号网）。这 3 种张网均是使用上口杆比下口杆稍短的 3 种等腰梯形框架的张网。这 3 种网的 3 支挑杆的结构与装配基本相似。每种网的 3 支挑杆均为同规格的竹竿，即规格均为 6.00 BAMϕ100。浙江的三杠网的结构与装配如图 6-43 所示，其 3 支挑杆规格均为 8.50 BAMϕ110。1 支挑杆的基部扎在上口杆的中点处，另 2 支挑杆的基部分别扎在距下口杆内框 0.35 m 的左、右侧口杆上，3 支挑杆的梢部交叉一起用乙纶绳缚牢。由于竹竿具有一定的浮力，会使网具向上浮漂一些，尤其是装有 3 支竹竿的张网，是以捕捞沿岸海区中上层小型捕捞对象为主的框架型张网。

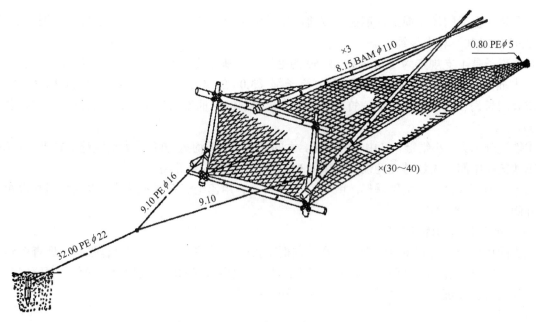

图 6-43 三杠网总布置图

（4）浮筒

浮筒是用浮筒绳连接在张网的上方并漂浮在水面上的浮子，是网位的标志物。框架型张网所采用浮筒有两种，一是泡沫塑料浮筒，如图 2-36 中的（4）所示；二是竹浮筒，近似图 2-36 中的（1）所示。但在图中只是画出 1 节竹筒，而张网的竹浮筒是数米长的竹竿。

①泡沫塑料浮筒。辽宁锦县的架子网（《辽宁报告》30 号网）和辽宁庄河的挂子网（《辽宁报告》31 号网）均采用泡沫塑料浮筒。架子网的浮筒是 1 个泡沫塑料球浮 FPϕ（80～100），用 1 条浮筒绳（4.00 PEϕ15）系于挑杆绳中部。起网时先捞起浮筒和浮筒绳，继而沿着挑杆绳起上网囊，解开囊底扎绳倒出渔获物。挂子网的浮筒是 1～2 个泡沫球浮（FPϕ100），用 1 条浮筒绳（8.00ϕ12）系于网囊引绳中部，类似图 6-27 所示，只要把网口固定装置的桁杆改为框架即是。起网时先捞起浮筒和浮筒绳，继而沿着网囊引绳起上网囊。

在上述两种浮筒的装置中，浮筒不但可以标识网位，还缩短了起网时间，这是较佳的起网装置方式。

②竹浮筒。浙江玉环的应捕网和福建长乐或连江的冬网，均采用竹浮筒，这 3 种张网的浮筒装置方式均相似，只是浮筒绳系在网口框架的左上角还是右上角的不同。福建长乐的冬网（《中国图集》136 号网）如图 6-44 所示，其竹浮筒（3.50 BAMϕ110）用 1 条浮筒绳（25.00 PEϕ7.5）系在网口框架的左上角，而 1 条网囊引绳（30.00 PEϕ10）的前端也系在框架的左上角。起网时先捞起竹浮筒和浮筒绳，继而用网钩钩住框架，再沿网囊引绳起上网囊。这种方式要拉起整条网囊引绳，故此装置的起网时间会比浮筒绳系在网囊引绳中部的多一些。这种装置方式的竹浮筒主要是起着标识网位的作用。此外，在冬网的网口框架两侧下方，每侧结缚有每个约重 20 kg 的沉石，每侧 4 个，共 8 个，依季节不同增减调节。

3）桁杆型张网的浮沉装置

在 14 种桁杆型张网中，若按网口扩张属具的作用分，有单桁杆张网 2 种，双桁杆张网 6 种，桁架张网 4 种，另有船张桁杆张网 2 种。除了桁架张网和船张桁杆张网可不设浮沉装置外，其余 8 种张网均需利用浮子、沉子或沉石的浮沉力维持网口的垂直扩张，故浮沉装置对使用水平桁杆的张网来说是非常重要的，下面只介绍此 8 种张网。上述张网的浮沉装置又可分为 3 种类型：1 种是小型的，其网口纲长 20.00～28.96 m，有 3 种网；另 1 种是中型的，有网口纲长 29.40 m 和 39.00 m 的 2 种网；第 3 种是大型的，网口纲长 67.60～81.92 m，共有 3 种。上述 8 种张网的浮沉装置主要是浮子、沉子和沉石，其他的尚有浮筒和浮标也在此顺便介绍。

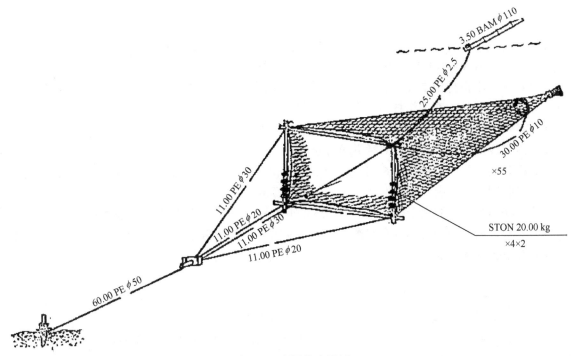

图 6-44 冬网总布置图

(1) 小型

在 3 种小型的桁杆张网中，2 种是采用单桁杆的，如图 6-13 和图 6-35（a）中的（3）所示，分别是河北黄骅的单杆桩张网（见《河北图集》22 号网）和浙江苍南的抛碇张网（《中国图集》145 号网），其网口纲长分别为 23.32 m 和 28.96 m。此 2 种网的上口纲均结缚在 1 支完整的竹竿上，具有一定的浮力；其下口纲两端的网耳上，均用沉石绳悬挂着 1 个重 15～25 kg 的天然石块，左、右共用 2 个。这 2 个沉石既起了代替下桁杆将左、右下网角分开的作用，又起了沉降的作用。此外，在图 6-13 中可看到单杆桩张网的浮筒是采用 2 个泡沫塑料球浮（FPϕ100—4.73 N），用浮筒绳（12.00 PEϕ4）直接系在网囊前端附近。起网时只要捞起浮筒，继而沿着浮筒绳起上网囊。在这种浮筒装置中，浮筒除了能标识网囊位置外，还能以最短的时间内起上网囊卸下渔获物，这是最佳的起网装置方式。在《中国图集》145 号网的抛碇张网总布置图中，可看到其浮筒是 1 个竹浮筒（1.90 BAMϕ130），用浮筒绳（60.00 PEϕ10）系在上桁杆的右端。起网时先捞起竹浮筒，拉浮筒绳至上桁杆，拔上网口，拉上网身、网囊，解囊取鱼，最后起碇（木锚），准备下次放网。这种装置的竹浮筒主要作用是标识网口位置，但起网时间最长。由于抛碇张网是单锚定置的张网，每次起网后常要转移网敷设的所在地（以下简称网地），只好采用这种装置方式，要花较长时间拉上全部网具，准备到新的网地放网。

还有一种是采用双桁杆的小型桁杆张网如图 6-12 所示，是山东乳山的三竿挂子网（《山东图集》90 页），其网口纲长 20.00 m，是唯一设置有上挑杆和挑杆绳的桁杆型张网。其上挑杆和上桁杆均为 1 支完整的竹竿，具有一定的浮力。下桁杆也是 1 支竹竿，但其每个竹节均钻一小孔，便于沉降，同时还在下桁杆的中点和两端均用沉石绳悬挂有 1 个重 13 kg 的天然沉石，共 3 个。当缓流而上挑杆浮出水面后才起网。渔船靠近上挑杆后，用竹篙挑起挑杆绳，再沿挑杆绳拉上网囊。这种起网方式比较方便，起网操作时间相对较短，故对作业网地比较固定的单桩桁杆张网来说，装置上挑杆和挑杆绳是比较好的选择。

(2) 中型

2 种中型的桁杆张网均为双桁杆张网，分别是江苏启东的单根方（《中国图集》140 号网）和上海崇明的桁杆张网（《上海报告》114 页）。

①单根方如图6-27所示,其网口纲长39.00 m,上桁杆采用7~8支毛竹竿结扎而成。由于浮力尚不足,还需在上桁杆两端各扎缚1个大泡沫塑料浮子,用旧网衣将1个圆柱形的大浮子(FPϕ500×800—1.30 kN)包扎好,每个浮子再用2条浮子绳(2.50 PEϕ12)结扎在上桁杆两端,共扎2个浮子。下桁杆由2支毛竹竿结扎而成,为了增加沉力,还要在下桁杆扎上1支圆铁杆沉子(7.00 Feϕ30)。此外,在上桁杆右端和网囊前端之间装置了1条网囊引绳,用两个圆柱形泡沫塑料浮子(FPϕ140×170 d—14.71 N)串成的浮筒用浮筒绳(3.50 PEϕ10)系在网囊引绳中部,便于起网时捞起浮筒浮筒绳后,再沿着网囊引绳可较快起上网囊。

②桁杆张网的网口装置如图6-35(a)中的(5)所示,其网口纲长29.40 m,上桁杆由2支同规格的毛竹竿扎制而成。由于浮力不足,还需在上桁杆两端各扎缚1个大浮子,此大浮子的材料规格及其结扎方法与单根方的完全相同,不再赘述。下桁杆为1支无缝钢管(8.70STPIPϕ80)。此外,与单根方一样,桁杆张网也装置有网囊引绳,其浮筒的材料规格与单根方的也完全相同,浮筒用浮筒绳(3.50PEϕ8)系在网囊引绳中部,这种浮筒装置的作用与单根方的也相同,不再赘述。

(3)大型

3种大型的桁杆张网也均为双桁杆张网,分别是山东荣成的鲅鳒网(《山东图集》87页)、辽宁东沟的鲅鳒网(《中国图集》144号网)和江苏启东的单锚张网(《中国图集》143号网)。

①山东鲅鳒网的网口纲长67.60 m,上桁杆是用乙纶绳将16支竹竿分段捆扎成中部粗、两端细的杆束,下桁杆是用3支槐木杆呈一字排列,连接处用螺丝固定,再用绳捆扎制成。为了增加沉力,还在下桁杆下方均匀扎缚10个长方形铁沉子(Fe10.00 kg×10)。此外,采用由9个泡沫塑料球浮(FPϕ95 d18—4.34 N)串成的浮筒3个,分别用浮筒绳(3.50 PEϕ20)系在上桁杆两端和网囊前端。系在上桁杆两端的浮筒如图6-5所示,只需把网口的桁架改为上、下桁杆,把系在靠近横杆中部的2条浮筒绳改为系在上桁杆两端,再把由1个硬质塑料球浮作为浮筒改为用浮筒绳上端把9个泡沫塑料球浮串在一起的浮筒。这种系在上桁杆两端的浮筒装置,可利用调节其浮筒绳的长短来控制网口的作业水层。系在网囊前端的浮筒绳和浮筒,类似图6-13,只需把用2个泡沫塑料球浮串成的浮筒改为由9个泡沫塑料球浮串成。起网时需先捞上浮筒和浮筒绳,即可起上网囊,卸下渔获物。

②辽宁的鲅鳒网的网口纲长75.34 m,上桁杆以1支杉木杆为芯,外包12~14支竹竿,用铁线分段捆扎成中部粗、两端细的杆束。由于杆束本身浮力已足够,故无需再装浮子,下桁杆用5支木杆呈一字排列,连接处用螺丝固定,再用钢丝绳捆扎制成。为了增加沉力,还在下桁杆下方均匀扎缚铁轨3段。此外,还采用由2个硬质塑料球浮(PLϕ200—27.46 N)组成的浮筒1个,但没说明其浮筒绳(10.00 PEϕ19)下端是系在网囊前端还是网囊后端。若是系在网囊前端,则此浮筒不单是起着标识网囊位置的作用,而且还是最佳的起网装置方式;若是系在网囊后端,则此浮筒只作为囊底部位的标识。

③单锚张网如图6-4所示,网口纲长81.92 m,这是桁杆型张网中最大型的网具。上桁杆是用旧乙纶网衣捻绳将24~36支竹竿分段捆扎成中部粗、两端细的杆束。为了增加浮力,还在上桁杆两端各扎缚大泡沫塑料浮子(FPϕ500×800—1.30 kN),此浮子的规格、制作与扎缚在上桁杆两端的方法均与单根方张网的完全相同,不再赘述。下桁杆采用1支圆铁管(20.16 Fe PIPϕ89×20.16),还在下桁杆下方扎缚圆铁杆或硬木,其总重量为300~400 kg。此外,为了便于起网,还装置有浮标。此浮标类似如图2-37中的(2)所示,标杆为竹竿,中间系泡沫塑料球浮,基部系铁块,梢部装小旗,用浮标绳(11.70 PEϕ12)把浮标系在网囊前端。起网时,一般只需抱起浮标和浮标绳,继而沿网囊引绳提起网囊卸下渔获物。如果发生走锚(锚位移动)或需转移渔场时,才将锚、网全部起上。

综合以上所述,8种使用水平桁杆的张网中,小型的桁杆张网,其上桁杆只是1支完整的竹竿,具有一定的浮力,不需再装浮子,但在下口纲两端或下桁杆的中点和两端均需装置有沉石。中型的桁杆张网,在上桁杆两端还需装置有大泡沫塑料浮子。若下桁杆为1支无缝钢管,其沉力已足够,不需再装沉子。大型的桁杆张网,上桁杆均是由十几支以上竹竿扎成的杆束,一般浮力已足够,不需再装浮子,只有最大型的单锚张网,才在上桁杆两端各扎缚1个大泡沫塑料浮子。下桁杆一般由3~5支木杆呈一字排列连接固定的,其沉力不够,还需在下桁杆下方均匀扎缚几个长方铁沉子或几段铁轨沉子。只有最大型的单锚张网,在用1支圆铁管制成的下桁杆下方,还需扎附圆铁杆沉子或硬木。此外,在上述8种张网中,为了便于起网,使用浮筒和浮筒绳的有6种,使用浮标和浮标绳的有1种,只是用上挑杆和挑杆绳的有1种。在6种使用浮筒的张网中,若假定辽宁鮟鱇网的浮筒是系在网囊前端的,则浮筒绳系在网囊前端的有3种,浮筒绳系在网囊引绳中部的有2种,浮筒绳系在下桁杆右端的有1种。使用浮标和浮标绳的,其浮标绳是系在网囊引绳中部。总的来说,采用水平桁杆的8种张网,其浮沉装置的最为复杂的。

4）短竖杆张网的浮沉装置

短竖杆张网利用短竖杆来维持其网口的垂直扩张,在上、下口纲一般不需装置浮、沉子。天津和河北,在原有单桩张网的基础上发展而成的锚张网（属于双锚竖杆张网）,其网具规模较小,采用并联作业方式,如图6-16所示,由15~20个网并列使用。其上、下口纲长与左、右侧口纲高之比（又称网口长高比）分别为11.67和11.19,即上、下口纲相对较长。为了避免上口纲中部下坠和保证下口纲贴底,在上口纲和下口纲上分别结扎有浮子和沉子。如天津塘沽的锚张网（《中国图集》152号网）和河北黄骅的锚张网（《中国调查》297页）,上口纲由浮子纲和上缘纲组成,下口纲由下缘纲和沉子纲组成。上述2种锚张网的浮子纲分别串有7个泡沫塑料球浮（FPϕ120 d17—8.34 N）和8个泡沫塑料球浮（FPϕ100—4.73 N）并均匀地扎在上缘纲上。这种浮子装置结构与刺网的浮子方结构完全相同,如图2-30中的（4）所示。天津的锚张网是用沉子绳串有44个椭圆球形的铁沉子（Feϕ35×50 d13, 0.36 kg）后并扎在下缘纲上。这种沉子装置结构与刺网沉子方结构完全相同,类似图2-31中的（5）所示,只需把椭圆球形的烧黏土沉子改为椭圆球形的铁沉子。河北的锚张网是在下缘纲和沉子纲之间均匀地结扎有70个椭圆球形的混凝土沉子（CEM 0.20 kg）。这种沉子装置结构与刺网的沉子方结构完全相同,如图2-31中的（3）所示。在21种短竖杆张网中,除了上述2种锚张网采用并联作业方式外,其余19种短竖杆张网均采用一处定置一个网的散布作业方式,其网口的长高比为1.42~3.58。

在21种短竖杆张网中,包括双桩竖杆张网7种、多桩竖杆张网1种、双锚竖杆张网8种、船张竖杆张网3种和并列竖杆张网2种,其中多桩竖杆张网、船张竖杆张网和并列竖杆张网均无浮子或沉子的装置。在8种的双锚张网中,除了2种锚张网在上、下口纲上分别装有浮、沉子和山东威海的礁头张网（《山东图集》79页）在上口纲上装有浮子外,其他5种双锚竖杆张网和7种双桩竖杆张网共计12种张网中,虽然在上、下口纲上均无装置浮、沉子,却有10种张网是在叉绳和根绳后端处装有浮子装置。这10种张网中,又有3种是在网身后部还装有沉子或沉石。此外,还有8种张网装有浮筒或浮标。

（1）浮子

在叉绳和根绳后端处装有浮子装置是为了使网口处于较高的作业水层。此10种张网的浮子种类有坛子（3种网）、铁油桶（2种网）、竹浮子（1种网）、泡沫塑料浮子（1种网）、硬质塑料球浮（1种网）和玻璃球浮（2种网）。

①坛子。山东日照的坛子网（《中国图集》147号网）如图6-28所示,其作为浮子使用的坛子如图中的10所示。坛子的材料为陶质,坛口外径85 mm,坛底内径205 mm,腰部最大外径500 mm,高530 mm,每个网用2个,其规格可简单标注为CERϕ500×300。先用1条捆坛绳（10.00 STRϕ30）将坛子捆成图6-28中的10所示,再用1条镶坛绳（4.00PEϕ15）将坛子附结在两侧叉绳上。坛子在使用前需做防水处理,用高标号水泥沙浆封闭坛口,其封口留孔直径20 mm,用麻坯堵塞,可通过该孔倒出或注入海水来调节坛子的浮力。使用坛子作为浮子的另外2种网,是辽宁新金的坛网（《辽宁报告》32号网）和江苏如东的坛子方（《江苏选集》225页）。

②铁油桶是直径550 mm或580 mm、高900 mm的大油桶,油桶表面加装2道铁箍,在铁箍两端紧固处钻有眼孔,以便连接油桶绳。2个铁油桶分别用油桶绳连接在左、右叉绳与根绳的连接转环上。使用铁油桶作为浮子的2种张网分别是辽宁营口渔业公司的桶网（《辽宁报告》

33号网）和辽宁旅顺的礁头网（《辽宁报告》34号网）。

③竹浮子。在短竖杆张网中，采用竹浮子的只有1种网，即浙江鄞县的反纲张网（《中国图集》149号网），如图6-6所示。其竹浮子是1支毛竹竿（1.00 BAMϕ110），在竹竿基部最后一个竹节的下方钻有2个小孔，以便穿过浮子扎绳。反纲张网采用乙纶扎绳把2支竹浮子分别系结在左、右叉绳与根绳连接处的根绳上。

④泡沫塑料浮子。短竖杆张网中，采用泡沫塑料浮子的也只有1种，即上海宝山的翻杠张网（《中国调查》345页），其浮子采用泡沫塑料块，用网袋包装作浮子用，每袋浮力约49.03 N，共2袋，分别用乙纶扎绳把2袋浮子系结在左、右叉绳与根绳的连接处。

⑤硬质塑料球浮。在短竖杆张网中，采用硬质塑料球浮的也只有1种，即广东徐闻的网门（《广东图集》77号网），采用6个浮子（PLϕ250—63.74 N），在左、右竖杆与上叉绳连接处的上叉绳上用乙纶扎绳各系结2个浮子，在左、右叉绳与根绳连接处附近的根绳上用乙纶扎绳各系结1个浮子。

⑥玻璃球浮。20世纪50年代，我国海洋渔业还普遍使用木质浮子；到了60年代，已经开始使用小型的塑料浮子和大型的玻璃球浮；到了70年代，已普遍使用小型的硬质塑料球浮；到了80年代，已普遍使用大型的硬质塑料球浮，但有些大型渔具还继续使用过去留下来的玻璃球浮，故在20世纪80年代全国海洋渔具调查资料中，尚有不少渔具采用玻璃球浮。

在短竖杆张网中，采用玻璃球浮的有2种网，即山东乳山的双竿张网（《山东图集》89页）和海南海口的桴网（《广东图集》78号网）。双竿张网采用玻璃球浮（GLϕ255—46.58 N）2个，每个浮子需先用旧网衣做成的网袋包裹，网袋上穿有浮子扎绳（0.50 PEϕ3.8），最后抽紧浮子扎绳并系结在距左、右叉绳前端0.50 m的根绳上。桴网共采用8个玻璃球浮（GLϕ250），分成2组，每组4个浮子。先用旧网衣做成长条形网袋，4个浮子逐个塞进网袋形成长条状，网袋两端穿有浮子扎绳，最后抽紧两端的浮子扎绳并系结在靠近左、右竖杆的上叉绳上。

（2）沉子或沉石

有3种张网是在网身后部装有沉子或沉石，当水流转向时，网囊会自动随流转向，并继续迎流生产。这3种张网分别是江苏如东的坛子方（《江苏选集》225页）、上海宝山的翻杠张网（《中国调查》345页）和浙江鄞县的反纲张网（《中国图集》149号网）。

①坛子方在网衣上装有4条力纲，力纲分别从网口四角起头，沿着直目方向向后结扎。坛子方采用砖块沉子（CER 220×110×50，1.75 kg）12个，均匀在4条力纲的后部，每条力纲结缚3个砖，结缚间距4.20 m。

②翻杠张网采用陶土沉子（CER 30 g）100个，均匀结缚在网身后段上，用于增加网衣沉力，以便在流向转变时网衣易于翻转。

③反纲张网采用1个天然石块（STON 2.00 kg）做成沉石，结缚在囊底。反纲张网的总布置图如图6-6所示，但在图中的囊底好像画成1个黑色块，是否代表沉石，由于无标注，并不明确。由于囊底结缚沉石，网囊在平流时会呈下倾状态，一旦转流，网囊会自动从网口下方转过去，致使网口上、下部交替转换，从而在反方向形成迎流张捕的新网位。

（3）浮筒或浮标

在装有浮筒或浮标的8种短竖杆张网中，装有浮筒的或装有浮标的各有4种。

4种装有浮筒的张网分别是山东乳山的双竿张网（《山东图集》89页）、江苏启东的小黄鱼张网（《江苏选集》249页）、浙江瓯海的柱艚网（《浙江图集》125页）和广东番禺的中缯（《广东图集》80号网）。

①双竿张网：采用梧桐树根浮筒（WD 2.50 kg）1个，用浮筒绳（13.00 PEϕ8.5）系在根绳、叉绳和网囊引绳的连接处，用以标识网位外，起网时捞起浮筒和浮筒绳后，可沿着网囊引绳起上网囊，故又起了辅助起网的作用。

②小黄鱼张网：采用木浮筒，呈截椭球形（WDϕ320×450），外镶铁箍4道，共用3个。前2

个用稍长的浮筒绳（30.00 PEϕ25）分别系在左、右竖杆的上端，后 1 个用稍短的浮筒绳（20.00 HEMϕ25）系在网囊后端。除这 3 个浮筒均用于标识网位外，前 2 个浮筒还可通过调节浮筒绳的长短来改变网口的作业水层。

③柱艚网如图 6-14 所示，采用竹浮筒（2.40 BAMϕ110），用浮筒绳（32.00 PEϕ14）系在右竖杆的上端，主要用以标识网位。

④中缯采用由许多小块泡沫塑料放入网袋扎成的浮筒，用浮筒绳（25.50 PEϕ8）系在网囊囊底，只起着标识网囊囊底位置的作用。

4 种装有浮标的张网分别是广东徐闻的网门（《广东图集》77 号网）、海南海口的桴网（《广东图集》78 号网）、河北黄骅的锚张网（《中国调查》297 页）和天津塘沽的锚张网（《中国图集》152 号网）。

①网门的浮标用浮标绳系在左、右竖杆上端之间的连接绳中点处，在浮标绳中部与网囊前端之间连接有网囊引绳。浮标除用以标识网位外，起网捞起浮标和浮标绳时，可沿网囊引绳起上网囊，又起了辅助起网的作用。

②桴网的浮标用浮标绳系在右竖杆上端，主要用以标识网位。河北锚张网的浮标（3.00 BAMϕ35＋FP—19.6 N＋Fe1.00 kg＋CL）用浮标绳（25.00 PEϕ5）系在铁锚柄上端，每船用 2～4 支，用以标识并联网列的位置和形状。

③天津锚张网浮标的装置与河北锚张网的相同，用来标识并联网列的位置和形状。如图 6-16 所示，其网列由 15 个网组成，放网时应先抛出第 1 支浮标，接着放出第 1 个铁锚，然后按顺序把 15 个网逐个放出。为了能看到整个网列的形状，一般要求每间隔 3～5 个网抛出 1 支浮标。

5）长竖杆张网的浮沉装置

张网中长竖杆实际上是指樯杆，故长竖杆张网也可称为樯杆张网，简称"樯张网"，则樯张网的渔具分类名称是"樯张竖杆张网"。

由于樯张网网口的侧口纲结缚在樯杆的中上部，故樯杆起着维持网口垂直扩张的作用；又由于樯杆下部插入海底又起着樯张固定网具并维持网口水平扩张的作用，故一般地说，樯张网可不需再设置浮沉装置。在 22 种樯张网中，根据生产实际需要，还有 2 种樯张网设置了沉子或沉石。此外，还有 2 种樯张网采用了浮筒。

（1）沉子或沉石

2 种设置了沉子或沉石的樯张网是辽宁大洼的樯张网（《辽宁报告》39 号网）和福建莆田的企桁（《福建图册》109 号网）。

①辽宁大洼的樯张网充分利用自然环境条件，使网具能随涨、落潮自动翻转迎流张捕作业以提高捕捞效率。该网具设置上下两个网身，同时采用由滑石制成的 12 个方矩形沉子（STON 80×50×30，0.20 kg），在网身末端的背、腹纵向中心线上，各均匀间隔着扎缚上 6 个沉子，以便平流时会使网囊下垂，待转流后，网身自动从网口下方冲至樯列的另一侧，并继续在反方向迎流张捕。

②福建莆田的企桁是在砂砾海底上插木樯杆散布作业的，由于樯杆不易牢固，故还需在网口下方的左、右樯杆上各扎缚 1 个大沉石（STON 100～150 kg），共用 2 个，用以增加樯杆的牢固程度。

（2）浮筒

2 种采用浮筒的樯张网是浙江平阳的虾户网（《中国图集》155 号网）和福建平潭的企桁（《中国图集》151 号网）。

①虾户网采用 1 个泡沫塑料球浮（FPϕ110 d17—5.88 N）作为浮筒，用浮筒绳（12.00 PEϕ4.5）系于囊底，如图 6-21 所示，只用以标识此张网的囊底位置。

②企桁如图 6-23 所示，采用 1 个浮力约为 4.90 N 的泡沫塑料球浮作为浮筒，用浮筒绳（12.00 PEϕ10）系于网囊束绳上。此浮筒不但用以标识网囊的位置，而且起网时只要捞起浮筒和浮筒绳，即可取上网囊，故又起了辅助起网的作用。

5. 连接具

张网渔具大多数采用乙纶绳索，绳索与绳索之间或绳索与属具之间一般直接结扎绑牢，不需用任何连接具。但有个别大型张网的部分绳索连接是采用卸扣的。有些大型张网采用钢丝绳制成叉绳、根绳时，为了便于扎牢而采用钢丝绳夹。

框架型张网和桁杆型张网的叉绳与根绳或后根绳之间，均装有转环或转轴。有的采用铁质双重转环，如图 6-45（1）、（2）所示；有的采用铁质转轴，如图 6-45（3）所示；有的采用木质转轴，如图 6-45（4）图所示。转环或转轴的作用是消除纲索受拉伸后产生的捻转力。

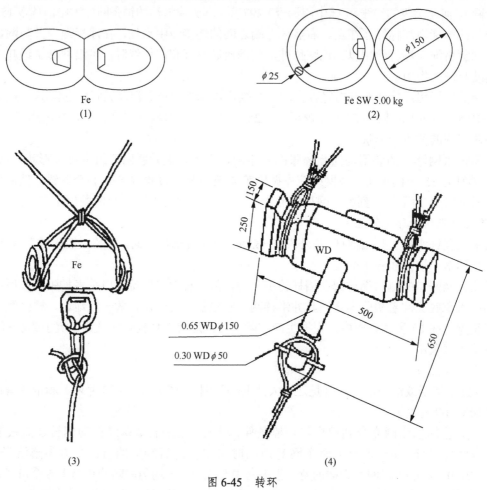

图 6-45 转环

第四节 单囊张网渔具图

一、单囊张网网图种类

单囊张网网图包括总布置图、网衣展开图、网口纲布置图、网口扩张装置构件图局部装配图、浮沉力布置图、零件图、作业示意图等。除了浮沉力布置图、零件图和作业示意图可根据需要确定是否绘制外，其余各图一般均要求绘制。要较完整地表示单囊张网的结构和装配，一般要求绘制在两张 4 号图纸上。第一张绘制网衣展开图、网口纲布置图和网口扩张装置构件图，第二张绘制总布置图和局部装配图等，如图 6-46 所示。若单囊张网的身网衣分段较多，或增减目方法过于复杂而无法在网衣展开图中详细标注清楚时，应另外编制一张"网衣材料规格表"来表示其详细规格。关于绘制单片张网、有翼单囊张网网图所需绘制的网图种类和图面数量，与单片刺网、有翼单囊拖网的相似，不再赘述。

1. 总布置图

应绘制张网的整体布置结构，并标注网口扩张装置、网具固定装置、提取渔获装置、浮沉装置等的规格，如图 6-46（b）的下方所示。图 6-46 是毛虾挂子网，其网口扩张装置是框架，此框架的规格是难于在总布置图中标注的，故只在总布置图中的框架附近用放大符号⑥来表示，把图⑥画成框架构件图并放在图 6-46（a）的右下方。在总布置图中，还需标注网具固定装置的规格，如标注有桩的规格（0.85 WDϕ150）、根绳的规格（20.00 PEϕ20）和叉绳的规格（7.50 PEϕ18）。从总布置图中可以看出此网没有提取渔获物的浮沉装置。此外在网身的右下方标注"×75"，说明渔船共带 75 个网出海作业。从此网的调查报告中得知，载重 10 t 的木帆船，每船 6 人作业，船上带有舢板 3 艘，即作业时，2 人上 1 艘舢板，负责 25 个网的提取渔获作业。

2. 网衣展开图

单囊张网、有翼单囊张网的网衣展开图轮廓尺寸的绘制方法与有囊拖网的相同，即纵向依网衣拉直长度按比例缩小绘制，横向宽度依网衣拉直宽度的一半或依网周拉直宽度的四分之一按同一比例缩小绘制。单片张网网衣展开图的绘制方法与刺网网衣的相同，即每段网衣的水平长度依结缚网衣的上纲长度按比例缩小绘制；垂直高度依网衣拉直高度按同一比例缩小绘制。

在网衣展开图中，除了标注每段网衣的规格外，还要求标注结缚在网衣边缘的钢索规格。如单囊张网的网口纲规格，单片张网的上、下纲和侧纲的规格，有翼单囊张网的上、下纲和翼端纲的规格。

3. 网口纲布置图

单囊张网需绘制此图，用以标注网口纲的具体装配布置规格，如图 6-46（a）的左下方所示。这是附有网耳的正方形网口纲布置图，需标注出网角处为扎成网耳而留出的网口纲长（300 mm）和扎在网角处的网口边缘数目（44 目），还需标注 4 条等长的口纲长度（4000 mm）及其所结扎的网目数（331 目）。若为附有网耳的矩形网口纲，则需绘制出类似如图 6-32 所示的网口纲布置图。若为不附网耳的网口纲，则需绘制出类似如图 6-33 所示的网口纲布置图。

4. 网口扩张装置构件图

在单囊张网中，框架型张网需绘制框架构件图；大型的桁杆型张网，若其上、下桁杆结构较复杂的，需画出上、下桁杆的构件图。毛虾挂子网的框架构件图如图 6-46（a）的右下方⑥所示，框内的宽（4.00 m）、高（4.00 m）应按比例绘制和标注，还需标注上、下、左、右 4 条口杆的规格。左、右侧口杆附近的框内高度一般是相同的，故只需标注一侧的框内高度即可。

5. 局部装配图

单囊张网一般要求绘制根绳与桩、锚等网具固定装置属具的连接装配，如图 6-46（b）中的①所示。要求绘制根绳与叉绳的连接装配，如图②所示；在图②中可看出根绳与叉绳之间采用了类似图 6-45（1）所示的双重转环，根绳和叉绳均通过环扣绳与转环相连接；为了减缓环扣绳的磨损，在环扣绳与转环连接处的转环上缠绕有旧网衣。要求绘制叉绳与侧口杆的连接装配，如图③所示；从总布置图中可看出，叉绳与侧口杆连接处与上口杆的距离为 1.60 m，即为框内高度的 2/5 处。还要求绘制网耳与四个框角处的连接装配，如图④所示；网耳是通过网耳扎绳连接到框角上，还需标

毛虾挂子网（山东 沾化）
16.00 m×10.56 m

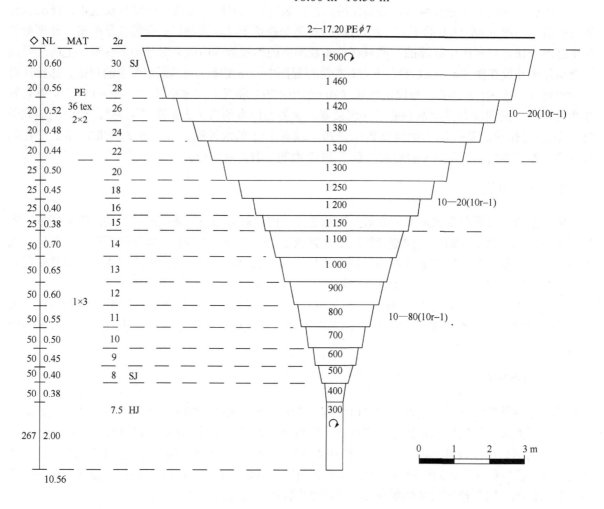

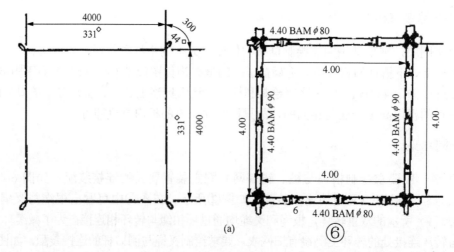

(a) ⑥

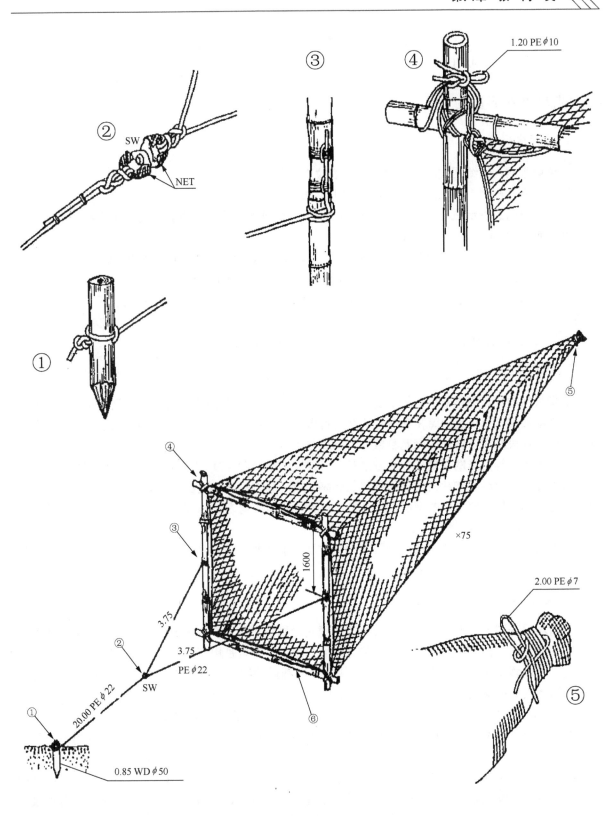

渔船载重：10 t 　　　　渔场渔期：莱洲湾，3～6月、9～11月
主机功率：15 kW　　　捕捞对象：毛虾、青虾、白虾、黄鲫鱼等

(b)

图 6-46　毛虾挂子网

注网耳扎绳的规格（1.20 PEϕ10）。最后要求绘制囊底扎绳与囊底的连接装配，如图⑤所示，还需标注囊底扎绳规格（2.00 PEϕ7）。

二、张网网图标注

1. 主尺度标注

①单囊张网：结缚网衣的网口纲长×网衣拉直总长。
例：毛虾挂子网 16.00 m × 10.56 m（《中国图集》139 号网）。
②单片张网的表示法与单片刺网的相同，即：每片网具结缚网衣的上纲长度×网衣拉直高度。
例：海蜇网 54.00 m × 11.05 m。
在《中国图集》161 号网中，海蜇网的主尺度标注为 50.00 m × 8.80 m，使用侧纲长度 8.80 m 来标注，现本书已一律改为用网衣拉直高度来标注，故改为 54.00 m × 11.05 m。
③有翼单囊张网的表示法与有翼拖网的相同，即：网口网衣拉直周长×网衣拉直总长（结缚网衣的上纲长度）。
例：大扳罾 91.80 m × 59.68 m（51.00 m）（《中国图集》163 号网）。

2. 网衣标注

单囊张网的身、囊网衣展开图的宽度一般是按网周拉直宽度的四分之一按比例缩小绘制，需在网口纲规格数字、身网衣一筒和囊网衣的网周目数后面标注符号"⌒"，网口纲的长度规格即为整条圆周长度，各段网衣所标注的网宽目数即为网周目数。

平织或插捻等无结网衣规格标注方法是：网线规格用经向（J）和纬向（W）的网线单丝数表示，其方形网孔尺寸用经向和纬向的相邻网线的间隔长度（单位：mm）表示。如：J4W4 2 × 2 即表示经向和纬向均为 4 根单丝构成的网线，经向和纬向的网线间距均为 2 mm。无结网衣的网宽规格用拉直宽度的长度（单位：m）来表示。

单囊张网和有翼单囊张网的具体网衣标注方法与有囊型网衣的相同，单片张网网衣的具体标注方法与单片刺网的相同，不再赘述。

3. 绳索标注

在网衣展开图中，绳索是用与其所结缚的网衣轮廓线平行的粗实线来表示。在总布置图和网口纲布置图中，绳索也用粗实线来表示。在局部装配图中，绳索是用平行的两条细实线来表示。

大型的单囊张网，其叉绳或根绳可能是采用包芯绳或缠绕绳。关于包芯绳或缠绕绳的标注方法，在《中国图集》的编例中，规定用长度、绳索略语、直径及其结构标注，如旧乙纶网衣包芯绳标注为 13.60 COMPϕ32（WRϕ12 + PE NET），麻类缠绕绳标注为 72.00 COVRϕ40（WRϕ12.5 + HEM）。但在 20 世纪 80 年代进行全国海洋渔具调查时，对这种要求还不够明确，故在以后整理资料时有无法达到上述要求的，则在网图标注中出现一些不符合上述要求的标注。如图 6-4 所示，单锚张网的下网口叉绳、前叉绳的下叉绳段和根绳的规格分别标注为 41.70 WRϕ11COV MAN、55.00 WRϕ18COV MAN 和 66.70 WRϕ18 COV MAN，究竟是包芯绳还是缠绕绳，没有交代。在单锚张网的调查报告中只说钢丝绳外包单股棕绳，但没说明是包了几条单股棕绳。若是包了 3 条单股棕绳，则为包芯绳；若是包了 1 条单股棕绳，则为缠绕绳。像这类不明确的标注，还有图 6-5 的根绳规格等。

在本书单囊张网的附图中，有些绳索是本书前面尚未介绍过的新绳种，如图 6-11 所示的洋方，其根绳和后根绳均采用稻草包芯绳。如根绳的规格为 2 – 17.00 COMPϕ40（WRϕ12 + STR），是用 1 条直径 12 mm 的钢丝绳为芯，外包 3 条单股稻草绳而捻成直径为 40 mm 的稻草包芯绳。根绳是由

1条长34.00 m、直径40 mm的稻草包芯绳对折成2条并列成长为17.00 m长的绳索。如图6-29的桁槽，其连檣绳的规格为135.00 COMPϕ150（WRϕ15+BAM），使用1条直径15 mm的钢丝绳为芯，外包3条单股竹篾绳而捻成直径为150 mm的竹篾包芯绳；其后根绳的规格为27.00 BAMϕ120，是1条长27 m、直径120 mm的竹篾绳；其前根绳和左、右侧根绳均采用铁线捻绳，如前根绳的规格为22.00 Feϕ4×4 NS，是用4条直径为4 mm铁丝捻制成长22.00 m的铁丝捻绳。

框架型张网、桁杆型张网和短竖杆张网的网具固定装置绳索由叉绳与根绳组成。有半数以上的框架型张网采用一对叉绳与根绳相连接，如图6-26中的4所示，其网口叉绳是采用1条12 m长的乙纶绳对折使用，叉绳的左、右2段应分别标注其长度（6.00），而叉绳的材料与直径（PEϕ18）只需标注一次，可标注在左段，也可标注在右段。还有将近半数的框架型张网是采用2对网口叉绳的。采用1对网口叉绳的，只能是水平叉绳；采用2对网口叉绳的，可以采用2对垂直叉绳，也可以采用2对水平叉绳。如图6-11所示，这是采用2对垂直叉线的标注方式。又如图6-15所示，这是采用2对水平叉绳的标注方式。

小型的水平桁杆张网均采用2对叉绳，如图6-12所示，这是其网口叉绳采用2对水平叉绳的标注方法。中型的水平桁杆张网如图6-27所示，其网口叉绳由上、下各2对水平叉绳组成，或者说其网口叉绳是由4对水平叉绳组成的；又如图6-35（a）中的（5）所示，其网口叉绳是由3对垂直叉绳组成的。大型的水平桁杆张网如图6-4所示，其上网口叉绳是由2对水平叉绳组成，其下网口叉绳是由4条同规格的缠绕绳组成，只需标注其中1条绳的规格，再标注上"×4"，即表示4条绳索规格相同。

短竖杆张网的网具固定装置绳索如图6-28中的3、2所示，均是采用左、右各1对垂直叉绳和1条根绳组成。此外，檣张网均无叉绳装置。

4. 属具标注

张网属具的材料、规格均标注在总布置图和局部装配图中。

张网的属具标注大多数在前面均介绍过，现只介绍过去没介绍过的如下。

1) 空心钢筋混凝土檣杆

其规格可用长度（m）（材料略语）、外径ϕ（mm）（上端处—下端处）和内径d（mm）（上端处—下端处）质量（kg）标注，如图6-23中的空心钢筋混凝土檣杆的标注为18.50（ST+CEM）ϕ（190—300）d（120—230）2000.00 kg。

2) 大型浮团

如图6-1所示，大型浮团是结缚在网口上方两侧，并由40个硬质塑料带耳球浮装入网袋后捆扎而成的。其规格可用浮子略语FL［浮子个数、材料略语、每个浮子外径ϕ（mm）—每个浮子的浮力（N）］—浮团总浮力（N）标注，如图6-1中的大型浮团的标注为FL（40 PLϕ270—74.53 N）—2981.20 N。

第五节 单囊张网渔具图核算

考虑到张网渔具大多数属于单囊张网，故本节只介绍单囊张网的网图核算。

单囊张网网图核算的步骤和有翼单囊地拉网的相类似，其网图核算包括对各筒网衣的网长目数、编结符号、网周目数和网口纲装配规格。

我国单囊张网网口纲的装配，其上、下口纲的缩结系数一般是相同的，而左、右侧口纲的缩结系数一定是相同的。约有半数的单囊张网，其上、下口纲与侧口纲的缩结系数是相同的，另有半数的上、下口纲与侧口纲的缩结系数不同，或大些或小些不等。根据有关资料统计，我国大陆单囊张网的上、下口纲缩结系数一般为 0.22~0.51，此外最小的为 0.16，最大的达 0.70。侧口纲缩结系数一般为 0.22~0.54，此外最小的为 0.17，最大的达 0.70。网角的缩结系数一般为 0.02~0.10，最小的近似为 0，即有些网口边缘在网角处有宽约 0.40~1.50 m 的网衣集拢在一起结扎。

下面举例说明如何具体进行单囊张网网图核算。

例 6-1 试对毛虾挂子网 [图 6-46（a）] 进行网图核算。

解：

1. 核对各筒网衣网长目数

根据网衣展开图所标注的目大和网长目数可算出各筒网衣的拉直长度如表 6-3 所示。

表 6-3 中经核算后的各筒网衣拉直长度与网图标注的数字相符，各筒长度加起来得出的网衣总长也与网图主尺度数字相符，则证明了表 6-3 所列各筒网衣的目大和网长目数均无误。

表 6-3 各筒网衣的拉直长度

网衣名称	筒别	拉直长度/m
身网衣	一筒	0.030 × 20 = 0.60
	二筒	0.028 × 20 = 0.56
	三筒	0.026 × 20 = 0.52
	四筒	0.024 × 20 = 0.48
	五筒	0.022 × 20 = 0.44
	六筒	0.020 × 25 = 0.50
	七筒	0.018 × 25 = 0.45
	八筒	0.016 × 25 = 0.40
	九筒	0.015 × 25 = 0.38
	十筒	0.014 × 50 = 0.70
	十一筒	0.013 × 50 = 0.65
	十二筒	0.012 × 50 = 0.60
	十三筒	0.011 × 50 = 0.55
	十四筒	0.010 × 50 = 0.50
	十五筒	0.009 × 50 = 0.45
	十六筒	0.008 × 50 = 0.40
	十七筒	0.0075 × 50 = 0.38
囊网衣		0.0075 × 267 = 2.00
网衣总长		10.56

2. 核对各段网衣编结符号

身网衣分 10 道减目。在网衣展开图中，身网衣的编结符号只分三段标注，第一段包括一至五筒，第二段包括六至九筒，第三段包括十至十七筒。现根据各段网衣的网长目数除以编结周期内纵目可得出各段网衣每道减目的周期数，如表 6-4 所示。

表 6-4　各段网衣每道减目周期数

段别	每道减目周期数
身网衣第一段	20 × 5 ÷ (10 ÷ 2) = 20
身网衣第二段	25 × 4 ÷ (10 ÷ 2) = 20
身网衣第三段	50 × 8 ÷ (10 ÷ 2) = 80

表 6-4 中经核算得出的各段网衣每道减目周期数与网图数字相符,说明表 6-4 中各段网衣的每道减目周期数和周期内节数均无误。

3. 核对各筒网衣网周目数

1) 核对网口目数

根据网口纲布置图可算出网口目数为

$$(331 + 44) \times 4 = 1500 \text{ 目}$$

经核对无误。

2) 核对身网衣二至六筒大头网周目数

身网衣一段由网长均为 20 目的五筒网衣组成。一段每道共减 20 目,即每筒每道减少目数为

$$20 \div 5 = 4 \text{ 目}$$

身网衣一段分 10 道减目,则二、三、四、五、六筒的大头网周目数应分别为

$$1500 - 4 \times 10 = 1460 \text{ 目}$$
$$1460 - 4 \times 10 = 1420 \text{ 目}$$
$$1420 - 4 \times 10 = 1380 \text{ 目}$$
$$1380 - 4 \times 10 = 1340 \text{ 目}$$
$$1340 - 4 \times 10 = 1300 \text{ 目}$$

经核对均无误。

3) 核对身网衣七至十筒大头网周目数

身网衣二段由网长均为 25 目的四筒网衣组成。二段每道共减 20 目,即每筒每道减少为

$$20 \div 4 = 5 \text{ 目}$$

分 10 道减目,则七、八、九、十筒的大头网周目数应分别为

$$1300 - 5 \times 10 = 1250 \text{ 目}$$
$$1250 - 5 \times 10 = 1200 \text{ 目}$$
$$1200 - 5 \times 10 = 1150 \text{ 目}$$
$$1150 - 5 \times 10 = 1100 \text{ 目}$$

经核对均无误。

4) 核对身网衣十一至十七筒大头和囊网衣的网周目数

身网衣三段由网长均为 50 目的八筒网衣组成。三段每道共减 80 目,即每筒每道减少为

$$80 \div 8 = 10 \text{ 目}$$

分 10 道减目,则十一、十二、十三、十四、十五、十六、十七筒大头和囊网衣网周的目数应分别为

$$1100 - 10 \times 10 = 1000 \text{ 目}$$
$$1000 - 10 \times 10 = 900 \text{ 目}$$
$$900 - 10 \times 10 = 800 \text{ 目}$$
$$800 - 10 \times 10 = 700 \text{ 目}$$

$$700 - 10 \times 10 = 600 \text{ 目}$$
$$600 - 10 \times 10 = 500 \text{ 目}$$
$$500 - 10 \times 10 = 400 \text{ 目}$$
$$400 - 10 \times 10 = 300 \text{ 目}$$

经核对均无误。

4. 核对网口纲装配规格

1）核对缩结系数

上、下、侧口纲的缩结系数均为

$$4.00 \div (0.03 \times 331) = 0.403$$

网角处有 44 目集拢在一起，其宽度为

$$0.03 \times 44 = 1.32 \text{ m}$$

核算结果，上、下、侧口纲的缩结系数在我国习惯使用范围（0.22～0.51）之内，属中偏大，还是比较理想的。其转角处集拢的网衣宽度也在习惯使用的范围（0.40～1.50 m）之内，也是可以的。

2）核对网口纲各部分装置长度

本网的网口纲是装成正方形的，根据网口纲布置图可核算出其结缚网衣的网口纲长应为

$$4.00 \times 4 = 16.00 \text{ m}$$

核算结果与主尺度数字相符。

网口纲在网角处各留出 0.30 m 纲长以便扎成网耳，则网口纲的总净长应为

$$16.00 + 0.30 \times 4 = 17.20 \text{ m}$$

核算结果与网衣展开图上方标注的网口纲长度数字相符，说明网口纲各部分装置长度均无误。

第六节　单囊张网材料表与渔具装配

一、单囊张网材料表

单囊张网材料表的数量是指一个网所需的数量。在网图中，除了网口纲、叉绳、根绳和连檐绳一般表示净长外，其他绳索一般表示全长。

根据图 6-46 计算单囊张网的网线材料表如表 6-5、表 6-6 所示，方法可参考第五章的"网衣材料表说明"。

二、单囊张网装配

完整的张网网图，应标注有网具装配的主要数据，使我们可以根据网图进行网具装配。现根据图 6-46 叙述毛虾挂子网的制作装配工艺如下。

1. 网衣编结

毛虾挂子网的身网衣，从编结符号看，好像是 10 道纵向减目的圆锥编结网衣，但由于其编结周期内的节数"10"为偶数，故其减目位置不可能处于一条纵线上。在纵向相隔 4.5 目的减目位置在横向至少要相差半目，纵向每隔 4.5 目减目时，减目位置要向左或向右偏移半目。若减目位置这次偏左半目，下次要偏右半目，即偏左、偏右相间编结，其减目位置可保持在一条纵线的附近处，故

这种编结方法是较麻烦的。纵向增减目网衣，其编结周期内的节数应为奇数，方能使减目位置保持在一条纵线上。若将编结周期（10r－1）2 组改为（9r－1）和（11r－1），即这次间隔 4 目减一目，下次间隔 5 目减一目，隔 4 目、隔 5 目相间编结，其减目位置可保持在一条纵线上，但这种编结方法仍稍麻烦，在实际生产中极少采用。

表 6-5　毛虾挂子网网衣材料表　　（主尺度：16.00 m × 10.56 m）

网衣名称	筒别	网线材料规格—目大网结	网目尺寸/目			网线用量/g
			起目	终目	网长	
身网衣	一筒	PE 36 tex 2 × 2—30 SJ	1 500	1 460	20	375
	二筒	PE 36 tex 2 × 2—28 SJ	1 460	1 420	20	347
	三筒	PE 36 tex 2 × 2—26 SJ	1 420	1 380	20	320
	四筒	PE 36 tex 2 × 2—24 SJ	1 380	1 340	20	294
	五筒	PE 36 tex 2 × 2—22 SJ	1 340	1 300	20	269
	六筒	PE 36 tex 1 × 3—20 SJ	1 300	1 250	25	215
	七筒	PE 36 tex 1 × 3—18 SJ	1 250	1 200	25	193
	八筒	PE 36 tex 1 × 3—16 SJ	1 200	1 150	25	171
	九筒	PE 36 tex 1 × 3—15 SJ	1 150	1 100	25	157
	十筒	PE 36 tex 1 × 3—14 SJ	1 100	1 000	50	281
	十一筒	PE 36 tex 1 × 3—13 SJ	1 000	900	50	244
	十二筒	PE 36 tex 1 × 3—12 SJ	900	800	50	208
	十三筒	PE 36 tex 1 × 3—11 SJ	800	700	50	175
	十四筒	PE 36 tex 1 × 3—10 SJ	700	600	50	144
	十五筒	PE 36 tex 1 × 3—9 SJ	600	500	50	115
	十六筒	PE 36 tex 1 × 3—8 SJ	500	400	50	89
	十七筒	PE 36 tex 1 × 3—7.5 SJ	400	300	50	67
囊网衣		PE 36 tex 1 × 3—7.5 SJ	300	300	267	308
整个网衣总用量						3 972

表 6-6　毛虾挂子网绳索、属具材料表

绳索（属具）名称	数量	材料及规格	每条（支）长度/m		质量/g		附注
			净长	全长	每条	合计	
网口纲	2 条	PE ϕ 7	17.20	17.60	439	878	左、右捻各 1 条
囊底扎绳	1 条	PE ϕ 7		2.00	50	50	
网耳扎绳	4 条	PE ϕ 10		1.20	59	236	对折使用
叉绳	1 条	PE ϕ 22	7.50	9.50	2 309	2 309	对折使用
桩绳	1 条	PE ϕ 22	20.00	22.00	5 346	5 346	
上口杆	1 支	BAM ϕ 80		4.40			
下口杆	1 支	BAM ϕ 70		4.40			
侧口杆	2 支	BAM ϕ 90		4.40			
木桩	1 支	WD ϕ 50		0.82			硬杂木制
转环	1 个	Fe ϕ 15					双重转环

2. 网口纲装配

先由一条网口纲的前端留出 0.20 m 后，用 0.30 m 长的纲作一个网耳，内扎 44 目。而另一端穿过网口边缘 331 个网目并留出纲长 4 m 后，再用 0.30 m 长的纲作一个网耳，内扎 44 目。接着纲端又穿过网口 331 目并留出纲长 4 m 后又作一网耳，内扎 44 目。如图重复共做四次后，剩下的 0.20 m 留头与前端留头互相结缚而形成封闭的网口纲。再将另一条网口纲与已结缚在网口边缘的网口纲并拢，每隔 133 mm 扎一档，内含 11 目网衣，缩结系数为 0.403，如图 6-46（a）的左下方所示。

3. 框架装配

将基部直径 90 mm 的侧口杆放在两侧，其基部均朝向一边。将基部为 80 mm 的上口杆放在两支侧口杆基部的上面，其基部放在右侧。又将基部直径为 70 mm 的下口杆放在两支侧口杆梢部的上面，其基部放在左侧，然后用乙纶绳扎缚成内框长为 4 m 的正方形框架，如图 6-46（a）右下方的⑥所示。

4. 网口固定装置

将 4 条网耳扎绳的对折处套进网口的 4 个网耳上，然后结扎在框架的 4 个框角上，如图 6-46（b）中的④所示。

5. 叉绳装配

先将 2 条直径 22 mm 的乙纶环扣绳分别套在转环的两端上，再将叉绳对折处连接在转环的后环扣绳上，如图 6-46（b）中的②所示。最后将叉绳的两端分别结扎在两支侧口杆上，其结扎处距上口杆为框架内框高度的 2/5 处，即距上口杆为 1.60 m 处，具体结缚方法可详见图 6-46（b）中的③。

6. 桩绳装配

桩绳的一段连接在木桩上，如图 6-46（b）中的①所示。桩绳的另一端连接在叉绳前端转环的前环扣绳上，如图 6-46（b）中的②所示。

7. 囊底扎绳装配

囊底附近用囊底扎绳结缚成活络方式。要求既要结绑牢固，又要便于抽解倒出渔获物。具体结缚方法如图 6-46（b）中的⑤所示。

第七节　单囊张网捕捞操作技术

本节只介绍山东省沾化县弯弯沟的毛虾挂子网捕捞操作技术。

1. 渔场、渔期、捕捞对象和渔船

渔场在莱州湾水深 10～20 m 泥底浅海。春汛在 3 月上旬至 6 月下旬，秋汛在 9 月上旬至 11 月下旬。主捕毛虾、青虾、白虾、黄鲫鱼等。使用 15 kW 的渔船，带舢板 2～4 只，每舢板 2 人作业，带网 25 个。

2. 捕捞操作技术

①打桩：使用打桩机单船作业，需用 15 人，缓流或平流、小风或无风时进行。木桩打入海

底的深度为 2.5 m，两桩间距大于桩绳长度。桩打好后，在桩绳上应连接有 1 条浮标绳和浮标。

②挂网：出海前先在陆上把框架扎好，并把转环、网口叉绳连接在框架上。到达渔场后，捞起连接在桩绳上的浮标和浮标绳，拉上桩绳，将桩绳连接在转环的前环扣绳上。挂网时，船在下流（或下风），以一舷靠拢框架，先用网耳扎绳把 2 个上网耳分别结扎在 2 个上框角上，再同样用网耳扎绳把 2 个下网耳分别结扎在 2 个下框角上，至此挂网完毕后，将网衣投入水中。

③起网及调整框架：在缓流或平流而框架浮出水面时起网。舢板在网具的下风或下流，并使作业舷受风或受流，靠近框架后，用挠钩捞起网口纲，渔船沿网身向后移动，最后提起网囊，解开囊底扎绳，倒出渔获。起网后，再用囊底扎绳把囊底扎好并放回水中。若流向不合，应将网具转到与流向一致的方向。

④拔桩绳或压桩绳：渔汛结束，需将桩绳和桩拔出，以备下次再用。操作时借绞机的动力将桩绳和桩徐徐拔出。如不将桩拔出，也可用 1 条绳索与桩绳连接好，均沉到海底，以备下次作业时捞起再用。

第七章 敷网类

第一节 敷网渔业概况

敷网类渔具主要分布在小型中上层鱼类和头足类资源比较丰富的南海和东海沿岸地区及海岛上。

敷网渔具中，有不少属于原始、古老的传统渔具，是我国海洋渔业中发展最早的渔具之一。在生产力不发达的年代，渔捞作业只限于沿岸渔场。由于敷网结构简单，操作简易，生产规模小，不需复杂的设备，曾获得广泛采用。然而它是一种被动性渔法，生产能力低，劳动强度相对较大，不可避免地被其他效率较高的渔具所取代，目前已很少作为专业性的生产单位，通常仅作为港湾、河口、岸边的个体户小渔船的生产工具。

敷网虽然在海洋渔业中所占比重甚微，但对利用沿岸鱼、虾、蟹和头足类资源，尤其是具有某种生理特性（如趋光、趋群）的水产资源有其独特的优越性。敷网在作业原理上有其一定的先进性，在今后的渔具改革中，如果注重新技术的应用和移植，敷网将会获得新的发展。

根据生产实践和渔业资源潜力的分析，东海海域中上层鱼类及头足类资源还有较大的发展潜力，光诱作业的开发和优化已成为捕捞作业调整的优选项目。光诱敷网捕捞鱿鱼和中上层鱼类（鲐、鲹）已收到较好效益，特别是光诱敷网捕捞鱿鱼，参照北太平洋自动鱿鱼钓的光诱设备，扩大了光诱范围。1996 年浙江投产的 20 组光诱敷网，生产鱿鱼 331 t，试验取得成功。1997 年全省投产 46 组，产量达 1486 t，获得较好的效益。该渔具为单船作业，尾部敷网，鱼诱集后由导鱼灯引入网内，封住网门，起网取鱼。光诱敷网捕捞鲐鲹的试验工作也积极开展，1997 年试捕时，捕到一定产量。由于光诱敷网与围网相比，投资小、劳力少，虽然目前捕捞效果还不及围网，但随着实践的深化，光诱敷网捕捞中上层鱼类或其他渔业资源的作业必将进一步发展，因而敷网渔具的发展，尚有较大潜力和可能。

第二节 敷网捕捞原理和型、式划分

敷网是预先敷设在水域中，等待、诱集或驱赶捕捞对象进入网内，然后提出水面捞取渔获物的网具。它的作业原理是把网具敷设在鱼、虾或头足类栖息的海域中，利用声、光、物形、饵料等手段等待、诱集或驱赶捕捞对象进入网具的捕捞范围之内，然后将网具提出水面而达到捕捞目的。

敷网按结构特征可分为箕状、撑架两个型，按作业方式可分为岸敷、船敷、拦河三个式。

一、敷网的型

1. 箕状型

箕状型的敷网是用网衣组成簸箕状的敷网，称为箕状敷网。

箕状敷网是一种较大型的敷网。其中最大型的，上纲长度可达 175 m，下纲长度可达 105 m；最小型的，上纲长 39 m，下纲长 20 m。箕状敷网按作业原理可分为三种。第一种是利用捕捞对象趋光的生理特性，先用两船将网具在水中敷设成簸箕状后，再用灯光引诱捕捞对象入网。具有代表性的有浙江海蜒网，如图 7-1 所示，其捕捞对象为鳀鱼；又有福建厉缯和驶缯等，其捕捞对象为蓝圆鲹、金色小沙丁鱼、小公鱼等；还有主捕鱿鱼的福建鱿鱼缯。第二种是利用捕捞对象趋群的生理特性，先由一船拖曳若干木制乌鲳模型引诱到乌鲳鱼群后，再用两船将网具敷设在鱼群前方，最后将鱼群引进网内。具有代表性的有广东乌鲳楚口网，如图 7-15 右下方所示。第三种是利用两船拖曳一个簸箕状网具追上捕捞对象后调头驱集鱼群入网。如广东的鸡毛鸟网，追捕小公鱼、颌针鱼等小型鱼类，如图 7-2 所示。簸箕敷网在福建、广东分布多些，但其数量较少。在浙江，箕状敷网只有海蜒网一种，是地方性渔具，适宜于岩礁区渔场作业，以捕捞鳀鱼幼鱼（海蜒）为主，作业单位较少。

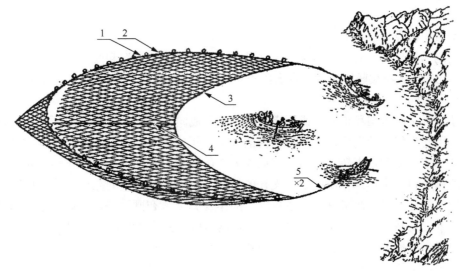

图 7-1　海蜒网

1. 上纲；2. 浮子；3. 下纲；4. 网底力纲；5. 曳绳

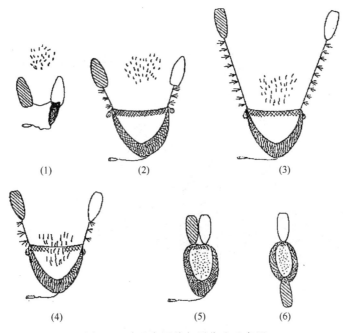

图 7-2　鸡毛鸟网放起网作业示意图

2. 撑架型

撑架型的敷网是由支架或支持索和正方形、矩形或正梯形网兜等构成的敷网，称为撑架敷网。

撑架敷网是相对较小型的敷网。其中较大型的有边长 55～72 m 的矩形敷网，中型的有边长 4～25 m 的正方形、矩形或正梯形的敷网，小型的有边长 0.33～1.13 m 的正方形或矩形的敷网。此型的敷网数量较多，辽宁、江苏、上海和海南只介绍这种敷网，广东的撑架敷网约占敷网类总网数的 98%，浙江除了数量较少的海蜒网外，均为撑架敷网。

二、敷网的式

1. 岸敷式

在岸边水域中敷设的敷网称为岸敷敷网。

岸敷敷网均为撑架型，其分类名称为岸敷撑架敷网。江苏、上海和海南的敷网，均只介绍岸敷撑架敷网。浙江的岸敷撑架敷网约占该省敷网类总网数的 80%，广东的约占该省总网数的 3%，广西的约占该省总网数的 39%。

岸敷撑架敷网是由支架和正方形或正梯形网兜等构成。其小型的如图 7-3 所示，这是上海南汇的手扳缯，先用 4 支竹片分别插入 2 只撑杆筒的 2 端，组成了 2 支撑杆，再在 2 支撑杆的中点交叉并结扎成 1 个十字形支架，支架 4 端固结在边长为 1 m 的正方形筛绢或细沙布网衣 4 角的眼环上，最后用绳索或销子将十字形撑杆筒固定在支杆的梢端，至此手扳缯装配完毕。将手扳网敷设在海边或水闸口附近的岸边水中，捕捞鱼苗及小杂鱼。操作人员 1 人在网边守候，俯视水中的网具，每隔数分钟或十多分钟提网一次，有渔获物时可用小抄网捞取，渔获多时可勤起网。中型的如图 7-4 所示，这是江苏启东的扳罾，先由 2 支长 5 m 的竹竿对扎成 8 m 长的 1 支撑杆，再由 2 支撑杆中间交叉扎成 1 个十字形支架，支架 4 端固结在边长 4.50 m 的正方形网兜四角的网耳上。最后将支杆梢端与支架中点结扎，并在此处结扎拉绳。扳罾由 1 人操作，在岸边水深 1～2 m 和鱼类活动较多的地方敷网，支杆基部顶住岸，并在两侧用桩固定好带角绳，防止网具倾倒。作业时网具平放海底，每隔

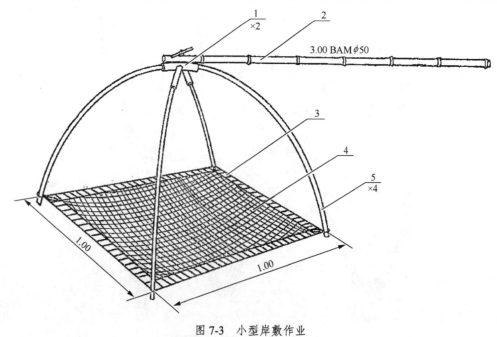

图 7-3 小型岸敷作业

1. 撑架筒；2. 支杆；3. 网缘；4. 网衣；5. 竹片

一段时间拉收拉绳，把网提出水面，用小抄网抄取渔获物，随后松放收拉绳，把网放下，继续生产。大型的如图7-5所示，这是海南琼山的绞缯①（《广东图集》85号网），采用正梯形网兜，前纲长16.00 m，后纲长9.60 m，两侧纲长16.80 m，用4根支杆撑住网衣4角，支杆下端连接在4根支杆桩上，支杆上端各连接着1条桩绳和1支桩。由1人操作，放网时慢慢松出绞车内的绞绳，依靠桁绳上3个沉石的重力，使4根支杆慢慢向前倾倒，并将网具平放海底，每隔一段时间用绞车收绞绞绳，4根支杆慢慢竖起，兜捕游至网上的鱼虾类。

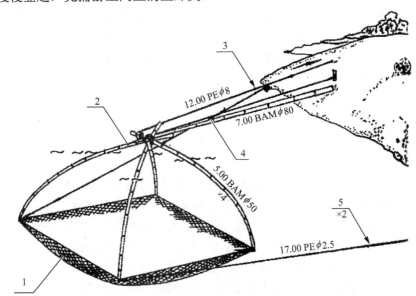

图 7-4 中型岸敷作业
1. 网兜；2. 竹竿；3. 拉绳；4. 支杆；5. 带角绳

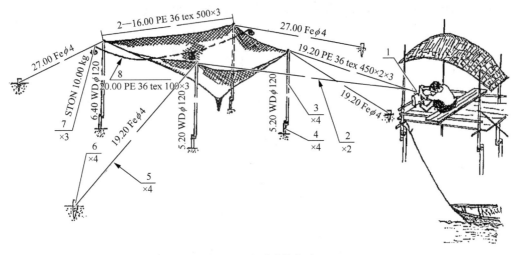

图 7-5 大型岸敷作业
1. 绞车；2. 绞绳；3. 支杆；4. 支杆桩；5. 桩绳；6. 桩；7. 沉石；8. 桁绳

2. 船敷式

在船上敷设或用船去敷设的敷网称为船敷敷网。

在浙江、福建和广东，船敷式的有箕状敷网和撑架敷网两种，其中箕状敷网使用单船、双船或4只竹排去敷设的，均为船敷式，其分类名称为船敷箕状敷网。广东省的船敷箕状敷网只约占敷网

---
① 《广东图集》原载"纹缯"，本书修正为"绞缯"。

类总网数的 2%，而船敷撑架敷网却约占总网数的 95%。广西的船敷撑架敷网约占总网数的 61%。浙江只有一种船敷箕状敷网，数量较少，而船敷撑架敷网接近占总网数的 20%。

船敷撑架敷网是以船敷方式作业，由支架或支持索和正方形、矩形或正梯形网兜等构成的敷网。这种敷网又可根据作业船数分为单船、双船和多船三种。单船作业的有小型和大型两种。小型的如图 7-6 所示，这是广东台山的蟹缯，采用边长为 0.42 m 的正方形网衣，用由 2 支弓形竹片交叉组成的支架把网兜的 4 个网角系牢并撑开，支架中间悬挂鱼块作为诱饵，支架顶端用浮筒绳连接 1 个泡沫塑料浮筒，4 个网角处悬挂有 4 串贝壳沉子。用载重 1 t 的小船在珠江口近岸水深 2～3 m 处散布作业，诱捕蟹类。另一种小型的如图 7-7 所示，这是辽宁金县的海螺延绳网兜，其网具结构如图 7-7（1）所示，先将一片正方形网衣的边缘分档均匀地结扎在边长为 0.33 m 的正方形铁框上，形成 1 个网兜；又将 2 条叉绳的对折处扎成 1 个连接眼环，于是形成了由 2 对叉绳构成的支持索，将支持索下端分别系在网兜的 4 个框角上；再在铁框两个相对的网角之间乙纶线将用自行车内胎剪成的橡胶皮栓在铁框的中央，并在橡胶皮上割一口，用于夹住诱饵，至此整个网兜已构成。此网兜在生产中是采用干支结构的作业方式。在此总布置图中只绘出 1 条干线的装置，这种干支结构和图中标注的意义，在此暂不做介绍。

《中国图集》把《辽宁报告》63 号网的渔具名称"海螺延绳钓"改为"海螺延绳网兜"，这是对的。因为海螺延绳网兜是由支持索和正方形网衣等构成的，并敷设在海底作业，当然属于敷网，不属于钓具。在"海螺延绳钓"中，其总布置图只画出 1 条干线的装置，这是可以的，但画成 1 条干线两端均装有浮标和锚是错的。因为每船一般带 7～8 条或十几条干线和 2～3 个锚，即在干列两端各装 1 支浮标和 1 个锚，或最多可在干列中间再多装 1 支浮标和 1 个锚。但在《中国图集》172 号网中，画出整列延绳网兜的总布置图是不必要的。因为每次作业时，可根据当时的渔场环境和海况的不同，可多放或少放几条干线。根据《辽宁报告》得知，海螺延绳网兜每条干线长 270.00 m，装 40 个网兜。而《中国图集》172 号网的主尺度标注为"2320.00 m × 0.83 m（350 BAG）"，若按整列长度来计算（2320÷270），得知使用 8.59 条干线，若按整列网兜数量来计算（350÷40），得知使

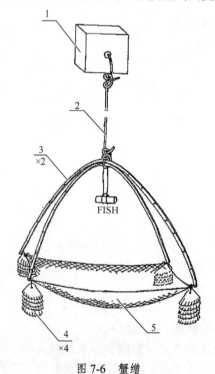

图 7-6　蟹缯

1. 浮筒；2. 浮筒绳；3. 撑杆；4. 贝壳沉子；5. 网兜

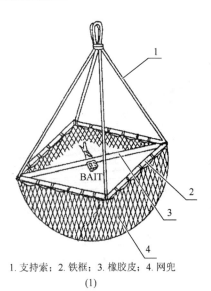

1. 支持索；2. 铁框；3. 橡胶皮；4. 网兜
(1)

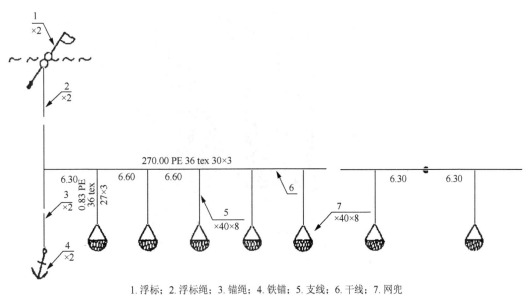

1. 浮标；2. 浮标绳；3. 锚绳；4. 铁锚；5. 支线；6. 干线；7. 网兜
(2)

图 7-7 海螺延绳网兜

用 8.75 条干线，故可知 172 号网的这个修改是错的，因为干线只能整条地使用。现以《辽宁报告》原资料"每条干线长 270.00 m 和装 40 个网兜"为依据，将整列网兜的总布置图可简化为只标注 1 条干线规格的总布置图如图 7-7（2）所示。

用单船作业的大型船敷撑架敷网如图 7-8 所示，这是浙江三门的船缯，采用前边纲长 7.51 m、后边纲长 5.45 m、侧边纲长 7.42 m 的正梯形网兜，用由 2 支弓形撑竹组成的支架把网兜的四角系牢，支架上端与固定在船尾上的扳架上端相连接。用载重 4 t 的小风帆船在浙江沿岸港湾、河口附近作业，捕捞鲻鱼、白虾等。

双船作业的如图 7-9 所示，这是广东惠东的车鱼缯，采用矩形网衣装配成前纲长 19.70 m、后纲长 19.30 m、侧纲长 13.10 m 的正梯形网兜，两船共用由 2 条前网角拉绳、2 条网侧拉绳和 2 条后网角拉绳组成的 6 条支持索分别与网兜的两侧相连接。作业时两船同步松放支持索，使网具敷于两船之间的水中，等待捕捞对象进入网内后再提起支持索而捕获之。用载重 4 t、主机功率 9.6 kW 的 2 艘小船在大亚湾礁盘区作业，捕捞蓝圆鲹、圆腹鲱等。

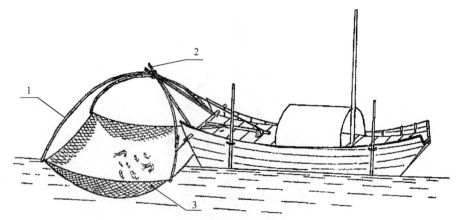

图 7-8　船罾作业示意图
1. 支架；2. 扳架；3. 网兜

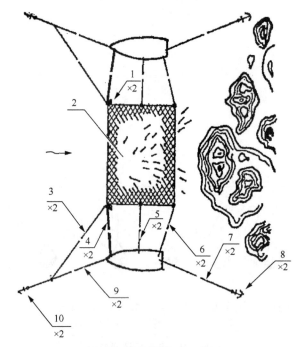

图 7-9　车鱼罾作业示意图
1. 沉石；2. 正梯形网兜；3. 网角支绳；4. 前网角拉绳；5. 网侧拉绳；6. 后网角拉绳；7. 后锚绳；8. 后锚；9. 前锚绳；10. 前锚

多船作业的有小型和大型两种。小型的如图 7-10 所示，这是福建东山的四碇罾的作业示意图。采用矩形网衣装配成前纲长 20.60 m、后纲长 15.60 m、侧纲长 21.90 m 的正梯形网兜。采用 2 只舢板和 2 只竹排联合敷网。每只舢板有 3 人，负责 3 条拉绳、1 条碇绳和 1 个碇的放、起网工作；每只竹排只有 1 人，负责 1 条拉绳、1 条碇绳和 1 个碇的放、起网工作。图 7-10 的左图是表示 2 只舢板和 2 只竹排上共有 8 人把 8 条拉绳放出去后，整个网具敷设于海底上的情景，右图表示 8 人同时拉提 8 条拉绳至网衣在水中形成网兜的情景。综合以上所述，四碇罾是由 8 条拉绳组成的支持索和 1 个由矩形网衣装配成正梯形网兜构成的敷网，故应称为船敷撑架敷网，有人称此网为船敷箕状敷网是错误的。四碇罾的支持索与网兜的连接方式与图 7-16 的灯光四角罾相似，在此不介绍。每年 5～10 月，在福建东山沿海，四碇罾被用于捕捞蓝圆鲹、金色小沙丁。大型的是 1 个边长为 55～72 m 的矩形网衣，用 4 只或 8 只小艇拉住网具四角或四周并敷设于水中，再用 1～3 只灯艇引诱鱼类进入网内。具有代表性的有广东的灯光四角罾（图 7-16）和广西的八角罾。

图 7-10　四碇缯作业示意图

3. 拦河式

拦着河道敷设的敷网称为拦河敷网。

拦河敷网是在内河上使用的淡水渔具，不在本书叙述范围之内，故不做介绍。

三、全国海洋敷网型式

根据 20 世纪 80 年代全国海洋渔具调查资料统计，我国海洋敷网有船敷箕状敷网、岸敷撑架敷网和船敷撑架敷网共计 3 种型式。上述资料共计介绍了我国海洋敷网 24 种。

1. 船敷箕状敷网

在 24 种海洋敷网中，船敷箕状敷网共介绍了 7 种，占 29.2%，分布在浙江（1 种）、福建（4 种）和广东（2 种）。其中最大型的是福建东山的厉缯（《中国调查》389 页，上纲长 175.08 m），较大型的是福建东山的鱿鱼缯（《中国图集》164 号网，上纲长 165.18 m），中型的有广东吴川的乌鲳楚口网（《中国图集》165 号网，上纲长 84.80 m）、福建东山的驶缯（《中国图集》166 号网，上纲长 80.52 m）和浙江象山的海蜓网（图 7-1、《中国图集》167 号网，上纲长 70.10 m），较小型的是福建厦门的乌鲳网（《福建图册》116 号网，上纲长 54.94 m），最小型的是广东海丰的鸡毛鸟网（图 7-2、《广东图集》83 号网，上纲长 37.98 m）。

2. 岸敷撑架敷网

岸敷撑架敷网也介绍了 7 种，分布在江苏（1 种）、上海（1 种）、浙江（2 种）、福建（1 种）、广西（1 种）和海南（1 种）。其中大型的有海南琼山的绞缯（图 7-5、《广东图集》85 号网，前边纲长 16.00 m 的正梯形网兜）和广西合浦的绞缯（《广西图集》53 号网，前边纲长 13.80 m 的正梯形网兜），较大型的有福建厦门的吊缯（《福建图册》113 号网，前边纲长 9.00 m 的正梯形网兜）和浙江普陀的乌贼扳缯（《中国图集》168 号网，边长 8.54 m 的正方形网兜）。以上大型和较大型的岸敷撑架敷网均是由支杆和正梯形或正方形网兜等构成的。中型的是江苏启东的扳罾（图 7-4、《江苏选集》263 页，边长 4.50 m 的正方形网兜），小型的有浙江宁海的仰网（《浙江图集》146 页，边长 1.13 m 的正方形网兜）和上海沿海的手扳缯（图 7-3、《上海报告》129 页，边长 1.00 m 的正方形网兜）。以上中型和小型的岸敷撑架敷网均是由支架和正方形网兜等构成的。

3. 船敷撑架敷网

船敷撑架敷网介绍稍多，介绍了10种，占41.7%，分布在辽宁（1种）、浙江（1种）、福建（4种）、广东（3种）和广西（1种）。其中大型的有广西北海的八角缯（《中国图集》169号网，64.80 m × 71.44 m的矩形网兜，8只小艇操作）和广东遂溪的灯光四角缯（《中国图集》170号网，55.49 m × 60.03 m的矩形网兜，4只小艇操作）。中型的有福建东山的四碇缯（图7-10、《福建图册》117号网，前边纲长20.60 m的正梯形网兜，2只舢板和2只竹排操作）、广东惠东的车鱼缯（图7-9、《广东图集》87号网，前边长19.70 m的正梯形网兜，2艘小船敷设）和福建福安的船头荡（《福建图册》121号网，1只小船2人作业）。稍小型的是浙江三门的船缯（图7-8、《中国图集》171号网，前边纲长7.51 m的正梯形网兜，1艘风帆小船，1~2人作业）。小型的有福建东山的龙虾缯（《福建图册》120号网，0.97 m × 0.53 m的矩形网兜，使用1只小机艇进行定置延绳作业，用饵料诱捕龙虾）、广东台山的蟹缯（图7-6、《广东图集》86号网，边长0.42 m的正方形网兜）、福建厦门的蟳缯[①]（《福建图册》119号网，边长0.36 m的正方形网兜，用1只小机艇进行散布作业，用饵料诱捕青蟹、梭子蟹）和辽宁金县的海螺延绳网兜（图7-7、《中国图集》172号网，边长0.33的正方形网兜，使用1只小机艇进行定置延绳作业，用饵料诱捕海螺）。

综上所述，全国海洋渔具调查资料共介绍了24种海洋敷网，分布在辽宁（1种）、江苏（1种）、上海（1种）、浙江（4种）、福建（9种）、广东（5种）、广西（2种）和海南（1种），河北、天津和山东均无介绍。24种海洋敷网按结构特征分只有2个型，按作业方式分只有2个式，按型式分共计有3个型式，每个型、式和型式的名称及其所介绍的种数可详见附录N。

四、南海区敷网型式及其变化

20世纪80年代全国海洋渔具调查资料所介绍的南海区敷网也有3个型式，共4种网具。现将前后时隔20年左右南海区敷网型式的变化情况列于表7-1。

表7-1 南海区敷网型式及其介绍种数

调查时间	船敷箕状敷网	岸敷撑架敷网	船敷撑架敷网	船敷网丛敷网	共计
1982~1984年	2	2	4	0	8
2004年	0	2	1	1	4

在20世纪80年代全国海洋渔具调查资料统计中，南海区的船敷箕状敷网介绍2种，即广东吴川的乌鲳楚口网（图7-15、《中国图集》165号网）和广东海丰鸡毛鸟网（图7-2、《广东图集》83号网）；岸敷撑架敷网也介绍2种，即广西合浦的绞缯（《广西图集》53号网）和海南琼山的绞缯（图7-5、《广东图集》85号网）；船敷撑架敷网介绍4种，即为广东台山的蟹缯（图7-6、《广东图集》86号网）、广东惠东的车鱼缯（图7-9、《广东图集》87号网）、广东遂溪的灯光四角缯（图7-16、《中国图集》170号网）和广西北海的八角缯（《中国图集》169号网）。

在2004年南海区渔具调查资料中，岸敷撑架敷网介绍2种，即广西合浦的跳鱼缯（《南海区小型渔具》82页，采用0.38 m × 0.34 m的矩形网兜）和海南海口的四脚缯（《南海区小型渔具》84页，采用前边纲长27.20 m的正梯形网兜）；船敷撑架敷网介绍1种，即海南万宁的扛缯（《南海区小型渔具》86页，采用边长72.00 m的正方形网兜）；船敷网丛敷网介绍1种，即海南三亚的石斑苗网（《南海区小型渔具》88页）。

---

① 《福建图册》原载"蟳缯"，本书修正为"蟳缯"。

关于作业方式的新定义"手敷":敷网实际上全部都是经过人手进行敷设的,只是敷设时人所站的地点不同。根据《南海区小型渔具》82 页介绍,跳鱼缯是通过惊吓弹涂鱼幼鱼,使其进入网内后提起而将鱼捕获的一种小型渔具。作业时,渔民一手提着跳鱼缯,一手提着小桶,在滩涂上寻找低洼、有少量积水处,一边用手把跳鱼缯置于积水的一旁,一边用脚把弹涂鱼幼鱼往跳鱼缯里拨,再把跳鱼缯提离泥面,用手捕捉幼鱼,并放入盛有海水的小桶内暂养。最后将此幼鱼苗卖给养殖户进行池塘养殖。岸敷式的敷网是指在岸边或滩涂上敷设的敷网。因跳鱼缯是在滩涂上敷设的敷网,应称为岸敷式敷网,故把跳鱼缯说成是"手敷"式的敷网是不妥的。

关于结构特征的新定义"网团"和作业方式的新定义"漂流延绳",石斑苗网如图 7-11 所示。根据《南海区小型渔具》88 页介绍,石斑苗的网衣称为"网团",此网团是"由废旧聚乙烯网片制成,先把废网片剪成一定宽度的长条,总长 1.4 m,对折使用,在对折部位穿过 1 条支线,然后扎紧。网团头部扎成球状,直径 120 mm,长度 700 mm,整个网团重为 1.5 kg,每条干线连接网团 30~35 个"。其网团的构件图如图 7-11 的左下方所示,其每条干线的总布置图如图 7-11 的上方所示,其作业示意图如图 7-11 的右下方所示。选择无月光的黑夜,渔船到达渔场后,把 10 条干线平行地投入海中,干线间距 5 m,放网后渔船驶到网阵中心,打开渔船两旁的弧光灯,进行光诱作业。利用鱼苗的趋光性,把鱼苗诱到在水表层漂流的网团中躲藏,直到翌日早上天亮时才起网。在起网过程中,鱼苗并不逃走,故把网团提到船上并在空中抖动,即可使鱼苗落入船的水族箱中。实际上,网衣并不形成团状。如果网衣真的全部扎成团状,反而不利于鱼苗躲藏。实际上只把网条的对折处扎成直径 0.12 m 的网团,在网团下方散布着许多长 0.58 m(0.70~0.12)的网条,这些网条在水中形成松散的倒草丛状,便于鱼苗的躲藏,故把"网团"改称为"网丛",更符合生产实际。船敷式的敷网是在船上敷设或用船去敷设的敷网。为了防止网丛飘散和便于放网操作,石斑苗网采用干支结构方式

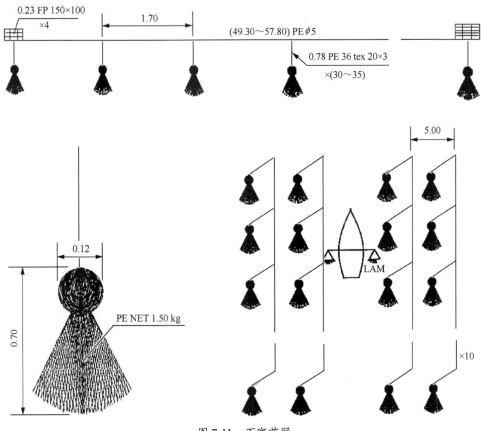

图 7-11 石斑苗网

将 30～35 个网丛通过支线连接到同 1 条的干线上，这是合理的。在我国渔具分类标准中已把敷网的敷设处作为作业方式来进行分式，而石斑苗是用渔船运载出海并在船上往水中敷设的，故应属于船敷式才是，为什么一定要参照钓具类的分式标准称为"漂流延绳"呢？按照我国敷网类的分式标准，石斑苗网的渔具分类名称只能是船敷网丛敷网。

五、关于修改敷网类撑架型的定义

在我国渔具分类标准中，有关敷网类的撑架型的定义为"由支架或支持索和矩形网衣等构成"。但是全国海洋渔具调查资料所介绍的撑架敷网中，采用矩形网衣的只有 3 种，其中有 1 种矩形网衣的四边配纲后却变成了正梯形网兜（如图 7-10 所示的四碇缯），又有 2 种非矩形网衣经配纲后却变成了矩形网兜（如图 7-9 所示的车鱼缯和如图 7-16 所示的灯光四角缯），共有 4 种网具采用矩形网兜。在撑架型的定义中，只讲配纲前的网衣形状是不妥的，应讲网衣配纲后形成什么形状的网兜。根据调查资料统计，在撑架敷网中，装配成正方形网兜的有 7 种，装配成矩形网兜的只有 4 种，装配成正梯形网兜的有 5 种。根据以上分析，在本节内关于撑架型的定义已改为"由支架或支持索和正方形或矩形或正梯形网兜等构成"。

第三节 敷网结构

一、网衣部分

敷网渔具分为箕状和撑架两个型，其网具结构比较简单，均为网衣四周边缘装配纲索，再加上其他绳索和属具组成。下面分别叙述这两个型的结构。

箕状敷网和撑架敷网均由网衣、绳索和属具三部分构成，其网具构件组成分别如表 7-2 和表 7-3 所示。

1. 箕状敷网网衣

箕状敷网的网衣组成形式多样，但一般是由底网衣、囊网衣、缘网衣三部分或由翼网衣、底网衣、囊网衣、缘网衣四部分组成。

表 7-2 箕状敷网网具构件组成

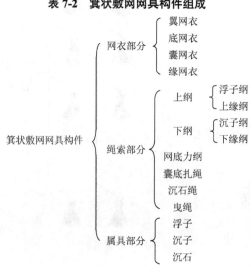

表 7-3 撑架敷网网具构件组成

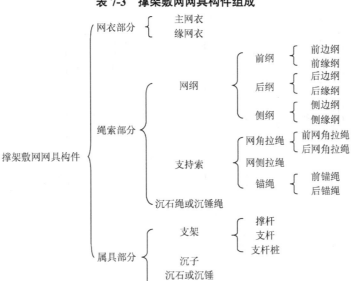

最简单的一种是广东的鸡毛鸟网（图 7-2），其网衣是由 1 片矩形底网衣、4 片三角形囊网衣和 4 片长矩形缘网衣组成，如图 7-12（1）所示。较简单的一种是福建的厝缯，其网衣是由 3 片矩形底网衣、1 片矩形囊网衣和 7 片长矩形缘网衣组成，如图 7-12（2）所示。较复杂的一种是福建的鱿鱼缯，其网衣是由 2 片直角三角形和 5 片矩形网片合成的底网衣、1 片矩形囊网衣和 6 片长矩形缘网衣组成，如图 7-12（3）所示。以上均先编成各种形状的网衣，再缝合成整个网衣。还有一种是由手工采用纵向增减目方法直接编结而成的，如广东的乌鲳楚口网（图 7-15），其囊网衣由三筒分别为 20 道、10 道、8 道减目的圆锥形网衣和一筒直圆筒形网衣组成，其底网衣由 2 道增目编结而成，如图 7-12（4）所示。以上均为无翼箕状敷网。具有代表性的有翼箕状敷网，如浙江的海蜇网（图 7-1），其翼网衣为 2 片正梯形网衣，底网衣为 2 片斜梯形网衣，囊网衣由 2 片大正梯形网衣和 4 片小正梯形网衣组成，缘网衣为 4 片长平行四边形网衣，如图 7-13 所示。除缘网衣外，其他网衣均由手工采用横向增减目方法直接编结而成。

箕状敷网网衣一般采用比较粗的网线，我国一般采用锦纶捻线或锦纶单丝。有些缘网衣采用乙纶网衣。有些局部采用维纶网衣，有些全部或局部采用乙纶网衣的，在网底部分的乙纶网衣上钳夹铅沉子，使网衣下沉。除了锦纶单丝网衣需采用双死结编结外，其他材料的网衣均采用死结编结。有些网目较小的网衣采用无结的锦纶捻线网衣。

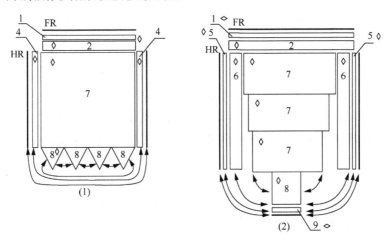

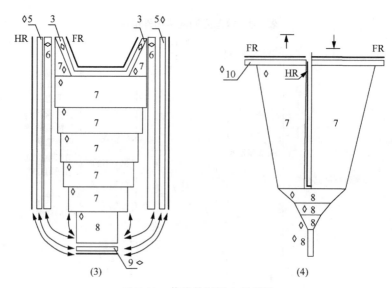

图 7-12 箕状敷网网衣展开图

1. 外前缘网衣；2. 内前缘网衣；3. 前缘网衣；4. 侧缘网衣；5. 外侧缘网衣；6. 内侧缘网衣；7. 底网衣；8. 囊网衣；9. 后缘网衣；10. 下缘网衣

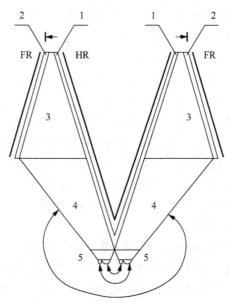

图 7-13 海蜓网网衣展开简图

1. 上缘网衣；2. 下缘网衣；3. 翼网衣；4. 底网衣；5. 囊网衣

2. 撑架敷网网衣

小型的撑架敷网共有 6 种，均采用边长小于或等于 1.13 m 的正方形（5 种）或矩形（1 种）网兜。如图 7-3 所示，这是上海的手扳缯，其网衣采用筛绢或细纱布制成，是边长 1 m 的正方形网衣，这是我国海洋岸敷撑架敷网中最小的网具。又如图 7-7 所示，这是辽宁的海螺延绳网兜，其网衣采用乙纶网线编结成正方形的死结网衣，配纲后形成边长 0.33 m 的正方形网兜，这是我国海洋船敷撑架敷网中最小的网具，也是我国海洋敷网中最小的网具。如图 7-6 所示，这是广东的蟹缯，其网衣采用乙纶网线编结成正方形的活络网衣，配纲后形成边长 0.42 m 的正方形网兜。此外，福建的蟳缯和浙江的仰网，均采用锦纶单丝编结成正方形的双死结网衣，配纲后形成边长 0.36 m 和 1.13 m 的正方形网兜。还有福建的龙虾缯，也采用锦纶单丝编结成矩形的双死结网衣，配纲后形成 0.97 m × 0.53 m 的矩形网兜。

中型的撑架敷网共有9种，均采用边长小于25 m的正方形（2种）或正梯形（7种）网兜。有的中型岸敷撑架敷网是采用1片正方形网片和4片三角形网片组成的正方形网衣。如图7-14（1）所示，这是江苏的扳罾（图7-4）的网衣展开简图，目大均为6 mm。先将1条网纲制成边长4.50 m的等边方框，其4个框角均扎有网耳。三角形网片直接编结在网纲上，自4个框角上分别以1目起编，两边沿纲边均为（2r+1）增目，中间有一道按［1—250（3r+1）］增目，隔1目增加1目的编结，编至底边为1000目。正方形网片以1000目起编，两边直目编结，编长1000目，最后将正方形网片拼缝在4个三角形网片中间，构成扳罾的整个边长为4.50 m的正方形网兜。有的中型岸敷撑架敷网是采用1片矩形网片、2片大梯形网片和4片小梯形网片组成一块近似正方形的网衣，如图7-14（2）所示，这是浙江的乌贼扳缯的网衣展开简图，采用乙纶网线编结成目大为53 mm的双死结网片。网衣配纲后形成边长8.54 m的正方形网兜。最大型的岸敷撑架敷网是海南的绞缯，其网衣展开简图如图7-14（3）所示，由许多主网衣的矩形网片和4片缘网衣的长矩形网片组成的不规则形状的网衣，采用乙纶网线死结编结，网衣配纲后形成正梯形网兜，如图7-4所示，仍属于中型的撑架敷网。双船船敷撑架敷网只有1种，是广东的车鱼缯（图7-9），其网衣展开简图如图7-14（4）所示，由5片主网衣的矩形网片和4片缘网衣的长矩形网片组成，主网衣采用锦纶捻线死结编结，缘网衣采用乙纶网线死结编结，网衣配纲后形成正梯形网兜，属于中型的船敷撑架敷网。

大型的撑架敷网只有两种，均属于大型的船敷撑架敷网。一种是广东的灯光四角缯（图7-16），其网衣展开简图如图7-14（5）所示，其主网衣由取鱼部网衣和取鱼部四周网衣两部分组成。取鱼部

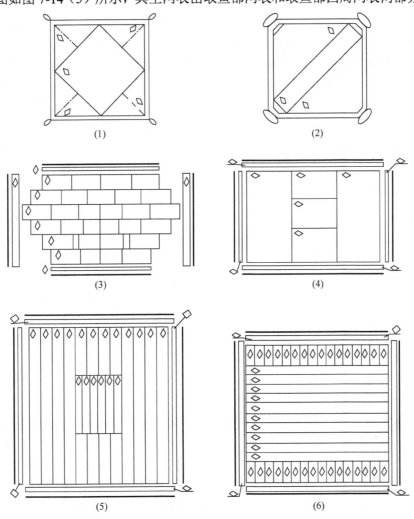

图7-14 撑架敷网网衣展开简图

由 6 片网目稍小、网线稍粗的矩形网片纵向使用组成，取鱼部四周由网目稍大、网线稍细的 8 片长矩形网片和 8 片稍短的矩形网片（均纵目使用）组成，均采用锦纶捻线死结编结。缘网衣有 4 片网目更大、网线更粗的长矩形网片，均采用乙纶网线死结编结。另一种是广西的八角缯，其网衣展开简图如图 7-14（6）所示，其主网衣的中间由 10 片网目较小、网线较细的长矩形网片（均纵目使用）组成，主网衣两侧各由 16 片目大相同、网线更细的矩形网片横目使用组成，采用锦纶捻线死结编结。缘网衣有 4 片网目较大、网线较粗的长矩形网片，采用乙纶网线死结编结。八角缯是我国海洋船敷撑架敷网中最大的网具，也是我国海洋敷网中最大的网具。

二、绳索和属具部分

1. 箕状敷网的绳索和属具

箕状敷网的绳索主要有上纲、下纲和曳绳，有的还装有网底力纲或囊底扎绳，如图 7-1、7-2、7-15 所示。箕状敷网的绳索一般采用乙纶绳，个别的采用维纶绳、锦纶单丝捻绳、麻绳或红棕绳。上纲较长，由浮子纲和上缘纲各一条组成，串有浮子的浮子纲与穿过网衣上边缘网目的上缘纲合并分档结扎在一起。下纲较短，一般由沉子纲和下缘纲各一条组成，下缘纲穿过网衣下边缘网目后与沉子纲合并分档结扎在一起，然后钳上沉子。曳绳一般采用左、右各一条等长和同材料规格的绳索。个别的采用左、右各两条同材料规格的曳绳，其下曳绳比上曳绳长些，如图 7-15 的中右方所示。

箕状敷网的属具主要有浮子和沉子。浮子一般采用中孔式泡沫塑料浮子，串在浮子纲上。沉子一般采用铅沉子，钳夹在下纲上。采用乙纶网衣作底网衣的箕状敷网，均需在乙纶网衣上均匀分散地钳夹些小铅沉子，以保证底网衣的沉降。个别采用维纶底网衣和维纶下纲的箕状敷网，由于维纶具有沉降力，可以不装沉子。有些敷网在曳绳或下曳绳与网纲连接的一端用沉石绳结缚一个沉石，如图 7-2 或 7-15 的中右方所示。此外，乌鲳楚口网作业时，每艘船尚需用 3 条鲳板引绳共拖引 15 块杉木制的鲳板进行诱鱼，如图 7-15 的左下方所示。鸡毛鸟网在两条曳绳上均匀等距地结扎上鸡毛，其作用是在放曳绳和追鱼的过程中，利用鸡毛引起的阴影和水花去恐吓鱼群，防止鱼群从曳绳下方向外逃逸，如图 7-2 所示。

2. 撑架敷网的绳索和属具

撑架敷网网衣是一副正方形、矩形或无规则的网衣，其四周均装配有网纲。一般采用同规格、反捻向的两条绳索，其中一条网纲先穿过网衣边缘网目或与网衣边缘扎缝后，再与另一条网纲合并分档结扎在一起。在 4 个网角处，一般是留出部分纲长扎制成网耳，如图 7-14 中的（1）、（2）所示。

撑架敷网按其扩张方式不同，可分为采用支架和支持索两种。

采用支架方式的撑架敷网，中、小型的支架一般是先用竹竿或竹片制成 1 支撑杆，再将 2 支撑杆在其中点处交叉结缚成十字形架，其 4 个撑杆端结缚在网兜的 4 个网角上，如图 7-3、图 7-4 和图 7-6 所示。如图 7-3 所示的手扳缯，其绳索只使用 1 条网纲，装配在正方形网衣边缘，每边长 1 m，其 4 角各用 0.20 m 纲长扎成 1 个网耳，故网纲是 1 条净长 4.80 m、直径 3 mm 的乙纶细绳。其属具有由 4 支竹片（1.00 BAM15×5）、2 只撑杆筒（145 BAMϕ20）构成的支架 1 个和支杆（3.00 BAMϕ50）1 支。如图 7-4 所示的扳罾，其绳索有网纲、拉绳和带角绳。如图 7-14（1）所示，扳罾只使用 1 条网纲，把网衣装配成边长 4.50 m 的正方形网兜，其 4 角若用 0.20 m 纲长扎成 1 个网耳，则网纲是 1 条净长 18.80 m 的乙纶网线（PE 36 tex 24×3）。图中标注拉绳采用长 12 m、直径 8 mm 的乙纶绳，其一端用桩固定在岸边，另一端穿过装置在支架中心处的滑轮后，握在扳罾的操作人员手中。若图 7-4 的支杆和拉绳的绘制是正确的，则拉绳长度应大于 14 m。使用 2 条带角绳（17.00 PE 36 tex

24×3），一端分别连接在左、右前网角处，另一端分别拉紧后连接在网具后面岸边两侧的桩上。其属具有4支竹竿（5.00 BAMϕ60）构成的支架1个、支杆（7.00 BAMϕ80）1支和桩3支。在图7-6中的蟹罾，其绳索有网纲和浮筒绳。只使用1条网纲，把一片正方形网衣装配成边长为0.42 m的正方形网兜，其四角用0.20 m纲长扎成1个网耳，网纲是1条净长2.48 m的乙纶网线（PE 36 tex 12×3）。浮筒绳是1条连接在浮筒和支架中心处之间净长3 m的乙纶网线（PE 36 tex 30×3）。其属具有由2支竹片撑杆（0.90 BAM 25×6）构成的支架1个、浮筒1个和贝壳沉子4串。浮筒是采用方矩形泡沫塑料浮（FP120×120×60—7.16 N）。贝壳沉子可用铁线穿过5只毛蚶壳制成，悬挂于4个网角处。此外，在支架中心处用乙纶网线悬挂一块鱼饵料诱捕蟹类。

大型敷网的支架是指其上端固定在中型的正梯形或正方形网兜的4个网角上，起网时支撑着4个网角的4根支杆和4根支杆桩，如图7-5的绞罾所示。绞罾的绳索有网纲、桩绳、绞绳和桁绳。绞罾的网衣展开简图如图7-14（3）所示，其前纲、后纲和左、右侧纲是分开进行装配的，而且均由边纲和缘纲各1条组成，即前边纲和前缘纲的净长均为16.00 m，后边纲和后缘纲的净长均为9.60 m，侧边纲和侧缘纲均分左、右而各需用2条，其净长均为16.80 m，上述的边纲和缘纲均采用同规格而不同捻向的乙纶绳（PE 36 tex 100×3）；桩绳如图7-5的5所示，共使用4条铁线，其中2条前桩绳规格为27.00 Feϕ4，2条后桩绳规格为19.20 Feϕ4；绞绳如图7-5中的2所示，使用2条乙纶绳（19.20 PE 36 tex 450×2×3）；桁绳如图7-5中的8所示，使用1条乙纶绳（20.00 PE 36 tex 100×3）。其属具有支杆、支杆桩、桩和沉石。支杆如图7-5中的3所示，使用4根，连接在4个网角和4根支杆桩之间，是支架的主要构件，起网时用于支撑4个网角形成网兜而兜捕渔获物，2根前支杆为较长的木杆（6.40 WDϕ120），2根后支杆较短（5.20 WDϕ120）；支杆桩是支杆的基础，如图7-5中的4所示，使用4根，打进海底，起网时起着支撑支杆的作用，其规格均为0.80 WDϕ230；桩如图7-5中的6所示，使用4根，打进海底后，起着固定桩绳的作用，由于网图漏标注，故其规格不详；沉石如图7-5中的7所示，使用3个，是用沉石绳悬挂在桁绳的中点处和两端，当放网而慢慢松出绞车内的绞绳时，3个沉石的重力可使4根支杆慢慢朝前倾倒，最后将网具敷设在海中，沉石规格为STON10.00 kg。

采用支持索方式的撑架敷网，均是在海中作业的中大型或大型的撑架敷网，其中属于中大型的只介绍2种，即福建东山的四碇罾，如图7-10所示，其前纲长20.60 m，采用2只舢板和2只竹排联合敷网；还有广东惠东的车鱼罾，如图7-9所示，其前纲长19.70 m，采用双船敷网。属于大型的也只介绍2种，即广西北海的八角罾，其前纲长64.80 m，采用8只小艇联合敷网；还有广东遂溪的灯光四角罾，如图7-16所示，其前纲长55.49 m，采用4只小艇联合敷网。

采用支持索方式的中大型撑架敷网如图7-9所示的车鱼罾，其绳索有网纲、支持索等。车鱼罾的网衣展开简图如图7-14中的（4）所示，其前纲、后纲和左、右侧纲均分开进行装配，而且均由边纲和缘纲共2条等长的绳索组成，即前边纲和前缘纲的净长均为19.70 m，后边纲和后缘纲的净长均为19.30 m，左、右的侧边纲或侧缘纲的净长均为13.10 m，上述的边纲均采用较粗的乙纶绳（PE 36 tex 77×3），缘纲均采用较细的乙纶绳（PE 36 tex 57×3），边纲和缘纲应采用不同捻向的绳索。车鱼罾的支持索从前到后有前锚绳，长150 m，用2条；网角支绳长100 m，用2条；前网角拉绳长9 m，用2条；网侧拉绳长9 m，用2条；后网角拉绳长12 m，用2条。上述支持索均采用乙纶绳（PE 36 tex17×15×3）。其属具有沉石和锚。沉石采用天然石块（STON 5.00 kg），使用2个，用沉石绳分别结扎在左、右前网角的网耳上。从图7-9中的10和8，得知采用2个前锚和2个后锚，由于网图上缺标注，故不知锚的材料和规格，但从锚的图形可看出，2个前锚属于单齿锚，2个后锚属于双齿锚。

关于采用支持索方式的大型撑架敷网，在后面将详细介绍。

第四节　敷网渔具图

一、敷网网图种类

敷网网图包括总布置图、网衣展开图、浮沉力布置图、局部装配图和作业示意图等。每种敷网一定要画网衣展开图、局部装配图、作业示意图或总布置图。若总布置图和静态作业示意图相类似时，可根据需要选择画出其中一种。浮沉力布置图可根据需要选画。箕状敷网一般可画在两张 4 号图纸上。第一张绘制网衣展开图和局部装配图，第二张绘制浮沉力布置图、作业示意图或总布置图等，如《中国图集》166 号网所示。若箕状敷网网衣分段较多或增减目方法过于繁杂而无法在网衣展开图中标注清楚时，则应另外绘制一张"网衣材料规格表"来表示其详细规格，如《中国图集》167 号网所示。有些箕状敷网网衣结构简单，可以将整个敷网网图画在一张图面上，如图 7-15 所示，撑架敷网除了大型而结构复杂的外，其网图一般可以画在一张图面上，如图 7-16 所示。

1. 网衣展开图

箕状敷网网衣展开图轮廓尺寸的绘制方法与有囊型网衣的相同，纵向长度依网衣拉直长度按比例缩小绘制，横向宽度依网衣拉直宽度的一半或依网周拉直宽度的 1/4 按同一比例缩小绘制。矩形、梯形撑架敷网网衣展开图的轮廓尺寸，其纵向长度和横向宽度均依结缚网衣的纲长按同一比例缩小绘制。

在网衣展开图中，除了标注网衣规格外，还要求标注结缚在网衣四周或网衣上的纲索规格。如箕状敷网的上纲、下纲、网底力纲的规格，撑架敷网的网纲规格，如图 7-15 和图 7-16 的左下方所示。

2. 局部装配图

箕状敷网要求画出网具前端一侧与曳绳连接处及其附近的装配结构，包括网衣、绳索、属具之间的装配或连接方法，如图 7-15 的中右方所示。撑架敷网，大型的要求画出网衣一网角或一网侧的网衣、绳索。属具之间的装配或连接方法，如图 7-16 的下方所示。小型的则要求画出整个网衣与绳索、属具之间的装配或连接方法，如图 7-6 和图 7-7（1）所示。

3. 浮沉力布置图

箕状敷网一般装有浮、沉子，故要求画出浮沉力布置图。其浮、沉力布置是左、右对称的，故浮沉力布置图可只画出一边的配布数字，在图中要求标注浮子、沉子等的数量、材料、规格及其安装的间隔长度等，如图 7-15 的右上方所示。

4. 作业示意图或总布置图

作业示意图要完整地表示出渔船和网具之间在作业中的相互位置及其所起作用，如图 7-15 的右下方、图 7-1、图 7-2、图 7-8 所示；或完整地表示出网具如何支撑在岸边或船上，如图 7-4、图 7-5、图 7-8、图 7-9 和图 7-10 所示。

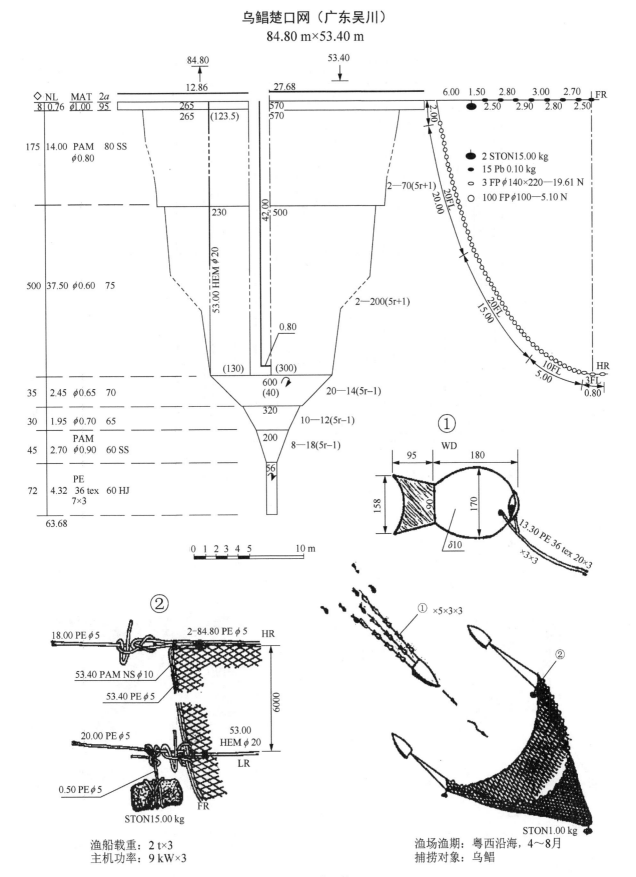

图 7-15 乌鲳楚口网

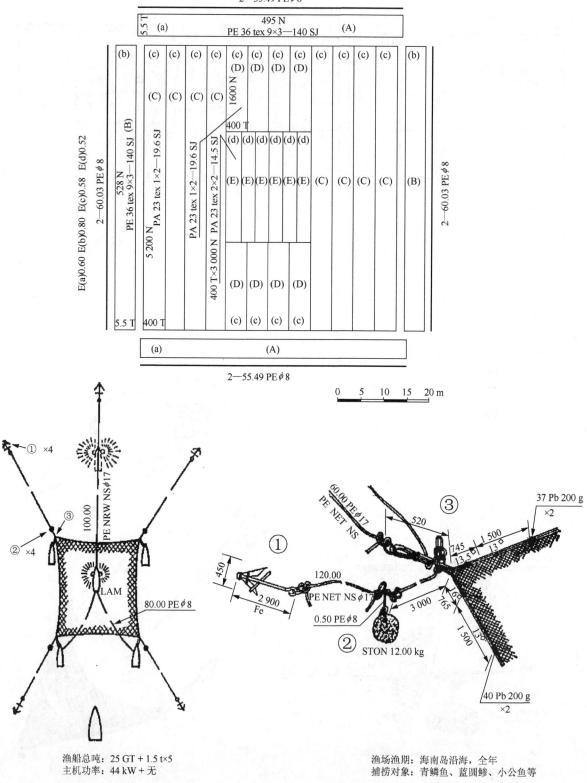

图 7-16 灯光四角缯

总布置图要完整地表示出网具各部件的相互位置和连接关系，如图7-3、图7-6和图7-7（2）所示。在作业示意图或总布置图中，有时还要标注一些在其他图中无法标注的绳索、属具规格。

二、敷网网图标注

1. 主尺度标注

①箕状敷网的表示法与箕状围网的相同，即结缚网衣的上纲长度×结缚网衣的下纲长度。
例：乌鲳楚口网 84.80 m × 53.40 m（《中国图集》165 号网）。
②正方形或矩形撑架敷网：结缚网衣的前边纲长×侧边纲长。
例：灯光四角缯 55.49 m × 60.03 m（《中国图集》170 号网）。
③正梯形撑架敷网：结缚网衣的前边纲长×后边纲长—侧边纲长。
例：船缯 7.51 m × 5.45 m—7.42 m（见《中国图集》171 号网）。

2. 网衣标注

底网衣分成上、下片分别展开的无翼箕状敷网网衣展开图的左上方标注有上网衣符号"↑"，在此符号上方标注有上纲长度；在该图的右上方标注有下网衣符号"↓"，在此符号上方标注有下纲长度；其囊网衣一般采用圆筒编结网衣，则在囊网衣的头筒和末筒的网周目数后面均标注有符号"◯"，如图7-15所示。在有翼箕状敷网网衣展开图上方标注有上、下网衣符号或侧网衣符号，以表示各部分网衣的相互关系。如图7-13，符号"→|"表示右侧网衣，符号"|←"表示左侧网衣，其箭头所指的方向是网具的上方方向。

撑架敷网的网衣展开图均为全展开图，在该图上方没有标注任何符号。正方形、矩形或正梯形网衣的展开图，一般要求将前纲画在上方，后纲画在下方。所谓前纲，对采用支架的敷网来说，是指离岸或离船较远的一边；对采用支持索的敷网来说，是指迎流的一边。

箕状敷网网衣的具体标注方法与有囊型网衣的标注方法相同。撑架敷网的网衣规格全部标注在网衣的轮廓线内，如图7-16的左上方所示。箕状敷网网衣的缩结系数可以不用标注，撑架敷网网衣的缩结系数一般要求标注，应标注在钢索线的左上方。

3. 绳索标注

在网衣展开图中，绳索线是用与其所结缚的网衣轮廓线平行的粗实线来表示。在浮沉力布置图和作业示意图中，绳索也是用粗实线来表示。在局部装配图中，绳索线是用平行的两条细实线来表示。绳索标注前面均已介绍。

4. 属具标注

属具的数量、材料、规格应尽量地标注在局部装配图或浮沉力布置图中。
小型的撑架敷网，其构成支架的2支撑杆，有的是采用竹片，则此竹片的规格可用长度（m）、竹的略语、竹片宽度（mm）×竹片厚度（mm）来标注，如图7-6中蟹缯的撑竹，是采用1支长0.90 m、宽25 mm和厚6 mm的竹片，则其标注为"0.90 BAM 25 × 6"。

第五节　敷网渔具图核算

敷网网图分箕状敷网网图和撑架敷网网图两种，现分别介绍其网图核算方法。

一、箕状敷网网图核算

箕状敷网网图核算包括核对各段网衣的网长目数、编结符号、网宽目数或网周目数和核对网衣配纲、浮沉力配布等。

根据 20 世纪 80 年代有关资料统计，我国大陆当时无翼箕状敷网的上纲两侧的缩结系数的适用范围为 0.89~0.69，由前向后，缩结系数由大逐渐变小。在上纲中部的缩结系数的适用范围为 0.20~0.30。下纲的缩结系数的适用范围为 0.44~0.61。上述说的均为主网衣的缩结系数，其缘网衣的缩结系数可取为相同，也可取为不同。

下面举例说明如何具体进行箕状敷网网图核算。

例 7-1 试对乌鲳楚口网（图 7-15）进行网图核算。

解：

1. 核对各段网衣网长目数

根据网衣展开图所标注的目大和网长目数可算出各段网衣的拉直长度和网衣总长如表 7-4 所示，核算结果均与网图所标注的数字相符，则说明了表 7-4 所列各段网衣的目大和网长目数均无误。

表 7-4　各段网衣的拉直长度

网衣名称	段别	拉直长度/m
底网衣	一段	0.075 × 500 = 37.50
	二段	0.080 × 175 = 14.00
缘网衣		0.095 × 8 = 0.76
囊网衣	一段	0.070 × 35 = 2.45
	二段	0.065 × 30 = 1.95
	三段	0.060 × 45 = 2.70
	四段	0.060 × 72 = 4.32
网衣总长		63.68

2. 核对各段网衣编结符号

底网衣分 2 道增目，囊网衣的前三段各分为 20 道、10 道和 8 道减目。现根据各段网衣的网长目数除以编结周期内的纵目，可得出各段网衣每道增减目的周期数，如表 7-5 所示。

表 7-5　各段网衣每道增减目周期数

网衣名称	段别	每道增减目周期数
底网衣	一段	500 ÷ (5 ÷ 2) = 200
	二段	175 ÷ (5 ÷ 2) = 70
囊网衣	一段	35 ÷ (5 ÷ 2) = 14
	二段	30 ÷ (5 ÷ 2) = 12
	三段	45 ÷ (5 ÷ 2) = 18

表 7-5 中经核算得出的各段网衣每道增减目周期数与网图数字相符，说明表 7-5 中各段网衣每道增减目周期数和周期内节数均无误。

3. 核对各段网衣网宽目数或网周目数

1）核对底网衣一段上片网宽目数

假设囊网衣大头目数（600 目）、上口门目数（40 目）和底网衣下片小头起编目数（300 目）均无误，则底网衣一段上片的起编目数应为

$$(600-40-300) \div 2 = 130 \text{目}$$

核对结果无误，说明上述假设和底网衣一段上片的起编目数均无误。

已知底网衣一段上片以 130 目起编，配纲边直目编结，另一边与底网衣下片之间以 200（5r+1）增目，则其大头目数应为

$$130 + 1 \times 200 \times \frac{1}{2} = 230 \text{目}$$

经核对无误。

2）核对底网衣二段上片网宽目数

已知底网衣二段上片从 230 目起编，配纲边直目编结，另一边与底网衣下片之间以 70（5r+1）增目，则其大头目数应为

$$230 + 1 \times 70 \times \frac{1}{2} = 265 \text{目}$$

经核对无误。

由于缘网衣两侧上片是由底网衣二段两侧上片 265 目编出，两边直目编结，故其网宽目数标注为 265 目是正确的。

3）核对底网衣一段下片网宽目数

已知底网衣一段下片由 300 目起编，两边分别与两侧底网衣上片一起以 200（5r+1）增目，则其大头目数应为

$$300 + 1 \times 200 = 500 \text{目}$$

经核对无误。

4）核对底网衣二段下片网宽目数

已知底网衣二段下片由 500 目起编，两边分别与两侧底网衣上片一起以 70（5r+1）增目，则其大头目数应为

$$500 + 1 \times 70 = 570 \text{目}$$

经核对无误。

由于缘网衣下片是由底网衣二段下片 570 目编出，两边直目编结，故其网宽目数标注为 570 目是正确的。

5）核对囊网衣二段大头网周目数

已知囊网衣一段大头网周目数为 600 目，以 [20 — 14（5r−1）] 减目，则二段大头网周目数应为

$$600 - 1 \times 14 \times 20 = 320 \text{目}$$

经核对无误。

6）核对囊网衣三段大头网周目数

已知囊网衣二段大头网周目数为 320 目，以 [10 — 12（5r−1）] 减目，则三段大头网周目数应为

$$320 - 1 \times 12 \times 10 = 200 \text{目}$$

经核对无误。

7）核对囊网衣四段网周目数

已知囊网衣三段大头网周目数为 200 目，以 [8—18（5r－1）] 减目，则四段网周目数应为

$$200-1\times18\times8=56\text{目}$$

经核对无误。

4. 核对网衣配纲

1）核对配纲缩结系数

底网衣前缘两旁（上片）配下纲的缩结系数为

$$E=12.86\div(0.080\times265)=0.607$$

底网衣前缘中间（下片）配下纲的缩结系数为

$$E=27.68\div(0.080\times570)=0.607$$

底网衣、缘网衣两侧边缘各配上纲的缩结系数均为

$$E=42.00\div(0.76+14.00+37.50)=0.804$$

上口门的缩结系数为

$$E=0.80\div(0.070\times40)=0.286$$

核算结果，底网衣配下纲的缩结系数（0.607）在我国统计的下纲缩结系数的适用范围（0.44～0.61）之内，底网衣等配上纲的缩结系数（0.804）也在适用范围（0.89～0.69）之内，上纲中部的上口门缩结系数（0.286）也在适用范围（0.20～0.30）之内，是可以的。

2）核对配纲长度

其上纲总长应为

$$0.80+42.00\times2=84.80\text{ m}$$

与主尺度数字相符，说明上纲分段装配数字是正确的。

其下纲总长应为

$$12.86\times2+27.68=53.40\text{ m}$$

与主尺度数字相符，说明下纲分段装配数字也是正确的。

此外，底网衣上还装配有两条网底力纲，其装置部位的底网衣长度为

$$0.76+14.00+37.50=52.26\text{ m}$$

考虑到网底力纲前端与下纲连接应有些留头长度，后端比底网衣拉直长度稍长些可作为重新拆装力纲时的备用长度，故现网底力纲长 53.00 m，只长 0.74 m 是合理的。

5. 核对浮沉力配布

1）核对浮子配布

在浮沉力布置图中，假设浮子的安装规格是正确的，则上纲长度应为

$$0.80+(5.00+15.00+20.00+2.00)\times2=84.80\text{ m}$$

核算结果与主尺度数字相符，说明浮子的安装规格是无误的。从浮沉力布置图的下方可以看出，上纲中部装有 3 个泡沫塑料中孔圆柱形浮子，这与浮沉力布置图中间标注的泡沫圆柱浮子数量"3"是一致的。从布置图中又可看出泡沫塑料中孔球浮的个数应为

$$(10+20+20)\times2=100\text{ 个}$$

这与布置图中间标注的泡沫球数量"100"是一致的。至此，说明浮子配布是正确的。

2）核对沉子、沉石配布

在浮沉力布置图中，假设沉子、沉石的安装间隔长度是正确的，则下纲长度应为

$$(6.00+1.50+2.50+2.80+2.90+3.00+2.80+2.70+2.50)\times 2 = 53.40 \text{ m}$$

核算结果与主尺度数字相符,说明沉子、沉石的安装间隔长度是正确的。从浮沉力布置图中可看出沉石结缚在下纲两边,每边 1 个,则在图中间沉石标注有 2 个是正确的。从图中又可看出下纲中点装 1 个铅沉子,两边各装 7 个铅沉子,则铅沉子个数应为
$$1+7\times 2 = 15 \text{ 个}$$
说明在图中间铅沉子标注有 15 个是正确的。

3) 核对浮沉力配布的合理性

在浮沉力布置图中标注着配置有 3 个浮力各为 19.61 N 的泡沫圆柱浮和 100 个浮力各为 5.10 N 的泡沫球浮,则上纲的总浮力为
$$19.61\times 3 + 5.10\times 100 = 568.83 \text{ N}$$

在布置图中间标注着配置有 2 个各重 15.00 kg 的沉石和 15 个各重 0.10 kg 的铅沉子。查附录 C 得知石的沉率为 6.03 N/kg,铅的沉率为 8.92 N/kg,则下纲的总沉力为
$$6.03\times 15\times 2 + 8.92\times 0.10\times 15 = 194.28 \text{ N}$$

核算结果表明,总浮力接近为总沉力的 3 倍,即上纲有足够的剩余浮力浮于海面,则可保证入网的鱼类不易从上纲处逃逸,故本网的浮沉力配布是合理的。

二、撑架敷网网图核算

撑架敷网网图核算包括核对各部分网片的目大、网片尺寸(指网片的纵向目数和横向目数)、缩结系数、配纲长度和沉子配布等。

江苏、浙江的撑架敷网的网衣,一般如图 7-14 中的(1)、(2)所示,其网衣四周边缘为 $(2r+1)$ 边,即为全目脚斜边,其配纲的缩结系数均相同,适用范围为 0.68~0.88。而辽宁、福建、广东、广西和海南的撑架敷网网衣,其四周边缘均为直目边,即一组相对应边为全宕眼边,另一组相对应边为全边傍边。全直目边的小型撑架敷网,其四周边缘配纲的缩结系数均相同,其适用范围为 0.41~0.60,配纲后形成了边长小于 1 m 的正方形或矩形的小网兜。全直目边的中型撑架敷网,其四周边缘配纲的缩结系数一般均不相同,即形成正梯形网兜,其主网衣前边缘缩结系数的适用范围为 0.45~0.70,其后边缘的缩结系数比前边缘的稍小,其两侧边缘的缩结系数相同,多数取比前边缘的稍大,个别取为相同或稍小。主网衣四周的缘网衣,其缩结系数可取与同边缘主网衣的相同,也可配大些。

下面举例说明如何具体进行撑架敷网网图核算。

例 7-2 试对灯光四角缯(图 7-16)进行网图核算。

解:

1. 核对各部分网片的目大、网片尺寸、缩结系数和配纲长度

灯光四角缯的网衣由取鱼部网衣、取鱼部四周网衣和缘网衣三部分组成。取鱼部网衣由 6 片 E 网片纵向缝合而成,纵目使用。取鱼部四周网衣由 8 片 C 网片和 8 片 D 网片纵向缝合而成,纵目使用。前、后缘网衣各用 1 片 A 网片,横目使用。左、右侧缘网衣各用 1 片 B 网片,纵目使用。

假设 B 网片的目大(0.140 m)、横向目数(5.5 目)及其横向缩结系数(0.60)和 C、D 网片的目大(0.0196 m)、横向目数(400 目)及其横向缩结系数(0.58)均是正确的,则整块网衣前、后边缘的配纲长度应为
$$0.140\times 5.5\times 2\times 0.60 + 0.0196\times 400\times 12\times 0.58 = 0.92 + 54.57 = 55.49 \text{ m}$$

经核对无误,说明上述假设均正确。

假设 A 网片的目大(0.140 m)、横向目数(5.5 目)及其横向缩结系数(0.60)和 C 网片的纵向

目数（5200 目）及其纵向缩结系数（0.58）均是正确的，则整块网衣左、右侧边缘的配纲长度应为
$$0.140 \times 5.5 \times 2 \times 0.60 + 0.0196 \times 5200 \times 0.58 = 0.92 + 59.11 = 60.03 \text{ m}$$

经核对无误。至此，已证明了 C 网片的目大、网片尺寸及其缩结系数和整个网具的配纲长度均正确。

假设 A 网片的纵向目数（495 目）是正确的，则其纵向缩结系数应为
$$55.49 \div (0.140 \times 495) = 0.80$$

经核对无误。至此，已证明了 A 网片的目大、网片尺寸及其缩结系数均为正确。

假设 B 网片的纵向目数（528 目）是正确的，则其纵向缩结系数应为
$$(60.03 - 0.140 \times 5.5 \times 2 \times 0.60) \div (0.140 \times 528) = 0.80$$

经核对无误。至此，已证明了 B 网片的目大、网片尺寸及其缩结系数均为正确。

假设 D 网片的纵向目数（1600 目）及其纵向缩结系数（0.58）和 E 网片的目大（0.0145 m）、纵向目数（3000 目）均是正确的，则 E 网片的纵向缩结系数应为
$$(60.03 - 0.140 \times 5.5 \times 2 \times 0.60 - 0.0196 \times 1600 \times 2 \times 0.58) \div (0.0145 \times 3000)$$
$$= (60.03 - 0.92 - 36.38) \div 43.50 = 0.52$$

经核对无误，说明假设均是正确。至此，已证明了 D 网片的目大、网片尺寸及其缩结系数均为正确。

最后假设 E 网片的横向目数（400 目）是正确的，则 E 网片的横向缩结系数应为
$$(55.49 - 0.140 \times 5.5 \times 2 \times 0.60 - 0.0196 \times 400 \times 8 \times 0.58) \div (0.0145 \times 400 \times 6)$$
$$= (55.49 - 0.92 - 36.38) \div 34.80 = 0.52$$

经核对无误。至此，已证明了各部分网片的目大、网片尺寸、缩结系数和配纲长度均正确。

上述计算中使用的缩结系数，只是网具理论设计上的平均缩结系数。而实际装配时，考虑到网角部分受力较大，应适当多装一些网衣，如局部装配图（图 7-16 的右下方）所示。其缘网衣中间的缩结系数实际为
$$1.50 \div (0.140 \times 13) = 0.824$$

则主网衣中间的缩结系数也相应增大，即
$$0.58 \times (0.824 \div 0.80) = 0.597$$

此数值在我国缩结系数的适用范围（0.41~0.70）之内，故是可行的。

2. 核对沉子配布

在局部装配图，假设沉子的个数及其安装间距、端距均是正确的，则前后缘网衣的纵向目数及其配纲长度应分别为
$$13 \times (37 - 1) + 13.5 \times 2 = 495 \text{ 目}$$
$$1.50 \times (37 - 1) + 0.745 \times 2 = 55.49 \text{ m}$$

经核对均无误，说明假设正确，即前、后网纲上各装 37 个沉子，左、右侧网纲上各装 40 个沉子及其安装的间距、端距均正确。

第六节　敷网材料表与渔具装配

一、敷网材料表

敷网材料表的数量是指一个网具所需的数量。在箕状敷网网图中，除了上、下纲表示净长外，

其他绳索均表示全长。在撑架敷网网图中，除了网纲表示净长外，其他绳索一般均表示全长。

现根据图 7-15 列出乌鲳楚口网材料表如表 7-6、表 7-7 所示。又根据图 7-16 可列出灯光四角缯材料表如表 7-8、表 7-9 所示。

表 7-6　乌鲳楚口网网衣材料表　　　　　　　　（主尺度：84.80 m × 53.40 m）

网衣名称	段别	网线材料规格—目大网结	网衣尺寸/目			用线用量/kg
			起目	终目	网长	
底网衣	一段	PAM φ0.60—75 SS	560	960	500	23.70
	二段	PAM φ0.80—80 SS	960	1 100	175	22.71
缘网衣		PAM φ1.00—95 SS	1 100	1 100	8	2.04
囊网衣	一段	PAM φ0.65—70 SS	600	320	35	1.17
	二段	PAM φ0.70—65 SS	320	200	30	0.65
	三段	PAM φ0.90—60 SS	200	56	45	0.75
	四段	PE 36 tex 7 × 3—60 SJ	56	56	72	0.58
整个网衣总用量（其中锦纶单丝需用 51.02 kg，乙纶网线需用 0.58 kg）						51.60

表 7-7　乌鲳楚口网绳索、属具材料表

绳索（属具）名称	数量	材料及规格	每条绳索长度/m		单位数量用量	合计用量/g	附注
			净长	全长			
上纲	2 条	PE φ5	84.80	85.50	1 078 g/条	2 156	左、右捻各 1 条
下缘纲	1 条	PE φ5	53.40	53.80	678 g/条	678	
上曳绳	2 条	PE φ5		18.00	227 g/条	454	
下曳绳	2 条	PE φ5		20.00	252 g/条	504	
沉石绳	2 条	PE φ5		2.00	26 g/条	52	
	1 条	PE φ5		0.50	7 g/条	7	
鲳板引绳	9 条	PE 36 tex 20 × 3		13.30	33 g/条	297	每艘船拖曳 3 条
沉子纲	1 条	PAM NS φ10	53.40	53.80	4 432 g/条	4 432	PAM φ0.35 × 13 × 16 × 3
网底力纲	2 条	HEM φ20		53.00			黄麻捻绳
浮子	3 个	FP φ140 × 220					中孔圆柱形浮，每个浮子的浮力为 19.61 N
	100 个	FP φ100					中孔球浮，每个浮子的浮力为 5.10 N
沉子	15 个	Pb 0.10 kg			100 g/个	1 500	
沉石	2 个	STON15.00 kg			15 000 g/个	30 000	
	1 个	STON1.00 kg			1 000 g/个	1 000	囊尾沉石
鲳板	45 个	杉木制					每条鲳板引绳结缚 5 个

表 7-8　灯光四角缯网衣材料表　　　　　　　　（主尺度：55.49 m × 60.03 m）

网衣名称	片号	数量/片	网线材料规格—目大网结	网片尺寸/目		网线用量/kg	
				横向	纵向	单片	合计
前、后缘网衣	A	2	PE 36 tex 9 × 3—140 SJ	5.5	495	1.04	2.08
侧缘网衣	B	2	PE 36 tex 9 × 3—140 SJ	5.5	528	1.11	2.22

续表

网衣名称	片号	数量/片	网线材料规格—目大网结	网片尺寸/目		网线用量/kg	
				横向	纵向	单片	合计
取鱼部四周网衣	C	8	PA 23 tex 1×2—19.6 SJ	400	5 200	5.27	42.16
	D	8	PA 23 tex 1×2—19.6 SJ	400	1 600	1.62	12.96
取鱼部网衣	E	6	PA 23 tex 2×2—14.5 SJ	400	3 000	5.62	33.72
整个网衣总用量（其中锦纶捻线需用 88.84 kg，乙纶网线需用 4.30 kg）							93.14

表 7-9　灯光四角缯绳索、属具材料表

绳索（属具）名称	数量	材料及规格	每条绳索长度/m		单位数量用量	合计用量/g	附注
			净长	全长			
网纲	2 条	PE φ8	235.20	235.60	7 705 g/条	15 410	四角扎成长 0.52 m 的网耳
灯艇尾绳	2 条	PE φ8		80.00	2 616 g/条	5 232	
沉石绳	4 条	PE φ8		0.50	17 g/条	68	
网角拉绳	4 条	PE NET φ17		60.00			
锚绳	1 条	PE NET φ17		100.00			灯艇使用
锚绳	4 条	PE NET φ17		120.00			4 只敷网艇使用
沉子	154 个	Pb 0.20 kg			200 g/个	30 800	
沉石	4 个	STON 12.00 kg			12 000 g/个	48 000	
锚	5 个	2.90 Fe×430					

二、敷网装配

完整的敷网网图，应标注有网具装配的主要数据，使我们可以根据网图进行网具装配，现分别根据图 7-15 和图 7-16 分别叙述乌鲳楚口网和灯光四角缯的装配工艺如下。

（一）乌鲳楚口网装配

1. 上纲和浮子的装配

上缘纲穿过缘网衣、底网衣两侧边缘和上口门边缘的网目后和穿好浮子的浮子纲合并分档结扎。上口门 40 目结扎在上纲中间，配纲长 0.80 m，缩结系数为 0.293。底网衣、缘网衣两侧边各配纲长 42 m，平均缩结系数为 0.804。上纲两端各留出 0.35 m 长分别结扎成一个眼环。浮子的配置是，上口门装 3 个圆柱形浮子，从上口门向两端分三部分：第一部分长 5 m，每间隔 0.5 m 装一个泡沫球浮，共装 10 个；第二部分长 15 m，每间隔 0.75 m 装一个，共装 20 个；第三部分长 20 m，每米装一个，共装 20 个。最后剩下 2 m 长没装浮子。如图 7-15 右上方所示。

2. 下纲和沉子的装配

下缘纲穿过缘网衣前缘网目后和沉子纲合并分档结扎，缩结系数为 0.511。下纲两端各留出 0.2 m

长分别与上纲两端结扎在一起,如图 7-15 中的②所示。在下纲中点钳夹一个铅沉子,向两边分别间隔 2.50、2.70、2.80、3.00、2.90、2.80、2.50 m 各钳夹一个铅沉子,整条下纲共钳夹 15 个铅沉子,如图 7-15 的右上方所示。

3. 网底力纲装配

网底力纲前端结缚在离上、下纲连接点为 6 m 处的下纲上,然后沿着网目对角线方向向后分档结扎在缘网衣和底网衣上,力纲与网衣拉直等长结扎。结扎至底网衣与囊网衣缝合处时,力纲只剩下 0.5 m 左右,照样向后结扎在囊网衣上,直到扎完为止。

4. 曳绳连接

两条上曳绳的后端分别与上纲两端的眼环相连接,其前端分别连接在两艘船上。两条下曳绳的前端分别与左、右网底力纲前端结缚处相连接,其前端也分别连接在两艘船上。曳绳与网具的具体连接方法可详见图 7-15 中的②图。

5. 沉石装配

两个重 15 kg 的大沉石分别结缚在左、右下曳绳与下纲的连接处,其具体结缚方法可详见图 7-15 中的②图的下方所示。重 1 kg 的小沉石结缚在网囊底部,如图 7-15 的右下方所示。

6. 鲳板装配

鲳板为杉木制,形状近似乌鲳鱼形,体长 180 mm,体高 170 mm,尾长 95 mm,尾柄高 90 mm,尾叉高 158 mm,板厚 10 mm,体部表面涂白色,尾部和眼涂黑色,头钻一小孔,用于与鲳板引绳相连接,如图 7-15 的放大图①所示。每条鲳板引绳结缚 5 个鲳板,间距为 1.80 m 左右。

(二)灯光四角缯装配

1. 网衣缝合

取鱼部 6 片 E 网片纵向边缘之间拉直等长绕缝缝合。取鱼部四周网衣有 8 片 C 网片和 8 片 D 网片,各分成两组,每组 4 片 C 网片纵向边缘之间拉直等长绕缝缝合,每组 4 片 D 网片纵向边缘之间也拉直等长绕缝缝合。然后两组 C 网片内侧纵向边缘两端分别与两组 D 网片纵向边缘之间拉直等长绕缝缝合。两组 C 网片内侧纵向边缘中间剩余的部分分别与取鱼部 E 网片纵向两侧边缘之间以 9∶10 的比例互相绕缝缝合。前、后两组 D 网片内侧横向边缘与 E 网片前、后横向边缘之间也以 9∶10 的比例互相绕缝缝合。至此,取鱼部网衣和取鱼部四周网衣已缝合成一块矩形的主网衣。接着侧缘网衣的 2 片 B 网片纵向边缘分别与主网衣两侧纵向边缘之间以 7.25∶10.00 的比例互相绕缝缝合。前、后缘网衣 2 片 A 网片纵向边缘两端先与左、右侧缘网衣的横向边缘之间拉直等长绕缝缝合后,A 网片纵向边缘中间剩下的部分与主网衣前、后侧的横向边缘之间以 7.2∶10.0 的比例互相绕缝缝合。至此,即组成了一整块的矩形网衣,如图 7-16 的上方所示。

2. 网纲和沉子的装配

两条网纲的一端,先扎成一个长 0.52 m 的网耳,然后将其中一条网纲的另一端穿过前缘网衣纵向边缘网目并留出 55.49 m 后,再用 1.04 m 长的纲扎成一个网耳,接着纲端又穿过前缘网衣右侧横向边缘、右侧缘网衣纵向边缘和后缘网衣右侧横向边缘的网目并留出纲长 60.03 m 后又扎一个网耳。如上述重复在后缘网衣和左侧缘网衣的边缘再制作一遍，穿完缘网衣四周边缘网目后与另一条网纲合并，用铅沉子将两条网纲钳夹在一起。在前、后网纲部分，从网角处起先间隔 0.745 m、内含 13.5 目钳夹一个沉子，然后每间隔 1.50 m、内含 13 目钳夹一个沉子，每边共钳 37 个；在左、右网纲部分，从网角处起先间隔 0.765 m，内含 16 目钳夹一个沉子，然后每间隔 1.50 m 内含 13 目钳夹一个沉子，每边共钳 40 个。在每两个沉子之间的中点处用乙纶 3×3 线将两条网纲结扎一道，如图 7-16 的右下方所示。

3. 其他绳索和属具的装配

其他绳索和属具均是在放网过程中才连接到网耳或其附近部位。作业时，5 只小艇先选定位置抛锚。4 只敷网艇接过对应网角将网具拉开敷在海底上，拉紧后将网角拉绳连接在网耳上，锚绳以活络方式连接在网耳上，同时在离网耳约 3 m 的锚绳上连接一个沉石，至此才将所有的绳索和沉石均连接到网具上，如图 7-16 的右下方所示。

第七节　敷网捕捞操作技术

本节只介绍广东吴川王村港的乌鲳楚口网渔法和广东省遂溪县杨柑镇的灯光四角缯渔法。

一、乌鲳楚口网捕捞操作技术

乌鲳楚口网分布于广东省的阳江、电白、吴川等地及湛江市郊沿海，是一种传统作业方式。

1. 渔场、渔期、捕捞对象和渔船

吴川的乌鲳楚（原意为"坐"，粤语"坐"与"楚"同音）口网作业渔船在放鸡岛西至硇洲岛偏东沿海一带，水深 10~25 m。渔期 4~8 月，主捕乌鲳，兼捕游鳍叶鲹。

渔船为木帆船，总长 7.4 m，型宽 1.8 m，型深 0.8 m，载重 2 t，每艘船 2 或 3 人，每次作业至少需 3 艘船组合（其中 2 艘船布网，1 艘船引鱼），有时需用 4 艘船或多艘船组合作业。如布网船与引鱼船不是同一个生产队的，则渔获物按对半分成，引鱼船取自己所引之鱼的 50%，另 50% 归布网船。

2. 捕捞操作技术

乌鲳主要栖息于西沙群岛以南水域，每年随着气温回升，鱼群逐渐向北移动，到水温达 20 ℃时，其卵迅速成熟，鱼群到达粤西沿岸一带海域产卵。

到达渔场后，3 艘渔船停机，放下诱鲳板靠风力拖曳诱鱼。待诱到一定数量的鱼后，3 艘船靠拢，其中 2 艘船把诱到的鱼带给第 3 艘船后，便收起诱鲳板，由第 3 艘船继续诱鱼。此 2 艘船在适宜位置顶流放网。当网具张开后，便通知诱鲳船把乌鲳鱼群带入网内，然后 2 艘船一起把各自的上、下曳绳拉起，接着 2 艘船先从两端拉起下纲，继而一起从网前向网囊拉起底网衣，使网起到水面，迫使鱼群进入网囊。最后将网囊从前向后拉上甲板，倒出渔获物后，再视渔情继续作业或转移渔场。

二、灯光四角缯捕捞操作技术

灯光四角缯主要分布在遂溪杨柑及草潭一带,在湛江、电白、阳江、海南岛周边也有分布。

1. 渔场、渔期、捕捞对象和渔船

遂溪的灯光四角缯的旺季生产是在海南岛西北部昌化及临高角沿海生产,作业水深一般为15~40 m。渔期全年,旺季在3~5月和9~11月。主要捕捞对象为青鳞鱼、蓝圆鲹、小公鱼等。

渔船总吨为25 GT,主机功率为44 kW,带敷网作业艇4只,灯艇1或2只。小艇载重约4.5 t,船员共16人。每只灯艇用诱鱼灯2盏,左、右舷各1盏。诱鱼灯为4个灯芯的打气煤油灯(俗称大光灯)。

2. 捕捞操作技术

渔船于傍晚到达渔场后,先放下灯艇,抛锚开灯诱鱼,如图7-16左下方的作业示意图的上部所示。待鱼群到达一定密度时,灯艇通知母船放下敷网作业艇,准备放网。敷网作业是在灯艇的下流方向进行的。先由处于上流的2只作业艇(其中1只为载网艇),分别在灯艇左右两侧约50 m处抛锚,然后分别放出锚绳靠近灯艇,接过灯艇曳绳,顺流退下。处于下流的2只作业艇也左、右分开约100 m,分别在距灯艇约150 m处抛锚。然后4只作业艇均放出锚绳向中间靠拢,载网艇向其余3只艇分别送1个网角。2只下流艇分别从2只上流艇接过灯艇尾绳。各艇将网角扎紧后分别拉紧各船的锚绳,使网具呈矩形敷开。

网具敷开并拉紧后,各作业艇即用网角拉绳与网角的网耳前端相连结;再将锚绳用活络形式与网耳后部相连结,如图7-16右下方的③所示;再在离网耳后端约3 m的锚绳处用沉石绳系上重12 kg的沉石1个,如图7-16右下方的②所示。这些绳索连结好后,便抛出网具,送出网角拉绳和锚绳,这时网具在沉石的沉力作用下慢慢下沉至平敷海底。作业艇通过网角拉绳与网角相连,而且由于网角拉绳通过网耳又与锚绳相连,因此,4只作业艇位于4个网角的水面上,如图7-16的左下方所示。

在上述放网过程中,当被抛出的网具下沉时,应控制好网角拉绳和锚绳的送出速度,网角拉绳的送出速度应稍慢而受力,锚绳送出速度应稍快而不受力。否则,当锚绳稍慢送出而受力时,会使锚绳连结在网耳后部的活络结拉开,造成锚绳与网角分离,则放网失败,应立即停止放网。4只作业艇应同时拉起网角拉绳,把网具拉上水面后,再从头开始放网,按上一段内容重新敷开并拉紧网具,检查并连结好所有绳索,再次放网。

当网具平敷海底后,灯艇便开始引诱鱼群至网上。灯艇逐渐放出锚绳顺流退下,并用与下流作业艇相连的灯艇尾绳控制灯艇,使灯艇把鱼群引到敷网中央,如图7-16作业示意图的中部所示。

当灯艇进网并把鱼群引到敷网中央后,各作业艇便开始起网。各作业艇先拉起锚绳,待拉紧至拉开锚绳与网耳的连接活络后,才开始拉起网角拉绳。当拉到网角拉绳和网纲离开水面时,灯艇便可离开敷网,而各作业艇继续拉起网衣,使渔获物集中于取鱼部。此时用1只艇抄取渔获物,3只艇起网,起网完毕后,将网具盘放在1只艇上。然后4只艇各自起锚,并驶近母船装卸渔获物,准备下次作业。

第八章 抄网类

第一节 抄网渔业概况

抄网类渔具是在沿岸作业的小型滤水性渔具，依靠人力推捕或舀捕捕捞对象达到捕捞目的。在网具结构上有固定网衣的桁架或框架装置，以维持网兜或网囊的扩张。

通常由网囊、框架和手柄构成的一般抄网，多数用作围网、拖网、敷网等捞取渔获物的副渔具。单独作为主渔具使用的，数量不多，生产不稳定。在全国各海区的沿岸浅水处，均有抄捕小型鱼、虾类或为养殖业提供鱼、虾种苗的人力推网。此外，还有船推作业的船推网等。

抄网渔具作业历史悠久，是人们向海洋猎取鱼虾类的原始作业之一。其渔具尺度小，结构简单，由一人或数人作业。作业渔场一般为沿岸数米水深或滩涂水域，最深的到 10~20 m 水深的礁石区，捕捞小型鱼虾类或鱿鱼。此类渔具在海洋网渔具中是渔具规模和生产规模最小的网具。此类渔具一般生产能力较小，渔获效果较差，劳动强度较大。但它具有作业渔场近、生产成本低、技术要求不高等优点，且有一定的经济效益，故一直为沿海地区个体户所喜用，分布较广。

第二节 抄网捕捞原理和型、式划分

根据我国渔具分类标准，抄网是"由网囊（兜）、框架和手柄组成，以舀取方式作业的网具"。抄网"按结构分为兜状一个型"。兜状型是"由撑架和兜形网衣构成"的抄网，抄网"按作业方式分为推移一个式"。

根据全国海洋渔具调查资料，按网衣结构特征分型，抄网可分为兜状、囊状两个型，按作业方式可分为推捕、舀捕两个式。

一、抄网的型

1. 兜状型

由网兜、纲索和桁架构成的抄网称为兜状抄网。

兜状抄网一般如图 8-1 所示，这是山东胶县（现胶州市）的毛虾推网（《中国图集》175 号网）。其网衣是由 1 片编结网片经缝合后形成 1 个等腰梯形的网兜，四周分别装有由 2 条绳索组成的纲索。先用绳索在后纲和 2 条侧纲上均匀分档地装有网耳，将撑杆穿过后纲上的网耳和将 2 支推杆分别穿过左、右侧纲上的网耳后，最后将 2 支推杆的基部交叉结扎在一起，尽量使 2 支推杆梢部分开并使前纲充分张开后，把撑杆两端结扎固定在左、右推杆上。然后把后纲、侧纲两头分别向两端拉紧后结扎固定在推杆上，最后将推脚固定在推杆梢端。毛虾推网是由 1 人手持网具，沿着海岸 1~1.5 m 水深处推网前进，约 10 分钟起网 1 次，捕捞对象以毛虾、小蟹为主，一般多作为副业生产的渔具。

2. 囊状型

由网囊、框架和手柄构成的抄网称为囊状抄网。

囊状抄网一般如图 8-11 所示，这是广西北海的鱿鱼抄网（《中国图集》173 号网）。鱿鱼抄网是一种浅海小型渔具，用小船小艇作业。其捕捞原理是利用鱿鱼（枪乌贼）的趋光习性，先用灯光将其诱集，然后用抄网直接舀捕。鱿鱼抄网的网囊是一个圆锥形的编结网，其网口可用网线结扎在圆形的框架上，框架连接固定在手柄的前端。

二、抄网的式

1. 推捕式

用手握住推杆基部向前推移捕捞的抄网称为推捕抄网。

我国的推捕抄网均为兜状型，为推捕兜状抄网，如图 8-1 所示。

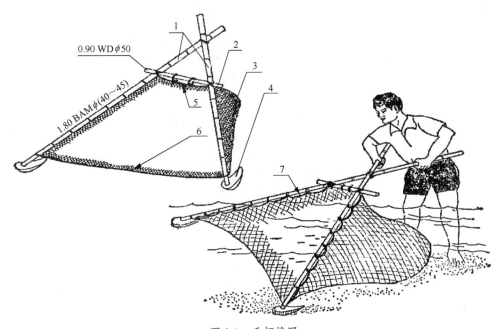

图 8-1　毛虾推网

1. 推杆；2. 撑杆；3. 网兜；4. 推脚；5. 后纲；6. 前纲；7. 侧纲

推捕兜状抄网一般是由 1 人手持网具，在沿岸滩涂 1～1.5 m 浅水处徒步向前推捕。但也有由 1 人手持网具，脚踩高跷，在沿岸滩涂 2～3 m 处向前推捕，如图 8-2 所示。这是江苏赣榆的推网（《江苏选集》267 页），其网具规模、网具结构和捕捞对象均与图 8-1 的毛虾推网相似。不同的只是图 8-1 的作业者是徒步推捕，其作业水深稍浅，为 1～1.5 m；而图 8-2 的作业者是脚踩高跷推捕，其作业水深稍深，为 2～3 m。

还有一种网具规模最大和作业水深最深的推捕兜状抄网，即浙江象山的船车缯（《浙江图集》149 页），如图 8-3 所示。其网具结构与图 8-1、图 8-2 相似，但网具规模不同，如图 8-3 的推杆最长，为 11 m，而图 8-1 和图 8-2 分别为 4.80 m 和 4.70 m；又如图 8-3 的撑杆也最长，为 2.20 m，而其他 2 种分别为 0.90 m 和 0.50 m；还有作业水深也不同，图 8-3 的作业水深最深，为 4～6 m，处于沿岸滩涂的边缘，而其他 2 种的作业水深分别为 1～1.5 m 和 2～3 m。

图 8-2 推网作业示意图

图 8-3 船车缯作业示意图

2. 舀捕式

用手握住手柄或桁架，并瞄准捕捞对象进行舀捕捕捞的抄网称为舀捕抄网。

我国舀捕抄网一般为囊状型，即舀捕囊状抄网如图 8-11 所示。这种抄网一般是由网囊、框架和手柄构成的，这种网囊均为一个圆锥筒形的编结网，固其网口可以结扎在圆形的框架上。但也有一种是带有底网衣的网囊，不能结扎在圆形框架上，如图 8-4 所示，这是福建平潭的光诱船抄网（《中国图集》174 号网）。在其网衣展开图中，除了最前缘 5 目长的缘网衣外，后面 4 段均为网口前方的底网衣，最后 2 段是用无结的插捻网片构成的网囊，故此网口不能结扎在圆形框架上，而只能如图中所示那样，结扎在类似兜状抄网所使用的桁架上，不同的是其网杆（类似兜状抄网的推杆）的梢端不用装推脚。作业时，1 人手握桁架上端，进行瞄准舀捕。

上述的几种舀捕囊状抄网，均是在小船或小艇上进行光诱舀捕作业。也有个别的是利用乌贼在岩礁边产卵的习性，倚山舀捕乌贼，如图 8-5 所示。这是浙江椒江的倚山舀（《浙江图集》151 页），

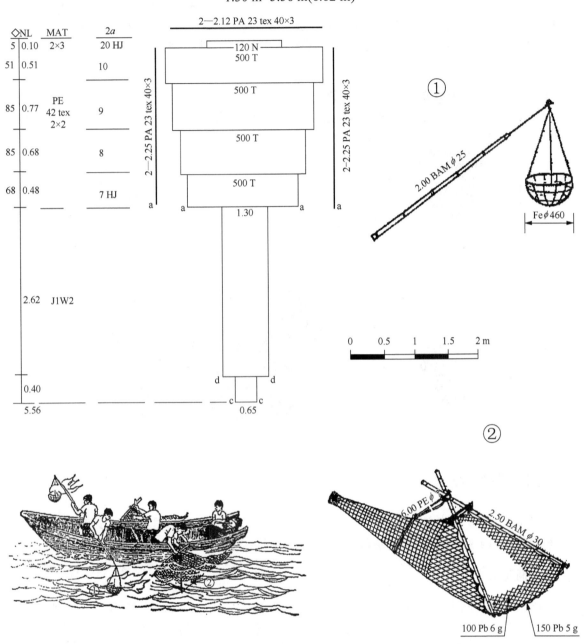

图 8-4 光诱船抄网

其网衣是 1 个分道纵向减目的圆锥筒形编结网。其框架是用 2.58 m 长的毛竹片,内留有竹隔,每竹隔中间钻一小孔,以便穿过网口纲。网口纲是 1 条长 2.25 m 的铁线。横杆是一块毛竹片,两端及中间凿孔,以便固定框架和手柄。手柄是 1 支四季竹。作业者站在岩边或浅水处,手持倚山舀手柄,将其插进水中(深度随海况而定),贴岩边刮过去,一般由凸处向凹处刮,迫乌贼入网,然后将网具拉上,倒取渔获物后,转换作业点再下网。

我国的舀捕抄网除了一般为囊状型外,个别也有采用兜状型的,即舀捕兜状抄网,如图 8-6 所示。这是江苏启东的鹅网（《中国图集》176号网），其网衣是一片两侧直目（AN）编结和中间纵向3道减目的正梯形网片，网片的前边与两侧各装配有1条纲索；其桁架是由1支较短的桁杆和1支较长的手柄构成，网衣的前纲结扎在桁杆上，2条侧纲后端拉紧后，其后端结扎在手柄上，形成1个三角形的网兜。作业者站在岸边，手持手柄，瞄准捕捞对象后，将网兜插入水中舀捕小杂鱼或虾。

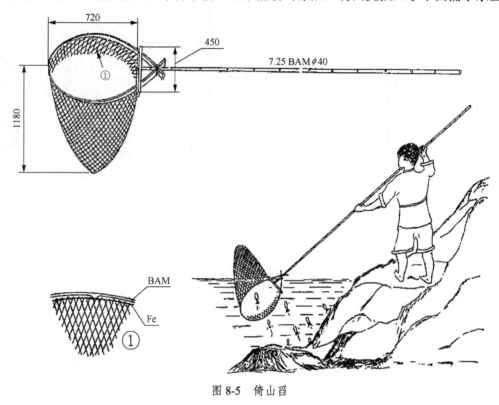

图 8-5　倚山舀

三、全国海洋抄网型式

根据 20 世纪 80 年代全国海洋渔具调查资料统计，我国海洋抄网有推捕兜状抄网、舀捕兜状抄网和舀捕囊状抄网 3 种型式。上述资料共计介绍了我国海洋抄网 18 种。

1. 推捕兜状抄网

在 18 种海洋抄网中，推捕兜状抄网介绍最多，有 12 种，占 66.7%，分布在山东（2 种）、江苏（1 种）、上海（1 种）、浙江（2 种）、福建（4 种）和广东（2 种）。其中最大型的是浙江象山的船车缯（如图 8-3 所示，其推杆长 11.00 m）；较大型的是福建晋江的腰缯（《福建图册》125 号网，其推杆长 7.05 m）；中型的有山东胶县的毛虾推网（如图 8-1 所示，其推杆长 4.80 m）、江苏赣榆的推网（如图 8-2 所示，其推杆长 4.70 m）、福建南安的腰缯（《福建图册》126 号网，其推杆长 4.56 m）和上海南汇的抄虾网（《上海报告》133 页，其推杆长 4.00 m）。较小型的有福建福清的手推抄网（《福建图册》124 号网，其推杆长 3.70 m）、浙江乐清的推缯网（如图 8-12 所示，其推杆长 3.65 m）、山东寿光的推网（《山东图集》99 页，其推杆长 3.30 m）、广东台山的手推网（《广东图集》92 号网，其推杆长 3.26 m）和缉仔[①]（《广东图集》91 号网，其推杆长 3.18 m）；最小型的是福建平潭的光诱手推抄网（《福建图册》122 号网，网图中缺推杆长度数字，但其前纲长 1.27 m 和侧纲长 2.00 m，却是 12 种推捕兜状抄网中的最短纲长）。

---

① 《广东图集》原载"辑仔"，本书修正为"缉仔"。

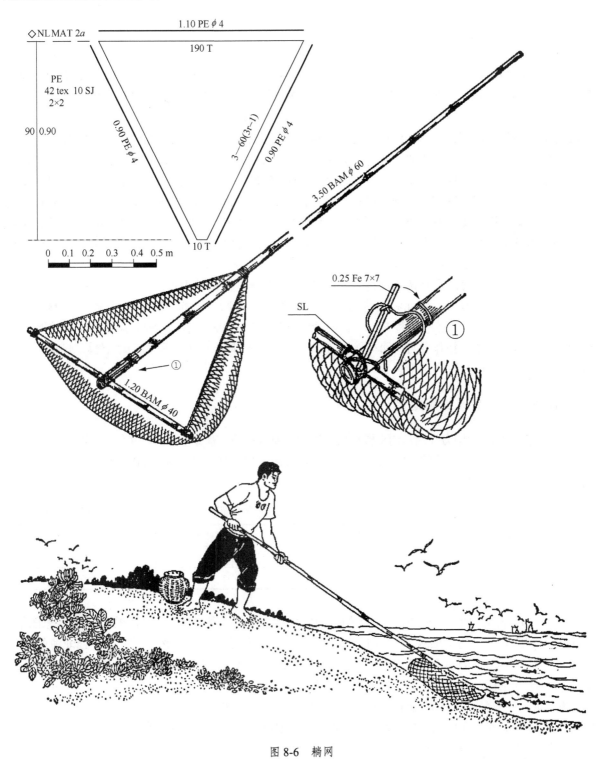

图 8-6 耥网

上述 12 种推捕兜状抄网又可简称为推网。在 12 种推网中，除了浙江的船车缯是装置在船头支架上，用人力摇橹向前推捕，可简称为船推网外，其他 11 种推网，均是由 1 人手持推网向前推捕，可简称为手推网。

2. 舀捕兜状抄网

舀捕兜状抄网介绍最少，只有 1 种，即江苏启东的耥网（图 8-6），前面已做了介绍。

3. 舀捕囊状抄网

舀捕囊状抄网较少，只介绍5种，占27.8%，分布在广西（1种）、海南（2种）、福建（1种）和浙江（1种）。其中前3种均类似图8-11所示，分别是广西北海的鱿鱼抄网（《广西图集》54号网）、海南琼山的公鱼抄网（《广东图集》89号网）和海南临高的手抄网（《广东图集》90号网）。这3种网具的网衣均是采用锦纶单丝经纵向多道减目编结成呈圆锥形的编结网。其结构均由网囊、圆形铁框和手柄三部分构成，均用小艇在无月光之夜，在沿岸浅海上进行光诱作业，兜捕枪乌贼或小公鱼等。福建平潭的光诱船抄网（图8-4），是带有底网衣的囊状抄网，其网口只能装置在类似兜状抄网的桁架上。再加上其底网衣是采用乙纶捻线编结的，为了防止底网衣在作业中漂浮，在底网衣上夹有4列铅沉子，共计夹了100个重6 g的铅沉子，在前纲上也夹有150个重5 g的铅沉子。以上4种均需用小船或小艇在沿岸海上进行光诱作业，只是浙江椒江的倚山舀（图8-5）需要作业者站岩石边，手持网具手柄舀捕到岩边产卵的乌贼。

综上所述，全国海洋渔具调查资料共介绍了18种海洋抄网，其中各沿海省（自治区、直辖市）所介绍的种数如下：辽宁、河北和天津均无介绍，山东（2种）、江苏（2种）、上海（1种）、浙江（3种）、福建（5种）、广东（2种）、广西（1种）和海南（2种）。在18种海洋抄网中，按网衣结构特征可分为2个型，按作业方式可分为2个式，按型式分共计有3个型式，每个型、式和型式的名称及其所介绍的种数可详见附录N。

四、南海区抄网型式及其变化

20世纪80年代全国海洋渔具调查资料所介绍的南海区抄网，有2个型式，共计5种网具；2004年南海区渔具调查资料所介绍的抄网也有2个型式，共计3种网具。前后时隔20年左右南海区抄网型式的变化情况如表8-1所示。

表8-1　南海区抄网型式及其介绍种数　　　　　　　　　　　　　　　（单位：种）

调查时间	推捕兜状抄网	舀捕囊状抄网	共计
1982~1984年	2	3	5
2004年	2	1	3

在全国海洋渔具调查资料中，南海区的推捕兜状抄网介绍2种，即广东台山的缉仔（《广东图集》91号网）和广东台山的手推网（《广东图集》92号网）；舀捕囊状抄网介绍3种，即广西北海的鱿鱼抄网（图8-11、《中国图集》173号网）、海南琼山的公鱼抄网（《广东图集》89号网）和海南临高的手抄网（《广东图集》90号网）。

在2004年南海区渔具调查资料中，推捕兜状抄网也有2种，即广东电白的虾缉网（《南海区小型渔具》96页）和广东阳江的蟹苗缉网（《南海区小型渔具》99页）；舀捕囊状抄网有1种，即广东徐闻的光诱抄网（《南海区小型渔具》92页）。

上述虾缉网和蟹苗缉网的结构与毛虾推网（图8-1）相类似。不同之处是前者不用撑杆，而在2支推杆离顶端0.70 m处均钻孔，用1只铁螺栓穿过孔后将2支推杆连接起来，并用螺母固定，2支推杆可自由张开或收拢。作业时1人双手握住推杆末端，使2推杆张开至最大角度向前推进。有渔获物时，将2支推杆合拢，下端上提至水面，将渔获物集中在网兜底部后用手抓进鱼篓中。上述光诱抄网的结构与鱿鱼抄网（图8-11）相类似，均是由网囊、铁框架和手柄构成，在漆黑的夜晚，平潮时渔船慢慢行驶，船头上挂灯用于诱鱼，船员手持抄网进行瞄准舀捕，渔获物主要是趋光的小鱼和枪乌贼。

五、建议修改抄网类分类标准

在我国渔具分类标准中，抄网类的定义为"由网囊（兜）、框架和手柄组成，以舀取方式作业的网具"。但根据我国抄网类的生产实际，抄网类中主要有 2 种网具，一种是由网兜、纲索和桁架组成，以推捕方式作业的网具；另一种是由网囊、框架和手柄组成，以舀捕方式作业的网具。故建议把抄网类的定义改为"由网兜、纲索和桁架组成或由网囊、框架和手柄组成，以推捕或兜捕方式作业的网具"。

我国渔具分类标准中规定，抄网类"按结构分为兜状一个型"。但根据我国抄网类的生产实际，建议修改为抄网类"按网衣结构分为兜状、囊状两个型"。

我国渔具分类标准中规定，兜状型为"由撑杆和兜形网衣构成"。现根据兜状抄网的实际结构，建议修改为"由网兜、纲索和桁架构成"，并增加囊状型为"由网囊、框架和手柄构成"。

我国渔具分类标准中规定，抄网类"按作业方式分为推移一个式"。现根据我国抄网类的生产实际，建议修改为抄网类"按作业方式分为推捕、舀捕两个式"。

第三节　抄网结构

下面对兜状抄网和囊状抄网的结构分别进行介绍。

一、兜状抄网

兜状抄网分为舀捕兜状抄网和推捕兜状抄网两种。

舀捕兜状抄网只有 1 种，即江苏的耥网（图 8-6），其网衣是一片两侧直目编结、中间分 3 道 （3r－1）减目的等腰梯形网衣，其桁架是用 1 支桁杆装在手柄前端。网衣边缘装有网口纲，将网角分别结扎在桁杆两端和手柄上，则网衣形成为三角形的网兜，这种抄网可简称为三角形抄网。

在数量较多的推捕兜状抄网中，手推网介绍较多，有 11 种，船推网只介绍 1 种，基本结构和手推网相似，故本书只介绍手推网的结构。

手推网是由网衣、纲索和桁架三部分组成的，其网具构件组成如表 8-2 所示。

表 8-2　手推网网具构件组成

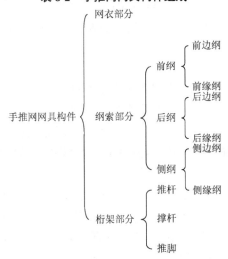

1. 网衣部分

手推网的网衣可分为三种形式。最简单的一种是一片两斜边为（2r＋1）增目的等腰梯形网片，如图 8-7（1）所示，这是广东台山的缉仔的网衣展开模式。较简单的一种是由两片矩形网片组成，如图 8-7（2）所示，这是浙江乐清的推缉网的网衣展开模式。广东台山的手推网的网衣展开模式也如图 8-7（2）所示，不同的是手推网在网衣的后纲和侧纲的配纲边缘均用比主网衣稍粗的网线加编半目长的网缘，在网衣的前纲的配纲边缘用比主网衣再稍粗的网线加编 2 目长的网缘。较复杂的一种是一片由许多段的长矩形网片组成的网衣，其网衣展开模式如图 8-7（3）所示。如江苏赣榆的推网（图 8-2）的网衣，是一片由 18 段长矩形网衣组成的近似等腰梯形的网衣，从前纲到后纲，目大（2a）逐段减小而网宽目数逐段增加，采用目大逐段减小而网宽逐段增目的编结方法。又如福建南安的腰缯，从前纲到后纲，也是采用目大逐段减小而网宽逐段增目的编结方法，却是一片只由 4 段矩形网片组成的近似竹笋状的网衣。至于其他模式，考虑到设计上不合理或工艺过于复杂等，不再介绍。

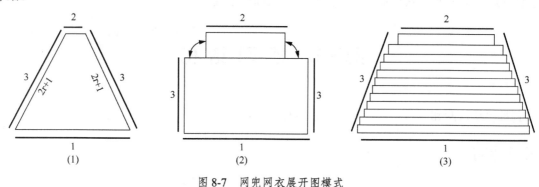

图 8-7 网兜网衣展开图模式
1. 前纲；2. 后纲；3. 侧纲

在 11 种手推网中，其中有 5 种手推网的网衣是采用乙纶单丝（PEMϕ0.20）编结，其目大范围（按从前纲到后纲的顺序）为 46～6 mm，采用死结（SJ）或双死结（SS）编结；有 2 种采用 2 条乙纶单丝捻成的单捻线编结，目大为 17～8 mm，死结；有 1 种采用 3 条乙纶单丝捻成的单捻线编结，目大为 40～7.5 mm，死结；采用直径为 0.15 mm 或 0.20 mm 的锦纶单丝编结的各有 1 种网衣，其目大分别为 17～7 mm 和 14 mm（即整片网衣只有 1 种目大），一般采用双死结或变形死结（BSJ）。此外，山东寿光的推网采用无结平织网片，靠近前纲部分的网衣的经线和纬线均为 1 条乙纶单丝，经向和纬向间隔均为 1.5 mm，应标注为（PEM J1W1 1.5×1.5）；靠近后纲的网衣的经线和纬线分别为 1 条乙纶单丝和 3 条乙纶单丝，经向和纬向间隔仍均为 1.5 mm，应标注为（PEM J1W3 1.5×1.5）。

2. 绳索部分

手推网网衣配纲后，一般是形成一个等腰梯形的网兜，故其四周均配有纲索。作业时在下方贴底向前推移的绳索称为前纲，在上方靠近手握处的绳索称为后纲，在左、右两侧的绳索均称为侧纲，左、右侧纲是相同的。每种纲一般均采用 2 条纲索组成，即缘纲和边纲。缘纲是 1 条穿过网衣边缘网目的绳索，边纲是 1 条合并在缘纲外边并与缘纲一起分档结扎的绳索。前纲由前边纲和前缘纲组成，后纲由后边纲与后缘纲组成，侧纲由侧边纲与侧缘纲组成。一般边纲与缘纲是同材料、同规格而不同捻向的 2 条绳索。在 11 种手推网中，只有 8 种是标注采用 2 条绳索组成网纲的，山东采用无结平织网片的推网和福建的 2 种腰缯均标注只采用 1 条绳索构成网纲。

关于纲索材料，在 11 种手推网中，采用乙纶渔网线的有 8 种，其直径范围一般为 1.55～2.85 mm；采用锦纶渔网线的有 3 种，其直径范围为 1.8～2.5 mm。

3. 桁架部分

桁架一般是由 2 支推杆，1 支撑杆和 2 个推脚组成。2 支推杆在基部交叉固定。在固定点前方附近将 1 支撑杆的两端分别结扎在 2 支推杆上，以使 2 支推杆呈一定角度分叉固定。最后在每支推杆梢端装上 1 个推脚，如图 8-1 所示。

1）推杆

推杆是桁架的主要构件，没有推杆，也就没有桁架。故最简单的桁架就是由 2 支推杆在其基部交叉固定后组成的，如图 8-8 所示。这是福建平潭的光诱手推抄网（《福建图册》122 号网）。我国 11 种手推网的推杆全部采用竹竿，其基部直径范围为 21～50 mm，长度范围为 3.18～7.05 m。

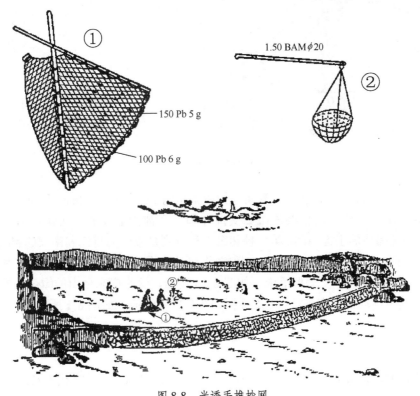

图 8-8　光诱手推抄网

2）撑杆

手推网的撑杆，是两端分别与 2 支推杆相结扎，用于撑开和固定 2 支推杆呈一定角度分叉的杆状物。在我国所介绍的 11 种手推网中，装有撑杆的有 6 种，如图 8-1 中的 2 所示。在 6 种撑杆中，其中采用木杆的有 4 种，其基部直径范围为 30～50 mm，长度范围为 0.80～1.50 m；采用竹竿的有 2 种，其规格分别为 0.50 BAMϕ40 和 1.80 BAMϕ30。无装置撑杆的手推网有 5 种，如图 8-8 所示，其 2 支推杆的基部均钻有孔，并用 1 只铁螺栓插入两孔后再用螺母固定，使 2 支推杆可自由张开或收拢。作业时 1 人双手分别握住 1 支推杆基部拉开推杆至最大角度后向前推移，待有渔获物时，将 2 支推杆合拢并将其前纲提至水面后，再将渔获物抓进鱼篓中。

3）推脚

推脚是装置在推杆前端，用于防止推杆前端插进海底的鞋形、船形或其他形状的属具。在 11 种手推网中，制成鞋形或船形的推脚有 7 种，其推脚长 150～300 mm，宽 70～130 mm，厚 25～100 mm，其外形类似如图 8-1 毛虾推网的推杆下方所示。另有 2 种推脚是制成其他形状的，1 种是福建福清的手推抄网（《福建图册》124 号网），如图 8-9 的①图所示，其推脚是木质的矩形台状物，其台面呈矩形 75 mm × 90 mm，台底可能是 50 mm × 50 mm，台高是 40 mm。除了上述 9 种装置有推脚外，剩下 2 种是没装置推脚的，1 种是福建平潭的光诱手推抄网，如图 8-8 所示，推捕日本鳀、小公鱼等趋光小型鱼；另 1 种是广东台山的缉仔（《广东图集》91 号网），推捕鲻鱼。

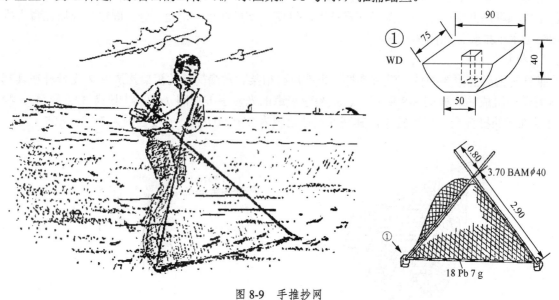

图 8-9 手推抄网

综合以上所述，在 11 种手推网中，最简单的桁架是由 2 支推杆组成的，只有 1 种，即光诱手推抄网，如图 8-8 所示。较简单的桁架是由 2 支推杆和 2 个推脚组成的，共有 4 种，其中第 1 种如图 8-9 所示，是福建福清的手推抄网；第 2 种和第 3 种分别是福建的晋江和南安的腰缯（《福建图册》125 号网和 126 号网）；第 4 种是广东台山的手推网（《广东图集》92 号）。还有 1 种稍特殊，其桁架由 2 支推杆、1 支撑杆和 1 支手柄组成，如图 8-10 所示，这是广东台山的缉仔，推捕鲻鱼。剩下的 5 种手推网，其桁架均由 2 支推杆、1 支撑杆和 2 个推脚组成，如图 8-1 所示。

二、囊状抄网

囊状抄网由网囊、框架和手柄三部分构成。下面只介绍用作渔具的囊状抄网的结构。

1. 网囊

我国所介绍的 5 种囊状抄网中，有 3 种网具的网衣是采用锦纶单丝编结的，其网衣展开模式如图 8-10 所示。其中（1）是广西北海的鱿鱼抄网（图 8-11）的网囊展开图模式，其网衣是分 6 道以（4r－2）纵向减目的圆锥筒形网衣，其材料及规格为 PAMϕ0.30—30SJ。（2）图是海南琼山的公鱼抄网（《广东图集》89 号网）的网衣展开模式，分成两段，其上段是较短的直目编结的圆筒形网衣，下段是较长的分 8 道以（3r－1）纵向减目的圆锥筒形网衣，其材料及规格均为 PAMϕ0.34—14（缺网结类型标注）。（3）图是海南临高的手抄网（《广东图集》90 号网）的网衣展开模式，也分成两段，其上段是较长的分 31 道以（7r－1）纵向减目的圆锥筒形网衣，下段是较短的直目编结的圆筒形网衣，

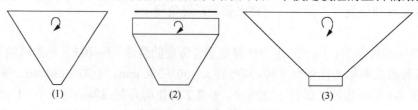

图 8-10 网囊网衣展开模式

其材料及规格均为 PAMϕ0.34—20（6），从《广东图集》的附录 2 中得知（6）是指双抱死结，是变形死结（BSJ）中的一种网结类型。

还有 2 种囊状抄网的网衣是采用乙纶网线编结的，1 种是浙江椒江的倚山䍲（《浙江图集》151 页），其网衣分为 6 段，每段均是分道纵向减目的圆锥筒形网衣，采用 PE36 tex3×3 的网线编结，其目大分别为 52 mm、45 mm、41 mm、40 mm、39 mm 和 38 mm，采用双死结（SS）编结。另 1 种是福建平潭的光诱船抄网，如图 8-4 所示。其网衣分 7 段组成，最前一段是 5 目长的缘网衣，其网衣材料及规格为 PE 42 tex 2×3—20 HJ。后面 4 段均为网口前方的底网衣，其材料为 PE 42 tex 1×2，目大为 10 mm、9 mm、8 mm 和 7 mm。最后两段均为无结插捻网片构成的网囊，采用乙纶单丝（PEM），网线规格为 J1W2，但缺经线和纬线的网线间距规格。

2. 框架

广西北海的鱿鱼抄网的框架如图 8-11 的中左方所示，采用 1 支直径为 6 mm 的钢筋弯曲成直径为 700 mm 的圆形框架，即 STϕ700$\phi_1$6。海南琼山的公鱼抄网和海南临高的手抄网，均采用铁线弯曲成圆形框架，其规格分别为 Feϕ350$\phi_1$6 和 Feϕ410$\phi_1$5。浙江椒江的倚山䍲如图 8-5 所示，其框架比较特殊，采用宽 25 mm、内留有竹隔的竹片弯曲成近似圆形的框架，再用直径 3～5 mm 的铁线穿过竹隔孔和网口边缘网目（两竹隔间穿入的网目数可根据竹隔间距长度、目大和网口缩结系数 0.529 来计算），即可把网囊装置在框架上。最后 1 种是福建平潭的光诱船抄网，如图 8-4 所示。这种带有底网衣的网囊，不可能装置在圆形框架上，只能装置在类似兜状抄网的桁架上。光诱船抄网原图的桁架只是画成由 2 支网杆交叉构成，不可能把网口固定的，䍲捕作业必须要有固定的网口。故编者只好自作主张，画上了撑杆以使网杆张开。

3. 手柄

除了福建的光诱船抄网采用桁架而没有手柄外，其余 4 种囊状抄网均装置有手柄。除了广西北海的鱿鱼抄网装置木手柄外，其余 3 种均装置竹手柄。鱿鱼抄网的木手柄基部直径 30 mm，长 2.70 m，即标注为 2.70 WDϕ30。其余 3 种竹手柄中，浙江的倚山䍲所使用的既粗又长，为 7.25 BAMϕ40。其余海南的公鱼抄网和手抄网所使用的比较相似，分别为 2.50 BAMϕ35 和 2.95 BAMϕ20。

第四节　抄网渔具图

一、抄网网图种类

抄网网图包括总布置图、网衣展开图、作业示意图、局部装配图、零件图等。除了局部装配图、零件图可根据需要绘制外，每种抄网均要绘制上述前三种图。抄网网图一般可以集中绘制在一张 4 号图纸上。如图 8-11 所示，网衣展开图绘制在上方，总布置图绘制在中右方，作业示意图绘制在下方，中左方还绘制了框架的零件图。有的需绘制在两张图面上，如图 8-12 所示。在第一张图面如图 8-12（a）的上方绘制网衣展开图，下方绘制总布置图，中右方绘制推杆与侧纲的局部装配图⑤，中间绘制撑杆圈的零件图⑥，中左方绘制销栓的零件图⑦；在第二张图面图 8-12（b）的下方绘制作业示意图，上左方绘制副渔具油灯帽的总布置图①，上右方绘制副渔具鱼桶的总布置图②，中左方绘制副渔具手抄网的总布置图③，中右方绘制推脚（挡泥板）的零件图④。

1. 总布置图

要求画出整个抄网的结构布置，还要求标注手柄或桁架等的材料和规格，如图 8-11 的中右方和图 8-12（a）的下方所示。

鱿鱼抄网（广西北海）
4.50 m×0.75 m(2.20 m)

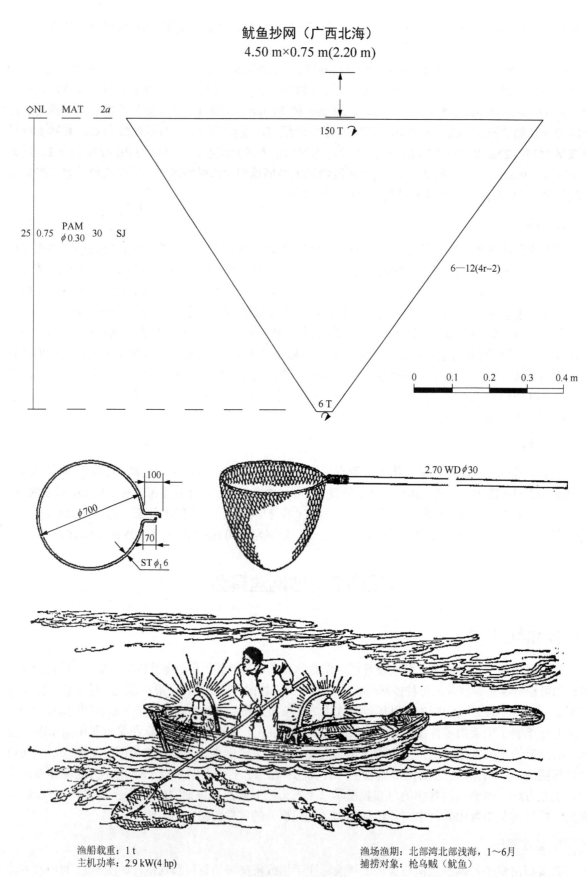

渔船载重：1 t
主机功率：2.9 kW(4 hp)

渔场渔期：北部湾北部浅海，1～6月
捕捞对象：枪乌贼（鱿鱼）

图 8-11　鱿鱼抄网

2. 网衣张开图

抄网网衣展开图轮廓尺寸的绘制方法与有囊型网衣的相同,即纵向长度依网衣拉直长度按比例缩小绘制,横向宽度依网衣拉直宽度的一半或依网周拉直宽度的 1/4 按同一比例缩小绘制。囊状抄网网衣展开图的横向宽度是依网周拉直宽度的 1/4 按同一比例缩小绘制,兜状抄网网衣展开图的横向宽度是依网衣拉直宽度的一半按同一比例缩小绘制。

在网衣展开图中,除了标注网衣规格外,还要求标注结缚在网衣上的纲索规格,如囊状抄网的网口纲规格,推网的前纲、后纲和侧纲的规格,如图 8-12(a)的上方所示。

3. 作业示意图

作业示意图中要求表示出如何使用抄网进行捕捞作业,如图 8-11 和图 8-12(b)的下方所示。

二、抄网网图标注

1. 主尺度标注

①囊状抄网:网口网衣拉直周长 × 网衣拉直总长(框架周长或网口纲长)。

例:鱿鱼抄网 4.50 m × 0.75 m (2.20 m)(《中国图集》173 号网)。

②梯形抄网的表示法与梯形撑架敷网的相同,即:结缚网衣的前边纲长 × 后边纲长—侧边纲长。

例:推缉网 5.40 m × 1.30 m—2.52 m [图 8-12(a)]。

③三角形抄网:结缚网衣的前边纲长 × 侧边纲长。

例:𬶟网 1.10 m × 0.90 m(《中国图集》176 号网)。

2. 网衣标注

囊状抄网网衣展开图的横向宽度是依网周宽度的 1/4 按比例缩小绘制的,其网筒的起目和终目的目数后面或附近应标注符号"Ω"。梯形抄网和三角形抄网的网衣展开图的横向宽度是依网衣宽度的一半按比例缩小绘制的,在图中不用标注任何符号。

抄网网衣的具体标注方法与有囊型网衣的标注方法类似,不再赘述。

3. 绳索标注

在网衣展开图中,绳索是用与其所结缚的网衣轮廓线平行的粗实线来表示。在总布置图中,绳索也可用粗实线来表示。

4. 属具标注

属具的材料、规格均标注在总布置图或零件图中。

第五节 抄网渔具图核算

在兜状抄网中,主要是呈等腰梯形的推捕兜状抄网。而属于舀捕兜状抄网的呈三角形抄网只是兜状抄网中的一个特例,只介绍了𬶟网 1 种。我国的囊状抄网,均属于舀捕囊状抄网。下面只分别举例介绍推捕兜状抄网和舀捕囊状抄网的网图核算方法。

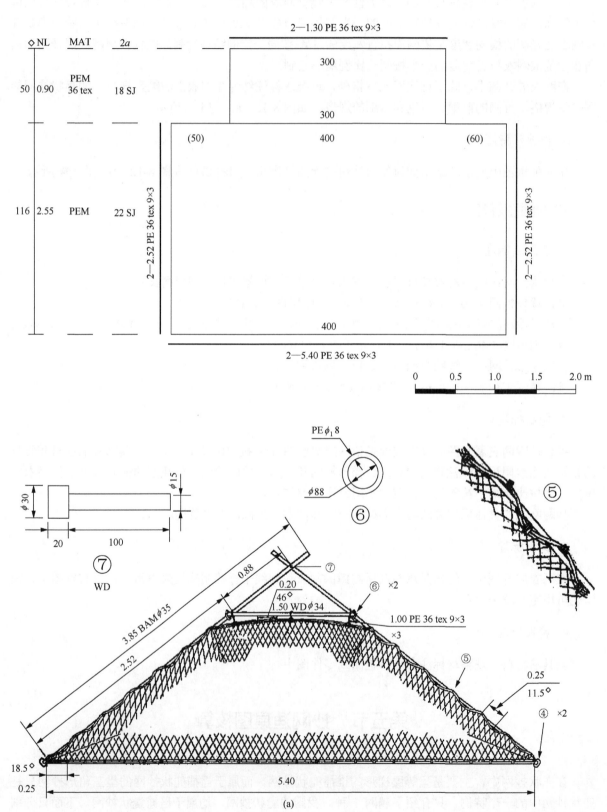

(a)

第八章　抄　网　类

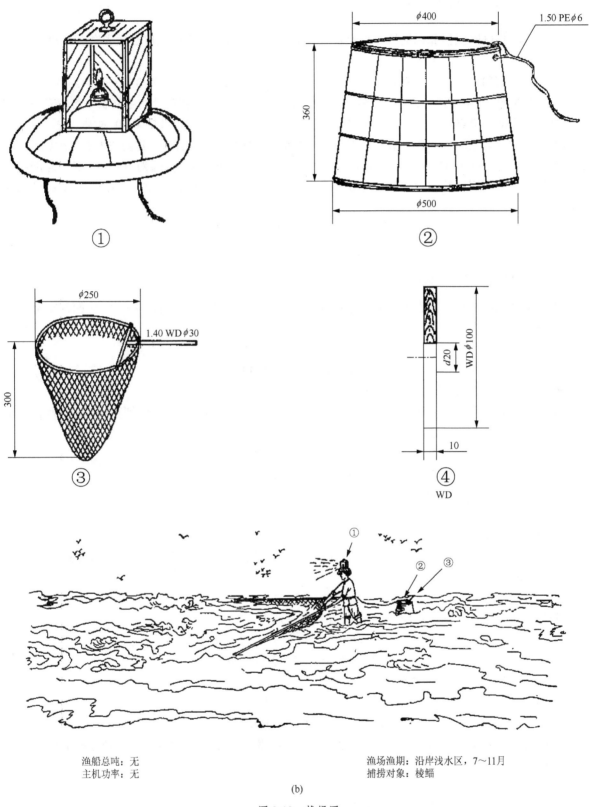

渔船总吨：无　　　　　　　　　　　渔场渔期：沿岸浅水区，7~11月
主机功率：无　　　　　　　　　　　捕捞对象：棱鲻

(b)

图 8-12　推缉网

一、推捕兜状抄网网图核算

推捕兜状抄网网图核算包括核对网衣目大和网衣尺寸（即为网衣的长度目数和宽度目数），核对网衣配纲。

根据调查资料统计，我国等腰梯形兜状抄网的前网缘缩结系数范围为 0.22~0.94，其中 0.22、0.24、0.33 的均太小，网衣利用率不高，其中 0.94 又太大，故建议前纲处的主网衣（若装有缘网衣时）缩结系数取为 0.40~0.64；后网缘的缩结系数范围为 0.04~0.60，其中 0.60 太大，故建议后纲处的缩结系数取为 0.04~0.42。侧网缘的缩结系数与侧边的编结方式有关，其侧边为直目编结（AN）的，缩结系数的范围 0.67~0.99；其侧边为（2r–1）边的，缩结系数范围为 0.98~1.00，若网线材料为乙纶网线，则侧纲处的缩结系数可取为 0.98；若网线材料为锦纶单丝的，则侧纲处的缩结系数可取为 1.00。

例 8-1 试对推缉网 [图 8-12（a）] 进行网图核算。

解：

1. 核对网衣目大和网衣尺寸

推缉网是由两片矩形网衣组成的。假设其目大和网长目数均是正确的，则小、大两片矩形网衣的网长长度应分别为

$$0.018 \times 50 = 0.90 \text{ m}$$
$$0.022 \times 116 = 2.55 \text{ m}$$

经核对无误。说明目大和网长目数均无误。

小矩形网衣是在大矩形网衣横向边缘两旁各留出 50 目后起编编结的，两侧直目编出。假设大矩形网衣的网宽目数 400 目是正确的，则小矩形网衣的网宽目数应为

$$400 - 50 \times 2 = 300 \text{ 目}$$

经核对无误。至此，已证明了大、小矩形网衣的目大和网衣尺寸均无误。

2. 核对网衣配纲

1) 核对前纲装配

在总布置图 [图 8-12（a）的下方] 中标注前纲每档结扎长度（档长）为 0.25 m，内含 18.5 目，则其结扎的档数为

$$5.40 \div 0.25 = 21.6$$

若取为 22 档，最后一档的档长和内含目数应分别为

$$5.40 - 0.25 \times (22 - 1) = 0.15 \text{ 目}$$
$$400 - 18.5 \times (22 - 1) = 11.5 \text{ 目}$$

前 12 档和最后一档的网衣缩结系数分别为

$$E'_t = 0.25 \div (0.022 \times 18.5) = 0.61$$
$$E''_t = 0.15 \div (0.022 \times 11.5) = 0.59$$

前网缘缩结系数为 0.61，最后一档的缩结（0.59）稍小，这对受力较大的网角是有利的，故还是可以的。

2) 核对后纲装配

图中标注后纲每档档长 0.20 m，内含 46 目，则其结扎档数为

$$1.30 \div 0.20 = 6.5$$

若取为 7 档，则最后一档的档长和内含目数应分别为

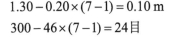

$$1.30 - 0.20 \times (7-1) = 0.10 \text{ m}$$
$$300 - 46 \times (7-1) = 24 \text{ 目}$$

取前 6 档和最后一档的网衣缩结系数分别为

$$E'_t = 0.20 \div (0.018 \times 46) = 0.24$$
$$E''_t = 0.10 \div (0.018 \times 24) = 0.23$$

后网缘缩结系数为 0.24，最后一档缩结（0.23）稍小，是可以的。

3）核对侧纲装配

图中标注侧纲每档档长为 0.25 m，内含 11.5 目，则其结扎档数为

$$2.52 \div 0.25 = 10.1$$

若取为 10 档，最后一档的档长和内含目数应分别为

$$2.52 - 0.25 \times (10-1) = 0.27 \text{ m}$$
$$116 - 11.5 \times (10-1) = 12.5 \text{ 目}$$

其前 9 档和最后一档的网衣缩结系数分别为

$$E'_n = 0.25 \div (0.022 \times 11.5) = 0.99$$
$$E''_n = 0.27 \div (0.022 \times 12.5) = 0.98$$

我国梯形抄网缩结系数的建议使用范围：前网缘为 0.40~0.64，后网缘为 0.04~0.42，侧边为直目编结的侧网缘为 0.67~0.99。本网的前网缘缩结系数（0.61、0.59）、后网缘缩结系数（0.24、0.23）和侧网缘缩结系数（0.99、0.98）均在合理使用范围之内，故是合理的。

二、舀捕囊状抄网网图核算

舀捕囊状抄网网图核算包括核对网衣目大和网衣尺寸，核对网口网衣缩结。

根据调查资料统计，我国单囊抄网的网口网衣缩结系数范围为 0.24~0.65，其中 0.24 太小，网衣利用率不高，建议其网口网衣缩结系数取为 0.49~0.65。

例 8-2 试对鱿鱼抄网（图 8-11）进行网图核算。

解：

1. 核对网衣目大和网衣尺寸

鱿鱼抄网网衣是一个 6 道纵向减目的圆锥筒网衣。假设其目大（30 mm）和网长目数（25 目）是正确的，则其网长长度应为

$$0.030 \times 25 = 0.75 \text{ m}$$

经核对无误。说明假设是正确的，即目大和网长目数均无误。

假设编结符号中的编结周期内节数（4r）是正确的，则其每道减目的周期数为

$$25 \div (4 \div 2) = 12 \cdots\cdots 1 \text{ 目}$$

计算结果周期数为 12 个，还多余 1 目。因为编结（4r-2）时，一般是编到第三节起才进行并目减目，而多余的 1 目只有 2 节，还没进行减目，故每道只能算是 12 个周期。核算结果与网图数字相符，说明编结符号中的每道减目周期数（12）和周期内节数（4r）均无误。

又假设网口目数（150 目）、编结符号中的减目道数（6）和周期内的减少目数（2）均无误，则网囊小头网周目数应为

$$150 - 2 \times 12 \times 6 = 6 \text{ 目}$$

经核对无误。至此，已证明了网衣目大和网衣尺寸及其编结符号均无误。

2. 核对网口网衣缩结

考虑到圆形框架与手柄连接固定后，约有 42 mm（30+6×2）的缺口。当圆形框架穿过网囊网

口边缘网目时,最后应留出 3 目置于缺口处。圆形框架的直径为 700 mm,则其网口网衣的平均缩结系数约为

$$(0.70 \times 3.1416 - 0.042) \div [0.03 \times (150 - 3)] = 0.49$$

核算结果在缩结系数的适用范围(0.49~0.65)之内,故是合理的。

第六节 抄网材料表与渔具装配

一、抄网材料表

抄网材料表的数量是指一个网具所需的数量。在抄网网图中,所有结缚在网衣边缘的纲索均表示净长。

现根据图 8-11 可列出鱿鱼抄网材料表如表 8-3 所示。又根据图 8-12 和例 8-2 网图核算的修改结果可列出推缉网材料表如表 8-4 所示。

表 8-3 鱿鱼抄网材料表 [主尺度:4.50 m × 0.75 m(2.20 m)]

名称	材料及规格	网衣尺寸/目			网线用量/g
		起目	终目	网长	
网衣	PAMϕ0.30—30 SJ	150	6	25	13
框架	RINϕ700 STϕ16				
手柄	2.70 WDϕ30				

表 8-4 推缉网材料表 (主尺度:5.40 m × 1.30 m—2.52 m)

名称	数量	材料及规格	网片尺寸/目		单位数量长度		单位数量用量	合计用量/g	附注
			横向	纵向	净长	全长			
网衣	1 片	PEM 36 tex—22 SJ	400	116			88.4 g/片	89	36 tex 乙纶单丝的直径均为 0.2 mm
	1 片	PEM 36 tex—18 SJ	300	50			24.1 g/片	25	
前纲	2 条	PE 36 tex 9 × 3			5.40 m/条	6.00 m/条	6.5 g/条	13	
后、侧纲	2 条	PE 36 tex 9 × 3			6.34 m/条	6.94 m/条	7.5 g/条	15	后纲与左、右侧纲连成 1 条纲
吊纲	3 条	PE 36 tex 9 × 3				1.00 m/条	1.1 g/条	4	
撑杆圈	2 个	PEϕ8			0.25 m/个	0.45 m/个	15.1 g/个	31	每条乙纶绳两端插接成绳圈
推杆	2 支	BAMϕ35				3.65 m/支			梢部直径应稍大于 20 mm
撑杆	1 支	WDϕ34				1.50 m/支			杂木制,圆杆状
销栓	1 个	栓杆 WDϕ15 × 100				0.12 m/个			杉木制,插入 2 支推杆连接处的圆孔中而起连接固定作用
		栓头 WDϕ30 × 20							
推脚	2 个	WDϕ100 × 10d20							杉木制,扁圆形

上面 2 个材料表中网衣是用锦纶单丝(PAM)或乙纶单丝(PEM)进行单线编结的,故其网线用量可采用第二章中的式(2-2)进行计算。计算时,关于锦纶单丝的有关参数可从附录 D 中得出,关于乙纶单丝的直径,可参考我国水产行业标准《渔用乙纶单丝》(SC 5005—1988),得知 PEM 36 tex 的乙纶单丝的直径约为 0.20 mm,其千米长的质量约为 36 g,即其 G_H 为 0.036 g/m。

二、抄网装配

完整的抄网网图，应标注有网具装配的主要数据，使我们可以根据网图进行网具装配，以后不再赘述。现根据图 8-11 和图 8-12（a）及其网图核算资料分别叙述鱿鱼抄网和推绉网的装配工艺如下。

（一）鱿鱼抄网装配

先用乙纶网线将网衣底部封闭扎牢形成一个网囊，将作为框架的圆形钢环穿过网囊网口边缘网目，留出 3 目宕在外面，并置于钢环的缺口处，然后将钢环两端的弯头夹住手柄一端，用铁锤将钢环两端的弯头打入木柄中，再用铁线或锦纶单丝扎紧，最后用一条短乙纶网线穿过被宕出的 3 目后将其两端拉紧结扎在钢环两端的弯角上。

（二）推绉网装配

1. 网衣缝合

用乙纶 1×2 线将小矩形网衣两侧各 50 目的纵向边缘分别与大矩形网衣两旁各 50 目的横向边缘并拢一目对一目地绕缝缝合，使整块网衣形成兜状。

2. 绳索装配

根据图 8-12（a）和例 8-2 网图核算资料，绳索装配可详述如下。

（1）前纲装配。将 1 条前缘纲穿过网衣前网缘网目后再与另 1 条前边纲合并，先在前纲一端留头 0.30 m，然后每隔 0.25 m、内含 18.5 目用乙纶 1×2 线结扎一档，最后一档为 0.15 m、内含 11.5 目，网衣共配纲净长 5.40 m，在最后一端仍有 0.30 m 留头。

（2）后、侧纲装配。将 1 条后、侧缘纲依次穿过网衣的一侧网缘网目、后网缘网目和另一侧网缘网目后，再与另 1 条后、侧边纲合并，并将此 2 条后、侧纲两端各有 0.30 m 的留头连接固定在前纲净长的两端。在网衣侧缘的侧纲上，每隔 0.20 m、内含 11.5 目用乙纶 1×2 线结扎一档，最后一档为 0.27 m、内含 12.5 目，网衣左、右侧缘各配纲净长 2.52 m。在网衣后缘的后纲上，每隔 0.20 m、内含 46 目用乙纶 1×2 线结扎一档，最后一档为 0.10 m、内含 24 目，网衣共配纲净长 1.30 m。

（3）吊绳装配。吊绳对折使用，其中 1 条套结于后纲中点，另 2 条分别套结在后纲与左、右侧纲的转角处。

3. 桁架装配

2 支推杆离其基部端约 0.25 m 处各钻有直径为 15 mm 的孔 1 个，并用销栓插入孔中把 2 支推杆连接起来。2 支推杆梢端各先套入撑杆圈 1 个，再自后纲与侧纲弯角处开始，推杆梢依次插过 2 条侧纲的扎档间隙［如图 8-12（a）的⑤图所示］，然后将推脚（挡泥板）装在推杆梢端上，并将前纲两端留头分别连接固定在两推杆与推脚的连接处。接着将撑杆插入撑杆圈中并撑开推杆至不能再撑开为止，最后将两旁的吊纲拉紧后把撑杆两端与左、右推杆结扎固定在一起，中间的吊纲也拉紧后结扎在撑杆中部。

第七节 抄网捕捞操作技术

一、鱿鱼抄网捕捞操作技术

鱿鱼抄网属于舀捕囊状抄网,是一种浅海小型渔具,用小船小艇作业。其捕捞原理是利用鱿鱼(枪乌贼)趋光的习性,先用灯光将其诱集,然后用抄网直接舀捕。

该渔具主要分布于广西北海的涠洲岛,渔期 2～5 月和 8～12 月,渔场在涠洲岛周围 10～20 m 水深的海域,捕捞对象主要是枪乌贼(鱿鱼)。

1. 渔船

小艇,总长 4 m,载重 1 t。部分艇上安装 2.2～2.9 kW 的艇尾机。每艇配备普通煤油气灯 2 盏,一般为单人作业,如图 8-11 的下方所示。

2. 捕捞操作技术

鱿鱼抄网在晚间作业。傍晚驾艇出海,到达渔场后,点灯诱鱼,待鱿鱼诱集到捕捞范围,用抄网舀捕。

一般选择在晚上 8～10 时进行作业,此时鱿鱼趋光性较强,也较稳定。流缓、风小(3～4 级)、水清、无月光时作业效果较好。特别是天气将要转变时,鱿鱼较活跃,较易诱捕。

当鱿鱼不浮出水面,而停留于光照区的边缘或下层水域并使抄网无法捕获时,则可投放鱿鱼手钓来钓捕鱿鱼,或继续耐心灯诱,待鱿鱼被诱到水面后再进行舀捕。

二、推缉网捕捞操作技术

推缉网又称为推鱼网、推网,属于推捕兜状抄网,是浙江省沿岸滩涂浅水区作业的一种小型渔具,单人作业。

渔期自 7 月至 11 月,以 7 月下旬至 8 月下旬及 10 月为盛渔期。渔场于沿海滩涂浅水区,水深 1.5 m 以内,底质泥或泥沙,底坡度小。捕捞对象有棱鲻、黄鲫、梅童鱼和虾类等,其中以棱鲻为主,占总渔获量的 80%左右。

推缉网一般在涨潮时作业,大潮期间产量较高,一个潮期生产 7～8 d(农历十三至二十、廿七至翌月初四),每天作业 4 h。

1. 捕捞操作过程

涨潮后约 1 h,作业人员腰系鱼桶绳[如图 8-12(b)的②图所示],一手扶推杆,一手握撑杆,使网具迎流前倾,推脚触海底,推杆上部叉腰,向前推,约走 5～6 步起网一次。夜间作业时,作业人员头戴油灯帽[如图 8-12(b)的①图所示],使油灯透光面朝前,可起光诱和照明作用,其捕捞效果较白天好。推缉网作业一般 2～3 min 一网,鱼发好时为 1～2 min 一网。起网时双手分别握住左右推杆以腰前为支点将左右推脚同时挑起并使其升出海面后,再用一只手操手抄网[如图 8-12(b)的③图所示]将网兜中的渔获物抄入鱼桶内。

2. 捕捞操作技术要点

棱鲻喜弱光,在黑夜光诱效果显著。网具的网目尺寸可随着棱鲻鱼体的增大而逐渐增大。一般汛初为 18 mm,汛中为 22 mm,汛末为 26 mm。

第九章 掩罩类

第一节 掩罩渔业概况

掩罩类渔具自上而下扣罩捕捞对象，其中以掩网的数量最多，沿海和内陆水域均有分布，结构相似。

掩罩类渔具分为掩网和罩架两个型。通常用于海洋捕捞生产的只有掩网一个型，罩架型渔具只在淡水捕捞生产中使用。

掩网原来是一种沿岸性作业网具，网衣呈圆锥筒形，顶端系有引绳，网衣下缘装有下纲和沉子，网缘向内翻卷，用吊绳分档将下纲吊在网衣内侧，形成作为集鱼用的网兜，如图9-1所示。

这种掩网的作业方式分为抛撒和撑开两个式。抛撒掩网和撑开掩网的网具结构基本相同，只是网具规模大小和作业方式不同，抛撒掩网网具规模较小，其渔具主尺度范围一般为结缚网衣的下纲长 16～49 m，网衣纵向拉直为总长 2～12 m。作业渔场多为沿岸的港湾、河口的浅水区，水深 1～10 m。全年均可作业，主要渔获物有鲻、斑鰶等鱼类。作业渔船可有可无，有作业渔船的一般为载重1 t 左右的小艇或竹排，一艇（排）2人，作业时 1 人摇橹或划桨，1 人撒网。无渔船的，由 1 人站在岸边或水中撒网。抛撒掩网遍及我国沿海各地，数量较多，除有部分渔民将它作为生产性网具外，一般作为副业生产网具或作为自捕自食用的网具，近几年来多被旅游渔业所利用。

撑开掩网网具规格较大，在 20 世纪 80 年代全国海洋渔具调查资料中只介绍 1 种，即大黄鱼掩网，其网长 29.32 m，下纲长 165.24 m，作业渔场在福建北部沿海的官井洋，渔汛在 5 月至 7 月上旬，主要在大潮汛生产，渔期很短。大黄鱼掩网是福建官井洋捕捞大黄鱼的传统网具，至今已有 200 多年历史，分布在官井洋周边的罗源、宁德、福安和霞浦四市县沿海。适用于流急，海底

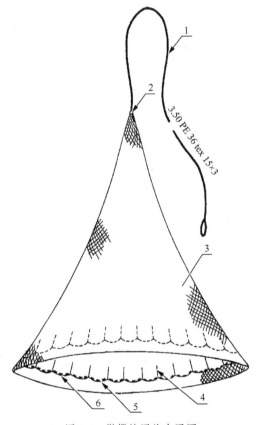

图 9-1 抛撒掩网总布置图
1. 引绳；2. 网顶绳；3. 网衣；
4. 吊绳；5. 下纲；6. 沉子

不平而渔场狭窄的条件下，采用 2 只木质非机动渔船捕捞近岸产卵集群的大黄鱼。作业时听鱼声判断鱼群位置和游向，两船配合一起拉开网具罩捕鱼群。据1983年调查，该网年平均作业天数为 15 天，每天下网 12 次，网次产量 25～30 kg。由于渔期短，该网只作为多种作业及农副业的兼、轮作渔具。

我国从20世纪90年代初开始使用的光诱掩网，是属于撑开掩网，在渔船上利用4支撑杆将网具撑开在渔船下方，利用灯光把捕捞对象诱集在网具下方，网具自上而下罩捕的一种渔具渔法。这种光诱掩网，当地俗称光诱罩网。其设计思想源自渔民的捕捞经验总结。据说1986年，有一位李姓的船长（湛江市乌石人）以小艇作业，用灯光诱集枪乌贼（鱿鱼）到预先敷设好的四角敷网的上方，但在起网时，鱿鱼均向上逃跑，产量很低。但有一次起网时，敷网在海中脱落，反而把处于敷网下方的鱿鱼罩住。基于这一思想，渔民改用罩网代替四角敷网，产量得到明显提高。在改进过程中，起初将罩网用两支撑杆将网具布设在渔船的后方，但由于网具与螺旋桨互相影响，布网后不能动车，船横浪后十分危险（当时尚未配置水锚）。随后改为用两支撑杆将网具布设在渔船的右舷（俗称单边罩网），此技术一直沿用到1993年，目前流传到东南亚一带，国内仍有部分小功率罩网渔船在采用。单边罩网操作简单，技术要求低，受到渔民的广泛欢迎，但在布网时需在左舷压载，以减轻渔船的倾侧。为了解决渔船两侧平衡问题，渔民大胆地设计了两舷4支撑杆布设的灯光罩网（俗称双边罩网）。双边罩网的罩捕面积比单边罩网增加了1倍多，很好地解决了渔船的两侧平衡问题，并增加了渔船作业过程中的平稳性。但布网后，网衣要绕过船底，仍然存在不能动车问题，随着水锚的引用，这一问题得到了圆满解决。这种新型渔具渔法综合了掩网的网具结构和光诱围网的光诱技术，将捕捞对象诱集后再进行罩捕，水深不限，全年作业，主要捕捞枪乌贼、带鱼、乌鲳、小沙丁鱼、蓝圆鲹、金枪鱼等中上层鱼类。操作简单而快速（每晚可作业16网次），捕捞效率高，效益好，是一种新型渔具渔法，所以自20世纪90年代中期以来得到迅速发展。到了21世纪初，广西北海市侨港镇已有600艘渔船从事罩网作业，作业渔场遍布南海北部，西沙、中沙、南沙群岛周边深海海域，是开发南海深海海域鸢乌贼和金枪鱼资源的主要渔具渔法之一。应用罩网技术的渔港现已发展至广东的阳东、阳西、电白、吴川、湛江、徐闻、雷州、遂溪，广西的北海、合浦、防城，海南的文昌、万宁、陵水、三亚、东方、儋州、临高、昌江、海口等市县，目前已发展至东黄海区的福建及浙江一带。光诱罩网的渔具规模也迅速向大型化发展，已从木质渔船发展至72.5 m的具有先进卫星导航设备，中型声呐探鱼仪器和集水冷、急冻、超低温急冻和冷藏综合保鲜系统，净载渔货量800 t的大型钢壳渔轮；主机功率从最初的15 kW发展至1000 kW；光诱功率从最初的8 kW发展至800 kW；网具网口纲长从最初的30 m发展至450 m。目前南海的灯光罩网渔具主尺度范围一般为结缚网衣的网口纲长40～450 m，网衣纵向拉直总长18～64 m。渔船主机功率15～1000 kW，作业时2～11人操作。50 kW以下的小型罩网一般是单边罩网，配备活水舱，2～3人操作；50～300 kW渔船为双边罩网，配备冰鲜舱，部分有制冷设备，3～5人操作；300 kW以上渔船均为双边罩网，均有制冷和急冻设备，5～11人操作。

第二节　掩罩捕捞原理和型、式划分

掩罩是由上而下扣罩捕捞对象的渔具。掩罩按结构特征分为掩网、罩架两个型，按作业方式分为抛撒、撑开、扣罩、罩夹四个式。

一、掩罩的型

1. 掩网型

掩网是下网缘有褶边的锥形网具，其底部网缘装配下纲后，就将网缘向内翻卷形成网兜，用吊绳分档把下纲吊在网衣上，或者把网缘向内分档将下纲直接结缚在网衣上，形成网兜。这种将网缘向内翻卷形成网衣两层折叠的形式就叫作褶边，如图9-1和图9-2所示。

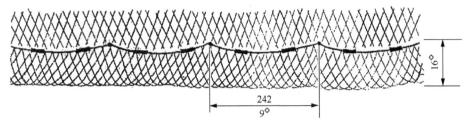

图9-2 褶边示意图

掩网由于分布较广，各地称呼不一，山东称为旋网，江苏称为撒网，上海称为撒网、旋网或天打网，浙江称为手撒网、手网、罩网或梅雨网，福建称为手撒网或手抛网，广东称为手抛网、抛网、罩网或鸡笼网，广西称为手抛网或抛网，海南称为手抛网。各地掩网的网具结构基本相似，只是规格大小不同而已。

2. 罩架型

罩架是由支架和罩衣构成的渔具。罩架型渔具只在淡水捕捞中使用。

二、掩罩的式

掩网的作业方式有抛撒和撑开，罩架的作业方式有扣罩和罩夹。因为海洋捕捞中只使用掩网，故只介绍抛撒和撑开两个式。

1. 抛撒式

抛撒式的掩罩用人力将网具向水中撒开，称为抛撒掩网。

在20世纪90年代之前，我国沿海的掩网，除了福建的大黄鱼掩网外，均属于抛撒掩网。各地的抛撒掩网网具结构基本相似，如图9-1所示，均由圆锥状网衣、下纲、吊绳、网顶绳、引绳和沉子等组成，只是网具规模大小不同而已。关于我国抛撒掩网的基本情况，在上一节中已做了全面介绍，故不再赘述。

2. 撑开式

撑开式的掩罩是用船撑开网具的掩网，称撑开掩网。撑开掩网原只有福建的大黄鱼掩网一种，其网具结构与抛撒掩网相似，其作业方式如图9-3所示。大黄鱼掩网是当时网具规模最大的掩网。作业渔船为木质非机动渔船大、小各1只，大船5人，小船4人。放网如图9-3（1）所示，一般是顺风顺流放网，使网口能充分张开。放网前，大船先把一端结在下纲的引绳抛给小船。小船首1人先拉过引绳并拉到下纲且锁住后，两船才开始划桨偏顺风分开并正式放网。大船首1人投放网衣，另1人把下纲边拉出来投放下海，即两船偏顺风划桨向外成弧形放网。当下纲放出将近一半时，如图9-3（2）所示，两船才开始逐渐向内转，即两船变成继续偏顺风划桨向内呈弧形放网。最后使网放下后呈圆形，罩住鱼群，如图9-3（3）所示。小船傍靠大船边，两船9人集中于大船上起网，收上网具，取出渔获物，如图9-3（4）所示。

20世纪90年代初在南海区开始使用的光诱罩网，也是属于撑开掩网的一种，如图9-4所示，这是广东电白的小罩网。此罩网与大黄鱼掩网在网具结构上不同之处要有三点：一是大黄鱼掩网的下缘有褶边，而它没有褶边；二是下纲结构不同，大黄鱼掩网的下纲由1条绳索构成，而它是由下缘纲、下主纲和网口束绳共 3 条绳索构成；三是沉子不同，大黄鱼掩网是用中孔圆鼓形陶质沉子串在下纲上，而它是用铅铸的沉力环串在下主纲和网口束绳上。在捕捞操作上，它与大黄鱼掩网的不同是：大黄鱼掩网是先听鱼声判断了鱼群位置和游向后，两船配合一起，在鱼群上方拉开网具，罩捕鱼群，而它是由一艘渔船单独作业，用船上的 4 支撑杆将网具撑开并敷于船底的水域中，采用光诱方法把捕捞对象诱集至船下的网具范围之内，然后利用机关使罩网突然与撑杆脱离，将捕捞对象罩入网内，如图 9-4（c）所示。

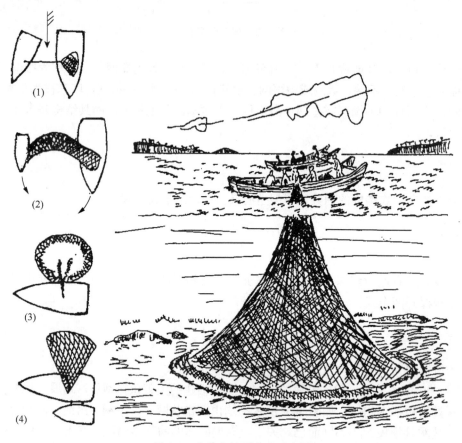

图 9-3　大黄鱼掩网作业示意图

三、全国海洋掩网型式

根据 20 世纪 80 年代全国海洋渔具调查资料统计，我国海洋掩网有抛撒掩网和撑开掩网共计 2 种型式。上述资料共计介绍了我国海洋掩网 9 种。

1. 抛撒掩网

在 9 种海洋掩网中，抛撒掩网有 8 种，占 88.9%。山东、江苏、上海、浙江、福建、广东、广西和海南各 1 种。其网具规模若用下纲净长乘以网衣总长来表示，则最大型的是浙江苍南的掩网（《浙江图集》153 页，网具规模 48.96 m×9.32 m），其次是海南琼山的手抛网（图 9-1、《中国图集》177 号网，34.80 m×6.90 m）、广西合浦的手抛网（图 9-2、《广西图集》55 号网，31.46 m×6.34 m）、江苏启东的撒网（《江苏选集》274 页，33.00 m×6.00 m）、上海的撒网（《上海报告》139 页，25.00 m×6.91 m）和山东寿光的旋网（《山东图集》100 页，27.50 m×5.39 m），最小型的是广东廉江的罩网（图 9-8、《广东图集》93 号网，16.74 m×1.97 m）。

2. 撑开掩网

在 9 种海洋掩网中，撑开掩网只有 1 种，即福建宁德的大黄鱼掩网（图 9-3、《中国图集》178 号网，165.24 m × 29.39 m）。

综上所述，全国海洋渔具调查资料共介绍了 9 种海洋掩网，其中各沿海省（自治区、直辖市）所介绍的种数如下：辽宁、河北和天津均无介绍，山东、江苏、上海和浙江各 1 种，福建 2 种，广东、广西和海南各 1 种。9 种海洋掩网按作业方式可分为 2 个式，按型式分也只有 2 个式，每个式和每个型式的名称及其所介绍的种数可详见附录 N。

四、南海区掩网型式及其变化

20 世纪 80 年代全国海洋渔具调查资料所介绍的南海区掩网，有 1 个型式共计 3 种网具；而 2000 年和 2004 年南海区渔具调查资料所介绍的掩网，也有完全不同的 1 个型式共计 3 种网具。现将前后时隔 20 年左右南海区掩网型式的变化情况列于表 9-1。

表 9-1 南海区掩网型式及其介绍种数　　　　　　　　　　（单位：种）

调查时间	抛撒掩网	撑开掩网	共计
1982～1984 年	3	0	3
2000 年、2004 年	0	3	3

在 20 世纪 80 年代全国海洋渔具调查资料中，南海区只介绍了 3 种抛撒掩网，即广东廉江的罩网（图 9-8）、广西合浦的手抛网（《广西图集》55 号网）和海南琼山的手抛网（《中国图集》177 号网）。在《南海区小型渔具》中，原介绍了 1 种抛撒掩网，即广西合浦的手抛网（《南海区小型渔具》104 页），由于其网图及调查报告内容与《广西图集》（调查于 1984 年，出版于 1987 年）的 55 号网完全一样，本书不把它纳入 2000 年和 2004 年南海区渔具调查资料（即抛撒掩网的介绍种数为 0），故该资料只介绍了 3 种撑开掩网，即广东电白的灯光罩网（《南海区小型渔具》107 页）、广西北海的光诱鱿鱼罩网（《南海区小型渔具》112 页）和海南万宁的罩网（《南海区渔具》165 页或《南海区小型渔具》115 页）。

五、建议修改掩网型定义

在我国渔具分类标准中，掩网型定义为"网缘有褶边的锥形网具"，这样就无法把没有褶边的光诱罩网纳入掩网型了，故建议改为"网衣下缘装有下纲和沉子的锥形网具"。

第三节　掩网结构

我国的掩网有抛撒掩网和撑开掩网两种，这两种掩网在结构上稍有差别，下面将分别进行介绍。

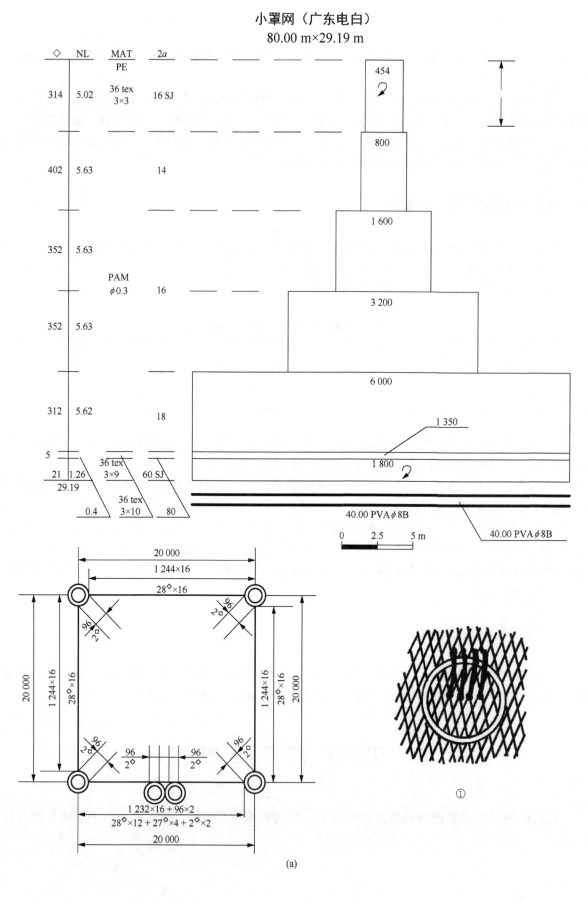

第九章 掩罩类

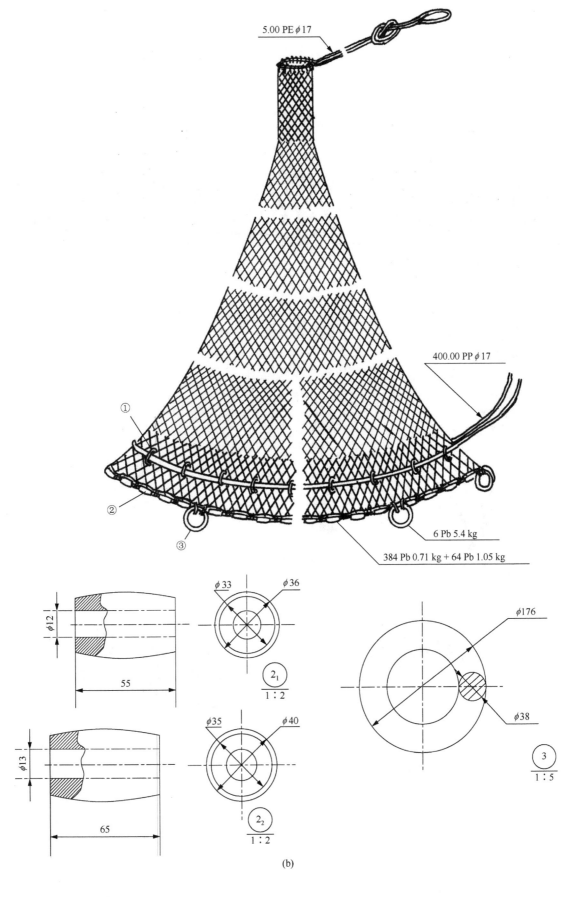

(b)

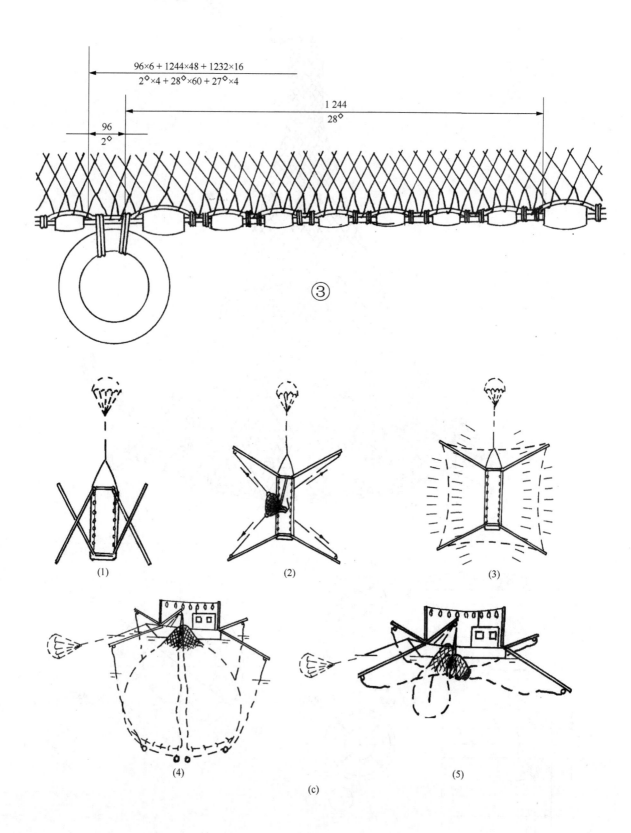

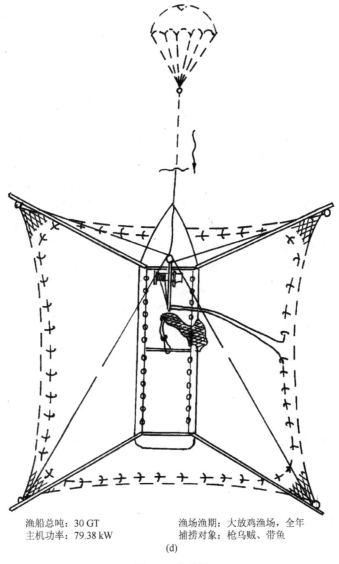

渔船总吨：30 GT　　　　　　　渔场渔期：大放鸡渔场，全年
主机功率：79.38 kW　　　　　　捕捞对象：枪乌贼、带鱼

(d)

图 9-4　小罩网

一、抛撒掩网结构

抛撒掩网是由网衣、绳索和沉子三部分构成的，一般结构如图 9-1 所示，其网具构件组成如表 9-2 所示。

表 9-2　抛撒掩网网具构件

1. 网衣部分

抛撒掩网网衣的编结方法有 3 种，一种最简单的是一个多道纵向增目的圆锥筒形网衣，如图 9-5

（1）所示。江苏启东的撒网网衣就是采用18道纵向增目的编结方法，其网衣中间的编结符号为18—50（5r+1）。浙江苍南的掩网网衣也是采用这种编结方法。另一种较简单的，其上段主体部位是较长的一个多道纵向增目的圆锥筒形网衣，其下段褶边部位是一个较短的圆筒形网衣，如图9-5（2）所示。如广东廉江的罩网网衣就是采用这种网衣，如图9-8的上方所示，其上段网衣是30道纵向增目的圆锥筒形网衣，编结符号为30—40（5r+1），1个编结循环为5节增1目（5r+1），5节长2.5目，即每长2.5目增1目，则上段网长100目有40（100÷25）个循环，每道可增加40目。本网上段30道纵向增目可增加1200（40×30）目。上段小头网周为60目，加上1200的增目，上段大头网周目数应为1260目，与网图中下段的上边缘网周目数（1260）一致。在圆筒编结网的网图中，前、后段之间的网周目数相同时，只标注后段上缘的网周目数，前段后缘的网周目数可不用标注。又如广西合浦的手抛网也采用类似上述的编结方法。还有一种是一个多路横向增目圆筒编结网衣，其网衣展开图如图9-5（3）所示，好像是由多个网周由小到大的圆筒网衣组成，其网衣展开图是由多个宽度由小到大的圆筒网衣组成，其网衣展开图是由多个宽度由小到大的扁矩形网衣折叠的。图9-5（3）是由9筒网衣叠成的，每2网衣之间是采用一路横向增目的编结方法，即是采用8路横向增目的方法编结成的。如山东寿光的旋网就是采用这种编结方法，其网衣有20段，是一个19路横向增目的圆筒编结网衣；福建龙海的手抛网，其主网衣是一个14路横向增目的圆筒编结网衣；海南琼山的手抛网，其主网衣是一个13路横向增目的圆筒编结网衣。

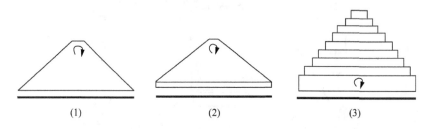

图9-5 抛撒掩网网衣展开图模式

抛撒掩网网衣一般采用直径0.17～0.27 mm锦纶单丝单死结或双死结编结，目大60～17 mm。少数抛撒掩网也有用乙纶5×3～1×2捻线死结编结的，目大为90～35 mm，从网顶到网底，网目逐渐减小，网线也逐渐减细。

2. 绳索部分

1）下纲

下纲是装在网衣下方边缘，承受网具主要作用力的绳索。在所介绍的8种抛撒掩网中，有5种是采用1条下纲，有3种是采用2条下纲。若采用1条下纲，如图9-1中的5所示，先将下纲穿过网衣下方边缘网目，再用铅沉子把分档处的边缘网目钳夹在下纲上，如图9-1中的6所示。若采用2条下纲，即采用2条等长而捻向不同的下缘纲和沉子纲各1条，可先将下缘纲穿过网衣下方边缘网目后，再与另一条沉子纲合并分档结扎在一起。

下纲的材料有多种，其中有3种采用乙纶网线，直径为0.75～2.35 mm，有1种采用维纶捻绳，直径为1.44～3.00 mm。若采用上述两种材料制作下纲时，则下缘纲一般稍细，而沉子纲一般取稍粗。有1种只采用1条锦纶单丝（PAM）下纲，直径为1.88 mm，还有1种采用1条锦纶单丝编线（PAMBS）下纲，直径为2.5 mm。

2）吊绳

吊绳是悬吊在褶边上方的网目和下纲之间，用于使下方网缘向内卷并形成网兜的绳索。吊绳两端分别与网目和下纲结扎后，其净长为0.15～0.20 m，吊绳材料一般采用与下纲相同而粗度稍细的网线。广西合浦的手抛网不采用吊绳，而是把网衣下方褶边部位的网筒向内翻卷一半后，用乙纶网线分档将下纲直接结扎在褶边部位网衣上边缘的网目上，形成网兜，如图 9-2 所示，其褶边部位网长 8 目，内卷 4 目，目大 38 mm，内卷拉直高度为 0.15 m（0.038×4），据统计，我国抛撒掩网内卷拉直高度，能计算出来的有 0.10 m、0.15 m、0.22 m、0.34 m。其中 0.10 m 和 0.15 m 太小，兜鱼的作用不大，建议内卷拉直高度可控制在 0.22～0.34 m。

3）网顶绳

网顶绳是穿过网顶边缘网目后，用来抽紧网顶口并与引绳相连接的绳索。网顶绳一般采用 1 条长 0.20～0.50 m 且较粗的乙纶网线。网顶绳先穿过网顶边缘网目后，有的将网顶绳两端插接或作结形成网顶绳圈，再将绳圈抽紧封住网顶口后作结留出眼环状的绳头，以便于引绳连接；有的先将网顶绳两端合并抽紧封住网顶口后再作结形成 1 个眼环，以便与引绳连接，如图 9-8 中的①所示。

4）引绳

引绳是与网顶绳相连接，起网时牵引网具的绳索。引绳一般采用 1 条直径 2.2～12.0 mm、长 3.50～15.00 m 的乙纶线或乙纶绳，也可采用直径 4.5 mm、长 5.50 m 的锦纶编绳。引绳的长短与作业水深有关，作业水深越深，引绳越长。如图 9-8 中的①所示，引绳的一端穿过网顶绳的眼环扎成双死结固定，另一端作成长 200 mm 的眼环。作业时，眼环套在作业人的左手腕上。有些掩网不用网顶绳，如上海的撒网（《上海报告》139 页），采用引绳穿过网顶边缘网目后抽紧封住网顶后用绳端作死结固定，引绳的另一端作成一个长 200 mm 的眼环。

3. 沉子

抛撒掩网一般采用铅沉子，每个重 12～28 g。个别的也采用合金锡沉子，每个重 35 g。若只采用 1 条下纲，先将下纲穿过网衣下缘网目后再用铅沉子将分档处的下缘网目钳夹在下纲上。若采用 2 条下纲，即采用 1 条下缘纲和 1 条沉子纲，先将下缘纲穿过网衣下缘网目并与沉子纲合并后，用网线分档结扎在一起，再将铅沉子钳夹在沉子纲上。

二、撑开掩网结构

在 9 种海洋掩网中，只介绍了 1 种撑开掩网，即是福建宁德的大黄鱼掩网（图 9-3、《中国图集》178 号网），此网具作业劳动强度高，效率低，受潮汐局限，作业时间短，产量低，只能作为季节性的兼、轮作渔具。后来随着大黄鱼资源衰退，汛期短、产量下降，该作业已逐渐减少。该作业地区沿海现已大力发展大黄鱼人工养殖生产，而大黄鱼掩网是否还在使用，情况不详，其结构在此不介绍。20 世纪 90 年代初发展起来的光诱掩网，最早采用的是广西北海的光诱鱿鱼罩网（《南海区小型渔具》112 页），90 年代末发展的小功率机船光诱掩网有海南万宁的（灯诱）罩网（《南海区渔具》165 页、《南海区小型渔具》115 页、《海南海洋渔具渔法》90 页），这是 2000 年 3～4 月的调查资料。21 世纪初发展起来大功率机船光诱掩网有海南临高的大马力机船灯诱罩网（《海南海洋渔具渔法》84 页），这是 2006～2008 年的调查资料。本节内容只介绍上述海南的小功率和大功率的灯诱罩网，为了叙述方便，下面将上述 2 种罩网分别简称为小罩网和大罩网。

广东电白的小罩网如图 9-4 所示，海南临高的大罩网如图 9-6 所示，从上述网图中可看出，撑开掩网是由网衣、绳索和属具 3 部分构成的，其网具构件组成如表 9-3 所示。

表 9-3　撑开掩网网具构件组成

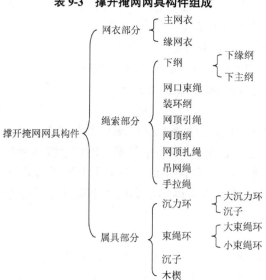

1. 网衣部分

灯诱罩网一般是采用多路横向增减目的圆筒编结网衣。其中小罩网网衣如图 9-4 的左上方所示，其主网衣有 6 筒，是一个横向增目的圆筒编结网衣。在主网衣上、下边缘还用乙纶网线沿着边缘网目多编出 3 目长的上、下缘网衣。其每筒主网衣和上、下缘网衣的网线材料规格、目大和网结类型可详细见其网衣展开图。

大罩网网衣如图 9-6 的上方所示，其主网衣有 5 筒，是一个 4 路横向增减目的圆筒编结网衣。其中 1 筒至 4 筒之间是 3 路横向增目编结，4 筒与 5 筒之间是 1 路横向减目编结（实际上是由 4 筒不同规格的机编网衣连接而成）。在主网衣下边缘还用乙纶网线沿着边缘网目多编出 3 目长的下缘网衣。其每筒主网衣和下缘网衣的网线材料规格、目大和网结类型可详见其网衣展开图。

2. 绳索部分

1）下纲

灯诱罩网的下纲均采用 2 条等长的绳索（最好是采用 2 条捻向相反的绳索），即 1 条下缘纲和 1 条下主纲。从图 9-4 和图 9-6 网衣展开图的下方标注可知：小罩网下纲的材料规格为 2–40.00 PVϕ8B，大罩网下纲的材料规格为 2–200.00 PPϕ12。

2）网口束绳

网口束绳是装在下纲下方或在下纲上方离下纲为 1.00～1.20 m 处的网衣上，起网时用于收束网口并把网具提到船上的绳索。在 20 世纪末，小罩网一般把网口束绳穿过沉力环而装置在下纲的下方，如图 9-4 左下方的总布置图的下方所示，此网口束绳的材料规格为 400.00 PPϕ17，使用 1 条。到了 21 世纪初，为了减少网口束绳在起网时刮起泥沙或障碍物入网的机会，大罩网把网口束绳装在离下纲约 1 m 的网衣处，如图 9-6 中左方的总布置图的下方所示，此网口束绳的材料规格为 350.00 PPϕ22，使用 1 条。

3）装环纲

大罩网的装环纲是装在离下纲约 1 m 的网衣处，为便于结扎束绳环的 2 条绳索。大罩网的装环纲采用与下纲同长度、同材料且稍细的绳索，即规格为 2–200.00 PPϕ8。其装配方法在图 9-6 中的绘制和标注均不清楚，这里简述如下：先将 1 条装环纲穿过均离下纲为 1 m 处的同一列网目后，用网线按下纲的缩结将网目均匀地结扎在装环纲上,其两端插制成圈状;第 2 条装环纲按设计要求的顺序穿过全部大、小束绳环后,其两端也插制成圈状,按 1 m 的间距将全部束绳环结扎固定在第 2 条装环纲上,最后将 2 条装环纲按 0.10 m 为 1 档用网线结扎在一起。

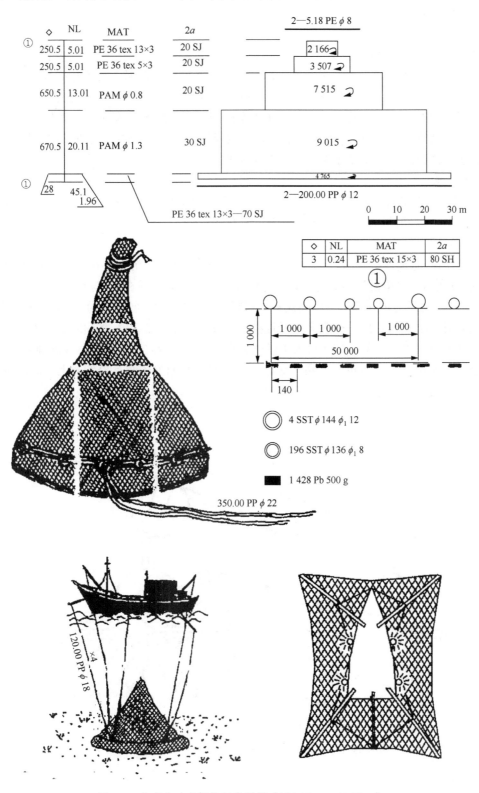

图 9-6　临高大功率机船灯光罩网（200.00 m × 45.58 m）

4)网顶引绳

网顶引绳是一端穿过网顶口边缘网目并抽紧封住网顶口后结扎固定,另一端用于起网时牵引网具的绳索。如图9-1上方所示,其材料规格为3.5 PE 36 tex 15×3,小罩网设有这种绳索,如图9-4的总布置图的上方所示。

5)网顶纲

网顶纲是1条穿过网顶口边缘网目后,用以抽紧固定网顶口并与引绳相连接的绳索。由于此绳不与网顶口边缘网目结扎固定,故只能称为网顶绳,不能称为网顶纲。而撑开掩网和大罩网的网顶纲是用于固定网顶口周长的2条绳索,其中1条先穿过网顶口边缘网目后,与另一条等长的绳索合并,按一定的缩结要求分档结扎在一起,由于大罩网网顶口边缘的2条绳索与边缘网目是分档结扎固定的,故称为网顶纲,而不能称为网顶绳。如图9-6所示,该大罩网的网顶纲采用2条净长5.18 m、直径8 mm的乙纶绳,并按0.12的缩结系数分档结扎。

6)网顶扎绳

网顶扎绳是结扎在网顶纲下方附近的网周上,用来开闭网顶口的1条绳索。如图9-6的总布置图的上方所示,大罩网的网顶扎绳的材料规格为2.00 PE ϕ8。

7)吊网绳

大罩网的吊网绳是连接在大沉力环和渔船之间,放网前将大沉力环吊在撑杆外端的绳索,如图9-7中的10所示。它是在放网前将网具下方的4个大沉力环悬吊在4支撑杆的外端,将网具下纲撑开形成如图9-6右下方的作业示意图的绳索。大罩网的吊网绳的材料规格为20.00 PEϕ9,共有4条,其与大沉力环连接的一端作成一个眼环便于连接,如图9-7中的3和8之间所示。大罩网的吊网绳是连接在大束绳环和渔船之间,放网前用于悬吊大束绳环,起网时用于收绞网具的绳索。此吊网绳,在放网后随着大束绳环一起下沉,起网时通过收绞吊网绳而把整个网具提到船上。此吊网绳的材料规格为120.00 PPϕ18,共有4条,如图9-6的左下方所示。

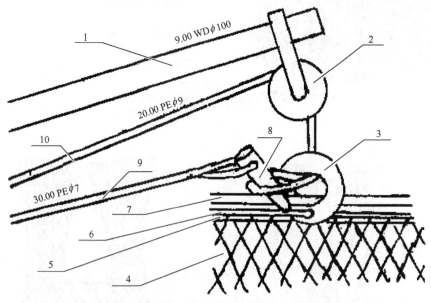

图9-7 撑杆外端连接示意图

1. 撑杆;2. 导索滑轮;3. 大沉力环;4. 网衣下边缘;5. 下缘纲;6. 下主纲;7. 网口束绳;8. 木楔;9. 手拉绳;10. 吊网绳

8)手拉绳

大罩网的手拉绳是连接在木楔和渔船之间,当放网开始时,用于拉开木楔,使网具与撑杆分离并迅速扣罩的绳索,如图 9-7 中的 9 所示。其材料规格为 30.00 PEϕ7,共用 4 条。渔船到达渔场后,在夜间准备作业时,先将吊网绳端部眼环穿过撑杆处外端的导索滑轮后,再穿过大沉力环的中孔,眼环在中孔伸出部分插进 1 只连接在手拉绳端的木楔,作为脱开机关。手拉绳另一端固定在船边的系缆柱上(注意手拉绳在水中应松弛,切勿受力)。将吊网绳的另一端绕过船边的系缆柱后拉紧拴住,则将大沉力环固定在撑杆外端。用上述方法将网具下方的 4 个大沉力环悬吊在 4 支撑杆的外端,整个网具敷设在渔船下方呈矩形状,如图 9-6 右下方的作业示意图所示。待发现鱼群密集时,可准备放网。待船长一声令下,4 人同时拉动手拉绳,将木楔拉开,大沉力环迅速与吊网绳分离,网具下纲迅速沉降扣罩下方的捕捞对象。由于放网开始时,拉开木楔,手拉绳和吊网绳先后与网具脱离,网具方能向下扣罩,故严格地说,大罩网的吊网绳、手拉绳和木楔不属于网具的构件,而是起辅助作用(即把网具悬吊在船体下方)的绳索和属具。

大罩网的吊网绳固定连接在大束绳环上,在放网后随着大束绳环一起下沉;起网时通过收绞吊网绳而把整个网具提到船上。故大罩网的吊网绳属于网具的构件。

3. 属具部分

1)沉力环

沉力环是在小罩网中,供网口束绳穿过,且起着沉力作用的铅铸圆环。小罩网的沉力环也是束绳环,只有一种,如图 9-4 的左下方所示。大罩网的束绳环有大、小两种,如图 9-6 所示。大沉力环的数量规格为 4 Pb ϕ 104 d 59,2.00 kg,沉子的数量规格为 104 Pb ϕ 68 d 25,1.00 kg。

2)束绳环

束绳环是大罩网中,供网口束绳穿过的不锈钢圆环。由于大罩网的下纲装有沉子,其沉子的沉力是网具沉力的主力,而束绳环主要是供网口束绳穿过便于收束网口的,故不能称为沉力环。束绳环也有大、小两种,如图 9-6 的中右方所示。大束绳环的数量规格为 4 SSTϕ 144 ϕ_1 12,其制环的钢条直径为 12 mm;小束绳环的数量规格为 196 SSTϕ 136 ϕ_1 8,其制环的钢条直径为 8 mm。

3)沉子

沉子是在水中具有沉力,且形状与结构适合装置在渔具上的属具。撑开掩网一般是采用沉子的沉力使网具迅速向下扣罩捕捞对象的,但小罩网是个特例,它不使用只起沉力作用的沉子,而是使用沉力环,既起了供网口束绳穿过的作用,又具有沉力从而代替沉子的作用。

大罩网的沉子是采用铅沉子,如图 9-6 的中右方所示,其数量规格为 1428 Pb 500 g。此沉子先制成矩形片状,再按 0.14 m 的档距用铁锤把铅片打夹在 2 条下纲上。

4)木楔

大罩网的木楔是连接在手拉绳端,用于插进吊网绳端眼环中而将大沉力环悬吊在撑杆外端的木质圆锥体形属具,如图 9-7 中的 8 所示。木楔采用硬质木制成,圆锥梯形,大头直径 25 mm,小头直径 17 mm,大头附近钻孔,孔径 10 mm,便于手拉绳穿过后连接。

小罩网不用手拉绳,也就不用木楔了。

综合上述介绍,对大罩网的改进如下:

①把灯诱罩网从小功率(29 kW)小总吨(10 GT)渔船发展到大功率(250 kW)大总吨(120 GT)渔船,为灯光罩网从浅海走向深海、为今后开辟新渔场和新捕捞对象创造了条件。

②对网具进行了改进,一是加大网目长度(目大),其主网衣目大由大罩网的 15 mm 改为 20、30、70 mm,下缘网衣目大由 42 mm 改为 80 mm;二是把原来装配在下纲下方的网口束绳改装配在离下纲约 1 m 的网衣上;三是把原来设在大沉力环处的脱开机关改为将吊网绳连网口一起下沉,即不需要再用手拉绳和木楔;四是起网时只需收绞吊网绳和网口束绳即可把网具提到船上,故不需再装置引绳。

③增加诱鱼设备。小罩网渔船只备用 1 kW 的弧光灯 4 盏。而大罩网渔船设有上、中、下三层的诱鱼灯，即 160 盏 1 kW 的弧光灯安置在驾驶楼顶。

第四节　掩网渔具图及其网图核算

一、掩网渔具图

（一）掩网网图种类

掩网网图计有总布置图、网衣展开图、局部装配图、作业示意图等。每种掩网均要求绘制上述 4 种图。掩网网图一般可以集中绘制在一张网图上。一般网衣展开图绘制在上方，总布置图绘制在左下方，作业示意图绘制在右下方，局部装配图绘制在中间，如图 9-8 所示。

1. 总布置图

要求画出整个掩网的结构布置，完整表示出掩网各构件的相互位置和连接关系，如图 9-8 的左下方所示。

2. 网衣展开图

掩网网衣展开图轮廓尺寸的绘制方法与有囊型网衣的相同，即纵向长度依网衣拉直高度按比例缩小绘制，横向宽度依网周拉直宽度的 1/4 按同一比例缩小绘制。

在网衣展开图中，除了标注网衣规格外，还要求标注结缚在网衣上的纲索规格。如图 9-8 上方的网衣展开图中标注有下纲的材料规格。

3. 局部装配图

在局部装配图中，要求画出网顶绳和引绳的装配和沉子、吊绳的装配，并标注出这些绳索、沉子的数量、材料及规格，如图 9-8 中间①和②所示。

4. 作业示意图

作业示意图中要求表达如何使用掩网进行捕捞作业，如图 9-8 的右下方所示。

（二）掩网网图标注

1. 主尺度标注

掩网：结缚网衣的上纲长 × 网衣拉直总长。
例：罩网 16.74 m × 1.97 m（图 9-8）。

2. 网衣标注

在网衣展开图中，起目和终目的目数后面应标注符号"$\frown$"。

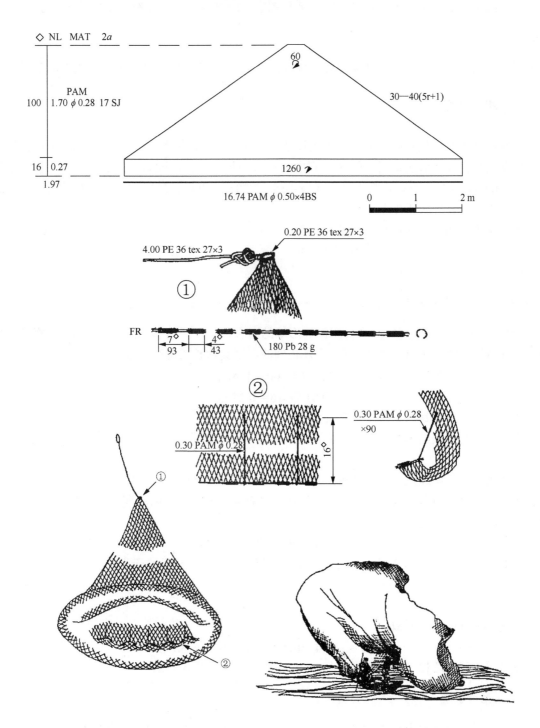

图 9-8 罩网

3. 绳索标注

在网衣展开图中，绳索是用与其所结缚的网衣轮廓线平行的粗实线来表示。在总布置图和作业示意图中，绳索可用粗实线来表示。在局部装配图中，绳索可用 2 条平行的细实线来表示。

4. 沉子标注

沉子的数量、材料、规格及其装配要求均标注在局部装配图中，如图 9-8 中的②所示。

二、掩网网图核算

掩网网图核算包括核对网衣目大、网衣尺寸、网衣缩结、吊绳长度、引绳长度、沉子配布等。

根据全国海洋渔具调查资料中的 8 种抛撒掩网资料统计，我国抛撒掩网的底部网缘缩结系数范围为 0.67～0.86。吊绳净长的习惯使用范围为 0.15～0.20 m。引绳长度应大于以下纲长为周长的圆周半径长，引绳长度还应大于作业水深。

下面举例说明如何具体进行掩网网图核算。

例 9-1 试对罩网（图 9-8）进行网图核算。

解：

1. 核对网衣目大和网衣尺寸

罩网网衣是由一个 30 道纵向增目圆锥筒形编结网衣和一个圆筒形编结网衣组成的。假设其目大（17 mm）和网长目数（100 目和 16 目）均是正确的，则其网长长度应分别为

$$0.017 \times 100 = 1.70 \text{ m}$$
$$0.017 \times 16 = 0.27 \text{ m}$$

经核对无误，说明目大和网长目数均无误。

假设编结符号中编结周期内节数（5r）是正确的，则其每道增目的周期数为

$$100 \div (5 \div 2) = 40$$

经核对无误，说明编结符号中的每道增目周期数和周期内节数均无误。

又假设网顶圆周目数（60 目）和编结符号中的增目道数（30）和周期内增加目数（1）均是正确的，则网衣底部的网周目数应为

$$60 + 1 \times 40 \times 30 = 1260 \text{ 目}$$

经核对无误。至此，已证明了网衣目大和网衣尺寸及其编结符号均无误。

2. 核对网衣缩结

网衣底部网缘的缩结系数

$$E_t = 16.74 \div (0.017 \times 1260) = 0.782$$

核算结果在我国习惯使用的范围（0.67～0.86）之内，故是合理的。

3. 核对吊绳长度

吊绳上端是结缚在离下纲为 16 目高的网衣上，其悬挂点与下纲的拉直高度为

$$0.017 \times 16 = 0.27 \text{ m}$$

现吊绳净长为 0.30 m，大于悬挂点的拉直高度（0.27 m），故吊绳根本不起悬挂作用。吊绳太长，现按我国吊绳净长习惯使用范围（0.15～0.20 m）改取为 0.15 m，则吊绳的净长小于悬挂点的拉直高度，吊绳可起悬挂作用，故合理。

4. 核对引绳长度

以下纲长（16.74 m）为圆周长的圆周半径长为

$$16.74 \div 3.1416 \div 2 = 2.66 \text{ m}$$

本网引绳长为 4.00 m，大于 2.66 m，故引绳长度是合理的。本网的最大作业水深不宜超过引绳长度（4 m）。

5. 核对沉子配布

假设沉子数量（180 个）及其安装间隔的目数（7 目）、长度（93 mm）均是正确的，则网衣底部网缘的网周目数和沉子纲长应分别为

$$7 \times 180 = 1260 \text{ 目}$$
$$0.093 \times 180 = 16.74 \text{ m}$$

经核对均无误。说明沉子数量及其配布均无误。

铅沉子长 43 mm，原要求钳夹住 4 个网目。现已知网缘缩结系数为 0.782，则钳夹住 4 个网目所需的最短沉子长度应为

$$17 \times (4 - 1) \times 0.782 = 40 \text{ mm}$$

该网铅沉子长 43 mm，减去钳夹住 4 个网目宽度后剩下的端距只有 1.5 mm，难于夹牢。最好改为钳夹住 3 个网目或铅沉子改用稍长的。

此外，从图 9-8 中的②图中可以看出，每间隔 2 个沉子装 1 条吊绳，现有 180 个沉子，则吊绳数量应为

$$180 \div 2 = 90 \text{ 条}$$

经核对无误。

第五节　掩网材料表与网具装配

一、掩网材料表

掩网材料表的数量是指一个网具所需的数量。在掩网网图中，除了引绳标注全长外，其余绳索均标注净长。

现根据图 9-8 和例 9-1 网图核算的修改结果列出罩网材料表如表 9-4 所示。

二、掩网装配

现根据图 9-8 和例 9-1 修改结果，可叙述罩网的装配工艺如下。

1. 下纲和沉子纲的装配

先将下纲穿过网衣边缘网目，然后每隔 93 mm 纲长装 1 个铅沉子，内含 7 个网目，其中铅沉子本身夹 3 个网目。

2. 吊绳装配

每间隔 2 个沉子装 1 条吊绳，吊绳下端结缚在 2 个沉子之间的下纲的中点上，上端结缚在沿网目对角线向上直数间隔 35 目的网结上。吊绳两端结缚后的净长为 0.15 m。

表 9-4　罩网材料表　　　　　　（主尺度：16.74 m × 1.97 m）

名称	数量	材料及规格	网衣尺寸/目			每条纲长/m		单位数量用量	合计用量/g	附注
			起目	终目	网长	净长	全长			
网衣	1 片	PAM ϕ0.28—17 SJ	60	1260	100			229 g/片	229	
	1 片	PAM ϕ0.28—17 SJ	1260	1260	16			70 g/片	70	
下纲	1 条	PAM ϕ0.50 × 4 BS				16.74	16.90	18 g/条	18	
吊绳	90 条	PAM ϕ0.28				0.15	0.30	0.024 g/条	3	原净长为0.30 m，现改短
网顶绳	1 条	PE 36 tex 27 × 3				0.20	0.30	1 g/条	1	
引绳	1 条	PE 36 tex 27 × 3					4.00	14 g/条	14	
沉子	180 个	Pb 28 g						28 g/个	5040	

3．网顶绳和引绳的装配

网顶绳穿过网顶边缘网目后抽紧并结扎成一个眼环。引绳一端在网顶绳的眼环中作个双死结连接，另一端结缚成一个手环（能被手掌穿过的大眼环），以便捕捞操作。

第六节　掩网捕捞操作技术

我国海洋掩网有抛撒掩网和撑开掩网两种，本节只介绍抛撒掩网的渔法，并着重介绍广东廉江的罩网（图9-8）。

罩网是廉江市的传统渔具之一，作业渔场为水深1～4 m的廉江市沿岸一带，主要渔获物为鲻鱼、斑鲦、小杂鱼和虾类等。

1．渔船

罩网所用渔船为木质小艇，载重约1 t，总长3～4 m。每艇两人作业，一人摇橹，一人撒网。

2．捕捞操作技术

1）鱼群识别

不同的鱼类集群具有不同的特征，其经验是：鱼在水面游动时，用尾鳍拂水且不断跳跃，主要是鲻；水面黑色一片，多半是鳗鲶。

2）出海

掩网作业不分大小潮、涨落潮，仅凭天气好坏而定，天气好均可出海作业，风力超过5级不能出海生产。掩网一般在白天作业，若渔船无动力设备，则在退潮时顺流摇橹出海。

3）整理网具

将下纲集拢放置在最下层，网衣纵向拉直成束折叠在下纲上方，网衣上半部和引绳放在最上面。

4）撒网前的准备

撒网人员先将引绳端的手环套在左手腕上。将网衣并拢折叠几次用左手握住；再将剩余的网衣（近下纲部分）长约1 m披在肩上，右手握部分下纲网衣，左手执少量网衣（配合抛撒时利于网口张开）。准备撒网。这时摇橹人员应使船头对风。

5）撒网

撒网人员持网具站在船头舷边，两脚分开面向前方，小艇将摇进鱼群上方后转身向左后方摆动网具。撒网人员再反转身用力将网具向鱼群方向撒出，尽量使用网口成圆形张开，扩大网罩范围。下纲入水后逐渐沉至海底。

6）起网

待下纲全部着底后，即可拉动引绳并摇动网具，并且轻轻提拉网具，以缩小网口，驱赶被罩住的鱼类进入网兜。摇动提拉网具时，应注意不使下纲离底，避免逃鱼。待摇动 2~3 min 后，依次收回引绳和网具。待网具全部提到船上后，翻开网兜，取出渔获物，清除网上杂物，并整理好网具，准备再次作业。

第十章 陷阱类

第一节 陷阱渔业概况

陷阱类渔具是根据沿岸地形、潮流和鱼虾蟹类的洄游分布，敷设在有潮流的海滩、河口、湾澳等沿岸海域，拦截、诱导鱼虾蟹类陷入，从而达到捕捞目的的渔具。

20世纪80年代，我国海洋陷阱类渔具分为插网、建网、箔筌三个型。该类渔具种类繁多，规模相差较大，以建网规模最大，但其种类和数量不多；插网的种类和数量均较多，我国沿海均有分布；箔筌的数量较少。

我国海洋建网均分布在北方沿海，其中规模较大的有辽宁半岛以东的大折网和山东半岛东北沿海、辽宁长海等地的落网两种，敷设于基岩海湾外面、潮流较缓的鱼类洄游通道上捕捞经济鱼类，对资源条件和渔场环境要求较高，因而分布较窄。黄渤海区的袋建网规模较小，数量也不多。敷设于潮间带滩涂上的插网，分布很广，全国沿海都有，捕捞随潮流而来的小型鱼虾蟹类。插网对幼鱼资源损害严重，应适当限制这种捕捞作业发展。但此作业具有网具结构简单、操作简便、渔场近、投资小、经济效益较好等优点，对捕捞沿岸滩涂小型鱼虾蟹类资源有较好的性能，使这些小宗资源得以充分利用。随着海水养殖业的迅速发展，陷阱作业与海水养殖之间产生了场所竞争的矛盾。

陷阱类渔具一般为沿海渔民在轮、兼作业时使用，或为沿海农民经营副业时使用。

第二节 陷阱捕捞原理和型、式划分

陷阱是固定设置在水域中，使捕捞对象受拦截、诱导而陷入的渔具。

根据我国渔具分类标准，陷阱按结构特征分为插网、建网、箔筌三个型，按作业方式分为拦截、导陷两个式。

一、陷阱的型

1. 插网型

插网型的陷阱由带形网衣和插杆构成，简称为插网。

插网大部分敷设在涨落潮差较大的浅滩上。其作业原理是利用竹竿或木杆将网具插立在海滩上，形成长带形状的网列（有的还在某些部位设置鱼圈、网袋、网囊等取鱼部装置），以拦截涨潮时游到岸边浅滩的鱼虾蟹类的归路，待退潮时拾取被阻拦的渔获物。根据沿岸地形，网具敷设呈面向陆地的直线形、弧形、角形等。网具结构和操作技术简单，有的不用渔船作业。主要捕捞小型鱼虾蟹类，兼捕多种幼鱼。渔具种类、名称繁多，沿海均有分布。根据全国海洋渔具调查资料统计，在全国所介绍的50种陷阱网具中，插网型网具最多，有37种，占74%。

2. 建网型

建网型的陷阱由网墙、网圈和取鱼部等构成，简称为建网。

建网的作业原理是使用浮子、沉子、沉石、桩、锚等，将网具敷设在近岸鱼类洄游通道上，依靠其横断潮流的长带形网墙，引导鱼类沿网墙进入网圈，最后诱导鱼类陷入取鱼部而加以捕获。

建网是陷阱类中规模最大、产量较高、比较先进的网具。网墙长达数十米至数百米，网圈呈多角箱形，网具规模大而结构复杂。常年均可作业，捕捞对象大部分是经济鱼类或大型鱼类。网具投资大，易受风浪袭击而遭受损失，故对渔场环境条件要求比较严格，需有岛屿或岬角屏障，不易受到大风浪袭击，海底平坦无障碍，底质泥沙，潮流以往复流为主，流速不大于 2 kn。大型的建网，其网墙长达数百米，因此在敷设网具时，所动用的物资、船只和人员较多，但平日管理和作业的人员较少。

建网在国外使用较多，机械化程度较高，作业水深也较大。有些国家已设计和使用了网具自动抗风暴装置，大大减少了网具遭受风浪袭击的损失。

建网在我国使用不多，主要分布于辽东半岛、山东半岛和河北北部沿海，大多数敷设在沿海浅水区域。根据网具结构不同，可分为袋建网、大折网和落网三种。

1）袋建网

袋建网是建网型中较小型、结构较简单的一种网具，由网墙、网圈和网袋三部分组成，如图 10-1 所示。网墙为长 40～170 m 的长带形网壁，起阻拦和诱导鱼类进入网圈的作用。网圈的平面几何图形取决于网袋的个数，一般为左、右对称的多角形。网圈内没有设置网底，网袋装在网圈的周围。网袋内一般装有两层漏斗网衣，用以防止渔获物反逃。取鱼时把网袋末端提起，倒出渔获物。网具名称根据网袋数量而定，如三袋建网、四袋建网、五袋建网和六袋建网。袋建网的主要捕捞对象有乌贼、鲆、鲽、黄姑鱼、梭鱼、斑鰶、三疣梭子蟹等。每船可管理网具 3～5 处。袋建网分布在山东、河北、辽宁。

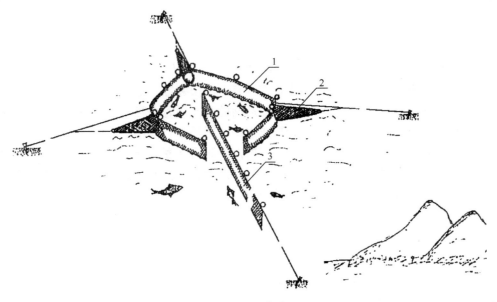

图 10-1 三袋建网
1. 网圈；2. 网袋；3. 网墙

2）大折网

大折网的规模比较大，除了有长达 500 m 的网墙之外，网圈内设置有网底。为了更有效地诱导鱼类进入网圈，网圈入口处的外面设置有外网导，入口处设置有内网导和网帘装置，网圈两端为取鱼部，如图 10-2 所示。取鱼时，把网帘提起关上，拉起底网衣，把渔获物集中到两端取鱼部，用抄网捞取。整个网具的框架是由乙纶绳构成的。我国的大折网与日本的大谋网相似，据说是 20 世纪初由日本传入辽宁金县，50 年代曾达 30 多盘网，是近岸渔业捕捞大型经济鱼虾（带鱼、小黄鱼、对虾、马鲛等）的有效渔具。到了 80 年代，由于资源衰退，大型经济鱼类日趋减少，渔民转以沿海小杂鱼、虾蛄等为捕捞对象，产值低，加上网具结构复杂，成本甚高，不易发展，故当时金县仅存几盘网。由于大折网的网地与大连港航道和锚地冲突，如今该网已被淘汰。

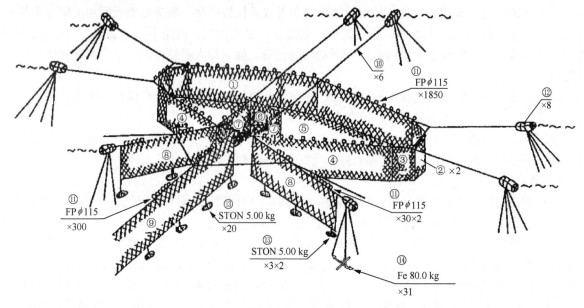

图 10-2　大折网

①外圈网衣；②取鱼部网衣；③角网衣；④内圈网衣；⑤底网衣；⑥帘网衣；⑦内导网衣；⑧外导网衣；⑨墙网衣；⑩水平张纲；⑪浮子；⑫铁浮筒；⑬沉石；⑭铁锚

3）落网

落网是建网型中规模最大、结构较复杂的一种网具。其网墙长达 210～866 m，如图 10-3 所示。网具结构除了有网墙和前网圈外，在前网圈端部外有后网圈装置。由于后网圈数量不同，整个落网的平面几何图形有对称和不对称之分。前网圈与后网圈之间还有由若干片不同形状网片组成的升道装置，因此后网圈部分可以不接触水底而悬挂在水中。国外有一种浮动式建网，它是适于深水海区作业的落网。这种落网入口处也有升道装置，其前网圈和后网圈均悬挂在水中。国外这种网具的捕捞对象大多数是集群性鱼类，如鳟、鲑、鰤、鲔、鲹、鲲、鲱等。在山东半岛东北沿岸敷设的落网，其主要捕捞对象有马鲛、黄姑鱼、鲈、梭鱼等。落网于日本侵华时由日本传入山东威海，现主要分布在山东的威海、烟台和辽宁的长海等地。辽宁的老牛网是带有左、右两个内网圈的对称形的落网。

3. 箔筌型

箔筌型的陷阱由箔帘（栅）和篓等构成，简称为箔筌。

箔筌的作业原理是利用竹竿或木杆和由竹片或木条编结的箔帘（即竹栅或木栅）等敷设在潮差较大的河口、湾澳的滩涂上或浅水区，拦截、诱导涨潮游来的鱼虾蟹类进入渔具。根据底形和流向，决定敷设形状和方向。一般用竹竿或木杆插在海底上的导墙呈"\|/"形排列，在导墙后面用箔帘敷设呈多层的陷阱部，如图 10-4 所示。

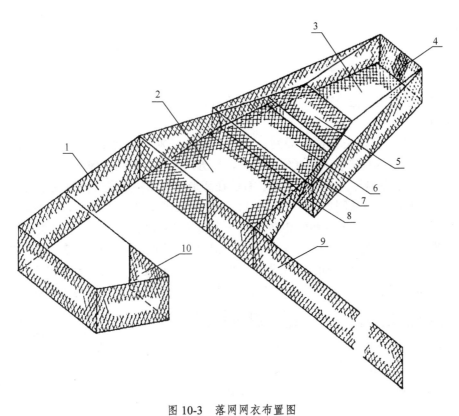

图 10-3 落网网衣布置图

1. 前网圈；2. 网坡；3. 后网圈；4. 取鱼部；5. 网盖；6. 网舌；7. 网须；8. 网凹；9. 网墙；10. 内网导

箔筌在海洋捕捞中数量较少，具有代表性的有广西的渔箔（图10-4），捕捞随潮水游到近岸的斑鲦、小马鲛、鱿鱼、青鳞鱼等小杂鱼和虾类，有些地方还用来捕鲨。

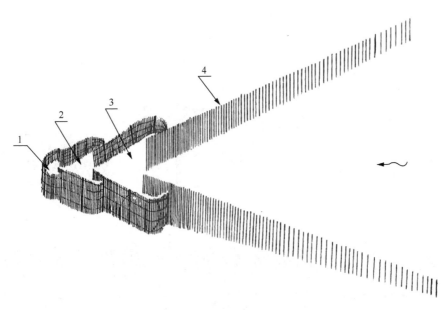

图 10-4 渔箔

1. 第三缸（取鱼部）；2. 第二缸；3. 第一缸；4. 导墙

二、陷阱的式

1. 拦截式

拦截式的陷阱是利用拦截原理而在潮差较大的沿岸海域敷设呈弧形或折线形等形状的长带形网列或长笼形的网具。

这种拦截式陷阱一般是长带形的插网，又称为拦截插网。这种插网，有的敷设成一个弧形[图 10-5（1）]，敷设成这种形状的有辽宁的档网，江苏的高网、阻网、提网和坞网，浙江的吊网，福建的闸箔，广东的起落网和海南的百袋网。有的在弧形的两端各形成一个鱼圈[图 10-5（2）]，使已被拦截在网前的鱼虾不易从网列两端逃逸，如天津的地撩网、山东的滩网、江苏的密网和广西的塞网。有的敷设成近似"V"形且两端也各形成一个鱼圈[图 10-5（3）]，如河北的插网。有的敷设成中间和两端均形成鱼圈[图 10-5（4）（5）]，如辽宁的梁网和福建的吊乾。有的敷设成若干个弧形串连在一起[图 10-5（6）]，如江苏的罩网和琼网。有的敷设成与涨落潮方向相垂直的直线形网列（图 10-6），这是天津的青虾倒帘网。此网具的结构特点是有将下网缘向前（朝着潮流方向的一面

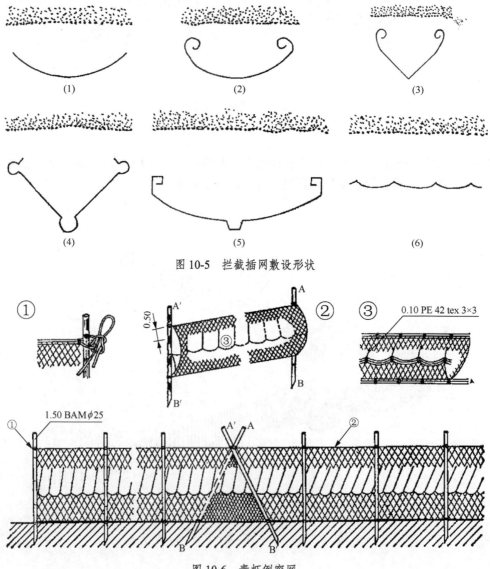

图 10-5　拦截插网敷设形状

图 10-6　青虾倒帘网

称为前方）翻卷形成网兜的倒帘装置。此倒帘装置与抛撒掩网的褶边装置（如图 9-1 的下方所示）相似，采用若干条吊绳把网衣下边缘朝前吊起形成网兜，并利用青虾触网后的弹跳习性，使其落网兜而被捕获。此网具主要捕捞青虾，兼捕海鲇。还有辽宁的梭鱼锚兜网，如图 10-7 所示，是由许多小网兜并列构成长带状的网列，在低潮时横流插网，将网具敷设成与潮流方向相垂直的直线形网列，用于拦捕梭鱼。

此外再介绍一种在结构上较特殊的拦截插网，如图 10-8 所示，这是江苏的罩网。罩网又称为袋儿网，是一种已有 200 多年历史的传统渔具，为捕鲻、梭鱼的有效网具，沿用至今，分布较广。其每片网具是由位于上部的矩形单片网衣和位于下部的 168 个网袋组成，其网具敷设处选择在低潮时能露出沙滩的场所，当水深落至 1.3 m 左右时，人穿橡胶防水衣下水插网，网列敷设成若干个小弧形串联在一起，如图 10-5（6）所示，其开口对着落潮方向。网具结构类似上述罩网的，还有海南琼山的百袋网（《广东图集》96 号网），捕捞鲻鱼、篮子鱼等。

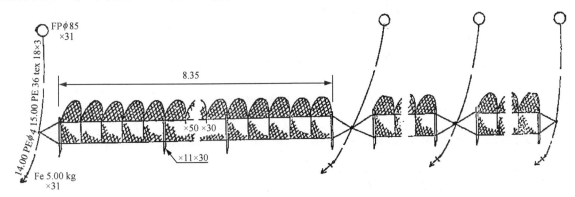

图 10-7　梭鱼锚兜网总布置图

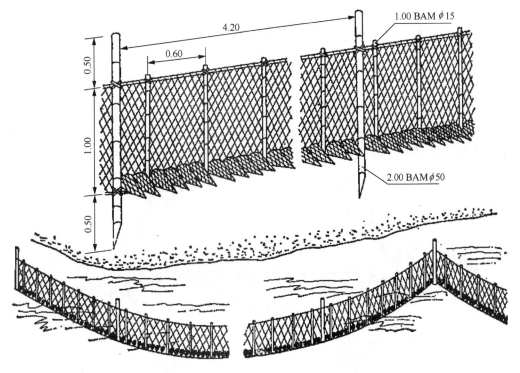

图 10-8　罩网

近十几年来在南海区出现的长笼型渔具，只有拦截一个式，其分类名称为拦截长笼陷阱。

2. 导陷式

导陷式的陷阱是利用网墙或导墙引导鱼类进入网圈、网囊或取鱼部的渔具。

前面已介绍过的建网和箔筌均属于导陷式的陷阱。在插网中，凡具有导墙和取鱼部或网囊的，均属于导陷式插网，又称为导陷插网。由导墙和取鱼部组成的导陷插网，其中具有代表性的有山东的梭鱼跳网［图10-9（1）］、浙江的串网［图10-9（2）］和广东的督罟［图10-9（3）］。由导墙和网囊组成的导陷插网，其中具有代表性的有山东的须子网［图10-10（1）］、柳网［图10-10（2）］、泥网，福建的起落网，以及浙江的插西网［图10-10（3）］。

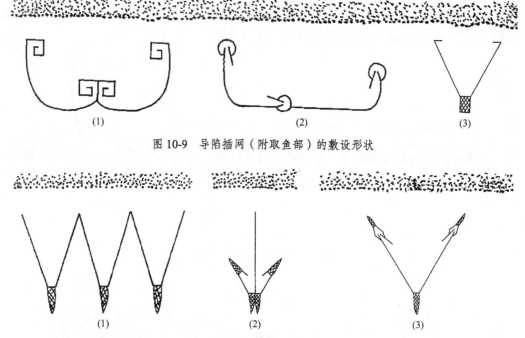

图10-9　导陷插网（附取鱼部）的敷设形状

图10-10　导陷插网（附网囊）的敷设形状

此外再介绍一种在结构上较特殊的导陷插网，如图10-11所示，这是海南的拦箔。由于它是由大网圈、二网圈、网导和网墙组成，很容易被误认为是导陷建网，故在《中国图集》和《广东图集》（当时海南是属于广东省）中均把此网列为导陷建网。但它与其他插网一样，均是用插杆把带形网衣

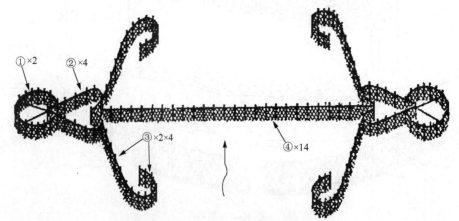

图10-11　拦箔总布置图
①大网圈；②二网圈；③网导；④网墙

固定在沿岸浅水处，落潮后，整个网具大部分露出海面，作业者走进大网圈中用小抄网抄捕渔获物，主要捕捞鳀鱼、篮子鱼、白姑鱼和虾。而建网是利用浮子、沉子等把带形网衣敷设在海中，不会露出海面。

三、全国海洋陷阱型式

根据 20 世纪 80 年代全国海洋渔具调查资料统计，我国海洋陷阱有拦截插网、导陷插网、导陷建网和导陷箔筌共计 4 种型式。上述资料共计介绍了我国海洋陷阱 50 种。

1. 拦截插网

在 50 种海洋陷阱中，拦截插网介绍最多，有 24 种，占 48%。分布在辽宁（3 种）、河北（2 种）、天津（2 种）、山东（2 种）、江苏（7 种）、上海（2 种）、浙江（1 种）、福建（2 种）、广东（1 种）、广西（1 种）和海南（1 种）。其中较具代表性的有江苏东台的阻网（《中国图集》182 号网），其网具敷设的俯视形状如图 10-5（1）所示，其网图如图 10-17 所示；江苏南通的密网（《中国图集》179 号网），如图 10-5（2）所示；河北丰南的插网（《中国图集》181 号网），如图 10-5（3）所示；辽宁庄河的梁网（《中国图集》184 号网），如图 10-5（4）所示；福建南安的吊乾（《中国图集》185 号网），如图 10-5（5）所示；江苏大丰的罩网（《中国图集》180 号网），如图 10-5（6）、图 10-8 所示；天津北大港的青虾倒帘网（《中国图集》187 号网），如图 10-6 所示；以及辽宁锦县的梭鱼锚兜网（《中国图集》188 号网），如图 10-7 所示。

2. 导陷插网

导陷插网介绍稍多，有 13 种，占 26%，分布在辽宁（2 种）、天津（2 种）、山东（4 种）、浙江（2 种）、福建（1 种）、广东（1 种）和海南（1 种）。其中较具代表性的有山东寿光的梭鱼跳网（《中国图集》190 号网），如图 10-9（1）所示；浙江乐清的串网（《中国图集》192 号网），如图 10-9（2）所示；广东台山的督罾（《中国图集》189 号网），如图 10-9（3）所示；山东寿光的须子网（《中国图集》191 号网），如图 10-10（1）所示；山东寿光的柳网（《中国图集》194 号网），如图 10-10（2）所示；浙江瑞安的插西网（《中国图集》193 号网），如图 10-10（3）所示；海南琼山的拦箔（《中国图集》199 号网），如图 10-11 所示。

3. 导陷建网

导陷建网介绍稍少，有 11 种，占 22%。导陷建网可分为袋建网、落网和大折网 3 种。在 11 种导陷建网中，介绍较多的是袋建网，共介绍 7 种。其中辽宁和河北各介绍 1 种六袋建网，即辽宁金县的须龙网（《辽宁报告》45 号网）和河北秦皇岛的六袋建网（见《河北图集》29 号网），其总布置图均类似图 10-12（4）所示。山东共介绍 5 种袋建网，即山东崂山的三袋建网（《中国图集》198 号），如图 10-1 所示；山东烟台的四袋建网（《山东图集》117 页），如图 10-12（1）所示；山东黄县（现龙口市）的须笼网（《山东图集》119 页），如图 10-12（2）所示；山东即墨的五袋建网（《山东图集》121 页），如图 10-12（3）所示；山东海阳的六袋建网（《中国图集》197 号网），如图 10-12（4）所示。介绍较少的是落网，共介绍 3 种，其中 2 种是山东威海的落网（《中国图集》195 号网）和山东福山的小牛网（《山东图集》113 页）。落网的网衣布置图如图 10-3 所示，其网坡、后网圈和取鱼部均设置在前网圈的左侧，小牛网的网衣布置图也类似图 10-3 所示，但其网坡、后网圈和取鱼部均设置在前网圈的右侧，与落网的设置方向刚好相反。另一种是辽宁长海的老牛网（《辽宁报告》47 号网），其前网圈的左、右两侧均装置有网坡、后网圈和取鱼部。介绍最少的是大折网，只介绍 1 种，即辽宁金县的大折网（《中国图集》196 号网），如图 10-2 所示。

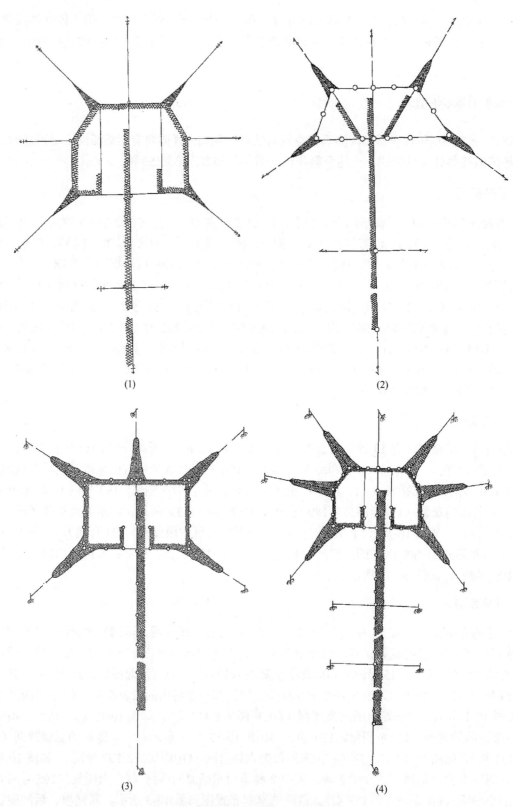

图 10-12 袋建网总布置图

4. 导陷箔筌

导陷箔筌介绍最少,只介绍两种:一是广西北海的渔箔(《中国图集》201 号渔具),如图 10-4

所示；二是福建连江的篙网[①]（《福建图册》132 号网），其导墙结构与图 10-4 相似，是由竹竿插成的两列竹栅，但其导墙后端装置一个网口呈矩形的锥形乙纶网囊作为取鱼部。

四、南海区陷阱型式及其变化

20 世纪 80 年代全国海洋渔具调查资料所介绍的南海区陷阱，有 3 个型式共 6 种网具；2004 年南海区渔具调查资料所介绍的陷阱，有 3 个型式共 8 种网具。现将前后时隔 20 年左右南海区陷阱型式的变化情况列于表 10-1。

表 10-1　南海区陷阱型式及其介绍种数　　　　　　　　　　　　（单位：种）

调查时间	拦截插网	拦截长笼	导陷插网	导陷箔筌	共计
1982~1984 年	3	0	2	1	6
2004 年	0	4	3	1	8

在全国海洋渔具调查资料中，南海区介绍了 3 种拦截插网，即广东廉江的起落网（《广东图集》95 号网），其敷设形状近似图 10-5（1）；广西钦州的塞网（《广西图集》56 号网），如图 10-5（2）所示；海南琼山的百袋网（《广东图集》96 号网），类似图 10-5（1）所示。又介绍了 2 种导陷插网，即广东台山的督罟（《中国图集》189 号网），其敷设形状如图 10-9（3）所示；海南琼山的拦箔（《中国图集》199 号网），如图 10-11 所示。还介绍了 1 种导陷箔筌，即广西北海的渔箔（《中国图集》201 号网），如图 10-4 所示。在《南海区小型渔具》中，介绍了 4 种拦截长笼，即广东徐闻的导鱼网门（《南海区小型渔具》126 页）、广东阳西的百足笼（《南海区小型渔具》135 页）和广东徐闻的网门（《南海区小型渔具》141 页）。又介绍了 3 种导陷插网，即广东台山的滩边罟（《南海区小型渔具》120 页），如图 10-13 所示，是采用 71~101 个长 7 m 的导墙将 70~100 个有翼单囊形的网囊连接成可进行双向迎流捕捞的网列，捕捞对象为虾、蟹和小杂鱼；海南海口的九曲网（《南海区小型渔具》122 页），如图 10-14 所示，是采用 81~91 个长 16.20 m 的导墙将 160~180 个网口呈矩形的锥形网囊连接成可进

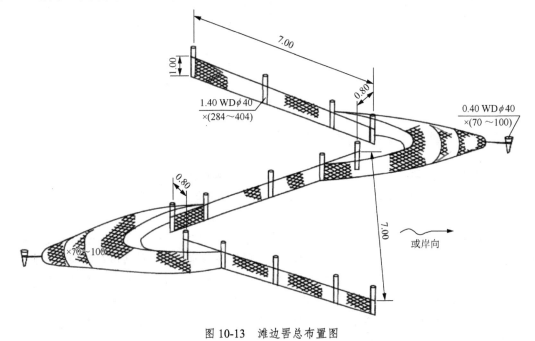

图 10-13　滩边罟总布置图

---

① 《福建图册》原载"篙䋴"（闽南语称"网"为"䋴"），本书统一规范为"篙网"。

行双向迎流捕捞的网列，捕捞对象为虾、小鱼和小蟹；广东阳东的定置网（《南海区小型渔具》128 页），如图 10-15 所示，是一种敷设形状较特殊的导陷插网，其主捕对象为鲻、鲈、鲷。还介绍了 1 种导陷箔筌，即广东阳西的虾箔（《南海区小型渔具》131 页），如图 10-16 所示，其左、右 2 列导墙和在导墙后面的 2 层陷阱部均是采用竹片和木插杆经扎编而成的竹栅构成的，主要捕捞小型鱼类和虾、蟹及幼鱼。

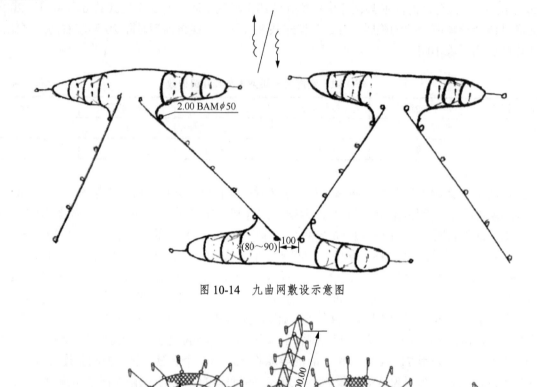

图 10-14　九曲网敷设示意图

图 10-15　定置网总布置图

五、建议修改"建网型"和"箔筌型"的定义

在我国渔具分类标准中，建网型的定义为"由网墙、网圈和取鱼部等构成"。这样定义容易造成误会。如图 10-11 所示，有网墙、网导和由 2 层网圈组成的取鱼部，故被《广东图集》误认为是导陷建网。又如图 10-15 和图 10-16 所示，好像均由网墙、网圈和取鱼部等构成，故均被误认为是导陷建网。上述 3 种网具均是用插杆将带形网衣设置在沿海湾内的浅水区，均符合插网型的定义"由带形网衣和插杆构成"。为什么不叫导陷插网呢？建网一般不敷设在浅水区，而是敷设在稍深的水域中，需用浮子、沉子、沉石、桩、锚等将带形网衣敷设在近岸鱼类洄游的通道上，故建网的网衣永远不会露出海面。为了避免造成误会，建议将建网型的定义改为"由网墙、网圈、取鱼部和浮沉装置等构成"。

在我国渔具分类标准中，箔筌型的定义为"由箔帘（栅）和篓等构成"。箔筌一般是由导墙和陷阱部两部分组成。箔筌的前方是两列左、右对称的导墙，用作导墙的箔帘，如图 10-4 的渔箔所示，是由竹竿插成的两列竹栅，朝岸呈喇叭状。此竹栅是由细竹竿插成，其竹竿间距由前方的浅水处向

图 10-16 虾箔敷设示意图

后方的深水处逐渐缩小,前方最疏处为 165 mm,后方最密处为 66 mm。导墙后方的陷阱部用箔帘敷设成 3 层,前 2 层呈葫芦状,后 1 层呈圆形,但此箔帘是由竹片和竹插杆经扎编而制成的竹栅构成。又如图 10-16 的虾箔所示,其导墙和陷阱部的箔帘均由竹片和竹插杆经扎编而制成的竹栅构成。此外,福建连江的篙网,其导墙与图 10-4 相似,也是由竹竿插成的两列竹栅,但导墙后方的陷阱部是一个网口呈矩形的锥形乙纶网囊。篓是"竹编的盛东西之笼",即我国过去使用的箔筌,可能是因为导墙由箔帘(栅)构成,取鱼部由篓构成,才把箔筌型的定义写为"由箔帘(栅)和篓等构成"。但到了 20 世纪 80 年代以后,可能不再采用篓了,故在全国海洋渔具调查资料中所介绍的 2 种导陷箔筌,一种如图 10-4 所示,其导墙和取鱼部均由箔帘(栅)构成;另一种是篙网,其导墙是由箔帘(栅)构成,取鱼部是 1 个网囊。在南海区的渔具调查资料中只介绍 1 种导陷箔筌,如图 10-16 所示,其导墙和取鱼部均由箔帘(栅)构成。根据上述篓已被网囊或箔帘(栅)所替代的实际情况,建议将箔筌型的定义改为"由箔帘(栅)等构成,或由箔帘(栅)和网囊等构成"。

第三节 插网结构

我国陷阱类的 3 个型,在网具结构上差别较大,其中分布较广、数量较多的是拦截插网,故从本节起,只着重对拦截插网进行分析介绍。

下面根据江苏东台的阻网网图(图 10-17)资料和具有代表性的拦截插网资料综合简述如下。

插网是由网衣、绳索和属具 3 部分构成的。拦截插网网具构件组成如表 10-2 所示。

1. 网衣部分

为了制作、搬运、调换、修补等方便起见,整处的拦截插网的网衣是由几十片甚至一百多片网衣连接而成的网列。每片网衣的上纲长度一般为 8～30 m，最长为 50 多米。网衣拉直高度一般为 1.60～3.80 m，最矮的为 1.33 m，最高的达 6.70～8.00 m。网衣一般采取纵目使用，也有一些横目使用的。整处网列长 700～2600 m，最短的为 321 m，最长的达 3000 m。一般采用乙纶网线死结编结，其网线结构有 1×2、1×3、2×2、2×3、3×3、4×3。也有采用直径 0.20 mm 的锦纶单丝死结编结。目大一般为 16～40 mm。个别的采用平结网片或插捻网片做网衣。

表 10-2 拦截插网网具构件组成

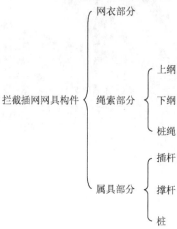

网衣一般为一片矩形网片，如图 10-17 的上方所示。个别的在网片上、下边缘加有 4～10 目高的粗线缘网衣。也有个别的在网片上、下边缘各用稍粗网线增编一个目大大一倍的网目为网缘，便于网衣与纲索之间的结扎装配。

2. 绳索部分

1）上纲和下纲

网衣的上、下边缘一般装配有 2 条上纲和 2 条下纲，其中 1 条上纲和 1 条下纲分别穿过网衣上、下边缘网目后，再与另一条上纲和另 1 条下纲合并分档结扎。有些只采用 1 条上纲和 1 条下纲，分别穿过网衣上、下边缘网目后，分档把网衣结扎到纲索上。个别的各采用 3 条上纲和 3 条下纲，其中 1 条穿过网缘网目后与另 2 条合并分档结扎。

上纲和下纲一般采用直径为 2.5～6.0 mm 的乙纶线或乙纶绳，个别的采用锦纶单丝。

2）桩绳

有些长期固定在一个地点作业的拦截插网，其插杆的前、后方各用 1 条桩绳将插杆上端拉紧固定。桩绳一般采用直径 4～7 mm 的乙纶绳，其长度一般为插杆长度的 1.7～3.0 倍。桩绳的一端结缚在插杆梢部的上纲上方，另一端结缚在桩上。

3. 属具部分

1）插杆

插杆一般采用竹竿，也有采用木杆的。插杆基部削成楔形或削尖，便于插入海底。竹竿一般基部直径为 40～60 mm，较细的直径为 20～25 mm，较粗的达 70 mm，长 1.50～7.00 m。木杆一般基部直径为 70～100 mm，较细的直径为 35 mm，长 3.50～5.00 m。

阻网（江苏东台）
2000.00 m×1.33 m

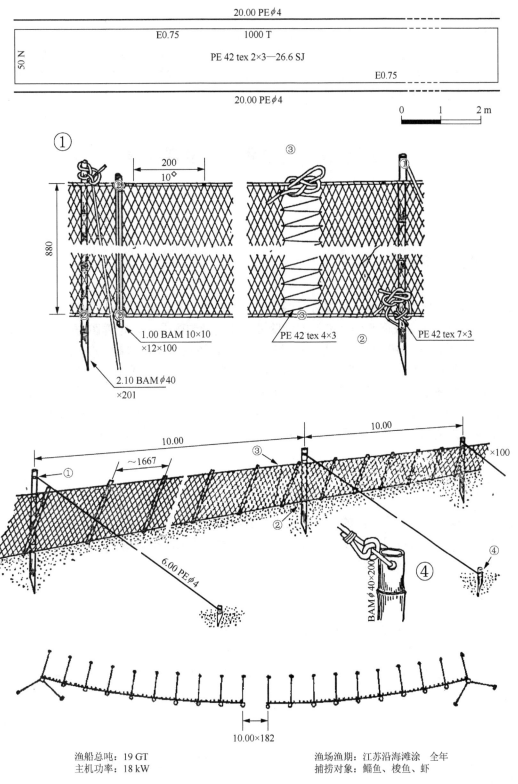

渔船总吨：19 GT　　　　　　　　渔场渔期：江苏沿海滩涂　全年
主机功率：18 kW　　　　　　　　捕捞对象：鲻鱼、梭鱼、虾

图 10-17　阻网

2）撑杆

有些拦截插网的插杆间距较大，其间距内的网衣尚需用撑杆撑开并使网衣形成一定的兜状。撑杆一般为基部直径为 15~20 mm 的竹竿或由毛竹劈成 10 mm 左右见方的竹片。

3）桩

有些较长期固定在一个地点作业及其插杆间距较大的拦截插网，还利用桩和桩绳协助固定插杆。桩的材料有三种，一种是直径 40~60 mm、长 0.20 m 的竹桩，其一端削成楔形，另一端钻有直径 15 mm 的横孔，以便穿绳结缚。另一种是直径 60 mm、长 0.20 m 的木桩，其一端削尖，另一端钻有横孔。还有一种是草桩，用重 1 kg 左右的茅草把来固定桩绳。

第四节　陷阱渔具图及其核算

一、陷阱渔具图

（一）陷阱渔具图种类

陷阱渔具图包括总布置图或局部布置图、网衣展开图、局部装配图、零件图、作业示意图等。每种陷阱一定要绘制网衣展开图（箔筌型的除外）和局部装配图。总布置图与作业示意图相类似，一定要根据需要选画其中一种。有些左右对称的总布置图也可考虑只画局部布置图。拦截插网一般可以集中绘制在一张 4 号图纸上。网衣展开图绘制在上方，总布置图或局部布置图一般绘制在下方，局部装配图绘制在中间，如图 10-17 所示。个别复杂些的拦截插网才需绘制在两张图面上。导陷插网比较复杂，一般需绘制在两张 4 号图纸上，个别较简单的导陷插网也可只画在一张图面上。建网更为复杂，均需画在两张 4 号图纸图面上。箔筌比较简单，一般只需画在一张 4 号图纸上。

1. 总布置图或局部布置图

总布置图要求画出整个陷阱的结构布置，完整表示出陷阱各构件的相互位置和连接关系。如果总布置图左右对称，可以只画出局部布置图。在拦截插网的局部布置图中，应标注插杆、撑杆的安装间距和桩、桩绳的材料及规格，如图 10-17 的中下方所示。

2. 网衣展开图

插网和建网的网衣展开图轮廓尺寸绘制方法与刺网等单片型网衣的网具相同，每片网衣的水平长度依结缚网衣的上纲长度按比例缩小绘制；垂直高度依网衣拉直高度按同一比例缩小绘制。在网衣展开图中，除标注网衣规格外，还要求标注网衣上、下边缘的缩结系数，标注结缚网衣的上、下纲规格，如图 10-17 的上方所示。

3. 局部装配图

在局部装配图中，应画出插杆、撑杆和网片之间的装配或连接，并标注出这些属具的材料、规格及其数量，如图 10-17 的中上方所示。

（二）陷阱渔具标注

1. 主尺度标注

①插网：整处网结缚网衣的上纲总长度×网衣拉直高度。

例：阻网 2000.00 m × 1.33 m（图 10-17、《中国图集》182 号网）。

②建网：结缚圈网衣的上纲总长度×圈网衣拉直高度（结缚墙网衣的上纲长度）。

例：三袋建网 29.20 m × 8.13 m（40.50 m）（《中国图集》198 号网）。

③箔筌：陷阱部分的箔帘总长度×箔帘高度（导墙长度×导墙列数）。

例：渔箔 58.28 m × 4.00 m（685.54 m × 2）（《中国图集》201 号网）。

2. 网衣标注

插网和建网的网衣标注与刺网的要求相同，不再赘述。

3. 绳索标注

在网衣展开图中，绳索是用与其所结缚的网衣轮廓线平行的粗实线来表示。在局部装配图中，用两条平行的细实线来表示绳索。在总布置图或局部布置图中，用粗实线来表示绳索。

4. 属具标注

属具规格及其装配要求应尽量标注在局部装配图中，无法标注的才考虑标注在局部布置图或总布置图中。

二、陷阱渔具图核算

本节只介绍拦截插网的网图核算。拦截插网网图核算，包括核对网衣缩结系数，网长目数，上、下纲长度，网高目数或侧纲长度，撑杆、插杆、桩绳的长度、数量及其安装间距等。

根据有关资料统计，我国拦截插网网衣上、下边缘的缩结系数范围一般为 0.42～0.71。网衣在插杆或撑杆上的装置长度与网衣缩结高度之比一般为 0.78～0.83；此外，较小的为 0.75，较大的为 0.90。插杆下端插进海底部分和上端留长一般为 0.5 m 左右。撑杆与上、下纲结扎后两端的留长约为 0.05 m。桩绳长一般为插杆长的 1.7～3.0 倍。

下面举例说明如何具体进行网图核算。

例 10-1　试对阻网（图 10-17）进行网图核算。

解：

1. 核对网衣缩结系数

假设网衣目大 26.6 mm。上纲的结扎档距 200 mm 和内含 10 目均是正确的，则网衣缩结系数应为

$$E_t = 200 \div (26.6 \times 10) = 0.752$$

核算结果与网图数字基本相符。我国拦截插网网衣缩结系数范围一般为 0.42～0.71，故该网缩结系数（0.75）较大。

2. 核对网长目数和上、下纲长度

较大的缩结系数会使上、下纲较长，即产生较大的网列总长度，这有利于扩大拦截范围。

在网衣展开图中可以看出该网的上、下纲是等长的。上面已知网衣的目大 26.6 mm 和缩结系数 0.752 是正确的，若假设网长目数 1000 目也是正确的，则每片网衣上纲长度应为

$$0.0266 \times 1000 \times 0.752 = 20.00 \text{ m}$$

在局部布置图的右端可看出该网列由 100 片网衣组成，则该网列上纲总长度应为

$$20.00 \times 100 = 2000.00 \text{ m}$$

核算结果与该网主尺度的整处网结缚网衣的上纲总长度相符，说明该网的网长目数和上、下纲长度均无误。

3. 核对网高目数

假设网高目数 50 目是正确的，则其网衣拉直高度应为

$$0.0266 \times 50 = 1.33 \text{ m}$$

核算结果与主尺度数字相符，说明网高目数无误。

4. 核对撑杆、插杆和桩绳的长度

该网网衣缩结高度为

$$1.33 \times \sqrt{1 - 0.752^2} = 0.88 \text{ m}$$

在局部装配图中该网装置在撑杆和插杆上的标注长度均为 0.88 m，正确。我国拦截插网网衣在撑杆或插杆上的装置长度与网衣缩结高度之比较大为 0.90。若按比值 0.90 计算，则本网网衣在撑杆和插杆上的装置长度应改为

$$0.88 \times 0.90 = 0.792 \text{（取为 0.79 m）}$$

若撑杆两端的留长均取为 0.05 m，撑杆长度可改为

$$0.79 + 0.05 \times 2 = 0.89 \text{ m}$$

若插杆下端插进海底部分的长度和上端留长均为 0.5 m，插杆长度可改为

$$0.79 + 0.50 \times 2 = 1.79 \text{ m}$$

我国拦截插网的桩绳长一般为插杆长的 1.7～3.0 倍，若取最大倍数计算，则该网桩绳长度可改为

$$1.79 \times 3 = 5.37 \text{（取为 5.40 m）}$$

5. 核对撑杆、插杆的安装间距和支数

在局部装配图中，在撑杆规格下面标注每片网衣安装 12 支撑杆，撑杆的安装间距应为

$$20.00 \div 12 = 1.667 \text{ m}$$

这与局部布置图中标注的撑杆间距数字相符，则该网列 100 片网衣的撑杆支数应为

$$12 \times 100 = 1200 \text{ 支}$$

这与局部装配图中标注的撑杆支数（12×100）是相符的，说明撑杆的安装间距和支数均无误。

在局部布置图中标注的插杆间距为 10.00 m，在总布置图（图 10-17 的下方）中可以看出网列两端均装有插杆，该网插杆支数应为

$$2000.00 \div 10.00 + 1 = 201 \text{ 支}$$

这与局部装配图中插杆规格下面所标注的插杆支数（201）是相符的，说明插杆的安装间距和支数均无误。

6. 核算桩和桩绳的数量

在总布置图中可以看到，除了网列两端的插杆各需用 3 支桩和 3 条桩绳来协助其固定外，其余的插杆均各只用 1 支桩和 1 条桩绳来协助固定，则整列网所需的桩支数和桩绳条数应为

$$3 \times 2 + (201 - 2) = 205 \text{ 支(条)}$$

即该网列需用 205 支桩和 205 条桩绳。

7. 核算桩打入海底处与插杆的垂直间距

该网桩绳长改为 5.40 m，其一端与插杆梢部结缚（见图 10-17 中的①）约需留头 0.35 m，另一端穿过竹桩上部的横孔后结缚（见图 10-17 中的④）约需留头 0.25 m，则桩绳两端连接固定后的净长为

$$5.40 - 0.35 - 0.25 = 4.80 \text{ m}$$

该网插杆长改为 1.79 m，若其基部插入海底约深 0.50 m，其梢部离梢约 0.25 m 处结缚桩绳，则桩绳结缚处至海底的垂直高度为

$$1.79 - 0.50 - 0.25 = 1.04 \text{ m}$$

在局部布置图的左侧可看到，由桩绳、插杆结缚处高度、桩与插杆的垂直间距所构成的直角三角形中，桩与插杆的垂直间距为

$$\sqrt{4.80^2 - 1.04^2} = 4.69 \text{ m}$$

第五节　拦截插网材料表与渔具装配

一、拦截插网材料表

拦截插网材料表中的数量是分开每片网和整处网标明的，其合计用量是指整处网的用量。在拦截插网网图中，上、下纲和侧纲均标注净长，桩绳一般会标注全长。

现根据图 10-17 和例 10-1 网图核算修改结果列出阻网材料表如表 10-3 所示。

表 10-3　阻网材料表　　　（主尺度：2000.00 m × 1.33 m）

名称	数量		材料及规格	每片网衣尺寸/目		每条长度/m		单位数量用量	合计用量/g	附注
	每片	整处		网长	网高	净长	全长			
网衣	1 片	100 片	PE 36 tex 2 × 3—26.6 SJ	1 000 T	50 N			973 g/片	97 300	
上、下纲	2 条	200 条	PEϕ4			20.00	20.20	163.62 g/条	32 724	
桩绳		205 条	PEϕ4				5.40	40.50 g/条	8 303	长度已修改
撑杆	12 支	1 200 支	0.89 BAM 10 × 10							长度已修改
插杆		201 支	1.79 BAM ϕ40							长度已修改
桩		205 支	0.20 BAM ϕ40							

二、拦截插网装配

现根据图 10-17 和例 10-1 修改结果叙述阻网的装配工艺如下。

1. 上、下纲装配

将上、下纲分别穿入网衣的上、下边缘网目中，然后按每间隔 200 mm、内含 10 目分档结扎，装纲后净长 20.00 m，两端各留头 0.10 m，作为网片之间的连接用。

2. 撑杆装配

将 12 支撑杆均匀分布在网衣中，每片网衣两端撑杆的安装端距为 0.833 m，中间的撑杆安装间距为 1.667 m。撑杆的上、下端分别与上、下纲结扎固定，其结扎部位长 0.79 m，两端各留头 0.05 m。

其他关于插杆、桩和桩绳的敷设，装配撑杆后网衣的敷设可详见本章第六节内容。

第六节　拦截插网捕捞操作技术

本节只介绍江苏的拦截插网——阻网的捕捞操作技术。

阻网又称为伏网，它的网衣在涨潮时会随流倒伏在海底上，落潮时又会迎流自动站立，拦截随流而来欲退出浅水处的鱼、虾类。它在江苏沿海均有分布，敷设于滩涂或沙洲沟汊处。常年均可作业，4～7 月为盛渔期，捕捞鲻、梭鱼等小杂鱼类和虾类。

1. 渔船

小型木帆船或 18 kW 以内小型机动船。18 kW 机动船的主尺度：长 16.4 m，宽 3.4 m，深 1.4 m，总吨 19.32 GT。船员 8～10 人，带网 100 片。

2. 捕捞操作技术

1）插杆、桩和桩绳的敷设

现根据图 10-17 和例 10-1 修改结果叙述如下：将插杆基部插入海底约深 0.5 m，使其稳固直立。插杆间距为 10 m，应敷设成面向陆地的弧形，如图 10-17 的下方所示。在网列两端的插杆，其梢部各结缚 3 条桩绳，并朝 3 个不同方向距插杆基部小于 4.69 m 处打入 3 支桩。其余插杆，均在插杆朝向陆地方向距插杆基部小于 4.69 m 处各打入 1 支桩。桩绳一端 0.25 m 留头穿过桩上部横孔后结缚牢固，另一端拉紧后结缚于插杆梢部约离梢端 0.35 m 处。其具体结缚方法可详见图 10-17 中的①和④。

2）网衣敷设

先将两片网之间的上、下纲端的 0.10 m 长留头互相连接，每两片网的侧边之间用乙纶 4×3 网线绕缝缝合，如图 10-17 中的③所示。如此将 100 片已装配有撑杆的网衣连接成一网列后，将网列按先后顺序折叠放置在渔船上，待涨潮后将网列运到插杆列的一端，用 1 条绳将网列端系在第 1 支插杆上，再将船驶向第 2 支插杆，并放出 10 m 长网列后又将网列系在插杆上，直到放出全部网列并把另一网列端系在最后 1 支插杆上为止。待落潮至插杆基部露出水面后，把网衣的下纲依次结缚在插杆基部的内侧（即朝向陆地一侧），其具体结缚方法如图 10-17 中的②所示。在每处将网衣下纲结缚到插杆基部后，均应顺手将上纲、网衣和撑杆朝向陆地一侧倒伏在滩涂上。

3）捕捞过程

涨潮时，网具随流倒伏，随潮而来的鱼、虾类可越过网具上方游向陆地边缘的浅滩上。落潮时，水流反向，网具会迎流自动直立，将随流而退离浅滩的鱼、虾类拦截在网前。待网前潮水落至 0.2 m 水深左右，捕捞人员可下水用小抄网在网前捞取鱼、虾类。潮水落干后，即可拾取网前或刺挂于网衣上的鱼、虾类。

第十一章 钓具类

第一节 钓具渔业概况

钓具在我国渔业中,具有悠久历史。考古已发现古代用动物骨、角作钩的原始钓具,在商周时期就有所谓"钓之六物"(钩、纶、竿、饵、浮子和沉子)的记载,宋朝邵雍在《渔樵对问》一书中对竿钓渔具已有完整的记述,等等,这些都说明钓具在我国起源很早,并在渔业发展过程中起过重要作用。

我国海洋钓具类分布甚广,遍及沿海各省(自治区、直辖市),钓具结构和作业方式种类较多,是我国海洋的五类主要渔具之一。钓具既是历史悠久的传统渔具,又是当前选择性强、有利于保护幼鱼资源和进行旅游开发的渔具,是发展渔村经济的重要手段之一。在我国,除了台湾的钓具渔业(以下简称钓渔业)最为发达以外,广东、福建沿海的钓渔业因资源条件较好,也较发达。其他各省(自治区、直辖市)的钓渔业,以浙江南部的历史较悠久,也比较发达;其次在山东半岛和辽宁半岛沿海也有多种钓具分布。

根据《中国调查》和《中国渔业年鉴2004》的资料统计,1985年我国海洋钓具捕捞产量为8.7万t,占全国海洋捕捞产量的2.2%,次于拖网、张网、围网、刺网而居各类渔具的第5位;2003年我国海洋钓具捕捞产量为59.8万t,占全国海洋捕捞产量的4.2%,仍次于拖网、刺网、张网、围网而居各类渔具的第5位。

在1985~2003年的19年期间,我国海洋钓具捕捞产量由8.7万t提高至59.8万t,其增幅约为587%,比同一期间我国海洋捕捞产量的增幅(266%)大得多。我国五类主要海洋渔具在这19年期间,生产发展最快的是钓具类,其产量增幅最大(587%);生产发展较快的是刺网类,其产量增幅较大(403%);生产发展稍快的是拖网类,其产量增幅稍大(346%);生产发展较慢的是张网类,其产量增幅较小(131%);生产发展最慢的是围网类,其产量增幅最小(22%)。

我国钓渔业具有如下特点。

第一,钓具比网具结构简单,制作容易。投资少,成本低。

第二,钓具是捕捞分散鱼群的一种良好渔具。网具要求鱼群相对集中或密集,或者采用光诱或荫诱等手段使鱼群集中后才进行捕捞。而钓具却能够利用鱼类的食性,用钓饵引诱分散的鱼群吞食上钩。

第三,钓具作业具有广泛的适应性,一年四季均可作业,近岸乃至远洋均可进行捕捞生产,较不受渔场底形和水域深浅的限制。如在多礁、流急、鱼群分散的海域,网具作业有困难或不能作业时,钓具不但能作业,而且那些海域可能是钓具的良好渔场。

第四,钓具可钓捕各水层栖息的鱼、蟹和头足纲的软体动物,渔获物个体较大,质量较好,不损害幼体,有利于幼鱼资源繁殖保护。

第五,钓具是兼作或轮作的重要渔具。钓具是最简单而又较有效的一种渔具,尤其是可用来开发岩礁海域或海底不平海域的渔场。钓具操作简单,成本较低,捕捞品种质优价高,经济效益较好。

第六,钓渔业既是古老的传统作业,又是较有发展潜力的一种作业。目前,引导发展渔获物质量好、有特色的钓具作业,开拓较深水域的作业渔场,对于调整捕捞结构和合理利用近海资源,均具有积极意义。因此在调整近海作业中,钓具被认为是有发展潜力的渔具。

第二节　钓具捕捞原理和型、式划分

根据我国渔具分类标准，钓具类是"用钓线结缚装饵料的钩、卡或直接缚饵引诱捕捞对象吞食的渔具"。它的作业原理是用系结在钓线上的钓钩，装上具有诱惑性的钓饵（真饵或拟饵），或用钓线直接结缚钓饵，敷设在捕捞对象出入的海域中，利用捕捞对象的贪食性，引诱鱼类吞食而使其被钩挂在单钩上，或引诱鱿鱼、墨鱼、章鱼等头足纲软体动物等抱食而使其被钩挂在复钩上，或利用蟹类钳夹饵料不放的习性使其被钓获，如图11-1、图11-2和图11-3所示。

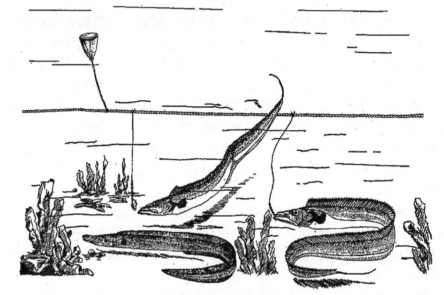

图 11-1　带鱼延绳钓

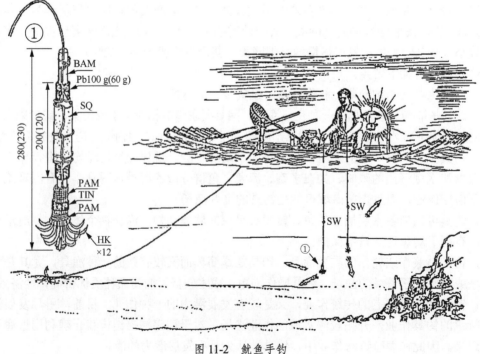

图 11-2　鱿鱼手钓

图 11-3 蟹子手钓

根据我国渔具分类标准，钓具按结构特征分为真饵单钩、真饵复钩、拟饵单钩、拟饵复钩、无钩、弹卡六个型，按作业方式分为定置延绳、漂流延绳、曳绳、垂钓四个式。

一、钓具的型

（一）真饵单钩型

真饵单钩型的钓具具有真饵和单钩，称为真饵单钩钓。

真饵是由天然动、植物做成的钓饵。单钩是由一轴和一钩组成的钓钩，如图 11-26 至图 11-29 所示。真饵单钩型是钓具中使用最多的一种型。

（二）真饵复钩型

真饵复钩型的钩具具有真饵和复钩，称为真饵复钩钓。

复钩是一轴多钩或由多枚单钩集合组成的钓钩，如图 11-30 所示。我国的真饵复钩使用较少，主要是在钓捕头足纲的软体动物中使用，如图 11-2 中的①和图 11-4 中的③所示。

（三）拟饵单钩型

拟饵单钩型的钓具具有拟饵和单钩，称为拟饵单钩钓。

拟饵是用羽毛、白色橡皮薄片、塑料或塑料布条、塑料单丝等材料制成鱼类所嗜好食物形状的假饵料（如鱼、虾、头足纲软体动物等形状）。我国的拟饵单钩使用较少，主要是在曳绳钓中采用，如图 11-5 和图 11-6 中的①所示。

（四）拟饵复钩型

拟饵复钩型的钓具具有拟饵和复钩，称为拟饵复钩钓。

拟饵复钩钓使用更少，只在鱿鱼机钓和鱿鱼手钓中采用。其所采用的拟饵复钩如图 11-42 中的 （4）、（5）、（6）、（7）所示。

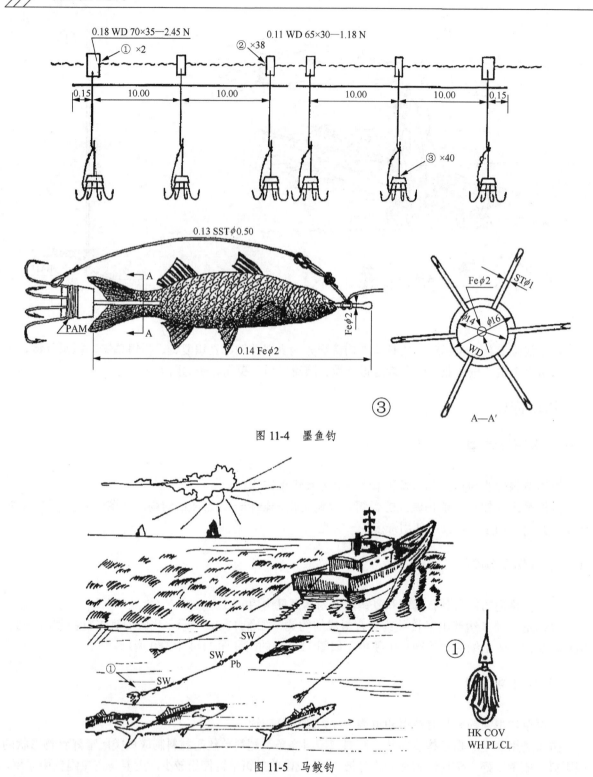

图 11-4 墨鱼钓

图 11-5 马鲛钓

（五）无钩型

无钩型的钓具由钓线直接结缚饵料，称为无钩钓。

我国无钩钓只用于钓捕蟹类，其结构最简单，不用钓钩，如图 11-3 中的①所示，其钓具是由 1 条手线、1 个小铅锤和 1 块饵料组成。又如图 11-7 中的①所示，只需用支线末端直接结缚包着网衣的饵料即可进行作业。

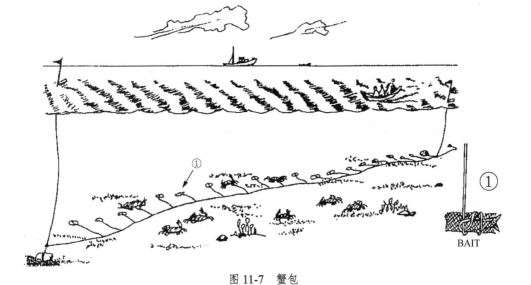
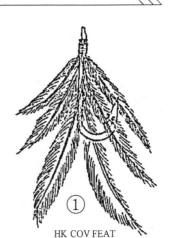

图 11-6 拖毛钓

图 11-7 蟹包

（六）弹卡型

弹卡型的钓具由钓线连接装有饵料的弹卡构成，称为弹卡或卡钓。

弹卡采用竹篾片，两端削尖，制成卡弓。两端合拢后插进麦粒中，如图 11-8（1）所示。或合拢后夹住蚕豆、芽谷、面团、虾等饵料，再以芦苇或麦管制成的卡管套住，如图 11-8（2）所示。弹卡钓敷设在水域中，被鱼类吞食后，嚼碎麦粒或嚼破卡管，卡弓随即弹开，卡住鱼口，从而达到捕捞目的。这种弹卡钓是在长江流域的缓流或静水区中使用，捕捞对象以鲤、鲫为主，其次有鳊、草鱼等，故在全国海洋渔具调查资料中，没有介绍弹卡钓的资料。

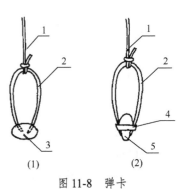

图 11-8 弹卡

1. 钓线；2. 卡弓；3. 麦粒；4. 卡管；
5. 蚕豆、芽谷、面团等饵料

二、钓具的式

（一）定置延绳式

由一条干线和系在干线上的若干支线组成的钓具称为延绳钓。

延绳钓的基本结构如图 11-9 所示，是在一条干线（3）上系结许多间隔等距的支线（4），支线末端结缚有钓钩（5），利用浮沉装置将其敷设在一定水层，作业时将数条或数十条甚至一百多条干线连成一列，形成广阔的钓捕水域。每条干线或间隔若干条干线的两端系有浮在海面上的浮标（1）或浮筒（7），以便识别钓具所在的位置。在浮标和浮筒的下方分别系有锚（2）和沉石（6）。

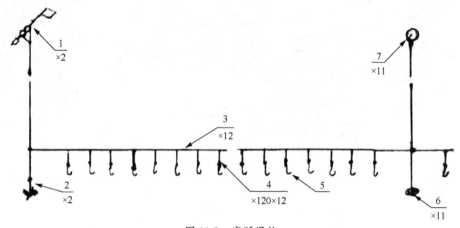

图 11-9　底延绳钓

1. 浮标；2. 锚；3. 干线；4. 支线；5. 钓钩；6. 沉石；7. 浮筒

延绳钓根据钓具所处的作业水层，可分为两种：一种是钓列（作业时钓钩在水中形成的排列）处于水域中层或中层以上作业的，如图 11-10 所示，称为浮延绳钓；另一种是钓列处于水域中层以下作业的，如图 11-9 所示，称为底延绳钓。

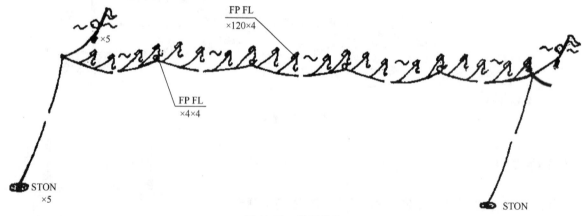

图 11-10　浮延绳钓

定置延绳式的钓具是用锚、石等固定装置敷设的，称为定置延绳钓。适宜在水流较急、渔场狭窄的海域作业。

定置延绳钓按结构上有无钓钩可分为 2 种型式，即定置延绳真饵单钩钓和定置延绳无钩钓。

1. 定置延绳真饵单钩钓

定置延绳真饵单钩钓是具有真饵和单钩，并以定置延绳方式作业的钓具。属于浮延绳钓的定置延绳真饵单钩钓，具有代表性的如图 11-10 所示，这是广西防城的浮延绳钓（《广西图集》39 号钓具）的作业示意图（没画出钓饵），1 条干线系有 120 条支线，每条支线末端结缚 1 枚长圆形钩，每条干线中间均匀结缚有 4 个泡沫塑料球浮，使整条干线浮于水面。在每个钓钩上方附近的支线上又结缚有 1 个方菱形硬质塑料浮子，这些浮子均漂浮在水面上，钓钩的上方只离水面约 100 mm。载重 9 t、主机功率 18 kW 的渔船一般采用由 4 条干线连接而成的钓列，每条干线两端均结缚有 1 支浮标和 1 个沉石

（STON 3.00 kg），即整钓列共用 5 支浮标和 5 个沉石，分别用于标识和固定钓列的位置。这种定置延绳真饵单钩钓于每年 6~12 月在防城沿岸礁区水域钓捕鳝鲹、马鲅等。属于底延绳钓的定置延绳真饵单钩钓的布置图如图 11-9 所示，这是辽宁大连的黄、黑鱼延绳钓（《中国图集》210 号钓具）。钓列两端各结缚有 1 支浮标和 1 个锚，中间每两条干线之间各结缚 1 个浮筒和 1 个沉石。多采用载重 1~3 t 的舢板，2~3 人作业，一只舢板用 12 条干线，在辽宁沿海岛屿附近钓捕六线鱼、黑鲷，全年均可作业。

2. 定置延绳无钩钓

定置延绳无钩钓是由钓线直接结缚饵料，并以定置延绳方式作业的钓具。此钓具均为底延绳钓，专门钓捕蟹类，其作业示意图如图 11-7 所示，这是福建厦门的蟹包（《中国图集》226 号钓具）。从图中可以看出，干线两端各结缚有 1 支浮标和 1 个沉石，每条支线末端结缚 1 个用小网片包裹着的鱼块饵料。此钓具采用总吨 90 GT、主机功率 88 kW 的母船带 4 只舢板作业，每只舢板 3 人。每年 10 月至翌年 2 月，在闽南沿海钓捕三疣梭子蟹。

（二）漂流延绳式

漂流延绳式的钓具作业时随水流漂移，称为漂流延绳钓，适宜在渔场广阔、潮流较缓的海域作业。漂流延绳钓按钓钩的结构不同可分为 2 种型式，即漂流延绳真饵单钩钓和漂流延绳真饵复钩钓。

1. 漂流延绳真饵单钩钓

漂流延绳真饵单钩钓是具有真饵和单钩，并以漂流延绳方式作业的钓具。属于浮延绳钓的漂流延绳真饵单钩钓，具有代表性的如图 11-11 所示。这是广东海康的马鲛钓（《中国图集》215 号钓具）的总布置图，从图中可以看出，马鲛钓的整条钓列是由 10 条干线连接而成，每条干线结缚有 60 条支线，每条

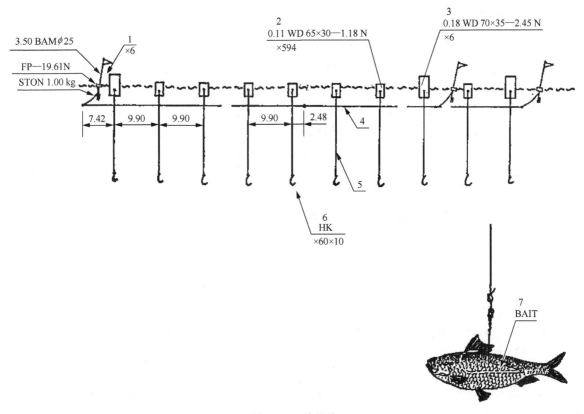

图 11-11 马鲛钓

1. 浮标；2. 小浮子；3. 大浮子；4. 干线；5. 支线；6. 钓钩；7. 钓饵

支线上方均结缚有木浮子,钓列两端和钓列中间每间隔 2 条干线的干线连接处均结缚有 1 支浮标,没有沉子、沉石等的沉力或固定装置,故整条钓列是漂浮在海面下方随流漂移的。采用载重 2.5 t、主机功率 8.8 kW 的木质小机船,3 人操作。每年 3~5 月在北部湾东北部沿海作业。以新鲜的整条青鳞鱼为饵,主捕康氏马鲛,兼捕海鲇、鲨等。具有代表性的底层作业的漂流延绳真饵单钩钓,如图 11-12 所示。这是浙江洞头的鳗鱼延绳钓(《中国图集》206 号钓具)的作业示意图,从图中可以看出,鳗鱼延绳钓的钓列由 18 条干线连接而成,每条干线两端均结缚有 1 支浮标和 1 个大沉石,则整条钓列共用 19 支浮标和 19 个大沉石;每条干线结缚有 30 条支线,在每条干线上,先间隔 3 条支线在 2 条支线中间结缚 1 个 98 mN 的小泡沫塑料浮子,再间隔 3 条支线结缚 1 个 314 mN 的稍大硬质塑料浮子,接着再按同样间隔和同样方式结缚一小一大两个浮子,则每条干线可结缚 5 个小浮子和 4 个大浮子;在每个大浮子下方各结缚 1 个小沉石,则每条干线共结缚 4 个小沉石。作业单位由 1 艘载重 25 t、主机功率 44 kW 的母船和 3 艘载重 1 t 的子船组成,每艘子船 4 个人作业,每年 4~5 月、11 月至翌年 1 月在浙江浪岗至浙江南麂渔场钓捕海鳗。

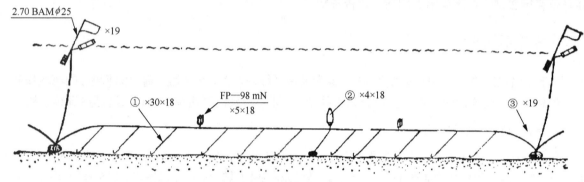

图 11-12 鳗鱼延绳钓

2. 漂流延绳真饵复钩钓

漂流延绳真饵复钩钓是具有真饵和复钩,并以漂流延绳方式作业的钓具,是一种钓捕头足纲软体动物墨鱼的钓具,其总布置图如图 11-4 的上方所示,这是广东海康的墨鱼钓(《广东图集》124 号钓具)。从图中可以看出,每条干线结缚有 40 条支线,支线下方连接 1 个复钩。复钩的结构及其连接如图 11-4 的下方所示,复钩的主体是木质圆台状体,其上方中间插有 1 支铁丝钩轴(0.14 Feϕ2),下方用锦纶单丝(PAM)在圆台四周均匀地缠绕着 6 个长圆形钓钩,钩轴上插有 1 条新鲜的鲻鱼钓饵,支线下部用双套结结缚住钩柄上端后,其末端与 1 条两端均扎有眼环的不锈钢丝(0.13 SSTϕ0.50)相连接,不锈钢丝的末端眼环套进复钩的 1 个钓钩上。每条支线上方均连接 1 个长方矩形浮子,而干线下方没有任何固定装置,故墨鱼钓的干线是处于水面下方随流漂移作业的。墨鱼钓采用的是载重 2.5 t、主机功率 8.8 kW 的木质小船,在雷州半岛西部近海钓捕乌贼(墨鱼)。

(三)曳绳式

曳绳式的钓具以渔船拖曳方式作业,称为曳绳钓,俗称拖钓。

曳绳钓是用渔船拖曳钓具,能捕捞各水层的鱼类,其中以大型的上层鱼类为主,如金枪鱼、旗鱼、马鲛等。这种钓具在我国数量不多,只在海南、广东、福建和山东稍多。其基本构造有 2 种,一种是一线只装一钩,拖钓同一水层的鱼类;另一种是在一条线上装若干个钩,少则 5~7 个钩,多至 26 或 115 个钩,以捕捞较深水层或底层的鱼类。由于钓具在拖曳过程中会产生浮扬作用,所以不装浮子而只装沉子或沉锤,以使钓具能沉降到所要求的水层。沉子装置也有使用依靠水动力沉降的潜水板 [图 11-38(1)]。在上述 2 种构造中,若按钓饵性质分,又可分为 2 种型式,即曳绳真饵单钩钓和曳绳拟饵单钩钓。

1. 曳绳真饵单钩钓

曳绳真饵单钩钓是具有真饵和单钩，并以曳绳方式作业的钓具。

在曳绳真饵单钩钓中，其结构为一线一钩的，具有代表性的有海南的拖钓（图11-13）；其结构为一线多钩的，具有代表性的有广东的边板钓（图11-14）。

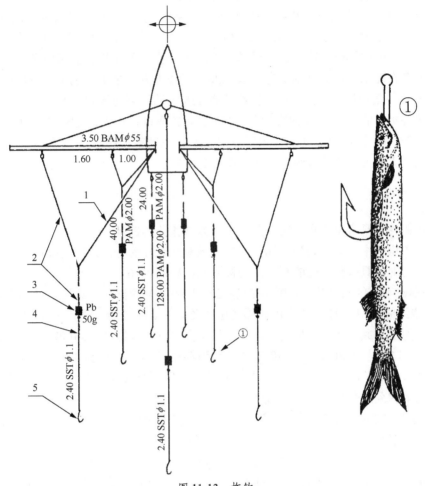

图 11-13　拖钓

1. 引线；2. 钓线；3. 沉子；4. 钩线；5. 钓钩

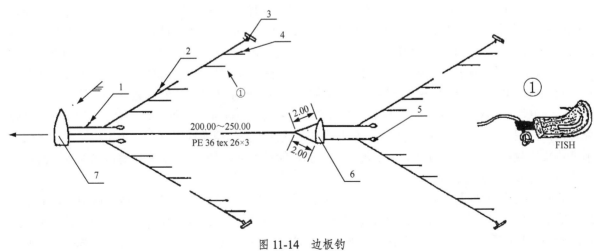

图 11-14　边板钓

1. 曳线；2. 钓线；3. 边板；4. 钩线；5. 沉锤；6. 小艇；7. 钓船

图 11-13 是海南文昌的拖钓（《中国图集》217 号钓具）的总布置图，从图中可以看出，此钓具由 7 条曳线组成，中间 1 条是连接在桅杆上方的桅杆曳线。两旁还有三对曳线：第一对是连接在船尾左、右舷处的 2 条船尾曳线，第二对是连接在离船 1.0 m 处的左、右撑杆上的 2 条撑杆曳线，第三对是连接在离船 2.6 m 处的左、右撑杆上的 2 条撑杆曳线。每条曳线均由前、后两段连接而成，前段又称为钓线，是长度稍有不同的锦纶单丝（PAMϕ2.00），后段又称为钩线，均采用同规格的不锈钢丝（2.40 SSTϕ1.1）。在钓线与钩线连接处的前端均钳夹有 1 个铅沉子（Pb 50 g），钩线后端均连接 1 个长角形钩。钓饵以宝刀鱼和鱼腹皮为主，其小宝刀鱼钓饵如图 11-13 中的①所示。

图 11-14 是广东电白的边板钓（《中国图集》218 号钓具）的俯视作业示意图，钓船拖带一只小艇，钓船和小艇各在船头、船尾分别拖曳 1 条曳线，曳线下方连接 1 个沉锤，以保证曳线下方贴底拖曳。曳线下方与 1 条钓线相连接，每条钓线装有 115 条钩线并连接有 115 个长圆形钩。每条钓线末端各装上 1 个边板（单拖板），使钓线能左、右分开。钓饵以金线鱼、蛇鲻肉片为主，来源于自捕，随钓随用。每年 3～10 月，在粤西近海，采用载重 4 t、主机功率 8.8 kW 的木质渔船，携带小艇 1 只，钓具 4 套，船员 3 人作业，钓捕金线鱼、大眼鲷、蛇鲻等。

2. 曳绳拟饵单钩钓

曳绳拟饵单钩钓是具有拟饵和单钩，并以曳绳方式作业的钓具。

在曳绳拟饵单钩钓中，其结构为一线一钩的，具有代表性的有福建的马鲛钓，如图 11-5 所示；其结构为一线多钩的，具有代表性的有海南的拖毛钓，如图 11-6 所示。

图 11-5 是福建平潭的马鲛钓（《中国图集》220 号钓具）的作业示意图，从图中可以看出，此钓具由 3 条曳线组成，中间的 1 条连接在船尾中点处，左、右 2 条分别连接在左、右舷侧处。每条曳线均由 4 段组成，共用 3 个转环连接而成。第 1 段可称为曳绳（50.00 PEϕ4.6），第 2 段是 1 串铅排（0.80 PAM ϕ1.20 + 5 Pb 40 g），第 3 段可称为钓线（34.00 PAMϕ1.20），第 4 段可称为钩线（1.60 SST ϕ1.3）。钩线下方连接 1 个短圆形钩，钓钩上方用塑料做成 1 个章鱼头状的拟饵，如图 11-5 中的①所示。马鲛钓采用载重 5 t、主机功率 8.8 kW 的渔船，每年 3～5 月在闽中近海钓捕马鲛。

图 11-6 是海南文昌的拖毛钓（《中国图集》219 号钓具）的总布置图，从图中可以看出，此钓具有 8 条钓线，每条钓线均由前、后两段组成，前段可称为曳线，后段可称为钓线。在钓线上又连接有若干条钩线，在钓线和钩线的末端均连接着一个钓钩。渔船上装置有 1 支桅杆，渔船两侧各装置 1 支撑杆（5.00 BAMϕ55）。在渔船拖曳的 8 条曳线中，中间 2 条分别是连接在桅杆上方的桅杆曳线和连接在船尾中部的船尾曳线，桅杆曳线最长（80.00 m），船尾曳线最短（40.00 m）。在左、右舷撑杆上连接有三对不同长度的撑杆曳线对称使用：连接于撑杆近船舷处的第一对撑杆曳线最短（40.00 m），连接于撑杆中部的第二对撑杆曳线稍长（45.00 m），连接于撑杆外端的第三对撑杆曳线较长（50.00 m）。曳线均采用稍粗的锦纶单丝（PAMϕ1.40）。拖毛钓的钓线均采用稍细的锦纶单丝（PAMϕ0.80），其中桅杆钓线较长（12.20 m），只用 1 条，其末端连接 1 枚钓钩，中部连接 5 条钩线和 5 枚钓钩。其余 7 条钓线各在末端连接 1 个钓钩，中部连接 4 条钩线和 4 枚钓钩。钩线均采用较细的锦纶单丝（PAMϕ0.76），钓钩均采用长圆形钩，将白鹅毛或锦纶白布条装在钩轴上用锦线扎紧做成拟饵，如图 11-6 中的①所示。此外，在曳线与钓线连接处的两端均钳夹有 1 个铅沉子（Pb 50 g）。拖毛钓采用载重 8 t、主机功率 15 kW 的木质渔船，船员 6 人，每年 3～9 月在海南岛东部近海钓捕金枪鱼、马鲛、油䱛等。

此外，还有一种叫作甩钓的，也属于曳绳拟饵单钩钓，其结构为一线一钩或一线两钩，但不是用渔船拖曳作业，而是用手拉曳作业。使用载重 1～2 t 的舢板，2～3 人作业，每人用甩钓 1 条，到达渔场后，1 人摇橹顶流，1 人甩钓，一般甩出钓线长 42 m 左右，然后用手迅速将钓线拉回，使钓饵在水面跳动，引诱鱼类上钩。这种钓具，具有代表性的有山东的鲅鱼甩钓（图 11-15）和鲈鱼甩钓。

图 11-15 是山东长岛的鲅鱼甩钓（《山东图集》138 页）的总布置图，从图中可以看出，此钓具是由 1 条钓线、1 条钩线和 1 个带铅头的拟饵钩组成的。钓线是 1 条锦纶渔网线（50.00 PA 23 tex 8 × 3），其一端结扎成可套在手腕上的眼环，另一端通过转环与钩线相连接，可防止绞缠。拟饵钩是采用铅铸合在 1 个长圆形钩的钩轴上形成上小下大的椭球状的铅块，重 50 g。铅块下方铸有一圈环槽，上方穿有一小孔（与钓钩轴头的穿线小孔重合）。将白色橡胶薄片剪成长条状作为拟饵，用网线将 3 条拟饵的上端缠扎在铅块的环槽上，下端任其自由摆动。钩线是在 4 条钢丝外包麻线，并用细钢丝紧密缠绕制成，其一端通过转环与钓线连接，另一端穿过铅块的小孔后与拟饵钩结扎连接，制成 1 条净长为 0.18 m 的钩线（0.18 STϕ0.3 × 4）。鲅鱼甩钓采用载重 2 t 的舢板，2～3 人作业，每人用甩钓 1 条，每年 8 月上旬至 10 月下旬，在长岛县各岛近岸海域钓捕鲅鱼。

（四）垂钓式

垂钓式的钓具将钓线悬垂在水域中进行作业，称为垂钓。垂钓使用比较广泛，新兴发展的旅游钓具主要是垂钓。

根据我国海洋钓具的生产实际，我国海洋垂钓按钓饵性质、钓钩结构或有无钓钩可分为 4 个型式，即垂钓真饵单钩钓、垂钓真饵复钩钓、垂钓拟饵复钩钓和垂钓无钩钓。

1. 垂钓真饵单钩钓

垂钓真饵单钩钓是具有真饵和单钩，并以垂钓方式作业的钓具。垂钓真饵单钩钓根据其悬垂方式的不同，分为手钓和竿钓 2 种。

1）手钓

手钓是用手直接悬垂钓线进行作业的钓具。

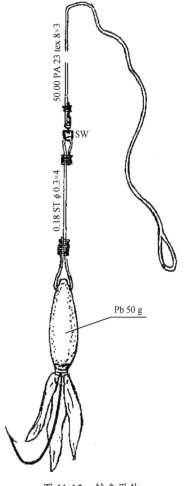

图 11-15　鲅鱼甩钓

手钓在我国东南沿海和山东使用较多，主要分布在福建、广东、山东、广西和海南。它最适宜在深水、礁石或急流等渔场使用。它的捕捞对象多数是些名贵产品，如石斑鱼、白姑鱼、鲈鱼等。手钓的钓线部分的手线、钓线和钩线一般采用合成纤维线，合成纤维的比重均小于水的比重，故合成纤维线是不易在水中沉降的。为了使钓线和钓钩能更快沉降，一般要在手线下端或钓线上装置沉子或沉锤；有的直接在钓钩的钩轴上方浇铸重几十克的 1 个圆柱形或上大下小的圆锥形铅块，这种带有铅块沉子的钓钩又可称为铅头钓钩，可使钓钩在水中更快沉降。

手钓的结构式样较多，但可根据其钓线部分有、无连接天平杆而区分为单线式和天平式两种。

（1）单线式

单线式的手钓是指其钓线部分只由手线、钓线或钩线连接而成的手钓，称为单线式手钓。

单线式的结构较简单，如图 11-16 中的（1）所示，这是广东廉江的手钓（《广东图集》117 号钓具），是由 1 条缠绕在线辘上的长手线（25.00 PAMϕ0.45）的末端连接 1 个铅头钓钩，以及在离铅头 0.15 m 处的手线上再结缚 1 条连接有钓钩的短钩线（0.50 PAMϕ0.45）组成。此手钓采用载重 1.5 t、装有 4.4 kW 艇尾机的舢板，1 人作业，在雷州半岛近海 10～20 m 处钓捕石斑鱼、白姑鱼等。

图 11-16（2）是广西合浦的沙钻手钓（《中国图集》222 号钓具），其手线（21.00 PAMϕ0.45）用转环与钓线（4.00 PAMϕ0.30）相连接，钓线末端连接 1 个钓钩，离此钓钩 0.20 m 处的钓线上再结缚第 1 条连接有钓钩的钩线，再间隔 0.14 m 处的钓线上再结缚第 2 条连接有钩钩的钩线，在第 2 条钩

线连接处上方的钩线上钳夹1个重40 g的铅沉子。此手钓采用载重1 t的木质小艇，1人摇橹作业，每年5~12月，在合浦沿岸浅海，1人两手各持1条手钓钓捕多鳞鱚（俗称沙钻）。图11-16（3）是广东南澳的石斑鱼手钓（《中国图集》221号钓具），1条缠绕在线辊上的长手线（50.00 PAMφ0.65）通过两端均连接有转环的重100 g的铅沉子与短钩线（1.30 PAMφ0.55）相连接，钩线末端穿过钓钩上部铅头的小孔后扎紧。此手钓采用载重6 t、主机功率8.8 kW的木质小机船带舢板出海，每只舢板1人作业，每年10月至翌年5月，在南澳岛近岸礁盘区，每人手持1条手钓，钓捕石斑鱼，如图11-16的下方所示。图11-16（4）是山东海阳的鲈鱼手钓（《山东图集》127页），由1条长手线（50.00 PAMφ0.50）和1条短钓线（1.80 PVC 50 tex 6×3）相连接，钓线末端连接1个圆台形、重100 g的小铅锤，在钓线中间还间隔均匀地结缚有2条连接有钓钩的钩线。此手钓采用载重1 t的小舢板，1~3人作业，每年6月下旬至10月上旬，在海阳、即墨、崂山等地沿海作业，每人手持1条手钓，钓捕鲈鱼。

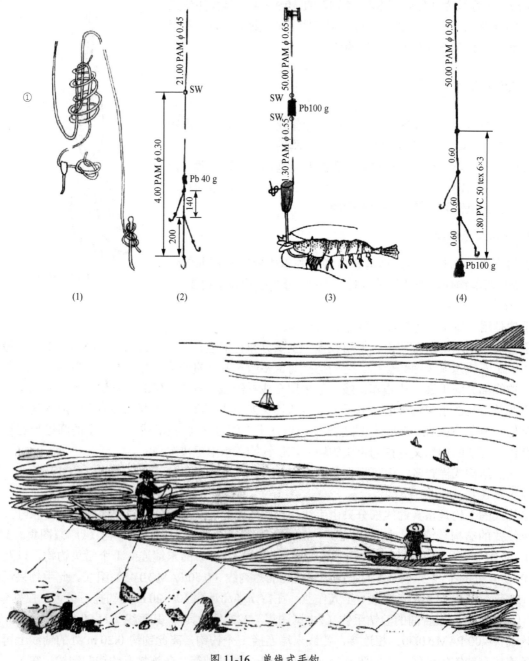

图11-16 单线式手钓

上面已介绍了图 11-16 上方的 4 种钓捕鱼类的单线式手钓，下面专门介绍钓捕头足纲软体动物鱿鱼的单线式手钓，如图 11-17 所示。这是福建惠安的鱿鱼手钓（《中国图集》223 号钓具）的作业示意图，从图中可以看出，此钓具的 1 条长手线、7 条短手线、4 条更短的钩线和 1 个铅沉锤之间用 7 个普通转环和 1 个三头转环来连接。4 条钩线末端分别与 4 个长圆形钩相连接。此钓具作业采用总吨 40 GT、主机功率 59 kW 的渔船，于每年 4~10 月运载若干个竹排，在闽南海域、台湾浅滩钓捕鱿鱼。图中表示每个竹排 1 人作业，放下 2 条手钓，1 条是上述的连接 4 个钩、有鱼肉饵料的手钓，另一条是由 1 条手线只连接 1 个饵钩的手钓。

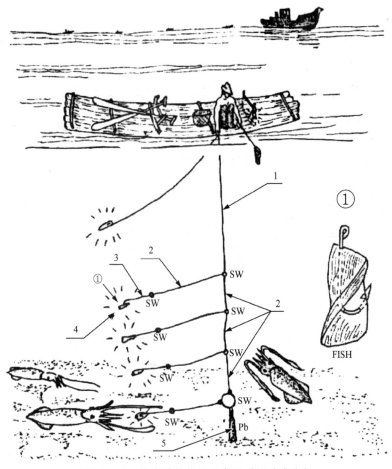

图 11-17 鱿鱼手钓作业示意图（福建惠安）
1. 手线；2. 钓线；3. 钩线；4. 钓饵；5. 沉锤

（2）天平式手钓

手线与钓线之间或钓线与钩线之间连接有天平杆的手钓称为天平式手钓。

天平杆有单杆和双杆之分，具有代表性的单杆天平式手钓有广东的金线鱼手钓（图 11-18），具有代表性的双杆天平式手钓有广东的过鱼钓（图 11-19）。

图 11-18 是广东台山的金线鱼手钓（《广东图集》119 号钓具）的总布置图。从图中可以看出，其钓线由 4 段 1.20 m 长的锦纶单丝用 3 个转环连接而成，在长手线（160.00 PAMϕ1.20）和钓线之间各用 1 个转环连接 1 支单天平杆（0.40 Feϕ2），在钓线上的 3 个连接转环后端和第 4 段钓线末端各用 1 个小转环连接 1 条连接有铅头钓钩的钩线。此外，在单天平杆下方用 1 条锦纶单丝编绳（PAMϕ0.55×4 BS）扎成 1 个三角形的天平杆连接绳，与下方连接沉锤的沉锤连接绳相连接。此手钓采用载重 3.5 t、主机功率 2.9 kW 的小船，2~3 人作业，在台山沙堤口 60 m 水深以外海域，每人手持 1 条手钓，钓捕金线鱼、大眼鲷、多齿蛇鲻等。

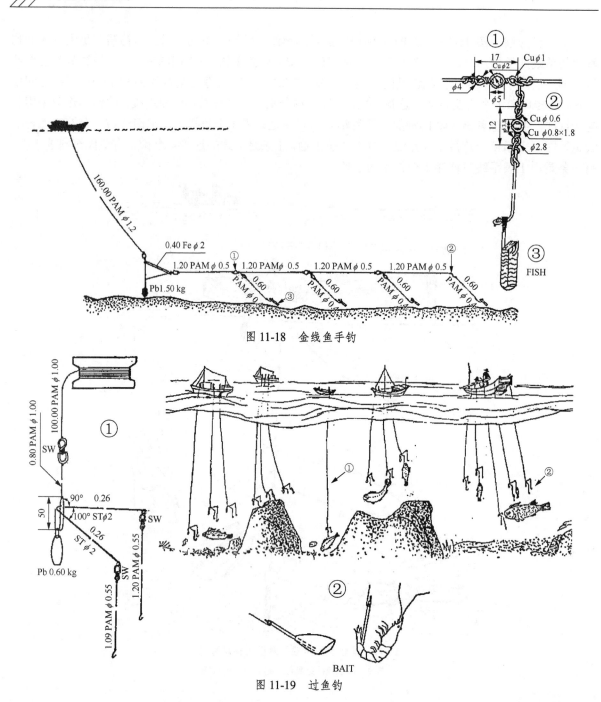

图 11-18 金线鱼手钓

图 11-19 过鱼钓

图 11-19 的右方是广东惠东的过鱼钓（《广东图集》118 号钓具）的作业示意图。从左方的过鱼钓总布置图（①图）中可以看出，过鱼钓是 1 条缠绕在线板上的长手线（100.00 PAMϕ1.00）用转环与连接在双天平杆上方的短钓线（0.80 PAMϕ1.00）相连接。双天平杆是用钢丝（STϕ2）弯曲成 2 支长 0.26 m 的天平杆，在天平杆末端再用转环各连接 1 条连接有钓钩的钩线。此手钓采用舢板或小机船，1~3 人作业，在南海东部海区的近海礁盘区钓捕石斑鱼等。

2）竿钓

竿钓是用钓竿悬垂钓线进行作业的钓具。竿钓在我国常见于内陆水域，在沿海使用较少，主要分布在山东、福建等地。目前世界上的竿钓已发展成外海、远洋钓捕中上层鱼类的重要渔具。它的基本构造是用延竿或继竿 1 根，在竿梢接 1 条钓线，钓线的末端用钩线连接钓钩。另外根据需要可配置浮子和沉子等，如图 11-20（1）所示。

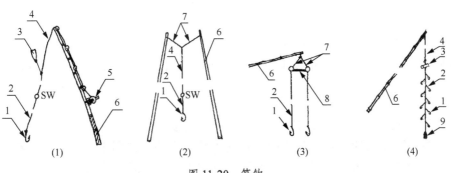

图 11-20 竿钓

1. 钓钩；2. 钩线；3. 浮子；4. 钓线；5. 绕线器；6. 钓竿；7. 叉线；8. 天平杆（ST）；9. 沉子（Pb）

在近水面作业的竿钓，一般不用浮沉子，或只用小型的浮、沉子各 1 个，使浮子浮在水面，借观察浮子的动静来推测鱼类的吞饵情况。

钓捕大型鱼类时，如果 1 人握 1 竿不能胜任时，则用 2 竿 [图 11-20（2）] 或多竿合凑一线。钓捕小型鱼类且鱼较多时，可采用 1 竿上有 2 条钩线的天平钓。具有代表性的天平钓，有山东的鲈鱼天平钓，如图 11-20（3）所示。也可采用 1 竿只有 1 条钓线的，而在钓线上结缚有多条钩线，具有代表性的有福建的乌鱼钓，如图 11-20（4）所示。

图 11-20（3）是山东文登的鲈鱼天平钓（《中国图集》224 号钓具），是一种天平式的竿钓。其钓竿是 1 支竹竿（7.00 BAMϕ40），天平杆是 1 条两端均弯曲成眼环的钢丝横杆（0.46 STϕ2.8），横杆上方的叉线是用 1 条乙纶网线的两端分别结扎于横杆两端的眼环处，此网线的对折处结扎成 1 个眼环，再用 1 条乙纶网线将叉线眼环结扎在钓竿的梢部。最后在横杆两端的眼环中各连接 1 条由 12 段细钢丝连接制成的钢丝链钩线（2.40 STϕ1.2），即钩线的每段钢丝全长均超过 0.20 m，每段钢丝两端均以眼环相连接，制成净长均为 0.20 m 的钢丝段。钓线末端连接 1 个非平面状长角形钩。钓饵以活虾蛄为主，也可用对虾、鹰爪虾。此竿钓采用载重 1.5 t 的舢板，每船 4 人，用 4 支竿钓，每年 5～6 月、8～10 月，在黄海北部沿海钓捕鲈鱼。

图 11-20（4）是福建东山的乌鱼钓（《福建图册》160 号钓具），是一种单线式的竿钓。其钓竿是 1 支竹竿（3.00 BAMϕ25），钓线连接在钓竿梢端，分为上、下 2 段，2 段之间直接扎结连接。上段是 1 条稍长稍粗的锦纶单丝（3.50 PAMϕ0.30），下段是 1 条稍短稍细的锦纶单丝（2.06 PAMϕ0.25）。在下段钓线上结缚有 9 条连接有钓钩的钩线，均为更短更细的锦纶单丝（0.08 PAMϕ0.20）。下段钓线上先间隔 0.22 m 结缚第 1 条钩线，在此间隔中部结缚有 1 个直径 6 mm、长 70 mm 的高粱杆作为小浮子，用于观察其在水面上的动静来推测鱼类的吞饵情况。接着每间隔 0.20 m 再结缚 8 条同材料规格的钩线。最后在下段钓线末端连接 1 个重 10 g 的铅沉子。每年 10～11 月，在东山沿海岸边 2 m 左右的水深处，1 人坐在固定于海底上的木质高凳上，手持 1 支竿钓钓捕乌鲻（亦称乌鱼）。

2. 垂钓真饵复钩钓

垂钓真饵复钩钓是具有真饵和复钩，并以垂钓方式作业的钓具。

我国的垂钓真饵复钩钓是专门钓捕鱿鱼的单线式手钓，如图 11-2 所示。这是广东南澳的鱿鱼手钓（《中国图集》225 号钓具）的作业示意图，从图中可以看出，此手钓的钓线部分是由 1 条长手线和 1 条短钩线用转环连接组成，钩线末段连接 1 个复钩。此复钩的结构如图中左方的①所示，是 1 种一轴装上多钩的复钩，其钩轴为 1 条长 280 mm 或 230 mm 的细竹竿，即竹钩轴有长、短 2 种规格，在竹钩轴中部还包裹着长 200 mm 或 120 mm、重 100 g 或 60 g 的铅片，在竹钩轴下部将 12 个无倒刺的长圆形钩配布在竹钩轴四周，先分别用锦纶单丝将无倒刺钩的钩轴上、下端缠绕固定，然后在无倒刺钩的钩轴中间用锡将 12 个钩轴焊接在一起，即完成了 1 个复钩的制作。钩线下端与复钩轴头结扎固定后应留出约 0.5 m 长的留头，以便在作业前将鱿胴（鱿鱼的体腔肉）包裹在钩轴上后，再将钩线留头向下分段把鱿胴扎紧在钩轴上。此钓具原采用竹排作业为主，每只竹排 1～2 人作业，每年 10 月至翌年 7 月在南海北部沿海钓捕枪乌贼（鱿鱼）。为了安全生产，减轻劳动强度，缩短航行时间，已逐渐采用 15～29 kW（少数采用 59～88 kW）木质机船携带竹排出海进行母子式手钓作业。

3. 垂钓拟饵复钩钓

垂钓拟饵复钩钓是具有拟饵和复钩，并以垂钓方式作业的钓具。

我国的垂钓拟饵复钩钓也是专门钓捕鱿鱼的单线式手钓，如图 11-21 所示，这是海南万宁的鱿鱼手钓（《广东图集》126 号钓具）的渔具图，从图中看出，此手钓的钓线部分是由 1 条长手线（32.00 PAMϕ0.35）和 1 条短钩线（0.18 SSTϕ0.32）连接组成。复钩的结构如图 11-21 的中右方所示，

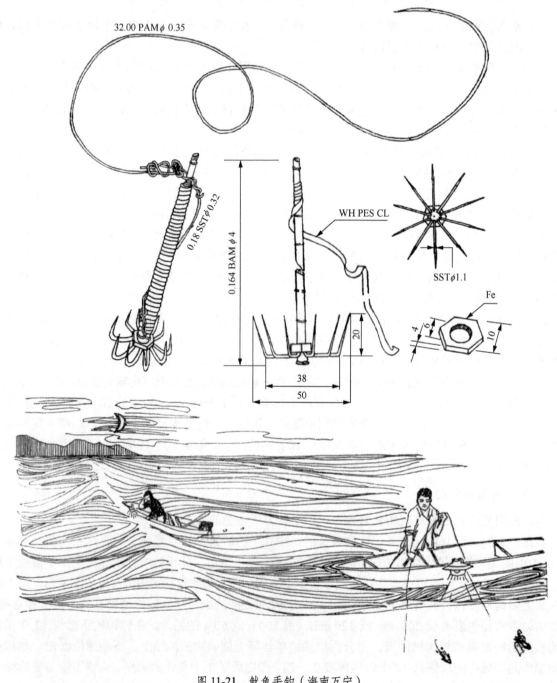

图 11-21 鱿鱼手钓（海南万宁）

其钩轴为 1 支细竹竿（164 BAMϕ4）。先将 10 个无倒刺的单钩用铅浇铸在一起，铅铸成带中孔的螺丝母状，10 个单钩均匀地分布在螺丝母四周，形成了带有中孔的复钩；然后将竹钩轴的小头插入复钩中孔，并使复钩卡在竹钩轴的大头处，即构成 1 个完整的复钩；最后用 1 条白色涤纶布条（WH PES CL）缠绕在竹钩轴上一层，即制成 1 个拟饵复钩。将钩线的一端结扎固定在竹钩轴的上端并扎有 1 个连接眼环，另一端拉紧后结扎固定在竹钩轴下端的铸铅上面，将手线末端穿过钩线上端的眼环后结扎固定，则整条手钓制作完成。此手钓采用载重 2 t、装有 8 kW 艇尾机的小船，在海南东部近海钓捕鱿鱼、章鱼。一般在夜间作业，先开灯诱鱼，待发现捕捞对象趋光游近后，才开始 1 人手持 1 条手钓进行作业。

4. 垂钓无钩钓

垂钓无钩钓是由钓线直接结缚饵料，并以垂钓方式作业的钓具。

在全国海洋渔具调查资料中只介绍 1 种垂钓无钩钓，如图 11-3 所示，这是山东昌邑的蟹子手钓（《山东图集》136 页）的作业示意图。此手钓结构最简单，只用 1 条 4 m 长的钓线下端连接 1 个重 0.20 kg 的铅锤即成，作业时只需用钓线下端结缚一块鱼饵即可。此手钓可采用 1 个木筏，筏上应备有木篙、小抄网和蟹筐各一，每年 8 月下旬至 10 月上旬，在河口外水深 0.5～3.0 m 处作业，钓捕梭子蟹。

三、全国海洋钓具型式

根据 20 世纪 80 年代全国海洋渔具调查资料统计，我国海洋钓具有定置延绳真饵单钩钓具、漂流延绳真饵单钩钓具、曳绳真饵单钩钓具、垂钓真饵单钩钓具、漂流延绳真饵复钩钓具、垂钓真饵复钩钓具、曳绳拟饵单钩钓具、垂钓拟饵复钩钓具、定置延绳无钩钓具和垂钓无钩钓具共计 10 种型式。上述资料共计介绍了我国海洋钓具 101 种。

1. 定置延绳真饵单钩钓具

定置延绳真饵单钩钓具介绍最多，有 43 种，占 42.6%，分布在辽宁（4 种）、河北（1 种）、天津（1 种）、山东（5 种）、江苏（1 种）、浙江（7 种）、福建（6 种）、广东（5 种）、广西（8 种）和海南（5 种）。在全国沿海 11 个省（自治区、直辖市）中，只缺上海无介绍。其中较具代表性的有辽宁大连的黄、黑鱼延绳钓（《中国图集》210 号钓具），如图 11-9 所示；河北乐亭的鰕虎鱼延绳钓（《中国图集》214 号钓具）；天津塘沽的鲈鱼延绳钓（《天津图集》107 页）；山东长岛的鳐鱼延绳钓（《中国图集》202 号钓具）；江苏连云港的鲈鱼延绳钓（《中国图集》212 号钓具）；浙江象山的鲵鱼延绳钓（《中国图集》213 号钓具）；福建惠安的大鲨滚（《中国图集》204 号钓具）；广东阳江的门鳝纲（《中国图集》205 号钓具）；广西防城的浮延绳钓（《广西图集》39 号钓具），如图 11-10 所示；海南海口的红鱼延绳钓（《广东图集》106 号钓具）。上述 43 种定置延绳真饵单钩钓具均是钓捕鱼类的钓具，其中有 40 种属于底延绳钓，占 93.0%，其余 3 种属于浮延绳钓。

2. 漂流延绳真饵单钩钓具

漂流延绳真饵单钩钓具介绍稍少，有 17 种，占 16.8%，分布在辽宁（1 种）、天津（1 种）、山东（1 种）、浙江（4 种）、福建（9 种）和广东（1 种），主要在东海区。其中较具代表性的有辽宁长海的河鲀鱼浮钓（《辽宁报告》58 号钓具）；天津塘沽的鳓鱼延绳钓（《天津图集》108 页）；山东崂山的章鱼延绳钓（《山东图集》132 页）；浙江洞头的鳗鱼延绳钓（《中国图集》206 号钓具），如图 11-12 所示；福建惠安的白鱼滚（《中国图集》216 号钓具）和广东海康的马鲛钓（《中国图集》215 号钓具），如图 11-11 所示。在上述 17 种漂流延绳真饵单钩钓具中，属于底延绳钓的有 14 种，占82.4%；属于浮延绳钓的有3种。在上述17种钓具中，除了山东崂山的章鱼延绳钓（《山东图集》132页）是钓捕头足纲软体动物章鱼的浮延绳钓外，其余16种钓具均是钓捕鱼类的。

3. 曳绳真饵单钩钓具

曳绳真饵单钩钓具较少，只介绍4种，占4.0%。其中1种是海南文昌的拖钓（《中国图集》217号钓具），如图11-13所示，另2种是广东电白的边板钓（《中国图集》218号钓具），如图11-14所示，以及广东海丰的大钓（《广东图集》111号钓具），还有1种是山东崂山的牙片鱼曳绳钓（《山东图集》135页）。

上述4种曳绳真饵单钩钓均是钓捕鱼类的钓具。其结构为一线一钩的，是拖钓和大钓共2种；其结构为一线多钩的，是边板钓和牙片鱼曳绳钓共2种。在上述4种曳绳钓中，除了边板钓由于其沉锤和边板均贴着海底拖曳，故其整个钓列是贴底拖曳，其余3种曳绳钓均离开海底而在水中拖曳。

4. 垂钓真饵单钩钓具

垂钓真饵单钩钓具稍少，18种，占17.8%，分布在山东（3种）、浙江（1种）、福建（8种）、广东（4种）和广西（2种）。在18种垂钓真饵单钩钓具中，可区分为单线式手钓12种，天平式手钓4种和竿钓2种。12种单线式手钓分布在山东2种、浙江1种、福建6种、广东2种和广西1种，其中具有代表性的有山东海阳的鲈鱼手钓（《山东图集》127页），如图11-16（4）所示；广东南澳的石斑鱼手钓（《中国图集》221号钓具），如图11-16（3）所示；广西合浦的沙钻手钓（《中国图集》222号钓具），如图11-16（2）所示；福建惠安的鱿鱼手钓作业示意图（《中国图集》223号钓具），如图11-17所示；浙江嵊泗的石斑鱼手钓（《浙江图集》172页），其结构与图11-16（3）相似。

4种天平式手钓分别为广东台山的金线鱼手钓（《广东图集》119号钓具），如图11-18所示，为单天平杆；广东惠东的过鱼钓（《广东图集》118号渔具），如图11-19所示，为双天平杆；福建平潭的鲙鱼双门钓（《福建图册》159号钓具），为双天平杆；广西合浦的奎龙手钓（《广西图集》47号钓具），为双天平杆。

2种竿钓分别为山东文登的鲈鱼天平钓（《中国图集》224号钓具），如图11-20（3）所示；福建东山的乌鱼钓（《福建图册》160号钓具），如图11-20（4）所示。

在上述18种垂钓真饵单钩钓具中，除了福建惠安的鱿鱼手钓（图11-17）和福建龙海的鱿鱼手绳钓（《福建图册》158号钓具）是专门钓捕鱿鱼外，其余16种钓具均是钓捕鱼类的。

5. 漂流延绳真饵复钩钓具

漂流延绳真饵复钩钓具最少，只介绍1种，占1.0%，即广东海康的墨鱼钓（《广东图集》124号钓具），如图11-4所示，是专门钓捕墨鱼的漂流延绳钓。

6. 垂钓真饵复钩钓具

垂钓真饵复钩钓具介绍较少，只介绍3种，即广东南澳的鱿鱼手钓（《中国图集》225号钓具），如图11-2所示；福建东山的鱿鱼单线钓（《福建图册》151号钓具）和福建惠安的鱿鱼单线钓（《福建图册》152号钓具）。上述3种钓具均是钓捕鱿鱼的单线式手钓。

7. 曳绳拟饵单钩钓具

曳绳拟饵单钩钓具较少，只介绍6种，占5.9%。其中2种分别是山东长岛的鲅鱼甩钓（《山东图集》138页），如图11-15所示，以及山东乳山的鲈鱼甩钓（《山东图集》139页）；1种是福建平潭的马鲛钓（《中国图集》220号钓具），如图11-5所示；1种是广东海丰的鲣拖钓（《广东图集》

113 号钓具);另 2 种分别是海南文昌的拖毛钓(《中国图集》219 号钓具),如图 11-6 所示,以及海南陵水的鲳板钓(《广东图集》114 号钓具)。

上述 6 种钓具均是钓捕鱼类的。其结构是一线一钩的有鲅鱼甩钓和马鲛钓 2 种,一线两钩的有鲈鱼甩钓 1 种,一线多钩的有鲣拖钓、鲳板钓和拖毛钓共 3 种。除了 2 种甩钓是处在水面上并用人手拉曳作业外,其他 4 种曳绳钓均采用渔船在水中拖曳作业。

8. 垂钓拟饵复钩钓具

垂钓拟饵复钩钓具更少,只介绍 2 种,占 2.0%,即海南万宁的鱿鱼手钓(《广东图集》126 号钓具),如图 11-21 所示,以及广西北海的鱿鱼手钓(《广西图集》45 号钓具)。上述 2 种钓具均是钓捕鱿鱼的单线式手钓。

9. 定置延绳无钩钓具

定置延绳无钩钓具较少,有 6 种,占 5.9%,分别为辽宁锦县的螃蟹延绳钓(《辽宁报告》59 号钓具);河北抚宁的梭子蟹延绳钓(《河北图集》31 号钓具);山东掖县的梭子蟹延绳钓(《山东图集》137 页);浙江三门的梭子蟹延绳钓(《中国图集》227 号钓具);福建厦门的蟹包(《中国图集》226 号钓具),如图 11-7 所示;广东珠海的青蟹钓(《广东图集》110 号钓具)。上述 6 种钓具均是钓捕蟹类的,且均属于底延绳钓。

10. 垂钓无钩钓具

垂钓无钩钓具最少,只有 1 种,占 1.0%,即山东昌邑的蟹子手钓(《山东图集》136 页),如图 11-3 所示,是 1 种专门钓捕梭子蟹的单线式手钓。

综上所述,全国海洋渔具调查资料所介绍的 101 种海洋钓具,按结构特征分有 5 个型,按作业方式分有 4 个式,按型式分共计有 10 个型式,每个型、式和型式的名称及其所介绍的种数可详见附录 N。

在 101 种海洋钓具中,钓捕鱼类的钓具有 85 种,钓捕鱿鱼、墨鱼、章鱼等头足纲软体动物的钓具有 9 种,钓捕蟹类的钓具有 7 种。在 9 种钓捕头足纲软体动物的钓具中,若按钓饵性质和钓钩结构分,采用真饵单钩的有 3 种,采用真饵复钩的有 4 种,采用拟饵复钩的有 2 种;若按作业方式分,采用漂流延绳式的有 2 种,分别钓捕章鱼与墨鱼,采用垂钓式的有 7 种,主要钓捕鱿鱼。

四、南海区钓具型式及其变化

20 世纪 80 年代全国海洋渔具调查资料所介绍的南海区钓具,有 9 个型式共 36 种钓具;而 2000 年和 2004 年南海区渔具调查资料所介绍的钓具,只有 5 个型式共 21 种钓具。现将前后时隔 20 年左右南海区钓具型式的变化情况列于表 11-1。从该表可以看出,南海区渔具调查资料所介绍的钓具型式比全国海洋渔具调查资料所介绍的钓具型式少了 4 个,只介绍 5 个型式,钓具介绍种数少了 15 种。全国海洋渔具调查资料所介绍的 6 种南海区垂钓真饵单钩钓中,单线式手钓和天平式手钓各 3 种;在南海区渔具调查资料中,虽然介绍有 7 种垂钓真饵单钩钓具,但全部是单线式手钓。

表 11-1　南海区钓具型式及其介绍种数　　　　　　　　　　　(单位:种)

调查时间	定置延绳真饵单钩钓具	漂流延绳真饵单钩钓具	曳绳真饵单钩钓具	垂钓真饵单钩钓具	漂流延绳真饵复钩钓具	垂钓真饵复钩钓具	曳绳拟饵单钩钓具	垂钓拟饵复钩钓具	定置延绳无钩钓具	合计
1982~1984 年	18	1	3	6	1	1	3	2	1	36
2000 年、2004 年	9	3	0	7	0	1	0	1	0	21

从表 11-1 中可知，在南海区渔具调查资料中只介绍 2 种复钩钓具，但由于这 2 种复钩钓具有一定的特殊性，故在此介绍一下。1 种如图 11-22 所示，这是广西北海的河鲀手钓（《南海区小型渔具》177 页）。从图中可以看出，此手钓结构较简单，是 1 种一线一钩的单线式手钓，只需用 1 条长 20 m 的乙纶钓线结缚 1 个真饵复钩即可，是 1 种垂钓真饵复钩钓，其复钩由钩轴部、饵料部和复钩部组成。钩轴部如①图所示，是用竹制成的 1 支长 200 mm 的方柱体，其上端的轴头呈边长 9 mm、高 6 mm 的方柱体状，轴头以下的钩轴呈由边长 4 mm 逐渐增大为边长 7 mm 的长方柱体状。饵料部是用 2 片长 185 mm、宽 3.3 mm 和厚 1.2 mm 的铁片（⑤图）分别夹在钩轴下部两侧并一起插入复钩铅头的中孔中，铁片上部用 1 条直径 2.5 mm 的不锈钢丝制成的 1 个长 16 mm、宽 13 mm 的椭圆形钢环（④图）套住，饵料就夹在 2 片铁片与钩轴之间，如②图所示。复钩部是用铅浇注接上 16 个无倒刺的长圆形钩（③图）形成 1 个带铅头的复钩。铅头如⑥图所示，是呈上面直径 15 mm、底面直径 50 mm、高 34 mm 的圆台形状，在圆台中间留出 1 个边长 7 mm × 9.4 mm 的矩形中孔，以便 2 片铁片夹着钩轴插入中孔后连接在一起，最后形成 1 个完整的复钩，如图 11-22 的左方所示。河鲀手钓采用载重 0.6 t、装有 2.2～2.9 kW 艇尾机的小艇，单人作业，可同时放 2 条手钓。一般白天作业，全年均可作业，主要钓捕河鲀、鳐、虹等。

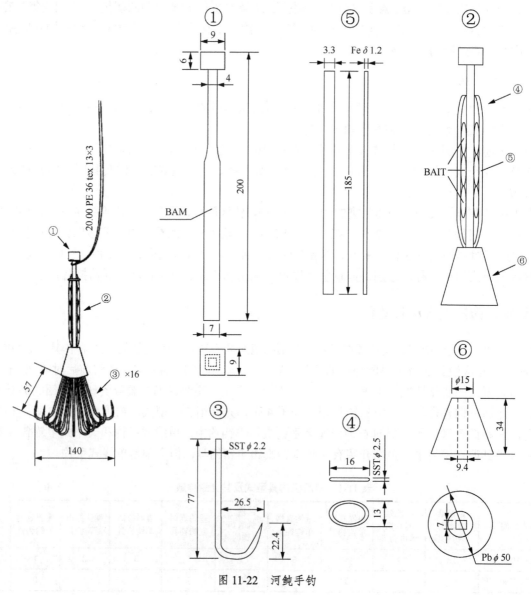

图 11-22　河鲀手钓

全国海洋渔具调查资料所介绍的南海区复钩钓具只有 4 种，而且全部用来钓捕头足纲软体动物的鱿鱼或墨鱼。南海区渔具调查资料中的复钩钓具——河鲀手钓却是用来钓捕河鲀、鳐、𫚉等鱼类，这是河鲀手钓的特殊性之一。

全国海洋渔具调查资料所介绍的钓捕河鲀的钓具共有 4 种，均采用延绳作业方式，其中采用漂流延绳真饵单钩钓的有 1 种，即辽宁长海的河鲀鱼浮钓（《辽宁报告》58 号钓具）；采用定置延绳真饵单钩钓的有 3 种，即辽宁长海的河鲀鱼底层延绳钓（《辽宁报告》57 号钓具）、山东长岛的河鲀鱼延绳钓（《中国调查》446 页）和浙江普陀的河鲀鱼延绳钓（《中国图集》208 号钓具）。南海区渔具调查资料中所介绍的钓捕河鲀的钓具只有 1 种，但采用的是垂钓作业方式，这是河鲀手钓的特殊性之二。

20 世纪 70 年代末，为了向日本出口河鲀，学习日本钓捕河鲀的技术，进行引进技术或改进技术后恢复了河鲀鱼延绳钓生产，这些延绳钓采用了钩宽为 13~21 mm 的真饵单钩引诱河鲀吞食已被生产实践证明是可行的；但广西北海采用的河鲀手钓，其复钩钩宽为 140 mm，是河鲀无法吞食的。此复钩能钓捕河鲀的原理与复钩能钓捕鱿鱼的捕捞原理是相同的。当作业人员手持手钓感觉到河鲀来啄食复钩钩轴上的饵料时，就应适时地抽拉钓线，使复钩钩尖刺进河鲀的鱼体上而将其钓获。也就是说，河鲀是被复钩钩刺住而被钓获的，这是河鲀手钓的特殊性之三。

根据以上分析，究竟应怎样根据不同渔场和不同渔期中河鲀的不同习性，确定是采用延绳作业还是采用垂钓作业，这是值得作业人员去探索与实践的。

南海区渔具调查资料所介绍的另 1 种复钩钓具如图 11-23 所示，这是广东南澳的章鱼手钓（《南海区小型渔具》183 页）。从图中可以看出，此手钓结构稍复杂，是 1 种一线多钩的单线式手钓，此手钓由 1 条钓线（89.74 PAMϕ1.00）、3 个转环（SW）、3 条钩线（PAMϕ0.80）、3 个拟饵复钩和 1 个沉锤组成。钓线下端用 1 个转环连接在沉锤的耳环上。在离耳环上方的转环为 0.26 m 处的钓线上用 1 个转环连接 1 条长 0.19 m 的钩线，又在沉锤的耳环上用 1 个转环同时连接 2 条分别长 0.13 m 和 0.19 m 的钩线，上述 3 条钩线均采用直径 0.80 mm 的锦纶单丝。沉锤是 1 个小铅锤，其结构如①图所示，上部是底面为 25 mm × 15 mm、高为 15 mm 的四棱锥体，下部底面为 25 mm × 15 mm、高为 23 mm 的长方体，小铅锤上端是用直径 1 mm 不锈钢丝制成的宽 3 mm、高 5 mm 的耳环，每个小铅锤约 125 g。拟饵复钩有 2 种，如②图所示。左边的钩高 119 mm，中间呈椭圆棒体，表层具有淡绿荧光，下端有 2 层复钩，每层均由 14 个无倒刺的圆形钩组成，复钩层距 10 mm。右边的钩高 109 mm，中间呈 1 条具有彩纹的鱼饵形状，也具有荧光，下端的复钩结构与左边的拟饵复钩一样。章鱼手钓采用载重 2 t、主机功率 8.8 kW 的木质小机船，2~3 人作业。

全国海洋渔具调查资料所介绍的钓捕章鱼的钓具只有 1 种，即山东崂山的章鱼延绳钓（《山东图集》132 页），其钓钩为有倒刺的长圆形钩，钩宽为 22 mm。若图 11-23 中的②图基本上按比例绘制，则②图左边的复钩钩宽约为 13 mm，右边的复钩钩宽约为 19 mm。既然章鱼能吞食章鱼延绳钓的钓钩（钩宽 22 mm），则吞食章鱼手钓的复钩是没有问题的。就是章鱼不吞食复钩，但当作业人员手持手钓感觉到章鱼用触腕来抱食拟饵时，及时抽拉钓线，使复钩钩尖刺入章鱼的触腕或身体上，也可将其钓获。

五、建议修改钓具类定义

我国渔具分类标准规定，钓具类是"用钓线结缚装饵料的钩、卡或直接缚饵引诱捕捞对象吞食的渔具"。这个定义不够全面和准确。虽然大多数鱼类是因为吞食钓饵而被单钩钩刺住，但大多数头足纲的软体动物和少数鱼类是被复钩钩刺住的，而蟹类只是因钳夹钓饵不放而被钓获。故建议把钓具类定义改为钓具类是"用钓线结缚装饵料的钩、卡或直接缚饵引诱捕捞对象吞食或抱食而被刺挂在钓钩上或钳夹饵料不放而被钓获的渔具"。

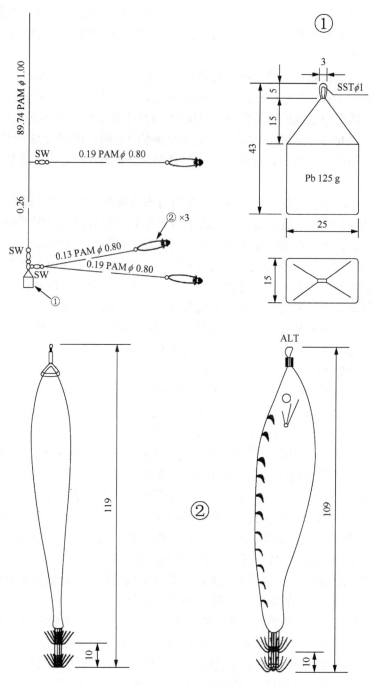

图 11-23 章鱼手钓

第三节 钓具结构

钓具的型式较多，组成的构件也不一样，总结起来主要由钓钩、钓线和与之配合的钓饵、浮子、沉子、钓竿及其他属具等组成。也有不用钓钩，只在钓线上系着钓饵的最简单的钓具，如沿海钓蟹用的蟹钓。除了钓饵在后面还要专门叙述外，下面对各种钓具构件逐一进行介绍。

一、钓钩

钓钩（HK）是钓具的主要构件，通常由钩轴、钩尖等部分组成，是用以钓获捕捞对象的金属制品。

（一）钓钩组成

钓钩各部分的名称如图 11-24 所示，即钓钩由轴头、钩轴、弯曲部、钩尖和倒刺等部分组成。

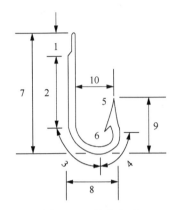

图 11-24　钓钩组成

1. 轴头；2. 钩轴；3. 后弯；4. 前弯；
5. 钩尖；6. 倒刺；7. 钩高；8. 钩宽；
9. 尖高；10. 尖宽

1. 轴头

轴头是系结钓线的部分。依各地使用习惯和需要制成扁平、环状、钻孔、弯头、横槽和直轴等多种形状，如图 11-25 所示。轴头对钓鱼效果没有多大影响，但与钓线的系结有关。用金属线或金属链系结的钓钩，以环状或钻孔的轴头为好，可以防止钓线滑脱。用合成纤维线系结的钓钩，采用扁平、弯头、横槽或直轴的轴头比较方便。在我国钓具中，采用扁平轴头的最多，环状的次之，钻孔的更次之，个别的采用弯头或横槽，采用直轴的最少。

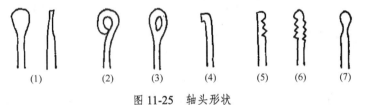

图 11-25　轴头形状

（1）扁平；（2）环状；（3）钻孔；（4）弯头；（5）（6）横槽；（7）直轴

2. 钩轴

钩轴是钓钩的柄，长短不一，依作业要求而定。其长短可以决定钓钩是属于长形或是短形。钩轴的上方是轴头，钩轴的下方是弯曲部。

3. 弯曲部

弯曲部由两个弯曲组成。弯向钩尖的为前弯，或称为尖方弯曲部；弯向钩轴的为后弯，或称为轴方弯曲部。弯曲部形状和钩轴长短的不同可以组成各种不同形状的钓钩，从而也影响到钓钩的强度及其钓捕性能。

4. 钩尖

钩尖又称为尖刺或尖芒。它是刺入鱼体的部分，做成锋利的尖芒，使钓钩容易刺入鱼体。钩尖的长短和倾斜程度，决定着刺入鱼体的可靠性。

5. 倒刺

倒刺是钩尖的切裂部分。它可以防止着钩鱼类逃脱，并可以使装上钓钩的钓饵不易脱落。倒刺的长短和倾斜角度，决定着刺入鱼体的牢固性。

（二）钓钩种类

钓钩可以按结构或捕鱼作用的不同进行分类，如表 11-2 所示。

表 11-2　钓钩分类序列

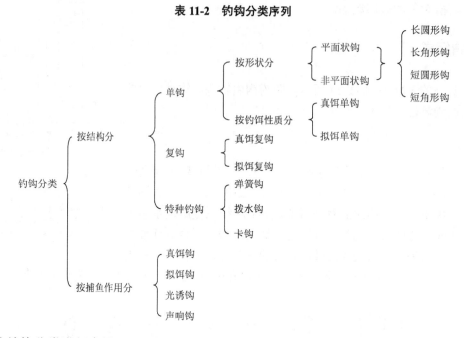

下面按结构分类进行介绍。

1. 单钩

单钩是用单根切断的金属线弯曲做成普通一轴钩的钓钩。钓钩可以做成平面状或非平面状。平面状钩在弯曲部的钢丝可以轧成扁平状，以增加弯曲强度。非平面状钩又叫歪嘴钩，主要是适应鱼的摄食，但其强度稍差。在平面状钩和非平面状钩中，又可根据钩轴的长短和弯曲部的形状分成 4 种基本钩形，即基本钩形可按钩高与尖高的比例来区分为长形或短形。钩高为尖高的 2 倍以上的为长形，等于或小于 2 倍的为短形。基本钩形又可按弯曲部的弯曲程度分为圆弧形弯曲的圆形和曲折形弯曲的角形。这样，单钩就可以分为长圆形、长角形、短圆形和短角形共 4 类。长圆形钩的尖宽加上钩轴直径之和一般等于或大于钩宽，长角形钩的尖宽加上钩轴直径之和一般小于钩宽。

在我国，使用最普遍的是长圆形钩，如图 11-26 所示。在长圆形钩中，绝大多数是带倒刺的，如（1）、（2）图所示。而带鱼延绳钓的钓钩一般不带倒刺，浙江还有其他一些延绳钓的钓钩也不带倒刺，如（3）图所示。在长圆形钩中，绝大多数是平面状钩，如（1）、（2）、（3）图所示。但福建的鲨鱼延绳钓的钓钩也有采用非平面状钩的，如（4）图所示。

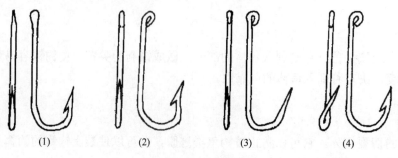

图 11-26　长圆形钩

在我国，使用长角形钩的不多。有些在钓捕较大型或较凶猛的鱼类时才可能采用，例如有些鲨、鳗、鲈、河鲀、大红鱼、鳖的延绳钓和有些金枪鱼的拖钓是采用长角形钩的。这些长角形钩均有倒刺，如图11-27所示，其中（1）、（2）、（3）图为平面状钩，（4）图为非平面状钩。

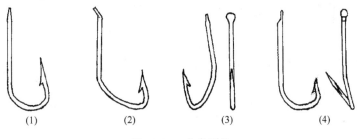

图11-27　长角形钩

在我国，使用短圆形钩的较少。例如有些鳐、黑鲷、鲈的延绳钓和有些马鲛钓是采用短圆形钩的，如图11-28所示。这些短圆形钩均有倒刺。其中黑鲷、鲈的延绳钓用的还是非平面状钩，如（2）、（3）图所示。

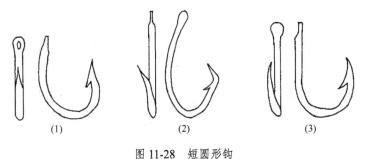

图11-28　短圆形钩

在我国，使用短角形钩的更少，只有个别的鲨鱼延绳钓采用这种钩形，是带有倒刺的平面状钩，如图11-29所示。

单钩规格的表示方法各地均有不同的习惯。由于表示方法的不一致，妨碍了钓钩的选用和制造。最普遍的表示方法是依据材料的粗度用号数表示，称为几号钩。但由于材料粗度标准不一致，故各厂生产的钓钩号数也不一致，无法通用。有的用一枚、一百枚或一千枚钩的重量来表示，有的用钩的伸直长度来表示，有的结合钩高、钩宽、尖高、尖宽等的钓钩主尺度来表示，也有的用所钓鱼名来表示，等等。由于钩形及其主尺度等不一致，以上各种表示方法均有一定的缺点，比较好的表示方法，可考虑采用钩形、钩轴材料和直径、主尺度和重量联合起来的表示方法。

图11-29　短角形钩

2. 复钩

复钩是一轴多钩或由多枚单钩集合组成的钓钩。

复钩是为了增加捕捞对象的上钩率，使上钩的捕捞对象不容易挣扎逃脱，以及加强钓饵装置的牢固性而制作的。复钩的类型主要有以一段钢丝制成的双爪钩［图11-30（1）］，或将2枚或3枚单钩用铅灌铸在一起的双爪钩或三爪钩［图11-30（2）或（3）］，或将大、小2枚单钩用铅灌铸在一起的母子钩［图11-30（4）］。还有钓捕鱿鱼、墨鱼、章鱼等的菊花形钩，是以若干普通钓钩或特制无倒刺长圆形钩集合在一起，形成伞状多爪的复钩，如图11-2中的①和图11-42中的（4）、（5）所示。还有一种为钓捕鱿鱼而特制的伞形钩，如图11-30（5）和图11-42（6）所示。

在我国，除了钓捕鱿鱼、墨鱼、章鱼和河鲀而采用菊花形钩和伞形钩外，其他的较少采用复钩。

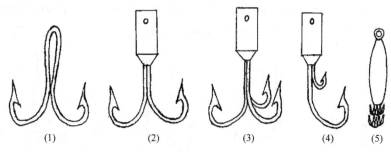

图 11-30　复钩

3. 特种钓钩

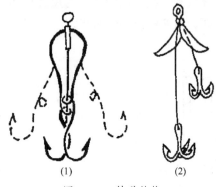

图 11-31　特种钓钩

特种钓钩是为了作业需要而做成特殊式样的钓钩，如弹簧钩、拨水钩、卡钩等。

弹簧钩是复钩的一种，它是用具有弹性的金属线弯曲做成的双爪钩。当捕捞对象吞食弹簧钩后拉动钓线时，钓线拉开弹簧钩中间的插销后，弹簧钩的双爪因本身的弹性会自动弹开，如图 11-31（1）的虚线所示，使上钩的捕捞对象不易脱钩。

拨水钩也是复钩的一种，它是在三爪钩的上方加装拨水器，如图 11-31（2）所示。利用拨水器拨动水花引起鱼类反应。

卡钩，也称为弹卡，是采用竹篾片，两端削尖并合拢后插进或夹住淡水鱼类喜食的钓饵，如图 11-8 所示。鱼类吞食后，口腔被具有弹性的竹篾片卡住。这种钓具用于淡水渔业中钓捕鲤、鲫等鱼类。

二、钓线

钓线是直接或间接连接钓钩（或钓饵）的丝、线（包括金属丝或金属链）或细绳等的统称。用细绳时又称为钓绳。

钓线一般不包括专门用来连接浮子、沉子、浮标、浮筒、沉石和锚等用的线或细绳。钓线依不同的钓具组成，分为干线（干绳）、支线（支绳）、曳线（曳绳）、手线、钓线和钩线等。

1. 干线（干绳）

干线（干绳）是在钓线的干支结构中，连接支线（支绳），承受钓具主要作用力的钓线（钓绳）。

干线（干绳）是在延绳钓上使用，它是承担延绳钓全部负荷的一条长线（绳），其上面系结很多且有固定间距的支线（支绳），还可能系结浮子绳、浮筒绳、浮标绳、灯标绳、沉子绳、沉石绳、锚绳等。它的主要作用是承担全部延绳钓的载荷和扩大钓捕范围。

为了便于搬运和收藏，我国延绳钓的每条干线长一般为 160～500 m。作业时由数条或数十条甚至更多条干线连接成一钓列，一般长达 1000～6500 m，此外较短的为 766 m，较长的为山东的河鲀鱼延绳钓，其每条干线长 1500 m，每钓列 60～70 条干线，长达 9.0 万～10.5 万 m。一般是 1 条干线及其支线纳入一个钓筐中并把钓钩扎挂在筐边上，或把 1 条干线的钓钩先纳入一钩夹中后，再与干线、支线一起纳入一个钓袋中。

干线一般采用强度较大而柔软的合成纤维,其粗度依作业时的负荷大小和摩擦程度而定。我国的延绳钓,其干线多数采用乙纶捻线,少数采用锦纶单丝,个别的鲨鱼延绳钓采用乙纶绳。

2. 支线(支绳)

支线(支绳)是在钓线的干支结构中,一端与干线连接,另一端直接或间接连接钓钩,或直接连接钓饵的钓线(钓绳)。

支线(支绳)承受钓钩及钓饵的重力、水阻力或上钩渔获物的挣扎力,并传递给干线(干绳)。支线材料一般要求无色透明,坚韧且富有弹性。在保证足够强度下其线粗越细越好,以不易被捕捞对象发现为宜。

我国延绳钓的支线长一般为 0.8~2.0 m,此外较短的为浙江的河鲀鱼延绳钓,其支线长仅 0.08 m,较长的为广东的鲨和海鳗的延绳钓,其支线有的长达 8 m。我国延绳钓的支线材料,绝大多数采用锦纶单丝,基本上符合上述对支线材料的要求。而钓蟹的无钩延绳钓,其支线一般采用乙纶捻线。个别的鲨鱼延绳钓,其支线采用乙纶绳。

3. 曳线(曳绳)

曳线(曳绳)是在曳绳钓中连接在船尾或船舷撑杆上的拖曳线(绳),承受曳绳钓的全部负荷。曳线(曳绳)长度要求与水深相适应,其材料要求坚韧且柔软。

我国曳绳钓的曳线(曳绳)多数采用直径 1~2 mm、长 24~128 m 的锦纶单丝,少数采用长 50~100 m 的乙纶捻线或乙纶绳。

4. 手线

手线是手钓上的手握线,承受钓具的全部负荷。手线长度要求与水深相适应,其材料要求坚韧且柔软。

我国手钓的手线一般采用直径 0.35~1.20 mm、长 20~60 m 的锦纶单丝。此外,较长的为广东的金线鱼手钓(图 11-18),其手线长达 160 m。有的手线直接连接钓线、钩线或天平杆,有的手线通过转环连接钓线、钩线[图 11-16(2)、图 11-17]或单杆(图 11-18),有的手线通过 1 个铅沉子及其前、后各一个小转环与钩线相连接[图 11-16(3)]。石斑鱼手钓[图 11-16(3)、图 11-19]的手线一般卷绕在特制的线辘[图 11-41(2)]或线板[图 11-41(3)]上。而金线鱼手钓(图 11-18)的长手线则是装在竹篾编制的钓筐[类似图 11-36(1)]里。

5. 钓线

此处指的是狭义的钓线,是指在曳绳钓或手钓中,一端与曳线(曳绳)或手线相连接,另一端直接或间接连接钓钩的那部分钓线。

钓线承受钓钩及钓饵的重力、水阻力或上钩渔获物的挣扎力,并传递给曳线(曳绳)或手线。钓线材料要求与水同色或无色透明,坚韧且富有弹性。在保证足够强度下其线粗越细越好,以不易被捕捞对象发现为宜。故我国曳绳钓和手钓中的钓线均采用锦纶单丝,其线粗应比曳线和手线的细些。

6. 钩线

钩线是紧连钓钩的一段钓线。

钓线是支线或钓线的延伸部分,直接与钓钩连接。我国的延绳钓,大多数是用支线直接连接钓钩的,只有钓捕具有锐利牙齿的鱼类时,才采用不长的一段金属线或金属链作为钩线。例如鲨、带鱼的延绳钓均采用金属钩线,有部分的海鳗、河鲀、马鲛的延绳钓和金枪鱼、鲨、马鲛的曳绳钓也采用金属钩线。其他曳绳钓和全部手钓的钩线均采用锦纶单丝。我国延绳钓的金属钩线一般采用直径 0.3~2.0 mm 的不锈钢丝制成长为 0.26~0.30 m 的单丝钩线或链状钩线。此外，较短的是山东河鲀鱼延绳钓的钩线，只长 0.20 m；较长的是广东鲨鱼延绳钓的钩线，长达 0.95 m。我国曳绳钓的金属钩线较长，是采用直径 0.71~1.30 mm 的不锈钢丝制成长 0.30~2.4 m 的单丝钩线。

三、钓竿

钓竿是垂钓时用于连接钓线的杆状属具。通常由坚韧且富有弹性的材料制成。

钓竿的作用是扩大垂钓范围或增加钓线长度，并借钓竿的弹性来缓冲鱼类上钩后的挣扎，以便更好地捕获。钓竿分手握的、钓竿和钓线之间连接用的天平杆 2 种。

1. 钓竿

钓竿一般选用坚韧且富有弹性的竹竿制成，也有用其他材料做成的细长圆棒。钓竿可分为延竿和继竿 2 种。

1）延竿

延竿是以原材料整根不分段做成，以粗细稍均匀而挺直的竹竿为好，要求是秋、冬采集的竹竿，其水分较少且不易被虫蛀蚀。

我国鲈鱼天平钓的钓竿属于延竿，采用基部直径 30~40 mm、长 7 m 的竹竿，如图 11-20（3）中的 6 所示。

2）继竿

继竿是分数段插接而成的钓竿，便于收藏和携带，大多数在娱乐运动上或旅游钓业上使用。

2. 天平杆

天平杆是连接在手线与钓线之间或钓线与钩线之间的桁杆。我国垂钓的天平杆一般采用直径 2.0~2.8 mm 的钢丝或铁丝做成，有单杆（图 11-18）和双杆（图 11-19）之分。

四、浮子、沉子及其他属具、副渔具

1. 浮子

浮子在钓具上的作用，一是维持钓具所需的水层位置，二是利用鱼类吞钩后牵动钓线上的浮子而产生的反作用力，能使钓钩更有效地钩住渔获物。竿钓作业时可观察其浮子在水面的动态来推测鱼吞饵的情况，以便及时起钓。

我国钓具的浮子材料一般采用硬质塑料、泡沫塑料和木等，形状多种，以系结方便为主，在钓具上使用的均属小型浮子。在我国钓具常用的几种浮子如图 11-32 所示。浮子一般是用浮子绳连接在钓线上。

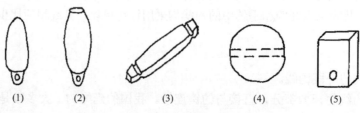

图 11-32 钓具浮子

(1) PL—314 mN；(2) PL—(108~510) mN；(3) PL—(196~461) mN；(4) FPϕ100 d 18—4.41 N；(5) WD—(1.18~2.45) N

2. 沉子

沉子的作用是加速钓具下沉，保证其降到所需水层。

沉子和浮子配合使用，可调节钓具的作业水层。我国钓具的沉子材料一般采用石和铅，形状多种，以系结方便为主，在钓具上使用的均属小型沉子。我国钓具常用的几种沉子如图11-33所示。除了铅沉子［图11-33中的（1）、（2）、（3）］外，其他沉子均是用沉子绳连接在干线上。

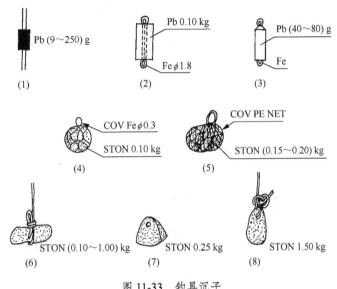

图11-33 钓具沉子

我国的延绳钓，系结在干线上的沉子一般采用石沉子，其每个质量一般为0.10~0.25 kg，其形状如图11-33中的（4）、（5）、（6）、（7）所示，以（6）图的形状最为普遍。在礁盘区作业的延绳钓，其沉石最重，质量达1.00~1.50 kg，其形状如图11-33中的（6）、（8）所示。在延绳钓上采用铅沉子的较少，但广东的鲨、海鳗的延绳钓和浙江的鳖延绳钓，有的在干线上均匀钳夹有质量为9~18 g和250 g的铅沉子，如图11-33（1）所示。我国的垂钓，有的在钓线上钳夹有质量100 g的铅沉子，如图11-16（2）所示；有的在手线和钩线之间用前、后各1个转环连接着1个特制铅沉子，如图11-16（3）的中间所示。我国的曳绳钓，有的在曳线和钓线或钩线连接处附近的曳线上钳夹有质量50 g的铅沉子，如图11-13所示；有的在曳绳和钓线之间，前后各用1个转环连接有一串铅沉子，如图11-5所示。

3. 其他属具和副渔具

各种不同的钓具依不同作业要求，除了采用钩、线、竿、浮子和沉子外，尚需采用其他属具来构成完整的钓具，配合一些副渔具来进行钓具作业。如延绳钓尚需采用浮标、灯标、浮筒、沉石、锚、钓筐和钩夹，曳绳钓尚需扩张板、转环、沉锤等，垂钓尚需转环、沉锤和绕线装置。

1）浮标

用于延绳钓作业上的浮标是钓列的标识，在日间作业时可以根据浮标的排列位置观察钓列的形状，以便发现问题可及时处理。浮标由标杆、旗帜、浮子和沉子组成。标杆一般采用基部直径为15~30 mm的竹竿，此外较粗的基部直径达40 mm；杆长一般为1.5~3.5 m，较长的达5 m。旗帜采用三角形或矩形的布质小旗。浮子采用泡沫塑料浮子、硬质塑料球浮或竹筒浮子，其浮力一般为14.71~49.03 N，此外较小的为6.08 N，较大的达147 N。沉子材料采用石或铁，其质量一般为0.5~2.0 kg，此外最大的达3 kg。延绳钓的浮标型式与刺网的基本相似，如图2-37所示。浮标用浮标绳连接在钓列两端或钓列中两条干线之间的连接处。

2）灯标

灯标也是钓列的标识，在夜间作业时可根据灯标的排列位置观察钓列的形状。灯标一般是在木、竹等构成的支架上安装一盏防风灯构成的。有的直接在浮标的标杆上安装一盏防风灯或干电池电灯当作灯标使用。延绳钓的灯标型式和刺网的基本相似，如图 2-38 所示。灯标是用灯标绳连接在钓列两端或钓列中两条干线之间的连接处。

3）浮筒

浮筒也是延绳钓日间作业时的标识。有的延绳钓用浮筒代替浮标。有的延绳钓既用浮标又用浮筒，两者间隔着使用；或钓列两端用浮标而中间两条干线连接处用浮筒。浮筒是用浮筒绳连接在钓列两端或钓列中两条干线之间的连接处。我国延绳钓的浮筒一般采用硬质塑料球浮、泡沫塑料浮块和竹浮筒，其形状和规格如图 11-34 所示。

图 11-34 钓具浮筒

4）沉石

沉石是定置延绳钓的固定装置之一。延绳钓的沉石可以看成是用沉石绳连接在钓列两端或钓列中两条干线之间连接处的较重的石沉子，故沉石可起到沉子的作用，即加速延绳钓下沉，保证其降到所需水层。除了上述作用外，装置在漂流延绳钓的沉石，可通过控制其重量来调节延绳钓的漂移速度；装置在定置延绳钓的沉石，是被当作固定装置来固定延绳钓的。装置在漂流延绳钓上的沉石较轻，每个质量为 0.75～1.00 kg，在钓列两端和所有的干线之间的连接处均装上一个沉石。装置在定置延绳钓的沉石较重。若全部采用沉石固定的延绳，有的整钓列只采用同一规格的沉石，每个质量 2.00～3.00 kg，在钓列两端和各干线之间连接处均装上 1 个；有的在钓列两端各用 1 个质量 5.00～7.50 kg 的沉石，中间用质量 5.00 kg 和 0.50～1.50 kg 的沉石相间装置。若采用沉石和锚联合固定的延绳，可用稍轻的沉石，其钓列两端用锚固定，各干线连接处用质量 0.50～2.00 kg 的沉石固定。若各干线连接处用锚和沉石交替固定的，则可用更轻的沉石，每个质量 0.20～0.50 kg。沉石的形状与最普遍采用的石沉子形状相似，如图 11-33（6）所示，个别的采用如图 11-33（7）所示的形状。有的采用每个质量 2.50 kg 的砖块代替沉石，有的在钓列两端采用质量 10.00 kg 的铁块代替沉石。

5）锚

锚也是定置延绳钓的固定装置之一，其作用与沉石一样，但其固定作用比沉石更为可靠和牢固。我国定置延绳钓采用的锚均为小型锚，可分为铁锚、木锚和竹锚 3 种，如图 11-35 所示。铁锚每个质量 1.00～4.50 kg，有单齿、双齿、三齿和四齿 4 种形式。木锚有单齿和双齿 2 种形式。竹锚只有双齿式。其中铁锚使用较多，木锚使用较少，竹锚使用更少。锚用锚绳连接在钓列两端或钓列中两条干线之间的连接处。

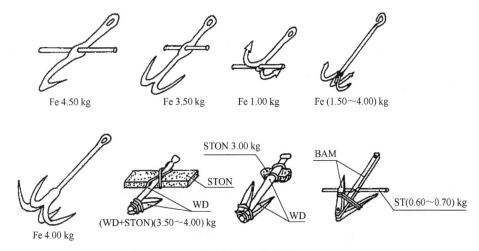

图 11-35　钓具用锚

6）钓筐

钓筐是用来收藏延绳钓的容器。用竹篾或木板等制成，现大多数已采用塑料筐或盆，属于副渔具。钓筐根据其材料、形状和用途的不同，又可称为筐篮、钓盘、钓箩、钓盆等。称为筐篮的钓筐，是用竹篾编制的，如图 11-36（1）所示，其筐口直径一般为 440～500 mm，筐底直径 230～340 mm，筐高 110～250 mm，筐口直径与筐高之比为 1.9～4.3。其筐边缘扎缚粗度约为 25 mm 的稻草束或蒲草束，用来扎挂钓钩。称为钓盘的钓筐也是用竹篾编制的，如图 11-36（2）所示，其筐口直径较大为 550 mm，筐高最小为 120 mm，筐口直径与筐高之比最大约为 4.6。其筐口边缘的 2/3 扎缚粗度为 15 mm 的稻草束，用以扎挂钓钩。称为钓箩的钓筐也是用竹篾编制的，但其竹篾较细，编得较密，如图 11-36（3）所示，其筐口直径最大为 600 mm，筐高较大为 300 mm，筐口直径与筐高之比较小为 2.0。其筐口边缘无扎缚草束，钓钩是装挂在钩夹内，故此钓筐需与钩夹配合使用。称为钓盆的钓筐，使用木板制成的容器，如图 11-36（4）所示，这是延绳无钩钓（蟹钓）的专用钓盆。其盆口直径最大为 600 mm，盆高最大为 400 mm，盆口直径与盆高之比最小为 1.50。

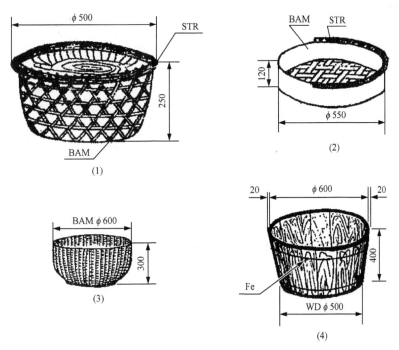

图 11-36　钓筐

7）钩夹

钩夹是用竹筒做成，用于装挂钓钩的夹子，属于副渔具。广东的中、深海延绳钓，其钓列长达 $2.0 \times 10^4 \sim 2.5 \times 10^4$ m，一般不方便用钓筐收藏钓具，而采用减少贮藏空间的钩夹和钓具袋。一般是将每条干线（长 400 m 左右）的钓钩（20～40 枚钩）装挂在 1 个钩夹里，每 2～7 夹钓具装进 1 个钓具袋里。钓具袋是用乙纶 13×3 线编结成目大 80 mm 的圆筒网衣，网周 65 目，网长 15 目，网底用网线封闭形成网袋，再用 1 条粗网线穿过袋口边缘网目后两线端连接成线圈，可用于抽紧封闭袋口。

钩夹一般用外径为 15～40 mm、长 200～470 mm 的竹筒制成。较细的竹筒，在其正中开个槽即可，可装挂较细的钓钩，如图 11-37（1）所示。较粗的竹筒，其开槽应偏向一边，如图 11-37（2）所示；或再多开 1 个槽口，如图 11-37（3）所示。

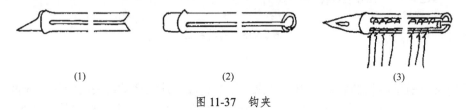

图 11-37　钩夹

8）扩张板

我国曳绳钓中采用的扩张板有 2 种，一种是利用拖曳中的水动力产生向下扩张的潜水板，另一种是利用拖曳中的水动力产生水平扩张的边板。广东鲳板钓的鲳板，就是能使钓具下沉到较深水层的潜水板，如图 11-38（1）所示。广东边板钓的边板，就是能使钓线左、右分开的扩张板，如图 11-38（2）所示。

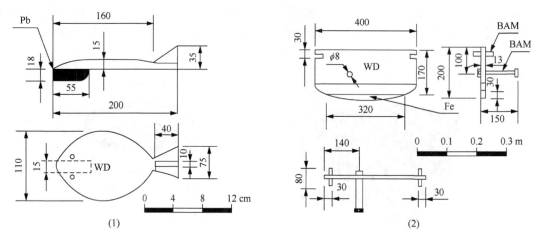

图 11-38　扩张板

9）转环

转环是连接在两条钓线之间，用来防止钓线产生捻转而引起绞缠或折断的连接具。钓具上使用的均属小型转环，广泛地使用在垂钓上，曳绳钓中也有使用，在延绳钓中使用极少。在垂钓中，手线一般要通过转环来连接钓线、钩线或天平杆。在曳绳钓中，有的曳线（曳绳）要通过转环来连接钓线或钩线。

我国钓具所采用的转环，大多数使用直径 0.6～3.5 mm 的铜丝制成，少数使用直径 2.0～3.3 mm 的不锈钢丝制成。根据转环的外形和结构，我国钓具采用的转环可分为 4 种：普通转环，又称为单向转环［图 11-39 中的（1）、（2）］；双重转环，又称为双向转环［图 11-39 中的（3）、(4)］；三头转环［图 11-39（5）］和滚轴转环［图 11-39（6）］。

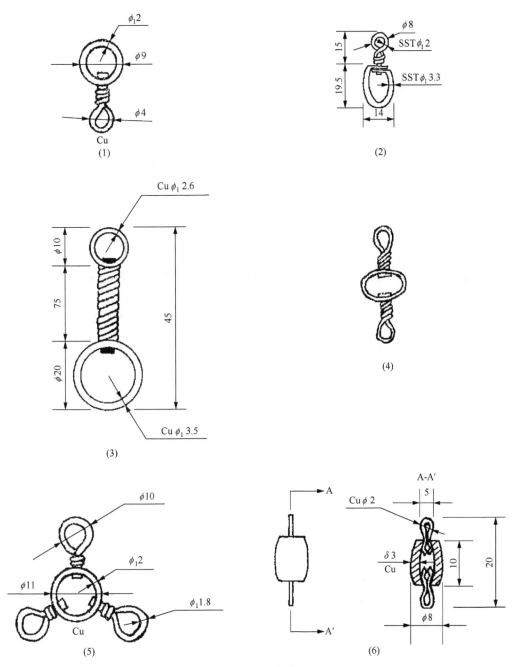

图 11-39　钓具转环

10）沉锤

沉锤可以看成是装置在手线、曳线或天平杆下方的秤锤状沉子，其作用与沉子一样，即加速手钓或曳绳的下沉，保证其降到所需水层进行作业。

在手钓中，使用沉锤加速沉降的较多。在曳绳钓中，绝大多数在中上层作业，只使用铅沉子加速其沉降。另一种在底层作业的边板钓才使用重为 7.50 kg 的铁质沉锤，如图 11-14 中的 5 所示。我国手钓所使用的沉锤均用铅制成，每个质量 0.40～1.50 kg，其形状如图 11-40 所示，其中（1）图如图 11-17 中的 5 所示，是装置在三头转环的下方；（2）图如图 11-19 的左下方所示，是装置在双天平杆的下方；（3）图是装置在广西合浦的奎龙手钓（《广西图集》47号钓具）的手线下方；（4）图如图11-18的左下方所示，是装置在单天平杆的下方。

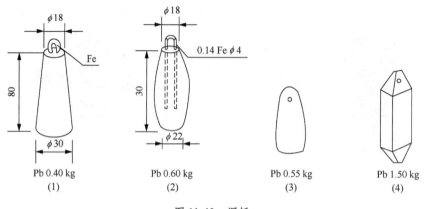

图11-40 沉锤

11）绕线装置

绕线装置是手钓中用于卷绕手线的副渔具。其作用是防止手线的绞缠，便于收放和储藏。

我国手钓的绕线装置有线辘和线板2种。线辘又称为绕线筒，由塑料或木料制成，如图11-41中的（1）、（2）所示。线板一般用木板或塑料板制成，如图11-41（3）所示。

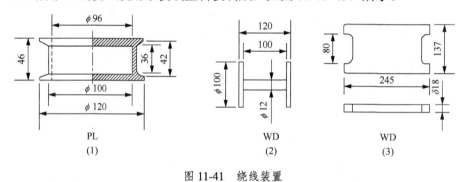

图11-41 绕线装置

根据本节的以上介绍，可综合列出曳绳钓、延绳钓和垂钓的钓具构件组成综合如表11-3、表11-4和表11-5所示。

表11-3 曳绳钓钓具构件组成

$$
\text{曳绳钓钓具构件}\begin{cases}\text{钓钩}\\ \text{钓线部分}\begin{cases}\text{曳线（曳绳）}\\ \text{钓线}\\ \text{钩线}\end{cases}\\ \text{绳索部分}\begin{cases}\text{浮子绳}\\ \text{沉锤绳}\end{cases}\\ \text{属具部分}\begin{cases}\text{浮子}\\ \text{沉子}\\ \text{沉锤}\\ \text{转环}\\ \text{扩张板}\end{cases}\end{cases}
$$

表 11-4 延绳钓钓具构件组成

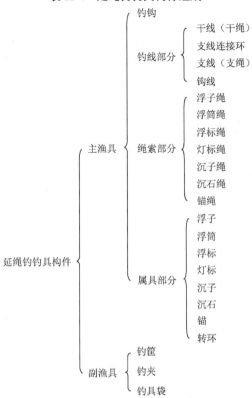

表 11-5 垂钓钓具构件组成

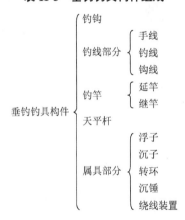

第四节 钓　　饵

一、钓饵种类

钓饵可分为拟饵和真饵 2 种，各有特点，采用哪一种饵料主要依使用条件而定。

（一）拟饵

拟饵是用羽毛、锦纶单丝、塑料布及布条、橡胶或金属等材料拟制成鱼类所嗜好的食物形状和色彩，装在单钩或复钩上，做成拟饵钩，如图 11-42 所示。其中（1）图是用鹅毛结扎在单钩钩轴上制成的，（2）图是在单钩钩轴上结扎锦纶单丝，（3）图是扎上白色塑料布条，也有扎上白色锦纶布条的，这些均是我国曳绳钓中普遍采用的拟饵钩。（4）、（5）图是我国手钓中采用的拟饵钩，是以色泽引诱鱿鱼上钩的拟饵复钩，又可称为色诱钩。（6）图是鱿鱼机钓所使用的伞形拟饵复钩，其钩轴上方是用发光塑料制成的，又可称为光诱钩。（7）图是会发出声音的声响钩。

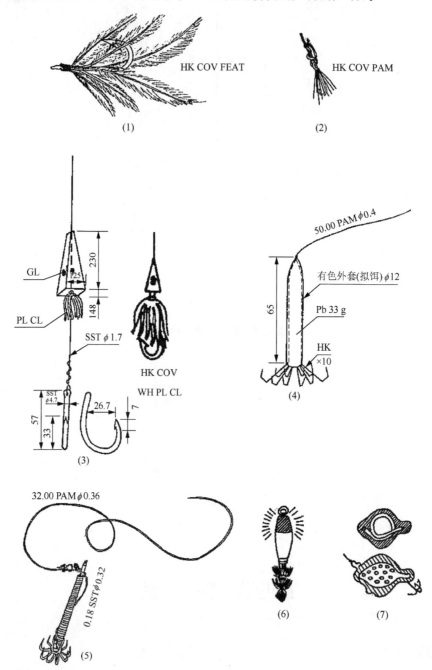

图 11-42　拟饵钩

使用拟饵有下列优点：
①节约钓饵和装饵时间；
②免去装饵的麻烦和钓饵脱落的忧虑；

③可以根据鱼类习性随意选择造型和色彩，以引起鱼类反应，提高钓获效果；
④避免了对真饵收集和保藏的麻烦。

对某些鱼类，特别是凶猛贪婪的鱼类，使用拟饵具有较好的效果。在垂钓中，若将拟饵配合真饵使用，效果更加显著。

（二）真饵

真饵在使用上可分为撒布饵和装钩饵2种。撒布饵是在作业中先撒布的鱼饵，利用它引诱鱼类集中，当鱼群不加选择争夺饵料时，放钩钓捕。在海洋捕捞中，撒布饵主要在远洋金枪鱼竿钓渔业中采用。装钩饵是直接装在钓钩上诱鱼吞食的钓饵。

真饵由天然动、植物做成。为了适应作业的需要，有的采用动、植物的整体或切片，有的把动、植物经过加工后使用。

1. 植物性钓饵

植物性钓饵种类很多，主要原料有水草（卡钩用），蒸煮过的米麦、蚕豆、面团、番薯、芋头、豆粕、酒糟等，或经加工做成丸子，或搀入鱼肉、昆虫等做成钓饵，广泛应用于淡水钓具。

2. 动物性钓饵

海洋钓具多使用动物性钓饵，如鱼类、虾类、头足类、贝类、蟹类、沙蚕、猪肉、猪肠、羊肠和禽类内脏等数十种；在淡水钓具中，主要使用蚯蚓、昆虫和虾类等。由于使用要求和保藏方法的不同，动物性钓饵又可分为活饵、鲜饵和贮藏饵3种。

1）活饵

活饵是最理想的钓饵，无论用作撒布饵或装钩饵，均能引起鱼类的迅速反应，其钓捕效果最好。但因活饵的收集和保藏比较困难，所以使用不广。主要采用活饵作业的，有远洋金枪鱼竿钓，用活鳁作撒布饵和装钩饵。我国的活饵均为装钩饵，使用不多。我国海洋的石斑鱼手钓，有用虾、小蟹、真鲷、二长棘鲷、画眉笛鲷、裸颊鲷、鱿鱼、章鱼等活饵的；广东的海鳗延绳钓，有用活篮子鱼当钓饵的；山东的鲈鱼天平钓，有用活虾蛄当钓饵的。

2）鲜饵

鲜饵是已失去生命力的动物体或其切块，放在阴凉的地方，或用冰藏、冷冻保存，保持其鲜度。这种钓饵的搬运和保藏均较活饵方便，使用较广，但其钓捕效果不如活饵。我国的真饵钓具，几乎全采用鲜饵。若以贪食性鱼类为钓捕对象时，可利用当场钓获的渔获物作为鲜饵，省去了搬运、保藏钓饵的麻烦，实为方便。

3）贮藏饵

贮藏饵是利用盐藏、油渍等方法达到较长期保存目的的钓饵。由于鲜饵不能持久保存，没有冷藏设备的渔船，为了贮备充分的钓饵和保证其质量不变坏，均采用盐藏或油渍等方法保藏。油渍成本较高，一般以盐藏较为普遍。

盐藏分盐干和盐渍2种。盐干的虽可供长期使用，但其鱼质硬化变脆，装钩后较易散失；盐渍的浸于盐水内，能保持色泽和适当硬度，比盐干的好些，但均不如油渍的效果好。

油渍是将鲜饵稍干后，浸于鱼油或植物油中，能使其色泽和质量保持较长时间。这种保藏方法比较优越，但成本比较高，使用不广。

现把我国生产中使用的钓饵列表如表11-6所示。

表 11-6　各种鱼类的钓饵

渔获物	钓饵名称及其用法	使用地区
带鱼	带鱼、海鳗（以上均为斜切片），鲨鱼（切片），鲻鱼、青鳞鱼、泥鳅（小的整条，大的横切为三），瘦猪肉（斜切片）	浙江、福建
海鳗	乌贼（鲜横切片）、带鱼（鲜斜切片）、梅童鱼（鲜切片）、梭子蟹（切割）	浙江
	鲐鱼、蓝圆鲹、带鱼、黄鲫（以上均为斜切片），乌贼（切片）	福建
	篮子鱼（活饵），青鳞鱼（整条），蓝圆鲹、金线鱼（均切块），飞鱼、腹刺鲀	广东
	青鳞鱼（最佳，新鲜整条）、鱿鱼（鲜切片）	广西
鲻	鲻鱼（鲜斜切片）、带鱼（斜切片）、海鳗、乌贼、泥鳅	浙江
黑鲷	小豆齿鳗、蛇鳗、泥鳅（以上均为鲜切片），小红虾（整条）	浙江
鮸	乌贼（切条块），泥鳅、鲐及鲹的幼体（以上均为整条），蟹、虾蛄	浙江
河豚	海鳗、鲐鱼、鲼鱼、章鱼、猪肉（以上均切块）等	山东
	小鱿鱼（鲜饵、整条）、小鲐鱼（鲜或咸，横切段）、乌贼（冻鲜、切块）	浙江
鲨	海鳗（切块）、金线鱼（整条）、金枪鱼、海豚、裸胸鳝	广东
石斑鱼	龙头鱼（小的整条，大的切段）、鲐鱼（切块）、虾类、泥鳅	浙江
	小鱿鱼、青鳞鱼、小鲳鱼（以上均为整条），金线鱼（切片）	广西
	小蓝圆鲹、小鲐鱼、泥鳅、鲲鱼（以上均为整条），沙蟹（活饵）	浙江（手钓）
	虾（整条，活虾最佳），虾蛄（整条），小蟹、真鲷、二长棘鲷、画眉笛鲷、裸颊鲷、鱿鱼、章鱼（以上均为活饵），沙蚕（整条），小公鱼（每钩3～4条），蓝圆鲹（整条）等	广东（手钓）
鲈	羊肠（切段），褐虾、小乌贼（以上均为整条）等	江苏
	小红虾、小章鱼（以上均为整条），梭鱼、小豆齿鳗、小蛇鳗（以上均切段）	浙江
	虾蛄（活饵），对虾、鹰爪虾（以上均为整条），猪肉（切片）、猪肠（切段）	山东（天平竿钓）
马鲛	章鱼头拟饵［图11-42（3）］、鹅毛拟饵［图11-42（1）］	福建、广东（曳绳钓）
金枪鱼	小宝刀鱼（整条）、马鲛、鲣鱼（以上均取鱼腹皮切成小鱼状）、鹅毛拟饵、锦纶白布条拟饵。真饵、拟饵兼用或各专用	海南（曳绳钓）
鱿鱼	小蛇鲷、蓝圆鲹、海鳗、鲨（以上均切块），鱿鱼（做成鱿胴）	福建（手钓）
	鱿鱼（做成鱿胴，图11-2①）、白色涤纶布条拟饵（图11-21）、有色外套拟饵［图11-42（4）］	广东、海南、广西（手钓）

注：除在使用地区栏内注明为何种钓具外，其余均为延绳钓。

二、鱼类习性、感觉与钓饵的关系

鱼类对钓饵的摄食，不仅不同种鱼类有所区别，即使同一种鱼类，在不同生活阶段也是不同的。其中，有贪食期（主要在产卵后不久），也有厌食期和绝食期。

一般在贪食期的饥饿鱼类，对钓饵是不大挑剔的。但当钓捕饱食而食欲不盛的鱼类时，钓饵的鲜度、自然形状和在水中的位置等，就显得重要了。

凶猛和贪食的鱼，是钓渔业的主要钓捕对象，它们均喜欢吃活动的钓饵。当它们贪婪地冲向活动的钓饵时，也吃拟饵。当钓饵静止时，鱼在吞食时非常小心，有时甚至吃到口中也会再吐出来。因此用静止的拟饵钓鱼，效果不好。故拟饵一般在拖曳中使用，即在曳绳钓中使用。在鱿鱼手钓中，由于用手经常抽动钓饵，采用拟饵的效果也较好。

三、装饵要领

鱼类对钓饵的摄取，各有不同姿态，如吞食、啄食和抱食等。也各有不同方式，如从前面、后面或从水平、仰、俯等不同方向来夺取钓饵。对这些不同的摄食姿态和方式，就需用不同的装饵方法，以保证装饵的牢固和上钩效果。

装饵时应注意下述要点。

①装饵必须牢固，但在丰产和使用多量钓钩作业时，必须兼顾装饵容易。例如带鱼是以水平或仰角方向进行吞食，因此装饵力求牢固。若装切段饵时，应将钓钩从鱼饵背部刺入，钓饵绕转钩轴一圈，然后再套入钩尖部，并使钩尖外露，如图11-43（1）所示。

②装切块饵时，钩尖应通过皮质，如图11-43中的（2）、（3）、（4）所示。大型钓饵尚需用线扎缚，以求牢固。

③装活饵时，切勿钩刺在要害部位，以保持其活力，如图11-43中的（5）、（6）、（7）、（8）所示。

④装饵时不宜直穿钓饵中心部位，以防钓饵在水流作用下产生旋转和摇动。

⑤装小鱼、小虾等小型饵料时，钩尖从尾部刺入，使鱼头、虾头等朝下，如图11-43中的（9）、（10）、（11）所示。装稍大的整条鱼饵时，钩尖从头部刺入，使鱼头向上，如图11-43（12）所示。因为一般鱼类对小型食饵是从食饵头部方向袭击，而对稍大的食饵则从尾部方向袭击。

⑥对于沉着机灵的鱼类，钩尖不宜露出饵外，对于贪食的鱼类则可不必计较。

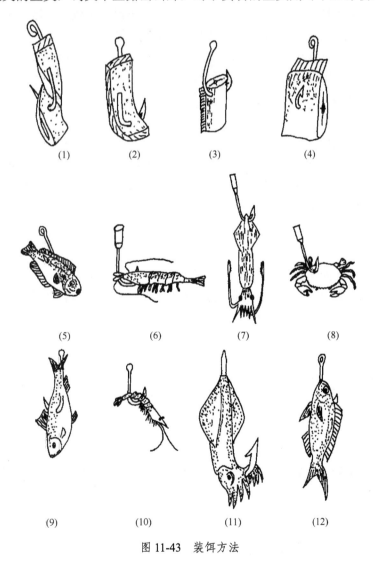

图 11-43　装饵方法

第五节　钓具渔具图及其核算

一、钓具渔具图

标注钓具钓钩、钓线、钩饵、绳索、属具的形状、材料、规格、数量和连接装配工艺要求的图叫作钓具渔具图，又可简称为钓具图。设计钓具，最后要通过绘制这种钓具图来完成。制作与装配钓具时，要求按照钓具图规格进行施工。钓具图又是检修钓具的主要依据，是改进钓具结构、连接装配工艺和进行技术交流的重要技术资料。

（一）钓具图种类

钓具图包括总布置图、局部装配图、钓钩图、装饵图、作业示意图等。每种钓具一定要画总布置图、局部装配图、钓钩图和装饵图。作业示意图若与总布置图相似的可以不画。钓具图一般可以集中绘制在一张 4 号图纸上。总布置图绘在上方，局部装配图绘制在下方，钓钩图和装饵图可根据版面布置情况而放在适当的地方，使版面显得饱满匀称即可，如图 11-44 所示。有些钓具结构简单，只要安排紧凑些，均可在图面下方加绘作业示意图。

1. 总布置图

要求画出钓具的整体结构布置，完整表示出各构件的相互位置和连接关系。如延绳钓，要求表示出整钓列的布置。若整钓列头尾（或左右）对称时，可画出整个钓列布置，也可只画出钓列头部分若干条支线（画在左侧）的布置。图中应标注支线的安装间距、端距和整列延绳钓所需用的浮标、灯标、浮筒、沉石、锚、浮子、沉子、干线、支线的数量，如图 11-44 的上方所示。

2. 局部装配图

应分别画出各构件之间的具体连接装配，应标注出浮子、浮筒、浮标、灯标、沉子、沉石、锚、浮子绳、浮筒绳、浮标绳、灯标绳、沉子绳、沉石绳、锚绳、干线、支线、钩线等的规格，如图 11-44 的下方所示。

3. 钓钩图

应按机械制图的规定按比例绘制，并标注钓钩的材料、轴径、钩高、钩宽、尖高和尖宽，如图 11-44 的中间所示。

4. 装饵图

装饵图是表示钓饵如何装置在钓钩上的示意图，必要时还应标注钓饵的材料，如图 11-44 的中下方④所示。

黄、黑鱼延绳钓（辽宁大连）
307.50 m×1.60 m（120 HK）

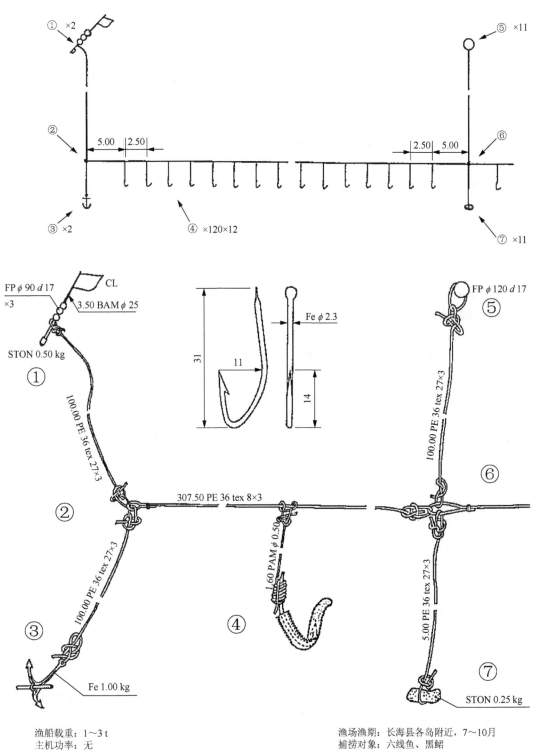

渔船载重：1~3 t
主机功率：无

渔场渔期：长海县各岛附近，7~10月
捕捞对象：六线鱼、黑鲪

图 11-44 黄、黑鱼延绳钓

（二）钓具图标注

1. 主尺度标注

①延绳钓：每条干线长度×每条支线总长度[①]（每条干线系结的钩数或钓饵数）。

例：黄、黑鱼延绳钓 307.50 m × 1.60 m（120 HK）（图 11-44、《中国图集》210 号钓具）。

例：梭子蟹延绳钓 164.00 m × 0.10 m（160 BAIT）（《中国图集》227 号钓具）。

②曳绳钓：钓线总长度[②]范围×每作业单位所拖曳的钓线总条数（每作业单位所拖曳的总钩数）。

例：拖钓（26.40～130.40）m × 7（7 HK）（图 11-13、《中国图集》217 号钓具）。

③垂钓：每条钓线总长度[③]（每条钓线系结的总钩数）。

例：石斑鱼手钓 51.30 m（1 HK）[图 11-16（3）、《中国图集》221 号钓具]。

④竿钓：钓竿长度×每条钓线长度（每竿钓系结的总钩数）。

例：鲈鱼天平钓 7.00 m × 2.40 m（2 HK）（《中国图集》224 号钓具）。

2. 其他标注

钓钩的标注要求已在前面的钓钩图要求中叙述了。

钓线、钓绳和其他一些绳索的标注与前几章的网线和纲索的标注方法相同，不再赘述。

钩线的规格用长度、材料略语及其直径或结构号数标注，如 0.95 SSTϕ1.14、0.36 STϕ0.3 × 4。

在属具中，钓竿和天平杆的标注与一般杆的标注相同，沉锤的标注与沉石的相同。有的沉锤应画出其零件图表示其结构和规格。转环和扩张板一般均应画出其零件图来表示其结构和规格。

钓筐、钩夹、线辘或线板等副渔具，需要时均应画出其零件图来表示其结构和规格。

二、钓具图核算

在钓具中，数量较多的主要钓具是延绳钓，故这里只介绍延绳钓的钓具图核算。延绳钓钓具图核算包括核对支线安装间距、端距的合理性，干线长度，支线的间距和端距，钓钩数量，浮子、浮筒、浮标、灯标、沉子、沉石、锚的数量等。

延绳钓的支线间距应大于支线长度，这样才能避免在起钓时相邻支线之间的绞缠。我国延绳钓的支线间距一般为支线总长度的 1.25～2.00 倍，支线端距一般等于或大于支线间距。

下面举例说明如何具体进行延绳钓钓具图核算。

例 11-1 试对黄、黑鱼延绳钓（图 11-44）进行钓具图核算。

解：

1. 核对支线安装间距、端距的合理性

在局部装配图中，支线标明长 1.60 m，这长度与主尺度标注的数字相符，故支线长度无误。

在总布置图中，标明支线间距为 2.50 m，则支线间距与支线长度之比为

[①] 若支线上方有连接环和下方有钩线的，则支线总长度即为连接环、支线和钩线的长度之和；若支线上方无连接环的，则支线总长度即为支线和钩线的长度之和；若支线既无连接环又无钩线的，则支线总长度即为支线长度。

[②] 曳绳钓的钓线总长度是指沿着 1 条直线的曳线（曳绳）和钓线（或钩线）的长度之和。

[③] 垂钓的钓线总长度是指沿着 1 条直线的手线和钓线（或钩线）的长度之和。

$$2.50 \div 1.60 = 1.56$$

核算结果在我国延绳钓的习惯装配（1.25～2.00 倍）范围内，是合理的。支线端距（5.00 m）也大于支线间距，故也是合理的。

2. 核对干线长度

假设总布置图中的支线间距（2.50 m）、端距（5.00 m）和每条干线的钓钩数量（120 枚）是正确的，则干线长度应为

$$5.00 + 2.50 \times (120 - 1) + 5.00 = 307.50 \text{ m}$$

核算结果与主尺度数字相符，说明干线长度、支线的间距和端距、钓钩数量均无误。

3. 核对浮标、浮筒、铁锚、沉石的数量

从总布置图中可以看出，整条钓列由 12 条干线连接而成，钓列首尾各装置 1 支浮标和 1 个铁锚。若钓列中间每两条干线之间连接处均装上 1 个浮筒和 1 个沉石，并假设钓列的干线数量（12 条）、2 支浮标和 2 个铁锚均是正确的，则钓列中间应装置的浮筒和沉石数量应均为

$$12 + 1 - 2 = 11 \text{ 个}$$

核算结果与总布置图中标明的浮筒、沉石数量相符，说明浮标、浮筒、铁锚和沉石的数量均无误。

第六节　延绳钓材料表与钓具装配

一、延绳钓材料表

延绳钓材料表中的数量是将每条干线和整钓列分开标明的，其合计用量是指整钓列的用量。在延绳钓钓具中，干线、支线、钩线均标注净长，其他线、绳均标注全长。

现根据图 11-44 列出黄、黑鱼延绳钓材料表如表 11-7 所示。

二、钓具装配

（一）钓具构件间的连接

钓具构件间的连接包括钓钩的连接、钓线间的连接和属具的连接。这些连接的方法很多，其一般要求是构件简便而耐久，不发生自行松脱，能保持一定强度，有的还要求能方便解开。

1. 钓钩的连接

1）环状或钻孔的轴头

这种形状的轴头，最适合与金属线或金属链所做成的钩线相连接，其与金属线的连接方法如图 11-45 所示。

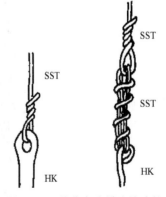

图 11-45　钓钩与金属线的连接

表 11-7　黄、黑鱼延绳钓材料表

[主尺度：307.50 m × 1.60 m（120 HK）]

名称	数量		材料及规格	每条线（绳）长度/m		单位数量用量	合计用量/g	附注
	每干	整列		净长	全长			
干线	1 条	12 条	PE 36 tex 8 × 3	307.50	307.70	292.315 g/条	3 508	
支线	120 条	1440 条	PAM φ0.50	1.60	1.75	0.420 g/条	605	
浮标（筒）绳		13 条	PE 36 tex 27 × 3		100.00	326.600 g/条	4 246	浮标绳与浮筒绳同规格
沉石绳		11 条	PE 36 tex 27 × 3		5.00	16.330 g/条	180	
锚绳		2 条	PE 36 tex 27 × 3		100.00	32.660 g/条	66	
钓钩	120 枚	1440 枚	长角形 Fe φ2.3 × 31 × 11					钩高 31mm，尖高 11mm
浮筒		11 个	FP φ120 d 17					
浮标		2 支	3.50 BAM φ25 + 3FP φ90 d17 + STON 0.50 kg + CL					
沉石		11 个	STON 0.25 kg			500 g/个	5 500	
锚		2 个	Fe 1.00 kg			1 000 g/个	2 000	

2）扁平或弯头的轴头

这是钓具上最常用的一种，适于与除了金属线或金属链以外的各种钓线相连接，其连接方法如图 11-46 所示。

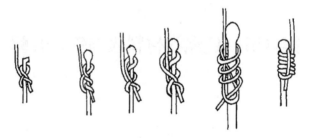

图 11-46　钓钩与钓线的连接

2. 钓线间的连接

钓线间的连接分为钓线与钓线的连接（图 11-47）、干线与支线的连接（图 11-48）、支线与钩线的连接（图 11-49）、干线与干线的连接（图 11-50）。

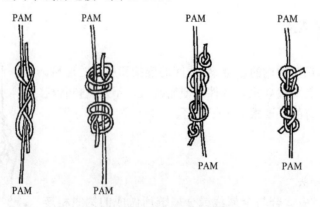

图 11-47　钓线与钓线的连接

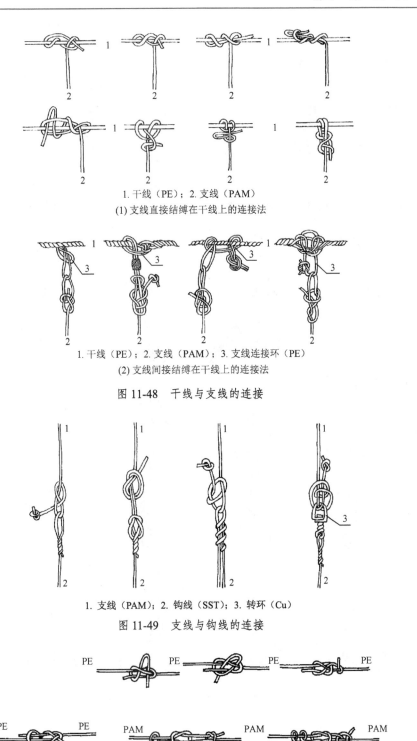

1. 干线（PE）；2. 支线（PAM）

(1) 支线直接结缚在干线上的连接法

1. 干线（PE）；2. 支线（PAM）；3. 支线连接环（PE）

(2) 支线间接结缚在干线上的连接法

图 11-48　干线与支线的连接

1. 支线（PAM）；2. 钩线（SST）；3. 转环（Cu）

图 11-49　支线与钩线的连接

图 11-50　干线与干线的连接

3. 属具的连接

钓具的主要属具有浮子、浮筒、浮标、灯标、沉子、沉石、锚、转环等。除了灯标和沉子外，其他属具的连接方法如图 11-51 至图 11-56 所示。此外，灯标与灯标绳的连接和浮标与浮标绳的连接（图 11-53）相似。若采用铅沉子的，则沉子可直接钳夹在干线上即可，如图 11-33（1）所示；也可直接钳夹在支线连接环上，如图 11-48（2）的第 2 个图所示。

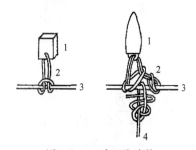

图 11-51 浮子的连接

1. 浮子;2. 浮子绳(PE);3. 干线(PE);4. 沉子绳(PE)

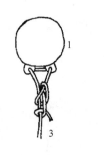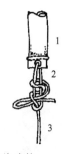

图 11-52 浮筒的连接

1. 浮筒;2. 浮筒连接环(PE);3. 浮筒绳(PE)

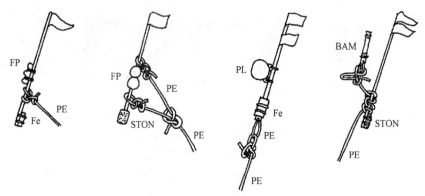

图 11-53 浮标与浮标绳的连接

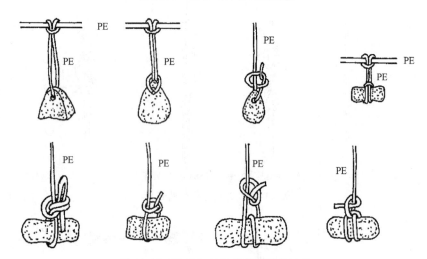

图 11-54 沉石与干线或沉石绳的连接

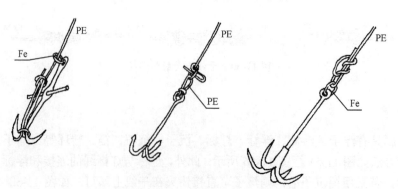

图 11-55 锚与锚绳的连接

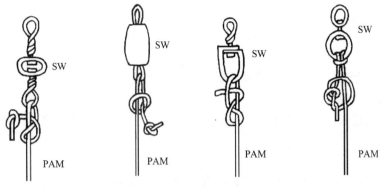

图 11-56　转环与钓线或钩线的连接

（二）钓具装配要领

钓具的装配比网具装配简单得多，只要掌握了钓具构件间的连接方法，钓具装配工作就能顺利进行。

完整的钓具图，应标注有钓具装配的主要数据，使人们可以根据钓具图进行钓具装配。现根据图 11-44 叙述黄、黑鱼延绳钓的装配工艺如下：

1. 干线、支线及钓钩装配

每条干线的一端均用长 0.10 m 留头扎一个眼环，以便干线之间的连接和浮标绳、浮筒绳、锚绳、沉石绳的连接。在干线上等间隔地装配支线，并保持支线的端距为 5.00 m 和间距为 2.50 m，每条干线装支线 120 条。支线的一端系结在干线上，另一端系结钓钩。支线系结钓钩的悬挂点最好在钩轴内侧，可使钩尖上翘，提高钓获率。干线之间的连接是将无眼环的一端穿过另一条干线端的眼环后结缚连接。

2. 属具装配

作业时，在钓列的两端分别连接浮标绳和锚绳各一条，浮标绳的另一端连接一支浮标，锚绳的另一端连接一个铁锚。在相邻干线的连接处，分别在眼环中连接浮筒绳和沉石绳各一条，浮筒绳的另一端连接一个泡沫塑料浮子，沉石绳的另一端连接一个沉石。若整个钓列为 12 条干线，则整钓列装浮筒、沉石各 11 个，装浮标 2 支，装铁锚 2 个。

第七节　延绳钓捕捞操作技术

本节只介绍辽宁省的黄、黑鱼延绳钓的渔法。

黄、黑鱼延绳钓属定置延绳真饵单钩钓具，是一种在浅海岩礁边缘作业的底层延绳钓。分布在辽宁金县、旅顺和长海等地，渔场在三山岛、迟岩、圆岛一线和长海各岛屿近海，可常年作业，主要渔期为 7~10 月，主要捕捞对象为六线鱼和黑鲪。

1. 渔船

黄、黑鱼延绳钓渔业是一种沿海地区小型渔业，多数采用载重 1~3 t 的舢板，使用 12 筐钓具，2~3 人作业。

2. 捕捞操作技术

1）下钓前的准备

钓饵以沙蚕为主，小虾、枪乌贼、马鲛鱼肉等均可。一条大沙蚕可分为数段装在整个钩上，如

图 11-44 下方的④所示。从干线的一端开始，顺序将一条干线盘入钓筐内，一枚钩装一块钓饵，装饵后排挂在筐缘的稻草束上，120 枚钩可将筐缘排满。

2) 下钓

一人摇橹，一人下钓，使下钓舷受风，横流下钓。先把头锚投入水中，同时抛出浮标，接上第一条干线，顺次将钩由筐缘取下扔入水中。下完一筐钓线后，将该筐的干线尾与第二筐的干线头和浮筒绳、沉石绳连接起来，投入水中。接着投第二筐钓线，直至下完全部钓线和抛出最后 1 个尾锚和第二支浮标为止。

3) 捋钓

捋钓是指下钓和起钓之间的拔起干线、摘取渔获物和补装钓饵的操作。若渔获物较多时，可考虑在起钓前捋 1～2 次钓。捋钓要依风、流情况决定从钓列的哪一端开始，尽量顺着风流捋钓和在受风流舷捋钓。一边拔起钓线，摘取已上钩的鱼和补装已丢失的钓饵，一边再把钓线继续扔入水中。

4) 起钓

一人摇橹，一人起钓。先拔起钓列端的浮标和铁锚，并将浮标绳、锚绳与干线的连接点解开后，一边拔起钓线、摘取渔获物和摘除残存的钓饵，一边将钓线顺次盘入钓筐中，钓钩也顺次排挂在筐缘的稻草束上，一钓筐盘放着一条干线的钓具。

第八节　中国远洋金枪鱼延绳钓渔业[①]

金枪鱼是大洋性暖水性洄游鱼类，具有分布广、群体大、种类多、个体大、资源丰富和经济价值高等特点，在海洋渔业生产中占有相当重要的经济地位。过去一直为美国和日本所利用，20 世纪50 年代，韩国、我国台湾和苏联先后相继开发远洋金枪鱼延绳钓渔业。

金枪鱼捕捞作业的渔具渔法，除了流网作业被禁止外，有延绳钓、竿钓、手钓、曳绳钓及围网等作业。而金枪鱼延绳钓由于投资少，其渔具结构简单，渔场适应性广，渔获个体大，鱼体质量好，经济效益高，等等，故在世界许多渔业先进国家和地区的远洋渔业中起着先导与促进作用。我国台湾远洋渔业的发展就是以金枪鱼延绳钓渔业为先导的。

20 世纪 50 年代，我国台湾开始发展远洋金枪鱼延绳钓渔业。于 1955～1957 年，金枪鱼船到孟加拉湾和东印度洋海区作业，1960 年首次向大西洋进军，到 1972 年金枪鱼延绳钓船已遍布世界三大洋共达 497 艘。1990 年我国台湾在帕劳作业的钓鱼船达 100 多艘，产量可观。

我国大陆在开发利用远洋金枪鱼延绳钓渔业方面的起步较晚，1987 年 2 月才由中国水产科学研究院南海水产研究所派出"南锋 703"船对中西太平洋加罗林群岛的西部帕劳海域进行金枪鱼延绳钓探捕工作。1988 年，中远渔业有限公司与帕劳共和国合作在帕劳海域进行金枪鱼延绳钓生产。由中远渔业有限公司牵头，福建、广东（汕头）、海南、广西组成的合资公司，组织了我国第一支远洋金枪鱼捕捞船队并于 1988 年 6 月从汕头港出发开赴帕劳，其中 3 艘小型玻璃钢船和 4 艘钢船进行延绳钓作业，另有 4 艘玻璃钢船进行竿钓作业。1990 年 6 月广东和广西首批到帕劳的群众集体金枪鱼

[①] 本节内容的主要参考资料如下：
　a. 庄本泉. 金枪鱼延绳钓渔具结构及主要设备[R]. [出版地不详]：[出版者不详]，1987：10-15.
　b. 敖卓运. 金枪鱼延绳钓渔法[R]. [出版地不详]：[出版者不详]，1987：16-20.
　c. 李祥秀，曾毅. 为群众渔船开拓远洋金枪鱼渔业铺路[J]. 水产科技，1991（3）：6-8.
　d. 李祥秀. 金枪鱼延绳钓的渔具和渔法[J]. 中国水产，1991（3）：36-37.
　e. 黄焕. 金枪鱼延绳钓渔具、渔法初探[M]//中国水产学会水产捕捞专业委员会. 中国水产捕捞学术研讨会论文集. 苏州：苏州大学出版社，1997.
　f. 于滋珍，陈广栋，汤天堂，等. 赴贝劳开展金枪鱼延绳钓的探讨[C]//全国水产捕捞学术交流会论文集（第 7 集），1993.

延绳钓船队首次开赴帕劳，7月开始试捕生产。到1994年，我国沿海各省（自治区、直辖市）有20多家渔业公司共派出500多艘渔船，在中西太平洋帕劳、密克罗尼西亚和马绍尔等岛国海域生产，鲜销日本市场的金枪鱼已超过1万t。

20世纪80年代末至90年代初，我国远洋金枪鱼延绳钓的生产渔场主要在太平洋中西部的赤道以北海域（0～9°N、130～165°E），主要捕捞对象是黄鳍金枪鱼和大目金枪鱼，大目金枪鱼的分布比黄鳍金枪鱼稍偏北，但无明显界限。西部的帕劳、雅浦附近的渔期于4月下旬至5月上旬开始，7～9月为旺汛，约在12月中旬结束；东部的波纳佩和特鲁克以东海域季节差别不明显，可全年作业。

一、钓具

我国远洋金枪鱼延绳钓渔业所采用的钓具最初是参照台湾的金枪鱼延绳钓而制作的。下面只介绍最初采用50枚钓钩为一筐的钓具，其钓具图如图11-57所示。

（一）主渔具

金枪鱼延绳钓是由钓钩、钓绳、绳索和属具四部分构件组成的。

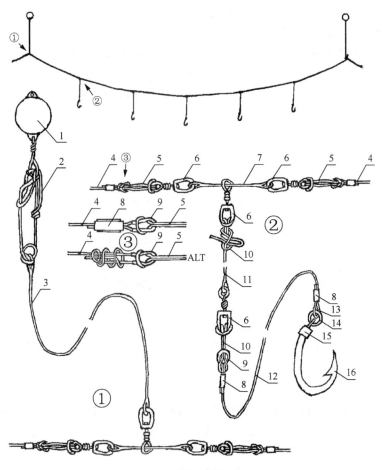

图11-57 金枪鱼延绳钓

1. 浮子；2. 扣绳器；3. 浮子绳；4. 干线；5. 干线连接线；6. 转环；7. 干线连接器；8. 铝套管；9. 塑料套管；10. 支线连接环；11. 支线连接线；12. 支线；13. 平口套环；14. 轴头环；15. 锌片；16. 钓钩

1. 钓钩

钓钩为短圆形钩，其形状如图11-57的右下方的16所示。由直径4 mm的钢丝弯曲制成，镀锌，钩高53 mm，钩宽27 mm，尖高42 mm，尖宽20 mm，钩尖至倒刺尖端的垂直间距15 mm，轴头钻有直径4 mm的轴孔。此外，在钩轴上方用方形锌片钳夹一圈。每筐需用钓钩50枚。

2. 钓绳

钓绳分为干绳和支绳两部分。

1）干绳

干绳是由干线和干线连接线相间排列，并用干线连接环连接成的一条长钓绳。附有3个转环的干线连接线的线端转环与干线的眼环端之间是用干线连接环来连接的，如图11-57②的上方和①的下方所示。

①干线为1条直径2.20～2.50[①] mm的锦纶单丝（PAMϕ2.20～2.50），其两端弯回后用铝套管钳夹而制成眼环，净长60.00～70.00 m，每筐钓需用60条。

②干线连接线为1条由144根36 tex乙纶单丝构成的编织线（PEM 36 tex × 144 BS），先穿过1个单向转环的小环后，其两端又分别穿过各1个单向转环的大环弯回后制成眼环而形成附有3个转环的干线连接线。连接线净长0.24～0.25 m，每筐钓需用60条。

③干线连接环为1条由144根36 tex乙纶单丝构成的编织线，其两端相连接而制成拉直长为0.14～0.21 m的线环，每筐钓需用120条。

在每筐钓具的干绳内，60条干线的合计长度为3600.00～4200.00 m，60条干线连接线和120条干线连接环的合计长度为31.20～40.20 m。连接线和连接环的合计长度只为干线合计长度的0.74%～1.12%，若忽略不计，则金枪鱼延绳钓主尺度中的每筐干绳长度可取为3600.00～4200.00 m。

2）支绳

支绳是由支线、支线连接线和支线连接环组成的一条短钓绳。附有转环的支线连接线的线端用支线连接环连接到干线连接线中间的转环上，支线连接线的转环端用支线连接环与支线的一端相连接，支线的另一端通过轴头环与钓钩相连接，如图11-57②的下方所示。

①支线为1条直径1.5～2.0 mm的锦纶单丝（PAMϕ1.50～2.00），其两端弯回后用铝套管钳夹而制成眼环，净长23.00～27.00 m，每筐钓需用50条。

②支线连接线为1条由80根36 tex乙纶单丝构成的编织线（PEM 36 tex × 80 BS），其一端穿过1个单向转环的小环弯回后制成眼环而连接在一起，连接线净长1.50～2.00 m，每筐钓需用50条。

③支线连接环为1条由80根36 tex乙纶单丝构成的编织线，其两端相连接而制成拉直长为0.14 m的线环，每筐钓需用100条。

每条支绳长度约为1条支线、1条支线连接线和2条支线连接环的合计长度，即为24.78～29.28 m，则金枪鱼延绳钓的主尺度为（3600.00～4200.00）m×（24.78～29.28）m（50 HK）。

3. 绳索

金枪鱼延绳钓只需用"浮子绳"一种绳索。它是1条由80根36 tex乙纶单丝构成的编织绳，其一端穿过干线连接线中间的转环弯回后制成眼环而连接在一起，另一端弯回后制成绳端眼环，以便套结在扣绳器一端的圆环中，如图11-57①中的3所示，净长25～30 m。每间隔5枚钓钩在干线连接线中间的转环上连接1条浮子绳，则每筐钓需用10条。

[①] 在本节中，线绳的长度范围或线绳的直径范围等，不是指在这个范围内可以随意采用，而是由于各渔船采用的数字或资料来源的不同而造成的，而各渔船实际采用的数字相对保持相同。

4. 属具

1）浮子或浮标

每间隔 5 枚钓钩用浮子绳连接 1 个白色浮子（PL FLϕ210～220），作业时在每两筐干绳的连接处用浮子绳连接 1 个红色浮子（PL FLϕ300），则每筐钓需装 9 个白色浮子和 1 个红浮子。为了便于观察，也可用浮标代替红色浮子。浮标的标杆为一支竹竿（3.50 BAMϕ22），其上端结扎一面矩形小旗帜（PVC CL360×300），中间结缚一个浮子（PLϕ250），下端结缚一个沉子（Fe 1.15 kg），标杆下端结扎一条绳环，以备作业时与浮子绳（也可称为浮标绳）端的扣绳器相连接。每筐钓需用浮标 10 支。

2）扣绳器

扣绳器的形状如图 11-57 左方的 2 所示，是一种弹扣式的扣绳器，用直径 3.5 mm 的不锈钢丝弯曲制成，长 155 mm，宽 30 mm，每筐钓需用 10 个。

3）转环

转环的形状如图 11-57 中间的 6 所示，是一种单向转环，用直径 3 mm 或 3.5 mm 的不锈钢丝或铜丝弯曲制成，长 48～50 mm，每筐钓需用 230 个。

4）铝套管

铝套管是将锦纶单丝干线和支线的两端弯回制作眼环时用于钳夹 2 根单丝的 D 形铝质套管，其用压嘴钳（一种专用的 D 形夹钳）钳夹后的形状如图 11-57 的中间③图上方的 8 和②图下方的 8 所示。用于钳夹干线两端的铝套管应稍大（配 PAMϕ2.2～2.5），每筐钓需用 120 个；用于钳夹支线两端的铝套管应稍小（配 PAMϕ1.5～2.0），每筐钓需用 100 个。

5）塑料套管

塑料套管是套在锦纶单丝干线两端和支线上端的线端眼环中，起到防止眼环与连接环直接摩擦和使连接更为紧密的作用。套在干线两端眼环中的塑料套管，如图 11-57 中间③图右方的 9 所示，其套管内径稍大（配 PAMϕ2.2～2.5），每筐钓需用 120 个；套在支线上端眼环中的塑料套管，如图 11-57 中间②图下方的 9 所示，其套管内径稍小（配 PAMϕ1.5～2.0），每筐钓需用 50 个。

6）平口套环

平口套环是套在支线线端眼环中的铝质套环，如图 11-57 右下方的 13 所示，可防止眼环与轴头环直接摩擦，每筐钓需用 50 个。

7）轴头环

轴头环是穿入钓钩轴孔的圆环，如图 11-57 中间②图右下方的 14 所示，用直径 2 mm 的不锈钢丝制成，每筐钓需用 50 个。

8）锌片

锌片是钳夹在钓钩钩轴上方的一块小矩形锌片，其钳夹后的形状如图 11-57 中间②图右下方的 15 所示，每筐钓需用 50 块。

（二）副渔具

1. 干绳袋和钓筐

干绳袋是一个帆布袋，将一筐钓的干绳盘成圈后储存在一个袋内。钓筐是一个塑料筐，一筐钓的 10 条浮子绳和 50 条支绳依次盘进钓筐内，并将筐内浮子绳端的扣绳器和支线端的钓钩依次挂在筐边上，每筐钓需用 1 个干绳袋和 1 个钓筐。

2. 发讯标

发讯标是一种无线电测向信号发射装置，如图 11-58 所示。发讯标在作业时设置于钓列两端或中间处,它按已调定的频率及所规定的时间发出信号,渔船通过测向仪接收其发出的信号来测定延绳钓在海中漂流的位置。该装置在干绳断裂后,能帮助找到丢失的钓具。每船需备用 3～5 支发讯标。

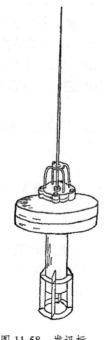

图 11-58　发讯标

图 11-59　灯标

3. 灯标

灯标是用钢条焊成的灯架,如图 11-59 所示,其底座为一个罐型圆筒,内设有蓄电池或干电池作电源,灯架中间有一个用网衣包扎的塑料球浮,灯架上端是闪光灯泡。作业时在灯架两旁再附上几个浮子,使灯标浮于海面。在能见度较好的夜间作业时,可将灯标敷设于钓列两端或中间处,根据灯标的排列位置观察钓列的形状。每船需备用 3～5 支灯标(现在灯标与发讯标早已合二为一,灯标就是发讯标)。

4. 游绳

游绳是 1 条直径 7～8 mm、长约 30 m 的乙纶绳,用作发讯标(灯标)与浮子或浮标之间的连接绳索,每船需备用 6～10 条。

5. 长鱼钩

长鱼钩由钢钩和较长的木柄或竹柄连接构成,用于把渔获物从船侧的海面钩上甲板。其柄长是根据渔船舷侧起鱼滚筒的离海面高度而定,有的木柄直径为 40 mm,长 2.20 m。钢钩钩高 180 mm,钩宽 94 mm,尖高 75 mm。每船需备用若干支长鱼钩。

6. 鱼镖枪

鱼镖枪是由钢质箭头和木质镖柄连接构成,柄端结缚着 1 条乙纶绳,一端与箭头的轴孔连接,另一端连接固定在船上。当将较大的渔获物引近起鱼舷准备钓鱼上船时,为了防止鱼体脱落,可先用鱼镖枪刺入鱼体,并协助提上渔获物。每船需备用若干支鱼镖枪。

7. 电鱼圈

电鱼圈是由钢质圆环和木柄连接构成。钢环内径120 mm，环边开有一条小槽隙，通电后可用于电鱼。若渔获物较大且生猛而难于被拖上甲板时，可先采用电鱼圈将鱼电昏，再用钩将鱼拖上甲板。拖上甲板的鱼难以制服，也可用电鱼圈将鱼电昏。每船需备用若干支电鱼圈。

8. 剪刀

起钓时，应解下有鱼的支绳，如支线连接线的上端一时难于解脱时，则需用剪刀将支线连接线上端剪断。

9. 渔获物处理用具

其用具有剖鱼刀、短鱼钩、木槌、冰铲、木棒等。

二、钓饵

金枪鱼延绳钓普遍选用的钓饵为速冻鲜鱿鱼、鲹、鲐和秋刀鱼。

鱿鱼钓饵个体质量一般为160~300 g，头尾全长为25~35 cm，其大小可根据渔汛情况选择。"月光水"（农历的每月初七、初八至廿三、廿四）和渔汛较好、渔获物中大目金枪鱼占多数时，应尽量选用个体较大的鱿鱼，可增加金枪鱼觅食视觉范围，提高上钓率。鱿鱼钓饵的挂钩部位，可从头部漏斗中间钩入，再自胴体部下约1 cm处钩出，可使鱿鱼钓饵在水下类似游动状态而诱发金枪鱼的食欲。

鲹、鲐或秋刀鱼钓饵个体质量一般为200~350 g，要求鲜度较高，否则挂钩放钓后在水中较易脱落。一般在"月黑水"（农历的初一至初六、廿五至三十）的渔获物中以黄鳍金枪鱼为主且产量较低时，选用鲹、鲐或秋刀鱼可降低生产成本。鲹、鲐或秋刀鱼带有较强的鱼腥味，可增加金枪鱼的嗅觉范围。鲹、鲐或秋刀鱼钓饵的挂钩部位可在其背部两侧钩过，使钓饵在水中类似活鱼游动状态而诱发金枪鱼的食欲。

三、渔船

20世纪80年代末和90年代初，我国初期的远洋金枪鱼延绳钓渔船多种多样。以"中远102号"为例，船长19.89 m，型宽4.8 m，型深2.1 m，总吨位67.4 GT，航速9 kn，主机功率177 kW，助渔、导航、通信设备齐全，渔捞设备有起钓机一台，发讯标3支，锦纶海锚2顶。

在1990年6月，广东和广西首批赴帕劳的群众集体金枪鱼延绳钓的船队中，玻璃钢船总长19.95 m，总吨位51 GT，主机功率177 kW，由竿钓船改装而成；钢丝网水泥船总长31 m，总吨位120 GT，主机功率303 kW，由拖网船改装而成；木质船总长28.30 m，总吨位140 GT，主机功率313 kW，由拖网船改装而成。1992年山东荣成市赴帕劳的金枪鱼延绳钓渔船总长30.46 m，型宽5.4 m，型深2.5 m，主机功率136 kW，由钢壳拖网船改装而成。远洋金枪鱼延绳钓渔船一般要求有较好的渔航性能、渔捞设备和渔获物保鲜设备。

由拖网船等改装成的延绳钓船，可利用船首甲板上原有的卷扬机起钓，也可购置起钓机安装在船首右侧舷边用于起钓。

四、捕捞操作技术

（一）放钓前的准备

1. 放钓时间的选择

金枪鱼的生活规律基本上是昼间分布于深层，夜间起浮于表层，而食欲最旺盛的时间是傍晚日落前后，其次是早上 7 时至 9 时。从作业渔获分析，钓获量不仅取决于钓饵在水下的延续时间，更重要的是金枪鱼食欲最旺盛的有利时间。最佳的钓捕作业时间是农历"月光水"的夜晚，上钓率最高，渔获物以大目金枪鱼为多。"月黑水"的上钓率较低，渔获物以黄鳍金枪鱼为主。

根据上述金枪鱼的生活规律和栖息索饵习性，放钓时间最好选择在每天日落前 2～3 h 开始，而具体时间还要视放钓筐数与"月光水""月黑水"的不同。"月光水"适当推迟放钓时间对渔获物质量有利，"月黑水"推迟放钓时间会影响上钓率。"月光水"一般正常情况下应在晚上 8 时前放完钓，"月黑水"最好在傍晚 6 时前放完钓。放钓航速最好控制在 8.5 kn 左右。

2. 钓具投放方式的确定

选择好作业渔场而未掌握金枪鱼集群索饵的中心位置前，应尽量将投放的钓列拉直，以扩大钓捕水域的面积。在掌握了金枪鱼集群索饵的中心位置后，在海况环境允许的条件下，钓列采用 U、W、C 形进行放钓，以达到围捕鱼群的目的。

3. 放钓航向的确定

一般以右舷 30°顺风放钓为宜。若风浪小于海流，则以右舷保持 15°～45°顺流放钓，可使干绳易于在水中展开。不宜逆流放钓，否则干绳与支绳容易绞缠。在流速小于 1 kn 时，可根据海况条件和渔汛情况自由选择放钓航向。

4. 放钓深度的控制

根据作业实践证明，钓具投放的深度在 80～170 m 范围内比较适宜。按上面介绍的渔具尺度，两个浮子间的第三枚钓钩在水下的深度可达 100 m 左右，基本达到放钓深度要求。虽然可以利用浮子绳和支绳的长度来调整控制放钓深度，但比较麻烦。在浮子绳和支绳长度不变的前提下，可以利用放钓船航速和干绳松出的快慢来控制放钓的深度。若航速不变，干绳松出快些，则放钓深度会增加；反之，干绳松出慢些，则放钓深度会减小。若干绳松出的快慢不变，航速减慢，则放钓深度会增加；反之，航速增快，则放钓深度会减小。

5. 放饵的准备

放钓前约 30 min，应把当日所需的速冻钓饵从舱内搬出解冻，以便放钓时使用。

6. 钓具的准备

1）钓具筐数

我国金枪鱼延绳钓渔船一般是在早晨 6 时开始测标起钓，若放钓 12 筐（600 枚钩），则钓列拉直长度超过 23 n mile，起钓时间需 7～8 h。起钓完毕后，宜留有 2～3 h 转移渔场或维修机器、钓具。若放钓船航速为 9 kn，则放钓时间约需 2 h，于是最快能在傍晚 6 时之前放钓结束。若坚持每天作业一次，按当时渔船、渔具的现状，每次只能放钓 12~14 筐钓具。在"月黑水"可放钓 12 筐，在"月光水"可放钓 14 筐或更多一些。

2）浮子或浮标

浮子的耳环中应预先结扎有 1 条乙纶连接绳环，如图 11-57 中的 1 下方所示。在浮标的浮子下方的标杆上应预先结扎有 1 条乙纶连接绳环。放钓前应把浮子或浮标放在船尾右边适当位置，并检查浮子或浮标的连接绳环是否牢固。如果采用红、白浮子相间使用，即可在钓列两端和每两筐干绳之间都连接 1 个红浮子，每条干绳上连接 9 个白浮子，若放钓 12 筐，则共需用 13 个红浮子和 108 个白浮子。

3）发讯标和灯标

一般在钓列两端应各连接 1 支发讯标，钓列中间可间隔 4~5 筐钓装 1 支发讯标或灯标。若夜间能见度较好时，可考虑装灯标，便于观察钓列情况。放钓前应预先把发讯标或灯标与相应的红浮子用游绳连接好并放在船尾右边适当的位置上。

4）干绳、浮子绳和支绳

先把每条干绳按顺序连接好，并检查每条浮子绳和支绳是否已连接到干绳上，每条浮子绳和支绳有无叠乱，防止支绳与钓钩绞在一起。每筐钓所装的浮子绳数或支绳数应分别相同。

（二）放钓

放钓前，船长应预先做好有关放钓时间、放钓筐数、放钓方式、放钓航向和航速、松放支绳和浮子绳的间隔时间或放钓机输出速度等计划，并通知各有关岗位人员。临放钓前，甲板部放钓人员应各自位于所负责工作的岗位上。放钓人员分别以 A、B、C、D、E、F 表示，其分工说明如下。

A 负责投放发讯标或灯标、浮子或浮标。放钓时，接到 B 递来的扣绳器按次序扣在浮子或浮标的连接环上，并立即将浮子或浮标投放海里，若浮子或浮标已连接有发讯标或灯标时，则应先将发讯标或灯标投入海里，待其漂开后再投下浮子或浮标。

B 负责将浮子绳端的扣绳器递给 A，并按规定的间隔时间及时松放每条浮子绳。

C 负责整理钓筐的浮子绳和支绳，把浮子绳端的扣绳器递给 B，把支绳端的钓钩按次序递给 D，并理顺浮子绳和支绳。

D 负责将 C 递来的钓钩挂上钓饵并递给 E。

E 负责将钩上钓饵的支绳按规定的间隔时间及时投放海中，并使支绳在海中自然张开。

F 驾驶员按照船长意图掌握好放钓航向和航速，施放自动报放支绳、浮子绳的时间信号，与船尾的放钓配合，如有故障要协同采取措施，及时停、开车，协同排除故障。

（三）守钓

从放钓完毕后到起钓前 10~12 h 是等待鱼上钓，故称为守钓。守钓的目的是防止钓具失踪。开始守钓时，首先驶船航至放钓点的上风（或上流，流大风小时为上流）2~3 n mile 处（应在放钓点的视线之内），然后停机漂流，看守钓具。一般因风流影响船体的漂流速度会比钓具的漂流速度稍快，当船漂至放钓点下风（或下流），钓具远离人的视线距离时，应开机航行回放钓点的上风或上流处。在守钓时，还可进行渔场水温、风向风力、流向流速等的测定工作。为了提高渔获物质量，在守钓期间，还要进行 3~4 h 的巡钓。巡钓时可以从放钓点沿着钓列巡视，若发现浮子或浮标下沉且可能有鱼上钓时，则捞起浮子绳，沿着干绳找到有鱼的支绳并解下支线连接的上端或剪断（若解不开），取下支绳引向舷侧小门（取鱼口）并将鱼拖上船。

（四）起钓

起钓时间一般在早晨 6 时左右开始，航速 2~4 kn，以慢速、偏逆风流起钓，因为放钓 12 筐的干绳总长超过 23 n mile，起钓时间需 7~8 h，故太迟起钓会影响渔获物质量和下次放钓的开始时间。

起钓前要对起钓机或卷扬机加以检查，以保证其运转正常。还要检查前甲板上的工作场地，把阻碍起钓工作之物搬放好，并将长鱼钩、鱼镖枪、电鱼圈、剪刀等起钓辅助工具放在适当位置上。上述准备工作完毕后，甲板部起钓人员按分工各就各位开始起钓。

起钓人员分别以 A、B、C、D、E、F、G 表示，其分工说明如下。

A 负责操纵起钓机或卷扬机，观察干绳负荷大小，判断有无鱼上钩。同时负责向 G 驾驶员用手势指示干绳方向和提出慢车、倒车或停车的要求，并负责将有鱼的支绳解下或剪下后递给 B、C、D。B、C、D 负责卸下浮子或浮标，收捆游绳和提上灯标或发讯标，并将浮子或浮标、游绳、灯标或发讯标临时放置在适当的地方。还要负责将 A 递来的有鱼的支绳引向舷侧小门将鱼拖上船并给予处理。

E 负责检查绞上的干绳有无损坏，发现有破损处应立即修理。还负责将每筐的干绳盘圈成一扎后套进干绳袋中。

F 负责检查绞上的浮子绳、支绳有无损坏，发现有破损处应立即修理或做上记号待起钓完毕后再做处理。还负责将每筐的浮子绳和支绳依次盘进一个钓筐内，并取下钓钩上的钓饵和将扣绳器、钓钩依次挂于筐沿上。

G 驾驶员负责操舵和控制航速，还要与船头的起钓配合，如有故障要及时停、开、倒车，协同排除故障。

进入起钓过程后，除了上述分工外，还要做好如下两点。

第一，起钓开始前，首先根据测向仪测出起钓点发讯标的方位，就可找到钓具。先由 B、C、D 将钓列端的发讯标、浮子或浮标捞起，并卸下浮子绳递给 A。若使用装置在船首右舷侧的起钓机起钓，A 把递来的钓列端干绳压入起钓机的导轮上，将其与起钓机中的干绳引绳连接起来，即可开机起钩。G 设法使船首保持与干线成 30°起钓为宜。角度过大则起钓机的负荷力过大，角度过小则干绳易与船舷摩擦而受损。同时控制航速，注意不要使主绳受力过大。若使用船首的卷扬机起钓，A 把钓列端干绳与干绳引绳连接后，再把引绳在卷扬机的鼓轮上环绕几圈后，即可开机起钓。在起钓过程中，G 设法使船首与钓列方向一致，若航速过快使钓列有被压入船底的可能时，A 应通知 G 减慢航速。

第二，如发现有鱼上钓（A 会感觉到起钓机或卷扬机的负荷加大或观察出来），A 应即刻通知 G 停车，待有鱼的支绳抵达起钓机或卷扬机后停止起钓，A 将有鱼的支绳解下或剪下并递给 B。若鱼体不大，可由 B 徒手拉起支绳把鱼引进舷侧小门，C、D 用长柄钩钩住鱼头，将鱼拖上船。若鱼体过重或挣扎力较大，则由 C 或 D 用游绳连接支绳，游绳的另一端固定在船侧处。B、C、D 一起拉住游绳，防止鱼挣扎远游直到将鱼拉近船边后再由 C 用鱼镖枪插入鱼头，D 用长柄钩，由 B、C、D 共同协力将鱼拖上甲板（必要时可使用起吊机）。如鱼的挣扎力还很强，而三人仍无法将鱼拖上时，可待鱼再次被拉近船边后，由 C 改用电鱼圈来电击鱼头，待鱼被电昏后，再将鱼拖上甲板。

（五）渔获物处理

20 世纪 80 年代末和 90 年代初，我国改装的金枪鱼延绳钓渔船的保鲜条件仅适于鱼货冰鲜保藏，在就近基地转口销售，每航次持续时间以 12 天为宜。要提高保鲜质量，必须做好如下几点。

1. 理鱼

鱼由海到入舱的理鱼为第一环节，要做到四快。一是鱼拖上船如没被电鱼圈击死，要赶快用木槌猛击鱼头两眼睛之间的头顶部，将其击死，防止其在甲板上跳动而造成撞伤或局部淤血。二是赶快宰杀。按要求切除尾鳍、背鳍和臀鳍，保留胸鳍，并顺着鱼体纵向从肛门向鱼头方向在腹部开口，长 6~8 cm，在开口内割断直肠与鱼体的连接，掀开鳃盖，将鳃耙、隔膜割下，然后从口中把鳃和内脏掏出，立即用海水冲洗鱼体内外，务必将残存的内脏、污血等清除干净。三是冲洗干净后，赶快用绳拴鱼尾吊挂起来，使鱼头朝下去血水 3 min，防止残血引起细菌繁殖而导致鱼体腐烂。四是赶快将去血水的鱼入冰舱或冰鲜舱加冰，即便舱内来不及加冰也要先将鱼置于舱内等待，防止留在舱外风吹日晒使鱼肉尤其是皮肤变质，颜色变样。因此，要求钓上一条，处理一条和入舱一条，绝对不能放在甲板上等待集中处理，避免造成经济损失。起钓前在海中死亡的鱼卖不到好价钱，宜作杂鱼处理或扔掉。

2. 冰鲜

入舱冰鲜为第二环节，其方法是：用专用木棒在鱼体体腔内和口腔内填足碎冰，再在舱内铺底冰，冰厚 30 cm 左右，将鱼肚朝下并使尾部略高于头部（使冰水易流出），鱼体分排摆放，间隔为 10 cm 左右，鱼间隙、舱边隙和上面要培好冰，最后盖上冰被。最好是一天冰一层，第二天把冰化造成的空隙敲实再填满冰，个别大鱼还要向肚内敲实填冰。然后再加上一层冰（约 24 cm）后方可冰上一层鱼，一般可冰 3~4 层。

3. 保藏

保藏为第三环节。在保藏管理中切忌将鱼冰好后再倒舱，每次冰鱼发现冰化情况应及时敲实并加足冰，鱼舱应及时打冷降温，但要谨防冻结。

严格地采用上述 3 项措施，需付出较高强度的劳动，但其收获是在较差的保鲜条件下同样能拿出高质量的冰鲜金枪鱼。

第十二章 耙刺类

第一节 耙刺渔业概况

耙刺类渔具是利用特制的钩、耙、锹、铲、锄、叉、夹等工具，以延绳、拖曳、钩刺、铲掘、投射等方式采捕作业的渔具。耙刺渔具在我国沿海均有分布，作业范围较广，在滩涂的潮间带、河口三角洲水域、岛礁周围、沿岸浅海及水深达百米的近海均有多种耙刺渔具作业，捕捞对象除了鱼类外，还有瓣鳃纲、腹足纲的软体动物。耙刺渔具是我国的传统渔具之一，历史悠久。这类渔具除了大型齿耙和延绳滚钩外，多数为手持操作，多属于沿海地区很好的兼业或副业生产渔具。随着贝类养殖业的发展，一些齿耙被用作养殖贝类的收获工具。

我国海洋耙刺渔具中规模较大的主要有在海底拖曳耙掘贝类的耙子，其耙架后面连接着由网衣或铁线网构成的、用于容纳渔获物的浅囊。渤海沿岸三省一市的毛蚶耙网（图12-23）是规模最大的一种耙子，作业渔场水深3～10 m，20世纪50年代的毛蚶年均产量曾达8.7万多吨（按去壳取肉5:1折算），1980～1983年的年均产量为5.8万多吨。其他耙贝渔具有魁蚶耙（图12-1）、蚬耙、海螺耙（图12-2）、牡蛎耙等。另一种全国沿海均有分布且规模也较大的耙刺渔具是延绳滚钩，又称为空钩、快钩、兄弟钩等，专门用来捕捞底层鱼类。其他耙刺渔具，如柄钩、叉刺、贝铲、贝耙等，一般规模较小，但对开发利用地方性渔业资源很有作用。

耙刺渔具具有结构简单、操作方便、成本低、经济效益好等优点，加上我国沿海滩涂、港湾、岛礁面积广阔，贝类等滩涂资源较为丰富，沿海底栖鱼类资源较稳定，给耙刺作业奠定了良好的基础。

第二节 耙刺捕捞原理和型、式划分

耙刺是耙刺捕捞对象的渔具。

参考我国渔具分类标准并对照全国海洋渔具资料中耙刺渔具的生产实际，我国的耙刺渔具按结构特征可分为滚钩、齿耙、柄钩、锹铲、叉刺、复钩六个型，按作业方式可分为定置延绳、漂流延绳、拖曳、钩刺、铲掘、投射六个式。

一、耙刺的型

1. 滚钩型

滚钩型的耙刺由干线和若干支线结缚锐钩构成，称为滚钩。

我国海洋滚钩均以定置延绳方式作业，其渔具结构与定置延绳钓相似，但其捕捞原理不同。延绳钓是利用装有真饵的钓钩引诱鱼类吞食从而达到捕捞目的，而滚钩则是利用不装饵料且较为密集的锐钩，敷设在鱼类通道上，待鱼类通过钩列时不慎被锐钩钩刺住鱼体而使其被捕获。由于滚钩的锐钩不装饵料，故滚钩又称为空钩。其锐钩没有倒刺，钩尖长而锋利，故滚钩又称为快钩。其钩与钩之间有密切的关系，当鱼类通过钩列而误触锐钩并负痛挣扎时，搅动两旁支线，带动邻近的锐钩，结果刺入鱼体的钩越来越多，鱼挣扎越厉害，钩刺得越紧密。由于钩与钩之间有这样的密切关系，故渔民又称之为兄弟钩。

滚钩分布在我国沿海各地，是我国传统的浅海渔具之一。常年可在沿岸底质为泥沙或沙泥、水深一般为3～40 m的海域作业，广东沿海作业最深达100 m，主捕鳓、魟、梭鱼、鲈，兼捕鲨、海鳗、鲆鲽、舌鳎、鲖、鳖等。在我国具有代表性的滚钩有河北的空钩（图12-24），辽宁、天津、江苏、上海的滚钩，山东的空钩，浙江的鳓魟拉钩，福建的绊钩，广东、广西、海南的兄弟钩等。

2. 齿耙型

齿耙型由耙架装齿或另附容器等构成，称为齿耙。

齿耙是以拖曳方式为主，耙掘浅海淤泥、泥沙中或砂砾海底中贝类等的专用渔具，一般具有钢质耙架，耙架底部前方装设一排耙齿或一块刨板（可看是一块单齿），耙架后方附有收集耙起的贝类的乙纶网囊或铁丝网兜。例如，渤海的毛蚶耙网，如图12-23（a）的下方所示，其耙架底部前方用铁丝捆扎着一排由细钢条往复弯曲而成的弓形耙齿，耙架后方附有由矩形乙纶网片纵向对折而成的圆筒状网囊。这种装置一般是拖耙毛蚶的齿耙，具有代表性的有辽宁的毛蚶耙、河北的毛蚶网、天津的毛蚶耙网（图12-23）、山东的蚶耙等。又例如辽宁的魁蚶耙，如图12-1的左方所示，其耙架底部的2根耙托上焊接着一排由直径20 mm圆钢制成的柱形耙齿，耙架后方也附有网囊。类似这种装置柱形耙齿的齿耙，具有代表性的还有辽宁的蚬耙和牡蛎耙。再如辽宁的海螺耙，如图12-2的上方所示，其耙架底部前方焊有一排柱形耙齿，耙架后方附有由铁丝编结成的网兜。还例如山东的蚶子网，如图12-3的上方所示，其耙架底部前焊有一块长矩形铁刨板，耙架后方附有乙纶网囊。与上述蚶子网类似的，还有浙江的拖蚶网，在耙架底部用螺丝固定了一块长楔形铁刨板。

以上所述的齿耙型渔具的规模稍大，其耙架后方结缚容器的框架均为扁矩形或扁梯形，其框架周长稍大，为2.40～6.80 m。而下面介绍的齿耙规模稍小，其耙架多数为半椭圆形或椭圆形，其周长稍小，为1.12～2.60 m。除了耙架后方也附有网囊或网兜外，还在耙架上方均嵌有耙柄。如山东的蛤耙，如图12-4所示，其耙架底部横托上朝前铆接有7个耙齿，耙架后方附有网囊，耙架上方嵌入耙柄，耙柄中部与囊底之间连接有一条囊底吊绳。此齿耙在沿海水深10 m以内刨耙埋在软泥或沙泥中的花蛤。又如广西的红螺耙，如图12-5的左方所示，其耙架底部扁矩形木托前方装设一排锥状铁耙齿，耙架后方是铁丝网兜，木托上方还嵌入一支木耙柄。此齿耙在沿海浅水滩涂上刨耙埋在泥沙中的毛蚶、红螺或文蛤。

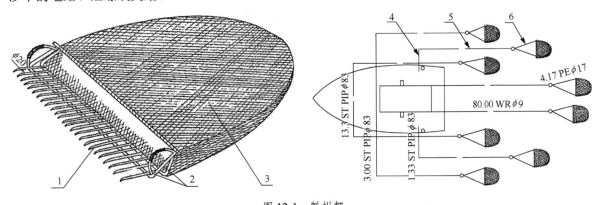

图12-1 魁蚶耙

1. 柱形耙齿；2. 耙托；3. 网囊；4. 撑杆；5. 曳绳；6. 叉绳

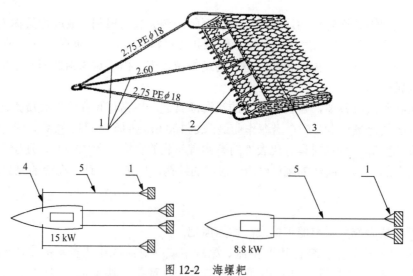

图 12-2 海螺耙
1. 叉绳；2. 柱形耙齿；3. 网兜；4. 撑杆；5. 曳绳

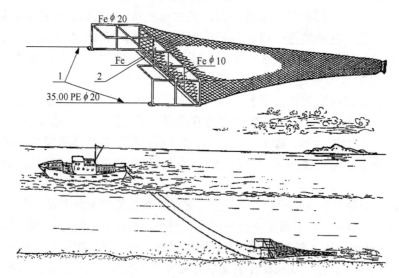

图 12-3 蚶子网（山东寿光）
1. 曳绳；2. 刨板

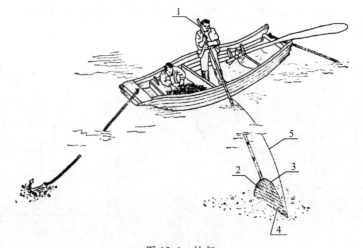

图 12-4 蛤耙
1. 耙柄；2. 耙齿；3. 横托；4. 网囊；5. 囊底吊绳

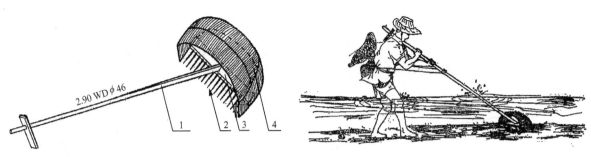

图 12-5 红螺耙

1. 耙柄；2. 耙齿；3. 木托；4. 网兜

此外，尚有一种结构最简单的齿耙，是江苏的文蛤刨，如图 12-6 所示，其耙架是由近似"⌐"形的铁刨板的两端用螺丝钉固定在 T 形木档的横杆两端而构成，在木档竖杆上方结扎有一支竹耙柄。

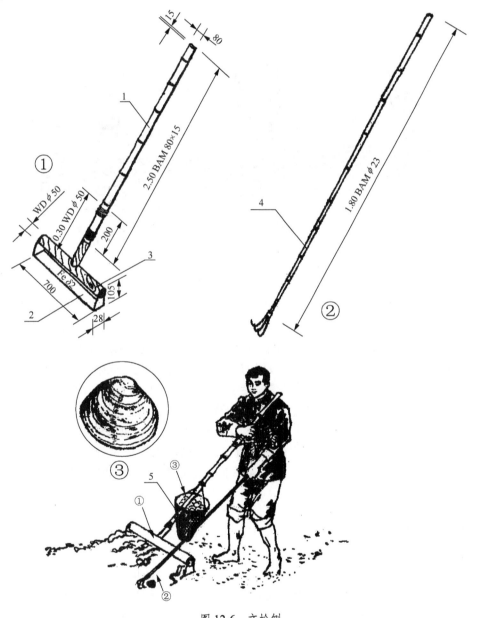

图 12-6 文蛤刨

1. 耙柄；2. 铁刨；3. 木档；4. 文蛤叉；5. 网囊

类似这种结构的，还有广西的车螺耙。这种齿耙是沿海滩涂或浅水滩涂上刨耙埋在沙或沙泥中的文蛤（车螺）。还有一种特殊的齿耙，是广东的乃挖，如图 12-7 所示，它是由附有 9~11 支互成楔形夹缝的耙齿组成的扇形耙架和耙柄构成的，在广东珠江口外水深 1~4 m 浅海区耙掘潜于泥底中的狼鰕虎鱼（乃鱼）。

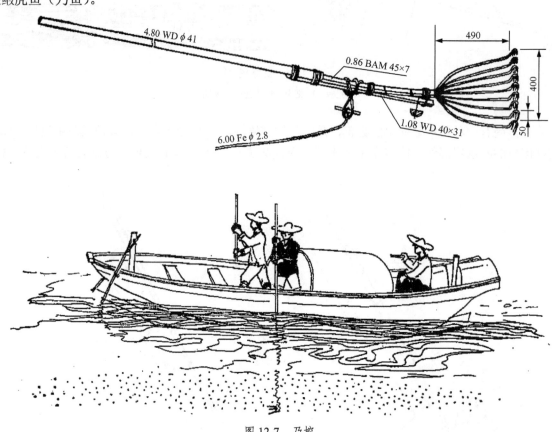

图 12-7 乃挖

在第四章第二节中曾介绍了 1 种框架型拖网，如图 4-13 所示，这是江苏连云港的蚶子网（《江苏选集》162 页）。蚶子网的捕捞原理和结构特征与耙刺类的蚶子网（图 12-3）有些类似，相似之处均是在网架后方附有网囊，不同之处是江苏的蚶子网网架下方没焊有刨板。江苏的蚶子网在作业前先将曳绳后端连接在网架前方的叉绳前端，曳绳前端固定在船首。在网架中间装有竹柄，作业时 4 人分立船舷，分别将 4 个蚶子网的竹柄固定在前、后共 2 条横跨船身的竹横杆两端。网具曳行作业时，4 人各自握住竹柄往下按压，使网架贴底，在曳绳的拖带下，将栖息在软泥底质中的蚶子刮入网内而达捕捞目的。在全国海洋渔具调查资料中只介绍了一种不装耙齿的蚶子网，若为了一种网具而多设置一个拖网的"框架网型"是没有必要的，况且可加重江苏蚶子网的网架并焊上耙齿，利用网架重量压入海底刮起蚶子入网，而船上可改用 2 人作业，既可减轻劳动强度，又可减少作业人数。故本书把江苏的蚶子网暂且纳入耙刺类中。

3. 柄钩型

柄钩型的耙刺由柄和钩构成，简称为柄钩。

柄钩在我国海洋渔业中较少使用。具有代表性的有 3 种，一种是福建北部沿海钩捕姥鲨（昂鲨）的昂鲨钩，数量不多。昂鲨钩由具有倒刺的大型钢钩、竹柄和钩绳构成，如图 12-8 的上方所示。另一种是海南在西、南、中沙群岛珊瑚礁盘区钩捕砗磲（一种大型瓣鳃纲软体动物）的砗磲钩，由钢钩和竹柄构成，如图 12-9 的左方所示。还有一种是江苏东南沿海滩涂上钩取洞穴中蛏子（属于瓣鳃纲软体动物）的蛏钩，由铁线长钩和木柄构成，如图12-10的左方所示。类似上述结构的，还有上海的蛏子钩。

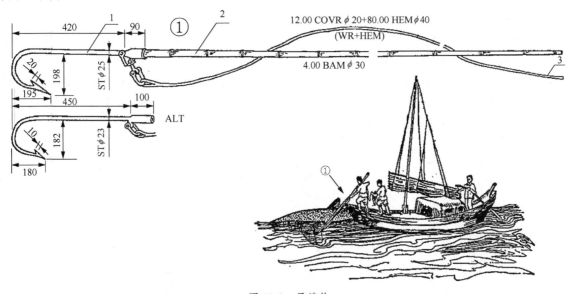

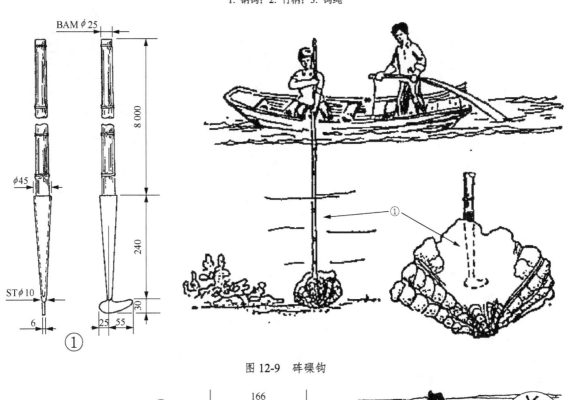

图 12-8 昂鲨钩
1. 钢钩；2. 竹柄；3. 钩绳

图 12-9 砗磲钩

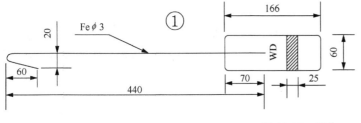

图 12-10 蛏钩

4. 锹铲型

锹铲型的耙刺装有带柄的锹或铲，称为锹铲。

锹铲在我国海洋渔业中也较少使用。具有代表性的有两种，一种是海南的砗磲铲。砗磲铲和砗磲钩均属到西、南、中沙群岛采捕砗磲的传统专用渔具。海南琼海的砗磲铲如图12-11的①图所示，由钢铲和木柄构成。另一种是浙江普陀的贻贝铲，如图12-12（a）的上方所示，由铁质铲头和铲柄构成，有短攻铲、短敲铲、长铲和长攻铲4种，其副渔具有抄网、梯架、腰箩和网袋。贻贝铲是用于在贻贝丛生的岩壁上铲取贻贝的渔具。

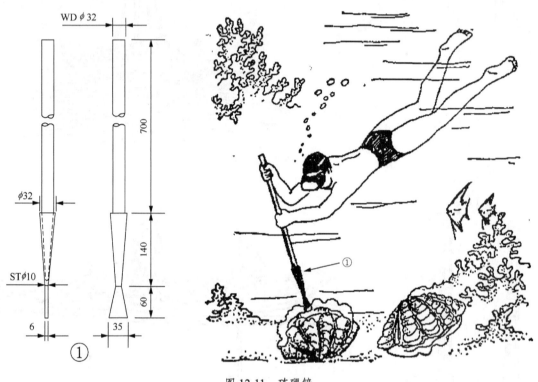

图 12-11　砗磲铲

5. 叉刺型

叉刺型的耙刺由柄或叉绳和叉刺构成，称为叉刺。

叉刺在我国海洋渔业中较少使用，具有代表性的有两种，即海南的海参刺叉和马蹄螺弹夹。海参刺叉是在南海的西、南、中沙群岛周围海域作业的传统渔具，具有一百多年的历史。捕捞对象为梅花参、黑尼参、二斑参等。海参刺叉由带铅锤的刺叉、叉绳和浮子构成，如图12-13的上方所示。马蹄螺弹夹是在南海的西、南、中沙群岛周围海域采贝作业的传统渔具，历史悠久，其捕捞对象大马蹄螺是一种中型腹足纲软体动物。马蹄螺弹夹是一支形似鱼叉的渔具，由钢质四爪的弹夹和竹制夹柄构成，如图12-14的左方所示。

上面已介绍了5个型的耙刺渔具，但尚有一种特殊渔具是浙江东部沿海滩涂上钩捕弹涂鱼的弹涂鱼钩，由四爪钩、钩线和钓竿构成，如图12-15的上方所示。其四爪钩为复钩，故此渔具可属于复钩型。

二、耙刺的式

1. 定置延绳式

定置式的耙刺是由一条干线和系在干线上的若干支线组成的耙刺,只有滚钩型一种,称为延绳滚钩。

用石、锚、桩等固定装置敷设的滚钩,称为定置延绳滚钩。此种滚钩可在水流较急、渔场相对较窄的海域作业。

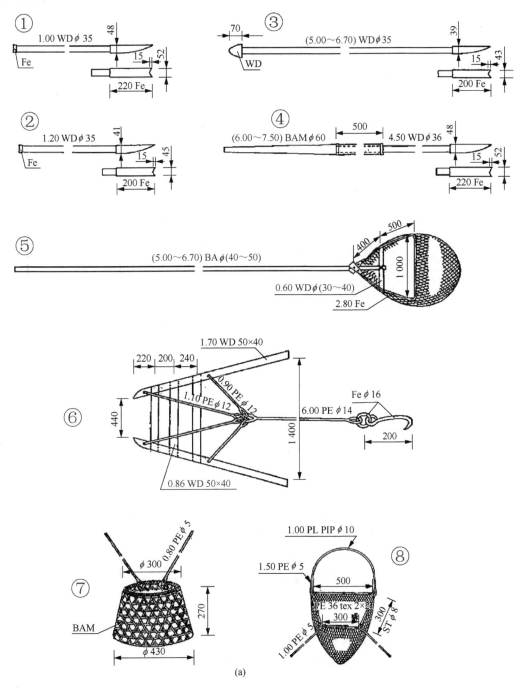

(a)

(b)

图 12-12　贻贝铲

①攻铲；②短敲铲；③长铲；④长攻铲；⑤抄网；⑥梯架；⑦腰篓；⑧网袋

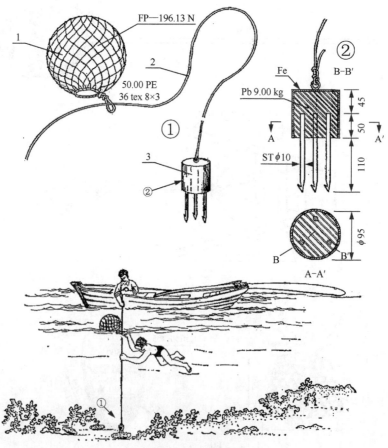

图 12-13　海参刺叉

1. 浮子；2. 叉绳；3. 刺叉

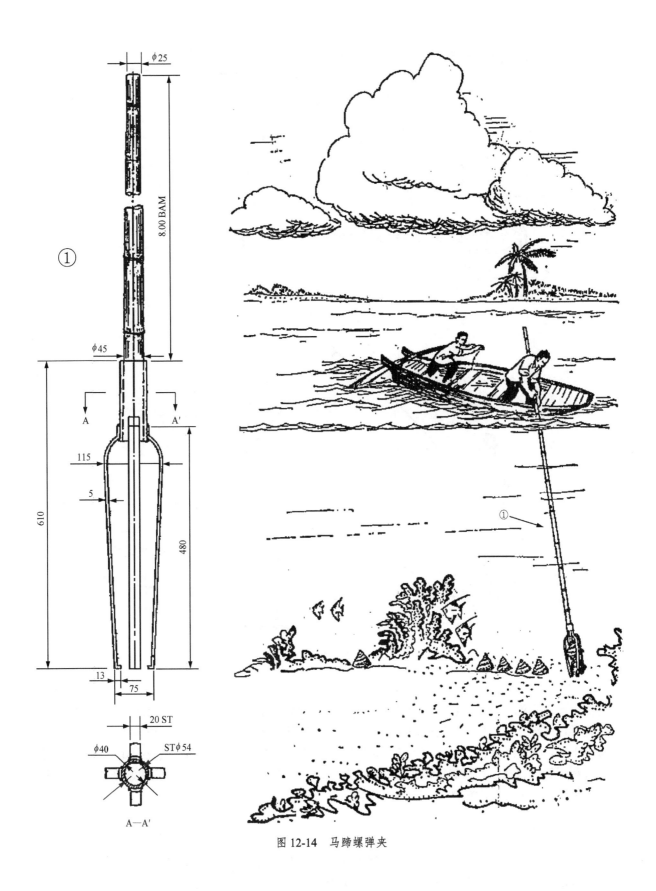

图 12-14 马蹄螺弹夹

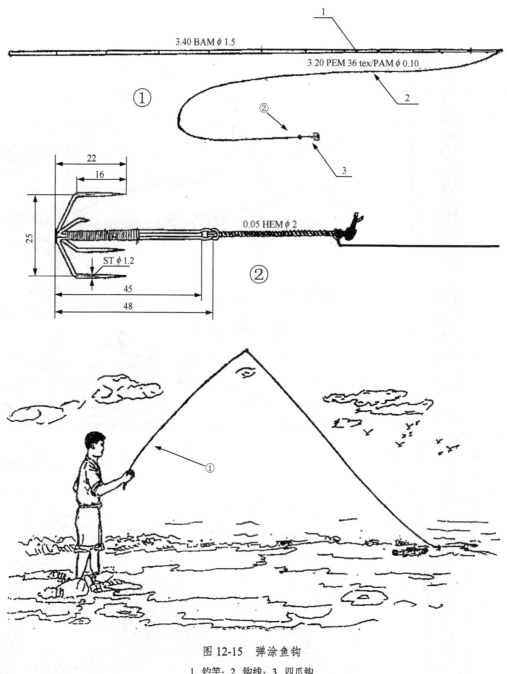

图 12-15 弹涂鱼钩
1. 钓竿；2. 钩线；3. 四爪钩

在全国海洋渔具调查资料中所介绍的延绳滚钩，均属于定置延绳滚钩，在海域底层作业，钩捕底层鱼类，如图 12-24 所示。这是河北海兴的空钩，每条干线用沉子绳装有 5 块砖块沉子，足够固定每条干线，浮子绳装有 26 个小泡沫塑料浮子，足够把干线提起离底，使整列锐钩处于近海底处漂动，有利于钩刺住通过钩列的鱼体而捕获之。此空钩采用总吨位 14～24 GT、主机功率 16 kW 的渔船，于每年 5～10 月在渤海湾河口处钩捕梭鱼、鲲、鲈等。

2. 漂流延绳式

作业时随水流漂移的滚钩称为漂流延绳滚钩。全国海洋渔具调查资料中所介绍的延绳滚钩，尚未发现有漂流延绳式的，可能是不固定的延绳滚钩上钩率较差，不易钩住鱼体。

3. 拖曳式

拖曳式的耙刺是用拖曳方式进行作业的耙刺，按我国渔具分类标准，我国的拖曳式耙刺只有齿耙型一种，称为拖曳齿耙。拖曳齿耙根据拖曳的动力不同又可分为两类，一类是采用机动渔船的拖力进行拖曳，另一类是采用人力进行拖曳。

1）渔船拖曳的齿耙

采用渔船拖曳的齿耙均为只附容器的较大型齿耙，以及极少数的嵌有耙柄的小齿耙。较大型的齿耙根据渔船主机功率大小和齿耙规模大小的不同，一艘渔船可以拖曳1～14个齿耙不等。如图12-3所示的山东寿光的蚶子网，是用总吨位10 GT、主机功率15 kW的渔船拖曳1个耙，其结缚乙纶网囊和框架周长（可简称为网口框架周长）为6.80 m，网囊拉直长度为10.13 m，此渔具规模在我国齿耙型渔具中是最大的，其耙架左、右前方用左、右两条曳绳连接在渔船船尾左、右两侧进行拖曳。又如图12-2所示的辽宁东沟的海螺耙，其渔具规模稍小一些，为4.56 m（网口框架周长）×0.70 m（铁丝网兜长度），主机功率15 kW渔船可拖曳4个耙，主机功率8.8 kW渔船可拖曳2个耙。其耙架前方用由3条绳组成的叉绳和1条曳绳与渔船连接，其中2个耙的曳绳分别连接在船尾左、右两侧，另2个耙的曳绳分别连接在船前部左、右两侧的撑杆端部。再如图12-23所示的天津塘沽的毛蚶耙网，其渔具规模又小一些，为3.70 m×4.08 m（网囊拉直长度）。总吨位40～60 GT、主机功率66～99 kW渔船可拖曳8～10个耙，其耙架前方用由1条绳对折使用的叉绳和1条曳绳与渔船连接，中间2个耙的曳绳连接在船尾左、右两侧，其余左、右向外的各个耙的曳绳分别连接在相应的左、右两侧的撑杆端部，如图12-23（b）的下方所示。还如图12-1所示的辽宁金县的魁蚶耙，其渔具规模再小一些，为2.94 m×1.99 m，属于中号魁蚶耙。主机功率15 kW渔船可拖曳4个小号耙，主机功率44 kW渔船可拖曳6个中号耙，主机功率59 kW渔船可拖曳8个中号耙，主机功率88 kW渔船可拖曳10个大号耙。

上述已介绍过的拖曳齿耙均是渔具规模较大而无耙柄装置的齿耙。而渔具规模较小且均嵌有耙柄的齿耙，多数以人力拖曳方式作业，但有两种是特殊的，仍以渔船拖曳方式作业。一种是如图12-7所示的广东番禺的乃挖，是用载重4 t和装置着8.8 kW艇尾机的木质小船拖曳2个耙作业。在船头柱及船头两侧舷外固定着由2支撑杆交叉组成的倒V形撑架。耙柄下部连接1条铁线曳绳，曳绳前端连接在船首撑架的下端处。作业时，两位船员分别站在船中部左、右两侧舷边，用双手握耙柄放下耙具。当耙齿着底后，使耙齿朝前，然后把耙柄靠着船边用力压下。耙齿入泥深度根据乃鱼的栖息深度而定，一般潜居于海底25～30 cm的软泥中。每次拖挖2～3 min即可起耙。另一种是如图12-16所示的广东台山的蟹耙，其耙架是近似半圆形的框架，耙架后方附有网囊，上方嵌有耙柄。耙架前方用叉绳和曳绳连接在载重0.5 t和装置着5.9～8.8 kW艇尾机的木质小船船首上，一船拖曳2个耙作业。两位船员分别站在渔船后部左、右两侧舷边，双手握耙柄放下耙具，当耙齿着底后，使耙齿朝前，然后把耙柄靠着船边用力压耙，紧贴海底拖捕栖息在海底上的蟹类。

2）人力拖曳的齿耙

采用人力拖曳的齿耙均为渔具规模较小及其耙架上方均嵌有耙柄的齿耙，如蛤耙、红螺耙和文蛤刨等，均以人力拖曳方式作业。如图12-4所示的山东崂山的蛤耙，其耙架是近似半圆形的框架，耙架后方附有网囊，上方嵌有耙柄，耙柄中部与囊底之间连接1条囊底吊绳。两人作业，采用舢板抵蛤场后，先抛出后锚，然后边摇橹边放出锚绳，使船横流前进，待锚绳尚剩下15 m左右时，再抛出前锚，随后收紧前、后锚绳，使船横流于两锚之间。然后将耙具顶流掷出，作业人员用肩支撑耙柄上端，双手紧握柄中上部，徐徐向后上方拖拉，使耙齿沿海底徐徐刨耙，将蛤刮入网囊。最后将

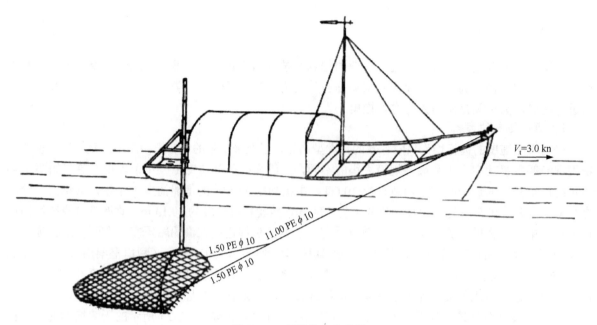

图 12-16 蟹耙作业示意图

耙架提到船上，再提起囊底吊绳即可倒出渔获物。作业数耙后，收绞一段前锚绳转移地点，再继续作业。又如图 12-5 所示的广西北海的红螺耙，其木托前方嵌有尖形铁耙齿，木托中间的前上方嵌有木耙柄，木托的两侧和后上方嵌有用铁线焊成的兜状容器。单人作业，在退潮时抵达浅水滩涂并站在水中作业。作业前，将长 1.5 m 的帆布带结缚于距耙头 0.7 m 处的耙柄上，作业时套于腰间，传输腰力，带动耙具向前刨耙。作业时，腰间套好腰带，把耙柄搭于肩上，一手用力压耙柄，使耙齿耙入海底的泥沙中，另一手拿着抄网，一边后退带动耙具，一边用抄网捞取被耙具翻出沙泥面的毛蚶、红螺或文蛤，直到涨潮水深时才停止作业。再如图 12-6 所示的江苏如东的文蛤刨，此齿耙由耙柄、木档和铁刨构成，也是单人作业。退潮后选择平坦沙滩，用绳索或皮带把耙柄挂套在腰间进行采捕作业，一手握耙柄把铁刨压入沙中，耙柄上端放在肩上，身稍后倾后退，依靠绳索或皮带牵引铁刨在沙中刨耙，同时另一手拿文蛤叉，当铁刨遇上文蛤而发出轻微的振动及声响时，用叉拨开沙泥，把文蛤钩起送入网袋。

此外，尚有一种特殊渔具如图 12-15 所示的浙江乐清的弹涂鱼钩，是由单人采用拖曳 1 个复钩的方式作业，故弹涂鱼钩应属于拖曳复钩渔具。作业人员缓慢地进入钩捕区，尽量避免弹涂鱼受惊钻穴。在距弹涂鱼 5～6 m 处，用一手握住钓竿，面对弹涂鱼，先将钓竿垂直举起，使四爪钩先摆向后方，接着钓竿对准弹涂鱼向前一甩，把四爪钩对准弹涂鱼甩去，当钩落地后，立即提起钓竿，使钩对准弹涂鱼在滩涂表面上快速拖曳，钩住弹涂鱼。白天每潮作业 3 h 左右。

4. 钩刺式

钩刺式的耙刺是用钩刺方式进行作业的耙刺。按我国渔具分类标准，钩刺式耙刺只有柄钩型一种，称为钩刺柄钩。我国的钩刺柄钩有昂鲨钩、砗磲钩和蛏钩等。如图 12-8 所示的福建福鼎的昂鲨钩，采用钩刺方式作业。渔船到达渔场后，待发现姥鲨（昂鲨）浮于海面时，应停机摇橹悄悄地从后面接近姥鲨。一人站在船头双手握住昂鲨钩的竹柄，另一人先把钩绳末端固定在船上，然后双手握住已盘成绳圈的钩绳紧跟其后。待船头驶近姥鲨身旁时，将柄钩的钩尖对准姥鲨胸鳍后方的腹部钩刺。当姥鲨受刺挣扎逃逸时，渔船可让其拖曳，必要时渔船也可稍开动跟随，待其疲劳后才将其拖到渔船上。又如图 12-9 所示的海南琼海的砗磲钩，采用钩刺方式作业。采用总吨位 25～35 GT、

59~88 kW 的机动渔船到达渔场后,放下 3 只载重 3~5 t 的小艇。每只小艇 4 人作业,1 人摇橹,2 人潜水作业,1 人在船头协助提起渔获物。在水深大于 20 m 的海域中,戴有潜水镜的潜水员手持砗磲钩,潜至海底发现砗磲后,用钩从其闭壳肌旁刺下,接着迅速转向钩住闭壳肌,这时砗磲壳会很快闭合而夹住钩,于是乘机将砗磲提起并游上水面,再由小艇人员提上船。再如图 12-10 所示的江苏如东的蛏钩,由单人采用钩提方式作业。到达产蛏的滩涂后,作业人员两脚使劲蹬踏,如有蛏即出现蚕豆大的洞,钩子沿着洞壁轻快地插入 20~30 cm,转动钩尖,使其钩住蛏的底端后,迅速向上提起,并将钩出的蛏放进网篓内。

5. 铲掘式

铲掘式的耙刺是用铲掘方式进行作业的耙刺。在全国海洋渔具调查资料中铲掘式耙刺只有锹铲型一种,称为铲掘锹铲。我国的铲掘锹铲有砗磲铲和贻贝铲等。如图 12-11 所示的海南琼海的砗磲铲是与砗磲钩配套专捕砗磲的渔具,砗磲铲是在作业水深 20 m 以内的浅水区专取砗磲肉的渔具,而砗磲钩是在作业水深大于 20 m 的深水区专捕砗磲的渔具。砗磲铲用小艇进行采捕作业,作业人员不定,每人戴着潜水镜,手持砗磲铲,潜到海底发现砗磲后,用铲先铲断砗磲的闭壳肌,再用铲掘出其闭壳肌和肉,将其串在铁线上,待满串后游出水面,将肉串交给艇上人员并将其提到艇上。如图 12-12(a)所示的浙江普陀的贻贝铲,其作业示意图如图 12-12(b)所示,其采捕渔法有攻、敲、铲和攻、铲结合 4 种。

1)攻

如图 12-12(b)的左上方所示,选择好作业地形,人头戴潜水镜,腰系网袋,一手持短攻铲。然后潜入水中,另一手抓住石岩,使人固定并贴于岩壁。再用短攻铲把附生于岩礁或缝隙间的贻贝直接铲削落入网袋。此渔法是单人操作,行动方便,产量较高,是铲贻贝的主要方法。潜水深度一般为 3~5 m。

2)敲

在大潮汛期间,潮退后,生于岩礁上的贻贝,有的露出水面,有的仍淹没于水中,但可看见。如图 12-12(b)的右上方所示,人肩挎着腰篓,手持短敲铲进行作业。此渔法也是单人操作,方法简单,小孩、妇女也可作业。人站在齐腰的水中,还可铲得水下 1 m 左右深处的贻贝。

3)铲

人站在岩礁上,先用长铲沿岩壁插入水中,探测贻贝的位置,确定作业水层。然后提上长铲,将抄网插入并伸到贻贝下方的岩壁处。抄网柄靠着左肩,柄上套系一条绳环,用脚固定住。接着把长铲顺着抄网柄插入水中,铲削贻贝落入抄网内。铲毕,由助手提上抄网倒出贻贝。若在峻崖处作业,人不易站立时,可用梯架敷设于岩壁上,人可站在梯架上进行操作,如图 12-12(b)的左下方所示。此渔法需 2 人作业,作业水深一般在 4 m 左右,最深不超过 6 m,在大潮汛的低潮时作业效果最佳。

4)攻、铲结合

如图 12-12(b)的右下方所示,用机动舢板横向固定于岩壁旁。作业时,1 人站立在船上,把长攻铲沿岸壁插入水中;另 1 人腰系网袋,顺着铲柄下潜至近铲头处,一手抓住岩壁,另一手握住铲柄,铲削贻贝落入网袋内。船上人与水下人要紧密配合,协同铲削。每次下水作业完毕,应浮出水面并上船休息 1~2 min,然后再行作业。

6. 投射式

投射式的耙刺是以投掷或刺射方式作业的耙刺。我国投射式耙刺只有叉刺型一种,称为投射叉刺。我国的投射叉刺只介绍海参刺叉和马蹄螺弹夹。如图 12-13 所示的海南琼海的海参叉,采用投掷方式作业，以小艇进行采捕作业。当戴有潜水镜的潜水员发现海参时，艇上人员从艇上放下刺叉，潜水员一手握住浮子耳环和叉绳，另一手拨水游至海参的上方后，拨水的手改握叉绳将刺叉瞄准海参后立即松手投掷，刺叉依靠铅锤的重力和锐利的叉刺，刺钩住海参，由艇上人员配合提到艇上。如图 12-14 所示的海南琼海的马蹄螺弹夹，采用刺射方式作业。马蹄螺弹夹与海参刺叉、砗磲钩、砗磲铲一样，主要分布在海南省琼海及文昌，均是在南海的西、南、中沙群岛作业的传统渔具，均采用总吨位 20～30 GT、主机功率 59～88 kW 渔船，一般配带 3～5 只小艇，组成 1 个作业单位，作业人员 12～20 人，采捕作业以小艇为主。进行马蹄螺弹夹作业的大船到达渔场后，放下 3～5 只载重 0.5～1.0 t 的小艇。每只小艇 4 人作业，1 人摇橹，1 人持弹夹站在船头，2 人潜水作业，戴着潜水镜各自潜水找螺。发现马蹄螺后，小艇立即靠近，将弹夹交给潜水员，然后操纵弹夹，对准螺的顶部迅速向下刺射，钳住螺体。若螺较多时可持续刺夹两三个才游出水面将夹柄交给小艇，由艇上人员将弹夹和螺一起提到艇上。

三、全国海洋耙刺型式

根据 20 世纪 80 年代全国海洋渔具调查资料统计，我国海洋耙刺具有定置延绳滚钩、拖曳齿耙、钩刺柄钩、铲掘锹铲、投射叉刺和拖曳复钩共计 6 个型式。上述资料共计介绍了我国海洋耙刺渔具 42 种。

1. 定置延绳滚钩

定置延绳滚钩渔具介绍较多，有 14 种，占 33.3%，分布在我国沿海各省（自治区、直辖市），有辽宁锦县的滚钩（《辽宁报告》56 号渔具），河北海兴的空钩（图 12-24、《中国图集》231 号渔具），天津汉沽的滚钩（《中国调查》495 页），山东海阳的空钩延绳钓（《山东图集》141 页），江苏如东的沙钩（《中国图集》233 号渔具）、启东的滚钩（《江苏选集》314 页），上海南汇的滚钩（《上海报告》155 页），浙江黄岩的鳐鲩拉钩（《浙江图集》173 页），福建闽侯的绊钩（《中国图集》232 号渔具）、厦门的钩钓（《福建图册》164 号渔具），广东徐闻的兄弟钓（《广东图集》122 号渔具），广西合浦的兄弟钓（《广西图集》60 号渔具）、防城的兄弟钓（《广西图集》61 号渔具），以及海南文昌的兄弟钓（《广东图集》123 号渔具）。

2. 拖曳齿耙

拖曳齿耙渔具介绍最多，有 18 种，占 42.9%。我国的拖曳齿耙可根据拖曳的动力不同分为渔船拖曳的齿耙和人力拖曳的齿耙。

1）渔船拖曳齿耙

渔船拖曳齿耙有 11 种，其中 9 种是较大型、耙架后方附有容器的齿耙，另 2 种是较小型、耙架上方嵌有耙柄的齿耙。

较大型的渔船拖曳齿耙均分布在渤海和黄海北部的沿海地区，其中辽宁介绍了 5 种，即东沟的蚬耙（《中国图集》230 号渔具）和海螺耙（图 12-2、《辽宁报告》54 号渔具），金县的魁蚶耙（图 12-1、《辽宁报告》52 号渔具）、毛蚶耙（《辽宁报告》53 号渔具）和牡蛎耙（《辽宁报告》55 号渔具）。河北和天津各介绍 1 种，即河北丰南的毛蚶网（《河北图集》32 号网具）和天津塘沽的毛蚶耙网（图 12-23、《中国图集》229 号渔具）。山东介绍 2 种，即昌邑的蚶网（《山东图集》145 页）和寿光的蚶子网（图 12-3、《山东图集》147 页）。

较小型的渔船拖曳齿耙分布在广东中部沿海，只介绍 2 种，即番禺的乃挖（图 12-7、《中国图集》228 号渔具）和台山的蟹耙（图 12-16、《广东图集》121 号渔具）。

2）人力拖曳齿耙

人力拖曳齿耙有 7 种，均为较小型的齿耙。其中，只在耙架后方附有容器的齿耙有 1 种，即浙江三门的拖蚶耙（《浙江图集》176 页）。在耙架后方附有容器和在耙架上方嵌有耙柄的齿耙共有 4 种，即山东乳山的蚬子网（《山东图集》142 页），山东崂山的蛤耙（图 12-4、《中国调查》491 页），福建同安的舀竹蛏（《福建图册》161 号渔具），以及广西北海的红螺耙（图 12-5、《广西图集》59 号渔具）。在耙架上只装有耙柄的单齿耙有 2 种，即江苏如东的文蛤刨（图 12-6、《中国调查》499 页）和广西合浦的车螺耙（《广西图集》58 号渔具）。

3. 钩刺柄钩

钩刺柄钩渔具介绍较少，有 4 种，占 9.5%，即江苏如东的蛏钩（图 12-10、《江苏选集》319 页），上海市郊县的蛏子钩（《上海报告》158 页），福建福鼎的昂鲨钩（图 12-8、《中国图集》239 号渔具），以及海南琼海的砗磲钩（图 12-9、《中国图集》238 号渔具）。

4. 铲掘锹铲

铲掘锹铲渔具介绍较少，有 3 种，占 7.1%，即浙江普陀的贻贝铲（图 12-12、《中国图集》236 号渔具），福建同安的文昌鱼锄（《福建图册》162 号渔具），以及海南琼海的砗磲铲（图 12-11、《中国图集》237 号渔具）。

5. 投射叉刺

投射叉刺渔具介绍更少，只有 2 种，占 4.8%，即海南琼海的海参刺叉[①]（图 12-13、《中国图集》234 号渔具）和马蹄螺弹夹（图 12-14、《中国图集》235 号渔具）。

6. 拖曳复钩

拖曳复钩渔具介绍最少，只有 1 种，占 2.4%，即浙江乐清的弹涂鱼钩（《浙江图集》177 页），如图 12-15 所示。

综上所述，全国海洋渔具调查资料所介绍的 42 种海洋耙刺，按结构特征分有 6 个型，按作业方式分实际只有 5 个式，按型式分共计有 6 个型式，每个型、式和型式的名称及其所介绍的种数可详见附录 N。

四、南海区耙刺型式及其变化

20 世纪 80 年代全国海洋渔具调查资料所介绍的南海区耙刺，有 5 个型式共 12 种；而 2000 年和 2004 年南海区渔具调查资料所介绍的耙刺，有 5 个型式共 16 种。现将前后时隔 20 年左右南海区耙刺型式的变化情况列于表 12-1。从该表可以看出，南海区渔具调查资料所介绍的耙刺种数比全国海洋渔具调查资料所介绍的南海区耙刺种数多了 4 种。下面分别介绍在全国海洋渔具调查资料中没有的，而在 2000 年和 2004 年南海区渔具调查资料中有介绍的几种小型耙刺渔具。

表 12-1 南海区耙刺型式及其介绍种数 （单位：种）

调查时间	定置延绳滚钩	拖曳齿耙	铲掘齿耙	钩刺柄钩	铲掘锹铲	投射叉刺	合计
1982~1984 年	4	4	0	1	1	2	12
2000 年、2004 年	2	8	1	3	0	2	16

---

① 《中国图集》原载"海参棘叉"，本书修正为"海参刺叉"。

1. 铲掘齿耙

广东徐闻的文蛤锄（《南海区小型渔具》212 页）如图 12-17 所示。文蛤锄由锄头和木柄构成，锄头相当于近似半圆形刨刀的单齿耙，故其结构可纳入齿耙型。落潮时，渔民到滩涂、沙滩寻找有文蛤隐藏的地点，使用文蛤锄掘开沙土，用手寻找及拾起渔获物，把渔获物放入藤篮中，故其作业方式可纳入铲掘式。

图 12-17　文蛤锄作业图

2. 钩刺柄钩

南海区渔具调查资料中所介绍的钩刺柄钩有 3 种，一种是广东深圳的海胆钩（《南海区小型渔具》200 页），如图 12-18 所示。海胆钩由长钩和木柄构成，故属于柄钩型。图中只绘出长钩部分。长钩总长 490 mm，由铁制成。长钩前端是钩宽 28 mm、尖高 16 mm 的圆形钩，离钩底为 16 mm 处的钩轴直径为 4 mm，钩轴直径从前后逐渐增粗并逐渐变成截面为矩形的四角棱锥体，至离长钩后端 120 mm 处，其矩形截面为 18 mm × 12 mm，再往后制成圆锥筒状，形成一个可以插入木柄的锥形内槽，其后端外径为 28 mm，内径为 18 mm。作业时，渔民身背氧气瓶，头戴潜水镜，潜入海中寻找藏身于海底的海胆，手持海胆钩并采用钩刺作业方式把海胆从石缝中钩刺出来，从而达到捕捞目的。另一种是广东阳西的蚝啄（《南海区小型渔具》201 页），如图 12-19 所示。在野外剥取牡蛎肉的小型渔具由蚝啄和小铁铲组成，蚝啄如图 12-19（1）所示，由啄头和手柄构成，啄头由铁锻造而成，上大下尖，状似鹰嘴，上部锻打成方便与手柄套接的圆孔套。手柄为木棒，握手处稍大。小铁铲如图 12-19（2）所示，用铁条锤打而成，其中一端被打扁并磨利。作业时，在有牡蛎的岩石上，用蚝啄把牡蛎钩掘下来，然后用小手抄网把牡蛎抄起放入小箩内；或者不把牡蛎整个钩下，而是先用蚝啄把它钩开，再用小铁铲直接掘取出牡蛎肉。又一种是广东珠海的蚝笃（《南海区小型渔具》202 页），如图 12-20 所示。蚝笃又称蚝啄，是一种剥取牡蛎肉的非常小型的渔具，广泛分布于南海区沿海各地，凡是有牡蛎的地方均有分布，各地蚝笃的结构均大同小异。蚝笃由木柄两端分别套装钩尖部（啄部）和尖刃部而成。钩尖部由锻钢锻打而成，上大下小，状似鹰嘴，上部锻打成方便与木柄套接的圆孔套。尖刃部由直径 10 mm 的圆钢锻打而成，端部状似枪尖，两边锻打成利刃。作业时，一人手持木柄，先用钩尖部钩开牡蛎的顶盖壳，再用另一端尖刃部掘取牡蛎肉。有些地方将尖刃部单独套接木柄，由另一只手配合操作，使用上更加方便和安全。

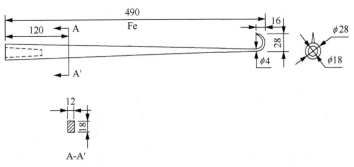

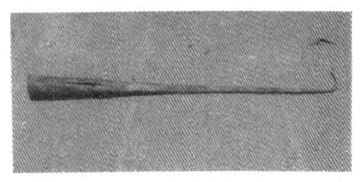

图 12-18 海胆钩

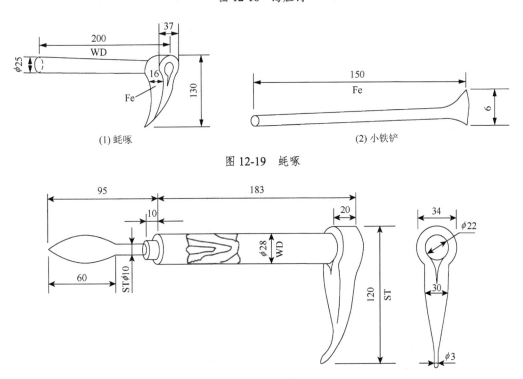

(1) 蚝啄　　　　　　　　　　　　(2) 小铁铲

图 12-19 蚝啄

图 12-20 蚝笃

3. 投射叉刺

南海区渔具调查资料中所介绍的投射叉刺有 2 种，一种是海南琼海的海参钩（《南海区小型渔具》

203 页),如图 12-21 所示。从图的左方可以看出,海参钩由钩头和竹柄构成。其钩头有 2 种,左边的是带有 2 个尖刺的"U"形叉,右边的是只带 1 个尖刺的"I"形刺。故此渔具称为海参钩是不妥的,应改称为"海参叉"。此海参叉只绘出如图 12-21 所示的渔具图,没有调查报告资料,现参考海南琼海的马蹄螺弹夹(《中国调查》503 页)的资料,叙述海参叉的渔法如下:采用机动大船,载有若干只载重 1 t、装有 4.4 kW 艇尾机的小艇到达渔场后,放下小艇进行作业。每只小艇 4 人,1 人开艇尾机,1 人持叉站在船头,2 人戴着潜水镜各自寻找海参。发现海参后,小艇立即靠近,将叉交给潜水员,然后操纵海参叉对准参背迅速向下投射,刺住参体后才游出水面将叉柄交给小艇,由艇上人员将叉和海参一起提到艇上。另一种是海南琼海的鱼标(《南海区小型渔具》204 页),如图 12-22 所示。鱼标是由长标和标绳组成,长标是用 1 条铁条,前端锻打成带有倒刺的尖刺,后端弯曲成一个圆环。标绳是 1 条直径 8 mm、长 15 m 的乙纶绳,标绳端连结在长标的圆环上即组成 1 个完整的鱼标。鱼标与海参叉一样,均应属于叉刺型、投射式的耙刺渔具,其渔法也与海参叉的渔法相同,均采用母子船的作业方式,在此不再赘述。鱼标与海参叉均于每年的 10 月至翌年 5 月在西沙、南沙群岛进行作业,渔船上除了带有鱼标(主捕鲨、石斑鱼)、海参叉(主捕海参、龙虾)外,还可带上海参刺叉、马蹄螺弹夹、砗磲钩和砗磲铲等其他小型渔具,一旦发现不同的捕捞对象可相应采用不同的渔具。

五、本书中耙刺渔具型、式命名的修改

本书对耙刺渔具的型、式命名是在参考我国渔具分类标准的基础上,根据全国海洋渔具调查资料中的耙刺渔具的生产实际做了一些修改。在我国渔具分类标准中,耙刺类的型的名称有柄钩、叉

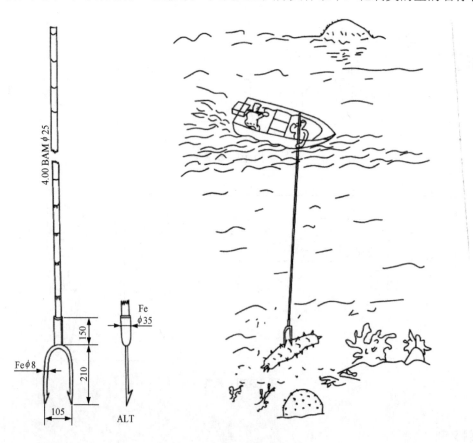

图 12-21 海参钩

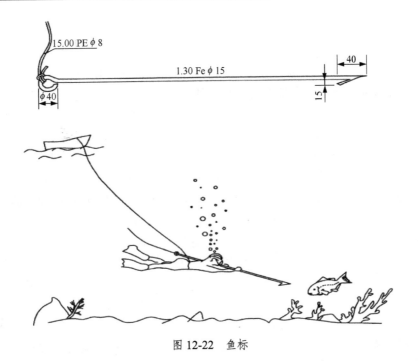

图 12-22 鱼标

刺、齿耙、滚钩、箭铦、锹铲共 6 个型。但在全国海洋渔具调查资料中，没有发现有箭铦型的耙刺；同时《浙江图集》把浙江乐清的弹涂鱼钩（《浙江图集》177 页），如图 12-15 所示，列入耙刺类渔具，于是多了一个复钩型，则本书除去箭铦型而增加复钩型，还是 6 个型，即为滚钩、齿耙、柄钩、锹铲、叉刺、复钩 6 个型。

在我国渔具分类标准中，耙刺类有拖曳、投射、钩刺、铲耙、定置延绳、漂流延绳 6 个式。但在全国海洋渔具调查资料中，没有发现漂流延绳式的耙刺，故本书除去漂流延绳式。我国锹铲型的耙刺有砗磲铲、贻贝铲等。砗磲铲如图 12-11 所示，作业时是用铲先铲断砗磲的闭壳肌，再用铲掘出其闭壳肌和肉，实际上其作业方式是铲和掘，与耙字无关。贻贝铲作业如图 12-12（b）所示，作业者手握贻贝铲，将贻贝连壳从岩石上铲掘下来，也与耙字无关，故本书把铲耙式改为铲掘式，耙刺类为定置延绳、拖曳、钩刺、铲掘、投射 5 个式。

六、关于滚钩型渔具的属性探讨

长期以来，我国习惯将滚钩渔具列入钓具类，即便在我国渔具分类标准颁布后，我国沿海各省（自治区、直辖市）出版的渔具图集或报告中，除了辽宁、天津、江苏和上海这 4 个省（直辖市）均把滚钩型渔具的俗名（当时编绘《中国图集》时，要求图集中渔具图标题栏上标明的渔具名称均为俗名，就是地方上的习惯称呼名称）全部换成"滚钩"两字，如辽宁锦县的滚钩（《辽宁报告》56 号渔具）、天津汉沽的滚钩（《天津图集》105 页）、江苏启东的滚钩（《江苏选集》314 页）和上海南汇的滚钩（《上海报告》155 页）。其他 7 个省（自治区）的滚钩型渔具的俗名均与钓字脱不了关系，如河北海兴的空钩（图 12-24），在《河北图集》中就写为"空钩延绳钓"。还有山东海阳的空钩延绳钓（《山东图集》141 页）、福建厦门的钩钓（《福建图册》164 号渔具）、广东徐闻的兄弟钓（《广东图集》122 号渔具）、广西合浦的兄弟钓（《广西图集》60 号渔具）、广西防城的兄弟钓（《广西图集》61 号渔具）、海南文昌的兄弟钓（《广东图集》123 号渔具）。就是 21 世纪出版的渔具图集，其滚钩的俗名还是脱离不了与钓的关系。如 2002 年出版的《南海区渔具》184 页的兄弟钓（广东徐闻），2007 年出版的《南海区小型渔具》188 页的钓钩（广东饶平），2013 年出版的《海南海洋渔具渔法》112 页的文昌铺前鲳鱼兄弟钓。上述的滚钩渔具还是被称为钓。

为什么我国渔具分类标准要把滚钩列入耙刺类，其理由可能有两个，一是认为由于鱼类吞食附有饵料的钓钩而被捕获的渔具才称为钓具，由于鱼类肢体被钩刺住而被吊上来的不算是钓具，而是滚钩渔具并列入耙刺类。但有些鱼类不是吞食钓钩，而是肢体被钓钩钩刺住钓上来的，却还列入钓具类，如图 11-22 的河鲀手钓，其钓钩是菊花形复钩，整个钩宽为 140 mm，河鲀是无法吞食，是河鲀的肢体被钩刺住钓上来的。许多用于钓捕头足纲软体动物的钓具，都是利用复钩钩刺住头足纲软体动物的肢体而钓上来的，如图 11-2 和图 11-21 的鱿鱼手钓、图 11-4 的墨鱼钓、图 11-23 的章鱼手钓。为什么能钩刺住头足纲软体动物肢体并钓获的渔具称为钓具，而能钩刺住鱼类肢体并钓获的渔具却不能称为钓具？二是认为钓具的钓列有倒刺，而滚钩的钓钩无倒刺。实际上有些延绳钓的钓钩也没有倒刺，如浙江玉环的带鱼延绳钓、浙江温岭的鲥鱼延绳钓和大黄鱼延绳钓的钓钩均无倒刺，在福建惠安、晋江钓捕带鱼的白鱼滚①（《福建图册》139 号、140 号和 141 号钓具）的钓钩均无倒刺。同样均无倒刺结构，为什么有的可叫钓具，有的只能叫耙刺？有 1 种特殊的渔具，即如图 12-15 所示的弹涂鱼钩，是 1 种拖曳复钩的耙刺，此"复钩"不是我国耙刺类渔具的标准分类名称，而我国钓具类渔具的标准名称却有"曳绳""复钩"的标准名称，为何不把"弹涂鱼钩"改为"弹涂鱼钓"而列入钓具类中？综合以上分析，最好把凡是用钓线（钩线改称为钓线）和钓钩（锐钩是属于无倒刺的钓钩）把钓捕对象钓起的均列入钓具类，即把耙刺类中的定置延绳滚钩和拖曳复钩（也可改为曳绳复钩）作为钓具类的型式列入钓具类中。这样做，既可简化耙刺类的型式分类，又可恢复我国长期以来把滚钩作为钓具进行分类的习惯。

第三节　耙刺渔具结构

我国耙刺渔具型式较多，在渔具结构上差别也较大。因此，下面只对在海洋捕捞生产上较重要和规模较大的拖曳齿耙和定置延绳滚钩的结构进行介绍。

一、拖曳齿耙结构

下面根据天津塘沽的毛蚶耙网渔具图（图 12-23）等资料，其渔具结构综述如下。

大型拖曳齿耙由耙架、容器、绳索和属具构成，其渔具构件组成如表 12-2 所示。

表 12-2　拖曳齿耙渔具构件组成

（一）耙架

耙架主要由圆钢焊成，由 1 根上横梁、2 根下横梁、2 根叉梁和 4 根侧柱、2 块钢锭和若干个耙齿等组成，整个耙架总质量约为 54 kg，如图 12-23（b）中的③所示。

---

① 《福建图册》原载"白鱼繨"，本书根据《中国图集》216 号渔具所载"白鱼滚"，统一规范为后者。

①上横梁：圆钢条 1 根，直径 25 mm，长 1.60 m，重 6.60 kg。

②网口下横梁和侧柱：圆钢条直径 30 mm，弯曲成凹形梁，其下横边长 1.60 m，侧柱高 0.24 m，如图 12-23（b）中的⑤所示。

③网口前下横梁和侧柱：圆钢条直径 30 mm，弯曲成凹形梁，其下横边长 1.60 m，侧柱高 0.249 m，如图 12-23（b）中的③所示。

④叉梁：如图 12-23（b）中的⑧所示，叉梁是由直径为 16 mm 圆钢条弯曲而成，在框架两侧共用 2 个。圆钢条弯曲后上部长 0.23 m，下部长 0.24 m，其上、下两端点的跨距为 0.249 m。

⑤钢锭：如图 12-23（b）中的②所示，圆柱体状钢锭每个重 8.80 kg，在框架两侧共用 2 个，用于加重框架。

⑥耙齿：如图 12-23（b）中的①所示，耙齿是用 1 根直径 4.5 mm 的圆钢条弯曲而成，齿长 400 mm，齿宽和齿距均为 28 mm。

⑦铁线：如图 12-23（b）中的①所示，耙齿的后部是用直径 0.1 mm 的铁线结扎在前、后下横梁上，铁线用量约 1 kg。

（二）网囊

采用 36 tex 6×3 的乙纶网线编结成目大 43 mm 的 1 片矩形死结网衣，纵目使用，网周 160 目，网长 95 目，如图 12-23（a）的上方所示。

（三）绳索

绳索包括缘绳、囊底扎绳、叉绳、曳绳和网囊引绳。

①缘绳：乙纶绳，直径 8 mm，如图 12-23（b）中的⑤所示。沿着上横梁和网口处的下横梁结扎。

②囊底扎绳：是结扎在囊底附近用于封闭囊底的 1 条绳索，如图 12-23（a）中的⑦所示。

③叉绳：乙纶绳，直径 18 mm，净长 4.50 m，对折使用，如图 12-23（a）下部的总布置图的下方所示。

④曳绳：乙纶绳，直径 20 mm，全长 50.00 m，如图 12-23（a）下部的总布置图的左下方所示。

⑤网囊引绳：乙纶绳，直径 18 mm，全长 4.50 m，如图 12-23（a）下部的总布置图中的右上方所示。

（四）属具

转环：在叉绳和曳绳连接处装 1 个，如图 12-23（a）、（b）中的⑥所示。

（五）副渔具

撑杆：横向固定在船尾和两舷，为撑开耙网用。根据此耙网的调查报告得知，其撑杆采用基部直径 100～140 mm 的毛竹，最长的撑杆是用 2 支毛竹对接扎成后长约 12 m。每艘渔船拖曳 8 个耙网的需使用 6 支撑杆，如图 12-23（b）的下方所示。

二、定置延绳滚钩结构

定置延绳滚钩由锐钩、钩线、绳索和属具构成，其一般结构如图 12-24 所示，渔具构件组成如表 12-3 所示。

毛蚶耙网（天津塘沽）
3.68 m×4.08 m

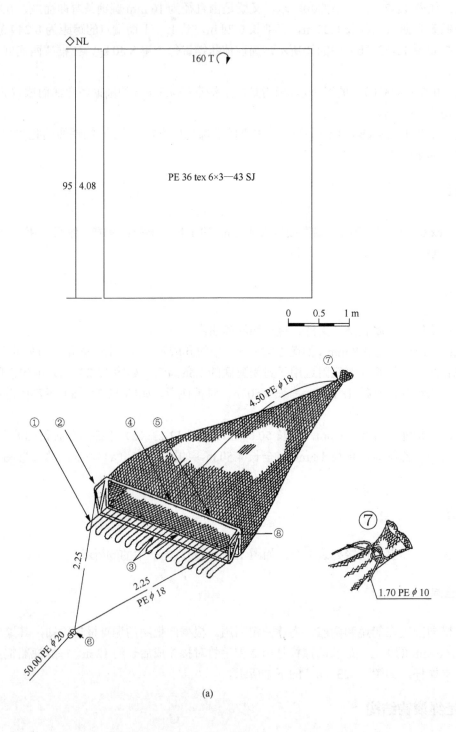

(a)

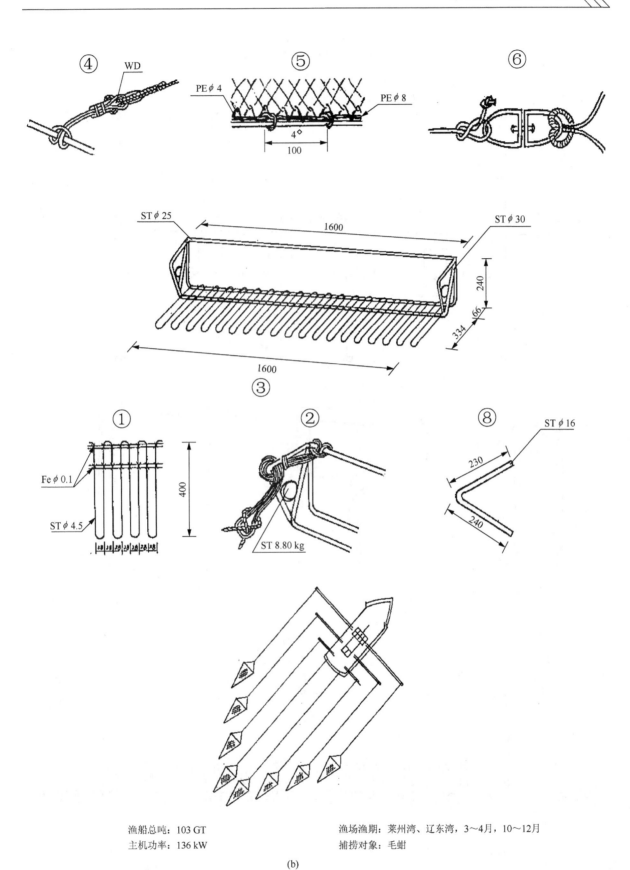

渔船总吨：103 GT 渔场渔期：莱州湾、辽东湾，3~4月，10~12月
主机功率：136 kW 捕捞对象：毛蚶

(b)

图 12-23 毛蚶耙网（天津塘沽）

空钩（河北海兴）
105.00 m×0.11 m（1000 HK）

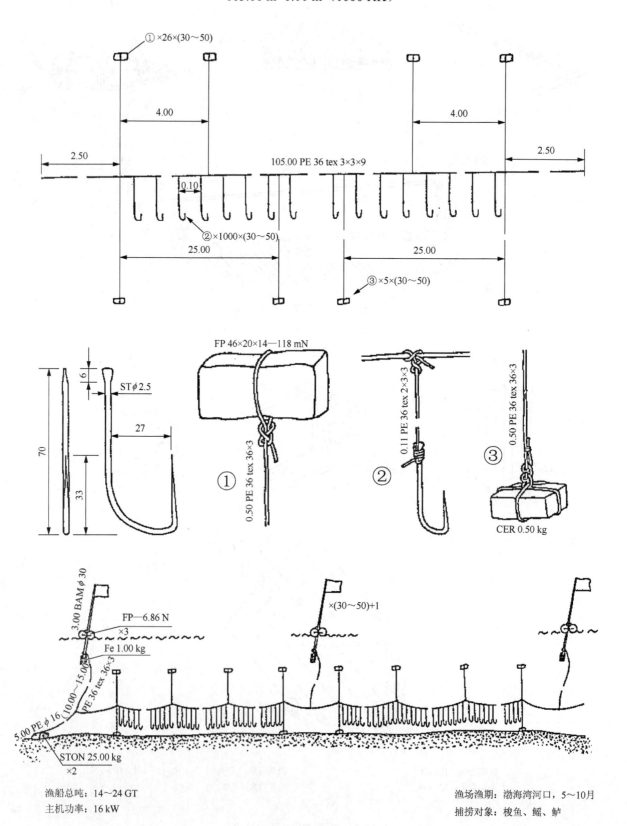

渔船总吨：14～24 GT
主机功率：16 kW

渔场渔期：渤海湾河口，5～10月
捕捞对象：梭鱼、鳐、鲈

图 12-24 空钩

表 12-3　定置延绳滚钩渔具构件组成

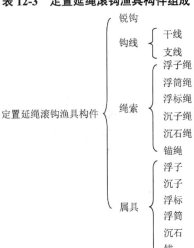

（一）锐钩

我国的锐钩均采用平面状钩，其平面形状有长角形［图 12-25（1）］、长圆形［图 12-25（2）］和短圆形［图 12-25（3）、(4)］三种。

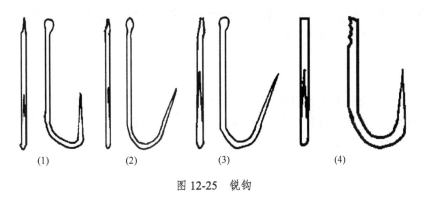

图 12-25　锐钩

（二）钩线

钩线是直接或间接连接锐钩的线。钩线分为干线和支线 2 种。

1. 干线

干线是在干支结构中，连接支线，承受滚钩主要作用力的钩线。

干线是承担延绳滚钩全部负荷的一条长线，其上面系结很多且有固定间距的支线，还可能系结有浮子绳、浮筒绳、浮标绳、沉子绳、沉石绳、锚绳等。它的主要作用是承担全部延绳滚钩的载荷和扩大钩捕面积。

为了方便搬运和收藏，我国延绳滚钩的每条干线长 27～110 m。作业时由 10～80 条甚至一百多条干线连接成一钩列，一般达一千多米至四千多米；此外，较短的为 170 m，较长的五千多米。一般是将 1 条干线上的锐钩纳入一个钩夹中。

我国的延绳滚钩，其干线多数采用乙纶捻线，少数采用乙纶绳，个别的采用锦纶单丝捻线或乙纶、维纶混纺线。

2. 支线

支线是在干支结构中，一端与干线连接，另一端直接连接锐钩的钩线。

支线主要承受上钩渔获物的挣扎力，并传递给干线。我国延绳滚钩的支线长为 0.10～0.32 m，其材料多数采用乙纶捻绳。但在南海区，多数采用锦纶单丝或锦纶单丝捻线。

（三）绳索

1. 浮子绳

浮子绳是将浮子系结在干线上的连接绳索。延绳滚钩上所使用的浮子，其静浮力一般较小，采用较细的乙纶捻线即可。系结时，要求浮子尽量靠近干线，故浮子绳较短，一般为 0.12～0.30 m，较长的也只达 0.50 m。

2. 浮筒绳、浮标绳

浮筒绳、浮标绳分别是浮筒、浮标与干线之间的连接绳索。我国延绳滚钩的浮筒绳和浮标绳，一般采用较粗的乙纶绳或较细的乙纶绳。乙纶绳一般采用直径为 4～6 mm，较粗的达 8 mm。我国延绳滚钩的浮筒绳和浮标绳，备用长度一般为 10～15 m；此外，较长的达 70 m。作业时，浮筒绳和浮标绳的使用长度一般为作业水深的 1.5～2.5 倍。

3. 沉子绳

沉子绳是将沉子系结在干线上的连接绳索。延绳滚钩上所使用的沉子一般是较小的，但其沉力又比延绳滚钩上浮子的静浮力稍大，故采用稍粗的乙纶捻线。系结时，一般要求沉子尽量靠近干线，故沉子绳较短，一般长为 0.15 m 左右，此外，较长的也只达 0.50 m。

4. 沉石绳

沉石绳是沉石与干线之间的连接绳索。我国延绳滚钩的沉石绳一般采用较粗的乙纶线或乙纶绳。较轻的沉石，可采用较粗的乙纶捻线；较重的沉石，可采用乙纶绳。最重的沉石，其沉石绳的直径可达 15～16 mm。较轻的沉石，其沉石绳一般短些；而较重的沉石，其沉石绳也相应地长些。我国延绳滚钩的沉石重为 1～5 kg 的，其沉石绳长为 0.30～0.50 m；而沉石重 7.50～25.00 kg 的，其沉石绳长 2～5 m。

南海区的延绳滚钩，其沉石经常不采用沉石绳来连接，而采用浮筒绳或浮标绳来连接。其连接方法有两种，一种是将浮筒绳或浮标绳的下部先与干线端相连接，然后再连接沉石，如图 12-26 (1) 所示；另一种是将浮筒绳或浮标绳的下部先连接沉石，然后再连接到干线端，如图 12-26 (2) 所示。

5. 锚绳

锚绳是锚与干线之间的连接绳索。我国延绳滚钩一般采用较轻的木锚或铁锚，锚绳一般可采用较粗的乙纶捻线或较细的乙纶绳，有的将木锚直接连接到浮筒绳或浮标绳的下端。

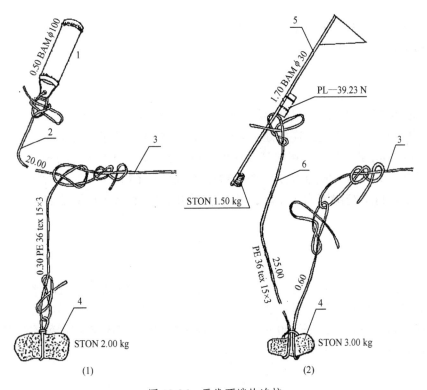

图 12-26 干线两端的连接
1. 浮筒；2. 浮筒绳；3. 干线；4. 沉石；5. 浮标；6. 浮标绳

（四）属具

1. 浮子

延绳滚钩上一般系结有浮子，以便提起干绳和支线，使锐钩稍微离底而更易于钩刺鱼体。此外，利用鱼体上钩后牵动干线上的浮子而产生的反作用力，可使锐钩更有效地钩住鱼体。

我国延绳滚钩的浮子材料一般采用泡沫塑料、硬质塑料和木，形状多种，在滚钩上使用的均属于小型浮子，如图 11-32 所示。泡沫塑料浮子除采用中孔球浮外，多数采用块状的浮子，如图 12-27 所示。

图 12-27 滚钩浮子

2. 沉子

沉子可加速滚钩的下沉和减少干线在水流作用下的弯曲。沉子和浮子配合使用，易于控制锐钩稍微离底。

我国延绳滚钩，大多数在干线中间是不装沉子的。只有河北、天津的滚钩，才在干线中间装有砖沉子，每个质量为 0.42～0.50 kg。

3. 浮标

浮标是钩列的标识，作业时可根据浮标的排列位置观察钩列的形状。浮标是用浮标绳连接在钩列的两端或钩列中两条干线之间的连接处。浮标由标杆、旗帜、浮子和沉子四部分组成。标杆一般为基部直径 22～30 mm 的竹竿，较粗的基部直径达 40 mm，长为 1.50～2.00 m。浮子采用泡沫塑料或硬质塑料的球浮，其浮力一般为 10.79～39.23 N，较大的达 67.67 N。沉子材料采用铁或石，其质量一般为 0.50～2.00 kg。延绳滚钩的浮标的形式与刺网的基本相似，如图 2-37 的（1）、（2）、（3）所示。

4. 浮筒

钩列也可用浮筒标识。有的延绳滚钩用浮筒代替浮标。有的延绳滚钩既用浮标又用浮筒，即钩列两端用浮标而中间用浮筒。我国延绳滚钩的浮筒一般采用竹浮筒、注塑浮筒或泡沫塑料浮筒。竹浮筒的基部直径为 80～100 mm，长 300～700 mm。浮筒是用浮筒绳连接在钩列的两端或钩列中两条干线之间的连接处。

5. 沉石

沉石是装置延绳滚钩的固定装置之一。沉石可以看成是连接在钩列两端或连接在钩列中两条干线之间连接处的较重的石沉子，故沉石可起到沉子的作用，即可加速滚钩的下沉和减少干线在水流作用下的弯曲。若全部采用沉石固定的延绳滚钩，有的整钩列只使用一种同一规格的沉石，在钩列两端和各干线之间连接处均装上一个；有的在钩列两端各用一个重 3～10 kg 的沉石，中间用重 3～10 kg 和重 1～3 kg 的沉石相间装置。沉石是用沉石绳连接在钩列的两端或钩列中两条干线之间的连接处。

6. 锚

锚也是定置延绳滚钩的固定装置之一，其作用和沉石的一样，但其固定作用比沉石更为可靠和牢固。我国定置延绳滚钩采用的锚有铁锚和木锚 2 种。北方一般采用重 1.00～2.50 kg 的双齿小铁锚，南方一般采用单齿或双齿的小木锚，在木锚的锚柄上缚有一块重约 2 kg 的长方体石块或铁块。锚是用锚绳连接在钩列两端或钩列中两条干线之间的连接处。

第四节　耙刺渔具图及其核算

一、耙刺渔具图

我国耙刺类渔具型式较多，下面只对拖曳齿耙和延绳滚钩的渔具图进行说明。

（一）拖曳齿耙渔具图

拖曳齿耙渔具图包括总布置图、网衣展开图、局部装配图、零件图和作业示意图等。每种拖曳齿耙一定要画总布置图、网衣展开图、局部装配图和作业示意图。零件图可根据需要决定是否绘制。较小型的拖曳齿耙一般可以集中绘制在一张 4 号图纸上。大型的拖曳齿耙，有的需要画在两张图面上，如图 12-23 所示。第一张图面的上部绘制网衣展开图，下部绘制总布置图，右下角为囊底吊绳与囊底扎绳的连接装配图（⑦）；第二张图面的上部安排绘制各部件的局部连接图或放大图（①～⑥），下部绘制作业示意图。

1. 总布置图

要求画出拖曳齿耙的整体结构布置，完整表示出各构件的相互位置和连接关系。网囊引绳、叉绳、曳绳的规格可标注在总布置图中。

2. 网衣展开图

拖曳齿耙的网衣一般单囊状，网衣展开图的绘制方法与有囊拖网网衣展开图相同，即网衣纵向长度依网衣拉直长度按比例缩小绘制，横向宽度依网衣拉直宽度的一半或依网衣拉直宽度的 1/4 按同一比例缩小绘制。

3. 局部装配图

在图 12-23 局部装配图中，要求画出网衣前缘的装配（⑤）、耙齿的装配（①）、网囊引绳前端与上横梁的连接（④）、网囊引绳后端与囊底扎绳的连接（⑦）、叉绳与框架的连接（②）、叉绳与曳绳的连接（⑥），并标注出有关构件或装配的材料及规格。

4. 零件图

在图 12-23（b）中绘有叉梁零件图，如⑧图所示，应严格按照机械制图要求按比例绘制，并标注零件的材料与规格。

5. 框架结构图

在图 12-23（b）中绘有框架结构图，如③图所示，应标注出框架中所有构件的材料与规格。

6. 作业示意图

拖曳齿耙的作业示意图一般是绘制成表示拖曳状态下的作业示意图，如图 12-23（b）的下部所示。若较小型的拖曳齿耙只拖曳一个网囊且其总布置图和作业示意图相类似时，则可将两种图的要求合二为一，在图中既能表示出整体结构布置，又能表示出作业状态。

关于渔具图标注，除了框架和刚性材料结构的零件图可按机械制图的要求标注外，其他网衣、绳索和属具的标注和前面各章所介绍的要求一致。

带有网囊的拖曳齿耙，其主尺度可用下述方法表示：结缚网囊的框架周长×网囊拉直长度。

例：毛蚶耙网 3.68 m × 4.08 m ［图 12-23（a）］。

（二）延绳滚钩渔具图

延绳滚钩渔具图包括总布置图、局部装配图、锐钩图、作业示意图等。每种延绳滚钩一定要画出总布置图、局部装配图和锐钩图。作业示意图若与总布置图类似的，一定要根据需要画出其中一种。延绳滚钩渔具图均可以绘制在一张图面上，如图 12-24 所示。一条干线的总布置图绘制在上方，锐钩图和局部装配图绘制在中间，作业示意图绘制在下方。

1. 总布置图

要求画出延绳滚钩的整体结构布置。总布置图可分为两种，一种是整钩列的总布置图，另一种是一条干线的总布置图。在整钩列的布置中，若钩列头尾（或左右）对称时，可画出整钩列的布置，也可只画出钩列头部分若干条干线的布置（画在左侧），图中应标注支线、浮子和沉子的安装间距、端距及其数量，还应标注整钩列所需用的干线浮标和浮标绳、浮筒和浮筒绳、沉石和沉石绳、锚和锚绳的规格及其数量。若不画整钩列的总布置图，而只画一条干线的总布置图，则需另画出表示整钩列布置的作业示意图。在一条干线的总布置图中，应标注干线的规格和支线、浮子、沉子的安装间距、端距及其数量，如图12-24的上方所示。在作业示意图中，应标注整钩列所需用的浮标和浮标绳、浮筒和浮筒绳、沉石和沉石绳、锚和锚绳的规格及其数量，如图12-24的下方所示。

2. 局部装配图

应分别画出各构件之间的局部连接装配，如图12-24的中右方所示：①图画出浮子与浮子绳的连接，标注浮子和浮子绳的材料规格；②图画出支线与干线和钓钩的连接，标注支线的材料规格；③图画出沉子绳与沉子的连接，标注沉子绳和沉子的材料规格。

3. 锐钩图

应按机械制图的规定按比例绘制，标注锐钩的材料、轴径、钩高、钩宽、尖高和尖宽，如图12-24的中左方所示。

4. 作业示意图

图12-24下方的作业示意图只画出钩列头部分2条干线的布置，图中标注浮标、浮标绳、沉石绳和沉石的材料规格及其在整个钩列中所使用的数量。

延绳滚钩的主尺度表示法与延绳钓的相同，即：每条干线长度×每条支线长度（每条干线系结的钩数）。

例：空钩 $105.00 \text{ m} \times 0.11 \text{ m}$（1000 HK）（图12-24、《中国图集》231号渔具）。

延绳滚钩渔具图的标注与延绳钓渔具图的相同，不再赘述。

二、耙刺渔具图核算

（一）拖曳齿耙渔具图核算

拖曳齿耙渔具图的核算包括核对网衣规格、网口缩结和网囊引绳长度等。根据有关资料统计，我国带有网囊的拖曳齿耙，其网口缩结系数一般为0.40~0.60。

下面举例说明具体如何进行拖曳齿耙渔具图核算。

例12-1 对毛蚶耙网（图12-23）进行渔具图核算。

解：

1. 核对网衣规格

假设网衣目大（0.043 m）和网长目数（95目）是正确的，则其网衣长度应为

$$0.043 \times 95 = 4.08 \text{ m}$$

核算结果与网衣展开图中所标注的网衣长度和主尺度均相符,说明网衣目大和网长目数均无误。

2. 核对网口缩结

在图 12-23(b)的⑤中,可知每隔 4 目的缘绳档长 100 mm,则其缩结系数为
$$0.10 \div (0.043 \times 4) = 0.581$$

此缩结系数在我国习惯使用范围(0.40～0.60)之内,故是合理的。

3. 核对网囊引绳长度

本渔具网囊引绳长为 4.50 m,其装置部位网衣拉直长度(从网口框架至囊底扎绳)稍小于网长长度 4.08 m,则网囊引绳长度与其装置部位长度之比会稍大于
$$4.50 \div 4.08 = 1.10$$

即网囊引绳比其装置部位还长 10%以上,参考拖网网囊引绳的装配经验,网囊引绳应比装置部位长 10%～30%,本渔具网囊引绳长度只加长 10%,考虑到其前端和后端均要扎成眼环便于连接,如图 12-23(a)中的⑦和 12-23(b)中的④所示,故用囊引绳应考虑到主长取为 6 m。

4. 核算网口下横梁长度

从图 12-23(b)中部的框架结构图③中可以看出,下横梁的下横边长 1.60 m,两侧边高 0.24 m,则整根下横梁长度为
$$1.60 + 0.24 \times 2 = 2.08 \text{ m}$$

5. 核算网口前下横梁长度

从图 12-23(b)的局部装配图③中可以看出,网口框架两侧的垂直高为 240 mm,网口框架两侧的下端点到网口前下横梁两端点的水平距离为 66 mm,则前下横梁两侧柱的高度即为 240 mm 和水平的 66 mm 组成的直角三角形的斜边高度,即网口前下横梁两侧柱高度为 $\sqrt{240^2 + 66^2} = 249$ mm,则网口前下横梁长度为 $1600 + 249 \times 2 = 2098$ mm,取为 2.10 mm。

6. 核算缘绳长度

从图 12-23(b)的局部装配图⑤中可看出缘绳是采用单结方式分档扎缚在由上横梁(1.60 m)和后下横梁(2.08 m)焊成的网口框架上,其结扎档长为 0.10 m,则缘纲沿着网口框架的结扎档数为
$$(1.60 + 2.08) \div 0.10 = 36.8 \text{ 档,取为 37 档}$$

缘绳每档围绕圆钢系一个单结。现只根据较粗的下横梁圆钢直径(0.03 m)和缘绳直径(0.008 m)来估算缘绳净长为
$$2 \times (0.03 + 0.008)\pi \times 37 = 8.83 \text{ m}$$

考虑到缘绳结扎时会有些松弛和两端需留头,则缘绳全长可取为 9.50 m。

7. 核算制作耙齿的钢条长度

从图 12-23(b)的局部装配图①中可看出耙齿长 0.40 m,齿距为 0.028 m。此耙齿的后部是用铁线结扎在 2 条下横梁长 1.60 m 的下横边上,则此耙齿的齿数为
$$[1.60 - (0.030 \times 2)] \div [(0.028 + 0.0045) \times 2] = 23.7 \text{ 个}$$

即可装 23 个耙齿。则此 23 个耙齿所需的圆钢条长度约为
$$0.40 \times 2 \times 23 + [(0.028 + 0.0045) \times 2] \times 23 = 21.76 \text{ m}$$

可取全长为 22.00 m。

8. 核算叉梁长度

从图 12-23（b）的零件图⑧中可以看出叉梁是用 1 根圆钢条弯曲而成的。弯曲后其上部长 0.23 m，下部长 0.24 m，则每根叉梁长度为

$$0.23 + 0.24 = 0.47 \text{ m}$$

（二）延绳滚钩渔具图核算

延绳滚钩渔具图核算包括核对支线安装间距、端距的合理性，干线长度和支线的间距、端距，浮子、沉子、浮标、浮筒、沉石、锚的数量等。

延绳滚钩的支线间距约等于支线长度，这样当鱼体误触其中某一锐钩而挣扎时，方能带动邻近的锐钩也一同钩刺住同一鱼体。我国延绳滚钩的支线间距一般为支线长度的 0.9~1.1 倍，多数为等长，支线端距均大于支线间距。

下面举例说明如何具体进行延绳滚钩渔具图核算。

例 12-2　试对空钩（图 12-24）进行渔具图核算。

解：

1. 核对支线安装间距、端距的合理性

在局部装配图②中，支线标明长为 0.11 m，这与主尺度相符，说明支线长度无误。

在总布置图中，标明支线间距为 0.10 m，则支线间距与支线长度之比为

$$0.10 \div 0.11 = 0.91$$

核算结果在我国延绳滚钩的习惯装配范围（0.9~1.1）之内，而且是较小的，有利于带动更多锐钩一起钩刺，故是合理的。支线端距 2.55（2.50 + 0.10 ÷ 2）m 大于支线间距，也是合理的。

2. 核对干线长度和支线的间距、端距

假设总布置图中的支线间距（0.10 m）、支线端距（2.55 m）和每条干线的锐钩数量（1000 个）是正确的，则干线长度为

$$2.55 + 0.10 \times (1000 - 1) + 2.55 = 105.00 \text{ m}$$

核算结果与总布置图中标明的干线长度和主尺度均相符，说明干线长度、支线间距和端距、锐钩数量均无误。

3. 核对浮子个数

在总布置图中，假设浮子安装的间距（4.00 m）和端距（2.50 m）是正确的，则每条干线的浮子个数应为

$$(105.00 - 2.50 \times 2) \div 4.00 + 1 = 26 \text{ 个}$$

经核对无误，说明浮子个数及其安装的间距和端距均无误。

4. 核对沉子个数

在总布置图中，假设沉子安装的间距（25.00 m）和端距（2.50 m）是正确的，则每条干线的沉子个数应为

$$(105.00 - 2.50 \times 2) \div 25.00 + 1 = 5 \text{ 个}$$

经核对无误，说明沉子个数及其安装的间距和端距均无误。

5. 核对浮标、沉石的数量

在总布置图中可以看出，整个钩列由 30～50 条干线连接而成。在作业示意图中可以看出钩列两端和中间每两条干线连接处均装有 1 支浮标，则整钩列的浮标支数应等于干线条数加 1，即为（30～50）+1，故图中标明浮标支数为"×（30～50）+1"是正确的。

在作业示意图中又可以看出钩列两端各装有 1 个沉石，即整钩列只装置 2 个沉石，故图中标明沉石个数为"×2"是正确的。

第五节 耙刺材料表与渔具装配

一、耙刺材料表

这里只介绍拖曳齿耙和延绳滚钩的材料表。

（一）拖曳齿耙材料表

拖曳齿耙材料表中的数量和用量是指一个齿耙所需的数量和用量。渔具图中所标注的绳索长度，除了曳绳长度为全长外，其余的均为净长。

现根据图 12-23 和例 12-1 核算结果列出毛蚶耙网材料表如表 12-4 所示。

表 12-4 毛蚶耙网材料表　　（主尺度：3.68 m × 4.08 m）

名称	数量	材料及规格	网衣尺寸/目		单位数量长度		用量/g	附注
			横向	纵向	净长	全长		
网衣	1 片	PE 36 tex 6×3—43 SJ	160	95			1 469	
缘绳	1 条	PE ϕ 8				9.50 m/条	311	
囊底扎绳	1 条	PE ϕ 10				1.70 m/条	84	估计数
网囊引绳	1 条	PE ϕ 18				6.00 m/条	967	
叉绳	1 条	PE ϕ 18			4.50 m/条	6.00 m/条	967	对折使用
曳绳	1 条	PE ϕ 20				50.00 m/条	10 000	
耙齿	1 个	ST ϕ 4.5				22.00 m/个		圆钢条
叉梁	2 根	ST ϕ 16				0.47 m/根		圆钢条
上横梁	1 根	ST ϕ 25				1.60 m/根		圆钢条
网口下横梁	1 根	ST ϕ 30				2.08 m/根		圆钢条，含侧柱
网口前下横梁	1 根	ST ϕ 30				2.10 m/根		圆钢条，含侧柱
钢锭	2 块	ST 8.80 kg					17 600	圆柱体状
铁线	1 条	Fe ϕ 0.1					1 000	估计数
转环	1 个	ST						双重转环

（二）延绳滚钩材料表

延绳滚钩材料表中的数量是分开每条干线和整钩列标明的，其合计用量是指整钩列的用量。在延绳滚钩渔具图中，干线、支线均标注净长，其他线、绳均标注全长。

现先假设空钩渔具的整钩列由 50 条干线组成，浮标绳长取 15.00 m，则可根据图 12-24 列出空钩材料表如表 12-5 所示。

表 12-5　空钩材料表［主尺度：105.00 m × 0.11 m（1000 HK）］

名称	数量		材料及规格	每条线（绳）长度/m		单位数量质量	合计质量/g	附注
	每干	整列		净长	全长			
干线	1 条	50 条	PE 36 tex 3 × 3 × 9	105.00	105.40	344.237 g/条	17 212	R*3266 tex
支线	1 000 条	50 000 条	PE 36 tex 2 × 3 × 3	0.11	0.21	0.146 g/条	7 300	R693 tex
浮子绳	26 条	1 300 条	PE 36 tex 36 × 3		0.50	2.178 g/条	2 832	
沉子绳	5 条	250 条	PE 36 tex 36 × 3		0.50	2.178 g/条	545	
浮标绳		51 条	PE 36 tex 36 × 3		15.00	65.325 g/条	3 332	
沉石绳		2 条	PE φ 16		5.00	640.000 g/条	1 280	
锐钩	1 000 个	50 000 个	长角形 ST φ 2.5 × 70 × 27					钩高 70 mm 尖宽 27 mm
浮子	26 个	1 300 个	FP 46 × 20 × 14—118 mN					
沉子	5 个	250 个	CER 0.50 kg			500.000 g/个	125 000	
浮标		51 支	3.00 BAM φ 30 + 3FP—6.86 N + Fe1.00 kg + CL					
沉石		2 个	STON 25.00 kg			25 000.000 g/个	50 000	

注：*R 表示综合线密度。

二、耙刺渔具装配

这里只介绍拖曳齿耙和延绳滚钩的装配。

（一）拖曳齿耙装配

拖曳齿耙装配包括框架制作、网衣装配和绳索连接三部分。下面根据图 12-23 叙述毛蚶耙网的制作与装配。

1. 耙架制作

先把 1 根直径 30 mm、长 2.08 m 的圆钢条弯曲成凹形，制成网口下横边长为 1.60 m、两侧边高为 0.24 m、两顶端跨度为 1.60 m 的网口下横梁。再把 1 根直径 30 mm、长 2.10 m 的圆钢条弯曲成凹形，制成长 1.60 m，两侧柱高 0.249 m、顶端跨度为 1.60 m 的网口前下横梁。然后 2 个下横梁并列而将其两侧边顶端分别焊接在一起，并使其 2 条下横边的间距保持为 66 mm。接着把 1 根直径 25 mm、长 1.60 m 的上横梁圆钢条的两端分别焊接在 2 个下横梁两侧边的顶端。

另外，先把 2 根直径 16 mm、长 0.47 m 的圆钢条分别弯曲成上部长 0.23 m、下部长 0.24 m、两端

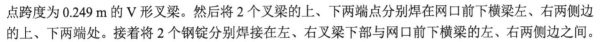

点跨度为 0.249 m 的 V 形叉梁。然后将 2 个叉梁的上、下两端点分别焊在网口前下横梁左、右两侧边的上、下两端处。接着将 2 个钢锭分别焊接在左、右叉梁下部与网口前下横梁的左、右两侧边之间。

此外，先把直径 4.5 mm、长 25 m 的圆钢条弯曲成梳子形，制成齿长 400 mm、齿距为 28 mm、齿数为 23 个的耙齿。最后将弯曲好的耙齿后部平放在 2 个下横梁的下横边上，用直径 0.1 mm 的铁线捆绑扎牢，使耙齿露出前下横梁外 300 mm 左右。至此，框架制作完毕。

2. 网衣装配

先把宽 160 目、长 95 目的网片沿纵向缝合成圆周为 160 目的圆筒网衣。另外先用直径 8 mm、长 9.50 m 的缘绳在由上横梁与网口下横梁构成的网口框架上采用单结方式拉直分档扎缚，如图 12-23 (b) 的⑤所示。其具体扎缚方法如下：先把缘绳前端固定结扎在上横梁端点，然后拉紧缘绳沿着网口框架后侧每间隔 100 mm 以单结方式结扎固定形成 1 档，整个网口框架周长 3.68 m，则可扎成 37 档。然后用直径 4 mm 的乙纶缝合线将网口边缘网目逐目地绕缝到缘绳上，每档内含 4 目。但在网口框架的四角处应各多含 3 目。⑤图为了把缝合方法描绘清楚，把绕缝线画得很松散；但为了使网口网目张开更均匀和网口边缘与框架的缝合更牢固，实际在绕缝过程中，应把缝合线拉紧并在每档中点处，缝合线穿过中间 1 目后以单结方式结扎固定 1 次。这样，每档内含 4 目，37 档共含 148 目，网口框架四角共多含 12 目，则刚好把网囊前缘 160 目全部绕缝到网口框架上。

3. 绳索连接

用一根直径 10 mm、长 1.70 m 的乙纶绳作为囊底扎绳，其前端扎有 1 个眼环，使用时如图 12-23 (a) 的⑦所示，作业前将囊底扎绳穿过囊底吊绳后端的眼环后才将网囊后部捆绑扎牢，以防渔获物在拖曳作业时漏出。

先在上横梁中点处套上 1 条带有 1 个木锥的连接绳环，再用 1 条直径 18 mm、长 4.50 m 的乙纶绳做成两端均扎成眼环的网囊引绳，其前端眼环穿过连接绳环和绕过木锥后扎牢而连接在上横梁上，如图 12-23 (b) 中的④所示，其后端眼环被穿在网囊后部的囊底扎绳上，如图 12-23 (a) 的⑦所示。

先在框架两侧各套上 1 条连接绳环，再用 1 条直径 18 mm、长 4.90 m 的乙纶绳作为叉绳，对折使用，其对折处套在 1 个转环上，如图 12-23 (b) 中的⑥所示；其两端部分分别连接在框架左、右两侧的连接绳环上，如图 12-23 (b) 的②所示，并使左、右叉纲净长均为 2.25 m。

用 1 条直径 20 mm、长 50 m 的乙纶绳作为曳绳，其后端与叉绳前端的转环连接，如图 12-23 (b) 的⑥所示，其前端连接在船尾或撑杆的外端部，如图 12-23 (b) 的下方所示。

（二）延绳滚钩装配

延绳滚钩装配与延绳钓装配相似，均比网具装配简单得多，只要掌握延绳滚钩构件之间的连接方法，装配工作就能顺利进行。延绳滚钩构件间的连接方法可参考第十一章第六节的"钓具构件间的连接"内容，在此不再赘述。

完整的延绳滚钩渔具图，应标注有延绳滚钩装配的主要数据，使我们可以根据渔具图进行延绳滚钩装配。现根据图 12-24 叙述空钩的装配工艺如下。

1. 干线、支线及锐钩装配

每条干线的一端（留头 0.20 m）均应先扎成一个眼环，以便干线之间的连接和浮标绳、沉石绳与干绳之间的连接。干线一端扎成眼环后，接着留出 2.55 m 长的端距（包括眼环长度）后开始结扎第一条支线，支线间距均为 0.10 m，这样连续结扎 1 000 条支线后，干线的另一端剩下了 2.75 m。

支线的一端结扎在干线上，另一端系结锐钩，如图 12-24 中的②所示。干线之间的连接是将无眼环的一端穿过另一条干线端的眼环后结缚连接。

2. 属具装配

从干线的一端留出 2.50 m 的端距（即在第一条支线前 0.50 m 处）后开始连接第一条浮子绳和沉子绳。浮子绳的另一端结扎第一个浮子，如图 12-24 中的①所示；沉子绳的另一端结扎第一个沉子，如图 12-24 中的③所示。以后每间隔 4.00 m（即每间隔 40 个钩）结扎一个浮子，每条干线共结扎 26 个浮子；同样地每间隔 25.00 m（即每间隔 250 个钩）结扎一个沉子，每条干线共结扎 5 个沉子。

作业时，在钩列两端用浮标绳和沉石绳分别连接 1 支浮标和 1 个沉石，在钩列中间的干线连接处均用浮标绳连接一支浮标，如图 12-24 的下方所示。

第六节　耙刺捕捞操作技术

本节只介绍天津毛蚶耙网和河北空钩的捕捞操作技术。

一、毛蚶耙网捕捞操作技术

毛蚶耙网属拖曳齿耙耙刺渔具，利用拖曳齿耙把埋栖在软泥中的毛蚶耙起拖入网囊中。它是渤海三个湾（辽东湾、渤海湾、莱州湾）的主要渔具之一，历史悠久，分布面广。

天津塘沽的毛蚶耙网，主要在渤海湾和莱州湾作业，渔期分春汛和秋汛，春汛 3 月初至 4 月底，秋汛 10 月底至 12 月中旬，主要捕捞毛蚶。

1. 渔船

船体木质，大多总吨位 40~60 GT，主机功率 66~99 kW。

2. 捕捞操作技术

单船作业，66~99 kW 机动船拖曳 8~10 顶耙网作业，到达渔场后先把撑杆横向固定在船的中后部。

1）放耙

船长根据当时风流情况决定拖向，风大拖顺风，流大拖顺流，平流无风任意拖。放耙前停船，依靠船的惯性前进，先放船尾的 2 顶耙网。耙架入水后，当船的惯性逐渐消失时，船长要见机开船，紧接放船后部两侧的耙网，由后向前逐一放耙。每顶耙网需 2 人把耙架抬放在船舷边，先把网衣放入水中，然后轻轻把耙平放水中。船舷放耙比较复杂，要使耙架网口平面与船首线垂直后才能下水。放完耙架后，接着放叉绳、曳绳，全部放完后，才缓慢加速向前拖曳。

放耙时要注意防止网衣挂在耙齿上。拖曳作业中要随时观察撑杆和曳绳的动静：若曳绳有节奏地振动，表明耙网在海底曳行正常；若感觉曳绳拉力不大，则表明耙架翻倒或被网衣蒙住；若感觉曳绳拉力过大，且无节奏地振动，则表明曳绳过长。发现上述异常现象，应采取措施纠正。

2）起耙

一般拖曳 50~60 min，若产量较高则可提前起耙。在准备起耙前加快航速，再拖 2~3 min，使网架离底，从而使网内的泥甩掉一些。起耙时先绞收前面两舷的耙网，当耙架离开水面时，把前桅的吊钩挂在叉绳前端的转环上并吊起耙架放在甲板上（网囊仍留在水中），然后用绞机吊起网囊，解开耙架上的囊底扎绳，将毛蚶倒在甲板上。这样由前向后顺序起耙，直至全部起完为止。

二、空钩捕捞操作技术

空钩为俗名，学名称滚钩，属定置延绳滚钩耙刺渔具，其锐钩不装饵，以定置延绳方式敷设在沿岸底层水域，趁涨落潮鱼类游动穿过钩列时，靠锐钩将鱼体钩刺住而捕获。

渤海西部的滚钩生产历史较长，渔场主要在接近河口的海区，水深 3～6 m，全年均能作业。河北海兴的空钩，主要于每年 5～10 月在渤海湾河口附近捕捞梭鱼、鳀和鲈等。

1. 渔船

船体木质，总吨位 14～24 GT，主机功率 16 kW。采用母子船形式作业，母船带舢板 2 只，每只舢板放钩 30～50 条干线。

2. 捕捞操作技术

每次作业前都要磨钩、沾油（花生油或豆油），使锐钩保持锐利，以提高渔获率。

1）放钩

一般在下午驶船出海，夜间作业。作业前先将舢板从上风舷放下，每只舢板 4 名船员，放钩时，1 人摇橹，1 人投浮标、沉石、浮子和沉子，1 人理绳索，1 人放锐钩。放钩时，一般采用顺风横流或偏风横流放钩，放钩时要使干线与水流方向垂直，航速要与放钩速度相适应。其放钩顺序如图 12-24 下方的作业示意图中从左向右的顺序所示，先放下浮标和浮标绳，再放下沉石和沉石绳，待浮标绳、沉石绳受力后才放出第一条干线。一条干线有 1000 个锐钩，其首尾和中间共结缚有 26 个浮子和 5 个沉子，两条干线之间的连接处均结缚有浮标和浮标绳。按图中顺序将锐钩放完后，再结缚浮标、浮标绳和沉石、沉石绳。至此放钩全部结束，舢板返回渔船，渔船就地抛锚守候。

2）起钩

翌晨平潮缓流时起钩，由上风向下风操作，边起钩边摘鱼，1 人摇橹，1 人拉干线摘鱼，1 人理钩线和锐钩，1 人起浮标、沉石、浮子和沉子。

第十三章 笼壶类

第一节 笼壶渔业概况

笼壶类渔具是根据捕捞对象特有的栖息、摄食或生殖等生活习性，在渔场中布设笼或壶诱其入内而捕获的渔具。

笼壶渔具是我国古老、原始的渔具之一，其渔具渔法变化不大，但制作笼壶的渔具材料和结构变化较大，20世纪90年代之前的笼一般是用竹篾编织或用竹、木框架外罩乙纶网衣而成，90年代以后普遍改用稍粗的塑料单丝或塑料薄片代替竹篾编结，或改用金属框架外罩网衣而成，原采用竹筒的壶则改用塑料经模压而成的壶。笼壶渔具的结构更加趋向于适合多种捕捞对象的综合功能发展，现在的蟹笼不仅适合捕蟹，而且也适合捕鱼、螺、虾和头足类等。

笼壶渔具结构简单而巧妙，渔获物选择性强，渔期长，捕捞效果较好，能耗较低。目前这种渔业在我国海洋渔业生产中的比重不大，一部分为沿岸渔业中的一种轮、兼作业或副业生产的地方性小型渔具。但蟹笼技术提高很快，已发展成大型渔轮延绳笼壶作业。小型渔船则大部分进行长笼作业。

20世纪90年代之前，笼壶渔具主要在河口、海湾和一些沿岸浅海区作业，作业水深一般为2～12 m，主要捕捞对象是头足纲、腹足纲的软体动物和一些鱼、虾、蟹类，作业渔船为小船或小艇。90年代以后，部分发展成母子船形式作业，母船为机动渔船，带若干小船或小艇，可开赴水较深的渔场后，放下小船或小艇进行作业。部分发展成机轮作业。

关于笼壶渔具的编写或介绍，往往会把笼壶类的渔具名称与构件名称混淆在一起，难于辨别。故本书对笼壶类的渔具名称及其主要构件笼壶状器具的名称做出如下规定：对渔具称为"笼壶渔具""笼具"或"壶具"，对笼壶状器具称为"笼壶""笼"或"壶"。

第二节 笼壶渔具捕捞原理和型、式划分

笼壶渔具是利用笼壶状器具，引诱捕捞对象进入而捕获的渔具。笼状器具简称为笼，壶状器具简称为壶。

根据我国渔具分类标准，笼壶渔具按笼、壶的结构特征分为倒须、洞穴两个型，按作业方式分为定置延绳、漂流延绳、散布三个式。

一、笼壶渔具的型

1. 倒须型

制成笼形或壶形、其入口有倒须装置的器具，称为倒须笼或倒须壶。

我国的倒须型笼壶，可分为倒须笼和倒须壶两种，下面将分别进行介绍。

1)倒须笼

笼一般均有倒须装置或起倒须作用的装置,其作用是使捕捞对象易进入笼内而不易逃出。如图 13-1 中间的总布置图所示,其倒须是装置在半圆形网口后方、由一片小正梯形网衣缝合成的、近似漏斗形的网衣,简称为漏斗网。

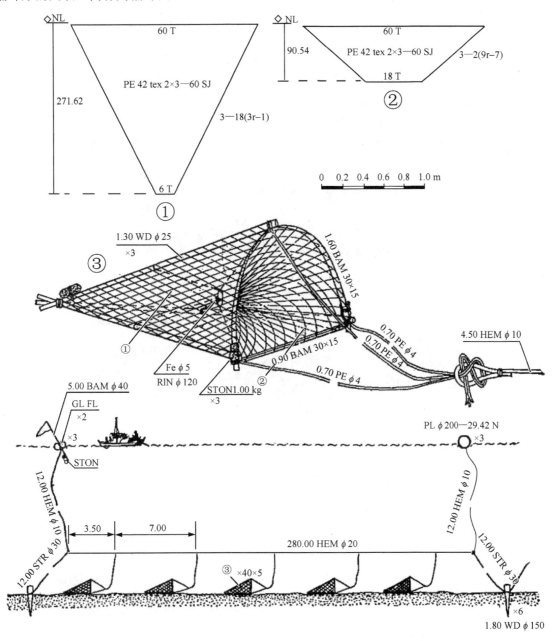

图 13-1 乌贼笼

我国海洋笼具中,分布最广、数量最多的是乌贼笼,它是利用乌贼繁殖期间喜欢偶居并产卵于隐蔽物体上的习性,将笼敷设于海底,诱其入笼而捕获。取渔获物时,应留 1 条没有损伤的活雌乌贼在笼里作为诱饵,以提高捕捞效果。同时,在起笼时要注意保护笼具表面的乌贼卵,以便让其自然孵化,同时也不影响乌贼的入笼率。在山东沿海南部和浙江沿海北部的诸岛曾较多使用特制的传统竹篾笼诱捕乌贼,因乌贼卵大量附着笼体而被损害,从而影响其繁殖保护,曾一度被禁止使用。后来江苏、山东两省在海州湾沿海生产的乌贼笼均做了改进,采用竹、木制成的框架,罩上网衣后形成的网笼，发展较快，数量不少。这种乌贼笼如图 13-1 的中间所示，这是江苏连云港的乌贼笼，其笼是用 2 支竹片和 3 支圆木条制成的框架，罩上网衣后形成前端为近似半圆形笼口、后方为三棱锥形网体的网笼，笼口内装有起倒须作用的漏斗网。还有一种类似的乌贼笼，是山东胶南（现属青岛市黄岛区）的墨鱼笼（《山东图集》151 页），其笼是用 4 支方木条和 4 支圆木条制成的框架，罩上网衣后形成前端为矩形笼口、后方为四棱锥形网体的网笼，笼口内装有漏斗网，其数量也不少。此外还有广东和广西的墨鱼笼。

专捕鱼类的倒须笼具，具有代表性的是广东的花鳝笼、石鳝笼和浙江的鲚鱼篓。花鳝笼、石鳝笼是利用鳝鱼喜钻洞觅食和栖息的特点，在笼内装饵诱其入笼而捕获。如图 13-2 所示，这是广东湛江的花鳝笼，其笼是笼目呈矩形的圆柱形竹篾笼，两端笼口内均装有用竹篾编成的漏斗形倒须，笼内还系有引诱花鳝入笼的圆柱形竹篾饵料罐（②图）。如图 13-3 所示，这是广东台山的石鳝笼，其笼是用竹篾密集编成的长圆台形笼，前端大头笼口也用竹篾向内编有漏斗形

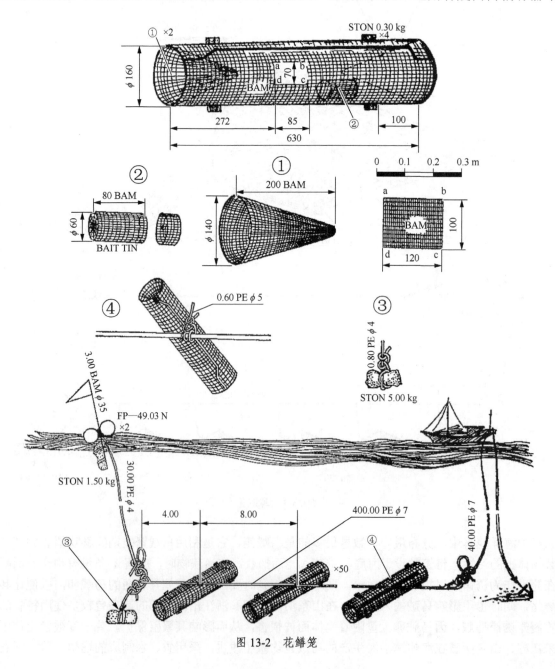

图 13-2 花鳝笼

倒须，后端为取鱼口，作业前先将饵料从取鱼口投入笼内，再用塑料塞子封住取鱼口。鲚鱼篓是利用潮流流经篓体形成缓流区，引诱鲚鱼、梅童鱼等入篓而捕获，如图 13-4 所示，这是浙江瓯海的鲚鱼篓，其笼是近似呈半球状的竹篾笼（①图），下方笼口装有用竹篾编成的漏斗形倒须（③图）。

专捕蟹类的倒须笼具，有福建的蟳笼，是利用蟹类喜欢穴居的习性诱其入笼而捕获。如图 13-5 所示，这是福建龙海的蟳笼，其笼是笼目呈六角形的近似萝卜形竹篾笼，前端大头笼口内装有两层用竹篾编成的漏斗形倒须，后端取鱼口用一个由竹篾编成的圆盘形笼盖封住，如③图所示。

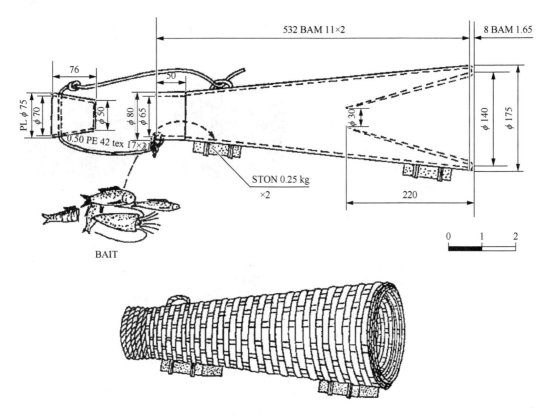

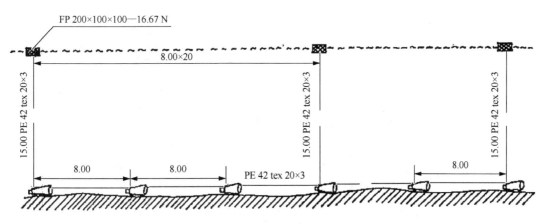

图 13-3　石鳝笼

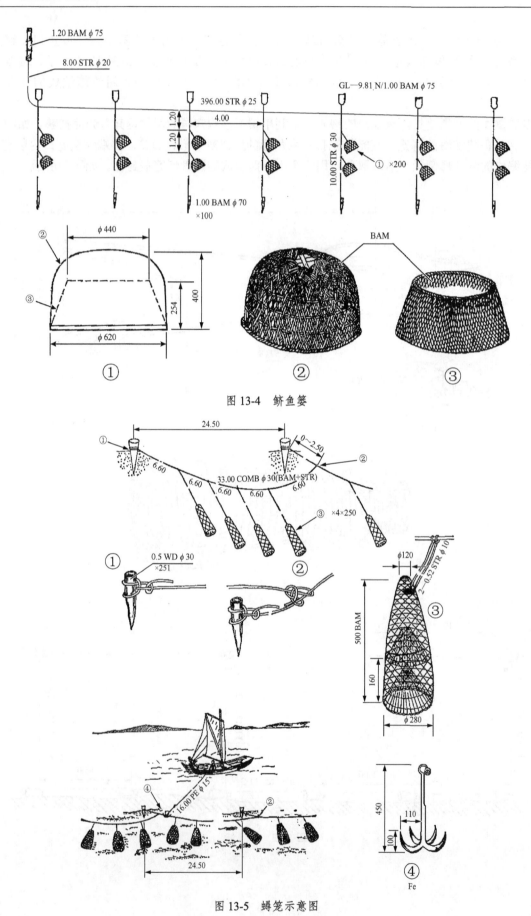

图 13-4 鲚鱼篓

图 13-5 蛏笼示意图

专捕螺类的倒须笼具，有福建的黄螺笼和凤螺笼，均是利用在笼口设置饵料引诱东风螺（俗称黄螺或凤螺）入笼摄食而捕获。如图13-6所示，这是福建长乐的黄螺笼，其笼是用竹篾编成，近似矮圆台形，上方笼口唇向内翻卷且起倒须作用。笼分大小两种，大的如右下方的①图所示，小的如左下方的①ALT所示。在笼口叉线的上端连接有1条绑饵料线将饵料结缚并吊在近笼底的正中央，如图13-6的中下方所示。

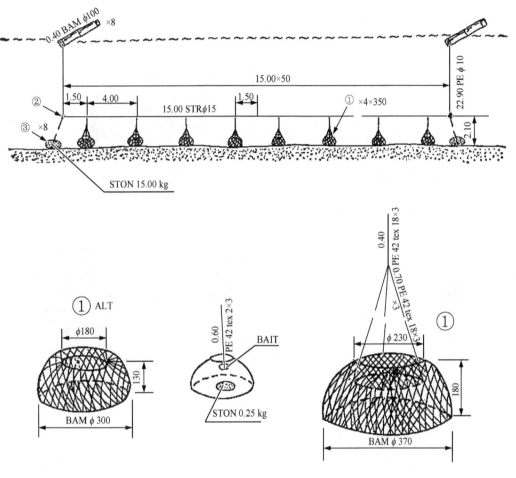

图 13-6 黄螺笼

2）倒须壶

壶具一般不设置倒须，但个别的也设置倒须，如图13-7中的①、②所示。这是广东阳江的石鳝壶[①]，其壶是在两端壶口内均设置有竹篾倒须的竹筒壶，此竹筒内所有的竹节均打通。利用鳝鱼喜钻洞的特点，并在竹筒内装饵诱其入壶而捕获。

2. 洞穴型

洞穴型的笼壶是制成笼形或壶形器具，其入口无倒须装置的渔具，称为洞穴笼或洞穴壶。

1）洞穴笼

在20世纪80年代全国海洋渔具调查资料中，所介绍的笼均装有倒须，即使是当时捕捞东风螺的竹篾笼，如图13-6所示，虽然没有明显装有倒须，但其笼口唇向内翻卷，起着倒须作用，故还是

---

① 在《广东图集》中，其渔具名称写为"石鳝笼"是不妥的，因为图中的"笼具"是一段较长的竹筒（0.89 BAM φ100），筒壁是不透水的，故不宜称笼，只宜称壶，同时在两端壶口内均设置倒须，故应属倒须壶。

属于倒须笼。但到了90年代初以后，东风螺笼逐渐改用如图13-21所示的洞穴笼，发现利用笼内向上内倾的侧壁可防止东风螺爬出笼口。关于洞穴笼的结构，在后面介绍南海区渔具调查资料时会再做介绍。

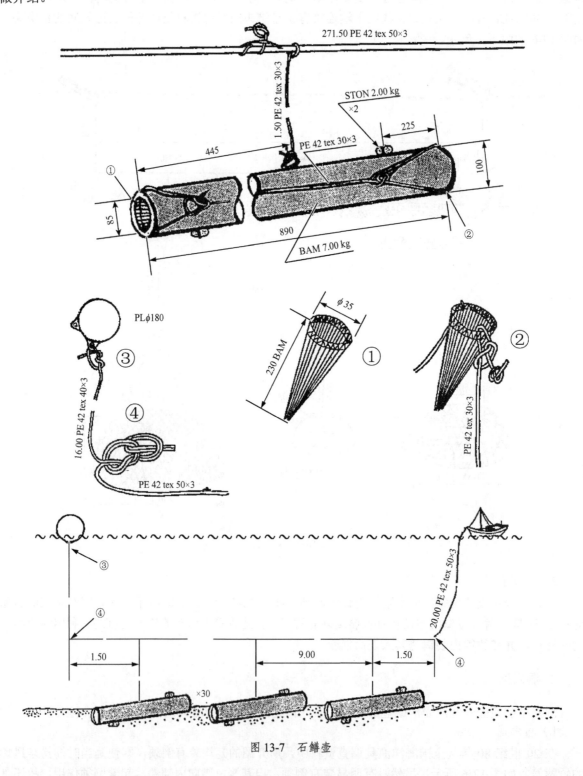

图13-7 石鳝壶

2) 洞穴壶

在我国海洋洞穴壶中，分布最广的是诱捕章鱼的壶，是利用章鱼喜入穴栖息的行为习性，诱其入壶而捕获。其壶具有两种，一种是利用天然的海螺壳，如图 13-8 所示，这是广东陆丰的章鱼壳，其壶具有两种，其一是角螺壳，如②图所示，壳内壁直径大于 70 mm（即活螺每个质量大于 0.30 kg）；其二是大蚶壳，如③图所示，壳内壁直径大于 65 mm。另一种是利用陶罐、陶杯等，如图 13-9 所示，这是广西合浦的章鱼煲，其壶如④图所示，采用的是陶质煲仔（小陶罐），每个煲仔旁系结 1 个文蛤壳作煲盖，供章鱼入煲后伸出头足拉过煲盖盖上煲口。

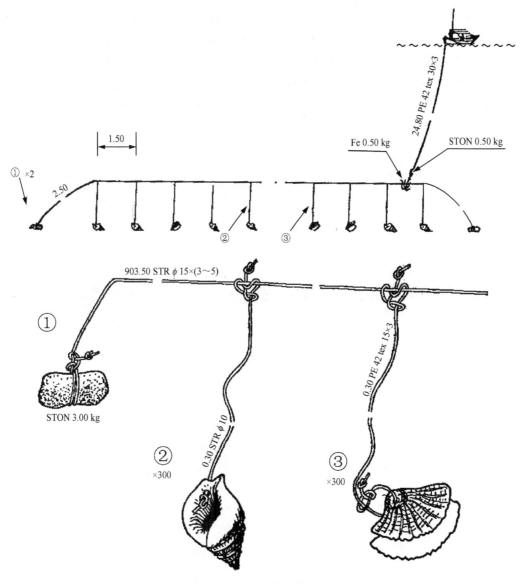

图 13-8 章鱼壳

捕捞鱼类的洞穴壶如图 13-10 所示，这是浙江玉环的弹涂竹管的渔具图，此图的左上方是 1 支弹涂竹管，是用四季竹的一节竹管（0.35 BAMϕ40）制成，其小头处留有节，鱼入管后不能穿过；中上方是 1 只泥涂船，由数块木板钉制而成，船底平滑，船头稍翘；右上方是 1 个鱼篓，用来装渔获物。弹涂竹管的作业过程：落潮时，携带竹管、鱼篓及泥涂船，将 150～300 支竹管置于船中部的扶手后，将船推往作业场所。推船时，双手按在船的扶手上，一只脚跪在尾部底板上，另一只脚向后用脚尖踩蹬泥涂，船便滑行于泥涂上，如图 13-10 下方的作业示意图的右上方所示。在滑行过程中随时注意周围是否有弹涂鱼洞，发现有洞时，随手把竹管插在离洞口 5～10 cm 的泥中，使管口略低于泥涂面，用泥在管口上做成光滑的洞沿，抹去弹涂鱼原来的洞口，然后做上标记以免回收时遗失。这样一边滑行，一边将竹管布放好，然后推船离开。经过一定时间后，弹涂鱼出来活动，有的就会钻入管中被陷住。船再推回布放竹管的地点，以返程收取渔获物。鱼被倒出后，再另找附近洞口，将竹管插入。这样连续不断地取放，待涨潮或天晚时，收好渔具回返。

还有一种主要用来捕捞蟹类的特殊壶，在泥质滩涂上挖洞做穴，利用青蟹、弹涂鱼喜入穴栖息的行为习惯，诱其入洞而捕获。具有代表性的有广东的蟹灶和广西的蟹屋等。图 13-11 是广东湛江的蟹灶，图的上方是挖掘蟹灶用的锹铲零件图，由正视图和俯视图组成，可知此锹铲由铁铲头和木铲柄连接而成。锹铲零件图下方是钩取渔获物用的手钩零件图，由钢丝钩和木手柄连接而成。图的中间是蟹灶的垂直剖面图和俯视图，从图中可看出蟹灶捕获的过程：落潮后在沿岸泥质滩涂上用锹铲挖掘出曲折的泥洞穴，待涨潮后引诱随潮而来的青蟹、弹涂鱼入洞，待落潮干出后，再用手钩将藏在洞穴内的渔获物钩出来。

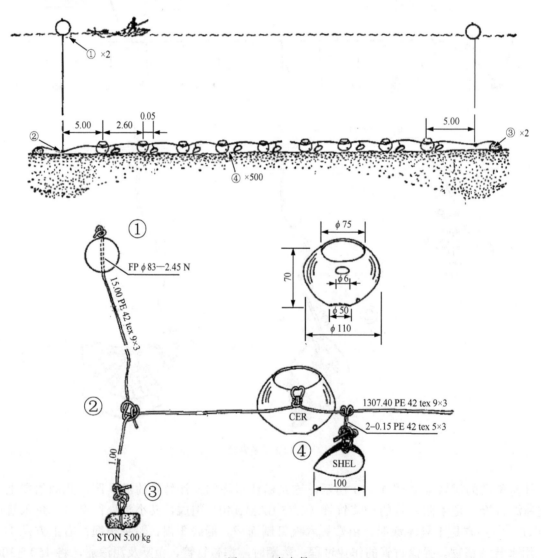

图 13-9　章鱼煲

图 13-10 弹涂竹管

二、笼壶渔具的式

1. 定置延绳式

延绳式的笼壶渔具由笼或壶和一条干线及系在干线上的若干支线组成，称为延绳笼具或延绳壶具。

用石、桩等固定装置敷设的延绳笼具或延绳壶具称为定置延绳笼具或定置延绳壶具，适宜在水流较急、面积相对较窄的渔场作业。

20 世纪 90 年代初以前，我国海洋渔业中的定置延绳笼具均属于倒须型，其分类名称为定置延绳倒须笼具，如乌贼笼（图 13-1）、花鳝笼（图 13-2）、石鳝笼（图 13-3）、鲚鱼篓（图 13-4）、蟳笼（图 13-5）和黄螺笼（图 13-6）等。

我国海洋渔业中的定置延绳壶具有倒须型和洞穴型两种，其分类名称分别为定置延绳倒须壶具和定置延绳洞穴壶具。其中定置延绳倒须壶具较少，如石鳝壶（图 13-7）。大多数是定置延绳洞穴壶具，如章鱼壳（图 13-8）和章鱼煲（图 13-9）等。

2. 漂流延绳式

漂流延绳式作业时随水流漂移，称为漂流延绳笼具或漂流延绳壶具，适宜在面积广阔、潮流较缓的渔场作业。在全国海洋渔具调查资料中所介绍的延绳笼壶渔具，尚未发现有漂流延绳式的，可能是不固定的延绳笼壶渔具的渔获率较差，捕捞对象不易进入笼或壶中。

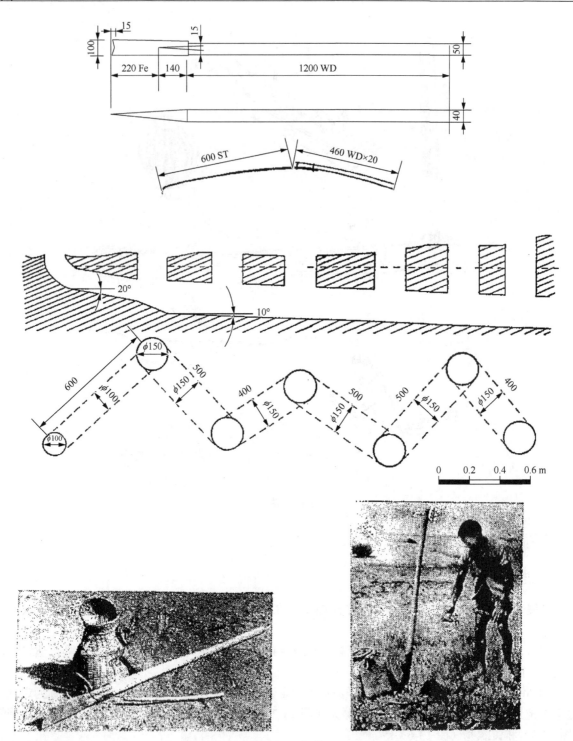

图 13-11 蟹灶

3. 散布式

散布式的笼壶渔具逐个分散布设，称为散布笼具或散布壶具。

我国海洋笼壶渔具大多数采用定置延绳方式作业，采用散布方式作业的较少。我国海洋渔业中的散布倒须笼具，有广东宝安的墨鱼笼，如图 13-12 所示，其笼体是方形网目、上方呈方形和下方呈圆形的台形铁网笼，如图中左方的总布置图所示。其前方笼口内装有用铁丝网制成的倒须，后方有方形取鱼口，并用一块方形网目的矩形取鱼口盖盖住。此铁网笼在海湾的礁盘区内散布作业，诱捕墨鱼，如图中右方的作业示意图所示。我国海洋渔业中的散布洞穴壶具，有如图 13-10 所示的弹涂竹管和如图 13-11 所示的蟹灶，由于上述两种散布洞穴壶具已在前面做了介绍，故不再赘述。

图 13-12 墨鱼笼（广东宝安）

三、全国海洋笼壶渔具型式

根据 20 世纪 80 年代全国海洋渔具调查资料，我国海洋笼壶渔具有定置延绳倒须笼具、散布倒须笼具、定置延绳倒须壶具、定置延绳洞穴壶具和散布洞穴壶具共计 5 种型式。上述资料共计介绍了我国海洋笼壶渔具 24 种。

1. 定置延绳倒须笼具

定置延绳倒须笼具介绍最多，有 10 种，占 41.7%，分布在山东（1 种）、江苏（1 种）、浙江（1 种）、福建（4 种）、广东（2 种）和广西（1 种）。其中较具代表性的有江苏连云港的乌贼笼（《中国图集》243 号渔具），如图 13-1 所示；浙江瓯海的鲚鱼篓（《中国图集》242 号渔具），如图 13-4 所示；福建龙海的蟳笼①（《中国图集》245 号渔具），如图 13-5 所示；福建长乐的黄螺笼（《中国图集》246 号渔具），如图 13-6 所示；广东湛江的花鳝笼（《中国图集》241 号渔具），如图 13-2 所示；广东台山的石鳝笼（《广东图集》132 号渔具），如图 13-3 所示；广西防城的墨鱼笼（《中国图集》244 号渔具），如图 13-13 所示。

2. 散布倒须笼具

散布倒须笼具介绍较少，有 2 种，占 8.3%。一种是广东宝安的墨鱼笼（《广东图集》134 号渔具），如图 13-12 所示。另一种是江苏射阳的籇子（《江苏选集》331 页），此笼具是先用竹片或细木棍夹住纵向密集排列的芦柴前端形成 1 个矩形笼口，再用草绳沿横向将芦柴编织成由矩形笼口逐渐向后形成圆锥形的笼体，在笼内中部还装有一个用芦柴和草绳编织成的漏斗形倒须。笼口前连接有 1 条对折使用的叉绳和一条对折使用的根绳。退潮后将根绳连接到事先埋在沙滩下的草把桩上，涨潮后即

---

① 《中国图集》原载"鲟笼"，本书修正为"蟳笼"。

可迎捕随潮游来的鱼、虾。这是一种古老的渔具，长期分布于江苏沿海一带，南部沿海现在也较多，常年均可作业。

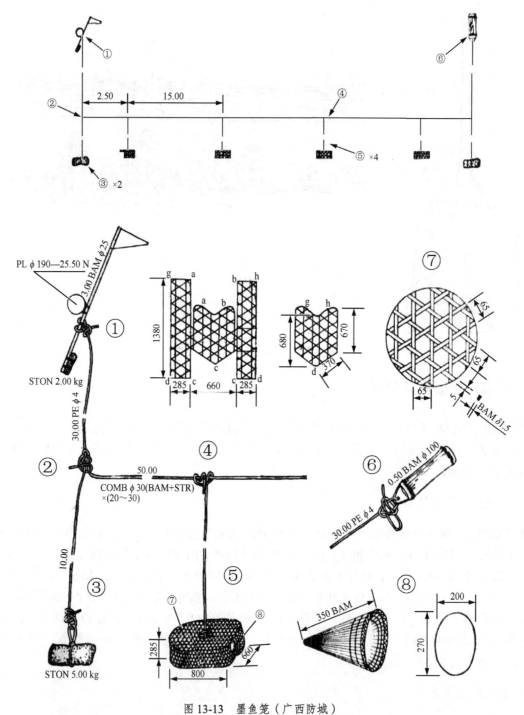

图 13-13　墨鱼笼（广西防城）

3. 定置延绳倒须壶具

定置延绳倒须壶具介绍最少，只有1种，占4.2%，即广东阳江的石鳝壶（《广东图集》131号渔具），如图13-7所示。

4. 定置延绳洞穴壶具

定置延绳洞穴壶具介绍较多，有9种，占37.5%，分布在辽宁（1种）、河北（1种）、山东（1种）、浙江（1种）、福建（2种）、广东（1种）和广西（2种）。上述9种壶具均用于诱捕章鱼。此9种壶具的材料有2种，其中利用天然海螺壳的介绍了5种，即辽宁、河北、浙江、福建和广东各介绍了1种，其中较具代表性的有广东陆丰的章鱼壳（《中国图集》248号渔具），如图13-8所示；利用陶质壶具的介绍了4种，即山东、福建各介绍1种和广西介绍2种，其中较具代表性的有广西合浦的章鱼煲（《中国图集》247号渔具），如图13-9所示。

5. 散布洞穴壶具

散布洞穴壶具介绍较少，有2种，占8.3%，即浙江玉环的弹涂竹管（《中国图集》250号渔具），如图13-10所示，以及广东湛江的蟹灶（《广东图集》136号渔具），如图13-11所示。

综上所述，全国海洋渔具调查资料所介绍的24种海洋笼壶渔具，按结构特征分有2个型，按作业方式分有2个式，按型式分共计有5个型式，每个型、式和型式的名称及其所介绍的种数可详见附录N。

四、南海区笼壶渔具型式及其变化

20世纪80年代全国海洋渔具调查资料所介绍的南海区笼壶渔具，有5个型式共9种；而2000年和2004年南海区渔具调查资料所介绍的笼壶渔具，有8个型式共28种。现将前后时隔20年左右南海区笼壶渔具型式的变化情况列于表13-1。从该表可以看出，南海区渔具调查资料所介绍的笼壶渔具型式比全国海洋渔具调查资料所介绍的南海区笼壶渔具型式多了3个，共介绍8个型式；笼壶介绍种数多了19种，共介绍28种。下面对南海区8个型式的笼壶分别简单介绍一下。

表 13-1　南海区笼壶渔具型式及其介绍种数　　（单位：种）

调查时间	定置延绳倒须笼具	散布倒须笼具	定置串联倒须笼具①	定置延绳洞穴笼具	定置延绳弹夹笼具②	定置延绳倒须壶具	散布倒须壶具	定置延绳洞穴壶具	散布洞穴壶具	合计
1982～1984年	3	1	0	0	0	1	0	3	1	9
2000年、2004年	10	8	4	2	1	1	1	1	0	28

1. 定置延绳倒须笼具

定置延绳倒须笼具在南海区渔具调查资料所介绍的28种笼壶渔具中所占的数量最多，共有10种，占35.7%。全国海洋渔具调查资料所介绍的南海区3种定置延绳倒须笼具，均为竹篾笼，如图13-2和图13-13所示。但到了20世纪90年代初期及其以后，竹篾逐渐被塑料片所代替而做成塑料笼，或者竹篾笼逐渐被用金属框架外罩网衣的网笼所代替。南海区渔具调查资料所介绍的10种定置延绳倒须笼具，若根据笼的形状和制笼材料分，实际上可归为4类。

1) 萝卜形塑料笼

如图13-14所示，这是广东珠海的灯笼卜（《南海区小型渔具》220页），此笼的原型是如图13-5 ③所示的萝卜形竹篾笼，现在改用直径1.3 mm的塑料单丝代替竹篾编成矩形笼目（9×7）的萝卜形塑料笼。其前端笼口内装有2层用塑料单丝编成的漏斗形倒须（图13-14的①、②），其后

---

① ② 非我国渔具分类标准的渔具分类名称。

端取鱼口外用一个塑料铸模而成的取鱼口盖盖住（图 13-14 的③）。作业时在笼内放有饵料，捕捞虾类和鰕虎鱼等。

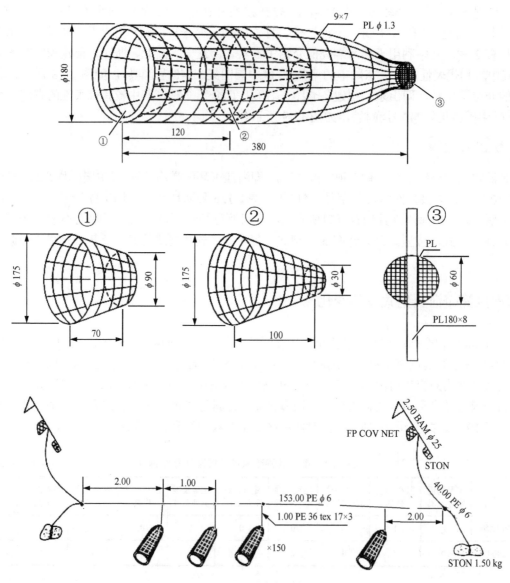

图 13-14 灯笼卜示意图

2）球罩形锦纶单丝网笼

如图 13-15 所示，这是广东珠海的泥猛笼（《南海区小型渔具》243 页），此笼是在由圆铁丝焊成呈近似半椭球形（又称为球罩形）的框架上，再罩上锦纶单丝网网衣的网笼，其前面在笼底上开有一个拱形笼口，笼口内装有用六边形网目钢丝网做成的拱形倒须，如①图所示；后面在笼底上装有取鱼口和取鱼口盖，如②图所示。作业时需在倒须内口附近放有饵料，引诱篮子鱼（泥猛）、鲷等入笼而捕获。

3）拱门体形不锈钢丝网笼

如图 13-16 所示，这是广东南澳的不锈钢笼（《南海区小型渔具》240 页），此笼具是在钢筋焊成的拱门体形框架上，再罩上六边形网目不锈钢丝网的网笼，其前侧面在笼底上开有 1 个拱形笼口，笼口内装有用六边形网目钢丝网做成的拱形倒须，如图 13-16 下方的相片所示。作业时用由 2 块矩形铁丝网框做成的饵料夹夹住饵料并放入笼内，引诱石斑鱼、蟹和鲷科鱼类等入笼而将其捕获。

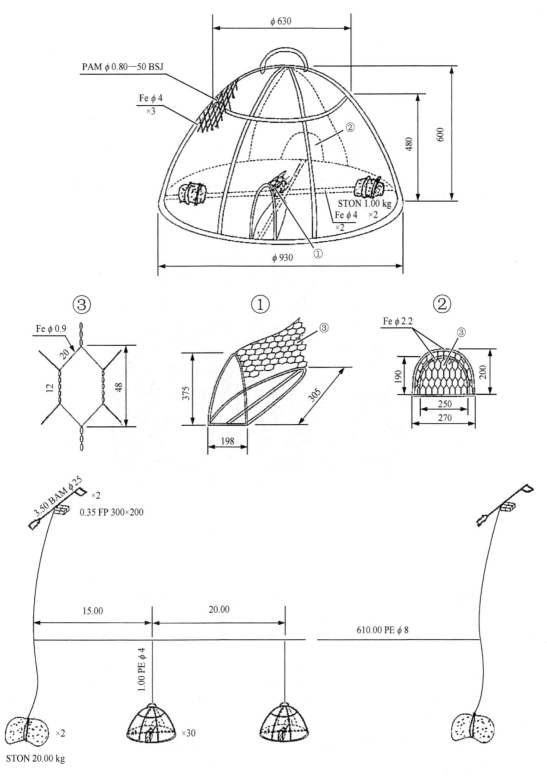

图 13-15 泥猛笼

4）圆柱形乙纶网笼

除了上述 3 种倒须笼外，其他 7 种定置延绳倒须笼均属于圆柱形乙纶网笼。这些笼均是在由圆铁筋或圆钢筋焊成的圆柱形框架上，再罩上乙纶网衣的网笼，引诱蟹、东风螺、石斑鱼、河鲀等入笼。这种定置延绳倒须笼主要分布在广西的防城，广东的湛江、电白、阳江和海南的儋州等地。这

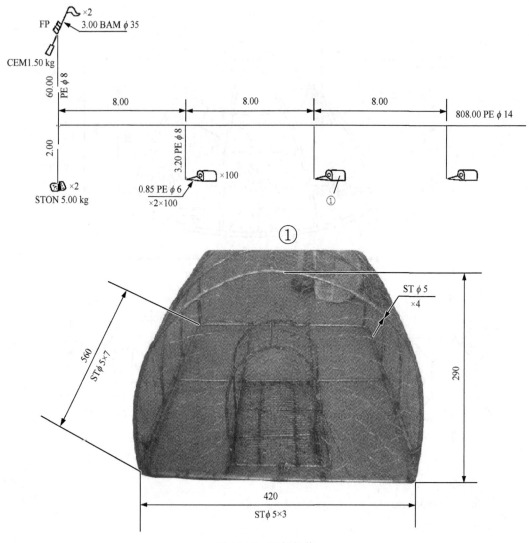

图 13-16 不锈钢笼

种渔具起源于日本,由日本传入我国台湾,再由台湾传入南海 3 省(自治区),全年作业。其渔具简图如图 13-26 所示,这是广西防城的蟹笼(《南海区小型渔具》231 页),其笼具在采用直径 10 mm 钢筋制成 2 个圆环、2 条横杆和 6 条立柱焊接成的圆柱形框架上,再罩上乙纶网衣形成的网笼,如①图所示。

除了上述 1 种蟹笼外,其他 6 种圆柱形乙纶网笼分别是广东电白的蟹笼(《南海区小型渔具》229 页)、海南儋州的蟹笼(《南海区渔具》188 页)、广东阳江的红蟹笼(《南海区小型渔具》234 页)、广东电白的延绳笼(《南海区小型渔具》237 页,主捕东风螺、蟹)、广东湛江的东风螺笼(《南海区小型渔具》226 页)和广东硇洲的东风螺笼(1)(《南海区渔具》192 页)。

2. 散布倒须笼具

散布倒须笼具介绍的种数较多,共有 8 种,占 28.6%。在此 8 种散布倒须笼具中,若根据笼的形状或制笼材料分,又可分成 5 类散布倒须笼。

1)萝卜形竹篾笼或塑料笼

共介绍 2 种,第一种是广东阳东的弹涂笼(《南海区小型渔具》247 页),此笼的总布置图如图 13-17 的上方所示,这是我国最小规模的笼,用宽 2 mm 的竹篾条编成一个笼口外径 60 mm、长 125 mm、方形笼目（8 mm×8 mm）的小萝卜形笼。其前端笼口处装有用竹篾编成如①图所示的倒须，后端开有一个宽 20 mm、长 30 mm 的取鱼口。此取鱼口只需用一片宽 7 mm、长 140 mm 而富有弹性的竹篾片，顺着取鱼口长度方向盖住取鱼口并将其两端插入取鱼口两旁的方形笼目中，即可封住取鱼口，如②图所示。其作业方法是：在退潮后干潮时才放笼，当作业者步入滩涂区准备作业时，弹涂鱼受到惊吓均会躲进泥洞里。发现弹涂鱼的洞口后，先将洞口的泥拨平，再将弹涂笼的笼口堵截洞口，使笼呈水平放置，然后用泥将洞口和笼口填平，完成后再用一支白色竹篾插在笼边作为起笼记号。当作业者走后，弹涂鱼会重新出洞。由于洞口的唯一出口是笼口，因此弹涂鱼只能进笼被捕获。每人带笼 200 个，轮流使用。放笼后每间隔半小时检查笼具一次，发现笼内有鱼即收笼并倒出渔获物，接着再找出新洞口重新放笼。当涨潮和海水将涨至作业区前，即应开始收笼和准备停止作业。

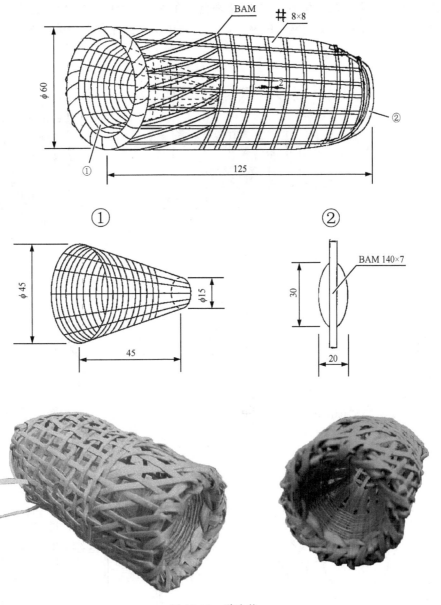

图 13-17　弹涂笼

第二种是广东阳江的鰕虎笼（《南海区小型渔具》254 页），其笼具材料过去均采用竹篾，现在已逐渐采用塑料。采用竹篾编的，其笼体尺寸稍小，而采用塑料片代替竹篾编的，其笼体尺寸稍大。采用塑料片编成的鰕虎笼与图 13-14 的灯笼卜相似，像一只萝卜的形状，其笼体的外形与过去用竹篾编成矩形笼目的灯笼骨架相似,故此形状的倒须笼在广东珠江口流域一带被俗称为"灯笼卜"。广东珠海的灯笼卜主要分布在珠江口流域一带,采用载重3 t、艇尾机2.9 kW的小艇,在水深20 m以内进行定置延绳作业,主捕虾类和鰕虎鱼。而广东阳江的鰕虎笼作业不用渔船,全靠人力在沿海滩涂上徒步作业,主捕鰕虎鱼。干潮时,把笼具放在滩涂上,笼内放置鼓虾作为饵料,用一支竹条将笼体插住并兼作标志,在笼上放置一个石块或一块烧黏土把笼压住。每人带笼100只,涨、落潮时,捕捞对象进入笼内索食而被捕获,到第二天干潮时收取渔获物。

2）金属框架锦纶单丝网笼

共介绍2种,均为广东汕尾的斑点篮子鱼笼。第一种是斑点篮子鱼笼（1）(《南海区小型渔具》259页),此笼是在由不锈钢筋焊成的圆台形框架上,再罩上锦纶单丝网衣的网笼。第二种如图13-18所示,这是广东汕尾的斑点篮子鱼笼（2）(《南海区小型渔具》260页)。此笼是在由圆铁筋焊成的半椭圆形框架上,再罩上锦纶单丝网衣的网笼。其前面在笼底上开有一个拱形笼口,如①图所示;

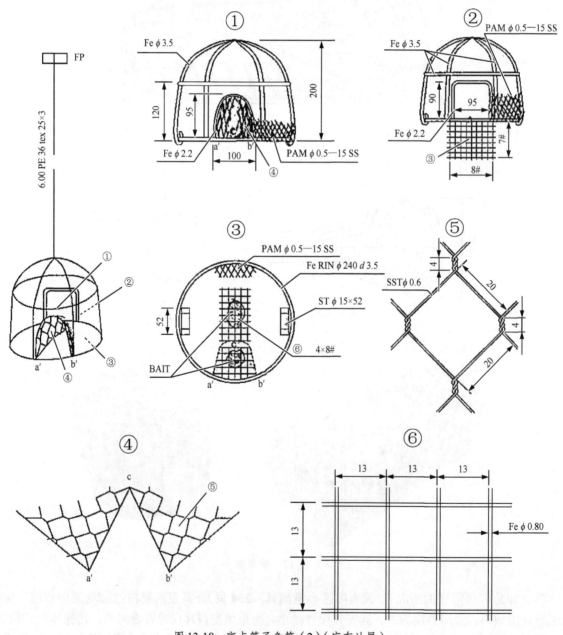

图13-18 斑点篮子鱼笼（2）（广东汕尾）

笼口内装有用六边形网目不锈钢丝网（④图）做成的拱形倒须，如①图下方的笼口内所示；后面在笼底上开有矩形取鱼口和装有用方形网目铁丝网做成的矩形取鱼口盖，如②图的下方所示；在倒须下方和倒须内口后面的笼底上，各固定有用方形网目铁丝网（⑥图）做成的矩形饵料垫片；在笼底两侧还各结扎有一段直径 15 mm、长 52 mm 小圆钢条，用于固定笼具，如③图所示。斑点篮子鱼笼采用散布作业方式，是休闲渔业的一种作业方式。作业时用鱼露混合面粉做成饵料，放在敷有菜叶的笼底垫片上。然后将带有浮筒的浮筒绳连接在笼顶上，把笼放入海中作业。经过半小时后，提笼取出渔获物。

3）正方形水平截面棱柱形铁丝网笼

共介绍 2 种，第一种是海南三亚的渔笼（《南海区小型渔具》257 页）。第二种如图 13-19 所示，这是广东惠州的斑点篮子鱼笼（《南海区小型渔具》261 页）。整个笼体没有框架，全部由如⑦图所示的方形网目铁丝网弯曲制成，只在笼面和笼底上沿着笼的纵向中心线各焊有 1 条直径 3 mm 并起加固作用的圆铁条横梁，如①图和⑤图所示。笼前侧面在笼底上开有一个拱形笼口，笼口内装有由 2 片如⑥图所示的方形网目倒须网做成的拱形倒须，如②图下方的笼口内所示；制作倒须的铁丝网与制作笼体的铁丝网的材料、规格是相同的，均如⑦图所示；笼体后侧面在笼底上开有矩形取鱼口和装有用方形网目铁丝网做成的矩形取鱼口盖，如③图的下方所示；在倒须内口后方的笼底上装有

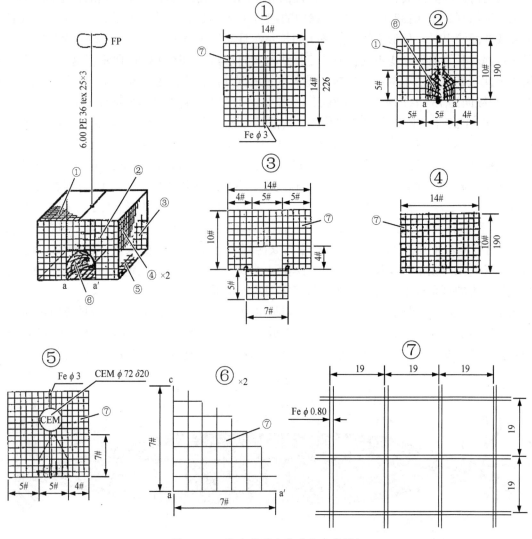

图 13-19 斑点篮子鱼笼（广东惠州）

1个直径72 mm、厚20 mm的饼状水泥块,用于增加鱼笼的定置质量。这种铁丝网笼在我国已调查的海洋渔具中属于最小的铁丝网笼,是休闲渔业中的一种小笼具,作业时在水泥块上敷上菜叶,上面放置饵料,利用斑点篮子鱼争吃的习性,引诱其挤入倒须口,从而达到捕捞目的。

上面已介绍了6种散布倒须笼,还有2种是用乙纶网衣罩在框架上制成的乙纶网笼:一种是广东珠海的横笼(《南海区小型渔具》249页),其笼具前端是较长的矩形截面棱台形框架,后端变为较短的矩形截面棱台形框架,框架外罩乙纶网衣制成的网笼。干潮时在滩涂上放笼,笼口朝向退潮方向,退潮时以饵料引诱青蟹、虾、鰕虎鱼等入笼。另一种是广东徐闻的马面鲀笼(《南海区小型渔具》252页),是用钢筋焊成的圆柱形框架,外罩乙纶单丝网衣制成的网笼。由于上述2种网笼资料不全,故不多述。

3. 定置串联倒须笼具

定置串联倒须笼具是由若干个长箱状的倒须笼,并以定置串联的方式设置在海底或滩涂上,拦截诱导捕捞对象进入而捕获之的渔具。这是我国于20世纪90年代新开发的渔具渔法,它的捕捞原理与结构特征均与倒须笼具相似,分布十分广泛,遍及整个南海北部沿海地区。

在南海区渔具调查资料中,定置串联倒须笼介绍的种数稍多,有4种,占14.3%。这4种渔具均介绍于《南海区小型渔具》中,即广东徐闻的导鱼网门(126页)、广东阳西的百足笼(135页)、广东阳东的滩涂百足笼(138页)和广东徐闻的网门(141页),各地的称呼均不相同。由于此渔具敷设于海底或滩涂上时,外形极似一条潜伏的长龙,且其结构属于笼具,故又称之为长笼。

虽然各地对长笼的称呼均不同,但其笼具结构大同小异。如图13-20所示,这是广东阳东的滩涂百足笼,此长笼主要由主网衣、铁框、绳索和入鱼倒须口构成。主网衣如①图所示,它是横向网周为88目和纵向为737目的长圆筒状网衣,铁框是用套有塑料管的铁丝弯曲而成,其形状规格如③图所示。将图13-20上方的总布置图和③图(铁框零件图)综合起来观察可以看出,将32个铁框套进圆筒状主网衣内后,在主网衣上用4条各长11.12 m的引框绳将铁框的四个圆角分别连接起来,并用结扎线将铁框与引框绳和网衣结扎在一起,在主网衣中间扎成31个长270 mm(铁框上、下长边缘各结扎了横向27目网衣)、高175 mm(铁框左、右短边缘各结扎了横向17目网衣)、铁框间距宽240 mm(上、下各2条引框绳均各结扎了纵向21目网衣)的长方体形笼体。主网衣两端各剩下的纵向43目网衣分别与引框绳两端各长0.51 m的钢索结扎在一起,则引框绳与主网衣结扎部分长8.46 m,而引框绳两端可各多出1.33 m。在主网衣两端网周边缘88目的取鱼口各穿入1条扎口绳并将其两端连接起来形成1个净长为1.60 m的绳环,此绳环抽紧并封住取鱼口后仍多出半米长左右。引框绳或扎口绳的剩余长度均可作为2个长笼之间的连接绳索。

在图13-20下方的作业示意图中,每个笼列是由10个长笼串联组成,待一列长笼的两端各用一个铁锚拉紧固定后,每个长笼两端的取鱼部均形成一个四棱锥形的笼体,在每个长笼中间的31个笼体中均装置1个入鱼倒须口。此入鱼倒须口的主要构件是一个横向网周为60目和纵向为13目的短

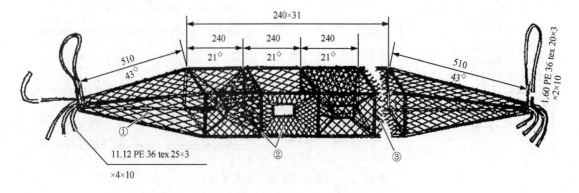

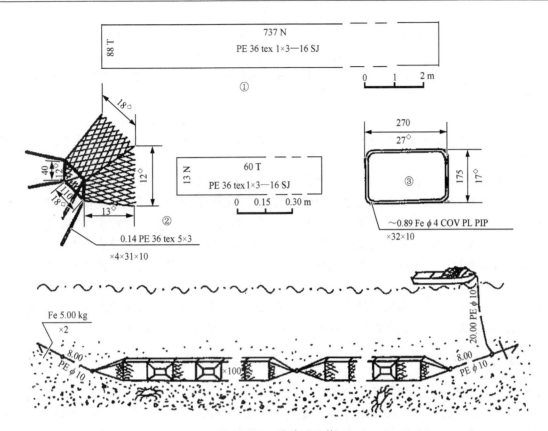

图 13-20 滩涂百足笼

圆筒状网衣,如②图右方的网衣展开图所示。入鱼口的装置如②图左方的倒须口装配图所示,其大口处上、下各装置 18 目,左、右各装置 12 目,其小口处上、下 18 目各结扎在长 110 mm 的小口张绳上,左、右 12 目各结扎在长 40 mm 的小口张绳上,小口张绳材料为 PE 36 tex 5×3 的网线。入鱼倒须口由于装置部位不同,又可分为入笼倒须口和入取鱼部倒须口两种。在长笼中间的 29 个笼体各设置 1 个入笼倒须口,其大口是在长笼左、右两侧错开设置,即第一个笼体装在左侧,第二个笼体装在右侧,第三个笼体又装在左侧等,如总布置图中②指引的右方 2 个笼体所示。入笼倒须口的装置是:其大口的上、下各 18 目分别用网线结扎在每个笼体同侧的上、下引框绳(长 240 mm)上,大口的左、右两侧各 12 目分别用网线结扎笼体大口左、右两个铁框的短边(长 175 mm)上。在中间 29 个装有入笼倒须口的笼体的两端,各有 1 个是装置入取鱼部倒须口的笼体。入取鱼部倒须口与入笼倒须口的结构完全相同,只是大口的装置部位不同。入笼倒须口的大口是装置在长笼中间的 29 个笼体的两侧,入取鱼部倒须口的大口是装置在 29 个笼体两端的铁框上。入取鱼部倒须口的装置是:其大口的上、下各 18 目分别用网线结扎在铁框的上、下长边(长 270 mm)上,大口的左、右各 12 目分别用网线结扎在铁框两侧的短边(长 175 mm)上。31 个入鱼倒须口的小口均呈小长方形,其 4 角各用 1 条倒须口拉绳(0.14 PE 36 tex 5×3)拉紧连接在相应铁框的 4 角上,使倒须网衣形成四棱台状的网漏斗,如②图的左方所示。

长笼的捕捞对象有锯缘青蟹、远海梭子蟹、三疣梭子蟹、红星梭子蟹和小型鱼类。其中以锯缘青蟹为主,是养殖户蟹苗的主要来源。长笼主要用于捕捞幼蟹以满足养殖户的蟹苗需求,故随着养蟹业的发展,长笼的发展十分迅速。

大多数蟹类主要栖息于浅海及潮间带,底质为泥或泥沙质的海域,也栖息于红树林、沼泽地等适宜掘穴打洞的地方,所以长笼的作业渔场以近岸浅海水深 6 m 以内的水域或港湾内及滩涂为主。一般作业水深 2~3 m,以礁区和砂石底质为佳,这是虾蟹类最活跃的场所,资源比较丰富,而且潮流作用较明显，有利于发挥长笼的拦截作用。长笼的分布数量与具有以上条件的渔场面积的大小有关，主要分布在广东珠江口、北部湾北部、湛江广州湾、广西的北海及防城、粤东的潮阳及饶平，上述地区的滩涂面积均较大，尤其是珠江口和北海沿海分布最多。此外，在海南东部也有零星分布，西部较少。

各地长笼的结构基本相同，只是网具的大小、长度和入鱼口的数量不同。各地对长笼的叫法多样，有网门或导鱼网门（徐闻）、百足笼（阳东、阳西）、笼网（珠海）、长城挡（饶平）、导鱼网门（海南）等称呼。

长笼捕捞幼蟹在一定程度上有利于蟹类养殖业的发展，但从本质上说，长笼的发展使蟹类的生存和发展受到不利的影响。长笼发展速度很快，对蟹类资源的破坏日益严重。幼蟹是蟹类资源再生增殖的重要生长环节，如果大量捕捞，会不利于成蟹的补充，从而使蟹类资源无法得到恢复，最后导致资源枯竭。不仅如此，长笼的发展会对海洋生态系统，特别是对浅海滩涂生态系统产生负面影响。即幼蟹被大量捕捞，蟹的饵料生物就少了天敌（蟹）的制衡，从而破坏了浅海滩涂的生物链，使生态平衡遭到破坏。

因此，不管是从渔业资源的可持续利用，或是从生态平衡来评价，长笼的发展均具有较大的破坏性，它的负面影响大于其正面影响，故应将长笼规定为应控制发展的渔具。

4. 定置延绳洞穴笼具

定置延绳洞穴笼具的介绍种数较少，有 2 种，占 7.1%。一种是广东硇洲的东风螺笼（2）（《南海区渔具》193 页）。另一种如图 13-21 所示，这是广东惠东的东风螺笼（《南海区小型渔具》223 页）。东风螺笼是以杂鱼和死蟹为饵料，敷设于笼内或插于笼内水泥块中间的饵料针上，引诱东风螺进入笼内摄食而陷捕之的笼具。这是一种传统渔具，原来笼体用竹篾编织制作，如图 13-6 所示。20 世纪 90 年代以后，逐渐改用铁、钢框架外罩乙纶网衣制成。笼的形状有几种，大多数采用圆台形，没有倒须，利用其向内倾的侧壁防止东风螺逃逸，这就是如图 13-21 所示的东风螺笼。其笼具是在由小圆铁条制成的圆台形框架上，再罩上乙纶网衣的网笼。网衣只是罩住笼底及其上方的内倾侧壁，而笼顶的圆形开口即是笼口。笼口内无倒须，在笼内还用 2 段乙纶线将 1 条橡皮筋对折扎成的橡皮筋圈拉紧连接在笼体中间，在笼底上还结扎有 1 个沉石用于固定笼具，均如①图的右方所示。本笼具采用定置作业方式，作业时笼内的橡皮筋夹住饵料，可诱捕东风螺，也兼捕青蟹、梭子蟹等。

5. 定置延绳弹夹笼具

定置延绳弹夹笼具介绍最少，只有 1 种，占 3.6%。在 2004 年南海区小型渔具调查中，发现了一种将鼠夹原理应用于笼具的一种新型渔具。据说这种渔具于 1998 年从中山市传入珠海市，当地称之为"蟹夹"，分布于中山、珠海金湾一带。蟹夹是由铁线（筋）框架、乙纶网衣、橡胶皮带和置饵装置等构成。蟹夹采用定置延绳方式作业，其捕捞原理是：将蟹夹敷设在蟹类出没的海底，利用饵料引诱蟹类钳食时而触发机关，使笼关闭而将蟹捕获。广东珠海的蟹夹可详见《南海区小型渔具》268 页。其渔具简图如图 13-22 所示。蟹夹渔具投入少、效益较高，由于蟹夹网衣网目较小，作业时也会捕捞到螃蟹幼体。若不加以控制，任其盲目发展，将对蟹类资源造成严重破坏，不利于成蟹的补充，野生蟹苗的生产就会减少，形成恶性循环，最后导致资源枯竭。目前蟹夹网衣目大一般为 30～40 mm，大量捕捞幼蟹，将对蟹类资源造成破坏，蟹类成熟个体一般甲壳宽度为 80～130 mm，故蟹夹渔具的最小网目应规定为 130 mm 左右，以利于蟹类资源的保护与繁殖。

6. 定置延绳倒须壶具

定置延绳倒须壶具也介绍最少，只有 1 种，即广东深圳的油槌筒（《南海区小型渔具》245 页），

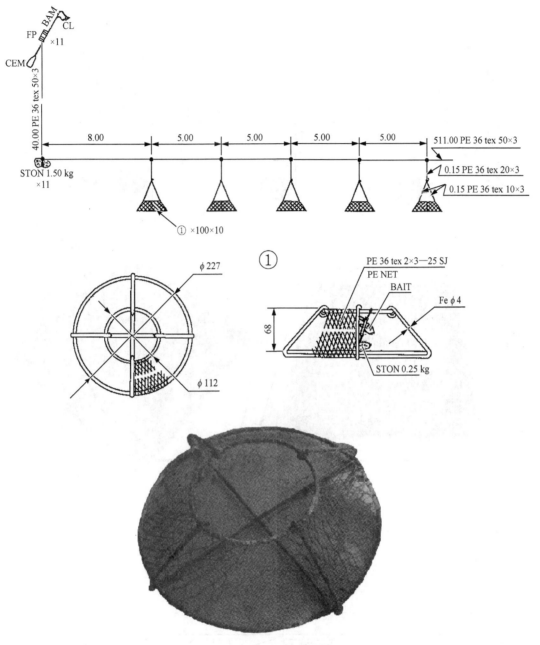

图 13-21　东风螺笼（广东惠东）

如图 13-23 所示。在 20 世纪 90 年代之前，诱捕鳝类的壶是采用竹筒制成的倒须壶，如图 13-7 所示。90 年代初以后，陆续被经模压而成的塑料倒须壶所代替。诱捕鳝类（油槌）的油槌筒，其壶体是用塑料经模压而成的。从图 13-23 中间的壶体零件图中得知，此壶体外形是截面为六边形的六棱柱状，长 730 mm，壶体外切圆直径为 190 mm。此壶体内孔截面为圆形，直径 140 mm。倒须如图 13-23 的下方所示，也是用塑料铸模而成的，壶体两端壶口内各装 1 个倒须。在壶底还装置有 2 块各重 0.75 kg 的铅块沉子，用于固定油槌筒。作业时，先把饵料（青鳞鱼）放入筒中，可引诱鳝类入笼。

7. 散布倒须壶具

散布倒须壶具也介绍最少，只有 1 种，即广东徐闻的鳗鲡筒（《南海区小型渔具》262 页），如图 13-24 所示。鳗鲡筒是专捕裸胸海鳝（花鳝）的壶，在 20 世纪 80 年代，广东湛江的花鳝笼却是

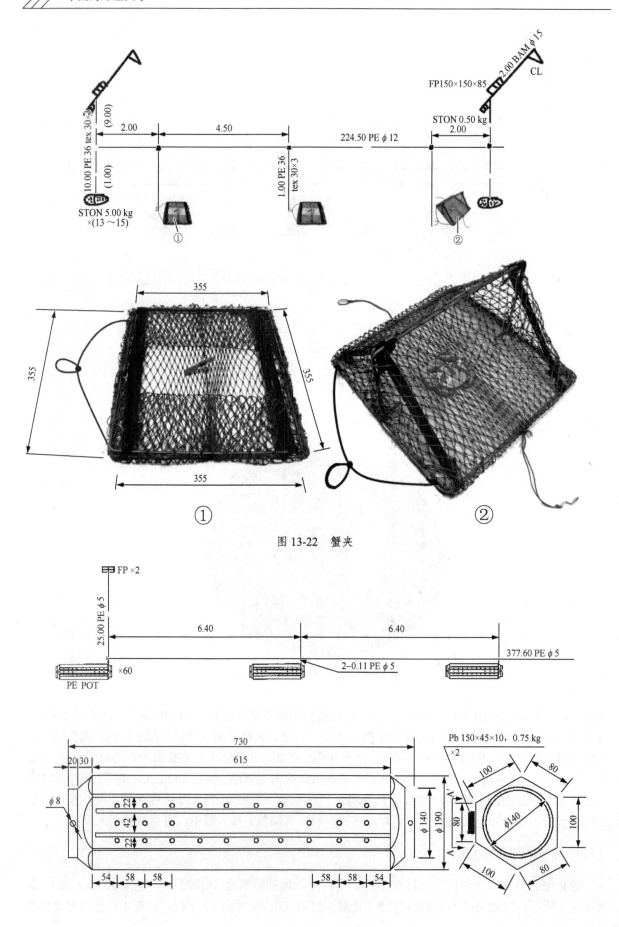

图 13-22 蟹夹

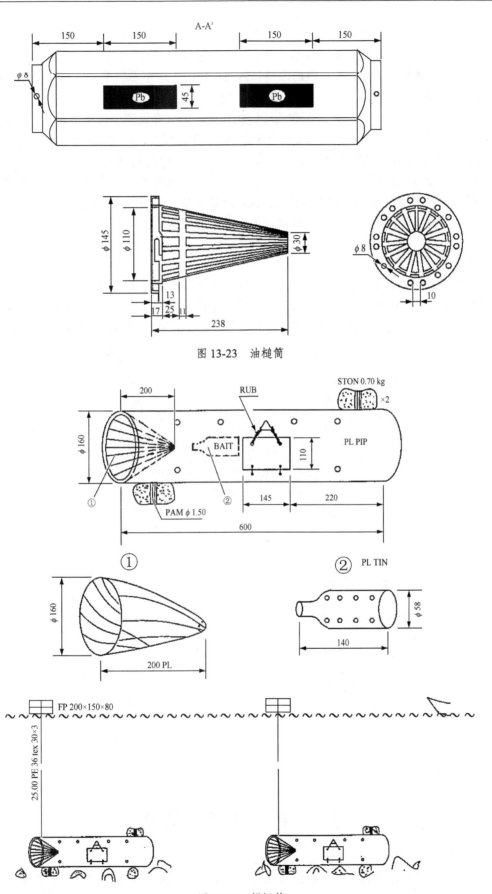

图 13-23 油槌筒

图 13-24 鳗鲡筒

采用定置延绳倒须竹篾笼的型式进行作业，如图13-2所示。鳗鲡筒的总布置图如图13-24的上方所示，其壶体用塑料管制成，壶体钻有许多小孔。壶体前端的壶口内均装有1个用塑料铸模而成的倒须，如①图所示。壶体中部锯开一个矩形取鱼口，其锯出的一块矩形筒壁（145×110）为取鱼口盖，取鱼口盖一侧与取鱼口一侧用两条金属线相连接，便于取鱼口盖的开或关；网口盖另一侧与取鱼口另一侧用橡皮筋（RUB）和用金属片做成的挂钩相连接，如总布置图中部所示。壶体两端分左、右两侧各装有一个用于固定壶具、重0.70 kg的沉石，如总布置图左、右两端所示。沉石是采用锦纶单丝线（PAM ϕ 1.50）结扎在壶壁上。饵料罐如②图所示，是一个塑料罐（PL TIN），一般采用小矿泉水瓶改装而成，瓶身上开有一些小孔。一般是夜间作业，傍晚放壶，翌日早上起壶。放壶前先把小鱼放入饵料瓶中，然后放入壶内，关闭取鱼口盖，到达渔场（以石头底为佳）后进行散布式作业，每壶均用一条浮筒绳连接一个泡沫塑料浮筒，如作业示意图所示。

8. 定置延绳洞穴壶具

定置延绳洞穴壶具也介绍最少，只有1种，即广西钦州的章鱼杯（《南海区小型渔具》265页），如图13-25所示。章鱼杯有着悠久的历史，主要分布于广西钦州、北海等地。渔民利用章鱼喜欢藏居于洞穴的习性，在延绳上结缚杯具，沉于章鱼栖息的海底，吸引章鱼藏于杯内，达到捕捞目的。

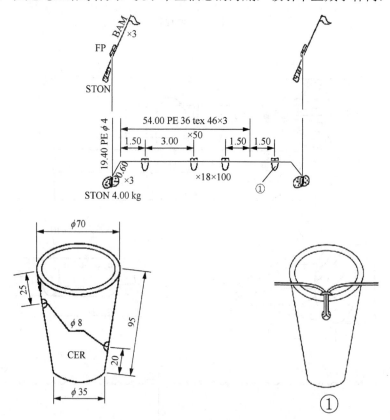

图13-25　章鱼杯

第三节　笼壶渔具结构

我国笼壶渔具构件由笼或壶、饵料、绳索和属具4部分的构件组成，其渔具构件组成如表13-2所示，其中定置延绳笼壶渔具的一般结构如图13-26所示。

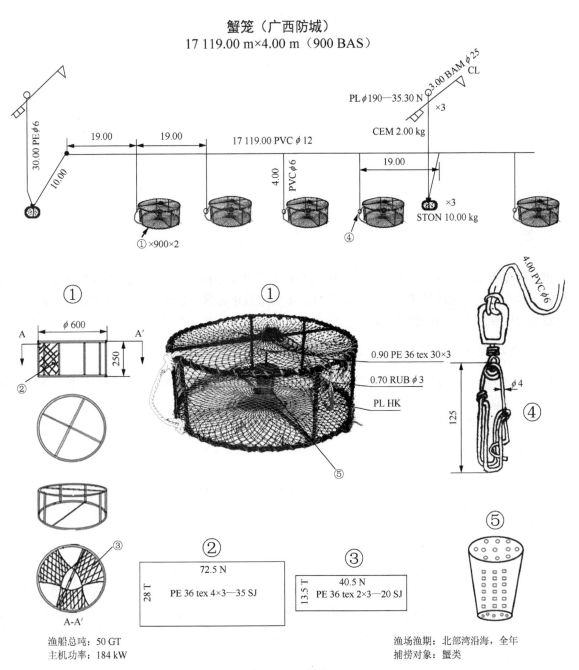

图 13-26 蟹笼

表 13-2　笼壶渔具构件组成

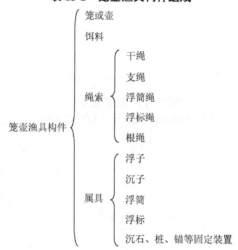

一、笼和壶

（一）笼

我国海洋笼壶渔具的笼，根据其制作材料的不同可分为 4 种。一是用竹篾编成的竹篾笼；二是用塑料单丝或塑料片编成的塑料笼；三是用竹、木制成或用金属焊成的框架，再外罩网衣制成的网笼；四是用铁丝网片制成的铁丝笼。

1. 竹篾笼与塑料笼

20 世纪 90 年代以前使用的是竹篾笼，90 年代以后逐渐采用塑料单丝或塑料片代替竹篾编成塑料笼。如图 13-14 所示的灯笼卜，以前采用竹篾编成，后来才逐渐用塑料单丝编成塑料笼。又如广东阳江的鰕虎笼，以前均采用萝卜形竹篾笼，后来逐渐采用外形相似的塑料笼。

2. 竹篾笼与网笼

20 世纪 90 年代以前的笼具，大多数采用竹篾笼，少数采用竹、木框架乙纶网笼，90 年代以后逐渐采用金属框架网笼。金属框架网笼根据网衣材料的不同，可分为乙纶网笼、锦纶单丝网笼和金属丝网笼。

1）蟹笼

以前在全国海洋渔具调查资料中介绍了（以下简称"以前介绍了"）2 种蟹笼，其中一种如图 13-5 所示，是福建龙海的蟳笼，属于萝卜形竹篾笼；另一种是福建福州的蟳笼[①]（《福建图册》167 号渔具），属于长圆台形竹篾笼，以后逐渐采用金属框架乙纶网笼，即以后在南海区渔具调查资料中介绍了（以下简称"以后介绍了"）4 种蟹笼，均属于金属框架圆柱形乙纶网笼，均类似如图 13-26 所示。

2）东风螺笼

以前介绍了 2 种东风螺笼，其中一种如图 13-6 所示，是福建长乐的黄螺笼，另一种是福建惠安的凤螺笼（《福建图册》169 号渔具）。上述 2 种笼具均属于近似矮圆台形竹篾笼，其捕捞对象为黄螺或凤螺。以后介绍了 4 种东风螺笼，其中 2 种分别是广东湛江的东风螺笼和广东硇洲的东风螺笼（1），均属于全金属框架圆柱形乙纶网笼，均类似如图 13-26 所示；一种如图 13-21 所示，是广东惠

---

① 《福建图册》原载"蟳笼"，本书修正为"蟳笼"。

东的东风螺笼，属于铁框架圆台形乙纶网笼；还有一种是广东硇洲的东风螺笼（2），其笼具材料、结构与图13-21的相类似，只是笼具的尺寸比图13-21的稍大，其饵料是插在笼底水泥沉子的饵料针上，而图13-21的饵料是夹在固定在笼内的橡皮筋中。

3. 墨鱼笼

以前介绍了1种竹篾笼，2种竹、木框架乙纶网笼和1种铁丝网笼。

1）竹篾笼

墨鱼竹篾笼如图13-13所示，这是广西防城的墨鱼笼，属于俯视近似呈心形的扁柱体形竹篾笼，在前端笼口内装有一个如⑧图所示的竹篾倒须，后端设有如⑦图所示的取鱼口，笼体的上方中间插附一条竹片，便于支线与笼的连结。此笼具采用定置延绳方式作业。

2）竹、木框架乙纶网笼

以前介绍了两种捕捞墨鱼的竹、木框架乙纶网笼。一种是江苏连云港的乌贼笼，如图13-1所示，是由2支竹片扎成近似半圆形笼口，加上由3支圆木条构成的三棱锥形网体框架，再罩上乙纶网衣制成的网笼。另一种是山东胶南的墨鱼笼，是由4支方木条扎成矩形笼口，加上4支圆木条构成的四棱锥形网体框架，再罩上乙纶网衣制成的网笼。

3）铁丝网笼

以前介绍了一种墨鱼铁丝网笼，如图13-12所示，这是广东宝安的墨鱼笼，其笼体是采用铁丝平织网片制成上方呈方形和下方呈圆形的台柱形铁丝网笼，如图的左方所示。

以后在南海区渔具调查资料中没有介绍墨鱼笼的资料。

4. 其他金属框架网笼

上述介绍的金属框架网笼，均属于乙纶网笼，以后在南海区海洋渔具调查资料中，除了介绍金属框架乙纶网笼外，还介绍了3种金属框架锦纶单丝网笼和1种钢筋框架不锈钢丝网笼，现分别介绍如下。

1）金属框架锦纶单丝网笼

在3种金属框架锦纶单丝网笼中，其中2种笼的形状很相似，均是在近似半椭球形的铁框四周罩上锦纶单丝网衣的笼体，此形状可简称为球罩形。此球罩形的网笼有2种，一种如图13-15所示，这是广东珠海的泥猛笼，捕捞黄斑篮子鱼（泥猛）；另一种如图13-18所示，这是广东汕尾的斑点篮子鱼笼（2）。上述两种笼具均属于球罩形铁框架锦纶单丝网笼，其不同之处是：前一种框架规格较大，是后一种框架的3倍多；前一种大笼具采用定置延绳作业方式，后一种小笼具采用散布作业方式。还有一种是广东汕尾的斑点篮子鱼笼（1），属于不锈钢框架圆台形锦纶单丝网笼。

2）钢筋框架不锈钢丝网笼

钢筋框架不锈钢丝网笼只介绍一种，如图13-16所示，这是广东南澳的不锈钢笼，属于钢筋框架拱门体形不锈钢丝网笼，捕捞石斑鱼、蟹和鲷科鱼类等。

5. 捕鱼类的铁丝网笼

以后介绍了两种捕鱼类的铁丝网笼，一种如图13-19所示，这是广东惠州的斑点篮子鱼笼，属于正方形水平截面棱柱形铁丝网笼；另一种是海南三亚的鱼笼，其笼体也是由方形网目铁丝网构成，也属于正方形水平截面棱柱形铁丝网笼，主捕小石斑鱼和篮子鱼。

（二）壶

我国海洋渔业中的壶，根据其制作材料不同可分为螺壳壶或贝壳壶、陶壶、竹筒壶、塑料筒壶和泥质滩涂壶共5种。其中螺壳壶和陶壶介绍较多，其余几种壶介绍较少。

1. 全国海洋渔具调查资料中的壶

全国海洋渔具调查资料共介绍了 12 种壶具，其中采用螺壳壶或贝壳壶的有 5 种，采用陶壶的有 4 种，采用竹筒壶的有 2 种，采用泥质滩涂壶的有 1 种。

1）螺壳壶或贝壳壶

这 2 种壶均属于洞穴型壶，均采用定置延绳的作业方式，故其渔具分类名称均为定置延绳洞穴壶具，其捕捞对象均为章鱼。采用螺壳和贝壳的壶如图 13-8 所示，这是广东陆丰的章鱼壳，其壶具有 2 种，一种如②图所示，是一个角螺壳，另一种如③图所示，是一个大蚶壳，属于贝壳。另有 2 种螺壳壶如图 13-27 所示，一种如（1）图所示，这是河北秦皇岛的捕章鱼螺壳（《中国图集》249 号渔具）和辽宁兴城的章鱼螺（《辽宁报告》64 号渔具）所使用的壶具，采用一种海螺壳，外壳宽 50～60 mm，长 80～100 mm，壳内保持原色并无损伤，壳上钻一孔，孔径 10 mm，以便干线或支线的穿结。此外，福建东山的章鱼螺（《福建图册》171 号渔具）也采用类似的海螺壳。另一种如（2）图所示，这是浙江宁海的张望潮螺（《浙江图集》180 页）所使用的壶具，采用蝶螺壳或其他胖形螺壳，壳口宽大于 30 mm，长大于 50 mm。

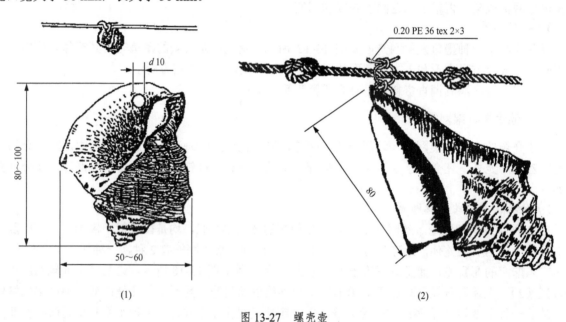

图 13-27　螺壳壶

2）陶壶

陶壶与螺壳壶一样，均属于洞穴型壶，采用定置延绳的作业方式，为定置延绳洞穴壶，用来捕捞章鱼。其中一种陶壶是广西合浦的章鱼煲（图 13-9），其壶具如图中的④所示，是烧制成圆台形的陶质煲仔，煲口内径 75 mm，煲底径 50 mm，煲高 70 mm，煲体最大外径 110 mm；靠近煲口边缘有 1 个小孔，孔径 6 mm，供干线穿过后系结煲仔用；靠近煲底有 1 个小孔，孔径 3 mm，供通水用。另一种陶壶是福建同安的蛟水罐（《福建图册》170 号渔具），其壶具如图 13-28（1）所示，是烧制成带耳把的陶罐。还一种陶壶是山东日照的古篓（《山东图集》150 页），其壶具如图 13-28（2）所示，是烧制成带细颈的陶罐，罐高 91 mm，罐口外径 62 mm，颈部最小外径 55.6 mm，颈部最小内径 51.8 mm，中部最大外径 63 mm，底部外径 37 mm；在距底部 33.4 mm 处有相互对称的 2 个小孔，孔径 6 mm，供通水用，每个罐重 150 g。最后一种是广西北海的章鱼杯（《广西图集》64 号渔具），是烧制成不带耳把的圆柱形陶杯，此杯的外径 80 mm，杯高 80 mm。

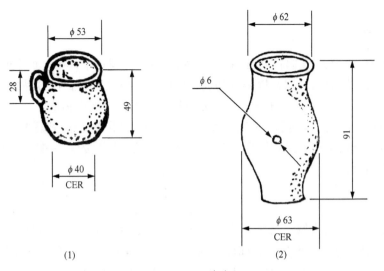

图 13-28 陶壶

3）竹筒壶

竹筒壶介绍了 2 种。一种如图 13-7 所示，这是广东阳江的石鳝壶（《广东图集》131 号渔具），其壶体是一般外径 100 mm、长 890 mm 的竹筒，此竹筒内的竹节均打通，两端壶口内均装有竹篾倒须，采用定置延绳方式作业，故石鳝壶属于定置延绳倒须壶具。另一种如图 13-10 所示，这是浙江玉环的弹涂竹管，其壶具是一节外径 30～40 mm、长 0.25～0.35 m 的竹筒。此竹筒的小头处留有端部竹节，另一头开通，竹节去皮、刨光。此壶具无倒须装置，又采用散布方式作业，故弹涂竹管属于散布洞穴壶具。

4）泥质滩涂壶

泥质滩涂壶只介绍了 1 种，如图 13-11 所示，是广东湛江的蟹灶。蟹灶是落潮后在沿岸泥质滩涂上用锹铲挖掘出曲折的泥洞穴，待涨潮后引诱青蟹、弹涂鱼入洞，待落潮后用手钩将藏在洞穴内的渔获物钩出。根据以上所述，此蟹灶应属于散布洞穴壶具。

2. 南海区渔具调查资料中的壶具

南海区渔具调查资料只介绍了 3 种壶具，即陶壶 1 种和塑料筒壶 2 种。

1）陶壶

陶壶只介绍了 1 种，如图 13-25 所示，是广西钦州的章鱼杯。此壶具是用陶土烧制成圆台形的陶质杯，杯口外径 70 mm，杯底外径 35 mm，杯高方向侧长 95 mm；在距杯底侧长 20 mm 处开 1 个孔径 8 mm 的小孔，供通水用；在距杯口侧长 25 mm 处也开 1 个孔径 8 mm 的小孔，供干线穿过后系结章鱼杯用。

2）塑料筒壶

塑料筒壶有 2 种。一种如图 13-23 所示，是广东深圳的油槌筒，其壶体是用塑料经模压而成的六棱柱形的塑料筒，属于定置延绳倒须壶，其结构在前面已介绍，故不再赘述。另一种如图 13-24 所示，是广东徐闻的鳗鲡筒，其壶体是用塑料管制成的长圆柱形的塑料筒，属于散布倒须壶，其结构在前面已详述，故不再赘述。

二、饵料

我国的笼具，一般在笼内装有饵料，以引诱捕捞对象入笼，增加产量。我国的定置延绳洞穴壶，其捕捞对象只有章鱼，是利用章鱼喜入穴栖息的行为习性而诱其入壶的，故不需要饵料。

1. 花鳝笼和石鳝笼

广东的花鳝笼和石鳝笼，其饵料以青鳞鱼和乌贼为主。青鳞鱼个体小，每个笼放入 2~3 尾；乌贼个体大的，则切成小块放入。饵料以新鲜为佳，腥味大，散发时间长，容易引诱鳝入笼。花鳝笼的饵料罐如图 13-2 上方的②所示，在作业前，先将饵料放入饵料罐内盖实，再把饵料罐系在笼内，鳝只能闻到其味而不能吃到。又如图 13-3 所示，由于石鳝笼是用竹篾紧密编织而成的密笼，把饵料通过取鱼口直接投入笼内即可。虽然饵料不易漏到笼外，但先进笼的鳝鱼把饵料吃完后，笼就失去继续引诱鳝入内的功能。

2. 黄螺笼

福建的黄螺笼，其饵料为蟹、蟹脚、鲜蚝、梅童鱼、带鱼、青鳞鱼、碎鱼块等。在 3~5 月用蟹或蟹脚，5~7 月用鲜蚝，效果最好。如图 13-6 的下部中间所示，绑饵料线将饵料吊在笼口正中央的下方，让掉进笼底的黄螺能闻到饵料味而不能吃到。碎鱼块或小杂鱼需先用布包扎好后方能绑吊。

3. 灯笼卜

广东的灯笼卜（图 13-14），其饵料比较特别，由花生麸（花生榨油后剩下的残渣）、米一起煮熟后和硼砂（防腐作用）混合均匀，然后切成 10 mm × 10 mm × 10 mm 的正方体，每笼放一块，两天换一次。

4. 蟹笼

根据蟹的觅食习性，饵料要腥味大，肉质坚硬，光泽度好，以新鲜鱼类为佳，舵鲣最好，鲍次之。舵鲣等的盐渍品不仅腥味大，且能保持较长的散布时间，故易引诱蟹入笼，进笼率高。把每尾舵鲣切成段，稍加盐腌 1~2 h，肉质坚硬为好。有的蟹笼，其饵料以狐鲣（俗称炮弹鱼）为主，狐鲣需要经过盐渍后方能作为饵料。

5. 篮子鱼笼

广东汕尾的渔民用鱼露混合面粉制成饵料。在斑点篮子鱼笼（2）的拱形倒须出口处的前、后方笼底上各敷有一片方形网目的方形铁丝网片（4×4#）和矩形铁丝网片（4×8#），如图 13-18 的③所示。作业前在铁丝网片上各先铺上菜叶，上面放置饵料。

6. 东风螺笼

广东湛江的东风螺笼是一种圆柱形的乙纶网笼，属于定置延绳倒须笼，其饵料以河鲀和赤鼻棱鳀为最好，青鳞鱼次之。青鳞鱼个体小，每笼可放入 1~2 尾。东风螺喜食腥味较大的有机体，河鲀等盐渍品腥味较大，且能保持较长的时间，容易引诱东风螺索食而陷入笼中。饵料可先放入周边开有小孔的塑料罐中，然后将此饵料罐夹在对折使用的橡皮筋中且悬吊在笼体中间。

7. 墨鱼笼

以前的墨鱼笼采用的是竹篾笼，如图 13-13 所示，后来逐渐改用竹、木框架的乙纶网笼（图 13-1）或铁丝笼（图 13-12）。墨鱼笼是利用墨鱼喜入笼产卵的习性，将笼形渔具放在海底，诱其入笼产卵而捕获之，故墨鱼笼作业时，均不用饵料引诱墨鱼入笼。但在首次作业起笼后，若连续作业，在取渔获物时，可留一条活的墨鱼在笼里作为诱饵，引诱更多墨鱼入笼。作为诱饵的墨鱼应是没有损伤的雌鱼。起笼时，要注意保护笼里面的墨鱼卵，以免影响墨鱼的入笼率。

三、绳索

在延绳笼壶渔具的绳索结构中，若笼壶是通过支绳而连接到干绳上的，如图13-6上方和图13-8所示，这种绳索结构称为"干支结构"。在全国海洋渔具调查资料所介绍的20种定置延绳笼壶渔具中，属于干支结构的有15种，其中属于干支结构的笼具有8种，属于干支结构的壶具有7种；属于非干支结构的有5种，其中属于非干支结构的笼具有2种，属于非干支结构的壶具有3种。

在两种非干支结构的延绳笼具中，一种是广东湛江的花鳝笼（《中国图集》241号渔具），如图13-2的④所示，是用一条系笼绳（0.60 PEϕ5）将笼体中部系在干绳上；另一种是广东台山的石鳝笼，将干绳上拟系结笼具处对折后直接系在石鳝笼后端附近的连接环上。

在3种非干支结构的壶具中，一种是浙江宁海的张望潮螺，其壶具如图13-27（2）所示，是用一条系壶绳（0.20 PE 36 tex 2×3）先穿过螺壳前端附近的圆孔并扎牢螺壳后，再系结在干绳上；另一种是河北秦皇岛的捕章鱼螺壳，其壶具如图13-27（1）所示，干绳与壶具的连接如此图的上方所示，先将干绳一端穿过螺口边缘附近的圆孔后再将干绳绕成一个单结拉紧即可；还有一种是广西合浦的章鱼煲，如图13-9的④所示，先将干绳上拟系结壶具处对折后穿过壶口附近的圆孔后，再将壶具套结在干绳上。

在南海区渔具调查资料所介绍的15种定置延绳笼壶渔具中，属于定置延绳笼具的有13种，均属于干支结构的笼具，如图13-14～图13-16、图13-21和图13-26等所示；属于定置延绳壶具的有2种，其中属于干支结构的壶具只有1种，即广东深圳的油槌筒，其支绳采用一条直径5 mm的乙纶绳对折而成，支绳两端分别与干绳和油槌筒一端的连接绳环系结后的支绳净长为110 mm，如图13-23上方总布置图中的标注"2—0.11 PEϕ5"所示。

此外，尚有一种非干支结构的定置延绳壶具是广西钦州的章鱼杯，如图13-25的①所示，先将干绳上拟系结章鱼杯处对折后穿过杯口附近的穿绳孔，再将对折处张开形成圆圈，绕过杯一圈后拉紧，就可将杯套结在干绳上。

下面将从延绳笼壶干支结构中的干绳、支绳开始，逐一介绍笼壶渔具所采用的各种绳索。

1. 干绳

干绳是在延绳笼壶渔具绳索的干支结构中，连接支绳或笼壶，承受延绳笼壶渔具主要作用力的那部分笼壶绳[①]。

干绳在延绳笼壶渔具上使用，它是承担延绳笼壶渔具全部负荷的一条长绳，其上面系结若干具有固定笼壶间距作用的支绳或笼壶，还可能系结有浮筒绳、浮标绳、沉石绳、桩绳等。干绳的主要作用是承担全部延绳笼壶渔具的载荷和扩大诱捕范围。

根据全国海洋渔具调查资料统计，为了便于搬运和收藏，我国延绳笼壶渔具的每条干绳长度一般为11～80 m。最长的为280 m，即江苏连云港的乌贼笼的干绳长度，如图13-1所示。作业时，由数条、数十条或数百条干绳连接成一笼列或一壶列，或者一船分别投放若干由数条或数十条干绳连接成的笼列或壶列。其一笼壶列长或一船投放的若干笼壶列的总长一般达到1000～6000 m。此外，较短的也有数百米，最长的是福建龙海的蟳笼的笼列，如图13-5上方的总布置图所示，其两桩之间的干绳长33 m，每笼列有250条干绳，整个笼列的总长最大为8250 m。

根据南海区渔具调查资料统计，延绳笼壶渔具的每条干绳长度一般为500～1000 m。最长的为17 119 m，即广西防城的蟹笼的干绳长度，如图13-26所示。作业时，由数条至100条干绳连接成一笼壶列，其笼壶列长度一般达到5000～8000 m，较短的也有3000 m左右，最长的为34 238 m，也是广西防城的蟹笼的笼列长度。

---

① 笼壶绳是指在笼壶渔具上所使用的绳索。

20 世纪 80 年代以前的蟳笼，如图 13-5 所示，采用的是竹篾笼，每条干绳系结 4 个笼，其干绳端距和支绳间距均为 6.60 m，则每条干绳长为 33.00 m[6.60 m×(4＋1)]。若第一条干绳的前端连接在第一个桩上，其后端可以连接到第二个桩上，也可以不连接在第二个桩上（即将第二条干绳前端先连接在第二个桩上，然后将第一条干绳后端连接在第二条干绳前方离第二个桩为 0～2.50 m 处）。若全部干绳两端均连接在桩上，则这时 250 条干绳的拉直总长（笼列长）是最长的，为 8250 m（33 m×250）。当时此蟳笼的作业渔船如图 13-5 左下方的作业示意图所示，为一只载重 1.5～2.0 t 的木质舢板，配有木桨两支，桅杆长 7 m，挂帆一片，船员两人。20 世纪 90 年代以后竹篾笼逐渐被金属圆柱形框架外罩网衣的网笼所替代，加上逐渐采用机动渔船进行生产，于是渔具规模也逐渐增大。如图 13-26 的蟹笼所示，每条干绳系结有 900 个笼，其干绳端距和支绳间距均为 19 m，则每条干绳为 17 119 m。此蟹笼采用总吨位 50 GT、主机功率 184 kW 的木质渔船进行生产，船上配有绞纲机等设备，船员 10 人，作业时放出两条干绳，则笼列长为 34 238 m。此笼列长为上述 80 年代以前用的竹篾蟳笼笼列长的 4.15 倍。

20 世纪 80 年代以前我国定置延绳笼壶渔具的绳索，多数还保留着原来的传统习惯，采用植物纤维绳索，少数已开始逐渐采用合成纤维绳索。故在全国海洋渔具调查资料所介绍的 20 种定置延绳笼壶中，其干绳采用植物纤维绳索的有 12 种，其中 6 种采用稻草绳（STRϕ12～25），2 种采用草篾绳［(STR＋BAM)ϕ30］，4 种采用麻绳（HEM）。在 4 种麻绳中，有 2 种采用直径 20 mm 的苎麻绳，有 2 种采用直径分别为 10 mm 和 30 mm 的苘麻绳。还有 8 种干绳采用的是乙纶纤维材料，其中有 4 种采用乙纶绳（PEϕ4～7），另 4 种采用直径为 1.65～2.78 mm 的乙纶网线。

20 世纪 90 年代以后，我国定置延绳笼壶渔具的绳索材料逐渐改用合成纤维材料，故在南海区渔具调查资料所介绍的 15 种定置延绳笼壶渔具中，其绳索材料已全部采用合成纤维。除了一种干绳采用锦纶捻绳（PAϕ10）和另一种干绳采用氯纶捻绳（PVCϕ12）外，其余 13 种采用乙纶单丝捻成的干绳。只有如图 13-25 所示的章鱼杯，其干绳采用乙纶网线（PE 36 tex 46×3），其余均采用直径 4～16 mm 的乙纶绳。

2. 支绳

支绳是在笼壶渔具绳索的干支结构中，一端与干绳连接，另一端连接笼具或壶具的那部分笼壶绳。

支绳主要承受笼壶的水阻力，并传递给干绳。我国延绳笼壶渔具的支绳形式有多种，但采用较多的只有两种，一种是在干绳与笼壶之间，只用一条支绳直接连接，如图 13-5、图 13-7、图 13-8、图 13-13、图 13-14 等所示。另一种是在干绳与笼具之间，采用一条支绳和一组叉绳相连接，如图 13-1、图 13-6、图 13-16、图 13-21、图 13-26 等所示。由一条支绳和一组叉绳组成的支绳总长度是指一条支绳长度和其中一条叉绳长度之和，如图 13-1 中，其支绳总长度是 5.20 m（4.50 m＋0.70 m）。

在全国海洋渔具调查资料所介绍的 15 种干支结构的笼壶渔具中，只采用一条支绳的有 10 种笼壶，采用一条支绳和一组叉绳的只有 3 种笼具。支绳的材料与干绳一样，有的仍采用植物纤维绳索，有的已采用乙纶绳或乙纶网线。不论采用什么材料的绳索，支绳的粗度应比干绳稍细，叉绳的粗度应比支绳也稍细。支绳长度一般为 1.50～2.00 m，加上叉绳一般较长，最长的如图 13-1 中的③所示，其支绳长 4.50 m，叉绳长 0.70 m，则支绳总长度为 5.20 m。

在南海区渔具调查资料所介绍的 15 种干支结构的笼壶渔具中，只采用一条支绳的有 6 种笼壶，采用一条支绳或一组叉绳的有 9 种笼具。支绳的材料与干绳一样，除采用锦纶捻绳和采用氯纶捻绳的各有一种外，其余均采用乙纶材料。其中除了 4 种支线采用乙纶网线外，其余 9 种支线采用乙纶绳。不论采用什么材料，支绳粗度应比干绳稍细，叉绳的粗度又比支绳稍细。支绳长度一般为 0.11～

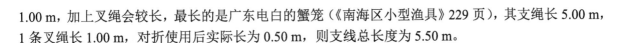

1.00 m，加上叉绳会较长，最长的是广东电白的蟹笼（《南海区小型渔具》229 页），其支绳长 5.00 m，1 条叉绳长 1.00 m，对折使用后实际长为 0.50 m，则支线总长度为 5.50 m。

3. 浮筒绳、浮标绳

在定置延绳笼壶渔具中，浮筒绳、浮标绳分别是浮筒、浮标与干绳之间的连接绳索。在散布笼壶渔具中，浮筒绳是浮筒与笼壶之间的连接绳索。

在全国海洋渔具调查资料所介绍的 20 种定置延绳笼壶渔具中，有 15 种装置有浮筒绳（10 种）或浮标绳（5 种）。在此 15 种浮筒（标）绳中，采用乙纶材料的有 10 种（其中采用直径 4～12 mm 乙纶绳的有 6 种，采用乙纶网线的有 4 种），采用植物纤维材料的有 5 种（其中稻草绳 2 种、苎麻绳 2 种、苘麻绳 1 种）。尚有 5 种定置延绳笼壶渔具是无装置浮筒（标）绳的，其中有 2 种福建的蟳笼（《福建图册》166 号、167 号渔具）如图 13-5 左下方的作业示意图所示，起笼时先找出布笼位置后，抛下扒钩（四齿小铁锚，如④图所示）进行拖扒，钩住干绳后将干绳提出水面，再沿着干绳逐个起笼；有 1 种广东的章鱼壳如图 13-8 的左上方所示，也是采用扒钩起壶的；又有一种浙江宁海的张望潮螺，起壶时先根据目测定位干绳端部概位，然后抛下四齿小木锚（由数支小木棍扎成，或依自然树枝丫截成），拖曳片刻，捞起干绳一端，顺流开始起壶；还有一种是福建东山的章鱼螺（《福建图册》171 号渔具）也需采用扒钩起壶的。

在全国海洋渔具调查资料所介绍的 4 种散布笼壶渔具中，除了广东的墨鱼笼（图 13-12）装置有浮筒绳（8.00 PE 42 tex 38×3）外，其他 3 种散布笼壶渔具——江苏的篾子、浙江的弹涂竹管（图 13-10）和广东的蟹灶（图 13-11）均在落潮后敷设在干潮后露出的滩涂处，不需装置浮筒绳。

在全国海洋渔具调查资料所介绍的 24 种笼壶渔具中，16 种是装置有浮筒绳（11 种）或浮标绳（5 种）。此 16 种浮筒（标）绳的使用长度范围为 8～30 m。在上述 24 种笼壶渔具中，在水中作业的有 21 种（定置延绳笼具 10 种、定置延绳壶具 10 种、散布笼具 1 种），在滩涂作业的有 3 种（散布笼具 1 种、散布壶具 2 种）。

在南海区渔具调查资料所介绍的 15 种定置延绳笼壶渔具均装置有浮标绳（13 种）或浮筒绳（2 种），其绳索材料均为乙纶，其中采用直径 4～8 mm 乙纶细绳的有 12 种，采用乙纶网线的有 3 种。

在南海区渔具调查资料所介绍的 9 种散布倒须笼壶渔具中，有 6 种装置有浮筒绳，其绳索材料均为乙纶（其中 1 种采用直径 4 mm 的乙纶细绳，其余 5 种均采用乙纶网线）。尚有 3 种散布倒须笼是不需装置浮筒绳的，其中 1 种如图 13-17 所示的弹涂笼是在落潮后干潮时方在滩涂上进行放笼作业，即将弹涂笼的笼口堵截住藏有弹涂鱼的洞口，待放笼人走后，弹涂鱼会重新出洞口即进入弹涂笼而被捕获。另有 2 种是广东珠海的横笼和广东阳江的鰕虎笼，均是在落潮后干潮时，将笼具敷设固定在滩涂上，待到下一次落潮后干潮时即可收取渔获物。

定置串联倒须笼具的每个笼列一般由 10～15 个长笼串联构成，一般在笼列首尾均装置有浮标绳或浮筒绳。在南海区渔具调查资料所介绍的 4 种定置串联倒须笼具均装置有浮标绳（3 种）或浮筒绳（1 种），其绳索材料均为直径 6～8 mm 的乙纶细绳。

在南海区渔具调查资料所介绍的 28 种笼壶渔具中，有 25 种装置有浮标绳（16 种）或浮筒绳（9 种），其绳索材料均为乙纶，其中采用直径 4～8 mm 乙纶细绳的有 17 种，采用乙纶网线的有 8 种。此 25 种浮标（筒）绳的使用长度范围为 9～62 m。在上述 28 种笼壶渔具中，在水中作业的有 25 种（定置延绳笼具 13 种、定置延绳壶具 2 种、散布笼具 5 种、定置串联笼具 4 种、散布壶具 1 种），在滩涂上作业的有 3 种（均为散布笼具）。

4. 根绳

在定置延绳笼壶渔具中，根绳是干绳与沉石、锚、桩等固定构件之间的连接绳索。用于连接沉石的根绳又称为沉石绳，如图 13-2 的③所示（0.80 PEϕ4）。用于连接锚的根绳又称为锚绳，如图 13-20 下方的作业示意图中笼列两端所示（8.00 PEϕ10）。木锚又可称为椗，故用于连接木锚的根绳又可称为椗绳。用于连接桩的根绳又称为桩绳，如图 13-1 下方的干绳两端所示（12.00 STRϕ30）。根绳的连接部位有两种，一种是根绳连接在笼壶列的两端，另一种是根绳连接在笼壶列两端和笼壶列中间的干绳之间连接处。

在全国海洋渔具调查资料所介绍的 20 种定置延绳笼壶渔具中，有 14 种装置了根绳，其中 9 种属于沉石绳，3 种属于桩绳，2 种属于椗绳。剩下 6 种是不用根绳的，其中有 3 种笼壶渔具是将干绳直接连接在固定构件上而不用根绳，如图 13-5 的①、图 13-8 的①和图 13-9 的③所示；又有 2 种笼壶，由于在笼壶上装有沉石已起固定作用，故不必再用根绳和固定构件，如图 13-3 和图 13-7 所示；还有 1 种是福建东山的章鱼螺（《福建图册》171 号渔具），其壶具是一种稍大的海螺壳，由于此延绳壶具没有装置浮筒或浮标，而稍重的海螺壳已足够固定壶具，故也不必再用根绳和固定构件。

在全国海洋渔具调查资料所介绍的 14 种装有根绳的定置延绳笼壶渔具中，采用乙纶材料的有 8 种（其中采用直径 4～10 mm 乙纶绳的有 6 种，采用乙纶网线的有 2 种），采用植物纤维材料的有 6 种（其中稻草绳 3 种，稻草竹篾混合绳、苘麻绳和苎麻绳各 1 种）。此 14 种根绳的使用长度范围为 5～30 m。

在南海区海洋渔具调查资料所介绍的 15 种定置延绳笼壶渔具中，有 13 种装置了根绳，其中只有广东阳江的红蟹笼的根绳属于锚绳，其余均属于沉石绳。剩下两种定置延绳笼壶不用根绳，其中一种如图 13-21 的左上方所示，东风螺笼的干绳两端直接连接在沉石上而不用根绳；另一种如图 13-23 的中下方 A-A'图所示，在油槌筒腹部装置的两大块铅沉子已起固定作用，故不必再用根绳和其他固定构件。

在南海区海洋渔具调查资料所介绍的 13 种装有根绳的定置延绳笼壶渔具均采用乙纶材料的根绳，其中采用直径 4～8 mm 乙纶绳的有 11 种，采用乙纶网线的有 2 种。

南海区定置延绳笼壶渔具的配布形式有 3 种，第一种如图 13-16 上方总布置图的左方所示，此不锈钢笼的浮标绳与沉石绳是同一条乙纶绳，干绳的两端分别连接在两条浮标绳下方并留 2 m 左右作为沉石绳，沉石绳下端结扎沉石后形成了净长为 2 m 的沉石绳；第二种如图 13-25 的左上方所示，此章鱼杯壶具的浮标绳与沉石绳也是同一条乙纶绳，在离浮标绳上端为 19.40 m 处先用浮标绳结扎沉石后并留出约 0.60 m 作为沉石绳，沉石绳上端与壶列两端或壶列中两条干绳的连接处相连接后形成净长为 0.60 m 的沉石绳；第三种是过去普遍采用的形式，即根绳连接在笼列两端或笼列中间两条干绳的连接处。南海区定置延绳笼壶渔具的根绳使用长度范围为 0.60～2.00 m。

四、属具

1. 浮子

我国的延绳笼壶渔具一般不装置浮子，只有浙江的鲚鱼篓才采用浮子配合桩绳的长短来调整笼具所处的水层，如图 13-4 的上方所示。诱捕鲚鱼时，由于鲚鱼常栖息于水的表层，于是桩绳应较长，浮力应较大，采用基部直径 70～80 mm、长 1 m 左右的竹筒浮子。诱捕梅童鱼时，因梅童鱼习惯栖息于水的底层，故桩绳应较短，浮力应较小，采用浮力约 9.81 N 的玻璃瓶作为浮子。其浮子就系在桩绳的上端。

2. 沉子

我国笼具的笼可采用竹篾笼、塑料笼或竹、木框架乙纶网笼；我国壶具的壶一般用竹筒或塑料

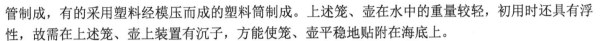

管制成，有的采用塑料经模压而成的塑料筒制成。上述笼、壶在水中的重量较轻，初用时还具有浮性，故需在上述笼、壶上装置有沉子，方能使笼、壶平稳地贴附在海底上。

笼壶渔具的沉子一般是指装置在笼壶上并能使笼壶平稳贴底的石沉子、铅沉子或水泥沉子等。如图 13-1 中部的总布置图所示，在乌贼笼笼口底部两侧和笼尾上方的圆木条上共结扎有 3 个质量 1.00 kg 的石沉子；又如图 13-2 的上部所示，花鳝笼的两侧共结扎有 4 个质量 0.30 kg 的石沉子；又如图 13-3 的上部所示，在石鳝笼的腹部结扎有 2 个质量 0.25 kg 的石沉子；又如图 13-6 的下部中间所示，在黄螺笼底部装置有 1 个质量 0.25 kg 的石沉子；又如图 13-7 的上部所示，在石鳝壶两侧错开共结扎有 2 个质量 2.00 kg 的石沉子；又如图 13-23 所示，油槌筒腹部装置有 2 个长、宽、厚分别为 150 mm × 45 mm × 10 mm、质量 0.75 kg 的铅沉子；又如图 13-24 的上部所示，鳗鲡筒两侧共装有 2 个质量 0.70 kg 的石沉子。

我国一些铁丝框架网笼或铁丝笼，由于笼体质量较轻，也需装置沉子，如图 13-15 的上部所示，在连接泥猛笼两侧的笼底横杆上的两端共结扎有 2 个质量 1.00 kg 的石沉子；又如图 13-18 的③所示，在笼底铁圆环两侧各结扎 1 个圆柱形的钢沉子（STϕ15 × 52）；又如图 13-19 的⑤所示，在笼底的加固横杆的中后部装置有 1 个水泥沉子（CEMϕ72 × 20）。

我国钢筋框架不锈钢丝网笼或钢筋框架网笼由于框架本身已经够沉降力，一般是不再装置沉子的，如图 13-16 的不锈钢笼、图 13-21 的东风螺笼和图 13-26 的蟹笼等所示。

我国的壶具，除了采用竹筒壶和塑料壶外，一般是采用天然螺壳或陶壶来诱捕章鱼，由于螺壳和陶壶在水中有一定的沉降力，故不需在壶具上另加沉子。

3. 浮筒、浮标

浮筒、浮标是笼壶列或散布笼壶渔具作业位置的标识。作业时，可根据浮筒、浮标的排列位置观察定置延绳笼壶列的形状，也可根据浮筒的位置估计散布笼壶渔具的作业位置。

我国笼壶渔具的浮筒型式与刺网浮筒基本相似，如图 2-36 所示。我国笼壶渔具的浮标型式与刺网浮标基本相似，如图 2-37 所示。

定置延绳笼壶渔具是在水域中进行作业的，一般需采用浮标或浮筒来标识其作业位置。有的只采用浮标来标识，有的只采用浮筒来标识，有的既采用浮标，又采用浮筒，两种标识间隔使用。浮标或浮筒分别通过浮标绳或浮筒绳连接在笼壶列的两端或连接在笼壶列中间两条干绳之间的连接处。散布笼壶若在水域中进行作业的，一般只采用浮筒来标识其作业位置，浮筒通过浮筒绳连接在笼壶的上方。

在全国海洋渔具调查资料所介绍的 24 种笼壶渔具中，有 20 种定置延绳笼壶渔具和 4 种散布笼壶渔具。在 20 种定置延绳笼壶渔具中，采用浮筒标识笼壶列的 9 种，采用浮标标识笼壶列的有 4 种，浮标、浮筒间隔使用标识笼列的有 2 种。在 4 种散布笼壶渔具中，只有 1 种散布笼具采用浮筒标识笼具作业位置。

在 9 种采用浮筒标识笼壶列的定置延绳笼壶渔具中，除了山东胶南的墨鱼笼采用长方体的桐木浮子作为浮筒外，有 4 种采用如图 2-36（1）所示的竹浮筒作为浮筒，如图 13-4 的左上方和图 13-6 的上方所示，其竹浮筒规格范围为（0.30～1.20）BAM（ϕ75～100）；有 1 种采用类似图 2-36（2）所示的硬质塑料球浮作为浮筒，如图 13-7 的③所示；有 2 种采用类似图 2-36（4）所示，即浮筒绳分别穿过一个或两个中孔泡沫塑料球浮后结扎成的浮筒，如图 13-9 的①所示；最后 1 种采用类似图 2-36（5）所示的用旧网衣包裹着一个长方体泡沫塑料块作为浮筒，如图 13-3 的下方所示。

在 4 种采用浮标标识笼壶列的定置延绳笼壶渔具中，有 3 种采用如图 2-37（2）所示的浮标，如图 13-2 的左下方附近所示，只是采用 2 个泡沫塑料球浮来代替图 2-37（2）所示的 4 个泡沫塑料球浮。还有 1 种采用如图 2-37（5）所示的浮标。

在 2 种采用浮标、浮筒间隔使用标识的笼列中，一种是江苏连云港的乌贼笼，如图 13-1 所示，是图 2-37（1）的浮标和图 2-36（2）的浮筒间隔使用；另一种是广西防城的墨鱼笼，如图 13-13 所示，是图 2-37（1）的浮标和图 2-36（1）的竹浮筒间隔使用。只有一种散布笼具采用类似如图 2-36（4）的浮筒，即广东宝安的墨鱼笼，如图 13-12 的左上方所示，是属于用浮筒绳只穿过一个中孔泡沫塑料球浮后结扎成的浮筒。

在南海区渔具调查资料所介绍的 28 种笼壶渔具中，包括 15 种定置延绳笼壶渔具、9 种散布笼壶渔具和 4 种定置串联倒须笼具。在 15 种定置延绳笼壶渔具中，采用浮标标识笼壶列的有 13 种，采用浮筒标识笼壶列的有 2 种。在 9 种散布笼壶渔具中，有 6 种散布笼壶渔具采用浮筒标识笼壶渔具的作业位置。在 4 种定置串联倒须笼具中，采用浮标标识笼列的有 3 种，采用浮筒标识笼列的有 1 种。

在 13 种采用浮标标识笼壶列的定置延绳笼壶渔具中，1 种是海南儋州的蟹笼采用类似图 2-37（1）所示的浮标；有 3 种采用类似图 2-37（6）所示的浮标，如图 13-14 的下方、图 13-21 的上方所示；其余 9 种均采用类似图 2-37（5）所示的浮标，如图 13-15 的下方、图 13-16 的上方和图 13-25 的上方所示等。

在 2 种采用浮筒标识笼壶列的定置延绳笼壶渔具中，一种是广东湛江的东风螺笼采用如图 2-36（2）所示的浮筒；另一种采用如图 2-36（3）所示的浮筒，如图 13-23 的左上方所示。

在 6 种采用浮筒标识笼壶作业位置的散布笼壶渔具中，一种是海南三亚的渔笼采用 1.25 L 的雪碧空瓶作为浮筒，其余 5 种均采用如图 2-36（3）所示的浮筒，如图 13-18 和图 13-19 的左上方、图 13-24 的中下方等所示。

在 3 种采用浮标标识笼列的定置串联倒须笼具中，均采用如图 2-37（5）所示的浮标，在一支竹竿下端结缚一个石头，上端结缚一面布旗，中间结缚泡沫塑料浮子而构成一支浮标。还有一种采用浮筒标识笼列作业，即广东阳西的百足笼（《南海区小型渔具》135 页），采用一个圆柱形的泡沫塑料浮子（FPϕ270×300），并用一条浮筒绳（7.60 PEϕ6）将浮子连接在笼列两端的锚绳上。

4. 沉石、桩、锚等固定装置

我国定置延绳笼壶渔具的固定装置有沉石、桩和锚 3 种。延绳笼壶渔具的沉石用沉石绳连接在笼壶列两端或笼壶列中间两条干绳的连接处，或者沉石直接连接在笼壶列两端，是用来固定延绳笼壶渔具的装置；桩是用桩绳连接在笼壶列两端或笼壶中间两条干线的连接处，用来固定延绳笼壶渔具的装置；锚是用锚绳连接在笼壶列两端或笼壶中间两条干线的连接处，用来固定延绳笼壶渔具的装置。

全国海洋渔具调查资料所介绍的 20 种定置延绳笼壶渔具中，只采用类似图 2-39（1）或（2）的沉石作为固定装置的有 11 种，如图 13-2 的③、图 13-6 的③、图 13-8 的①、图 13-9 的③和图 13-13 的③等，其沉石一般重 3.00~8.00 kg，最轻为 1.00 kg，最重为 20.00 kg。采用桩作为固定装置的有 4 种，其中 3 种采用类似图 6-39（1）的木桩，如图 13-1 的下方和图 13-5 的①等所示，其木桩直径为 30~150 mm，长为 0.50~1.80 m；另一种采用竹桩（1.00 BAMϕ70），如图 13-4 的中间所示。采用锚作为固定装置的有 1 种，是山东胶南的墨鱼笼（《山东图集》151 页），采用槐木制木锚，锚杆规格为 1.30 WDϕ（100~120 mm），双齿锚，锚齿规格为（0.50~0.60）WDϕ（100~120 mm），在锚杆锚齿两侧夹上两条垂直于锚杆的横杆，锚杆两侧的横杆上各结缚一个重 15.00 kg 的沉石，木锚用锚绳连接在笼列两端和中间每个干绳的连接处；采用木锚和沉石联合固定的有 1 种，是福建同安的蛟水罐（《福建图册》170 号渔具），壶列两端各用锚绳连接 1 个木锚（WD+STON）8.00 kg，壶列中间干绳连接处用沉石绳连接 1 个沉石（STON 2.50 kg）。

上述共介绍了 17 种延绳笼壶渔具，剩下 3 种笼壶均无固定装置，其中 2 种笼壶体上本身已装有石沉子固定了而无须再装固定装置，如图 13-3 和图 13-7 的下方所示；另外 1 种壶具只需利用螺壳本身重量固定而无须再装固定装置，即福建东山的章鱼螺。

南海区渔具调查资料所介绍的 15 种定置延绳笼壶中，采用如图 2-39（1）的沉石作为固定装置的有 13 种，其沉石最小的为 1.50 kg，如图 13-14 的下方和图 13-21 的左上方所示；一般质量为 3.00～6.00 kg，如图 13-16 的左上方和图 13-25 的上方等所示；最重大的为 20.00 kg，如图 13-15 的下方所示。采用锚作为固定装置的只有一种，即广东阳江的红蟹笼。剩下一种壶具无固定装置，即广东深圳的油槌筒。由于油槌筒腹部已装有两块质量 0.75 kg 的铅沉子，已有足够的沉力将油槌筒固定，故无须再装固定装置。

此外，我国的少数延绳笼壶渔具，当收取渔获物时，尚需采用一种副渔具协助收起笼壶列。有些延绳笼壶渔具作业时为了保密而不采用浮标或浮筒来标识笼壶列的位置。当渔船布设笼壶列时，可用各种方法记住笼壶列的走向和位置，投放完笼壶渔具后离去。到收取渔获物时，当渔船到达渔场并认出布设笼壶的走向和位置后，在笼壶列旁抛出一个带有锚绳的四齿小铁锚或小木锚的副渔具，手握锚绳后端并待小锚沉至海底后，再拉着小锚沿着笼壶列的垂直方向来回拖曳，待小锚钩到干绳后将其提出水面。此副渔具小铁锚如图 13-5 中的④和图 13-8 的右上方所示，采用小木锚的是浙江宁海的张望潮螺。

第四节　笼壶渔具图及其核算

一、笼壶渔具图

我国笼壶渔具，大多数为定置延绳笼壶渔具，故本书只着重说明定置延绳笼壶渔具图。

定置延绳笼壶渔具图包括总布置图、构件图、网衣展开图、零件图、局部装配图、作业示意图等，每种定置延绳笼壶渔具均需根据需要画出上述各种图。总布置图与作业示意图相类似的，可以综合绘制成一个图，在图中既能表示出整体结构布置，又能表示出作业状态。也可以根据需要，两种图均绘制。延绳笼壶渔具图均可以集中绘制在一张 4 号图纸上。总布置图一般绘制在上方，构件图、网衣展开图、零件图和局部装配图绘制在中间或下方，如图 13-26 所示。作业示意图一般绘制在下方，如图 13-5 的左下方所示。如果将总布置图和作业示意图综合成一个图时，可先将网衣展开图、构件图和局部装配图绘制在中上方，综合图绘制在下方，如图 13-1 所示。其上方的网衣展开图①和②是罩在笼体表面上的网衣展开图和笼口倒须的网衣展开图；中左方③是笼体的构件图；中右方是笼体与叉绳（由三条绳组成）、支绳的连接装配图，属于局部装配图；下方是属于总布置图与作业示意图的综合图。

1. 总布置图

一般要求画出整笼壶列的结构布置。若整列头尾（或左右）对称，可画出整列布置图，也可只画出列头部分（画在左侧）的布置。图中应标注支绳或笼壶的安装间距、端距和整笼壶列所需的浮筒和浮筒绳、浮标和浮标绳、沉石和沉石绳、桩和桩绳的材料规格和数量，还应标注整列所需的浮子、沉子、干绳、支绳或笼壶的数量。若不画整列的总布置图，只画一条干绳的总布置图，需另画能表示整列布置的作业示意图，并在总布置图和作业示意图中标注出上述整列的标注数据。

2. 构件图、零件图

要求大体按比例绘制笼和壶的构件图。若笼由若干零件组成的，一般还要求画出各个零件的结构规格，如图 13-26 的中下方所示。在图 13-26 的中下方只画出蟹笼的构件图，蟹笼是由一个笼体框架①、一片笼体网衣②和三片网口倒须网衣③组成。A-A′表示三个网口倒须网衣连接装配的俯视图。壶若是整体刚性结构的，只需画出一个壶具的结构，并标注其材料规格即可，如图 13-27 和图 13-28 所示。

3. 局部装配图

应分别画出各构件之间具体的连接装配，标注出干绳、支绳、浮子、沉子、浮筒和浮筒绳、浮标和浮标绳、沉石和沉石绳、桩和桩绳等的规格。若在局部装配图还不能全部标注出上述规格，应在其他图中标注出来，如图 13-1 所示。

关于延绳笼壶渔具图标注，除了零件图可按机械制图的要求标注外，其他绳索和属具的标注与前面各章所介绍的要求相同。

延绳笼壶渔具的主尺度：每条干绳长度×每条支绳总长度（每条干绳系结的笼壶个数）。

例：蟹笼 17 119.00 m × 4.26 m（900 BAS）（图 13-26）。

乌贼笼 280.00 m × 5.20 m（40 BAS）（《中国图集》243 号渔具）。

章鱼煲 1307.40 m × 0 m（500 POT）（《中国图集》247 号渔具）。

二、笼壶渔具图核算

延绳笼壶渔具图核算包括核对支绳安装间距和端距的合理性，核对干绳长度，核对支绳总长度，核对浮标或浮筒、沉石或锚等的配置，核对笼体网片的尺寸，核对倒须网片的尺寸，等等。

延绳笼壶渔具的支绳间距和端距均应大于支绳总长与笼壶长度之和，才能避免在起笼作业时产生相邻支绳之间的绞缠事故。

根据南海区渔具调查资料统计，较大型的圆柱形钢、铁框架乙纶网笼的上下两个圆环外径一般为 420~600 mm，笼高一般为 180~250 mm，其支绳间距一般为 10~20 m，端距较小的只有一种，为 9 m，其他的端距均与间距等长，即均为 10~20 m。

下面举例说明如何具体进行延绳笼壶渔具图核算。

例 13-1 试对蟹笼（图 13-26）进行渔具图核算。

解：

1. 核对支绳安装间距和端距的合理性

在图 13-26 上方的总布置图中，标明支绳间距和端距均为 19.00 m，支绳长度为 4.00 m。从图中间的笼体相片中可看出，连接笼框上、下圆环一侧的笼耳绳比笼高稍长些，现取笼耳绳净长为 0.26 m（根据另一个相似的较大型圆柱形网笼进行模拟估计）。笼绳耳与支绳下端之间是通过一个长 125 mm 的扣绳器相连接，此扣绳器如图 13-26 中右方的④图所示。支绳上端与干绳相连接，在起笼作业过程中，当干绳与支绳连接点提升至海面时，若此时笼体已离开海底，笼体长度应等于笼的上下圆环外径的长度，如①图所示，为 0.60 m。支绳总长与笼体长度等的和约为

$$4.00 + 0.125 + 0.26 \div 2 + 0.60 = 4.86 \text{ m}$$

该蟹笼渔具的支绳间距和端距均为 19.00 m，约等于支绳总长与笼体长度等的和的 3.9 倍，故起笼作业时不会发生支绳之间的绞缠事故。当起笼收绞第一条干绳至最后一条支绳时，也不会发生支绳与浮标绳之间的绞缠，故该蟹笼渔具的支绳安装间距和端距均是合理的。

2. 核对干绳长度

假设支绳间距和端距均为 19.00 m 和每条干绳系结 900 个笼均是正确的，则干绳净长为

$$19.00 \times (900 + 1) = 17119.00 \text{ m}$$

核算结果与图中标注的干绳长度数字和主尺度标注数字均相符，说明干绳净长、支绳间距和端距、笼的数量均无误。

3. 核对支绳总长度

假设支绳净长为 4.00 m，扣绳器长 125 mm，笼耳绳净长为 0.26 m 均是正确的，则支绳总长度的净长约为

$$4.00 + 0.125 + 0.26 \div 2 = 4.26^{①} \text{m}$$

核算结果与该蟹笼的主尺度标注数字相符，说明支线净长、扣绳器长和笼耳绳净长均无误。

4. 核对浮标和沉石的配布

从总布置图中笼的放大符号①的标注（×900×2）得知，该蟹笼的笼列是由两条干绳组成的。又从总布置图右方的浮标图形和沉石图形旁边的标注（×3）得知，该笼列共装置三支浮标和三个沉石。现已画出装置在第一条干绳前端和后端与第二条干绳连接处的各一支浮标和各一个沉石，则第三支浮标和第三个沉石只能是装置在第二条干绳的后端，即该笼列的两端和中间连接处各装置一支浮标和一个沉石，这样配置是合理的。

5. 核对笼体网片的尺寸

笼体网片的尺寸如图 13-26 中下方的②图所示，是一片矩形网片，长 72.5 目，宽 28 目，采用 4×3 乙纶网线死结编结，目大 0.035 m。

1）核对网片的长度

笼体网衣的制作是先将笼体网片沿着横向对折后，再用 4×3 乙纶网线沿着网片两侧横目边横向编缝半目形成一个圆周为 73 目的圆筒网衣，再将①图的框架套进圆筒网衣的中间，则套在框架周围的圆筒网衣周长为

$$0.60\pi = 0.60 \times 3.1416 = 1.8850 \text{ m}$$

圆筒网衣纵向拉直周长为

$$2a \times (72.5 + 0.5) = 0.035 \times 73 = 2.5550 \text{ m}$$

则罩在圆柱形框架的圆周侧面上和上、下圆环处的网衣纵向缩结系数均为

$$E_n = 1.8850 \div 2.5550 = 0.7378$$

此缩结系数接近网片利用率的最高值 0.707，说明网片的纵向目数是比较合理的。

2）核对网片的宽度

在进行笼体网衣装配时，需用一条抽口绳和一条封底绳分别穿过圆筒网衣上、下边缘网目，便于分别将框架上、下方多出的圆筒网衣抽紧和封闭住圆柱形框架的上下圆环，使圆筒网衣上、下边缘网目的纵向缩结系数趋于 0。为了使上、下两端圆筒网衣在框架上、下圆环处的纵向缩结系数从 0.7378 逐渐减小至圆环中心处的 0，两端圆筒网衣的网长目数可用这段网衣的平均缩结系数的计算方法求出。两端圆筒网衣的缩结长度应等于圆环的半径 0.30 m。

（1）核算框架圆周侧面网衣的网宽目数

上面已算出框架圆周侧面网衣纵向缩结系数为 0.7378，其横向缩结系数应为

$$E_t = \sqrt{1 - E_n^2} = \sqrt{1 - 0.7378^2} = 0.6750$$

---

① 在计算支绳总长度时，若支绳与笼之间通过叉绳或笼（壶）连接时，则在计算支绳总长度时，一般是把支绳净长加上扣绳长和笼（壶）耳绳净长的一半作为支绳总长度。

假设框架圆周侧面网衣的网宽目数为 T_c，则圆周侧面网衣的拉直宽度为 $2a$。此拉直宽度乘以圆周侧面的网衣横向缩结系数得出的网衣缩结宽度即圆柱形框架的高度，如①图所示，为 0.25 m。即

$$2a \times T_c \times E_t = 0.25 \text{ m}$$

∵ $2a = 0.035$ m，$E_t = 0.6750$，

∴ $T_c = 0.25 \div E_t \div 2a = 0.25 \div 0.6750 \div 0.035 = 10.58$ 目。

（2）核算封闭上、下圆环所需的网宽目数

采用平均缩结系数的计算方法来计算，此方法可详见《渔具材料与工艺学》189页上方所介绍的方法。

圆筒网衣在圆柱形框架上、下圆环处的纵向缩结系数为 0.7378，圆筒网衣上、下边缘网目用抽口绳和封底绳抽紧和封住后的纵向缩结系数趋于 0，圆筒网衣在上、下圆环处的封闭网衣平均纵向缩结系数为

$$E_{n平均} = (0.7378 + 0) \div 2 = 0.3689$$

则封闭网衣的平均横向缩结系数为

$$E_{t平均} = \sqrt{1 - 0.3689^2} = 0.9295$$

已知圆筒网衣两端从框架上、下圆环处至圆环中心的网衣缩结长度为 0.30 m，假设从框架圆环处至圆环中心的封闭网衣网宽目数为 T_f，则

∵ $2a \times E_{t平均} = 0.30$ m，

∴ $T_f = 0.30 \div E_{t平均} \div 2a = 0.30 \div 0.9295 \div 0.035 = 9.22$ 目。

笼体网衣的网宽目数 T 应等于框架圆周侧面网衣的网宽目数（T_c）加上两端封闭网衣的网宽目数（T_f），即

$$T = T_c + T_f \times 2$$

∵ $T_c = 10.58$ 目，$T_f = 9.22$ 目，

∴ $T = 10.58 + 9.22 \times 2 = 29.02$ 目。

上述核算结果与图 13-26 的②图中的标注（28 T）只相差约 1 目，说明该笼具调查数字还算较准确。考虑到网衣用久后网宽会缩短，还是将网宽改用 29 目为宜。

6. 核对倒须网片的尺寸

倒须网片的尺寸如图 13-26 中下方的③图所示，是一片矩形网片，长 40.5 目，宽 13.5 目，采用 2×3 乙纶网线死结编织，目大 0.020。从图 13-26 的中左方的①图可看出，上、下圆环之间是由 6 条立柱支撑着的。又从图 13-26 左下方 3 片倒须的俯视图中可以看出，3 片倒须网片是先各自缝成 3 片圆筒形倒须网衣后才互相连接构成的。一般地说，为了笼具结构的稳定性和便于捕捞对象进笼，倒须口处两侧的立柱之间的圆环弧长适当取长些，2 个倒须口之间的 2 条立柱之间的圆环弧长适当取短些。现假设倒须口处约占 2 段弧长，倒须口之间约占 1 个弧长，则 3 个倒须口共占 6 段弧长，倒须口之间共占 3 段弧长，整个圆环可分 9 段弧长。假设该蟹笼的圆环分为 9 段相等的弧长。前面已知笼体网衣的圆周纵向目数为 72.5 目，则每段弧长内笼体网衣的纵向目数为 8.1 目（72.5÷9）；间隔 2 段弧长的 2 支立柱之间笼体网衣的纵向目数为 16.2 目（8.1×2）。从蟹笼的实物观察中得知，倒须口圆周的纵向网目边缘是与倒须口两侧立柱中间纵向剪开形成的上、下边缘网目边缘是合并在一起拉直，等长后再用网线绕缝在一起的，则倒须圆筒网衣的纵向拉直周长应与倒须口处的笼体圆筒网衣中间剪开处的网目纵向拉直长度的两倍相等。假设纵向剪开目数为 N'_n，则

$$0.020 \times 41 = 0.035 \times N'_n \times 2$$
$$N'_n = 0.020 \times 41 \div 0.035 \div 2 = 11.7 \text{ 目}$$

计算结果显示剪开目数不是整目数,说明该蟹笼资料在调查实测中存在一些误差。现取剪开目数为整目数,可取为 12 目,同样根据倒须圆筒网衣的纵向拉直周长应与倒须口处的笼体圆筒网衣中间剪开处的网目纵向拉直长度的两倍等长的原理,假设倒须网衣的圆周纵向目数应改为 N_n''',即

$$0.020 \times N_n''' = 0.035 \times 12 \times 2$$
$$N_n''' = 0.035 \times 12 \times 2 \div 0.020 = 42 \text{ 目}$$

根据核算结果,图 13-26③的倒须网片纵向目数应改为 41.5 目。原调查数字为 40.5 目,只相差 1 目,说明上面计算中的假设和该笼具原调查数字还算比较接近。

综合本例题核算结果,只需把图 13-26 中②的笼体网片横向目数改为 29 目,把图 13-26 中③的倒须网片纵向目数改为 41.5 目,均只相差 1 目,说明该笼具的调查数字还算比较准确。

第五节 笼壶渔具材料表与渔具装配

一、笼壶渔具材料表

本节只介绍延绳笼壶渔具材料表。若延绳笼壶渔具是由若干条干绳连接而成,其材料表中的"数量"是将每条干线和整列分开标明的,其合计用量是整列的用量。若延绳笼壶渔具只由一条干绳构成的,其材料表中的数量就是一条干绳的数量,其合计用量也是一条干绳的用量。在延绳笼壶渔具图中所标注的绳索长度,干绳、支绳、叉绳或笼耳绳等一般是标注净长,浮标绳或浮筒绳、沉石绳或锚绳等一般是标注全长。

图 13-26 的蟹笼渔具是由两条干绳构成,现根据此图核算后的准确数字列出蟹笼渔具材料表如表 13-3 所示。

附:材料表中数字计算说明。

1. 笼体框架钢筋长度计算

从图 13-26 的①图中可看出,该笼体框架是用直径 10 mm 的钢筋制成的 2 个圆环、2 条横杆和 6 条立柱焊接而成的圆柱形框架。用直径 10 mm 的钢筋弯曲并焊成外径为 0.60 m 的圆环,此圆环的内径应为 0.58 m,则此圆环的平均直径为 0.59 m,弯曲成此圆环的钢筋长度应约为 1.85 m(0.59 m × π)。通过圆环中心并焊在圆环平面内的横杆长度应为 0.58 m(0.60 − 0.01 × 2)。该笼体框架外高 0.25 m,焊接在上、下圆环之间的立杆长度应为 0.23 m(0.25 − 0.01 × 2)。整个笼体框架所需钢筋长度为

$$1.85 \times 2 + 0.58 \times 2 + 0.23 \times 6 = 6.24 \text{ m}$$

钢筋全长为 6.24 m,制作笼体框架需先将钢筋切割 9 次,若每切割一次约消耗 3 mm 的钢筋长度,共需消耗 27 mm(3 mm × 9)。焊接成框架共需焊接 18 次,若每次焊接焊缝约增长 1.5 mm,焊缝共增长 27 mm(1.5 mm × 18),则切割消耗的长度与焊接的增加长度基本相同,可忽略不计,每个笼体框架所需的钢筋可取为 6.24 m。

2. 绳线全长的估算

1)保护绳

保护绳是采用 2 条直径 6 mm 的乙纶分别把笼体网衣牢固地缠绕在上、下圆环上,起着固定和

表 13-3 蟹笼渔具材料表

[主尺度：17 119.00 m × 4.26 m（900BAS）]

名称	数量		材料及规格	网衣尺寸/目		每条钢筋或绳线长度/m		单位数量用量	合计用量/g	附注
	每干	整列		纵向	横向	净长	全长			
笼体网片	900 片		PE 36 tex 4×3—35 SJ	72.5	29			104.032 1 g/片	187 258	G_H = 0.462 g/m，横向目数改为 29
倒须网片	2 700 片		PE 36 tex 2×3—20 SJ	41.5	13.5			8.696 9 g/片	46 963	G_H = 0.237 g/m，纵向目数改为 41.5
笼体框架	900 个		ST ϕ10				6.24			
饵料针	900 个		0.13 ST ϕ6				0.13			
饵料罐	900 个		PL BAIT TIN							
保护绳	1 800 条		3.80 PE ϕ6			3.80		69.16 g/条	248 976	G_H = 18.2 g/m
封底绳	900 条		0.20 PE 36 tex 30×3			0.70	0.20	0.725 8 g/条	1 307	
抽口绳	900 条		0.90 PE 36 tex 30×3			0.40	0.90	3.266 1 g/条	5 879	G_H = 3.629 g/m，留头 0.10 mm × 2
橡皮筋	900 条		0.70 RUB ϕ3				0.70			留头 0.15 mm × 2
塑料钩	900 个		PL HK							钩高 60 mm，钩宽 17 mm，头高 20 mm，附有铜眼环
干绳	1 条		17 119.00 PVC ϕ12			17 119.00	17 119.80	1 599 845.3 g/条	3 199 691	G_H = 93.45 g/m，留头 0.15 m
支绳	900 条		4.00 PVC ϕ6			4.00	4.70	111.037 5 g/条	199 868	G_H = 23.625 g/m，留头 0.35 m × 2
扣绳器	900 个		ST ϕ4，长 125 mm							
笼耳绳	900 条		0.26 PVC ϕ6			0.26	0.96	22.68 g/条	40 824	G_H = 23.625 g/m，留头 0.35 m × 2
浮标绳		3 条	40.00 PE ϕ6			40.00	40.00	728 g/条	2 184	G_H = 18.2 g/m
浮标		3 支	3.00 BAM ϕ25 + PL ϕ190—							
沉石		3 块	35.30 N + CEM 2.00 kg + CL					10 000 g/块	30 000	

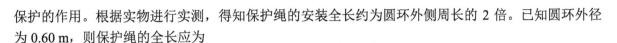

保护的作用。根据实物进行实测，得知保护绳的安装全长约为圆环外侧周长的 2 倍。已知圆环外径为 0.60 m，则保护绳的全长应为

$$0.60\pi \times 2 = 0.60 \times 3.1416 \times 2 = 3.77 \text{ m}$$

可取为 3.80 m。

2）封底绳

采用 30×3 的乙纶网线作封底绳穿过笼体网衣下边缘网目后抽紧结扎封住笼底后，即可剪断网线，故封底绳全长可取为 0.20 m。

3）抽口绳

笼体网衣上边缘是一个笼口，每次笼具作业结束后，拉开此笼口可取出笼中的渔获物。抽口绳是用 30×3 乙纶网线穿过笼体网衣上边缘网目后将两端连接在一起形成 1 个周长为 0.70 m 的线圈，笼口的最大周长为 0.70 m。线圈扎成后尚需留长一些以便与橡皮筋绳环相连接。扎成线圈和与橡皮筋连接的两端留头可各取长 0.10 m，则抽口绳全长为 0.90 m。

4）橡皮筋

橡皮筋可采用质量较好的穿入通用的松紧带。将橡皮筋先后两次穿过塑料钩轴头的眼环后形成拉直后长度为 0.10 m 的橡皮筋双绳环，橡皮筋双绳环净长应为 0.40 m。橡皮筋两端结扎时应各留头 0.15 m，则橡皮筋全长为 0.70 m。

5）干绳

干绳直径为 12 mm，参考附录 J，干绳前端应留头 0.45 m 以便折回插制成一个眼环，便于与浮标绳相连接；后端应留长 0.35 mm，以便与另一条干绳的前端眼环相连接。每条干绳应共留头 0.80 m。已知每条干绳净长为 17 119.00 m，则每条干绳全长为 17 119.80 m。

6）支绳

支绳净长为 4.00 m，其两端应各留头 0.35 m 分别与干绳和扣绳器相连接，每条支绳共留头 0.70 m，则每条支绳全长为 4.70 m。

7）笼耳绳

笼耳绳净长为 0.26 m，其两端应各留头 0.35 m 分别连接在上、下圆环上，每条笼耳绳应共留头 0.70 m，则每条笼耳绳全长为 0.96 m。

二、笼壶渔具制作装配

完整的延绳笼壶渔具图应标注有延绳笼壶渔具制作装配的主要数据，以便人们根据渔具图进行制作装配。现根据图 13-26 叙述蟹笼渔具的制作装配工艺如下。

1. 笼的制作装配

笼的制作装配包括笼体框架、饵料装置、笼体网衣和倒须装置 4 部分内容。

1）笼体框架

从前面关于"笼体框架钢筋长度计算"中可知笼体框架全部是用直径 10 mm 的钢筋焊接而成，每个笼体框架需用一条长 6.24 m 的钢筋。先将 6.24 m 的钢筋切割 9 次，切成 2 条长 1.85 m 的圆环钢筋、2 条长 0.58 m 的横杆钢筋和 6 条长 0.23 m 的立柱钢筋。将 2 条圆环钢筋分别弯曲并焊接成两个圆环，再将 2 条直线状横杆分别通过圆环中心焊接在 2 个圆环平面内。以 0.206 m 的弧长为标准将一个圆环周长分成 9 段弧长，并标明分段记号。将第一条 0.23 m 长的直线状立柱钢筋的一端垂直焊接在一个圆环的分段记号上，间隔一段弧长焊接第二条立柱，再间隔两段弧长焊接第三条立柱。以同样的间隔一段弧长焊接第四条立柱，间隔两段弧长焊接第五条立柱，再间隔一段弧长焊接第六

条立柱。至此，在圆环上共垂直焊接上一个弧长间隔和两个弧长间隔相间排列的 6 条立柱。最后将另一个圆环放在地上，将焊接好立柱的圆环倒过来放在另一个圆环的上面，先旋转上面的圆环，使上、下两条横杆投影呈垂直相交后，即将立柱下端焊接在另一个圆环上。至此，笼体框架基本焊接完成。

2）饵料装置

该蟹笼先将饵料放入饵料罐中，然后在作业前将饵料罐安插在笼内的饵料针上。饵料针是一条直径 6 mm、长 130 mm 的直线状尖头钢筋，垂直焊接在笼内底圆环的横杆中点处上方。

3）笼体网衣

笼体网片横向 29 目（蟹笼渔具图核算后的修改目数），纵向 72.5 目，网线材料规格为 PE 36 tex 4 × 3，目大 35 mm，单死结编织。以上规格的网片剪裁出来后，在网片的横向两侧用 4 × 3 乙纶网线以增加半目方式编缝成一个周长为纵向 73 目、可以套在笼体框架外面的圆筒网衣。圆筒网衣缝好后，用一条当作封底绳的乙纶网线（PE 36 tex 30 × 3）穿入圆筒网衣下边缘倒数第二列网目后并将下边缘网目收拢扎紧。把框架的底圆环套入圆筒网衣后，将封底绳两端固定结扎在笼底横杆的中点处后再留长一点剪断，整条封底绳约长 0.20 m。再用一条长 0.90 m 的乙纶网线（PE 36 tex 30 × 3）作为抽口绳穿入圆筒网衣上边缘第二列网目后并将两端互相连接结扎形成一个周长为 0.70 m 的线圈后，两端尚有将近 0.10 m 的留头便于与橡皮筋相连接。再用一条全长为 0.70 m 的一条橡皮筋（RUB $\phi 3$）穿过塑料钩的轴头眼环两次后将两端连接固定并形成一个拉直长度为 0.10 m 的橡皮筋双绳环。再将抽口绳两端连接结扎后的留头结扎固定在橡皮筋两端的连接固定处，形成了由抽口绳、橡皮筋和塑料钩连接组成的取鱼口的封口装置。用力拉紧抽口绳与橡皮筋的连接处以封闭笼顶，再用力拉住塑料钩朝下拉紧并钩在笼侧网目上，尽量将网衣调整到紧紧地套在整个框架上。最后用 2 条直径 6 mm、长 3.80 m 的乙纶保护绳分别沿着上、下圆环，以 2 目间隔要求将笼体网衣牢固地绕缝在圆环上。保护绳既起了将笼体网衣固定在框架上的作用，又起了减少笼体网衣与海底摩擦的保护作用。

4）倒须装置

倒须网片横向 13.5 目，纵向 41.5 目（蟹笼渔具图核算后的修改目数），网线材料规格 PE 36 tex 2 × 3，目大 20 mm，单死结编织。以上规格的网片剪裁出来后，在网片的横向两侧，用 2 × 3 乙纶网线以增加半目方式编缝成周长为纵向 42 目的倒须圆筒网衣。

每个倒须圆筒网衣的装配如下：先在倒须口处两侧立柱之间约 16 目长的笼体网衣中间，沿着纵向剪开 12 目，作为倒须的入口处。然后用一条 6 × 3 乙纶网线将倒须圆筒网衣前方边缘的 42 目网衣与笼体网衣中间剪开处的上、下边缘共 24 目网衣合并拉直等长地绕缝在一起，缝成倒须网衣前方大椭圆形的大倒须口。最后用 3 条 6 × 3 乙纶网线将笼内 3 个倒须后方的 3 组相邻的 2 个边角分别结扎拉紧连接在一起，如图 13-26 左下方的倒须俯视图（A-A'剖面图）所示，形成了 3 个倒须后方的扁椭圆形小倒须口。

2. 饵料罐的制作

饵料罐由罐体和罐盖两部分组成。罐体和罐盖分别用塑料直接在模具内注塑成形。

罐体呈上大下小的倒圆台形。罐体高 78 mm，上方罐口外径 62 mm，下方罐底外径 48 mm，周边分布有矩形小孔，罐底中心留有孔径稍小于 6 mm 的圆孔，圆孔周围匀布一圈椭圆形小孔。罐盖呈圆柱形，盖口内径 62 mm，外径 64 mm，盖高 9 mm，盖顶中心留有孔径稍小于 6 mm 的圆孔，圆孔周围均布两圈椭圆形小孔。罐盖上还一起注塑有罐盖带，最后用热塑方式将罐盖焊接在罐体上方，便于使用时盖上或打开饵料罐。作业时先将饵料放入罐内盖好，再将饵料罐的罐盖和罐底的中孔对准蟹笼内的饵料针而安插在饵料针上。

3. 干绳、支绳和笼耳绳连接装配

先将每条干绳前端的留头 0.45 m 插制成长约 0.10 m 的眼环，接着从干绳前端眼环留出 19.00 m 长的端距后连接第一条支绳，以后每间隔 19.00 m 连接一条支绳直到一条干绳上连接 900 条支绳，另一端也留出 19.00 m 长的端距和 0.45 m 的留头，以便与另一条干绳端的眼环或浮标绳相连接。支绳的一端留头 0.35 m 连接在干绳上，另一端留头 0.35 m 可以插制成一个眼环并套结在 1 个扣绳器上方的转环上。笼耳绳全长 0.96 m，其两端各有 0.35 m 的留头分别连接在 2 个倒须口之间中点的上、下圆环上。作业时将扣绳器扣住笼耳绳，即可将蟹笼放入水中进行作业。

4. 浮标绳、浮标和沉石的连接装配

作业时，在笼列两端和中间两条干绳连接处分别连接一条浮标绳，在离干绳端约 10 m 处的浮标绳上套结有一个沉石，在浮标绳的另一端连接一支浮标。该蟹笼渔具采用两条干绳，整个笼列连接有浮标绳三条、浮标三支和沉石三个。

第六节　笼壶渔具捕捞操作技术

本节只介绍蟹笼渔具的捕捞操作技术。在《南海区渔具》和《南海区小型渔具》中共介绍了 4 种较大型的蟹笼，均属于圆柱形钢铁框架乙纶网笼。现综合此 4 种网笼的调查资料介绍蟹笼渔具的捕捞操作技术。

一、渔船、渔捞设备与笼具生产规模

20 世纪 90 年代末南海区较大型的蟹笼渔具，其生产规模较小的采用全长 6.80 m、型宽 2.80 m、型深 1.00 m、平均吃水 0.60 m、总吨位 4 GT、主机功率 8.8 kW 的木质船，配备船员 3 人，手工操作，只采用一条干绳生产，干绳长 1 578 m 和系笼 105 个。其生产规模稍大的采用总吨位 10～15 GT、主机功率 18～35 kW 的木质船，船上装有 4.4 kW 柴油机带动的绞绳机，配备船员 3～4 人，采用每条干绳长 1020 m 和系笼 50 个的蟹笼，其笼列为 8 条干绳共长 8160 m 和系笼 400 个。其生产规模较大的采用总吨位 60 GT、主机功率 126 kW 的木质渔船，船上装有绞绳机，并配有雷达和单边带对讲机，配备船员 8 人，采用每条干绳长 1 850 m 和系笼 184 个，其笼列为 8～11 条干绳共长 14 800～20 350 m 和系笼 1472～2024 个。其生产规模最大的如图 13-26 所示，采用船长 28 m、宽 5 m、总吨位 50 GT、主机功率 184 kW 的木质渔船，船上配有 GPS、单边带对讲机、雷达、绞绳机等设备，配备船员 10 人，采用每条干绳长 17 119 m 和系笼 900 个，其笼列为两条干绳共长 34 238 m 和系笼 1800 个。

二、蟹笼渔具捕捞操作技术

现参照图 13-26 来叙述蟹笼捕捞操作技术。

1. 放笼前的准备

①笼具的连接和整理：支绳下端的扣绳器预先连接在笼耳绳上，饵料放入饵料罐内盖紧后安插在笼内的饵料针上，浮标、浮标绳、沉石和干绳之间连接好。这些工作一般根据蟹笼在渔船上的堆放情况、放笼工作场所的宽窄情况和放笼作业过程中的方便情况来确定，有的预先连接好，有的边

连接边放笼。如图13-26所示的蟹笼只使用三组浮标和沉石，一般按总布置图要求将三组浮标和沉石预先连接到浮标绳上，并将第一组的浮标绳与第一条干绳的前端预先连接好。已连接好支绳的两条干绳根据放笼顺序分别依次盘放好。

②饵料的准备：由于渔船上摆放的笼具较多，渔船放笼的位置一般较狭窄，故支绳与蟹笼的连接和笼内安插饵料罐一般是采用边连接边安插后立即放出蟹笼的作业方法。在放笼前把饵料先放入饵料罐中并盖紧放好。

③观察风、水流的方向和速度，以便根据风流实际情况，确定放笼方向和放笼舷。

④检查并润滑绞绳机，以保证操作安全，提高效率。

2. 放笼

①放笼时间和作业渔场：一般在傍晚放笼，早上起笼。作业渔场一般选择蟹类经常出现的礁石区或沙石底质区，可选择水流较大的海区敷设笼具，因为水流大可把饵料气味带得更远，引诱更多的蟹类入笼。也有在日间作业的，清晨放笼，下午起笼。

②放笼方向：一般以横流顺风或横流侧顺风放笼。风对船的影响较大时，应在上风舷放笼；流对笼具影响较大时，应在下流舷放笼。考虑到风、水流同时作用下，风大时上风舷放笼，流大时下流舷放笼，这是船舷放笼的原则。

③放笼人员岗位：手工操作的至少需3人，一人负责开船操舵，一人负责松放浮标、浮标绳、沉石、干绳、支绳和放笼，另一人负责备笼，先将准备下海的支绳端部的扣绳器扣住网笼的笼耳绳，再将饵料罐安插在饵料针上并封住笼口，然后将网笼交给放笼者。放笼者待已下海的干绳将支绳拉紧后才将与此支绳连接的网笼放入海中。

④放笼顺序：参照图13-26的总布置图来叙述蟹笼的放笼顺序。根据海况，先以慢速或中速将船首对准放笼方向后停机，借余速放笼。先投放第一支浮标，其投放顺序是：浮标—浮标绳—沉石。接着投放第一条干绳，其投放顺序是：干绳—支绳—网笼，按此循环反复，放完900个笼。然后投放第二支浮标，其顺序是：浮标—浮标绳—沉石。最后又按上述投放第一条干绳和投放第二支浮标的循环又放完第二条干绳的900个笼和第三支浮标后，即完成了整列蟹笼的放笼操作。

⑤放笼注意事项：a. 投放完浮标绳后，要待浮标漂离放笼方向后才继续投放干绳，避免浮标、浮标绳与干绳绞缠。b. 投放干绳速度要与航速配合。投放速度若快于航速，容易造成干绳沉入海底重叠、绞缠等事故；投放速度若慢于航速，将影响干绳正常沉降，干绳也易被拉断。c. 投放干绳时应注意避免干绳靠近船舷，防止干绳被压入船底，避免干绳卷到螺旋桨上。d. 放笼方向以横流为宜，放出的笼列尽量保持直线，以增加捕捞面积。e. 在风浪大、周围生产渔船多的情况下，可采用多列式放笼，以避免单列式笼列过长而容易受外界干扰。多列式的两笼列之间距离至少在1.0~1.5 n mile以上，以防笼列间互相绞缠。f. 放笼作业区应避开航道、障碍物和定置性渔具作业区。

3. 起笼

放好笼后，至少需经过6 h才能起笼，故起笼作业一般在早上开始用绞绳机起笼，一人负责开船操舵，一人负责操控绞绳机，一人负责将绞到船舷边的浮标、沉石、网笼提到甲板上，并及时解下浮标、沉石、网笼。再由其他船员负责拉开笼口取出和处理渔获物，同时取出饵料罐，检查饵料罐及饵料的完好程度，视饵料的状况决定是否需要补充或更换，最后把补充好的或更换的饵料罐进行冷藏保存，以备下一次放笼时再用。同时也要检查网笼有无破损情况。

起笼的顺序可按放笼的顺序进行。先开船找到第一支浮标，将其捞上渔船，解开浮标绳，并将浮标绳绕过绞绳机的转轮后，利用绞绳机先绞收浮标绳，其绞收顺序是：浮标绳—沉石绳—沉石。接着绞收第一条干绳，其绞收顺序是：干绳—支绳—网笼，按此循环反复，收完900个笼。然后绞收第二支浮标，其顺序是：浮标绳—沉石绳—沉石。最后又按上述绞收第一条干绳和绞收第二支浮标的循环又收完第二条干绳的900个笼和第三支浮标后，即完成了整列蟹笼的起笼操作。

三、渔获物处理

较大型的圆柱形网笼，在南海区的主要捕捞对象是蟹类，但其作业渔场有东风螺时，也可兼捕到东风螺。

笼具捕获的渔获物基本上都是活体海产动物，起笼后按渔获物品种的不同和市场的需求进行分类处理。蟹类捕上来后将其两螯扎紧，防止它们互相争斗受伤害，蟹类扎紧后放在活水舱中暂养。渔获物若是东风螺，则直接将螺放在箩筐内保存在活水舱中暂养。

参 考 文 献

《中国海洋渔具调查和区划》编写组，1990. 中国海洋渔具调查和区划[M]. 杭州：浙江科学技术出版社.
《中国海洋渔具图集》编写组，1989. 中国海洋渔具图集[M]. 杭州：浙江科学技术出版社.
陈文河，冯波，卢伙胜，2007. 珠海"蟹夹"渔具的调查分析[J]. 海洋渔业，29（1）：73-77.
陈兴崇，1976. 网板：Ⅰ[J]. 水产与教育，(1)：75-79.
陈兴崇，1976. 网板：Ⅱ[J]. 水产与教育，(2)：67-80.
崔建章，1997. 渔具与渔法学[M]. 北京：中国农业出版社.
冯波，卢伙胜，2006. 海南"石斑鱼苗网"渔具属性辨析[J]. 海洋渔业，28（4）：346-349.
黄锡昌，2001. 捕捞学[M]. 重庆：重庆出版社.
黄锡昌，虞聪达，苗振清，2003. 中国远洋捕捞手册[M]. 上海：上海科学技术文献出版社.
卢伙胜，张坤明，2007. 南海"长笼"渔具调查分析[J]. 海洋渔业，29（3）：285-288.
农业部渔业局，2004. 中国渔业年鉴：2004[M]. 北京：中国农业出版社.
夏章英，1984. 光诱围网[M]. 北京：海洋出版社.
杨吝，2002. 南海区海洋渔具渔法[M]. 广州：广东科技出版社.
杨吝，张旭丰，张鹏，等，2007. 南海区海洋小型渔具渔法[M]. 广州：广东科技出版社.
钟百灵，1993. 中国沿海底层拖网网型分析[J]. 水产学报，17（3）：209-215.
中国标准出版社，1998. 中国农业标准汇编：渔具与渔具材料卷[M]. 北京：中国标准出版社.
钟若英，1996. 渔具材料与工艺学[M]. 北京：中国农业出版社.

附录A
图集和报告等资料的简称

简称	全称	编者	出版/编印单位	出版/编印时间
中国图集	中国海洋渔具图集	《中国海洋渔具图集》编写组	浙江科学技术出版社	1989年
中国调查	中国海洋渔具调查和区划	《中国海洋渔具调查和区划》编写组	浙江科学技术出版社	1990年
辽宁报告	辽宁省海洋渔具调查报告	顾尚义等	辽宁省海洋渔业开发中心	1985年
河北图集	河北省海洋渔具图集	庄申等	河北省水产研究所	1985年
天津图集	天津市海洋渔具图集	天津市水产研究所	天津市水产局区划办公室	1985年
山东图集	山东省海洋渔具图集	魏绍善等	山东省海洋水产研究所等	1986年
山东报告	山东省海洋渔具调查报告	魏绍善等	山东省海洋水产研究所等	1986年
江苏选集	江苏省海洋渔具选集	周松亭等	江苏省海洋水产研究所	1986年
上海报告	上海市海洋渔具调查报告	宋广谱等	上海市水产局渔业区划办公室	1984年
浙江图集	浙江省海洋渔具图集	刘嗣淼等	浙江省海洋水产研究所等	1985年
浙江报告	浙江省海洋渔具调查报告	刘嗣淼等	浙江省海洋水产研究所等	1985年
福建图册	福建省海洋渔具图册	林学钦等	福建科学技术出版社	1986年
广东图集	广东省海洋渔具图集	钟百灵等	广东省水产局等	1985年
广东报告	广东省海洋渔具渔法调查报告	傅尚郁等	广东省水产局等	1985年
广西图集	广西海洋渔具图集	邓毅等	广西壮族自治区水产局	1987年
广西报告	广西海洋渔具调查报告	邓毅等	广西壮族自治区水产局	1987年
南海区渔具	南海区海洋渔具渔法	杨吝	广东科技出版社	2002年
南海区小型渔具	南海区海洋小型渔具渔法	杨吝, 张旭丰, 张鹏等	广东科技出版社	2007年

附录B
本书的渔具图略语、代号或符号与其他图集的对照表

略语、代号或符号				中文名称	英文名称
本书	中国海洋渔具图集	渔具设计图集	小型渔具设计图集		
2*a*	2*a*			网目长度	mesh size
Al		AL	Alu	铝	aluminium
ALT	ALT		ALT	替换、或选	alternative
AS				总沉降力	all sinking force
AW	AW			总质量	all weight
B				单脚	bar
BAG	BAG			囊	bag
BAIT	BAIT		BAIT	饵料	bait
BAM	BAM		BAM	竹	bamboo
BAS	BAS			笼	basket
BOB	BOB			滚轮	bobbin
BS	BS			编线、编绳	braided rope
BSJ	BSJ			变形死结	distorted hard knot
CEM	CEM	CEM	CEM	水泥	cement
CER*	CER、CLAY		CLAY	陶土、（烧黏土）	ceramic（clay）
CH	CH			铁链	chain
CL	CL			布	cloth
CLIP				钢丝绳夹	clip for wire rope
CG	COG			茅草	couch grass，cogongrass
COMB	COMB	COMB	COMB	夹芯绳	combination rope
COMP	COMP			包芯绳	compound rope
COT	COT		COT	棉	cotton
COVR	COVR			缠绕绳	cover rope
Cu	Cu	BR	Cu（BR）	铜（黄铜）	copper（brass）
E	E			缩结系数	hanging ratio
Fe	Fe（SL）（CI）	FE	Fe	铁、铁线、铁筋（铸铁）	iron（cast iron）
FEAT			FEAT	羽毛	feather
FISH	FISH		FISH	鱼	fish
FL	FL		CK	浮子	float
FP	FO			泡沫塑料	foam plastic

附录 B 本书的渔具图略语、代号或符号与其他图集的对照表

续表

略语、代号或符号				中文名称	英文名称
本书	中国海洋渔具图集	渔具设计图集	小型渔具设计图集		
FR	FR			下纲	foot rope
GALV		GALV	GALV	镀锌	galvanize
GL	GL		GL	玻璃	glass
GT				总吨	gross tonnage
HEM**	HE	（SIS）	（SIS）	麻类，剑麻	hemp, sisal
HJ	HJ			活结	reef knot
HK	HO			钩	hook
HR	HR			上纲	head rope
J	J			经向	direction of longitude
kW				千瓦	kilowatt
LAM	LA			灯	lamp
LIV	LIVE		LIVE	活饵	live-bait
LR	LR			力纲	lacing rope
MAN	MAN	MAN	MAN	白棕（马尼拉麻）	manila
MAT	MAT	MAT	MAT	材料	material
N	N			网衣纵向、边傍、牛顿	N-direction, point, Newton
NET	NE			网衣	netting
NL	NL			网衣纵向拉直长度	N-direction length of netting
NS	NS			捻绳	twisted rope
PA	PA	PA	PA	锦纶（聚酰胺）	polyamide
PAM	PAM			锦纶单丝	polyamide monofilament
Pb	Pb	PB	Pb	铅	lead
PE	PE	PE	PE	乙纶（聚乙烯）	polyethylene
PEM	PEM			乙纶单丝	polyethylene monofilament
PES	PES	PES	PES	涤纶（聚酯）	polyester
PIP	PI			管	pipe
PL	PL	PL	PL	塑料	plastic
POT	PO			壶	pot
PP	PP	PP	PP	丙纶（聚丙烯）	polypropylene
PR	PR			围网底环	purse ring
PS				聚苯乙烯	polystyrene
PVA	PVA	PVA	PVA	维纶（聚乙烯醇）	polyvinyl alcohol
PVC	PVC	PVC	PVC	氯纶（聚氯乙烯）	polyvinyl chloride
R				半径	radius
r	r			节、目脚	bar
RIN	RIN			圆环	ring
RUB	RUB	RUB	RUB	橡胶	rubber
SH	SH			双活结	double reef knot

续表

略语、代号或符号				中文名称	英文名称
本书	中国海洋渔具图集	渔具设计图集	小型渔具设计图集		
SHAC	SHA			卸扣	shackle
SHEL				贝壳	shell
SIN				沉子	sinker
SJ	SJ			死结	hard knot
SQ		SQU		枪乌贼	squid
SS	SS			双死结	double hard knot
SST	SST	SST	SST	不锈钢	stainless steel
ST	ST	ST	ST	钢、钢丝、钢筋	steel
STON	STO			石	stone
STR	STR			稻草绳	straw rope
SW	SW	SW	SW	转环	swivel
t	t			吨	ton
T	T			网衣横向、宕眼	T-direction, mesh
TH				套环	thimble
TIN	TIN		TIN	点锡、镀锡、罐	tin
V_t				拖速（单位：节）	trawling (unit: kn)
VIN	VI			藤	vine
W	W			纬向	direction of weft
WD	WD	WD	WD	木	wood
WH			WH，WHI	白色	white
WJ				无结网片	knotless netting
WR	WR	WIRE	WIRE	钢丝绳	steel wire rope
Zn			Zn	锌	zinc
δ	δ	→‖←	→‖←	厚度	thickness
ϕ	ϕ	ϕ	ϕ	直径、外径	diameter, outside diameter
ϕ				圆环材料直径	diameter of material ring
d	d			内径、孔径	inside diameter, hole-size
✕				边傍（双）	point
∧				宕眼（宕）	mesh
/				单脚（单）	bar
◇	◇		✕	网目	mesh
◈	◈	◈	◈	双线编结	double braided
↑	↑	↑	↑	上网衣	upper panel
↓	↓	↓	↓	下网衣	lower panel

续表

略语、代号或符号				中文名称	英文名称
本书	中国海洋渔具图集	渔具设计图集	小型渔具设计图集		
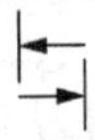 ⊢→	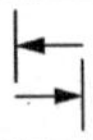 ⊢→	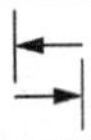 ⊢→	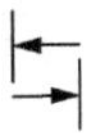 ⊢→	侧网衣	side panel
…/…	/	/	…/…	或者	or
~	~	~	~	大约、表示数字范围	approximately, range
 ↻	 ↻	 ↻	 ↻	圆周目数、圆周长度、绕缝	circumference meshes, circumference length, seaming
 ⊕	 ⊕			左右对称中心	center of symmetry
 ～→	 ～→		 ～→	流向	current
 ⇝→	 ⇝→		 ⇝→	风向	wind
 ♦♦♦	 ♦♦♦		 ♦♦♦	鱼群	fishes

*在渔具图中，若"烧黏土"沉子画成扁方体形的，一般是指砖块沉子；若画成圆鼓形、圆柱形等其他形状的，一般是指陶质（CER）沉子。

**泛指除了白棕（MAN）以外的其他麻类材料。

附录C
常用沉子材料的沉率

沉子材料	Pb	Fe	STON	CER	CEM
q'/(N/kg 或 mN/g)	8.92	8.42	6.03	5.24	4.71

注：本表的沉率（q'）值的计算可详见本书第二章第五节"刺网网图核算"中的式（2-3）。

附录 D
锦纶单丝（PAM）规格参考表

名义直径 ϕ /mm	线密度 tex/(g/km)	干无结断裂强力 F_d /N	名义直径 ϕ /mm	线密度 tex/(g/km)	干无结断裂强力 F_d /N
0.10	11	6.37	0.65△	402	199.6
0.12	16	8.82	0.70	480	235.2
0.15	23	12.74	0.80	600	284.2
0.18	30	15.68	0.90	755	352.8
0.20	44	22.54	1.00	920	411.6
0.25	58	30.38	1.10	1 110	460.6
0.28△	77	39.45	1.20	1 320	539.0
0.30	90	46.06	1.30	1 540	637.0
0.32△	101	52.04	1.40	1 790	735.0
0.35	120	61.74	1.50	2 060	842.8
0.40	155	75.46	1.60	2 330	960.4
0.45	185	93.1	1.70	2 630	1 078
0.50	240	117.6	1.80	2 960	1 176
0.55	280	137.2	1.90	3 290	1 293.6
0.60	330	166.6	2.00	3 640	1 421

注：本附录摘自《渔具材料与工艺学》的附表 3-7，并补充了三种规格，即名义直径注有"△"脚注的单丝技术指标数字是根据单丝的截面积用内插法估算出来的。

附录E
网结耗线系数（C）参考表

	网结类型					
	活结 HJ	死结 SJ	双活结 SH	双死结 SS	双线死结 SJ	双线双活结 SH
C 值	14	16	22	24	32	44

注：本表主要摘自《渔具材料与工艺学》的表3-2。表内SH和双线SH的C值为估计值。

附录F
乙纶网线规格表

规格	公称直径/mm	综合线密度/Rtex	断裂强力/N	
			一等品 ≥	二等品 ≥
36 tex 1 × 2	0.40	74	34.32	31.38
36 tex 1 × 3	0.50	111	51.98	47.07
36 tex 2 × 2	0.60	148	68.65	61.78
36 tex 2 × 3	0.75	231	97.09	87.28
36 tex 3 × 3	0.90	347	145.14	130.43
36 tex 4 × 3	1.00	462	178.48	160.83
36 tex 5 × 3	1.15	578	222.61	200.06
36 tex 6 × 3	1.30	693	267.72	241.24
36 tex 7 × 3	1.40	809	311.85	280.47
36 tex 8 × 3	1.55	950	356.96	321.66
36 tex 9 × 3	1.65	1 069	401.09	360.88
36 tex 10 × 3	1.75	1 188	446.20	402.07
36 tex 11 × 3	1.85	1 331	190.33	441.30
36 tex 12 × 3	1.95	1 452	535.44	481.51
36 tex 13 × 3	2.05	1 572	579.57	521.71
36 tex 14 × 3	2.15	1 693	623.70	560.94
36 tex 15 × 3	2.20	1 814	668.81	602.13
36 tex 16 × 3	2.25	1 931	711.96	640.37
36 tex 17 × 3	2.30	2 074	764.92	688.43
36 tex 18 × 3	2.35	2 177	803.16	722.75
36 tex 19 × 3△	2.43	2 298	848	
36 tex 20 × 3	2.50	2 419	892.41	803.16
36 tex 21 × 3△	2.57	2 540	926	
36 tex 22 × 3△	2.64	2 661	959	
36 tex 23 × 3△	2.71	2 782	992	
36 tex 24 × 3△	2.78	2 903	1 026	
36 tex 25 × 3	2.85	3 024	1 059.12	953.21
36 tex 26 × 3△	2.92	3 145	1 100	
36 tex 27 × 3△	2.99	3 266	1 141	
36 tex 28 × 3△	3.06	3 387	1 183	
36 tex 29 × 3△	3.13	3 508	1 224	
36 tex 30 × 3	3.20	3 629	1 265.06	1 137.57
36 tex 31 × 3△	3.25	3 750	1 308	
36 tex 32 × 3△	3.30	3 871	1 351	
36 tex 33 × 3△	3.35	3 992	1 395	

续表

规格	公称直径/mm	综合线密度/Rtex	断裂强力/N	
			一等品	二等品
			≥	≥
36 tex 34 × 3△	3.40	4 113	1 438	
36 tex 35 × 3△	3.45	4 234	1 481	
36 tex 36 × 3△	3.49	4 354	1 524	
36 tex 37 × 3△	3.53	4 475	1 567	
36 tex 38 × 3△	3.57	4 596	1 610	
36 tex 39 × 3△	3.62	4 717	1 653	
36 tex 40 × 3	3.65	4 838	1 696.55	1 520.03
36 tex 41 × 3△	3.69	4 959	1 723	
36 tex 42 × 3△	3.73	5 080	1 766	
36 tex 43 × 3△	3.77	5 201	1 823	
36 tex 44 × 3△	3.81	5 322	1 865	
36 tex 45 × 3△	3.85	5 442	1 907	
36 tex 46 × 3△	3.88	5 563	1 949	
36 tex 47 × 3△	3.91	5 684	1 991	
36 tex 48 × 3△	3.94	5 805	2 033	
36 tex 49 × 3△	3.97	5 926	2 075	
36 tex 50 × 3△	4.00	6 047	2 117	

注：本表规格数字参考《乙纶渔网线》（SC/T 5007—1985）。规格注有"△"上角标的网线的技术指标数字是根据网线的单丝数等用内插法或外插法估算出来的。表中综合线密度的偏差范围为±10%。

附录G
锦纶网线规格表

结构规格	直径/mm	线密度/tex	断裂强力/N 一等品	断裂强力/N 二等品
23 tex 1×2	0.28	49	23.54	21.57
23 tex 1×3	0.34	74	35.30	32.36
23 tex 2×2	0.41	102	46.09	44.13
23 tex 2×3	0.51	152	69.63	65.70
23 tex 3×3	0.62	230	104.93	98.07
23 tex 4×3	0.72	313	139.25	131.41
23 tex 5×3	0.82	392	174.56	163.77
23 tex 6×3	0.90	470	202.02	188.29
23 tex 7×3	1.00	543	235.36	219.67
23 tex 8×3	1.08	629	269.68	251.05
23 tex 9×3	1.14	705	293.22	275.57
23 tex 10×3	1.21	796	326.56	306.95
23 tex 11×3	1.28	871	358.52	337.35
23 tex 12×3	1.34	966	391.29	367.75
23 tex 13×3	1.40	1 035	423.65	389.15
23 tex 14×3	1.45	1 102	456.99	429.53
23 tex 15×3	1.51	1 204	489.35	459.93
23 tex 16×3	1.56	1 261	521.71	490.33
23 tex 17×3	1.62	1 358	554.08	520.73
23 tex 18×3	1.66	1 411	587.42	552.11
23 tex 20×3	1.76	1 558	652.14	612.92
偏差		+10% −5%	≥	≥

注：本表规格数字参考《锦纶渔网线》（SC 5006—1983）。

附录 H
乙纶绳规格表

直径/mm	质量/(g/m)	断裂强力/kN	直径/mm	质量/(g/m)	断裂强力/kN
4	8.1	1.50	24	295	46.00
5△	12.6	2.21	26	338	52.80
6	18.2	3.00	28	392	60.90
7△	24.9	4.07	30	450	69.60
8	32.7	5.30	32	513	79.00
9△	40.5	6.70	34△	579	88.79
10	49.0	8.25	36	649	99.10
12	72.0	11.60	38△	723	110.26
14	95.0	15.80	40	802	122.00
16	128	21.20	44	971	146.00
18	161	26.20	48	1 160	173.00
20	200	32.30	52	1 360	202.00
22	243	38.30			

注：本表规格数字摘自《三股乙纶单丝绳索》（SC 5013—1988）。直径注有"△"上角标的乙纶绳的技术指标是根据乙纶绳的截面积用内插法估算出来的。其断裂强力为合格品的数字。

附录 I
渔用钢丝绳规格表

直径/mm	参考质量/(kg/m)	断裂强力/kN	直径/mm	参考质量/(kg/m)	断裂强力/kN
6.2	0.135	19.61	18.0△	1.151	166.94
7.7	0.211	30.69	18.5	1.218	176.52
8.5△	0.255	37.14	19.0△	1.287	186.55
9.0△	0.285	41.50	19.5△	1.357	196.85
9.3	0.304	44.23	20.0	1.429	207.41
10.0△	0.347	50.45	21.5	1.658	240.75
11.0	0.414	60.11	23.0	1.901	276.06
11.5△	0.451	66.00	24.5	2.165	314.30
12.0△	0.49	72.14	26.0	2.444	355.00
12.5	0.531	78.55	28.0	2.740	397.66
13.0△	0.580	85.13	31.0	3.383	491.31
14.0	0.685	99.05	34.0	4.093	594.28
15.0△	0.791	114.47	37.0	4.882	707.55
15.5	0.846	122.58	40.0	5.717	830.13
16.0△	0.903	130.98	43.0	6.630	963.01
17.0	1.023	148.57	46.0	7.611	1 103.25

注：本表规格数字参考《圆股钢丝绳》（GB 1102—1974）。直径注有"△"上角标的钢丝绳的技术指标数字是根据钢丝绳的截面积用内插法估算出来的。

附录J
钢丝绳插制眼环的留头长度参考表

WR ϕ /mm	9.3~11	12~14	15~17	18~23.5
留头长度/m	0.35~0.40	0.45~0.50	0.55~0.70	≥0.75

注：原南海水产公司网具车间提供的资料。

附录K
夹芯绳插制眼环的留头长度参考表

COMB ϕ /mm	23~30	32~40	42~50	>50
留头长度/m	0.85	0.90	0.95	≥1.00

附录L
常见的编结符号与剪裁循环（C）、剪裁斜率（R）对照表

附表 L_1　网衣边缘的编结符号（一宕眼多单脚系列）

剪裁用语	编结符号							
	2r±1 (1r±0.5)	2r±3 (1r±1.5)	2r±2	6r±5 (3r±2.5)	4r±3	10r±7 (5r±3.5)	6r±4	……
C	AB	1T1B	1T2B	1T3B	1T4B	1T5B	1T6B	……
R	1∶1	3∶1	2∶1	5∶3	3∶2	7∶5	4∶3	……

附表 L_2　网衣边缘的编结符号（一边傍多单脚系列）

剪裁用语	编结符号							
	6r±1 (3r±0.5)	4r±1	10r±3 (5r±1.5)	6r±2	14r±5 (7r±2.5)	8r±3	……	42r±19 (21r±9.5)	……
C	1N1B	1N2B	1N3B	1N4B	1N5B	1N6B	……	1N19B	……
R	1∶3	1∶2	3∶5	2∶3	5∶7	3∶4	……	19∶21	……

附表 L_3　网衣中间的编结符号（纵向增减目道的多目系列）

剪裁用语	编结符号							
	3r±1	5r±1	7r±1	9r±1	11r±1	13r±1	15r±1	……
C	1N1B	2N1B	3N1B	4N1B	5N1B	6N1B	7N1B	……
R	1∶3	1∶5	1∶7	1∶9	1∶11	1∶13	1∶15	……

附表 L_4　网衣中间的编结符号（纵向增减目道的多重系列）

剪裁用语	编结符号							
	1r±1	3r±1	4r±2	5r±3	6r±4	7r±5	8r±6	……
C	AB	1N1B	1N2B	1N3B	1N4B	1N5B	1N6B	……
R	1∶1	1∶3	1∶2	3∶5	2∶3	5∶7	3∶4	……

注：与网衣中间的编结符号相对应的 C 和 R，是指沿纵向增减目线分开左、右两边网衣时，其分开边缘上的剪裁循环和剪裁斜率。

附录 M
钢丝绳直径与卸扣、转环、套环规格对应表

WR ϕ/mm	SHAC d_1/mm	SW d/mm	THB/mm	WR ϕ/mm	SHAC d_1/mm	SW d/mm	THB/mm
6.2	10		10	18.0	32	25	27
7.7	12		13	18.5	32	25	27
8.5	12		13	19.0	32	25	27
9.0	16		15	19.5	32	25	27
9.3	16	15.5	15	20.0	36	28.5	31
10.0	18	15.5	17	21.5	36	28.5	31
11.0	18	15.5	17	23.0	40	32	36
11.5	20	19	19	24.5	40	32	36
12.0	20	19	19	26.0	40	32	36
12.5	20	19	19	28.0	45		39
13.0	20	19	19	31.0	50		43
14.0	24	22	22	34.0	55		46
15.0	24	22	22	37.0	58		52
15.5	24	22	22	40.0	65		57
16.0	28	22	25	43.0	65		57
17.0	28	22	25	46.0	70		62

注：ϕ——钢丝绳直径，根据附录 I 摘用；

d_1——卸扣横销直径，根据《船用索具卸扣》（GB 559—1965）摘用；

d——转环本体钢条直径；

B——套环本体宽度，根据《船用索具套环》（GB 560—1965）摘用。

附录N
全国海洋渔具调查资料的渔具分类及其介绍种数表

类			型			式			型式		
序号	名称	介绍种类	序号	名称	介绍种类	序号	名称	介绍种类	序号	渔具分类名称	介绍种类
一	刺网类	185	1	单片	151	1	定置	60	1	定置单片刺网	56
			2	三重	16	2	漂流	121	2	漂流单片刺网	91
			3	无下纲	18	3	包围	3	3	包围单片刺网	3
						4	拖曳	1	4	拖曳单片刺网	1
									5	定置三重刺网	3
									6	漂流三重刺网	13
									7	定置无下纲刺网	1
									8	漂流无下纲刺网	17
二	围网类	65	1	有囊	27	1	单船	42	1	单船有囊围网	7
			2	无囊	37	2	双船	23	2	双船有囊围网	20
			3	箕状*	1				3	单船无囊围网	34
									4	双船无囊围网	3
									5	单船箕状围网***	1
三	拖网	167	1	单片	4	1	单船表层	7	1	单船表层单片拖网	1
			2	单囊	1	2	单船中层	1	2	单船底层单片拖网	3
			3	有翼单囊	127	3	单船底层	56	3	单船中层单囊拖网	1
			4	单囊桁杆	12	4	双船表层	4	4	单船底层有翼单囊拖网	24
			5	多囊桁杆	8	5	双船底层	99	5	双船表层有翼单囊拖网	4
			6	有翼单囊桁杆	7				6	双船底层有翼单囊拖网	99
			7	单囊桁架	8				7	单船底层单囊桁杆拖网	12
									8	单船底层多囊桁杆拖网	8
									9	单船底层有翼单囊桁杆拖网	7
									10	单船表层单囊桁架拖网	6
									11	单船底层单囊桁架拖网	2
四	地拉网	17	1	有翼单囊	6	1	船布	12	1	船布有翼单囊地拉网	6
			2	单囊	2	2	抛撒	5	2	抛撒单囊地拉网	2
			3	多囊	1				3	抛撒多囊地拉网	1
			4	无囊	8				4	船布无囊地拉网	6
									5	抛撒无囊地拉网	2

附录 N　全国海洋渔具调查资料的渔具分类及其介绍种数表

续表

类			型			式			型式		
序号	名称	介绍种类	序号	名称	介绍种类	序号	名称	介绍种类	序号	渔具分类名称	介绍种类
五	张网类	109	1 2 3 4 5 6	张纲 框架 桁杆 竖杆 单片 有翼单囊	5 28 14 43 5 14	1 2 3 4 5 6 7 8	单桩 双桩 多桩 单锚 双锚 船张 樯张 并列	35 21 1 6 15 5 24 2	1 2 3 4 5 6 7 8 9 10 11 12 13 14 15 16 17 18	双桩张纲张网 单锚张纲张网 双锚张纲张网 单桩框架张网 单锚框架张网 单桩桁杆张网 单锚桁杆张网 船张桁杆张网 双桩竖杆张网 多桩竖杆张网 双锚竖杆张网 船张竖杆张网 樯张竖杆张网 并列竖杆张网 双锚单片张网 樯张单片张网 双桩有翼单囊张网 双锚有翼单囊张网	3 1 1 27 1 8 4 2 7 1 8 3 22 2 3 2 11 3
六	敷网类	24	1 2	箕状 撑架	7 17	1 2	岸敷 船敷	7 17	1 2 3	船敷箕状敷网 岸敷撑架敷网 船敷撑架敷网	7 7 10
七	抄网类	18	1 2	兜状 囊状*	13 5	1 2	推捕** 舀捕**	12 6	1 2 3	推捕兜状抄网*** 舀捕兜状抄网*** 舀捕囊状抄网***	12 1 5
八	掩罩类	9	1	掩网	9	1 2	抛撒 撑开	8 1	1 2	抛撒掩网掩罩 撑开掩网掩罩	8 1
九	陷阱类	50	1 2 3	插网 建网 箔筌	37 11 2	1 2	拦截 导陷	24 26	1 2 3 4	拦截插网陷阱 导陷插网陷阱 导陷建网陷阱 导陷箔筌陷阱	24 13 11 2
十	钓具类	101	1 2 3 4 5	真饵单钩 真饵复钩 拟饵单钩 拟饵复钩 无钩	82 4 6 2 7	1 2 3 4	定置延绳 漂流延绳 曳绳 垂钓	49 18 10 24	1 2 3 4 5 6 7 8 9 10	定置延绳真饵单钩钓具 漂流延绳真饵单钩钓具 曳绳真饵单钩钓具 垂钓真饵单钩钓具 漂流延绳真饵复钩钓具 垂钓真饵复钩钓具 曳绳拟饵单钩钓具 垂钓拟饵复钩钓具 定置延绳无钩钓具 垂钓无钩钓具	43 17 4 18 1 3 6 2 6 1

续表

类			型			式			型式		
序号	名称	介绍种类	序号	名称	介绍种类	序号	名称	介绍种类	序号	渔具分类名称	介绍种类
十一	耙刺类	42	1	滚钩	14	1	定置延绳	14	1	定置延绳滚钩耙刺	14
			2	齿耙	18	2	拖曳	19	2	拖曳齿耙耙刺	18
			3	柄钩	4	3	钩刺	4	3	钩刺柄钩耙刺	4
			4	锹铲	3	4	铲掘**	3	4	铲掘锹铲耙刺***	3
			5	叉刺	2	5	投射	2	5	投射叉刺耙刺	2
			6	复钩	1				6	拖曳复钩耙刺***	1
十二	笼壶类	24	1	倒须	13	1	定置延绳	20	1	定置延绳倒须笼具	10
			2	洞穴	11	2	散布	4	2	散布倒须笼具	2
									3	定置延绳倒须壶具	1
									4	定置延绳洞穴壶具	9
									5	散布洞穴壶具	2
合计	12			37			36			80	811

注：在全国海洋渔具调查资料所介绍的811种渔具中，共计介绍12类44个型和40个式。在44个型中，在各类渔具中重复的型有：单片型（3）、无囊型（2）、单囊型（2）、箕状型（2）、有翼单囊型（3）；在40个式中，在各类渔具中重复的式有：拖曳式（2）、抛撒式（2）、定置延绳式（3）。若重复的型、式不重复统计，则型的实际数量为37（44−7）个，式的实际数量为36（40−4）个。

*非我国渔具分类标准的型的名称。

**非我国渔具分类标准的式的名称。

***非我国渔具分类标准的渔具分类名称。

附录O
南海区渔具调查资料的渔具分类及其介绍种数表

类			型			式			型式		
序号	名称	介绍种类	序号	名称	介绍种类	序号	名称	介绍种类	序号	渔具分类名称	介绍种类
一	刺网类	36	1	单片	24	1	定置	9	1	定置单片刺网	4
			2	三重	10	2	漂流	27	2	漂流单片刺网	20
			3	无下纲	2				3	定置三重刺网	5
									4	漂流三重刺网	5
									5	漂流无下纲刺网	2
二	围网类	15	1	无囊	15	1	单船	14	1	单船无囊围网	14
						2	手围**	1	2	手围无囊围网***	1
三	拖网	33	1	有翼单囊	24	1	单船表层	1	1	单船底层有翼单囊拖网	8
			2	单囊桁杆	5	2	单船底层	16	2	双船表层有翼单囊拖网	1
			3	有翼单囊桁杆	4	3	双船表层	1	3	双船变水层有翼单囊拖网***	1
						4	双船底层	14	4	双船底层有翼单囊拖网	14
						5	双船变水**	1	5	单船底层单囊桁杆拖网	4
									6	单船底层有翼单囊桁杆拖网	4
									7	单船表层单囊桁杆拖网	1
四	地拉网	2	1	无囊	2	1	船布	2	1	船布无囊地拉网	2
五	张网类	6	1	桁杆	1	1	单桩	1	1	单桩桁杆张网	1
			2	竖杆	3	2	双桩	2	2	双桩竖杆张网	1
			3	单片	1	3	双锚	1	3	樯张竖杆张网	2
			4	有翼单囊	1	4	樯张	2	4	双锚单片张网	1
									5	双桩有翼单囊张网	1
六	敷网类	4	1	撑架	3	1	岸敷	2	1	岸敷撑架敷网	2
			2	网丛	1	2	船敷	2	2	船敷撑架敷网	1
									3	船敷网丛敷网***	1
七	抄网类	3	1	兜状	2	1	推捕	2	1	推捕兜状抄网***	2
			2	囊状*	1	2	舀捕	1	2	舀捕囊状抄网***	1
八	掩罩类	3	1	掩网	3	1	撑开	3	1	撑开掩网掩罩	3
九	陷阱类	4	1	插网	3	1	拦截	4	1	导陷插网陷阱	3
			2	箔筌	1	2	导陷	4	2	导陷箔筌陷阱	1

续表

类			型			式			型式		
序号	名称	介绍种类	序号	名称	介绍种类	序号	名称	介绍种类	序号	渔具分类名称	介绍种类
十	钓具类	21	1	真饵单钩	19	1	定置延绳	9	1	定置延绳真饵单钩钓具	9
			2	真饵复钩	1	2	漂流延绳	3	2	漂流延绳真饵单钩钓具	3
			3	拟饵复钩	1	3	垂钓	9	3	垂钓真饵单钩钓具	7
									4	垂钓真饵复钩钓具	1
									5	垂钓拟饵复钩钓具	1
十一	耙刺类	16	1	滚钩	2	1	定置延绳	2	1	定置延绳滚钩耙刺	2
			2	齿耙	9	2	拖曳	8	2	拖曳齿耙耙刺	8
			3	柄钩	3	3	钩刺	3	3	铲掘齿耙耙刺***	1
			4	叉刺	2	4	铲掘**	1	4	钩刺柄钩耙刺	3
						5	投射	2	5	投射叉刺耙刺	2
十二	笼壶类	28	1	倒须	24	1	定置延绳	15	1	定置延绳倒须笼具	10
			2	洞穴	3	2	散布	9	2	散布倒须笼具	8
			3	弹夹*	1	3	串联	4	3	定置串联倒置网具	4
									4	定置延绳洞穴笼具	2
									5	定置延绳弹夹笼具***	1
									6	定置延绳倒须壶具	1
									7	散布倒须壶具	1
									8	定置延绳洞穴壶具	1
合计		12			26			30		46	171

注：在南海区渔具调查资料所介绍的171种渔具中，共计介绍12类29个型和32个式。在29个型中，在各类渔具中重复的型有：单片型（2）、无囊型（2）、有翼单囊型（2）；在32个式中，在各类渔具中重复的式有：定置延绳式（3）。若重复的型、式不重复统计，则型的实际数量为26（29-3）个，式的实际数量为30（32-2）个。

*非我国渔具分类标准的型之名称。

**非我国渔具分类标准的式之名称。

***非我国渔具分类标准的渔具分类名称。